良問集・理系編３年目のご挨拶

本書は，2021 年度に出題された数学の大学入 ... る．「大学入試で効率よく点を取るための良問」を集めた入試対策の書籍である． ... ．

昨年より，大幅に遅れた．何十件も「いつ出るのだ？」と問い合わせをいただき，その都度お詫びをすることになった．来年からは，問い合わせの電話には出ないようにしようと思う．問い合わせても，返事は同じです．ここでまとめて返事をしておきます．「遅れています．予定は立ちません」

遅れた原因はいくつもあるが，一番は，使い慣れたデスクトップパソコンが壊れたこと．第二は，弊社から出している入試問題解答集国公立大編，私立大編の解答が気に入らず，かなり手を入れ，加筆したことにある．やる気をなくして遅れたわけではない．20 歳頃から受験雑誌「大学への数学」の原稿を書き始めて，50 年近くになる．先日も，新しい公式を見つけた．本書の山口大の体積のところに書いてある．昔，私が「受験の世界に進む」と言ったとき，兄は「そんな世界に進歩があるか？同じことの繰り返しだろう」と非難した．私にとっては，受験の解説は，日々進歩の世界である．

結果として，とても多くの作業時間が掛かり，昨年と比べて２ヶ月以上遅れることになった．営業上好ましくない．今年の反省から，良問集を作るための，よりよい手順も考えた．来年は，目標６月末で行きたいと思う．勿論，希望的な目標である．

入試対策は，入試によく出る問題，思考力を養う良い問題を，できるだけ多く経験することが基本である．時間制限があるいじょう，見たことがあれば，解きやすくなるのは当然である．私の友人の中には，高校のとき，参考書をやったことがないにもかかわらず，初見の問題がドンドン解けてしまった人達がいるが，世間的には例外である．

昨年と同様「難易度と解答目標時間を入れてほしい」という要望に沿った．たとえば第一問の上には

《和と積の計算 (A5) ☆》

とある．A レベル（基本）で，目標解答時間は５分であることを示している．☆は推薦問題である．B は標準問題，C は少し難しい問題，D は超難問である．難易度と時間は，私の感覚である．読者の方とズレていることは多いだろうから，ないよりましと思っていただきたい．今年は D 問題をあまり採用しなかった．ページ数の増加を圧縮したいからである．また，扱う項目が見やすいように，各問にタイトルを入れてみた．

基本的な問題を増やしているので，収録問題数を多くしたが，そのままでは大変なので，推薦問題マークには，☆マークを入れておいた．☆のある問題は，ほとんど，基本から，標準レベルである．C でも，ついているのは，難しくてもよい問題だからである．場合によっては，敢えて，タイトルをヒントにした問題もある．

受験生の場合は，☆のついた問題は，鉛筆を手に取って，自分で解いていただきたい．☆のないものは飛ばしてもよいし，ドンドン解答を読んでもよい．正しい勉強方法というものはないから，自分の信じる方法で行えばよい．**難問は無視して構わない**．類題で練習を積み重ねたいという人のために，内容的に重なっている問題も取り上げた．タイトルが同じものは，類題である．**類題は適宜飛ばし**てほしい．

取り上げた問題は医，理，工，薬．歯など，理系，文理共通の問題である．一部に看護の問題もある．もっと基本的な問題がよいということであれば，文系編を見ていただきたい．

ご購入してくださった皆様に，感謝いたします．昨年は初版が完売して増刷しましたが，今年は完売しても増刷はしません．

2021 年 10 月　　安田亨

● 本書の使い方

あちこちに書いていることで「またか」と思われる人も多いだろうが，お許し願いたい．以下は**受験生に向けての言葉**である．「本の読み方は自由」「自分に合った勉強法を確立せよ」という話である．

安田が通った高校は愛知県立明和高校といい，私のときには，学年で 50 番より下の人は順位を教えてもらえなかった．多分，最下位に近かったろう．勉強した方がいいとは分かっていたが，楽しくなく，サッカーに熱中していた．

1 年の冬には，そのサッカーにも飽き，無為に過ごしていた．当時の友人の A 君とは，よく勉強の仕方の話をしていた．参考書の話はするが，具体的に勉強するわけではなかった．悲しい勉強法評論家である．

高校 1 年から 2 年になるとき，書店で，受験雑誌「大学への数学」の増刊号「新作問題演習 No1（以下，No1 と略す）」に出会った．とても楽しそうに解いていると，思えた．買って帰ったが，さっぱり理解できなかった．勉強の方法を知る必要があると思った．翌日学校に行って，学年 3 番の Y 君に「勉強の仕方を教えてほしい」と頼んだ．

「問題を読み，解答を読んで，要求されていることを理解せよ．解答を理解したら隠して再現せよ．心に決着がつくまで繰り返せ」

と言った．それだけである．No1 の解答を具体的に教えてもらったわけではない．最初のうちは解けないから，すぐに解答を読んだ．解答を隠すと再現できないから，解答を何度も紙に写した．本を見なくても再現できるようになったら，なぜその解答をするのかを自分に説明した．「わかったぞ！」と思えるまで繰り返した．最初の 1 題を理解するために要した時間は一週間である．次の 1 題は 3 日，次の 1 題は 1 日であった．まれに，自力で解けたときには，安田君天才！安田君凄い！といいながら，うろつき回った．

Y 君とは，1 年のときには同じクラスであったが，2 年のときは別のクラスであった．毎日，授業が終わると Y 君と待ち合わせ，学校から，名古屋駅まで帰った．30 分くらいの間に，いろいろな数学の話をしてくれた．こんな問題があって，このように解くとか，こんな解き方もあると，一方的に教わった．怠惰な安田君に戻ることを防ぐ意味で，大いなる援軍であった．彼の厚意に応えるためにも，私は数学に邁進した．

数学に恋をした．熱く，激しい恋をした．起きている時間のほとんどを，No1 の解読に費やした．授業の休み時間が待ち遠しかった．数学の問題を解く時間だからだ．学校では誰とも話をしなかった．そんな時間が勿体ない．A 君が来て「数学は基礎から応用へと積み重ねるものだから，そんな難しい本をやってもあかんわ」と言った．私はこう思っていた．

「教科書傍用問題集も，学校指定の参考書も，No1 も，どれも自力では解けない．それなら，何をやっても同じである．楽しそうな本をやるのがいい」

勉強を始めて一ヶ月後に，実力テストがあった．私は数学は学年 1 番になった．英語と国語は平均点の半分である．3 科目総合で 16 番だった．この間に解いた No1 の問題は 20 題くらいである．自分の勉強の方法は間違っていないと確信した．他の科目も，数学と同じように勉強し始めた．数学は，私の人生のエンジンとなった．Y 君には感謝を伝えて，毎日のデートも終了した．

「数学は暗記科目だという人がいますが，先生はどう考えますか？」と聞く人がいる．こういう質問，無意味であると私は思う．一番大事なことが抜け落ちている．勉強する科目が好きかどうかということが，そこにはない．英語を勉強するときには，英語が好き！と言って始めるのだ．Y 君が私にしてくれたように，励まし，励まし，継続するのだ．

学ぶことは楽しい．しかし．易しすぎてもいけない．すぐに出来てしまうことでは満足感が得られない．工夫して，努力することが重要である．本書が皆さんの役に立つことを願っています．

さあ，新しい旅に出よう！

【目次】

問題編

解答編

【数と式】

【式の値】

《和と積の計算 (A5) ☆》

1．$x=3-\sqrt{5},\ y=3+\sqrt{5}$ のとき $x^3+y^3=\square$ となり $\sqrt{x}-\sqrt{y}=\square\sqrt{\square}$ となる．　(21　松山大・薬)

《和と積の計算 (A5)》

2．$x=1+\sqrt{2}+\sqrt{3},\ y=1+\sqrt{2}-\sqrt{3}$ とする．このとき，xy の値は $\square$ であり，x^2+y^2 の値は $\square$ である．また，$\dfrac{3}{x}+\dfrac{3}{y}$ の値の整数部分は $\square$ である．　(21　北里大・獣医)

《有理化 (A5) ☆》

3．式 $\dfrac{1}{1+\sqrt{2}+\sqrt{3}+\sqrt{6}}$ の分母を有理化せよ．　(21　広島工業大)

《整数部分と小数部分 (A5)》

4．$\dfrac{1}{3-\sqrt{7}}$ の整数部分を a，小数部分を b とするとき，$ab^3+ab^2-2ab+b+3$ の値を求めよ．

(21　北海学園大・工，経済，経営)

《二重根号を外す (A10) ☆》

5．$x=\sqrt{23+8\sqrt{7}}$ に対して 2 つの整数 a,b が $a=x+\dfrac{b}{x}$ を満たすとき，$a=\square$，$b=\square$ である．

(21　藤田医科大・後期)

《次数上げ (B10) ☆》

6．$x=\sqrt{3}-\sqrt{7}$ のとき，$20x^2-x^4=\square$ であり，

$\dfrac{32}{x^3}-\dfrac{32}{x^2}-\dfrac{56}{x}+50+22x-2x^2-x^3=\square$ である．　(21　東邦大・医)

【因数分解】

因数分解は数学 I も数学 II もここに収録する

《因数分解・塊を置く (A5) ☆》

7．$(x-3)(x-5)(x-7)(x-9)-9$ を因数分解しなさい．　(21　福島大・前期)

《因数分解・塊を置く (A10)》

8．次の式を因数分解せよ．

$$(x^2-15x-2)(x^2+15x-2)-5x^2+2021$$

(21　関西医大・後期)

《因数分解・1 文字整理 (A5) ☆》

9．$x^4+x^2+1+2xy-y^2$ を因数分解しなさい．　(21　福島大・後期)

《2 文字 2 次式の因数分解 (A10) ☆》

10．$4x^2-4y^2-6xy+15x+10y-4$ を因数分解せよ．　(21　酪農学園大・農食，獣医-看護)

【1 次と 2 次方程式】

《絶対値と 1 次方程式 (A10) ☆》

11. 方程式 $|2x+3|=5$ の実数解は，$x=$ □ である．方程式 $|x+2|+|x-3|=7$ の実数解は，$x=$ □ である．

(21　国際医療福祉大・医)

《絶対値を外して解く (B20) ☆》

12. 関数

$$f(x)=|x^2+x-2|+|x^2-x-2|$$

の極小値を a，極大値を b とする．方程式

$$2f(x)=a+b$$

の解をすべて求めよ．

(21　福島県立医大)

《解と係数の関係 (B10) ☆》

13. 2 次方程式 $x^2-2x+4=0$ の 2 つの解を α,β とする．このとき，次の問いに答えなさい．

（1） 多項式 x^3+8 を実数を係数とする 1 次式と 2 次式の積に因数分解しなさい．

（2） $\alpha^2+\beta^2$ の値を求めなさい．

（3） $\alpha^3+\beta^3$ の値を求めなさい．

（4） $\alpha^{10}+\beta^{10}$ の値を求めなさい．

(21　福島大・前期)

《共通解 (A10) ☆》

14. x についての 2 つの 2 次方程式

$$x^2+kx+10=0$$

$$x^2+2x+5k=0$$

が共通の実数解をもつように k の値を定め，そのときの共通解を求めよ．

(21　昭和大・推薦)

《3 元連立 3 次方程式 (B20) ☆》

15. 実数 a，b，c が次の 3 つの等式を満たすとする．

$$\begin{cases} -a+2b+2c=2 \\ a^2+4b^2+4c^2=20 \\ -a^3+8b^3+8c^3=8 \end{cases}$$

以下の問に答えよ．

（1） abc を求めよ．

（2） $a<b<c$ を満たす組 (a,b,c) をすべて求めよ．

(21　千葉大・後期)

《2 次方程式・逆を考える (B20) ☆》

16. a を実数とする．x の 2 次方程式

$$x^2+(a+1)x+a^2-1=0$$

について，以下の問に答えよ．

（1） この 2 次方程式が異なる 2 つの実数解をもつような a の値の範囲を求めよ．

（2） a を（1）で求めた範囲で動かすとき，この 2 次方程式の実数解がとりうる値の範囲を求めよ．

(21　神戸大・後期)

《解の配置 (A10) ☆》

17. a を実数の定数とし，x の 2 次方程式

$$x^2-2ax+2a^2-a-6=0 \quad \cdots\cdots(*)$$

について考える．

$(*)$が異なる 2 つの実数解をもつとき，a のとり得る値の範囲は，□ $<a<$ □ である．

$(*)$が異なる 2 つの正の解をもつとき，a のとり得る値の範囲は，□ $<a<$ □ である．

(21　国際医療福祉大・医)

《解の配置 (B20) ☆》

18. a, b を実数とする．曲線 $y = ax^2 + bx + 1$ が x 軸の正の部分と共有点をもたないような点 (a, b) の領域を図示せよ． （21　東北大・共通）

【1 次関数と 2 次関数】

《係数の判別 (A10) ☆》

19. $a,\ b,\ c$ を定数とし，$f(x) = ax^2 + bx + c$ とする．関数 $y = f(x)$ のグラフが下図のようになるとき，次の値の符号を求めよ．

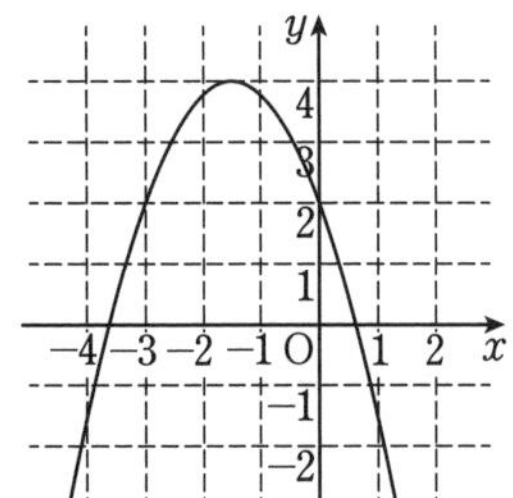

（1） a

（2） b

（3） $b^2 - 4ac$

（4） $4a - 2b + c$

（5） $a - b$

（6） $5a - 3b + 2c$ （21　岡山理大・B 日程）

《グラフの移動 (A5)》

20. ある 2 次関数 $y = f(x)$ のグラフを，x 軸方向に -3，y 軸方向に -2 平行移動したのちに，原点に関して対称移動したグラフを，さらに x 軸方向に 3，y 軸方向に 2 平行移動すると関数 $y = -2x^2 + 3$ のグラフと一致した．関数 $f(x)$ を求めよ． （21　愛知医大・看護-推薦）

《関数のグラフ (B20) ☆》

21. a を実数とする．x の 2 次関数

$$y = x^2 + 2ax + (2a^2 - 3a + 2)$$

について，次の問いに答えよ．

（1） この 2 次関数のグラフの頂点の座標を a を用いて表せ．

（2） $y > 0$ がすべての実数 x に対して成り立つような a の値の範囲を求めよ．

（3） 0 以上のすべての実数 x に対して $y > 0$ となることを示せ． （21　島根大・後期）

《自然数変数のとき (A5)》

22. n を自然数，$a,\ b,\ c$ を実数とし，$a \neq 0$ とするとき，次の記述における $\square$ ～ $\square$ に適切な数値を入れなさい．n の関数 $an^2 + bn + c$ が $n = 2$ で最大値をとるための必要十分条件は，$a < \square$ かつ $\square \leqq \dfrac{b}{a} \leqq \square$ です． （21　横浜市大・共通）

《置き換えて 2 次関数 (B10) ☆》

23. m を実数とする．x の 2 次方程式

$$m^2x^2 - mx + m + 2 = 0$$

が異なる 2 つの実数解 α, β をもつような定数 m の値の範囲は $m < \dfrac{\square}{\square}$ である．また，m がこの範囲にあるとき，$(\alpha - \beta)^2$ の最大値は $\dfrac{\square}{\square}$ である． （21　東邦大・医）

《2 変数関数 (B20) ☆》

24. x, y の関数

$$f(x, y) = 3x^2 - 6xy + 7y^2 + 12x - 14y + 12$$

がある．$x \geqq 0, y \geqq 0$ のとき，$f(x, y)$ の最小値は$\boxed{}$である．　(21　産業医大)

《2 変数関数 (B30) ☆》

25. 連立不等式 $-2 \leqq x \leqq 2$，$-2 \leqq y \leqq 2$ の表す領域を D とする．

（1） 点 (x, y) が領域 D 内を動くとき，

$$2x^2 + y^2 + 3x - 2y + 1$$

のとる値の最大値は $\boxed{}$，最小値は $\dfrac{\boxed{}}{\boxed{}}$ である．

（2） 点 (x, y) が領域 D 内を動くとき，

$$x^2 - 4xy + 4y^2 + 2x + y + 1$$

のとる値の最大値は$\boxed{}$，最小値は $\dfrac{\boxed{}}{\boxed{}}$ である．　(21　順天堂大・医)

《最大値と最小値 (B20) ☆》

26. a を定数とし，関数

$$y = 2x^2 - 4ax + a \ (0 \leqq x \leqq 1)$$

の最大値を M，最小値を m とする．このとき，次の問に答えよ．

（1） $a = -1$ のとき，m の値を答えよ．

（2） m の値が最大となる a の値を答えよ．

（3） M の値が最小となる a の値を答えよ．　(21　防衛大・理工)

《最大値と最小値 (B20)》

27. a を正の定数とし，x の関数

$$f(x) = x^2 - 4ax + 6a^2 - 6a - 11$$

を考える．$a \leqq x \leqq a + 2$ における $f(x)$ の最小値を m，最大値を M とする．

（1） $a = 3$ のとき，$m = -\boxed{}$, $M = \boxed{}$ である．

（2） $m = 0$ となるのは，$a = \boxed{}$ のときである．

（3） $M = 0$ となるのは，$a = \boxed{}$ のときである．　(21　獨協医大)

《1 次関数の絶対値と 2 次関数 (B30) ☆》

28. n を 2 以上の自然数とし，$a_1, a_2, \cdots, a_n$ を $a_1 \leqq a_2 \leqq \cdots \leqq a_n$ を満たす実数とする．n 個のデータ $a_1, a_2, \cdots, a_n$ の平均値を m，標準偏差を s，中央値を M とする．以下の問いに答えよ．

（1） 関数

$$f(x) = (x - a_1)^2 + (x - a_2)^2 + \cdots + (x - a_n)^2$$

の最小値，およびそのときの x の値を n, m, s, M のうち必要なものを用いて表せ．

（2） n は偶数であるとする．このとき，関数

$$g(x) = |x - a_1| + |x - a_2| + \cdots + |x - a_n|$$

は $x = M$ で最小となることを示せ．

（3） n は偶数であるとする．このとき，（2）の関数 $g(x)$ が最小値をとる x がただ一つであるための必要十分条件を，$a_1, a_2, \cdots, a_n$ のうち必要なものを用いて述べよ．　(21　広島大・後期)

【不等式】

《1 次不等式の解の存在性 (A5) ☆》

29. 次の連立不等式を解け.

（1） $\begin{cases} 6x-3<x+1 \\ 3(x-1)<5x-7 \end{cases}$

（2） $\begin{cases} 4x^2+4x-3 \geqq 0 \\ 3x^2+8x-3 \leqq 0 \end{cases}$ （21 釧路公立大・中期）

《2 次不等式の基本形 (A5) ☆》

30. α, β を実数とし，$\beta<0$ とする．2 次不等式 $x^2+\alpha x+\beta<0$ の解を $p<x<q$ とするとき，2 次不等式 $x^2+\alpha\beta x+\beta^3<0$ の解を p と q を用いて表すと，$\square$ である. （21 芝浦工大）

《2 次不等式 (A10) ☆》

31. a を定数として，関数

$$f(x)=x^2+2ax-a^2+3a$$

について次の問に答えよ.

（1） すべての x について，$f(x) \geqq 0$ となるときの定数 a の値の範囲は $\square \leqq a \leqq \square$ である.

（2） $x \geqq 0$ を満たすすべての x について，$f(x) \geqq 0$ となるときの定数 a の値の範囲は $\square \leqq a \leqq \square$ である.

（3） $a \leqq x \leqq a+1$ を満たすすべての x について，$f(x) \leqq 0$ となるときの定数 a の値の範囲は $\square \leqq a \leqq \square$ である. （21 星薬大・B 方式）

《文字の入った 2 次不等式 (B20) ☆》

32. a を定数とする．x についての不等式

$$ax^2-(a+1)x+1>0$$

を解け. （21 愛知医大・看護-推薦）

《任意変数が 2 つある話 (B20)》

33. a を実数とし，

$$f(x)=x^2-4ax+a,$$

$$g(x)=-x^2-2ax-a$$

とする.

（1） すべての実数 x に対し $f(x) \geqq g(x)$ であるための a の条件を求めよ.

（2） すべての実数 x_1，x_2 に対し $f(x_1)>g(x_2)$ であるための a の条件を求めよ.

（3） $f(x) \geqq g(x)$ がすべての実数 x について成り立ち，かつ $f(x_1) \leqq g(x_2)$ である実数 x_1，x_2 が存在するための a の条件を求めよ. （21 大阪医科薬科大・後期）

【不等式の解の難問】

《不等式の整数解 (D40)》

34. a を $a>1$ である実数とする．x についての連立不等式

$$\begin{cases} x^3+2ax^2-a^2x-2a^3<0 \\ 3x^2-x<4a-12ax \end{cases}$$

の解について考える．連立不等式の解のうち整数であるものの個数を $m(a)$ とする.

（1） 連立不等式を解け.

（2） $a>2$ のとき，$m(a)$ の最小値を求めよ.

（3） $m(a)=4$ となる a の値の範囲を求めよ. （21 熊本大・前期）

【平面図形と計量】

《図形は完成させて扱う (B20) ☆》

35. 正六角形 ABCDEF の内部に点 P があり，△ABP, △CDP, △EFP の面積がそれぞれ 8，10，13 であるとき，△FAP の面積を求めよ．（21 早稲田大・人間科学-数学選抜）

《形状決定余弦正弦 (A5) ☆》

36. 三角形 ABC において

$$\sin C = 2\cos A\sin B$$

であるとき，三角形 ABC はどのような形をしているか．（21 札幌医大）

《辺の大小と角の大小 (A10) ☆》

37. △ABC において，次の等式が成り立つとき，この三角形の最も大きい角の大きさを求めよ．

$$\frac{\sin A}{5} = \frac{\sin B}{3} = \frac{\sin C}{7}$$

（21 奈良教育大・前期）

《メネラウスの定理 (B20) ☆》

38. k は実数で $0 < k < \frac{1}{2}$ とする．面積が S である三角形 ABC の三辺 BC, CA, AB 上にそれぞれ点 L, M, N を

$$\frac{\mathrm{BL}}{\mathrm{BC}} = \frac{\mathrm{CM}}{\mathrm{CA}} = \frac{\mathrm{AN}}{\mathrm{AB}} = k$$

となるようにとる．次に，AL と BM の交点を P，BM と CN の交点を Q，AL と CN の交点を R とする．このとき，三角形 PQR の面積を T とする．

（1） 三角形 ABP の面積を U とするとき，$\frac{U}{S}$ を k で表せ．

（2） $T > \frac{1}{2}S$ となるための k に関する条件を求めよ．（21 札幌医大）

《角の二等分線の長さ (A10) ☆》

39. AB $= 4$, BC $= 5$, CA $= 6$ の △ABC において，∠ABC の二等分線と辺 CA の交点を D とする．このとき，BD $= \frac{\square}{\square}$ であり，△ABC の内接円の半径は $\frac{\sqrt{\square}}{\square}$ である．（21 東邦大・医）

《三角形の成立と角の二等分 (B20) ☆》

40. △ABC および辺 BC 上の点 D について，次の条件（ｉ）から（iv）を考える．ただし，∠BAD $= \theta$, BD $= x$ とする．

（ｉ） △ABD の外接円の半径は 1 である．

（ii） AB : BD $= 2 : 1$

（iii） ∠BAD $=$ ∠DAC

（iv） AC $= 2$

（1） 条件（ｉ）が成り立つとき，$\sin\theta$ と $\cos 2\theta$ をそれぞれ x を用いて表せ．

（2） 条件（ii），（iii），（iv）がすべて成り立つとき，線分 DC の長さを求めよ．また，そのときの x の値の範囲を求めよ．

（3） 条件（ｉ）から（iv）がすべて成り立つとき，x の値を求めよ．（21 滋賀県立大・工）

《外角の二等分線の定理 (B20) ☆》

41. AB $>$ AC を満たす △ABC の頂点 A における外角の二等分線と直線 BC の交点を D とする．さらに，辺 AB 上に点 E をとり，直線 DE と直線 AC の交点を F とする．このとき，次の問いに答えよ．

（1） 点 D を通り直線 AC に平行な直線と直線 AB との交点を G とするとき，GA $=$ GD となることを示せ．

（2） $\frac{\mathrm{AB}}{\mathrm{AC}} = \frac{\mathrm{DB}}{\mathrm{DC}}$ を示せ．

（3） AC $= b$, AB $= c$, $\frac{\mathrm{AE}}{\mathrm{AB}} = t$ とするとき，AF を b, c, t を用いて表せ．

（21 東京海洋大・海洋生命科学，海洋資源環境）

《内接円と接点 (B20)》

42. AB ＝ 6, BC ＝ 4, CA ＝ 8 である △ABC の内心を I とする．また，△ABC の内接円と辺 BC の接点を D とする．このとき，△ADI の面積はいくらか．（21　防衛医大）

《面積二等分線の長さ (B20) ☆》

43. 3 辺 AB，AC，BC の長さがそれぞれ 2，3，4 であるような三角形 ABC を考える．P，Q を，線分 PQ が ABC の面積を 2 等分するように，それぞれ辺 AB 上，辺 AC 上を動く点とする．このとき，次の問いに答えよ．

（1） cos∠BAC の値を求めよ．

（2） 線分 AP，線分 AQ の長さを，それぞれ x, y とおく．さらに，$k=x-y$ とおく．このとき，PQ の長さを，k を用いて表せ．

（3） PQ の長さの最大値と最小値を求めよ．（21　高知大・医，理工）

《アポロニウスの円と平面幾何 (B20) ☆**》**

44. 直線 l 上に AB ＝ 4 となるように 2 点 A，B をとり，l 上にない点 P を AP : BP ＝ 3 : 1 を満たすようにとります．三角形 ABP の外接円の点 P における接線と直線 l の交点を C とするとき，次の問いに答えなさい．

（1） 線分 BC および線分 CP の長さを求めなさい．

（2） 点 C を中心とし線分 CP を半径とする円周上の点を Q とするとき，AQ : BQ ＝ 3 : 1 となることを示しなさい．（21　鳴門教育大・教育）

《円に内接する四角形 (B10) ☆》

45. 半径 r の円に内接する四角形 ABCD において，AB ＝ 3，BC ＝ $\sqrt{2}$，CD ＝ $3\sqrt{2}$，DA ＝ 5 である．このとき，以下の問いに答えなさい．

（1） ∠DAB ＝ θ とするとき，$\cos\theta$ の値を求めなさい．

（2） BD の長さを求めなさい．

（3） r の値を求めなさい．

（4） 四角形 ABCD の面積を求めなさい．（21　岩手県立大・ソフトウェア）

《ブラーマグプタの定理 (B30) ☆》

46. 四角形 ABCD が円に内接しているとする．辺 DA，AB，BC，CD の長さをそれぞれ a，b，c，d で表し，∠DAB ＝ θ とおく．また，四角形 ABCD の面積を T とする．このとき，以下の問いに答えなさい．

（1） $a^2+b^2-c^2-d^2=2(ab+cd)\cos\theta$ が成り立つことを示しなさい．

（2） $T=\sqrt{(s-a)(s-b)(s-c)(s-d)}$ が成り立つことを示しなさい．

ただし，$s=\dfrac{1}{2}(a+b+c+d)$ とする．（21　山口大・理）

【立体図形】

《正四面体の内接球と外接球 (A20) ☆》

47．1辺の長さが1の正四面体に内接する球 O_1 の半径は $\dfrac{\sqrt{\square}}{\square}$ であり，同じ正四面体に外接する球 O_2 の半径は $\dfrac{\sqrt{\square}}{\square}$ である．従って，球 O_2 の体積は球 O_1 の体積の $\square$ 倍である．　(21　中部大・工)

《三脚問題 (B20) ☆》

48．1辺の長さが1の正三角形 ABC を底面とする四面体 OABC を考える．ただし，$\mathrm{OA}=\mathrm{OB}=\mathrm{OC}=a$ であり $a \geqq 1$ とする．頂点 O から三角形 ABC に引いた垂線と三角形 ABC との交点を H とする．以下の各問いに答えよ．

(1)　三角形 ABC の面積を求めよ．

(2)　線分 AH の長さを求めよ．

(3)　線分 OH の長さを a を用いて表せ．

(4)　四面体 OABC の体積を a を用いて表せ．

(5)　四面体 OABC に外接する球の半径を a を用いて表せ．　(21　昭和大・推薦)

《正五角形と錐 (B30)》

49．(1)　1辺の長さが1の正五角形 ABCDE について考える．(下図)

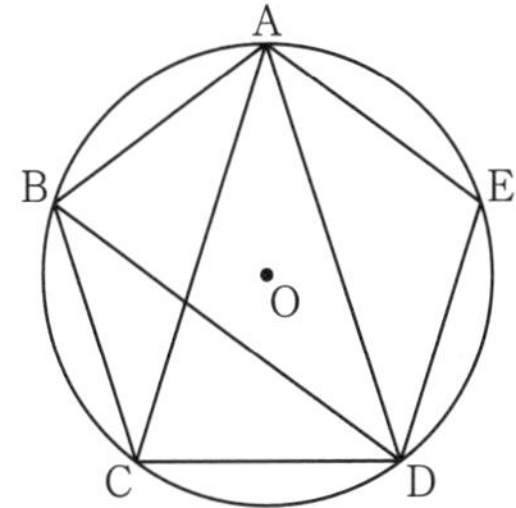

対角線 AC の長さは $\square$ である．

$\sin^2\angle\mathrm{BAC}=\square$ なので，この正五角形の外接円の半径を r とおくと，$r^2=\square$ である．またこの正五角形の面積を S とすると，$S^2=\square$ である．

(2)　(1)の外接円の中心を O とおく．(1)の正五角形を底面とし，すべての辺の長さが1である五角錐を考える．頂点を F とおく．この底面に対する高さを h とすると，$h^2=\square$ となる．$\angle\mathrm{AFO}=\theta$ とおくと，$\sin 2\theta=\square$ である．

(3)　(2)の F を1辺の長さが1である正二十面体の頂点の1つとすると，点 A，B，C，D，E は F と辺でつながる正二十面体上の頂点と考えることができる．この二十面体の外接球の半径を R とおくと $R^2=\square$ である．

(21　順天堂大・医)

《正十二面体 (C30) ☆》

50．a は $a>1$ を満たす実数とする．1辺の長さ a の正方形である面を1つ，3辺の長さが a，1，1の二等辺三角形である面を2つ，4辺の長さが a，1，1，1の台形である面を2つ用意し，これらを組み合わせて5つの面で囲まれた立体 F ができたとする．

(1)　立体 F において，正方形の面に平行な長さ1の辺がある．その辺上の点から正方形の面に引いた垂線の長さ h を a を用いて表せ．

(2)　立体 F において，正方形の面と台形の面のなす角を θ_1 とし，正方形の面と二等辺三角形の面のなす角を θ_2 とするとき

$$\theta_1+\theta_2=\frac{\pi}{2}$$

となる a の値を求めよ．

(3)　(2)で求めた a の場合を考える．1辺の長さが a の立方体にいくつかの F を正方形の面でうまくはり合わ

せると正十二面体ができる．この事実を利用して1辺の長さが1の正十二面体の体積を求めよ．

（21　京都府立医大）

《多面体定理（A5）》

51．すべての面が四角形となっている凸多面体 P について考える．凸多面体 P の面の数が29のとき，P の辺の数は □ であり，P の頂点の数は □ である．

（21　東京医大・医）

【場合の数】

《順列と組合せ（A10）☆》

52．a, a, b, b, b, c の 6 つの文字から 4 つとった順列および組合せの数を求めよ．（21　釧路公立大・中期）

《医師と看護師を選ぶ（A5）》

53．医師 6 名，看護師 4 名の中から 5 名の委員を選出するとき，次の問いに答えよ．

（1）医師 3 名と看護師 2 名を選ぶ選び方は何通りあるか．

（2）看護師を少なくとも 1 名含む選び方は何通りあるか．（21　愛知医大・看護）

《固まりにする（A5）☆》

54．8 文字 YAKUGAKU を並べかえてできる文字列は全部で□通りあり，そのうち「YAKKA」という文字列を含む文字列は□通りある．（21　星薬大・推薦）

《順序が決まっている文字（A10）☆》

55．ABCABCUNIV の 10 文字を 1 列に並べるとき，次のような並べ方は何通りあるかそれぞれ求めよ．

（1）N は U の右隣にある．

（2）N は U より右にあり，I は N より右にあり，V は I より右にある．（21　京都教育大・教育）

《順序が決まっている文字（A10）☆》

56．H, I, T, A, C, H, I の 7 文字を横一列に並べて得られる順列を考える．以下の各問の□にあてはまる答えを，解答用紙の指定の欄に記入しなさい．

（1）並べ方の総数は，□通りである．

（2）C が A より左側にある並べ方は，□通りである．

（3）I と C が隣り合う並べ方は，□通りである．

（4）同じ文字が連続して並ばない並べ方は，□通りである．

（5）2 つの H の少なくとも一方より A が左側にある並べ方は，□通りである．（21　茨城大・工）

《全て並べて加える（B10）☆》

57．以下の空欄を適切に埋めて文章を完成させよ．

1, 2, 3, 4, 8, 9 の 6 つの数字を，それぞれ 1 個ずつ横に並べて 6 桁の整数を作る．このとき，作ることのできる 6 桁の整数は□通りであり，その総和は□ × 111111 である．また，作ることのできる 6 桁の整数のうち，2 の倍数は□個あり，4 の倍数は□個あり，9 の倍数は□個あり，11 の倍数は□個ある．

（21　奈良県立医大・医）

《経路の数・平面（A10）☆》

58．図のような格子状の道がある．S 地点から G 地点まで行くときの最短経路は□通りある．また，A 地点を通らない最短経路は□通りであり，A 地点も B 地点も通らない最短経路は□通りである．

（21　昭和薬大・B 方式）

《経路の数・空間（B20）》

59．図のように，同じ大きさの立方体を 15 個積んでできた立体図形を考える．点 A から指定された点まで立方体の辺に沿って最短距離で行く経路のみを考える．

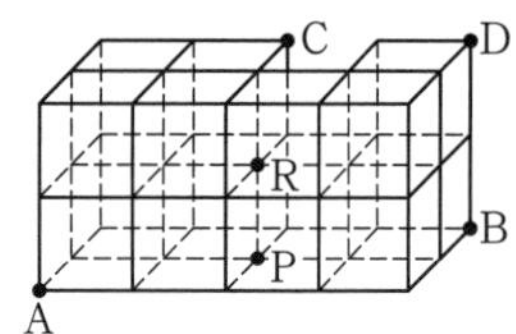

（1）（i） 点Aから点Pまでの経路は □ 通り，点Aから点Bまでの経路は □ 通りであり，点Aから点Pを通って点Bまで至る経路は □ 通りある．

（ii） 点Aから点Cまでの経路は □ 通りあり，そのうち点Pと点Rの両方を通る経路は □ 通りある．

（iii） 点Aから点Dまでの経路は □ 通りある．

（2） 点Aから点Cまでの経路の選び方がすべて同様に確からしいとしたとき，点Aから出発して点Cに到着するという条件の下で，点Pと点Rの両方を通る確率は □ であり，点Aから出発して点Pを通って点Cに到着するという条件の下で点Rを通る確率は □ である． （21 立命館大・理系）

《3の倍数の問題（C30）☆》

60. nを$1 \leqq n \leqq 4$を満たす整数とする．6個の数字

$$\{n, n+1, n+2, n+3, n+4, n+5\}$$

から互いに異なる3つの数字を取り出して，3桁の数をつくるとき，以下の問いに答えよ．

（1） $n=1$のときにつくられるすべての3桁の数のうち，3の倍数となるものの個数を求めよ．

（2） $n=1, 2, 3, 4$のときにつくられるすべての3桁の数のうち，3の倍数であるものの個数を重複しないように求めよ． （21 鳥取大・工-後期）

《母音が隣り合わない（B20）》

61. M，A，E，B，A，S，H，Iの8文字を使ってできる文字列について，次の問いに答えよ．ただし，AとAの2文字は区別せず，また，8文字のうち母音はA，E，Iである．

（1） 8文字すべてを使ってできる文字列はいくつあるか．

（2） 8文字すべてを使ってできる文字列のなかで，Aが隣り合うものはいくつあるか．

（3） 8文字すべてを使ってできる文字列のなかで，どの母音も隣り合わないものはいくつあるか．

（4） M，A，E，B，S，H，Iの7文字を3組に分ける方法は何通りあるか．ただし，3組の区別はしない．

（21 群馬大・医）

《同色が隣り合わない（B20）☆》

62. 箱が6個あり，1から6までの番号がついている．赤，黄，青それぞれ2個ずつ合計6個の玉があり，ひとつの箱にひとつずつ玉を入れるとする．ただし，隣り合う番号の箱には異なる色の玉が入るようにする．このような入れ方は全部で何通りあるかを求めよ． （21 早稲田大・教育）

《GOを1つだけ含む順列（B10）☆》

63. “GELGOOG” の7文字の並べ替えについて考えると，“GOLGO” を含む並べ方は □ 通り，“GOGO” を含む並べ方は □ 通り，“GO” を1つだけ含む並べ方は □ 通りある． （21 近大・医-推薦）

《ソーシャルディスタンス（B20）☆》

64. ある飲食店には横一列に並んだカウンター席が10席あるが，客は互いに2席以上空けて座らなければならない．

（1） 同時に座ることのできる最大の客数を求めなさい．

（2） 客が2名のとき，席の空き方は何通りあるか．

（3） 客が1名以上のとき，席の空き方は全部で何通りあるか． （21 龍谷大・先端理工・推薦）

《ソーシャルディスタンス（B20）☆》

65. 図のように番号のついた正方形のマス目を横一列につなげて並べ，そのマス目に区別のできない3個の碁石を置く．ただし，どの碁石も2マス以上間をあけて置くものとする．このとき，以下の問いに答えよ．

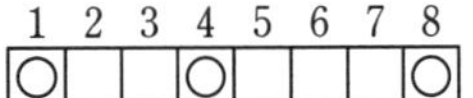

（1） 1番から8番までの8個のマス目に碁石を並べるとき，並べ方をすべて書け．例えば，図のような並べ方は，(1, 4, 8) と表すものとする．

（2） 1番から12番までの12個のマス目に碁石を並べるとき，以下の問いに答えよ．

（i） 3個のうち一番左にある碁石が1番のマス目にある並べ方は何通りあるか．

また，3個のうち一番左にある碁石が2番のマス目にある並べ方は何通りあるか．

（ii） 並べ方は全部で何通りあるか．

（3） n を7以上の自然数とする．1番から n 番までの n 個のマス目に碁石を並べるとき，以下の問いに答えよ．

（i） 3個のうち一番左にある碁石が1番のマス目にある並べ方は何通りあるか．

（ii） k を $1 \leqq k \leqq n-6$ をみたす自然数とする．3個のうち一番左にある碁石が k 番のマス目にある並べ方は何通りあるか．

（iii） （ii）を利用して，並べ方は全部で何通りあるか．

（4） （3）については，${}_{(ア)}\mathrm{C}_{(イ)}$ として求めることができる．（ア），（イ）に入る数または数式を求めよ．

また，なぜ ${}_{(ア)}\mathrm{C}_{(イ)}$ として求めることができるのか理由を説明せよ． （21　長崎大・サンプル問題）

《劇場のソーシャルディスタンス（B20）☆》

66．下図のように，縦2列，横 n 列に並んだ合計 $2n$ 席の座席があり，その中から k 席の座席を選ぶ．ただし，選んだ座席の前後左右に隣接する座席は選ばないこととする．以下の問に答えよ．

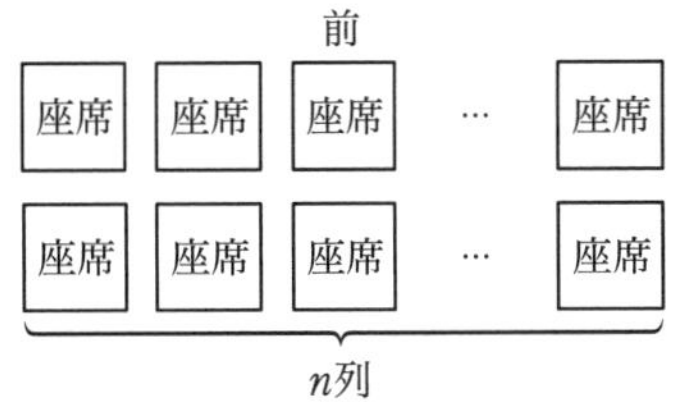

（1） $k=n$ のとき，座席の選び方は何通りあるか．

（2） $n \geqq 3,\ k=n-1$ とする．右端から2列目の前後2席がどちらも選ばれていないような，座席の選び方は何通りあるか．

（3） $n \geqq 3,\ k=n-1$ のとき，座席の選び方は何通りあるか．

（4） $n \geqq 5,\ k=n-2$ のとき，座席の選び方は何通りあるか． （21　岐阜大・共通）

《三角形と四角形（B20）☆》

67．正八角形 $\mathrm{A}_1\mathrm{A}_2\cdots\mathrm{A}_8$ について，以下の問いに答えよ．

（1） 3個の頂点を結んでできる三角形のうち，直角三角形であるものの個数を求めよ．

（2） 3個の頂点を結んでできる三角形のうち，直角三角形でも二等辺三角形でもないものの個数を求めよ．

（3） 4個の頂点を結んでできる四角形のうち，次の条件（＊）を満たすものの個数を求めよ．

（＊） 四角形の4個の頂点から3点を選んで直角三角形を作れる． （21　東北大・共通）

《塗り分け（B20）☆》

68．下図の六角形は，A～F の区画に分けられている．そこで，境界を接する区画とは別の色になるように，各区画を塗り分けることになった．

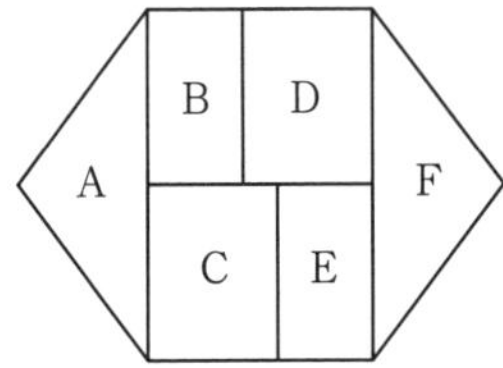

（1） 6種類の色があり，それらをすべて用いる場合，その塗り分け方は，□通りある．

一方，3種類の色があり，それらをすべて用いる場合，その塗り分け方は，［ア］通りある．

（2） 赤，青，黄，緑の4色がある．

使わない色があってもよい場合，この4色での色の塗り分け方は，［　］通りある．

4色中3色を選ぶ色の組み合わせは，［　］通りあり，（1）より3種類の色を用いた六角形の塗り分け方は，［ア］通りあるので，4色中3色しか使わない塗り分け方は，［　］通りある．したがって，4色すべてを用いた塗り分け方は，［　］通りある．

4色すべてを用いる場合，まず，境界を接しない2区画が同じ色になる．さらに他の4区画のうち，境界を接しない2区画が別の色で同じ色になり，残りの1区画ずつが違う色になる．

区画Aと区画Dが同じ色になる場合，別の色で同じ色になる2区画の組み合わせは，［　］通りある．したがって，区画Aと区画Dが赤色になり，かつ4色すべてを用いる塗り分け方は，［　］通りある．

また，三角形である区画Aか区画Fのどちらか1区画だけが他の区画と同じ色になり，かつ4色すべてを用いる塗り分け方は，［　］通りある．

（21　松山大・薬）

【場合の数の難問】

《果物を分ける（C40）》

69．A，B，C，Dの4人で，すべて種類の異なる果物k個を分ける．ただし，果物をもらえない者が現れる分け方についても，果物を4人で分けたと考える．このとき，以下の問に答えよ．

（1） $k=5$のとき，果物の分け方は何通りあるか．

（2） $k=9$のとき，A，B，C，Dの4人のうち，1人が0個，残りの3人は少なくとも2個以上もらえる果物の分け方は何通りあるか．

（3） $k=6$のとき，A，B，C，Dの4人のうち，1人が0個，残りの3人は少なくとも1個以上もらえる果物の分け方は何通りあるか．

（4） A，B，C，D，Eの5人で，すべて種類の異なる果物k_0個を分けるとする（$k_0>4$）．このとき，5人のうち，1人が0個，残りの4人は少なくとも1個以上もらえる果物の分け方の総数を $\sum_{i=1}^{4} a_i i^{k_0}$ と表すとする．ここで，a_i $(i=1,\ 2,\ 3,\ 4)$ はk_0に無関係な値で，ただ1通りに定まる．このとき，a_3の値はいくらか．（21　防衛医大）

《正三角形の個数（C30）☆》

70．1辺の長さが1の正三角形を下図のように積んでいく．図の中には大きさの異なったいくつかの正三角形が含まれているが，底辺が下側にあるものを「上向きの正三角形」，底辺が上側にあるものを「下向きの正三角形」とよぶことにする．例えば，この図は1辺の長さが1の正三角形を4段積んだものであり，1辺の長さが1の上向きの正三角形は10個あり，1辺の長さが2の上向きの正三角形は6個ある．また，1辺の長さが1の下向きの正三角形は6個ある．上向きの正三角形の総数は20であり，下向きの正三角形の総数は7である．こうした正三角形の個数に関して，次の問いに答えよ．

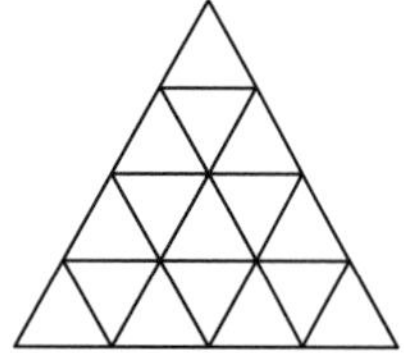

（1） 1辺の長さが1の正三角形を5段積んだとき，上向きと下向きとを合わせた正三角形の総数を求めよ．

（2） 1辺の長さが1の正三角形をn段（ただしnは自然数）積んだとき，上向きの正三角形の総数を求めよ．

（3） 1辺の長さが1の正三角形をn段（ただしnは自然数）積んだとき，下向きの正三角形の総数を求めよ．

（21　早稲田大・教育）

《多面体の塗り分け（C30）》

71．nを自然数とする．n色の異なる色を用意し，そのうちの何色かを使って正多面体の面を塗り分ける方法を考える．つまり，一つの面には一色を塗り，辺をはさんで隣り合う面どうしは異なる色となるように塗る．ただし，正多面体を回転させて一致する塗り分け方どうしは区別しない.

（1） 正四面体の面を用意した色で塗り分ける.

（i） 少なくとも何色必要か.

（ii） $n \geqq 4$ とする. この方法は何通りあるか.

（2） 正六面体 (立方体) の面を用意した色で塗り分ける.

（i） 少なくとも何色必要か.

（ii） $n \geqq 6$ とする. この方法は何通りあるか. （21 滋賀医大）

【確率】

《玉の取り出しの基本 (A5) ☆》

72. 箱Aには赤玉が2個，白玉が3個，青玉が5個入っており，箱Bには赤玉が3個，白玉が1個，青玉が6個入っている．2つの箱A, Bからそれぞれ1個ずつ玉を取り出す．このとき，2個の赤玉を取り出す確率は□であり，少なくとも1個の赤玉を取り出す確率は□である．また，取り出される2個の玉が同じ色である確率は□である．
(21　北里大・獣医)

《玉の取り出しの基本 (A10) ☆》

73. nは自然数とする．袋の中に玉が$6n+21$個入っていて，各玉には1から6までのどれか1つの数字が書かれている．そのうち数字1が書かれた玉は$n+1$個，数字2が書かれた玉は$n+2$個，…，数字6が書かれた玉は$n+6$個であるとする．

袋の中から玉を1個取り出して，その玉に書かれた数字が1, 2, 3のいずれかである確率が$\frac{4}{9}$となるのは$n=$□のときである．

また，袋の中から玉を同時に2個取り出して，その玉に書かれた数字の和が6である確率が$\frac{2}{15}$となるのは$n=$□のときである．
(21　愛知工大・工)

《カードの列 (A5)》

74. 次のような，K, U, S, R, Iと書かれたカードが2枚ずつ計10枚ある．

K K U U S S R R I I

(1) この10枚のカード全部を横一列に並べてできる文字列を考える．

(i) このような文字列は全部で□通りある．

(ii) KUSURIという連続した6文字が含まれる文字列は□通りある．

(iii) どのKもどのRより左側にある文字列は□通りある．

(2) この10枚のカードをよく混ぜてから，1枚ずつカードを取り出し，取り出した順に左から横1列に並べていく．6枚目のカードを並べ終えたとき，できあがった文字列がKUSURIとなる確率は□である．
(21　北里大・薬)

《組分けの確率 (A10) ☆》

75. A, B, C, D, E, F, G, H, Iの9人をくじ引きで4人，3人，2人のグループに分ける．A, B, Cが3人とも異なるグループに分かれる確率は$\frac{\square}{\square}$である．
(21　藤田医科大・AO)

《くじ引きの基本 (A5)》

76. 当たりが5本入ったくじがある．この中から2本のくじを同時に引くとき，2本とも当たりである確率は$\frac{5}{39}$である．はずれくじの本数を求めよ．
(21　兵庫医大)

《サイコロの目の最大値 (A10)》

77. nを自然数とする．n個のさいころを同時に投げて，出た目のうち最大のものをM_n，最小のものをm_nとし，$L_n=M_n-m_n$とおく．このとき以下の設問に答えよ．

(1) $L_n=0$となる確率を求めよ．

(2) $M_n=4$かつ$m_n=3$である確率を求めよ．

(3) $L_n>1$となる確率を求めよ．
(21　東京女子大・数理)

《互いに素 (A10)》

78. 2から9までの数字が1つずつ書かれた8枚のカードがある．これら8枚のカードから1枚のカードを引く試行において，素数のカードを引く確率は□である．また，これら8枚のカードから同時に2枚のカードを引く試行において，2枚のカードに書かれた数が互いに素である確率は□である．
(21　京都薬大)

《互いに素 (B20) ☆》

79. 1, 2, 3, 4の番号が1つずつ書かれた4枚のカードを袋に入れる．1枚のカードを取り出し，カードに書かれている番号を記録し，カードを袋にもどす．この操作を4回くり返す．得られた番号を順に A, B, C, D とする．以下の問いに答えよ．

（1） 自然数 n に対して，n が積 AB と積 CD の公約数の1つとなる確率を P_n で表す．このとき，P_2，P_3，P_6 を求めよ．

（2） 積 AB と積 CD が互いに素になる確率を求めよ． （21 大府大・工／文章を少し変更した）

《立方体の頂点を選ぶ（B20）☆》

80．図のような1辺の長さが1の立方体 ABCD-EFGH を考える．この立方体の8個の頂点から異なる3点を無作為に選んで，これらを頂点とする三角形を T とするとき，次の問いに答えなさい．

（1） T が正三角形であるような選び方は何通りあるか求めなさい．

（2） T が直角三角形であるような選び方は何通りあるか求めなさい．

（3） T の3辺の長さの和が4以上になる確率を求めなさい．

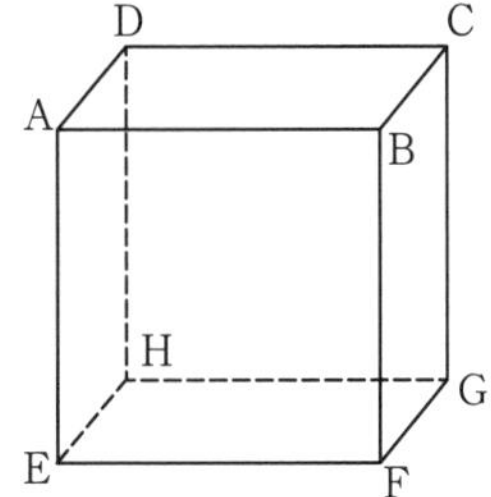

（21 山口大・教，経，保健，農，獣医，国際）

《3の倍数の確率（B20）☆》

81．1, 2, …, 15, 16 の数字が書かれたカードがそれぞれ1枚ずつある．これら16枚のカードから3枚を同時に選ぶとき．次の問いに答えよ．

（1） 3枚のカードの数の積が3の倍数である確率を求めよ．

（2） 3枚のカードの数の和が3の倍数である確率を求めよ．

（3） 3枚のカードの数の積が3の倍数でなく，3枚のカードの数の和も3の倍数でない確率を求めよ．

（21 弘前大・医，農，人文，教）

《同じ文字が隣り合わない（B20）》

82．箱の中に，1から3までの番号が1つずつ書かれた3枚の赤いカードと，1から3までの番号が1つずつ書かれた3枚の黒いカードが入っている．箱からカードを1枚ずつ無作為に取り出して，テーブルの上に，左から右へと取り出した順に並べていくとする．並べられた6枚のカードについて，次の問いに答えなさい．

（1） 隣り合うどの2枚のカードも色が異なる確率を求めなさい．

（2） 番号1が書かれている2枚のカードが隣り合わない確率を求めなさい．

（3） 隣り合うどの2枚のカードも番号が異なる確率を求めなさい． （21 山口大・医，理）

《少なくとも1回取り出される（B20）☆》

83．赤玉，白玉，青玉，黄玉が1個ずつ入った袋がある．よくかきまぜた後に袋から玉を1個取り出し，その玉の色を記録してから袋に戻す．この試行を繰り返すとき，n 回目の試行で初めて赤玉が取り出されて4種類全ての色が記録済みとなる確率を求めよ．ただし n は4以上の整数とする． （21 京大・理系）

《サイコロ3つの積で4の倍数（A5）》

84．1から6の目が等しい確率で出るサイコロを3つ同時に投げるとき，3つの出た目の積が4の倍数になる確率を求めなさい． （21 横浜市大・共通）

《サイコロ4回（A10）》

85．1個のさいころを4回続けて投げるとき，出た目を表す数を順に a, b, c, d とする．以下の問いに答えよ．

（1） $a+b+c$ が9の倍数になる確率を求めよ．

（2） $(a-b)(b-c)(c-d)=0$ となる確率を求めよ．

（3） $\left|(10a+b)-(10c+d)\right| \leqq 1$ となる確率を求めよ． （21 愛知県立大・情報）

《サイコロ2つの和 (B20) ☆》

86. サイコロ3つを同時に振るとき，次の各問いに答えよ．

(1) いずれか2つの目の合計が4になる確率を求めよ．

(2) いずれか2つの目の合計が8になる確率を求めよ．

(3) どの2つの目の合計も4，8にならない確率を求めよ． (21 東京女子医大)

《サイコロの目の最大最小 (B20) ☆》

87. 1個のさいころを4回投げるとき，出た目の最小値を m，最大値を M とする．

(1) $m \geqq 2$ となる確率は $\dfrac{\square}{\square}$ であり，$m=1$ となる確率は $\dfrac{\square}{\square}$ である．

(2) $m \geqq 2$ かつ $M \leqq 5$ となる確率は $\dfrac{\square}{\square}$ であり，$m \geqq 2$ かつ $M=6$ となる確率は $\dfrac{\square}{\square}$ である．

(3) $m=1$ かつ $M=6$ となる確率は $\dfrac{\square}{\square}$ である． (21 青学大・理工)

《最大最小と15の倍数 (B30) ☆》

88. 1つのさいころを n 回続けて投げるとき，次の確率を，n を用いて表せ．

(1) 出る目の最大値が5以下である確率

(2) 出る目の最大値が5である確率

(3) 出る目の最大値が5であり，かつ最小値が3以上である確率

(4) 出る目の最大値が5であり，かつ最小値が3である確率

(5) 1回目から n 回目までに出る目の積が，15で割り切れる確率 (21 岐阜薬大)

《2数の和が3つ目 (B30) ☆》

89. 1から $n\ (n \geqq 3)$ までの整数を1つずつ書いた n 枚のカードがある．無作為に3枚選ぶとき，取り出したカードに書かれた数について次の問いに答えよ．

(1) 3つの数が連続している確率は $\square$ であり，3つの数のうち2つだけが連続している確率は $\square$ である．したがって，3つの数がどの2つも連続していない確率は $\square$ である．

(2) 3つの数のうち，2つの和が残りの1つの数に等しくなる確率は，n が奇数のとき $\square$ であり，n が偶数のとき $\square$ である． (21 近大・医-後期)

《玉と箱の配分 (B30) ☆》

90. n, k を2以上の自然数とする．n 個の箱の中に k 個の玉を無作為に入れ，各箱に入った玉の個数を数える．その最大値と最小値の差が l となる確率を $P_l\ (0 \leqq l \leqq k)$ とする．このとき，以下の問に答えよ．

(1) $n=2, k=3$ のとき，P_0, P_1, P_2, P_3 を求めよ．

(2) $n \geqq 2, k=2$ のとき，P_0, P_1, P_2 を求めよ．

(3) $n \geqq 3, k=3$ のとき，P_0, P_1, P_2, P_3 を求めよ． (21 早稲田大・理工)

《経路で視覚化する (B20)》

91. 1枚の硬貨を兄，弟の2人が兄から始めて交互に投げる．投げる度に，表が出れば投げた人は1点を得て，裏が出れば点は得られない．2人の硬貨投げの合計回数を n と表す．n 回まで硬貨投げが済んだときの兄，弟のそれぞれの合計得点を A_n，B_n とおく．

(1) $A_8=1$，$B_8=4$ になる確率を求めよ．

(2) $n=1, 2, \cdots, 8$ のうちの1個以上の n で，$B_n-A_n=3$ となる確率を求めよ． (21 大阪医科薬科大・後期)

《球根の増殖 (B20) ☆》

92. ある花の1個の球根が1年後に3個，2個，1個，0個になる確率はそれぞれ $\dfrac{1}{5}$，$\dfrac{3}{10}$，$\dfrac{2}{5}$，$\dfrac{1}{10}$ であるとする．次の問に答えなさい．

（1） 1個の球根が，1年後に2個になり，2年後にも2個のままである確率は $\dfrac{\square}{\square}$ である．

（2） 1個の球根が，1年後に3個になり，2年後に2個になる確率は $\dfrac{\square}{\square}$ である．

（3） 1個の球根が2年後に2個になる確率は $\dfrac{\square}{\square}$ である． （21 愛知学院大・薬，歯）

《確率の増減 (B20) ☆》

93. 1つの袋の中に白球が10個，赤球が20個入っている．この袋から球を10個取り出すとき，白球が $10-n$ 個，赤球が n 個である確率を $P(n)$ とする．ただし $0 \leqq n \leqq 10$ である．このとき，以下の設問に答えよ．

（1） $P(0)$ と $P(10)$ の大小を比較せよ．

（2） $0 \leqq n \leqq 9$ として $\dfrac{P(n+1)}{P(n)}$ を n を用いて表せ．

（3） $P(n)$ が最大および最小となる n をそれぞれ求めよ． （21 東京女子大・数理）

【条件つき確率】

《くじ引き的に考える (A15) ☆》

94. 赤玉が3個と白玉が5個入った袋がある．袋から玉を1個ずつ取り出していき，残った玉が赤玉だけ，または白玉だけになったとき終了する．以下の問いに答えなさい．

（1） 最初から3個連続で赤玉を取り出す確率を求めなさい．

（2） 終了までに取り出した玉の個数が4個以下である確率を求めなさい．

（3） 白玉も赤玉もそれぞれ2個以上取り出して終了する確率を求めなさい．

（4） 終了時に袋に赤玉が残っているとき，最初に取り出した玉が赤玉である確率を求めなさい．

（21 都立大・後期）

《余事象の利用 (A10) ☆》

95. 1個のさいころを続けて3回投げるとき，5以上の目がちょうど2回出る事象を A，偶数の目が少なくとも1回出る事象を B とする．A が起こる確率は $\dfrac{\square}{\square}$，B が起こる確率は $\dfrac{\square}{\square}$ である．また B が起こるとき，A が起こる条件付き確率は $\dfrac{\square}{\square}$ である． （21 摂南大・理工）

《サイコロ3個の目の和 (B20) ☆》

96. 大中小の3つのさいころを投げて，出た目をそれぞれ a, b, c とする．

（1） $a+b+c \geqq 8$ となる確率を求めよ．

（2） $a+b+c$ が偶数であるという条件のもとで $abc \leqq 8$ となる確率を求めよ． （21 学習院大・理）

《傘忘れの確率 (B15) ☆》

97. Aさんは，訪問先を訪ねると $\dfrac{1}{9}$ の確率で傘を忘れてきてしまう．ある日，傘を1本持って出発したAさんが20か所の訪問先を回り帰宅したとき，傘を忘れてきたことに気がついた．偶数番目のいずれかの訪問先に傘を忘れてきた確率を求めよ． （21 愛知医大・医-推薦）

《方程式との融合 (B20)》

98. 1個のさいころを3回投げる．1回目に出た目の数を a，2回目に出た目の数を b，3回目に出た目の数を c とする．また，

$$f(x)=(-1)^a x^2+bx+c$$

とする．次の問いに答えよ．

（1） $b^2>4c$ である確率を求めよ．

（2） 2次方程式 $f(x)=0$ が異なる二つの実数解をもつ確率を求めよ．

（3） 2次方程式 $f(x)=0$ が異なる二つの実数解をもつとき，$f'(1)=7$ である条件付き確率を求めよ．

（4） 2次方程式 $f(x)=0$ が異なる二つの実数解をもつとき，少なくとも一つが正の解である条件付き確率を求めよ．

（21 広島大・前期）

《最短格子路だけの問題 (B10) ☆》

99. 原点Oから出発して座標平面内を移動する点Aを考える．点Aは，1回ごとに，確率 p で x 軸の正の向きに1だけ移動し，確率 $1-p$ で y 軸の正の向きに1だけ移動する．ここで $0<p<1$ である．

点Aが14回移動するとき，

- E を「点Aが座標平面内の点P(5, 4) を通る」という事象
- F を「点Aが座標平面内の点Q(7, 7) に到達する」という事象

とする．このとき，次の問いに答えよ．

（1） 事象 E が起こる確率 $P(E)$ を求めよ．

（2） 事象 E が起こったときの事象 F の条件付き確率 $P_E(F)$ を求めよ．

（3） 事象 F が起こったときの事象 E の条件付き確率 $P_F(E)$ を求めよ．

（21 琉球大・理-後）

《独立試行とくじ引き (B20) ☆》

100. コインを同時に2枚投げ，表が出たコインの枚数を得点とする．この操作を n 回行い，合計点を考える．$n \geqq 2$ とする．

（1） $n=5$ のとき，合計点が8点となる確率を求めよ．

（2） n 回のうち1回だけ2点を取って合計点が n 点となる確率を求めよ．

（3） n 回のうち1回だけ2点を取って合計点が n 点であったとき，2回目の得点が1点である確率を求めよ．

（4） n 回のうち1回だけ1点を取って合計点が n 点となる確率を求めよ．

（21 名古屋工大・後期）

《3の倍数 (B20)》

101. 1から9までの番号のついた札が，袋 α にはそれぞれ1枚ずつ合計9枚，袋 β にはそれぞれ2枚ずつ合計18枚入っている．袋 α から札を1枚ずつ3回続けて取り出し，取り出した順に左から右に並べて3桁の整数 m をつくる．次に，袋 β から札を1枚ずつ3回続けて取り出し，取り出した順に左から右に並べて3桁の整数 n をつくる．ただし，どちらにおいても取り出した札は袋に戻さない．m が奇数である事象を A とする．m が3の倍数である事象を B とする．このとき，確率 $P(A)=$ □，$P(B)=$ □ であり，条件付き確率 $P_A(B)=$ □ である．$n>550$ である事象を C とする．$m>n$ である事象を D とする．このとき，確率 $P(C)=$ □，$P(D)=$ □ である．

（21 同志社大・理系）

《札を取り出す (B20) ☆》

102. 袋の中に赤札が3枚，青札が3枚入っている．Aさんは，この袋から無作為に札を3枚取り出して箱の中に入れる．Bさんは，この箱の中から札を1枚取り出し，色を確認して箱に戻すという操作を繰り返し行う．

（1） Aさんが箱の中に入れた3枚の札のうちで赤札の枚数が0, 1, 2, 3である確率をそれぞれ求めよ．

（2） Bさんが箱から最初に取り出した札が赤札である確率を求めよ．

（3） Bさんが箱から1回目，2回目に取り出した札がどちらも赤札である確率を求めよ．

（4） Bさんが箱から札を n 回取り出して，それがすべて赤札だったとする．箱の中の3枚の札がすべて赤札である確率を求めよ．

（21 大阪医薬大・前期）

《感染症の確率 (B20)》

103. ある感染症の検査では，感染している人が正しく陽性（感染している）と判定される確率が $\frac{7}{10}$，感染していない人が正しく陰性（感染していない）と判定される確率が $\frac{99}{100}$ である．以下の問いに答えよ．

（1） 感染者が1人である1000人の集団から1人を選び，この検査を実施したところ，陽性と判定された．このとき，この人が本当に感染している確率を求めよ．

（2） （i）とは別の1000人の集団から1人を選び，この検査を実施したところ，陽性と判定された．この人が本当に感染している確率が $\frac{9}{10}$ 以上となるのは，この集団が少なくとも何人の感染者を含むときか，その人数を求めよ．

（21 早稲田大・人間科学-数学選抜）

《感染率が未知数 (B20) ☆》

104. ある病気にかかっているかどうかを判定する検査があり，検査結果は陽性か陰性かのどちらかである．この検査は，病気にかかっている人が陽性と判定される確率が $\dfrac{3}{4}$ であり，病気にかかっていない人が陰性と判定される確率が $\dfrac{19}{20}$ である．ここで，A 地域でこの病気にかかっている人の割合は全体の $\dfrac{1}{56}$ であるが，B 地域でこの病気にかかっている人の割合はわかっていないとする．

A 地域の住民から無作為に選ばれた被験者にこの検査を行う場合，検査結果が陽性となる確率は $\square$ である．さらに，検査で陽性と判定されたときに，実際に病気にかかっている確率は $\square$ である．

B 地域の住民から無作為に選ばれた被験者にこの検査を行う場合，検査結果が陽性となる確率は $\dfrac{3}{20}$ であった．このとき，B 地域の住民でこの病気にかかっている人の割合は $\square$ であり，検査で陽性と判定されたときに，実際に病気にかかっている確率は $\square$ である．

なお，この設問の解答は既約分数で表すこと．　　（21　関西医大・前期）

《感染症の確率 (B20)》

105. 以下の問いに答えよ．ただし，答えが分数となる場合は既約分数で答えよ．

（1） 箱の中に，1 から 5 までの数が一つずつ書かれた 5 枚のカードが入っている．箱の中から 1 枚のカードを無作為に取り出し，書かれた数を記録してから，取り出したカードを箱の中に戻す．この操作を 2 回行う．

（i） 2 回とも同じ数が書かれたカードが出る確率を求めよ．

（ii） 2 回の操作で記録された数の和が 8 以上になる確率を求めよ．

（2） 箱の中に，1 から 5 までの数が一つずつ書かれたカードがそれぞれ 2 枚，合計 10 枚のカードが入っている．この箱の中から 1 枚のカードを無作為に取り出し，その取り出したカードは箱に戻さないで，続けてもう 1 枚のカードを箱の中から無作為に取り出す．

（i） 取り出した 2 枚のカードに書かれた数が同じである確率を求めよ．

（ii） 最初に取り出したカードに書かれた数が 4 である場合に，取り出した 2 枚のカードに書かれた数の和が 8 以上になる確率を求めよ．

（iii） 取り出した 2 枚のカードに書かれた数の和が 8 以上になる確率を求めよ．

（iv） 取り出した 2 枚のカードに書かれた数の積が偶数になる確率を求めよ．　　（21　豊橋技科大）

《カードの確率 (C30)》

106. 3 色のカードがそれぞれ 5 枚ずつあり，どの色のカードにも 1 から 5 までの番号が 1 つずつ書かれている．1 回目，この 15 枚のカードから無作為に 3 枚取り出す．2 回目，残り 12 枚のカードから無作為に 3 枚取り出す．1 回目に取り出したカードの色がすべて異なるという事象を A，1 回目に取り出したカードの数字の合計が偶数であるという事象を B，2 回目に取り出したカードの数字の合計が偶数であるという事象を C とする．以下の問いに答えよ．

（1） 確率 $P(A)$ を求めよ．

（2） 確率 $P(B)$ を求めよ．

（3） 条件付き確率 $P_B(A)$ を求めよ．

（4） 条件付き確率 $P_{A\cap B}(C)$ を求めよ．　　（21　福島県立医大）

【条件つき確率の難問】

《面倒過ぎる問題 (D40)》

107. 袋 A と袋 B のどちらの袋にも赤玉 2 個，白玉 2 個，青玉 2 個の合計 6 個の玉が入っている．袋 A と袋 B から同時に 1 個ずつ玉を取り出し，この 2 個の玉の色が一致しているかどうかを確認する作業を，袋から取り出す玉がなくなるまで 6 回繰り返す．ただし，取り出した玉は袋に戻さないものとする．

（1） 玉の色が 1 度も一致しない確率を求めよ．

（2） 1 回目に玉の色が一致するとき，2 回目に玉の色が一致する条件付き確率を求めよ．

（3） 1 回目から 3 回目までに玉の色が少なくとも 1 度一致するとき，6 回の作業で玉の色がちょうど 2 度一致する条件付き確率を求めよ．　　（21　徳島大・医，歯，薬）

【場合の数・確率と漸化式】

【一部に数学 III（極限）の内容が入っています】

場合の数，確率の順です．

《階段上り (B20)》

108．階段を一度に 1 段登る，または 1 段飛ばして登る登り方をするとき，n 段目までの登り方の総数を a_n とする．例えば，$a_1 = 1$，$a_2 = 2$，$a_3 = 3$ である．以下の問いに答えよ．

（1） n を 3 以上の整数とする．$n-1$ 段目を踏む n 段目までの登り方の総数を b_n，$n-1$ 段目を踏まない n 段目までの登り方の総数を c_n とする．b_n, c_n を a_1, a_2, $\cdots$, a_{n-1} を用いて表せ．

（2） 極限値 $\lim\limits_{n\to\infty} \dfrac{a_{n+1}}{a_n}$ が存在することを認めて，この極限値を求めよ．

（3） n を 2 以上の整数とするとき，等式

$$a_{2n} = {a_n}^2 + {a_{n-1}}^2$$

が成立することを示せ．（21　浜松医大）

《2 行のソーシャルディスタンス (B20)》

109．自然数 n に対して横 n 個，縦 2 個からなる $n\times 2$ 個のマスを考え，それぞれのマスに 1 つずつ白玉または黒玉を入れる．その白玉と黒玉の入れ方のうち，黒玉が上下左右いずれにも隣り合わないような入れ方の総数を A_n とする．例えば $n=5$ のとき，図 1 の入れ方は黒玉が上下左右いずれにも隣り合わないような入れ方であり，図 2 の入れ方は黒玉が左右に隣り合っている入れ方である．

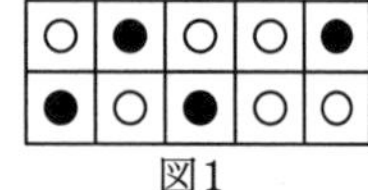
図1

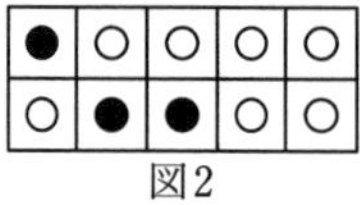
図2

A_n を求めよ．（21　京大・特色入試／奇妙な設問を削除した）

《確率漸化式 (B15)》

110．「4 個の玉が入った袋から玉を同時に 3 個取り出して，赤玉 2 個と白玉 1 個を袋に入れる」という操作を n 回行う．最初に袋に入っているのは赤玉 2 個と白玉 2 個とし，n 回の操作の後に袋の中の赤玉が 2 個になる確率を p_n とする．このとき，以下の問いに答えよ．

（1） p_1 を求めよ．

（2） p_2 を求めよ．

（3） 2 以上の整数 n に対して，p_n を p_{n-1} を用いて表せ．

（4） 自然数 n に対して，p_n を n を用いて表せ．

（5） $\lim\limits_{n\to\infty} p_n$ を求めよ．（21　大府大・後期）

《二項間漸化式 (B15) ☆》

111．中が見えない袋の中に，1 から 5 までの数字が 1 つずつ書かれた 5 個の球が入っている．この袋の中から球を 1 個取り出し数字を調べて袋に戻す．この試行を n 回繰り返して得られる n 個の数字の和が偶数となる確率を P_n とするとき，以下の各問いの答えのみを解答欄に記入せよ．

（1） P_1, P_2 の値をそれぞれ求めよ．

（2） P_n と P_{n+1} の間に成り立つ関係式を求めよ．

（3） P_n を n の式で表せ．（21　日本獣医生命科学大・獣医）

《漸化式を立てよう (B20) ☆》

112．1，2，3 の各数字が 1 つずつ書かれた 3 枚のカードが入った箱がある．この箱の中から無作為に 1 枚を取り出し，数字を見てから箱の中に戻すという試行を繰り返す．同じ数字を 3 回続けて取り出したら，試行を終了するものとする．

（i） 試行が 3 回で終了する確率を求めよ．

（ii） 試行が 4 回以内で終了する確率を求めよ．

（iii） 試行を 6 回行っても終了しない確率を求めよ．（21　広島市立大・後期）

《漸化式を立てよう (B15)》

113. 次の操作を5回繰り返し，白玉，赤玉を左から順に1列に並べる．

操作：1個のさいころを投げて，4以下の目が出たときには白玉を1個おき，他の目が出たときには赤玉を1個，次に白玉を1個おく．

たとえば，さいころの出た目が順に「1 1 1 5 1」であったとすると，並べられた玉の個数は6個で，玉の色は左から順に「白 白 白 赤 白 白」となる．このとき，

- 並べられた玉の個数が7個で，左から3個目の玉が赤玉である確率は□
- 左から5個目の玉が赤玉である確率は□

である．（21　東京慈恵医大）

《漸化式を立てよう (B20) ☆》

114. 1枚の硬貨を6回続けて投げるとき，次の問いに答えよ．

（1） 裏が出る回数より表が出る回数の方が多い確率を求めよ．

（2） 1回目，3回目，5回目のうち少なくとも1つは表である確率を求めよ．

（3） 表が2回以上続いて出ない確率を求めよ．（21　広島工業大）

《モンモールの問題 (B30)》

115. 図1のように1，2，…，n の番号が1つずつ書かれた n 個の箱と，1，2，…，n の番号が1つずつ書かれた n 個の玉がある．各箱に玉を1つずつ無作為に入れる．このとき，どの箱も，箱の番号と中の玉の番号が一致しない入れ方の総数を a_n，どの箱も，箱の番号と中の玉の番号が一致しない確率を p_n とする．以下，ア～カ は数値で答えよ．

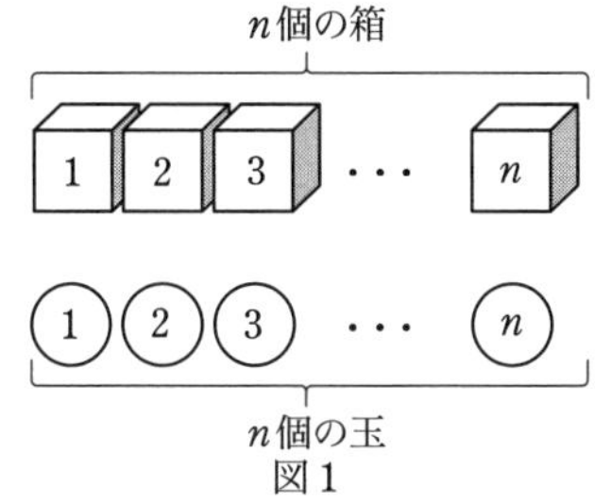

図1

（1） $a_3 =$ ア，$a_4 =$ イ である．

（2） a_5 を求めるために，次の（ i ），（ii）の場合に分けて考える．ここで番号 k が書かれた箱と玉をそれぞれ箱 k，玉 k と呼ぶ．

（ i ） 玉4が箱5に，玉5が箱4に入り，かつどの箱も，箱の番号と中の玉の番号が一致しない入れ方の総数は ウ である．

（ii） 玉4が箱5に，玉5が箱4以外の箱に入り，かつどの箱も，箱の番号と中の玉の番号が一致しない入れ方の総数は エ である．

（ i ），（ii）を用いると，$a_5 =$ オ である．したがって，$p_5 =$ カ である．

（3） $n \geqq 3$ とする．$n = 5$ の場合と同様に考えて，a_{n-1}，a_{n-2}，n を用いて a_n を表すと $a_n =$ □ である．また，p_n は a_n と n を用いて $p_n =$ □ と表される．これらのことから，

$$p_n = \boxed{キ}\, p_{n-1} + \boxed{ク}\, p_{n-2}$$

である．ただし，キ，ク は n を用いて表すこと．

よって，$p_n - p_{n-1}$ を n を用いて表すと，$p_n - p_{n-1} =$ □ である．これより，$e^x = \sum_{m=0}^{\infty} \frac{x^m}{m!}$ であることを用いると

$$\lim_{n \to \infty} p_n = \square$$

である．（21　立命館大・理系）

《正三角形上での動きを考える (B20) ☆》

116. 投げたときに表が出る確率と裏が出る確率が等しい硬貨がある．この硬貨を同時に 2 枚投げて，表が出た枚数に応じて数直線上の点 P を正の方向へ動かす．2 枚とも表が出たら 2 だけ移動し，1 枚だけ表が出たら 1 だけ移動するものとし，2 枚とも裏が出たら移動しないものとする．点 P の出発点を原点として，この試行を n 回くり返したとき，点 P の座標を 3 で割った余りが 0 である確率を a_n，1 である確率を b_n，2 である確率を c_n とする．このとき，次の各問いに答えよ．

（1） $a_1, b_1, c_1, a_2, b_2, c_2$ をそれぞれ求めよ．

（2） $n \geqq 1$ のとき，$a_{n+1}, b_{n+1}, c_{n+1}$ をそれぞれ a_n, b_n, c_n を用いて表せ．

（3） 漸化式 $x_{n+1} = \dfrac{1 + x_n}{4}$ $(n = 1, 2, 3, \cdots)$ を満たす数列 $\{x_n\}$ の一般項を x_1 を用いて表せ．

（4） 数列 $\{a_n\}$ の一般項を求めよ． （21 旭川医大）

《正方形の移動 (B20) ☆》

117. 1 辺の長さが 1 の正方形の頂点に 1，2，3，4 と時計回りに番号をつけ，この正方形の辺上を移動する点 P を考える．最初に点 P は頂点 1 にあるものとし，点 P を次の操作によって動かす．

【操作】1 から 4 までの番号をつけた 4 枚のカードから無作為に 1 枚を取り出し，出た番号を k とする．点 P が頂点 i にあるとき，$k \geqq i$ ならば点 P を時計回りに長さ k だけ進め，$k < i$ ならば点 P を反時計回りに長さ k だけ進める．

n 回の操作の後に点 P が頂点 1，2，3，4 にある確率をそれぞれ p_n, q_n, r_n, s_n とする．

（1） p_2, q_2, r_2, s_2 を求めよ．

（2） $p_n + r_n = \dfrac{1}{2}$ が成り立つことを示せ．

（3） p_{n+1}, q_{n+1} をそれぞれ p_n, q_n で表せ．

（4） $a_n = p_{2n}$ とするとき，$\lim\limits_{n \to \infty} a_n$ を求めよ． （21 津田塾大・学芸-数学科，情報科学科-推薦）

《正五角形上での動き (B20) ☆》

118. 平面上に正五角形 ABCDE があり，頂点 A，B，C，D，E は時計回りに配置されている．点 P をまず頂点 A の位置に置き，この正五角形の辺にそって時計回りに頂点から頂点へ与えられた正の整数 n だけ動かす．たとえば，$n = 2$ ならば点 P は頂点 C の位置にあり，$n = 6$ ならば点 P は頂点 B の位置にある．次の問いに答えよ．

（1） さいころを 2 回投げて出た目の積で n を与えるとき，点 P が頂点 A の位置にある確率および点 P が頂点 B の位置にある確率をそれぞれ求めよ．

（2） さいころを k 回投げて出た目の積で n を与えるとき，点 P が頂点 A の位置にある確率を求めよ．

（3） さいころを k 回投げて出た目の積で n を与えるとき，点 P が頂点 B の位置にある確率を b_k とする．b_{k+1} を b_k を用いて表せ．

（4） （3）で与えた b_k に対して，$f_k = 6^k b_k$ とおく．数列 $\{f_k\}$ と $\{b_k\}$ の一般項をそれぞれ求めよ．

（21 新潟大・理系）

《後ろでタイプ分けする (B20) ☆》

119. n を 2 以上の自然数とする．箱の中に H，Y，O，G，O の各文字が 1 つずつ記入された 5 枚のカード（[H]，[Y]，[O]，[G]，[O]）が入っている．すなわち，O が記入されたカードが 2 枚，H，Y，G が記入されたカードが 1 枚ずつ箱に入っている．この箱から 1 枚のカードをとり出し，そのカードに記入されている文字を記録して箱に戻す．この試行を n 回繰り返すことを考える．O が連続して 2 回以上記録されない事象を E_n とする．また，n 回目に取り出したカードの文字が O である事象を F_n，O 以外である事象を $\overline{F}_n$ とする．E_n の起こる確率を p_n，$E_n \cap F_n$ の起こる確率を q_n，$E_n \cap \overline{F}_n$ の起こる確率を r_n とする．以下の問に答えなさい．

（1） p_2, p_3 を求めなさい．

（2） p_{n+1} を q_n と r_n を用いて表しなさい．

（3） p_{n+2} を p_{n+1} と p_n を用いて表しなさい． （21 兵庫県立大・理，社会情報-中期）

《病気の連立漸化式 (B20)》

120. 病気 A と診断された人は，病気 A のままか，病気 B，病気 C の順に悪化し，これら 3 つの段階のいずれかに診断されるものとする．

- 病気 A だった人の 1 年後の段階は次の通りである．

60% は病気 A のまま，30% は病気 B に悪化，10% は病気 C に悪化

- 病気 B だった人の 1 年後の段階は次の通りである．

80% は病気 B のまま，20% は病気 C に悪化

- 病気 C だった人の 1 年後の段階は病気 C のままである．

n は正の整数とする．病気 A の人が n 年後に病気 A，病気 B，病気 C の段階である確率をそれぞれ a_n, b_n, c_n とすると，$a_1=\dfrac{3}{5}, b_1=\dfrac{3}{10}, c_1=\dfrac{1}{10}$ となる．

（1） a_{n+1} を a_n で，b_{n+1} を a_n, b_n で，c_{n+1} を a_n, b_n, c_n で表せ．

（2） $\{a_n\}$ の一般項 a_n を求めよ．

（3） $x_n=\left(\dfrac{5}{3}\right)^n b_n$ とおき，$\{x_n\}$ の一般項 x_n を求め，$\{b_n\}$ の一般項 b_n を求めよ．

（4） $\{c_n\}$ の一般項 c_n を求めよ． （21 東北大・医 AO）

【確率漸化式の難問】

《特殊解を利用しよう (C30)》

121. n を正の整数とし，1，2，3，4，5，6 の 6 個の数字から同じ数字をくり返し用いることを許して n 桁の整数をつくる．このような整数のうち，1 が奇数個用いられるものの総数を A_n，それ以外のものの総数を B_n とする．また，1 と 6 がいずれも奇数個用いられるものの総数を C_n とする．次の問に答えよ．

（1） A_4 を求めよ．

（2） 正の整数 n に対して，A_{n+1} を A_n と B_n を用いて表せ．

（3） 正の整数 n に対して，A_n と B_n を求めよ．

（4） p を定数とする．

$$X_1=p$$

$$X_{n+1}=2X_n+6^n \ (n=1, 2, 3, \cdots)$$

で定められる数列を $\{X_n\}$ とする．正の整数 n に対して，X_n を n と p を用いて表せ．

（5） 正の整数 n に対して，C_n を求めよ． （21 北里大・医）

【二項係数と母関数】

《二項展開 (A5) ☆》

122. $(x+3)^{10}$ の展開式における x^8 の係数は□である．

$\left(x-\dfrac{2}{x}\right)^{12}$ の展開式における x^{10} の係数は□である． （21 国際医療福祉大・医）

《二項展開 (A5) ☆》

123. $(20+1)^{100}$ の十の位の値を求めなさい． （21 福島大・システム理工）

《等式の証明 (B20) ☆》

124. m 個から r 個取る組合せの総数を ${}_m\mathrm{C}_r$ と表す．また，$r=0$ のときは ${}_m\mathrm{C}_0=1$ と定める．n を 2 以上の整数とするとき，以下の問いに答えよ．

（1） $k=1, 2, \cdots, n$ に対して，$k{}_n\mathrm{C}_k=n{}_{n-1}\mathrm{C}_{k-1}$ が成り立つことを示せ．

（2） $\sum\limits_{k=1}^{n} k{}_n\mathrm{C}_k$ を n を用いて表せ．

（3） $\sum\limits_{k=2}^{n} k(k-1){}_n\mathrm{C}_k$ を n を用いて表せ．

（4） $1+\sum\limits_{k=2}^{n}(k-1)^2{}_n\mathrm{C}_k$ を n を用いて表せ． （21 大府大・後期）

《等式の証明 (B20)》

125. 自然数 n に対して，

$$S_n=\sum_{k=1}^{n}\frac{{}_{n-1}\mathrm{C}_{k-1}}{k}$$

$$= {}_{n-1}\mathrm{C}_0 + \frac{{}_{n-1}\mathrm{C}_1}{2} + \cdots + \frac{{}_{n-1}\mathrm{C}_{n-1}}{n}$$

$$T_n = \sum_{k=1}^{n} \frac{{}_n\mathrm{C}_k}{k} = {}_n\mathrm{C}_1 + \frac{{}_n\mathrm{C}_2}{2} + \cdots + \frac{{}_n\mathrm{C}_n}{n}$$

とおく．ただし，${}_0\mathrm{C}_0 = 1$ とする．このとき，以下の問いに答えよ．

（1） S_2 と T_2 を求めよ．

（2） $k = 1, 2, \cdots, n$ に対して，

$n \cdot {}_{n-1}\mathrm{C}_{k-1} = k \cdot {}_n\mathrm{C}_k$ を示せ．

（3） $S_n = \dfrac{2^n - 1}{n}$ を示せ．

（4） $T_n = S_1 + S_2 + \cdots + S_n$ を示せ．必要ならば，等式

$${}_n\mathrm{C}_k = {}_{n-1}\mathrm{C}_k + {}_{n-1}\mathrm{C}_{k-1}$$

$(n \geqq 2,\ k = 1, 2, \cdots, n-1)$

を用いてよい．　（21　福井大・工，教育，国際）

【整数問題】

【素因数と倍数の話題】

《約数の個数（A5）》

126．3888 の正の約数のうち，1 を除く約数は全部で何個あるか．（21　酪農学園大・農食，獣医-看護）

《約数の逆数の総和（A5）》

127．360 の正の約数の逆数の総和を求めなさい．（21　福島大・人間，数理）

《約数の個数（B10）》

128．自然数 n は，1 と n 以外にちょうど 4 個の約数をもつとする．このような自然数 n の中で，最小の数は□であり，最小の奇数は□である．（21　慶應大・看護医療）

《最小公倍数（A5）☆》

129．最小公倍数が 180 である 2 つの自然数 a, b の組のうち，a と b の和が 105 となるものは $(a, b) = ($□, □$)$ である．ただし，$a < b$ とする．（21　北九州市立大）

《最大公約数と最小公倍数（A5）☆》

130．和が 96，最大公約数が 24 となる 2 個の自然数 a, b $(a \leqq b)$ のペアは，$(a, b) =$ □ である．（21　産業医大）

《3 数の大公約数と最小公倍数（A5）☆》

131．63, 294, a の最大公約数が 21，最小公倍数が 9702 である．このような正の整数 a の最小値は□である．（21　藤田医科大・AO）

《3 数の大公約数と最小公倍数（A10）☆》

132．自然数 a と b が次の 2 条件

- $a > b$
- a, b の最大公約数は 10，最小公倍数は 140

をみたすとき，組 (a, b) をすべて求めると

$(a, b) =$ □ である．また，自然数 a, b, c が上の 2 条件に加えて次の 3 条件

- $b > c$
- a, b, c の最大公約数は 2
- b, c の最小公倍数は 60

をみたすとき，組 (a, b, c) をすべて求めると

$(a, b, c) =$ □ である．（21　福岡大・医）

《約数の個数（B20）☆》

133．正の約数の個数が 12 個である自然数について，次の問いに答えよ．

（1）素因数が 2 と 3 だけで，2 と 3 の両方の素因数を含むものは□個ある．

（2）一番小さい自然数は□であり，その自然数の正の約数の総和は□である．

（3）三番目に小さい自然数は□であり，その自然数の正の約数のうち 8 番目に小さな約数は□である．

（21　久留米大・医）

《約数と倍数の考察（B20）》

134．n を 2 桁の自然数とする．n^2 の下 2 桁が n に一致する，すなわち，$n^2 - n$ が 100 の倍数になる n をすべて求めなさい．（21　長岡技科大・工）

《約数の配分（C20）》

135．（1）x, y, z を 0 以上の整数とするとき，$x + y + z = 2$ を満たす組 (x, y, z) は全部で□通りある．また，$x + y + z = 3$ を満たす組 (x, y, z) は全部で□通りある．

（2）a, b, c を 1 以上の整数とする．

（i）$2700 = 2^{□} \times 3^{□} \times 5^{□}$ である．

（ii）$2700 = a \times b$ を満たす組 (a, b) は全部で□通りあり，そのなかで，$a > b$ を満たすものは全部で□通りある．

（iii） $2700 = a \times b \times c$ を満たす (a, b, c) の組は全部で $\boxed{}$ 通りある．

（3） a, b を 1 以上の整数とする．直角三角形の斜辺の長さが a，残りの 2 辺の長さが b，2700 であるとする．

（i） $a - b = 900$ を満たすとき $b = \boxed{}$ である．

（ii） (a, b) の組は全部で $\boxed{}$ 通りある．（21　川崎医大）

《ユークリッドの互除法（A5）》

136． 15334 と 30381 の最大公約数を求めよ．（21　琉球大・前期）

《ユークリッドの互除法（A5）》

137． $\dfrac{7747}{8357}$ を約分せよ．（21　兵庫医大）

《累乗を割る（A5）》

138． 2^{345} を 30 で割った余りはいくらか．（21　防衛医大）

《累乗を割る（A5）

139． 5^n を 7 で割ったときの余りが 4 となるような自然数 n のうち，100 以下であるものの個数は $\boxed{}$ である．

（21　芝浦工大）

《剰余の考察（A10）》

140． m を自然数とする．

（1） m が偶数のとき，$m^{m-1} + 1$ を 8 で割った余りを求めよ．

（2） m が奇数のとき，$m^{m-1} + 1$ を 8 で割った余りを求めよ．（21　京都工繊大・前期）

《剰余の考察（B20）》

141． 次の問いに答えよ．

（1） すべての自然数 n に対して $6^{6n} - 1$ は 31 の倍数であることを示せ．

（2） l, m は自然数で，$15 \leqq l \leqq 18,\ 25 \leqq m \leqq 27$ を満たすとする．このとき $2^l + 6^m - 7$ が 31 の倍数となるような自然数の組 (l, m) をすべて求めよ．（21　弘前大・理工）

《ルジャンドル関数の基本（A10）》

142． m, n を自然数とする．

（1） 30! が 2^m で割り切れるとき，最大の m の値は $\boxed{}$ である．

（2） 125! は末尾に 0 が連続して $\boxed{}$ 個並ぶ．したがって，$n!$ が 10^{40} で割り切れる最小の n の値は $\boxed{}$ である．

（21　立命館大・薬）

《ルジャンドル関数の基本（B20）》

143． 任意の自然数 m に対して，0 以上の整数 a がただ 1 つ定まり，m は $m = 2^a b$ （b は正の奇数）と表される．このとき a を $f(m)$ と表す．例えば，$f(40) = f(2^3 \cdot 5) = 3$ である．また任意の自然数 n に対して S_n を

$$S_n = \sum_{m=1}^{n} f(m)$$

と定める．以下の問に答えなさい．

（1） S_{12} を求めなさい．

（2） $m < 2^k$ を満たす任意の自然数 m と k に対して，$f(m + 2^k) = f(m)$ であることを示しなさい．

（3） 任意の自然数 k に対して $S_{2^k} = 2^k - 1$ であることを示しなさい．

（4） 任意の自然数 n に対して $S_n < n$ であることを示しなさい．（21　兵庫県立大・理，社会情報-中期）

《剰余の考察（B20）☆》

144． 自然数 n に対して

$$N = (n+2)^3 - n(n+1)(n+2)$$

が 36 の倍数になるような n をすべて求めよ．（21　札幌医大）

《素数の論証（B20）》

145． 以下の問いに答えよ．

（1） 自然数 n が 6 と互いに素であるとき，n^2 を 24 で割った余りは 1 であることを示せ．

（２） $p^2-1=24q$ をみたす素数 p と素数 q の組 (p, q) をすべて求めよ． （21 奈良女子大・理）

《倍数の論証（B20）》

146．次の問いに答えよ．

（１） 自然数 a, b, c が等式 $a^2+b^2=c^2$ を満たすとき，a, b, c の少なくとも 1 つは 5 の倍数であることを示せ．

（２） p が 5 以上の素数であるとき，p^2-1 は 6 の倍数であることを示せ．

（３） p が 5 以上の素数であるとき，p^2-1 は 24 の倍数であることを示せ．

（21 東京海洋大・海洋生命科学，海洋資源環境）

《剰余の考察（B20）》

147．（１） n が整数のとき，n を 6 で割ったときの余りと n^3 を 6 で割ったときの余りは等しいことを示せ．

（２） 整数 a, b, c が条件

$$a^3+b^3+c^3=(c+1)^3 \quad \cdots\cdots\cdots(*)$$

を満たすとき，$a+b$ を 6 で割った余りは 1 であることを示せ．

（３） $1 \leqq a \leqq b \leqq c \leqq 10$ を満たす整数の組 (a, b, c) で，（２）の条件 $(*)$ を満たすものをすべて求めよ．

（21 岡山大・共通）

《素数の論証（B20）》

148．以下の問いに答えよ．

（１） k^2+2 が素数となるような素数 k をすべてみつけよ．また，それ以外にないことを示せ．

（２） 整数 l が 5 で割り切れないとき，l^4-1 が 5 で割り切れることを示せ．

（３） m^4+4 が素数となるような素数 m は存在しないことを示せ． （21 お茶の水女子大・前期）

《素数の論証（B20）☆》

149．$n+1, n^2+2, n^3+3, \cdots, n^k+k$ がすべて素数となるような自然数 n, k が存在するとき，k の最大値を求めよ． （21 東京学芸大）

《素数の論証（B30）》

150．n を正の整数，$a_0, a_1, a_2, \cdots, a_n$ を非負の整数として，整式

$$f(x)=a_nx^n+a_{n-1}x^{n-1}+a_{n-2}x^{n-2} +\cdots+a_1x+a_0$$

を考える．ただし，$a_0 \neq 1$ とする．p が素数ならば $f(p)$ も素数であるとき，次の (A) または (B) が成り立つことを示せ．

(A) $a_i=0\ (i=1, 2, 3, \cdots, n)$ かつ a_0 は素数である．

(B) $a_i=0\ (i=0, 2, 3, 4, \cdots, n)$ かつ $a_1=1$ である． （21 東北大・理-AO）

《必要性と十分性が潜む（B20）☆》

151．自然数 m, n が $1 \leqq m < n \leqq 20$ を満たすとき，$\dfrac{\sqrt{n}+\sqrt{m}}{\sqrt{n}-\sqrt{m}}$ の値が自然数になる (m, n) の組み合わせは □ 通りある． （21 星薬大・推薦）

《双曲線の有理点（B20）☆》

152．座標平面上の点 $\mathrm{Q}(x, y)$ について，x, y がともに有理数であるとき，Q を有理点という．

（１） P を曲線 $x^2-y^2=1$ 上の点とする．P を通る傾き 1 の直線と x 軸の交点が有理点ならば，P も有理点であることを示せ．

（２） r を正の実数とする．曲線 $x^2-y^2=1$ 上の有理点のうち，原点との距離が r より大きいものがあることを示せ．

（３） 曲線 $x^2-6y^2=7$ 上に有理点がないことを示せ． （21 滋賀医大）

【因数分解の活用】

《因数分解の活用（B20）》

153．$a,\ m,\ n$ は正整数であり $m>n$ とする．

（1） 整式 $x^{16}-1$ を因数分解せよ．

（2） $a^{2^m}-1$ は $a^{2^n}+1$ で割り切れることを証明せよ．

（3） $a^{2^m}+1$ と $a^{2^n}+1$ の最大公約数を d とする．a が偶数ならば $d=1$，奇数ならば $d=2$ であることを証明せよ．（21 奈良県立医大・医）

《因数分解の活用（A10）》

154．素数 p は，正整数 x, y を用いて $p=x^3+y^3$ と表せるとする．

（1） 整式 u^3+v^3 を因数分解せよ．

（2） $x+y=p$ を証明せよ．

（3） $p=2$ を証明せよ．（21 奈良県立医大・医-推薦）

《素数の論証（A10）》

155．m^3-n^3 が 30 以下の素数となるような正の整数 m, n の組 (m, n) の個数を答えよ．（21 防衛大・理工）

《因数分解の活用（B20）》

156．n を 2 以上の整数とする．3^n-2^n が素数ならば n も素数であることを示せ．（21 京大・前期）

【不定方程式】

《1 次不定方程式（A10）》

157．$2020x+1964y=4$ をみたす整数の組 (x, y) の中で x の絶対値が最小となるものは $(x, y)=$ □ である．（21 北見工大・後期）

《1 次不定方程式（A10）》

158．整数 n は 9 で割ると 4 余り，11 で割ると 7 余る．このとき，n を 99 で割った余りは □ である．（21 東京医大・医）

《1 次不定方程式（B10）☆》

159．等式 $2021x+312y=1$ を満たす整数 x, y のうち，$|x|+|y|$ の値が最小である x, y の組は，$(x, y)=$ □ である．（21 山梨大・医）

《1 次不定方程式（B20）☆》

160．以下の問いに答えよ．

（1） 方程式 $39x-17y=1$ の整数解をすべて求めよ．

（2） 方程式 $39x-17y=1$ のどんな整数解 (x, y) についても，x, y が互いに素であることを示せ．

（3） 座標平面上で，x 座標，y 座標がともに整数である点と直線 $2(39x-17y)=7$ の距離の最小値を求めよ．さらに，そのときの点を 1 つ求め，その座標を答えよ．（21 公立はこだて未来大）

《1 次不定方程式（B20）☆》

161．整数 m が与えられたとき，整数 k, l についての方程式

（＊） $48k+18l=m$

を考える．

（1） 次の空欄に入るべき m に関する条件を答えのみ記せ．

与えられた整数 m に対し，（＊）が整数解 (k, l) をもつための必要十分条件は □ である．

（2） 上の（1）で記した空欄の条件が必要十分条件であることを示せ．

（3） $m=540$ のとき，方程式（＊）を満たす正の整数 k, l の組 (k, l) をすべて求めよ．（21 東北大・共通-後期）

《双曲型 2 次不定方程式（B10）☆》

162．$2xy+42-3y-28x=12$ を満たす自然数 x, y の組 (x, y) をすべて求めよ．（21 広島工業大）

《双曲型 2 次不定方程式（B10）》

163．$Z=3x^2+2xy-y^2-6x-2y+3$ について，次の問いに答えよ．

（1） x, y についての 2 次式 Z を因数分解せよ．

（2） $0 \leqq y \leqq x$ のとき，Z が素数となる整数の組 (x, y) をすべて求めよ．（21 広島工業大）

《楕円型 2 次不定方程式（B10）☆》

164. x, y を整数とする．$x^2-4xy+7y^2+y-14=0$ を満たす x と y の組 (x, y) をすべて求めよ．

（21　京都府立大・生命環境）

《楕円型 2 次不定方程式 (B10) ☆

165. $x^2-|x|y+y^2=3$ を満たす整数解 (x, y) をすべて求めると $\square$ である．求めた整数解を xy 平面上に図示すると，$\square$ となる．

（21　関西医大・前期）

《2 次不定方程式 (A20)》

166. 2 つの正の整数 a，b の最大公約数を G，最小公倍数を L とするとき，

$$L^2-G^2=72$$

が成り立ちます．このような正の整数の組 (a, b) をすべて求めなさい．

（21　横浜市大・共通）

《2 次不定方程式 (B20)》

167. （1） 9073 と 2021 の最大公約数を求めよ．

（2） $ab-3a-7b=2000$ を満たす正の整数の組 (a, b) をすべて求めよ．

（3） $\sqrt{n^2+2021}$ が整数となるような正の整数 n をすべて求めよ．

（21　大教大・前期）

《2 次不定方程式 (B20)》

168. 次の問に答えよ．

（1） 整数 m に対して，m^2 を 4 で割った余りは 0 または 1 であることを示せ．

（2） 自然数 n, k が

$$25\times3^n=k^2+176 \quad \cdots\cdots(*)$$

を満たすとき，n は偶数であることを示せ．

（3） （2）の関係式（＊）を満たす自然数の組 (n, k) をすべて求めよ．

（21　北海道大・後期）

《2 次の不定方程式 (B10) ☆》

169. （1） 9073 と 2021 の最大公約数を求めよ．

（2） $ab-3a-7b=2000$ を満たす正の整数の組 (a, b) をすべて求めよ．

（3） $\sqrt{n^2+2021}$ が整数となるような正の整数 n をすべて求めよ．

（21　大教大・前期）

《双曲型 2 次不定方程式 (A10) ☆》

170. 2 次方程式 $x^2+ax+2-3a=0$ が 2 つの整数の解をもつような定数 a の値を求めよ．（21　福岡教育大・後期）

《双曲型 2 次不定方程式 (B20) ☆》

171. $3x^2+10xy+8y^2+8x+10y-3$ を因数分解すると，

$$3x^2+10xy+8y^2+8x+10y-3$$
$$=(x+ay+b)(3x+cy+d)$$

となる．このとき，定数 a, b, c, d の値は

$$a=\square,\ b=\square,\ c=\square,\ d=\square$$

である．これを用いて，等式

$$3x^2+10xy+8y^2+8x+10y+9=0$$

を満たす整数 x, y の組 (x, y) を求めると，そのような組 (x, y) は 4 つあることがわかり，それらを x の値が小さい方から順に並べると，$\square$ となる．

（21　宮崎大・医）

《双曲型の不定方程式 (B20)》

172. 整数 x，y が $x>1$，$y>1$，$x\neq y$ を満たし，等式

$$6x^2+13xy+7x+5y^2+7y+2=966$$

を満たすとする．

（1） $6x^2+13xy+7x+5y^2+7y+2$ を因数分解すると $\square$ である．

（2） この等式を満たす x と y の組をすべて挙げると $(x, y)=\square$ である．

（21　慶應大・薬）

《双曲型 2 次不定方程式 (B20) ☆》

173. a, b を $0 < a < 1, 0 < b < 1$ を満たす実数とする．平面上の三角形 ABC を考え，辺 AB を $a : 1-a$ に内分する点を P，辺 BC を $b : 1-b$ に内分する点を Q，辺 CA の中点を R とし，三角形 ABC の面積を S，三角形 PQR の面積を T とする．

（1） $\dfrac{T}{S}$ を a, b で表せ．

（2） a, b が $0 < a < \dfrac{1}{2}, 0 < b < \dfrac{1}{2}$ の範囲を動くとき，$\dfrac{T}{S}$ がとりうる値の範囲を求めよ．

（3） p, q を 3 以上の整数とし，$a = \dfrac{1}{p}, b = \dfrac{1}{q}$ とする．$\dfrac{T}{S}$ の逆数 $\dfrac{S}{T}$ が整数となるような p, q の組 (p, q) をすべて求めよ．（21 東北大・前期）

《3 次方程式と整数解 (B30)》

174. 実数 k に対して 3 次方程式

$x^3 + (4-k)x^2 + (k+13)x + 15 - 3k = 0$

が異なる 3 つの整数解 α，β，γ を持ち，$2\beta = \alpha + \gamma$ のとき，$k = \square$ である．（21 藤田医科大・医）

《不等式で挟む (B20) ☆》

175. $a \leqq b \leqq c$ を満たす自然数 a, b, c を考える．次の条件 $abc = ab + bc + ca$ を満たす組 (a, b, c) は全部で $\square$ 組 あり，そのうち，$a + b + c$ を最大にする組は

$$(a, b, c) = (\square, \square, \square)$$

である．（21 中京大・工）

《単位分数と整数 (B20) ☆》

176. 正の整数 k, l, m に対して

$$P = \frac{1}{k} + \frac{1}{l} + \frac{1}{m}$$

とおく．k, l, m が

$$k \leqq l \leqq m, k + l + m = 10$$

を満たすとき，次の問いに答えよ．

（1） $k = 3$ のとき，l, m の値を求めよ．さらに，P の値を求めよ．

（2） k のとりうる値をすべて求めよ．

（3） P の最大値と最小値，およびそのときの k, l, m の値を求めよ．（21 岡山理大・A 日程）

【p 進法】

《2 進法に直す (A5)》

177. 以下の問いに答えよ．

（1） 次の 10 進数で表現された数を 2 進数に変換せよ．

171

（2） 次の 2 進数の足し算を行い，結果を 2 進数で示せ．

1101 + 1011

（21 公立はこだて未来大）

《小数の表示 (A5)》

178. $0.11011_{(2)}$ を 10 進法で表せ．（21 釧路公立大・中期）

《4 進法と 6 進法 (A5) ☆》

179. a，b，c をそれぞれ $1 \leqq a < 4$，$0 \leqq b < 4$，$1 \leqq c < 6$ を満たす整数とする．正の整数 N を 4 進数で表すと $abba_{(4)}$ になり，6 進数で表すと $ccc_{(6)}$ になる．このとき，a，b，c，N を求めよ．（21 富山大・理，工）

《2 進法の論証 (A10) ☆》

180. （1） 164 を 2 進法で表せ．

（2） 2進法で

$$n = a_5 2^5 + a_4 2^4 + a_3 2^3 + a_2 2^2 + a_1 2^1 + a_0 2^0$$

と表された正の整数nを考える．ただし各a_iは0か1である．nが7で割り切れるためには，

$$a_0 + 2a_1 + 4a_2 + a_3 + 2a_4 + 4a_5$$

が7で割り切れることが必要十分であることを示せ．

（3） 正の整数nを2進法で$n = \sum_{j=0}^{k} a_j 2^j$と表す．ただし各$a_j$は0か1である．$n$が3で割り切れるためには，$\sum_{j=0}^{k} (-1)^j a_j$が3で割り切れることが必要十分であることを示せ．（21　熊本大・後期）

【二項係数の整数問題】

《二項係数の論証 (B20) ☆》

181．以下の問いに答えよ．

（1） 自然数n, kが$2 \leqq k \leqq n-2$をみたすとき，${}_n\mathrm{C}_k > n$であることを示せ．

（2） pを素数とする．$k \leqq n$をみたす自然数の組(n, k)で${}_n\mathrm{C}_k = p$となるものをすべて求めよ．（21　九大・理系）

《二項係数の論証 (B20)》

182．正整数a, bの最大公約数を(a, b)で表す．

（1） 任意の正整数m, nに対して，等式

$$(m+n, n) = (m, n)$$

が成り立つことを証明せよ．

（2） 互いに素な正整数m, nに対して，

$(m+n-1)!$は$m!n!$によって割り切れることを証明せよ．（21　奈良県立医大・医-後期）

《二項係数の難問 (C30)》

183．以下の問いに答えよ．

（1） 正の奇数K, Lと正の整数A, Bが$KA = LB$を満たしているとする．Kを4で割った余りがLを4で割った余りと等しいならば，Aを4で割った余りはBを4で割った余りと等しいことを示せ．

（2） 正の整数a, bが$a > b$を満たしているとする．このとき，$A = {}_{4a+1}\mathrm{C}_{4b+1}$, $B = {}_a\mathrm{C}_b$に対して$KA = LB$となるような正の奇数K, Lが存在することを示せ．

（3） a, bは（2）の通りとし，さらに$a-b$が2で割り切れるとする．${}_{4a+1}\mathrm{C}_{4b+1}$を4で割った余りは${}_a\mathrm{C}_b$を4で割った余りと等しいことを示せ．

（4） ${}_{2021}\mathrm{C}_{37}$を4で割った余りを求めよ．（21　東大・理科）

《二項係数の難問 (C30)》

184．以下の問いに答えよ．

（1） 正の整数nに対して，二項係数に関する次の等式を示せ．

$$n\,{}_{2n}\mathrm{C}_n = (n+1)\,{}_{2n}\mathrm{C}_{n-1}$$

また，これを用いて${}_{2n}\mathrm{C}_n$は$n+1$の倍数であることを示せ．

（2） 正の整数nに対して，$a_n = \dfrac{{}_{2n}\mathrm{C}_n}{n+1}$とおく．このとき，$n \geqq 4$ならば$a_n > n+2$であることを示せ．

（3） a_nが素数となる正の整数nをすべて求めよ．（21　東工大）

《互いに素でない論証 (C30)》

185．（1） a, bを互いに素な自然数とするとき，x, yの一次方程式$ax = by$の整数解をすべて求めよ．（答えのみでよい．）

自然数n, i, jは$n-1 \geqq i > j \geqq 1$を満たすとする．

（2） 次の等式を証明せよ．

$${}_n\mathrm{C}_i \cdot {}_i\mathrm{C}_j = {}_n\mathrm{C}_j \cdot {}_{n-j}\mathrm{C}_{i-j}$$

（3） ${}_n\mathrm{C}_j$と${}_n\mathrm{C}_i$とは互いに素ではないことを，背理法で示せ．（21　大阪医薬大・前期）

【整数の難問】

《倍数の集合（C20）》

186．自然数 a, b に対し，次の集合 A を考える．

$A=\{ax+by \mid x, y \text{ は整数}\}$

この集合の要素のうち最小の自然数を d とする．以下の設問（１）〜（４）に対する解答を解答用紙の所定の欄に答えよ．

（１） a が A の要素であることを示せ．

（２） m, n はともに A の要素で $m>n$ であるとする．m を n で割ったときの商を q，あまりを $r\,(0 \leqq r < n)$ とする．r は A の要素であることを示せ．

（３） 集合 A の要素はすべて d の倍数であることを示せ．

（４） d は a と b の最大公約数であることを示せ．（21　聖マリアンナ医大・医-後期）

《オイラー関数（D30）》

187．（１） n を自然数とする．次の**条件 A** を満たす自然数 x の個数を，$f(n)$ と書くことにする．

条件 A：x は n 以下の自然数であり，かつ，x, n は互いに素である．

このとき，

$f(3)=2,\ f(4)=2,$

$f(5)=\square,\ f(6)=\square,$

$f(7)=\square,\ f(8)=\square,\ f(100)=\square$

である．

（２） n を自然数とする．次の**条件 B** を満たす自然数の組 (x, y) の個数を，$g(n)$ と書くことにする．

条件 B：x と y はともに n 以下の自然数であり，

かつ，x, y, n の最大公約数は 1 である．

このとき，

$g(3)=8,\ g(4)=12,$

$g(5)=\square,\ g(6)=\square,$

$g(7)=\square,\ g(8)=\square,\ g(100)=\square$ である．（21　東京理科大・理工，改題）

《正整数への分割（B20）》

188．1000 を幾つかの自然数の和に表し，それらの積を作る．その積の最大値を求めよ．例えば $2^2\cdot3^2\cdot5^{198}$ のように，累乗の積で表してよい．（21　北見工大-問題文を短縮）

《単位分数への分解（D30）》

189．以下の問いに答えよ．

（１） a と b を互いに素な自然数とし，自然数 n に対し

$$\frac{1}{n+1}<\frac{b}{a}<\frac{1}{n}$$

が成り立つとする．互いに素な自然数 c, d により

$$\frac{b}{a}-\frac{1}{n+1}=\frac{d}{c}$$

と表すとき，$d<b$ となることを示せ．

（２） S を 0 より大きく 1 より小さい有理数とする．このとき，S は異なる自然数 $n_1, n_2, \cdots, n_l$ の逆数の和として

$$S=\frac{1}{n_1}+\frac{1}{n_2}+\cdots+\frac{1}{n_l}$$

$$(1<n_1<n_2<\cdots<n_l)$$

と表すことができることを示せ．（21　広島大・後期）

【集合と命題】

《必要と十分・証明と反例（A5）☆》

190. n は自然数であるとする.

（1） n が偶数であることは，$n(n+1)(n+2)$ が 24 の倍数であるための十分条件であることを証明せよ.

（2） n が偶数であることは，$n(n+1)(n+2)$ が 24 の倍数であるための必要条件ではないことを証明せよ.

（21　京都教育大・教育）

《判定問題 (A5) ☆》

191. 「$x^3-4x \geqq 0$」は「$x \geqq 2$」であるための $\boxed{}$.

(a) 必要十分条件である

(b) 十分条件だが必要条件ではない

(c) 必要条件だが十分条件ではない

(d) 必要条件でも十分条件でもない　（21　北見工大・後期）

《判定問題 (A5)》

192. 正の整数 a, b に関する 2 つの条件 p, q を次のように定める.

$p : a^2+ab+b^2$ は 3 の倍数である

$q : a+2b$ は 3 の倍数である

このとき，「必要条件であるが十分条件ではない」，「十分条件であるが必要条件ではない」，「必要十分条件である」，「必要条件でも十分条件でもない」のうち，次の $\boxed{}$ にあてはまるものを理由をつけて答えよ.

p は q であるための $\boxed{}$.　（21　茨城大・教）

《集合の包含 (B30) ☆》

193. 全体集合 U に対し，どの集合も空集合でない 4 つの部分集合 A, B, C, D があり，これら 4 つの集合について次の 6 つのことがわかっている．また，集合 C の補集合を $\overline{C}$ とする.

- 集合 A の要素でないものは集合 B の要素でない.
- 集合 B の要素でないものでも集合 C の要素となるものが存在する.
- 集合 B と集合 C の両方の要素であるものが存在する.
- 集合 C の要素はすべて集合 A の要素である.
- 集合 D の要素で集合 C の要素となるものは存在しない.
- 集合 D の要素はすべて集合 B の要素である.

（1） 次の空欄に当てはまるものを，下の⓪〜② のうちから一つずつ選べ．ただし，同じものを繰り返し選んでもよい.

（i） 命題「$B \subset A$ である」は $\boxed{}$.

（ii） 命題「$B \subset C$ である」は $\boxed{}$.

（iii） 命題「$B \cap D \subset A$ である」は $\boxed{}$.

（iv） 命題「$C \cap D \neq \emptyset$ である」は $\boxed{}$.

（v） 命題「$\overline{C \cup \overline{D}} \subset (A \cap B)$ である」は $\boxed{}$.

⓪ 真である　① 偽である　② 真偽がわからない

（2） 次の空欄に当てはまるものを，下の⓪〜③ のうちから一つずつ選べ．ただし，同じものを繰り返し選んでもよい.

（i） 集合 C の要素であることは，集合 A の要素であるための $\boxed{}$.

（ii） 集合 A の要素であることは，集合 A 以外の集合の要素であるための $\boxed{}$.

⓪ 必要十分条件である

① 十分条件であるが，必要条件ではない

② 必要条件であるが，十分条件ではない

③ 必要条件でも十分条件でもない　（21　久留米大・医-推薦）

【データの整理】

《平均と中央値 (A10) ☆》

194．6 個の値 $5, 1, 11, 3, a, b$ からなるデータの平均値が 5.5，中央値が 4.5 であるとする．ただし，$a < b$ とする．このとき，$a =$ □ であり，$b =$ □ である． （21 山梨大・医）

《標準偏差 (A5)》

195．6 つの数値 $3, 1, 1, 6, 4, 3$ からなるデータの標準偏差は □ である． （21 北見工大・後期）

《分散の最小 (B10)》

196．変量 x のデータが次のように与えられている．$6, 5, 4, 2, 3, 8, a$

ただし，a の値は実数である．このデータの平均値を $\overline{x}$，標準偏差を s とするとき，次の問いに答えよ．

（1） $a = 7$ のとき，$\overline{x}, s$ をそれぞれ求めよ．ただし，得られた値が無限小数の場合は，小数第 3 位を四捨五入せよ．

（2） $\overline{x}, s$ をそれぞれ a の式で表せ．

（3） x のデータの分散が最小となる a の値を求めよ．ただし，得られた値が無限小数の場合は，小数第 3 位を四捨五入せよ． （21 富山県立大・推薦）

《中央値で悩む (B20)》

197．次のデータは，ある大学の学生 6 人の 1 ヵ月のアルバイト日数である．ただし，a の値は 0 以上の整数である．このとき，以下の各問に答えよ．

9 15 11 17 8 a （単位は日）

（1） a の値がわからないとき，このデータの中央値として何通りの値がありうるか答えよ．

（2） このデータの平均値が 12 日であるとき，a の値を求めよ．

（3） （2）のときのデータの分散，標準偏差を求めよ． （21 釧路公立大・中期）

《四分位数 (B15) ☆》

198．次の表は，2 つのクラス（A 組 15 名と B 組 16 名）にて行われた数学の小テスト（20 点満点，単位：点）の結果についてまとめたものである．ただし，$a < b$ であるとする．このとき，以下の問いに答えよ．

A 組				B 組			
a	b	7	16	9	14	12	16
8	12	17	12	13	14	12	12
12	9	12	18	11	15	13	10
11	9	12		13	14	13	17
平均値： 12 分散： 10				平均値： c 分散： 4			

（1） a, b, c の値を求めよ．

（2） A 組，B 組のデータについて，四分位範囲と四分位偏差をそれぞれ求めよ．

（3） A 組，B 組のデータについて，標準偏差と四分位偏差を用いてデータの散らばりの度合いを比較せよ．

（21 福井大・工，教育，国際）

《相関係数の計算 (B20)》

199．2 つの変量 x および y に関するデータが表 1 で与えられている．ただし，表 1 中の a および b は，$a > b$ をみたす整数とする．また，y の平均値および分散はそれぞれ 6 および 9 であるとする．以下の問いに答えよ．

表 1

データ番号	1	2	3	4	5	6
x	1	2	4	6	8	9
y	12	5	a	6	b	2

（1） x の平均値および分散をそれぞれ求めよ．ただし，小数第 3 位を四捨五入して小数第 2 位まで求めよ．

（2） a および b の値をそれぞれ求めよ．

（3） a および b が（2）で求めた値であるとき，x と y の共分散および相関係数をそれぞれ求めよ．ただし，小数第3位を四捨五入して小数第2位まで求めよ．

（表2　平方・立方・平方根の表は省略）　（21　公立はこだて未来大）

【多項式と複素数の計算】

《割り算の実行 (A5)》

200．x についての整式 x^3+ax^2+5x+b を整式 x^2-2x-2 で割ると，余りが $x-2$ であるという．このとき，$a=-\square$，$b=\square$ である．（21　明治大・情報）

《2 乗の因数 (A10)》

201．整式 $P(x)$ を $(x-1)^2$ で割ると 1 余り，$x-2$ で割ると 2 余る．このとき，$P(x)$ を $(x-1)^2(x-2)$ で割ったときの余り $R(x)$ を求めなさい．（21　兵庫県立大・理，社会情報-中期）

《多項式の割り算 (B20) ☆》

202．整式 $f(x)=x^4-x^2+1$ について，以下の問に答えよ．

（1） x^6 を $f(x)$ で割ったときの余りを求めよ．

（2） x^{2021} を $f(x)$ で割ったときの余りを求めよ．

（3） 自然数 n が 3 の倍数であるとき，$(x^2-1)^n-1$ が $f(x)$ で割り切れることを示せ．（21　早稲田大・理工）

《成分計算する (B20) ☆》

203．a, b, c, d, e, f を正の整数とし，i は虚数単位とする．次の問いに答えよ．

（1） 複素数 $z=a+b\sqrt{5}\,i$ が

$$z^2=11+8\sqrt{5}\,i$$

を満たすとする．このような a, b の組をすべて求めよ．

（2） 複素数 $w=c-d\sqrt{5}\,i$ と $u=e-f\sqrt{5}\,i$ が

$$-wu=11+8\sqrt{5}\,i$$

を満たすとする．このような c, d, e, f の組をすべて求めよ．（21　大阪市大・後期）

《複素数の問題と気づくか？ (B20)》

204．$\left(\sqrt{n^2-9n+19}\right)^{n^2+5n-14}=1$ を満たす自然数 n をすべて求めよ．（21　昭和大・医-1 期）

《オメガの計算 (A5)》

205．1 の 3 乗根 $\omega=\dfrac{-1+\sqrt{3}i}{2}$ に対して，

$\omega^{2021}+\omega^{1000}-\omega^{301}+\omega-1=\square$ である．

ただし，i は虚数単位である．（21　立教大・数学）

《オメガの類似 (A5)》

206．複素数 x が $x^2-x+1=0$ を満たすとき，

$$12x^{2026}+23x^{2025}+34x^{2024}$$
$$+45x^{2023}+56x^{2022}+67x^{2021}=\square$$

である．（21　藤田医科大・後期）

《3 次方程式 (A5)》

207．a, b を実数とする．$x=1+i$ が 3 次方程式 $x^3+ax^2+bx+4=0$ の解であるとき，a, b の値と他の解を求めなさい．（21　龍谷大・先端理工-推薦）

《因数分解できる 3 次方程式 (A5)》

208．m は実数の定数とする．3 次方程式

$$2x^3-3mx^2+3m-2=0$$

が 1 つの実数解と異なる 2 つの虚数解をもつとき，その実数解を求めよ．また，定数 m の値の範囲を求めよ．

（21　岩手大・理工-後期）

《4 次の相反方程式 (B30) ☆》

209．a，b を実数の定数とする．4 次方程式

$$x^4+ax^3+ax^2+(6-a)x+b=0$$

について，次の問いに答えよ．

(1) $x=1+\sqrt{3}i$ を解にもつとき，$a=\square$，$b=\square$ であり，このときの4次方程式の異なる実数解の個数は$\square$個である．

(2) $a=3$，$b=1$ のとき，4次方程式の異なる実数解の個数は$\square$個であり，虚数解の個数は$\square$個である．

(21 久留米大・医-後期)

《4次の相反方程式(B20)》

210. 四次方程式

$x^4+11x^3+31x^2+11x+1=0$ ……………………………………………………………（＊）

について考える．$x=0$ は解ではないので，解 x に対して $y=x+\dfrac{1}{x}$ とおくと等式

$$y^2+\square y+\square=0$$

が成立する．

四次方程式(＊)の四つの解を $\alpha, \beta, \gamma, \delta$ とすると

$$\frac{1}{\alpha}+\frac{1}{\beta}+\frac{1}{\gamma}+\frac{1}{\delta}=\square$$

であり

$$\alpha^2+\beta^2+\gamma^2+\delta^2=\square$$

であり

$$\alpha^3+\beta^3+\gamma^3+\delta^3=\square$$

である．

(21 東京医大・医)

《6次の相反方程式(B20)》

211. 整式 $P(x)=x^6-4x^5+x^4+x^2-4x+1$ を考える．$y=x+\dfrac{1}{x}$ とおくと，$\dfrac{P(x)}{x^3}=\square$ のように y の1次式の積に因数分解できる．また，方程式 $P(x)=0$ の実数解のうち最小のものを求めると $x=\square$ となる．

(21 山梨大・医)

《3次方程式を解く(C20)》

212. (1) x, y, z を互いに異なる自然数とするとき，$x^3+y^3+z^3-3xyz$ は素数ではないことを示しなさい．

(2) a を実数，$\omega=\dfrac{-1+\sqrt{3}i}{2}$ とする．このとき，x に関する方程式

$$x^3+3ax^2-2a^3+a^2+a^4=0$$

の解を，ω と a を用いて求めなさい．ただし，

$$x^3+y^3+z^3-3xyz$$
$$=(x+y+z)(x+\omega y+\omega^2 z)(x+\omega^2 y+\omega z)$$

と分解できることを用いてもよい．

(21 筑波大・医-推薦)

《3次方程式を解く(C20)》

213. t を実数とする．次の問いに答えよ．

(1) $\left(x+\dfrac{t}{x}\right)^3$ を展開せよ．

(2) 2つの実数 a, b に対して，

$$f(x)=x^3+ax+b$$

とする．x についての整式 $x^3 f\left(x+\dfrac{t}{x}\right)$ において x^4 の係数，x^3 の係数および x^2 の係数を求めよ．

(3) 3次方程式 $x^3+3x-1=0$ は正の実数解 α をただ1つもつ．α を求めよ．

(21 島根大・医，総合理工)

《解の虚部の有名問題(C30)》

214. 以下の問いに答えなさい．

（1） a, b, c を実数として，

$$P(x)=x^3+ax^2+bx+c$$

とおき，$P(-1+i)=0$ であるとする．ただし，i は虚数単位とする．

（i） b および c を a を用いて表しなさい．

（ii） $P(-1-i)=0$ となることを示し，

$P(x)=0$ のすべての解の実部が負となるための条件を，a を用いて表しなさい．

（2） s, t, u を実数として，

$$Q(x)=x^3+sx^2+tx+u$$

とおき，$Q(-1)=0$ であるとする．このとき，$Q(x)=0$ のすべての解の実部が負となるための条件を，t および u を用いて表しなさい．　（21　都立大・数理科学）

《解全体が不変の有名問題（B30）》

215． $f(x)$ を次の条件を満たす3次の多項式とする．

(a) x^3 の係数は1である．

(b) $0, 1, -1$ ではない複素数 ω が存在して，すべての自然数 n について $f(\omega^n)=0$ となる．

以下の問いに答えよ．

（1） $\omega=-\frac{1}{2}+\frac{\sqrt{3}}{2}i$ または $\omega=-\frac{1}{2}-\frac{\sqrt{3}}{2}i$ であることを示せ．ただし，i は虚数単位とする．

（2） $f(x)$ を求めよ．

（3） $g(x)$ を次の多項式とする．

$$g(x)=\sum_{n=0}^{2021}x^n=x^{2021}+x^{2020}+\cdots+1$$

$g(x)$ を $f(x)$ で割ったときの余りを求めよ．　（21　九大・後期）

【多項式の難問】

《分数式を多項式にする（C30）》

216． $\alpha=\sqrt{2}+\sqrt{3}$ とするとき，次の問に答えよ．

（1） $\sqrt{2}, \sqrt{3}, \sqrt{6}$ を，それぞれ有理数 a, b, c, d を用いて $a\alpha^3+b\alpha^2+c\alpha+d$ の形に表せ．

（2） $\frac{1}{\alpha+1}$ を，有理数 a, b, c, d を用いて

$a\alpha^3+b\alpha^2+c\alpha+d$ の形に表せ．

（3）（1），（2）で示した式のいずれかを用いることにより，α が有理数または無理数のどちらになるか，理由をつけて答えよ．ただし，$\sqrt{2}$，$\sqrt{3}$，$\sqrt{6}$ が無理数であることは用いてもよい．　（21　佐賀大・医）

《4次方程式を解く（D40）》

217． 定数 b, c, p, q, r に対し，

$$x^4+bx+c=(x^2+px+q)(x^2-px+r)$$

が x についての恒等式であるとする．

（1） $p\neq 0$ であるとき，q, r を p, b で表せ．

（2） $p\neq 0$ とする．b, c が定数 a を用いて

$$b=(a^2+1)(a+2),$$

$$c=-\left(a+\frac{3}{4}\right)(a^2+1)$$

と表されているとき，有理数を係数とする t についての整式 $f(t)$ と $g(t)$ で

$$\{p^2-(a^2+1)\}\{p^4+f(a)p^2+g(a)\}=0$$

を満たすものを1組求めよ．

（3） a を整数とする．x の4次式

$$x^4+(a^2+1)(a+2)x-\left(a+\frac{3}{4}\right)(a^2+1)$$

が有理数を係数とする2次式の積に因数分解できるような a をすべて求めよ．　（21　東大・理科）

【図形と方程式】

《対称点と最短 (A10)》

218. 座標平面上に点 A(1, 1) をとる.

（1） 直線 $y=2x$ に関して点 A と対称となる点 B の座標を求めなさい.

（2） 直線 $y=\frac{1}{2}x$ に関して点 A と対称となる点 C の座標を求めなさい.

（3） 点 P は直線 $y=2x$ 上に，点 Q は直線 $y=\frac{1}{2}x$ 上にあり，3 点 A，P，Q は同一直線上にないとする. このとき △APQ の周の長さを最小にする点 P，Q の座標を求めなさい. （21 愛知学院大・薬，歯）

《円と直線が接する (A5)》

219. 座標平面において，$x^2+y^2-y=0$ で表される曲線に，直線 $y=a(x+1)$ が接しているならば，$a=\square$ または $a=\square$ である. （21 明治大・総合数理）

《3 直線が 1 点で交わる (A10)》

220. t を実数とする. 座標平面上の 3 つの直線

$$x+(2t-2)y-4t+2=0,$$

$$x+(2t+2)y-4t-2=0,$$

$$2tx+y-4t=0$$

が 1 つの点で交わるような t の値をすべて求めると $t=\square$ である. （21 立教大・数学）

《角の二等分線の方程式 (B20) ☆》

221. 座標平面上に 3 点 A(3, 0)，B(2, 2)，C(3, 3) がある. 直線 l が ∠ABC を 2 等分するとき，l の傾きは $\square$ であり，y 切片は $\square$ である. （21 山梨大・後期）

《三角形の内接円 (B10) ☆》

222. 3 直線

$$x-y=0,\ x+y-2=0,\ 3x-y-6=0$$

の各交点を頂点とする三角形に内接する円の中心の座標は $\square$ である. （21 東海大・医）

《円の束 (A10)》

223. 座標平面上に 2 つの円 $C_1: x^2+y^2-6=0$,
$C_2: x^2+y^2-4x+2y+3=0$
がある.
C_1, C_2 の 2 つの共有点を通る直線の方程式は

$$\square x-\square y-\square=0$$

であり，C_1, C_2 の 2 つの共有点と C_2 の中心を通る円の方程式は

$$\left(x+\square\right)^2+\left(y-\square\right)^2=\square$$

である. （21 中京大・工）

《円が切り取る線分・円の束 (A15)》

224. 座標平面上に，直線 $l: 2x+y-5=0$ と円 $C: x^2+y^2-4x+2y-4=0$ がある.

（1） 直線 l が円 C から切り取られる線分の長さは $\square$ であり，その線分の中点の座標は $\square$ である.

（2） 直線 l と円 C の 2 つの交点を通り，y 軸に接する円のうち，半径が小さい方の中心の x 座標は $x=\square$ である. （21 久留米大・医）

《外接・円の束・接線 (B20) ☆》

225. a を実数の定数とし，2 つの円

$$C_1: x^2+y^2=4,$$

$$C_2: x^2-6x+y^2-2ay+4a+4=0$$

について考える.

（1） C_2 の中心の座標は □，半径は □ である．

（2） C_2 は a の値に関わらず 2 つの定点を通る．これらの定点の座標は，x 座標が小さい方から順に □，□ である．

（3） C_2 が直線 $y=x+1$ と異なる 2 点で交わるような a の値の範囲は □ である．

（4） C_1 と C_2 が外接するような a の値は
$a=$ □ である．

（5） $a=1$ のとき，C_1 と C_2 は 2 つの共有点 A, B をもつ．このとき，直線 AB の方程式は $y=$ □ であり，点 A, B と原点 $(0, 0)$ を通る円の中心の座標は □，半径は □ である．

（6） $a=0$ のとき，C_1 上の点 (x_1, y_1) における C_1 の接線が C_2 に接するような x_1 の値は $x_1=$ □ である．

（21　関西学院大・理系）

《円と放物線上の点の距離 (B20)》

226. a を正の実数とする．座標平面上の曲線 B_a と曲線 C を次のように定める．

$$B_a : y=-\frac{1}{a}x^2+2, \quad C : x^2+y^2=1$$

以下の問いに答えよ．

（1） 点 P が曲線 B_a 上を動くとき，P と原点 O(0, 0) との距離の最小値を a を用いて表せ．

（2） 曲線 B_a と曲線 C が共有点をもつような a の値の範囲を求めよ．

（3） 点 P が曲線 B_a 上を動き，点 Q が曲線 C 上を動くとき，P と Q との距離の最小値を a を用いて表せ．

（21　広島大・後期）

【領域と最大・最小】

《三角形と距離 (B10)》

227. 原点を O とする座標平面上に直線 l がある．l の方程式は $3x+4y-10=0$ である．O を通り，l に垂直な直線と，l の交点の座標は □ である．O と l の距離は □ である．

連立不等式 $\begin{cases} 3x+4y-10 \leqq 0 \\ 4x+3y-8 \leqq 0 \end{cases}$

が表す領域を D とする．O を中心とし，D に含まれる円の半径の最大値は □ である．点 (x, y) が領域 D を動くとき，$x+y$ の最大値は □ である．

（21　法政大・理系）

《三角形と距離 (B10)》

228. 実数 x, y は 3 つの不等式

$$x+2y \geqq 5,\ 2x-y \geqq 0,\ 3x+y \leqq 10$$

を満たすとする．このとき，$3x-y$ の最大値は □，最小値は □ である．また，x^2-2x+y^2 の最小値は □ である．

（21　北里大・獣医）

《傾き (A10)》

229. 実数 x，y が $x^2+y^2=4$ をみたすとき，$\dfrac{y}{x-3}$ の最大値は □ であり，最大値を与える x の値は □ である．

（21　名城大・理工）

《正方形と円 (B20) ☆》

230. 次の問いに答えよ．

（1） 実数 x, y が $|x|+|y|=1$ を満たすとき，$(x-3)^2+(y-1)^2$ の最大値と最小値を求めよ．

（2） 実数 x, y が $(x-3)^2+(y-1)^2=1$ を満たすとき，$|x|+|y|$ の最大値と最小値を求めよ．

（3） 実数 x, y が $(x-3)^2+(y-1)^2=4$ を満たすとき，$|x|+|y|$ の最大値と最小値を求めよ．

（21　近大・医-後期）

《正方形と放物線 (B20) ☆》

231. 点 (x, y) が不等式 $|x-1|+|y+1| \leqq 1$ をみたすように動くとき，$x^2-\dfrac{1}{2}x-y$ の最大値は □ であり，最小値は □ である．

（21　福岡大・医）

《放物線と直線 (B20) ☆》

232. $a>1$ を満たす定数 a に対して，連立不等式

$$\begin{cases} y \geqq ax^2 \\ y \leqq x^2+1 \end{cases}$$

の表す領域を D とする．また，$k=-5x+y$ とおく．

(1) 点 (x, y) が不等式 $y \geqq ax^2$ の表す領域上を動くとき，k の最小値とそのときの (x, y) を a を用いて表せ．

(2) D を図示せよ．

(3) 点 (x, y) が D 上を動くとき，a の値により場合分けして，k の最大値と最小値，およびそのときの (x, y) をそれぞれ a を用いて表せ．　(21 東京海洋大・海洋工)

【交角を扱う】

《放物線と交角 (B20) ☆》

233. xy 平面において，不等式 $y<0$ が表す領域に点 P があるとする．曲線 $y=\dfrac{x^2}{4}$ に P から引いた接線は 2 本ある．このときの接点をそれぞれ Q，R とする．ただし，Q の x 座標は R の x 座標より小さいとする．

(1) $\mathrm{P}(0, -1)$ のとき，Q と R の座標を求めよ．

(2) $\angle \mathrm{QPR}=\theta$ とする．

(i) P が直線 $y=-1$ 上を動くとき，θ が一定であることを示せ．また，そのときの θ の値を求めよ．

(ii) P が直線 $y=-3$ 上を動くとき，θ の最小値を求めよ．　(21 滋賀県立大・工)

《3 次関数のグラフと交角 (B20)》

234. $f(x)=\dfrac{2}{3}x^3-\dfrac{1}{3}x$ とし，xy 平面上の曲線 $C: y=f(x)$ を考える．t を正の実数とし，点 $\mathrm{P}(-t, f(-t))$ における C の接線を l とする．l と C の共有点のうち，P と異なる点を Q とし，Q における C の接線を m とする．l と m のなす角を θ $\left(0 \leqq \theta \leqq \dfrac{\pi}{2}\right)$ とする．次の問いに答えよ．

(1) Q の座標を t を用いて表せ．

(2) $\tan\theta$ を t を用いて表せ．

(3) $\theta=\dfrac{\pi}{4}$ となるときの t の値をすべて求めよ．

(4) θ が最大となるときの t の値を求めよ．　(21 埼玉大・工)

《放物線と交角 (B20) ☆》

235. 座標平面において，放物線 $y=x^2$ 上の点で x 座標が p, $p+1$, $p+2$ である点をそれぞれ P，Q，R とする．また，直線 PQ の傾きを m_1，直線 PR の傾きを m_2，$\angle \mathrm{QPR}=\theta$ とする．このとき，次の問 (1)〜(4) に答えよ．解答欄には，(1) については答えのみを，(2)〜(4) については答えだけでなく途中経過も書くこと．

(1) m_1, m_2 をそれぞれ p を用いて表せ．

(2) p が実数全体を動くとき，m_1m_2 の最小値を求めよ．

(3) $\tan\theta$ を p を用いて表せ．

(4) p が実数全体を動くとき，θ が最大になる p の値を求めよ．　(21 立教大・数学)

【軌跡と写像】

《一定値を見る (A5)》

236. k を実数とする．xy 平面において，直線 $y=kx+1$ に関して原点 O と対称な点を P とする．k が実数全体を動くとき，点 P の軌跡を求め，xy 平面に図示せよ．　(21 東京女子大・数理)

《重心と軌跡 (B20)》

237. 座標平面上の 2 点 $\mathrm{A}(0, -1)$, $\mathrm{B}(1, 2)$ を通る直線を l とする．また，中心 $(3, -2)$，半径 3 の円を C とする．次の問いに答えよ．

(1) l の方程式を求めよ．

(2) l と C は共有点を持たないことを示せ．

(3) 点 P が円 C 上を動くとき，三角形 ABP の重心の軌跡を T とする．T はどのような図形になるか答えよ．

（4）（3）で求めた図形 T 上の点 (x, y) に対して $\sqrt{x^2+y^2}$ の最大値と最小値を求めよ． （21 新潟大・共通）

《アポロニウスの円（A10）☆》

238． a を正の定数とする．座標平面上の原点 $\mathrm{O}(0, 0)$ と定点 $\mathrm{A}(x_1, 0)$（ただし $x_1 \neq 0$）について，$\mathrm{OP}:\mathrm{AP}=1:a$ である点 $\mathrm{P}(x, y)$ の軌跡が点 $(2, 0)$ を中心とする半径 1 の円となるとき，$x_1=$ □，$a=$ □ である．

（21 山梨大・医）

《アポロニウスの円と中線定理》

239．（1） 三角形 ABC において，辺 BC の中点を M とおくとき，

$$|\overrightarrow{\mathrm{AB}}|^2+|\overrightarrow{\mathrm{AC}}|^2=\square(|\overrightarrow{\mathrm{AM}}|^2+|\overrightarrow{\mathrm{BM}}|^2)$$

が成り立つ．

（2） p，q を正の定数とし，座標平面上の 3 点 $\mathrm{A}(0, 3\sqrt{3})$，$\mathrm{B}(3, 0)$，$\mathrm{P}(p, q)$ を頂点とする三角形 ABP は正三角形であるとする．このとき，$p=$ □，$q=$ □ である．2 点 A，B からの距離の比が $2:1$ である点 Q の軌跡は中心が □，半径が □ の円であり，点 R がこの円周上を動くとき，$|\overrightarrow{\mathrm{AR}}|^2+|\overrightarrow{\mathrm{PR}}|^2$ の最小値は □ である．

（21 北里大・薬）

《中点の軌跡（B20）☆》

240． 円 $(x-2)^2+y^2=1$ と直線 $y=mx$ が異なる 2 点 P，Q で交わっているとき，次の問いに答えよ．

（1） m の値の範囲を求めよ．

（2） 円の中心を A とするとき，$\triangle$APQ の面積を m で表せ．

（3） 線分 PQ の中点 M の座標を (p, q) とする．m の値が（1）の範囲で変化するとき，p と q の満たす方程式を p と q のみで表せ．

（21 群馬大・理工，情報）

《垂心の軌跡（20）》

241． xy 平面において，2 点 $\mathrm{B}(-\sqrt{3}, -1)$，$\mathrm{C}(\sqrt{3}, -1)$ に対し，点 A は次の条件（＊）を満たすとする．

（＊） $\angle\mathrm{BAC}=\dfrac{\pi}{3}$ かつ点 A の y 座標は正．

次の各問に答えよ．

（1） $\triangle$ABC の外心の座標を求めよ．

（2） 点 A が条件（＊）を満たしながら動くとき，$\triangle$ABC の垂心の軌跡を求めよ． （21 京大・理系）

《定長線分の中点の軌跡（B20）☆》

242． 座標平面において，放物線 $y=x^2$ の上を 2 点 $\mathrm{A}(a, a^2)$，$\mathrm{B}(b, b^2)$ が $\mathrm{AB}=2$ を満たしながら移動する．ただし $a<b$ とする．次の問いに答えよ．

（1） $a+b=u$ とおくとき，ab を u で表せ．

（2） 以下の問いでは，線分 AB の中点を $\mathrm{M}(s, t)$ とする．s と t を u で表せ．

（3） $t=f(s)$ を満たす関数 $f(s)$ を求めよ．さらに $f(s)$ の最小値を求めよ．

（4） $s>0$ の範囲で $f(s)$ が最小値をとる s に対して，a の値を求めよ． （21 岡山県大・情報工-中期）

《放物線の通過領域（A10）☆》

243． a を定数とする．放物線 $y=x^2-2ax+3a^2$ について，次の問いに答えよ．

（1） 頂点の座標を a で表せ．

（2） a がすべての実数値をとって変化するとき，この放物線が通らない点の範囲を求め左下に図示せよ．

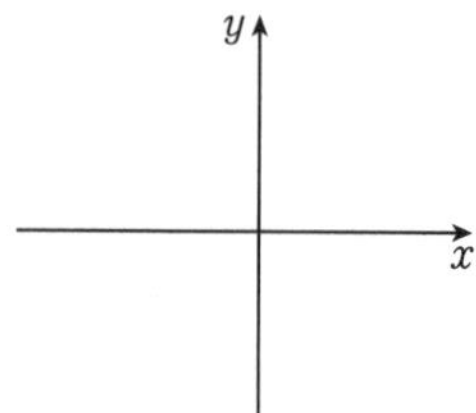

（21 愛知医大・看護）

《直線の通過領域（B20）》

244. 実数 t が $0 \leqq t \leqq 1$ の範囲を動くとき，直線 $y=(2t-2)x-t^2-1$ の通過する領域を xy 平面に図示せよ．

(21　東北大・医 AO)

《弦の通過領域 (B30) ☆》

245. 座標平面上において原点を O とする．O を中心とする半径 $2\sqrt{7}$ の円 C_1 を考える．C_1 と x 軸との交点を $\mathrm{A}(-2\sqrt{7},0)$, $\mathrm{B}(2\sqrt{7},0)$ とする．C_1 上の点 E，F でできる線分 EF で C_1 を，円弧の部分が OB の中点 C で x 軸に接するように折り返す．ただし，E，F の y 座標は負でないとする．

（1） 折り返して得られる円弧を一部とする円 C_2 の中心を D とするとき，D の座標を求めよ．また C_2 を表す式を求めよ．

（2） EF を直径とする円 C_3 を考えるとき，円の中心 G の座標を求めよ．また C_3 を表す式を求めよ．

（3） C_3 と y 軸の 2 つの交点を考えるとき，この 2 点間の距離を求めよ．

（4） C_1 の円周のうち，

$$-2\sqrt{7} \leqq x \leqq 2\sqrt{7},\ 0 \leqq y \leqq 2\sqrt{7}$$

の部分を考える．円周上の弧 PQ を弦 PQ で折り返したとき，折り返された弧が x 軸に接するようにする．このような弦 PQ の存在する範囲を求めよ．

(21　昭和大・医-1 期)

《放物線の通過領域 (B30) ☆》

246. a, b を実数とする．座標平面上の放物線

$$C: y=x^2+ax+b$$

は放物線 $y=-x^2$ と 2 つの共有点を持ち，一方の共有点の x 座標は $-1<x<0$ を満たし，他方の共有点の x 座標は $0<x<1$ を満たす．

（1） 点 (a, b) のとりうる範囲を座標平面上に図示せよ．

（2） 放物線 C の通りうる範囲を座標平面上に図示せよ．

(21　東大・共通)

《写像 (B20) ☆》

247. 実数 x, y が $x^2+y^2 \leqq 2$ を満たすとき，点 $(x-y, xy)$ が存在する領域を D とする．

（1） $x-y=s, xy=t$ とするとき，不等式 $x^2+y^2 \leqq 2$ を s と t だけで表すと $\boxed{}$ である．

（2） 実数 s, t に対して，x, y が実数となるような s, t の条件式は $\boxed{}$ である．

（3） 領域 D の面積は $\boxed{}$ である．

(21　久留米大・推薦)

【座標の難問】

《minimax 原理 (C30)》

248. x の 2 次式 $f(x)=x^2+ax+b$ を考える．ただし，a, b は実数とする．

（1） $f(2)$ の値を，$f(0)$ と $f(1)$ を用いて表せ．

（2） $f(0), f(1), f(2)$ のうち少なくとも 1 つは絶対値が $\dfrac{1}{2}$ 以上であることを示せ．

（3） $f(0), f(1), f(2)$ のうち 1 つだけの絶対値が $\dfrac{1}{2}$ 以上となり，残り 2 つの絶対値が $\dfrac{1}{2}$ より小さいような (a, b) の範囲を ab 平面上に図示したとき，その領域の面積を求めよ．

(21　近大・医-推薦)

【三角関数】

《sin1 と sin2 と sin3 と cos1(B10) ☆》

249. $\sin 1$，$\sin 2$，$\sin 3$，$\cos 1$ という 4 つの数値を小さい方から順に並べよ．ただし，1，2，3 は，それぞれ 1 ラジアン，2 ラジアン，3 ラジアンを表す．（21 鹿児島大・共通）

《tan の半角表示 (A10) ☆》

250. $\tan\dfrac{\theta}{2}=\dfrac{1}{2}$ のとき，$\cos\theta$，$\sin\theta$，$\tan\theta$ を求めよ．（21 東京女子医大）

《tan の 2 倍角 (A5) ☆》

251. $-\dfrac{\pi}{2}<\theta<\dfrac{\pi}{2}$ で $\sin\theta=\dfrac{7}{11}$ のとき，$\tan 2\theta$ の値を求めよ．（21 宮城教育大・中等，初等）

《tan の加法定理 (A5)》

252. $\tan 15^\circ=\square$，

$\sin 130^\circ+\cos 140^\circ+\tan 150^\circ=\square$

である．（21 明治薬大・後期）

《大小比較 (B20) ☆》

253. α を $\sin\alpha=\dfrac{3}{5}$，$0\leqq\alpha\leqq\dfrac{\pi}{2}$ を満たす実数とする．このとき，次の問いに答えよ．

（1） $\sin 2\alpha$ の値を求めよ．

（2） $\sin\dfrac{5}{12}\pi$ の値を求めよ．

（3） α と $\dfrac{5}{24}\pi$ の大小を比較せよ．（21 静岡大・後期）

【三角関数の方程式と不等式】

《sin の方程式 (A5)》

254. $1-\cos 2x=2\sin x$，ただし $0^\circ\leqq x<360^\circ$ とすると，$x=\square^\circ$，$\square^\circ$，$\square^\circ$ である．

（21 愛知学院大・薬，歯）

《3 倍角の方程式 (A10) ☆》

255. $0\leqq\theta<\pi$ のとき，方程式

$$\cos\theta+\cos 2\theta+\cos 3\theta=0$$

を満たす実数 θ の値をすべて求めよ．（21 東北大・医 AO）

《2 倍角と合成 (B20) ☆》

256. 次の方程式を解け．ただし，$0<x<\pi$ とする．

（1） $\sin 2x=\sqrt{3}\sin x$

（2） $\sqrt{3}\cos x+\sin x=\sqrt{3}$

（3） $\sqrt{3}\cos 2x+\sin 2x=\sqrt{3}\cos x+3\sin x$（21 岡山理大・A 日程）

《sin と cos の不等式 (A10)》

257. $0\leqq\theta<2\pi$ のとき，以下の問いに答えよ．

（1） 方程式 $\sin 2\theta=\sin\theta$ を解け．

（2） 不等式 $2\cos^2\theta+(\sqrt{3}-6)\cos\theta-3\sqrt{3}>0$ を解け．（21 甲南大・公募-文理共通）

《領域の図示 (B15) ☆》

258. $0\leqq x<2\pi$ とする．

$$2\sin 2x-2\sqrt{2}\sin x-2\cos x+\sqrt{2}$$

$$=(\square\sin x-\square)(\square\cos x-\sqrt{\square})$$

と因数分解できるので，不等式

$2\sin 2x-2\sqrt{2}\sin x-2\cos x+\sqrt{2}<0$

の解は，$\square$ である．（21 玉川大）

《合成と不等式 (A10) ☆》

259. $0<x<\pi$ のとき，不等式

$$\sin^4 x+2\sin x\cos x-\cos^4 x>\frac{\sqrt{2}}{2}$$

の解は，$\square$ である．（21　摂南大）

《視覚化せよ (B20)》

260. k は定数とする．

（1）　xy 平面上の円 $x^2+y^2=1$ と直線 $kx-y+3k-1=0$ が異なる 2 つの共有点 A，B をもつとする．このとき，k のとり得る値の範囲は $\square$ である．線分 AB の長さが $\sqrt{3}$ であるとき，$k=\square$ である．

（2）「$\square$ または $\square$」は「θ についての方程式 $k\cos\theta-\sin\theta+3k-1=0$ が $0\leqq\theta\leqq\pi$ の範囲にちょうど 1 つだけ解をもつ」であるための必要十分条件である．（21　北里大・薬）

《視覚化せよ (B20) ☆》

261. $0\leqq x<2\pi$ において，2 つの曲線

$$y=a\sin x,\ y=\cos x+2$$

がただ 1 つの共有点 P をもつとき，正の定数 a の値と点 P の座標を求めよ．（21　広島工業大）

《円周上の点 (B20)》

262. x, y を $0<y-x<\pi$ を満たす実数とする．さらに，等式

$$\sin x+\sin y=\frac{2}{\sqrt{3}} \quad \cdots\cdots ①$$

$$\cos x+\cos y=\sqrt{\frac{5}{3}} \quad \cdots\cdots ②$$

を満たすとする．$\left(\frac{2}{\sqrt{3}}\right)^2+\left(\sqrt{\frac{5}{3}}\right)^2=3$ であるので，$\cos(y-x)=\square$ を満たす．したがって，$y-x=\square\pi$ となる．よって，等式 ①，② から，$\sin x=\square$ である．（21　京産大・公募理系）

《不等式の解の個数 (B20) ☆》

263. 以下の問いに答えよ．

（1）　$0\leqq\theta<2\pi$ のとき，方程式 $2\cos\theta+1=0$ を満たす θ の値を求めよ．

（2）　$0\leqq\theta<2\pi$ のとき，方程式

$$2\cos\left(2\theta+\frac{\pi}{3}\right)+1=0$$

を満たす θ の値を求めよ．

（3）　$0\leqq\theta<2\pi$ のとき，方程式

$$2\cos\left(a\theta+\frac{\pi}{3}\right)+1=0$$

を満たす θ がちょうど 15 個存在するような，正の定数 a の範囲を求めよ．（21　東邦大・薬）

《tan と不定方程式 (B30) ☆》

264. 自然数 n に対し，$\tan\theta_n=\frac{1}{n}$ を満たす角 θ_n $\left(0<\theta_n<\frac{\pi}{2}\right)$ を考える．このとき，

$\theta_1=\square$，$\tan(\theta_1+\theta_2)=\square$，

$\theta_1+\theta_2+\theta_3=\square$

が成り立つ．次に，自然数の組 (m, n) が

$\theta_m+2\theta_n=\frac{\pi}{4}$ を満たすとき，m は n を用いて $m=\square$ と表されるので，このような (m, n) を全て求めると

$(m, n)=\square$ となる．

（21　明治薬大・前期）

【置き換えなどで方程式や最大最小】

今年は $t=\sin\theta+\cos\theta$ と置き換えて解く問題が異様に多い．2 つ 3 つ解いて適当に飛ばしてください．資料性のために主要大学のを入れておきます．

《置き換えて方程式 (B20)》

265. $t=\sin\theta+\cos\theta$ とし，θ は $-\dfrac{\pi}{2}<\theta<\dfrac{\pi}{2}$ の範囲を動くものとする．

（1） t のとりうる値の範囲を求めよ．

（2） $\sin^3\theta+\cos^3\theta$ と $\cos 4\theta$ を，それぞれ t を用いて表せ．

（3） $\sin^3\theta+\cos^3\theta=\cos 4\theta$ であるとき，t の値をすべて求めよ． （21 筑波大・前期）

《置き換えて方程式 (B20) ☆》

266. 実数 x が，$\dfrac{3}{4}\pi<x<\pi$ および

$\dfrac{1}{\cos x}+\dfrac{1}{\sin x}=\dfrac{4}{3}$ をみたすとする．以下の問いに答えよ．

（1） $\cos x+\sin x$ の値を求めよ．

（2） $\cos 2x+\sin 2x$ の値を求めよ．

（3） $\cos 3x+\sin 3x$ の値を求めよ． （21 公立はこだて未来大）

《置き換えて方程式 (B20) ☆》

267. a を正の定数とする．$0\leqq x<2\pi$ のとき，

$$f(x)=2\sin x\cos x+a(\sin x+\cos x)+2$$

について，$\sin x+\cos x=t$ とおく．$f(x)$ を a と t で表すと，$\square$ となる．$|t|$ のとりうる値の範囲は $0\leqq|t|\leqq$ $\square$ で，$f(x)$ の最大値は a を用いて $\square$ と表される．また，方程式 $f(x)=0$ が異なる 4 つの解をもつような a の値の範囲は $\square<a<\square$ である． （21 同志社大）

《置き換えて方程式 (B30) ☆》

268. a, b を実数とする．このとき，変数 x の関数

$$f(x)=\sin 2x+a(\sin x+\cos x)+b$$

について，次の各問に答えよ．

（1） $t=\sin x+\cos x$ とおくとき，$f(x)$ を，t を用いて表せ．

（2） x の方程式 $f(x)=0$ が少なくとも 1 つの実数解を持つようなすべての a, b を，座標平面上の点 (a, b) として図示せよ． （21 宮崎大・医）

《2 次方程式の解の配置 (B10)》

269. 方程式 $\cos^2 x+a\sin x+a-2=0$（a は実数）は，$0\leqq x\leqq\dfrac{\pi}{2}$ で解をもつとする．このとき，a のとりうる値の範囲は，$m\leqq a\leqq M$ となる．$\dfrac{(2M+m)^2}{2}$ の値を求めよ． （21 自治医大・医）

【最大・最小など】

《合成 (A10)》

270. $y=(2+\sqrt{3})\sin 2\theta+(3+2\sqrt{3})\cos 2\theta$

$\left(0\leqq\theta\leqq\dfrac{\pi}{2}\right)$ とする．y の最大値，最小値とそのときの θ の値を求めなさい． （21 愛知学院大・薬，歯）

《2 次関数 (A10)》

271. $0\leqq\theta\leqq\pi$ のとき，関数

$$f(\theta)=\cos 2\theta+3\cos\theta-1$$

の最小値は $\square$，最大値は $\square$ である．また，方程式 $f(\theta)=0$ の解は $\theta=\square$ である．（21 関西学院大・理系）

《2 次関数 (A5)》

272. 関数

$$f(\theta)=\frac{1}{2}\cos 2\theta+\frac{\cos\theta}{\tan^2\theta}-\frac{1}{\tan^2\theta\cos\theta}$$

$\left(0<\theta<\dfrac{\pi}{2}\right)$ は $\theta=\square$ のとき，最小値 $\square$ をとる． （21 関大・理系）

《引っかけ問題 (B10)》

273. 関数

$y=3\cos 2x+2\cos x(4\tan x+\cos x)-3$

の定義域と値域を求めよ． （21 愛知医大・医-推薦）

《置き換えて最大・最小 (B20) ☆》

274. 関数 $y=\sin 2x-\sin x-\cos x$ の最大値と最小値を求めよ．ただし，最大値および最小値を与える x の値は求めなくてよい． （21 三重大・前期）

《2 倍角合成で最大最小 (B10) ☆》

275. 関数

$f(\theta)=9\sin^2\theta+4\sin\theta\cos\theta+6\cos^2\theta$

は $\sin\theta=\pm\square$, $\cos\theta=\pm\square$ （複号同順）のとき最大値 $\square$ をとる． （21 星薬大・B 方式）

《3 次の関係 (B20)》

276. $0\leqq\theta\leqq\pi$ とし，関数

$$f(\theta)=\sin 3\theta-\cos 3\theta-4\sin 2\theta$$
$$+2\sin\theta+2\cos\theta-2$$

とするとき，次の問に答えなさい．

（1） $\sin\theta+\cos\theta=\dfrac{\sqrt{3}}{2}$ のとき，

$\sin\theta\cos\theta=\dfrac{\square}{\square}$ である．

（2） $\sin\theta+\cos\theta=t$ とおくとき，関数 $f(\theta)$ を t の式で表すと次のようになる．

$f(\theta)=\square t^3-\square t^2-\square t+\square$

（3） $f(\theta)=0$ であるとき，$\theta=\square\pi$, $\square\pi$ である．

（4） $f(\theta)$ の最大値は $\square$ である． （21 東北医薬大・医）

《3 次方程式の解 (B20)》

277. $0\leqq\theta\leqq\pi$ とする．次の各問に答えよ．

（1） $t=\cos\theta-\sin\theta$ とするとき，

$y=\cos\theta-\sin\theta+\sin\theta\cos\theta$

を t の式として表せ．また，y のとり得る値の範囲も答えよ．

（2） x の方程式 $x^3-\dfrac{1}{2}x^2-\dfrac{1}{2}x+s=0$ の解が

$\cos\theta,\ -\sin\theta,\ \sin\theta\cos\theta$

であるとするとき，θ と定数 s の値を求めよ．

ただし，等式

$(x-\alpha)(x-\beta)(x-\gamma)$

$=x^3-(\alpha+\beta+\gamma)x^2+(\alpha\beta+\beta\gamma+\gamma\alpha)x-\alpha\beta\gamma$

を利用してもよい． （21 中京大・工）

《軌跡 (B20) ☆》

278. 平面上を運動する点 P の座標 (x, y) が，時刻 t の関数として

$x=\cos t+|\sin t|,\quad y=|\cos t|+\sin t$

で与えられているとする．

（1） $t=0,\ \dfrac{\pi}{2},\ \pi,\ \dfrac{3\pi}{2},\ 2\pi$ のときの点 P の座標を求めよ．

（2） t が $0\leqq t\leqq 2\pi$ の範囲を動くときの点 P の軌跡を求め，図示せよ．

（3） 点 P が時刻 $t=0$ から $t=2\pi$ までに実際に動いた道のりを求めよ． （21 青学大・理工）

【三角関数の難問】

《置き換えて分離 (B20)》

279. $0 \leqq \theta < 2\pi$ のとき，関数

$$f(\theta) = 2\cos\theta(\sqrt{3}\sin\theta + \cos\theta)$$

の最大値は $\square$ である．

$$g(x,\, y) = \frac{2\sqrt{3}xy + 2x^2}{x^4 + 2x^2y^2 + y^4 + 1}$$

について考える．a を正の定数とし，点 $(x,\, y)$ が円 $x^2 + y^2 = a^2$ 上を動くとき，$g(x,\, y)$ の最大値は a を用いて $\square$ と表される．また，点 $(x,\, y)$ が xy 平面全体を動くとき，$g(x,\, y)$ の最大値は $\square$ である．（21　北里大・医）

《セカント (C30)》

280. 実数 $\theta,\, a$ は $-\frac{\pi}{2} < \theta < \frac{\pi}{2},\, a > 0$ を満たすとし，2 つの円 $C_1,\, C_2$ の方程式を以下で定める．

$C_1 : (x - \tan\theta)^2 + (y - \tan\theta)^2 = 9$

$C_2 : (x - a\cos\theta + 1)^2 + (y - a\sin\theta - 1)^2 = 1$

以下の問いに答えよ．

（1）　$t = \dfrac{1}{\cos\theta}$ とおく．C_1 の中心と C_2 の中心の間の距離を L とする．L^2 を t と a を用いて表せ．

（2）　ある実数 a に対して，2 つの円 $C_1,\, C_2$ がただ 1 つの共有点をもつような θ がちょうど 5 個存在するとする．このとき a の値を求めよ．（21　東北大・後期）

【三角関数の図形への応用】

《角の三等分線の関係 (B20)》

281. $\triangle$OAB において，辺 AB 上に 2 つの点をとり，点 A に近い順にそれぞれ P，Q とする．線分 OP と線分 OQ は $\angle$AOB を 3 等分している．$\angle$AOP の大きさを θ とし，さらに線分 AP，線分 PQ，線分 QB の長さをそれぞれ $x,\, y,\, z$ とする．このとき，$\sin\theta$ を $x,\, y,\, z$ で表せ．

（21　群馬大・医）

《正五角形 (B10)》

282. 1 辺の長さが 1 の正五角形 ABCDE の対角線 AC の長さを a とする．次の問いに答えよ．

（1）　$\angle$ABC, $\angle$BAC の大きさを求めよ．

（2）　$a = 2\cos 36^\circ$ となることを示せ．

（3）　$a = \dfrac{1 + \sqrt{5}}{2}$ および $\cos 36^\circ = \dfrac{1 + \sqrt{5}}{4}$ となることを示せ．

（4）　$\cos 18^\circ = \dfrac{\sqrt{10 + 2\sqrt{5}}}{4}$ となることを示せ．（21　島根大・総合理工，人科，生物）

《座標との融合 (B20)》

283. 座標平面上に 2 点 $\mathrm{A}\left(\frac{5}{8},\, 0\right)$, $\mathrm{B}\left(0,\, \frac{3}{2}\right)$ をとる．L は原点を通る直線で，L が x 軸の正の方向となす角 θ は $0 \leqq \theta \leqq \frac{\pi}{2}$ の範囲にあるとする．ただし，角 θ の符号は時計の針の回転と逆の向きを正とする．点 A と直線 L との距離を d_{A}，点 B と直線 L との距離を d_{B} とおく．このとき

$$d_{\mathrm{A}} + d_{\mathrm{B}} = \square \sin\theta + \square \cos\theta$$

である．θ が $0 \leqq \theta \leqq \frac{\pi}{2}$ の範囲を動くとき，

$d_{\mathrm{A}} + d_{\mathrm{B}}$ の最大値は $\square$ であり，最小値は $\square$ である．（21　明治大・理工）

【指数関数と対数関数】

【指数の計算】

《指数の計算 (A5)》

284. $\dfrac{10^4 \times 10^{-5}}{10^{-14} \times 10^3} = 10^{\square}$ (21 松山大・薬)

《指数の計算 (A5)》

285. $\sqrt[3]{16} \times 3\sqrt[6]{4} \div 2\sqrt[9]{64} = \square$ (21 松山大・薬)

《等式を導く (A5) ☆》

286. 実数 x, y について $5000^x = 2000^y = \sqrt{10}$ が成り立つとき，$\dfrac{1}{x} + \dfrac{1}{y} = \square$ である．(21 藤田医科大・医)

《指数の指数 (A5)》

287. $A = 4^{(4^4)}$, $B = (4^4)^4$ のとき，

$\log_2(\log_2 A) - \log_2(\log_2 B)$

の値を整数で表すと $\square$ である．(21 立教大・数学)

《大小比較 (A10) ☆》

288. $\log_3 4$, $\log_{\frac{1}{2}} 5$, $\log_{\frac{1}{2}} \dfrac{1}{2}$, $\log_{\sqrt{2}-1} \dfrac{1}{2}$

を小さい順に並べると，$\square$ である．(21 北見工大・後期)

【対数の値の計算と桁数と最高位の計算】

《log7 の計算》

289. $\log_{10} 2 = 0.301$, $\log_{10} 3 = 0.477$ とする．このとき，次の問いに答えよ．

（1） $\log_{10} 48$ を求めよ．

（2） $10^{0.84} < 7 < 10^{0.85}$ を示せ．

(21 富山県立大・工)

《桁数と最高位 (A10) ☆》

290. $\log_{10} 2 = 0.3010$, $\log_{10} 3 = 0.4771$,

$\log_{10} 7 = 0.8451$ として次の問に答えなさい．

（1） 7^{202} は $\square$ 桁の整数であり，一の位の数字は $\square$，最高位の数字は $\square$ である．

（2） $\left(\dfrac{3}{4}\right)^{101}$ は，小数第 $\square$ 位に初めて 0 でない数字があらわれる．(21 愛知学院大・薬，歯)

《桁数と最高位 (A10) ☆》

291. $\log_{10} 2 = 0.3010$, $\log_{10} 3 = 0.4771$ として次の問いに答えよ．

（1） 8^{2021} は何桁の整数か．

（2） 8^{2021} の最高位の数字は何か．

（3） 8^{2021} の一の位の数字は何か．(21 愛知医大・医-推薦)

《桁数 (A5)》

292. 3^{100} を 10 進法で表すと $\square$ 桁の数であり，5 進法で表すと $\square$ 桁の数である．(21 星薬大・B 方式)

《はよこい (B20)》

293. （1） 不等式

$$\frac{k-1}{k} < \log_{10} 7 < \frac{k}{k+1}$$

を満たす自然数 k は $\square$ である．

（2） 7^{35} は $\square$ 桁(けた)の整数である．(21 上智大・理工)

【指数方程式・対数方程式】

《指数方程式 (A5)》

294. 1 とは異なる 2 つの正の数 x, y が

$x^{x+y} = y^{10}$, $y^{x+y} = x^{90}$

をみたすとき，$x+y=\square$ であり，さらに $(x,y)=\square$ である．（21　福岡大・医）

《指数方程式と対数方程式 (A10)》

295．等式 $8^{x+1}=2^{4-x^2}$ をみたす正の数 x は $\square$ である．また，等式 $3+\log_2 x=\log_2(3x+1)$ をみたす x は $\square$ である．（21　名城大・理工）

《底の変換あり (A5) ☆》

296．$a>0,\ b>0$，かつ $a^2+b^2=1$ のとき，等式 $\log_a b^2=\log_b ab$ を満たす実数 a,b の値を求めよ．（21　山梨大・工）

《対数方程式の同値変形 (B10) ☆》

297．x についての方程式

$$\log_2(x-1)=\log_4(2x+a)$$

が異なる2つの実数解を持つような実数 a の値の範囲を求めよ．（21　東京女子大・数理）

《対数方程式 (A5)》

298．連立方程式

$$\begin{cases}\log_2(x+1)-\log_2(y+5)+1=0\\ 2^x-2^y-2=0\end{cases}$$

を解け．（21　公立はこだて未来大）

【指数不等式・対数不等式】

《塊にする (A5)》

299．$4^x-3\cdot 2^{x+1}+8<0$ を満たす x の範囲を求めよ．（21　三重大・工，教育）

《底の変換あり (A10)》

300．不等式 $\log_{\frac{1}{3}}(4x^2+3x)>(\log_3 2)-2$ の解は $-\dfrac{\square}{\square}<x<-\dfrac{\square}{\square}$, $\square<x<\dfrac{\square}{\square}$ である．（21　東邦大・薬）

《底の変換あり・絶対値あり (B20) ☆》

301．不等式

$$\log_3(5-x^2)+\log_{\frac{1}{3}}(5-x)\geqq\log_9(x^2-2x+1)-1$$

を解け．（21　福島県立医大）

《無理数の論証 (A5) ☆》

302．2つの整数 a,b が $a\log_2 3=b$ を満たすとき，$a=b=0$ であることを示せ．（21　愛媛大・後期）

《塊で置いて関数 (B20) ☆》

303．$f(x)=16\cdot 9^x-4\cdot 3^{x+2}-3^{-x+2}+9^{-x}$ とし，$t=4\cdot 3^x+3^{-x}$ とおくとき，以下の問いに答えよ．

（1） t の最小値とそのときの x の値を求めよ．

（2） $f(x)$ を t の式で表せ．

（3） x の方程式 $f(x)=k$ の相異なる実数解の個数が3個であるとき，定数 k の値と，3つの実数解を求めよ．

（21　福井大・工，教育，国際）

《置き換えて関数 (B20)》

304．正の実数 x,y が，方程式

$$\frac{9^{4x}+9^{y^2+1}}{6}=3^{4x+y^2}\ \cdots\cdots\cdots(*)$$

を満たすとする．

（1） y^2 を x を用いて表せ．

（2） 正の実数 x,y が $(*)$ および $1-\dfrac{x}{y}>0$ を満たしながら動くとき，

$$\frac{1}{\log_{1+\frac{x}{y}}4}+\frac{1}{\log_{1-\frac{x}{y}}4}$$

の最大値を求めよ．　（21　北海道大・理系）

【対数の難問】

《手数が多い (C30)》

305．4つの実数を $\alpha=\log_2 3$，$\beta=\log_3 5$，$\gamma=\log_5 2$，$\delta=\dfrac{3}{2}$ とおく．以下の問に答えよ．

（1） $\alpha\beta\gamma=1$ を示せ．

（2） α，β，γ，δ を小さい順に並べよ．

（3） $p=\alpha+\beta+\gamma$，$q=\dfrac{1}{\alpha}+\dfrac{1}{\beta}+\dfrac{1}{\gamma}$ とし，$f(x)=x^3+px^2+qx+1$ とする．このとき $f\left(-\dfrac{1}{2}\right)$，$f(-1)$ および $f\left(-\dfrac{3}{2}\right)$ の正負を判定せよ．　（21　名古屋大・前期）

【数列】

【等差数列】

《等差数列》

306. ある等差数列の第 n 項を a_n とするとき，

$$a_{37}+a_{38}+a_{39}+a_{40}+a_{41}=1445$$

$$a_{202}+a_{206}=-412$$

が成り立つ．次の設問に答えなさい．

（ｉ） この等差数列の初項と公差を求めなさい．

（ii） この等差数列の初項から第 n 項までの和を S_n とするとき，S_n が最大となる n を求めなさい．

（21　岩手県立大・ソフトウェア）

《等差数列》

307. m, n を 1 より大きい整数とするとき，n^m は連続する n 個の奇数の和で表されることを示せ．

（21　藤田医科大・AO）

【和の計算】

《$(ak+b)r^k$ の和 (A5)》

308. 次の和 S_n および T_n を求めよ．

$$S_n=\sum_{k=1}^{n}(2k-1)\cdot 2^{k-1},\ T_n=\sum_{k=1}^{n}S_k$$

（21　岩手大・理工-後期）

《部分分数の和 (A10)》

309. 一般項が $a_n=\dfrac{2}{n(n+2)}$ であるような数列 $\{a_n\}$ の初項から第 n 項までの和を S_n とする．$S_n>\dfrac{7}{6}$ を満たす最小の自然数 n は $\square$ である．

（21　立教大・数学）

《1 違いの差の形にする (A5)》

310. n が自然数のとき，等式

$$\frac{1}{2!}+\frac{2}{3!}+\frac{3}{4!}+\cdots+\frac{n}{(n+1)!}=1-\frac{1}{(n+1)!}$$

が成り立つことを証明せよ．

（21　山梨大・工）

《和文の公式 (B20) ☆》

311. 一般項が $a_n=n(n+1)$ である数列を $\{a_n\}$ とし，

$$b_n=a_1+a_2+\cdots+a_n=\sum_{k=1}^{n}a_k,$$

$$c_n=\sum_{k=1}^{n}b_k\ (n=1,2,3,\cdots)$$

とする．このとき，次の問いに答えなさい．

（1） 数列 $\{b_n\}$ の一般項を求めなさい．

（2） 数列 $\{c_n\}$ の一般項を求めなさい．

（3） $\displaystyle\sum_{k=1}^{n}\frac{1}{a_k}$ を求めなさい．

（4） $\displaystyle\sum_{k=1}^{n}\frac{1}{c_k}$ を求めなさい．

（21　山口大・理）

《格子点の個数 (B10) ☆》

312. 自然数 n について，連立不等式

$$\begin{cases} x\geqq 0 \\ \dfrac{1}{4}x+\dfrac{1}{5}|y|\leqq n \end{cases}$$

を満たす整数の組 $(x,\ y)$ の個数は，$n=1$ のときは $\square$ であり，n の式で表すと，$\square$ となる．

（21　早稲田大・人間科学-理系）

《格子点の個数（A5）》

313. n を正の整数とする．条件

$$0 \leqq y \leqq -x^3+nx^2$$

を満たす 0 以上の整数 $x,\ y$ の組 $(x,\ y)$ の個数は $\dfrac{(n+1)(n+2)\left(\boxed{}\right)}{12}$ である．（21　関大・理系）

《格子点の個数（B20）》

314. xy 平面において，x 座標と y 座標がともに整数である点を格子点とよぶ．

（1） 実数 $x,\ y$ に対し，実数 $k,\ l$ をそれぞれ次の等式 $5x+4y=k$，　$3x+2y=l$ によって定めるとき，次の 2 条件（ i ），（ii）は同値であることを示せ．

（ i ） $x,\ y$ はともに整数である．

（ii） $k,\ l$ はともに偶数であるか，または $k,\ l$ はともに奇数である．

ただし，2 で割り切れる整数を偶数とよび，2 で割り切れない整数を奇数とよぶ．

（2） n を自然数とする．xy 平面において，連立不等式

$$\begin{cases} 0 \leqq 5x+4y \leqq n \\ 0 \leqq 3x+2y \leqq n \end{cases}$$

の表す領域を D_n とする．D_n に含まれる格子点の個数を，n を用いて表せ．（21　京都工繊大・後期）

《3 の倍数で 5 の倍数でない（C20）》

315. 次の問いに答えなさい．ただし，$m,\ n$ は自然数とする．

（1） 10 以上 100 以下の自然数のうち，3 で割り切れるものの和を求めなさい．

（2） 10 以上 $3m$ 以下の自然数のうち，3 で割り切れるものの和が 3657 であるとする．このとき，m の値を求めなさい．

（3） 18 以上 $3n$ 以下の自然数のうち，15 との最大公約数が 3 であるものの和が 2538 であるとする．このとき，n の値を求めなさい．（21　山口大・医，理）

《フラクタル（B20）☆》

316. 次の手順で図形を描く．

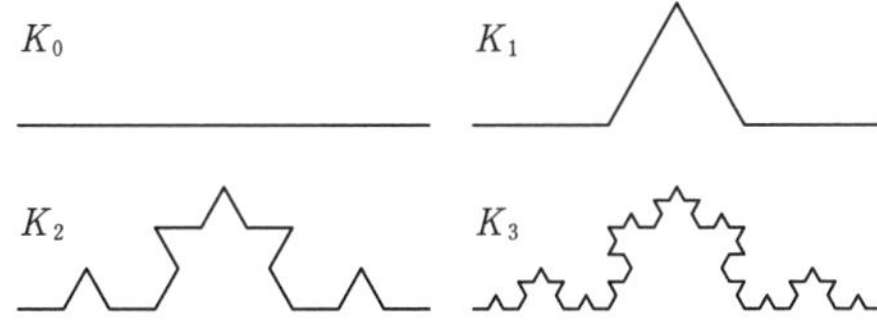

1. 長さ 1 の線分を描く（K_0）.
2. 線分を三等分する．
3. 中央の線分を一辺とする正三角形を描く．
4. 正三角形の底の線分を消す．

ここまでの手続きで長さが $\dfrac{1}{3}$ の線分 4 本からなる図形が得られた．これを K_1 とする（上図参照）．K_1 を構成する 4 本の線分に対し，上図のようにそれぞれ手順 2〜4 を繰り返して得られる図形を K_2 とする．さらに，K_2 を構成する線分すべてに対し，上図のようにそれぞれ手順 2〜4 を繰り返して得られる図形を K_3 とする．以下同様に，図形を構成する線分すべてに対し，それぞれ手順 2〜4 を繰り返して得られる図形を K_4，K_5，$\cdots$ とする．

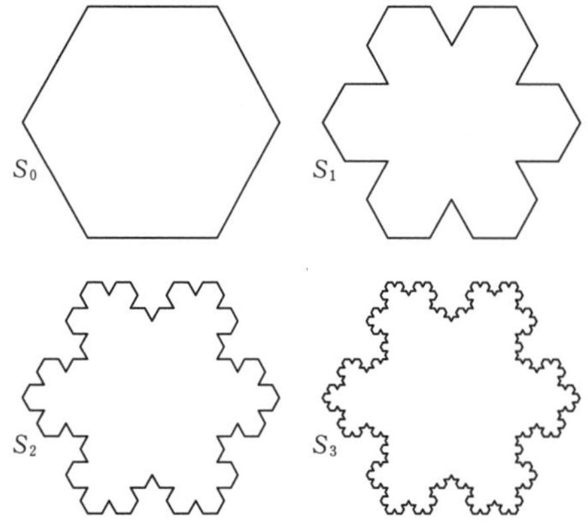

各 $n \geqq 0$ に対し，K_n を 6 個，新たに描いた正三角形が内側になるように，図のように組み合わせて作った図形を S_n とし，S_n の面積を s_n とする．

（1） s_0，s_1，s_2 を求めよ．

（2） $s_n\ (n = 3, 4, 5, \cdots)$ を求めよ． （21 京都教育大・教育）

《図形と数列 (B20)》

317．座標平面上の 3 点 O(0, 0)，A(2, 1)，$\mathrm{B_0}(3, 4)$ を頂点とする三角形 $\mathrm{OAB_0}$ がある．辺 $\mathrm{AB_0}$ を 3 : 2 に内分する点を $\mathrm{C_1}$ とし，点 $\mathrm{C_1}$ から辺 $\mathrm{OB_0}$ に下ろした垂線と辺 $\mathrm{OB_0}$ との交点を $\mathrm{B_1}$ とする．また，線分 $\mathrm{AB_1}$ を 3 : 2 に内分する点を $\mathrm{C_2}$ とし，点 $\mathrm{C_2}$ から辺 $\mathrm{OB_0}$ に下ろした垂線と辺 $\mathrm{OB_0}$ との交点を $\mathrm{B_2}$ とする．以下同様に，自然数 n に対し，線分 AB_{n-1} を 3 : 2 に内分する点を C_n とし，点 C_n から辺 $\mathrm{OB_0}$ に下ろした垂線と辺 $\mathrm{OB_0}$ との交点を B_n とする．次の問いに答えよ．

（1） 三角形 $\mathrm{OAB_1}$ の面積を求めよ．

（2） 自然数 n に対し，三角形 OAB_n の面積を n を用いて表せ．

（3） 自然数 n に対し，三角形 $\mathrm{AB}_n\mathrm{C}_n$ の面積を n を用いて表せ． （21 弘前大・医，農，人文，教）

【群数列】

《一般項が決定される (B20)》

318．次のように群に分けられた数列 $\{a_n\}$ を考える．

$1, 1 \mid 2 \mid 3, 3 \mid 4, 4, 4, 4, 4$

$\mid 5, 5, 5, 5, 5, 5, 5, 5, 5, 5 \mid 6, 6, 6, 6, \cdots$

第 k 群には c_k 個の k が並んでいるとすると，数列 $\{c_k\}$ の一般項は k の 2 次式で表されるとする．このとき，次の問いに答えよ．

（1） 数列 $\{c_k\}$ の一般項を求めよ．

（2） 数列 $\{a_n\}$ の初項から第 k 群の末項までの和 $S(k)$ を求めよ．

（3） 数列 $\{a_n\}$ の初項から第 n 項までの和が 2500 を超えるような最小の n の値を求めよ． （21 愛知医大・医）

《分母が奇数 (A10)》

319．次のような，分母が奇数で分子が自然数であるような数列を考える．

$\frac{1}{1}, \frac{1}{3}, \frac{2}{3}, \frac{1}{5}, \frac{2}{5}, \frac{3}{5}, \frac{1}{7}, \frac{2}{7}, \frac{3}{7}, \frac{4}{7},$

$\frac{1}{9}, \frac{2}{9}, \frac{3}{9}, \cdots$

第 1000 項は $\boxed{}$ である． （21 産業医大）

《分母が等比数列 (B20)》

320．分母が 3 の累乗で，0 より大きく 1 より小さい既約分数を並べた数列

$\frac{1}{3}, \frac{2}{3}, \frac{1}{9}, \frac{2}{9}, \frac{4}{9}, \frac{5}{9}, \frac{7}{9}, \frac{8}{9}, \frac{1}{27}, \frac{2}{27}, \frac{4}{27}, \cdots$

について，第 $\boxed{ア}$ 項は $\frac{728}{729}$ であり，初項から第 $\boxed{ア}$ 項までの和は $\boxed{}$ である． （21 藤田医科大・医）

《会話文 (B20)》

321．次の（ｉ），（ii），（iii）の【ルール】で点 (x, y) に番号をふっていく．ただし，x, y を 0 以上の整数とする．

（ｉ） 点 $(0, 0)$ を 1 番とする．

（ii） $x+y=1$ から順に $x+y=2, 3, 4, \cdots$ のそれぞれの場合を考え，点に番号をふっていく．

（iii） $x+y$ が奇数のとき，点 $(x+y, 0)$ を最初の番号とし，x 座標を -1，y 座標を $+1$ するごとに番号を 1 つずつ増やし，x 座標が 0 になるまで番号をふり続ける．また，$x+y$ が偶数のとき，点 $(0, x+y)$ を最初の番号とし，x 座標を $+1$，y 座標を -1 するごとに番号を 1 つずつ増やし，y 座標が 0 になるまで番号をふり続ける．

先生と花子さんの二人の会話を読み，それぞれの問いに答えよ．

花子：【ルール】が複雑ですね．

先生：そうですね．こういうときは，2 番目の点から具体的に書き出してみましょう．

花子：点 □ が 2 番で，点 □ が 3 番で，4 番目の点は $(0, 2)$ ですね．

（１） 空欄に当てはまる座標を答えよ．

先生：【ルール】が把握できたところで，点 $(20, 21)$ が何番目の点か求めてみましょう．

花子：$x+y=41$ なので，すべてを書き出すのは大変ですね．

先生：そうですね．だからまず，$x+y=41$ の場合の最初の点が何番目の点かを考えてみましょう．

花子：はい．$x+y=41$ の最初の点は，$x+y=40$ の最後の点の次の点だから，$x+y=40$ の最後の点が何番目の点かがわかればいいんですね．

先生：そうですね．これでもうわかりましたね．

花子：はい．$x+y=41$ の最初の点は □ 番目だから，点 $(20, 21)$ は □ 番目の点ですね．

（２） 空欄に当てはまる数字を答えよ．

先生：次は，2021 番目の点を求めてみましょう．

花子：2021 番目の点は $x+y=$ □ に含まれる点ですよね．

先生：そうですね．それがわかると 2021 番目の点はわかりますよね．

花子：はい．2021 番目の点は点 □ ですね．

（３） 空欄に当てはまる数字や座標を答えよ．

（４） n を自然数とする．二人の会話を参考にすると，x 軸上の点で，点 $(0, 0)$ から点 $(2n-1, 0)$ までにふられている番号の和は □ である．ただし，分母と分子が降べきの順に展開された 1 項の分数式で表せ．

（21　久留米大・医-推薦）

【漸化式】

《$a_{n+1}=pa_n+Ar^n$ (A10) ☆》

322．数列 $\{a_n\}$ が $a_1=6$，$a_{n+1}=3a_n+3^{n+2}$ のとき，一般項 a_n と $\sum_{k=1}^{n} a_k$ を求めよ．（21　京都府立大・生命環境）

《2 進法との融合問題 (B20)》

323．数列 $\{a_n\}$ を次のように定めるとき，以下の設問に答えよ．

$$a_1=1,\ a_{n+1}=4a_n+1\ (n=1, 2, 3, \cdots)$$

（１） a_1, a_2, a_3 を求め，2 進法で表せ．

（２） 数列 $\{a_n\}$ の一般項を求めよ．

（３） a_n は，初項 1 の等比数列 $\{b_n\}$ を用いて $a_n=\sum_{k=1}^{m} b_k$ と表すことができる．$\{b_n\}$ の一般項を求め，m を n を用いて表せ．ただし，数列 $\{b_n\}$ の公比は 1 よりも大きい整数とする．

（４） a_n を 2 進法で表したときの桁数と 0 の個数を，どちらも n を用いて表せ．（21　関西医大・後期）

《二項間の変わった漸化式 (B10)》

324．次の式で定まる数列 $\{a_n\}$ について以下の問に答えよ．

$$a_1=-2,$$

$$a_{n+1}+a_n=(-1)^{n+1}\cdot 2\ (n=1, 2, \cdots)$$

（1） $b_n=(-1)^n a_n$ とおくとき，数列 $\{b_n\}$ の一般項を求めよ．

（2） 数列 $\{a_n\}$ の一般項を求めよ．

（3） $S_n=\sum_{k=1}^{n} a_k$ を求めよ． （21 東京女子大・数理）

《1 次分数形の漸化式》

325. 数列 $\{a_n\}$ をつぎで定めるとする．

$$\begin{cases} a_1=1, \\ a_{n+1}=\dfrac{a_n}{6a_n+5}(n=1,\ 2,\ 3,\ \cdots\cdots) \end{cases}$$

a_n の一般項を求めると $a_n=\dfrac{\boxed{17}}{\boxed{18}^n-\boxed{19}}$ である． （21 日大・医）

《1 次分数形の漸化式 (B30) ☆》

326. α と β を実数とし，$\alpha<4,\ \beta\neq 4,\ \alpha<\beta$ をみたすとする．数列 $\{a_n\}$ を

$a_1=4,$

$a_{n+1}=\dfrac{4a_n+10}{a_n+1}\ (n=1,\ 2,\ \cdots)$

で定め，数列 $\{b_n\}$ を $b_n=\dfrac{a_n-\beta}{a_n-\alpha}\ (n=1,\ 2,\ \cdots)$ で定める．このとき，次の問いに答えよ．

（1） $\alpha=\dfrac{1}{5},\ \beta=\dfrac{6}{5}$ のとき，b_2 を求めよ．

（2） 数列 $\{b_n\}$ が等比数列となるような $\alpha,\ \beta$ を 1 組求めよ．

（3） （2）で求めた $\alpha,\ \beta$ に対して，

$-10^{-78}<b_n<10^{-78}$ となる最小の自然数 n を求めよ．ただし，$\log_{10}2=0.3010$，

$\log_{10}3=0.4771$ とする． （21 島根大・前期）

《調べてみよう (A10) ☆》

327. p と q を正の数とし，数列 $\{a_n\}$ が

$a_1=p,\ a_2=q$ および $a_n=\dfrac{1+a_{n-1}}{a_{n-2}}\ (n\geqq 3)$

を満たすとする．このとき，

（1） $a_5=\dfrac{1+p}{q}$ となることを示せ．

（2） a_{99} を求めよ． （21 中部大・工）

《調べてみよう (A10)》

328. 数列 $\{a_n\}$ が次の 2 つの条件を満たしている．

$a_2=10$

$a_{n+2}=a_{n+1}-a_n\ (n=1,\ 2,\ 3,\ \cdots)$

このとき，a_{2021} がとりうる値を求めよ． （21 早稲田大・人間科学-数学選抜）

《3 項間漸化式 (A10) ☆》

329. 以下で定義される数列 $\{a_n\}$ がある．

$a_1=1,\ a_2=4,$

$a_{n+2}=5a_{n+1}-6a_n\ (n=1,\ 2,\ 3,\ \cdots)$

このとき，$a_{n+2}-\alpha a_{n+1}=\beta(a_{n+1}-\alpha a_n)$ を満たす α，β の値を求めよ．また，数列 $\{a_n\}$ の一般項を求めよ．

（21 長崎大・医，歯，薬など／極限の設問を削除）

《連立漸化式から 3 項間へ (B20)》

330. 数列 $\{a_n\},\ \{b_n\}$ は，$a_1=-2,\ b_1=-3$ であり，

$a_{n+1}=3a_n+2b_n,\ b_{n+1}=3a_n-2b_n$

$(n=1,\ 2,\ 3,\ \cdots)$ を満たす．このとき，一般項は $a_n=\boxed{}$，$b_n=\boxed{}$ と求まる． （21 同志社大）

《連立漸化式 (B10)》

331. 数列 $\{a_n\}$, $\{b_n\}$ を，初項 $a_1 = -1$, $b_1 = 2$ と漸化式

$$\begin{cases} a_{n+1} = a_n - 4b_n \\ b_{n+1} = a_n + 5b_n \end{cases}$$

で定める．このとき，次の問いに答えよ．

（1） $c_n = a_{n+1} - 3a_n$ とおくとき，数列 $\{c_n\}$ が漸化式 $c_{n+1} = 3c_n$ を満たすことを示せ．

（2） $d_n = \dfrac{a_n}{3^n}$ とおくとき，数列 $\{d_n\}$ が満たす漸化式を導き，数列 $\{d_n\}$ の一般項を求めよ．

（3） 数列 $\{a_n\}$, $\{b_n\}$ の一般項を求めよ．（21 金沢大・理系）

《a_n と S_n》

332. 初項 1 の数列 $\{a_n\}$ について，初項から第 n 項までの和 S_n と a_n の間に関係式

$$S_n = 4a_n - 3 \quad (n = 1, 2, 3, \cdots)$$

が成り立つとき，数列 $\{a_n\}$ の一般項は

$$a_n = \boxed{} \quad (n = 1, 2, 3, \cdots)$$

であり，和 S_n は

$$S_n = \boxed{} \quad (n = 1, 2, 3, \cdots)$$

である．（21 星薬大・B 方式）

《添え字の制限をいつ外す？(B20)》

333. 数列 $\{a_n\}$ と $\{b_n\}$ は次を満たすとする．

$$b_1 = 2a_1,$$

$$b_n = a_1 + \cdots + a_{n-1} + 2a_n \quad (n = 2, 3, 4, \cdots)$$

次の問いに答えよ．

（1） $a_n = 2n^2 - 1\ (n = 1, 2, 3, \cdots)$ のとき，数列 $\{b_n\}$ の一般項を求めよ．

（2） $b_n = 3\ (n = 1, 2, 3, \cdots)$ のとき，数列 $\{a_n\}$ の一般項を求めよ．

（3） $b_n = 4n + 1\ (n = 1, 2, 3, \cdots)$ のとき，数列 $\{a_n\}$ の一般項を求めよ．（21 埼玉大・理工）

《n がシグマの中にもある (B30) ☆》

334. 数列 $\{a_n\}$ は $n = 1, 2, 3, \cdots$ に対して，

$$4\sum_{k=1}^{n}(n + 1 - k)a_k = n^4 - 4n^3 - 16n^2 + 11n$$

を満たすものとする．以下の問いに答えよ．

（1） a_1 の値を求めよ．

（2） 数列 $\{a_n\}$ の初項から第 n 項までの和を S_n とするとき，S_n の最小値とそのときの n の値を求めよ．

（21 早稲田大・人間科学-数学選抜）

《双曲線関数の 2 倍角の公式 (B20) ☆》

335. 次のように定められた数列 $\{a_n\}$ がある．

$$a_1 = 2,\ a_{n+1} = 2(a_n)^2 - 1\ (n = 1, 2, \cdots)$$

このとき，次の問いに答えよ．

（1） 自然数 n に対して，不等式 $a_n > 1$ が成り立つことを示せ．

（2） x についての 2 次方程式 $x^2 - 2a_nx + 1 = 0$ の 2 つの解のうち，値が大きい方を b_n とする．このとき b_{n+1} を b_n を用いて表せ．

（3） a_n を n を用いて表せ．（21 兵庫県立大・理，社会情報-中期）

《連立漸化式を作る (B20)》

336. 自然数 n に対して，x の 1 次式 P_n を次で定める．

$$P_1 = x,$$

$$P_{n+1} = (n+3)P_n + (n+1)!\ (n = 1, 2, 3, \cdots)$$

P_n の x について1次の項の係数を a_n とし，P_n の定数項を b_n とする．

（1） P_4 を求めよ．

（2） 数列 $\{a_n\}$ の一般項を求めよ．

（3） $\dfrac{b_{n+1}}{a_{n+1}} - \dfrac{b_n}{a_n}$ を n で表せ．

（4） 数列 $\left\{\dfrac{b_n}{a_n}\right\}$ の一般項を求めよ．

（5） 数列 $\{b_n\}$ の一般項を求めて，$S_n = \sum\limits_{k=1}^{n} \dfrac{b_k}{3^k}$ を求めよ． （21　名古屋工大）

《積分との融合 (B20) ☆》

337. 関数 $f_n(x)\ (n = 1, 2, 3, \cdots)$ が

$$f_1(x) = 2x + 3,$$

$$f_{n+1}(x) = 3x^2 + \int_0^1 x f_n(t)\,dt - \frac{1}{2}$$

$(n = 1, 2, 3, \cdots)$ を満たすとき，次の問に答えよ．

（1） 関数 $f_2(x)$ を答えよ．

（2） $a_n = \int_0^1 f_n(t)\,dt\ (n = 1, 2, 3, \cdots)$ とおくとき，a_{n+1} を a_n で表す式を答えよ．

（3） $n \geqq 2$ のとき，関数 $f_n(x)$ を答えよ． （21　防衛大・理工）

【難問】

《題意が取りにくい問題 (C30)》

338. n を2以上の整数とする．正の整数 r に対して，

$$(2n-2)r + 1 \leqq k \leqq 2nr$$

をみたす整数 k 全体の集合を $B^n(r)$ とする．次の問いに答えよ．

（1） $r = 1, 2, 3, 4$ のそれぞれに対して $B^3(r)$ を要素を具体的に書き並べる方法で表せ．

（2） $B^n(r) \cap B^n(r+1) = \emptyset$ となる最大の r を求めよ．

（3） $B^n(1)$，$B^n(2)$，$B^n(3)$，$\cdots$ のいずれにも属さない正の整数の個数を a_n とする．a_n を求めよ．

（21　島根大・後期）

《複雑過ぎる問題 (C30)》

339. n を自然数とし，次の条件を満たす数列 $\{a_n\}$ と $\{b_n\}$ を考える．

$$a_1 = 1,$$

$$(n+3)a_{n+1} - (n+1)a_n = 2(n+1)$$

$$(n = 1, 2, 3, \cdots)$$

$$b_1 = 1,$$

$$\sum_{k=1}^{n} k b_k = a_n \left(\sum_{k=1}^{n} b_k \right)\ (n = 2, 3, 4, \cdots)$$

次の問いに答えよ．

（1） a_2, b_2 を求めよ．

（2） $c_n = (n+2)(n+1)a_n$　$(n = 1, 2, 3, \cdots)$ とおく．$c_{n+1} - c_n$ を n で表せ．

（3） $n \geqq 1$ とする．このとき，a_n を n で表せ．

（4） $n \geqq 2$ とする．このとき，$s_{n-1} = \sum\limits_{k=1}^{n-1} b_k$ とし，$b_n = d_n s_{n-1}$ を満たす d_n を考える．このとき，d_n を n で表せ．ただし，必要ならば，次の等式が成り立つことを証明なしで用いてよい．

$$a_n \left(\sum_{k=1}^{n} b_k \right) - a_{n-1} \left(\sum_{k=1}^{n-1} b_k \right)$$

$$= a_n b_n + (a_n - a_{n-1}) s_{n-1}$$

（5） $n \geqq 2$ とする．このとき，b_n を n で表せ． （21　同志社大・理系）

《出題者の解法が効率が悪い (C30)》

340. 数列 $\{S_n\}$ を

$$S_1 = 2,\ S_2 = 8,$$

$$S_n - S_{n-2} = 2n^2\ (n = 3, 4, 5, \cdots)$$

で定め，数列 $\{T_n\}$ を

$$T_n = \begin{cases} \sum_{k=1}^{m} (2k-1)^2 & (n = 2m-1 \text{ のとき}) \\ \sum_{k=1}^{m} (2k)^2 & (n = 2m \text{ のとき}) \end{cases}$$

で定める．ただし，$m = 1, 2, 3, \cdots$ とする．次の問いに答えよ．

（1） $S_n = 2T_n\ (n = 1, 2, 3, \cdots)$ を示せ．

（2） $T_n = \frac{1}{6}n(n+1)(n+2)\ (n = 1, 2, 3, \cdots)$ を示せ．

（3） 数列 $\{a_n\}$ の初項 a_1 から第 n 項 a_n までの和が S_n に等しいとき，数列 $\{a_n\}$ の一般項を求めよ．

（21　山形大・工）

《ガウス記号の漸化式 (C30)》

341. $0 \leqq a < 1$ を満たす実数 a に対し，数列 $\{a_n\}$ を

$$a_1 = a,$$

$$a_{n+1} = 3\left[a_n + \frac{1}{2}\right] - 2a_n\ (n = 1, 2, 3, \cdots)$$

という漸化式で定める．ただし $[x]$ は x 以下の最大の整数を表す．以下の問に答えよ．

（1） a が $0 \leqq a < 1$ の範囲を動くとき，点 $(x, y) = (a_1, a_2)$ の軌跡を xy 平面上に図示せよ．

（2） $a_n - [a_n] \geqq \frac{1}{2}$ ならば，$a_n < a_{n+1}$ であることを示せ．

（3） $a_n > a_{n+1}$ ならば，$a_{n+1} = 3[a_n] - 2a_n$ かつ $[a_{n+1}] = [a_n] - 1$ であることを示せ．

（4） ある 2 以上の自然数 k に対して，

$$a_1 > a_2 > \cdots > a_k$$

が成り立つとする．このとき a_k を a の式で表せ． （21　名古屋大・前期）

【数学的帰納法】

《不等式の証明 (A5) ☆》

342. 数列 $\{a_n\}$ を次のように定める．

$$a_1 = 1,\ a_{n+1} = 1 + \frac{1}{(n+1)^2}{a_n}^2\ (n = 1, 2, 3, \cdots)$$

このとき，すべての自然数 n に対して，不等式 $1 \leqq a_n \leqq 2$ が成り立つことを示せ． （21　茨城大・工）

《漸化式と帰納法 (A5)》

343. 数列 $\{a_n\}$ は

$$a_1 = \frac{1}{9},$$

$$a_n - a_{n+1} = (6n+9)a_n a_{n+1}\ (n = 1, 2, 3, \cdots)$$

を満たす．このとき，次の各問いに答えよ．

（1） すべての自然数 n について，$a_n > 0$ であることを示せ．

（2） $b_n = \frac{1}{a_n}$ とおくとき，数列 $\{b_n\}$ の一般項を求めよ．

（3） $\sum_{k=1}^{9} a_k$ を求めよ． （21　芝浦工大）

《一般項を予想する (A10) ☆》

344. $a_1 = 1,$

$$a_{n+1} = (n+1)! + na_n\ (n = 1, 2, 3, \cdots)$$

で表される数列 $\{a_n\}$ を考える．

（1） a_2，a_3，a_4，a_5 を求めよ．

（2） 一般項 a_n を推測し，それが正しいことを数学的帰納法を用いて証明せよ． （21　広島市立大）

《2 飛び帰納法 (B20) ☆》

345. $a_1 = 2,\ b_1 = 1$ および

$$a_{n+1} = 2a_n + 3b_n,$$

$$b_{n+1} = a_n + 2b_n \quad (n = 1, 2, 3, \cdots)$$

で定められた数列 $\{a_n\}$, $\{b_n\}$ がある．$c_n = a_n b_n$ とおく．

（1） c_2 を求めよ．

（2） c_n は偶数であることを示せ．

（3） n が偶数のとき，c_n は 28 で割り切れることを示せ． （21　北海道大・理系）

《4 飛び帰納法 (B20) ☆》

346. 次の式によって定められる数列 $\{a_n\}$ を考える．

$$a_1 = 1,\ a_2 = 1,$$

$$a_n = na_{n-1} + a_{n-2}\ (n = 3, 4, 5, \cdots)$$

（1） n が 2 以上の偶数ならば a_n は奇数であることを示せ．

（2） a_n が偶数となるような自然数 n の条件を求めよ． （21　津田塾大・文芸-数学，情報科学）

《割り切れる話 (B20)》

347. 数列 $\{a_n\}$ を，

$$\begin{cases} a_1 = 5 \\ a_{n+1} = 9a_n - 16 \quad (n = 1, 2, 3, \cdots) \end{cases}$$

で定めるとき，数列 $\{a_n\}$ について次の各問に答えよ．

（1） 第 n 項 a_n を求めよ．

（2） 数列 $\{b_n\}$ を，

$$b_n = 2 + 2^{2n+1} \quad (n = 1, 2, 3, \cdots)$$

で定める．すべての自然数 n に対し，$b_n - a_n$ は 5 の倍数であることを，数学的帰納法を用いて証明せよ．

（21　宮崎大・工，数）

《フェルマーの小定理 (B20)》

348. （1） 31 が素数であることを，背理法を用いて証明せよ．3，5，7 が素数であることは用いてよい．

（2） ${}_{31}\mathrm{C}_r(r = 1, 2, \cdots, 30)$ を 31 で割った余りは 0 であることを，背理法を用いて証明せよ．

（3） すべての自然数 n に対して $n^{31} - n$ を 31 で割った余りは 0 であることを，数学的帰納法を用いて証明せよ．

（21　京都府立大・生命環境）

《虚数になる証明 (B20) ☆》

349. i を虚数単位とする．以下の問に答えよ．

（1） $n = 2, 3, 4, 5$ のとき $(2+i)^n$ を求めよ．またそれらの虚部の整数を 10 で割った余りを求めよ．

（2） n を正の整数とするとき $(2+i)^n$ は虚数であることを示せ． （21　神戸大・理系）

《連立漸化式 (B30)》

350. 次の条件によって定まる数列 $\{a_n\}$, $\{b_n\}$ について答えよ．n を正の整数とするとき，

$$a_1 = 1,\ b_1 = \sqrt{2},$$

$$a_{n+1} = \frac{a_n + b_n}{2},\ b_{n+1} = \frac{2a_n b_n}{a_n + b_n}.$$

（1） 不等式 $b_m < a_m$ を満たす正の整数 m をすべて求めよ．

（2） $a_1, b_1, a_m, b_m, a_{m+1}, b_{m+1}$ の大小関係を不等号 $<$ を用いて表せ．ここで，m は 2 以上の整数である．

（3） n を正の整数とするとき，不等式

$$|a_n - b_n| < 2^{(1-2^n)}$$

が成り立つことを証明せよ． （21　群馬大・医）

《二項係数のシグマ（B30）》

351．2つの自然数 n, k に対し，

$$a(n, k) = \sum_{j=0}^{n} (-2)^{n-j} {}_{n+k+1}\mathrm{C}_j$$

とおく．以下の問いに答えよ．

（1） $a(1, k)$ を求めよ．

（2） $a(n, 1) = \frac{1}{4}\{2n + 3 + (-1)^n\}$ を示せ．

（3） $n \geqq 2, k \geqq 2$ のとき，

$$a(n, k) = a(n, k-1) + a(n-1, k)$$

を示せ．

（4） $l = n + k$ とおく．l に関する数学的帰納法により，$a(n, k) > 0$ を示せ． （21　中央大・理工）

《4 乗のシグマ（B30）☆》

352．j を自然数とする．$S_j(n)$ を次のようにおく．

$$S_j(n) = 1^j + 2^j + \cdots + n^j$$

$$= \sum_{k=1}^{n} k^j \ (n = 1, 2, 3, \cdots)$$

例えば，$j = 2$ のとき，

$$S_2(n) = 1^2 + 2^2 + 3^2 + \cdots + n^2$$

$$= \frac{1}{6}n(n+1)(2n+1)$$

となる．このとき，以下の問いに答えなさい．

（1） 数学的帰納法を用いて，すべての自然数 n について，次の等式が成り立つことを示しなさい．

$$S_{j+1}(n) = -\sum_{k=1}^{n} S_j(k) + (n+1)S_j(n)$$

（2） $S_4(n)$ を n を用いて，因数分解した形で表しなさい． （21　山口大・理）

《人生帰納法（B20）☆》

353．正の整数 n に対して，

$$(a_1 + a_2 + a_3 + \cdots + a_n)^2$$

$$= {a_1}^3 + {a_2}^3 + {a_3}^3 + \cdots + {a_n}^3$$

が成り立っている．ただし，$a_n > 0$ である．次の設問に答えなさい．

（i） a_1, a_2, a_3 の値をそれぞれ求めなさい．

（ii） a_n を表す式を予想し，その式が正しいことを証明しなさい． （21　岩手県立大・ソフトウェア）

《一般のシグマ・人生帰納法（B30）》

354．任意の自然数 m に対して，$\sum_{k=1}^{n} k^m$ は n についての $(m+1)$ 次式で表されることを証明せよ．ただし，$m = 1$ のとき $\sum_{k=1}^{n} k = \frac{n(n+1)}{2}$ となり，n についての 2 次式で表されることは証明なしで使ってよい．（21　山梨大・医）

【平面のベクトル】

《直線上の点の表示 (A5) ☆》

355. 2 つのベクトルを $\vec{a}=(-5,12), \vec{b}=(-3,4)$ とする．整数 t に対して，$|\vec{a}-t\vec{b}|$ を最小とする t の値は□である．（21 立教大・数学）

《解法の選択 (B20) ☆》

356. ベクトル $\vec{a}=(56,-33)$, $\vec{b}=(12,5)$ がある．$|\vec{a}+t\vec{b}|$ は $t=$ □ のとき最小値□をとる．

（21 藤田医科大・医）

《解法の選択 (B20) ☆》

357. $|\vec{a}-\vec{b}|=\sqrt{2}$, $|\vec{a}+2\vec{b}|=\sqrt{5}$, $\vec{a}\cdot\vec{b}\neq 0$

であり，実数全体を定義域とする t の関数

$$g(t)=|\vec{a}-t\vec{b}|$$

は最小値 1 をとる．このとき，$|\vec{a}|=$ □ である．また，$-8\leqq t\leqq 8$ のとき，$g(t)$ の最大値は □ である．

（21 東邦大・医）

《円上の点が満たす等式 (A10)》

358. 平面上の 2 点 A と B を考える．

$2\overrightarrow{\mathrm{AB}}\cdot\overrightarrow{\mathrm{AB}}+9\overrightarrow{\mathrm{AP}}\cdot\overrightarrow{\mathrm{BP}}=3\overrightarrow{\mathrm{AB}}\cdot(\overrightarrow{\mathrm{AP}}+2\overrightarrow{\mathrm{BP}})$

が成り立つとき，点 P が描く図形は，□を中心とする半径□の円になる．（21 産業医大）

【図形とベクトル】

《形状決定問題 (A10)》

359. 平面上に △ABC がある．このとき，

$$X=\overrightarrow{\mathrm{AB}}\cdot\overrightarrow{\mathrm{AC}},\ Y=\overrightarrow{\mathrm{BA}}\cdot\overrightarrow{\mathrm{BC}},\ Z=\overrightarrow{\mathrm{CA}}\cdot\overrightarrow{\mathrm{CB}}$$

とする．$XY=ZX$ を満たすとき，△ABC はどのような三角形か答えよ．

（21 富山県立大・前期）

《面積比の頻出問題 (A10)》

360. 平面上の三角形 ABC と正の実数 a,b,c がある．点 P について以下の命題を考える．

命題 X：点 P は $a\overrightarrow{\mathrm{PA}}+b\overrightarrow{\mathrm{PB}}+c\overrightarrow{\mathrm{PC}}=\vec{0}$ をみたす．

命題 Y：点 P は三角形 ABC の内部にある．

命題 Z：△PBC, △PCA, △PAB の面積の比は $a:b:c$ である．

$\overrightarrow{\mathrm{AB}}=\vec{x}$, $\overrightarrow{\mathrm{AC}}=\vec{y}$ とする．次の問に答えよ．

（1） 命題 X が成り立つとする．ベクトル $\overrightarrow{\mathrm{AP}}$ を $\vec{x},\vec{y}$ および a,b,c を用いて表し，命題 Y が成り立つことを示せ．

（2） 命題 X が成り立つとする．直線 AP と直線 BC の交点を Q とするとき，ベクトル $\overrightarrow{\mathrm{AQ}}$ を $\vec{x},\vec{y}$ および a,b,c を用いて表し，命題 Z が成り立つことを示せ．

（3） 命題「Z ⟹ X」が成り立たないことを示せ．（21 北見工大・後期）

《三角形とベクトル (A10) ☆》

361. 三角形 OAB において，辺 OA の中点を M，辺 OB を 3：1 に内分する点を N とし，線分 AN と線分 BM との交点を P とする．$\overrightarrow{\mathrm{OA}}=\vec{a}$, $\overrightarrow{\mathrm{OB}}=\vec{b}$ とするとき，$\overrightarrow{\mathrm{OP}}$ を $\vec{a}$ と $\vec{b}$ で表すと □ である．（21 神奈川大・給費生）

《平行四辺形とベクトル (A10) ☆》

362. $k>1$ とする．平行四辺形 ABCD において，辺 BC を 4：1 に内分する点を E，辺 CD を 1：k に外分する点を F とする．

このとき，$\overrightarrow{\mathrm{AE}}$, $\overrightarrow{\mathrm{AF}}$ を，それぞれ $\overrightarrow{\mathrm{AB}}$, $\overrightarrow{\mathrm{AD}}$, k を用いて表すと，

$$\overrightarrow{\mathrm{AE}}=\overrightarrow{\mathrm{AB}}+\square\overrightarrow{\mathrm{AD}},\ \overrightarrow{\mathrm{AF}}=\square\overrightarrow{\mathrm{AB}}+\overrightarrow{\mathrm{AD}}$$

である．

また，3 点 A，E，F が一直線上にあるとき，$k=$ □ である．（21 大工大・A 日程）

《正六角形とベクトル (B20) ☆》

363. 1 辺の長さが 1 の正六角形 OABCDE において，線分 AC を 3 : 1 に内分する点を P とする．ベクトル $\overrightarrow{\mathrm{OP}}$ を $\overrightarrow{\mathrm{OA}}$ と $\overrightarrow{\mathrm{OE}}$ を用いて表すと $\overrightarrow{\mathrm{OP}}=$ □ である．また，△OBP の面積は □ である． (21 福岡大・医)

《角の二等分線 (B10) ☆》

364. 平面上に三角形 OAB と点 P がある．

$\overrightarrow{\mathrm{OA}}=\vec{a}$, $\overrightarrow{\mathrm{OB}}=\vec{b}$, $\overrightarrow{\mathrm{OP}}=\vec{p}$

とおく．線分 OP が ∠AOB を二等分し，

$|\vec{a}|=1$, $|\vec{b}|=3$, $|\vec{p}|=4$, $\vec{a}\cdot\vec{b}=\dfrac{3}{8}$

のとき，以下の問いに答えよ．

(1) $\theta=\angle\mathrm{AOP}$ とおくとき，$\cos\theta$ の値を求めよ．

(2) $\vec{p}=s\vec{a}+t\vec{b}$ を満たす実数 s, t を求めよ． (21 日本女子大・理)

《角の二等分線 (B10)》

365. 三角形 ABC において $\overrightarrow{\mathrm{AB}}=\vec{b}$, $\overrightarrow{\mathrm{AC}}=\vec{c}$ とおく．線分 AB の中点を P，線分 AC を 1 : 3 に内分する点を Q，三角形 ABC の重心を R とおく．また，2 点 A, R を通る直線と線分 PQ の交点を S，線分 SR を 3 : 2 に外分する点を T とする．このとき，次の問に答えなさい．

(1) $\overrightarrow{\mathrm{AP}}=\dfrac{\square}{\square}\vec{b}$, $\overrightarrow{\mathrm{AQ}}=\dfrac{\square}{\square}\vec{c}$ である．

(2) $\overrightarrow{\mathrm{AR}}=\dfrac{\square}{\square}\vec{b}+\dfrac{\square}{\square}\vec{c}$, $\overrightarrow{\mathrm{AS}}=\dfrac{\square}{\square}\vec{b}+\dfrac{\square}{\square}\vec{c}$ である．

(3) $\overrightarrow{\mathrm{AT}}=\dfrac{\square}{\square}\vec{b}+\dfrac{\square}{\square}\vec{c}$ である．また，△PQT の面積を S_1，△ABC の面積を S_2 とすると，$\dfrac{S_1}{S_2}=\dfrac{\square}{\square}$ である．

(4) △PQT の面積が $\dfrac{9}{4}$ でベクトル $\vec{b}$, $\vec{c}$ のなす角が 60° のとき $\vec{b}$ と $\vec{c}$ の内積 $\vec{b}\cdot\vec{c}=\square\sqrt{\square}$ である．

(21 東北医薬大・薬)

《三角形と垂線 (B20) ☆》

366. 三角形 OAB において，辺 AB を 2 : 1 に内分する点を D とし，直線 OA に関して点 D と対称な点を E とする．$\overrightarrow{\mathrm{OA}}=\vec{a}$, $\overrightarrow{\mathrm{OB}}=\vec{b}$ とし，$|\vec{a}|=4$, $\vec{a}\cdot\vec{b}=6$ を満たすとする．

(1) 点 B から直線 OA に下ろした垂線と直線 OA との交点を F とする．$\overrightarrow{\mathrm{OF}}$ を $\vec{a}$ を用いて表せ．

(2) $\overrightarrow{\mathrm{OE}}$ を $\vec{a}$, $\vec{b}$ を用いて表せ．

(3) 三角形 BDE の面積が $\dfrac{5}{9}$ になるとき，$|\vec{b}|$ の値を求めよ． (21 北海道大・理系)

《円と三角形 (B15)》

367. 円 $(x-2)^2+y^2=4$ を C とし，点 O(0, 0) と C 上の 2 点 A(a_1, a_2), B(b_1, b_2) に対して，△OAB は正三角形であるとする．ただし，$a_2>0$ とする．

(1) 点 A，B の座標を求めよ．

(2) C 上の点 P に対して，直線 OP と直線 AB が点 Q で交わるとする．点 Q が線分 AB を 1 : 2 に内分するとき，

$\overrightarrow{\mathrm{OP}}=s\overrightarrow{\mathrm{OA}}+t\overrightarrow{\mathrm{OB}}$

を満たす実数 s, t を求めよ． (21 室蘭工業大)

《円周上の動点 (B20) ☆》

368. 座標平面上の 3 点 O，A，B は

$|\overrightarrow{\mathrm{OA}}|=3$, $|\overrightarrow{\mathrm{OB}}|=1$, $|\overrightarrow{\mathrm{AB}}|=2\sqrt{3}$

を満たすとする．また同一平面上の点 P は

$\overrightarrow{\mathrm{AP}}\cdot\overrightarrow{\mathrm{BP}}=0$

を満たしながら動くとする．次の問いに答えよ．

（1） 実数 s, t を用いて

$$\overrightarrow{\mathrm{OP}} = s\overrightarrow{\mathrm{OA}} + t\overrightarrow{\mathrm{OB}}$$

と表すとき，s がとりうる値の範囲を求めよ．

（2） 点 P が直線 OB 上にないとき，三角形 OBP の面積の最大値を求めよ．（21 弘前大・理工）

《内心外心垂心傷あり（B30）》

369. △ABC の外心を O，内心を I，重心を G，垂心を H とする．ただし，三角形の 3 頂点から対辺またはその延長に下ろした垂線は，1 点で交わる．その交点を三角形の垂心という．

$\mathrm{BC} = a, \mathrm{CA} = b, \mathrm{AB} = c$

とし，a, b, c がすべて異なるとき，次の問に答えよ．

（1） $\overrightarrow{\mathrm{OG}}$ を $\overrightarrow{\mathrm{OA}}, \overrightarrow{\mathrm{OB}}, \overrightarrow{\mathrm{OC}}$ を用いて表せ．

（2） 辺 BC の中点を M とする．直線 AM と直線 OH の交点は重心 G であることを示せ．また，OG : GH を求めよ．

（3） $\overrightarrow{\mathrm{OH}}$ を $\overrightarrow{\mathrm{OA}}, \overrightarrow{\mathrm{OB}}, \overrightarrow{\mathrm{OC}}$ を用いて表せ．

（4） 次の式が成り立つことを示せ．

$$\overrightarrow{\mathrm{OI}} = \frac{a\overrightarrow{\mathrm{OA}} + b\overrightarrow{\mathrm{OB}} + c\overrightarrow{\mathrm{OC}}}{a+b+c}$$

（21 大教大・後期）

《外接円と三角形（B20）☆》

370. 点 O を中心とする半径 1 の円がある．この円に内接する三角形 ABC が

$$7\overrightarrow{\mathrm{OA}} = 15\overrightarrow{\mathrm{OB}} + 20\overrightarrow{\mathrm{OC}}$$

を満たすとする．

（1） $\overrightarrow{\mathrm{OA}} \cdot \overrightarrow{\mathrm{OB}} = \square$，　$\overrightarrow{\mathrm{OA}} \cdot \overrightarrow{\mathrm{OC}} = \square$

（2） 直線 OA と直線 BC の交点を D とすると，

$$\overrightarrow{\mathrm{BD}} = \square\overrightarrow{\mathrm{BC}}, \quad \overrightarrow{\mathrm{OD}} = \square\overrightarrow{\mathrm{OA}}$$

である．

（3） 三角形 ABC の面積は $\square$ である．（21 青学大・理工）

《内心外心垂心（B20）☆》

371. 次の各問いに答えよ．ただし，答えは結果のみを解答欄に記入せよ．

△OAB において，OA = 7，OB = 8，AB = 9 とする．また，△OAB の垂心を H，内心を I，外心を J とする．$\overrightarrow{\mathrm{OA}} = \vec{a}$，$\overrightarrow{\mathrm{OB}} = \vec{b}$ とするとき，次の問いに答えよ．

（1） 内積 $\vec{a} \cdot \vec{b}$ を求めよ．

（2） $\overrightarrow{\mathrm{OH}}$ を $\vec{a}, \vec{b}$ を用いて表せ．

（3） $\overrightarrow{\mathrm{OI}}$ を $\vec{a}, \vec{b}$ を用いて表せ．

（4） $\overrightarrow{\mathrm{OJ}}$ を $\vec{a}, \vec{b}$ を用いて表せ．（21 昭和大・医-2 期）

《外心垂心（B30）》

372. 三角形 OAB において，$\overrightarrow{\mathrm{OA}} = \vec{a}, \overrightarrow{\mathrm{OB}} = \vec{b}$ と表し，さらに $|\overrightarrow{\mathrm{OA}}|^2 = r, |\overrightarrow{\mathrm{OB}}|^2 = s, \overrightarrow{\mathrm{OA}} \cdot \overrightarrow{\mathrm{OB}} = t$ とする．以下の $\square$ にあてはまる数または式を解答欄に記入せよ．

（1） 三角形の垂心 H について $\overrightarrow{\mathrm{OH}} = x\vec{a} + y\vec{b}$ と表す．直線 BH が辺 OA またはその延長と垂直であることを r, s, t と未知数 x, y を用いて表せば，x と y に対する関係式 $\square = 0$ が得られる．同様に，直線 AH が辺 OB またはその延長と垂直であることから x と y に対する関係式 $\square = 0$ が得られる．よって，x と y は r, s, t を用いて，$x = \square$，$y = \square$ と表される．

（2） 三角形の外心 P について $\overrightarrow{\mathrm{OP}} = X\vec{a} + Y\vec{b}$ と表す．P が辺 OA の垂直二等分線上にあることを r, s, t と未知数 X, Y を用いて表せば，X と Y に対する関係式 $\square = 0$ が得られる．同様に，P が辺 OB の垂直二

等分線上にあることから X と Y に対する関係式 $\boxed{}$ $=0$ が得られる．よって，X と Y は r, s, t を用いて，$X=\boxed{}$, $Y=\boxed{}$ と表される．

（3）（1）と（2）の結果から，$\overrightarrow{\mathrm{HP}}$ は r, s, t と $\vec{a}, \vec{b}$ を用いて，$\overrightarrow{\mathrm{HP}}=\boxed{}$ と表される．また，三角形の重心 G について，$\overrightarrow{\mathrm{OG}}$ は $\vec{a}, \vec{b}$ を用いて，$\overrightarrow{\mathrm{OG}}=\boxed{}$ と表せるので，$\overrightarrow{\mathrm{HG}}=\boxed{}\overrightarrow{\mathrm{HP}}$ である．（21　京都薬大）

《三角形で垂線を立てる (B20) ☆》

373. 平面上の △ABC において

AB = 7, BC = 8, CA = 6

とする．辺 AB を 2 : 1 に内分する点を D，辺 BC を 1 : 3 に内分する点を E，線分 AE と線分 CD の交点を P とする．点 A から辺 BC に下ろした垂線と辺 BC の交点を H とする．さらに，辺 BC の垂直二等分線が線分 AE と交わる点を Q とする．このとき，次の問に答えよ．

（1） 内積 $\overrightarrow{\mathrm{AB}}\cdot\overrightarrow{\mathrm{AC}}$ を求めよ．

（2） △ABC の面積を求めよ．

（3） 線分 AE の長さを求めよ．

（4） $\overrightarrow{\mathrm{AP}}$ を $\overrightarrow{\mathrm{AE}}$ を用いて表せ．

（5） $\overrightarrow{\mathrm{AH}}$ を $\overrightarrow{\mathrm{AB}}$ と $\overrightarrow{\mathrm{AC}}$ を用いて表せ．

（6） 線分 PQ の長さを求めよ．（21　山形大・医，理，農，人文社会）

《三角形で垂線を立てる (B20) ☆》

374. △OAB を 1 辺の長さが 1 の正三角形とする．辺 AB を $s:1-s\ (0<s<1)$ に内分する点を C，辺 OA を $t:1-t\ (0<t<1)$ に内分する点を D，辺 OB を $u:1-u\ (0<u<1)$ に内分する点を E とする．線分 OC と線分 DE の交点を F とおく．次の 2 つの条件について考える．

(a) 線分 OC と線分 DE は垂直である．

(b) 点 F は線分 OC の中点である．

次の問いに答えよ．

（1） (a) が成り立つとき，t を s と u を用いて表せ．

（2） (b) が成り立つとき，t を s と u を用いて表せ．

（3） (a) と (b) が同時に成り立つとき，t と u を s を用いて表せ．

（4） (a) と (b) が同時に成り立つとき，△ODE の面積を s を用いて表せ．（21　埼玉大・後期）

《オイラー線 (B30) ☆》

375. △OAB において，

$\mathrm{OA}=5,\ \mathrm{OB}=4,\ \mathrm{AB}=\sqrt{21}$

とし，$\overrightarrow{\mathrm{OA}}=\vec{a}$, $\overrightarrow{\mathrm{OB}}=\vec{b}$ とおく．△OAB の外心を P，垂心を H とすると，

$\overrightarrow{\mathrm{OP}}=\boxed{}\vec{a}+\boxed{}\vec{b}$, $\overrightarrow{\mathrm{OH}}=\boxed{}\vec{a}+\boxed{}\vec{b}$

と表すことができる．また，線分 PH を 1 : 2 に内分する点 D について，

$\overrightarrow{\mathrm{OD}}=\boxed{}\vec{a}+\boxed{}\vec{b}$

と表せることから，点 D は △OAB の $\boxed{}$ である．（21　関西医大・前期）

《外心と重心の距離 (C30)》

376. 3 辺の長さが $\mathrm{BC}=a$, $\mathrm{CA}=b$, $\mathrm{AB}=c$ である △ABC において，辺 BC 上に点 D をとり，$\mathrm{BD}=m$, $\mathrm{CD}=n$，および $\mathrm{AD}=d$ とする．△ABC の重心を G として，以下の問いに答えよ．なお，（1）以外は途中の式や考え方を記入すること．

（1） $\angle\mathrm{ADB}=\theta$ として，$\cos\theta$ の値を c, d, m を用いて表せ．

（2） 次のことを証明せよ．

$b^2m+c^2n=a(d^2+mn)$

（3） AG の長さを a, b, c を用いて表せ．

（4） ∠BAC の二等分線が辺 BC と交わる点を D′ とする．もし，△ABC が $\angle\mathrm{BAC}=90^\circ$ の直角三角形ならば，

AD′ の長さは b と c を用いて表せる．このときの AD′ の長さを求めよ．

（5） △ABC の外接円の中心を O，その半径を R として，OG の長さを a, b, c および R を用いて表せ．

（21　兵庫医大）

《メネラウスの定理 (B30)》

377．面積が 1 である三角形 ABC がある．s, t を $s>0, t>0, s+t<1$ を満たす実数とする．三角形 ABC の内部に，$\overrightarrow{\mathrm{AX}}=s\overrightarrow{\mathrm{AB}}+t\overrightarrow{\mathrm{AC}}$ を満たす点 X をとる．直線 AX と辺 BC の交点を P，直線 BX と辺 CA の交点を Q，直線 CX と辺 AB の交点を R とする．三角形 BPX，三角形 CQX，三角形 ARX の面積の和を W とする．以下の問いに答えよ．

（1） $\dfrac{\mathrm{PC}}{\mathrm{BP}}, \dfrac{\mathrm{QA}}{\mathrm{CQ}}, \dfrac{\mathrm{RB}}{\mathrm{AR}}$ の値を s と t を用いて表せ．

（2） 三角形 BPX，三角形 CQX，三角形 ARX の面積を s と t を用いて表せ．

（3） $s=t$ のとき，W を求めよ．

（4） 点 Q が辺 CA の中点であるとき，W を求めよ．

（21　広島大・後期）

《正射影 (B30)》

378．座標平面上で，原点 O を通り，$\vec{u}=(\cos\theta, \sin\theta)$ を方向ベクトルとする直線を l とおく．ただし，$-\dfrac{\pi}{2}<\theta\leqq\dfrac{\pi}{2}$ とする．

（1） $\theta\neq\dfrac{\pi}{2}$ とする．直線 l の法線ベクトルで，y 成分が正であり，大きさが 1 のベクトルを $\vec{n}$ とおく．点 P(1, 1) に対し，$\overrightarrow{\mathrm{OP}}=s\vec{u}+t\vec{n}$ と表す．$a=\cos\theta, b=\sin\theta$ として，s, t のそれぞれを a, b についての 1 次式で表すと $s=\square, t=\square$ である．

点 P(1, 1) から直線 l に垂線を下ろし，直線 l との交点を Q とする．ただし，点 P が直線 l 上にあるときは，点 Q は P とする．以下では，$-\dfrac{\pi}{2}<\theta\leqq\dfrac{\pi}{2}$ とする．

（2） 線分 PQ の長さは，$\theta=\square$ のとき最大となる．

さらに，点 R(−3, 1) から直線 l に垂線を下ろし，直線 l との交点を S とする．ただし，点 R が直線 l 上にあるときは，点 S は R とする．

（3） 線分 QS を 1 : 3 に内分する点を T とおく．θ が $-\dfrac{\pi}{2}<\theta\leqq\dfrac{\pi}{2}$ を満たしながら動くとき，点 T(x, y) がえがく軌跡の方程式は $\square=0$ である．

（4） $\mathrm{PQ}^2+\mathrm{RS}^2$ の最大値は $\square$ である．

（21　慶應大・理工）

《次々と比をとる (B30)》

379．△OAB の辺 OA，AB，BO の上にそれぞれ点 P，Q，R があり，△OAB の重心と △PQR の重心が一致する．辺 OA，AB，BO を 3 : 1 に内分する点をそれぞれ $\mathrm{A_1}$，$\mathrm{B_1}$，$\mathrm{C_1}$ とし，辺 $\mathrm{A_1B_1}$，$\mathrm{B_1C_1}$，$\mathrm{C_1A_1}$ を 3 : 1 に内分する点をそれぞれ $\mathrm{A_2}$，$\mathrm{B_2}$，$\mathrm{C_2}$ とする．$\overrightarrow{\mathrm{OA}}=\vec{a}$，$\overrightarrow{\mathrm{OB}}=\vec{b}$ および $\overrightarrow{\mathrm{OP}}=s\vec{a}(0\leqq s\leqq 1)$ とおくとき，以下の問いに答えよ．

（1） $\vec{a}+\vec{b}$ を $\overrightarrow{\mathrm{OP}}$，$\overrightarrow{\mathrm{OQ}}$，$\overrightarrow{\mathrm{OR}}$ を用いて示せ．

（2） $\overrightarrow{\mathrm{OQ}}$ と $\overrightarrow{\mathrm{OR}}$ をそれぞれ $\vec{a}$，$\vec{b}$，および s を用いて表せ．

（3） $\overrightarrow{\mathrm{B_2C_2}}$ と $\overrightarrow{\mathrm{PR}}$ が平行であるとき s の値を求めよ．

（4） △OAB と $\triangle\mathrm{A_2B_2C_2}$ の面積比を求めよ．

（21　京都府立大・生命環境）

《交角の範囲 (B20)》

380．$\vec{0}$ でない 2 つのベクトル $\vec{a}, \vec{b}$ が垂直であるとする．$\vec{a}+\vec{b}$ と $\vec{a}+3\vec{b}$ のなす角を $\theta\ (0\leqq\theta\leqq\pi)$ とする．以下の問に答えよ．

（1） $|\vec{a}|=x, |\vec{b}|=y$ とするとき，$\sin^2\theta$ を x, y を用いて表せ．

（2） θ の最大値を求めよ．

（21　神戸大・理系）

【斜交座標と領域】

《領域 (A10)》

381．△ABC において，AB = 3，AC = 4 であって，$\overrightarrow{\mathrm{AB}}$ と $\overrightarrow{\mathrm{AC}}$ の内積が $\overrightarrow{\mathrm{AB}}\cdot\overrightarrow{\mathrm{AC}}=4\sqrt{5}$ を満たす．点 P が次の条件を満たしながら動くとき，点 P の存在範囲の面積を求めよ．

$\overrightarrow{AP}=s\overrightarrow{AB}+t\overrightarrow{AC},\ s\geqq 0,\ t\geqq 0,$

$1\leqq \frac{3}{2}s+\frac{4}{3}t\leqq 2$

（21　福岡教育大・前期）

《領域（A10）》

382. 平面上に3点O，A，Bがあり，

$|\overrightarrow{OA}|=|\sqrt{2}\,\overrightarrow{OA}+\overrightarrow{OB}|=|2\sqrt{2}\,\overrightarrow{OA}+\overrightarrow{OB}|=1$

を満たしている．

（1）$|\overrightarrow{OB}|=\sqrt{\square}$

（2）$\cos\angle AOB=\dfrac{\square\sqrt{\square}}{\square}$

（3）実数 s,t が $s\geqq 0,\ t\geqq 0,\ s+2t\leqq 1$ を満たしながら変化するとき，$\overrightarrow{OP}=s\,\overrightarrow{OA}+t\,\overrightarrow{OB}$ で定まる点Pの存在する範囲の面積は $\dfrac{\sqrt{\square}}{\square}$ である．（21　青学大・理工）

《領域（A10）》

383. 三角形OABに対し，辺OAを3：2に外分する点をC，辺OBを4：3に外分する点をD，辺ABの中点をMとおく．s,t を実数とし，

$\overrightarrow{OP}=s\overrightarrow{OA}+t\overrightarrow{OB}$

とする．

（1）等式 $3\overrightarrow{OP}+4\overrightarrow{CP}+5\overrightarrow{DP}=\vec{0}$ が成り立つとき，s,t の値を求めなさい．

（2）点Pが直線OMと直線CDの交点であるとき，s,t の値を求めなさい．

（3）点Pが三角形OCMの内部および周上を動くとき，点 (s,t) の存在範囲を st 平面上に図示しなさい．

（21　大分大・理工）

《平行四辺形（B10）》

384. 原点をOとする xy 平面上に3点

$A(2,-1),B(-1,3),C(4,2)$

がある．$0\leqq p\leqq 1,0\leqq q\leqq 1,\ 0\leqq r\leqq 1$

に対し，$\overrightarrow{OP}=p\overrightarrow{OA}+q\overrightarrow{OB}+r\overrightarrow{OC}$ を満たす点Pの存在しうる領域の面積は $\square$ である．（21　藤田医科大・AO）

【平面ベクトルの難問】

《円周上の点の表示（B30）☆》

385. 曲線 C が媒介変数 θ を用いて，

$x=3\cos\theta-4\sin\theta,\ y=4\cos\theta+3\sin\theta$

$\left(0<\theta<\frac{3}{2}\pi\right)$ と表されている．また，

点 $(a,-a)$ を中心とする半径1の円 S がある．このとき，以下の問いに答えよ．

（1）x 座標，y 座標がともに整数になる C 上の点を求めよ．

（2）S と C が共有点をもつとき，a の値の範囲を求めよ．

（3）S と C の共有点が存在する範囲を座標平面上に図示せよ．（21　福井大・医）

【空間ベクトル】

《4 線分の交点 (B20) ☆》

386. 四面体 OABC について，次の問いに答えよ．

（1） この四面体の各頂点とそれらの対面の三角形の重心を結ぶ 4 本の線分は，1 点で交わることを示せ．

（2） （1）で示された交点を G とする．この四面体が正四面体であるとき，$\cos\angle \mathrm{OGA}$ の値を求めよ．

（21　愛知医大・医-推薦）

《3 点が一直線上 (B20) ☆》

387. 四面体 OABC がある．辺 OA を 2 : 1 に外分する点を D とし，辺 OB を 3 : 2 に外分する点を E とし，辺 OC を 4 : 3 に外分する点を F とする．点 P は辺 AB の中点であり，点 Q は線分 EC 上にあり，点 R は直線 DF 上にある．3 点 P，Q，R が一直線上にあるとき，線分の長さの比 EQ : QC および PQ : QR を求めよ．

（21　京都工繊大・前期）

《3 点が一直線上 (B20)》

388. 正四面体 OABC において三角形 ABC の重心を D，線分 AB を 2 : 1 に内分する点を E，線分 AC を 5 : 2 に外分する点を F とする．$\overrightarrow{\mathrm{OA}}=\vec{a}$, $\overrightarrow{\mathrm{OB}}=\vec{b}$, $\overrightarrow{\mathrm{OC}}=\vec{c}$ として，次の問いに答えよ．

（1） ベクトル $\overrightarrow{\mathrm{OD}}$ を $\vec{a}, \vec{b}, \vec{c}$ を用いて表せ．

（2） ベクトル $\overrightarrow{\mathrm{OE}}$ および $\overrightarrow{\mathrm{OF}}$ を $\vec{a}, \vec{b}, \vec{c}$ を用いて表せ．

（3） 点 G は点 E を通り $\overrightarrow{\mathrm{OA}}$ に平行な直線上にある．点 H は点 F を通り $\overrightarrow{\mathrm{OB}}$ に平行な直線上にある．3 点 D，G，H が一直線上にあるとき，ベクトル $\overrightarrow{\mathrm{OG}}$ および $\overrightarrow{\mathrm{OH}}$ を $\vec{a}, \vec{b}, \vec{c}$ を用いて表せ．

（4） （3）で求めた $\overrightarrow{\mathrm{OG}}, \overrightarrow{\mathrm{OH}}$ に対して，$\dfrac{|\overrightarrow{\mathrm{OH}}|^2}{|\overrightarrow{\mathrm{OG}}|^2}$ を求めよ．

（21　新潟大・理系）

《正八面体を平面で切る (B15) ☆》

389. 6 点 O，A，B，C，D，E は，1 辺の長さが 1 の正八面体の頂点である．ただし，$\overrightarrow{\mathrm{OA}}+\overrightarrow{\mathrm{OC}}=\overrightarrow{\mathrm{OE}}$ とする．辺 OB を 1 : 3 に内分する点を P，辺 OC を 5 : 3 に内分する点を Q，3 点 A，P，Q が定める平面と直線 DE との交点を R とする．$\overrightarrow{\mathrm{OA}}=\vec{a}$，$\overrightarrow{\mathrm{OB}}=\vec{b}$，$\overrightarrow{\mathrm{OC}}=\vec{c}$ とおくとき，次の問に答えよ．

（1） 内積 $\vec{a}\cdot\vec{b}$ を求めよ．

（2） $\overrightarrow{\mathrm{AP}}$ と $\overrightarrow{\mathrm{AQ}}$ を $\vec{a}$，$\vec{b}$，$\vec{c}$ を用いて表せ．

（3） $\overrightarrow{\mathrm{OR}}$ を $\vec{a}$，$\vec{b}$，$\vec{c}$ を用いて表せ．

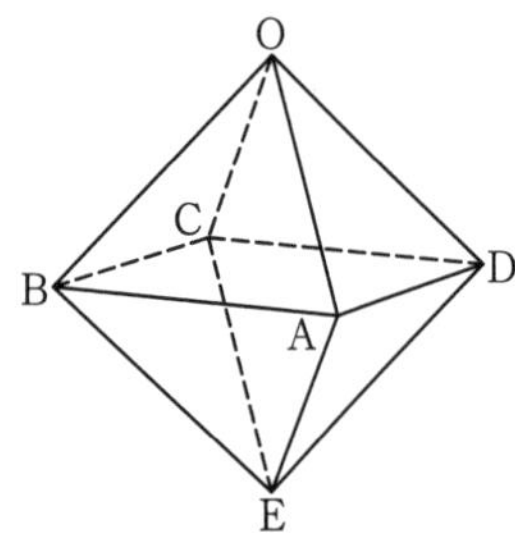

（21　名城大・理工）

《正四面体を平面で切る (B20) ☆》

390. 四面体 OABC において，辺 OA の中点を P，辺 OB を 2 : 1 に内分する点を Q，辺 BC を 3 : 1 に内分する点を R，点 P，Q，R を通る平面と辺 AC との交点を S とするとき，

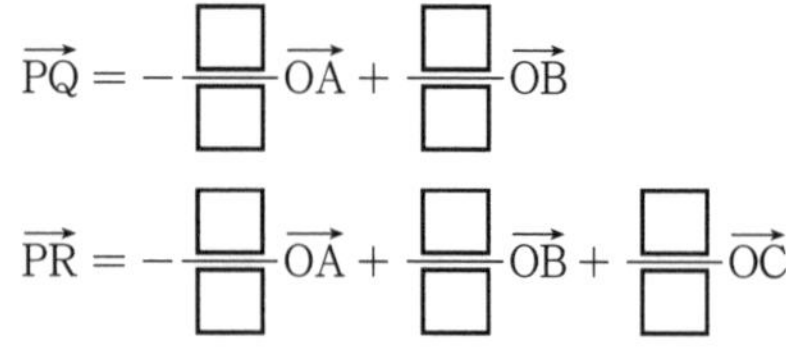

$$\overrightarrow{\mathrm{PQ}}=-\frac{\square}{\square}\overrightarrow{\mathrm{OA}}+\frac{\square}{\square}\overrightarrow{\mathrm{OB}}$$

$$\overrightarrow{\mathrm{PR}}=-\frac{\square}{\square}\overrightarrow{\mathrm{OA}}+\frac{\square}{\square}\overrightarrow{\mathrm{OB}}+\frac{\square}{\square}\overrightarrow{\mathrm{OC}}$$

であり，AS : SC = □ : □ である．

（21　星薬大・B 方式）

《正四面体を平面で切る (B20)》

391．空間内に，同一平面上にない4点O，A，B，Cがある．s, t を $0<s<1, 0<t<1$ をみたす実数とする．線分OAを1：1に内分する点をA_0，線分OBを1：2に内分する点をB_0，線分ACを$s:(1-s)$に内分する点をP，線分BCを$t:(1-t)$に内分する点をQとする．さらに4点A_0, B_0, P, Qが同一平面上にあるとする．

（1） t を s を用いて表せ．

（2） $|\overrightarrow{OA}|=1, |\overrightarrow{OB}|=|\overrightarrow{OC}|=2$,

$\angle AOB=120^\circ, \angle BOC=90^\circ, \angle COA=60^\circ$,

$\angle POQ=90^\circ$ であるとき，s の値を求めよ．（21　阪大・共通）

《四面体の外接球の中心（B20）☆》

392．四面体OABCは

$\angle AOB=\angle AOC=90^\circ, \angle BOC=60^\circ$,

$OA=3, OB=4, OC=5$

を満たすとし，$\vec{a}=\overrightarrow{OA}, \vec{b}=\overrightarrow{OB}, \vec{c}=\overrightarrow{OC}$ とする．四面体OABCの各頂点から等距離にある点をDとすると

$$\overrightarrow{OD}=\frac{1}{2}\vec{a}+s\vec{b}+t\vec{c}\ (s, t \text{ は実数})$$

と表される．また，$\vec{c}$ に垂直で辺ABの中点を通る平面を H，$\vec{a}$ に垂直で辺BCの中点を通る平面を I，$\vec{b}$ に垂直で辺ACの中点を通る平面を J とし，3つの平面 H, I, J が交わる点をMとする．このとき，以下の問いに答えよ．

（1） s と t を求めよ．

（2） $\overrightarrow{OM}=x\vec{a}+y\vec{b}+z\vec{c}$ （x, y, z は実数）とし，辺ABの中点をEとする．平面 H 上のベクトル $\overrightarrow{EM}$ と $\vec{c}$ のなす角が直角であることを利用して，y と z の関係式を求めよ．

（3） $\overrightarrow{OM}$ を $\vec{a}, \vec{b}, \vec{c}$ を用いて表せ．

（4） 三角形ABCの重心をGとし，辺OGを3：1に内分する点をFとする．$\overrightarrow{OF}$ を $\overrightarrow{OD}$ と $\overrightarrow{OM}$ を用いて表せ．

（21　大府大・前期）

《三角形の面積の最小（B20）》

393．正方形BCDEを底面とし，辺の長さがすべて1である四角錐A－BCDEを考える．$\vec{a}=\overrightarrow{CA}, \vec{b}=\overrightarrow{CB}, \vec{d}=\overrightarrow{CD}$ とする．辺BCを1：2に内分する点をPとし，辺DEを$t:(1-t)$に内分する点をQとする．ただし，t は $0<t<1$ をみたす実数であるとする．このとき，以下の問いに答えなさい．

（1） $\overrightarrow{AP}$ と $\overrightarrow{AQ}$ を $\vec{a}, \vec{b}, \vec{d}, t$ を用いて表しなさい．

（2） 内積 $\overrightarrow{AP}\cdot\overrightarrow{AQ}$ を t を用いて表しなさい．

（3） △APQの面積 S を t を用いて表しなさい．

（4） △APQの面積 S が最小となる t の値を求め，そのときの S の値を求めなさい．

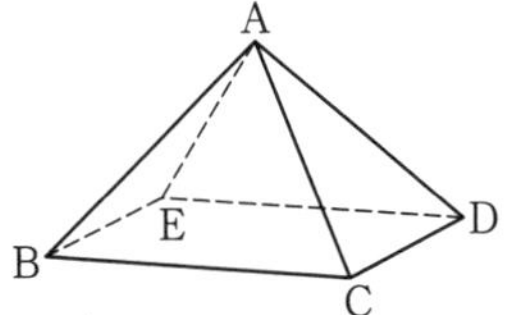

（21　都立大・理系）

《正四面体で垂線を下ろす（B20）☆》

394．1辺の長さが2の正四面体OABCがある．点Pは $3\overrightarrow{OP}=\overrightarrow{AP}+2\overrightarrow{PB}$ を満たす．△ABCの重心をGとし，$\overrightarrow{OA}=\vec{a}, \overrightarrow{OB}=\vec{b}, \overrightarrow{OC}=\vec{c}$ とする．

（1） $\overrightarrow{OP}$ を $\vec{a}, \vec{b}$ を用いて表せ．

（2） 直線PGと平面OBCの交点をQとする．$\overrightarrow{OQ}$ を $\vec{b}, \vec{c}$ を用いて表せ．

（3） 点Dは平面OAC上を動く．（2）の点Qに対して，$|\overrightarrow{QD}|$ の最小値を求めよ．（21　徳島大・医，歯，薬）

《平面に垂線を下ろす（B20）☆》

395．四面体ABCDにおいて，

$AB=4, BC=5, AC=AD=BD=CD=3$

とする．点Dから三角形ABCを含む平面へ垂線DHを下ろす．このとき，次の問いに答えよ．

（1） $\overrightarrow{AB}\cdot\overrightarrow{AD}$ と $\overrightarrow{AC}\cdot\overrightarrow{AD}$ の値をそれぞれ求めよ．

（2） $\overrightarrow{AH}$ を $\overrightarrow{AB}$ と $\overrightarrow{AC}$ を用いて表せ．

（3） 四面体 ABCD の体積 V を求めよ． （21　静岡大・前期）

【空間ベクトルの難問】

《六角錐の論証（C20）》

396．以下の問に答えよ．

（1） 空間内に点 O と，O を通らない平面 α がある．α 上にある点 $P_1, P_2, \cdots, P_n$ と実数 $x_1, x_2, \cdots, x_n\ (n \geqq 2)$ が

$$x_1\overrightarrow{OP_1}+x_2\overrightarrow{OP_2}+\cdots+x_n\overrightarrow{OP_n}=\vec{0}$$

をみたすとき，$x_1+x_2+\cdots+x_n=0$ が成り立つことを示せ．

（2） O を頂点とし，正六角形 $A_1A_2A_3A_4A_5A_6$ を底面とする六角錐がある．$0 < t_i < 1$ をみたす実数 t_i $(i = 1, 2, \cdots, 6)$ に対して，辺 OA_i を $t_i : (1-t_i)$ に内分する点を P_i とする．このとき点 $P_1, P_2, \cdots, P_6$ が同一平面上にあるならば，次の等式が成り立つことを示せ．

（i） $\dfrac{1}{t_1}+\dfrac{1}{t_3}+\dfrac{1}{t_5}=\dfrac{1}{t_2}+\dfrac{1}{t_4}+\dfrac{1}{t_6}$

（ii） $\dfrac{1}{t_1}+\dfrac{1}{t_4}=\dfrac{1}{t_2}+\dfrac{1}{t_5}=\dfrac{1}{t_3}+\dfrac{1}{t_6}$ （21　神戸大・後期）

《正四面体と正八面体（C30）》

397．一辺の長さが 1 の正四面体 ABCD がある．辺 AB，AC，AD の上に点 P，Q，R をそれぞれ $AP=AQ=AR=\dfrac{1}{3}$ となるようにとる．また，三角形 ABC，ACD，ADB，BCD の重心をそれぞれ G_1，G_2，G_3，G_4 とする．以下の問いに答えよ．

（1） 正四面体 ABCD および四面体 APQR の体積をそれぞれ求めよ．

（2） 四面体 $G_1G_2G_3G_4$ は正四面体であることを示せ．

（3） 正四面体 $G_1G_2G_3G_4$ の体積を求めよ．

（4） 6 つの点 P, Q, R, G_3, G_1, G_2 を頂点とする正八面体の体積を求めよ． （21　奈良女子大・後期）

【空間座標】

《等面四面体の体積 (B10) ☆》

398. 座標空間内に 4 点 A(0, −2, 2), B(0, 2, 2), C(2, 0, −2), D(−2, 0, −2) がある．この 4 点を頂点とする四面体 ABCD の体積は □ である． (21 慶應大・薬)

《空間の正三角形 (A10) ☆》

399. 空間内の 3 点を

$A(t, 0, 1), B(1, t, 0), C(0, 1, t)$

とするとき，△ABC の面積 S を t を用いて表すと，$S=$ □ であり，S は $t=$ □ のとき，最小値 □ をとる． (21 中京大・工)

《空間の三角形 (A10) ☆》

400. a, b, c を正の数とする．O を原点とする座標空間に 3 点 $A(a, 0, 0), B(0, b, 0), C(0, 0, c)$ がある．△ABC, △OBC, △OAC, △OAB の面積をそれぞれ S, S_1, S_2, S_3 とする．下の問いに答えなさい．

(1) S_1, S_2, S_3 をそれぞれ a, b, c を用いて表しなさい．

(2) $\cos\angle BAC$ を a, b, c を用いて表しなさい．

(3) S^2 を a, b, c を用いて表しなさい．

(4) S^2 を S_1, S_2, S_3 を用いて表しなさい． (21 長岡技科大・工)

《直線に垂線を下ろす (B10) ☆》

401. 座標空間において，点 (4, 0, −5) を通り，ベクトル $\vec{l}=(1, 1, -3)$ に平行な直線を l，点 (3, 2, −4) を通り，ベクトル $\vec{m}=(-2, 1, 4)$ に平行な直線を m，点 (2, 1, −2) を通り，ベクトル $\vec{n}=(0, -2, 1)$ に平行な直線を n とする．

(1) 直線 l と直線 m が交点をもつとき，その交点の座標は (□, □, □) である．

(2) 点 (8, −3, 5) から直線 n に引いた垂線と，直線 n との交点の座標は (□, □, □) である．

(21 久留米大・後期)

《共通垂線 (A10) ☆》

402. 空間において，点 (1, −2, 3) を通り，ベクトル $\vec{a}=(2, 1, -1)$ に平行な直線を l とすると，l と xy 平面との交点の座標は □ である．また，l 上に点 P，x 軸上に点 Q をとり，直線 PQ が l と x 軸のどちらにも垂直になるようにすると，点 Q の x 座標は □ である． (21 愛知工大・工)

《3 つの垂直 (B20)》

403. 四面体 OABC がある．辺 BC を 4 : 3 に内分する点を L，辺 CA を 3 : 2 に内分する点を M，辺 AB を 1 : 2 に内分する点を N とするとき，次の問いに答えなさい．

(1) $\overrightarrow{AL}$ を $\overrightarrow{AB}$ と $\overrightarrow{AC}$ を用いて表しなさい．

(2) 線分 BM と線分 CN の交点を P とするとき，3 点 A，P，L は一直線上にあることを示しなさい．

(3) $\overrightarrow{OA}=\vec{a}, \overrightarrow{OB}=\vec{b}, \overrightarrow{OC}=\vec{c}$ とするとき，$\overrightarrow{OP}$ を $\vec{a}, \vec{b}, \vec{c}$ を用いて表しなさい．

(4) $\angle AOB=\angle BOC=\angle COA=90°$ であり，平面 ABC が直線 OP に垂直であるとき，AB : BC : CA を求めなさい． (21 前橋工大・前期)

《座標空間の正四面体 (A20) ☆》

404. 2 頂点 A, B の座標が A(1, 2, −1), B(−1, 2, 1) である正四面体 ABCD を考える．頂点 C の y 座標は 4 であり，x 座標は正である．頂点 D の x 座標は負である．以下の問いに答えよ．

(1) 頂点 C の座標を求めよ．

(2) 頂点 D の座標を求めよ．

(3) 正四面体 ABCD の体積を求めよ． (21 福島県立医大)

《平面と対称点 (A10) ☆》

405. xyz 空間の 3 点

$A(1, 0, 0), B(0, -1, 0), C(0, 0, 2)$

を通る平面 α に関して点 P(1, 1, 1) と対称な点 Q の座標を求めよ．ただし，点 Q が平面 α に関して P と対称であるとは，線分 PQ の中点 M が平面 α 上にあり，直線 PM が P から平面 α に下ろした垂線となることである．

(21　京大・理系)

《平面に垂線を下ろす (B20)》

406．O を原点とする座標空間において，3 点 A(−2, 0, 0), B(0, 1, 0), C(0, 0, 1) を通る平面を α とする．2 点 P(0, 5, 5), Q(1, 1, 1) をとる．点 P を通り $\overrightarrow{\mathrm{OQ}}$ に平行な直線を l とする．直線 l 上の点 R から平面 α に下ろした垂線と α の交点を S とする．$\overrightarrow{\mathrm{OR}} = \overrightarrow{\mathrm{OP}} + k\overrightarrow{\mathrm{OQ}}$ （ただし k は実数）とおくとき，以下の問いに答えよ．

（1） k を用いて，$\overrightarrow{\mathrm{AS}}$ を成分で表せ．

（2） 点 S が △ABC の内部または周にあるような k の値の範囲を求めよ．　(21　筑波大・前期)

《点と平面の距離 (B10)》

407．1 辺の長さが $\sqrt{3}$ の立方体 ABCD-EFGH において，辺 AB 上に点 P を，AP = 1 となるようにとる．また，辺 CG 上に点 Q を，CQ = α となるようにとる．ただし，$0 < \alpha < \sqrt{3}$ とする．

（1） △DPQ の面積 S を，α の関数として求めよ．

（2） 点 C から △DPQ に下ろした垂線 CK の長さ h を，α の関数として求めよ．

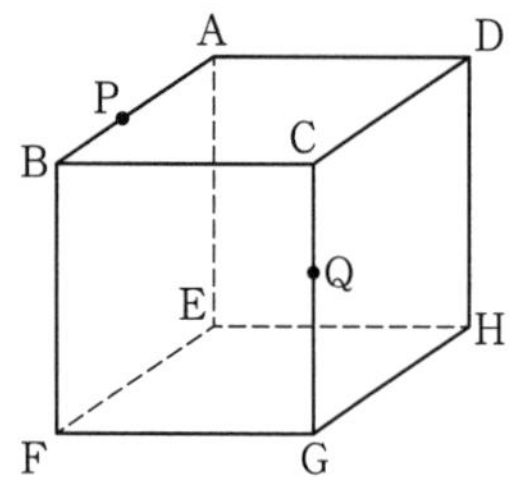

(21　岐阜薬大)

《点と平面の距離 (B20) ☆》

408．O を原点とする座標空間内に 3 点 A(a, 0, 0), B(0, b, 0), C(0, 0, c) がある．ただし，$a > 1$, $b > 1$, $c > 1$ とする．$\angle\mathrm{BAC} = \theta$ とし，△ABC の面積を S とするとき，次の問いに答えよ．

（1） $\cos\theta$, $\sin\theta$ を a, b, c を用いて表せ．

（2） 原点 O から平面 ABC に垂線を下ろし，垂線と平面の交点を H とする．線分 OH の長さが 1 のとき，$\dfrac{1}{a^2} + \dfrac{1}{b^2} + \dfrac{1}{c^2} = 1$ が成り立つことを示せ．

（3） （2）の条件のもとで $a = 2$ としたとき，S を最小にする b, c の値を求めよ．また，そのときの S の値を求めよ．　(21　名古屋市立大・薬)

《平面と円 (B20) ☆》

409．O を原点とする座標空間に，3 点 A(1, −2, 2)，B(−1, −3, 1)，C(−1, 0, 4) がある．このとき，次の各問いに答えよ．

（1） △ABC の面積を求めよ．

（2） 3 点 A, B, C を含む平面に O から垂線 OH を下ろす．このとき，点 H の座標を求めよ．

（3） △ABC の外接円を K とする．

（i） K の中心 J の座標を求めよ．

（ii） 点 P が K 上を動くとき，OP^2 の最大値を求めよ．　(21　旭川医大)

《円錐の断面が放物線 (B20) ☆》

410．座標空間において，点 (0, 0, 1) を中心とする半径 1 の球面を考える．点 P(0, 1, 2) と球面上の点 Q の 2 点を通る直線が xy 平面と交わるとき，その交点を R とおく．点 Q が球面上を動くとき，R の動く領域を求め，xy 平面に図示せよ．　(21　香川大・医)

《内接球 (B20)》

411．座標空間において，3 点

A(6, 6, 3), B(4, 0, 6), C(0, 6, 6)

を通る平面を α とする．以下の問いに答えよ．

（1） α に垂直で大きさが1のベクトルをすべて求めよ．

（2） 中心が点 $\mathrm{P}(a, b, c)$ で半径が r の球が平面 α, xy 平面, yz 平面, zx 平面のすべてに接し，かつ $a \geqq 0, b \geqq 0$ が満たされている．このような点 P と r の組をすべて求めよ．（21 東北大・理系・後期）

《球を切る (B20) ☆》

412. 座標空間内の 4 点 O(0, 0, 0), A(1, 0, 0), B(0, 1, 0), C(0, 0, 2) を考える．以下の問いに答えよ．

（1） 四面体 OABC に内接する球の中心の座標を求めよ．

（2） 中心の x 座標, y 座標, z 座標がすべて正の実数であり，xy 平面, yz 平面, zx 平面のすべてと接する球を考える．この球が平面 ABC と交わるとき，その交わりとしてできる円の面積の最大値を求めよ．（21 九大・理系）

《直方体を平面で切る (B30)》

413. 座標空間において，頂点を

$(0, 0, 0), (1, 0, 0), (0, 1, 0), (0, 0, 1),$

$(1, 1, 0), (1, 0, 1), (0, 1, 1), (1, 1, 1)$

とする立方体を C とし，3点

$(0, 0, 0), \left(\frac{s}{2}, 0, \frac{t}{2}\right), \left(0, \frac{s}{2}, \frac{t}{2}\right)$

$(s > 0, t > 0)$ を通る平面を α とする．C を α によって2つの立体に分割したとき，C と α の共通部分の図形を P とし，2つの立体のうち体積が小さい方の立体を Q とする．ただし，2つの立体の体積が等しいときは，頂点 $(1, 1, 0)$ を含む立体を Q とする．

（1） $s = 2$ とする．P が四角形となるのは，$0 < t \leqq$ [ア] のときで，このとき，P の面積は [ ] である．また，Q の体積は [ ] である．

（2） $s = 2$ とする．P が五角形となるのは，[ア] $< t <$ [ ] のときである．さらに，$t = \frac{3}{2}$ とすると，P の面積は $\frac{[\ ]}{[\ ]}\sqrt{[\ ]}$ である．

（3） $t = 2$ とする．P が三角形となるのは，$0 < s \leqq$ [ ] のときで，このとき，P の面積は [ ] であり，Q の体積は [ ] である．（21 東京理科大・薬）

【空間座標の難問】

《直線とのなす角の最大 (B30)》

414. O を原点とする座標空間に 4 点 A(1, 1, 3), B(−1, 1, −1), C(1, −4, −2), D(−2, −1, 1) がある．次の問いに答えよ．

（1） s, t, u を実数とする．ベクトル $\overrightarrow{\mathrm{DO}}$ を $\overrightarrow{\mathrm{DO}} = s\overrightarrow{\mathrm{DA}} + t\overrightarrow{\mathrm{DB}} + u\overrightarrow{\mathrm{DC}}$ と表すとき，s, t, u の値を求めよ．

（2） 線分 AB 上を動く点 P から直線 CD に垂線 PQ を下ろすとき，線分 PQ の長さの最小値を求めよ．また，最小値をとるときの P と Q の座標を求めよ．

（3） 直線 CD 上を点 R が動くとき，$\cos\angle\mathrm{ABR}$ の最大値を求めよ．また，最大値をとるときの R の座標を求めよ．（21 東京農工大・前期）

【不等式の証明】

《三角不等式 (A5)》

415. 実数 x, y に対して $|x|+|y| \geqq |x-y|$ が成り立つことを証明せよ．また，等号が成り立つときを調べよ．　(21　広島市立大)

《相加相乗平均の不等式 (A5) ☆》

416. $a>0, b>0$ および $a^2+3a^2b^2+b^2=\dfrac{1}{3}$ が成り立つとき，ab の最大値は $\dfrac{-\square+\sqrt{\square}}{\square}$ である．

(21　星薬大・推薦)

《2 つの相加相乗平均の不等式 (B5) ☆》

417. a, b, c が正の数であるとき，

$\left(\dfrac{a}{b}+1\right)\left(\dfrac{b}{c}+1\right)\left(\dfrac{c}{a}+1\right)$

の最小値を求めよ．またそのときの a, b, c の条件を求めよ．　(21　三重大・医，工)

《3 つの相加相乗平均の不等式 (B20) ☆》

418. 以下の問いに答えよ．なお，必要があれば等式

$$a^3+b^3+c^3-3abc$$
$$=(a+b+c)(a^2+b^2+c^2-ab-bc-ca)$$

を利用してもよい．

(1)　実数 a, b, c に対して，不等式

$$a^2+b^2+c^2-ab-bc-ca \geqq 0$$

を証明せよ．また，等号が成り立つときの a, b, c の条件を求めよ．

(2)　正の実数 x, y, z に対して，P, Q, R を

$$P=\frac{x+y+z}{3},\ Q=\sqrt[3]{xyz},$$
$$\frac{1}{R}=\frac{1}{3}\left(\frac{1}{x}+\frac{1}{y}+\frac{1}{z}\right)$$

とおく．このとき，不等式 $P \geqq Q \geqq R$ を証明せよ．また，各等号が成り立つときの x, y, z の条件を求めよ．

(21　浜松医大)

《相加相乗 (B5)》

419. $x>0$ のとき，$3x+\dfrac{1}{x^3}$ の最小値とそのときの x の値を求めよ．　(21　早稲田大・人間科学-数学選抜)

《道具を選ぶ (C20) ☆》

420. 次の問に答えよ．

(1)　実数 x, y が $2x+y=1$ をみたすとき，$2x^2+y^2$ の最小値とそのときの x, y の値を求めよ．

(2)　実数 x, y が $2x^2+y^2=1$ をみたすとき，$2x+y$ の最大値とそのときの x, y の値を求めよ．

(3)　実数 x, y が $2x^2+y^2=1$ をみたすとき，xy の最大値とそのときの x, y の値を求めよ．(21　佐賀大・後期)

《コーシー・シュワルツの不等式 (B20) ☆》

421. 鋭角三角形 △ABC において

BC $=a$, CA $=b$, AB $=c$

とする．

(1)　△ABC の辺 BC 上の点 P から，辺 AC，AB へそれぞれ垂線 PE，PF を下す．$\mathrm{PE}^2+\mathrm{PF}^2$ が最小値をとるとき，比 PB : PC を求めよ．なお，比は a, b, c を用いて表せ．

(2)　小問 (1) の最小値を与える辺 BC 上の定点を P とする．(1) の辺 BC の代わりにそれぞれ辺 CA，辺 AB に対して同様な考察を行い得られる CA 上の定点，AB 上の定点をそれぞれ Q，R とする．AP，BQ，CR は一点 M で交わることを示せ．

(3)　△ABC の内部の点 U から，三辺 BC，CA，AB にそれぞれ垂線 UI，UJ，UK を下す．U が動くとき $T=\mathrm{UI}^2+\mathrm{UJ}^2+\mathrm{UK}^2$ は小問 (2) の点 M で最小となることを示せ．なお最小値は求めなくてよい．

（21　大阪医科薬科大・後期）

《算額で有名な構図（B20）》

422．共通の接線 l をもつ円 C_1，C_2，C_3 の半径をそれぞれ r_1，r_2，r_3 とする．これらの円のどの二つも互いに外接しており，C_3 は l，C_1，C_2 に囲まれた領域に含まれているものとする．以下の問いに答えよ．

（1）$\dfrac{1}{\sqrt{r_3}}=\dfrac{1}{\sqrt{r_1}}+\dfrac{1}{\sqrt{r_2}}$ となることを示せ．

（2）$r_3=1$ のとき，r_1+r_2 の取り得る値の最小値を求めよ．　　　　（21　お茶の水女子大・理，文，生活）

【不等式の難問】

《優加法性（B30）》

423．α を $\alpha>1$ をみたす有理数とする．以下の問いに答えなさい．

（1）β を $\beta>0$ をみたす有理数とし，t, u を $0<t<u$ をみたす実数とする．このとき，

$t^\beta<u^\beta$

が成り立つことを示しなさい．

（2）t を正の実数とする．このとき，

$1+t^\alpha<(1+t)^\alpha$

が成り立つことを示しなさい．

（3）x, y を正の実数とする．このとき，

$x^\alpha+y^\alpha<(x+y)^\alpha$

が成り立つことを示しなさい．

（4）n を 2 以上の自然数とし，$x_1, x_2, \cdots, x_n$ を正の実数とする．このとき，

${x_1}^\alpha+{x_2}^\alpha+\cdots+{x_n}^\alpha<(x_1+x_2+\cdots+x_n)^\alpha$

が成り立つことを示しなさい．　　　　（21　都立大・数理科学）

【数学 II の微分法】

《3 次関数の基本 (A5)》

424. 関数

$f(x)=2x^3-3x^2-12x+6\ (-2\leqq x\leqq 4)$

の最大値と最小値を求めよ. (21 公立はこだて未来大)

《極値をもつ範囲 (A10)》

425. 関数 $f(x)=x^3+2ax^2+bx$ が区間 $-2\leqq x\leqq 2$ ですべての極値をとるとき, 定数 a, b が満たす関係式は

$b<\square a^2,\ -\square<a<\square,$

$b\geqq\square a-\square,\ b\geqq-\square a-\square$ である. (21 星薬大・B 方式)

《判別式だけの話 (B15) ☆》

426. a, b を相異なる実数とする. 2 つの関数

$f(x)=ax^3+3bx^2+3bx+a,$

$g(x)=bx^3+3ax^2+3ax+b$

のうち少なくとも一方は極値をもつことを示せ. (21 愛知医大・医-推薦)

《微分と割り算 (A10)》

427. 3 次関数 $y=f(x)$ が, $f'(-1)=f'(2)=0$ をみたし, $f(x)$ を $(x-1)^2$ で割った余りが $-18x+1$ であるとする. このとき,

$f(x)=ax^3+bx^2+cx+d$

と表すと, $a=\square$, $b=\square$, $c=\square$, $d=\square$ である. (21 京都薬大)

《極大値 (A10) ☆》

428. 関数

$f(x)=-2x^3+3(a+1)x^2-6ax-3a^2+9a-4$

は極大値 b をもつ. このとき, 次の問いに答えよ. ただし, a は定数とする.

(1) $f(x)$ の導関数 $f'(x)$ を求めよ.

(2) $a<1$ のとき, b を a の式で表せ.

(3) $0\leqq a\leqq 4$ のとき, b の最小値を求めよ. (21 北海学園大・工, 経済, 経営)

《文字定数は分離 (B30)》

429. 関数 $f(x)=\dfrac{1}{2}|x^2+4x-5|+x$ について, 次の問に答えよ.

(1) $y=f(x)$ のグラフをかけ.

(2) k を定数とするとき, 方程式 $f(x)+k=0$ の異なる実数解の個数を調べよ.

(3) $y=f(x)$ のグラフ上で, $x<0$ の範囲で y が最小となる点 P と, $x\geqq 0$ の範囲で y が最小となる点 Q を結ぶ直線を l とする. l と垂直に交わり, P, Q 以外の点で $y=f(x)$ のグラフと接する直線を m とする. 直線 l, m と y 軸で囲まれた三角形の面積を求めよ. (21 香川大・共通)

【方程式への応用】

《文字定数は分離 (A5)》

430. a を実数の定数とし, x についての 3 次方程式 $x^3-3x^2+a-5=0$ が異なる 2 つの正の実数解をもつとき, a の値の範囲は $\square<a<\square$ である. (21 星薬大・推薦)

《枠を使おう (A15)》

431. a, b, c, k を定数とする. 3 次関数

$f(x)=ax^3+bx^2+cx+1$

は $f'(-1)=12$ を満たし, かつ $x=-\dfrac{1}{2}$ のとき極大値 $\dfrac{11}{4}$ をとる. このとき, $a=\square$, $b=-\square$, $c=-\square$ であり, $f(x)$ は $x=\square$ のとき極小値 $-\square$ をとる.

ここで, 3 次方程式 $ax^3+bx^2+cx-k=0$ が異なる 3 つの実数解 $\alpha, \beta, \gamma\ (\alpha<\beta<\gamma)$ をもつとき, k のとり得

る値の範囲は $-\boxed{} < k < \dfrac{\boxed{}}{\boxed{}}$ であり，γ のとり得る値の範囲は $\boxed{} < \gamma < \dfrac{\boxed{}}{\boxed{}}$ である．

（21　金沢医大・医-後期）

《3 次方程式の解が 3 つ (B10) ☆》

432．3 次方程式 $x^3 + ax^2 + b = 0$ …① について，以下の問いに答えよ．ただし，a, b は実数とする．

（1） ① が複素数 $1 + \sqrt{2}i$ を解にもつとき，a, b の値を求めよ．

（2） ① が 1 を解にもち，かつ ① が 2 重解をもつとき，a, b の値の組をすべて求めよ．

（3） ① が異なる 3 つの実数解をもつための条件を a, b を用いて表し，この条件を満たす点 (a, b) の範囲を座標平面上に図示せよ．　（21　大府大・理，獣医など）

《3 次方程式が重解 (B15) ☆》

433．a を 1 より大きい実数とし，放物線

$$y = -x^2 + a$$

を C とする．放物線 C 上の点 P に対して次の条件を考える．

点 P と点 $(1, 0)$ を通る直線は点 P における C の接線と垂直に交わる．

この条件を満たす C 上の点 P がちょうど 2 個あるような a の値を求めよ．　（21　千葉大・後期）

《文字定数は分離的 (C20) ☆》

434．次の問いに答えよ．

（1） $y = x^3 - x$ のグラフをかけ．

（2） a, b を実数の定数とする．$y = x^3 - x$ と $y = ax + b$ のグラフが相異なる 3 点で交わるために a, b が満たすべき条件を求めよ．

（3） $y = x^3 - x$ と $y = ax + b$ のグラフが相異なる 3 点で交わり，かつ 3 つの交点の x 座標の値の 1 つが正，他の 2 つの値が負になるために a, b が満たすべき条件を求めよ．　（21　東京海洋大・海洋生命科学，海洋資源環境）

《直方体と逆手流 (B20) ☆》

435．空間内に四面体 OABC があり，

$$\mathrm{OA} = \mathrm{OB} = \mathrm{OC} = 15,$$

$$\angle\mathrm{AOB} = \angle\mathrm{BOC} = \angle\mathrm{COA} = 90^\circ$$

である．平面 ABC 上に $\mathrm{OP} = 3\sqrt{11}$ となるように点 P をとり，点 P から平面 AOB，BOC，COA に下ろした垂線をそれぞれ PQ，PR，PS とする．

PQ，PR，PS を 3 辺とする直方体 T について，次の問いに答えよ．

（1） PQ，PR，PS の長さの和が一定になることを示せ．

（2） 直方体 T の全表面積が一定になることを示せ．

（3） 直方体 T の体積の最大値と最小値を求めよ．　（21　藤田医科大・後期）

【最大値・最小値】

《最大値・最小値 (A10)》

436．関数 $f(x) = x^3 - 3ax^2 + b$ (a, b は実数，$0 < a < 1$) は，$-1 \leqq x \leqq 2$ (x は実数) において，最大値 6，最小値 0 をとるものとする．このときの $\dfrac{b}{a}$ の値を求めよ．　（21　自治医大・医）

《最大値の最小値 (B20) ☆》

437．$a > 0$ とし，$f(x) = x^3 - 3a^2x$ とおく．このとき，次の各問いに答えよ．

（1） 曲線 $y = f(x)$ が直線 $y = -1$ に接するように定数 a の値を求めよ．また，このとき，$-1 < f(1) < 0$ であることを示せ．

（2） 4 点 $(1, 1), (1, -1), (-1, -1), (-1, 1)$ を頂点とする正方形の周を K とする．曲線 $y = f(x)$ と K との共有点の個数が，ちょうど 6 個となる定数 a の値の範囲を求めよ．

（3） 曲線 $y = f(x)$ の区間 $-1 \leqq x \leqq 1$ における最大値を m とする．a がすべての正の値をとって変化するとき，a の値を横軸に m の値を縦軸にとって m のグラフの概形をかけ．また，m の最小値とそのときの a の値を

求めよ．（21 旭川医大）

《3 変数 (B10)》

438．x, y, z は

$$\begin{cases} x+y+z=0 \\ x^2+x=yz \end{cases}$$

をみたす実数とする．

（1） x のとりうる範囲を求めなさい．

（2） $x^3+y^3+z^3$ を x の式で表しなさい．

（3） $x^3+y^3+z^3$ の最大値，最小値とそのときの x の値をそれぞれ求めなさい．（21 愛知学院大・薬，歯）

《枠を使おう (B20) ☆》

439．実数 x に対して，$f(x)=-\dfrac{1}{4}x^3+3x$ とおく．このとき，次の問いに答えよ．

（1） $y=f(x)$ のグラフをかけ．

（2） $f(x-2)=f(x)$ をみたす実数 x をすべて求めよ．

（3） 実数 s に対して，$f(x)$ の $x \leqq s$ の範囲における最小値を $g(s)$ とおく．このとき，$t=g(s)$ のグラフをかけ．

（4） 実数 s に対して，$f(x)$ の $s-2 \leqq x \leqq s$ の範囲における最小値を $h(s)$ とおく．このとき，$t=h(s)$ のグラフをかけ．（21 高知大・医，理工）

《枠を使おう (C30)》

440．a を実数とする．関数

$$f(x)=-\frac{2}{3}x^3+\frac{2a+1}{2}x^2-ax$$

が $x=a$ で極大値をとるとき，次の問いに答えよ．

（1） a の満たす条件を求めよ．

（2） 次の不等式を解け．

$$|x+1|+|x-2| \leqq 4$$

（3） x が（2）の範囲を動くとき，$f(x)$ の最大値と最小値を a を用いて表せ．（21 広島大・共通）

【接線・法線】

《直交する曲線 (A10)》

441．$0<a<1$ に対し，2 つの曲線

$$C_1 : y=x^2\ (x \geqq 0),\ C_2 : y=a(x-5)^2\ (x \geqq 0)$$

の共有点を P とする．P における C_1 の接線と P における C_2 の接線が直交するとき，P の座標は $\boxed{}$．また，$a=\boxed{}$．（21 工学院大・A 日程）

《接する円 (A10) ☆》

442．座標平面において，円 C は $x>0$ の範囲で x 軸と接しているとする．円 C の中心を P，円 C と x 軸との接点を Q とする．また，円 C は，放物線 $y=x^2$ 上の点 $\mathrm{R}(\sqrt{2}, 2)$ を通り，点 R において放物線 $y=x^2$ と共通の接線をもつとする．このとき，△PQR の面積を求めよ．（21 信州大・理，医(保)，経）

《接線 (A20)》

443．xy 平面上に，x の関数

$$f(x)=x^3+(a+4)x^2+(4a+6)x+4a+2$$

のグラフ $y=f(x)$ がある．$y=f(x)$ が任意の実数 a に対して通る定点を P，点 P における接線が $y=f(x)$ と交わる点を Q とおく．

（1） 点 P の座標は $\boxed{}$ であり，点 P における接線の方程式は $y=\boxed{}$ である．

（2） $a=5$ のとき，$y=f(x)$ 上の点における接線は，$x=\boxed{\text{ア}}$ において傾きが最小になる．

（3） $x=\boxed{ア}$ において $f(x)$ が極値をとるとき，$a=\boxed{}$ であり，点 $(\boxed{ア}, f(\boxed{ア}))$ をSとおくと，三角形SPQの面積は $\boxed{}$ である． (21 慶應大・薬)

《接線 (B25) ☆》

444. a を $a \neq -3$ を満たす定数とする．放物線 $y=\dfrac{1}{2}x^2$ 上の点 $\mathrm{A}\left(-1, \dfrac{1}{2}\right)$ における接線を l_1，点 $\mathrm{B}\left(a+2, \dfrac{(a+2)^2}{2}\right)$ における接線を l_2 とする．l_1 と l_2 の交点をCとおく．

（1） Cの座標を a を用いて表せ．

（2） a が $a>0$ を満たしながら動くとき，$\dfrac{|\mathrm{AB}|}{|\mathrm{BC}|}$ が最小となるときの a の値を求めよ．ただし，$|\mathrm{AB}|$ および $|\mathrm{BC}|$ はそれぞれ線分ABと線分BCの長さを表す． (21 北海道大・理系)

【図形への応用】

《菱形の最大 (A10)》

445. 1辺の長さが r で，対角線のうちの1つの長さが r^2 のひし形を考える．このひし形の面積が最大になるときの r の値を求めよ． (21 愛媛大・後期)

《円柱 (A10)》

446. 直円柱の体積を y，底面の円の半径を x とする．表面積が 24π で一定のとき，次の問に答えなさい．

（1） $y=-\pi x^3+\boxed{}\pi x$ である．

（2） $x=\boxed{}$ のとき，y は最大値 $\boxed{}\pi$ となる． (21 金城学院大・薬)

《三角錐・円錐 (B30)》

447. 1辺の長さが2，対角線の交点をOとする正方形ABCDの紙を使って容器を作る．厚さやのりしろは無視してよいものとする．以下の問いに答えよ．

（1） 正方形ABCDから三角形OADを切り取って捨てる．五角形OABCDを用いて，OBとOCを折り曲げ，OAとODを接着することによって三角錐状の容器を作る．この容器の容積 V_a を求めよ．

（2） 正方形ABCDに内接し，点Oを中心とする半径1の円において，中心角 θ の扇形OPQを考える．この扇形OPQを切り出し，OPとOQを接着し，円錐状の容器を作る．$x=\dfrac{\theta}{2\pi}$，$t=x^2$ とし，この容器の容積を V とするとき，V^2 を t で表せ．また，V の最大値 V_b を求めよ．

（3） 正方形ABCDから半径1の半円を2つ切り出し，（2）と同様の方法で円錐状の容器を2つ作る．この2つの容器の容積の合計 V_c を求めよ．

（4） V_a, V_b, V_c の大小関係を判定せよ． (21 早稲田大・人間科学-数学選抜)

【数学 II の積分法】

《偶関数・奇関数の利用 (A10) ☆》

448. a, b を実数とする．$I=\int_{-2}^{2}(x^2+ax+b)^2\,dx$ の最小値は $a=\square$, $b=\dfrac{\square}{\square}$ のとき，$\dfrac{\square}{\square}$ である．

(21　玉川大)

《定積分は定数 (A10) ☆》

449. 関数 $f(x)=3x^2+x\int_0^2 f(t)\,dt+a$ が $f(2)=0$ を満たすとき，$a=\dfrac{\square}{\square}$ である． (21　藤田医科大・医)

《1 次の直交多項式 (A10)》

450. a, b, c は実数の定数とし，また関数

$$f(x)=ax,\ g(x)=bx+c$$

は次の 3 つの条件を満たしている．

（i） $\int_0^1 \{f(x)\}^2\,dx=1$,

（ii） $\int_0^1 \{g(x)\}^2\,dx=1$,

（iii） $\int_0^1 f(x)g(x)\,dx=0$.

（1） a, b, c の値を求めよ．

（2） 2 つの実数 s, t が

$$\int_0^1 \{sf(x)+tg(x)\}^2\,dx \leqq 4$$

を満たしているとき，$-3s+t$ の最大値と，そのときの s, t の値を求めよ． (21　群馬大・理工，情報)

《塊のままの積分をせよ (B20) ☆》

451. a, b を実数とする．2 次方程式 $x^2+ax+b=0$ は異なる 2 つの実数解 $\alpha, \beta\ (\alpha<\beta)$ をもつとき，次の問いに答えよ．

（1） a, b を用いて $\alpha-\beta$ を表せ．

（2） a, b を用いて $\int_\alpha^\beta (x^2+ax+b)\,dx$ を表せ．

（3） α, β を用いて，$\int_\gamma^\beta (x^2+ax+b)\,dx=0$ となる $\gamma\ (\gamma<\beta)$ を表せ． (21　富山県立大・推薦)

《整数との融合 (B20)》

452. 整数 a, b, c に関する次の条件（$*$）を考える．

$$\int_a^c (x^2+bx)\,dx=\int_b^c (x^2+ax)\,dx \quad \cdots\cdots\cdots(*)$$

（1） 整数 a, b, c が（$*$）および $a \neq b$ をみたすとき，c^2 を a, b を用いて表せ．

（2） $c=3$ のとき，（$*$）および $a<b$ をみたす整数の組 (a, b) をすべて求めよ．

（3） 整数 a, b, c が（$*$）および $a \neq b$ をみたすとき，c は 3 の倍数であることを示せ． (21　阪大・文系)

【面積】

《面積が帳消し (A10)》

453. $a>0$ は定数とする．曲線

$y=-3x^3+x\ (x \geqq 0)$

を C とする．直線 $y=a$ と曲線 C は $x>0$ の範囲で 2 つの交点を持つとする．2 つの図形 A, B を次のように定める．直線 $y=a$，曲線 C および y 軸で囲まれた，下の図の斜線部分の図形を A とする．直線 $y=a$ と曲線 C で囲まれた，下の図の斜線部分の図形を B とする．このとき，A と B の面積が等しくなるならば $a=\square$ である．

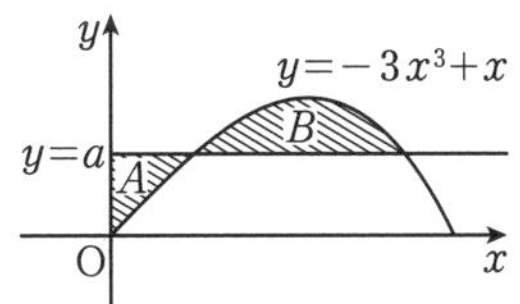

(21　明治大・総合数理)

《6 分の 1 公式 (A10)》

454. 放物線 $y=x^2+px+4q$ を x 軸方向に 4, y 軸方向に -10 だけ平行移動した放物線 C が $y=x^2-px-q$ であるとき，$p=\square$, $q=\square$ である．放物線 C に，$(-3,-17)$ から引いた接線で傾きが正のものを l とすると，l の方程式は $y=\square$ である．l と平行で，放物線 C が切り取る線分の長さが 10 である直線 m の方程式は $y=\square$ である．また，放物線 C と直線 m の囲む部分の面積は $\square$ となる．　(21　明治薬大・公募)

《3 つの放物線で 6 分の 1 公式 (B20) ☆》

455. 座標平面上の曲線 $y=x^2$ を C_1 とおく．

まず，曲線 C_1 を，x 軸方向に a, y 軸方向に b だけ平行移動して得られる曲線を C_2 とする．

(1) 曲線 C_2 を表す方程式を求めよ．

(2) C_1 と C_2 が共有点をもたないための必要十分条件を，a, b を用いて表せ．

次に，点 $A(s, t)$ を固定する．点 Q が曲線 C_1 上を動くとき，点 A に関して，点 Q と対称な点 P の軌跡を C_3 とする．

(3) 曲線 C_3 を表す方程式を求めよ．

(4) C_1 と C_3 が複数の共有点をもつための必要十分条件を，s, t を用いて表せ．

最後に，$a=0$, $b=-14$, $s=-2$, $t=13$ のときを考える．

(5) C_1 と C_3 だけで囲まれる部分の面積を S_1 とおき，C_2 と C_3 だけで囲まれる部分の面積を S_2 とおく．C_1, C_2, C_3 の 3 つの曲線で囲まれる部分の面積 S_2-S_1 を求めよ．　(21　東京理科大・理工)

《直交で 6 分の 1 公式 (B20)》

456. $t>0$ とする．曲線 $C_1: y=x^2$ 上の点 $P(t, t^2)$ における接線と直交して点 P を通る直線を l とする．曲線 $C_2: y=-x^2+ax+b$ が点 P を通り，点 P における接線が l であるとき，次の問に答えよ．

(1) 直線 l の式を，t を用いて表せ．

(2) b の値を求めよ．

(3) 曲線 C_1 と C_2 の点 P 以外の交点の x 座標を，t を用いて表せ．

(4) 曲線 C_1 と C_2 で囲まれる部分の面積の最小値と，そのときの t の値を求めよ．　(21　明治大・情報)

《折り返しで 6 分の 1 公式 (B30)》

457. 二次関数 $y=|x^2-4x+1|$ を考える．この二次関数と直線 $y=f$ で囲まれる面積 S を考える．

(1) 二次関数の頂点の座標を求めなさい．

(2) $f=9$ のときの S の値を求めなさい．

(3) 面積 S が最小となるような f の値を求めなさい．　(21　産業医大)

《放物線で 12 分の 1 公式の構図 (B20) ☆》

458. a を正の実数とする．放物線 $y=x^2$ を C_1，放物線 $y=-x^2+4ax-4a^2+4a^4$ を C_2 とする．以下の問に答えよ．

(1) 点 (t, t^2) における C_1 の接線の方程式を求めよ．

(2) C_1 と C_2 が異なる 2 つの共通接線 l, l' を持つような a の範囲を求めよ．ただし C_1 と C_2 の共通接線とは，C_1 と C_2 の両方に接する直線のことである．

以下，a は (2) で求めた範囲にあるとし，l, l' を C_1 と C_2 の異なる 2 つの共通接線とする．

(3) l, l' の交点の座標を求めよ．

(4) C_1 と l, l' で囲まれた領域を D_1 とし，不等式 $x \leqq a$ の表す領域を D_2 とする．D_1 と D_2 の共通部分の面積 $S(a)$ を求めよ．

（5） $S(a)$ を（4）の通りとする．a が（2）で求めた範囲を動くとき，$S(a)$ の最大値を求めよ．

（21　名古屋大・理系）

《放物線で 12 分の 1 公式 (B20) ☆》

459．次の各問（1）〜（3）に答えよ．

（1） $f(x)+xf'(x)=2x^2-6x+1$ を満たす 2 次関数 $f(x)$ を求めよ．

（2） $f(x)-\int_{-1}^{1} f(t)\,dt=2x^2-6x+1$ を満たす関数 $f(x)$ を求めよ．

（3） 放物線 $y=2x^2-6x+1$ とこの放物線の $x=0$ における接線および $x=4$ における接線で囲まれる図形の面積を求めよ．

（21　三重大・生物資源）

《円と放物線 (B20)》

460．座標平面上において，$y=\frac{3}{2}(1-x^2)$ であたえられる放物線を A とする．以下の問いに答えよ．

（1） 放物線 A 上の点と点 $(0, b)$ との距離の最小値を b を用いて表せ．ただし，$b<\frac{7}{6}$ とする．

（2） 中心が点 $\left(0, \frac{2}{3}\right)$，半径が $\frac{2}{3}$ の円と放物線 A の共有点をすべて求めよ．

（3） （2）であたえた円と放物線 A で囲まれた部分の面積を求めよ．

（21　公立はこだて未来大）

《円と放物線 (B25)》

461．座標平面において，円 $x^2+y^2=1$ を C_1，放物線 $y=a-x^2$ を C_2 とする．ただし，a は定数で $a>1$ とする．C_1 と C_2 が交わり，交点において共通の接線をもつとき，次の問いに答えよ．

（1） a の値，及び C_1 と C_2 の交点を求めよ．

（2） C_1 と C_2 の概形を図示せよ．

（3） C_1 と C_2 の交点における接線を求めよ．

（4） C_1 と C_2 とで囲まれた部分の面積 S を求めよ．

（21　岡山県立大・前期）

《共通接線 (B30)》

462．xy 平面上に曲線 $C_1 : y=x^2-4x+\frac{3}{2}$ と曲線 $C_2 : y=-x^2-4x-\frac{3}{2}$ がある．このとき，次の問いに答えなさい．

（1） 曲線 C_1 と曲線 C_2 の両方に接している直線の方程式を 2 個求めなさい．

（2） （1）で定めた 2 つの直線と曲線 C_2 で囲まれた図形の面積の値を求めなさい．

（21　福島大・共生システム，食農）

《共通接線 (B20)》

463．$y=\frac{1}{4}x^2-2|x-1|$ と $y=\frac{1}{2}x-\frac{17}{4}$ で囲まれた図形の面積 S を求めなさい．

（21　兵庫県立大・理，社会情報-中期）

《2 つの放物線の共通接線 (B20) ☆》

464．座標平面上で，直線 $l : y=ax+b$ は曲線 $C_1 : y=4x^2-10x+11$ および曲線 $C_2 : y=x^2-8x+16$ の両方に第一象限で接するとする．ここで，a, b は定数である．このとき，次の問に答えなさい．

（1） 2 曲線 C_1, C_2 の共有点のうち，第一象限内にあるものの座標は $\left(\frac{\square}{\square}, \frac{\square}{\square}\right)$ である．

（2） 定数 $a=-\square$, $b=\square$,

曲線 C_1 と直線 l の接点の座標は $(\square, \square)$,

曲線 C_2 と直線 l の接点の座標は $(\square, \square)$ である．

（3） 2 曲線 C_1, C_2 および直線 l で囲まれた図形の面積は $\frac{\square}{\square}$ である．

（21　東北医薬大・薬）

《3 次関数の 12 分の 1 公式 (B15) ☆》

465．a, b, c を実数の定数とし，$c \neq -\frac{1}{3}$ とする．関数 $f(x), g(x)$ を

$$f(x)=2x^3+ax^2+bx,\ g(x)=(x+1)^3$$

と定め，$f(x)$ は $x=c,\ x=-\frac{1}{3}$ でそれぞれ極値をとるとする．

（1） a,c をそれぞれ b を用いて表せ．

（2） $f(c)=g(c)$ とする．このとき，b の値を求めよ．

（3） （2）の条件のもとで，2曲線 $y=f(x),\ y=g(x)$ で囲まれた部分の面積 S を求めよ． （21 室蘭工業大）

《3次関数の12分の1公式（B20）☆》

466．座標平面上に曲線 $C: y=x^3$ がある．

（1） C 上の点 (t,t^3) における接線の方程式を求めよ．

（2） 座標平面上の点で，その点から C への接線が3つ引けるようなものの範囲を図示せよ．

（3） 点 $(-1,4)$ を通る直線で，C に接するものはただ1つであることを示せ．その直線を l とするとき，l の方程式を求め，さらに C と l で囲まれた部分の面積を求めよ． （21 和歌山県立医大）

《通過領域の面積（C30）☆》

467．実数 a が $0\leqq a\leqq 1$ を満たしながら動くとき，座標平面において3次関数

$y=x^3-2ax+a^2\ (0\leqq x\leqq 1)$

のグラフが通過する領域を A とする．このとき，次の問いに答えよ．

（1） 直線 $x=\frac{1}{2}$ と A との共通部分に属する点の y 座標のとり得る範囲を求めよ．

（2） A に属する点の y 座標の最小値を求めよ．

（3） A の面積を求めよ． （21 早稲田大・教育）

《変曲点を使おう（B20）》

468．（1） $a\geqq 0$ とする．

$$\int_0^a (x^3-a^2x)\,dx = a^q\int_0^1 (x^3-x)\,dx = pa^q$$

となる．ここで $p=\frac{\square}{\square}$，$q=\square$ である．

$a=\square$ のとき $\left|\int_0^a x(x^2-a^2)\,dx\right|=4$ となる．

（2） 曲線 $y=f(x)=x^3-6x^2+10x+1$ の変曲点は（$\boxed{ア}$，$\boxed{イ}$）である．この変曲点を通って $y=f(x)$ と3点で交わる直線で，その直線と曲線 $y=f(x)$ で囲まれる部分の面積が8となるものを考える．

3つの交点のうちで x 座標が最も大きい交点の x 座標は $\boxed{ウ}$ なので，求める直線の方程式は

$$y=\frac{f(\boxed{ウ})-f(\boxed{ア})}{(\boxed{ウ}-\boxed{ア})}(x-\boxed{ア})+\boxed{イ}$$

$$=\square x+\square$$

である． （21 順天堂大・医）

《4次関数と面積（B20）☆》

469．曲線

$y=x^4-2x^3+x^2-2x+2$

を C とし，異なる2点で C と接する直線を l とします．曲線 C と直線 l に囲まれる部分の面積を求めなさい．

（21 横浜市大・共通）

【面積の難問】

《横向きと縦の放物線で囲む面積（B30）》

470．k を正の実数として，2つの放物線

$C_1: y=x^2-k$

$C_2: x=y^2-k$

の共有点を調べる．C_1, C_2 の方程式から y を消去することにより，方程式 $f(x)=0$，ただし

$f(x)=x^4-2kx^2-x+k^2-k$

を得る．また，$g(x)=f'(x)$ とおく．

（1） k の値により場合分けして，$g(x)=0$ の異なる実数解の個数を調べよ．

（2） $g(x)=0$ が2つの異なる実数解をもつとき，$f(x)$ の増減を調べ，$y=f(x)$ のグラフの概形を描け．

（3） （2）のとき，C_1 と C_2 の共有点は2個のみであることを示し，それらの座標を求めよ．

（4） （3）で求めた2個の共有点を通る直線と C_1 とで囲まれた部分の面積を求めよ．（21　東京海洋大・海洋工）

《2 実数関数と絶対値の積分 (B30) ☆》

471. $f(x)=|x^2-7x+10|+|x-2|$ とする．

（1） $1\leqq x\leqq 6$ の範囲において，$f(x)$ の最大値と最小値を求めよ．

（2） 曲線 $y=f(x)$ と直線 $y=x+k$ の共有点の個数が4個になるときの実数 k の値の範囲を求めよ．

（3） 曲線 $y=f(x)$ と2つの直線 $x=1$, $x=6$ および x 軸で囲まれた図形の面積 S を求めよ．

（21　徳島大・理工，保健）

《4 次関数と面積 (B30)》

472. a, b, c を実数とする．

$f(x)=x^4-4x^3+4x^2+\dfrac{1}{4}$

とする．座標平面上における曲線

$C_1: y=f(x)$ と放物線 $C_2: y=ax^2+bx+c$

は点 $P_1\left(\dfrac{2-\sqrt{2}}{2},\ f\left(\dfrac{2-\sqrt{2}}{2}\right)\right)$,

$P_2\left(\dfrac{2+\sqrt{2}}{2}, f\left(\dfrac{2+\sqrt{2}}{2}\right)\right)$ を共有点としてもち，かつ点 P_1 で共通の接線 l_1，点 P_2 で共通の接線 l_2 をもつという．曲線 C_1 と放物線 C_2 によって囲まれた部分の面積を S_1，接線 l_1 および l_2 と C_2 によって囲まれた部分の面積を S_2 とする．

（1） $a=-$ ア，$b=$ イ，$c=\square$ である．

（2） $S_1=\dfrac{\square}{\square}\sqrt{\square}$ である．

（3） 接線 l_1 の方程式は $y=\sqrt{\square}x+\dfrac{\square}{\square}-\sqrt{\square}$ であり，$S_2=\dfrac{\square}{\square}\sqrt{\square}$ である．

連立不等式 $y\geqq f(x)$, $y\leqq -$ ア x^2+ イ $x+\dfrac{1}{4}$, $x\geqq\dfrac{2+\sqrt{2}}{2}$ が表す領域 (境界線も含む) の面積を S_3 とする．

（4） $S_3=\dfrac{\square}{\square}-\dfrac{\square}{\square}\sqrt{\square}$ である．（21　東京理科大・薬）

《多項式の割り算の利用 (C30)》

473. a を実数とする．直線 $y=ax-2a+1$ を l とし，曲線 $y=x^3-4x+1$ を C とする．このとき，以下の問いに答えよ．

（1） l は a の値にかかわらず定点 P を通る．点 P の座標を求めよ．

（2） l と C が異なる3点で交わるための条件を a を用いて表せ．

（3） $0<a<4$ のとき，l と C で囲まれた2つの部分のうち，l の上方にある部分の面積が $\dfrac{27}{2}$ となるように a の値を定めよ．（21　大府大・後期）

【数学 II の微積分の融合】

《微分と積分 (B20)》

474. a を定数とし，関数 $F(x)$ を

$$F(x)=\int_0^x (t^2+at+a)\,dt$$

と定める．次の各問に答えよ．

（1） 関数 $F(x)$ が極値をもたないような a の範囲を求めよ．

（2） 関数 $F(x)$ が極大値 M，極小値 m をとり，$M+m=-\dfrac{7}{6}$ であるとき，a の値を求めよ．（21 名城大・薬）

《絶対値で積分 (B15) ☆》

475. a を正の実数とする．関数

$$S(a)=\int_0^2 |x^2-ax|\,dx$$

について，以下の問いに答えよ．

（1） x の関数 $y=|x^2-ax|$ のグラフの概形をかけ．

（2） $S(a)$ を a を用いて表せ．

（3） a がすべての正の実数を動くとき，$S(a)$ の最小値を求めよ．（21 大府大・環境シスなど）

《絶対値で積分 (B25) ☆》

476. a を負でない実数として，

$$f(x)=x^2-2ax+a^2-1$$

とおくとき，以下の設問に答えよ．

（1） $f(x)\geqq 0$ となる x の範囲を求めよ．

（2） x 軸と 2 つの直線 $x=-1$, $x=1$ および曲線 $y=f(x)$ で囲まれた部分の面積を $S(a)$ とするとき，$S(a)$ を a の式で表せ．

（3） $S(a)$ の最小値とそのときの a の値を求めよ．（21 東京女子大・数理）

《放物線と囲む面積の最小 (B20) ☆》

477. xy 平面上の曲線 $C:y=|x^2+2x|$ と直線 $l:y=k(x+2)$ が相異なる 3 点を共有する．ただし，k は実数の定数とする．このとき，次の問いに答えよ．

（1） k の値の範囲を求めよ．

（2） 3 つの共有点の x 座標を求めよ．必要ならば k を用いてよい．

（3） 曲線 C と直線 l で囲まれる 2 つの部分の面積の和の最小値と，そのときの k の値を求めよ．

（21 東京海洋大・海洋生命科学，海洋資源環境）

【極限】

《ルートの極限 (A5)》

478. 定数 a, b が $\displaystyle\lim_{x\to3}\frac{\sqrt{4x+a}-b}{x-3}=\frac{2}{5}$ をみたすとき，$(a, b)=\square$ である． (21 福岡大・推薦)

《ルートの極限 (B10)》

479. a, b を正の定数とし，

$$\lim_{x\to\infty}(\sqrt{ax^2+bx+3}-2x)=2$$

が成り立つとき，$a=\square$, $b=\square$ である． (21 宮崎大・前期／改題)

《置き換えて見栄えよく (A10)》

480. 次の極限を求めよ．

$$\lim_{n\to\infty}\left\{\log\left((n+1)^5\sin\frac{\pi}{2^{n+1}}\right)-\log\left(n^5\sin\frac{\pi}{2^n}\right)\right\}$$

(21 弘前大・医，理工，教)

《三角関数と極限 (A5)》

481. 極限 $\displaystyle\lim_{x\to a}\frac{\sin x-\sin a}{\sin(x-a)}$ の値を求めなさい． (21 福島大・前期)

《三角関数と極限 (B10)》

482. 次の極限値を求めよ．

$$\lim_{x\to0}\left(\frac{x\tan x}{\sqrt{\cos 2x}-\cos x}+\frac{x}{\tan 2x}\right)$$

(21 岩手大)

《三角関数の極限 (B30) ☆》

483. $f(x)$

$$=\lim_{h\to0}\frac{\tan(x+h)+\tan(x-h)-2\tan x}{h^2}$$

とするとき，$f\left(\frac{\pi}{6}\right)=\square$ である． (21 東海大・医)

《チェビシェフの多項式 (B20)》

484. n を自然数とし，$-1<x<1$ で関数 $T_n(x)$ と $U_n(x)$ をそれぞれ

$$T_n(\cos\theta)=\cos n\theta,\ U_n(\cos\theta)=\frac{\sin n\theta}{\sin\theta}$$

を満たすように定める．ただし，$0<\theta<\pi$ とする．このとき

$$\lim_{x\to1-0}T_n(x)=\square,\ \lim_{x\to1-0}U_n(x)=\square$$

である．三角関数の加法定理を用いると

$$T_{n+1}(x)=\square T_n(x)-\square U_n(x)$$

および

$$U_{n+1}(x)=T_n(x)+\square U_n(x)$$

が成り立ち，$U_n(x)$ が満たす漸化式として

$$U_{n+2}(x)=\square U_{n+1}(x)-U_n(x)$$

が得られる．また，

$$x^2=\square U_3(x)+\square U_1(x),$$

$$x^3=\square U_4(x)+\square U_2(x)$$

である． (21 立命館大・理系)

《e の極限 (A5)》

485. 極限値 $\displaystyle\lim_{n\to\infty}\left(\frac{n+3}{n+1}\right)^n$ を求めよ． (21 東京電機大・前期)

《e の極限 (A10)》

486. $\lim_{n\to\infty}\left(\dfrac{n-2}{n+1}\right)^n=\square$ (21 明治大・総合数理)

《r^n と e の極限 (A15)》

487. 数列 $\{a_n\}$ を $a_1=0$,

$(n+2)a_{n+1}=na_n+\dfrac{4n}{n+1}$ $(n=1,2,3,\cdots)$

で定める.

(1) $(n+1)na_n=b_n$ とおくことで，数列 $\{a_n\}$ の一般項を求めると，$a_n=\dfrac{\square(n-\square)}{n+\square}$ である.

(2) r を実数とするとき，$\lim_{n\to\infty}(2r)^{n+1}$ が正の実数値に収束するような r の値は $r=\dfrac{\square}{\square}$ であり，このとき $\lim_{n\to\infty}(ra_n)^{n+1}$ の極限値を p とすると，$\log p=\square$ である. (21 久留米大・医)

《正多角形の極限 (B20)》

488. 長さ $l\,(>0)$ の線分を n 等分 (ただし $n\geqq 3$) して折り曲げ，正 n 角形 $P_{l,n}$ を作り，その面積を $S_{l,n}$ とする. また，$P_{l,n}$ の内接円 (すべての辺に接する円) の半径を $r_{l,n}$ とする. このとき，次の問に答えよ.

(1) $r_{6,8}=\square$ である

(2) $S_{6,8}=\square$ である.

(3) $\lim_{n\to\infty}S_{6,n}=\square$ である.

(4) a を定数として $S=\lim_{n\to\infty}n^a(S_{l,2n}-S_{l,n})$ とおく. S が 0 でない値に収束するとき $a=\square$ である. また，このとき $S=\dfrac{1}{9}$ となるのは $l=\square$ のときである. (21 岩手医大)

《漸化式と極限 (B10) ☆》

489. 数列 $\{a_n\}$ を次で定める.

$a_1=2,\ a_{n+1}=3a_n+2^{n+1}$ $(n=1,2,\cdots)$

このとき，極限 $\lim_{n\to\infty}\dfrac{a_n}{3^n}$ を求めなさい. (21 福島大・前期)

《漸化式と極限 (B20) ☆》

490. 数列 $\{a_n\}$ を次で定義する.

$a_1=2,\ a_2=3,$

$a_{n+2}=\sqrt[3]{a_{n+1}a_n{}^2}$ $(n=1,2,3,\cdots)$

また，$b_n=\log a_n$ $(n=1,2,3,\cdots)$ とおく. ただし，log は自然対数を表す. このとき，次の問いに答えよ.

(1) b_{n+2} を b_{n+1}, b_n を用いて表せ.

(2) $c_n=b_{n+1}-b_n$ $(n=1,2,3,\cdots)$ とおく. 数列 $\{c_n\}$ の一般項を求めよ.

(3) 極限値 $\lim_{n\to\infty}a_n$ を求めよ. (21 電気通信大・後期)

【無限級数】

《無限等比級数 (A5)》

491. 実数 a に対して

$f_n(a)=1-a+a^2+\cdots+(-a)^{n-1}$

(n は自然数) とする. $f_n(a)$ は初項 1，公比 $\square$ の等比数列の和なので $f_n(a)=\dfrac{\square}{1+a}$ となる. $|a|<1$ のとき，

$\lim_{n\to\infty}f_n(a)=\dfrac{\square}{1+a}$ となる. (21 聖マリアンナ医大・医)

《図形と無限級数 (B10)》

492. 1 辺の長さが a の正三角形 ABC において，辺 BC 上に点 P_1 をとり，線分 BP_1 の長さを p とする. ただし，点 P_1 は点 B, C とは異なるとする. 点 P_1 から辺 AB に下ろした垂線と辺 AB の交点を Q_1 とし，点 Q_1 から

辺 AC に下ろした垂線と辺 AC の交点を R_1 とし，点 R_1 から辺 BC に下ろした垂線と辺 BC の交点を P_2 とする．同様に，点 P_2 から始めて点 Q_2, R_2, P_3 を定め，点 P_3 から始めて点 Q_3, R_3, P_4 を定め，以下これを繰り返して点 P_n, Q_n, R_n $(n=1, 2, 3, \cdots)$ を定める．線分 BP_n の長さを a_n とするとき，次の問いに答えよ．

（1） 線分 AQ_1, CR_1, BP_2 の長さを a と p を用いて表せ．

（2） 数列 $\{a_n\}$ の一般項を a と p を用いて表せ．

（3） 線分 BC を 2 : 1 に内分する点を D として，2 点 D, P_n の間の距離を d_n とする．無限級数 $\sum_{n=1}^{\infty} d_n$ の値を a と p を用いて表せ．（21　宮城教育大・前期）

《漸化式と級数 (B20) ☆》

493. 数列 $\{x_n\}$ はすべての自然数 n について

$$\sum_{k=1}^{n} 2^{k-1} x_k = 8 - 5n$$

を満たすとする．以下の問いに答えよ．

（1） x_1 を求めよ．

（2） $n \geqq 2$ に対して x_n を求めよ．

（3） 無限級数 $\sum_{n=1}^{\infty} x_n$ の和を求めよ．

（4） 無限級数 $\sum_{n=1}^{\infty} x_n \sin \frac{n\pi}{2}$ の和を求めよ．（21　大府大・工）

《ケンプナー級数 (B20) ☆》

494. 正の整数に関する条件

（＊） 10 進法で表したときに，どの位にも数字 9 が現れない

を考える．以下の問いに答えよ．

（1） k を正の整数とするとき，10^{k-1} 以上かつ 10^k 未満であって条件（＊）を満たす正の整数の個数を a_k とする．このとき，a_k を k の式で表せ．

（2） 正の整数 n に対して，

$$b_n = \begin{cases} \dfrac{1}{n} & (n\text{ が条件}(*)\text{を満たすとき}) \\ 0 & (n\text{ が条件}(*)\text{を満たさないとき}) \end{cases}$$

とおく．このとき，すべての正の整数 k に対して次の不等式が成り立つことを示せ．

$$\sum_{n=1}^{10^k-1} b_n < 80$$

（21　東工大・前期）

《無限等比級数 (B10) ☆》

495. チーム A とチーム B が試合をして，先に 2 連勝したチームが優勝となり，優勝チームが決まるまで試合を続けるものとする．チーム A がチーム B に勝つ確率は $\frac{2}{3}$ であって，引き分けになることはないとする．既に 1 試合が行われ，チーム A が 1 勝しているとして，次の問いに答えよ．

（1） ここからあと 3 試合行って，チーム A が優勝する確率を求めよ．

（2） チーム A が優勝する確率を求めよ．（21　愛知医大・医）

《鈍角三角形と鋭角三角形 (B20) ☆》

496. n は 2 以上の自然数とする．円周を $2n$ 等分する点をとり，順に $A_1, A_2, \cdots, A_{2n}$ とする．次の問いに答えよ．

（1） $A_1, A_2, \cdots, A_{2n}$ から異なる 3 点を選ぶとき，それらを頂点とする三角形が直角三角形となる場合の数を求めよ．

（2） $A_3, A_4, \cdots, A_{2n}$ から A_i を選ぶとき，$\angle A_iA_1A_2$ が鈍角となる場合の数を求めよ．

（3） $A_2, A_3, \cdots, A_{2n}$ から異なる 2 点 A_i, A_j を選ぶとき，$\angle A_iA_1A_j$ が鈍角となる場合の数を求めよ．

（4） $A_1, A_2, \cdots, A_{2n}$ から異なる 3 点を選ぶとき，それらを頂点とする三角形が鋭角三角形となる確率 p_n を求めよ．また，極限 $\lim_{n \to \infty} p_n$ を求めよ．（21　埼玉大・後期）

《力学系の典型 (B20) ☆》

497. 数列 $\{a_n\}$ は

$$a_1=2,\ a_{n+1}=\sqrt{4a_n-3}\ (n=1,\ 2,\ 3,\ \cdots)$$

で定義されている．次の問いに答えなさい．

（1） すべての自然数 n について，不等式

$$2 \leqq a_n \leqq 3$$

が成り立つことを証明しなさい．

（2） すべての自然数 n について，不等式

$$|a_{n+1}-3| \leqq \frac{4}{5}|a_n-3|$$

が成り立つことを証明しなさい．

（3） 極限 $\displaystyle\lim_{n\to\infty} a_n$ を求めなさい． （21 信州大・教育）

《力学系の定数が 1 になる形 (B30)》

498. 関数 $f(x)=-x^2+3x-1,\ g(x)=2-\dfrac{1}{x}$ に対して，数列 $\{a_n\}$, $\{b_n\}$ を次のように定める．

$$a_1=\frac{3}{2},\ a_{n+1}=f(a_n)\quad (n=1,\ 2,\ 3,\ \cdots)$$

$$b_1=\frac{3}{2},\ b_{n+1}=g(b_n)\quad (n=1,\ 2,\ 3,\ \cdots)$$

（1） $x>1$ のとき，$f(x)<g(x)$ が成り立つことを示せ．

（2） $b_2,\ b_3,\ b_4$ を求めよ．また，数列 $\{b_n\}$ の一般項を求めよ．

（3） $n \geqq 2$ のとき，$1<a_n<b_n$ が成り立つことを示せ．

（4） $\displaystyle\lim_{n\to\infty} a_n$ を求めよ． （21 岐阜薬大）

【極限の難問】

《1 次分数形の漸化式と極限 (C30)》

499. 正の実数 $a,\ b,\ c,\ d$ は以下の条件をみたすとする．

- $ad-bc \neq 0$.

このとき，2 次方程式 $cx^2+(d-a)x-b=0$ は相異なる 2 個の実数解 $\alpha,\ \beta$（ただし $\alpha>\beta$）を持つ．また，任意の正の実数 $u>0$ に対して，数列 $\{x_n\}_{n=1,2,\cdots}$ を以下の漸化式で定める：

$$x_1=u,\ x_{n+1}=\frac{ax_n+b}{cx_n+d}\ (n=1,\ 2,\ \cdots)$$

（1） $a-c\beta \neq 0$ を証明せよ．

（2） 任意の正整数 n について，$x_n \neq \beta$ であり，かつ，任意の正整数 n に対して，

$$y_n=\frac{x_n-\alpha}{x_n-\beta}$$

とおくと，数列 $\{y_n\}_{n=1,2,\cdots}$ は等比数列になることを証明せよ．

（3） 任意の正の実数 u に対して，数列 $\{x_n\}_{n=1,2,\cdots}$ は $n\to\infty$ のとき収束することを示し，その極限値を求めよ．

（21 奈良県立医大・医-後期）

【関数と曲線と無理方程式】

《分数関数の逆関数 (A5)》

500. a を実数の定数とする．関数 $f(x)=\dfrac{3x-2}{4x+a}$ の逆関数が $f(x)$ に等しいとき，$a=\boxed{}$ である．

(21　愛媛大・後期)

《無理方程式 (A5)》

501. 方程式 $\sqrt{3x-7}-\sqrt{x-1}=2$ を解け．　(21　愛知医大・医)

《無理方程式 (A10)》

502. 関数 $y=\sqrt{2x+3}$ のグラフと関数

$y=\dfrac{1}{3}x+1$ のグラフの共有点の個数は $\boxed{}$ であり，共有点の座標のうち，x 座標が負の座標は $\boxed{}$ である．

(21　日大・医)

《無理方程式 (A10)》

503. $y=\sqrt{x+a}$ と $y=|-x+a|$ の共有点の個数を n とする．$k=\dfrac{\boxed{}}{\boxed{}}$ とすると，$a=k$ のとき $n=\boxed{}$，$a>k$ のとき $n=\boxed{}$，$a<k$ のとき $n=\boxed{}$ である．

(21　埼玉医大・前期)

【微分法】

《基本的な微分 (A5)》

504. 次の関数の導関数を求めよ.

$$y=\frac{e^{2x}}{1+\sin x}$$

(21　広島市立大・後期)

《基本的な微分 (A5)》

505. 関数 $f(x)=\sqrt{x+\sqrt{x^2-9}}$ の $x=5$ における微分係数は $\frac{\square}{\square}$ である. (21　藤田医科大・医)

《基本的な微分 (A5)》

506. $\frac{d}{dx}(e^{3x}\sin 2x)=\square$

$\frac{d^2}{dx^2}(e^{3x}\sin 2x)=\square$ (21　青学大・理工)

《意外に解きにくい問題 (A10)》

507. 関数 $f(x)=-|x|^{\sqrt{6}}$ の $x=\sqrt{6}\cdot f(\sqrt{6})$ における微分係数は

$$f'(\sqrt{6}\cdot f(\sqrt{6}))=\square$$

である. (21　東京医大・医)

《高階導関数 (B20)》

508. $x>0$ で定義された関数

$$f(x)=\log x-(\log x)^2$$

の第 n 次導関数 $f^{(n)}(x)$ $(n=1, 2, 3, \cdots)$ に対して, 方程式 $f^{(n)}(x)=0$ の解を $x=x_n$ とおく. このとき, $\frac{x_{n+1}}{x_n}$ を求めよ. (21　山梨大・医)

【グラフ】

《グラフの凹凸 (B10)》

509. 関数 $y=x^3e^{-x^2}$ の増減, 極値および凹凸を調べ, そのグラフをかけ. ただし, $\lim_{x\to\infty}x^3e^{-x^2}=0$, $\lim_{x\to-\infty}x^3e^{-x^2}=0$ であることは証明なしに用いてよい. (21　琉球大・理-後)

《漸近線 (A20)》

510. $f(x)=2\sqrt{1+x^2}-x$ とする. 以下の各問に答えよ.

(1) 関数 $f(x)$ の導関数 $f'(x)$ および第 2 次導関数 $f''(x)$ を求めよ.

(2) 方程式 $f'(x)=0$ を解け.

(3) 2 つの極限 $\lim_{x\to\infty}(f(x)-x)$ および $\lim_{x\to-\infty}(f(x)+3x)$ を求めよ.

(4) 関数 $y=f(x)$ の増減, 極値, グラフの凹凸, 漸近線を調べ, そのグラフの概形をかけ.

(注) 関数 $y=g(x)$ について,

$$\lim_{x\to\infty}\{y-(ax+b)\}=0$$

または $\lim_{x\to-\infty}\{y-(ax+b)\}=0$

が成り立つとき, 直線 $y=ax+b$ は曲線 $y=g(x)$ の漸近線である. (21　茨城大・工)

【接線・法線】

《接線 (A10)》

511. 関数 $f(x)=\frac{3x^2-1}{x^3}$ $(x>0)$ について, 次の問いに答えよ.

(1) $f(x)$ を微分して, $f(x)$ の増減表をかけ. ただし, 凹凸は調べなくてよい.

(2) $a>0$ とする. 曲線 $y=f(x)$ 上の点 $(a, f(a))$ における接線が原点を通るとき, 定数 a の値を求めよ.

(21　大工大・A 日程)

《曲線が接する (B10) ☆》

512. 座標平面上の 2 つの曲線 $y=ae^x$ と
$y=-x^2+2x$ が共有点をもち，かつ，その共有点において共通の接線をもつような正の定数 a の値を求めよ．

（21 早稲田大・教育）

《曲率円の問題 (B20) ☆》

513. 座標平面上の曲線 $y=\log x\ (x>0)$ を C とする．C 上の異なる 2 点 $\mathrm{A}(a, \log a)$，$\mathrm{P}(t, \log t)$ における法線をそれぞれ l_1，l_2 とし，l_1 と l_2 の交点を Q とする．また，線分 AQ の長さを d とするとき，以下の問いに答えなさい．ただし，対数は自然対数とする．

（1） d を a と t を用いて表しなさい．

（2） P が A に限りなく近づくとき，d の極限値を r とする．r を a を用いて表しなさい．

（3） a が $a>0$ の範囲を動くとき，（2）で求めた r の最小値を求めなさい．（21 山口大・理）

【易しい方程式】

《文字定数は分離せよ (A10)》

514. a は正の実数とする．$-\pi \leqq x \leqq \pi$ のとき，x に関する方程式

$$\sin x=\frac{1}{\sqrt{2}}x+a$$

の異なる解の個数を求めよ．（21 小樽商大）

【不等式】

《log の不等式 (A5)》

515. $x>0$ のとき，不等式 $\log(1+x)>x-\dfrac{x^2}{2}$ が成り立つことを証明しなさい．（21 前橋工大・前期）

《sin の不等式 (B20)》

516. $x \geqq 0$ のとき，以下の問いに答えよ．

（1） 不等式 $x-\dfrac{1}{3!}x^3 \leqq \sin x$ を証明せよ．

（2） 不等式 $\sin x \leqq x-\dfrac{1}{3!}x^3+\dfrac{1}{5!}x^5$ を証明せよ．

（3） （1），（2）の不等式が成り立つことを用いて，$\displaystyle\lim_{x\to+0}\frac{\sin x-x}{x^3}=-\frac{1}{6}$ を証明せよ．（21 愛知県立大・情報）

《e^x のマクローリン展開 (B30)》

517. 自然数 n に対して，関数 $g_n(x)$ を

$$g_n(x)=1+\sum_{k=1}^{n}\frac{x^k}{k!}$$

と定める．e を自然対数の底とする．

（1） $x>0$ のとき，$e^x>1+x$ となることを示せ．

（2） $x>0$ のとき，$e^x>1+x+\dfrac{x^2}{2}$ となることを示せ．

（3） $x>0$ のとき，すべての自然数 n に対して，

$$e^x>g_n(x)$$

となることを，数学的帰納法によって示せ．（21 室蘭工業大）

《log を挟む (B30)》

518. $a \geqq 0$ とし，n を正の整数とする．次の問いに答えよ．

（1） $x>0$ のとき，

$$\frac{x}{1+a}\left(1-\frac{x}{2(1+a)}\right)<\log\frac{1+a+x}{1+a}<\frac{x}{1+a}$$

を示せ．

（2） $$I_n(a)=\left(1+\frac{1}{n^2(1+a)}\right)\times\left(1+\frac{2}{n^2(1+a)}\right)\cdots\left(1+\frac{n}{n^2(1+a)}\right)$$

とおく．$\displaystyle\lim_{n\to\infty}\log I_n(a)$ を求めよ．

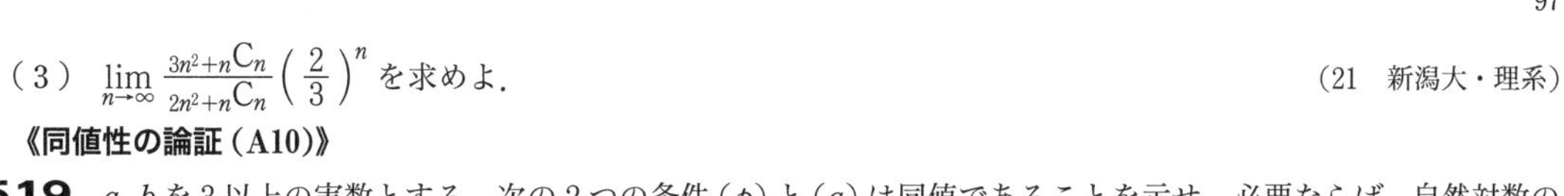

（3） $\displaystyle\lim_{n\to\infty}\frac{{}_{3n^2+n}\mathrm{C}_n}{{}_{2n^2+n}\mathrm{C}_n}\left(\frac{2}{3}\right)^n$ を求めよ． （21 新潟大・理系）

《同値性の論証（A10）》

519． $a,\ b$ を 3 以上の実数とする．次の 2 つの条件 (p) と (q) は同値であることを示せ．必要ならば，自然対数の底 e の値は，2.71… であることを用いてもよい．

(p) $a<b$

(q) $a^{\frac{1}{a}}>b^{\frac{1}{b}}$

（21 東北大・医 AO）

《近似値の計算（B30）》

520． $a>0$ のとき，$0<t<1$ を満たす定数 t に対して，

$$f(x)=t\log(1+x)-\log(1+a^{1-t}x^t)$$

とする．このとき，以下の問いに答えよ．

（1） $x>0$ での $f(x)$ の最小値とそのときの x の値を求めよ．

（2） $b>0$ のとき，不等式

$(1+a)^{1-t}(1+b)^t\geqq 1+a^{1-t}b^t$

が成り立つことを示せ．また，等号が成り立つのはどのようなときか．

（3） $3^6-1=728,\ 9^6-1=728\cdot 730$ である．$\sqrt[6]{730}$ の小数第 2 位の数を求めよ． （21 福井大・医）

【力学系への応用】

《力学系・微分の利用（B30）》

521． 数列 $\{a_n\}$ を

$$a_1=1,\ a_{n+1}=2e^{-a_n}-1+a_n\ (n=1,\ 2,\ 3,\ \cdots)$$

によって定める．次の問いに答えよ．ただし，$2<e<3$ であることは証明なしに用いてよい．

（1） $f(x)=e^{-x}-1+x$ とする．$0<x<1$ のとき，不等式

$$0<f(x)<\frac{2}{3}x$$

が成り立つことを示せ．

（2） $b_n=a_n-\log 2$ とする．すべての正の整数 n について $0<b_n<1$ となることを，数学的帰納法を用いて証明せよ．

（3） $\displaystyle\lim_{n\to\infty}a_n$ を求めよ． （21 琉球大・前期）

【最大・最小】

《接線の長さ（B20）☆》

522． 曲線 $y=\dfrac{1}{2}(x^2+1)$ 上の点 P における接線は x 軸と交わるとし，その交点を Q とおく．線分 PQ の長さを L とするとき，L が取りうる値の最小値を求めよ． （21 京大・前期）

《置き換えて手際よく（B10）》

523． $0\leqq x\leqq\dfrac{\pi}{2}$ のとき $1-(8\sin^3 x+\cos^3 x)^2$ の最大値は □ である． （21 藤田医科大・後期）

《置き換えよう（A10）》

524． 関数 $f(x)=e^{\frac{1}{2}x}+e^{-\frac{3}{2}x}$ の最小値は

$3^{\frac{1}{4}}\times$ □ である． （21 関大・理系）

《最小値の最大値（A20）》

525． $f(x)=e^{-ax}+x$ とおくとき，次の問いに答えなさい．ただし a は正の数とする．

（1） $f(x)$ の最小値を与える x の値を a を用いて表しなさい．

（2） $f(x)$ の最小値を $m(a)$ とおく．$m(a)$ を求めなさい．

（3） a が $a>0$ の範囲で動くとき，$m(a)$ の最大値を求めなさい． （21 福島大・前期）

《交角の捉え方（B20）☆》

526. xy 平面上の曲線 $y=x^3$ を C とする．C 上の 2 点 $\mathrm{A}(-1,\,-1)$, $\mathrm{B}(1,\,1)$ をとる．さらに，C 上で原点 O と B の間に動点 $\mathrm{P}(t,\,t^3)$ $(0<t<1)$ をとる．このとき，以下の問に答えよ．

（1） 直線 AP と x 軸のなす角を α とし，直線 PB と x 軸のなす角を β とするとき，$\tan\alpha$, $\tan\beta$ を t を用いて表せ．ただし，$0<\alpha<\dfrac{\pi}{2}$，$0<\beta<\dfrac{\pi}{2}$ とする．

（2） $\tan\angle\mathrm{APB}$ を t を用いて表せ．

（3） $\angle\mathrm{APB}$ を最小にする t の値を求めよ． （21 早稲田大・理工）

《安田の定理 (B20) ☆》

527. 2 つの関数

$$y=\frac{3\cos x+4\sin x+1}{11+12\sin 2x+7\sin^2 x},$$
$$t=3\cos x+4\sin x$$

について，以下の問いに答えよ．

（1） x が $0\leqq x<2\pi$ の範囲を動くとき，t のとりうる値の範囲を求めよ．

（2） y を t の関数で表せ．

（3） x が $0\leqq x<2\pi$ の範囲を動くとき，y の最大値と最小値を求めよ． （21 日本女子大・理）

《これも安田の定理 (B20)》

528. 実数全体で定義された次の関数 $f(x)$，$g(x)$ を考える．

$$f(x)=\frac{\sin x}{x^2+x+2}$$
$$g(x)=(x^2+x+2)^2f'(x)$$

また，$0\leqq x\leqq 2\pi$ における $f(x)$ の最大値を M とおく．

（1） $0\leqq x\leqq 2\pi$ の範囲において方程式
$g(x)=0$ はちょうど 2 つの解をもつことを示せ．

（2） （1）で示した 2 つの解のうち，小さい方を α とする．$M=\dfrac{\cos\alpha}{2\alpha+1}$ を示せ．

（3） 不等式 $M<\dfrac{\sqrt{2}}{\pi+2}$ を示せ． （21 富山大・理，医，薬，工）

《方程式の利用 (B30)》

529. 関数

$$f(x)=\frac{x^2}{e^x-x},\quad g(x)=(2-x)e^x-x$$

について，次の問に答えよ．

（1） すべての実数 x に対して，不等式

$$(1-x)e^x\leqq 1$$

が成り立つことを示せ．また，等号が成り立つときの x の値を求めよ．

（2） （1）を用いて，方程式 $g(x)=0$ が実数解をただ一つもつことを示せ．また，その実数解を α とおくとき，$1<\alpha<2$ であることを示せ．

（3） α を（2）で定めた実数とする．このとき，関数 $f(x)$ の極大値を α の分数式で表せ． （21 佐賀大・後期）

《区間内にあるかないか (B10)》

530. 関数 $f(x)$ を $f(x)=e^{-2x}\sin^2 x$ と定める．a を正の実数とするとき，$0\leqq x\leqq a$ における $f(x)$ の最大値を求めよ．ただし，e は自然対数の底とする． （21 弘前大・理工）

《区間内にあるかないか (B20) ☆》

531. （1） t の関数 $f(t)=\dfrac{\log t}{t}$ $(t>0)$ を考える．関数 $f(t)$ の最大値を求めよ．

（2） a を正の実数とする．x の関数

$$g(x)=e^{ax}+2e^{-ax}+(2-a^2)x\ (0\leqq x\leqq 1)$$

を考える．関数 $g(x)$ の最小値を求めよ． （21 京都工繊大・前期）

《差積の公式 (B20)》

532. 以下の問いに答えなさい．

（1） 実数 θ は $0 < \theta < \dfrac{\pi}{2}$ の範囲にあり，

$\sin 2\theta = \sin 3\theta$ をみたすとする．$\cos\theta$ の値を求めなさい．

（2） 関数 $f(x) = 3\cos 2x - 2\cos 3x$ の

$0 \leqq x \leqq \dfrac{\pi}{2}$ における最大値と最小値を求めなさい．

（3）（2）で $f(x)$ が最大値と最小値をとる x の値をそれぞれ求めなさい．　（21　都立大・理系）

《正 n 角形 (B20)》

533.（1） $0 < x < \dfrac{\pi}{2}$ のとき，

$$\tan x > x$$

であることを証明せよ．

（2） $f(x) = \dfrac{\sin x}{x}\left(0 < x < \dfrac{\pi}{2}\right)$

とおく．$0 < x_1 < x_2 < \dfrac{\pi}{2}$ ならば，$f(x_1) > f(x_2)$ であることを証明せよ．

（3） $n \geqq 3$ とする．半径 1 の円に内接する正 n 角形の周の長さ (1 辺の長さの n 倍) を a_n とする．

$$a_n < a_{n+1}\ (n = 3, 4, 5, \cdots)$$

であることを証明せよ．　（21　京都教育大・教育）

《挟んで極限 (B20)》

534. x の関数

$$f(x) = 6x - 6\log x - 3(\log x)^2 - (\log x)^3$$

$(x > 0)$ を考える．

（1） $f'(x)$ および $f''(x)$ を求めよ．ただし，$f'(x)$, $f''(x)$ はそれぞれ $f(x)$ の第 1 次，第 2 次の導関数である．

（2） 正の実数 x に対して，不等式 $f(x) \geqq f(1)$ が成り立つことを示せ．

（3）（2）の不等式を用いて，極限 $\displaystyle\lim_{x\to\infty}\frac{(\log x)^2}{x}$ を求めよ．　（21　京都工繊大・後期）

《log の分数関数 (B30)》

535. n を 2 以上の自然数とし，関数 $f_n(x)$ を

$$f_n(x) = \frac{\log x}{x^n} \quad (x > 1)$$

と定める．$y = f_n(x)$ で表される曲線を C とするとき，次の問いに答えよ．

（1） $x > 1$ のとき，$\log x < x - 1$ を示せ．また，$\displaystyle\lim_{x\to\infty} f_n(x) = 0$ を示せ．

（2） 関数 $f_n(x)$ の増減を調べ，極値を求めよ．

（3） 曲線 C の変曲点を求めよ．また，その変曲点における接線と y 軸との交点を $(0, y_n)$ とおくとき，$\displaystyle\lim_{n\to\infty} y_n$ を求めよ．　（21　金沢大・理系）

《誤読しやすい問題 (B30) ☆》

536. 関数 $f(x) = \sin x - \log(1 + x)$ について，以下のことを証明せよ．ただし，$f'(x)$ を $f(x)$ の導関数とする．また，対数は自然対数とする．

（1） $-1 < x < \dfrac{\pi}{2}$ において，$f'(x)$ が極大値をとるような x がただ 1 つ存在する．

（2） $f(x) = 0$ となる x が 2 つだけ存在する．　（21　中京大・工）

《微分しなくてもグラフがわかる (B30)》

537. 関数

$$f(x) = e^{-x}(1 - \cos x)\ (0 \leqq x \leqq 4\pi)$$

について，次の問いに答えよ．ただし，必要ならば $e^{\pi} < (2 + \sqrt{3})^3 < \dfrac{e^{7\pi}}{8}$ が成り立つことを用いてよい．

（1） $f\left(\dfrac{5\pi}{2}\right) < f\left(\dfrac{\pi}{6}\right)$ を示せ．

（2） 関数 $y = f(x)$ の増減，極値，グラフの凹凸および変曲点を調べ，そのグラフをかけ．

（3） c を正の定数とするとき，曲線 $y=f(x)$ と直線 $y=c$ との共有点の個数を求めよ．（21　宮城教育大・前期）

【図形への応用】

《立体への応用 (B10) ☆》

538. 体積が $\dfrac{\sqrt{2}}{3}\pi$ の直円錐において，直円錐の側面積の最小値を求めよ．ただし直円錐とは，底面の円の中心と頂点とを結ぶ直線が，底面に垂直である円錐のことである．（21　札幌医大）

《反比例のグラフ (B20)》

539. a,b を $ab<1$ をみたす正の実数とする．xy 平面上の点 $\mathrm{P}(a,b)$ から，曲線 $y=\dfrac{1}{x}\ (x>0)$ に 2 本の接線を引き，その接点を $\mathrm{Q}\left(s,\dfrac{1}{s}\right)$，$\mathrm{R}\left(t,\dfrac{1}{t}\right)$ とする．ただし，$s<t$ とする．

（1） s および t を a,b を用いて表せ．

（2） 点 $\mathrm{P}(a,b)$ が曲線 $y=\dfrac{9}{4}-3x^2$ 上の $x>0,\ y>0$ をみたす部分を動くとき，$\dfrac{t}{s}$ の最小値とそのときの a,b の値を求めよ．（21　阪大・理系）

【微分の難問】

《三角関数の扱い》

540. α を正の実数とする．$0\leqq\theta\leqq\pi$ における θ の関数 $f(\theta)$ を，座標平面上の 2 点 $\mathrm{A}(-\alpha,-3)$，$\mathrm{P}(\theta+\sin\theta,\cos\theta)$ 間の距離 AP の 2 乗として定める．

（1） $0<\theta<\pi$ の範囲に $f'(\theta)=0$ となる θ がただ 1 つ存在することを示せ．

（2） 以下が成り立つような α の範囲を求めよ．

$0\leqq\theta\leqq\pi$ における θ の関数 $f(\theta)$ は，区間 $0<\theta<\dfrac{\pi}{2}$ のある点において最大になる．（21　東大・理科）

《抽象的な関数 (C20)》

541. a を 1 より大きい定数とする．微分可能な関数 $f(x)$ が $f(a)=af(1)$ を満たすとき，曲線 $y=f(x)$ の接線で原点 $(0,0)$ を通るものが存在することを示せ．（21　京大・前期）

《コスとサインの関数の合成 (C30)》

542. x を実数とし，

$f(x)=\cos(\sin x),\ g(x)=\sin(\cos x)$

と定める．以下の設問に答えよ．

（1） $\cos A-\sin B$

$=2\sin\left(\dfrac{\pi}{4}-\dfrac{A+B}{2}\right)\sin\left(\dfrac{\pi}{4}+\dfrac{A-B}{2}\right)$

が成り立つことを示せ．

（2） $\cos(\sin x)>\sin(\cos x)$ が成り立つことを証明せよ．

（3） $y=f(x)$ と $y=g(x)$ の増減と周期を調べ，大小関係がわかるようにグラフを描け．ただし，変曲点を調べる必要はない．（21　関西医大・後期）

《通過領域 (C30)》

543. t を実数とし，座標平面上の直線

$l:(2t^2-4t+2)x-(t^2+2)y+4t+2=0$

を考える．

（1） 直線 l は t の値によらず，定点を通る．その定点の座標は □ である．

（2） 直線 l の傾きを $f(t)$ とする．$f(t)$ の値が最小となるのは $t=$ □ のときであり，最大となるのは $t=$ □ のときである．また，a を実数とするとき，t に関する方程式 $f(t)=a$ がちょうど 1 個の実数解をもつような a の値をすべて求めると，$a=$ □ である．

（3） t が実数全体を動くとき，直線 l が通過する領域を S とする．また，k を実数とする．放物線 $y=\dfrac{1}{2}(x-k)^2+\dfrac{1}{2}(k-1)^2$ が領域 S と共有点を持つような k の値の範囲は □ $\leqq k\leqq$ □ である．（21　慶應大・理工）

《座標設定する (C30)》

544. 立方体 OADB-CFGE を考える．$0 \leqq x \leqq 1$ となる実数 x に対し，$\overrightarrow{\mathrm{OP}} = x\overrightarrow{\mathrm{OG}}$ となる点 P を考え，$\angle \mathrm{APB} = \theta$ とおく．

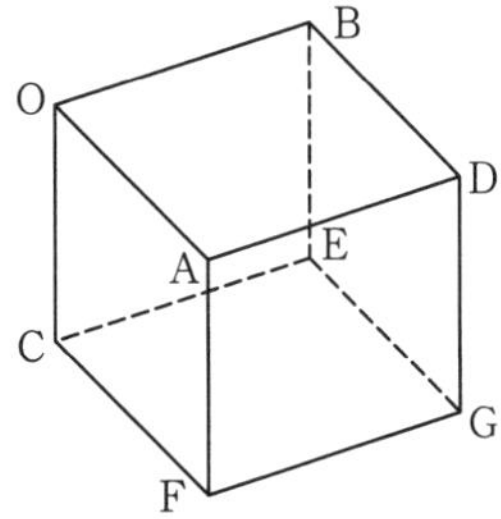

（1） $x = 0$ のとき，$\theta =$ □ である．また，$x = 1$ のとき，$\theta =$ □ である．

（2） $0 < x < 1$ の範囲で $\theta = \dfrac{\pi}{2}$ となる x の値は，$x = \dfrac{\square}{\square}$ である．

（3） $y = \cos\theta$ とおき，y を x の関数と考える．このとき，y を x で表せ．また，$0 \leqq x \leqq 1$ の範囲で，xy 平面上にそのグラフを描け．ただし，増減・凹凸・座標軸との共有点・極値・変曲点などを明らかにせよ．

（21　上智大・理工）

【微分不可能性】

《微分不可能性の証明 (A5)》

545. 関数 $f(x) = |\cos x|$ は，$x = \dfrac{\pi}{2}$ において微分可能でないことを示せ．（21　愛媛大・後期）

《連続性と微分不可能性 (B20)》

546. a, b, c, d を実数の定数とするとき，すべての実数 x で定義された関数 $f(x)$ について，次の問いに答えよ．

$$f(x) = \begin{cases} x & (x \leqq 0), \\ x^3 + ax^2 + bx + c & (0 < x \leqq 1), \\ 0 & (1 < x \leqq 2), \\ de^{-\frac{1}{x-2}} & (x > 2). \end{cases}$$

ここで，任意の正の実数 X と任意の正の整数 n について，$e^X \geqq \dfrac{X^n}{n!}$ が成り立つことを使ってよい．

（1） 関数 $f(x)$ がすべての x で微分可能であるための，a, b, c, d についての必要十分条件を求めよ．

（2） a, b, c, d が上の（1）で与えられた必要十分条件を満たすとき，関数 $f(x)$ の $x = 0, x = 1, x = 2$ における微分係数をそれぞれ求めよ．（21　群馬大・医）

《微分不可能な点での極値 (A10)》

547. 次の問いに答えなさい．

（1） 関数 $f(x) = (x-3)\sqrt{x} - \sqrt{2}$ の極値を求めなさい．

（2） 関数 $g(x) = |x-3|\sqrt{x} - \sqrt{2}$ の極値を求めなさい．

（3） 関数 $h(x) = (|x-3|\sqrt{x} - \sqrt{2})^2$ の極値を求めなさい．（21　山口大・理）

【積分法】

積分ではタイプの判断が重要である．a を定数として

x^ne^{ax}, $x^n\sin ax$, $x^n\cos ax$, $x^n\log x$

の積分は部分積分である．n は概ね自然数である．次の 2 つは特殊基本関数の積分と呼ばれている．α は定数で $\alpha \neq -1$ である．

$$\int \{f(x)\}^\alpha f'(x)\,dx = \frac{\{f(x)\}^{\alpha+1}}{\alpha+1} + C$$

$$\int \frac{f'(x)}{f(x)}\,dx = \log|f(x)| + C$$

「特殊基本関数」と書かれたら，このことである．

【基本関数の積分】

《$(ax+b)^\alpha$(A3)》

548. $\displaystyle\int_{\frac{1}{3}}^{3}(3x-1)^{\frac{2}{3}}\,dx = \frac{\square}{\square}$　（21　青学大・理工）

《$(ax+b)^\alpha$(A5)》

549. 定積分 $\displaystyle\int_0^{13}\frac{dx}{\sqrt[3]{(2x+1)^5}}$ を求めなさい．　（21　前橋工大）

《$\sin^2 x\cos^2 x$ (A5)》

550. 定積分 $\displaystyle\int_0^{\pi}\sin^2 x\cos^2 x\,dx$ を求めよ．　（21　東京都市大・理系）

《積→和の公式 (A5)》

551. m, n を自然数とするとき，次の定積分を求めよ．

$\displaystyle\int_{-\pi}^{\pi}\cos mx\cos nx\,dx$　（21　弘前大・理工，教）

《絶対値の処理 (A10)》

552. 定積分 $\displaystyle\int_0^{\pi}|3\sin x+\cos x|\,dx$ を求めよ．　（21　琉球大・理-後）

【特殊基本関数】

《部分分数分解 (A10)》

553. $\displaystyle\frac{x^2-2x-1}{(x^2+1)(x-1)} = \frac{\square x}{x^2+1} - \frac{\square}{x-1}$ より，$\displaystyle\int_{-1}^{0}\frac{x^2-2x-1}{(x^2+1)(x-1)}\,dx = \square$ である．

（21　東京薬大・生命科学）

《$\tan x$(A5)》

554. 定積分 $\displaystyle\int_0^{1}\tan\frac{\pi x}{4}\,dx$ の値を答えよ．　（21　防衛大・理工）

《$\dfrac{1}{\tan x}$ (A3)》

555. $\displaystyle\int_{\frac{\pi}{4}}^{\frac{\pi}{3}}\frac{dx}{\tan x} = \square$ である．　（21　愛媛大）

《$\dfrac{f'(x)}{f(x)}$ を作れ (A5) ☆》

556. 次の定積分を求めよ．

（1） $\displaystyle\int_0^{\log 3}\frac{1}{e^{-x}+1}\,dx$

（2） $\displaystyle\int_0^{\frac{\pi}{2}}x\cos 2x\,dx$　（21　広島市立大・後期）

《$\dfrac{f'(x)}{f(x)}$ を作れ (A5) ☆》

557. $\displaystyle\int_0^{1}\frac{1}{1+e^x}\,dx = \square$.　（21　明治大・総合数理）

《$\dfrac{1}{x(\log x)^2}$(A5)》

558. $\displaystyle\int_e^{e^4} \frac{1}{x(\log x)^2}\,dx = \boxed{}$ である．ただし e は自然対数の底である． （21　藤田医科大・後期）

《$\dfrac{x}{\sqrt{1+x^2}}$(A5)》

559. 不定積分 $\displaystyle\int \frac{x}{\sqrt{1+x^2}}\,dx$ を求めよ． （21　愛媛大・前期）

【部分積分】

《$x\cos x$(A10)》

560. 次の定積分を求めよ．

（1） $\displaystyle\int_0^{\frac{\pi}{6}} x\cos x\,dx$

（2） $\displaystyle\int_0^{\frac{1}{2}} \frac{x^2}{(2x+1)^2}\,dx$ （21　岡山県立大）

《$\dfrac{x}{\cos^2 x}$(A5) ☆》

561. 定積分 $\displaystyle\int_0^{\frac{\pi}{4}} \frac{x}{\cos^2 x}\,dx$ を求めよ． （21　東京電機大・前期）

《$x^2\cos x$(A10) ☆》

562. 積分 $\displaystyle\int_0^{\frac{\pi}{4}} (x^2+1)\cos 2x\,dx$ を求めよ． （21　学習院大・理）

《$x\sin x$(A10) ☆》

563. $\displaystyle\int_0^{2\pi} x|\sin x|\,dx = \boxed{}$ （21　北見工大）

《$\log(x+2)$(A5)》

564. $\displaystyle\int_0^1 \log(x+2)\,dx$ を求めよ． （21　昭和大・医-2 期）

《$\log(x^3+x^2)$(A5)》

565. 定積分 $\displaystyle\int_1^2 \log(x^3+x^2)\,dx$ を求めよ． （21　東京都市大・理系）

《$(3x^2+2x)\log x$(A5) ☆》

566. 定積分 $\displaystyle\int_1^e (3x^2+2x)\log x\,dx$ を求めよ． （21　愛媛大・前期）

《$x^2\log x$(B30)》

567. 定数 a が $0 < a < 1$ を満たすとき，以下の問いに答えよ．

（1） 不定積分 $\displaystyle\int \log_a x\,dx$ を求めよ．

（2） 不定積分 $\displaystyle\int x^2\log_a x\,dx$ を求めよ．

（3） 定積分 $\displaystyle\int_{\frac{1}{2}}^2 |x\log_a x| a^{|\log_a x|}\,dx$ を求めよ． （21　岩手大・前期）

《(漸化式でまとめてやろう (B20) ☆》

568. A, B を有理数とし，

$$f(x) = \log x + A(\log x)^2 + B(\log x)^3$$

とする．等式

$$\int_1^e f(x)\,dx = 0$$

が成り立つとき，A, B の値を求めよ．ただし，自然対数の底 e が無理数であることは証明せずに用いてよい．

（21　津田塾大・学芸-数学科，情報科学科-推薦）

《x^2e^{-2x}(A10) ☆》

569. 定積分 $\displaystyle\int_0^1 x^2e^{-2x}\,dx$ を求めよ． （21　日本女子大・理）

《$e^x\sin x$(A5)》

570. 定積分 $\displaystyle\int_0^{\frac{\pi}{6}} e^x\sin x\,dx$ を求めよ． （21　富山大）

《$\cos^n x$(B20)》

571. 自然数nに対し，$I_n=\displaystyle\int_0^{\frac{\pi}{2}}\cos^n x\,dx$とするとき，次の問いに答えよ．

（1） I_1とI_2をそれぞれ求めよ．

（2） 自然数nに対し，I_{n+2}をI_nで表せ．

（3） πをI_8で表せ． （21 岩手大・前期）

【置換積分】

《$\cos x\log(\sin x)$(A5)》

572. 定積分$\displaystyle\int_{\frac{\pi}{4}}^{\frac{\pi}{2}}\cos x\log(\sin x)\,dx$を計算しなさい． （21 福島大・前期）

《何が塊か (A5)》

573. $S=\displaystyle\int_0^{\frac{\pi}{2}}\frac{\cos x(1+\sin x)}{2+\sin x}\,dx$とする．$\dfrac{6e^S}{e}$の値を求めよ．$e$は自然対数の底を表すものとする．

（21 自治医大・医）

《ルートを固まりでおく (A10) ☆》

574. $\displaystyle\int_1^5\frac{1}{(x+3)\sqrt{x+1}}\,dx=\square$ （21 青学大・理工）

《tan の置換 (A10)》

575. 定積分$\displaystyle\int_{-\sqrt{3}}^3\frac{2x}{x^2+3}\,dx$および

$\displaystyle\int_{-\sqrt{3}}^3\frac{2}{x^2+3}\,dx$を求めよ． （21 岩手大・理工）

《塊に名前をつける (B10)》

576. 次の定積分を求めよ．$\displaystyle\int_{-1}^0\frac{x^5}{(x^3-1)^2}\,dx$ （21 兵庫医大）

《$x^3\sqrt{1-x^2}$(B10) ☆》

577. 次の不定積分，定積分を求めよ．

（1） $\displaystyle\int(x+1)e^{-3x}\,dx$

（2） $\displaystyle\int_0^1 x^3\sqrt{1-x^2}\,dx$ （21 広島市立大）

《$\sqrt{a^2-x^2}$ は $x=a\sin\theta$(B10) ☆》

578. 次の定積分を求めよ．

（1） $I=\displaystyle\int_0^1 x^2\sqrt{1-x^2}\,dx$

（2） $J=\displaystyle\int_0^1 x^3\log(x^2+1)\,dx$ （21 神戸大・前期）

《$\cos x(\cos(\sin x))$(B20)》

579. $\displaystyle\int_0^{\frac{\pi}{2}}\{\cos(x+\sin x)+\cos(x-\sin x)\}\,dx$

$=\square$であり，$\displaystyle\int_0^{\frac{\pi}{2}}\cos(\sin x)\sin 2x\,dx=\square$である． （21 山梨大・医）

《置換で分母が消える (B10) ☆》

580. 関数$f(x)=\dfrac{\sin^2 x}{1+e^{-x}}$について，次の値を求めなさい．

（1） $\displaystyle\int_{-\pi}^{\pi}f(x)\,dx-\int_{-\pi}^{\pi}f(-x)\,dx$

（2） $\displaystyle\int_{-\pi}^{\pi}f(x)\,dx$ （21 信州大・教育）

《双曲線関数による置換 (B20) ☆》

581. 実数tを変数とする2つの関数

$$c(t)=\frac{e^t+e^{-t}}{2},\ s(t)=\frac{e^t-e^{-t}}{2}$$

を考える．このとき，次の問いに答えよ．

（1） 媒介変数表示 $\begin{cases} x = c(t) \\ y = s(t) \end{cases}$ で表される曲線を C とする．このとき，x と y の関係式を求め，曲線 C の概形をかけ．

（2） $c(t)$ と $s(t)$ をそれぞれ微分せよ．

（3） $u = s(t)$ と置換することにより，定積分

$$\int_0^1 \sqrt{1+u^2}\,du$$

の値を求めよ． （21 静岡大・前期）

【面積】

《分数関数 (A10) ☆》

582．a を定数とし，$a > 1$ とする．関数

$$f(x) = \frac{1}{-x^2 + ax + a^2 - 1}$$

について，次の問に答えよ．

（1） $f(x) > 0$ となる x の範囲を求めよ．

（2） （1）で求めた範囲を x が動くとき，$f(x)$ の最小値が $\dfrac{1}{4}$ となるような a の値を求めよ．

（3） （2）で求めた a について，$y = f(x)$ のグラフと x 軸および 2 直線 $x = 0$，$x = 2$ で囲まれた部分の面積を求めよ． （21 名城大・理工）

《反比例のグラフ (B20) ☆》

583．$\log x$，$\log y$ が自然対数のとき，次の問いに答えよ．

（1） 方程式 $|\log x| + |\log y| = 1$ の表す図形をかけ．

（2） 不等式 $|\log x| + |\log y| \leqq 1$ の表す領域の面積を求めよ． （21 名古屋市立大・前期）

《分数関数 (B30) ☆》

584．xy 平面上に関数 $y = x + \dfrac{2}{x}$ $(x > 0)$ のグラフ C がある．C 上の点 $(1, 3)$ を通る傾き a の直線を l とする．以下の問いに答えよ．

（1） 直線 l の方程式を a を用いて表せ．

（2） グラフ C と直線 l が 2 つの共有点をもつための a の条件を求めよ．

（3） a が（2）の条件をみたすとき，グラフ C と直線 l で囲まれる部分の面積を a を用いて表せ．（21 奈良女子大）

《無理関数を y で積分する (A10) ☆》

585．座標平面上の曲線 $C : y = x\sqrt{x}$ $(x \geqq 0)$ について，次の（1）と（2）に答えよ．

（1） 曲線 C 上の点 $(4, 8)$ における接線 l の方程式を求めよ．

（2） 曲線 C と y 軸および 2 直線 $y = 1$, $y = 8$ で囲まれた部分の面積 T を求めよ． （21 茨城大・工）

《円に変換せよ (B10) ☆》

586．関数

$$f(x) = \frac{1}{2}\left(x + \sqrt{2 - 3x^2}\right)$$

の定義域は $\square$ であり，$f(x)$ は $x = \square$ のとき，最大値 $\square$ をとる．曲線 $y = f(x)$ と直線 $y = 2x$，および y 軸で囲まれた図形の面積は $\square$ となる． （21 明治大・数 III）

《ハートのエースが出てきたよ (B15)》

587．座標平面上の曲線 $x^2 - |x|y + y^2 = 1$ を C とする（下図）．曲線 C 上を動く点の y 座標の最大値は $\square$ である．また，曲線 C によって囲まれた部分の面積は $\square$ である．

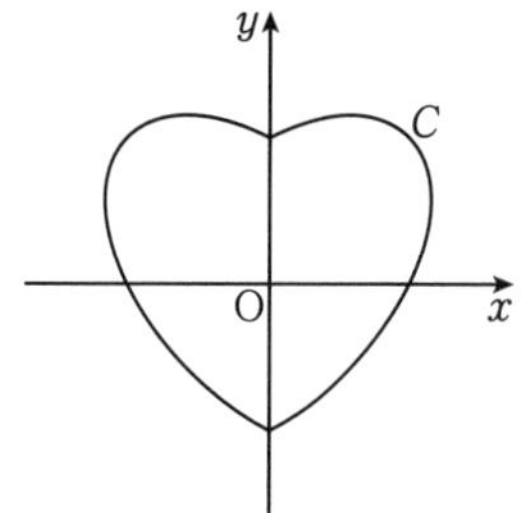

(21　芝浦工大)

《無理関数と面積 (B15) ☆》

588. $f(x)=x^2\sqrt{1-x^2}\ (0\leqq x\leqq 1)$ とする.

（1） $0\leqq x\leqq 1$ における $f(x)$ の最大値を求めよ.

（2） xy 平面において，曲線

$$y=f(x)\ (0\leqq x\leqq 1)$$

と x 軸で囲まれた部分の面積を求めよ.　(21　愛知工大・工)

《無理関数と面積 (B20) ☆》

589. 関数 $f(x)=(x-1)\sqrt{|x-2|}$ により曲線 $C:y=f(x)$ を定める.

（1） 関数 $f(x)$ の増減を調べて極値を求めよ.

（2） 曲線 C と x 軸で囲まれる図形の面積 S を求めよ.

（3） 原点を通る直線 l が C 上の点 $(t,\ f(t))$ において C に接している．このような t のうち，$1<t<2$ をみたすものをすべて求めよ.　(21　名古屋工大・前期)

《$\tan x$(A10)》

590. 曲線 $y=\tan x\ \left(0\leqq x<\dfrac{\pi}{2}\right)$ を C とする.

また，C 上の点 $\mathrm{P}\left(\dfrac{\pi}{3},\ \sqrt{3}\right)$ における法線を n とする.

（1） 法線 n の方程式を求めよ.

（2） 曲線 C，法線 n および y 軸で囲まれた部分の面積を求めよ.　(21　鹿児島大・教)

《三角関数と面積 (B20)》

591. 2 つの関数

$f(x)=\sin^2 x$ と $g(x)=\sin^2 2x$

について，次の問いに答えよ．ただし，$0\leqq x\leqq\dfrac{\pi}{2}$ とする.

（1） 方程式 $f(x)=g(x)$ を満たす x の値をすべて求めよ.

（2） 不定積分 $\displaystyle\int f(x)\,dx$ を求めよ.

（3） 不定積分 $\displaystyle\int g(x)\,dx$ を求めよ.

（4） 2 つの曲線 $y=f(x)$ と $y=g(x)$ で囲まれた部分の面積 S を求めよ.　(21　岡山理大・B 日程)

《三角関数と面積 (B20)》

592. （1） 関数 $f(x)=x-\sin x$ の増減を調べて，$x\geqq 0$ のとき $\sin x\leqq x$ が成立することを示せ.

（2） 関数 $g(x)=\cos x-1+\dfrac{1}{2}x^2$ の増減を調べて，$\cos x\geqq 1-\dfrac{1}{2}x^2$ が成立することを示せ.

（3） $x\geqq 0$ において，2 曲線

$$y=\cos x,\ y=1-\frac{1}{2}x^2$$

と x 軸で囲まれた部分の面積を求めよ.　(21　東京女子大・数理)

《三角関数と面積 (B20)》

593. $-\dfrac{\pi}{2}\leqq x\leqq\dfrac{\pi}{2}$ において，関数 $f(x)$，$g(x)$ を

$$f(x)=(\sqrt{2}+4)\cos x-\sqrt{3}\cos^2 x$$

$$g(x)=4\cos x+\sin x\cos x$$

で定める．

（1） $f(x)$ の最大値と最小値を求めよ．

（2） $g(x)$ の最大値を M とする．M^2 の値を求めよ．

（3） $0 < f(x) \leqq g(x)$ となる x の範囲を求めよ．

（4） 2つの曲線 $y = f(x)$，$y = g(x)$ で囲まれる図形のうち，x が（3）で求めた範囲にある部分の面積 S を求めよ．（21　名古屋工大・後期）

《交点を文字で置く (B20) ☆》

594．次の問いに答えよ．

（1） $0 < x < \pi$ の範囲で，方程式 $\sin^3 x = \sin 2x$ は，ただ1つの解をもつことを示せ．また，その解を α とするとき，$\cos\alpha$ の値を求めよ．

（2） $0 \leqq x \leqq \pi$ の範囲で，2つの曲線 $y = \sin^3 x$ と $y = \sin 2x$ で囲まれた部分の面積を求めよ．

（21　名古屋市立大・後期）

《log と面積 (B20) ☆》

595．a を正の実数とする．関数

$$f(x) = (\log x)^2 + 2a \log x \ (x > 0)$$

に対し，以下の問いに答えなさい．ただし，$\log x$ は自然対数とする．

（1） $f(x)$ の最小値と，そのときの x の値を求めなさい．

（2） $y = f(x)$ のグラフの凹凸を調べ，変曲点を求めなさい．

（3） 不定積分 $\int f(x)\,dx$ を求めなさい．

（4） $y = f(x)$ のグラフの変曲点が x 軸上にあるとする．このとき，a の値を求め，曲線 $y = f(x)$ と x 軸で囲まれた部分の面積を求めなさい．（21　都立大・理系）

《log と面積 (B20)》

596．以下の問いに答えよ．ただし，$2.7 < e < 2.8$ であり，$\lim_{x \to \infty} \dfrac{\log x}{x^2} = 0$ であることは証明なしに用いてよい．

（1） 関数 $y = \dfrac{\log x}{x^2}$ $(x > 0)$ の極値を調べ，

$y = \dfrac{\log x}{x^2}$ のグラフの概形をかけ．

（2） 方程式 $x^n = e^{x^2}$ が正の実数解をもつための最小の自然数 n を求めよ．

（3） 曲線 $y = \dfrac{\log x}{x^2}$ と x 軸および直線

$x = a\ (a > 0)$ とで囲まれた図形の面積が1となるように a の値を定めよ．（21　大府大・前期）

《指数関数と直線が接する (B15) ☆》

597．a を正の定数とするとき，以下の問いに答えよ．

（1） $y = a^x$ と $y = x$ のグラフが接するときの a の値を求めよ．

（2）（1）の条件の下で，曲線 $y = a^x$，直線 $y = x$，及び y 軸によって囲まれる部分を図示し，その面積を求めよ．（21　愛知教育大）

《指数関数と sin が接する (B20) ☆》

598．a を正の実数定数とし，曲線

$$C_1 : y = a\sin(x)\ (0 \leqq x \leqq \pi)$$

と曲線

$$C_2 : y = e^{-x}\ (0 \leqq x \leqq \pi)$$

とを定める．ただし，e は自然対数の底を表す．

（1） 曲線 C_1 と曲線 C_2 とが共有点Pをもち，かつPにおいて共通の接線をもつとき，Pの座標，および a の値を求めよ．

（2）（1）において，曲線 C_1 と曲線 C_2，および y 軸とで囲まれた部分の面積を求めよ．

(21　奈良県立医大・医-後期)

《減衰振動 (B20) ☆》

599. 関数 $f(x) = e^{-x}\sin x$ について，次の問に答えよ．ただし，e は自然対数の底とする．

（1） x が $x \geqq 0$ の範囲にあるとき，$f(x)$ の最大値と最小値を求めよ．

（2） 部分積分法を繰り返し用いて定積分

$$V_n = \int_0^{2n\pi} |f(x)|\,dx,\ n = 1, 2, 3, \cdots$$

の値を求めよ．さらに極限値 $\lim_{n\to\infty} V_n$ を求めよ． (21　福岡大・医)

《双曲線関数でパラメタ積分 (B30)》

600. 曲線 $C : x^2 - y^2 = 1\ (x \geqq 0,\ y \geqq 0)$ 上に点 $\mathrm{P}(a, b)(a > 0, b > 0)$ をとる．曲線 C 上の点 P における接線を l とし，点 P と原点を通る直線を m とする．l と m および x 軸で囲まれた部分の面積を S_1 とし，C と l および x 軸で囲まれた部分の面積を S_2 とする．また，C と直線 $x = a$ および x 軸で囲まれた部分の面積を S_3 とする．

（1） S_1 を a, b を用いて表せ．

（2） $t \geqq 0$ に対し，

$$f(t) = \frac{e^t + e^{-t}}{2},\ g(t) = \frac{e^t - e^{-t}}{2}$$

とする．点 $(f(t), g(t))$ は C 上にあることを示せ．

（3） （2）の $f(t), g(t)$ に対し，正の実数 s は $f(s) = a, g(s) = b$ を満たすとする．S_3 を s を用いて表せ．

（4） 点 P が，C から点 $(1, 0)$ を除いた曲線上を動くとする．$S_1 - S_2$ の最大値と，そのときの点 P の座標を求めよ． (21　徳島大・医，歯，薬)

《パラメタを消せ (B20) ☆》

601. xy 平面上で媒介変数表示

$$x = \sin\theta,\ y = \sin 2\theta \left(0 \leqq \theta \leqq \frac{\pi}{2}\right)$$

で表される曲線を C とする．

（1） 曲線 C の凹凸を調べ，その概形をかけ．

（2） $0 < p < \sqrt{2}$ とし，$y = px$ で表される直線を l とする．

（i） 直線 l と曲線 C の交点の座標を (α, β) とする．ただし，$(\alpha, \beta) \neq (0, 0)$ とする．α，β をそれぞれ p を用いて表せ．

（ii） 曲線 C と x 軸によって囲まれた図形の面積を S_1 とし，曲線 C と直線 l によって囲まれた図形の面積を S_2 とする．$S_1 : S_2 = 2 : 2 - p^2$ のとき，p の値を求めよ． (21　富山大・理，医，薬，工)

《パラメタのまま積分 (B20) ☆》

602. 座標平面上で，媒介変数 θ を用いて

$$x = (1 + \cos\theta)\cos\theta, \quad y = \sin\theta \quad (0 \leqq \theta \leqq \pi)$$

と表される曲線 C がある．C 上の点で x 座標の値が最小になる点を A とし，A の x 座標の値を a とおく．B を点 $(a, 0)$，O を原点 $(0, 0)$ とする．

（1） a を求めよ．

（2） 線分 AB と線分 OB と C で囲まれた部分の面積を求めよ． (21　北海道大・前期)

《パラメタの 2 階微分 (B20)》

603. 媒介変数 $t\left(0 \leqq t < \frac{\pi}{4}\right)$ を用いて

$$\begin{cases} x = e^t \cos t \\ y = e^t \sin t \end{cases}$$

で表される曲線を C とする．このとき，次の問いに答えよ．

（1） $\frac{dx}{dt}$, $\frac{dy}{dt}$ を t を用いて表せ．

（2） $\frac{dy}{dx}$ を t を用いて表せ．

（3） $t=\dfrac{\pi}{6}$ のときの曲線 C 上の点をPとする．このとき，点Pにおける曲線 C の接線 l の方程式を求めよ．

（4） （3）の点Pと直線 l において，曲線 C は点Pを除いて直線 l の上側にあることを示せ．

（5） 曲線 C と（3）で求めた直線 l，および x 軸で囲まれた図形の面積を求めよ．（21　静岡大・後期）

《双曲線の積分と回転移動（B20）》

604．以下の問いに答えなさい．

（1） 座標平面上の点 $(x,\ y)$ を原点の周りに $\dfrac{\pi}{4}$ だけ回転して得られる点の座標を $(x',\ y')$ とする．$x',\ y'$ を $x,\ y$ を用いて表しなさい．

（2） 双曲線 $x^2-y^2=1$ を原点の周りに $\dfrac{\pi}{4}$ だけ回転して得られる図形の方程式を求めなさい．

（3） 双曲線 $x^2-y^2=1$ 上に点 $\mathrm{A}(a,\ \sqrt{a^2-1})$ $(a>1)$ をとる．原点 $\mathrm{O}(0,\ 0)$ と結んだ線分OAと双曲線 $x^2-y^2=1$ 及び x 軸で囲まれた図形の面積 S が

$$S=\frac{1}{2}\log(a+\sqrt{a^2-1})$$

と表されることを示しなさい．（21　大分大・医）

《双曲線の積分を与える（B20）》

605．次の問いに答えよ．

（1） $f(x)=x\sqrt{x^2+1}+\log(x+\sqrt{x^2+1})$ とする．$f'(x)=2\sqrt{x^2+1}$ を示せ．

（2） xy 平面において連立不等式

$$\begin{cases} 0\leqq y^2-x^2\leqq 1 \\ 0\leqq xy\leqq \sqrt{2} \end{cases}$$

の表す領域を D とする．

（i） 曲線 $y^2-x^2=1$ と曲線 $xy=\sqrt{2}$ の共有点の座標をすべて求めよ．

（ii） 領域 D を xy 平面に図示せよ．

（iii） D の面積を求めよ．（21　埼玉大・後期）

《極座標の面積（C30）》

606．xy 平面上の原点Oを通る直線 l を考える．l 上の2点PとQは以下の3条件を満たすとする．

（ア） 2点P，Qの x 座標，y 座標はすべて0以上である．

（イ） 線分OPと線分OQの長さの積は1である．

（ウ） 点Pと直線 $x=1$ との距離は，線分OPの長さに等しい．

x 軸の正の部分と線分OQのなす角を θ とする．次の問いに答えよ．

（1） 線分OQの長さを θ を用いて表せ．

（2） θ が0から $\dfrac{\pi}{2}$ まで変化するときに，線分OPが通過する部分の面積を S，線分OQが通過する部分の面積を T とする．S と T の値をそれぞれ求めよ．（21　大阪市大・後期）

【面積の難問】

《松の廊下で槍を持って追いかける（D40）》

607．図1は，直角につながる幅 a の廊下Aと幅 b の廊下Bを上から見た様子を表している．今，廊下Aから廊下Bへ，床に水平に保ったまま，まっすぐな棒を運ぶことを考える．図2は，図1の廊下を xy 平面に表したものであり，点 $\mathrm{P}(a,\ b)$ を第1象限の定点とする．

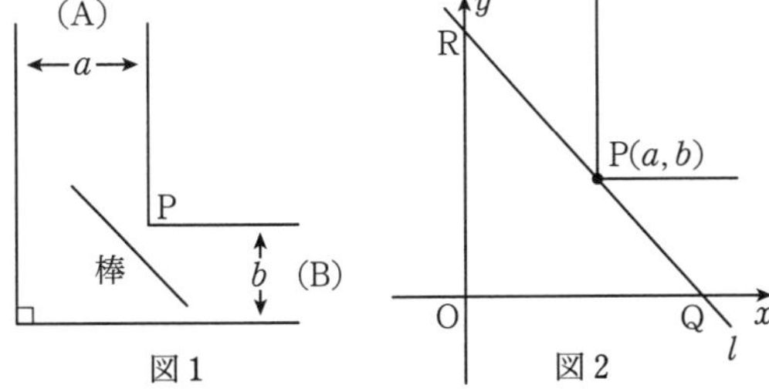

図1　図2

[I] 以下の問いに答えよ．

（1） 図2において，定点 $P(a, b)$ を通る傾き $-m$（ただし，$m>0$）の直線を l，直線 l と x 軸，y 軸との交点をそれぞれ Q，R とし，2 点間の距離 QR の平方 $f(m)$ が最小値となる直線を L_1 とする．このとき，$f(m)$ の最小値とそのときの m の値および直線 L_1 の式を求めよ．

（2） 廊下 A から廊下 B へ運ぶことのできる棒の長さの最大値を求めたい．棒の長さの最大値を求めるためには，どのように考えればよいか．あなたの考えを述べ，最大となる棒の長さを求めよ．ただし，棒と廊下との間の摩擦は考えないこととする．

[II] 定点 $P(a, b)$ が曲線 $C: x=\cos^3\theta,\ y=\sin^3\theta\ \left(0 \leqq \theta \leqq \dfrac{\pi}{2}\right)$ 上にあるとする．また，曲線 C が表す関数を $y=g(x)$ とする．このとき，以下の問いに答えよ．

（1） $0<\theta<\dfrac{\pi}{2}$ のとき，$\dfrac{dy}{dx}$ を θ を用いて表せ．また，点 P における曲線 C の接線 L_2 は，[I]（1）で求めた直線 L_1 と一致することを示せ．

（2） $0<\theta<\dfrac{\pi}{2}$ のとき，$\dfrac{d^2y}{dx^2}$ を θ を用いて表せ．また，曲線 C を表す関数 $g(x)$ は単調減少であり，そのグラフは下に凸であることを示せ．

（3） [I]（1）で求めた直線 L_1 と曲線 C，x 軸，y 軸で囲まれた図形の面積 S を θ を用いて表せ．

（21 長崎大・サンプル問題）

《ルーローの三角形を転がす（D40）》

608. 平面上で 1 辺の長さが 1 の正三角形 ABC の頂点 A，B，C を中心とする半径 1 の円で囲まれた部分をそれぞれ D_1, D_2, D_3 とする．D_1, D_2, D_3 の共通部分を K とする．すなわち K は，共通部分に含まれる弧 AB，弧 BC，弧 CA で囲まれた図形である．

xy 平面上に K を考え，点 A は原点に，点 C は y 軸上に，点 B は第 1 象限に属するように K をおく．この K が x 軸の上で正の方向にすべることなく転がり，1 回転するときにできる点 A の描く曲線を L とする．

（1） K の弧 AB と x 軸が共有点をもつとき，その共有点を P とし，$\angle ACP=\theta$ とおく．ただし $0<\theta<\dfrac{\pi}{3}$ とする．このとき点 A の座標を θ を用いて表せ．

（2） K が 1 回転したあとの点 A の座標を求めよ．

（3） 曲線 L と x 軸で囲まれた部分の面積を求めよ．（21 京都府立医大）

【体積】

《x 回転で円錐の利用（A5）》

609.（i） $\alpha=\cos\dfrac{2}{5}\pi+i\sin\dfrac{2}{5}\pi$ とするとき，α^5 および $\alpha^4+\alpha^3+\alpha^2+\alpha$ の値をそれぞれ求めよ．

（ii） 放物線 $y=x^2$ と直線 $y=x$ で囲まれた部分が，x 軸の周りに 1 回転してできる立体の体積を求めよ．

（21 広島市立大・後期）

《x 回転で円錐の利用（B10）》

610. 関数 $f(x)=\cos x$ を考える．曲線 $y=f(x)$ の $0 \leqq x \leqq \dfrac{\pi}{2}$ の部分を C，

点 $\left(\dfrac{\pi}{4},\ f\left(\dfrac{\pi}{4}\right)\right)$ における C の接線を l，

C と l と x 軸で囲まれた部分の図形を D とする．下の問いに答えなさい．

（1） l の方程式を求めなさい．

（2） D の面積 S を求めなさい．

（3） D を x 軸のまわりに 1 回転してできる立体の体積 V を求めなさい．（21 長岡技科大・工）

《$x\sin^2 x$ と x 軸回転（A50）☆》

611. a, b を $1 \leqq a<b \leqq 5$ をみたす整数とする．区間 $a\pi \leqq x \leqq b\pi$ において，曲線 $y=\sqrt{x}\sin x$ と x 軸で囲まれた部分が，x 軸の周りに 1 回転してできる回転体の体積を V とする．このとき，$V \geqq 6\pi^2$ となるような組 (a, b) をすべて求めよ．（21 信州大・後期）

《回転楕円体の体積（A10）》

612. xy 平面上で原点 O までの距離と点 A(8, 0) までの距離の和が 10 以下となる領域の面積は $\square\,\pi$ であり，

この領域を x 軸の周りに 1 回転させてできる立体の体積は $\boxed{}\pi$ である.　(21　藤田医科大・後期)

《計算を効率よく (B20)》

613. $0<\alpha<1$, $m>0$ とする. 曲線

$$y=x^{\alpha}-mx\ (x\geqq 0)$$

と x 軸で囲まれた図形を x 軸の回りに 1 回転させてできる回転体の体積を V とする. m を固定して $\alpha\to+0$ とするときの V の極限値を m の式で表すと, $\lim\limits_{\alpha\to+0}V=\boxed{}$ となる. また, α を固定して $m\to\infty$ とするとき m^3V が 0 でない数に収束するならば, $\alpha=\boxed{}$ である.　(21　慶應大・医)

《凹凸と x 軸回転 (B30) ☆》

614. 以下の問いに答えよ.

(1) 関数 $y=x-2\cos x\ (0\leqq x\leqq 2\pi)$ の増減, 極値, グラフの凹凸および変曲点を調べよ.

(2) $\displaystyle\int x\cos x\,dx$ および $\displaystyle\int\cos^2 x\,dx$ を求めよ.

(3) 曲線 $y=x-2\cos x\ (0\leqq x\leqq 2\pi)$ と x 軸, および 2 直線 $x=0$, $x=2\pi$ で囲まれた図形を, x 軸のまわりに 1 回転してできる回転体の体積を求めよ.　(21　三重大・後期)

《回転されるものと軸が交わる (B20)》

615. 関数 $f(x)=2\sin x-\sin 2x$ について, 次の問いに答えよ.

(1) 導関数 $f'(x)$ を求めよ.

(2) $0\leqq x\leqq 2\pi$ の範囲で, 関数 $f(x)$ の増減表をかき, 最大値と最小値を求めよ.

(3) $0\leqq x\leqq\pi$ の範囲で, 2 曲線

$y=2\sin x$, $y=\sin 2x$

で囲まれた図形を, x 軸の周りに 1 回転してできる立体の体積を求めよ.　(21　神奈川大・給費生)

《回転されるものと軸が交わる (B20)》

616. 座標平面上において,

曲線 $y=-\cos\dfrac{x}{2}\ (0\leqq x\leqq 2\pi)$

と曲線 $y=\sin\dfrac{x}{4}\ (0\leqq x\leqq 2\pi)$

と y 軸で囲まれた領域を D とする.

(1) 領域 D の面積は $\boxed{}$ である.

(2) 領域 D を x 軸のまわりに 1 回転してできる立体の体積は $\boxed{}$ である.

(3) 領域 D を y 軸のまわりに 1 回転してできる立体の体積は $\boxed{}$ である.　(21　久留米大・医)

《y 軸回転で x を y で表す (B10)》

617. 座標平面上に 3 点 O(0, 0), A(1, 1), B(−1, 1) がある. また, 実数 t に対して, 直線 OA 上に点 P(t, t) を, 直線 OB 上に点 Q$(t-1, 1-t)$ をとるとき, 次の問いに答えなさい.

(1) 直線 PQ の方程式を t を用いて表しなさい.

(2) t が $0\leqq t\leqq 1$ の範囲を動くとき, 線分 PQ が通過してできる図形 D を図示しなさい.

(3) (2) で求めた D を, y 軸のまわりに 1 回転してできる立体の体積を求めなさい.

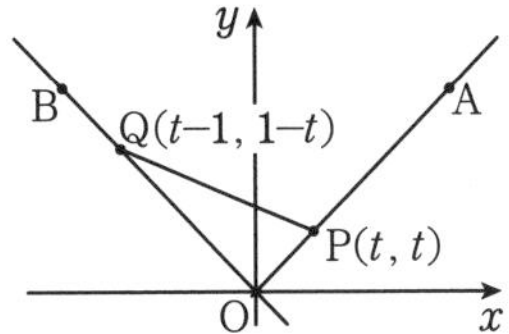

(21　山口大・理, 工, 教)

《x を y で表す (A10)》

618. xy 平面上の曲線

$$C: y=\sqrt{\frac{1-x}{x}}\quad(0<x\leqq 1)$$

と, 直線 $y=\sqrt{3}$, x 軸, y 軸で囲まれた領域を, y 軸の周りに 1 回転させてできる回転体の体積を求めよ.

（21　鳥取大・工-後期）

《y 軸回転を置換で処理 (B10) ☆》

619. 関数 $y=f(x)$ は逆関数 $y=g(x)$ をもつとする．定数 a, b に対して

$$f(a)=c,\ f(b)=d$$

とする．導関数 $f'(x)$ が連続であるとき，次の問いに答えよ．

（１） 置換積分法を用いて次の等式が成り立つことを示せ．

$$\int_c^d \{g(y)\}^2\,dy=\int_a^b x^2 f'(x)\,dx$$

（２） 部分積分法を用いて次の等式が成り立つことを示せ．

$$\int_a^b x^2 f'(x)\,dx$$
$$=b^2d-a^2c-2\int_a^b xf(x)\,dx$$

（３） $f(x)=\dfrac{1}{xe^x}$ とおくと，関数 $y=f(x)$ $(x>0)$ は逆関数をもつ．曲線 $y=\dfrac{1}{xe^x}$ $(x>0)$ と 2 直線 $y=\dfrac{1}{e}$, $y=\dfrac{1}{2e^2}$ および y 軸で囲まれた図形を y 軸のまわりに 1 回転してできる回転体の体積を V とする．（１）と（２）の等式を用いて V の値を求めよ．

（21　宮城教育大・前期）

《バウムクーヘン分割 (B30)》

620. $a>0$ とし，2 つの関数 $f(x)$，$g(x)$ を，それぞれ以下のように定義する．

$$f(x)=e^x\ (x\geqq 0)$$
$$g(x)=ax^2\ (x\geqq 0)$$

2 つの曲線 $C_1 : y=f(x)$ と $C_2 : y=g(x)$ は，ともに点 P を通り，かつ点 P において共通な直線 l に接しているものとする．点 P の x 座標が $p\,(p>0)$ であるとき，以下の問いに答えよ．ただし，e は自然対数の底である．

（１） a と p の値，および直線 l の式を求めよ．

（２） $x>0$ において定義される関数
$h(x)=\log f(x)-\log g(x)$ について，$h(x)$ の増減表を作成せよ．また，$x\geqq 0$ ならば $f(x)\geqq g(x)$ が成り立つことを示せ．

（３） 2 つの曲線 C_1 と C_2 および y 軸とで囲まれる図形 F の面積 S を求めよ．

（４）（３）の図形 F を y 軸の周りに 1 回転してできる回転体の体積 V を求めよ．

（21　長崎大）

《円の面積の活用 (B30)》

621. 関数 $f(x)=x+\sqrt{4-x^2}$,
$g(x)=\left|x-\sqrt{4-x^2}\right|$ について，次に答えよ．

（１） 方程式 $x=\sqrt{4-x^2}$ を解け．

（２） 関数 $f(x)$ の極値を求めよ．

（３） 関数 $g(x)$ の極値を求めよ．

（４） 曲線 $y=f(x)$ と曲線 $y=g(x)$ で囲まれた図形を D とおく．図形 D の面積 S を求めよ．

（５）（４）の図形 D を x 軸のまわりに 1 回転してできる立体の体積 V を求めよ．

（21　九州工業大・前期）

《カテナリーと体積 (B20)》

622. $a>0$ に対して $f(x)=\dfrac{a}{2}\left(e^{\frac{x}{a}}+e^{-\frac{x}{a}}\right)$ とする．曲線 $y=f(x)$ 上の点 $\mathrm{P}(a,\ f(a))$ における接線を l とし，直線 l，直線 $x=0$，曲線 $y=f(x)$ で囲まれる領域を D とする．

（１） 直線 l の y 切片を a を用いて表せ．

（２） 曲線 $y=f(x)$ と直線 l は，点 P 以外に共有点を持たないことを示せ．

（３） 領域 D の面積を a を用いて表せ．

（４） 領域 D を x 軸のまわりに 1 回転させてできる立体の体積を a を用いて表せ．

（21　札幌医大）

《y 軸回転 (B20)》

623. 曲線 $y=\log x$ を C_1，曲線

$y=-\log(x-1)+\log 2$

を C_2 とし，C_1 と C_2 および x 軸で囲まれた図形を D とする．

（1） 曲線 C_1 と曲線 C_2 の交点の座標を求めよ．

（2） D の面積を求めよ．

（3） D を y 軸のまわりに1回転してできる立体の体積を求めよ．（21 津田塾大・文芸-数学，情報科学）

《座標を導入せよ (B20) ☆》

624. 底面の半径が1で高さが1である直円柱を考える．直円柱の底面の直径を含みこの底面と $30°$ の傾きをなす平面により，直円柱を2つの立体に分けるとき，小さい方の立体の体積を求めよ．（21 金沢大・理系）

《2 曲線が接する (B20) ☆》

625. xy 平面上に2つの曲線 $C_1: y=ae^x$，$C_2: y=xe^{-x}$ がある．ただし，a は定数とする．このとき，下の問いに答えよ．

（1） C_2 の概形をかいて，C_1 と C_2 の共有点の個数を調べよ．

（2） C_1 が C_2 に接するとき，C_1 と C_2 および y 軸で囲まれた図形を x 軸のまわりに1回転してできる立体の体積を求めよ．ただし，2つの曲線が接するとは，共有点においてそれぞれの接線が一致することである．

（21 東京学芸大・前期）

《瞬間部分積分の練習をしよう (B20)》

626. 座標平面において，曲線 $y=e^x$ 上の点 $\mathrm{P}(t, e^t)$ における法線を l とし，l と y 軸との交点を Q とする．$t\neq 0$ のとき，線分 PQ の中点を R とし，$t=0$ のときは $\mathrm{R}(0, 1)$ とする．次の問いに答えよ．

（1） 直線 l の方程式を求めよ．

（2） t が実数全体を動くとき，点 R のえがく曲線 C の方程式を求めよ．

（3） （2）の曲線 C，y 軸，直線 $y=e^{-2}+e^2$ で囲まれた図形 F の面積を求めよ．

（4） （3）の図形 F を x 軸のまわりに回転して得られる回転体の体積を求めよ．（21 広島大・前期）

《通過領域と体積 (B30) ☆》

627. 座標平面上の点 (x, y) について，次の条件を考える．

条件：すべての実数 t に対して $y\leqq e^t-xt$ が成立する．……（＊）

以下の問いに答えよ．必要ならば $\displaystyle\lim_{x\to+0} x\log x=0$ を使ってよい．

（1） 条件（＊）をみたす点 (x, y) 全体の集合を座標平面上に図示せよ．

（2） 条件（＊）をみたす点 (x, y) のうち，$x\geqq 1$ かつ $y\geqq 0$ をみたすもの全体の集合を S とする．S を x 軸の周りに1回転させてできる立体の体積を求めよ．（21 九大・前期）

《パラメータ表示の曲線 (B30)》

628. 座標平面上の曲線 C を次で定める．

$$C:\begin{cases} x=2\sqrt{2}t^2 \\ y=(t-1)^2 \end{cases} \quad (-1\leqq t\leqq 1)$$

（1） 曲線 C 上の点 P と原点 O との距離の最小値 d を求めよ．

（2） 曲線 C と x 軸および y 軸で囲まれる図形の面積 S を求めよ．

（3） 曲線 C と直線 $x=2\sqrt{2}$ で囲まれる図形を直線 $y=1$ のまわりに1回転してできる立体の体積 V を求めよ．

（21 名古屋工大・前期）

《4 次関数のくぼみ (B20)》

629. xy 平面上の円 $C: x^2+(y-a)^2=a^2 (a>0)$ を考える．以下の問いに答えよ．

（1） 円 C が $y\geqq x^2$ で表される領域に含まれるための a の範囲を求めよ．

（2） 円 C が $y\geqq x^2-x^4$ で表される領域に含まれるための a の範囲を求めよ．

（3） a が（2）の範囲にあるとする．xy 平面において連立不等式

$|x|\leqq \dfrac{1}{\sqrt{2}}$，$0\leqq y\leqq \dfrac{1}{4}$，

$$y \geqq x^2 - x^4,\ x^2 + (y-a)^2 \geqq a^2$$

で表される領域 D を，y 軸の周りに 1 回転させてできる立体の体積を求めよ．（21　東工大・前期）

《パラメタ表示の曲線 (B20) ☆》

630. 次のように媒介変数表示された xy 平面上の曲線を D とするとき，以下の設問に答えよ．

$$x = 2\cos\theta,$$

$$y = \frac{3}{2}\sin\theta + \frac{\sqrt{3}}{2}|\cos\theta|\ (0 \leqq \theta < 2\pi)$$

（1） D の概形を図示せよ．その際，x 軸との交点，y 軸との交点の座標がそれぞれわかるようにせよ．ただし，変曲点を調べる必要はない．

（2） D で囲まれた図形の面積を求めよ．

（3） D で囲まれた図形を，y 軸のまわりに 1 回転してできる立体の体積を求めよ．（21　関西医大・前期）

《回転放物面の体積 (B30)》

631. xyz 空間の中で，方程式 $y = \frac{1}{2}(x^2 + z^2)$ で表される図形は，放物線を y 軸のまわりに回転して得られる曲面である．これを S とする．また，方程式 $y = x + \frac{1}{2}$ で表される図形は，xz 平面と 45 度の角度で交わる平面である．これを H とする．さらに，S と H が囲む部分を K とおくと，K は不等式

$$\frac{1}{2}(x^2 + z^2) \leqq y \leqq x + \frac{1}{2}$$

をみたす点 (x, y, z) の全体となる．このとき，次の問いに答えよ．

（1） K を平面 $z = t$ で切ったときの切り口が空集合ではないような実数 t の範囲を求めよ．

（2） （1）の切り口の面積 $S(t)$ を t を用いて表せ．

（3） K の体積を求めよ．（21　大阪市大・医（医），理，工）

《非回転体の体積》

632. xy 平面上に 2 点 $\mathrm{F}(1, 0)$, $\mathrm{F}'(-1, 0)$ がある．楕円 E は 2 点 F, F′ からの距離の和が $2a\ (1 < a < 3)$ である点の軌跡である．線分 FF′ 上の点 P を通り，直線 FF′ に垂直な直線と E が交わる 2 点を A，B とする．以下の問に答えよ．

（1） 楕円 E の短軸の長さを求めよ．

（2） 楕円 E の方程式を求めよ．

（3） $a = \sqrt{2}$ とする．線分 AB を底辺とし，高さが $h\ (h > 0)$ である二等辺三角形を xy 平面に対し垂直に作る．点 P が点 F から点 F′ まで動くとき，この三角形が通過してできる立体の体積 V を h を用いて表せ．

（4） 楕円 E 上の点を Q とする．$\angle\mathrm{FQF}' = 30^\circ$ を満たす Q の y 座標を a を用いて表せ．（21　岐阜大・医，工）

【座標と体積】

《曲面を切る (A5)》

633. 不等式

$$1 \leqq z \leqq 4,\ \frac{x^2}{z^2} + 4z^4y^2 \leqq 1$$

が表す座標空間内の領域の体積は □ である．（21　上智大・理工-TEAP）

《回転一様双曲面 (B10) ☆》

634. 座標空間に 2 点 $\mathrm{A}(0, -1, 1)$ と $\mathrm{B}(-1, 0, 0)$ をとる．線分 AB を z 軸のまわりに 1 回転してできる面と 2 つの平面 $z = 0$, $z = 1$ とで囲まれた部分の体積を求めよ．（21　早稲田大・教育）

《最大半径を求める (B20)》

635. $0 \leqq \theta < 2\pi$ に対して，原点を O とする座標空間内に 2 点 $\mathrm{P}(\cos\theta, 2\sin\theta, 0)$，$\mathrm{Q}(2\cos\theta, \sin\theta, 1)$ をとる．θ を $0 \leqq \theta < 2\pi$ で動かしたとき，線分 PQ が通過してできる図形を H とする．さらに，平面 $z = 0$，平面 $z = 1$，図形 H で囲まれてできる立体を V_1 とする．また，図形 H を z 軸のまわりに 1 回転させてできる立体を V_2 とする．以下の問いに答えよ．

（1） 図形 H と平面 $z = t\ (0 \leqq t \leqq 1)$ が交わってできる図形の方程式を求めよ．

（2） 立体 V_1 の体積を求めよ．

（3） 立体 V_2 の体積を求めよ． （21 早稲田大・人間科学-数学選抜）

【体積の難問】

《四面体の切断（D40）》

636．座標空間内に，4 点

A(2, 0, 2)，B(−1, 1, 0)，

C(−1, −1, 0)，D(0, 0, 2)

を頂点とする四面体 ABCD がある．実数 t(ただし，$0<t<1$) を用いて，線分 AB と線分 AC を $t:1-t$ に内分する点を，それぞれ P，Q とおく．

P，Q を通り，xy 平面に垂直な平面を α とし，四面体 ABCD を α で切ったときの断面（切り口）の面積を $f(t)$ とする．以下の設問に答えよ．

（1） $f(t)$ の最大値 S と，そのときの t を求めよ．

（2）（1）のとき，α が四面体 ABCD を切った 2 つの立体のうち，頂点 A を含む方の立体の体積 V を求めよ．

（21 関西医大・後期）

【区分求積】

《基本的な区分求積（A5)》

637．次の極限を求めよ．

$$\lim_{n\to\infty}\frac{1}{n}\left(\sqrt{1+\frac{1}{n}}+\sqrt{1+\frac{2}{n}}+\sqrt{1+\frac{3}{n}}+\cdots+\sqrt{1+\frac{n}{n}}\right)$$

（21 広島市立大）

《基本的な区分求積（A5)》

638．極限

$$\lim_{n\to\infty}\left(\frac{n}{n^2+1^2}+\frac{n}{n^2+2^2}+\frac{n}{n^2+3^2}+\cdots+\frac{n}{n^2+n^2}\right)$$

の値は $\square$ である． （21 関大・理系）

《やや応用的な区分求積（B10）☆》

639．a_n

$=\dfrac{1}{n^2}\sqrt[n]{(n^2+1^2)(n^2+2^2)(n^2+3^2)\cdots(n^2+n^2)}$

$(n=1, 2, 3, \cdots)$ のとき，$\lim\limits_{n\to\infty}a_n$ を求めよ． （21 東北大・医 AO）

《確率と区分求積（B20）》

640．n を自然数とする．赤い袋には 1 から n までの数字が書かれたカードが 1 枚ずつ合計 n 枚，青い袋には 1 から $3n$ までの数字が書かれたカードが 1 枚ずつ合計 $3n$ 枚入っている．まず，赤い袋からカードを 1 枚ずつ n 回引き，カードに書かれた数字を引いた順に $a_1, a_2, \cdots, a_n$ とする．次に，青い袋からカードを 1 枚ずつ n 回引き，カードに書かれた数字を引いた順に $b_1, b_2, \cdots, b_n$ とする．ただし，引いたカードを袋の中には戻さない．このとき，「すべての $k=1, 2, \cdots, n$ に対して $a_k<b_k$」となる確率を P_n とする．以下の問いに答えよ．

（1） P_2 を求めよ．

（2） P_n を n を用いて表せ．

（3） 極限値 $\lim\limits_{n\to\infty}\log(P_n)^{\frac{1}{n}}$ を求めよ．

（4） 極限値 $\lim\limits_{n\to\infty}(P_n)^{\frac{1}{n}}$ を求めよ． （21 広島大・後期）

《図形と区分求積（B20）》

641．円 $x^2+y^2=a^2\ (a>0)$ 上の点 $(a, 0)$，$(0, a)$ をそれぞれ A，B とし，原点を O とする．短い方の円弧 AB 上に $n-1$ 個の点を等間隔にとり円弧 AB を n 等分する．これらの点を A に近い方から順に

$P_1, P_2, P_3, \cdots, P_k, \cdots, P_{n-1}$ とし，$B = P_n$ とするとき，$\angle AOP_k = \dfrac{k\pi}{\square n}$ である．

（1） 扇形 OAP_k の面積を S_k とすると，

$\sum\limits_{k=2}^{n} S_{k-1}S_k = \square$ であるから，

$$\lim_{n\to\infty} \frac{1}{n}\sum_{k=2}^{n} S_{k-1}S_k = \square$$

である．

（2） 弦 AP_k の長さを x_k とすると，$x_k = \square$ であるから，

$$\lim_{n\to\infty} \frac{\pi}{n}\sum_{k=1}^{n} x_k = \square$$

である．（21 久留米大・医）

《図形と区分求積（B20）》

642. n は 2 以上の整数とする．$\triangle OAB$ において，$OA = 8$，$OB = 5$，$AB = 7$ とする．線分 OA を n 等分する点を O に近い方から P_1，P_2，$\cdots$，P_{n-1} とし，$P_n = A$ とする．線分 OB を n 等分する点を O に近い方から Q_1，Q_2，$\cdots$，Q_{n-1} とし，$Q_n = B$ とする．また，各 k $(k = 1, 2, \cdots, n-1)$ について線分 AQ_k と線分 BP_k の交点を R_k とおく．さらに，R_n を線分 AB の中点とする．

（1） $\overrightarrow{OR_k}$ を $\overrightarrow{OA}$，$\overrightarrow{OB}$ および n，k を用いて表せ．

（2） $|\overrightarrow{OR_k}|$ を n と k を用いて表せ．

（3） 極限 $\lim\limits_{n\to\infty} \dfrac{1}{n}\sum\limits_{k=1}^{n} |\overrightarrow{OR_k}|$ を求めよ．

（4） $\triangle P_kQ_kR_k$ の面積を s_k とする．極限 $\lim\limits_{n\to\infty} \dfrac{1}{n}\sum\limits_{k=1}^{n} s_k$ を求めよ．ただし，$s_n = 0$ とする．

（21 富山大・理，医，薬）

【区分求積の難問】

《誤差の話（(B30)》

643. 区間 $0 \leqq x \leqq 1$ 上の連続関数 $f(x)$ と自然数 n に対し

$$I_n = \sum_{k=1}^{n} \frac{1}{n} f\left(\frac{k}{n}\right)$$

とおく．また

$$D = \lim_{n\to\infty} n\left(I_n - \int_0^1 f(x)\,dx\right)$$

とおく．次の問いに答えよ．

（1） $f(x) = x^2$ のとき D の値を求めよ．

（2） $f(x) = x^3$ のとき D の値を求めよ．

（3） $f(x) = e^x$ のとき D の値を求めよ．

ただし，$e^{\frac{1}{n}} = 1 + \dfrac{1}{n} + a_n$ とおくとき，

$\lim\limits_{n\to\infty} n^2 a_n = \dfrac{1}{2}$ となることを用いてよい．（21 大阪市大・医（医），理，工）

《誤差の話（(B30)》

644. n を自然数とし，t を $t \geqq 1$ をみたす実数とする．

（1） $x \geqq t$ のとき，不等式

$$-\frac{(x-t)^2}{2} \leqq \log x - \log t - \frac{1}{t}(x-t) \leqq 0$$

が成り立つことを示せ．

（2） 不等式

$$-\frac{1}{6n^3} \leqq \int_t^{t+\frac{1}{n}} \log x\,dx - \frac{1}{n}\log t - \frac{1}{2tn^2} \leqq 0$$

が成り立つことを示せ．

（3） $a_n=\sum_{k=0}^{n-1}\log\left(1+\frac{k}{n}\right)$ とおく．

$\lim_{n\to\infty}(a_n-pn)=q$ をみたすような実数 $p,\ q$ の値を求めよ．（21 阪大・理系）

《不等式で挟む (C40)》

645．$f(x)$ を $x\geqq 0$ で連続な増加関数とする．正の整数 n に対して，

$$g_n(x)=\sum_{k=0}^{n-1}(2^{\frac{k+1}{n}}-2^{\frac{k}{n}})xf(2^{\frac{k}{n}}x)$$

と定める．

（1） $x\geqq 0$ のとき，以下の不等式を示せ．

$$2^{-\frac{1}{n}}g_n(2^{\frac{1}{n}}x)-g_n(x)\leqq 2(1-2^{-\frac{1}{n}})x\{f(2x)-f(x)\}$$

（2） a を 0 以上の実数とする．$\lim_{n\to\infty}g_n(a)=\int_a^{2a}f(t)\,dt$ を示せ．（21 千葉大・後期）

【応用的積分】

《絶対値の積分のシグマ (B10)》

646．次の問いに答えよ．

（1） 不定積分 $\int(x^2+2)\sin x\,dx$ を求めよ．

（2） 正の整数 n に対して，定積分

$$\int_0^{n\pi}\left|(x^2+2)\sin x\right|dx$$

を求めよ．（21 兵庫県立大・工）

《定積分の最小 (C30)》

647．実数 a と b に対して，関数 $f(x)$ を

$$f(x)=ax^2+bx+\cos x+2\cos\frac{x}{2}$$

と定める．次の問いに答えよ．

（1） $\int_0^{2\pi}x\cos x\,dx,\ \int_0^{2\pi}x\sin x\,dx$ の値を求めよ．

（2） $\int_0^{2\pi}x^2\cos x\,dx,\ \int_0^{2\pi}x^2\sin x\,dx$ の値を求めよ．

（3） $f(x)$ が

$$\int_0^{2\pi}f(x)\cos x\,dx=4+\pi,$$

$$\int_0^{2\pi}f(x)\sin x\,dx=\frac{4}{3}(4+\pi)$$

を満たすとき，a と b の値を求めよ．

（4）（3）で求めた a と b で定まる $f(x)$ に対して，$f(x)$ の最小値とそのときの x の値を求めよ．

（21 新潟大・理系）

《2 乗多項展開 (C30)》

648．2 つの自然数 $j,\ k$ に対し，

$$S(j,\ k)=\int_{-\pi}^{\pi}(\sin jx)(\sin kx)\,dx,$$

$$T(k)=\int_{-\pi}^{\pi}x\sin kx\,dx$$

とおく．以下の問いに答えよ．

（1） $j\neq k$ のとき $S(j,\ k)=0$ を示せ．また，$S(k,\ k)=\pi$ を示せ．

（2） $T(k)=\frac{2\pi(-1)^{k+1}}{k}$ を示せ．

（3） 実数 a に対し，

$$L=\int_{-\pi}^{\pi}(x-a\sin x)^2\,dx$$

とおく．L が最小となる a の値およびそのときの L の値を求めよ．

（4） n を自然数とする．実数 $a_1, a_2, \cdots, a_n$ に対し，

$$M=\int_{-\pi}^{\pi}\left(x-\sum_{k=1}^{n}a_k\sin kx\right)^2dx$$

とおく．M が最小となる $a_1, a_2, \cdots, a_n$ の値を求めよ． （21　中央大・理工）

《不等式で挟む (B30)》

649．以下の問いに答えよ．

（1） 定積分 $\int_0^1 x^4(1-x)^4\,dx$ を求めよ．

（2） 定積分 $\int_0^1 \dfrac{x^4(1-x)^4}{1+x^2}\,dx$ を求めよ．

（3） 不等式 $\dfrac{1}{1260}<\dfrac{22}{7}-\pi<\dfrac{1}{630}$ を示せ． （21　信州大・前期）

《定積分と数列の和 (B20)》

650．数列 $\{a_n\}$ を

$$a_n=\int_0^{\frac{\pi}{2}}\sin((2n+1)x)\sin^2x\,dx$$

$(n=1, 2, 3, \cdots)$ で定義する．次の問いに答えよ．

（1） 数列 $\{a_n\}$ の一般項を求めよ．

（2） $\sum\limits_{n=1}^{\infty}a_n$ の値を求めよ． （21　和歌山大・前期）

《級数への応用 (C30)》

651．p は $0<p\leqq 1$ を満たす実数とする．0 以上の整数 n に対して

$$J_n=\int_0^p\frac{1-(-1)^nx^{2n}}{1+x^2}\,dx$$

とする．以下の問いに答えよ．

（1） 正の実数 m に対して，定積分 $\int_0^p \dfrac{x^m}{1+x^2}\,dx$ と $\dfrac{1}{m+1}$ の大小関係を調べよ．

（2） 数列 $\{a_n\}$ を

$$a_n=(-1)^{n-1}\frac{p^{2n-1}}{2n-1}\ (n=1, 2, 3, \cdots)$$

で定める．数列 $\{a_n\}$ の初項から第 n 項までの和

$$S_n=\sum_{k=1}^{n}a_k\ (n=1, 2, 3, \cdots)$$

を J_n を用いて表せ．

（3） 無限級数 $\sum\limits_{n=1}^{\infty}\dfrac{(-1)^{n-1}}{(2n-1)3^{n-1}}$ の和を求めよ． （21　鳥取大・医）

《周期性の利用》

652．次の問いに答えよ．

（1） n を正の整数とするとき，定積分

$\int_0^{2\pi}|\sin nx-\sin 2nx|\,dx$ を求めよ．

（2） c を正の数とするとき，

$\lim\limits_{n\to\infty}\int_0^c|\sin nx-\sin 2nx|\,dx$ を求めよ． （21　熊本大・前期）

【微積分融合】

《積分の前に微分する (B20) ☆》

653．$-\dfrac{\pi}{2}<x<\dfrac{\pi}{2}$ のとき，

$\int_{\frac{\pi}{3}}^{x}2\sin t\,dt\leqq\int_{\frac{\pi}{3}}^{x}\tan t\,dt$ を示せ． （21　愛媛大・後期）

《積分の前に微分する (B20) ☆》

654．関数

$$f(x)=\int_{-1}^{x}\frac{dt}{t^2-t+1}+\int_x^1\frac{dt}{t^2+t+1}$$

の最小値を求めよ．（21　神戸大・後期）

《積分と極限 (A10) ☆》

655. $k>0$ として，次の定積分を考える．

$$F(k)=\int_0^1 \frac{e^{kx}-1}{e^{kx}+1}\,dx$$

このとき，$F(2)=\log\left(\boxed{}\right)$ となる．また，$\lim\limits_{k\to\infty} F(k)=\boxed{}$ である．（21　明治大・数 III）

《不等式の証明 (A10)》

656. $a>0$ を定数とし，$I=\int_0^a e^{-x}\sqrt{a-x}\,dx$ とおく．

（1） $0 \leqq x \leqq a$ において，

$\dfrac{a-x}{\sqrt{a}} \leqq \sqrt{a-x} \leqq \sqrt{a}$ を示せ．

（2） $\sqrt{a}-\dfrac{1-e^{-a}}{\sqrt{a}} \leqq I \leqq \sqrt{a}-\sqrt{a}e^{-a}$ を示せ．（21　大阪医薬大）

《不等式の証明 (B10)》

657. 次の問いに答えよ．

（1） $0 \leqq x \leqq 1$ のとき，不等式

$$1-x \leqq e^{-x} \leqq \frac{1}{1+x}$$

が成り立つことを示せ．

（2） 不等式

$$\pi-2 \leqq \int_{-\frac{\pi}{4}}^{\frac{\pi}{4}} e^{-\tan^2 x}\,dx \leqq \frac{\pi}{4}+\frac{1}{2}$$

が成り立つことを示せ．（21　静岡大・後期）

《積分して微分する (B20)》

658. 関数 $f(x)=2-\dfrac{2x-3}{x^2-3x+3}$ について，次の問いに答えよ．

（1） すべての実数 x に対して，$f(x)>0$ であることを示せ．

（2） xy 平面において，曲線 $y=f(x)$ と x 軸および 2 直線 $x=k,\ x=k+1$ とで囲まれた部分の面積を $S(k)$ とする．ただし，k は実数である．このとき，$S(k)$ を k を用いて表せ．

（3） k が実数全体を動くとき，（2）で定めた $S(k)$ の最大値を求めよ．（21　山梨大・工）

《積分して微分する (B20) ☆》

659. $x>0$ とするとき，関数

$$f(x)=\int_0^1 |x-t|e^t\,dt$$

の値を最小にする x の値を求めよ．ただし，e は自然対数の底とする．（21　弘前大・医，理工，教）

《積分して微分する (B20) ☆》

660. t を $0<t<\dfrac{\pi}{2}$ をみたす実数とする．座標平面において，曲線 C と直線 l を

$C: y=x\sin x\ (0 \leqq x \leqq \pi)$

$l: y=(\sin t)x$

で定める．以下の問いに答えなさい．

（1） $0 \leqq x \leqq \pi$ および $x\sin x \geqq (\sin t)x$ をみたす x の範囲を t を用いて表しなさい．

（2） 曲線 C と直線 l で囲まれた部分の面積を S とする．S を t を用いて表しなさい．

（3） t が $0<t<\dfrac{\pi}{2}$ の範囲を動くとき，（2）の面積 S の値が最小となる t を求めなさい．（21　都立大・後期）

《絶対値で積分して微分する (B10) ☆》

661. e を自然対数の底とする．a を $1<a<e$ をみたす実数とし，

$$F(a)=\int_0^1 |e^x-a|\,dx$$

とおく．以下の問いに答えよ．

(1) $F(a)$ を a を用いて表せ．

(2) $F(a)$ が最小となる a の値を求めよ． (21 奈良女子大)

《領域と面積 (B20)》

662．関数 $f(x)=x\sin x\ (0\leqq x\leqq \pi)$ について，次の問いに答えよ．

(1) $0\leqq x\leqq \pi$ の範囲で関数 $f(x)$ は極大値をただ一つ持つことを示せ．

(2) (1) で示されたただ一つの極大値を与える x の値を c とする．t を $0<t<c$ である数として，不等式

$$(y-f(x))(y-f(t))\leqq 0\ (0\leqq x\leqq c)$$

の表す第一象限内の領域の面積を $S(t)$ とする．このとき，$S(t)$ の最小値を与える t の値を c で表せ．

(21 愛知医大・医)

《減衰振動の増減 (B20)》

663．次の問に答えよ．

(1) 不定積分 $\int e^{-x}\cos x\,dx$ を求めよ．

(2) 関数 $G(x)=\int_0^x e^{-t}\cos t\,dt\ (0\leqq x\leqq 2\pi)$ の最大値と最小値を求めよ．また，そのときの x の値を求めよ．

(21 山形大・医)

《関数方程式 (B20)》

664．実数全体を定義域とする関数 $f(x)$ は，すべての実数 a, b に対し，

$$f(a+b)=f(a)+f(b)+4ab$$

をみたすとする．さらに，関数 $f(x)$ は $x=0$ で微分可能で，$f'(0)=2$ であるとする．このとき，以下の問いに答えよ．

(1) $f(0)$ の値を求めよ．

(2) 関数 $f(x)$ は区間 $(-\infty, \infty)$ で微分可能であることを示せ．また，関数 $f(x)$ を求めよ．

(3) 関数 $g(x)=\int_1^x \frac{1}{f(t)}\,dt\ (x>1)$ の極限 $\lim_{x\to\infty} g(x)$ を求めよ． (21 信州大・前期)

《定積分は定数 (A10) ☆》

665．関数 $f(x)$ がすべての実数 x について，

$f(x)=x+\int_0^1 2^{2t+x}f(t)\,dt$ を満たしているとき，$f(0)$ の値を求めよ． (21 福島県立医大)

《積分方程式 (B20)》

666．関数 $f(x)$ は微分可能であり，すべての実数 x について $f(x)=e^{2x+1}+4\int_0^x f(t)\,dt$ を満たすとする．関数 $g(x)$ を $g(x)=e^{-4x}f(x)$ により定めるとき，$g'(x)=$ □ であり，$f(x)=$ □ である．また，曲線 $y=f(x)$ と x 軸および y 軸で囲まれた図形を x 軸のまわりに 1 回転してできる回転体の体積は □ である．

(21 北里大・医)

《sin と積分方程式 (B20) ☆》

667．2 回微分可能な関数 $f(x)$ が，すべての実数 x について次の等式を満たしている．

$$f(x)=2+\int_0^x \sin(x-t)f(t)\,dt$$

このとき，$f''(x)$ が定数であることを示せ．

また，$f(0)$ および $f'(0)$ の値から，$f'(x)$ と $f(x)$ をそれぞれ求めよ． (21 長崎大)

《最大値の候補 (B20) ☆》

668．$f(x)=\frac{2x}{x^2+2}$ とする．次の問いに答えよ．

(1) 関数 $f(x)$ の極値を求めよ．

(2) 曲線 $y=f(x)$ と直線 $x=-1$，$x=2$ および x 軸によって囲まれる部分の面積を求めよ．

(3) a を実数とするとき，関数 $f(x)$ の区間 $a\leqq x\leqq a+1$ における最大値を求めよ． (21 福岡教育大・前期)

【微積分融合の難問】

《積分の中に変数がある (D30)》

669. $f(x)$ は微分可能かつ導関数が連続な関数とする．$f(0)=0$ であるとき

$$\frac{d}{dx}\left(\int_0^x e^{-t}f(x-t)\,dt\right)=\int_0^x e^{-t}f'(x-t)\,dt$$

を示せ．（21 一橋大・後期）

《体積の最大 (C30)》

670. 座標平面内において，$y=x+\dfrac{1}{x}\ (x>0)$ のグラフを曲線 C とする．このとき，以下の問いに答えなさい．

（1） 曲線 C の概形をかきなさい．ただし，曲線 C の変曲点と凹凸は調べなくてよい．

（2） $a>1$ とする．曲線 C と直線 $y=ax$ の交点の座標を求めなさい．

（3） $1<a<b$ とする．曲線 C と直線 $y=ax$ および直線 $y=bx$ で囲まれた図形を x 軸のまわりに1回転してできる立体の体積 V を求めなさい．

（4） a，b が $b=8a$ を満たすとする．a が $a>1$ の範囲を動くとき，（3）で求めた V の最小値を求めなさい．

（21 山口大・理）

《不等式と積分と区分求積 (B30)》

671. （1） a は $0<a\leqq\dfrac{1}{2}$ を満たす定数とする．$x\geqq 0$ の範囲で不等式

$$a\left(x-\frac{x^2}{4}\right)\leqq\log(1+ax)$$

が成り立つことを示しなさい．

（2） b を実数の定数とする．$x\geqq 0$ の範囲で不等式

$$\log\left(1+\frac{1}{2}x\right)\leqq bx$$

が成り立つような b の最小値は □ である．

（3） n と k を自然数とし，

$$I(n,\,k)=\lim_{t\to+0}\int_0^{\frac{k}{n}}\frac{\log\left(1+\frac{1}{2}tx\right)}{t(1+x)}\,dx$$

とおく．$I(n,\,k)$ を求めると，$I(n,\,k)=$ □ である．また

$$\lim_{n\to\infty}\frac{1}{n}\sum_{k=1}^{n}I(n,\,k)=\square$$

である．（21 慶應大・理工）

《e の肩が大きい式 (D30)》

672. $x>1$ で定義された x の3つの関数

$$I(x)=e^{-2x}\int_{1-x}^{x-1}e^{-t^2}\,dt,$$

$$J(x)=e^{-2x}\int_1^x\left(1+\frac{x}{t^2}\right)e^{-\left(t-\frac{x}{t}\right)^2}\,dt,$$

$$K(x)=2\int_1^x e^{-t^2-\frac{x^2}{t^2}}\,dt$$

を考える．$x>1$ に対して，以下が成り立つことを示せ．ただし，$e=2.7182818\cdots$ であることは用いてよい．

（1） $I(x)=J(x)$

（2） $J(x)=K(x)$

（3） $K(x)<3e^{-2x}$ （21 お茶の水女子大・前期）

《数学オリンピック的問題 (D40)》

673. 数列 $\{a_n\}$ を

$$a_1=1,\ a_{n+1}=a_n+\frac{1}{{a_n}^2}\ (n=1,\,2,\,3,\,\cdots)$$

で定める．以下の問いに答えよ．

（1） n が2以上の自然数のとき，$\displaystyle\sum_{k=2}^{n}\frac{1}{k}<\log n$ が成り立つことを示せ．

（２） n が２以上の自然数のとき，$\sum_{k=2}^{n} \frac{1}{k^2} < 1$ が成り立つことを示せ．

（３） n が２以上の自然数のとき，${a_n}^3 > 3n$ が成り立つことを示せ．

（４） a_{243} の値の整数部分が９であることを示せ．　　　　（21　京都府立大・生命環境）

【弧長・速度・加速度】

《$y=f(x)$ 方の弧長》

674. 関数

$$f(x)=\frac{\sqrt{3}}{4}x^2-\frac{\sqrt{3}}{6}\log x-\frac{\sqrt{3}}{4}\log 3$$

$(x>0)$ を考える．ただし，log は自然対数とする．

（１） $f(x)$ は $0<x\leqq$ **ア** で単調減少，

ア $\leqq x$ で単調増加となり，$x=$ **ア** で最小値 □ をとる．

（２） 定積分 $\int_1^3 f(x)\,dx$ の値は，

$\int_1^3 f(x)\,dx=$ □ となる．

（３） 座標平面上の曲線

$y=f(x)\,(1\leqq x\leqq 7)$

の長さ L は， □ となる． （21 東京理科大・先進工）

《$y=f(x)$ 型の弧長 (B20) ☆》

675. 曲線 $y=\log(1+\cos x)$ の $0\leqq x\leqq\frac{\pi}{2}$ の部分の長さを求めよ． （21 京大・前期）

《tan の半角表示 (B20) ☆》

676. $f(x)=\log\cos x\left(-\frac{\pi}{2}<x<\frac{\pi}{2}\right)$ とし，

$t=\tan\frac{x}{2}$ とおく．次の問に答えよ．

（１） $\frac{1-t^2}{1+t^2}=\cos x$ を示せ．

（２） $\sqrt{1+\{f'(x)\}^2}$ を t を用いて表せ．

（３） 次の定積分を求めよ．

$$\int_{-\frac{\pi}{3}}^{\frac{\pi}{3}}\sqrt{1+\{f'(x)\}^2}\,dx$$

（21 大教大・後期）

《外サイクロイド (B30) ☆》

677. 座標平面において，中心が原点 O で半径が $\frac{1}{2}$ の円を C_1，中心が原点 O で半径が 1 の円を C_2 とする．円 C は半径が $\frac{1}{4}$ で，円 C_1 に外接しながらすべることなく回転する．

はじめ，円 C の中心 Q は $\left(\frac{3}{4},0\right)$ にあり，この円周上の定点 P は $(1,0)$ に位置している．円 C が円 C_1 に外接しながら回転するとき，x 軸の正の向きと動径 OQ のなす角を θ とする．θ が $0\leqq\theta\leqq\frac{\pi}{2}$ の範囲を動くとき，円周上の定点 P が描く曲線を K とする．また $0<\theta<\frac{\pi}{2}$ を満たす θ に対して，円 C と円 C_2 の共有点を R とし，直線 PR と円 C_2 の交点のうち，R 以外の点を S とする．以下の問いに答えよ．

（１） x 軸の正の向きと動径 OQ のなす角が θ であるとき，点 P の座標を θ で表せ．

（２） $\angle\mathrm{ROS}=2\theta$ であることを示せ．

（３） 直線 RS は曲線 K に接することを示せ．

（４） 曲線 K の長さを求めよ．

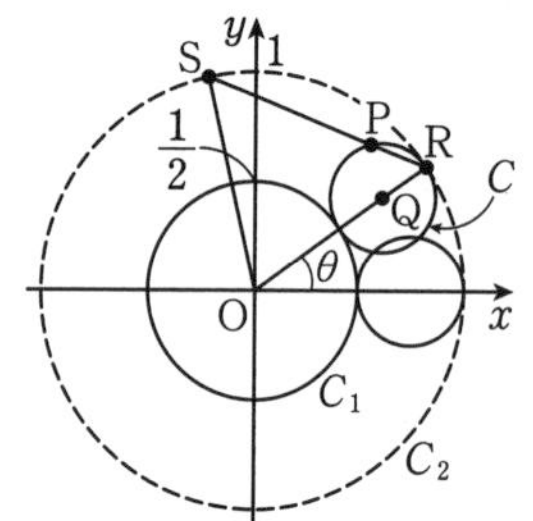

(21　明治大・総合数理)

《速度・加速度・弧長 (B20)》

678. 座標平面上を運動する点Pの時刻tにおける座標(x, y)が

$$x = 2t + \sin(2t) - \cos^2 t,$$

$$y = t - \frac{1}{2}\sin(2t) + 2\sin^2 t$$

で表されるとき，以下の問いに答えよ．

(1) 時刻$t = \frac{\pi}{4}$における点Pの速度と加速度を求めよ．

(2) $t = 0$から$t = \pi$までに点Pが動いた道のりを求めよ．　(21　信州大)

《不思議な弧長 (B20)》

679. 座標平面上を運動する点$P(x, y)$の時刻tにおける座標が

$$x = \frac{4 + 5\cos t}{5 + 4\cos t},\ y = \frac{3\sin t}{5 + 4\cos t}$$

であるとき，以下の問に答えよ．

(1) 点Pと原点Oとの距離を求めよ．

(2) 点Pの時刻tにおける速度

$\vec{v} = \left(\frac{dx}{dt}, \frac{dy}{dt}\right)$と速さ$|\vec{v}|$を求めよ．

(3) 定積分$\int_0^{\pi} \frac{dt}{5 + 4\cos t}$を求めよ．　(21　神戸大・前期)

【弧長の難問】

《カテナリー (C30)》

680. 曲線$y = \frac{e^x + e^{-x}}{2}$ $(x > 0)$をCで表す．点$Q(X, Y)$を中心とする半径rの円が曲線Cと，点$P\left(t, \frac{e^t + e^{-t}}{2}\right)$（ただし$t > 0$）において共通の接線をもち，さらに$X < t$であるとする．このとき$X$および$Y$を$t$の式で表すと

$X =$ (あ) , $Y =$ (い)

となる．tの関数$X(t), Y(t)$を

$X(t) =$ (あ) , $Y(t) =$ (い)

により定義する．すべての$t > 0$に対して

$X(t) > 0$となるための条件は，rが不等式 (う) を満たすことである． (う) が成り立たないとき，関数$Y(t)$は$t =$ (え) において最小値 (お) をとる．また (う) が成り立つとき，YをXの関数と考えて，$\left(\frac{dY}{dX}\right)^2 + 1$を$Y$の式で表すと$\left(\frac{dY}{dX}\right)^2 + 1 =$ (か) となる．　(21　慶應大・医)

【2 次曲線】

《放物線 (A10)》

681. 焦点が $(0, 0)$，準線が $y=-2$ の放物線と直線 $y=2$ の交点を P とする．

(1) P の座標を求めよ．

(2) (1) とは別の解法で P の座標を求めよ． (21 浜松医大)

《放物線 (B15)》

682. p を正の実数とする．放物線 $y^2=4px$ 上の点 Q における接線 l が準線 $x=-p$ と交わる点を A とし，Q から準線 $x=-p$ に下ろした垂線と準線 $x=-p$ との交点を H とする．ただし，Q の y 座標は正とする．次の問いに答えよ．

(1) Q の x 座標を α とするとき，三角形 AQH の面積を，α と p を用いて表せ．

(2) Q における法線が準線 $x=-p$ と交わる点を B とするとき，三角形 AQH の面積は線分 AB の長さの $\dfrac{p}{2}$ 倍に等しいことを示せ． (21 弘前大・医，理工，教)

《楕円と直角三角形 (B15) ☆》

683. 楕円 $\dfrac{x^2}{a^2}+\dfrac{y^2}{b^2}=1$ $(a>0, b>0)$ 上に 2 点 P，Q がある．原点 O と直線 PQ の距離を h として，線分 OP，OQ の長さをそれぞれ p, q とする．$\angle\mathrm{POQ}=\dfrac{\pi}{2}$ のとき，次の各問に答えよ．

(1) h を p, q を用いて表せ．

(2) h を a, b を用いて表せ．

(3) a, b が正の実数全体を動くとき，$\dfrac{h}{\sqrt{ab}}$ の最大値を求めよ． (21 高知工科大)

《楕円のパラメタ表示と円の変換 (B25) ☆》

684. 座標平面上の 2 点 $(\sqrt{2}, 0)$，$(-\sqrt{2}, 0)$ を焦点とし，この 2 点からの距離の和が $2\sqrt{3}$ である楕円を C とする．

(1) 楕円 C の方程式を $\dfrac{x^2}{a^2}+\dfrac{y^2}{b^2}=1$ とするとき，$a^2=\square$，$b^2=\square$ である．

(2) 点 P が楕円 C 上を動くとき，点 P と直線 $2x-y-9=0$ の距離の最大値は $\square$ であり，このときの点 P の座標は $\square$ である．

(3) 楕円 C を原点のまわりに 90° 回転した楕円の方程式を $\dfrac{x^2}{c^2}+\dfrac{y^2}{d^2}=1$ とするとき，$\dfrac{x^2}{a^2}+\dfrac{y^2}{b^2}\leqq 1$ かつ $\dfrac{x^2}{c^2}+\dfrac{y^2}{d^2}\leqq 1$ を満たす領域の面積は $\square\pi$ である． (21 久留米大・後期)

《楕円の極方程式 (B30) ☆》

685. 座標平面上に 2 点 $\mathrm{A}\left(\dfrac{\sqrt{3}}{2}, 0\right)$，$\mathrm{B}\left(-\dfrac{\sqrt{3}}{2}, 0\right)$ をとり，点 B を中心とする半径 2 の円を C とする．点 A と円 C 上の動点 Q を結ぶ線分 AQ の垂直二等分線が線分 BQ と交わる点を P とし，点 Q が円 C 上を 1 周するときの点 P のえがく曲線を E とする．このとき，次の問いに答えよ．

(1) 曲線 E が 2 点 A，B を焦点とする楕円になることを示し，その方程式を求めよ．

(2) 曲線 E 上の点 P に対して，$\mathrm{BP}=r$，$\angle\mathrm{PBA}=\alpha$ とするとき，r を α を用いて表せ．

(3) 点 B を通る直線と曲線 E との交点を $\mathrm{D_1}, \mathrm{D_2}$ とする．ただし，3 点 A，$\mathrm{D_1}$，$\mathrm{D_2}$ は同一直線上にはないとする．このとき，$\angle\mathrm{D_1BA}=\theta$ とおいて $\triangle\mathrm{AD_1D_2}$ の面積を θ を用いて表せ．

(4) (3) における $\triangle\mathrm{AD_1D_2}$ の面積の最大値を求めよ． (21 静岡大・後期)

《楕円の接線と角の二等分 (B30)》

686. $a>b>0$ として，座標平面上の楕円

$$\frac{x^2}{a^2}+\frac{y^2}{b^2}=1$$

を C とおく．C 上の点 $\mathrm{P}(p_1, p_2)$ $(p_2\neq 0)$ における C の接線を l，法線を n とする．

(1) 接線 l および法線 n の方程式を求めよ．

(2) 2 点 $\mathrm{A}(\sqrt{a^2-b^2}, 0)$，$\mathrm{B}(-\sqrt{a^2-b^2}, 0)$ に対して，法線 n は $\angle\mathrm{APB}$ の二等分線であることを示せ．

(21 お茶の水女子大・前期)

《楕円の直交 2 接線 (B20) ☆》

687. 座標平面上の図形について，中心が原点，x 軸方向の長軸の長さが $4\sqrt{2}$，y 軸方向の短軸の長さが 4 の楕円を C とする．以下の問いに答えよ．(1) では証明や説明は必要としない．(2)，(3)，(4) では答えを導く過程も示すこと．

(1) 楕円 C の方程式を求めよ．

(2) 楕円 C を y 軸方向に $\sqrt{2}$ 倍に拡大するとどのような曲線になるか．この曲線を表す方程式を求めよ．

(3) 点 $(0, 2\sqrt{2})$ を通り，楕円 C に第一象限で接する直線の方程式を求めよ．

(4) 楕円 C の外部に点 $\mathrm{P}(p, q)$ をとる．点 P から C に引いた 2 本の接線について相異なる接点を A，B とする．2 本の接線が点 P で直交するように点 A，B が C 上を動くとき，点 P の軌跡を求めよ．(21 北九州市立大・前期)

《接線の一般形を作る (B20)》

688. 式 $x^2 + \frac{1}{2}y^2 = 1$ で表される楕円と，x 軸上の点 $\mathrm{D}(d, 0)$ を考える．ここで，$|d| > 1$ とする．点 D を通り楕円に接する 2 直線のうち，傾きが正のほうを l とする．原点を通り，直線 l と同じ傾きを持つ直線を t とする．楕円と直線 l の接点を P，楕円と直線 t の交点を Q，R とする．

(1) 直線 l の式を求めなさい．

(2) 線分 QR の長さを求めなさい．

(3) 三角形 PQR の面積を求めなさい．(21 産業医大)

《双曲線と焦点 (B20)》

689. 原点を O とする座標平面上で，2 点 $(\sqrt{5}, 0)$，$(-\sqrt{5}, 0)$ を焦点とし，2 点 $\mathrm{A}(1, 0)$，$\mathrm{A}'(-1, 0)$ を頂点とする双曲線を H とする．H の方程式を $\frac{x^2}{a^2} - \frac{y^2}{b^2} = 1$ と表すとき，$a^2 =$ □，$b^2 =$ □ である．双曲線 H の漸近線のうち，傾きが正であるものの方程式は，$y =$ □ x である．
点 $\mathrm{P}(p, q)$ は双曲線 H の第 1 象限の部分を動く点とする．点 P から x 軸に下ろした垂線の足を Q，直線 PQ と双曲線 H の漸近線との交点のうち，第 1 象限にあるものを R とする．点 P における H の接線と直線 $x = 1$ との交点を M とし，直線 OM と直線 AP との交点を N とする．三角形 OQR の面積を S，三角形 OAN の面積を T とするとき，$\frac{T}{S}$ は，$p =$ □ のとき，最大値 □ をとる．(21 早稲田大・人間科学)

《極方程式》

690. xy 平面上で，極方程式

$$r = \frac{1}{1 + \cos\theta}$$

により与えられる曲線 C を考える．次の問いに答えよ．

(1) 曲線 C の概形を図示せよ．

(2) $0 < \theta < \frac{\pi}{2}$ とし，曲線 C 上の，極座標が (r, θ) である点 P を考える．
点 P における曲線 C の接線の傾きは $-\frac{1 + \cos\theta}{\sin\theta}$ であることを示せ．

(3) (2) の点 P から y 軸におろした垂線と y 軸との交点を H，原点を O とする．
$\angle$OPH の二等分線と，点 P における曲線 C の接線は直交することを示せ．(21 琉球大・前期)

《双曲線と垂足曲線》

691. $a > 0$，$b > 0$ とする．xy 座標平面上に点 $\mathrm{A}(a, 0)$，点 $\mathrm{B}(0, b)$ をとり，直線 AB に関して原点 O と対称の位置にある点を $\mathrm{P}(u, v)$ とする．

(1) a，b を u，v で表せ．

(2) $ab = 1$ を満たしながら A，B が動くとき，点 P が描く曲線の極方程式を

$$r^2 = f(\theta) \left(r > 0,\ 0 < \theta < \frac{\pi}{2} \right)$$

と表す．$f(\theta)$ を求めよ．(21 大阪医科薬科大・後期)

【曲線の難問】

《楕円と正方形 (C40)》

692. xy 平面上の楕円

$$E : \frac{x^2}{4} + y^2 = 1$$

について，以下の問いに答えよ．

（1） a, b を実数とする．直線 $l : y = ax + b$ と楕円 E が異なる 2 点を共有するための a, b の条件を求めよ．

（2） 実数 a, b, c に対して，直線 $l : y = ax + b$ と直線 $m : y = ax + c$ が，それぞれ楕円 E と異なる 2 点を共有しているとする．ただし，$b > c$ とする．直線 l と楕円 E の 2 つの共有点のうち x 座標の小さい方を P，大きい方を Q とする．また，直線 m と楕円 E の 2 つの共有点のうち x 座標の小さい方を S，大きい方を R とする．このとき，等式

$$\overrightarrow{\mathrm{PQ}} = \overrightarrow{\mathrm{SR}}$$

が成り立つための a, b, c の条件を求めよ．

（3） 楕円 E 上の 4 点の組で，それらを 4 頂点とする四角形が正方形であるものをすべて求めよ．

（21　東工大・前期）

《空間座標と楕円（D30）》

693. 水平な平面上の異なる 2 点 A$(0, 1)$，Q(x, y) にそれぞれ高さ $h > 0, g > 0$ の塔が平面に垂直に立っている．この平面上にあって A，Q とは異なる点 P から 2 つの塔の先端を見上げる角度が等しくなる状況を考える．ただし，以下の設問を通して $h \neq g$ とする．

（1） 点 Q の座標が $(T, 1)$（ただし $T > 0$）のとき，2 つの塔を見上げる角度が等しくなるような点 P は，中心の座標が□，半径が□の円周上にある．

（2） 2 つの塔を見上げる角度が等しくなるような点 P のうち，y 軸上にあるものがただ 1 つであるとする．このとき h と g の間には不等式□が成り立ち，点 Q(x, y) は 2 直線 $y =$ □，$y =$ □ のいずれかの上にある．

（3） 2 つの塔を見上げる角度が等しくなるような点 P のうち，x 軸上にあるものがただ 1 つであるとする．このとき点 Q(x, y) は方程式

□$x^2 +$ □$x +$ □$y^2 +$ □$y = 1$

で表される 2 次曲線 C の上にある．C が楕円であるのは h と g の間に不等式 （さ） が成り立つときであり，そのとき C の 2 つの焦点の座標は□，□である． （さ） が成り立たないとき C は双曲線となり，その 2 つの焦点の座標は□，□である．さらに $\dfrac{h}{g} =$ □ のとき C は直角双曲線となる．

（21　慶應大・医）

【複素数平面】

【数としての複素数】

《数列への応用 (A10) ☆》

694. 無限級数 $\sum_{n=0}^{\infty}\left(\frac{1}{2}\right)^n\cos\frac{n\pi}{6}$ の和を求めよ． (21 京大・前期)

《複素数の範囲の絶対値 (A15) ☆》

695. k は実数とする．x の 2 次方程式

$$3x^2+2kx+3k=0$$

の 2 つの解を a, b とするとき，$|a-b|=3$ が成り立つような k の値をすべて求めよ．また，それぞれの k の値に対し 2 次方程式の解を求めよ．ただし，2 次方程式の解は複素数の範囲で考えるものとする． (21 東京農工大)

《ド・モアブルの定理 (B10)》

696. θ を実数とし，n を整数とする．

$$z=\sin\theta+i\cos\theta$$

とおくとき，複素数 z^n の実部と虚部を $\cos(n\theta)$ と $\sin(n\theta)$ を用いて表せ．ただし，i は虚数単位である．

(21 京都工繊大・前期)

《ド・モアブルと割り算 (B30)》

697. (1) 複素数 α は $\alpha^2+3\alpha+3=0$ を満たすとする．このとき，$(\alpha+1)^2(\alpha+2)^5=$ □ である．また，$(\alpha+2)^s(\alpha+3)^t=3$ となる整数 s, t の組をすべて求め，求める過程とともに解答欄 (1) に記述しなさい．

(2) 多項式 $(x+1)^3(x+2)^2$ を x^2+3x+3 で割ったときの商は □，余りは □ である．また，$(x+1)^{2021}$ を x^2+3x+3 で割ったときの余りは □ である． (21 慶應大・理工)

《バーの計算が主体 (A5)》

698. $z-\frac{2}{z}$ が純虚数となる 0 でない複素数 z 全体を複素数平面上に図示せよ． (21 東京女子大・数理)

《バーの計算が主体 (A10)》

699. 複素数 w に対して $|w-1|=1$ であり，かつ $w^2+\frac{1}{w^2}$ が実数となる値をすべて求めなさい．ただし，$w\neq 0$ とする． (21 筑波大・医-推薦)

【複素平面の点】

《複素平面上の円と点 (B20) ☆》

700. c を実数の定数として，方程式

$$(*)\ x^4+cx^3+cx^2+cx+1=0$$

を考える．$x=0$ は解でないので，$t=x+\frac{1}{x}$ とおくと，方程式 $(*)$ から t の 2 次方程式

$$t^2+ct+\square=0$$

が得られる．これを用いると，方程式 $(*)$ の解がすべて虚数となるための必要十分条件は □ $<c<$ □ である．c がこの条件を満たすとき，複素数平面上で，方程式 $(*)$ の 4 つの虚数解を表す 4 つの点は原点を中心とする半径 □ の円上にある．これら 4 つの点を頂点とする四角形が正方形になるとき，c の値は □ である．

(21 同志社大・理工)

《形を調べる (A5)》

701. 複素数平面上の原点にない異なる 3 点 $\mathrm{A}(\alpha)$, $\mathrm{B}(\beta)$, $\mathrm{C}(\gamma)$ に対して，

$$(5\sqrt{3}+5i)\alpha+(1-5\sqrt{3}-5i)\beta-\gamma=0,$$

$$|\alpha-\beta|=4$$

が成り立つとき，$\triangle\mathrm{ABC}$ の面積は □ である．ただし i は虚数単位である． (21 藤田医科大・AO)

《形を調べる (A10)》

702. 複素数 α, β が $\alpha\overline{\beta}+\overline{\alpha}\beta=0$, $|\alpha-\beta|=2$ を満たすとき，$2|\alpha|+|\beta|$ の値が最大となるのは，$|\alpha|=$ □，$|\beta|=$ □ のときである． (21 山梨大・後期)

《偏角の計算 (B20)》

703. i を虚数単位とし,

$$z_1=\frac{(\sqrt{3}+i)^{17}}{(1+i)^{19}(1-\sqrt{3}i)^7},\ z_2=-1+i$$

とする. z_1 の偏角 θ のうち $0\leqq\theta<2\pi$ を満たすものは $\theta=\square$ であり, $|z_1|=\square$ である. 複素数平面上で z_1, z_2 を表す点をそれぞれ A, B とする. このとき線分 AB を 1 辺とする正三角形 ABC の, 頂点 C を表す複素数の実部は 0 または $\square$ である.

a, b を正の整数とし, 複素数 $\dfrac{(\sqrt{3}+i)^7}{(1+i)^a(1-\sqrt{3}i)^b}$ の偏角の 1 つが $\dfrac{\pi}{12}$ であるとき, $a+b$ の最小値は $\square$ である.

(21 北里大・医)

《正三角形と正方形 (B20) ☆》

704. 次の問に答えよ.

(1) 複素数平面上に 3 点 A(α), B(β), C(γ) を頂点とする △ABC がある. △ABC が正三角形であるための必要十分条件は

$$\alpha^2+\beta^2+\gamma^2-\alpha\beta-\beta\gamma-\gamma\alpha=0$$

であることを示せ.

(2) 複素数平面上に 4 点 A(α), B(β), C(γ), D(δ) を頂点とする四角形 ABCD がある. 四角形 ABCD が正方形であるための必要十分条件は

$$\alpha+\gamma=\beta+\delta,\ (\delta-\alpha)^2+(\beta-\alpha)^2=0$$

であることを示せ.

(21 大教大)

《位置関係を読む (A7)》

705. 方程式 $x^2-2\sqrt{3}x+4=0$ の解のうち虚部が正のものを α, 負のものを β とする. 複素数 γ, δ を $\gamma=(1+\sqrt{3}i)\alpha^2,\ \delta=(1+\sqrt{3}i)\beta^2$ とし, 複素数平面上で 3 点 O(0), C(γ), D(δ) を考える.

(1) 複素数 α を求めよ. さらに α を極形式で表せ.

(2) 複素数 γ を求めよ. さらに線分 OC の長さを求めよ.

(3) ∠DOC の大きさを求めよ.

(4) △OCD の面積 S を求めよ.

(21 南山大・理系)

《形状を扱う (B20) ☆》

706. z は複素数で, $z\neq 0,\ z\neq\pm 1$ とする. このとき, 以下の問いに答えよ.

(1) 複素数平面上の 3 点 A(1), B(z), C(z^2) が一直線上にあるための z についての必要十分条件を求めよ.

(2) 複素数平面上の 3 点 A(1), B(z), C(z^2) が ∠C を直角とする直角三角形の 3 頂点になるような z 全体の表す図形を複素数平面上に図示せよ.

(3) 複素数平面上の 3 点 A(1), B(z), C(z^2) が直角三角形の 3 頂点になるような z 全体の表す図形を複素数平面上に図示せよ.

(21 岡山大・理系)

《形状を扱う (B30)》

707. z を複素数とする. 複素数平面上の 3 点 O(0), A(z), B(z^2) について, 以下の問いに答えよ.

(1) 3 点 O, A, B が同一直線上にあるための z の必要十分条件を求めよ.

(2) 3 点 O, A, B が二等辺三角形の頂点になるような z 全体を複素数平面上に図示せよ.

(3) 3 点 O, A, B が二等辺三角形の頂点であり, かつ z の偏角 θ が $0\leqq\theta\leqq\dfrac{\pi}{3}$ を満たすとき, 三角形 OAB の面積の最大値とそのときの z の値を求めよ.

(21 東北大・前期)

《直線の方程式 (B20) ☆》

708. 複素数 α は等式 $\alpha^6=\dfrac{1}{\sqrt{2}}(1+i)$ を満たすとする. また, α の偏角 θ は $\dfrac{\pi}{6}\leqq\theta\leqq\dfrac{2\pi}{3}$ を満たすとする. ただし, i は虚数単位である. さらに, r を正の実数とする. このとき, 次の問に答えよ.

(1) 絶対値 $|\alpha|$ と偏角 θ を求めよ.

（2） $\alpha^2+\alpha^4+\alpha^6$ と $(\alpha^3+\alpha^5+\alpha^7)^2$ の値を求めよ．

（3） 複素数平面上において，点 α と点 $r\alpha^2$ を通る直線を L_1，点 $r^2\alpha^3$ と点 $r^3\alpha^4$ を通る直線を L_2 とする．L_1 と L_2 のなす角 θ_1 $\left(0 \leqq \theta_1 \leqq \dfrac{\pi}{2}\right)$ を求めよ．

（4） 複素数平面上において，点 $r^3\alpha^4$ と点 $r^5\alpha^6$ を通る直線と実軸との交点を表す複素数を r を用いて表せ．

（21　山形大・医，理，農，人文社会）

《原点以外を中心とする回転（B20）》

709．実数 θ は $0<\theta<\pi$ をみたすとする．また，複素数平面上の 3 点 A(α)，B(β)，C(γ) は同一直線上にないとする．

点 A(α) を，点 B(β) を中心として θ だけ回転した点を P

点 B(β) を，点 C(γ) を中心として θ だけ回転した点を Q

点 C(γ) を，点 A(α) を中心として θ だけ回転した点を R

とおく．このとき，以下の問いに答えよ．

（1） 3 点 P，Q，R が同一直線上にないとき，△ABC の重心と △PQR の重心は一致することを示せ．

（2） i を虚数単位とし，$\alpha=3\sqrt{3}+2i$，$\beta=2-i$，$|\beta-\gamma|=2$，$\arg(\beta-\gamma)=\theta$ であるとする．直線 PC と直線 QC が直交するとき，θ の値を求めよ．

（21　信州大・後期）

【円周等分多項式】

《7 乗（B30）☆》

710．複素数 $\alpha=\cos\dfrac{2\pi}{7}+i\sin\dfrac{2\pi}{7}$ に対して，複素数 β, γ を $\beta=\alpha+\alpha^2+\alpha^4, \gamma=\alpha^3+\alpha^5+\alpha^6$ とする．以下の設問に答えよ．

（1） $\beta+\gamma, \beta\gamma$ の値を求めよ．

（2） β, γ の値を求めよ．

（3） $\sin\dfrac{2\pi}{7}+\sin\dfrac{4\pi}{7}+\sin\dfrac{8\pi}{7}$ および $\sin\dfrac{\pi}{7}\sin\dfrac{2\pi}{7}\sin\dfrac{3\pi}{7}$ の値を求めよ．

（21　関西医大・前期）

《7 乗（B20）》

711．i は虚数単位とする．$w=\cos\dfrac{2\pi}{7}+i\sin\dfrac{2\pi}{7}$ とし，

$\alpha=w+w^2+w^4, \beta=w^3+w^5+w^6$

とする．このとき，$w^7=\square$ より，

$\alpha+\beta=\square, \alpha\beta=\square$

となるので，

$$\alpha=\frac{\square+\sqrt{\square}\,i}{2}, \beta=\frac{\square-\sqrt{\square}\,i}{2}$$

が得られる．

（21　宮崎大・前期）

《9 乗（B30）》☆

712．複素数 $z=\cos\dfrac{2\pi}{9}+i\sin\dfrac{2\pi}{9}$ に対して，次の問いに答えよ．ただし，i は虚数単位である．

（1） $z^3+\dfrac{1}{z^3}$ の値を求めよ．

（2） $\alpha=z+z^2+z^3+z^4+z^5+z^6+z^7+z^8$ とする．α の値を求めよ．

（3） $\beta=(1-z)(1-z^2)(1-z^3)(1-z^4)$
$\times(1-z^5)(1-z^6)(1-z^7)(1-z^8)$

とする．β の値を求めよ．

（4） $t=z+\dfrac{1}{z}$ のとき，$t^4+t^3-3t^2-2t$ の値を求めよ．

（21　徳島大・理工）

《ベクトルとしての複素数（B30）》

713．複素数 a, b, c に対して整式 $f(z)=az^2+bz+c$ を考える．i を虚数単位とする．

（1） α, β, γ を複素数とする．

$f(0)=\alpha, f(1)=\beta, f(i)=\gamma$

が成り立つとき，a, b, c をそれぞれ α, β, γ で表せ．

（2） $f(0), f(1), f(i)$ がいずれも 1 以上 2 以下の実数であるとき，$f(2)$ のとりうる範囲を複素数平面上に図示せよ．（21 東大・理科）

《直線の方程式 (D40)》

714. 複素数平面上において，単位円上に異なる 3 点 A，B，C がある．3 直線 BC，CA，AB のいずれの上にもない点 P(w) を考える．P から直線 BC，CA，AB に下ろした垂線の足を，それぞれ A′，B′，C′ とする．

ここで，単位円とは原点を中心とする半径 1 の円のことである．また，点 P から直線 l に下ろした垂線の足とは，P を通り l に垂直な直線と l の交点のことである．

（1） A(α), B(β) とするとき，直線 AB 上の点 z は

$$z+\alpha\beta\overline{z}=\alpha+\beta$$

を満たすことを示せ．

（2） A(α), B(β), C′(γ') とするとき，

$$2\gamma'=\alpha+\beta+w-\alpha\beta\overline{w}$$

を示せ．

（3） A′, B′, C′ が一直線上にあるとき，P は単位円上にあることを示せ．（21 滋賀医大）

【複素変換】

《$w=z^2$ ☆》

715. 複素数 $\alpha=2+i,\ \beta=-\dfrac{1}{2}+i$ に対応する複素数平面上の点を A(α), B(β) とする．このとき，以下の問に答えよ．

（1） 複素数平面上の点 C(α^2), D(β^2) と原点 O の 3 点は一直線上にあることを示せ．

（2） 点 P(z) が直線 AB 上を動くとき，z^2 の実部を x，虚部を y として，点 Q(z^2) の軌跡を x, y の方程式で表せ．

（3） 点 P(z) が三角形 OAB の周および内部にあるとき，点 Q(z^2) の全体のなす図形を K とする．K を複素数平面上に図示せよ．

（4） （3）の図形 K の面積を求めよ．（21 早稲田大・理工）

《1 次分数変換 (A10) ☆》

716. 点 z が複素数平面上で原点を中心とする半径 $\sqrt{2}$ の円周上を動くとき，$w=\dfrac{z-1}{z+i}$ が表す点 w はどのような図形を描くか．ただし，i は虚数単位とする．（21 富山大・工）

《1 次分数変換 (B10)》

717. 複素数平面上の点 $z\left(z\neq-\dfrac{1}{2}\right)$ に対し，$\omega=-\dfrac{z+1}{2z+1}$ とする．以下の問いに答えよ．

（1） $z=-\dfrac{1}{2}+\dfrac{i}{2}$ のとき，ω^{10} を求めよ．

（2） 点 z が原点を中心に半径 1 の円周上にあるとき，ω は中心 $-\dfrac{1}{3}$，半径 $\dfrac{1}{3}$ の円周上にあることを示せ．

（3） 点 z が点 $-\dfrac{1}{2}$ を中心に半径 $\dfrac{1}{2}$ の円周上を動くとき，$z-\omega$ は実数となることを示せ．(21 愛知県立大・情報)

偏角を見る (B20) ☆

718. z を $z\neq1,\ z\neq-1,\ z\neq i,\ z\neq-i,\ |z|=1$ を満たす複素数とし，

$$w=\frac{1+z}{1-z}$$

とおく．次の問いに答えよ．ただし，i は虚数単位を表す．

（1） w は純虚数であることを示せ．

（2） 複素数平面において，1，z，w を表す 3 点が一直線上にあることを示せ．

（3） 複素数 $\dfrac{w-z}{i-z}$ の偏角 θ のとりうる値のうち，$0\leqq\theta<2\pi$ を満たすものを全て求めよ．

（21 福岡教育大・前期）

《1 次分数変換 (B10)》

719. 複素数平面上で，点 z に対して，点 w を $w=\dfrac{z+i}{z-i}$ と定める．ただし，i は虚数単位であり，$z\neq i$ とする．

（1） 点 w が，点1を中心とする半径1の円の内部で中心以外を動くとき，点 z が描く図形を図示せよ．

（2） 点 w が，原点を始点とする偏角 $\frac{\pi}{3}$ の半直線上（原点を含む）を動くとき，点 z が描く図形を図示せよ．

（21　岐阜薬大）

《ジューコフスキー変換（B20）》

720． z を0でない複素数とし，$w = z + \frac{1}{z}$ とする．以下の問に答えよ．

（1） w が実数となるとき，点 z は複素数平面上でどのような図形を描くか．

（2） w が純虚数となるとき，点 z は複素数平面上でどのような図形を描くか．

（3） r を1でない正の実数とする．$|z| = r$ となるとき，点 w は複素数平面上でどのような図形を描くか．

（4） z の偏角を θ $(0 \leqq \theta < 2\pi)$ とする．$|w| = 1$ のとき，θ のとりうる値の範囲を求めよ．

（21　岐阜大・医，工）

《反転（B20）》

721． r を正の実数とし，複素数平面における原点Oを中心とする半径 r の円を C とする．0でない複素数 z に対して，Oから点P(z) に向かう半直線上の点Q(w) が $|w| \cdot |z| = r^2$ を満たしている．このとき，次の問いに答えよ．

（1） w を r と z を用いて表せ．

（2） 点Pが円 C の内部にあるならば，点Qは円 C の外部にあることを示せ．

（3） 実軸上の点R$\left(\frac{r}{2}\right)$ を通り，複素数平面の実軸に垂直な直線を l とする．点Pが直線 l 上を動くとき，点Qがえがく図形を求め，複素数平面上に図示せよ．

（21　静岡大・後期）

【数と式】

【式の値】

《和と積の計算（A5）☆》

1. $x=3-\sqrt{5},\ y=3+\sqrt{5}$ のとき $x^3+y^3=\square$ となり $\sqrt{x}-\sqrt{y}=\square\sqrt{\square}$ となる．

（21　松山大・薬）

▶解答◀ $x+y=6,\ xy=4$

$x^3+y^3=(x+y)^3-3xy(x+y)$

$=6^3-3\cdot4\cdot6=\mathbf{144}$

$(\sqrt{x}-\sqrt{y})^2=x-2\sqrt{xy}+y$

$=6-2\cdot\sqrt{4}=2$

$\sqrt{x}<\sqrt{y}$ より，$\sqrt{x}-\sqrt{y}=\mathbf{-\sqrt{2}}$

《和と積の計算（A5）》

2. $x=1+\sqrt{2}+\sqrt{3},\ y=1+\sqrt{2}-\sqrt{3}$ とする．このとき，xy の値は $\square$ であり，x^2+y^2 の値は $\square$ である．また，$\dfrac{3}{x}+\dfrac{3}{y}$ の値の整数部分は $\square$ である．

（21　北里大・獣医）

▶解答◀ $x+y=2+2\sqrt{2}$,

$xy=(1+\sqrt{2}+\sqrt{3})(1+\sqrt{2}-\sqrt{3})$

$=(1+\sqrt{2})^2-3=\mathbf{2\sqrt{2}}$

$x^2+y^2=(x+y)^2-2xy$

$=(2+2\sqrt{2})^2-2\cdot2\sqrt{2}$

$=4+8\sqrt{2}+8-4\sqrt{2}=\mathbf{12+4\sqrt{2}}$

$$\frac{3}{x}+\frac{3}{y}=\frac{3(x+y)}{xy}=\frac{6+6\sqrt{2}}{2\sqrt{2}}=3+\frac{3}{2}\sqrt{2}$$

$4<3\sqrt{2}<5$ より

$$2<\frac{3}{2}\sqrt{2}<\frac{5}{2}$$

$$5<3+\frac{3}{2}\sqrt{2}<\frac{11}{2}$$

したがって $\dfrac{3}{x}+\dfrac{3}{y}$ の整数部分は **5**

《有理化（A5）☆》

3. 式 $\dfrac{1}{1+\sqrt{2}+\sqrt{3}+\sqrt{6}}$ の分母を有理化せよ．

（21　広島工業大）

▶解答◀ $\dfrac{1}{1+\sqrt{2}+\sqrt{3}+\sqrt{6}}$

$$=\frac{1}{(1+\sqrt{2})+\sqrt{3}(1+\sqrt{2})}$$

$$=\frac{1}{(\sqrt{2}+1)(\sqrt{3}+1)}=\frac{(\sqrt{2}-1)(\sqrt{3}-1)}{(2-1)(3-1)}$$

$$=\mathbf{\frac{\sqrt{6}-\sqrt{3}-\sqrt{2}+1}{2}}$$

《整数部分と小数部分（A5）》

4. $\dfrac{1}{3-\sqrt{7}}$ の整数部分を a，小数部分を b とするとき，$ab^3+ab^2-2ab+b+3$ の値を求めよ．

（21　北海学園大・工，経済，経営）

考え方　整数部分，小数部分を忘れている生徒も多い．$x=n+\alpha$（n は整数で $0\leqq\alpha<1$）の形に表すとき n を x の整数部分，α を x の小数部分という．

$$\frac{3+\sqrt{7}}{2}=2.822\cdots$$

だから $a=2$ であるが，$b=0.822\cdots$ とか，$b=8$（小数第一位を答えているつもり）という豪傑がいたりする．なお，最近は $\sqrt{7}=2.64571\cdots$（なにむしいない，5をいと読む）を知らない人も多いが，数のマニアは近似値を覚えるものと思う．

▶解答◀ $\dfrac{1}{3-\sqrt{7}}=\dfrac{3+\sqrt{7}}{2}=\dfrac{5.64\cdots}{2}=2.8\cdots$

であるから $a=2$

$$b=\frac{3+\sqrt{7}}{2}-2=\frac{\sqrt{7}-1}{2}$$

$ab^3+ab^2-2ab+b+3$

$=ab(b+2)(b-1)+b+3$

$$=2\cdot\frac{\sqrt{7}-1}{2}\cdot\frac{\sqrt{7}+3}{2}\cdot\frac{\sqrt{7}-3}{2}+\frac{\sqrt{7}-1}{2}+3$$

$$=2\cdot\frac{\sqrt{7}-1}{2}\cdot\left(-\frac{1}{2}\right)+\frac{\sqrt{7}-1}{2}+3=\mathbf{3}$$

《二重根号を外す（A10）☆》

5. $x=\sqrt{23+8\sqrt{7}}$ に対して2つの整数 a,b が $a=x+\dfrac{b}{x}$ を満たすとき，$a=\square$，$b=\square$ である．

（21　藤田医科大・後期）

▶解答◀ $x=\sqrt{23+8\sqrt{7}}=\sqrt{23+2\sqrt{16\cdot7}}$

$=\sqrt{(\sqrt{16}+\sqrt{7})^2}=4+\sqrt{7}$

$$\frac{1}{x}=\frac{4-\sqrt{7}}{9}$$

を整数倍して，x と加えて $\sqrt{7}$ を消すためには

$\dfrac{9}{x}=4-\sqrt{7}$ と $x=4+\sqrt{7}$ を加えるしかない．

$x+\dfrac{9}{x}=8$ で $a=\mathbf{8}$，$b=\mathbf{9}$ である．

そんなのは見えないという人は $a=x+\dfrac{b}{x}$ を作り

$$a=(4+\sqrt{7})+\frac{b}{4+\sqrt{7}}$$

$$a=(4+\sqrt{7})+\frac{4-\sqrt{7}}{9}b$$

$$9a=9(4+\sqrt{7})+(4-\sqrt{7})b$$

$$9a=4(9+b)+(9-b)\sqrt{7}$$

$9a$, $4(9+b)$, $9-b$ は整数で $\sqrt{7}$ は無理数であるから

$$9a=4(9+b),\ 9-b=0$$

$$a=\mathbf{8},\ b=\mathbf{9}$$

《次数上げ (B10) ☆》

6. $x=\sqrt{3}-\sqrt{7}$ のとき，$20x^2-x^4=\square$ であり，$\dfrac{32}{x^3}-\dfrac{32}{x^2}-\dfrac{56}{x}+50+22x-2x^2-x^3=\square$ である． (21 東邦大・医)

▶解答◀ $x=\sqrt{3}-\sqrt{7}$ より $x^2=10-2\sqrt{21}$

$$20x^2-x^4=x^2(20-x^2)$$

$$=(10-2\sqrt{21})(10+2\sqrt{21})=100-84=\mathbf{16}$$

この結果を利用する．$20x^2-x^4=16$ ……① とする．

①$\div x^3\times 2$ より

$$\frac{40}{x}-2x=\frac{32}{x^3}\qquad \therefore\quad \frac{32}{x^3}=\frac{40}{x}-2x\ \cdots\cdots②$$

①$\div x^2\times 2$ より

$$40-2x^2=\frac{32}{x^2}\qquad \therefore\quad \frac{32}{x^2}=40-2x^2\ \cdots③$$

①$\div x$ より

$$20x-x^3=\frac{16}{x}\qquad \therefore\quad x^3=20x-\frac{16}{x}\ \cdots\cdots④$$

②〜④ を用いる．

$$\frac{32}{x^3}-\frac{32}{x^2}-\frac{56}{x}+50+22x-2x^2-x^3$$

$$=\left(\frac{40}{x}-2x\right)-(40-2x^2)-\frac{56}{x}$$

$$+50+22x-2x^2-\left(20x-\frac{16}{x}\right)$$

$$=\frac{40}{x}-2x-40+2x^2-\frac{56}{x}$$

$$+50+22x-2x^2-20x+\frac{16}{x}=\mathbf{10}$$

【因数分解】

因数分解は数学 I も数学 II もここに収録する

《因数分解・塊を置く (A5) ☆》

7. $(x-3)(x-5)(x-7)(x-9)-9$ を因数分解しなさい． (21 福島大・前期)

▶解答◀ $(x-3)(x-5)(x-7)(x-9)-9$

$$=(x-3)(x-9)(x-5)(x-7)-9$$

$$=(x^2-12x+27)(x^2-12x+35)-9$$

ここで $x^2-12x+27=X$ とおくと

$$X(X+8)-9=X^2+8X-9$$

$$=(X-1)(X+9)$$

$$=(x^2-12x+26)(x^2-12x+36)$$

$$=\boldsymbol{(x^2-12x+26)(x-6)^2}$$

《因数分解・塊を置く (A10)》

8. 次の式を因数分解せよ．

$$(x^2-15x-2)(x^2+15x-2)-5x^2+2021$$

(21 関西医大・後期)

▶解答◀ $x^2-2=X$ とおく．

$$(x^2-15x-2)(x^2+15x-2)-5x^2+2021$$

$$=(X-15x)(X+15x)-5x^2+2021$$

$$=X^2-225x^2-5x^2+2021$$

$$=X^2-230(X+2)+2021$$

$$=X^2-230X+1561=X^2-230X+7\cdot 223$$

$$=(X-7)(X-223)=(x^2-9)(x^2-225)$$

$$=\boldsymbol{(x+3)(x-3)(x+15)(x-15)}$$

《因数分解・1 文字整理 (A5) ☆》

9. $x^4+x^2+1+2xy-y^2$ を因数分解しなさい． (21 福島大・後期)

考え方 与式は x の 4 次式で，x^4, x^2, と $2xy$ の（y を定数と考えれば）x の 1 次の項がある．y については 2 次式だから「最も低次の文字について整理する」という原則に従えば，y について整理するのがよい．

▶解答◀ 与式を f とする．

$$f=-y^2+2xy+x^4+x^2+1$$

これを y について平方完成し

$$f=-(y-x)^2+x^2+x^4+x^2+1$$

$$=(x^2+1)^2-(y-x)^2$$

$$=\{x^2+1+(y-x)\}\{x^2+1-(y-x)\}$$

$$=\boldsymbol{(x^2-x+y+1)(x^2+x-y+1)}$$

《2 文字 2 次式の因数分解 (A10) ☆》

10. $4x^2-4y^2-6xy+15x+10y-4$ を因数分解せよ． (21 酪農学園大・農食，獣医-看護)

▶解答◀ $4x^2-4y^2-6xy+15x+10y-4$

$$=4x^2+(-6y+15)x-(4y^2-10y+4)$$

$$=4x^2+(-6y+15)x-2(2y^2-5y+2)$$

$$=4x^2+(-6y+15)x-2(2y-1)(y-2)\ \cdots①$$

$$=(4x+2y-1)\{x-(2y-4)\}\ \cdots\cdots②$$

$$=\boldsymbol{(4x+2y-1)(x-2y+4)}$$

注意 1° **【たすき掛け】**

たすき掛けの様子を述べる．① の段階でたすき掛けに移る．まず $(2y-1)(y-2)$ を $2y-1$ と $y-2$ に

分ける．図1，図2のように作る．右端の「$2y-1$ と $4y-8$」「$y-2$ と $8y-4$」のどちらかにマイナスをつけ，どちらかに2をつけ（マイナスと2は重なることもある）15が出るようにするためには，図1の $y-2$ に -2 をつける．

図1
```
4     2y−1 → 2y−1
   ×
1     y−2  → 4y−8
```

図2
```
4     y−2  → y−2
   ×
1     2y−1 → 8y−4
```

図1-2
```
4     2y−1     → 2y−1
   ×
1   −(2y−4) → −8y+16
              −6y+15
```

図1-2にする．それで②にする．

[♦別解♦]　**【2次方程式を解く】**

$4x^2+(-6y+15)x-(4y^2-10y+4)=0$ を x について解こう．

$$x=\frac{6y-15\pm\sqrt{D}}{8}$$

$$D=(6y-15)^2+16(4y^2-10y+4)$$

$$=36y^2-180y+225+64y^2-160y+64$$

$$=100y^2-340y+289=(10y-17)^2$$

$$x=\frac{6y-15\pm(10y-17)}{8}$$

$x=2y-4$ または $x=\dfrac{-2y+1}{4}$ となる．$x-2y+4=0$ または $4x+2y-4=0$ となるから，結果の

$$\boldsymbol{(4x+2y-1)(x-2y+4)}$$

を得る．なお，x^2 の係数が4で合うことに注意しよう．

[♦別解♦]　**【2次の項から始める】**

与式を f とする．

$$4x^2-4y^2-6xy=2(2x^2-3xy-2y^2)$$

$$=2(2x+y)(x-2y)$$

だから

$$f=2(2x+y)(x-2y)+15x+10y-4$$

$$\frac{f}{2}=(2x+y)(x-2y)+\frac{15}{2}x+5y-2$$

これを

$$\frac{f}{2}=(2x+y+a)(x-2y+b)$$

となるように a,b を定める．これを展開して

$$\frac{f}{2}=(2x+y)(x-2y)$$
$$+(a+2b)x+(b-2a)y+ab$$

係数を比べ

$$a+2b=\frac{15}{2}\ \cdots\cdots③$$

$$b-2a=5\ \cdots\cdots④$$

$$ab=-2\ \cdots\cdots⑤$$

③－④×2より $5a=\dfrac{15}{2}-10$ となり $a=-\dfrac{1}{2}$ となる．④より $b=2a+5=4$ となる．これらは⑤を満たす．

$$\frac{f}{2}=\left(2x+y-\frac{1}{2}\right)(x-2y+4)$$

$$f=\boldsymbol{(4x+2y-1)(x-2y+4)}$$

【1 次と 2 次方程式】

《絶対値と 1 次方程式 (A10) ☆》

11. 方程式 $|2x+3|=5$ の実数解は，$x=$ □ である．方程式 $|x+2|+|x-3|=7$ の実数解は，$x=$ □ である．（21　国際医療福祉大・医）

▶解答◀ （1） $|2x+3|=5$

$2x+3=\pm 5$　　　$\therefore\quad x=\mathbf{-4,\ 1}$

（2） $|x+2|+|x-3|=7$ ……………………………①

（ア） $x\geqq 3$ のとき．

$x+2+x-3=7$

$2x=8$　　　$\therefore\quad x=4$

これは $x\geqq 3$ を満たす．

（イ） $-2\leqq x\leqq 3$ のとき．

① の左辺は $x+2-(x-3)=5$ であるから ① を満たす x は存在しない．

（ウ） $x\leqq -2$ のとき．

$-(x+2)-(x-3)=7$　　　$\therefore\quad x=-3$

これは $x\leqq -2$ を満たす．

（ア），（イ），（ウ）より $x=\mathbf{4,\ -3}$

注意 $y=|x+2|+|x-3|$ …………………………②

とする．$x=-2$ のとき $y=5$，$x=3$ のとき $y=5$ だから ② のグラフは図の折れ線 L になる．したがって方程式 ① の解は $x<-2$ の範囲と $x>3$ の範囲にそれぞれ 1 つずつあることが分かる．

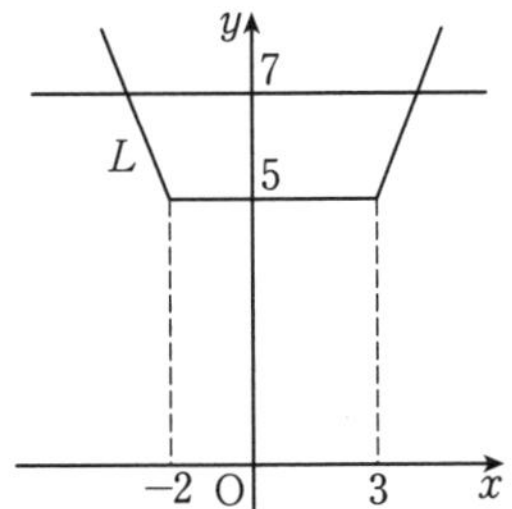

《絶対値を外して解く (B20) ☆》

12. 関数

$f(x)=|x^2+x-2|+|x^2-x-2|$

の極小値を a，極大値を b とする．方程式

$2f(x)=a+b$

の解をすべて求めよ．（21　福島県立医大）

▶解答◀ $f(x)=|x^2+x-2|+|x^2-x-2|$ は $f(-x)=f(x)$ を満たすから偶関数である．

$f(x)=|(x+2)(x-1)|+|(x+1)(x-2)|$

$x\geqq 2$ のとき．

$f(x)=(x^2+x-2)+(x^2-x-2)=2x^2-4$

$1\leqq x\leqq 2$ のとき．

$f(x)=(x^2+x-2)-(x^2-x-2)=2x$

$0\leqq x\leqq 1$ のとき．

$f(x)=-(x^2+x-2)-(x^2-x-2)=-2x^2+4$

曲線 $y=f(x)$ は y 軸に関して対称であるから図のようになる．$a=2$，$b=4$ で $2f(x)=a+b$ の解は $y=f(x)$ のグラフと直線 $y=3$ の交点 $(-2<x<2$ の範囲に 4 個$)$ の x 座標である．$-2x^2+4=3$，$\pm 2x=3$ を解いて $x=\pm\dfrac{1}{\sqrt{2}},\ \pm\dfrac{3}{2}$

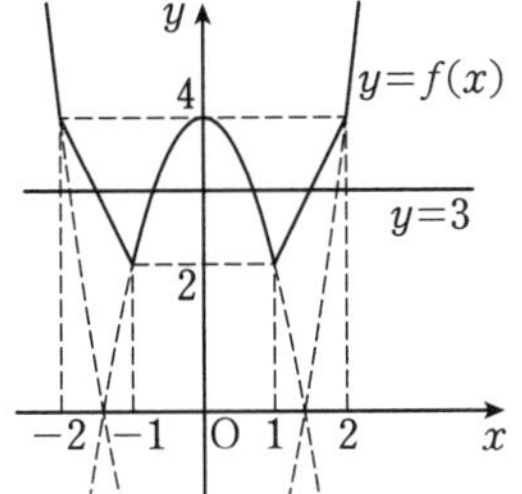

《解と係数の関係 (B10) ☆》

13. 2 次方程式 $x^2-2x+4=0$ の 2 つの解を α,β とする．このとき，次の問いに答えなさい．

（1） 多項式 x^3+8 を実数を係数とする 1 次式と 2 次式の積に因数分解しなさい．

（2） $\alpha^2+\beta^2$ の値を求めなさい．

（3） $\alpha^3+\beta^3$ の値を求めなさい．

（4） $\alpha^{10}+\beta^{10}$ の値を求めなさい．

（21　福島大・前期）

▶解答◀ （1） x^3+8

$=\boldsymbol{(x+2)(x^2-2x+4)}$

（2） α,β は $x^2-2x+4=0$ の解であるから，解と係数の関係より

$\alpha+\beta=2,\ \alpha\beta=4$

$\alpha^2+\beta^2=(\alpha+\beta)^2-2\alpha\beta=4-8=\mathbf{-4}$

（3） （1）より，α,β は $x^3+8=0$ の解でもあるから，$\alpha^3=\beta^3=-8$ である．

$\alpha^3+\beta^3=-8-8=\mathbf{-16}$

（4） $\alpha^{10}+\beta^{10}=(\alpha^3)^3\alpha+(\beta^3)^3\beta$

$=-512(\alpha+\beta)=\mathbf{-1024}$

《共通解 (A10) ☆》

14. x についての 2 つの 2 次方程式

$x^2+kx+10=0$

$$x^2+2x+5k=0$$

が共通の実数解をもつように k の値を定め，そのときの共通解を求めよ． （21 昭和大・推薦）

▶解答◀ 共通の実数解を α とおく．

$$\alpha^2+k\alpha+10=0 \quad\cdots\cdots①$$

$$\alpha^2+2\alpha+5k=0 \quad\cdots\cdots②$$

①－②より

$$(k-2)\alpha+5(2-k)=0$$

$$(k-2)(\alpha-5)=0$$

$k=2$ または $\alpha=5$ である．

（ア） $k=2$ のとき

①，② ともに，$\alpha^2+2\alpha+10=0$ となり

$$(\alpha+1)^2+9=0$$

となるから，α が実数であることに反し，不適．

（イ） $\alpha=5$ のとき

① に代入すると

$$25+5k+10=0$$

$$5k+35=0 \qquad \therefore \quad k=-7$$

$\alpha=5$ と $k=-7$ を ② に代入すると成立する．

以上より，2 つの 2 次方程式が共通の実数解をもつのは $k=\mathbf{-7}$ のときであり，共通解は $x=\mathbf{5}$ である．

《3 元連立 3 次方程式 (B20) ☆》

15． 実数 a, b, c が次の 3 つの等式を満たすとする．

$$\begin{cases} -a+2b+2c=2 \\ a^2+4b^2+4c^2=20 \\ -a^3+8b^3+8c^3=8 \end{cases}$$

以下の問に答えよ．

（1） abc を求めよ．

（2） $a<b<c$ を満たす組 (a, b, c) をすべて求めよ． （21 千葉大・後期）

▶解答◀ （1） $x=-a,\ y=2b,\ z=2c$ とおくと

$$x+y+z=2 \quad\cdots\cdots①$$

$$x^2+y^2+z^2=20 \quad\cdots\cdots②$$

$$x^3+y^3+z^3=8 \quad\cdots\cdots③$$

② より

$$(x+y+z)^2-2(xy+yz+zx)=20$$

① を代入し

$$4-2(xy+yz+zx)=20$$

$$xy+yz+zx=-8 \quad\cdots\cdots④$$

一方

$$x^3+y^3+z^3-3xyz$$

$$=(x+y+z)(x^2+y^2+z^2-xy-yz-zx)$$

①，②，③，④ を代入し

$$8-3xyz=2\{20-(-8)\}$$

$$3xyz=-48 \qquad \therefore \quad xyz=-16 \quad\cdots\cdots⑤$$

よって

$$(-a)\cdot 2b\cdot 2c=-16 \qquad \therefore \quad abc=\mathbf{4}$$

（2） ②，④，⑤ より，$x,\ y,\ z$ は

$$t^3-2t^2-8t+16=0$$

の 3 解である．

$$t^2(t-2)-8(t-2)=0$$

$$(t-2)(t^2-8)=0 \qquad \therefore \quad t=2,\ \pm 2\sqrt{2}$$

$a=-x,\ b=\dfrac{y}{2},\ c=\dfrac{z}{2}$ と $a<b<c$ より

$$-x<\frac{y}{2}<\frac{z}{2} \qquad \therefore \quad -2x<y<z$$

よって

$$(x, y, z)=(2\sqrt{2}, -2\sqrt{2}, 2), (2, -2\sqrt{2}, 2\sqrt{2})$$

$$(a, b, c)=\mathbf{(-2\sqrt{2}, -\sqrt{2}, 1), (-2, -\sqrt{2}, \sqrt{2})}$$

《2 次方程式・逆を考える (B20) ☆》

16． a を実数とする．x の 2 次方程式

$$x^2+(a+1)x+a^2-1=0$$

について，以下の問に答えよ．

（1） この 2 次方程式が異なる 2 つの実数解をもつような a の値の範囲を求めよ．

（2） a を（1）で求めた範囲で動かすとき，この 2 次方程式の実数解がとりうる値の範囲を求めよ． （21 神戸大・後期）

考え方 a, x は実数である．ほぼ対等に見よう．

▶解答◀ （1） $x^2+(a+1)x+a^2-1=0 \quad\cdots\cdots①$

判別式を D_1 として

$$D_1=(a+1)^2-4(a^2-1)$$

$$=-3a^2+2a+5=(a+1)(5-3a)$$

$$x=\frac{-(a+1)\pm\sqrt{(a+1)(5-3a)}}{2} \quad\cdots\cdots②$$

$D_1=(a+1)(5-3a)>0$ であり，$\mathbf{-1<a<\dfrac{5}{3}}$

（2） 同様に a について解く．

$$a^2+xa+(x^2+x-1)=0$$

$$D_2=x^2-4(x^2+x-1)$$

$$=-3x^2-4x+4=(x+2)(2-3x)$$

$$a=\frac{-x\pm\sqrt{(x+2)(2-3x)}}{2} \quad\cdots\cdots③$$

判別式 $D_2=(x+2)(2-3x)\geqq 0$ であり，$\boldsymbol{-2\leqq x\leqq \frac{2}{3}}$

なお，$a=-1$ のときの解は $x=0$ の 1 つしかないが，$x=0$ のとき $a=\pm 1$ となるから，$x=0$ は $a=1$ のときに異なる 2 つの実数解のうちの 1 つの解になる．よって，2 次方程式の実数解が取りうる値の範囲の中に $x=0$ はきちんと含まれる．

同様に，$a=\frac{5}{3}$ のときの解は $x=-\frac{4}{3}$ の 1 つしかないが，$x=-\frac{4}{3}$ のとき $a=-\frac{1}{3},\ \frac{5}{3}$ となるから，$x=-\frac{4}{3}$ は $a=-\frac{1}{3}$ のときに異なる 2 つの実数解のうちの 1 つの解になる．よって，2 次方程式の実数解が取りうる値の範囲の中に $x=-\frac{4}{3}$ も含まれる．

注意 1°【問題文を書き換えみる】

（1）′ x が実数になるように実数 a を動かすとき，a のとる値の範囲を求めよ．

（2）′ a が実数になるように実数 x を動かすとき，x のとる値の範囲を求めよ．

（1）′なら $D_1\geqq 0$ とするだろう．それなら（2）′では $D_2\geqq 0$ とするのはおかしくない．元の問題と違うのは，$D_1=0$ を除外しているかどうかだけである．だから，$D_1=0$ の場合の考察をすればよい．特別，解法を変える必要などない．もともと a,x は実数である．この等号の取り扱いを除けば「a を（1）で求めた範囲で動かすとき」など，なんの意味もない．

生徒に解いてもらうと，（2）の出来が悪い．主客の立場を変えただけで同様の解法で解けるとは思えないらしい．「なんの意味もない」ことがわからず，別の問題に見えるに違いない．「（2）は ② を a で微分して増減を調べる問題か？」と思っているのだろう．

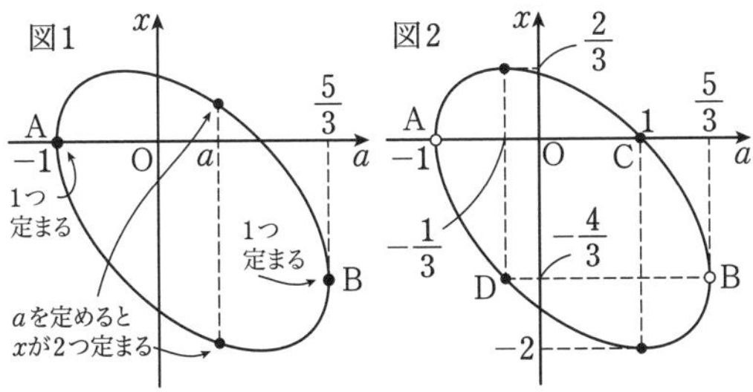

2°【図で見る】

曲線 ① は図 1 の斜めになった楕円全体である．ただし，今は，a を定めたとき，それに対する x が 2 つ存在するときを考えるから，曲線を縦に切ったとき，2 交点がある範囲で考えるから，$A(-1,\ 0)$，$B\left(\frac{5}{3},\ -\frac{4}{3}\right)$ は除外され，白丸となる．a,x のとる値の範囲は $-1<a<\frac{5}{3}$，$-2\leqq x\leqq \frac{2}{3}$ である．a のとる値の範囲は，曲線を縦に切って考え，x のとる値の範囲は横に切って考える．

A の x 座標は $x=0$ であるから $x=0$ は除外されるかというと，そうではない．A の代わりに C があるから，$x=0$ になることができる．$a=\frac{5}{3}$ も除外されるが，D があるから $x=-\frac{4}{3}$ もとり得る．

3°【最近の類題】

> x の 2 次方程式
>
> $$x^2+(a+1)x+a^2+a-1=0$$
>
> が実数解をもつような実数 a の値の範囲は □ $\leqq a\leqq$ □ である．a がこの範囲の値をとるとき，上の 2 次方程式の解 x がとり得る値の範囲は □ $\leqq x\leqq$ □ である．方程式
>
> $$x^2+(a+1)x+a^2+a-1=0$$
>
> を満たす整数の組 $(x,\ a)$ は全部で □ 個ある．
>
> （17　東京理科大・薬）

▶解答◀ $x^2+(a+1)x+a^2+a-1=0$

$$x=\frac{-(a+1)\pm\sqrt{(3a+5)(1-a)}}{2}$$

判別式 $D_1=(3a+5)(1-a)\geqq 0$ より $\boldsymbol{-\frac{5}{3}}\leqq a\leqq \boldsymbol{1}$

同様に a について解くと

$$a=\frac{-(x+1)\pm\sqrt{(3x+5)(1-x)}}{2}$$

判別式 $D_2=(3x+5)(1-x)\geqq 0$ より $\boldsymbol{-\frac{5}{3}}\leqq x\leqq \boldsymbol{1}$

a が整数のとき，$-1,\ 0,\ 1$ のいずれかで，順に $x=\pm 1$，$x=\frac{-1\pm\sqrt{5}}{2}$，$x=-1$ となる．整数 $(x,\ a)$ は $(-1,\ -1)$，$(-1,\ 1)$，$(1,\ -1)$ の **3** 個ある．

注意 曲線は図のようになる．

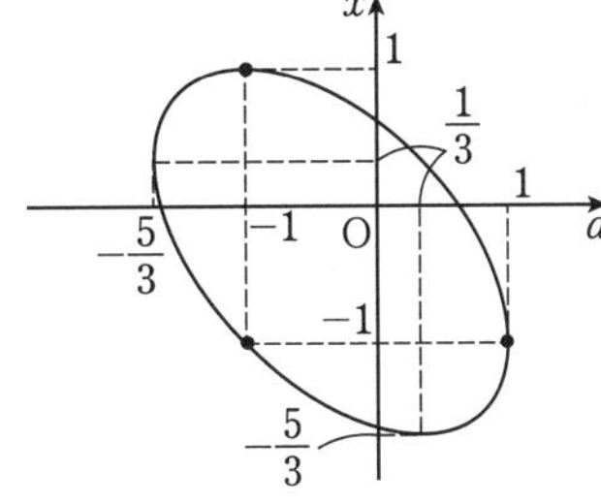

《解の配置（A10）☆》

17． a を実数の定数とし，x の 2 次方程式

$$x^2-2ax+2a^2-a-6=0\ \cdots\cdots\cdots\cdots(*)$$

について考える．

$(*)$が異なる 2 つの実数解をもつとき，a のとり

得る値の範囲は，$\square < a < \square$ である．
$(*)$が異なる2つの正の解をもつとき，a のとり得る値の範囲は，$\square < a < \square$ である．
（21　国際医療福祉大・医）

▶解答◀　方程式 $x^2-2ax+2a^2-a-6=0$ の判別式を D とする．

$$\frac{D}{4}=a^2-(2a^2-a-6)$$
$$=-(a^2-a-6)=-(a-3)(a+2)>0$$
$$\boldsymbol{-2<a<3} \quad \cdots\cdots ①$$

方程式の解を $x=\alpha, \beta$ とおく．①のもとで，$\alpha>0$ かつ $\beta>0$ になる条件は $\alpha+\beta>0$ かつ $\alpha\beta>0$ である．解と係数の関係より $2a>0$ かつ $2a^2-a-6>0$ となる．$a>0$ かつ $(2a+3)(a-2)>0$ となり，$a>0$ のとき $2a+3>0$ であるから $a>2$ となる．①と合わせて

$\boldsymbol{2<a<3}$

不等式がいくつかあるときには，部分部分を組み合わせて少しずつ整理した方がよい．皆まとめて図示するのが好きな人のために図示をしておく．

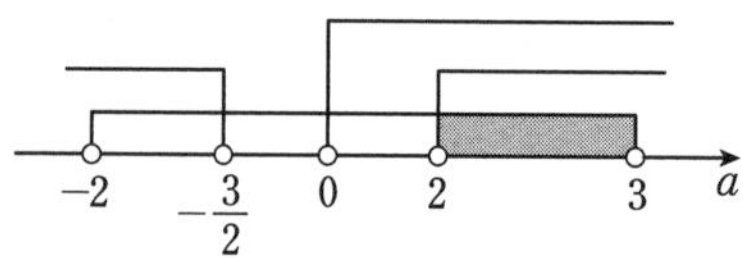

《解の配置（B20）☆》

18．a, b を実数とする．曲線 $y=ax^2+bx+1$ が x 軸の正の部分と共有点をもたないような点 (a, b) の領域を図示せよ．（21　東北大・共通）

▶解答◀　$f(x)=ax^2+bx+1$ とおくと，$f(0)=1$ である．

（ア）$a<0$ のとき：
$y=f(x)$ は上に凸の放物線であり，$f(0)>0$ より必ず x 軸の正の部分と共有点をもつから，不適である．

（イ）$a=0$ のとき：
$y=f(x)$ は直線であり，x 軸の正の部分と共有点をもたない条件は傾きが0以上，すなわち $b \geqq 0$ である．

（ウ）$a>0$ のとき：
$y=f(x)$ は下に凸の放物線であり，軸は $x=-\frac{b}{2a}$ である．$f(x)=0$ の判別式を D としたとき，x 軸の正の部分と共有点をもたない条件は，図1のように $D<0$ または軸が0以下であることである．

$$D=b^2-4a<0 \text{ または } -\frac{b}{2a} \leqq 0$$
$$a>\frac{b^2}{4} \text{ または } b \geqq 0$$

以上（ア）〜（ウ）を図示すると図2の網目部分のようになる．ただし，太線部のみ境界を含む．

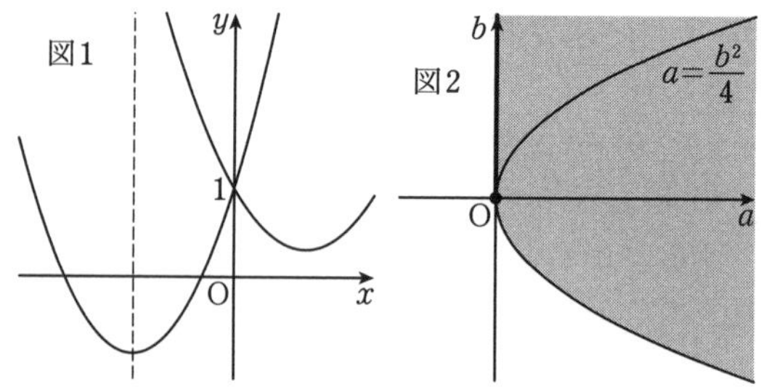

◆別解◆　$ax^2+bx+1=0$ は $x=0$ を解にもたないから，両辺を x^2 で割って

$$a+\frac{b}{x}+\frac{1}{x^2}=0$$

$t=\frac{1}{x}$ とおくと，

$$t^2+bt+a=0$$

これが正の解をもたない条件は，実数解をもたない，または，0以下の解のみをもつことである．この方程式の判別式を D' をおくと，

$$D'=b^2-4a<0 \qquad \therefore \quad a>\frac{b^2}{4}$$

または

$$(2\text{解の積})=a \geqq 0,\ (2\text{解の和})=-b \leqq 0$$

よって，求める領域は $a>\frac{b^2}{4}$ または $a \geqq 0, b \geqq 0$ であり，これを図示すると図2の網目部分になる．

【1次関数と2次関数】

《係数の判別（A10）☆》

19．a，b，c を定数とし，$f(x)=ax^2+bx+c$ とする．関数 $y=f(x)$ のグラフが下図のようになるとき，次の値の符号を求めよ．

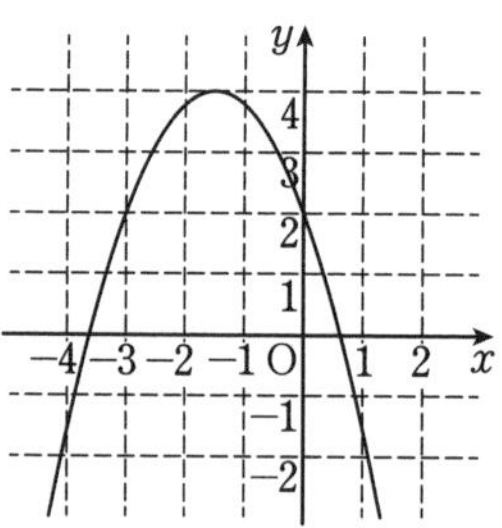

（1）a
（2）b
（3）b^2-4ac
（4）$4a-2b+c$
（5）$a-b$
（6）$5a-3b+2c$　　（21　岡山理大・B日程）

▶解答◀　（1）放物線は上に凸であるから，$\boldsymbol{a<0}$

（2） 軸は $x=-\dfrac{b}{2a}<0$ であるから，$\boldsymbol{b<0}$

（3） 判別式を D とする．$y=f(x)$ は x 軸と異なる 2 点で交わるから，$D=\boldsymbol{b^2-4ac>0}$

（4） $f(-2)=\boldsymbol{4a-2b+c>0}$

（5） $f(0)=c=2$ で，$f(-1)>2$ より

$$a-b+2>2 \qquad \therefore\ \boldsymbol{a-b>0}$$

（6） $4a-2b+c>0$ と $a-b+c>0$ を辺ごとに加えて $\boldsymbol{5a-3b+2c>0}$

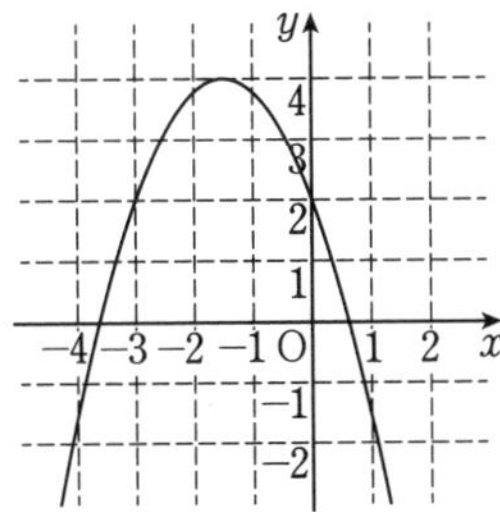

注意 【b について】

$f'(x)=2ax+b$ であるから $f'(0)=b$ である．点 $(0,2)$ における接線の傾きは負であるから $b<0$

《グラフの移動（A5）》

20．ある 2 次関数 $y=f(x)$ のグラフを，x 軸方向に -3, y 軸方向に -2 平行移動したのちに，原点に関して対称移動したグラフを，さらに x 軸方向に 3, y 軸方向に 2 平行移動すると関数 $y=-2x^2+3$ のグラフと一致した．関数 $f(x)$ を求めよ．

（21　愛知医大・看護-推薦）

▶解答◀ 曲線 $y=f(x)$ の頂点を (a,b) とし，最初の平行移動で $(a-3,b-2)$ になり，次の O に関する対称移動で $(-a+3,-b+2)$，次の平行移動で $(-a+6,-b+4)$ になる．これが $(0,3)$ であるから $-a+6=0$, $-b+4=3$ で $a=6$, $b=1$ である．また，O に関する対称移動で x^2 の係数は符号を変えるから，元の係数は 2 である．$f(x)=\boldsymbol{2(x-6)^2+1}$

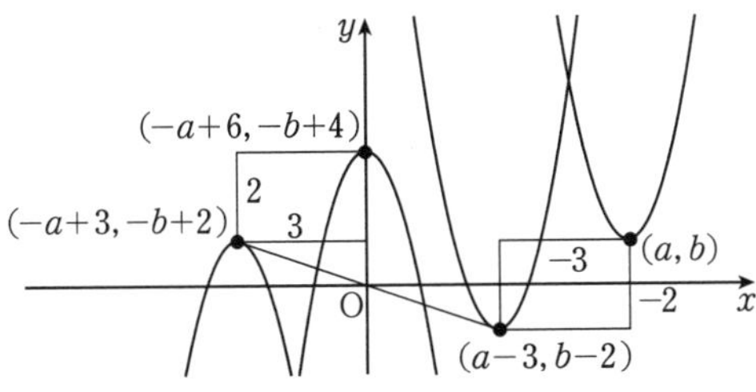

《関数のグラフ（B20）☆》

21．a を実数とする．x の 2 次関数

$$y=x^2+2ax+(2a^2-3a+2)$$

について，次の問いに答えよ．

（1） この 2 次関数のグラフの頂点の座標を a を用いて表せ．

（2） $y>0$ がすべての実数 x に対して成り立つような a の値の範囲を求めよ．

（3） 0 以上のすべての実数 x に対して $y>0$ となることを示せ．

（21　島根大・後期）

▶解答◀ （1） $y=(x+a)^2+a^2-3a+2$

頂点の座標は $\boldsymbol{(-a,\ a^2-3a+2)}$ である．

（2） $a^2-3a+2>0$ のときで $(a-1)(a-2)>0$

$$\boldsymbol{a<1,\ a>2}$$

（3） $a<1$, $a>2$ のとき，（2）より，すべての実数 x に対して $y>0$ である．

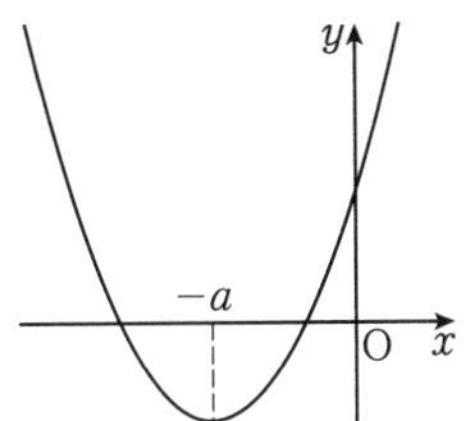

$f(x)=x^2+2ax+(2a^2-3a+2)$ とおく．

$1 \leqq a \leqq 2$ のとき，頂点の x 座標 $-a<0$ であり

$$f(0)=2a^2-3a+2=2\left(a-\frac{3}{4}\right)^2+\frac{7}{8}>0$$

よって，0 以上のすべての実数 x に対して $y>0$ である．

以上より，a の値にかかわらず，0 以上のすべての実数 x について $y>0$ である．

◆別解◆ a について整理して

$$\begin{aligned}y&=2a^2+(2x-3)a+x^2+2\\&=2\left(a+\frac{2x-3}{4}\right)^2-\frac{(2x-3)^2}{8}+x^2+2\\&=2\left(a+\frac{2x-3}{4}\right)^2+\frac{1}{8}(4x^2+12x+7)\end{aligned}$$

$x \geqq 0$ のとき $4x^2+12x+7>0$ だから $y>0$

《自然数変数のとき（A5）》

22．n を自然数，a, b, c を実数とし，$a \neq 0$ とするとき，次の記述における □ ～ □ に適切な数値を入れなさい．n の関数 an^2+bn+c が $n=2$ で最大値をとるための必要十分条件は，$a<$ □ かつ □ $\leqq \dfrac{b}{a} \leqq$ □ です．（21　横浜市大・共通）

▶解答◀ まず，「$n=2$ で最大値をとる」というのは「最大値を与える n の値が 2 だけである」ということではない．複数ある場合はその 1 つが 2 ということである．本問のようなときに「まず，実数変数にして $y=ax^2+bx+c$ のグラフを考えて軸は $x=-\dfrac{b}{2a}$」と，

文字を変える大人が多いが，高校生のときの私は，そんなことをしたことがない．

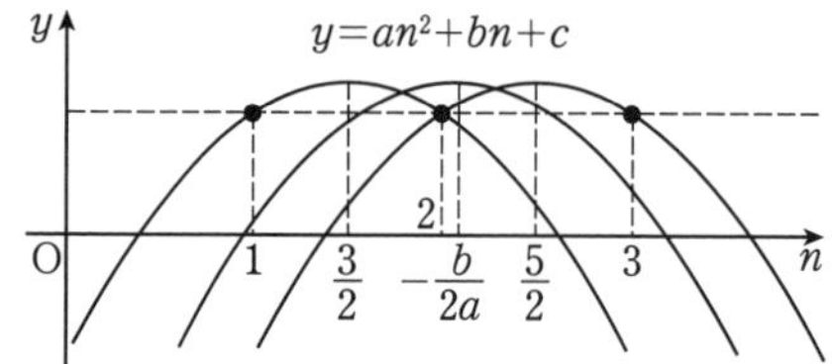

まず，「自然数 n」を忘れ，n を実数変数と思え．曲線 $y=an^2+bn+c$ の軸は $n=-\dfrac{b}{2a}$ にある．特に n が自然数を動くとき，$n=2$ で最大値をとる必要十分条件は，$a<0$ であり，かつ $\dfrac{3}{2}\leqq-\dfrac{b}{2a}\leqq\dfrac{5}{2}$ である．

$\boldsymbol{a<0}$ **かつ** $\boldsymbol{-5\leqq\dfrac{b}{a}\leqq-3}$

《置き換えて 2 次関数 (B10) ☆》

23. m を実数とする．x の 2 次方程式

$$m^2x^2-mx+m+2=0$$

が異なる 2 つの実数解 α,β をもつような定数 m の値の範囲は $m<\dfrac{\square}{\square}$ である．また，m がこの範囲にあるとき，$(\alpha-\beta)^2$ の最大値は $\dfrac{\square}{\square}$ である．　(21　東邦大・医)

▶解答◀ $m^2x^2-mx+m+2=0$ ………………①

は 2 次方程式であるから，$m\neq0$ である．

判別式を D とする．

$$D=(-m)^2-4m^2(m+2)=m^2(-4m-7)>0$$

のときである．$m^2>0$ であるから $-4m-7>0$ であり，$m<\boldsymbol{\dfrac{-7}{4}}$

① を m^2 で割り，$\dfrac{1}{m}=t$ とおくと

$$x^2-tx+t+2t^2=0$$

$$x=\frac{t\pm\sqrt{-4t-7t^2}}{2}$$

$$(\alpha-\beta)^2=-4t-7t^2=\frac{4}{7}-7\left(t+\frac{2}{7}\right)^2$$

は $t=-\dfrac{2}{7}$ のとき最大値 $\boldsymbol{\dfrac{4}{7}}$ をとる．このとき $m=-\dfrac{7}{2}<-\dfrac{7}{4}$ を満たす．

◆別解◆ ① について，解と係数の関係より

$$\alpha+\beta=-\frac{-m}{m^2}=\frac{1}{m},\ \alpha\beta=\frac{m+2}{m^2}$$

であるから

$$(\alpha-\beta)^2=(\alpha+\beta)^2-4\alpha\beta$$

$$=\frac{1}{m^2}-4\cdot\frac{m+2}{m^2}=-\frac{4m+7}{m^2}=f(m)$$

とおく．

$$f'(m)=-\frac{4m^2-(4m+7)\cdot2m}{m^4}$$

$$=-\frac{-4m^2-14m}{m^4}=\frac{2(2m+7)}{m^3}$$

m	$\cdots$	$-\frac{7}{2}$	$\cdots$	$-\frac{7}{4}$
$f'(m)$	$+$	0	$-$	
$f(m)$	↗		↘	

$(\alpha-\beta)^2$ の最大値は

$$f\left(-\frac{7}{2}\right)=-\frac{-14+7}{\frac{49}{4}}=\boldsymbol{\frac{4}{7}}$$

《2 変数関数 (B20) ☆》

24. x,y の関数

$$f(x,y)=3x^2-6xy+7y^2+12x-14y+12$$

がある．$x\geqq0,y\geqq0$ のとき，$f(x,y)$ の最小値は $\square$ である．　(21　産業医大)

▶解答◀

$$f(x,y)=3x^2-6(y-2)x+7y^2-14y+12$$

$$=3\{x-(y-2)\}^2-3(y-2)^2+7y^2-14y+12$$

$$=3\{x-(y-2)\}^2+4y^2-2y$$

まず，y を $y\geqq0$ の範囲で固定し，x を動かして最小値を y で表す．その後，その最小値の y を動かし，最小値の最小値を得る．

(ア)　$y-2\geqq0$，すなわち，$y\geqq2$ のとき．

$x\geqq0$ の範囲で x を動かす．$x=y-2$ のとき $f(x,y)$ は最小となり，最小値は

$$f(y-2,y)=4y^2-2y=4\left(y-\frac{1}{4}\right)^2-\frac{1}{4}$$

ここで $y\geqq2$ の範囲で y を動かす．

$y=2$ のとき $f(y-2,y)$ は最小となり，最小値は

$$f(0,2)=4\cdot2^2-2\cdot2=12$$

(イ)　$y-2<0$，すなわち，$0\leqq y<2$ のとき．

$x\geqq0$ の範囲で x を動かす．$x=0$ のとき $f(x,y)$ は最小となり，最小値は

$$f(0,y)=7y^2-14y+12=7(y-1)^2+5$$

ここで $0\leqq y<2$ の範囲で y を動かす．$y=1$ のとき $f(0,y)$ は最小となり，最小値は $f(0,1)=5$

(ア), (イ) より，求める最小値は $f(0,1)=\boldsymbol{5}$ である．

《2 変数関数 (B30) ☆》

25. 連立不等式 $-2\leqq x\leqq2$，$-2\leqq y\leqq2$ の表す領域を D とする．

(1)　点 (x,y) が領域 D 内を動くとき，

$$2x^2+y^2+3x-2y+1$$

のとる値の最大値は $\square$，最小値は $\dfrac{\square}{\square}$ である．

（２） 点 (x, y) が領域 D 内を動くとき，

$$x^2-4xy+4y^2+2x+y+1$$

のとる値の最大値は $\square$，最小値は $\dfrac{\square}{\square}$ である．

（21　順天堂大・医）

考え方 領域を描くが，最初の解法は数学 II の解法ではない．1 文字を固定して他を動かすという，デカルトの格言「困難は分割せよ」を実践している．だから，部分部分では 1 変数の関数である．そして「有界閉集合を定義域とする連続関数は内点における極値または，周における極値のどれかで最大になる」という，大学での定理の穏やかな実践になっている．

▶解答◀ （１） $2x^2+y^2+3x-2y+1$

$$=2\left(x+\frac{3}{4}\right)^2+(y-1)^2-\frac{9}{8}$$

$-2 \leqq x \leqq 2$，$-2 \leqq y \leqq 2$ より，$-\frac{3}{4}$ から最も遠くに離れた $x=2$ で，1 から最も遠くに離れた -2 で最大値 $8+4+6+4+1=\mathbf{23}$ をとり，$(x, y)=\left(-\frac{3}{4}, 1\right)$ で最小値 $\dfrac{\mathbf{-9}}{\mathbf{8}}$ をとる．

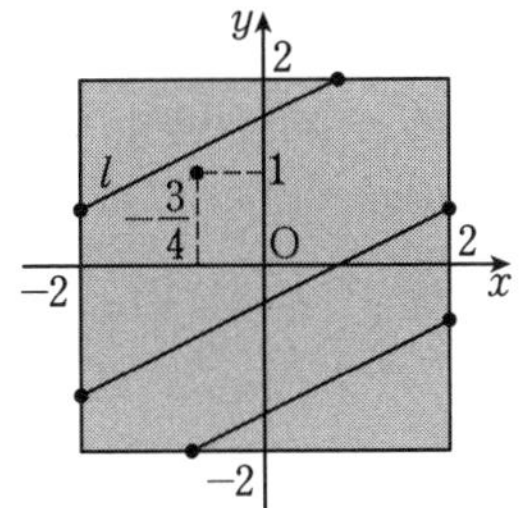

（２） $z=x^2-4xy+4y^2+2x+y+1$ とおく．

$$z=(x-2y)^2+2(x-2y)+5y+1$$
$$=(x-2y+1)^2+5y$$

$x-2y+1=k$ とおくと，$z=k^2+5y$ である．

k を一定にして，直線 $l: x-2y+1=k$ と D の共通部分（線分または点）で (x, y) を動かす．z は y が大きいほど大きく，y が小さいほど小さい．

よって z が最大になるのは

（ア） $x=2$，$-2 \leqq y \leqq 2$

（イ） $y=2$，$-2 \leqq x \leqq 2$

のどこかでおこり，最小になるのは

（ウ） $x=-2$，$-2 \leqq y \leqq 2$

（エ） $y=-2$，$-2 \leqq x \leqq 2$

のどこかでおこる．

（ア）のとき．

$$z=4-8y+4y^2+4+y+1$$
$$=4y^2-7y+9$$

この軸：$y=\frac{7}{8}$ から最も離れた $y=-2$ で最大値 $16+14+9=39$ をとる．

（イ）のとき．

$$z=x^2-8x+16+2x+2+1$$
$$=x^2-6x+19$$

この軸：$x=3$ から最も離れた $x=-2$ で最大値 $4+12+19=35$ をとる．

（ウ）のとき．

$$z=4+8y+4y^2-4+y+1$$
$$=4y^2+9y+1=4\left(y+\frac{9}{8}\right)^2-\frac{65}{16}$$

は $y=-\frac{9}{8}$ で最小値 $-\frac{65}{16}$ をとる．

（エ）のとき．

$$z=x^2+8x+16+2x-2+1$$
$$=x^2+10x+15=(x+5)^2-10$$

は $x=-2$ で最小値 -1 をとる．

$-\frac{65}{16}<-1$，$35<39$ より最大値は $\mathbf{39}$，最小値は $\dfrac{\mathbf{-65}}{\mathbf{16}}$

《最大値と最小値（B20）☆》

26． a を定数とし，関数

$$y=2x^2-4ax+a\ (0 \leqq x \leqq 1)$$

の最大値を M，最小値を m とする．このとき，次の問に答えよ．

（１） $a=-1$ のとき，m の値を答えよ．

（２） m の値が最大となる a の値を答えよ．

（３） M の値が最小となる a の値を答えよ．

（21　防衛大・理工）

▶解答◀ （１） $a=-1$ のとき，

$$y=2x^2+4x-1 \qquad \therefore \quad y=2(x+1)^2-3$$

は $x=0$ で最小値 $m=\mathbf{-1}$ をとる．

（２） $f(x)=2x^2-4ax+a$ とおく．

$$f(x)=2(x-a)^2-2a^2+a$$

m, M は区間の端または軸の位置でとり，

$f(0)=a$, $f(1)=2-3a$, $f(a)=a-2a^2$

の中にある．ただし $f(x)$ の 2 次の係数は正であるから，曲線 $y=f(x)$ は下に凸であり，$f(a)$ が有効なのは $x=a$ が区間内にあるとき，すなわち $0 \leqq a \leqq 1$ のときであり，そのとき $m=f(a)=-2\left(a-\frac{1}{4}\right)^2+\frac{1}{8}$ である．

これと $Y=a,\ Y=2-3a$ のグラフを描いて，m を表すグラフは図の下側の太線部分である．m が最大となるのは $a=\mathbf{\frac{1}{4}}$ のときである．

（**3**） M を表すグラフは図の上方の太線部分（V 字部分）である．$a=2-3a$ のとき $a=\frac{1}{2}$ であるから，M が最小となるのは $a=\mathbf{\frac{1}{2}}$ のときである．

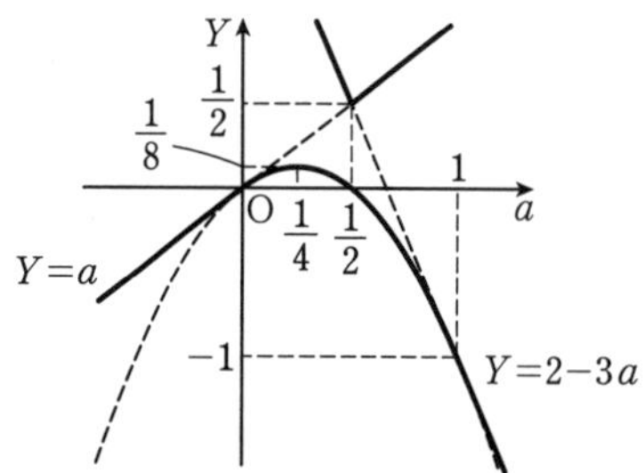

◆別解◆ （**2**） $f(x)=2(x-a)^2-2a^2+a$

（ア） $1\leqq a$ のとき，$m=f(1)=2-3a$

（イ） $0\leqq a\leqq 1$ のとき，$m=f(a)=-2a^2+a$

（ウ） $a\leqq 0$ のとき，$m=f(0)=a$

$a\leqq 0$ のとき m は増加し，$1\leqq a$ のとき m は減少するから，$0\leqq a\leqq 1$ の範囲で m は最大となる．

$$m=-2a^2+a=-2\left(a-\frac{1}{4}\right)^2+\frac{1}{8}$$

よって，m が最大となるとき，$a=\mathbf{\frac{1}{4}}$

（**3**） 区間の中央 $x=\frac{1}{2}$ と軸 $x=a$ の大小で場合分けする．

（エ） $\frac{1}{2}\leqq a$ のとき，$M=f(0)=a$

（オ） $a\leqq\frac{1}{2}$ のとき，$M=f(1)=2-3a$

$\frac{1}{2}\leqq a$ のとき M は増加し，$a\leqq\frac{1}{2}$ のとき M は減少するから，M が最小となるとき，$a=\mathbf{\frac{1}{2}}$

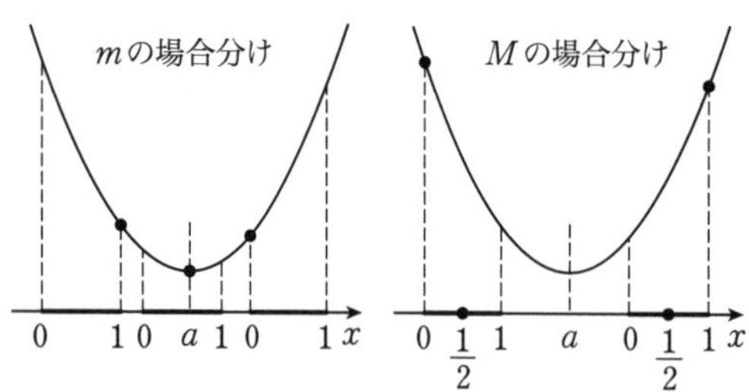

《最大値と最小値（B20）》

27． a を正の定数とし，x の関数

$$f(x)=x^2-4ax+6a^2-6a-11$$

を考える．$a\leqq x\leqq a+2$ における $f(x)$ の最小値を m，最大値を M とする．

（1） $a=3$ のとき，$m=-\square$，$M=\square$ である．

（2） $m=0$ となるのは，$a=\square$ のときである．

（3） $M=0$ となるのは，$a=\square$ のときである．

（21 獨協医大）

考え方 関数と区間に a が入っていると普通の学校での方法だと混乱するから丁寧な普通の方法はやめた方がよい．区間の端と極値を考える．

▶解答◀ $f(x)=(x-2a)^2+2a^2-6a-11$

のグラフは下に凸である．$M,\ m$ は区間の端または軸の位置でとり，

$$f(2a)=2a^2-6a-11$$

$$f(a)=3a^2-6a-11$$

$$f(a+2)=(2-a)^2+2a^2-6a-11$$

$$=3a^2-10a-7$$

の中にある．ただし $f(2a)$ が有効なのは

$a\leqq 2a\leqq a+2\ (0<a\leqq 2)$ のときに限り，そのとき $m=f(2a)$ である．

$m=2a^2-6a-11$ のグラフの軸は $a=\frac{3}{2}$ である．

$$f(a)-f(a+2)=4a-4$$

$f(a)=f(a+2)$ になるのは $a=1$ のときである．図を見よ．上側の太線は M のグラフ，下側の太線は m のグラフである．

$a\geqq 1$ のとき $M=f(a)=3a^2-6a-11$

$0<a\leqq 1$ のとき $M=f(a+2)=3a^2-10a-7$

$a\geqq 2$ のとき $m=f(a+2)=3a^2-10a-7$

（**1**） $a=3$ のとき

$$m=f(5)=\mathbf{-10},\quad M=f(3)=\mathbf{-2}$$

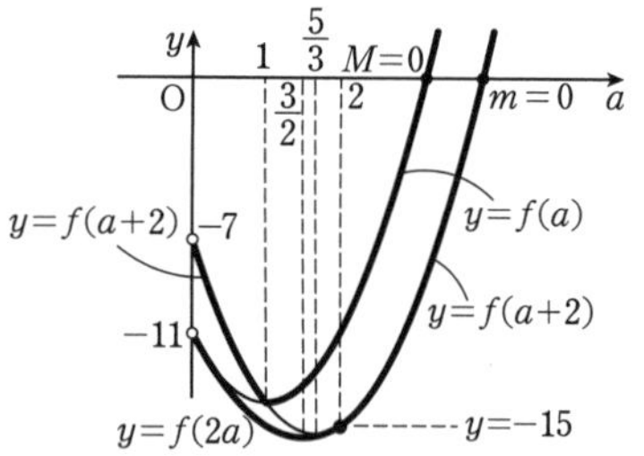

（**2**） $3a^2-10a-7=0,\ a>2$ を解いて $a=\mathbf{\frac{5+\sqrt{46}}{3}}$

（**3**） $3a^2-6a-11=0,\ a\geqq 1$ を解いて $a=\mathbf{\frac{3+\sqrt{42}}{3}}$

《1 次関数の絶対値と 2 次関数（B30）☆》

28． n を 2 以上の自然数とし，$a_1,\ a_2,\ \cdots,\ a_n$ を $a_1\leqq a_2\leqq\cdots\leqq a_n$ を満たす実数とする．n 個のデータ $a_1,\ a_2,\ \cdots,\ a_n$ の平均値を m，標準偏差を s，中央値を M とする．以下の問いに答えよ．

（1） 関数

$$f(x)=(x-a_1)^2+(x-a_2)^2+\cdots+(x-a_n)^2$$

の最小値，およびそのときの x の値を n, m, s, M のうち必要なものを用いて表せ．

（2） n は偶数であるとする．このとき，関数

$$g(x)=|x-a_1|+|x-a_2|+\cdots+|x-a_n|$$

は $x=M$ で最小となることを示せ．

（3） n は偶数であるとする．このとき，（2）の関数 $g(x)$ が最小値をとる x がただ一つであるための必要十分条件を，$a_1, a_2, \cdots, a_n$ のうち必要なものを用いて述べよ． （21 広島大・後期）

▶解答◀ （1） $f'(x)$

$$=2(x-a_1)+2(x-a_2)+\cdots+2(x-a_n)$$

$$=2n\left(x-\frac{a_1+a_2+\cdots+a_n}{n}\right)=2n(x-m)$$

$x<m$ では $f'(x)<0$，$x>m$ では $f'(x)>0$ となるから $x=\boldsymbol{m}$ で極小かつ最小となる．最小値は

$$f(m)=(m-a_1)^2+(m-a_2)^2+\cdots+(m-a_n)^2$$

$$=n\cdot\frac{(a_1-m)^2+(a_2-m)^2+\cdots+(a_n-m)^2}{n}$$

$$=\boldsymbol{ns^2}$$

（2） $x\leqq a_1$ のとき

$$g(x)=-(x-a_1)-(x-a_2)-\cdots-(x-a_n)$$

$$=-nx+\cdots$$

$a_1\leqq x\leqq a_2$ のとき

$$g(x)=(x-a_1)-(x-a_2)-\cdots-(x-a_n)$$

$$=-(n-2)x+\cdots$$

x の係数は $-n, -(n-2), \cdots$ となっていき，n が偶数のときは，$n=2k$ として $a_k\leqq x\leqq a_{k+1}$ のときに x の係数は 0 になる．

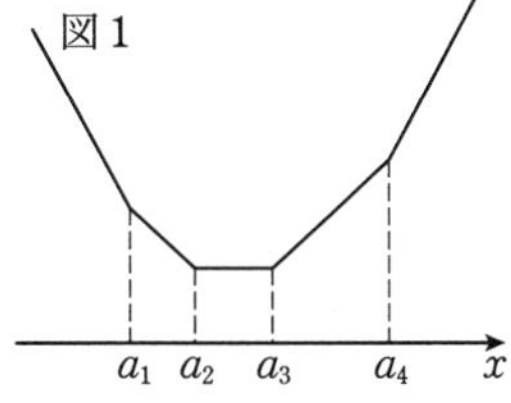

以後は x の係数は正であるから $g(x)$ は $a_k\leqq x\leqq a_{k+1}$ で最小になる．

$M=\dfrac{a_k+a_{k+1}}{2}$ であり，$a_k\leqq M\leqq a_{k+1}$ となるから $g(x)$ は $x=M$ で最小値をとる．

（3） （2）から，$g(x)$ が最小値をとる x がただ一つとなるための必要十分条件は $a_k=a_{k+1}$ である．すなわち，求める必要十分条件は $\boldsymbol{a_{\frac{n}{2}}=a_{\frac{n}{2}+1}}$ である．

♦別解♦ （2） n が偶数のとき．$n=2k$ とおく．k は正の整数である．$M=\dfrac{a_k+a_{k+1}}{2}$ となる．

$a<b$ のとき，数直線上の距離を考え

$$|x-a|+|x-b|\geqq b-a$$

等号は $a\leqq x\leqq b$ のとき成り立つ．図 2 を見よ．

図 2

$x\leqq a$ のとき　$a\leqq x\leqq b$ のとき　$b\leqq x$ のとき

$|x-a|$　$|x-b|$　x　a　x　b　x　$|x-a|$　$|x-b|$　$|x-a|$　$|x-b|$

以下で括弧内は等号成立条件である．

$$|x-a_1|+|x-a_{2k}|$$
$$\geqq a_{2k}-a_1\ (a_1\leqq x\leqq a_{2k})$$
$$|x-a_2|+|x-a_{2k-1}|$$
$$\geqq a_{2k-1}-a_2\ (a_2\leqq x\leqq a_{2k-1})$$
$$\vdots$$
$$|x-a_{k-1}|+|x-a_{k+2}|$$
$$\geqq a_{k+2}-a_{k-1}\ (a_{k-1}\leqq x\leqq a_{k+2})$$
$$|x-a_k|+|x-a_{k+1}|$$
$$\geqq a_{k+1}-a_k\ (a_k\leqq x\leqq a_{k+1})$$

辺ごとに加えて

$$g(x)\geqq(a_{2k}-a_1)+(a_{2k-1}-a_2)+\cdots+(a_{k+2}-a_{k-1})+(a_{k+1}-a_k)$$

右辺の値の計算は省略する．等号は以上の成立条件がすべて成り立つとき，すなわち $a_k\leqq x\leqq a_{k+1}$ のときに成り立つ．したがって，$a_k\leqq x\leqq a_{k+1}$ を満たす値のとき $g(x)$ は最小値をとる．$a_k\leqq M\leqq a_{k+1}$ であるから $g(x)$ は $x=M$ で最小値をとる．

【不等式】

《1次不等式の解の存在性 (A5) ☆》

29. 次の連立不等式を解け.

(1) $\begin{cases} 6x-3<x+1 \\ 3(x-1)<5x-7 \end{cases}$

(2) $\begin{cases} 4x^2+4x-3 \geqq 0 \\ 3x^2+8x-3 \leqq 0 \end{cases}$ (21 釧路公立大・中期)

▶解答◀ (1) $6x-3<x+1$

$x<\dfrac{4}{5}$ ……①

$3(x-1)<5x-7$

$2x>4 \quad \therefore \quad x>2$ ……②

①, ②から, **解なし**

(2) $4x^2+4x-3 \geqq 0$

$(2x+3)(2x-1) \geqq 0$

$x \leqq -\dfrac{3}{2}$ または $\dfrac{1}{2} \leqq x$ ……③

$3x^2+8x-3 \leqq 0$

$(3x-1)(x+3) \leqq 0$

$-3 \leqq x \leqq \dfrac{1}{3}$ ……④

③, ④から $\boldsymbol{-3 \leqq x \leqq -\dfrac{3}{2}}$

《2次不等式の基本形 (A5) ☆》

30. α, β を実数とし, $\beta<0$ とする. 2次不等式 $x^2+\alpha x+\beta<0$ の解を $p<x<q$ とするとき, 2次不等式 $x^2+\alpha\beta x+\beta^3<0$ の解を p と q を用いて表すと, □ である. (21 芝浦工大)

▶解答◀ $x^2+\alpha x+\beta<0$ の解が, $p<x<q$ であるから, $x^2+\alpha x+\beta=0$ の2解が p, q で, 解と係数の関係から $p+q=-\alpha$, $pq=\beta$

このとき, $x^2+\alpha\beta x+\beta^3<0$ は
$x^2-(p+q)pqx+p^3q^3<0$ となり

$(x-p^2q)(x-pq^2)<0$

$\beta<0$ であるから $pq<0$ で, $p<q$ と合わせて $p<0<q$ となる. $pq^2<0<p^2q$ であるから求める解は, $\boldsymbol{pq^2<x<p^2q}$

《2次不等式 (A10) ☆》

31. a を定数として, 関数

$f(x)=x^2+2ax-a^2+3a$

について次の問に答えよ.

(1) すべての x について, $f(x) \geqq 0$ となるときの定数 a の値の範囲は □ $\leqq a \leqq$ □ である.

(2) $x \geqq 0$ を満たすすべての x について, $f(x) \geqq 0$ となるときの定数 a の値の範囲は □ $\leqq a \leqq$ □ である.

(3) $a \leqq x \leqq a+1$ を満たすすべての x について, $f(x) \leqq 0$ となるときの定数 a の値の範囲は □ $\leqq a \leqq$ □ である. (21 星薬大・B方式)

▶解答◀ (1) $f(x)=(x+a)^2-2a^2+3a$

すべての x について, $f(x) \geqq 0$ となるのは, $f(x)$ の最小値が0以上のときである. $f(-a)=a(3-2a) \geqq 0$

$\boldsymbol{0 \leqq a \leqq \dfrac{3}{2}}$

(2) こうした問題はまず, 端点での値を調べると範囲が絞れてよい. $x \geqq 0$ を満たすすべての x について, $f(x) \geqq 0$ となるならば, $f(0)=a(3-a) \geqq 0$ である. $0 \leqq a \leqq 3$ で, 曲線 $y=f(x)$ の軸は $x=-\dfrac{a}{2} \leqq 0$ にあるから, $x \geqq 0$ で常に $f(x) \geqq 0$ となる. $\boldsymbol{0 \leqq a \leqq 3}$

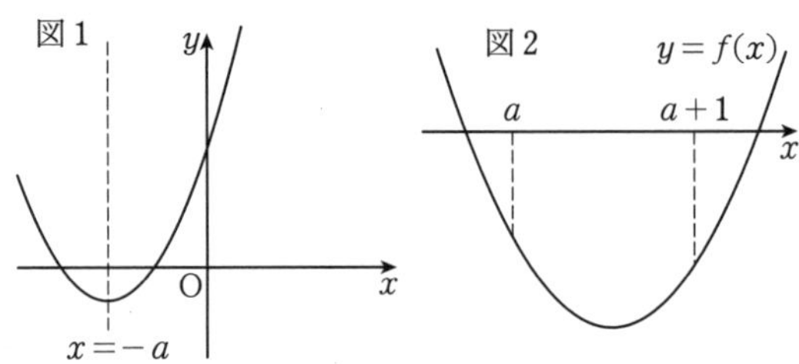

(3) $a \leqq x \leqq a+1$ を満たすすべての x について $f(x) \leqq 0$ となる条件は $f(a) \leqq 0$ かつ $f(a+1) \leqq 0$ である (図2を参照). $f(a)=a(2a+3) \leqq 0$ で,

$-\dfrac{3}{2} \leqq a \leqq 0$

$f(a+1)=(a+1)^2+2a(a+1)-a^2+3a$

$=2a^2+7a+1 \leqq 0$

$\dfrac{-7-\sqrt{41}}{4} \leqq a \leqq \dfrac{-7+\sqrt{41}}{4}$

近似計算すると

$\dfrac{-7-\sqrt{41}}{4}=\dfrac{-7-6.\cdots}{4}=-3.\cdots<-\dfrac{3}{2}$

であり, また $\dfrac{-7+\sqrt{41}}{4}>0$ である.

以上より, 求める a の値の範囲は

$\boldsymbol{-\dfrac{3}{2} \leqq a \leqq \dfrac{-7+\sqrt{41}}{4}}$

《文字の入った2次不等式 (B20) ☆》

32. a を定数とする. x についての不等式

$ax^2-(a+1)x+1>0$

を解け. (21 愛知医大・看護-推薦)

▶解答◀ $\boldsymbol{a=0}$ のとき $-x+1>0$ で $\boldsymbol{x<1}$

$a \neq 0$ のとき $(x-1)(ax-1)>0$

$$a(x-1)\left(x-\frac{1}{a}\right)>0$$

$\boldsymbol{a<0}$ のとき，$(x-1)\left(x-\dfrac{1}{a}\right)<0$ で，2 解の間の形で $\boldsymbol{\dfrac{1}{a}<x<1}$

$a>0$ のとき $(x-1)\left(x-\dfrac{1}{a}\right)>0$ で 2 解の外側の形．

$\boldsymbol{a>1}$ のとき，$\dfrac{1}{a}<1$ であるから，$\boldsymbol{x<\dfrac{1}{a},\ 1<x}$

$\boldsymbol{0<a<1}$ のとき，$\dfrac{1}{a}>1$ であるから，$\boldsymbol{x<1,\ \dfrac{1}{a}<x}$

$\boldsymbol{a=1}$ のとき，$\dfrac{1}{a}=1$ であるから，$\boldsymbol{x\neq}$

♦別解♦　不等式より

$$(x-1)(ax-1)>0$$

これを満たす点 (a, x) の存在範囲を ax 平面に図示すると，図の網目部分となる．ただし，境界は含まない．

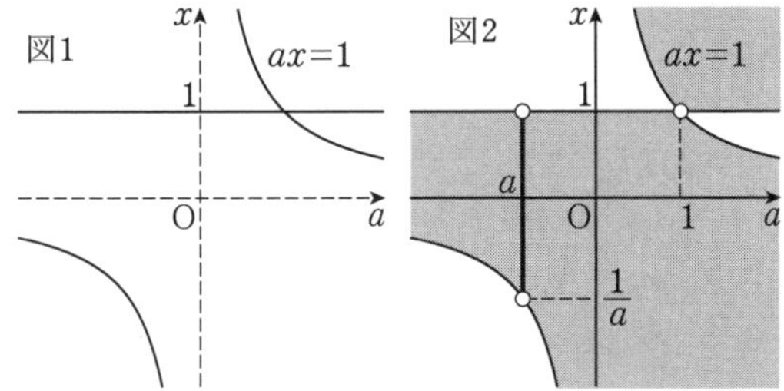

図示の仕方を述べる．まず，各因子（学校では因数と習うが，式だから factor の訳語として因子の方がよい）$x-1,\ ax-1$ の境界は $x=1,\ ax=1$ である．$x-1$ については，この $x-1>0$，$x-1<0$ の符号の分かれ目になっているものを境界といい，$x-1$ の境界は $x=1$ である．$ax-1$ の境界は $ax=1$ である．曲線 $ax=1$ は反比例のグラフであり中学校レベルである．ax 平面で，直線 $x=1$（左右に伸びる直線）と反比例のグラフ $ax=1$ で区切る．図 1 のように，ax 平面全体は，5 つの部分に分かれる．座標軸は境界ではないから，注意しよう．図 1 では座標軸を点線にした．右上の，遠くの点の座標，たとえば $x=100,\ y=100$ を $(x-1)(ax-1)>0$ に代入すると成り立つ．点 $(100, 100)$ は適する領域にある．この点を含む領域は適する．境界を飛び越えるたびに適と不適を交代する．a は定数である．a を定めて網目部分をタテに切ると，切り口の x の範囲が不等式の解である．たとえば，$a=-0.8$ のときは，図 2 の太線部分の x 座標の範囲が解である．よって，不等式の解は

$\boldsymbol{a<0}$ のとき $\boldsymbol{\dfrac{1}{a}<x<1}$

$\boldsymbol{a=0}$ のとき $\boldsymbol{x<1}$

$\boldsymbol{0<a\leqq 1}$ のとき $\boldsymbol{x<1,\ \dfrac{1}{a}<x}$

$\boldsymbol{1<a}$ のとき $\boldsymbol{x<\dfrac{1}{a},\ 1<x}$

《任意変数が 2 つある話（B20）》

33. a を実数とし，

$$f(x)=x^2-4ax+a,$$
$$g(x)=-x^2-2ax-a$$

とする．

（1） すべての実数 x に対し $f(x)\geqq g(x)$ であるための a の条件を求めよ．

（2） すべての実数 $x_1,\ x_2$ に対し $f(x_1)>g(x_2)$ であるための a の条件を求めよ．

（3） $f(x)\geqq g(x)$ がすべての実数 x について成り立ち，かつ $f(x_1)\leqq g(x_2)$ である実数 $x_1,\ x_2$ が存在するための a の条件を求めよ．

（21　大阪医科薬科大・後期）

▶解答◀　（1） すべての実数 x に対して $f(x)-g(x)\geqq 0$ が成り立つときである．（図 1）

$$f(x)-g(x)=2x^2-2ax+2a\geqq 0$$

判別式を D として，$\dfrac{D}{4}=a^2-4a\leqq 0$

$$\boldsymbol{0\leqq a\leqq 4}$$

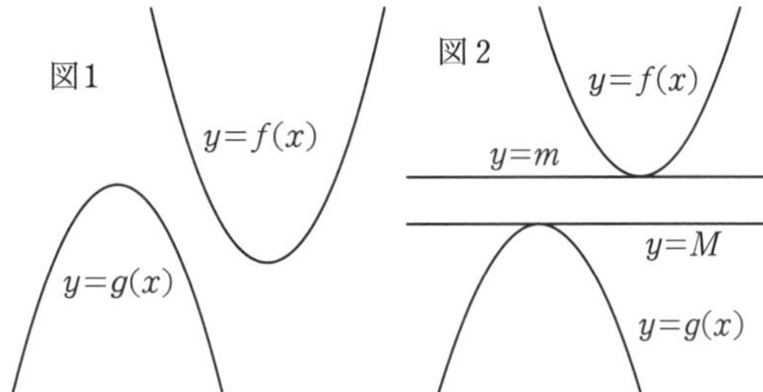

（2） $f(x)$ の最小値を m，$g(x)$ の最大値を M とすると，$m>M$ になるときである．（図 2）

$f(x)=(x-2a)^2-4a^2+a$ より $m=-4a^2+a$

$g(x)=-(x+a)^2+a^2-a$ より $M=a^2-a$

$m-M=2a-5a^2=a(2-5a)>0$ より $\boldsymbol{0<a<\dfrac{2}{5}}$

（3） 「$f(x_1)\leqq g(x_2)$ である実数 $x_1,\ x_2$ が存在する」条件は

「すべての実数 $x_1,\ x_2$ に対して $f(x_1)>g(x_2)$ である」（2）を否定して $a\leqq 0$ または $\dfrac{2}{5}\leqq a$ である．これと $0\leqq a\leqq 4$ の共通部分をとり

$$\boldsymbol{a=0}\ \text{または}\ \boldsymbol{\frac{2}{5}\leqq a\leqq 4}$$

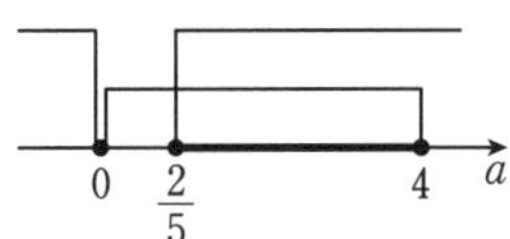

【不等式の解の難問】

《不等式の整数解（D40）》

34．a を $a>1$ である実数とする．x についての連立不等式

$$\begin{cases} x^3+2ax^2-a^2x-2a^3<0 \\ 3x^2-x<4a-12ax \end{cases}$$

の解について考える．連立不等式の解のうち整数であるものの個数を $m(a)$ とする．

（１） 連立不等式を解け．

（２） $a>2$ のとき，$m(a)$ の最小値を求めよ．

（３） $m(a)=4$ となる a の値の範囲を求めよ．

（21　熊本大・前期）

▶解答◀ （１） 与式より

$$(x-a)(x+a)(x+2a)<0,$$

$$(3x-1)(x+4a)<0$$

$a>1$ であるから，$x<-2a$, $-a<x<a$ かつ $-4a<x<\frac{1}{3}$

$$\boldsymbol{-4a<x<-2a,\ -a<x<\frac{1}{3}} \quad \cdots\cdots\cdots\cdots①$$

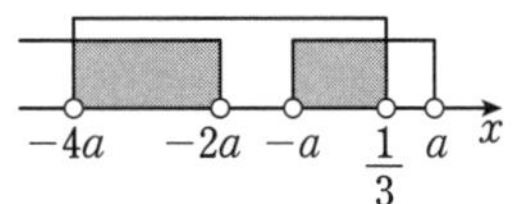

（２） x の小数部分を切り捨てた整数（整数のときにはそのまま）を $\lfloor x\rfloor$，x の小数部分を切り上げた整数（整数のときにはそのまま）を $\lceil x\rceil$ で表す．x が整数のとき①より

$$\lfloor -4a\rfloor<x<\lceil -2a\rceil,\ \lfloor -a\rfloor<x\leqq 0$$

$$\lfloor -4a\rfloor+1\leqq x\leqq\lceil -2a\rceil-1,\ \lfloor -a\rfloor+1\leqq x\leqq 0$$

$$m(a)=\left(\lceil -2a\rceil-1\right)-\left(\lfloor -4a\rfloor+1\right)+1$$
$$+0-\left(\lfloor -a\rfloor+1\right)+1$$
$$=\lceil -2a\rceil-\lfloor -4a\rfloor-\lfloor -a\rfloor-1$$

$a=k-\alpha$ とおく．k は整数で，α は $0\leqq\alpha<1$ を満たす実数である．

$$m(a)=\lceil -2k+2\alpha\rceil-\lfloor -4k+4\alpha\rfloor-\lfloor -k+\alpha\rfloor-1$$

整数は，外に出せて

$$m(a)=-2k+\lceil 2\alpha\rceil+4k-\lfloor 4\alpha\rfloor+k-\lfloor\alpha\rfloor-1$$

となる．$\lfloor\alpha\rfloor=0$ である．ここで $p(\alpha)=\lceil 2\alpha\rceil-\lfloor 4\alpha\rfloor$ とおくと

$$m(a)=3k-1+p(\alpha)$$

となる．$0\leqq 2\alpha<2$, $0\leqq 4\alpha<4$ である．

（ア） $p(0)=0$

$$p\left(\frac{1}{4}\right)=\left\lceil\frac{1}{2}\right\rceil-\lfloor 1\rfloor=1-1=0$$

$$p\left(\frac{1}{2}\right)=\lceil 1\rceil-\lfloor 2\rfloor=1-2=-1$$

$$p\left(\frac{3}{4}\right)=\left\lceil\frac{3}{2}\right\rceil-\lfloor 3\rfloor=2-3=-1$$

（イ） $0<\alpha<\frac{1}{4}$ のとき $0<2\alpha<\frac{1}{2}$, $0<4\alpha<1$

$$p(\alpha)=1-0=1$$

（ウ） $\frac{1}{4}<\alpha<\frac{1}{2}$ のとき $\frac{1}{2}<2\alpha<1$, $1<4\alpha<2$

$$p(\alpha)=1-1=0$$

（エ） $\frac{1}{2}<\alpha<\frac{3}{4}$ のとき $1<2\alpha<\frac{3}{2}$, $2<4\alpha<3$

$$p(\alpha)=2-2=0$$

（オ） $\frac{3}{4}<\alpha<1$ のとき $\frac{3}{2}<2\alpha<2$, $3<4\alpha<4$

$$p(\alpha)=2-3=-1$$

以上より $p(\alpha)=-1, 0, 1$ のいずれかである．

$a>2$ のとき $k\geqq 3$ である．$m(a)=3k-1+p(\alpha)$ の最小値は $k=3$, $p(\alpha)=-1$ で起こり，**7** である．

（３） $1<a\leqq 2$ のとき $k=2$ で $m(a)=5+p(\alpha)$ であり，$m(a)=4$ のとき $p(\alpha)=-1$ である．それは $\alpha=\frac{1}{2}$, $\frac{3}{4}\leqq\alpha<1$ のときである．求める範囲は

$$\boldsymbol{1<a\leqq\frac{5}{4},\ a=\frac{3}{2}}$$

注意 【天井関数と床関数】

古くからある言い方だと，$\lceil x\rceil$ は「x 以上の最小の整数」，$\lfloor x\rfloor$ は「x 以下の最大の整数」である．日本，中国では床関数と同じ意味でガウス記号 $[x]$ がある．「x を越えない最大の整数」など，初見では理解しにくい表現がある．以前，東工大で「x 以上の最小の整数を $f(x)$ で表す」と書いてあったとき，多くの人が「ガウス記号だ！」と誤読して間違えた．理解しにくいから，誰も読んでいないのである．

これらの記号は国際数学オリンピック（IMO）では普通に出て来る．また，$x=k+\alpha$（k は整数, $0\leqq\alpha<1$）の形に表すとき，k を x の整数部分，α を x の小数部分という．たとえば $x=-3.4$ のとき $k=-4$, $\alpha=0.6$ である．$\lfloor -3.4\rfloor=-4$,，$\lceil -3.4\rceil=-3$ である．

【平面図形と計量】

《図形は完成させて扱う（B20）☆》

35．正六角形 ABCDEF の内部に点 P があり，△ABP, △CDP, △EFP の面積がそれぞれ 8, 10, 13 であるとき，△FAP の面積を求めよ．

（21　早稲田大・人間科学-数学選抜）

考え方　同様の問題が 2018 年の灘中学校で出題されている．三角形 ABP, CDP, EFP が 3, 5, 8 のとき三角形 BCP の面積を求める問題である．答えは $\frac{8}{3}$ となる．雑誌「中学への算数」2016 年 6 月号の日日の演習でも取り上げられており，中学受験の世界ではそれなりに知られた問題らしい．

中学生だと，図形は図形的に扱うしかないが，高校数学を習うと，図形問題では，常に 2 つ以上の，根本的に違う解法がある．その場合，解法の選択が重要である．

図形的に解く．

高校数学の場合はベクトルで計算する．

三角関数で計算する．

座標計算する．

という選択がある．図形的に解く場合，

バランスよく扱うということがある．

正六角形では，バランスが悪い．

延長して，正三角形にする．

図 1 の小正三角形 6 個を集めた正六角形と，その外に 3 つ，合計 9 個の正三角形で作る大正三角形が見える．

まず，正三角形全体の面積を求めてみよ．このときには，図 2 へ目を移す．

▶解答◀　日本では，△PGH は図形としての三角形 PGH を表すが，これを式に入れたら面積を表すという慣習がある．

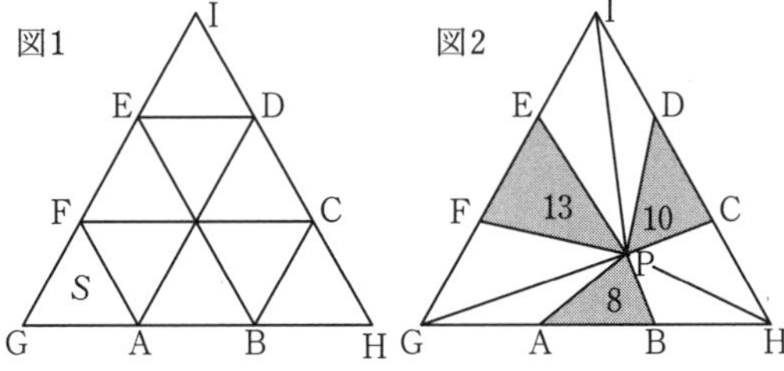

図 1，2 を見よ．正六角形を延長して図の正三角形 GHI を作る．この面積は

$$\triangle PGH + \triangle PHI + \triangle PIG$$
$$= 3(\triangle PAB + \triangle PCD + \triangle PEF)$$
$$= 3(8 + 10 + 13) = 3 \cdot 31 = 93$$

そして，$\triangle GAF = S$ とおくと，$9S = 93$ であるから $S = \frac{31}{3}$ である．一方，四角形 GAPF の面積を [GAPF] で表すと

$$[\text{GAPF}] = \triangle PGA + \triangle PFG$$
$$= \triangle PAB + \triangle PEF = 8 + 13 = 21$$
$$S + \triangle FAP = 21$$
$$\frac{31}{3} + \triangle FAP = 21$$
$$\triangle FAP = 21 - \frac{31}{3} = \boldsymbol{\frac{32}{3}}$$

♦別解♦　座標計算で解いてみる．この場合，最終的に求めるものを考え，FA が水平な方がよい．前の解答とは配置が違ってしまうが，次のような図で考える．なお，図 1 は AB が水平である．始まりは水平な方がよい．

$AB = 2a$ として，図のように座標を定める．

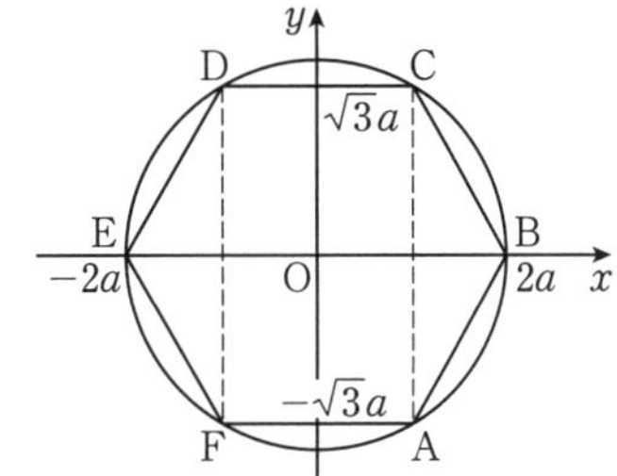

このとき

$$AB : y = \sqrt{3}(x - 2a)$$
$$CD : y = \sqrt{3}a$$
$$EF : y = -\sqrt{3}(x + 2a)$$
$$FA : y = -\sqrt{3}a$$

P の座標を (X, Y) とし，P と直線 AB, CD, EF, FA の距離をそれぞれ h_1, h_2, h_3, h_4 とする．

$$h_1 = \frac{|Y - \sqrt{3}X + 2\sqrt{3}a|}{\sqrt{1^2 + (\sqrt{3})^2}} = \frac{|Y - \sqrt{3}X + 2\sqrt{3}a|}{2}$$
$$h_2 = |\sqrt{3}a - Y|$$
$$h_3 = \frac{|Y + \sqrt{3}X + 2\sqrt{3}a|}{\sqrt{1^2 + (\sqrt{3})^2}} = \frac{|Y + \sqrt{3}X + 2\sqrt{3}a|}{2}$$
$$h_4 = |Y + \sqrt{3}a|$$

P は O と同じ側にあるから，絶対値の中は正であり，

$\triangle ABP = \frac{1}{2} \cdot AB \cdot h_1$, $\triangle CDP = \frac{1}{2} \cdot CD \cdot h_2$,

$\triangle EFP = \frac{1}{2} \cdot EF \cdot h_3$ より

$$\frac{1}{2} \cdot 2a \cdot \frac{Y - \sqrt{3}X + 2\sqrt{3}a}{2} = 8 \quad \cdots\cdots ①$$
$$\frac{1}{2} \cdot 2a \cdot (\sqrt{3}a - Y) = 10 \quad \cdots\cdots ②$$

$$\frac{1}{2}\cdot 2a\cdot\frac{Y+\sqrt{3}X+2\sqrt{3}a}{2}=13 \quad\cdots\cdots ③$$

①＋③より

$$a(Y+2\sqrt{3}a)=21 \quad\cdots\cdots ④$$

②＋④より

$$a\cdot 3\sqrt{3}a=31$$

$$a^2=\frac{31}{3\sqrt{3}} \quad\cdots\cdots ⑤$$

また，$\triangle\mathrm{FAP}=\frac{1}{2}\cdot\mathrm{FA}\cdot h_4$ より

$$\triangle\mathrm{FAP}=\frac{1}{2}\cdot 2a\cdot(Y+\sqrt{3}a) \quad\cdots\cdots ⑥$$

④，⑥より

$$21-\triangle\mathrm{FAP}=a\cdot\sqrt{3}a$$

⑤を用いると

$$\triangle\mathrm{FAP}=21-\frac{31}{3}=\boldsymbol{\frac{32}{3}}$$

《形状決定余弦正弦（A5）☆》

36. 三角形ABCにおいて

$$\sin C=2\cos A\sin B$$

であるとき，三角形ABCはどのような形をしているか． （21　札幌医大）

▶解答◀ △ABCの外接円の半径をRとする．正弦定理，余弦定理を用いて

$$\sin C=2\cos A\sin B$$

$$\frac{c}{2R}=2\cdot\frac{b^2+c^2-a^2}{2bc}\cdot\frac{b}{2R}$$

$$c^2=b^2+c^2-a^2$$

$$a^2=b^2 \qquad \therefore\ a=b$$

△ABCは **BC＝CAの二等辺三角形** である．

《辺の大小と角の大小（A10）☆》

37. △ABCにおいて，次の等式が成り立つとき，この三角形の最も大きい角の大きさを求めよ．

$$\frac{\sin A}{5}=\frac{\sin B}{3}=\frac{\sin C}{7}$$

（21　奈良教育大・前期）

▶解答◀ $\mathrm{BC}=a$，$\mathrm{CA}=b$，$\mathrm{AB}=c$とおくと，正弦定理より $\frac{a}{\sin A}=\frac{b}{\sin B}=\frac{c}{\sin C}$ から

$$a:b:c=\sin A:\sin B:\sin C$$

また，$\frac{\sin A}{5}=\frac{\sin B}{3}=\frac{\sin C}{7}$ から

$$\sin A:\sin B:\sin C=5:3:7$$

であるから

$$a:b:c=5:3:7$$

よって，$a=5k$，$b=3k$，$c=7k\ (k>0)$とおける．辺の大小と角の大小が一致し，最大辺がcであるから，角Cが最大角である．余弦定理より

$$\cos C=\frac{a^2+b^2-c^2}{2ab}=\frac{25k^2+9k^2-49k^2}{2\cdot 5k\cdot 3k}$$

$$=-\frac{15k^2}{30k^2}=-\frac{1}{2}$$

$$C=\boldsymbol{120^\circ}$$

《メネラウスの定理（B20）☆》

38. kは実数で$0<k<\frac{1}{2}$とする．面積がSである三角形ABCの三辺BC, CA, AB上にそれぞれ点L, M, Nを

$$\frac{\mathrm{BL}}{\mathrm{BC}}=\frac{\mathrm{CM}}{\mathrm{CA}}=\frac{\mathrm{AN}}{\mathrm{AB}}=k$$

となるようにとる．次に，ALとBMの交点をP，BMとCNの交点をQ，ALとCNの交点をRとする．このとき，三角形PQRの面積をTとする．

（1） 三角形ABPの面積をUとするとき，$\frac{U}{S}$をkで表せ．

（2） $T>\frac{1}{2}S$となるためのkに関する条件を求めよ． （21　札幌医大）

▶解答◀ （1）

$U=\triangle\mathrm{ABP}=\frac{\mathrm{AP}}{\mathrm{AL}}\triangle\mathrm{ABL}=\frac{\mathrm{AP}}{\mathrm{AL}}\cdot kS$ である．

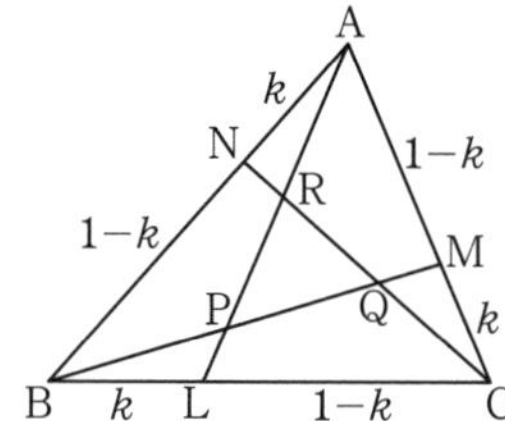

△ALCと直線BMでメネラウスの定理より

$$\frac{\mathrm{AP}}{\mathrm{PL}}\cdot\frac{\mathrm{LB}}{\mathrm{BC}}\cdot\frac{\mathrm{CM}}{\mathrm{MA}}=1$$

$$\frac{\mathrm{AP}}{\mathrm{PL}}\cdot\frac{k}{1}\cdot\frac{k}{1-k}=1$$

$$\frac{\mathrm{AP}}{\mathrm{PL}}=\frac{1-k}{k^2}$$

よって，$U=\frac{1-k}{(1-k)+k^2}\cdot kS$

$$\boldsymbol{\frac{U}{S}=\frac{k-k^2}{1-k+k^2}}$$

（2）

$$\triangle\mathrm{BCQ}=\triangle\mathrm{CAR}=\frac{k-k^2}{1-k+k^2}S\ (=U)$$

となるから

$$T=\triangle\mathrm{ABC}-\triangle\mathrm{ABP}-\triangle\mathrm{BCQ}-\triangle\mathrm{CAR}$$

$$=S-3U$$

$T > \frac{1}{2}S$ のとき

$$S - 3U > \frac{1}{2}S \qquad \therefore \quad \frac{U}{S} < \frac{1}{6}$$

であるから，（1）より

$$\frac{k - k^2}{1 - k + k^2} < \frac{1}{6}$$

$1 - k + k^2 = \left(k - \frac{1}{2}\right)^2 + \frac{3}{4} > 0$ より

$$6(k - k^2) < 1 - k + k^2$$

$$7k^2 - 7k + 1 > 0$$

$$k < \frac{7 - \sqrt{21}}{14}, \ k > \frac{7 + \sqrt{21}}{14}$$

$0 < k < \frac{1}{2}$ と合わせて $\boldsymbol{0 < k < \frac{7 - \sqrt{21}}{14}}$

《角の二等分線の長さ（A10）☆》

39. AB = 4, BC = 5, CA = 6 の △ABC において，∠ABC の二等分線と辺 CA の交点を D とする．このとき，BD = $\frac{\square}{\square}$ であり，△ABC の内接円の半径は $\frac{\sqrt{\square}}{\square}$ である．（21 東邦大・医）

▶解答◀ △ABC において，余弦定理より

$$\cos A = \frac{4^2 + 6^2 - 5^2}{2 \cdot 4 \cdot 6}$$

$$= \frac{16 + 36 - 25}{2 \cdot 4 \cdot 6} = \frac{27}{2 \cdot 4 \cdot 6} = \frac{9}{16}$$

BD は ∠ABC の二等分線であるから

$$AD : DC = BA : BC = 4 : 5$$

$$AD = 6 \cdot \frac{4}{9} = \frac{8}{3}$$

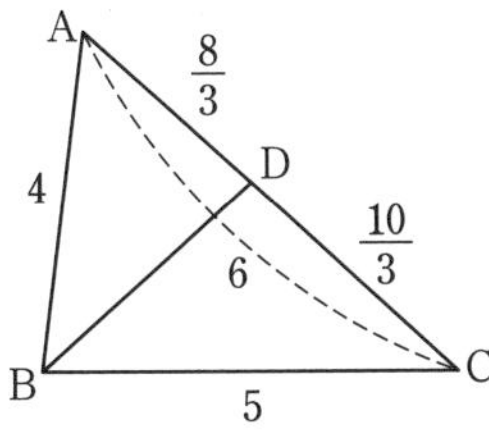

△ABD において，余弦定理より

$$BD^2 = 4^2 + \left(\frac{8}{3}\right)^2 - 2 \cdot 4 \cdot \frac{8}{3} \cos A$$

$$= 16 + \frac{64}{9} - 2 \cdot 4 \cdot \frac{8}{3} \cdot \frac{9}{16}$$

$$= 16 + \frac{64}{9} - 12 = \frac{36 + 64}{9} = \frac{100}{9}$$

$$BD = \boldsymbol{\frac{10}{3}}$$

$$\sin A = \sqrt{1 - \cos^2 A} = \frac{\sqrt{16^2 - 9^2}}{4} = \frac{5\sqrt{7}}{4}$$

$$\triangle ABC = \frac{1}{2} \cdot 4 \cdot 6 \sin A = \frac{15\sqrt{7}}{4}$$

内接円の半径を r として

$$\triangle ABC = \frac{4 + 5 + 6}{2} \cdot r = \frac{15}{2} r$$

これらより

$$\frac{15}{2} r = \frac{15\sqrt{7}}{4} \qquad \therefore \quad r = \boldsymbol{\frac{\sqrt{7}}{2}}$$

注意 図のように，△ABC の ∠A の二等分線と BC の交点を D とする．

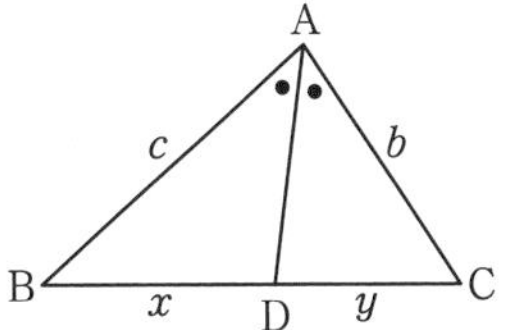

$$AB = c, \ AC = b, \ BD = x, \ CD = y$$

のとき，$AD = \sqrt{bc - xy}$ が成り立つ．これを用いると，本問の BD は以下のように求まる．

♦別解♦ $BD = \sqrt{4 \cdot 5 - \frac{8}{3} \cdot \frac{10}{3}} = \sqrt{\frac{100}{9}} = \boldsymbol{\frac{10}{3}}$

《三角形の成立と角の二等分（B20）☆》

40. △ABC および辺 BC 上の点 D について，次の条件（i）から（iv）を考える．ただし，∠BAD = θ, BD = x とする．

（i） △ABD の外接円の半径は 1 である．

（ii） AB : BD = 2 : 1

（iii） ∠BAD = ∠DAC

（iv） AC = 2

（1） 条件（i）が成り立つとき，$\sin\theta$ と $\cos 2\theta$ をそれぞれ x を用いて表せ．

（2） 条件（ii），（iii），（iv）がすべて成り立つとき，線分 DC の長さを求めよ．また，そのときの x の値の範囲を求めよ．

（3） 条件（i）から（iv）がすべて成り立つとき，x の値を求めよ．（21 滋賀県立大・工）

▶解答◀ （1） △ABD の外接円の半径が 1 であるから，正弦定理により

$$\frac{BD}{\sin \angle BAD} = 2 \qquad \therefore \quad \frac{x}{\sin\theta} = 2$$

$$\sin\theta = \boldsymbol{\frac{x}{2}} \quad \cdots\cdots ①$$

また，2 倍角の公式より

$$\cos 2\theta = 1 - 2\sin^2\theta = \boldsymbol{1 - \frac{x^2}{2}} \quad \cdots\cdots ②$$

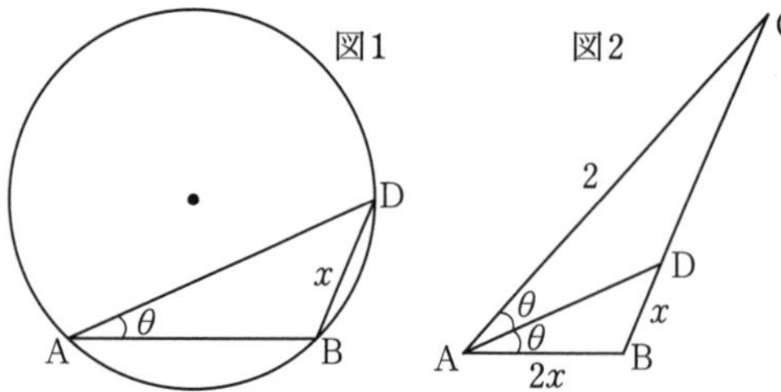

（2）（iii）より AD は ∠BAC の二等分線であるから

$$\mathrm{AB} : \mathrm{AC} = \mathrm{BD} : \mathrm{DC}$$

（ii）と $\mathrm{BD} = x$ より $\mathrm{AB} = 2x$

これと（iv）より

$$2x : 2 = x : \mathrm{DC} \qquad \therefore \quad \mathbf{DC = 1}$$

このとき，$\mathrm{AB} = 2x$, $\mathrm{AC} = 2$, $\mathrm{BC} = x + 1$ であるから，△ABC の成立条件より

$$2x + 2 > x + 1$$

$$2x + (x + 1) > 2$$

$$2 + (x + 1) > 2x$$

$x + 1 > 0$ より最初の不等式は成り立つ．残り 2 つの不等式を解いて

$$\boldsymbol{\frac{1}{3} < x < 3} \quad \cdots\cdots③$$

（3） 角 A は 180 度より小さいから $2\theta < 180°$ であり，$\theta < 90°$ となる．① を満たす θ が存在するために x の満たす必要十分条件は $\frac{x}{2} < 1$ である．よって ③ と合わせて $\frac{1}{3} < x < 2$ を満たさねばならない．このとき ① で定まる θ に対し，② で $\cos 2\theta$ を定め，$\mathrm{AB} = 2x$，$\mathrm{AC} = 2$，$\mathrm{BC} = x + 1$，$\angle\mathrm{BAC} = 2\theta$ を満たす三角形 ABC が存在することが必要十分条件である．

△ABC で余弦定理を用いて

$$\mathrm{BC}^2 = \mathrm{AB}^2 + \mathrm{AC}^2 - 2\mathrm{AB}\cdot\mathrm{AC}\cos\angle\mathrm{BAC}$$

理由があって，コサイン以外を代入する．後の注を見よ．必ず見よ．

$$(1 + x)^2 = (2x)^2 + 2^2 - 2\cdot 2x\cdot 2\cos 2\theta \quad \cdots\cdots④$$

② を代入し

$$(x + 1)^2 = 4x^2 + 4 - 8x\left(1 - \frac{x^2}{2}\right)$$

$$4x^3 + 3x^2 - 10x + 3 = 0$$

$$(x - 1)(4x^2 + 7x - 3) = 0 \quad \cdots\cdots⑤$$

$f(x) = 4x^2 + 7x - 3$ とおく．$f\left(\frac{1}{3}\right) = -\frac{2}{9} < 0$, $f(2) = 27 > 0$ だから $f(x) = 0$ の正の解は $\frac{1}{3} < x < 2$ を満たし ⑤ の正の解はすべて適する．求める x の値は

$$\boldsymbol{x = 1, \ \frac{-7 + \sqrt{97}}{8}}$$

注意 しかし，実は，③ は余計である．④ から

$$\cos 2\theta = \frac{(2x)^2 + 2^2 - (1 + x)^2}{8x}$$

と解いて，これを満たす $0° < 2\theta < 180°$ が存在するために右辺が満たす必要十分条件は

$$-1 < \frac{(2x)^2 + 2^2 - (1 + x)^2}{8x} < 1 \quad \cdots\cdots⑥$$

である．分母を払うときに $x > 0$ は必要になる．そして，⑥ を整理すると ③ が得られる．偶然ではない．三角形の成立条件は余弦定理が成立するようなコサイン（ただし -1 と 1 の間の値）が存在することと同値であることは一般に成り立ち，50 年前は，普通に参考書に書かれていた．だから，余弦定理を使う問題では，三角形の成立条件は，押さえなくてよいのである．「余計だけど聞いておきました」というのなら，それは好みの問題である．

《外角の二等分線の定理 (B20) ☆》

41．AB > AC を満たす △ABC の頂点 A における外角の二等分線と直線 BC の交点を D とする．さらに，辺 AB 上に点 E をとり，直線 DE と直線 AC の交点を F とする．このとき，次の問いに答えよ．

（1） 点 D を通り直線 AC に平行な直線と直線 AB との交点を G とするとき，GA = GD となることを示せ．

（2） $\dfrac{\mathrm{AB}}{\mathrm{AC}} = \dfrac{\mathrm{DB}}{\mathrm{DC}}$ を示せ．

（3） $\mathrm{AC} = b$, $\mathrm{AB} = c$, $\dfrac{\mathrm{AE}}{\mathrm{AB}} = t$ とするとき，AF を b, c, t を用いて表せ．

（21 東京海洋大・海洋生命科学，海洋資源環境）

▶解答◀ （1） AD は ∠CAG の二等分線であるから

$$\angle\mathrm{CAD} = \angle\mathrm{GAD} \quad \cdots\cdots①$$

AC // GD であるから，平行線の錯角を考えて

$$\angle\mathrm{CAD} = \angle\mathrm{GDA} \quad \cdots\cdots②$$

△GAD において，①，② より

$$\angle\mathrm{GAD} = \angle\mathrm{GDA}$$

が成り立つから，この三角形は二等辺三角形で

$$\mathrm{GA} = \mathrm{GD}$$

が成り立つ．

（2） △ABC と △GBD において，AC // GD であるから △ABC ∽ △GBD である．これより

$$\mathrm{AB} : \mathrm{AC} = \mathrm{GB} : \mathrm{GD} \quad \cdots\cdots③$$

また，△GBD において AC // GD より

$$\mathrm{GB} : \mathrm{GA} = \mathrm{DB} : \mathrm{DC} \quad \cdots\cdots④$$

(1)より GD = GA であるから，③，④より

$$\frac{AB}{AC}=\frac{GB}{GD}=\frac{GB}{GA}=\frac{DB}{DC}$$

したがって，$\frac{AB}{AC}=\frac{DB}{DC}$ である．

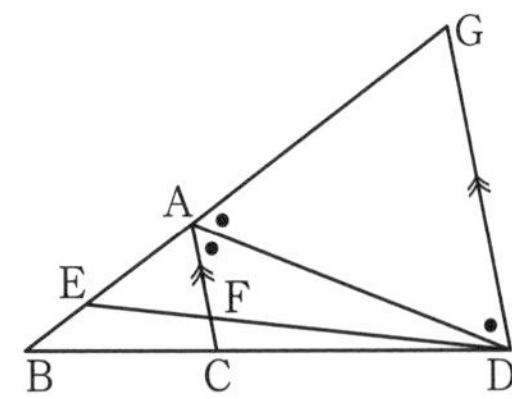

(3) △ABC と直線 DE において，メネラウスの定理を用いて

$$\frac{AE}{EB}\cdot\frac{BD}{DC}\cdot\frac{CF}{FA}=1 \quad\cdots\cdots⑤$$

AB = c, $\frac{AE}{AB}=t$ より

$$AE=tc,\ EB=AB-AE=(1-t)c$$

(2)より

$$\frac{BD}{DC}=\frac{AB}{AC}=\frac{c}{b}$$

これらと CF = b − AF を⑤に代入して

$$\frac{tc}{(1-t)c}\cdot\frac{c}{b}\cdot\frac{b-AF}{AF}=1$$

$$\frac{tc}{(1-t)b}\left(\frac{b}{AF}-1\right)=1$$

$$\frac{b}{AF}=\frac{(1-t)b}{tc}+1$$

$$\frac{1}{AF}=\frac{(1-t)b+tc}{tbc}$$

したがって

$$AF=\frac{tbc}{(1-t)b+tc}=\boldsymbol{\frac{bct}{b+(c-b)t}}$$

《内接円と接点 (B20)》

42. AB = 6, BC = 4, CA = 8 である △ABC の内心を I とする．また，△ABC の内接円と辺 BC の接点を D とする．このとき，△ADI の面積はいくらか．

(21 防衛医大)

▶解答◀ 図1を見よ．△ADI について，ID を底辺と見たとき，高さは HD である．そこで，HB, BD, ID をそれぞれ求める．△ABC において余弦定理より

$$\cos\angle ABC=\frac{6^2+4^2-8^2}{2\cdot6\cdot4}=-\frac{1}{4}$$

であるから，

$$HB=AB\left|\cos\angle ABC\right|=6\cdot\frac{1}{4}=\frac{3}{2}$$

となる．また，$\sin\angle ABC=\sqrt{1-\left(-\frac{1}{4}\right)^2}=\frac{\sqrt{15}}{4}$ であるから，内接円の半径 ID を r として2通りの方法で △ABC の面積を表すと

$$\frac{1}{2}\cdot6\cdot4\cdot\frac{\sqrt{15}}{4}=\frac{1}{2}\cdot(6+4+8)\cdot r$$

より $r=\frac{\sqrt{15}}{3}$ となる．

次に，図2を見よ．BD = x とおいて，接点までの長さは等しいことを用いると，AC について

$$(6-x)+(4-x)=8 \qquad \therefore\quad x=1$$

よって，$HD=\frac{3}{2}+1=\frac{5}{2}$ であるから，

$$\triangle ADI=\frac{1}{2}\cdot\frac{\sqrt{15}}{3}\cdot\frac{5}{2}=\boldsymbol{\frac{5\sqrt{15}}{12}}$$

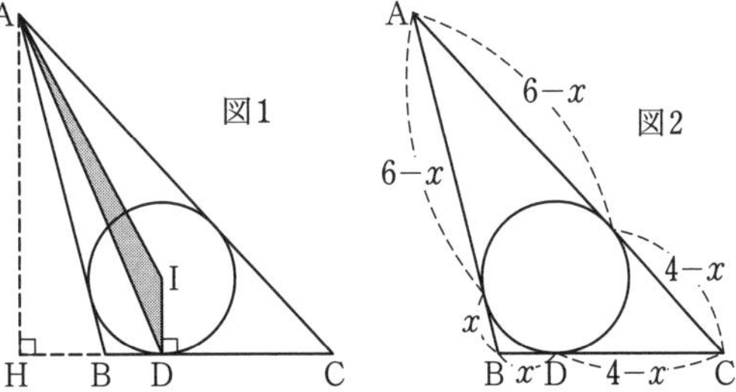

《面積二等分線の長さ (B20)☆》

43. 3辺 AB，AC，BC の長さがそれぞれ 2，3，4 であるような三角形 ABC を考える．P，Q を，線分 PQ が ABC の面積を2等分するように，それぞれ辺 AB 上，辺 AC 上を動く点とする．このとき，次の問いに答えよ．

(1) cos∠BAC の値を求めよ．

(2) 線分 AP，線分 AQ の長さを，それぞれ x, y とおく．さらに，$k=x-y$ とおく．このとき，PQ の長さを，k を用いて表せ．

(3) PQ の長さの最大値と最小値を求めよ．

(21 高知大・医，理工)

▶解答◀ **(1)** 余弦定理より

$$\cos\angle BAC=\frac{2^2+3^2-4^2}{2\cdot2\cdot3}=\frac{-3}{2\cdot2\cdot3}=\boldsymbol{-\frac{1}{4}}$$

(2) △APQ において余弦定理より

$$PQ^2=AP^2+AQ^2-2\cdot AP\cdot AQ\cdot\cos\angle PAQ$$

$$=x^2+y^2-2xy\cdot\left(-\frac{1}{4}\right)$$

$$=(x-y)^2+\frac{5}{2}xy$$

線分 PQ が △ABC の面積を2等分するから

$$\triangle APQ=\frac{1}{2}\triangle ABC$$

$$\frac{1}{2}\cdot x\cdot y\cdot\sin\angle BAC=\frac{1}{2}\cdot\frac{1}{2}\cdot2\cdot3\cdot\sin\angle BAC$$

$$xy=3$$

よって，$PQ^2=(x-y)^2+\frac{15}{2}=k^2+\frac{15}{2}$ となり

$$PQ=\boldsymbol{\sqrt{k^2+\frac{15}{2}}}$$

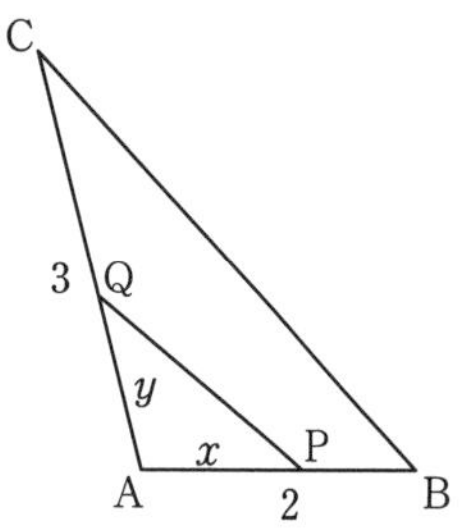

(3) $xy=3,\ x \leqq 2,\ y \leqq 3$ より，

$$1 \leqq x \leqq 2,\ \frac{3}{2} \leqq y \leqq 3$$

$$-2 \leqq x-y \leqq \frac{1}{2}$$

$$0 \leqq k^2 \leqq 4$$

$k=0$ は $x=y=\sqrt{3}$ のときに成り立つ．$k=-2$ は $x=1,\ y=3$ のときに成り立つ．したがって最大値は $\sqrt{(-2)^2+\frac{15}{2}}=\boldsymbol{\frac{\sqrt{46}}{2}}$，最小値は $\sqrt{\frac{15}{2}}=\boldsymbol{\frac{\sqrt{30}}{2}}$

注意【相加相乗平均の不等式の利用をする】

三角形の面積を二等分する線分の長さの最小値を調べる問題は1965年の名古屋大を皮切りに，1967年の京大，1975年の東大など，実に多くの大学に出題された．

$$PQ^2=x^2+y^2+\frac{1}{2}xy$$

であり，$xy=3$ のとき，

$$PQ^2=x^2+y^2+\frac{3}{2}$$

となる．ここで相加・相乗平均の不等式を用いると

$$PQ^2 \geqq 2\sqrt{x^2y^2}+\frac{3}{2}xy$$

$$=2xy+\frac{3}{2}=6+\frac{3}{2}=\frac{15}{2}$$

等号が成り立つのは，$x=y=\sqrt{3}$ のときであり，これは $x \leqq 2,\ y \leqq 3$ を満たす．

当初は最小値だけだったのであるが，そのうち，本問のように，最大値も出題されるようになった．y を消去すると

$$PQ^2=x^2+\frac{9}{x^2}+\frac{3}{2}$$

となり，分数関数の微分が必要だろうと思われていた．ところが，解答のように，差を使って表せば，分数関数の微分を用いなくても，つまり，文系の人でも解答できるということが，40年近く前に，受験雑誌「大学への数学」に掲載された．当時の編集長のF氏のアイデアである．

《アポロニウスの円と平面幾何 (B20) ☆》

44． 直線 l 上に $AB=4$ となるように2点A，Bをとり，l 上にない点Pを $AP:BP=3:1$ を満たすようにとります．三角形ABPの外接円の点Pにおける接線と直線 l の交点をCとするとき，次の問いに答えなさい．

（1） 線分BCおよび線分CPの長さを求めなさい．

（2） 点Cを中心とし線分CPを半径とする円周上の点をQとするとき，$AQ:BQ=3:1$ となることを示しなさい． (21 鳴門教育大・教育)

▶解答◀ （1） $AP:BP=3:1$

アポロニウスの円により，PはABを3：1に内分する点（Eとする），外分する点（Fとする）に対し，EFを直径とする円（D_1，中心を O_1 とする）上にある．△ABPの外接円（D_2，中心を O_2 とする）に対し，D_1 上に点Pをとり，Pで D_2 に接線を引くから PO_2 と PO_1 は垂直である．O_1 はCに一致する．

$AB=4$ であるから

$$AE=3,\ EB=1,\ AF=6,\ BF=2,\ EF=3$$

より，

$$BC=EC-EB=\boldsymbol{\frac{1}{2}},\ CP=EC=\boldsymbol{\frac{3}{2}}$$

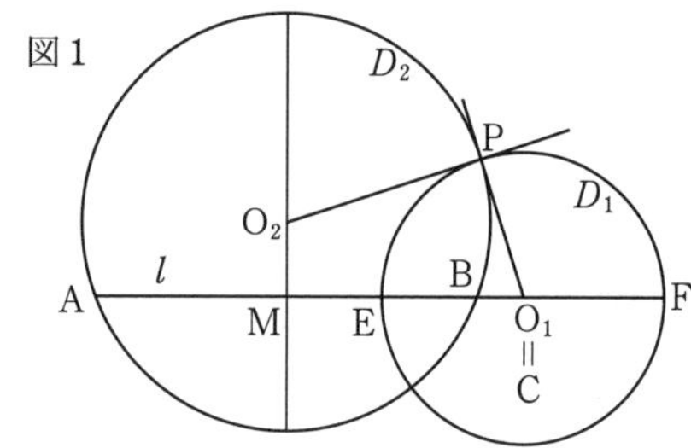

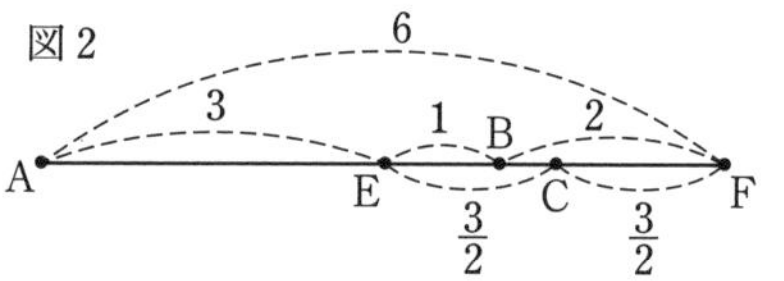

なお，図1のMはABの中点である．

（2） D_1 上の点Qに対し $AQ:QB=3:1$ になるのは，アポロニウスの円により明らかである．

◆別解◆ （1） $BC=x,\ CP=y$ とおく．図3を参照せよ．直線CPはPにおいて円と接しているから，接弦定理より

$$\angle CAP=\angle CPB$$

∠Cが共通で △CAP ∽ △CPB であり

$$\frac{CA}{CP}=\frac{AP}{PB}=\frac{CP}{CB}$$

が成り立つ．$AP:BP=3:1$ より

$$\frac{x+4}{y}=\frac{3}{1}=\frac{y}{x}$$

$$x+4=3y \text{ かつ } 3x=y$$

y を消去して

$$x+4=3\cdot 3x \qquad \therefore \quad x=\frac{1}{2}$$

$$y=3x=\frac{3}{2}$$

よって，$\mathrm{BC}=\boldsymbol{\frac{1}{2}}$，$\mathrm{CP}=\boldsymbol{\frac{3}{2}}$ である．

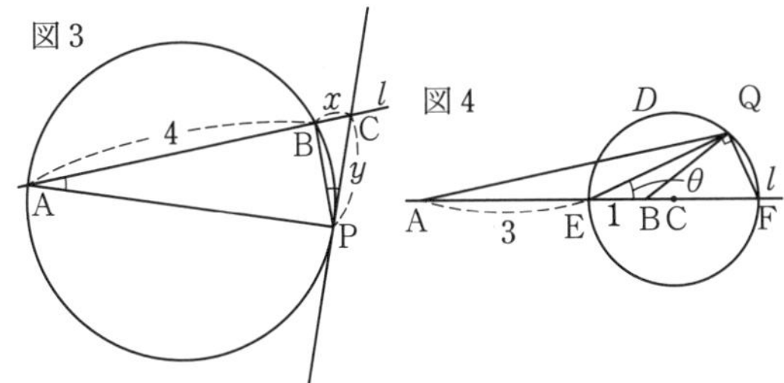

（**2**） 円の極座標表示 $\mathrm{EQ}=\mathrm{EF}\cos\theta$ を利用して計算で示す．C を中心とする半径 $\frac{3}{2}$ の円を D とおき，l との交点を図 4 のように E，F とおく．このとき

$$\mathrm{AC}=\mathrm{AB}+\mathrm{BC}=4+\frac{1}{2}=\frac{9}{2}$$

$$\mathrm{AE}=\mathrm{AC}-\mathrm{CE}=\frac{9}{2}-\frac{3}{2}=3$$

$$\mathrm{BE}=\mathrm{CE}-\mathrm{BC}=\frac{3}{2}-\frac{1}{2}=1$$

D の周上の点 Q が E，F とは異なる点のとき，$\angle\mathrm{EQF}=90^\circ$ であるから，$\angle\mathrm{QEF}=\theta$ とおくと

$$\mathrm{QE}=\mathrm{EF}\cos\theta=3\cos\theta$$

$\triangle\mathrm{QAE}$ において余弦定理より

$$\begin{aligned}\mathrm{AQ}^2&=3^2+(3\cos\theta)^2-2\cdot 3\cdot 3\cos\theta\cdot\cos(180^\circ-\theta)\\&=9+9\cos^2\theta+18\cos^2\theta\\&=9+27\cos^2\theta \quad\cdots\cdots①\end{aligned}$$

$\triangle\mathrm{QEB}$ において余弦定理より

$$\begin{aligned}\mathrm{BQ}^2&=1^2+(3\cos\theta)^2-2\cdot 1\cdot 3\cos\theta\cdot\cos\theta\\&=1+9\cos^2\theta-6\cos^2\theta\\&=1+3\cos^2\theta \quad\cdots\cdots②\end{aligned}$$

Q が E と一致するときは $\theta=90^\circ$，Q が F と一致するときは $\theta=0^\circ$ とおけば①，②は成り立つから，①と②は Q が D 上のどこにあっても成り立つ．

①，②より

$$\mathrm{AQ}^2=9\mathrm{BQ}^2 \qquad \therefore \quad \mathrm{AQ}=3\mathrm{BQ}$$

よって，$\mathrm{AQ}:\mathrm{BQ}=3:1$ である．

《円に内接する四角形（B10）☆》

45. 半径 r の円に内接する四角形 ABCD において，$\mathrm{AB}=3$，$\mathrm{BC}=\sqrt{2}$，$\mathrm{CD}=3\sqrt{2}$，$\mathrm{DA}=5$ である．このとき，以下の問いに答えなさい．

（1） $\angle\mathrm{DAB}=\theta$ とするとき，$\cos\theta$ の値を求めなさい．

（2） BD の長さを求めなさい．

（3） r の値を求めなさい．

（4） 四角形 ABCD の面積を求めなさい．

（21　岩手県立大・ソフトウェア）

▶解答◀ （1） $\triangle\mathrm{ABD}$ に余弦定理を用いて

$$\mathrm{BD}^2=3^2+5^2-2\cdot 3\cdot 5\cos\theta$$

$$\mathrm{BD}^2=34-30\cos\theta \quad\cdots\cdots①$$

$\triangle\mathrm{BCD}$ に余弦定理を用いて

$$\mathrm{BD}^2=(\sqrt{2})^2+(3\sqrt{2})^2-2\cdot\sqrt{2}\cdot 3\sqrt{2}\cos(180^\circ-\theta)$$

$$\mathrm{BD}^2=20+12\cos\theta \quad\cdots\cdots②$$

①＝②より

$$34-30\cos\theta=20+12\cos\theta \qquad \therefore \quad \cos\theta=\boldsymbol{\frac{1}{3}}$$

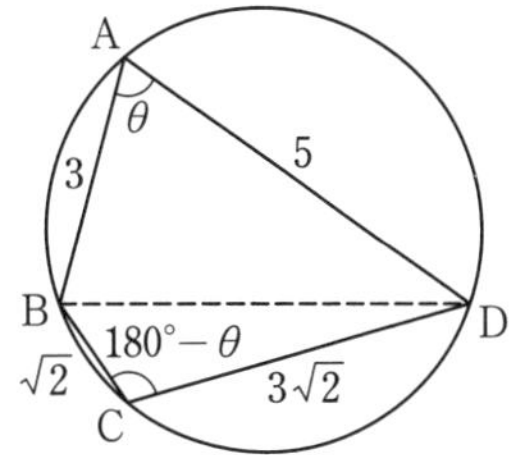

（**2**） ①に $\cos\theta=\frac{1}{3}$ を代入して

$$\mathrm{BD}^2=34-30\cdot\frac{1}{3}=24 \qquad \therefore \quad \mathrm{BD}=\boldsymbol{2\sqrt{6}}$$

（**3**） $\sin\theta=\sqrt{1-\left(\frac{1}{3}\right)^2}=\frac{2\sqrt{2}}{3}$

$\triangle\mathrm{ABD}$ に正弦定理を用いて

$$r=\frac{\mathrm{BD}}{2\sin\theta}=\boldsymbol{\frac{3\sqrt{3}}{2}}$$

（**4**） 四角形 ABCD の面積を S とすると

$$\begin{aligned}S&=\frac{1}{2}\cdot 3\cdot 5\sin\theta+\frac{1}{2}\cdot\sqrt{2}\cdot 3\sqrt{2}\sin(180^\circ-\theta)\\&=\frac{15}{2}\cdot\frac{2\sqrt{2}}{3}+3\cdot\frac{2\sqrt{2}}{3}=\boldsymbol{7\sqrt{2}}\end{aligned}$$

《ブラーマグプタの定理（B30）☆》

46. 四角形 ABCD が円に内接しているとする．辺 DA，AB，BC，CD の長さをそれぞれ a，b，c，d で表し，$\angle\mathrm{DAB}=\theta$ とおく．また，四角形 ABCD の面積を T とする．このとき，以下の問いに答えなさい．

（1） $a^2+b^2-c^2-d^2=2(ab+cd)\cos\theta$ が成り立つことを示しなさい．

（2）$T=\sqrt{(s-a)(s-b)(s-c)(s-d)}$ が成り立つことを示しなさい．
ただし，$s=\frac{1}{2}(a+b+c+d)$ とする．

（21　山口大・理）

▶解答◀（1）△ABD と △CBD において，余弦定理により

$$BD^2=a^2+b^2-2ab\cos\theta$$

$$BD^2=c^2+d^2-2cd\cos(\pi-\theta)$$

2式より BD^2 を消去して

$$a^2+b^2-2ab\cos\theta=c^2+d^2+2cd\cos\theta$$

$$a^2+b^2-c^2-d^2=2(ab+cd)\cos\theta$$

（2）$T=\triangle ABD+\triangle CBD$

$$=\frac{1}{2}ab\sin\theta+\frac{1}{2}cd\sin(\pi-\theta)$$

$$=\frac{1}{2}(ab+cd)\sin\theta$$

$$T=\frac{1}{2}(ab+cd)\sqrt{1-\cos^2\theta} \quad \cdots\cdots\text{①}$$

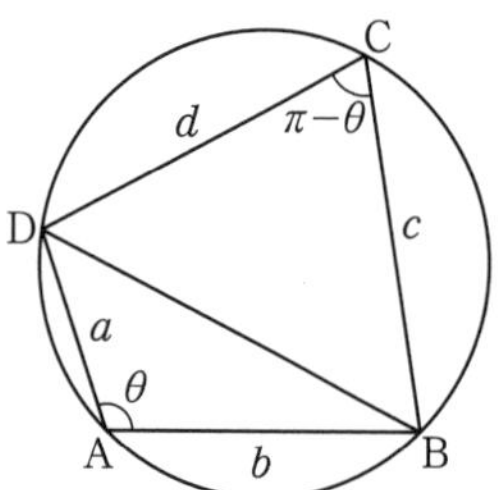

（1）から $\cos\theta=\dfrac{a^2+b^2-c^2-d^2}{2(ab+cd)}$

$$\cos^2\theta=\frac{(a^2+b^2-c^2-d^2)^2}{4(ab+cd)^2}$$

① を変形して代入すると

$$T=\frac{1}{4}\sqrt{4(ab+cd)^2(1-\cos^2\theta)}$$

$$=\frac{1}{4}\sqrt{4(ab+cd)^2-(a^2+b^2-c^2-d^2)^2}$$

$\sqrt{\ }$ の中を因数分解する．

$$P=2(ab+cd)+a^2+b^2-c^2-d^2$$

$$Q=2(ab+cd)-a^2-b^2+c^2+d^2$$

とおくと，$T=\frac{1}{4}\sqrt{PQ}$ である．

$s=\frac{1}{2}(a+b+c+d)$ から $a+b+c+d=2s$ となるから，P，Q を整理して

$$P=a^2+2ab+b^2-(c^2-2cd+d^2)$$

$$=(a+b)^2-(c-d)^2$$

$$=(a+b+c-d)(a+b-c+d)$$

$$=(2s-2d)(2s-2c)=4(s-d)(s-c)$$

$$Q=c^2+2cd+d^2-(a^2-2ab+b^2)$$

$$=(c+d)^2-(a-b)^2$$

$$=(a-b+c+d)(-a+b+c+d)$$

$$=(2s-2b)(2s-2a)=4(s-b)(s-a)$$

以上のことから $T=\sqrt{(s-a)(s-b)(s-c)(s-d)}$

【立体図形】

《正四面体の内接球と外接球（A20）☆》

47. 1 辺の長さが 1 の正四面体に内接する球 O_1 の半径は $\dfrac{\sqrt{\square}}{\square}$ であり，同じ正四面体に外接する球 O_2 の半径は $\dfrac{\sqrt{\square}}{\square}$ である．従って，球 O_2 の体積は球 O_1 の体積の $\square$ 倍である．

（21　中部大・工）

▶解答◀ 1 辺の長さが 1 の正四面体 ABCD で考える．辺 CD の中点を M，A から底面 BCD に下ろした垂線の足を H とすると，H は △BCD の重心であり

$$\mathrm{BH} = \frac{2}{3}\mathrm{BM} = \frac{2}{3}\cdot\frac{\sqrt{3}}{2} = \frac{\sqrt{3}}{3}$$

△ABH で三平方の定理より

$$\mathrm{AH}^2 = \mathrm{AB}^2 - \mathrm{BH}^2 = 1 - \left(\frac{\sqrt{3}}{3}\right)^2 = \frac{2}{3}$$

$\mathrm{AH} = \dfrac{\sqrt{6}}{3}$ であるから，正四面体 ABCD の体積 V は

$$V = \frac{1}{3}\triangle\mathrm{BCD}\cdot\mathrm{AH} = \frac{1}{3}\cdot\frac{\sqrt{3}}{4}\cdot\frac{\sqrt{6}}{3} = \frac{\sqrt{2}}{12}$$

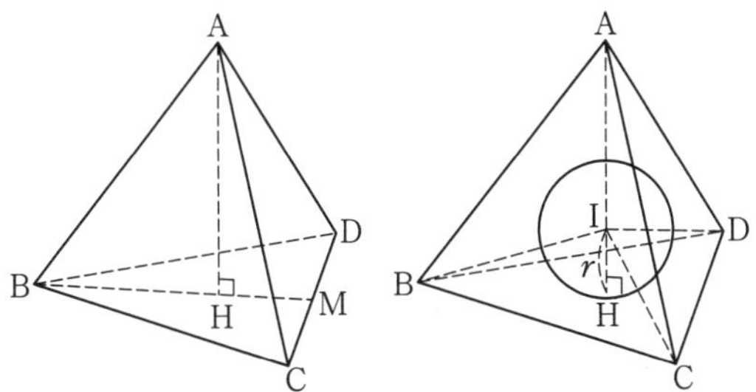

内接球 O_1 の半径を r とする．正四面体 ABCD の各頂点と内接球の中心 I を結ぶと正四面体の各面を底面，高さを r とする 4 つの三角錐に分けることができる．

正四面体の表面積を S とすると $S = \dfrac{\sqrt{3}}{4}\cdot 4 = \sqrt{3}$ であり $\dfrac{1}{3}Sr = V$ であるから

$$\frac{1}{3}\cdot\sqrt{3}r = \frac{\sqrt{2}}{12} \qquad \therefore \quad r = \boldsymbol{\frac{\sqrt{6}}{12}}$$

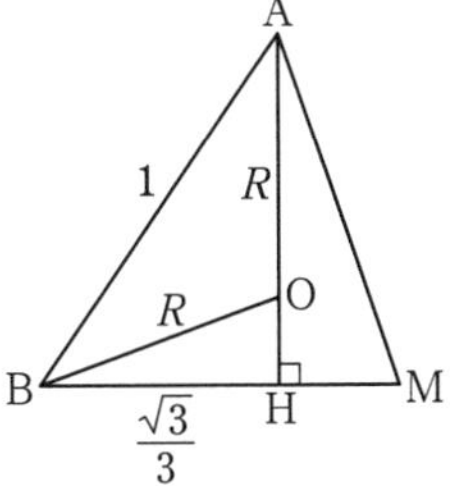

また，外接球 O_2 の半径を R，中心を O とすると，△OBH において三平方の定理より

$$\mathrm{OB}^2 = \mathrm{OH}^2 + \mathrm{BH}^2$$

$$R^2 = \left(\frac{\sqrt{6}}{3} - R\right)^2 + \left(\frac{\sqrt{3}}{3}\right)^2$$

$$\frac{2\sqrt{6}}{3}R = 1 \qquad \therefore \quad R = \boldsymbol{\frac{\sqrt{6}}{4}}$$

O_1 の体積を V_1，O_2 の体積を V_2 として

$$V_1 : V_2 = r^3 : R^3 = \left(\frac{\sqrt{6}}{12}\right)^3 : \left(\frac{\sqrt{6}}{4}\right)^3 = 1 : 27$$

であるから，O_2 の体積は O_1 の体積の **27** 倍である．

注意　実践的には，正四面体の内接球と外接球の中心は一致して（I = O），AI : IH = 3 : 1 を有名事実として知っておいて，$r = \dfrac{1}{4}\mathrm{AH} = \dfrac{1}{4}\cdot\dfrac{\sqrt{6}}{3} = \boldsymbol{\dfrac{\sqrt{6}}{12}}$，$R = 3r = \boldsymbol{\dfrac{\sqrt{6}}{4}}$ と求めるのがよい．

《三脚問題（B20）☆》

48. 1 辺の長さが 1 の正三角形 ABC を底面とする四面体 OABC を考える．ただし，OA = OB = OC = a であり $a \geqq 1$ とする．頂点 O から三角形 ABC に引いた垂線と三角形 ABC との交点を H とする．以下の各問いに答えよ．

（1） 三角形 ABC の面積を求めよ．

（2） 線分 AH の長さを求めよ．

（3） 線分 OH の長さを a を用いて表せ．

（4） 四面体 OABC の体積を a を用いて表せ．

（5） 四面体 OABC に外接する球の半径を a を用いて表せ．

（21　昭和大・推薦）

▶解答◀（**1**）

$$\triangle\mathrm{ABC} = \frac{1}{2}\cdot 1^2\cdot\sin 60^\circ = \boldsymbol{\frac{\sqrt{3}}{4}}$$

（**2**） 図 1 を見よ．OH = h とおくと，OA = OB = OC = a と三平方の定理より

$$\mathrm{AH} = \sqrt{\mathrm{OA}^2 - \mathrm{OH}^2} = \sqrt{a^2 - h^2} \quad \cdots\cdots\cdots\cdots\cdots ①$$

同様に，$\mathrm{BH} = \sqrt{a^2 - h^2}$, $\mathrm{CH} = \sqrt{a^2 - h^2}$ であるから，AH = BH = CH であり，H は △ABC の外心である．よって，△ABC において正弦定理より

$$\frac{1}{\sin 60^\circ} = 2\mathrm{AH}$$

$$\mathrm{AH} = \frac{1}{2}\cdot\frac{2}{\sqrt{3}} = \boldsymbol{\frac{1}{\sqrt{3}}}$$

（**3**） ① より

$$\frac{1}{\sqrt{3}} = \sqrt{a^2 - h^2}$$

$$\frac{1}{3} = a^2 - h^2 \qquad \therefore \quad h^2 = a^2 - \frac{1}{3}$$

$$\mathrm{OH}=h=\sqrt{a^2-\frac{1}{3}}$$

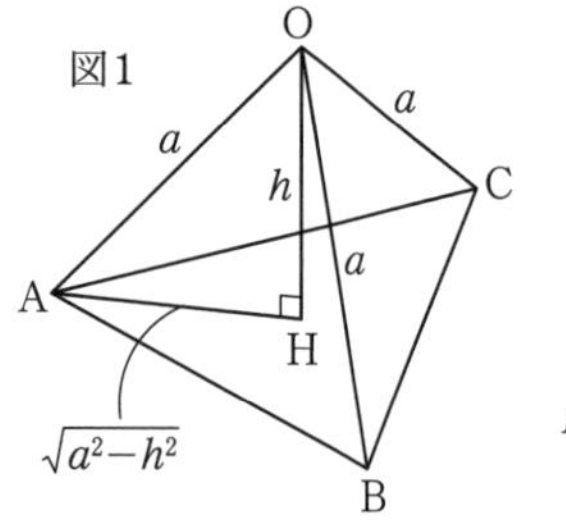

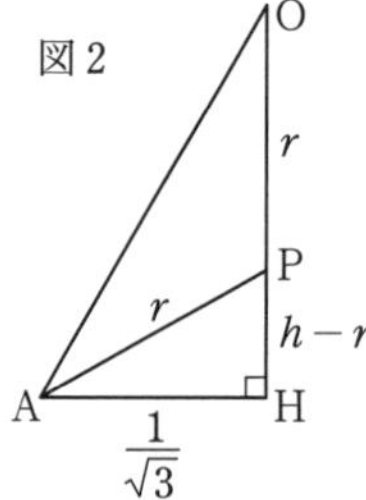

（**4**） 四面体 OABC の体積は

$$\frac{1}{3}\triangle \mathrm{ABC}\cdot h=\frac{1}{3}\cdot\frac{\sqrt{3}}{4}\cdot\sqrt{a^2-\frac{1}{3}}=\boldsymbol{\frac{1}{12}\sqrt{3a^2-1}}$$

（**5**） 図 2 を見よ．四面体 OABC の外接球の半径を r，外接球の中心を P とおく．$\mathrm{PO}=\mathrm{PA}=r$ である．

△PAH について三平方の定理より

$$r^2=\left(\frac{1}{\sqrt{3}}\right)^2+(h-r)^2$$

$$r^2=\frac{1}{3}+h^2-2hr+r^2$$

$$2hr=h^2+\frac{1}{3}$$

$$2hr=\left(a^2-\frac{1}{3}\right)+\frac{1}{3}$$

$$r=\frac{a^2}{2h}=\frac{a^2}{2\sqrt{a^2-\frac{1}{3}}}=\boldsymbol{\frac{\sqrt{3}a^2}{2\sqrt{3a^2-1}}}$$

注意 答えを出すだけなら $a>\frac{1}{\sqrt{3}}$ で十分である．

$a>\frac{1}{\sqrt{3}}$ のもとで，P が O と H の間にある条件は

$$h-r=\sqrt{a^2-\frac{1}{3}}-\frac{\sqrt{3}a^2}{2\sqrt{3a^2-1}}>0$$

$$\frac{3a^2-2}{\sqrt{3a^2-1}}>0 \qquad \therefore\ a>\frac{2}{\sqrt{3}}$$

である．問題文の条件 $a\geqq 1$ は，これらをともにみたす条件ということであろう．

《正五角形と錐 (B30)》

49．（1） 1 辺の長さが 1 の正五角形 ABCDE について考える．(下図)

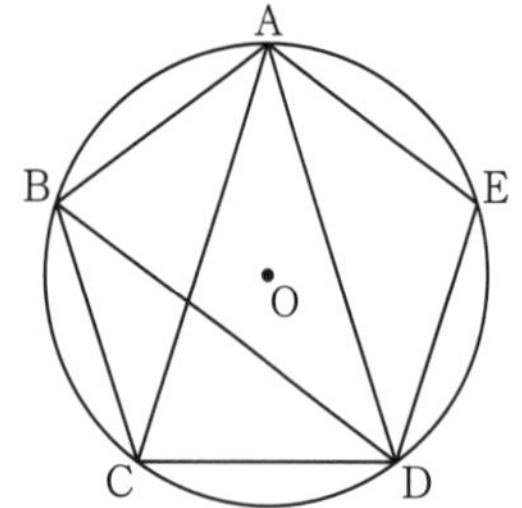

対角線 AC の長さは □ である．

$\sin^2\angle\mathrm{BAC}=$ □ なので，この正五角形の外接円の半径を r とおくと，$r^2=$ □ である．またこの正五角形の面積を S とすると，$S^2=$ □ である．

（2）（1）の外接円の中心を O とおく．（1）の正五角形を底面とし，すべての辺の長さが 1 である五角錐を考える．頂点を F とおく．この底面に対する高さを h とすると，$h^2=$ □ となる．$\angle\mathrm{AFO}=\theta$ とおくと，$\sin 2\theta=$ □ である．

（3）（2）の F を 1 辺の長さが 1 である正二十面体の頂点の 1 つとすると，点 A, B, C, D, E は F と辺でつながる正二十面体上の頂点と考えることができる．この二十面体の外接球の半径を R とおくと $R^2=$ □ である．

(21 順天堂大・医)

▶解答◀ （**1**） BD と AC の交点を G とする．図で黒丸 1 つは 36° を表す．正五角形の対角線の長さを x とする．

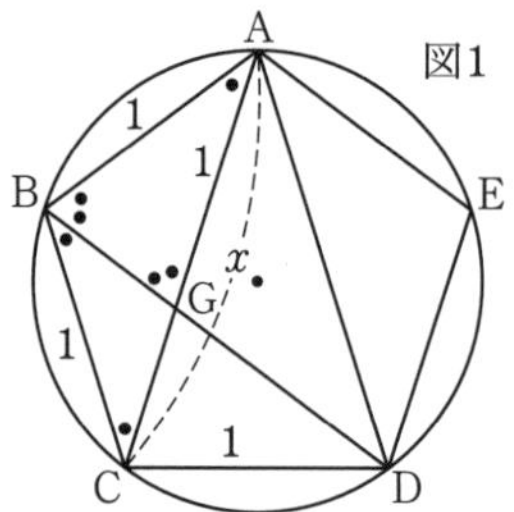

△ABG は等辺が 1 の 2 等辺三角形で，$\mathrm{GC}=x-1$ である．△ABC, △CGB は底角が 36° の二等辺三角形であるから，等辺と底辺の比より $1:(x-1)=x:1$

$x^2-x-1=0$ で $x>0$ より $\mathrm{AC}=\boldsymbol{\frac{1+\sqrt{5}}{2}}$ である．

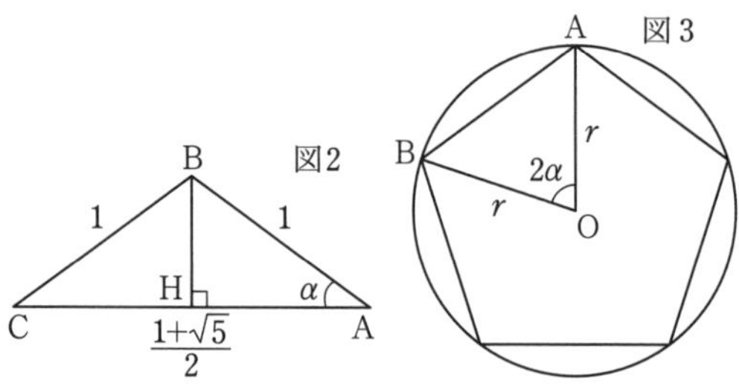

B から AC へ下ろした垂線の足を H とおくと

$$\cos\alpha=\frac{\mathrm{AH}}{\mathrm{AB}}=\frac{1+\sqrt{5}}{4}$$

$$\sin^2\angle\mathrm{BAC}=1-\cos^2\alpha=1-\left(\frac{1+\sqrt{5}}{4}\right)^2$$

$$=1-\frac{3+\sqrt{5}}{8}=\boldsymbol{\frac{5-\sqrt{5}}{8}}$$

△ABC で正弦定理より $\dfrac{\mathrm{BC}}{\sin\alpha}=2r$

$$r^2=\frac{\mathrm{BC}^2}{4\sin^2\alpha}=\frac{1}{4}\cdot\frac{8}{5-\sqrt{5}}=\mathbf{\frac{5+\sqrt{5}}{10}}$$

また外接円の中心を O とすると $\angle\mathrm{AOB}=2\alpha\ (=72^\circ)$ であるから

$$S^2=\left(5\cdot\frac{1}{2}r^2\sin 2\alpha\right)^2=(5r^2\sin\alpha\cos\alpha)^2$$
$$=25\cdot\left(\frac{5+\sqrt{5}}{10}\right)^2\cdot\frac{5-\sqrt{5}}{8}\cdot\left(\frac{1+\sqrt{5}}{4}\right)^2$$
$$=\mathbf{\frac{25+10\sqrt{5}}{16}}$$

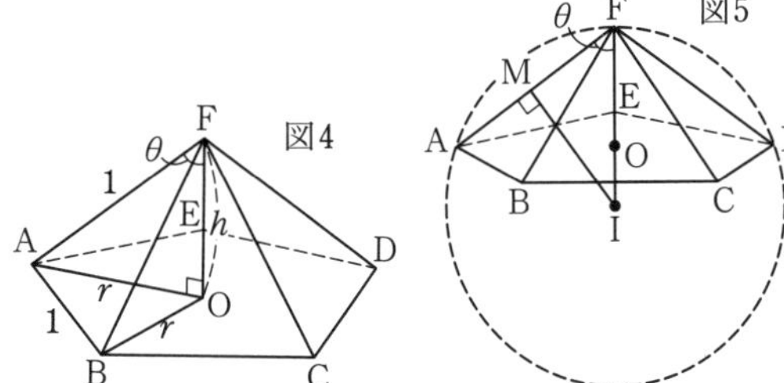

（2） △OAF において

$$h^2=1^2-r^2=1-\frac{5+\sqrt{5}}{10}=\mathbf{\frac{5-\sqrt{5}}{10}}$$
$$\cos\theta=\frac{\mathrm{FO}}{\mathrm{AF}}=h,\ \sin\theta=\frac{\mathrm{AO}}{\mathrm{AF}}=r$$
$$\sin 2\theta=2\sin\theta\cos\theta=2rh$$
$$=2\cdot\sqrt{\frac{5+\sqrt{5}}{10}}\sqrt{\frac{5-\sqrt{5}}{10}}=\mathbf{\frac{2\sqrt{5}}{5}}$$

（3） 外接球の中心を I とすると I は直線 OF 上にある．AF の中点を M とおくと，△IFM において

$$\cos\theta=\frac{\mathrm{FM}}{\mathrm{FI}}=\frac{1}{2R}\qquad\therefore\quad R^2=\frac{1}{4\cos^2\theta}$$

（2）より $\cos\theta=h$ であるから

$$R^2=\frac{1}{4h^2}=\frac{10}{4(5-\sqrt{5})}=\mathbf{\frac{5+\sqrt{5}}{8}}$$

《正十二面体（C30）☆》

50． a は $a>1$ を満たす実数とする．1 辺の長さ a の正方形である面を 1 つ，3 辺の長さが a, 1, 1 の二等辺三角形である面を 2 つ，4 辺の長さが a, 1, 1, 1 の台形である面を 2 つ用意し，これらを組み合わせて 5 つの面で囲まれた立体 F ができたとする．

（1） 立体 F において，正方形の面に平行な長さ 1 の辺がある．その辺上の点から正方形の面に引いた垂線の長さ h を a を用いて表せ．

（2） 立体 F において，正方形の面と台形の面のなす角を θ_1 とし，正方形の面と二等辺三角形の面のなす角を θ_2 とするとき

$$\theta_1+\theta_2=\frac{\pi}{2}$$

となる a の値を求めよ．

（3） （2）で求めた a の場合を考える．1 辺の長さが a の立方体にいくつかの F を正方形の面でうまくはり合わせると正十二面体ができる．この事実を利用して 1 辺の長さが 1 の正十二面体の体積を求めよ．（21　京都府立医大）

▶解答◀ （1） F は図 1 のようになる．点の名前は図を見よ．

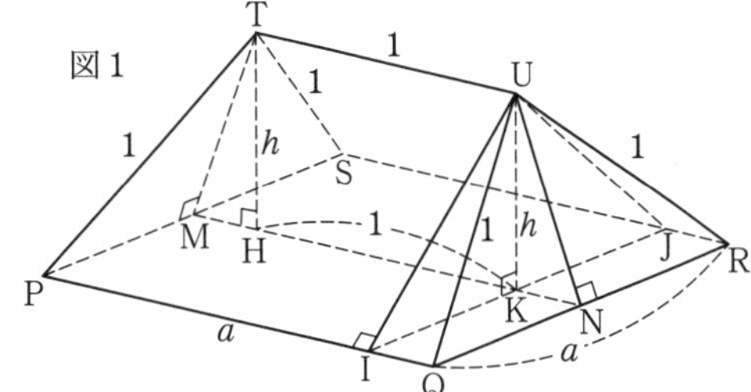

PS, QR の中点をそれぞれ M, N とすると，平面 TMNU は F の対称面である．T から MN へ垂線 TH を引くと，$\mathrm{TH}=h$ であり $\mathrm{MH}=\dfrac{1}{2}(a-1)$ である，

△TPM に三平方の定理を用いて

$$\mathrm{TM}^2=\mathrm{TP}^2-\mathrm{PM}^2=1-\frac{a^2}{4}$$

△TMH に三平方の定理を用いて

$$h=\sqrt{\mathrm{TM}^2-\mathrm{MH}^2}=\sqrt{1-\frac{a^2}{4}-\frac{1}{4}(a-1)^2}$$
$$=\sqrt{\mathbf{\frac{3}{4}+\frac{a}{2}-\frac{a^2}{2}}}$$

（2） 図 1 を見よ．U から PQ, RS へ垂線 UI, UJ を引くと $\theta_1=\angle\mathrm{UIJ}$, $\theta_2=\angle\mathrm{UNM}$ である．

IJ の中点を K とする．

図 2, 図 3 を参照せよ．

$$\tan\theta_1=\frac{h}{\mathrm{IK}}=\frac{h}{\frac{a}{2}}=\frac{2h}{a}$$
$$\tan\theta_2=\frac{h}{\mathrm{NK}}=\frac{h}{\frac{a-1}{2}}=\frac{2h}{a-1}$$

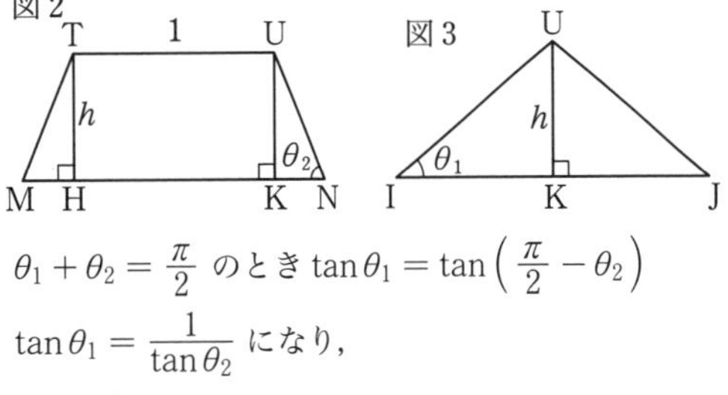

$\theta_1+\theta_2=\dfrac{\pi}{2}$ のとき $\tan\theta_1=\tan\left(\dfrac{\pi}{2}-\theta_2\right)$

$\tan\theta_1=\dfrac{1}{\tan\theta_2}$ になり，

$$4h^2=a(a-1)$$

$$4\left(\frac{3}{4}+\frac{a}{2}-\frac{a^2}{2}\right)=a(a-1)$$

$$a^2-a-1=0 \quad \cdots\cdots\cdots\cdots ①$$

$a>1$ であるから，$a=\mathbf{\dfrac{1+\sqrt{5}}{2}}$ である．

（**3**） 一辺の長さが a の立方体のすべての面に F を被せる．ただし二等辺三角形と台形が辺を共有するようにする．図 5 で，立方体の 2 面角 $\angle\mathrm{MNC}=\dfrac{\pi}{2}$，$\angle\mathrm{UNM}=\theta_2$，$\angle\mathrm{DNC}=\theta_1$ の合計は π であるから，面 UQR と面 BRQA は同一平面上にあり，正五角形ができる．このように，F を 6 つ用いることで正十二面体ができる．

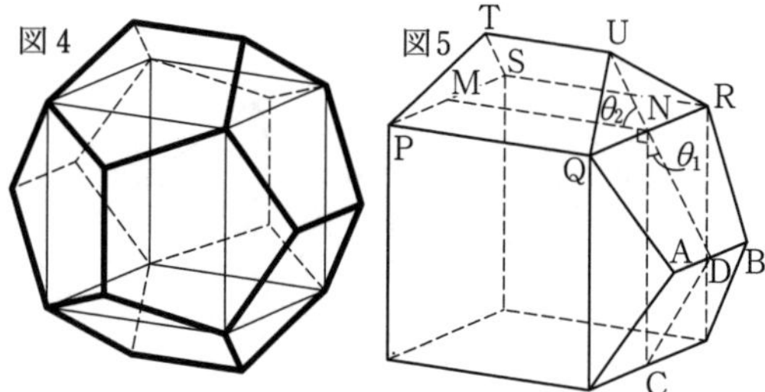

図 4 は，見える面の線を太線，立体に隠れて見えない線（陰線という）を点線，補助的な立方体の線を細い実線にしてある．点線は五角形の一部，細線は立方体の一部である．F の体積を V_F，正十二面体の体積を V とする．V_F は四角錐 UIQRJ2 つ分と，この四角錐 2 つ分を除いた三角柱の体積になる．ここで ① を用いて

$$h=\sqrt{\frac{3}{4}-\frac{1}{2}(a^2-a)}=\sqrt{\frac{3}{4}-\frac{1}{2}}=\frac{1}{2}$$

であるから

$$V_F=\frac{1}{3}\cdot a\cdot\frac{a-1}{2}\cdot h\cdot 2+\frac{1}{2}\cdot a\cdot h\cdot 1$$

$$=\frac{1}{3}\cdot\frac{a^2-a}{2}\cdot\frac{1}{2}\cdot 2+\frac{1}{2}\cdot a\cdot\frac{1}{2}$$

$$=\frac{1}{3}\cdot\frac{1}{2}+\frac{a}{4}=\frac{1}{6}+\frac{a}{4}$$

である．① より $a^2=a+1$ で，これを次数下げの式に使い，立方体の体積 a^3 は

$$a^3=a^2\cdot a=(a+1)a=a^2+a$$

$$=(a+1)+a=2a+1$$

$$V=6V_F+(2a+1)=1+\frac{3}{2}a+2a+1$$

$$=\frac{7}{2}a+2=\mathbf{\frac{15+7\sqrt{5}}{4}}$$

《多面体定理（A5）》

51．すべての面が四角形となっている凸多面体 P について考える．凸多面体 P の面の数が 29 のとき，P の辺の数は □ であり，P の頂点の数は □ である．（21　東京医大・医）

▶解答◀ 凸多面体 P はすべての面がそれぞれ 4 本の辺をもち，1 本の辺につき 2 つの面が共有しているから，辺の数は全部で

$$\frac{4\cdot 29}{2}=\mathbf{58}$$

オイラーの多面体定理より，頂点の数を v とすると

$$v-58+29=2 \qquad \therefore\quad v=\mathbf{31}$$

【場合の数】

《順列と組合せ（A10）☆》

52. a, a, b, b, b, c の6つの文字から4つとった順列および組合せの数を求めよ．

（21　釧路公立大・中期）

考え方 組合せは $\{b, b, b, a\}$ と $\{b, a, b, b\}$ を区別しない（同じ要素があることを許した集合）考え方であり，順列では bbba と babb は異なるものである．

▶解答◀ 組合せは，$\{b, b, b, a\}$，$\{b, b, b, c\}$，$\{b, b, a, a\}$，$\{b, b, a, c\}$，$\{b, a, a, c\}$ の**5**通りある．

順列の総数は，上記5つの場合をそれぞれ考えて

$$\frac{4!}{3!}+\frac{4!}{3!}+\frac{4!}{2!\cdot 2!}+\frac{4!}{2!}+\frac{4!}{2!}=\mathbf{38}$$

である．

《医師と看護師を選ぶ（A5）》

53. 医師6名，看護師4名の中から5名の委員を選出するとき，次の問いに答えよ．

（1） 医師3名と看護師2名を選ぶ選び方は何通りあるか．

（2） 看護師を少なくとも1名含む選び方は何通りあるか．

（21　愛知医大・看護）

▶解答◀ （1） 医師6名から3名，看護師4名から2名を選ぶ組合せの総数は

$${}_6C_3\cdot{}_4C_2=\frac{6\cdot5\cdot4}{3\cdot2\cdot1}\cdot\frac{4\cdot3}{2\cdot1}=\mathbf{120\ (通り)}$$

（2） 医師6名から5名を選ぶ組合せは ${}_6C_5=6$ 通りある．医師と看護師の計10名から5名を選ぶ組合せは

$${}_{10}C_5=\frac{10\cdot9\cdot8\cdot7\cdot6}{5\cdot4\cdot3\cdot2\cdot1}=252\ (通り)$$

補集合を考えて，看護師を少なくとも1名選ぶ組合せは $252-6=$ **246（通り）**ある．

《固まりにする（A5）☆》

54. 8文字 YAKUGAKU を並べかえてできる文字列は全部で□通りあり，そのうち「YAKKA」という文字列を含む文字列は□通りある．

（21　星薬大・推薦）

▶解答◀ Y，Gが1個ずつとA，K，Uが2個ずつある．これらの順列の個数は $\frac{8!}{2!\,2!\,2!}=7!=\mathbf{5040}$

「YAKKA」を塊として，他はUが2個とGが1個ある．この順列の個数は $\frac{4!}{2!}=\mathbf{12}$

《順序が決まっている文字（A10）☆》

55. ABCABCUNIV の10文字を1列に並べるとき，次のような並べ方は何通りあるかそれぞれ求めよ．

（1） NはUの右隣にある．

（2） NはUより右にあり，IはNより右にあり，VはIより右にある．

（21　京都教育大・教育）

▶解答◀ （1） UNを1つの固まりとする．A2つ，B2つ，C2つ，I，Vの9文字の順列の総数となるから，

$\frac{9!}{2!2!2!}=\mathbf{45360}$(通り)

（2） U，N，I，Vを空欄□，□，□，□におきかえる．

A，A，B，B，C，C，□，□，□，□を並べた後に，4つの□に左から順にU，N，I，Vを入れて行く．求める順列の総数は，$\frac{10!}{2!2!2!4!}=\mathbf{18900}$(通り)

《順序が決まっている文字（A10）☆》

56. H，I，T，A，C，H，Iの7文字を横一列に並べて得られる順列を考える．以下の各問の□にあてはまる答えを，解答用紙の指定の欄に記入しなさい．

（1） 並べ方の総数は，□通りである．

（2） CがAより左側にある並べ方は，□通りである．

（3） IとCが隣り合う並べ方は，□通りである．

（4） 同じ文字が連続して並ばない並べ方は，□通りである．

（5） 2つのHの少なくとも一方よりAが左側にある並べ方は，□通りである．（21　茨城大・工）

▶解答◀ （1） H，H，I，I，A，C，Tによる順列であるから，$\frac{7!}{2!2!}=\mathbf{1260}$ 通り．

（2） CとAを空白として，H，H，I，I，□，□，Tを並べ，左側の空白にC，右側の空白にAを入れると考えて，$\frac{7!}{2!2!2!}=\mathbf{630}$ 通り．

H I T □□ H I

↓

H I T [C][A] H I

（3） まず，Cを除く6枚を並べる．

（ア） 2個のIが隣り合うとき

IIを1文字と考えて，H，H，II，T，Aによる順列は $\frac{5!}{2!}=60$ 通り．このとき，Cの入る位置は3通りある．

H ∨ I ∨ I ∨ T A H

（イ） 2個のIが離れているとき

H, H, I, I, T, A による順列は $\frac{6!}{2!2!}=180$ 通りあり，そこから 2 個の I が隣接する場合を除いて，$180-60=120$ 通り．このとき，C の入る位置は 4 通りある．

$$\mathrm{H}^{\vee}\mathrm{I}^{\vee}\mathrm{T\ A\ H}^{\vee}\mathrm{I}^{\vee}$$

（ア），（イ）より，C と I が隣り合う順列は，$60\cdot 3+120\cdot 4=\mathbf{660}$ 通り．

（**4**）（ア） H が連続する順列は，HH を 1 文字と考えて $\frac{6!}{2!}=360$ 通り．

（イ） I が連続するのも 360 通り．

（ウ） どちらも連続するのは，HH, II, A, C, T による順列であるから，$5!=120$ 通り．求める順列は，

$$1260-(360+360-120)=\mathbf{660}\text{ 通り}$$

（**5**） H と A を空白として，□, □, I, I, □, C, T を 1 列に並べ，3 個の空白には左から順に A, H, H または H, A, H を入れると考えて，

$$\frac{7!}{3!2!}\cdot 2=\mathbf{840}\text{ 通り}$$

□ I T □ C □ I

↓

[A] I T [H] C [H] I

[H] I T [A] C [H] I

《全て並べて加える (B10) ☆》

57. 以下の空欄を適切に埋めて文章を完成させよ．1, 2, 3, 4, 8, 9 の 6 つの数字を，それぞれ 1 個ずつ横に並べて 6 桁の整数を作る．このとき，作ることのできる 6 桁の整数は □ 通りであり，その総和は □ ×111111 である．また，作ることのできる 6 桁の整数のうち，2 の倍数は □ 個あり，4 の倍数は □ 個あり，9 の倍数は □ 個あり，11 の倍数は □ 個ある． （21 奈良県立医大・医）

▶解答◀ 6 桁の整数は $6!=\mathbf{720}$ 通りである．その総和を求めるとき，それぞれの位の数字の総和はすべて等しく，それを M とおくと，整数の総和は

$$100000M+10000M+1000M$$
$$+100M+10M+M=111111M$$

どの位について考えても同じだから，1 の位の総和を考える．1 の位が 1 となる順列は $5!$ 通りあり，同様に，1 の位が他の数字の順列も $5!$ 通りずつあるから

$$M=(1+2+3+4+8+9)\cdot 5!=27\cdot 120=\mathbf{3240}$$

これら 6 桁の整数のうち偶数となるものは，1 の位は 3 通り，他の位の順列は $5!$ 通りの $3\cdot 5!=\mathbf{360}$ 個ある．6 つの数字から 2 つ選んでできる 2 桁の 4 の倍数は，12, 24, 28, 32, 48, 84, 92 の 7 通りで，これらを下 2 桁とすると他の位の順列は $4!$ 通りあるから，4 の倍数は $7\cdot 4!=\mathbf{168}$ 個ある．以降 6 桁の整数を N，それぞれの位の数を上の位から順に $a,\ b,\ c,\ d,\ e,\ f$ とおく．

$$\begin{aligned}N&=100000a+10000b+1000c+100d+10e+f\\&=99999a+9999b+999c+99d+9e\\&\qquad+a+b+c+d+e+f\\&=9(11111a+1111b+111c+11d+e)\\&\qquad+a+b+c+d+e+f\end{aligned}$$

となるから，N が 9 の倍数となるのは $a+b+c+d+e+f$ が 9 の倍数のときである．$1+2+3+4+8+9=27$ であるから，$6!=\mathbf{720}$ 個の整数すべてが 9 の倍数となる．

$$\begin{aligned}N&=100001a+9999b+1001c+99d+11e\\&\qquad-a+b-c+d-e+f\\&=11(9091a+909b+91c+9d+e)\\&\qquad+b+d+f-(a+c+e)\end{aligned}$$

となるから，N が 11 の倍数となるのは $b+d+f-(a+c+e)$ が 11 の倍数のときである．$S=b+d+f,\ T=a+c+e$ とする．まず $S\geqq T$ として考える．このとき $S-T=27-2T$ となり，奇数だから，0, 22 にならない．したがって，$S-T$ が 11 の倍数となるのは $27-2T=11$ すなわち，$T=8$ のときのみで，$\{a,\ c,\ e\}=\{1,\ 3,\ 4\}$ となり，$\{b,\ d,\ f\}=\{2,\ 8,\ 9\}$ となる．このときそれぞれの集合の要素の順列は $3!=6$ 通りずつあるから，この場合の 11 の倍数は $6\cdot 6=36$ 個ある．同様にして，$S<T$ のときは $\{b,\ d,\ f\}=\{1,\ 3,\ 4\}$, $\{a,\ c,\ e\}=\{2,\ 8,\ 9\}$ で 36 個となるから，11 の倍数は $2\cdot 36=\mathbf{72}$ 個ある．

《経路の数・平面 (A10) ☆》

58. 図のような格子状の道がある．S 地点から G 地点まで行くときの最短経路は □ 通りある．また，A 地点を通らない最短経路は □ 通りであり，A 地点も B 地点も通らない最短経路は □ 通りである．

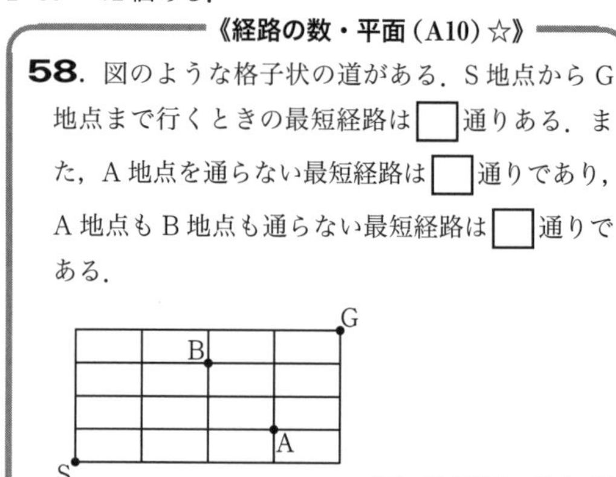

（21 昭和薬大・B 方式）

▶解答◀ S から G までの最短経路は，縦が 4 本，横が 4 本あるから ${}_8\mathrm{C}_4=\mathbf{70}$ 通りある．

SからAまで縦1本，横3本，AからGまで縦3本，横1本であるからAを通る最短経路は ${}_4C_1 \cdot {}_4C_1 = 16$ 通りある．よって，Aを通らない最短経路は $70 - 16 = \mathbf{54}$ 通りある．

「AもBも通らない」の余事象は「Aを通る，または，Bを通る」である．SからBまで縦3本，横2本，BからGまで縦1本，横2本であるからBを通る最短経路は ${}_5C_2 \cdot {}_3C_1 = 30$ 通りある．AとBの両方を通る最短経路はないから，AもBも通らない最短経路は全部で $70 - (16 + 30) = \mathbf{24}$ 通りである．

♦別解♦ 書き込み方式でAもBも通らない最短経路を数えると，図のようになって，**24** 通りである．

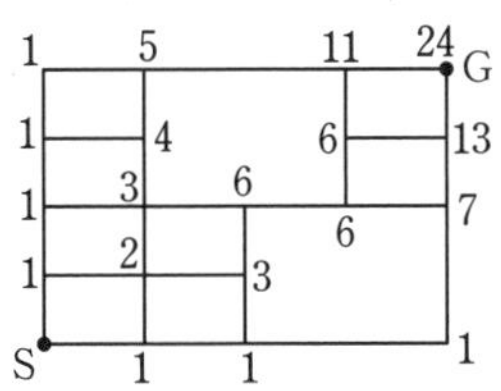

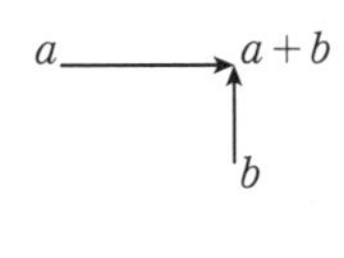

《経路の数・空間 (B20)》

59. 図のように，同じ大きさの立方体を15個積んでできた立体図形を考える．点Aから指定された点まで立方体の辺に沿って最短距離で行く経路のみを考える．

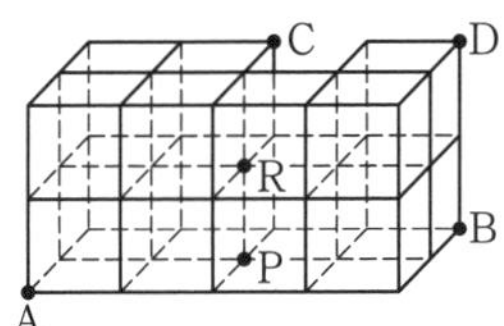

(1) (i) 点Aから点Pまでの経路は □ 通り，点Aから点Bまでの経路は □ 通りであり，点Aから点Pを通って点Bまで至る経路は □ 通りある．

(ii) 点Aから点Cまでの経路は □ 通りあり，そのうち点Pと点Rの両方を通る経路は □ 通りある．

(iii) 点Aから点Dまでの経路は □ 通りある．

(2) 点Aから点Cまでの経路の選び方がすべて同様に確からしいとしたとき，点Aから出発して点Cに到着するという条件の下で，点Pと点Rの両方を通る確率は □ であり，点Aから出発して点Pを通って点Cに到着するという条件の下で点Rを通る確率は □ である．

(21 立命館大・理系)

▶解答◀ (1) (i) 立方体の1辺の長さを1とする．2点を結ぶ経路は，立方体の辺に沿って，右へ1進むか(X)，前へ1進むか(Y)，上へ1進むか(Z)の順列で表すことができる．

例えば，A → P (AからPへの経路，下図) の場合，経路は手前のものから順にXXY，XYX，YXXで表される．

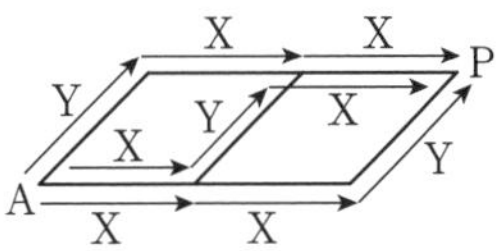

これは，3文字XXYを1列に並べる順列であるから

$$\frac{3!}{2!1!} = \mathbf{3} \text{ 通り}$$

ある．

A → Bは，XXXXYYの順列で表されるから

$$\frac{6!}{4!2!} = \mathbf{15} \text{ 通り}$$

P → BはXXYの順列で3通りあるから，A → P → Bと進むのは，

$$3 \cdot 3 = \mathbf{9} \text{ 通り}$$

(ii) A → Cは，XXYYZZの順列で表されるから

$$\frac{6!}{2!2!2!} = \mathbf{90} \text{ 通り}$$

そのうち， A → P → R → Cと進むのは，A → Pが3通り， P → Rが1通り，R → Cが2通りあるから

$$3 \cdot 1 \cdot 2 = \mathbf{6} \text{ 通り}$$

(iii) 点Cの右側にも立方体があると仮定すると，A → Dは8文字XXXXYYZZの順列で表されるから

$$\frac{8!}{4!2!2!} = 420 \text{ 通り}$$

そのうち，A → C → Dは $90 \cdot 1 = 90$ 通り．

よって，求める経路の総数は $420 - 90 = \mathbf{330}$ 通り．

(2) A → Cは90通りで，そのうちA → P → R → Cは6通りであるから，求める確率は $\frac{6}{90} = \mathbf{\frac{1}{15}}$．

A → P → Cは $3 \cdot 3 = 9$ 通りで，そのうちA → P → R → Cは6通りであるから，求める確率は $\frac{6}{9} = \mathbf{\frac{2}{3}}$．

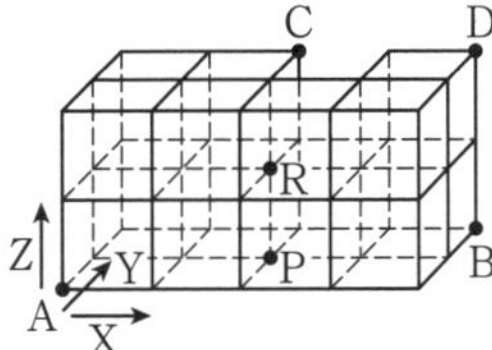

《3の倍数の問題 (C30) ☆》

60. n を $1 \leqq n \leqq 4$ を満たす整数とする．6個の数字

$$\{n, n+1, n+2, n+3, n+4, n+5\}$$

から互いに異なる3つの数字を取り出して，3桁の数をつくるとき，以下の問いに答えよ．

（1） $n=1$ のときにつくられるすべての3桁の数のうち，3の倍数となるものの個数を求めよ．

（2） $n=1, 2, 3, 4$ のときにつくられるすべての3桁の数のうち，3の倍数であるものの個数を重複しないように求めよ．（21 鳥取大・工-後期）

▶解答◀ 3桁の数 abc（百の位が a，十の位が b，一の位が c）は

$$100a+10b+c=99a+9b+(a+b+c)$$

で，これが3で割り切れるのは $a+b+c$ が3の倍数のときである．

（1） $A_n=\{n, n+1, n+2, n+3, n+4, n+5\}$ とする．$A_1=\{1, 2, 3, 4, 5, 6\}$ から異なる3つの数字を取り出して3桁の数をつくるとき，6つの数字を3で割った余りで3つに分けて

$$B_1=\{1, 4\}, B_2=\{2, 5\}, B_3=\{3, 6\}$$

とする．B_1, B_2, B_3 からから選ぶ数を順に b_1, b_2, b_3 とすると (b_1, b_2, b_3) は $2^3=8$ 通りある．それぞれ3桁の数を作る．3桁の数は $2^3\cdot 3!=$ **48** 通りある．

b_1　b_2　b_3
1 ＜ 2, 5 ＜ 3, 6
4 ＜ 2, 5 ＜ 3, 6

（2） $A_1=\{1, 2, 3, 4, 5, 6\}$
$A_2=\{2, 3, 4, 5, 6, 7\}$
$A_3=\{3, 4, 5, 6, 7, 8\}$
$A_4=\{4, 5, 6, 7, 8, 9\}$

たとえば，A_1 から2, 3, 4を選んで一列に並べてできる3桁の数と，A_2 から2, 3, 4を選んで一列に並べてできる3桁の数は重複するから，迂闊な数え方はできない．

1から9までの数字を3で割った余りで3つに分けて

$$C_1=\{1, 4, 7\}, C_2=\{2, 5, 8\}, C_3=\{3, 6, 9\}$$

とする．A_n は C_1, C_2, C_3 の要素をちょうど2個ずつもつが，3個はもたない．たとえば A_3 に9はない．A_1 から3数を選んで3桁の数を作る，または，A_2 から3数を選んで3桁の数を作る，または，A_3 から3数を選んで3桁の数を作る，または，A_4 から3数を選んで3桁の数を作る場合，それが3の倍数になるのは，C_1, C_2, C_3 から1つずつ選ぶときに限る．C_1, C_2, C_3 から選ぶ数を順に c_1, c_2, c_3 とすると，単純に考えると，(c_1, c_2, c_3) は $3^3=27$ 通りある．ただし，このすべてが実現できるわけではない．

A_n の要素の最大値と最小値の差が5であることに注意すると，1と8，1と9，2と9は同時には選べない．つまり，$(1, 8, 3)$, $(1, 8, 6)$, $(1, 8, 9)$, $(1, 2, 9)$, $(1, 5, 9)$, $(4, 2, 9)$, $(7, 2, 9)$ の7通りは除くから，(c_1, c_2, c_3) は $27-7=20$ 通りある．求める3桁の数の個数は $20\cdot 3!=$ **120**

◆別解◆ **（1）** B_1, B_2, B_3 から選ぶ数を順に b_1, b_2, b_3 とする．(b_1, b_2, b_3) は
$(1, 2, 3)$, $(1, 2, 6)$, $(1, 5, 3)$, $(1, 5, 6)$, $(4, 2, 3)$
$(4, 2, 6)$, $(4, 5, 3)$, $(4, 5, 6)$
の8通りあるから，求める3桁の数の個数は $8\cdot 3!=$ **48**

（2） (c_1, c_2, c_3) は，A_1 から選ぶ場合，上のように8通りある．

A_2 から選ぶ場合，7を選ばない場合は上の8通りの中に入っている．7を選ぶ場合は
$(7, 2, 3)$, $(7, 2, 6)$, $(7, 5, 3)$, $(7, 5, 6)$ の4通りある．

A_3 から選ぶ場合，8を選ぶものを考え
$(4, 8, 3)$, $(4, 8, 6)$, $(7, 8, 3)$, $(7, 8, 6)$ の4通りある．

A_4 から選ぶ場合，9を選ぶものを考え
$(4, 5, 9)$, $(4, 8, 9)$, $(7, 5, 9)$, $(7, 8, 9)$ の4通りある．

(c_1, c_2, c_3) は $8+4+4+4=20$ 通りあるから，求める3桁の数の個数は $20\cdot 3!=$ **120**

《母音が隣り合わない (B20)》

61．M, A, E, B, A, S, H, I の8文字を使ってできる文字列について，次の問いに答えよ．ただし，AとAの2文字は区別せず，また，8文字のうち母音はA, E, Iである．

（1） 8文字すべてを使ってできる文字列はいくつあるか．

（2） 8文字すべてを使ってできる文字列のなかで，Aが隣り合うものはいくつあるか．

（3） 8文字すべてを使ってできる文字列のなかで，どの母音も隣り合わないものはいくつあるか．

（4） M, A, E, B, S, H, I の7文字を3組に分ける方法は何通りあるか．ただし，3組の区別はしない．

（21 群馬大・医）

▶解答◀ **（1）** Aは2つあるから求める順列の個数は $\dfrac{8!}{2}=$ **20160**

（2） 2つのAを塊として，7つの順列の個数は
$7!=$ **5040**

（3） 4つの ① から ④ の中に子音を並べ（その順列の

個数は 4!）その間または両端の 5 カ所に，母音 A，A，E，I を 1 つずつ入れていく．

図1

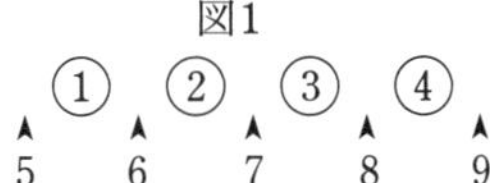

2 つの A を入れる場所の組合せは ${}_5\mathrm{C}_2$ 通り，残る 3 か所のうち E を入れる場所は 3 通り，残る 2 かのうち I を入れる場所は 2 通りあるから，どの母音も隣り合わない順列の個数は

$$4!\cdot{}_5\mathrm{C}_2\cdot 3\cdot 2 = 24\cdot 10\cdot 6 = \mathbf{1440}$$

図2

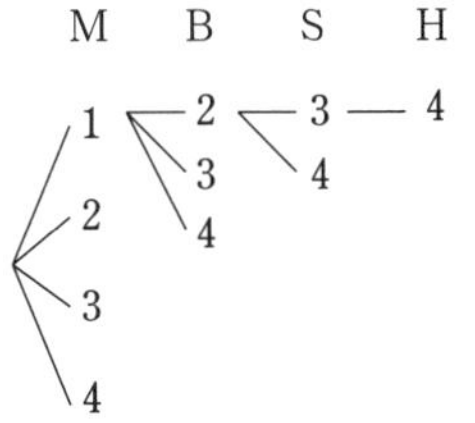

M　B　S　H

1 ─ 2 ─ 3 ─ 4
　　　　└ 4
　└ 3
　└ 4
2
3
4

図3

2つのA　E　I

${}_5\mathrm{C}_2$ 本
5と6 ─ 7 ─ 8
　　　　　└ 9
　　└ 8
　　└ 9
5と7
5と8
5と9
⋮
8と9

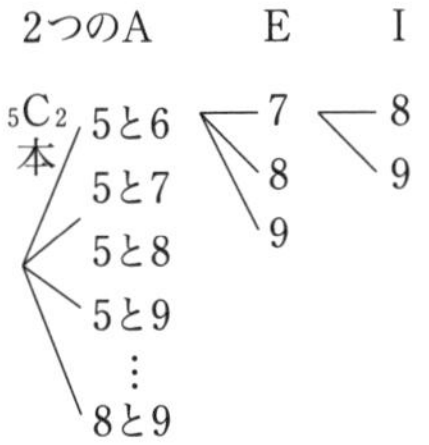

以下は解説である．図 1 の ① から ④ に順に M，B，S，H と入れるとき，2 つの A を突っ込む位置の組合せは 5 と 6 など，${}_5\mathrm{C}_2$ 通りある．たとえば，2 つの A を 5 と 6 に突っ込むとき，E を突っ込む位置は 7，8，9 の 3 通りあり，たとえばそれが 7 のとき，I を突っ込む位置は 8，9 の 2 通りある．

（4） A を 1 個減らして，7 個の異なる文字にしてある．P, Q, R の 3 個の異なる皿を用意し，7 個の文字をこれら 3 個の皿に置くとする．たとえば M を P に置くとき M $= P$ とする．他も同様とする．

$K =$ (M, A, E, B, S, H, I) とする．K は「くみわけ」の頭文字である．M，A，…，I はそれぞれ P, Q, R の 3 通りあるから K は全部で 3^7 通りある．P か Q だけで出来ているのは $2^7 - 2$ 通りある．マイナスは P だけになる場合と Q だけになる場合を引いている．P か R だけで出来ているもの，Q か R だけで出来ているものも同様である．また P だけ，Q だけ，R だけになる場合が 3 通りある．1 文字も乗らない皿がない K は

$$3^7 - (2^7 - 2)\cdot 3 - 3 = 3^7 - 3\cdot 2^7 + 3$$

$$= 2187 - 128\cdot 3 + 3 = 1806 \text{（通り）}$$

ある．実際には皿の区別はないから，P, Q, R の区別をなくして，7 文字を 3 つの組に配分する K は

$\dfrac{1806}{3!} = \mathbf{301}$ 通りある．

以下は解説である．1806 通りの K には P, Q, R のすべてが出て来る．たとえば (P, P, P, Q, Q, R, R) は M，A，E が（皿 P の上で）組となり，B，S が（皿 Q の上で）組となり，H，I が（皿 R の上で）組となる場合である．M，A，E が組となり，B，S が組となり，H，I が組となる場合は，他にも (P, P, P, R, R, Q, Q)，(Q, Q, Q, P, P, R, R)，(Q, Q, Q, R, R, P, P)，(R, R, R, P, P, Q, Q)，(R, R, R, Q, Q, P, P) がある．3 つの集合 {M, A, E}，{B, S}，{H, I} を皿の上で，回していると考える．

1 つの組分けが図 5 のように 3! 回出て来るのである．

M,A,E ── B,S ── H,I

図5

P ── Q ── R
P ── R ── Q
Q ── P ── R
Q ── R ── P
R ── P ── Q
R ── Q ── P

◆別解◆　（4）　**【前半の別解】**

P, Q, R, K の説明は上と同じ．K の全部の集合を U とする．P に乗せる文字がない K の集合を $\overline{P}$ とし，$\overline{Q}$，$\overline{R}$ も同様とする．$\overline{P}$ ということは，M は Q か R に乗せ，A，…，I も同様で $n(\overline{P}) = 2^7$ である．同様に $n(\overline{Q}) = 2^7$，$n(\overline{R}) = 2^7$ である．$n(\overline{P}\cap\overline{Q})$ はすべてを R に乗せる 1 通りで $n(\overline{P}\cap\overline{Q}) = 1$ である．同様に $n(\overline{Q}\cap\overline{R}) = 1$，$n(\overline{R}\cap\overline{P}) = 1$ である．

$n(\overline{P}\cap\overline{Q}\cap\overline{R}) = 0$ である．

$$\begin{aligned} n(\overline{P}\cup\overline{Q}\cup\overline{R}) &= n(\overline{P}) + n(\overline{Q}) + n(\overline{R}) \\ &\quad - n(\overline{P}\cap\overline{Q}) - n(\overline{Q}\cap\overline{R}) - n(\overline{R}\cap\overline{P}) \\ &\quad + n(\overline{P}\cap\overline{Q}\cap\overline{R}) \\ &= 3\cdot 2^7 - 3 \end{aligned}$$

$n(U) = 3^7$ であるから，どの皿にも少なくとも 1 つの文字が乗る K の個数は

$$n(U) - n(\overline{P}\cup\overline{Q}\cup\overline{R}) = 3^7 - 3\cdot 2^7 + 3$$

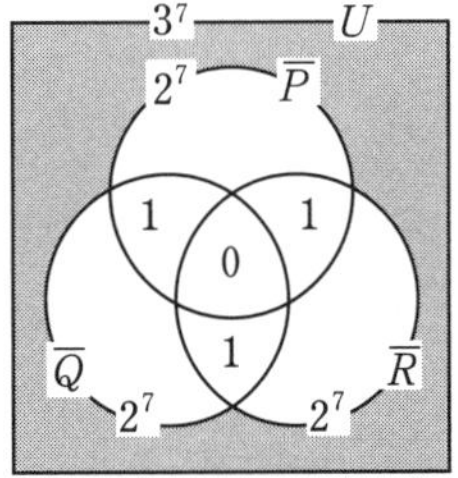

《同色が隣り合わない（B20）☆》

62． 箱が 6 個あり，1 から 6 までの番号がついている．赤，黄，青それぞれ 2 個ずつ合計 6 個の玉があり，ひとつの箱にひとつずつ玉を入れるとする．ただし，隣り合う番号の箱には異なる色の玉が入るようにする．このような入れ方は全部で何通りあるかを求めよ．　（21　早稲田大・教育）

考え方 本問は定型的である．使う基本公式や考え方は次のものである．場合の数では同じ色の玉は区別しない．

（ア） p のカードを a 枚，q のカードを b 枚，r のカードを c 枚，… 合計 n 枚を 1 列に並べるとき $\dfrac{n!}{a!b!c!\cdots}$ 通りの順列がある．

（イ） 全体から隣り合うものを引く．隣り合うものは固まりにして考える．

（ウ） 他を並べて，後で突っ込む．

という考え方がある．

▶解答◀ 6 個の玉の順列全体の集合を U とする．

$$n(U)=\frac{6!}{2!2!2!}=\frac{720}{8}=90$$

このうち 2 個の赤玉が隣り合う順列の集合を R，2 個の黄玉が隣り合う順列の集合を Y，2 個の青玉が隣り合う順列の集合を B とする．2 個の赤玉が隣り合うとき，赤玉の固まり 1 つ，黄玉 2 個，青玉 2 個の順列を考え

$$n(R)=\frac{5!}{1!2!2!}=\frac{120}{4}=30$$

となり，同様に $n(Y)=n(B)=30$

2 個の赤玉が隣り合い，2 個の黄玉が隣り合うとき，$n(R\cap Y)$ は赤玉の固まり 1 つ，黄玉の固まり 1 つ，青玉 2 個の順列を考え

$$n(R\cap Y)=\frac{4!}{1!1!2!}=\frac{24}{2}=12$$

となり，同様に $n(Y\cap B)=n(B\cap R)=12$

$n(R\cap Y\cap B)$ は赤玉の固まり 1 つ，黄玉の固まり 1 つ，青玉の固まり 1 つの順列を考え $n(R\cap Y\cap B)=3!=6$ である．

$$\begin{aligned}n(R\cup Y\cup B)&=n(R)+n(Y)+n(B)\\&\quad -n(R\cap Y)-n(Y\cap B)-n(B\cap R)\\&\quad +n(R\cap Y\cap B)\\&=30\times 3-12\times 3+6=60\end{aligned}$$

であり，隣り合う玉の色が互いに異なる順列の総数は

$$n(U)-n(R\cup Y\cup B)=90-60=\mathbf{30}\ (\text{通り})$$

である．

♦別解♦ 今度は赤玉を R，黄玉を Y，青玉を B で表す．まず，2 個の R と 2 個の Y を 1 列に並べると次の 6 通りの順列がある．

RRYY，RYRY，RYYR，YRRY，YRYR，YYRR

ここに 2 つの B を突っ込んで，同じ色が連続しないようにする．

R⇓RY⇓Y ……………………………①

↓R↓Y↓R↓Y↓ ……………………………②

↓R↓Y⇓Y↓R↓ ……………………………③

YRRY ……………………………④

YRYR ……………………………⑤

YYRR ……………………………⑥

① は二重線の矢印の部分に 1 つずつ B を突っ込む 1 通り．② は 5 つの細い矢印の位置の 2 カ所を選んで 1 つずつ B を突っ込む ${}_5\mathrm{C}_2=10$ 通り．③ は二重線の矢印の部分に B を突っ込み 4 つの細い矢印の位置のどこかに B を突っ込む 4 通り．④ は ③ と同様，⑤ は ② と同様，⑥ は ① と同様である．求める順列の総数は

$$(1+10+4)\cdot 2=\mathbf{30}\ (\text{通り})$$

《GO を 1 つだけ含む順列 (B10) ☆》

63．“GELGOOG” の 7 文字の並べ替えについて考えると，“GOLGO” を含む並べ方は□通り，“GOGO” を含む並べ方は□通り，“GO” を 1 つだけ含む並べ方は□通りある．

（21　近大・医-推薦）

▶解答◀ GOLGO の 5 文字をまとめて X とすると，G，E，X を並べることになるから，その順列は $3!=\mathbf{6}$ 通りある．同様に GOGO の 4 文字をまとめて Y とすると，G，E，L，Y を並べることになるから，その順列は $4!=\mathbf{24}$ 通りある．

次に，GO を 1 つだけ含む並べ方は，GO の 2 文字をまとめて Z とし，G，G，E，L，Z を一列に並べて，その間と両端のうち G の右隣りを除く 4 箇所から 1 箇所を選んで O を入れると考えて，その順列は $\dfrac{5!}{2!}\cdot 4=\mathbf{240}$ 通りある．

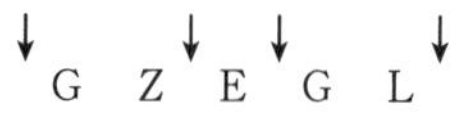

《ソーシャルディスタンス (B20) ☆》

64．ある飲食店には横一列に並んだカウンター席が 10 席あるが，客は互いに 2 席以上空けて座らなければならない．

（1） 同時に座ることのできる最大の客数を求めなさい．

（2） 客が 2 名のとき，席の空き方は何通りあるか．

（3） 客が 1 名以上のとき，席の空き方は全部で何通りあるか．　（21　龍谷大・先端理工・推薦）

考え方 いろいろな解法がある．「席の空き方」という言葉が，2021 年東大文科の場合の数の問題につながる．

▶解答◀ 客の座席を○，空席を×と表す．

（**1**） 同時に座ることのできる客数が最大となるのは，

○××○××○××○

となる場合であるから，求める客数は **4** 人である．

（**2**） 10 個の席に左から 1, …, 10 と番号をつける．客が座る座席の番号を x, y $(1 \leqq x < y \leqq 10)$ とする．2 席以上空けるという条件は $y - x \geqq 3$ $(y - x > 2)$ ということであり，$1 \leqq x < y - 2 \leqq 8$ となる．

1, …, 8 から異なる 2 数を選ぶ組合せを考え，(x, y) は ${}_8\mathrm{C}_2 = \dfrac{8\cdot7}{2\cdot1} = \mathbf{28}$ 通りある．

3以上離れている

1 x y 10

1以上 2ずらす

1 x $y-2$ 8

（**3**）（ア） 客が 1 名のとき，10 通り．

（イ） 客が 2 名のとき，（2）より 28 通り．

（ウ） 客が 3 名のとき，客が座る席の番号を x, y, z $(1 \leqq x < y < z \leqq 10,\ y - x > 2,\ z - y > 2)$ とする．$1 \leqq x < y - 2 < z - 4 \leqq 6$ だから (x, y, z) の個数は

$${}_6\mathrm{C}_3 = \frac{6\cdot5\cdot4}{3\cdot2\cdot1} = 20$$

（エ） 客が 4 名のとき，（1）より 1 通り．

以上より求める総数は $10 + 28 + 20 + 1 = \mathbf{59}$ 通り．

◆別解◆ （**2**） もっと地道に調べる方法もある．

$x = 1$ のとき，$y = 4, \cdots, 10$ の 7 通り．

$x = 2$ のとき，$y = 5, \cdots, 10$ の 6 通り．

これを続け，(x, y) の個数は

$$7 + 6 + \cdots + 1 = \frac{1}{2}7\cdot8 = 28$$

（**3**）（ウ） $x = 1, y = 4$ のとき，$z = 7, \cdots, 10$ の 4 通り．$x = 1, y = 5$ のとき，$z = 8, 9, 10$ の 3 通り．

これを続け，$x = 1$ のとき (y, z) の個数は $4 + 3 + 2 + 1$

$x = 2$ のとき (y, z) の個数は $3 + 2 + 1$

これを続け，(x, y, z) の個数は

$$(4 + 3 + 2 + 1) + (3 + 2 + 1) + (2 + 1) + 1 = 20$$

◆別解◆ （**2**） 2 つの着席と空席を，

空席 x 個，着席，空席 y 個，着席，空席 z 個

と考える．

$$x + y + z = 8,\ x \geqq 0,\ y \geqq 2,\ z \geqq 0$$

となるから

$$(x + 1) + (y - 1) + (z + 1) = 9,$$

$$x + 1 \geqq 1,\ y - 1 \geqq 1,\ z + 1 \geqq 1$$

となる．ボールを 9 個並べ，その間から 2 カ所を選び，1 本目から左のボールの個数を $x + 1$，2 本の仕切りの間のボールの個数を $y - 1$，残りの個数を $z + 1$ とする．たとえば

○○｜○○○｜○○○○

の場合は $x + 1 = 2,\ y - 1 = 3,\ z + 1 = 4$ となる．自然数解 $(x + 1,\ y - 1,\ z + 1)$ の個数は，ボールの間（8 カ所ある）から 2 カ所を選んで仕切りを突っ込むと考え，${}_8\mathrm{C}_2$ 通りある．

注意 1°【**一般解**】

カウンターが n 席あって，k 人座る場合を考える．ただし，ここでは $k \geqq 0$ とする．

$k \geqq 2$ のとき，着席を左から $\mathrm{C}_1, \mathrm{C}_2, \mathrm{C}_3, \cdots, \mathrm{C}_k$ とし，この両端と着席の間に空席を突っ込む．C_1 の左に突っ込む空席の数を x_0，C_1 と C_2 の間に突っ込む空席の数を x_1，C_2 と C_3 の間に突っ込む空席の数を x_2，C_{k-1} と C_k の間に突っ込む空席の数を x_{k-1}，C_k の右に突っ込む空席の数を x_k とする．

x_0 x_1 x_2 x_3 x_4 x_{k-1} x_k

↓ ↓ ↓ ↓ ↓ ↓ ↓

C_1 C_2 C_3 C_4 C_{k-1} C_k

$$x_0 \geqq 0,\ x_1 \geqq 2,\ x_2 \geqq 2,\ \cdots,\ x_{k-1} \geqq 2,\ x_k \geqq 0$$

$$x_0 + \cdots + x_k = n - k$$

である．x_0, x_k には 1 を加え，他は 1 を引いて

$$x_0 + 1 \geqq 1,\ x_1 - 1 \geqq 1,\ \cdots,\ x_{k-1} - 1 \geqq 1,\ x_k + 1 \geqq 1$$

$$(x_0 + 1) + (x_1 - 1) + \cdots + (x_{k-1} - 1) + (x_k + 1)$$
$$= n - k + 2 - (k - 1)$$

となる．この自然数解 $(x_0 + 1,\ x_1 - 1,\ \cdots,\ x_{k-1} - 1,\ x_k + 1)$ の個数を求める．これは○を $n - 2k + 3$ 個並べ，その間（$n - 2k + 2$ カ所ある）から k カ所を選んで仕切りを入れ，1 本目から左の○の個数を $x_0 + 1$，1 本目と 2 本目の仕切りの間の○の個数を $x_1 - 1$，…，$k - 1$ 本目と k 本目の仕切りの間の○の個数を $x_{k-1} - 1$，k 本目の仕切りの右の○の個数を $x_k + 1$ とすると考え，${}_{n+2-2k}\mathrm{C}_k$ 通りある．結果は $k = 0$（1 通り），$k = 1$ のとき（n 通り）の場合にも成り立つ．

$n + 2 - 2k \geqq k$ より $k \leqq \dfrac{n+2}{3}$ となる．k は整数であるから $0 \leqq k \leqq \left[\dfrac{n+2}{3}\right]$ となる．

$$f(n) = \sum_{k=0}^{\left[\frac{n+2}{3}\right]} {}_{n+2-2k}\mathrm{C}_k$$

である．$[x]$ は x の整数部分を表す．

2°【**漸化式**】着席を C，空席を K で表す．n 席の場合の C，K の列（総数は $f(n)$ 通り）は，左端が K の場合は $f(n - 1)$ 通りあり，左端が C の場合は，左から

3つがCKKで，後$n-3$個の列が$f(n-3)$通りある．

$$f(n)=f(n-1)+f(n-3)$$

となる．これは3次方程式$x^3=x^2+1$の解が綺麗に求められないから，普通の形で，一般項を表示することはできない．「2席以上空ける」でなく「1席以上空ける」ならフィボナッチ数列になり，簡単な練習問題になる．

《ソーシャルディスタンス（B20）☆》

65．図のように番号のついた正方形のマス目を横一列につなげて並べ，そのマス目に区別のできない3個の碁石を置く．ただし，どの碁石も2マス以上間をあけて置くものとする．このとき，以下の問いに答えよ．

1	2	3	4	5	6	7	8
○			○				○

（1） 1番から8番までの8個のマス目に碁石を並べるとき，並べ方をすべて書け．例えば，図のような並べ方は，(1, 4, 8)と表すものとする．

（2） 1番から12番までの12個のマス目に碁石を並べるとき，以下の問いに答えよ．

（i） 3個のうち一番左にある碁石が1番のマス目にある並べ方は何通りあるか．
また，3個のうち一番左にある碁石が2番のマス目にある並べ方は何通りあるか．

（ii） 並べ方は全部で何通りあるか．

（3） nを7以上の自然数とする．1番からn番までのn個のマス目に碁石を並べるとき，以下の問いに答えよ．

（i） 3個のうち一番左にある碁石が1番のマス目にある並べ方は何通りあるか．

（ii） kを$1\leqq k\leqq n-6$をみたす自然数とする．3個のうち一番左にある碁石がk番のマス目にある並べ方は何通りあるか．

（iii）（ii）を利用して，並べ方は全部で何通りあるか．

（4）（3）については，${}_{(ア)}\mathrm{C}_{(イ)}$として求めることができる．(ア)，(イ)に入る数または数式を求めよ．
また，なぜ${}_{(ア)}\mathrm{C}_{(イ)}$として求めることができるのか理由を説明せよ．（21 長崎大・サンプル問題）

▶解答◀ （1） どの碁石も2マス以上あけて置くから，並べ方は

(1, 4, 7), (1, 4, 8), (1, 5, 8), (2, 5, 8)

（2）（i） 碁石を置くマスの番号を小さい順にx，y，zとおくと

$$1\leqq x<y<z\leqq 12,\ x+2<y,\ y+2<z$$

$x=1$のとき

$$(y, z)=(4, 7\sim 12), (5, 8\sim 12), (6, 9\sim 12), (7, 10\sim 12), (8, 11\sim 12), (9, 12)$$

であるから

$$6+5+4+3+2+1=\mathbf{21}\ (通り)$$

$x=2$のとき

$$(y, z)=(5, 8\sim 12), (6, 9\sim 12), (7, 10\sim 12), (8, 11\sim 12), (9, 12)$$

であるから

$$5+4+3+2+1=\mathbf{15}\ (通り)$$

（ii）（i）と同様にして

$x=3$のとき，$4+3+2+1=10$通り．

$x=4$のとき，$3+2+1=6$通り．

$x=5$のとき，$2+1=3$通り．

$x=6$のとき，1通り．

$x\geqq 7$のときはない．

以上より，求める並べ方は

$$21+15+10+6+3+1=\mathbf{56}\ (通り)$$

（3）（i）（2）と同様に

$$1\leqq x<y<z\leqq n,\ x+2<y,\ y+2<z \quad \cdots①$$

$x=1$のとき

$$(y, z)=(4, 7\sim n), (5, 8\sim n), (6, 9\sim n), \cdots, (n-4, n-1\sim n), (n-3, n)$$

であるから

$$(n-6)+(n-7)+(n-8)+\cdots+2+1 =\boldsymbol{\frac{1}{2}(n-6)(n-5)}\ (通り)$$

（ii） $x=k$のとき

$$(y, z)=(k+3, k+6\sim n), (k+4, k+7\sim n), \cdots, (n-4, n-1\sim n), (n-3, n)$$

であるから

$$(n-k-5)+(n-k-6)+\cdots+2+1 =\boldsymbol{\frac{1}{2}(n-k-5)(n-k-4)}\ (通り)$$

（iii） kを1から$n-6$まで動かして和をとり

$$\sum_{k=1}^{n-6}\frac{1}{2}(n-k-5)(n-k-4)=\sum_{l=1}^{n-6}\frac{1}{2}l(l+1)$$

$$=\frac{1}{6}\sum_{l=1}^{n-6}\{l(l+1)(l+2)-(l-1)l(l+1)\}$$

$$=\frac{1}{6}\{(n-6)(n-5)(n-4)-0\cdot 1\cdot 2\}$$

$$=\boldsymbol{\frac{1}{6}(n-6)(n-5)(n-4)}\ (通り)$$

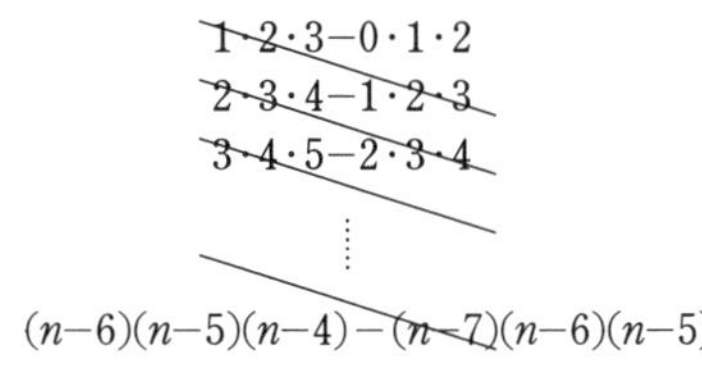

（4） $\frac{1}{6}(n-6)(n-5)(n-4) = {}_{n-4}\mathrm{C}_3$ である．

これは次のように理解できる．①の3つの不等式を1つにまとめると

$$1 \leqq x < y-2 < z-4 \leqq n-4$$

となる．これを満たす整数の組 $(x,\ y-2,\ z-4)$ の個数を求めればよく，$1 \sim n-4$ の中から異なる3つの整数を選ぶ組合せを考えて，${}_{n-4}\mathrm{C}_3$ 通りである．

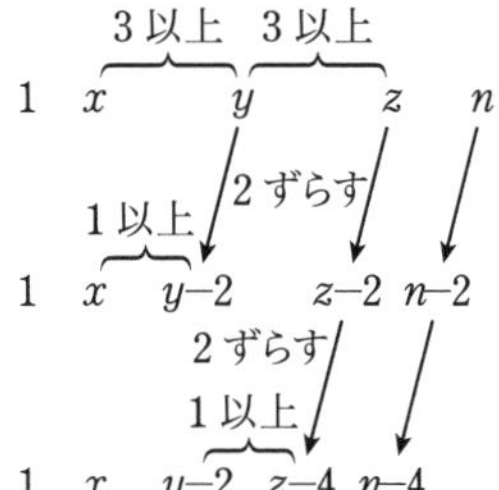

《劇場のソーシャルディスタンス (B20) ☆》

66．下図のように，縦2列，横 n 列に並んだ合計 $2n$ 席の座席があり，その中から k 席の座席を選ぶ．ただし，選んだ座席の前後左右に隣接する座席は選ばないこととする．以下の問に答えよ．

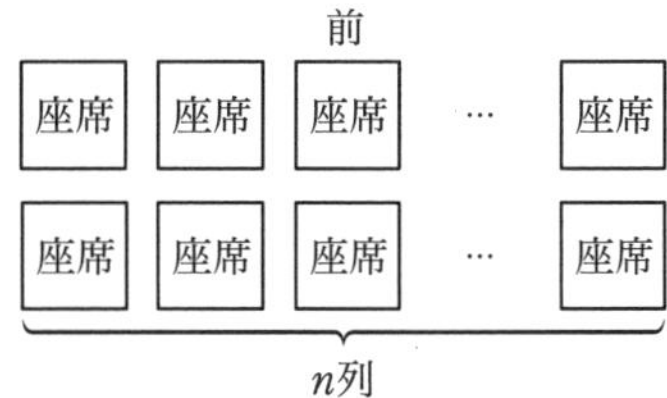

（1） $k = n$ のとき，座席の選び方は何通りあるか．

（2） $n \geqq 3,\ k = n-1$ とする．右端から2列目の前後2席がどちらも選ばれていないような，座席の選び方は何通りあるか．

（3） $n \geqq 3,\ k = n-1$ のとき，座席の選び方は何通りあるか．

（4） $n \geqq 5,\ k = n-2$ のとき，座席の選び方は何通りあるか．

（21　岐阜大・共通）

▶解答◀ 選ぶ席を○，選ばない席を×とする．何も記入しないところは×と同じであるが，敢えて空白にすることによって×であることを強調する．教科書も連発している「選び方」という言葉は，選ぶ順序も入っているかのような誤解を生む．途中経過は無関係で結果の○×や空白の列を単に○×列と呼ぶことにする．

（1） 数学の慣習に従って横の並びを行，縦の並びを列と呼ぶ．問題文の「横 n 列」という表現は悪い．横2行である．縦 n 列あり，全部で n 個の座席を選ぶ．各列から1個ずつ選び，市松模様にするしかないから **2** 通りある．図1は $n = 7$ の場合であるが，一般であると思って見よ．安田は…を入れてかくことを「一般を気取る」と呼んで忌み嫌うべき物としている．具体的にかいて，一般だと思って見ればよい．

図1

	1列	2列					n 列
1行	×	○	×	○	×	○	×
2行	○	×	○	×	○	×	○

○	×	○	×	○	×	○
×	○	×	○	×	○	×

図2

						$n-1$ 列	n 列
1行	×	○	×	○	×		×
2行	○	×	○	×	○		○

（2） 1個の席も選ばない列を空列ということにする．第 $n-1$ 列が空列の場合（図2を参照せよ．○×の入り方は一例である．以下同様である），空列の右側の○×列は2通り，空列の左側の○×列は2通りがあるから，全部で $2 \cdot 2 = \mathbf{4}$ 通りの○×列がある．図2は，空列で，全体を二分していると考えることにする．これを「全体を2ブロックに分ける」ということにする．

（3） 1つの列が空列になる．左端（第1列）が空列になるときは，○×列は2通り，右端（第 n 列）が空列になるときも2通り，それ以外の $n-2$ 列のどれか1つの列が空列になるときには，（2）のように，それぞれ $2 \cdot 2 = 4$ 通りの○×列があるから，全部で $2+2+4(n-2) = \mathbf{4n-4}$ 通りの○×列がある．

（4） 2つの列が空列になる．

（ア） ブロックが1個のとき．左端の2列（第1列と第2列）が空列のとき（図3を参照）は，○×列は2通りある．右端の2列（第 $n-1$ 列と第 n 列）が空列のときも○×列は2通りある．左端（第1列）と右端（第 n 列）が空列のとき（図4を参照），○×列は2通りある．ブロックが1つのときは全部で6通りある．

図3

	1列	2列					n 列
1行			×	○	×	○	×
2行			○	×	○	×	○

図4

	1列						n 列
1行		○	×	○	×	○	
2行		×	○	×	○	×	

（イ） ブロックが2つのとき．空列が左端（第1列）と，右端以外（第3列から第 $n-1$ 列のどれかで，今，これを第 k 列とする）のとき．第 k 列より左側の○×列は2通り，第 k 列より右側の○×列は2通りあるから，左端と第 k 列が空列になる○×列は $2 \cdot 2 = 4$ 通りある．

図5

	1列			k列			
1行		○	×		×	○	×
2行		×	○		○	×	○

図6

				l列	l+1列		
1行	×	○	×			○	×
2行	○	×	○			×	○

k のとる値は $n-3$ 通りある．よって左端が空列で，右端が空列でない○×列は $4(n-3)$ 通りある．同様に，右端が空列で，左端が空列でない○×列も $4(n-3)$ 通りある．2つの空列が l 列と $l+1$ 列 $(2 \leqq l < l+1 \leqq n-1)$ という形で隣接するときも○×列は $4(n-3)$ 通りある．よってブロックが2つのときの○×列は $4(n-3)\cdot 3 = 12(n-3)$ 通りある．

（ウ） ブロックが3つあるとき．$n-2$ 列の間（図7を見よ．図は $n-2=5$ だが一般の n と思って見よ．列の間は $n-3$ 個ある）のうちの2カ所（矢印の位置）に2本の空列を入れると考え（図8の2カ所の網目部分が突っ込んだ空列で，それを i 列，j 列としている）その位置の組合せは ${}_{n-3}C_2$ 通りある．各ブロックで，○×列は2通りずつあるから，ブロックが3つあるときの○×列は ${}_{n-3}C_2\cdot 2^3 = 4(n-3)(n-4)$ 通りある．

図7

	↓		↓		
1行					
2行					

図8

		i列			j列		
1行							
2行							

求める総数は $6 + 12(n-3) + 4(n-3)(n-4)$

$= \mathbf{4n^2 - 16n + 18}$ **通り**

《三角形と四角形（B20）☆》

67．正八角形 $A_1A_2\cdots A_8$ について，以下の問いに答えよ．

（1） 3個の頂点を結んでできる三角形のうち，直角三角形であるものの個数を求めよ．

（2） 3個の頂点を結んでできる三角形のうち，直角三角形でも二等辺三角形でもないものの個数を求めよ．

（3） 4個の頂点を結んでできる四角形のうち，次の条件(＊)を満たすものの個数を求めよ．

（＊） 四角形の4個の頂点から3点を選んで直角三角形を作れる．

（21 東北大・共通）

▶解答◀ （1） 直角三角形の斜辺は外接円の直径になるからその選び方は4通り，もう1点は残りの6点の中から1つ選ぶから6通りである．よって，直角三角形は $4\cdot 6 = $ **24個**である．

（2） 二等辺三角形の等しい辺の間の頂点の選び方は8通り，残り2点の選び方は図1のように軸に対称な3通りがある．よって，二等辺三角形は $8\cdot 3 = 24$ 個である．さらに，直角二等辺三角形の斜辺は外接円の直径になるからその選び方は4通り，もう1点は図2に示す2通りであるから $4\cdot 2 = 8$ 個である．

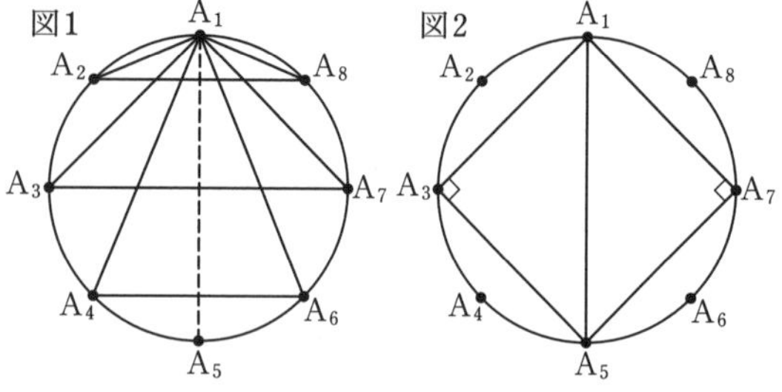

三角形は全部で ${}_8C_3 = 56$ 個できるから，直角三角形でも二等辺三角形でもないものは

$56 - (24 + 24 - 8) = $ **16個**

（3） 4個の頂点から3点を選んで直角三角形を作れないものの個数を数える．4点のうちのどの2点を選んでも直径にならない選び方を考えると，図3の2通りに限られる．例えば，辺 A_1A_2 は必ず含むことにすると，A_5, A_6 は選べないから，図3の2通りが考えられる．また，正八角形のいずれの辺も含まず，4点のうちのどの2点を選んでも直径にならないものは存在しない．他の7辺（A_2A_3, $\cdots$, A_8A_1）を含む場合も同様であるから，4個の頂点から3点を選んで直角三角形を作れないものは $2\cdot 8 = 16$ 個ある．

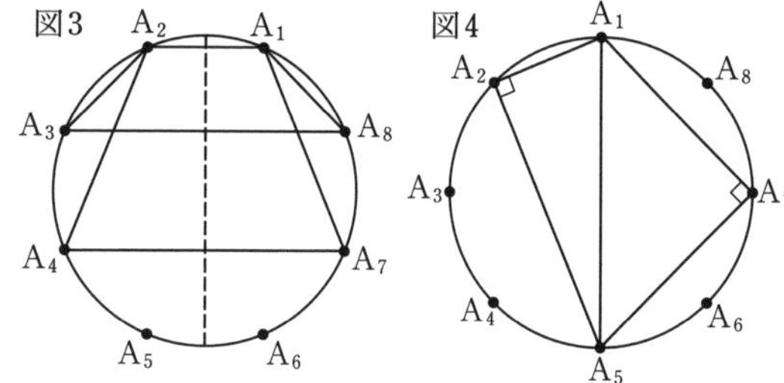

四角形は全部で ${}_8C_4 = 70$ 個できるから，4個の頂点から3点を選んで直角三角形を作れるものは

$70 - 16 = $ **54個**

♦別解♦ （3）**【直接数える】**

4個の頂点から3点を選んで直角三角形を作れるものを直接考える．選んだ4点で四角形を作ったとき，次の2種類に分けられる．

（ア） 2本の対角線がともに直径になるもの：直径は4本あるから，${}_4C_2$ 個ある．

（イ） （ア）以外のもの：まず1本の直径を選び（4通り），その端以外の6点から2点を選ぶ（その選び方は ${}_6C_2$ 通り）が，直径の端になる3通りを除くと考える．

よって，（ア），（イ）より4個の頂点から3点を選んで直角三角形を作れるものは $6 + 4({}_6C_2 - 3) = $ **54個**ある．

《塗り分け (B20) ☆》

68. 下図の六角形は，A～F の区画に分けられている．そこで，境界を接する区画とは別の色になるように，各区画を塗り分けることになった．

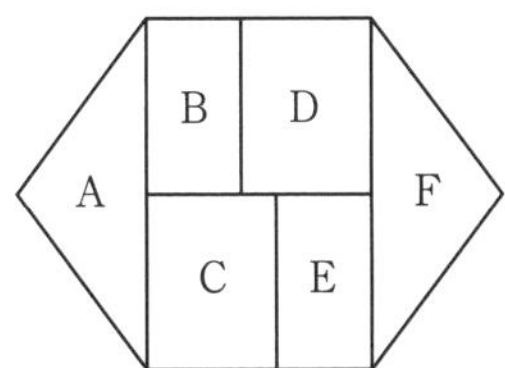

（1） 6 種類の色があり，それらをすべて用いる場合，その塗り分け方は，□通りある．
一方，3 種類の色があり，それらをすべて用いる場合，その塗り分け方は，ア通りある．

（2） 赤，青，黄，緑の 4 色がある．
使わない色があってもよい場合，この 4 色での色の塗り分け方は，□通りある．
4 色中 3 色を選ぶ色の組み合わせは，□通りあり，（1）より 3 種類の色を用いた六角形の塗り分け方は，ア通りあるので，4 色中 3 色しか使わない塗り分け方は，□通りある．したがって，4 色すべてを用いた塗り分け方は，□通りある．

4 色すべてを用いる場合，まず，境界を接しない 2 区画が同じ色になる．さらに他の 4 区画のうち，境界を接しない 2 区画が別の色で同じ色になり，残りの 1 区画ずつが違う色になる．
区画 A と区画 D が同じ色になる場合，別の色で同じ色になる 2 区画の組み合わせは，□通りある．したがって，区画 A と区画 D が赤色になり，かつ 4 色すべてを用いる塗り分け方は，□通りある．
また，三角形である区画 A か区画 F のどちらか 1 区画だけが他の区画と同じ色になり，かつ 4 色すべてを用いる塗り分け方は，□通りある．

（21　松山大・薬）

▶解答◀ （1） 6 色すべてを用いて塗る場合，その塗分けは

$6! = \mathbf{720}$(通り)

3 種類の色を 1，2，3 とする．それらをすべて用いる場合の塗分けを考える．A，B，C には異なる色を 3 色塗る ($3!$ 通り)．図 1 のように A，B，C にそれぞれ 1，2，3 を塗るとき，D は B，C の色以外であるから 1 を塗り，E は C，D の色以外であるから 2 を塗り，F は D，E の色以外であるから 3 を塗ることになる．他のときも同様であるから，3 色すべてを用いる塗り分けは $3! = \mathbf{6}$(通り)

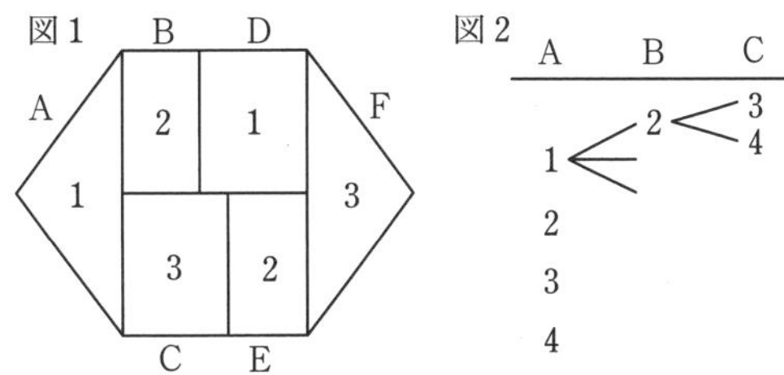

（2） 漢字だと手が疲れるから，赤，青，黄，緑の 4 色をそれぞれ 1，2，3，4 と書くことにする．

4 色のうち使わない色があってもよい場合，A，B，C には 4 色から 3 色選んで塗る．この場合，図 2 の樹形図のようになるから，${}_4\mathrm{P}_3$ 通りある．例えば，図 2，3 のように A，B，C にそれぞれ 1，2，3 を塗るとき，D は B，C の色以外の 1 か 4(2 通り) で，E は C，D の色以外 (2 通り) で，F は D，E の色以外 (2 通り) であるから，塗り分けは ${}_4\mathrm{P}_3 \cdot 2^3 = \mathbf{192}$(通り)

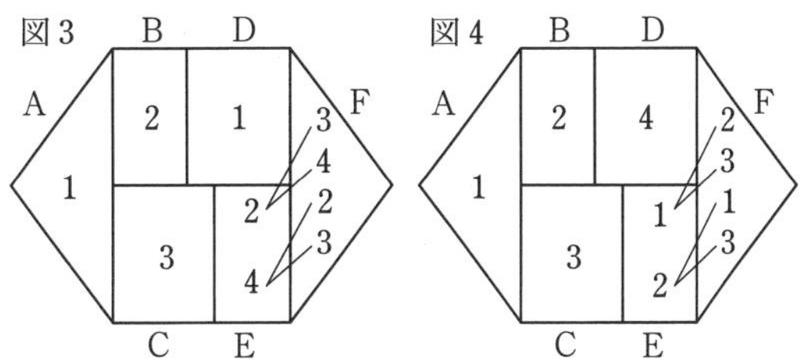

4 色中 3 色を選ぶ色の組合せは ${}_4\mathrm{C}_3 = \mathbf{4}$(通り)

（1）より，3 種類の色をすべて用いた塗り分けが 6 通りであることから，4 色中 3 色しか使わない塗り分けは

$4 \cdot 6 = \mathbf{24}$(通り)

よって，4 色すべてを用いた塗り分けは

$192 - 24 = \mathbf{168}$(通り)

（2）の問題で 1 行空けて「4 色すべてを用いる場合…」とあるが，その話は既に終わっている．ここからは，4 色すべてを用いる場合のうち，特別な場合のみを取り上げる．

まず，A と D が同じ色である場合の塗り分けを考える．A，D を除く 4 つの区画のうち 2 区画は同じ色であり，A，D の色とは異なる．その 2 区画の組合せは B と E，B と F，C と F の **3** 通りである．

A と D がともに 1 である場合，B，C には 1 以外の 3 色から 2 色選んで塗る (${}_3\mathrm{P}_2$ 通り)．図 4 を見よ．B に 2，C に 3 を塗ると，E は C，D の色以外の 4 か 2 である．ここから，4 色すべて用いることに注意する．E が 4 のとき，1，2，3，4 を用いている．F には D，E の色以外

の2か3(2通り)を塗る．Eが2のとき，1，2，3を用いている．FにはD，Eの色以外を塗るが，3を塗ると3色しか用いていないから不適である．よって4(1通り)を塗る．したがって，A，Dがともに1で，かつ4色すべてを用いる塗り分けは

$${}_3P_2\cdot(2+1)=\mathbf{18}(\text{通り})$$

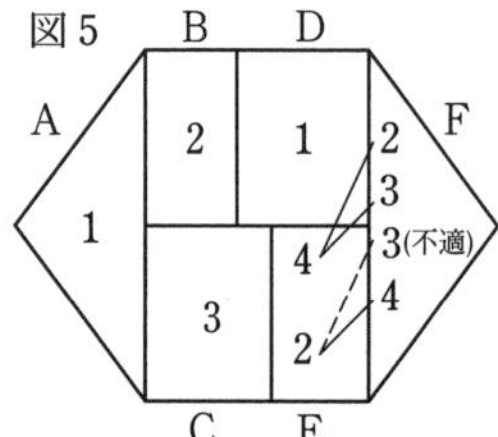

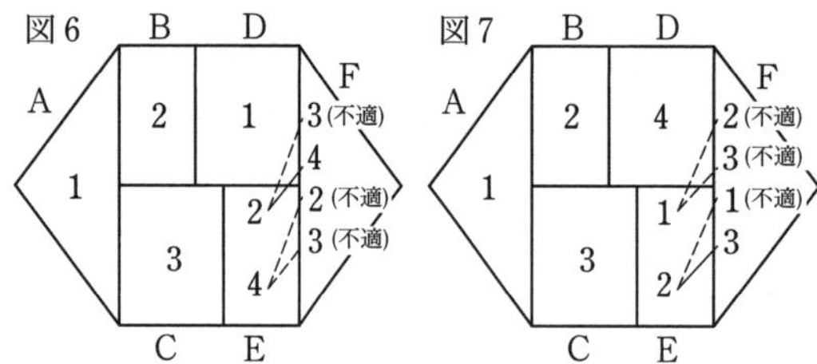

最後に，「AかFのうちどちらか1区画だけが他の区画と同じ色になり，かつ4色すべてを用いる塗り分け」について問われている．これは，4色すべて用いる塗り分けのうち，「AがF以外の1つの区画と同じ色で，Fは他の区画の色と異なる場合」または「FがA以外の1つの区画と同じ色で，Aは他の区画の色と異なる場合」の塗り分けのことである．A，B，Cにそれぞれ1，2，3を塗るとき，Dは1か4である．Dが1のときは図5，Dが4のときは図6のような樹形図で考えることができる．図5ではAがDと同じ色であるから，Fは他と異なる色でなければならない．Eが2ならば，FはD，Eの色以外であるから3か4であるが，3だとFがCと同じ色となるから不適である．他も同様にして考える．A，B，Cの塗り分け(${}_4P_3$通り)に対して2通りの塗り分けがあるから，全部で

$${}_4P_3\cdot 2=\mathbf{48}(\text{通り})$$

【場合の数の難問】

《果物を分ける (C40)》

69. A，B，C，Dの４人で，すべて種類の異なる果物k個を分ける．ただし，果物をもらえない者が現れる分け方についても，果物を４人で分けたと考える．このとき，以下の問に答えよ．

（１） $k=5$のとき，果物の分け方は何通りあるか．

（２） $k=9$のとき，A，B，C，Dの４人のうち，１人が０個，残りの３人は少なくとも２個以上もらえる果物の分け方は何通りあるか．

（３） $k=6$のとき，A，B，C，Dの４人のうち，１人が０個，残りの３人は少なくとも１個以上もらえる果物の分け方は何通りあるか．

（４） A, B, C, D, Eの５人で，すべて種類の異なる果物k_0個を分けるとする$(k_0>4)$．このとき，５人のうち，１人が０個，残りの４人は少なくとも１個以上もらえる果物の分け方の総数を$\sum_{i=1}^{4} a_i i^{k_0}$と表すとする．ここで，$a_i\ (i=1,2,3,4)$は$k_0$に無関係な値で，ただ１通りに定まる．このとき，$a_3$の値はいくらか． （21 防衛医大）

▶解答◀ （１） １種類目の果物をA，B，C，Dの誰に与えるかで４通りあり，2〜5種類目も同じだけあるから，果物の分け方は$4^5=$**1024通り**ある．

（２） 果物の個数の分け方は$(0,2,2,5)$，$(0,2,3,4)$，$(0,3,3,3)$のいずれかである．

（ア） $(0,2,2,5)$のとき：人の分け方は誰が０個かで４通り，誰かが５個かで３通りより，12通りある．果物の選び方は${}_9C_2\cdot{}_7C_2=756$通りであるから，果物の分け方は$12\cdot756=9072$通りである．

（イ） $(0,2,3,4)$のとき：人の分け方は誰が０個かで４通り，誰かが２個かで３通り，誰かが３個かで２通りより，24通りある．果物の選び方は${}_9C_2\cdot{}_7C_3=1260$通りであるから，果物の分け方は$24\cdot1260=30240$通りである．

（ウ） $(0,3,3,3)$のとき：人の分け方は誰が０個かで４通り，果物の選び方は${}_9C_3\cdot{}_6C_3=1680$通りであるから，果物の分け方は$4\cdot1680=6720$通りである．

以上（ア）から（ウ）より$k=9$のときの果物の分け方の総数は$9072+30240+6720=$**46032通り**である．

（３） ちょうど３人で６種類の果物を分けることを考える．１個ももらえない人の選び方は４通りである．Aがもらえなかったとする．このとき，B，C，Dで６種類の果物を分けることになる．さらに，Bが１個ももらえないという事象をBと表し，そのような果物の分け方の総数を$|B|$と書くことにする．他も同様である．このとき条件を満たす分け方の総数は

$$4|\overline{B}\cap\overline{C}\cap\overline{D}|$$
$$=4|\overline{B\cup C\cup D}|$$
$$=4(3^6-|B\cup C\cup D|)$$

となる．ここで，$|B\cup C\cup D|$について考える．

$$|B\cup C\cup D|$$
$$=|B|+\cdots\ (3\text{個ある})$$
$$-|B\cap C|-\cdots\ ({}_3C_2\text{個ある})$$
$$+|B\cap C\cap D|$$

である．ここで，B，C，Dの全員が１個ももらえないことはないから，$|B\cap C\cap D|=0$である．

B，Cがもらえないとすると，６種類の果物はすべてDに与えられる．よって，$|B\cap C|=1$である．

Bがもらえないとする．このとき，６種類の果物はそれぞれCかDに分けられるから$|B|=2^6$である．

B，C，Dは対称であるから，

$$|B\cup C\cup D|$$
$$=3|B|-3|B\cap C|+|B\cap C\cap D|$$
$$=3\cdot2^6-3\cdot1+0$$

となる．よって，求める総数は

$$4\{3^6-(3\cdot2^6-3\cdot1+0)\}$$
$$=4(729-189)=\textbf{2160通り}$$

（４） ちょうど４人でk_0種類の果物を分けることを考える．１個ももらえない人の選び方は５通りである．Aがもらえなかったとする．このとき，B，C，D，Eでk_0種類の果物を分けることになる．さらに，Bが１個ももらえないという事象をBと表し，そのような果物の分け方の総数を$|B|$と書くことにする．他も同様である．このとき条件を満たす分け方の総数は

$$5|\overline{B}\cap\overline{C}\cap\overline{D}\cap\overline{E}|$$
$$=5|\overline{B\cup C\cup D\cup E}|$$
$$=5(4^{k_0}-|B\cup C\cup D\cup E|)$$

となる．ここで，$|B\cup C\cup D\cup E|$について考える．

$$|B\cup C\cup D\cup E|$$
$$=|B|+\cdots\ (4\text{個ある})$$
$$-|B\cap C|-\cdots\ ({}_4C_2\text{個ある})$$
$$+|B\cap C\cap D|+\cdots\ ({}_4C_3\text{個ある})$$

$-|B \cap C \cap D \cap E|$

である．ここで，B，C，D，Eの全員が1個ももらえないことはないから，$|B \cap C \cap D \cap E| = 0$である．

B, C, Dがもらえないとすると，k_0 種類の果物はすべてEに与えられる．よって，$|B \cap C \cap D| = 1$である．

BとCがもらえないとする．このとき，k_0 種類の果物はそれぞれDかEに分けられるから $|B \cap C| = 2^{k_0}$ である．

Bがもらえないとする．このとき，k_0 種類の果物はそれぞれCかDかEに分けられるから $|B| = 3^{k_0}$ である．

B, C, D, Eは対称であるから，

$$
\begin{aligned}
&|B \cup C \cup D \cup E| \\
&= 4|B| - 6|B \cap C| \\
&\qquad +4|B \cap C \cap D| - |B \cap C \cap D \cap E| \\
&= 4 \cdot 3^{k_0} - 6 \cdot 2^{k_0} + 4 \cdot 1 - 0
\end{aligned}
$$

となる．よって，求める総数は

$$
\begin{aligned}
&5\{4^{k_0} - (4 \cdot 3^{k_0} - 6 \cdot 2^{k_0} + 4 \cdot 1 - 0)\} \\
&= 5 \cdot 4^{k_0} - 20 \cdot 3^{k_0} + 30 \cdot 2^{k_0} - 20
\end{aligned}
$$

であるから，$\sum_{i=1}^{4} a_i i^{k_0}$ の 3^{k_0} の係数 a_3 は $\mathbf{-20}$ である．

注意【包除原理】

集合の要素の個数を数える公式は，高校では名前を習わないが「包含と排除の原理」(Principle of Inclusion and Exclusion, 長いので包除原理，P.I.E. と略す）という．

本問では，P.I.E. の（3）では3個の場合，（4）では4個の場合が必要である．なお，集合の要素の個数を表す記号 $n(A)$ は，現在では，世界ではあまり使われない．他の n と被る危険性が高いからである．国際数学オリンピックでは $|A|$ を使うから，解答でもそれに合わせている．

$|A_1 \cup A_2 \cup A_3 \cup A_4|$

$= |A_1| + \cdots$ ....1つずつ${}_4C_1$個ある，①

$-|A_1 \cap A_2| - \cdots$ ....2つずつ${}_4C_2$個ある，②

$+|A_1 \cap A_2 \cap A_3| + \cdots$ 3つずつ${}_4C_3$個ある，③

$-|A_1 \cap A_2 \cap A_3 \cap A_4|$ ....${}_4C_4$個ある，④

となる．1つずつを足して，2つずつを引いて，3つずつを足して，4つずつを引いて，…となる．個数が増えても同様とわかるだろう．ただし，この時点では，なんとなくそうかな？と思っているだけだから，確認しないといけない．たとえば，A_1, A_2, A_3, A_4 のうち A_1, A_2, A_3 に属し，A_4 に属していない要素は，①で，$|A_1|$ と $|A_2|$ と $|A_3|$ で ${}_3C_1$ 回数え，②で，$|A_1 \cap A_2|$ と $|A_2 \cap A_3|$ と $|A_3 \cap A_1|$ で ${}_3C_2$ 回数え，③で，$|A_1 \cap A_2 \cap A_3|$ で ${}_3C_3$ 回数えるから，全部で

$$
{}_3C_1 - {}_3C_2 + {}_3C_3 = 1
$$

回数える．A_1, A_2, A_3, A_4 のうちの集合3つに属する他の要素の場合も同様である．

A_1, A_2, A_3, A_4 のうちの集合1つだけに属する場合，2つだけに属する場合，4つに属する場合も，同様に調べ，このように，どの要素についても，ちょうど1回だけ数えられていることが確認できる．

一般のP.I.E.だと，計算が少し面倒だが，原理的には同様である．過去には，4個の場合が数回，6個の場合が京大で，そして，一般の場合を使うと圧倒的に早い問題が，2019年に，日本医大・後期で出題された．

《正三角形の個数（C30）☆》

70． 1辺の長さが1の正三角形を下図のように積んでいく．図の中には大きさの異なったいくつかの正三角形が含まれているが，底辺が下側にあるものを「上向きの正三角形」，底辺が上側にあるものを「下向きの正三角形」とよぶことにする．例えば，この図は1辺の長さが1の正三角形を4段積んだものであり，1辺の長さが1の上向きの正三角形は10個あり，1辺の長さが2の上向きの正三角形は6個ある．また，1辺の長さが1の下向きの正三角形は6個ある．上向きの正三角形の総数は20であり，下向きの正三角形の総数は7である．こうした正三角形の個数に関して，次の問いに答えよ．

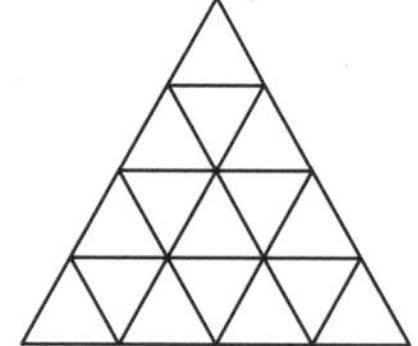

（1） 1辺の長さが1の正三角形を5段積んだとき，上向きと下向きとを合わせた正三角形の総数を求めよ．

（2） 1辺の長さが1の正三角形を n 段（ただし n は自然数）積んだとき，上向きの正三角形の総数を求めよ．

（3） 1辺の長さが1の正三角形を n 段（ただし n は自然数）積んだとき，下向きの正三角形の総数を求めよ．

（21 早稲田大・教育）

▶解答◀　（1）「上向き正三角形」△ を単に正立，「下向き正三角形」▽を，単に倒立と呼ぶことにする．

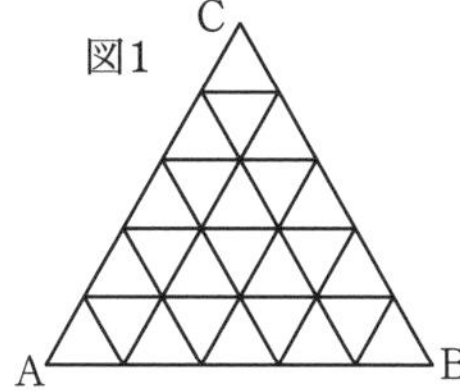

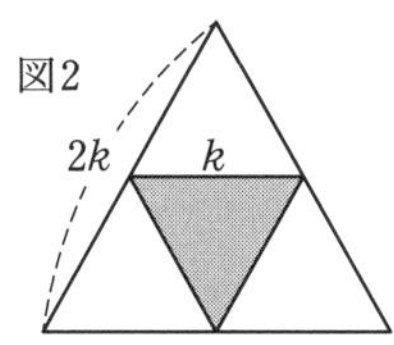

まず，正立の個数を調べる．1 辺の長さが k のものの個数を a_k とする．図 1 を見よ．

$a_1 = 1 + 2 + 3 + 4 + 5 = 15$

$a_2 = 1 + 2 + 3 + 4 = 10$

$a_3 = 1 + 2 + 3 = 6$

$a_4 = 1 + 2 = 3$

$a_5 = 1$

の合計 35 個ある．次に，倒立の個数を調べる．1 辺の長さが $2k$ の正立の中央に 1 辺の長さが k の倒立がある（図 2）から，倒立は $a_2 + a_4 = 13$ 個ある．

求める正三角形の個数は合計 $35 + 13 = $ **48** である．

（2）図 3 のとき，P の座標が (x, y) であるということにする．

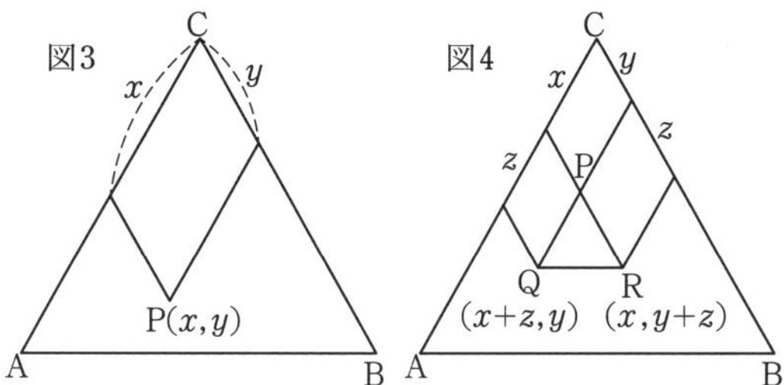

C(0, 0)，A(n, 0)，B(0, n) で，P が線分 AB 上にあるときは $x + y = n$ を満たす．図 4 のように三角形 PQR を決める．P(x, y)，Q($x + z, y$)，R($x, y + z$) である．x, y は 0 以上の整数，z は正の整数で $x + y + z \leqq n$ を満たす整数解 (x, y, z) を定めると，1 個の正立が定まる．$w = n - (x + y + z)$ とおくと，$w \geqq 0$ であり，$x + y + z + w = n$

$$(x + 1) + (y + 1) + z + (w + 1) = n + 3$$

$(x + 1, y + 1, z, w + 1)$ は正の整数解であるから，これは $n + 3$ 個のボールを並べ，その間 $(n + 2)$ カ所あるから異なる 3 カ所を選ぶ，そこに 1 本ずつ仕切りを入れ，ボールを分けることを考える．

○|○○|○○|○○○

の場合は $x = 1, y = 2, z = 2, w = 3$ である．正立は全部で ${}_{n+2}\mathrm{C}_3 = \boldsymbol{\frac{1}{6}n(n+1)(n+2)}$ 個ある．

（3）${}_{n+2}\mathrm{C}_3$ 通りの正立のうち，辺の長さが奇数のものの個数を S_O，偶数のものの個数を S_E とする．倒立は 1 辺の長さが偶数の中央にあるから，倒立の個数は S_E に一致する．$n = 1$ のとき $S_E = 0$ である．

$n \geqq 2$ のとき，辺の長さが偶数のものは，図 5 のように下方への辺の長さを 1 だけ減らすと，底辺が AB 上にない，1 辺の長さが奇数の正立になる（図 5 の三角形 DEF と三角形 D′E′F の対応）．底辺が AB 上にある正三角形の個数を T とする．$S_O = S_E + T$ である．

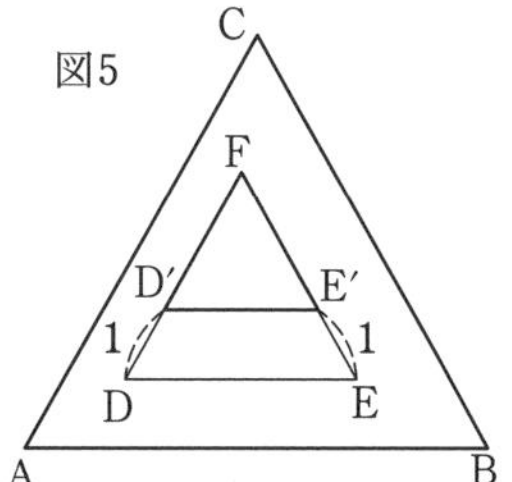

次に T を求める．AB 上の頂点を左から $\mathrm{X}_0, \cdots, \mathrm{X}_n$ とする．この点の，添え字が偶数のものの個数を G，添え字が奇数のものの個数を K とする．n が偶数のときは $G = \frac{n+2}{2}$，$K = \frac{n}{2}$，n が奇数のときは $G = \frac{n+1}{2}$，$K = \frac{n+1}{2}$ である．AB 上に底辺をもつ 1 辺の長さが奇数の三角形は，添え字が奇数のものから 1 点，添え字が偶数のものから 1 点を選んで定める．Q($x + z, y$)，R($x, y + z$) を定めると $x + z, y, x, y + z$ が定まるから，P(x, y) も定まることに注意せよ．$T = GK$ である．$S_O = S_E + T$ である．

$$S_O - S_E = GK$$

$$S_E + S_O = {}_{n+2}\mathrm{C}_3$$

から S_E を求め

$$S_E = \frac{1}{2}({}_{n+2}\mathrm{C}_3 - GK)$$

n が奇数のとき

$$S_E = \frac{1}{2}\left\{\frac{1}{6}n(n+1)(n+2) - \frac{1}{4}(n+1)^2\right\}$$

$$= \frac{1}{24}(n+1)\{2n(n+2) - 3(n+1)\}$$

$$= \frac{1}{24}(n+1)(2n^2 + n - 3)$$

$$= \boldsymbol{\frac{1}{24}(n+1)(n-1)(2n+3)}$$

結果は $n = 1$ でも成り立つ．

n が偶数のとき

$$S_E = \frac{1}{2}\left\{\frac{1}{6}n(n+1)(n+2) - \frac{1}{4}n(n+2)\right\}$$

$$= \frac{1}{24}n(n+2)\{2(n+1) - 3\}$$

$$= \boldsymbol{\frac{1}{24}n(n+2)(2n-1)}$$

♦別解♦　（2）a_k の定義は解答と同じとする．

$$a_1 = 1 + 2 + 3 + \cdots + (n-2) + (n-1) + n$$

$$a_2 = 1 + 2 + 3 + \cdots + (n-2) + (n-1)$$
$$a_3 = 1 + 2 + 3 + \cdots + (n-2)$$
$$\cdots$$
$$a_n = 1$$

であり，

$$a_k = 1 + 2 + 3 + \cdots + \{n - (k-1)\}$$
$$= \frac{1}{2}(n-k+1)(n-k+2)$$
$$= \frac{1}{2}(n+1)(n+2) - \frac{1}{2}k(2n+3) + \frac{1}{2}k^2 \quad \cdots①$$

これを $1 \leqq k \leqq n$ でシグマして

$$\frac{1}{2}(n+1)(n+2)\cdot n - \frac{1}{4}n(n+1)(2n+3)$$
$$+\frac{1}{12}n(n+1)(2n+1)$$
$$= \frac{1}{12}n(n+1)\{6(n+2) - 3(2n+3) + (2n+1)\}$$
$$= \frac{1}{12}n(n+1)(2n+4)$$
$$= \boldsymbol{\frac{1}{6}n(n+1)(n+2)}$$

（**3**） 1 辺の長さが $2k$ の場合の個数は，① で k を $2k$ にしたもので，

$$\frac{1}{2}(n+1)(n+2) - k(2n+3) + 2k^2$$

となる．$\frac{n}{2}$ の整数部分を m とする．$1 \leqq k \leqq m$ でシグマすると

$$S_E = \frac{1}{2}(n+1)(n+2)m$$
$$-\frac{1}{2}m(m+1)(2n+3) + \frac{1}{3}m(m+1)(2m+1)$$

n が奇数のとき，$n=1$ ならば $S_E = 0$ であり，$n \geqq 3$ ならば，$m = \frac{n-1}{2}$ で

$$S_E = \frac{1}{4}(n-1)(n+1)(n+2)$$
$$-\frac{1}{8}(n-1)(n+1)(2n+3) + \frac{1}{12}(n-1)(n+1)n$$
$$= \frac{1}{24}(n+1)(n-1)\{6(n+2) - 3(2n+3) + 2n\}$$
$$= \boldsymbol{\frac{1}{24}(n+1)(n-1)(2n+3)}$$

結果は $n=1$ でも成り立つ．

n が偶数のとき，$m = \frac{n}{2}$ で

$$S_E = \frac{n}{4}(n+1)(n+2)$$
$$-\frac{n}{4}\left(\frac{n}{2}+1\right)(2n+3) + \frac{n}{6}\left(\frac{n}{2}+1\right)(n+1)$$
$$= \frac{1}{24}n(n+2)\{6(n+1) - 3(2n+3) + 2(n+1)\}$$
$$= \boldsymbol{\frac{1}{24}n(n+2)(2n-1)}$$

注意 【有名問題】

本問は，受験雑誌「大学への数学（大数）」の 1976 年 10 月号の「宿題」に，川邊隆夫氏（後に東大医学部助教授，現在は東京・東小金井で川辺クリニック開業）が出題したのが初出である．近年では 2018 年の山口大に出題され，同年の大数 11 月号に私が解説記事を書いた．宿題出題時には，ある程度のシグマ計算が必要と思われていたが，2018 年の原稿執筆時，および，安田が主宰するサロンの参加者の，日下部詢弥先生（東北中央病院　整形外科医師）のアイデアなどで，対応関係を用いてシグマが回避されることが分かった．2020 年名古屋大文系など，幾つかの類題がある．

《多面体の塗り分け（C30）》

71． n を自然数とする．n 色の異なる色を用意し，そのうちの何色かを使って正多面体の面を塗り分ける方法を考える．つまり，一つの面には一色を塗り，辺をはさんで隣り合う面どうしは異なる色となるように塗る．ただし，正多面体を回転させて一致する塗り分け方どうしは区別しない．

（1） 正四面体の面を用意した色で塗り分ける．

（i） 少なくとも何色必要か．

（ii） $n \geqq 4$ とする．この方法は何通りあるか．

（2） 正六面体（立方体）の面を用意した色で塗り分ける．

（i） 少なくとも何色必要か．

（ii） $n \geqq 6$ とする．この方法は何通りあるか．

（21　滋賀医大）

▶解答◀ （**1**）（**i**） 正四面体は互いの面が隣り合っているから，少なくとも **4 色**必要である．（**ii**） n 色から 4 色を選ぶ組合せは ${}_n\mathrm{C}_4$ 通りある．色を 1，2，3，4 とする．底面に何を塗っても同じであるから 1 を塗る．

図 2 を見よ．底面に 1 を塗って上から見おろし，側面に 2，3，4 を塗ると，円順列であるから異なる色の塗り方は $(3-1)! = 2$ 通りある．

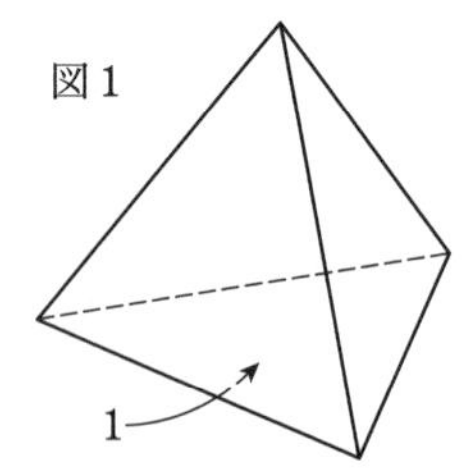

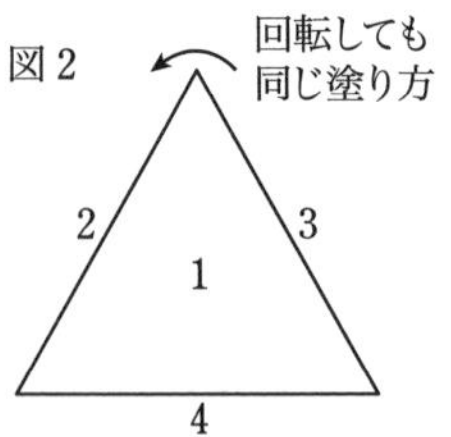

したがって

$${}_n\mathrm{C}_4 \cdot 2 = \frac{1}{24}n(n-1)(n-2)(n-3)\cdot 2$$
$$= \boldsymbol{\frac{1}{12}n(n-1)(n-2)(n-3)}$$

通りある．

（２）（ｉ）１つ目の色を１とする．１つの面に１を塗ると，隣り合わないように塗るには，その対面に塗るしかない．２つ目の色を２とする．残り４面のうち１つに２を塗ると，その対面にも２を塗ることができる．残り２面は対面になるから，これに３つ目の色を塗ることで立方体は塗り分けられる．したがって少なくとも**３色**必要である．

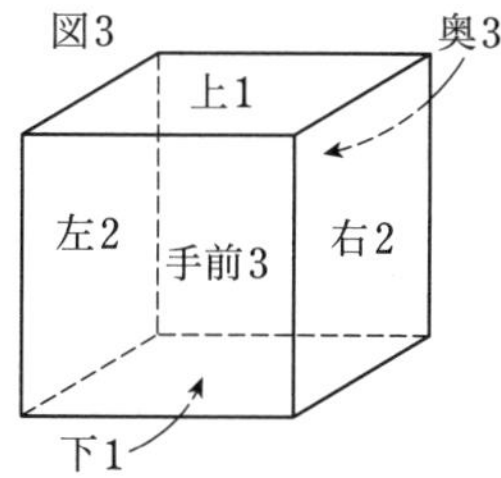

（ii）n 色から k 色 $(3 \leqq k \leqq 6)$ 選ぶ組合せは ${}_n\mathrm{C}_k$ 通りある．以下 k の値によって，どのように塗り分けられるかを考える．

（ア）$k=3$ のとき．塗り方は１通りであるから，全部で ${}_n\mathrm{C}_3 \cdot 1 = {}_n\mathrm{C}_3$ 通りある．

（イ）$k=4$ のとき．色を１，２，３，４とする．面は６つあるから２回使う色があり，同じ色は対面にしか塗れないから，２色を２回使うことになり，その組合せは ${}_4\mathrm{C}_2=6$ 通りある．

１，２を２回使うとする．これらは対面に塗るが，まだこの色を塗らないで１回しか使わない色３，４を塗る．まず上面に３を塗ると，下面は４になる．残った４つの側面に１，２を塗るが，図４のように１通りしかない．

図4 上から見た状態

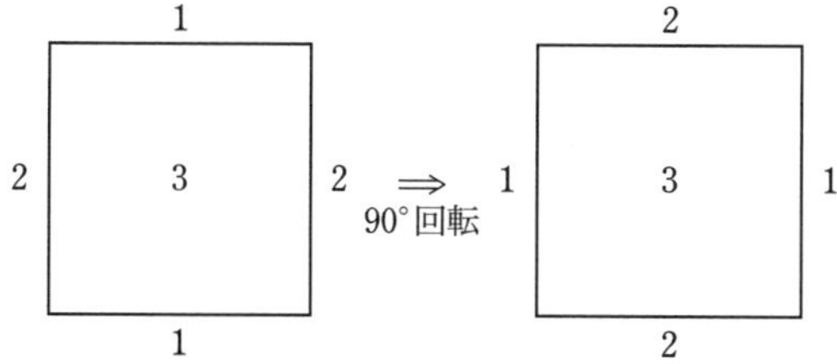

全部で ${}_n\mathrm{C}_4 \cdot 6 \cdot 1 = 6 \cdot {}_n\mathrm{C}_4$ 通りある．

（ウ）$k=5$ のとき．色を１，２，３，４，５とする．面は６つあるから，２回使う色が１色あり，それがどれかで５通りある．１を２回使うとき，それは対面に塗るが，まだこの色を塗らないで，１回しか使わない色から塗る．

まず２を上面に塗ると，下面の塗り方は３通りで３を塗る．側面に４，５と１，１を塗る．１，１は対面に塗るから，残った２面に４，５を塗るが，図５のように１通りしかない．

図5 上から見た状態

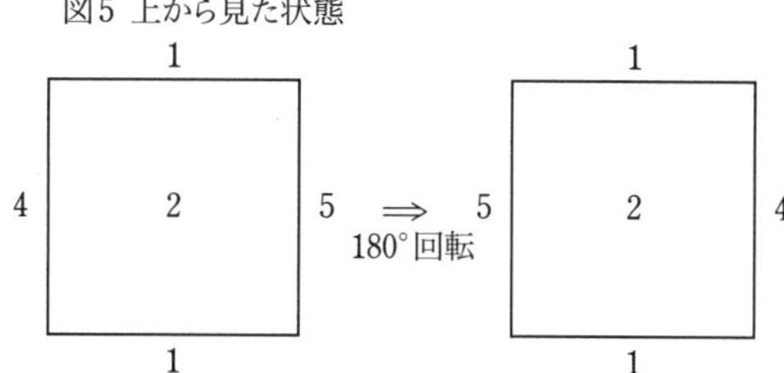

全部で ${}_n\mathrm{C}_5 \cdot 5 \cdot 3 = 15 \cdot {}_n\mathrm{C}_5$ 通りある．

（エ）$k=6$ のとき．色を１，２，３，４，５，６とする．上面に１を塗る．下面には２～６の５通りあり，例えば２で塗る．側面の塗り方は円順列で $(4-1)!=6$ 通りあるから，全部で ${}_n\mathrm{C}_6 \cdot 5 \cdot 6 = 30 \cdot {}_n\mathrm{C}_6$ 通りある．

以上より，塗り方は全部で

$$
\begin{aligned}
&{}_n\mathrm{C}_3 + 6 \cdot {}_n\mathrm{C}_4 + 15 \cdot {}_n\mathrm{C}_5 + 30 \cdot {}_n\mathrm{C}_6 \\
&= \frac{1}{6}n(n-1)(n-2) \\
&\quad + \frac{1}{4}n(n-1)(n-2)(n-3) \\
&\quad + \frac{1}{8}n(n-1)(n-2)(n-3)(n-4) \\
&\quad + \frac{1}{24}n(n-1)(n-2)(n-3)(n-4)(n-5) \\
&= \frac{1}{24}n(n-1)(n-2) \\
&\quad \times \{4 + 6(n-3) + 3(n-3)(n-4) \\
&\qquad + (n-3)(n-4)(n-5)\} \\
&= \boldsymbol{\frac{1}{24}n(n-1)(n-2)(n^3-9n^2+32n-38)}
\end{aligned}
$$

通りある．

注意 【１，１を先に塗る】

（２）の（ウ）では最初に１，１を塗らなかったがこれを最初に塗るときを考える人も多いだろう．上面と下面に１を塗るとき，側面に４色塗る方法は数珠順列になり，$\dfrac{(4-1)!}{2}=3$ 通りとなる．図６で上下を逆転させても同じ塗り方であるから，側面だけをクルクル回すだけでは不十分である．

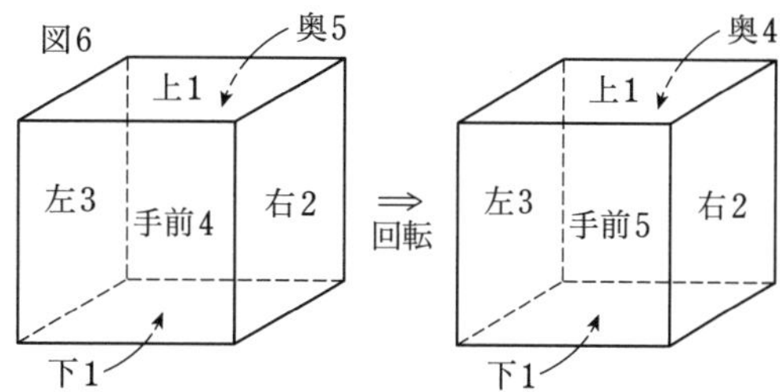

最初に１，１を塗るとやや考えにくい．１回しか塗らない色に着目して固定していくのが安全である．

【確率】

《玉の取り出しの基本 (A5) ☆》

72. 箱Aには赤玉が2個，白玉が3個，青玉が5個入っており，箱Bには赤玉が3個，白玉が1個，青玉が6個入っている．2つの箱A, Bからそれぞれ1個ずつ玉を取り出す．このとき，2個の赤玉を取り出す確率は□であり，少なくとも1個の赤玉を取り出す確率は□である．また，取り出される2個の玉が同じ色である確率は□である．

(21 北里大・獣医)

▶解答◀ 2個の赤玉を取り出す確率は

$$\frac{2}{10}\cdot\frac{3}{10}=\boldsymbol{\frac{3}{50}}$$

赤玉を取り出さない確率は

$$\frac{8}{10}\cdot\frac{7}{10}=\frac{14}{25}$$

であるから，少なくとも1個の赤玉を取り出す確率は

$$1-\frac{14}{25}=\boldsymbol{\frac{11}{25}}$$

2個の白玉を取り出す確率は

$$\frac{3}{10}\cdot\frac{1}{10}=\frac{3}{100}$$

2個の青玉を取り出す確率は

$$\frac{5}{10}\cdot\frac{6}{10}=\frac{3}{10}$$

であるから，取り出される2個の玉が同じ色である確率は

$$\frac{3}{50}+\frac{3}{100}+\frac{3}{10}=\boldsymbol{\frac{39}{100}}$$

《玉の取り出しの基本 (A10) ☆》

73. n は自然数とする．袋の中に玉が $6n+21$ 個入っていて，各玉には1から6までのどれか1つの数字が書かれている．そのうち数字1が書かれた玉は $n+1$ 個，数字2が書かれた玉は $n+2$ 個，…，数字6が書かれた玉は $n+6$ 個であるとする．袋の中から玉を1個取り出して，その玉に書かれた数字が1, 2, 3のいずれかである確率が $\frac{4}{9}$ となるのは $n=$ □ のときである．
また，袋の中から玉を同時に2個取り出して，その玉に書かれた数字の和が6である確率が $\frac{2}{15}$ となるのは $n=$ □ のときである．

(21 愛知工大・工)

▶解答◀ $6n+21$ 個の玉のうち，1，2，3の玉の個数の合計は

$$n+1+n+2+n+3=3n+6$$

であるから，1，2，3のいずれかの玉を取り出す確率は

$$\frac{3n+6}{6n+21}=\frac{n+2}{2n+7}$$

である．これが $\frac{4}{9}$ となるのは，

$$\frac{n+2}{2n+7}=\frac{4}{9}$$
$$9n+18=8n+28$$

より，$n=\mathbf{10}$ のときである．

袋の中から取り出す2個の玉の組合せは，

$$_{6n+21}\mathrm{C}_2=\frac{1}{2}(6n+21)(6n+20)$$
$$=\frac{1}{2}(36n^2+246n+420)$$

通りある．

取り出す2個の玉に書かれた数字の和が6になるのは，(1, 5), (2, 4), (3, 3) となるときで，その組合せの数は

$$(n+1)(n+5)+(n+2)(n+4)+{}_{n+3}\mathrm{C}_2$$
$$=n^2+6n+5+n^2+6n+8+\frac{1}{2}(n+3)(n+2)$$
$$=\frac{1}{2}(4n^2+24n+26+n^2+5n+6)$$
$$=\frac{1}{2}(5n^2+29n+32)$$

通りである．よって，取り出す玉に書かれた数字の和が6となる確率が $\frac{2}{15}$ となるのは

$$\frac{\frac{1}{2}(5n^2+29n+32)}{\frac{1}{2}(36n^2+246n+420)}=\frac{2}{15}$$
$$75n^2+435n+480=72n^2+492n+840$$
$$3n^2-57n-360=0$$
$$n^2-19n-120=0$$
$$(n+5)(n-24)=0$$

n は自然数であるから，$n=\mathbf{24}$ のときである．

《カードの列 (A5)》

74. 次のような，K，U，S，R，I と書かれたカードが2枚ずつ計10枚ある．

K K U U S S R R I I

(1) この10枚のカード全部を横一列に並べてできる文字列を考える．

(i) このような文字列は全部で □ 通りある．

(ii) KUSURI という連続した6文字が含まれる文字列は □ 通りある．

(iii) どのKもどのRより左側にある文字列は □ 通りある．

(2) この10枚のカードをよく混ぜてから，1枚ずつカードを取り出し，取り出した順に左から

横 1 列に並べていく．6 枚目のカードを並べ終えたとき，できあがった文字列が KUSURI となる確率は □ である．　(21　北里大・薬)

▶解答◀　(1)(i)　全体の並べ方は

$$\frac{10!}{2!2!2!2!2!}=\frac{10\cdot 9\cdot 8\cdot 7\cdot 6\cdot 5\cdot 4\cdot 3}{2\cdot 2\cdot 2\cdot 2}$$
$$=\mathbf{113400}\text{（通り）}$$

(ii)　KUSURI，K，S，R，I の 5 つの順列と考えて

$5!=\mathbf{120}$（通り）

(iii)　□ 4 枚，U 2 枚，S 2 枚，I 2 枚の計 10 枚を横一列に並べて，□ には左から K，K，R，R を順に入れると考えて

$$\frac{10!}{4!2!2!2!}=\frac{10\cdot 9\cdot 8\cdot 7\cdot 6\cdot 5}{2\cdot 2\cdot 2}=\mathbf{18900}\text{（通り）}$$

(2)　$\frac{2}{10}\cdot\frac{2}{9}\cdot\frac{2}{8}\cdot\frac{1}{7}\cdot\frac{2}{6}\cdot\frac{2}{5}=\mathbf{\frac{1}{4725}}$

《組分けの確率 (A10) ☆》

75. A, B, C, D, E, F, G, H, I の 9 人をくじ引きで 4 人，3 人，2 人のグループに分ける．A, B, C が 3 人とも異なるグループに分かれる確率は $\frac{\square}{\square}$ である．　(21　藤田医科大・AO)

▶解答◀　9 人を 4 人，3 人，2 人のグループに分ける組合せは

$${}_9C_4\cdot{}_5C_3=\frac{9\cdot 8\cdot 7\cdot 6}{4\cdot 3\cdot 2\cdot 1}\cdot\frac{5\cdot 4\cdot 3}{3\cdot 2\cdot 1}=9\cdot 7\cdot 5\cdot 4$$

通りある．A，B，C が 4 人グループ，3 人グループ，2 人グループにバラバラに入るとき，どこに入るかで 3! 通りがある．例えば A が 4 人グループ，B が 3 人グループ，C が 2 人グループに入るとき，4 人グループの他の 3 人，3 人グループの他の 2 人，2 人グループの他の 1 人の組合せは

$${}_6C_3\cdot{}_3C_2=\frac{6\cdot 5\cdot 4}{3\cdot 2\cdot 1}\cdot 3=6\cdot 5\cdot 2$$

通りあり，求める確率は

$$\frac{3!\cdot 6\cdot 5\cdot 2}{9\cdot 7\cdot 5\cdot 4}=\mathbf{\frac{2}{7}}$$

《くじ引きの基本 (A5)》

76. 当たりが5本入ったくじがある．この中から2本のくじを同時に引くとき，2本とも当たりである確率は $\frac{5}{39}$ である．はずれくじの本数を求めよ．

(21　兵庫医大)

▶解答◀ くじが当たりを含めて全部で n 本あるとする．2本のくじの組合せは ${}_n\mathrm{C}_2 = \frac{n(n-1)}{2}$ 通り，当たりが2本の組合せが ${}_5\mathrm{C}_2 = 10$ 通りあるから

$$\frac{10}{\frac{n(n-1)}{2}} = \frac{5}{39} \qquad \therefore \quad n(n-1) = 156$$

$156 = 12 \cdot 13$ であるから $n = 13$ となり，はずれくじは $13 - 5 = \mathbf{8}$ 本ある．

《サイコロの目の最大値 (A10)》

77. n を自然数とする．n 個のさいころを同時に投げて，出た目のうち最大のものを M_n，最小のものを m_n とし，$L_n = M_n - m_n$ とおく．このとき以下の設問に答えよ．

(1) $L_n = 0$ となる確率を求めよ．

(2) $M_n = 4$ かつ $m_n = 3$ である確率を求めよ．

(3) $L_n > 1$ となる確率を求めよ．

(21　東京女子大・数理)

▶解答◀ (1) $L_n = 0$ のとき $M_n = m_n$ であるから，n 個のさいころがすべて同じ目が出るときであり，求める確率は

$$\frac{6}{6^n} = \mathbf{\frac{1}{6^{n-1}}}$$

(2) $M_n = 4$ かつ $m_n = 3$ となるのは，n 個のさいころで3または4が出るときである．ただし，n 個とも3が出るとき，n 個とも4が出るときは除くから，求める確率は

$$\frac{2^n - 2}{6^n} = \mathbf{\frac{1}{3^n} - \frac{2}{6^n}}$$

(3) L_n のとりうる値は 0, 1, 2, 3, 4, 5

$L_n = 0$ となる確率は (1) より $\frac{1}{6^{n-1}}$

$L_n = 1$ のとき $M_n - m_n = 1$ より

$$(M_n, m_n) = (6, 5), (5, 4), (4, 3), (3, 2), (2, 1)$$

の5通りあり，確率は (2) より $5\left(\frac{1}{3^n} - \frac{2}{6^n}\right)$

よって求める確率は余事象を考えて

$$1 - \frac{1}{6^{n-1}} - 5\left(\frac{1}{3^n} - \frac{2}{6^n}\right) = \mathbf{1 - \frac{5}{3^n} + \frac{2}{3} \cdot \frac{1}{6^{n-1}}}$$

《互いに素 (A10)》

78. 2から9までの数字が1つずつ書かれた8枚のカードがある．これら8枚のカードから1枚のカードを引く試行において，素数のカードを引く確率は □ である．また，これら8枚のカードから同時に2枚のカードを引く試行において，2枚のカードに書かれた数が互いに素である確率は □ である．

(21　京都薬大)

考え方 「互いに素」というのは共通な素数の因数をもたない場合であり，余事象は「共通な素数の因数をもつ」である．今は5，6，7，8，9の倍数は1個しかないから，ともに2の倍数になるか，ともに3の倍数になる場合を考える．「互いに素」は「最大公約数が1」ではないのかと思う人が多いが，最大公約数に着目するより共通な素因数に着目することの方が本質的である．たとえば，本問で，2数が4，8だと最大公約数が4だが，それより，2，4，6，8で，共通な素因数が2として処理できる．今は2数の最大公約数が6のものはないが，それは共通な素因数が2の場合かつ，3の場合として考察する．

▶解答◀ 「素数のカードを引く」を「素数を引く」と雑に書く．2から9までに，素数は2，3，5，7の4つあるから，素数を引く確率は $\frac{4}{8} = \mathbf{\frac{1}{2}}$

2枚のカードを引くとき，2枚の組合せは ${}_8\mathrm{C}_2 = 4 \cdot 7$ 通りあるがこのうち，2数が2以上の共通な因数をもつ場合を考える．2から9の中に2から9の中に5，6，7，8，9の倍数は1個しかないから，共通な約数は，2，3である．

2を共通な素因数にもつ組合せは2，4，6，8のカードから2枚選ぶから ${}_4\mathrm{C}_2 = 6$ 通りあり，3を共通な約数にもつ組合せは3, 6, 9のカードから2枚選ぶから ${}_3\mathrm{C}_2 = 3$ 通りある．2と3の両方を共通な因数にもつ2数は存在しない．互いに素でない組合せは $6 + 3$ 通りある．2数が互いに素である確率は

$$1 - \frac{6+3}{{}_8\mathrm{C}_2} = 1 - \frac{9}{28} = \mathbf{\frac{19}{28}}$$

《互いに素 (B20) ☆》

79. 1, 2, 3, 4 の番号が1つずつ書かれた4枚のカードを袋に入れる．1枚のカードを取り出し，カードに書かれている番号を記録し，カードを袋にもどす．この操作を4回くり返す．得られた番号を順に A, B, C, D とする．以下の問いに答えよ．

(1) 自然数 n に対して，n が積 AB と積 CD の公約数の1つとなる確率を P_n で表す．このとき，P_2，P_3，P_6 を求めよ．

(2) 積 AB と積 CD が互いに素になる確率を求めよ．

(21　大府大・工／文章を少し変更した)

考え方 原題は「積 AB と積 CD の公約数が n となる確率を P_n」と書いてあり，私には意味がわからなかった（公約数はいろいろあり，確定しない）から，問題文を書き換えた．n が公約数の1つとは，「AB が n の倍数になり，かつ，CD が n の倍数」ということである．$n=2$ のときは，A, B の少なくとも一方が2の倍数になり，C, D の少なくとも一方が2の倍数になるときである．少なくとも一方ときたら余事象でベン図を描くのが定石である．

▶解答◀ AB, CD の素因数としてありうるのは2と3だけである．素因数2をもつというのは，少なくとも1個もつということであり，余事象は「素因数2をもたない」である．AB が，2の倍数になるという事象を N（2の頭文字），3の倍数になるという事象を S（3の頭文字），6の倍数になるという事象を R（6の頭文字）とする．また「1回目と2回目の2回とも1か3のカードを取り出す」を単純に「2回とも1，3のいずれか」と表現し，他も同様とする．

$P(\overline{N})$ は2回とも1，3のいずれかである確率で $P(\overline{N})=\left(\frac{2}{4}\right)^2$，$P(\overline{S})$ は2回とも1，2，4のいずれかである確率で $P(\overline{S})=\left(\frac{3}{4}\right)^2$，$P(\overline{N}\cap\overline{S})$ は2回とも1である確率で $P(\overline{N}\cap\overline{S})=\left(\frac{1}{4}\right)^2$ である．

$$P(\overline{N}\cup\overline{S})=P(\overline{N})+P(\overline{S})-P(\overline{N}\cap\overline{S})$$
$$=\frac{4+9-1}{16}=\frac{12}{16}$$

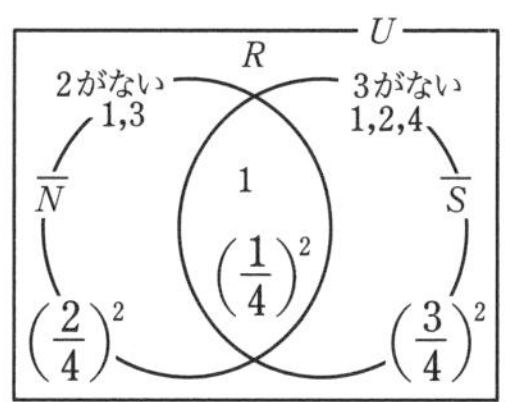

AB が2の倍数になる（$\overline{N}$ の円の外を考え）確率は

$P(N)=1-P(\overline{N})=\frac{3}{4}$

AB が3の倍数になる（$\overline{S}$ の円の外）確率は

$P(S)=1-P(\overline{S})=\frac{7}{16}$

AB が6の倍数（2円の外）になる確率は

$P(R)=1-P(\overline{N}\cup\overline{S})=\frac{1}{4}$

（1） $P_2=\{P(N)\}^2=\left(\frac{3}{4}\right)^2=\mathbf{\frac{9}{16}}$

$P_3=\{P(S)\}^2=\left(\frac{7}{16}\right)^2=\mathbf{\frac{49}{256}}$

$P_6=\{P(R)\}^2=\left(\frac{1}{4}\right)^2=\mathbf{\frac{1}{16}}$

（2） AB と CD が，ともに2の倍数になるという事象を N_1，ともに3の倍数になるという事象を S_1 とする．AB と CD が互いに素にならない（共通な素因数をもつ）という事象は $N_1\cup S_1$ である．

$$P(N_1\cup S_1)=P(N_1)+P(S_1)-P(N_1\cap S_1)$$
$$=P_2+P_3-P_6=\frac{9\cdot16+49-16}{256}=\frac{177}{256}$$

求める確率は

$$1-P(N_1\cup S_1)=\mathbf{\frac{79}{256}}$$

《立方体の頂点を選ぶ (B20) ☆》

80. 図のような1辺の長さが1の立方体 ABCD-EFGH を考える．この立方体の8個の頂点から異なる3点を無作為に選んで，これらを頂点とする三角形を T とするとき，次の問いに答えなさい．

（1） T が正三角形であるような選び方は何通りあるか求めなさい．

（2） T が直角三角形であるような選び方は何通りあるか求めなさい．

（3） T の3辺の長さの和が4以上になる確率を求めなさい．

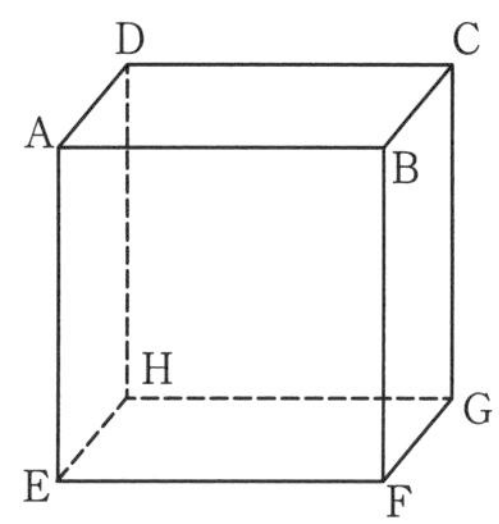

（21 山口大・教，経，保健，農，獣医，国際）

▶解答◀ （1） 注意深く分類する．

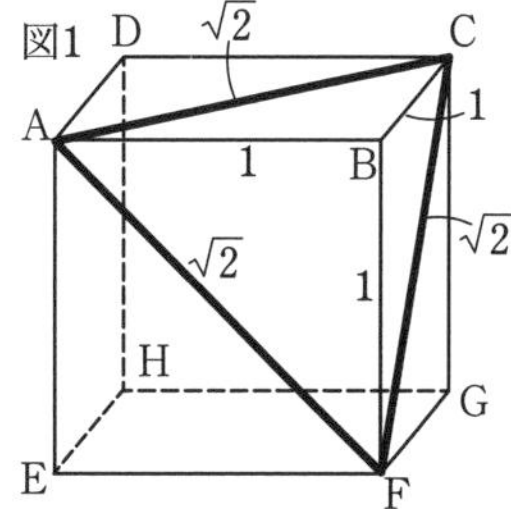

3辺が立方体の辺上にある三角形は作ることができない．2辺が立方体の辺になるときは，図2のようになるしかない．1辺が立方体の辺になるときは図4のようなるしかない．辺が立方体の辺にならないときは図1を見よ．このときは各辺が3面の対角線になり一辺が $\sqrt{2}$ の正三角形になる．これは1個の頂点（図1の場合はB）から長さ1の（カメラの）三脚を立て，3つの足の先が正三角形をなす場合である．1個の頂点に1個の正三角形（図1の場合は点Bに三角形 AFC）が対応するから

正三角形は **8** 通りできる．(3) のために三角形の周の長さを計算する．3 辺の長さの和は $3\sqrt{2} > 4$ である．

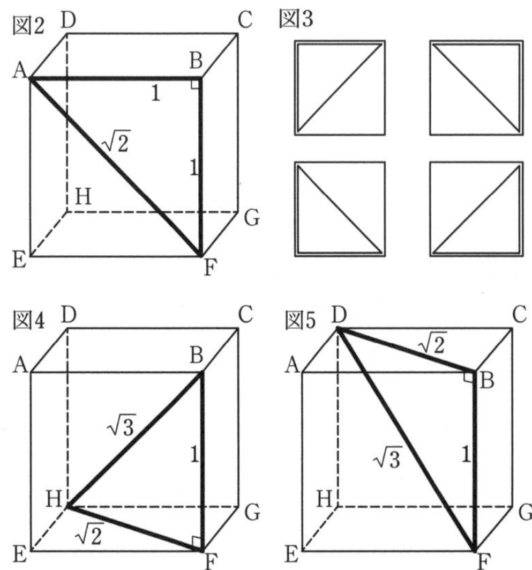

(**2**) 図 2 を見よ．2 辺が面 ABFE 上にある場合，3 辺の長さが 1，1，$\sqrt{2}$ の 45 度定規ができる．図 3 のように，面 ABFE 上には 45 度定規が 4 個できる．面が 6 通りあるから，45 度定規は $4 \cdot 6 = 24$ 通りある．(3) のために三角形の周の長さを計算しておくと 3 辺の長さの和は $2 + \sqrt{2} < 4$ である．

1 辺が立方体上にある三角形は，図 4 のように，3 辺の長さが 1, $\sqrt{2}$, $\sqrt{3}$ の直角三角形になる．図 5 の場合にも 3 辺の長さが 1, $\sqrt{2}$, $\sqrt{3}$ の直角三角形になる．立方体のどの辺を使うかで 12 通りあり，例えばそれが BF のとき，他の 1 頂点は図 4，図 5 のように H か D かで 2 通りあるから，12 辺全体では $12 \cdot 2 = 24$ 通りある．(3) のために三角形の周の長さを計算しておくと 3 辺の長さの和は $1 + \sqrt{2} + \sqrt{3} > 1 + 1.4 + 1.7 > 4$ である．

直角三角形は全部で **48** 通りある．

(**3**) 求める確率は $\dfrac{8+24}{8+48} = \mathbf{\dfrac{4}{7}}$ である．

《3 の倍数の確率 (B20) ☆》

81. 1, 2, …, 15, 16 の数字が書かれたカードがそれぞれ 1 枚ずつある．これら 16 枚のカードから 3 枚を同時に選ぶとき．次の問いに答えよ．

(1) 3 枚のカードの数の積が 3 の倍数である確率を求めよ．

(2) 3 枚のカードの数の和が 3 の倍数である確率を求めよ．

(3) 3 枚のカードの数の積が 3 の倍数でなく，3 枚のカードの数の和も 3 の倍数でない確率を求めよ．　(21　弘前大・医，農，人文，教)

▶解答◀ (**1**) 1～16 のカードを 3 で割った余りで，次の 3 グループに分ける．

$$R_0 = \{3, 6, 9, 12, 15\}$$

$$R_1 = \{1, 4, 7, 10, 13, 16\}$$

$$R_2 = \{2, 5, 8, 11, 14\}$$

3 数の積が 3 の倍数になるのは，3 数の中に R_0 のカードを含むときである．これは，3 数すべてが $R_1 \cup R_2$ のカードであることの余事象であるから，求める確率は

$$1 - \frac{{}_{6+5}\mathrm{C}_3}{{}_{16}\mathrm{C}_3} = 1 - \frac{11 \cdot 10 \cdot 9}{16 \cdot 15 \cdot 14}$$

$$= 1 - \frac{11 \cdot 3}{16 \cdot 7} = \mathbf{\frac{79}{112}}$$

(**2**) 3 数の和が 3 の倍数になるのは，3 枚とも同じグループのカードであるか，3 枚とも異なるグループのカードであるかのいずれかであるから，求める確率は

$$\frac{{}_5\mathrm{C}_3 + {}_6\mathrm{C}_3 + {}_5\mathrm{C}_3 + 5 \cdot 6 \cdot 5}{{}_{16}\mathrm{C}_3}$$

$$= \frac{(10 + 20 + 10 + 150) \cdot 3 \cdot 2 \cdot 1}{16 \cdot 15 \cdot 14}$$

$$= \frac{190}{16 \cdot 5 \cdot 7} = \mathbf{\frac{19}{56}}$$

(**3**) 積が 3 の倍数でないのは，R_1 と R_2 から合わせて 3 枚を取り出すときである．このうち，R_1 と R_2 の一方だけから 3 枚を取ると和が 3 の倍数になるから，積も和も 3 の倍数でないのは，R_1 と R_2 からそれぞれ 1 枚と 2 枚，あるいは 2 枚と 1 枚を取り出すときである．よって，求める確率は

$$\frac{{}_6\mathrm{C}_1 \cdot {}_5\mathrm{C}_2 + {}_6\mathrm{C}_2 \cdot {}_5\mathrm{C}_1}{{}_{16}\mathrm{C}_3} = \frac{6 \cdot 10 + 15 \cdot 5}{16 \cdot 5 \cdot 7} = \mathbf{\frac{27}{112}}$$

《同じ文字が隣り合わない (B20)》

82. 箱の中に，1 から 3 までの番号が 1 つずつ書かれた 3 枚の赤いカードと，1 から 3 までの番号が 1 つずつ書かれた 3 枚の黒いカードが入っている．箱からカードを 1 枚ずつ無作為に取り出して，テーブルの上に，左から右へと取り出した順に並べていくとする．並べられた 6 枚のカードについて，次の問いに答えなさい．

(1) 隣り合うどの 2 枚のカードも色が異なる確率を求めなさい．

(2) 番号 1 が書かれている 2 枚のカードが隣り合わない確率を求めなさい．

(3) 隣り合うどの 2 枚のカードも番号が異なる確率を求めなさい．　(21　山口大・医，理)

▶解答◀ (**1**) 隣り合うどの 2 枚のカードも色が異なる場合は

赤，黒，赤，黒，赤，黒

または

黒，赤，黒，赤，黒，赤

の順になるときであり，赤の 1，2，3，黒の 1，2，3 の順列を考え，求める確率は $\dfrac{2\cdot 3!\cdot 3!}{6!}=\mathbf{\dfrac{1}{10}}$

(2) 集合の宣言をまとめて書いておく．カードをすべて区別したときの 6 枚のカードの順列の集合で，番号 1 が書かれている 2 枚のカードが隣り合うものを A，番号 2 のそれを B，番号 3 のそれを C とおく．左から赤の 1，黒の 1 の順で隣り合うとき，これを固まりと考えると，他の 4 枚と合わせた 5 つの順列が $5!$ 通りある．左から黒の 1，赤の 1 の順のときも同様である．$n(A)=2\cdot 5!$ である．求める確率は

$$1-\frac{n(A)}{6!}=1-\frac{2\cdot 5!}{6!}=1-\frac{1}{3}=\mathbf{\frac{2}{3}}$$

(3) $n(A)=n(B)=n(C)=2\cdot 5!$

$A\cap B$ を考える．2 枚の 1 を固まり，2 枚の 2 を固まりと見る．1 の固まりの中での，赤の 1 と黒の 1 の左右の順が 2 通り，2 の固まりの中での，赤の 2 と黒の 2 の左右の順が 2 通りある．例えば「左から赤の 1，黒の 1」の固まり，「左から赤の 2，黒の 2」の固まり，3 が 2 枚の，合計 4 つの順列は $4!$ 通りある．$n(A\cap B)=2^2\cdot 4!$ である．$B\cap C$，$C\cap A$ についても同様である．

$$n(A\cap B)=n(B\cap C)=n(C\cap A)$$

同様に考え，$n(A\cap B\cap C)=2^3\cdot 3!$ である．

$$\begin{aligned}n(A\cup B\cup C)&=n(A)+n(B)+n(C)\\&\quad-n(A\cap B)-n(B\cap C)-n(C\cap A)\\&\quad+n(A\cap B\cap C)\\&=3\cdot 2\cdot 5!-3\cdot 2^2\cdot 4!+2^3\cdot 3!\\&=6(120-48+8)=6\cdot 80\end{aligned}$$

求める確率は

$$1-\frac{n(A\cup B\cup C)}{6!}=1-\frac{6\cdot 80}{6\cdot 120}=1-\frac{2}{3}=\mathbf{\frac{1}{3}}$$

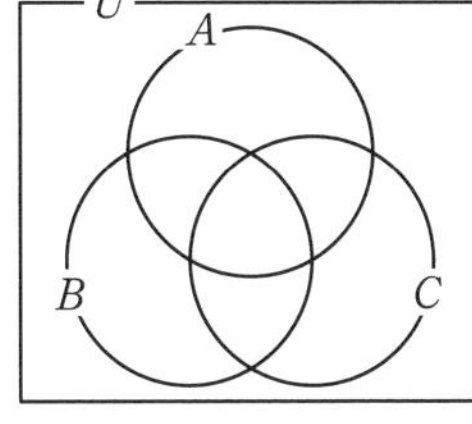

♦別解♦ **(2)** 直接考える．6 つの座席を置き，左から 1，2，3，4，5，6 と番号をつける．ここに 6 枚のカードを座らせる．赤の 1 の席の番号を x，黒の 1 の席の番号を y とする．(x, y) は全部で $6\cdot 5$ 通りある．x，y が隣接しないのは，x が端のときが $(1, 3\sim 6)$，$(6, 1\sim 4)$ の 8 通り，端でないのは，x が $2\sim 5$ の 4 通りの各場合について，x，$x+1$，$x-1$ の 3 つを除く 3 通りずつあるから $8+4\cdot 3=20$ 通りある．求める確率は $\dfrac{20}{6\cdot 5}=\mathbf{\dfrac{2}{3}}$

(3) 2 個の 1 と 2 個の 2 を 1 列に並べると次の 6 通りの順列がある．

1122，1212，1221，2112，2121，2211

の 6 通りがある．ここに 2 つの 3 を突っ込んで，同じ数が連続しないようにする．

1 ⇓ 12 ⇓ 2 ……………………①

↓ 1 ↓ 2 ↓ 1 ↓ 2 ↓ ……………………②

↓ 1 ↓ 2 ⇓ 2 ↓ 1 ↓ ……………………③

2112 ……………………④

2121 ……………………⑤

2211 ……………………⑥

① は二重線の矢印の部分に 1 つずつ 3 を突っ込む 1 通り．② は 5 つの細い矢印の位置の 2 カ所を選んで 1 つずつ 3 を突っ込む ${}_5C_2=10$ 通り．③ は二重線の矢印の部分に 3 を突っ込み 4 つの細い矢印の位置のどこかに 3 を突っ込む 4 通り．④ は ③ と同様，⑤ は ② と同様，⑥ は ① と同様である．同じ数が連続しない順列の総数は

$$(1+10+4)\cdot 2=30$$

順列の総数は $\dfrac{6!}{2!2!2!}=90$ 通りであるから，求める確率は $\dfrac{30}{90}=\mathbf{\dfrac{1}{3}}$

《少なくとも 1 回取り出される (B20) ☆》

83． 赤玉，白玉，青玉，黄玉が 1 個ずつ入った袋がある．よくかきまぜた後に袋から玉を 1 個取り出し，その玉の色を記録してから袋に戻す．この試行を繰り返すとき，n 回目の試行で初めて赤玉が取り出されて 4 種類全ての色が記録済みとなる確率を求めよ．ただし n は 4 以上の整数とする．

(21 京大・理系)

▶解答◀ $a=\dfrac{3}{4}$, $b=\dfrac{2}{4}$, $c=\dfrac{1}{4}$ とおく．題意のようになるのは，$n-1$ 回の試行で，白玉，青玉，黄玉をすべて少なくとも 1 回取り出し，かつ，n 回目に赤玉を取り出すときである．$n-1$ 回とも白玉，青玉，黄玉のいずれかを取り出すという事象を U（確率 a^{n-1}），$n-1$ 回の試行で白玉と赤玉を取り出さないという事象を W（$n-1$ 回とも青玉か黄玉を取り出すという事象で，その確率は b^{n-1}），$n-1$ 回の試行で青玉と赤玉を取り出さないという事象を B，$n-1$ 回の試行で黄玉と赤玉を取り出さないという事象を Y とする．$P(W\cap B)$ は $n-1$ 回とも黄玉を取り出す確率で c^{n-1} である．$P(W\cap B\cap Y)=0$

である．

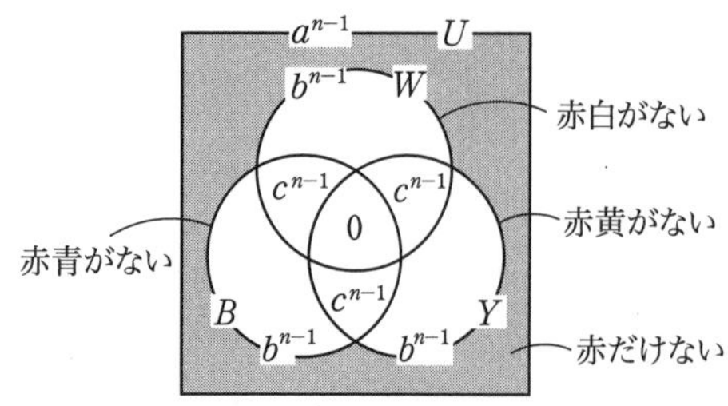

$$P(W\cup B\cup Y)=P(W)+P(W)+P(Y)$$
$$-P(W\cap B)-P(W\cap B)-P(W\cap B)$$
$$+P(W\cap B\cap Y)$$
$$=3b^{n-1}-3c^{n-1}$$

$n-1$ 回で，白玉，青玉，黄玉をすべて少なくとも 1 回取り出す確率は

$$P(U)-P(W\cup B\cup Y)=a^{n-1}-3b^{n-1}+3c^{n-1}$$

求める確率は

$$c(a^{n-1}-3b^{n-1}+3c^{n-1})=\boldsymbol{\frac{3^{n-1}-3\cdot 2^{n-1}+3}{4^n}}$$

◆別解◆ a, b, c, U は解答と同じ．U の中には不適な場合の確率が含まれている．

$n-1$ 回で取り出す玉の色が 2 色に集中する確率について．どの 2 色に集中するかで，その組合せが ${}_3\mathrm{C}_2=3$ 通りある．たとえば白玉と青玉に集中する場合の確率は $b^{n-1}-2c^{n-1}$ である．b^{n-1} の中には白玉だけに集中する確率 c^{n-1} と青玉だけに集中する確率 c^{n-1} が含まれている．$n-1$ 回で取り出す玉の色が 2 色に集中する確率は $3(b^{n-1}-2c^{n-1})$ である．

$n-1$ 回で取り出す玉の色が 1 色に集中する確率について．その色が何かで 3 通りある，たとえば白玉に集中する場合の確率は c^{n-1} だから 1 色に集中する確率は $3c^{n-1}$ である．

求める確率は

$$c\{a^{n-1}-3(b^{n-1}-2c^{n-1})-3c^{n-1}\}$$
$$=\boldsymbol{\frac{3^{n-1}-3\cdot 2^{n-1}+3}{4^n}}$$

《サイコロ 3 つの積で 4 の倍数 (A5)》

84． 1 から 6 の目が等しい確率で出るサイコロを 3 つ同時に投げるとき，3 つの出た目の積が 4 の倍数になる確率を求めなさい． (21 横浜市大・共通)

▶解答◀ 出る目の積が 4 の倍数になるのは，3 つの出る目のうち，偶数の目が 2 つ出る (確率 ${}_3\mathrm{C}_2\left(\frac{3}{6}\right)^2\cdot\frac{3}{6}$) か，3 つ出る (確率 $\left(\frac{3}{6}\right)^3$) か，偶数の目が 1 つで 4 が 1 つ出る場合 (確率 ${}_3\mathrm{C}_1\frac{1}{6}\cdot\left(\frac{3}{6}\right)^2$) である．求める確率は，

$${}_3\mathrm{C}_2\left(\frac{3}{6}\right)^2\cdot\frac{3}{6}+\left(\frac{3}{6}\right)^3+{}_3\mathrm{C}_1\frac{1}{6}\cdot\left(\frac{3}{6}\right)^2$$
$$=\frac{3+1+1}{2^3}=\boldsymbol{\frac{5}{8}}$$

《サイコロ 4 回 (A10)》

85． 1 個のさいころを 4 回続けて投げるとき，出た目を表す数を順に a, b, c, d とする．以下の問いに答えよ．

(1) $a+b+c$ が 9 の倍数になる確率を求めよ．

(2) $(a-b)(b-c)(c-d)=0$ となる確率を求めよ．

(3) $|(10a+b)-(10c+d)|\leqq 1$ となる確率を求めよ． (21 愛知県立大・情報)

▶解答◀ (a, b, c, d) を順序を考えた対，$\{a, b, c, d\}$ を順序のつかない組 (同じ要素があることを許した集合) とする．

(1) (a, b, c) は全部で $6^3=216$ (通り) ある．

$1\leqq a\leqq 6,\ 1\leqq b\leqq 6,\ 1\leqq c\leqq 6$ であるから $3\leqq a+b+c\leqq 18$ である．$a+b+c$ が 9 の倍数になるのは，$a+b+c=9, 18$ のときである．

(ア) $a+b+c=9$ のとき

9 個の○の 8 ヶ所の間に | を 2 つ入れ，1 本目の | の左を a，1 本目と 2 本目の | の間を b，3 本目の | の右を c とすると考える．

$$\underbrace{○○}_{a}|\underbrace{○○○○}_{b}|\underbrace{○○○}_{c}$$

(a, b, c) は ${}_8\mathrm{C}_2=28$ (通り) あるが，ここから $(a, b, c)=(1, 1, 7), (1, 7, 1), (7, 1, 1)$ を除いて $28-3=25$ (通り) ある．

(イ) $a+b+c=18$ のとき

$(a, b, c)=(6, 6, 6)$ の 1 通りである．

よって，求める確率は $\frac{25+1}{216}=\boldsymbol{\frac{13}{108}}$

(2) (a, b, c, d) は全部で 6^4 (通り) ある．

$$(a-b)(b-c)(c-d)=0$$

となる条件は $a=b$ または $b=c$ または $c=d$ である．

余事象を考える．$(a-b)(b-c)(c-d)=0$ とならない条件は $a\neq b$ かつ $b\neq c$ かつ $c\neq d$ である．このような (a, b, c, d) は $6\cdot 5\cdot 5\cdot 5$ (通り) あるから，求める確率は

$$1-\frac{6\cdot 5\cdot 5\cdot 5}{6^4}=1-\frac{125}{216}=\boldsymbol{\frac{91}{216}}$$

(3) $10a+b$ を十の位が a，一の位が b の 2 桁の数，

$10c+d$ を十の位が c，一の位が d の 2 桁の数と見ると，$|(10a+b)-(10c+d)| \leqq 1$ が成り立つとき，この 2 数の十の位は等しいから $a=c$ である．これを満たす (a, c) は $a=c=1, 2, 3, 4, 5, 6$ の 6 通りある．

このとき，$|b-d| \leqq 1$ であり，これを満たす (b, d) は表より 16 通りある．

よって，求める確率は $\dfrac{6 \cdot 16}{6^4}=\mathbf{\dfrac{2}{27}}$

b＼d	1	2	3	4	5	6
1	○	○				
2	○	○	○			
3		○	○	○		
4			○	○	○	
5				○	○	○
6					○	○

注意 $|(10a+b)-(10c+d)| \leqq 1$

$$|10(a-c)+(b-d)| \leqq 1$$

$$-1 \leqq 10(a-c)+(b-d) \leqq 1$$

$a-c$, $b-d$ は $-5 \leqq a-c \leqq 5$, $-5 \leqq b-d \leqq 5$ を満たす整数であるから，$a-c=0$ すなわち $a=c$ となることが必要である．

◆別解◆ （1）「（ア） $a+b+c=9$ のとき」の部分

$$\{a, b, c\}=\{1, 2, 6\}, \{1, 3, 5\}, \{1, 4, 4\},$$
$$\{2, 2, 5\}, \{2, 3, 4\}, \{3, 3, 3\}$$

であり，それぞれ順序も考えると，(a, b, c) は

$$3! \cdot 3+3 \cdot 2+1=25 \text{（通り）}$$

ある．

《サイコロ 2 つの和（B20）☆》

86. サイコロ 3 つを同時に振るとき，次の各問いに答えよ．

（1） いずれか 2 つの目の合計が 4 になる確率を求めよ．

（2） いずれか 2 つの目の合計が 8 になる確率を求めよ．

（3） どの 2 つの目の合計も 4，8 にならない確率を求めよ．（21 東京女子医大）

考え方 事象の分析によい問題である．

▶解答◀ （1） 3 つのサイコロを区別し，出る目をそれぞれ a，b，c とすると，(a, b, c) は全部で 6^3 通りある．

（ア） 3 つの目の中に 1 と 3 を少なくとも 1 つずつ含むとき，$\{a, b, c\}$（集合）は

$$\{1, 1, 3\}, \{1, 3, 3\}, \{1, 3, d\}$$

（d は 2，4，5，6 のいずれか）であるから，並べ替えを考えて，(a, b, c) は $3+3+4 \cdot 3!=30$ 通りある．

（イ） 3 つの目の中に 2 を少なくとも 2 つ含むとき，$\{a, b, c\}$ は

$$\{2, 2, 2\}, \{2, 2, e\}$$

（e は 1，3，4，5，6 のいずれか）であるから，並べ替えを考えて，(a, b, c) は $1+5 \cdot 3=16$ 通りある．

（ア），（イ）より，求める確率は

$$\frac{30+16}{6^3}=\frac{46}{216}=\mathbf{\frac{23}{108}}$$

（**2**） 3 つの目の中に 2 と 6 を少なくとも 1 つずつ含むときは，（ア）と同様に考えて 30 通りある．

3 と 5 を少なくとも 1 つずつ含むときも同様に 30 通りある．4 を少なくとも 2 つ含むときは，（イ）と同様に考えて 16 通りある．よって，求める確率は

$$\frac{30+30+16}{6^3}=\frac{76}{216}=\mathbf{\frac{19}{54}}$$

（**3**） いずれか 2 つの目の合計が 4 になる事象を A，いずれか 2 つの目の合計が 8 になる事象を B とおく．

（1），（2）より，$P(A)=\dfrac{23}{108}$, $P(B)=\dfrac{19}{54}$ である．

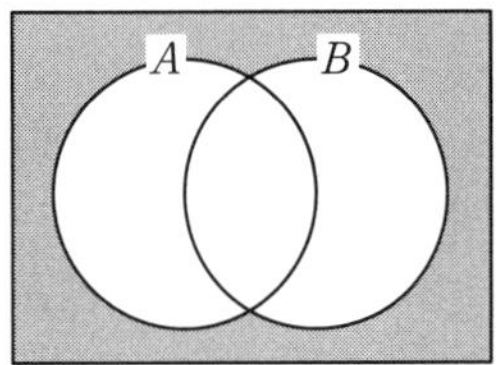

事象 $A \cap B$ は $\{a, b, c\}$ が

$$\{1, 3, 5\}, \{2, 2, 6\}$$

となるときであるから，並べ替えを考えて

$$P(A \cap B)=\frac{3!+3}{6^3}=\frac{9}{216}=\frac{1}{24}$$

よって

$$P(A \cup B)=P(A)+P(B)-P(A \cap B)$$
$$=\frac{23}{108}+\frac{19}{54}-\frac{1}{24}=\frac{46+76-9}{216}=\frac{113}{216}$$

求める確率は図の網目部分の確率であるから

$$1-P(A \cup B)=1-\frac{113}{216}=\mathbf{\frac{103}{216}}$$

◆別解◆ （**3**） 事象 $A \cap B$ に含まれる出る目の組合せについては，試験の場では拾いまちがう可能性がある．よって，次のように式を使って解く方法も良い．

3 つの目 x，y，z が $x+y=4$，$y+z=8$ をみたすとき，辺ごとに引くと $z-x=4$ となるから，(x, z) は $(1, 5)$ と $(2, 6)$ しかなくて，このとき

$$(x, y, z)=(1, 3, 5), (2, 2, 6)$$

である．このことから，事象 $A\cap B$ は $\{a, b, c\}$ が

$\{1, 3, 5\}$, $\{2, 2, 6\}$

になるときとわかる．

《サイコロの目の最大最小（B20）☆》

87．1個のさいころを4回投げるとき，出た目の最小値を m，最大値を M とする．

（1） $m \geqq 2$ となる確率は $\frac{\square}{\square}$ であり，$m=1$ となる確率は $\frac{\square}{\square}$ である．

（2） $m \geqq 2$ かつ $M \leqq 5$ となる確率は $\frac{\square}{\square}$ であり，$m \geqq 2$ かつ $M=6$ となる確率は $\frac{\square}{\square}$ である．

（3） $m=1$ かつ $M=6$ となる確率は $\frac{\square}{\square}$ である．　（21　青学大・理工）

▶解答◀ （**1**） 1が出ないという事象を I，6が出ないという事象を R とする．

I は $m \geqq 2$ ということで，4回の目がすべて2以上という事象である．$P(I)=\left(\frac{5}{6}\right)^4=\boldsymbol{\frac{625}{1296}}$

$m=1$ になる確率は $1-P(I)=1-\frac{625}{1296}=\boldsymbol{\frac{671}{1296}}$

（**2**） $m \geqq 2$ かつ $M \leqq 5$ はベン図の $\bigcirc$ の部分の確率で，$\left(\frac{4}{6}\right)^4=\left(\frac{2}{3}\right)^4=\boldsymbol{\frac{16}{81}}$ である．

$m \geqq 2$ かつ $M=6$ は ☾ の確率で，

$$\left(\frac{5}{6}\right)^4-\left(\frac{4}{6}\right)^4=\frac{(5^2-4^2)(5^2+4^2)}{6^4}$$

$$=\frac{9\cdot 41}{6\cdot 6\cdot 6\cdot 6}=\boldsymbol{\frac{41}{144}}$$

（**3**） $P(I\cup R)=P(I)+P(R)-P(I\cap R)$

$$=\left(\frac{5}{6}\right)^4+\left(\frac{5}{6}\right)^4-\left(\frac{4}{6}\right)^4$$

$$=\frac{625-128}{648}=\frac{497}{648}$$

求める確率は

$$1-P(I\cup R)=1-\frac{497}{648}=\boldsymbol{\frac{151}{648}}$$

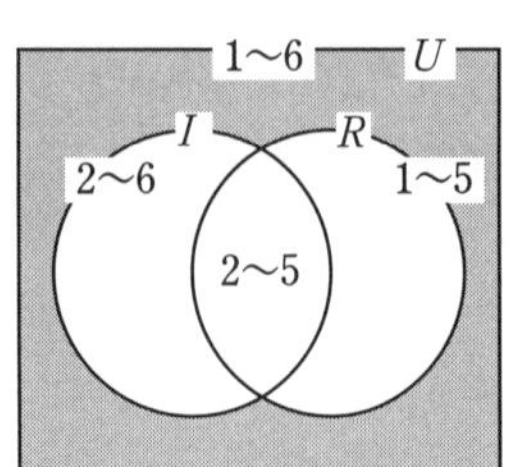

《最大最小と15の倍数（B30）☆》

88．1つのさいころを n 回続けて投げるとき，次の確率を，n を用いて表せ．

（1） 出る目の最大値が5以下である確率

（2） 出る目の最大値が5である確率

（3） 出る目の最大値が5であり，かつ最小値が3以上である確率

（4） 出る目の最大値が5であり，かつ最小値が3である確率

（5） 1回目から n 回目までに出る目の積が，15で割り切れる確率　（21　岐阜薬大）

▶解答◀ （**1**） 出る目が1から5までのいずれかであるときで，求める確率は $\boldsymbol{\left(\frac{5}{6}\right)^n}$

（**2**） 出る目の最大値が5であるのは，出る目が n 回とも5以下になる事象から4以下になる事象を除いたものであるから求める確率は（図1）

$$\left(\frac{5}{6}\right)^n-\left(\frac{4}{6}\right)^n=\boldsymbol{\frac{5^n-4^n}{6^n}}$$

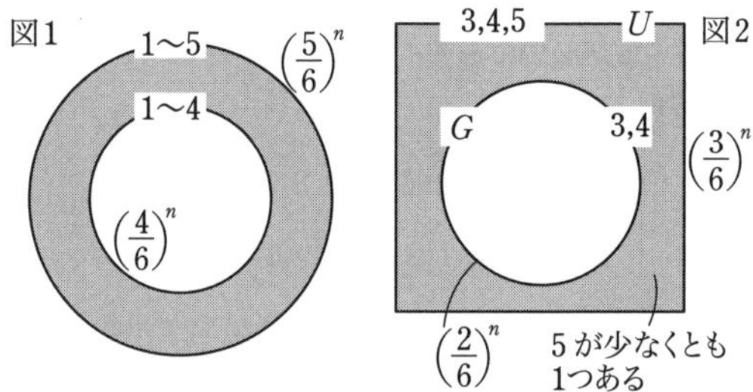

（**3**） n 回とも3か4か5の目が出る事象を U とし，このうち5がでない（3か4が出る）という事象を G とする．（図2）出る目の最大値が5であり，かつ最小値が3以上であるのは，出る目が n 回とも3以上5以下になる事象から，3以上4以下になる事象を除いたものであるから求める確率は

$$P(U)-P(G)=\left(\frac{3}{6}\right)^n-\left(\frac{2}{6}\right)^n=\boldsymbol{\frac{3^n-2^n}{6^n}}$$

（**4**） （3）と同様に事象 U, G を定め，事象 U のうち3がでない（4か5が出る）という事象を S とする．それぞれの事象の起こる確率は（図3）

$$P(U)=\left(\frac{3}{6}\right)^n,\ P(G)=\left(\frac{2}{6}\right)^n,\ P(S)=\left(\frac{2}{6}\right)^n$$

$P(G\cap S)$ は3も5も出ない（4が出る）確率であるから

$$P(G\cap S)=\left(\frac{1}{6}\right)^n$$

よって，求める確率は

$$P(U)-P(G\cup S)$$

$$=P(U)-\{P(G)+P(S)-P(G\cap S)\}$$

$$=\left(\frac{3}{6}\right)^n-\left\{\left(\frac{2}{6}\right)^n+\left(\frac{2}{6}\right)^n-\left(\frac{1}{6}\right)^n\right\}$$

$$= \frac{\mathbf{3^n - 2^{n+1} + 1}}{\mathbf{6^n}}$$

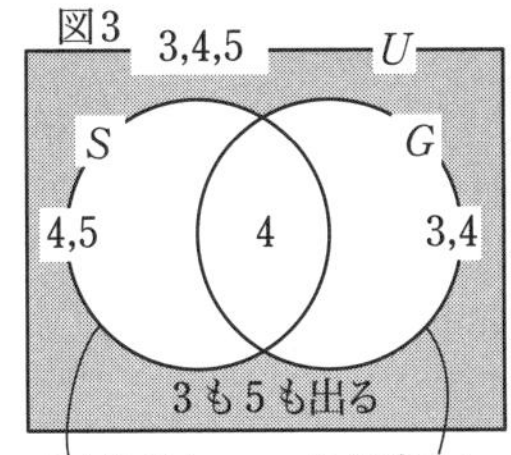

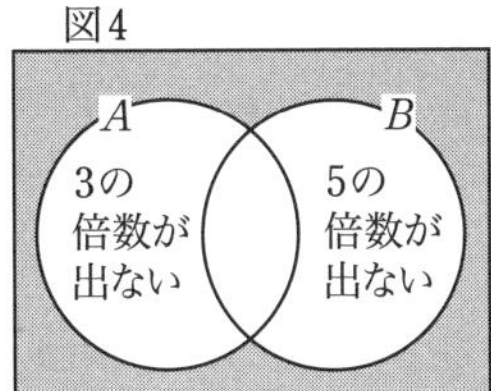

（5） 出る目の積が 15 で割り切れるのは，n 回のうち少なくとも 1 回は 3 の倍数が出て，かつ，少なくとも 1 回は 5 の倍数が出るときである．(図 4)

3 の倍数が出ないという事象を A，5 の倍数が出ないという事象を B とする．

$P(A)$ は 1, 2, 4, 5 のいずれかが出る確率で $P(A) = \left(\frac{4}{6}\right)^n$，$P(B)$ は 1, 2, 3, 4, 6 のいずれかが出る確率で $P(B) = \left(\frac{5}{6}\right)^n$，$P(A \cap B)$ は 1, 2, 4 のいずれかが出る確率で $P(A \cap B) = \left(\frac{3}{6}\right)^n$ である．

求める確率は

$$1 - P(A \cup B)$$
$$= 1 - \{P(A) + P(B) - P(A \cap B)\}$$
$$= 1 - \left\{\left(\frac{4}{6}\right)^n + \left(\frac{5}{6}\right)^n - \left(\frac{3}{6}\right)^n\right\}$$
$$= \frac{\mathbf{6^n - 4^n - 5^n + 3^n}}{\mathbf{6^n}}$$

注意 (4) で $\{1 - P(G)\}\{1 - P(S)\}$，(5) で $\{1 - P(A)\}\{1 - P(B)\}$ と計算する人が多い．間違いである．

《2 数の和が 3 つ目 (B30) ☆》

89. 1 から n $(n \geqq 3)$ までの整数を 1 つずつ書いた n 枚のカードがある．無作為に 3 枚選ぶとき，取り出したカードに書かれた数について次の問いに答えよ．

（1） 3 つの数が連続している確率は □ であり，3 つの数のうち 2 つだけが連続している確率は □ である．したがって，3 つの数がどの 2 つも連続していない確率は □ である．

（2） 3 つの数のうち，2 つの和が残りの 1 つの数に等しくなる確率は，n が奇数のとき □ であり，n が偶数のとき □ である．

(21 近大・医-後期)

▶解答◀ （1） 選ぶカードに書かれた 3 数の組合せは全部で ${}_n\mathrm{C}_3$ 通りある．

1 つ目の設問：これが 3 つの連続する 3 数になるのは，最小数が何かを考え，$1 \sim n-2$ の $n-2$ 通りある．求める確率は

$$\frac{n-2}{{}_n\mathrm{C}_3} = \frac{6(n-2)}{n(n-1)(n-2)} = \frac{\mathbf{6}}{\boldsymbol{n(n-1)}}$$

2 つ目の設問：2 数だけ連続する場合，取り出す 3 数が小さい方から $x-1, x, y$ の形のときと $x, y, y+1$ の形のときとがある．ただし，x と y は 2 以上離れている．前者のときは $2 \leqq x < y-1 \leqq n-1$ であるから，$2 \sim n-1$ の $n-2$ 個の中から 2 つの異なる数 (x と $y-1$) を選ぶと考え ${}_{n-2}\mathrm{C}_2$ 通りある．後者も同様である．2 数だけが連続する確率は

$$\frac{2 \cdot {}_{n-2}\mathrm{C}_2}{{}_n\mathrm{C}_3} = \frac{6(n-2)(n-3)}{n(n-1)(n-2)} = \frac{\mathbf{6}\boldsymbol{(n-3)}}{\boldsymbol{n(n-1)}}$$

3 つ目の設問：

$$1 - \frac{6}{n(n-1)} - \frac{6(n-3)}{n(n-1)} = \frac{n^2 - n - 6 - 6n + 18}{n(n-1)}$$
$$= \frac{\boldsymbol{(n-3)(n-4)}}{\boldsymbol{n(n-1)}}$$

（2） 選ぶ 3 数を x, y, z $(1 \leqq x < y < z \leqq n)$ とし，$x + y = z$ となる (x, y, z) の総数を N とする．k, l は自然数とする．

z が偶数のとき $z = 2k$ として，$x + y = z$ となる (x, y) は $(x, y) = (1, 2k-1) \sim (k-1, k+1)$ の $k-1$ 通りある．

z が奇数のとき $z = 2k+1$ として，$x + y = z$ となる (x, y) は $(x, y) = (1, 2k) \sim (k, k+1)$ の k 通りある．

n が奇数のとき：$n = 2l + 1$ $(1 \leqq k \leqq l)$ とおく．

$$N = \sum_{k=1}^{l} \{(k-1) + k\} = \frac{1}{2}(1 + 2l - 1)l$$
$$= l^2 = \frac{1}{4}(n-1)^2$$

求める確率は

$$\frac{(n-1)^2}{4} \cdot \frac{6}{n(n-1)(n-2)} = \frac{\mathbf{3}\boldsymbol{(n-1)}}{\mathbf{2}\boldsymbol{n(n-2)}}$$

n が偶数のとき：$n = 2l$ とおく．$z \leqq 2l$ であるから，上の $z = 2l + 1$ の場合の l 通りを引くと考え

$$N = l^2 - l = l(l-1)$$
$$= \frac{n}{2}\left(\frac{n}{2} - 1\right) = \frac{1}{4}n(n-2)$$

求める確率は

$$\frac{n(n-2)}{4} \cdot \frac{6}{n(n-1)(n-2)} = \frac{\mathbf{3}}{\mathbf{2}\boldsymbol{(n-1)}}$$

♦別解♦ （1）

$$\begin{array}{ccccccc} x & & y & & z & & w \\ \Downarrow & & \Downarrow & & \Downarrow & & \Downarrow \\ & A & & B & & C & \end{array}$$

3 つ選ぶ数を A，B，C とし，その間と両端に空席をつっこむと考える．たとえば（□は空席）

□□□A□□B□C□□

なら $n=11$，選ぶ3数は4，7，9と考える．

$$x+y+z+w=n-3$$

（ア） 3数が連続しているとき．

$$y=z=0,\ x+w=n-3,\ x\geqq 0,\ w\geqq 0$$

と考える．これは $(x, w)=(0, n-3)\sim(n-3, 0)$ の $n-2$ 通りと簡単に分かるが，他の場合の説明もあるので，○と仕切りで説明する．

$$(x+1)+(w+1)=n-1$$

$$x+1\geqq 1,\ w+1\geqq 1$$

これは○を $n-1$ 個並べその間（$n-2$ か所）のどこかに仕切りを1本つっこみ，その仕切りから左の○の個数を $x+1$，残りの○の個数を $w+1$ と考える．仕切りをつっこむ位置は $n-2$ 通りある．

○○○○○|○○○○

たとえば上の場合は $x+1=5$，$w+1=4$ である．

求める確率は $\dfrac{n-2}{{}_n\mathrm{C}_3}=\boldsymbol{\dfrac{6}{n(n-1)}}$

（イ） 2つだけ連続するとき．

$$x\geqq 0,\ y=0,\ z\geqq 1,\ w\geqq 0$$

のときと

$$x\geqq 0,\ y\geqq 1,\ z=0,\ w\geqq 0$$

のときがある．前者では

$$(x+1)+z+(w+1)=n-1$$

$$x+1\geqq 1,\ z\geqq 1,\ w+1\geqq 1$$

であるから ${}_{n-2}\mathrm{C}_2$ 通りある．後者も同じで求める確率は

$$\frac{2\cdot {}_{n-2}\mathrm{C}_2}{{}_n\mathrm{C}_3}=\boldsymbol{\frac{6(n-3)}{n(n-1)}}$$

（ウ） どの2つも連続しないとき．

$$x\geqq 0,\ y\geqq 1,\ z\geqq 1,\ w\geqq 0$$

$$(x+1)+y+z+(w+1)=n-1$$

$$x+1\geqq 1,\ y\geqq 1,\ z\geqq 1,\ w+1\geqq 1$$

${}_{n-2}\mathrm{C}_3$ 通りあり，求める確率は

$$\frac{{}_{n-2}\mathrm{C}_3}{{}_n\mathrm{C}_3}=\frac{(n-2)(n-3)(n-4)}{n(n-1)(n-2)}=\boldsymbol{\frac{(n-3)(n-4)}{n(n-1)}}$$

（2） $1\leqq x$，$1\leqq y$，$x+y\leqq n$ にある格子点 (x, y) に対し，たとえば $(x, y)=(2, 3)$ に対しては $x+y=z$ である $(x, y, z)=(2, 3, 5)$ が対応すると考える．格子点は全部で

$$1+2+\cdots+(n-1)=\frac{1}{2}n(n-1)\,(\text{個})$$

ある．このうち $y=x$ 上にあるものは $1\leqq x\leqq \dfrac{n}{2}$，$y=x$ を満たすから $\left[\dfrac{n}{2}\right]$ 個あり，これを除いて，2で割った個数を N とする．$[x]$ はガウス記号である．

$$x+y=z,\ 1\leqq x<y<z\leqq n$$

である (x, y, z) の個数は N である．

$$N=\frac{1}{2}\left\{\frac{1}{2}n(n-1)-\left[\frac{n}{2}\right]\right\}$$

n が奇数のとき，$\left[\dfrac{n}{2}\right]=\dfrac{n-1}{2}$ であるから

$$N=\frac{1}{2}\left(n\cdot\frac{n-1}{2}-\frac{n-1}{2}\right)=\frac{1}{4}(n-1)^2$$

求める確率は $\dfrac{N}{{}_n\mathrm{C}_3}=\boldsymbol{\dfrac{3(n-1)}{2n(n-2)}}$

n が偶数のとき

$$N=\frac{1}{2}\left(n\cdot\frac{n-1}{2}-\frac{n}{2}\right)=\frac{1}{4}n(n-2)$$

求める確率は $\dfrac{N}{{}_n\mathrm{C}_3}=\boldsymbol{\dfrac{3}{2(n-1)}}$

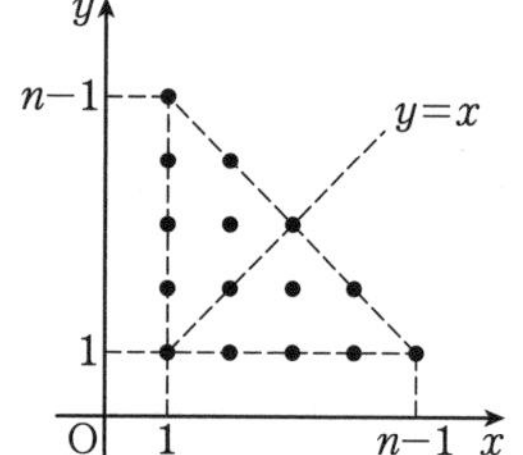

《玉と箱の配分（B30）☆》

90． n, k を2以上の自然数とする．n 個の箱の中に k 個の玉を無作為に入れ，各箱に入った玉の個数を数える．その最大値と最小値の差が l となる確率を P_l $(0\leqq l\leqq k)$ とする．このとき，以下の問に答えよ．

（1） $n=2, k=3$ のとき，P_0, P_1, P_2, P_3 を求めよ．

（2） $n\geqq 2, k=2$ のとき，P_0, P_1, P_2 を求めよ．

（3） $n\geqq 3, k=3$ のとき，P_0, P_1, P_2, P_3 を求めよ．

（21 早稲田大・理工）

▶解答◀ 箱を $H_1, \cdots, H_n$ とし，玉を T_1，…，T_k とする．

$T=(T_1$ が入る箱，T_2 が入る箱，…，T_k が入る箱$)$ とする．T_1 が入る箱が H_1 から H_n のどれかで n 通り，T_2 が入る箱が H_1 から H_n のどれかで n 通り，…，であるから，T は全部で n^k 通りある．

T_1 T_2 T_3
H_1 H_1 H_1
H_2 H_2 H_2
⋮ ⋮ ⋮
H_n H_n H_n

最大値と最小値の差も l で表す．まず，玉の配分（何個と何個に分けるか）を考える．

（1） T は全部で 2^3 通りある．

3個の球を，2つの箱に，0個と3個（$l=3$），1個と2個（$l=1$）に分ける．$P_0=\mathbf{0}$，$P_2=\mathbf{0}$である．

$l=1$のとき．1つの箱に玉が1個，他の箱に玉が2個入るから$T=(H_1,\ H_2,\ H_2)$のようにH_1が1つでH_2が2つ（入れ替えを考え3通りある）か，$T=(H_1,\ H_1,\ H_2)$のようにH_1が2つ，H_2が1つ（3通り）のときで，このようなTは全部で6通りある．$P_1=\frac{2\cdot 3}{8}=\mathbf{\frac{3}{4}}$である．

$l=3$のとき．1つの箱に玉が3個入り，もう1つの箱には玉が入らない．

$T=(H_1,\ H_1,\ H_1)$，$T=(H_2,\ H_2,\ H_2)$

となるときで$P_3=\frac{2}{8}=\mathbf{\frac{1}{4}}$である．

（2） Tは全部でn^2通りある．

2つの玉を分けるとき，1つの箱に2つで他は0個（$l=2$），2つの箱に1個ずつ（$n=2$なら$l=0$，$n\geqq 3$なら玉が0個の箱があるから$l=1$）に分ける．

$l=2$のとき，1つの箱に玉が集中するから，どれに集中するかでn通りある．$P_2=\frac{n}{n^2}=\mathbf{\frac{1}{n}}$

- $\boldsymbol{n=2}$のとき：2つの箱に1個ずつ入るのは
$T=(H_1,\ H_2)$，$(H_2,\ H_1)$になるときで
$P_0=\frac{2}{2^2}=\mathbf{\frac{1}{2}}$，$P_1=\mathbf{0}$である．
- $\boldsymbol{n\geqq 3}$のとき：2つの箱に1個ずつ玉を入れる場合，玉が1個入る2箱の組合せは${}_n\mathrm{C}_2$通りある．たとえばそれがH_2，H_3なら，$T=(H_2,\ H_3)$，$(H_3,\ H_2)$の2通りあり，$P_1=\frac{\frac{1}{2}n(n-1)\cdot 2}{n^2}=\mathbf{\frac{n-1}{n}}$，　$P_0=\mathbf{0}$

（3） Tは全部でn^3通りある．3個の球を分けるとき，3個と0個（$l=3$），2個と1個と0個（$l=2$），1個と1個と1個（$n=3$のときは$l=0$，$n\geqq 4$のときは0個の箱があるから$l=1$）に分ける．

$l=3$のとき，1つの箱に玉が集中するから，どれに集中するかでn通りある．$P_3=\frac{n}{n^3}=\mathbf{\frac{1}{n^2}}$

$l=2$のとき，（玉を2個入れる箱，玉を1個入れる箱）が何かで$n(n-1)$通りある．たとえばH_1に2個，H_2に1個入るとき，$T=(H_1,\ H_1,\ H_2)$と，この入れ替えの3通りある．$P_2=\frac{3n(n-1)}{n^3}=\mathbf{\frac{3(n-1)}{n^2}}$

- $\boldsymbol{n=3}$のとき：3個の箱に玉が1個ずつ入るとき，Tは$T=(H_1,\ H_2,\ H_3)$など3!通りある．よって，$P_0=\frac{3!}{3^3}=\mathbf{\frac{2}{9}}$である．また，$P_1=\mathbf{0}$である．
- $\boldsymbol{n\geqq 4}$のとき：$P_0=\mathbf{0}$である．

$l=1$になる場合，3つの箱には1個玉が入り，他の箱には玉が入らない．1個玉が入る3つの箱の組合せは${}_n\mathrm{C}_3$通りあり，たとえばそれがH_1，H_2，H_3のとき，Tは$T=(H_1,\ H_2,\ H_3)$など，3!通りあるから

$$P_1=\frac{\frac{1}{6}n(n-1)(n-2)\cdot 3!}{n^3}=\boldsymbol{\frac{(n-1)(n-2)}{n^2}}$$

《経路で視覚化する（B20）》

91． 1枚の硬貨を兄，弟の2人が兄から始めて交互に投げる．投げる度に，表が出れば投げた人は1点を得て，裏が出れば点は得られない．2人の硬貨投げの合計回数をnと表す．n回まで硬貨投げが済んだときの兄，弟のそれぞれの合計得点をA_n，B_nとおく．

（1） $A_8=1$，$B_8=4$になる確率を求めよ．

（2） $n=1,\ 2,\ \cdots,\ 8$のうちの1個以上のnで，$B_n-A_n=3$となる確率を求めよ．

（21　大阪医科薬科大・後期）

▶解答◀ （1） 兄が硬貨をm回投げてk回表が出る確率を$A(m,\ k)$，弟のそれを$B(m,\ k)$とする．8回までに兄と弟はそれぞれ4回ずつ硬貨を投げるから，$A_8=1$，$B_8=4$となる確率は

$$A(4,\ 1)\cdot B(4,\ 4)=\frac{4}{2^4}\cdot\frac{1}{2^4}=\frac{1}{2^6}=\mathbf{\frac{1}{64}}$$

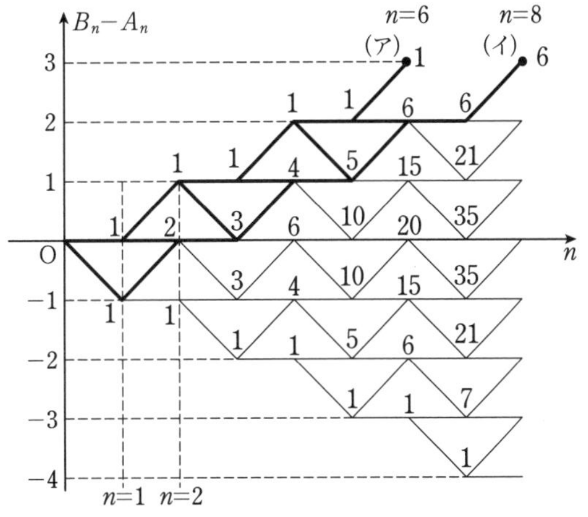

B_n-A_n
n=6
n=8
(ア)
(イ)
n
O
n=1　n=2

（2） 硬貨を投げはじめる前の得点を$A_0=B_0=0$とおく．B_n-A_nの値は，$n=0$のとき0で，nが奇数のとき1か0減少し，nが偶数のとき1か0増加する．

図で，たとえば$n=2$のラインは$B_2-A_2=1,\ 0,\ -1$になる確率が順に$\frac{1}{2^2}$，$\frac{2}{2^2}$，$\frac{1}{2^2}$であることを表し．図には分子だけ記入してある．他も同様に読め．図の少し太い線は答えに影響する枝で，細い実線は答えに影響しない線である．

初めて$B_n-A_n=3$になるまでを考える．図を参照せよ．最短で起こるのは，$n=6$のときで（図の（ア）），その確率は

$$A(3,\ 0)\cdot B(3,\ 3)=\frac{1}{2^3}\cdot\frac{1}{2^3}=\frac{1}{2^6}$$

である．

次に起こるのは，$n=8$ のときで（図の（イ）），まず $B_6-A_6=2$ となり，そのあと $B_7-A_7=2$，$B_8-A_8=3$ と推移するときであるから，その確率は

$$\{A(3,0)\cdot B(3,2)+A(3,1)\cdot B(3,3)\}\cdot\frac{1}{2}\cdot\frac{1}{2}$$
$$=\left(\frac{1}{2^3}\cdot\frac{3}{2^3}+\frac{3}{2^3}\cdot\frac{1}{2^3}\right)\cdot\frac{1}{2}\cdot\frac{1}{2}=\frac{3}{2^7}$$

となる．（ア）（イ）より，求める確率は

$$\frac{1}{2^6}+\frac{3}{2^7}=\frac{5}{2^7}=\mathbf{\frac{5}{128}}$$

である．

《球根の増殖（B20）☆》

92. ある花の1個の球根が1年後に3個，2個，1個，0個になる確率はそれぞれ $\frac{1}{5}$，$\frac{3}{10}$，$\frac{2}{5}$，$\frac{1}{10}$ であるとする．次の問に答えなさい．

（1） 1個の球根が，1年後に2個になり，2年後にも2個のままである確率は $\frac{\square}{\square}$ である．

（2） 1個の球根が，1年後に3個になり，2年後に2個になる確率は $\frac{\square}{\square}$ である．

（3） 1個の球根が2年後に2個になる確率は $\frac{\square}{\square}$ である．　（21　愛知学院大・薬，歯）

▶解答◀ （1） 樹形図において，K_1，K_2 は球根を，×は球根が0個であることを表す．図1で K_1 がAの状態になり，かつ K_2 がDの状態になること（AかつD）を単にADと表すことにする．他も同様である．

2年後に球根が2個であるのは，AFまたはCDまたはBEであり，この確率は

$$\frac{3}{10}\cdot\frac{3}{10}\cdot\frac{1}{10}+\frac{3}{10}\cdot\frac{1}{10}\cdot\frac{3}{10}+\frac{3}{10}\cdot\frac{2}{5}\cdot\frac{2}{5}=\mathbf{\frac{33}{500}}$$

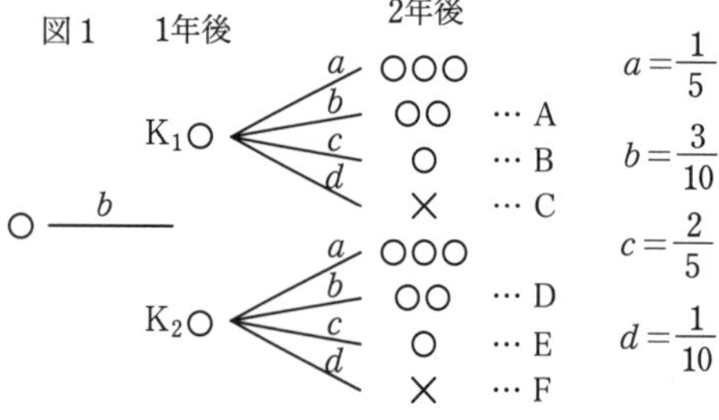

（2） 図2では2年後に球根が3個になる場合は省略している．2年後に球根が2個であるのは

GLP，IJP，ILM $\left(\text{確率}\frac{1}{5}\cdot\frac{3}{10}\cdot\frac{1}{10}\cdot\frac{1}{10}\right)$

HKP，IKN，HLN $\left(\text{確率}\frac{1}{5}\cdot\frac{2}{5}\cdot\frac{2}{5}\cdot\frac{1}{10}\right)$

であり，この確率は

$$3\cdot\frac{1}{5}\cdot\frac{3}{10}\cdot\frac{1}{10}\cdot\frac{1}{10}+3\cdot\frac{1}{5}\cdot\frac{2}{5}\cdot\frac{2}{5}\cdot\frac{1}{10}=\mathbf{\frac{57}{5000}}$$

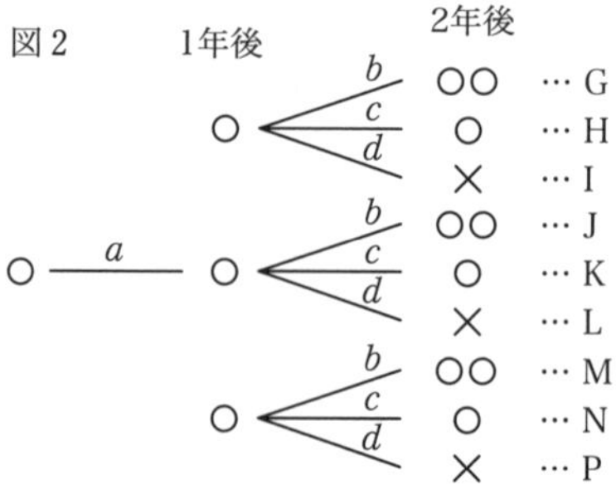

（3） 1個の球根が1年後に1個になり，2年後に2個になるのは図3でQであり，この確率は

$$\frac{2}{5}\cdot\frac{3}{10}=\frac{3}{25}$$

である．よって，求める確率は

$$\frac{33}{500}+\frac{57}{5000}+\frac{3}{25}=\mathbf{\frac{987}{5000}}$$

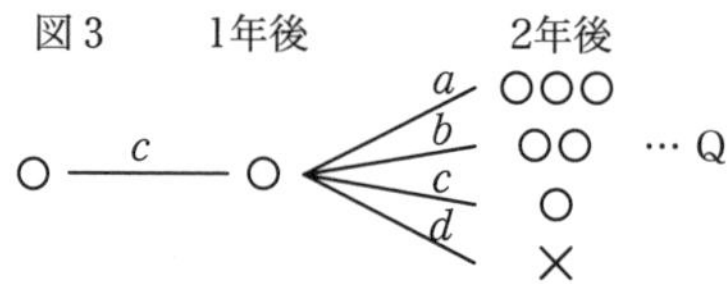

《確率の増減（B20）☆》

93. 1つの袋の中に白球が10個，赤球が20個入っている．この袋から球を10個取り出すとき，白球が $10-n$ 個，赤球が n 個である確率を $P(n)$ とする．ただし $0\leqq n\leqq 10$ である．このとき，以下の設問に答えよ．

（1） $P(0)$ と $P(10)$ の大小を比較せよ．

（2） $0\leqq n\leqq 9$ として $\frac{P(n+1)}{P(n)}$ を n を用いて表せ．

（3） $P(n)$ が最大および最小となる n をそれぞれ求めよ．　（21　東京女子大・数理）

考え方 整数 n の関数 $f(n)$ の増減を調べる場合，差分 $f(n+1)-f(n)$ の符号を調べるのが定石である．

$f(n+1)-f(n)>0$ のとき $f(n)<f(n+1)$ で増加する．

$f(n+1)-f(n)<0$ のとき $f(n)>f(n+1)$ で減少する．

▶解答◀ （1） $P(n)=\frac{{}_{10}C_{10-n}\cdot{}_{20}C_n}{{}_{30}C_{10}}$

$$P(0)=\frac{{}_{10}C_{10}\cdot{}_{20}C_0}{{}_{30}C_{10}}=\frac{1}{{}_{30}C_{10}}$$

$$P(10)=\frac{{}_{10}C_0\cdot{}_{20}C_{10}}{{}_{30}C_{10}}=\frac{{}_{20}C_{10}}{{}_{30}C_{10}}$$

${}_{20}C_{10} > 1$ より $\boldsymbol{P(0) < P(10)}$

（**2**） $P(n) = \dfrac{\dfrac{10!}{(10-n)!n!} \cdot \dfrac{20!}{n!(20-n)!}}{{}_{30}C_{10}}$

$$\frac{P(n+1)}{P(n)} = \frac{(10-n)!n!}{(9-n)!(n+1)!} \cdot \frac{n!(20-n)!}{(n+1)!(19-n)!}$$

$$= \frac{10-n}{1+n} \cdot \frac{20-n}{n+1} = \boldsymbol{\frac{(10-n)(20-n)}{(n+1)^2}}$$

（**3**） $\dfrac{P(n+1)}{P(n)} - 1 = \dfrac{n^2-30n+200}{(n+1)^2} - 1$

$$\frac{P(n+1)-P(n)}{P(n)} = \frac{-32n+199}{(n+1)^2}$$

$0 \leqq n \leqq 6$ のとき $199-32n > 0$

$P(n+1)-P(n) > 0$ で $P(n) < P(n+1)$

$n = 7, 8, 9$ のとき $199-32n < 0$ で $P(n) > P(n+1)$

$$P(0) < P(1) < P(2) < \cdots < P(6) < P(7)$$

$$P(7) > P(8) > P(9) > P(10)$$

であり，（1）の結果とあわせて

$P(n)$ は $n = \boldsymbol{7}$ で最大，$n = \boldsymbol{0}$ で最小となる．

【条件つき確率】

《くじ引き的に考える (A15) ☆》

94． 赤玉が3個と白玉が5個入った袋がある．袋から玉を1個ずつ取り出していき，残った玉が赤玉だけ，または白玉だけになったとき終了する．以下の問いに答えなさい．

（1） 最初から3個連続で赤玉を取り出す確率を求めなさい．

（2） 終了までに取り出した玉の個数が4個以下である確率を求めなさい．

（3） 白玉も赤玉もそれぞれ2個以上取り出して終了する確率を求めなさい．

（4） 終了時に袋に赤玉が残っているとき，最初に取り出した玉が赤玉である確率を求めなさい．

（21 都立大・後期）

考え方 確率の問題は不適切な文章が多い．「(1)取り出す確率」で，これはよいが「(2)取り出した玉」になっており，現在形（あるいは近未来）と，取り出したと仮定したときの，仮定の「た」がゴチャゴチャになっている．

本問は，世間の多くの人が「条件つき確率」に分類するから，そうしておくが，(4)は条件つき確率でもなんでもない．玉をくじだと考え「最後に赤玉（当たりくじ）が出たとき，タイムマシンに乗って1本目に飛び，1本目のくじを引き，それが当たりくじである確率」と考え，こうした問題は，広く捉えれば，くじ引きである．

▶解答◀ (1) 玉をすべて区別する．最初に取り出す3個の組合せは全部で ${}_8\mathrm{C}_3$ 通りある．それがすべて赤玉であるのは1通りであるから求める確率は $\dfrac{1}{{}_8\mathrm{C}_3}=\boldsymbol{\dfrac{1}{56}}$

(2) 終了するまでに取り出す玉の個数が4以下ということは，白玉5個を全部取り出して終了するわけではない．赤玉を全部取り出して終了するのである．これは，まとめて4個取り出して（組合せは全部で ${}_8\mathrm{C}_4=\dfrac{8\cdot7\cdot6\cdot5}{4\cdot3\cdot2\cdot1}=7\cdot2\cdot5$ 通り）赤玉3個，白玉1個を取り出す場合（赤玉はすべて取り出し，白玉は5個のうちのどれかを取り出す）であるから，その確率は $\dfrac{5}{7\cdot2\cdot5}=\boldsymbol{\dfrac{1}{14}}$

なお，この中には，赤玉を全部取って，問題文の通りならそこで終了するはずであるが，さらにもう1個，白玉を取る場合も含まれている．終了しても，玉を取り出すのは自由である（注を見よ）．これは終了するまでに白玉を1個以下しか取らない場合である． …………①

(3) 終了するまでに赤玉を1個以下しか取らない場合は， ……………………………………………②

最初の6回までに，赤玉1個（3通り），白玉5個を取り出すときである．最初に取る6個の組合せは全部で ${}_8\mathrm{C}_6={}_8\mathrm{C}_2=4\cdot7$ 通りある．その確率は $\dfrac{3}{28}$ である．もちろん，この中には最初の5個で白玉を全部取り出し，終了したけれど，赤玉を取り出す場合も含まれている．①と②は排反である．同時に起こったら，赤玉も白玉も1個以下しか取らないことになり，それでは終了できない．よって終了するまでに赤，または白を1個以下しか取らない確率は $\dfrac{1}{14}+\dfrac{3}{28}=\dfrac{5}{28}$ である．終了するまでに赤も白も2個以上取る確率は $1-\dfrac{5}{28}=\boldsymbol{\dfrac{23}{28}}$

(4) 以下時制（時間的な記述）に注意し，特に，過去形の「た」に注意して読め．玉をすべて区別する．赤玉を R1，R2，R3，白玉を W1 から W5 とする．また，途中で終了しても，最後まで玉を取り出すことにする．「これで終了だけど，全部取り出さないと気が済まないから全部取る」のは，自由である．「終了時に袋に赤玉が残っているとき」というのは，最後に赤玉が出るということである．さて，ここからは事後の確率である．8個すべて取り出してしまった．最後に赤玉が出た．これは，起こってしまったことで，取り返しのつかないことである．それなら，それまでの途中経過，特に，最初に出た玉を覚えていてもよさそうなものだが，**老人は，最近のことは忘れる**ものである．特に，昼ご飯に何を食べたか，場合によっては，食べたかすら忘れる．だから，**最初に何が出たかなど，忘れたことにする**．さて，今，「目の前に8個目に出た赤玉」がある．これは変更できない．1個目には，目の前の，8個目の赤玉以外の7個のどれかが出た．それが赤玉である確率は $\boldsymbol{\dfrac{2}{7}}$ である．

◆別解◆ 途中で終了してもすべての玉を取り出し，すべて左から右へと一列に並べる．たとえば，最初に赤玉が3個出て，後で白玉が5個出るとき赤赤赤白白白白白という赤白の文字列が出来る．赤3個と白5個の文字列は全部で ${}_8\mathrm{C}_3=56$ 通りある．このうち，k 個目に3個目の赤玉が出る場合の文字列の個数を R_k で表す．$R_k={}_{k-1}\mathrm{C}_2$ 通りある．これは最初の $k-1$ 個のうち2個の赤の位置の組合せを考えている．k 個目に5個目の白玉が出る場合の文字列の個数を W_k で表す．$W_k={}_{k-1}\mathrm{C}_4$ である．

(2) $\dfrac{R_3+R_4}{56}=\dfrac{1+3}{56}=\boldsymbol{\dfrac{1}{14}}$

(3) k 回目に3個目の赤玉を取り出し，白玉を2個以上4個以下取り出して終了する場合，$2\leqq k-1-2\leqq 4$

$(5 \leqq k \leqq 7)$ である．

$R_5+R_6+R_7={}_4\mathrm{C}_2+{}_5\mathrm{C}_2+{}_6\mathrm{C}_2=6+10+15=31$

k 回目に 5 個目の白玉を取り出し，赤玉を 2 個取り出して終了する場合，$k-1-4=2$ $(k=7)$ である．

$$W_7={}_6\mathrm{C}_2=15$$

求める確率は $\dfrac{31+15}{56}=\mathbf{\dfrac{23}{28}}$

（4） 1 個目が赤玉，8 個目が赤玉になる確率は $\dfrac{3}{8}\cdot\dfrac{2}{7}$，1 個目が白玉，8 個目が赤玉になる確率は $\dfrac{5}{8}\cdot\dfrac{3}{7}$ であるから，終了時に赤玉が残っているとき，1 個目に赤玉が出た確率は

$$\frac{\frac{3}{8}\cdot\frac{2}{7}}{\frac{3}{8}\cdot\frac{2}{7}+\frac{5}{8}\cdot\frac{3}{7}}=\mathbf{\frac{2}{7}}$$

注意【終わっても続けるのはよくあること】

某所で授業が終わって帰ろうとしたとき，生徒の一人がスマホを見ている．「何を見ているの？」というと，M リーグですという．これは麻雀のプロリーグである．最近，若い人に麻雀は密かに流行っている．麻雀を知らない人にはよくわからない話で申し訳ない．高い手を聴牌（てんぱい，あと 1 個であがるという状態）しているとする．そのとき，他の人が安い手であがることがある．私のように卑しい人間は，未練がましく「自分はこんなに高い手を聴牌していたのに」と罵り，その後の自分のツモ（自分が取ってくる牌）を見て「ほら，ここで役満を上がっていたじゃないか」と，手に入らなかった恨みを言うのである．ゲームとして終わっても，その先をやってみるのは自由である．

《余事象の利用（A10）☆》

95．1 個のさいころを続けて 3 回投げるとき，5 以上の目がちょうど 2 回出る事象を A，偶数の目が少なくとも 1 回出る事象を B とする．A が起こる確率は $\dfrac{\square}{\square}$，B が起こる確率は $\dfrac{\square}{\square}$ である．また B が起こるとき，A が起こる条件付き確率は $\dfrac{\square}{\square}$ である． （21 摂南大・理工）

▶解答◀ 場合の数で説明する．3 回の目を順に a, b, c とする．(a, b, c) は全部で 6^3 通りある．5 以上の目が出ることを G，4 以下の目が出ることを Y と表す．G は 2 通り，Y は 4 通りある．A になるのは

$GGY,\ GYG,\ YGG$ ……………………………………①

と起こるときで，このような (a, b, c) は $2^2\cdot4\cdot3=48$ 通りある．なお，GGY は a, b, c が順に G, G, Y になることを表す．

216 通りの (a, b, c) のうち，偶数が 1 回もない (a, b, c) は 3^3 通りあり，偶数が少なくとも 1 回ある（B になる）のは $6^3-3^3=189$ 通りある．

$\dfrac{n(A\cap B)}{n(B)}$ を求めるから，$n(A\cap B)$ を求める必要がある．これを直接数えるのは難しい．ベン図の☾か☽を数えるが，☽は数えにくい．B の方に「少なくとも 1 回」がかかるから，B の外へ行く．だから☾を数える．

ベン図の A の部分は上の 48 通りある．このうち，偶数が 1 個もないのは，①の G を 6 とし，Y を 1 または 3 として，☾の部分は $1^2\cdot2\cdot3=6$ 通りある．◯は $48-6=42$ 通りあり，求める確率は順に $\dfrac{48}{216}$，$\dfrac{189}{216}$，$\dfrac{42}{189}$，

すなわち $\mathbf{\dfrac{2}{9}}$，$\mathbf{\dfrac{7}{8}}$，$\mathbf{\dfrac{2}{9}}$

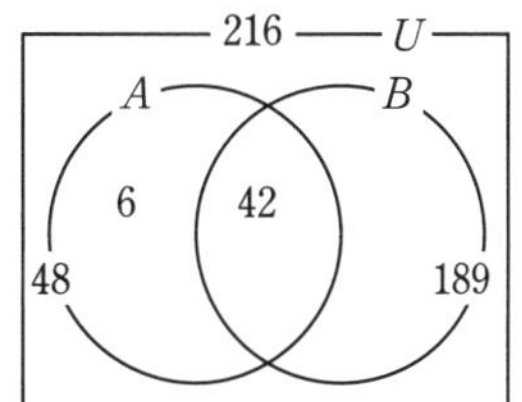

◆別解◆

$$P(A)={}_3\mathrm{C}_2\left(\frac{2}{6}\right)^2\left(\frac{4}{6}\right)=\mathbf{\frac{2}{9}}$$

$$P(B)=1-\left(\frac{3}{6}\right)^3=\mathbf{\frac{7}{8}}$$

$A\cap\overline{B}$ は 5 以上の奇数（5 の目）が 2 回出て，他は 4 以下の奇数（1 か 3 の目）が 1 回出る事象であるから

$$P(A\cap\overline{B})={}_3\mathrm{C}_2\left(\frac{1}{6}\right)^2\left(\frac{2}{6}\right)=\frac{1}{36}$$

よって

$$P(A\cap B)=P(A)-P(A\cap\overline{B})=\frac{2}{9}-\frac{1}{36}=\frac{7}{36}$$

したがって，求める条件つき確率は

$$P_B(A)=\frac{P(A\cap B)}{P(B)}=\frac{7}{36}\cdot\frac{8}{7}=\mathbf{\frac{2}{9}}$$

《サイコロ 3 個の目の和（B20）☆》

96．大中小の 3 つのさいころを投げて，出た目をそれぞれ a, b, c とする．

（1） $a+b+c\geqq8$ となる確率を求めよ．

（2） $a+b+c$ が偶数であるという条件のもとで $abc\leqq8$ となる確率を求めよ．（21 学習院大・理）

考え方 （1）は○と仕切りで考える．差を変数にとる．（2）は「$a+b+c$ が偶数」の中で直接考える．

▶解答◀ （1） (a, b, c) は全部で 6^3 通りある．$a+b+c\geqq8$ は不等号の向きが悪い．この余事象の

$a+b+c \leqq 7$ になる確率を求める．$d=7-(a+b+c)$ とおく．$d \geqq 0$ であり，$a+b+c+d=7$

$$a+b+c+(d+1)=8$$

$$a \geqq 1,\ b \geqq 1,\ c \geqq 1,\ d+1 \geqq 1$$

$a,\ b,\ c$ は最大でも5にしかならない．

$$\underbrace{\bigcirc}_{a}|\underbrace{\bigcirc\ \bigcirc}_{b}|\underbrace{\bigcirc\ \bigcirc\ \bigcirc}_{c}|\underbrace{\bigcirc\ \bigcirc}_{d+1}$$

○を8個並べて，この○の間（7か所ある）から3か所選んで仕切りを入れ，1本目の仕切りの左側の○の個数を a，1本目と2本目の仕切りの間の○の個数を b，2本目と3本目の仕切りの間の○の個数を c，3本目の仕切りの右側の○の個数を $d+1$ と考える．

$(a, b, c, d+1)$ は ${}_7\mathrm{C}_3$ 通りある．求める確率は

$$1-\frac{{}_7\mathrm{C}_3}{6^3}=1-\frac{35}{216}=\mathbf{\frac{181}{216}}$$

（2） 以下，偶は偶数を，奇は奇数を表す．

$a+b+c$ が偶数になる (a, b, c) は

（偶, 偶, 偶），（偶, 奇, 奇），

（奇, 偶, 奇），（奇, 奇, 偶），

であるから

$$(3\cdot3\cdot3)\cdot4=108\ (\text{通り})$$

ある．このうち，$abc \leqq 8$ となる (a, b, c) を考える．

（偶, 偶, 偶）のときは，$(2, 2, 2)$ のみの1通り．

（偶, 奇, 奇）のときは，$(2, 1, 1)$，$(2, 1, 3)$，$(2, 3, 1)$，$(4, 1, 1)$，$(6, 1, 1)$ の5通り．

（奇, 偶, 奇），（奇, 奇, 偶）のときも同様に，それぞれ5通りずつある．

よって，求める条件つき確率は

$$\frac{1+5\cdot3}{108}=\frac{16}{108}=\mathbf{\frac{4}{27}}$$

《傘忘れの確率（B15）☆》

97．Aさんは，訪問先を訪ねると $\frac{1}{9}$ の確率で傘を忘れてきてしまう．ある日，傘を1本持って出発したAさんが20か所の訪問先を回り帰宅したとき，傘を忘れてきたことに気がついた．偶数番目のいずれかの訪問先に傘を忘れてきた確率を求めよ．

（21 愛知医大・医-推薦）

▶解答◀ n 番目 $(n=1, 2, \cdots, 20)$ の訪問先で傘を忘れる確率を p_n とすると

$$p_n=\left(\frac{8}{9}\right)^{n-1}\cdot\frac{1}{9}$$

20ヶ所の訪問先を回って傘を忘れる確率 q は

$$q=\sum_{k=1}^{20}p_k=\frac{1}{9}\cdot\frac{1-\left(\frac{8}{9}\right)^{20}}{1-\frac{8}{9}}=1-\left(\frac{8}{9}\right)^{20}$$

また偶数番目の訪問先で傘を忘れる確率 r は

$$r=\sum_{k=1}^{10}p_{2k}=\sum_{k=1}^{10}\left(\frac{8}{9}\right)^{2k-1}\cdot\frac{1}{9}$$

$$=\sum_{k=1}^{10}\frac{1}{8}\cdot\left(\frac{8}{9}\right)^{2k}=\frac{1}{8}\sum_{k=1}^{10}\left(\frac{64}{81}\right)^{k}$$

$$=\frac{1}{8}\cdot\frac{64}{81}\cdot\frac{1-\left(\frac{64}{81}\right)^{10}}{1-\frac{64}{81}}=\frac{8}{17}\left\{1-\left(\frac{8}{9}\right)^{20}\right\}$$

したがって，求める条件つき確率は，$\frac{r}{q}=\mathbf{\frac{8}{17}}$

《方程式との融合（B20）》

98．1個のさいころを3回投げる．1回目に出た目の数を a，2回目に出た目の数を b，3回目に出た目の数を c とする．また，

$$f(x)=(-1)^a x^2+bx+c$$

とする．次の問いに答えよ．

（1） $b^2>4c$ である確率を求めよ．

（2） 2次方程式 $f(x)=0$ が異なる二つの実数解をもつ確率を求めよ．

（3） 2次方程式 $f(x)=0$ が異なる二つの実数解をもつとき，$f'(1)=7$ である条件付き確率を求めよ．

（4） 2次方程式 $f(x)=0$ が異なる二つの実数解をもつとき，少なくとも一つが正の解である条件付き確率を求めよ．

（21 広島大・前期）

▶解答◀ （1） $b^2>4c$ を満たす b の値は3, 4, 5, 6のいずれかとなる．

$b=3$ のとき，$c<\frac{9}{4}$ となるから $c=1, 2$

$b=4$ のとき，$c<4$ となるから $c=1, 2, 3$

$b=5$ のとき，$c<\frac{25}{4}$ となるから $c=1\sim6$

$b=6$ のときも $c=1\sim6$ となるから (b, c) は17個ある．求める確率は $\frac{17}{6^2}=\mathbf{\frac{17}{36}}$

（2） $(-1)^a x^2+bx+c=0$ の判別式 D は，

$$D=b^2-4(-1)^a c$$

a が奇数のとき，$D=b^2+4c>0$ となるから必ず異なる二つの実数解をもつ．(b, c) は36個ある．

a が偶数のとき，$D=b^2-4c>0$ となり，（1）の結果から，異なる二つの実数解となる (b, c) は17個ある．

a の値の個数も考えると，求める確率は

$$\frac{3\cdot36+3\cdot17}{6^3}=\mathbf{\frac{53}{72}}$$

（3） 2次方程式 $f(x)=0$ が異なる二つの実数解をもつという事象を E，$f'(1)=7$ であるという事象を F とおく．

$f'(x)=2(-1)^a x+b$ であるから，$2(-1)^a+b=7$

a が奇数のとき $b=9$ となり，このような場合はない．

a が偶数のとき，$b=5$ となる．異なる二つの実数解をもつような c の値は1〜6である．

したがって，$n(E\cap F)=3\cdot 6=18$ であり，（2）から $n(E)=53\cdot 3$ となる．

求める条件つき確率 $P_E(F)$ は

$$P_E(F)=\frac{n(E\cap F)}{n(E)}=\frac{18}{53\cdot 3}=\boldsymbol{\frac{6}{53}}$$

（4） $x^2+\dfrac{b}{(-1)^a}x+\dfrac{c}{(-1)^a}=0$ であるから，二つの解がともに0以下となるのは，解の和と積について

$$-\frac{b}{(-1)^a}\leqq 0 \quad \text{かつ} \quad \frac{c}{(-1)^a}\geqq 0$$

すなわち a が偶数となる場合である．したがって，少なくとも一つが正の解となるのは，a が奇数となる場合である．少なくとも一つが正の解となるという事象を G とおくと，（2）から $n(E\cap G)=3\cdot 36$ となる．

求める条件つき確率 $P_E(G)$ は

$$P_E(G)=\frac{n(E\cap G)}{n(E)}=\frac{3\cdot 36}{53\cdot 3}=\boldsymbol{\frac{36}{53}}$$

《最短格子路だけの問題（B10）☆》

99．原点Oから出発して座標平面内を移動する点Aを考える．点Aは，1回ごとに，確率 p で x 軸の正の向きに1だけ移動し，確率 $1-p$ で y 軸の正の向きに1だけ移動する．ここで $0<p<1$ である．

点Aが14回移動するとき，

- E を「点Aが座標平面内の点P(5, 4)を通る」という事象
- F を「点Aが座標平面内の点Q(7, 7)に到達する」という事象

とする．このとき，次の問いに答えよ．

（1） 事象 E が起こる確率 $P(E)$ を求めよ．

（2） 事象 E が起こったときの事象 F の条件付き確率 $P_E(F)$ を求めよ．

（3） 事象 F が起こったときの事象 E の条件付き確率 $P_F(E)$ を求めよ．　（21　琉球大・理-後）

▶解答◀ （1） $(0,0)\to(5,4)$ になる確率は

$$P(E)={}_9\mathrm{C}_5\cdot p^5(1-p)^4$$
$$=\frac{9\cdot 8\cdot 7\cdot 6}{4\cdot 3\cdot 2\cdot 1}\cdot p^5(1-p)^4=\boldsymbol{126p^5(1-p)^4}$$

（2） 「E が起こったとき」というのは「(5, 4)を通ったということが，確定したとき」である．このとき，(7, 7)を通るのは，あと5回の移動のうち，右に2回，上に3回進むときで，

$$P_E(F)={}_5\mathrm{C}_2\cdot p^2(1-p)^3=\boldsymbol{10p^2(1-p)^3}$$

（3） (7, 7)を通る最短格子路 ${}_{14}\mathrm{C}_7$ 通りのうち(5, 4)を通るものは ${}_9\mathrm{C}_4\cdot{}_5\mathrm{C}_2$ 通りあるから

$$P_F(E)=\frac{{}_9\mathrm{C}_5\cdot{}_5\mathrm{C}_2}{{}_{14}\mathrm{C}_7}=\frac{9\cdot 7\cdot 2\cdot 10}{13\cdot 11\cdot 3\cdot 8}=\boldsymbol{\frac{105}{286}}$$

注意 （3），（4）について：

$P(E\cap F)$ は $(0,0)\to\mathrm{P}(5,4)\to\mathrm{Q}(7,7)$ になる確率で

$$P(E\cap F)={}_9\mathrm{C}_5\cdot p^5(1-p)^4\cdot{}_5\mathrm{C}_2\cdot p^2(1-p)^3$$
$$P_E(F)=\frac{P(E\cap F)}{P(E)}$$
$$=\frac{{}_9\mathrm{C}_5\cdot p^5(1-p)^4\cdot{}_5\mathrm{C}_2\cdot p^2(1-p)^3}{{}_9\mathrm{C}_5\cdot p^5(1-p)^4}$$
$$={}_5\mathrm{C}_2\cdot p^2(1-p)^3=\boldsymbol{10p^2(1-p)^3}$$
$$P(F)={}_{14}\mathrm{C}_7\cdot p^7(1-p)^7$$
$$P_F(E)=\frac{P(E\cap F)}{P(F)}$$
$$=\frac{{}_9\mathrm{C}_5\cdot p^5(1-p)^4\cdot{}_5\mathrm{C}_2\cdot p^2(1-p)^3}{{}_{14}\mathrm{C}_7\cdot p^7(1-p)^7}$$
$$=\frac{{}_9\mathrm{C}_5\cdot{}_5\mathrm{C}_2}{{}_{14}\mathrm{C}_7}=\frac{9\cdot 7\cdot 2\cdot 10}{13\cdot 11\cdot 3\cdot 8}=\boldsymbol{\frac{105}{286}}$$

《独立試行とくじ引き（B20）☆》

100．コインを同時に2枚投げ，表が出たコインの枚数を得点とする．この操作を n 回行い，合計点を考える．$n\geqq 2$ とする．

（1） $n=5$ のとき，合計点が8点となる確率を求めよ．

（2） n 回のうち1回だけ2点を取って合計点が n 点となる確率を求めよ．

（3） n 回のうち1回だけ2点を取って合計点が n 点であったとき，2回目の得点が1点である確率を求めよ．

（4） n 回のうち1回だけ1点を取って合計点が n 点となる確率を求めよ．　（21　名古屋工大・後期）

考え方 「表が出た」という日本語は悪文である．日本語を正しく使ってほしい．「表になる」あるいは「表が出る」である．表が出たなら，見ればいい．何枚出たか判明するだろう．確率も糞もない．「とする」は現在形であるから，時制が一致していない，「出た」は仮定のつもりだろうが，昔からの悪文である．

（3）は「であったとき」だから，事後の確率である．本

来なら，どこで何が起こったかはわかっているのである．「2回目は1点だったね」とか．そうなれば確率は1である．しかし，何が起こったかは教えないとする．ともかく，2点が1回，0点が1回，1点が$n-2$回起こったのである．1回目さんから，n回目さんまでのn人がいるとして，n人がくじ引きをして，2点を引く（1人だけ）か，0点を引く（1人だけ）か，1点を引く（$n-2$人いる）．2回目さんが$n-2$枚ある1点のくじを引く確率は $\dfrac{n-2}{n}$ である．

▶解答◀ 1回の操作で得点が2，1，0となる事象をそれぞれN（にてんの頭文字），I（いってんの頭文字），R（れいてんの頭文字）とする．N，Rが起こる確率はともに $\left(\dfrac{1}{2}\right)^2=\dfrac{1}{4}$ であり，Iが起こる確率は ${}_2\mathrm{C}_1\left(\dfrac{1}{2}\right)^2=\dfrac{2}{4}$ である．

（1） $n=5$のとき，合計点が8点となるのは，Nが4回，Rが1回起こるか，Nが3回，Iが2回起こるかの2つの場合がある．求める確率は

$$\begin{aligned}&{}_5\mathrm{C}_4\left(\frac{1}{4}\right)^4\cdot\frac{1}{4}+{}_5\mathrm{C}_3\left(\frac{1}{4}\right)^3\left(\frac{2}{4}\right)^2\\&=\frac{5}{4^5}+\frac{40}{4^5}=\boldsymbol{\frac{45}{1024}}\end{aligned}$$

（2） n回のうち1回だけ2点を取って合計点がn点となるのは，Nが1回，Iが$(n-2)$回，Rが1回起こるときである．よって，求める確率は

$$\frac{n!}{(n-2)!}\cdot\frac{1}{4}\cdot\left(\frac{2}{4}\right)^{n-2}\cdot\frac{1}{4}=\boldsymbol{\frac{n(n-1)}{2^{n+2}}}$$

（3） n回のうちNが1回，Iが$(n-2)$回，Rが1回起こったのである．2回目がN, R以外になる確率は $\boldsymbol{\dfrac{n-2}{n}}$ である．

（4） Iが1回起こる．Nがk回$(0\leqq k\leqq n-1)$，Rが$n-k-1$回起こるとすると合計点は$(2k+1)$点となる．

nが偶数のとき，$n=2k+1$となることはないから求める確率は**0**である．

nが奇数のとき

$$n=2k+1 \qquad \therefore \quad k=\frac{n-1}{2}$$

Iが1回，Nがk回，Rが$n-k-1$回起こる確率は

$$\begin{aligned}&\frac{n!}{k!(n-k-1)!}\cdot\frac{1}{2}\cdot\left(\frac{1}{4}\right)^k\cdot\left(\frac{1}{4}\right)^{n-k-1}\\&=n\cdot\frac{(n-1)!}{k!(n-k-1)!}\cdot\frac{2}{4^n}\\&=n\cdot{}_{n-1}\mathrm{C}_k\cdot\frac{1}{2^{2n-1}}=\boldsymbol{\frac{n\cdot{}_{n-1}\mathrm{C}_{\frac{n-1}{2}}}{2^{2n-1}}}\end{aligned}$$

注意（3） 計算したい人も多いだろう．

n回のうち1回だけ2点を取って合計点がn点となる事象をX，2回目にIが起こるという事象をYとする．$P(X)$は（2）で求めた．

$X\cap Y$となるのは，2回目にIが起こり，2回目以外の$(n-1)$回にNが1回，Iが$(n-3)$回，Rが1回起こるときである．この文章は$n\geqq 3$のときであるが

$$\begin{aligned}P(X\cap Y)&=\frac{2}{4}\cdot\frac{(n-1)!}{(n-3)!}\cdot\frac{1}{4}\cdot\left(\frac{2}{4}\right)^{n-3}\cdot\frac{1}{4}\\&=\frac{(n-1)(n-2)}{2^{n+2}}\end{aligned}$$

の結果は，$n=2$のときも成り立つ．求める確率は

$$P_X(Y)=\frac{P(X\cap Y)}{P(X)}=\boldsymbol{\frac{n-2}{n}}$$

しかし，この答えが得られたときに「なんでこんなに簡単なんだあ」と思わないのは，感動を忘れているのである．心のアンテナ，数学するアンテナがないのである．なんで？と思ったら，計算しないで答えが出るまで粘らねばならない．答えが簡単だということは，そうなる理由がある．それを見つけることで，着眼の鋭さが備わっていく．

《3の倍数（B20）》

101． 1から9までの番号のついた札が，袋αにはそれぞれ1枚ずつ合計9枚，袋βにはそれぞれ2枚ずつ合計18枚入っている．袋αから札を1枚ずつ3回続けて取り出し，取り出した順に左から右に並べて3桁の整数mをつくる．次に，袋βから札を1枚ずつ3回続けて取り出し，取り出した順に左から右に並べて3桁の整数nをつくる．ただし，どちらにおいても取り出した札は袋に戻さない．mが奇数である事象をAとする．mが3の倍数である事象をBとする．このとき，確率$P(A)=$ □，$P(B)=$ □であり，条件付き確率$P_A(B)=$ □である．$n>550$である事象をCとする．$m>n$である事象をDとする．このとき，確率$P(C)=$ □，$P(D)=$ □である．

（21　同志社大・理系）

▶解答◀ 一の位の数は1から9の9通りあり，それが奇数（1，3，5，7，9の5枚ある）になる確率を考え$P(A)=\boldsymbol{\dfrac{5}{9}}$ である．

次に，mが3の倍数となるときを考える．1〜9の札を，3で割った余りによって次の3つのグループR_1, R_2, R_0に分ける．

$$R_1=\{1,4,7\},\ R_2=\{2,5,8\},\ R_0=\{3,6,9\}$$

mを$m=100a+10b+c$とすると

$$m=99a+9b+(a+b+c)$$

が3の倍数になるのは $a+b+c$ が3の倍数になるときである．3枚の組合せは全部で ${}_9\mathrm{C}_3=\dfrac{9\cdot8\cdot7}{3\cdot2\cdot1}=3\cdot4\cdot7$ 通りある．最初にまとめて3枚取りだし，それを無作為に順に左から並べていくと考えてもよい．m が3の倍数になるかどうかは，まとめて3枚取りだした時点で確定する．たとえば1，2，4と取り出せば，どう並べても m は3の倍数にならないし，1，2，3と取り出せば，どう並べても m は3の倍数になる．m が3の倍数となるのは次の2通りである．

- 同一グループから3枚取り出すとき：

どのグループから取り出すかで3通りある．

- 3つのグループから1枚ずつ取り出すとき：

それぞれのグループからどのカードを取り出すかで 3^3 通りある．

よって，m が3の倍数となる確率 $P(B)$ は

$$P(B)=\frac{3+27}{3\cdot4\cdot7}=\mathbf{\frac{5}{14}}$$

である．

さらに，m が3の倍数かつ奇数になるときを考える．今度は，まず，1枚を取り出して一の位に置く．それが奇数であるのは5通りある．たとえば，それが1になるとき（その確率は $\dfrac{1}{9}$），残る8枚から2枚を取り出す組合せは ${}_8\mathrm{C}_2=\dfrac{8\cdot7}{2\cdot1}=4\cdot7$ 通りある．そのとき m が3の倍数になるのは R_1 の残り2枚から2枚取り出すか，R_2, R_0 から1枚ずつ取り出すときで，2枚の組合せは $1+3\cdot3=10$ 通りある．一の位が他の数でも同様である．

$$P(A\cap B)=\frac{1}{9}\cdot\frac{10\cdot5}{4\cdot7}$$

求める条件付き確率 $P_A(B)$ は

$$P_A(B)=\frac{P(A\cap B)}{P(A)}=\frac{\frac{1}{9}\cdot\frac{10\cdot5}{4\cdot7}}{\frac{5}{9}}=\mathbf{\frac{5}{14}}$$

である．これは確率を確率で割らなくても答えは出る．R_1, R_2, R_0 の要素が3つずつで対等である．3で割ったときの余りだけが問題だから，一の位の奇数を固定して，他の2数の組合せ ${}_8\mathrm{C}_2=4\cdot7$ 通りのうちから，3数の和が3の倍数になるように他の2数を選ぶ $1+3\cdot3=10$ 通りのどれかを取り出すと考え $\dfrac{10}{4\cdot7}$ と計算してもよい．

次に n を

$$n=100p+10q+r$$

とおく．$n>550$ になるのは

（ア）　$p=6,7,8,9$ のいずれかのとき（確率 $\dfrac{8}{18}$）

（イ）　$p=5$ かつ $q=6,7,8,9$ のいずれかのとき（確率 $\dfrac{2}{18}\cdot\dfrac{8}{17}$）

（ウ）　$p=5$ かつ $q=5$ のとき（確率 $\dfrac{2}{18}\cdot\dfrac{1}{17}$）

であり，

$$P(C)=\frac{8}{18}+\frac{2}{18}\left(\frac{8}{17}+\frac{1}{17}\right)=\frac{4}{9}+\frac{1}{17}=\mathbf{\frac{77}{153}}$$

最後に，$P(D)$ を考える．

$$m'=100(10-a)+10(10-b)+10-c$$

$$n'=100(10-p)+10(10-q)+10-r$$

とする．

$$m+m'=100\cdot10+10\cdot10+10=n+n'$$

であるから $m>n \iff m'<n'$ である．m,n が定まったら，白い紙にその値を記入して「表に m の値，裏に m' の値」「表に n の値，裏に n' の値」を記入したカードを作ることにする．たとえば，「表283，裏827のカード」と，「表474，裏636」のカードを作るのである．この場合，表の勝負では $m<n$ であるが，裏の勝負では $m'>n'$ となる．すなわち，$m<n$ であるカードと $m>n$ であるカードは同数ずつある．$m>n$ である確率を $P(D')$ とすると $P(D)=P(D')$ である．$m=n$ となる確率を $P(E)$ とおけば，

$$2P(D)+P(E)=1$$

である．$P(E)$ を求める．$m=n$ となるのは，m を1つ決めたとき，n はどの位の数も2枚ずつあるから，

$$P(E)=\frac{2^3}{18\cdot17\cdot16}=\frac{1}{612}$$

である．たとえば $m=n=123$ になる確率は

$\dfrac{1}{9\cdot8\cdot7}\cdot\dfrac{2^3}{18\cdot17\cdot16}$ である．m は $9\cdot8\cdot7$ 通りあるから $P(E)=\dfrac{2^3}{18\cdot17\cdot16}$ となる．よって，

$$P(D)=\frac{1}{2}\{1-P(E)\}=\mathbf{\frac{611}{1224}}$$

《札を取り出す (B20) ☆》

102．袋の中に赤札が3枚，青札が3枚入っている．Aさんは，この袋から無作為に札を3枚取り出して箱の中に入れる．Bさんは，この箱の中から札を1枚取り出し，色を確認して箱に戻すという操作を繰り返し行う．

（1）　Aさんが箱の中に入れた3枚の札のうちで赤札の枚数が0, 1, 2, 3である確率をそれぞれ求めよ．

（2）　Bさんが箱から最初に取り出した札が赤札である確率を求めよ．

（3）　Bさんが箱から1回目，2回目に取り出した札がどちらも赤札である確率を求めよ．

（4） Bさんが箱から札をn回取り出して，それがすべて赤札だったとする．箱の中の3枚の札がすべて赤札である確率を求めよ．

（21　大阪医薬大・前期）

▶解答◀ Aが取り出す赤札，青札の枚数をそれぞれl, mとし，Aが取り出す赤札の枚数がl，すなわちAが箱に入れる赤札の枚数がlである確率をp_lとする．

（1） $(l, m) = (0, 3)$のとき

$$p_0 = \frac{{}_3C_3}{{}_6C_3} = \mathbf{\frac{1}{20}}$$

$(l, m) = (1, 2)$のとき

$$p_1 = \frac{{}_3C_1 \cdot {}_3C_2}{{}_6C_3} = \mathbf{\frac{9}{20}}$$

$(l, m) = (2, 1)$のとき

$$p_2 = \frac{{}_3C_2 \cdot {}_3C_1}{{}_6C_3} = \mathbf{\frac{9}{20}}$$

$(l, m) = (3, 0)$のとき

$$p_3 = \frac{{}_3C_3}{{}_6C_3} = \mathbf{\frac{1}{20}}$$

（2） $l = 0, 1, 2, 3$のとき，Bが赤札を取り出す確率はそれぞれ$0, \frac{1}{3}, \frac{2}{3}, 1$である．Bが最初に赤札を取り出す確率は

$$p_1 \cdot \frac{1}{3} + p_2 \cdot \frac{2}{3} + p_3 \cdot 1$$

$$= \frac{9}{20} \cdot \frac{1}{3} + \frac{9}{20} \cdot \frac{2}{3} + \frac{1}{20} \cdot 1 = \frac{10}{20} = \mathbf{\frac{1}{2}}$$

（3） Bが1回目，2回目にどちらも赤札を取り出す確率は

$$p_1 \cdot \left(\frac{1}{3}\right)^2 + p_2 \cdot \left(\frac{2}{3}\right)^2 + p_3 \cdot 1^2$$

$$= \frac{9}{20} \cdot \frac{1}{9} + \frac{9}{20} \cdot \frac{4}{9} + \frac{1}{20} \cdot 1 = \frac{6}{20} = \mathbf{\frac{3}{10}}$$

（4） Bがn回札を取り出し，それがすべて赤札である事象をXとし，箱の中の3枚がすべて赤札である事象をYとする．

$$P(X) = p_1 \cdot \left(\frac{1}{3}\right)^n + p_2 \cdot \left(\frac{2}{3}\right)^n + p_3 \cdot 1^n$$

$$= \frac{9}{20} \cdot \frac{1}{3^n} + \frac{9}{20} \cdot \frac{2^n}{3^n} + \frac{1}{20} \cdot 1 = \frac{9 + 9 \cdot 2^n + 3^n}{20 \cdot 3^n}$$

$$P(X \cap Y) = p_3 \cdot 1^n = \frac{1}{20}$$

求める確率は

$$P_X(Y) = \frac{P(X \cap Y)}{P(X)} = \frac{1}{20} \cdot \frac{20 \cdot 3^n}{9 + 9 \cdot 2^n + 3^n}$$

$$= \mathbf{\frac{3^n}{9 + 9 \cdot 2^n + 3^n}}$$

《感染症の確率（B20）》

103. ある感染症の検査では，感染している人が正しく陽性（感染している）と判定される確率が$\frac{7}{10}$，感染していない人が正しく陰性（感染していない）と判定される確率が$\frac{99}{100}$である．以下の問いに答えよ．

（1） 感染者が1人である1000人の集団から1人を選び，この検査を実施したところ，陽性と判定された．このとき，この人が本当に感染している確率を求めよ．

（2） （ｉ）とは別の1000人の集団から1人を選び，この検査を実施したところ，陽性と判定された．この人が本当に感染している確率が$\frac{9}{10}$以上となるのは，この集団が少なくとも何人の感染者を含むときか，その人数を求めよ．

（21　早稲田大・人間科学-数学選抜）

▶解答◀ （ｉ） 陽性判定が出る事象をY，感染している事象をKとする．それぞれの事象の余事象を$\overline{Y}, \overline{K}$とする．感染率を$p$とする．

K (p)		$\overline{K}$ $(1-p)$	
Y	$\overline{Y}$	Y	$\overline{Y}$
$\left(\frac{7}{10}\right)$	$\left(\frac{3}{10}\right)$	$\left(\frac{1}{100}\right)$	$\left(\frac{99}{100}\right)$

$P(K) = p = \frac{1}{1000}$のとき

$$P(Y) = \frac{7}{10}p + \frac{1}{100}(1-p)$$

$$P(K \cap Y) = \frac{7}{10}p$$

であるから，求める条件つき確率は

$$P_Y(K) = \frac{P(K \cap Y)}{P(Y)} = \frac{\frac{7}{10}p}{\frac{7}{10}p + \frac{1}{100}(1-p)}$$

$$= \frac{\frac{7}{10} \cdot \frac{1}{1000}}{\frac{7}{10} \cdot \frac{1}{1000} + \frac{1}{100} \cdot \frac{999}{1000}} = \frac{70}{70 + 999} = \mathbf{\frac{70}{1069}}$$

（ii） 1000人中の感染者がn人であるとする．

$p = \frac{n}{1000}$のとき

$$P_Y(K) \geqq \frac{9}{10}$$

$$\frac{\frac{7}{10} \cdot \frac{n}{1000}}{\frac{7}{10} \cdot \frac{n}{1000} + \frac{1}{100} \cdot \frac{1000-n}{1000}} \geqq \frac{9}{10}$$

$$\frac{70n}{70n + (1000-n)} \geqq \frac{9}{10}$$

$$700n \geqq 621n + 9000$$

$$n \geqq \frac{9000}{79} = 113.9\cdots$$

したがって，$P_Y(K) \geqq \frac{9}{10}$ となるのは，この集団に感染者が少なくとも **114** 人いるときである．

《感染率が未知数（B20）☆》

104．ある病気にかかっているかどうかを判定する検査があり，検査結果は陽性か陰性かのどちらかである．この検査は，病気にかかっている人が陽性と判定される確率が $\frac{3}{4}$ であり，病気にかかっていない人が陰性と判定される確率が $\frac{19}{20}$ である．ここで，A 地域でこの病気にかかっている人の割合は全体の $\frac{1}{56}$ であるが，B 地域でこの病気にかかっている人の割合はわかっていないとする．

A 地域の住民から無作為に選ばれた被験者にこの検査を行う場合，検査結果が陽性となる確率は□である．さらに，検査で陽性と判定されたときに，実際に病気にかかっている確率は□である．

B 地域の住民から無作為に選ばれた被験者にこの検査を行う場合，検査結果が陽性となる確率は $\frac{3}{20}$ であった．このとき，B 地域の住民でこの病気にかかっている人の割合は□であり，検査で陽性と判定されたときに，実際に病気にかかっている確率は□である．

なお，この設問の解答は既約分数で表すこと．

（21　関西医大・前期）

▶解答◀　ある地域の被験者のうち病気にかかっている人の割合を r とする．

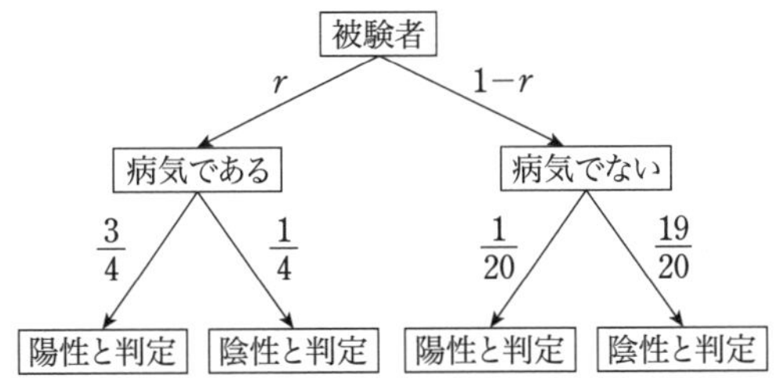

A 地域の住民について，検査結果が陽性となるのは次の 2 通りが考えられる．

（ア）被験者が病気であり（$r = \frac{1}{56}$），実際に陽性と判定される（確率 $\frac{3}{4}$）

（イ）被験者が病気でない（$1-r = \frac{55}{56}$）にも関わらず陽性と判定されてしまう（確率 $\frac{1}{20}$）

よって，求める確率は（ア），（イ）より

$$\frac{1}{56} \cdot \frac{3}{4} + \frac{55}{56} \cdot \frac{1}{20} = \mathbf{\frac{1}{16}}$$

検査で陽性と判定され，実際に病気にかかっている条件つき確率は

$$\frac{\frac{1}{56} \cdot \frac{3}{4}}{\frac{1}{16}} = \mathbf{\frac{3}{14}}$$

B 地域についても同様に考え，次が成り立つ．

$$\frac{3}{4}r + \frac{1}{20}(1-r) = \frac{3}{20} \qquad \therefore \quad r = \mathbf{\frac{1}{7}}$$

検査で陽性と判定され，実際に病気にかかっている条件つき確率は

$$\frac{\frac{1}{7} \cdot \frac{3}{4}}{\frac{3}{20}} = \mathbf{\frac{5}{7}}$$

《感染症の確率（B20）》

105．以下の問いに答えよ．ただし，答えが分数となる場合は既約分数で答えよ．

（1）箱の中に，1 から 5 までの数が一つずつ書かれた 5 枚のカードが入っている．箱の中から 1 枚のカードを無作為に取り出し，書かれた数を記録してから，取り出したカードを箱の中に戻す．この操作を 2 回行う．

（i）2 回とも同じ数が書かれたカードが出る確率を求めよ．

（ii）2 回の操作で記録された数の和が 8 以上になる確率を求めよ．

（2）箱の中に，1 から 5 までの数が一つずつ書かれたカードがそれぞれ 2 枚，合計 10 枚のカードが入っている．この箱の中から 1 枚のカードを無作為に取り出し，その取り出したカードは箱に戻さないで，続けてもう 1 枚のカードを箱の中から無作為に取り出す．

（i）取り出した 2 枚のカードに書かれた数が同じである確率を求めよ．

（ii）最初に取り出したカードに書かれた数が 4 である場合に，取り出した 2 枚のカードに書かれた数の和が 8 以上になる確率を求めよ．

（iii）取り出した 2 枚のカードに書かれた数の和が 8 以上になる確率を求めよ．

（iv）取り出した 2 枚のカードに書かれた数の積が偶数になる確率を求めよ．

（21　豊橋技科大）

▶解答◀　**（1）**（**i**）1 枚目の数字が a，2 枚目の数字が b であることを (a, b) と表す．

2 回とも同じ数になるのは

$$(1, 1), (2, 2), (3, 3), (4, 4), (5, 5)$$

のときであり，求める確率は

$$\frac{1}{5}\cdot\frac{1}{5}\cdot 5=\mathbf{\frac{1}{5}}$$

（ii） 和が8以上になるのは

(3, 5), (4, 4), (4, 5), (5, 3), (5, 4), (5, 5)

のときであり，求める確率は

$$\frac{1}{5}\cdot\frac{1}{5}\cdot 6=\mathbf{\frac{6}{25}}$$

（2）（i） 2回とも同じ数になるのは

(1, 1), (2, 2), (3, 3), (4, 4), (5, 5)

のときであり，求める確率は

$$\frac{2}{10}\cdot\frac{1}{9}\cdot 5=\mathbf{\frac{1}{9}}$$

（ii） 1枚目に4が出る確率は $\frac{2}{10}=\frac{1}{5}$ である．

1枚目に4が出て，2枚のカードの数の和が8以上になるのは (4, 4), (4, 5) のときであり，この確率は

$$\frac{2}{10}\cdot\frac{1}{9}+\frac{2}{10}\cdot\frac{2}{9}=\frac{1}{15}$$

である．

よって，求める条件つき確率は

$$\frac{\frac{1}{15}}{\frac{1}{5}}=\mathbf{\frac{1}{3}}$$

（iii） 和が8以上になるのは

(4, 4), (5, 5) ……………………………………①

(3, 5), (5, 3), (4, 5), (5, 4) ……………………②

のときであり，① となる確率は

$$\frac{2}{10}\cdot\frac{1}{9}\cdot 2=\frac{4}{90}$$

② となる確率は

$$\frac{2}{10}\cdot\frac{2}{9}\cdot 4=\frac{16}{90}$$

であるから，求める確率は

$$\frac{4}{90}+\frac{16}{90}=\frac{20}{90}=\mathbf{\frac{2}{9}}$$

（iv） 積が偶数になることの余事象「積が奇数になる」を考える．2枚のカードがともに奇数であり，10枚のカードの中に奇数は，1が2枚，3が2枚，5が2枚の合計6枚入っているから，求める確率は

$$1-\frac{6}{10}\cdot\frac{5}{9}=1-\frac{1}{3}=\mathbf{\frac{2}{3}}$$

注意（2）（ii） 最初に取り出したカードが4である場合，残り9枚の中から4，5のカードを取り出すと和が8以上になる．4は1枚，5は2枚残っているから，求める確率は $\frac{3}{9}=\mathbf{\frac{1}{3}}$

《カードの確率（C30）》

106. 3色のカードがそれぞれ5枚ずつあり，どの色のカードにも1から5までの番号が1つずつ書かれている．1回目，この15枚のカードから無作為に3枚取り出す．2回目，残り12枚のカードから無作為に3枚取り出す．1回目に取り出したカードの色がすべて異なるという事象を A，1回目に取り出したカードの数字の合計が偶数であるという事象を B，2回目に取り出したカードの数字の合計が偶数であるという事象を C とする．以下の問いに答えよ．

（1） 確率 $P(A)$ を求めよ．

（2） 確率 $P(B)$ を求めよ．

（3） 条件付き確率 $P_B(A)$ を求めよ．

（4） 条件付き確率 $P_{A\cap B}(C)$ を求めよ．

（21 福島県立医大）

▶解答◀（1） A は，各色のカード（各5枚）から1枚ずつ取り出される事象であるから

$$P(A)=\frac{5^3}{{}_{15}\mathrm{C}_3}=\frac{5^3}{5\cdot 7\cdot 13}=\mathbf{\frac{25}{91}}$$

（2） 以下，奇数番号のカードをK，偶数番号のカードをGと書く．

最初，Kは9枚，Gは6枚ある．B は，1回目に取り出す3枚が「すべてG」または「Kが2枚，Gが1枚」となる事象であるから

$$P(B)=\frac{{}_6\mathrm{C}_3+{}_9\mathrm{C}_2\cdot{}_6\mathrm{C}_1}{{}_{15}\mathrm{C}_3}=\frac{20+36\cdot 6}{5\cdot 7\cdot 13}=\mathbf{\frac{236}{455}}$$

（3） 最初，どの色のカードにもKが3枚，Gが2枚ある．$A\cap B$ は，各色のカードから1枚ずつ取り出され，3枚が「すべてG」または「Kが2枚，Gが1枚」となる事象であるから

$$P(A\cap B)=\frac{2^3+{}_3\mathrm{C}_2\cdot 3\cdot 3\cdot 2}{{}_{15}\mathrm{C}_3}=\frac{8+54}{455}=\frac{62}{455}$$

$$P_B(A)=\frac{P(A\cap B)}{P(B)}=\frac{\frac{62}{455}}{\frac{236}{455}}=\mathbf{\frac{31}{118}}$$

（4） $P(A\cap B\cap C)$ を求める．（3）において

（ア） 1回目が「すべてG」のとき（確率 $\frac{8}{455}$）

Kが9枚，Gが3枚残っているから，2回目の数字の合計が偶数となる確率は

$$\frac{{}_3\mathrm{C}_3+{}_9\mathrm{C}_2\cdot{}_3\mathrm{C}_1}{{}_{12}\mathrm{C}_3}=\frac{1+36\cdot 3}{2\cdot 11\cdot 10}=\frac{109}{220}$$

（イ） 1回目が「Kが2枚，Gが1枚」のとき（確率 $\frac{54}{455}$）

Kが7枚，Gが5枚残っているから，2回目の数字の合計が偶数となる確率は

$$\frac{{}_5\mathrm{C}_3+{}_7\mathrm{C}_2\cdot{}_5\mathrm{C}_1}{{}_{12}\mathrm{C}_3}=\frac{10+21\cdot 5}{2\cdot 11\cdot 10}=\frac{115}{220}$$

（ア），（イ）より

$$P(A\cap B\cap C)=\frac{8}{455}\cdot\frac{109}{220}+\frac{54}{455}\cdot\frac{115}{220}$$

$$=\frac{2(4\cdot 109+27\cdot 115)}{455\cdot 220}$$

$$=\frac{436+3105}{455\cdot 110}=\frac{3541}{455\cdot 110}$$

$$P_{A\cap B}(C)=\frac{P(A\cap B\cap C)}{P(A\cap B)}=\frac{\frac{3541}{455\cdot 110}}{\frac{62}{455}}=\boldsymbol{\frac{3541}{6820}}$$

【条件つき確率の難問】

《面倒過ぎる問題 (D40)》

107．袋Aと袋Bのどちらの袋にも赤玉2個，白玉2個，青玉2個の合計6個の玉が入っている．袋Aと袋Bから同時に1個ずつ玉を取り出し，この2個の玉の色が一致しているかどうかを確認する作業を，袋から取り出す玉がなくなるまで6回繰り返す．ただし，取り出した玉は袋に戻さないものとする．

（1） 玉の色が1度も一致しない確率を求めよ．

（2） 1回目に玉の色が一致するとき，2回目に玉の色が一致する条件付き確率を求めよ．

（3） 1回目から3回目までに玉の色が少なくとも1度一致するとき，6回の作業で玉の色がちょうど2度一致する条件付き確率を求めよ．

（21 徳島大・医，歯，薬）

▶解答◀ 赤玉，白玉，青玉をそれぞれ r, w, b で表す．6個の違いを使う必要があるときには，適宜 $r_1, r_2, w_1, w_2, b_1, b_2$ と添え字を振る．また，たとえば袋Aから $r_1, r_2, w_1, w_2, b_1, b_2$ の順で取り出し，袋Bから $w_1, w_2, b_1, b_2, r_1, r_2$ の順で取り出すことを $T=\begin{pmatrix} r_1 & r_2 & w_1 & w_2 & b_1 & b_2 \\ w_1 & w_2 & b_1 & b_2 & r_1 & r_2 \end{pmatrix}$ と表す．T は「取り出し」の頭文字である．そして，T は列ベクトル $\begin{pmatrix} r_1 \\ w_1 \end{pmatrix}, \begin{pmatrix} r_2 \\ w_2 \end{pmatrix}, \begin{pmatrix} w_1 \\ b_1 \end{pmatrix}, \begin{pmatrix} w_2 \\ b_2 \end{pmatrix}, \begin{pmatrix} b_1 \\ r_1 \end{pmatrix}, \begin{pmatrix} b_2 \\ r_2 \end{pmatrix}$ を作り，これらをこの順に並べて括弧を適宜消したものと考える．必要なければ添え字を消し，

$\begin{pmatrix} r \\ w \end{pmatrix}, \begin{pmatrix} r \\ w \end{pmatrix}, \begin{pmatrix} w \\ b \end{pmatrix}, \begin{pmatrix} w \\ b \end{pmatrix}, \begin{pmatrix} b \\ r \end{pmatrix}, \begin{pmatrix} b \\ r \end{pmatrix}$ ………………①

を並べたものが $T=\begin{pmatrix} r & r & w & w & b & b \\ w & w & b & b & r & r \end{pmatrix}$ と考える．添え字を付けた T が全部で $(6!)^2$ 通りあり，$(6!)^2$ 通りのどれもが等確率で起こるから，添え字を消した T が全部で $\left(\dfrac{6!}{2^3}\right)^2=90^2$ 通りあり，どれもが等確率で起こる．用語を決める．$\begin{pmatrix} r \\ w \end{pmatrix}$ の r を第一成分，w を第二成分と呼ぶ．$\begin{pmatrix} r \\ w \end{pmatrix}$ のとき r の相手が w，w の相手が r と呼ぶ．$\begin{pmatrix} x \\ x \end{pmatrix}$ のとき x を不動点と呼ぶ，これは不動ベクトルとでも呼ぶべきかもしれないが，数学では不動点の方が馴染みがある．

（1） まず $\begin{pmatrix} r \\ i \end{pmatrix}, \begin{pmatrix} r \\ j \end{pmatrix}, \begin{pmatrix} w \\ k \end{pmatrix}, \begin{pmatrix} w \\ l \end{pmatrix}, \begin{pmatrix} b \\ m \end{pmatrix}, \begin{pmatrix} b \\ n \end{pmatrix}$ ….②

を用意し，i, j, k, l, m, n に r, r, w, w, b, b をある順序で入れる（その順列は全部で90通りある）．この設問では T にする必要はない．不動点があるかどうかは列ベクトルの状態で判明する．不動点が1個もないとき

（ア） $i=j$ のとき．$i=j=w$ または $i=j=b$ である．$i=j=w$ のときは m, n は b ではないから，k, l が b になるしかない．すると m, n は r である．1通りに確定する．$i=j=w$ のときの②は①になる．$i=j=b$ のときも1通りある．

（イ） $i \neq j$ のとき．i, j は w と b である．

m, n は b ではないから k, l の一方が b（他方が r）で，m, n の一方が w（他方が r）である，よって

$(i, j)=(w, b)$ または $(i, j)=(b, w)$

$(k, l)=(r, b)$ または $(k, l)=(b, r)$

$(m, n)=(r, w)$ または $(m, n)=(w, r)$

$2^3=8$ 通りある．一例は

$\begin{pmatrix} r \\ w \end{pmatrix}, \begin{pmatrix} r \\ b \end{pmatrix}, \begin{pmatrix} w \\ r \end{pmatrix}, \begin{pmatrix} w \\ b \end{pmatrix}, \begin{pmatrix} b \\ r \end{pmatrix}, \begin{pmatrix} b \\ w \end{pmatrix}$

である．8通りもあるから全部は書かない．

求める確率は $\dfrac{2+8}{90}=\mathbf{\dfrac{1}{9}}$

（2） 「1回目に玉の色が一致するとき」という状態で考える．このとき，1回目に何か同じ色の玉が出てしまった．それが何でも同じことだから，r が出てしまったとして考えてもよい．袋Aと袋Bの中は r, w, w, b, b になっている．この設問では2つの w の違い，2つの b の違いを考慮する．2回目に袋Aから x を取り出し，袋Bから y を取り出すとする．(x, y) は全部で 5^2 通りある．それが同色になるの $x=y=r$（(x, y) は1通り）か，$x=y=w$（(x, y) は 2^2 通り），$x=y=b$（(x, y) は 2^2 通り）のときがあり求める確率は $\dfrac{1^2+2^2+2^2}{5^2}=\mathbf{\dfrac{9}{25}}$

（3） ここでの x, y は（2）の x, y と無関係とせよ．また（ア）等も（1）のものとは無関係である．不動点が k 個の場合で，最初の3列目までに不動点が少なくとも1個ある T が f_k 通りあるとする．

以下 x, y, z は r, w, b の異なる文字である．

（ア） 不動点が1個のとき．不動点を x として，列ベクトル $\begin{pmatrix} x \\ x \end{pmatrix}$ がある．残された第一成分で使う x があと1個あるから，それに対する列ベクトルは $\begin{pmatrix} x \\ y \end{pmatrix}$ という形である．これで第一成分の x は使ってしまった．第一成分で使う文字は y, y, z, z である．第二成分の z の相手は z になれないから，第二成分の z の相手は y になるしかなく，6つの列ベクトルは

$\begin{pmatrix} x \\ x \end{pmatrix}, \begin{pmatrix} x \\ y \end{pmatrix}, \begin{pmatrix} y \\ z \end{pmatrix}, \begin{pmatrix} y \\ z \end{pmatrix}, \begin{pmatrix} z \\ x \end{pmatrix}, \begin{pmatrix} z \\ y \end{pmatrix}$ ……………………③

という形になる．まず，(x, y, z) は r, w, b の順列で $3!$

通りある．次に③を並べ替えて T にするが，$\begin{pmatrix} x \\ x \end{pmatrix}$ の位置は1列目から3列目のうちの3通りあり，他の5つ（この中には同じもの $\begin{pmatrix} y \\ z \end{pmatrix}$ が2つある）の順列が $\dfrac{5!}{2!}$ 通りあるから T は $f_1 = 3! \cdot 3 \cdot \dfrac{5!}{2!} = 1080$ 通りある．

T の一例は $T = \begin{pmatrix} r & r & w & w & b & b \\ r & w & b & b & r & w \end{pmatrix}$ である．

（イ） 不動点が2個のとき．

(a) 2個の不動点が同じ文字のときはそれを x とすると，それに対する列ベクトルは $\begin{pmatrix} x \\ x \end{pmatrix}$，$\begin{pmatrix} x \\ x \end{pmatrix}$ となる．他は $\begin{pmatrix} y \\ z \end{pmatrix}$，$\begin{pmatrix} y \\ z \end{pmatrix}$，$\begin{pmatrix} z \\ y \end{pmatrix}$，$\begin{pmatrix} z \\ y \end{pmatrix}$ となるしかない．x を r, w, b のどれか（3通り）に定め，これから6つの列ベクトルを並べて T にする．$\begin{pmatrix} x \\ x \end{pmatrix}$，$\begin{pmatrix} y \\ z \end{pmatrix}$，$\begin{pmatrix} z \\ y \end{pmatrix}$ が2個ずつあるから T は $\dfrac{6!}{2! \cdot 2! \cdot 2!} \cdot 3 = 270$ 通りある．このうち不動点が後ろ3列にあるのは「4列目と5列目」「4列目と6列目」「5列目と6列目」の3通りのどれかで，かつ，他の4つ $\begin{pmatrix} y \\ z \end{pmatrix}$，$\begin{pmatrix} y \\ z \end{pmatrix}$，$\begin{pmatrix} z \\ y \end{pmatrix}$，$\begin{pmatrix} z \\ y \end{pmatrix}$ の（前3列と，後ろの残された1つの列での）順列が $\dfrac{4!}{2!2!} = 6$ 通りあるから $6 \cdot 3 \cdot 3 = 54$ 通りある．不動点の少なくとも1つが前3列にあるのは $270 - 54 = 216$ 通りある．

(b) 2個の不動点が異なる文字のときはそれを x, y とすると，それに対する列ベクトルは $\begin{pmatrix} x \\ x \end{pmatrix}$，$\begin{pmatrix} y \\ y \end{pmatrix}$ となる．第一成分の残りは x, y, z, z であり，この z, z の相手は x, y になるしかない．6つの列ベクトルは

$\begin{pmatrix} x \\ x \end{pmatrix}$，$\begin{pmatrix} y \\ y \end{pmatrix}$，$\begin{pmatrix} x \\ z \end{pmatrix}$，$\begin{pmatrix} y \\ z \end{pmatrix}$，$\begin{pmatrix} z \\ x \end{pmatrix}$，$\begin{pmatrix} z \\ y \end{pmatrix}$

となる．これら6つはすべて異なる．z を r, w, b のどれか（3通り）に定め，これから6つの列ベクトルを並べて T にする．T は $6! \cdot 3 = 720 \cdot 3 = 2160$ 通りある．このうち不動点が後ろ3列にあるのは $\begin{pmatrix} x \\ x \end{pmatrix}$ が4列目，5列目，6列目のどれか（3通り），$\begin{pmatrix} y \\ y \end{pmatrix}$ がそれ以外の残り2列のどれか（2通り），他の4列に順列が $4!$ 通りあるから，不動点が後3列にあるのは $3 \cdot 2 \cdot 4! \cdot 3 = 432$ 通りある．不動点の少なくとも1つが前3列にあるのは $2160 - 432 = 1728$ 通りある．

よって $f_2 = 216 + 1728 = 1944$

（ウ） 不動点が3個のとき．もし $\begin{pmatrix} x \\ x \end{pmatrix}$，$\begin{pmatrix} x \\ x \end{pmatrix}$，$\begin{pmatrix} y \\ y \end{pmatrix}$ のようなタイプがあるとすると，第一成分に残された文字は y, z, z で，第二成分に残された文字も y, z, z である．すると，最低でもあと1つの不動点ができてしまうから不適である．よって不動点が3個のときには $\begin{pmatrix} x \\ x \end{pmatrix}$，$\begin{pmatrix} y \\ y \end{pmatrix}$，$\begin{pmatrix} z \\ z \end{pmatrix}$ のタイプになる．第一成分に残された文字は x, y, z で，第二成分に残された文字も x, y, z である．他の3つの列ベクトルは

$\begin{pmatrix} x \\ y \end{pmatrix}$，$\begin{pmatrix} y \\ z \end{pmatrix}$，$\begin{pmatrix} z \\ x \end{pmatrix}$ ……………………………④

または $\begin{pmatrix} x \\ z \end{pmatrix}$，$\begin{pmatrix} y \\ x \end{pmatrix}$，$\begin{pmatrix} z \\ y \end{pmatrix}$ ……………………………⑤

である．r, w, b は対等に扱われる．6つの並べ替えと④，⑤を考え，T は全部で $6! \cdot 2 = 1440$ 通りある．このうち，不動点が後3列にあるのは $3! \cdot 3! \cdot 2 = 72$ 通りある．

$f_3 = 1440 - 72 = 1368$

（エ） 不動点が4個のとき．もし $\begin{pmatrix} x \\ x \end{pmatrix}$，$\begin{pmatrix} x \\ x \end{pmatrix}$，$\begin{pmatrix} y \\ y \end{pmatrix}$，$\begin{pmatrix} y \\ y \end{pmatrix}$ のようなタイプがあるとすると，残りの列ベクトルも不動点になる．だから4つの不動点は $\begin{pmatrix} x \\ x \end{pmatrix}$，$\begin{pmatrix} x \\ x \end{pmatrix}$，$\begin{pmatrix} y \\ y \end{pmatrix}$，$\begin{pmatrix} z \\ z \end{pmatrix}$ の形となる．第一成分に残された文字は y, z，第二成分に残された文字も y, z であるから6つの列ベクトルは

$\begin{pmatrix} x \\ x \end{pmatrix}$，$\begin{pmatrix} x \\ x \end{pmatrix}$，$\begin{pmatrix} y \\ y \end{pmatrix}$，$\begin{pmatrix} z \\ z \end{pmatrix}$，$\begin{pmatrix} y \\ z \end{pmatrix}$，$\begin{pmatrix} z \\ y \end{pmatrix}$

で，前3列に不動点はかならず少なくとも1個ある．x を何にするかで3通りある．$f_4 = \dfrac{6!}{2!} \cdot 3 = 1080$

（オ） 不動点が5個ということはない．不動点が6個のとき $f_6 = 90$

前3列に不動点が少なくとも1個あり，全体で不動点が2個になるのは $f_2 = 1944$ 通りある．求める確率は

$$\frac{1944}{1080 + 1944 + 1368 + 1080 + 90}$$
$$= \frac{1944}{5562} = \frac{9 \cdot 6 \cdot 36}{9 \cdot 6 \cdot 103} = \boldsymbol{\frac{36}{103}}$$

【場合の数・確率と漸化式】

【一部に数学 III（極限）の内容が入っています】

場合の数，確率の順です．

《階段上り（B20）》

108. 階段を一度に 1 段登る，または 1 段飛ばして登る登り方をするとき，n 段目までの登り方の総数を a_n とする．例えば，$a_1=1$，$a_2=2$，$a_3=3$ である．以下の問いに答えよ．

（1） n を 3 以上の整数とする．$n-1$ 段目を踏む n 段目までの登り方の総数を b_n，$n-1$ 段目を踏まない n 段目までの登り方の総数を c_n とする．b_n, c_n を $a_1, a_2, \cdots, a_{n-1}$ を用いて表せ．

（2） 極限値 $\lim_{n\to\infty}\frac{a_{n+1}}{a_n}$ が存在することを認めて，この極限値を求めよ．

（3） n を 2 以上の整数とするとき，等式

$$a_{2n}={a_n}^2+{a_{n-1}}^2$$

が成立することを示せ．（21 浜松医大）

考え方 木や山じゃあるまいに，階段を登るという表現はおかしい．上がるの方がいい．

右足から上がるか，左足から上がるかは違うし，途中でケンケン飛びをしたり，逆立ちをしたり，後ろ向きに上がったり「上がり方」など無数にある．人によって受け取り方が違う日本語を使うのはよくない．いい加減に，古い表現を捨て「誰が読んでも正しく伝わるような表現」をすべきである．難しいことではない．

「1 や 2 のように 1 個でも和が 1，和が 2 ということにする．2 段の階段を上がる場合，1 段ずつ上がることを $1+1$ と表し，一気に 2 段を上がることを 2 と表し，2 段の階段を上がる場合には $1+1$, 2 のように，和が 2 になる 1，2 の列として 2 通りの列がある．このように 1 段または 2 段で n 段の階段を上る方法は，和が n になる 1 または 2 の列として表すことができる．これが a_n 通りあるとする．$a_1=1, a_2=2$ であり，
$3=1+1+1, 3=1+2, 3=2+1$ だから $a_3=3$ である．$n\geqq 3$ のとき a_n を a_{n-1} と a_{n-2} で表せ．」
と書けばよいだけのことである．

漸化式を立てる問題では，
最初に着目するか
後ろの方でタイプ分けする
という定石がある．
最初が 1 か 2 かで分ければ（つまり，いつまでも，上り方にこだわれば，
最初に 1 段上ってあと $n-1$ 段上る（a_{n-1} 通りある）か，最初に 2 段上ってあと $n-2$ 段上る（a_{n-2} 通りある）かでタイプ分けする）
$n=1+(n-1), n=2+(n-2)$
だから $a_n=a_{n-1}+a_{n-2}$ となる．
最後が 1 か 2 かで分ければ（つまり，いつまでも，上り方にこだわれば，n 段に来る直前に，足が $n-1$ 段にあって 1 段で来るか，足が $n-2$ 段にあって 2 段で来るかでタイプ分けし）
$n=(n-1)+1, n=(n-2)+2$
だから $a_n=a_{n-1}+a_{n-2}$ となる．

▶解答◀ **（1）** （見るまでもないが，見るなら図 1 を見よ）b_n は，$n-1$ 段目まで登って（a_{n-1} 通り）そのあと 1 段登る（1 通り）登り方の数で

$$b_n=a_{n-1}\cdot 1=\boldsymbol{a_{n-1}}$$

c_n は，$n-2$ 段目まで登って（a_{n-2} 通り）そのあと 1 段飛ばして n 段目に登る（1 通り）登り方の数で

$$c_n=a_{n-2}\cdot 1=\boldsymbol{a_{n-2}}$$

（2） $a_n=b_n+c_n$ であるから

$$a_n=a_{n-1}+a_{n-2} \quad \cdots\cdots ①$$

（3） $\lim_{n\to\infty}\frac{a_{n+1}}{a_n}=\alpha$ とおく．$a_n=a_{n-1}+a_{n-2}$ の両辺を a_{n-1} で割って

$$\frac{a_n}{a_{n-1}}=1+\frac{a_{n-2}}{a_{n-1}}$$

$$\frac{a_n}{a_{n-1}}=1+\frac{1}{\frac{a_{n-1}}{a_{n-2}}}$$

$$\alpha=1+\frac{1}{\alpha}$$

$$\alpha^2-\alpha-1=0$$

$\alpha\geqq 0$ より，$\alpha=\boldsymbol{\frac{1+\sqrt{5}}{2}}$

（4） （見るまでもないが，見るなら図 2 を見よ）$2n$ 段登るとき，n 段目を踏むか踏まないか 2 タイプがある．n 段目を踏むときは，n 段目まで登って（a_n 通り）そのあとさらに n 段登る（a_n 通り）から，${a_n}^2$ 通りある．

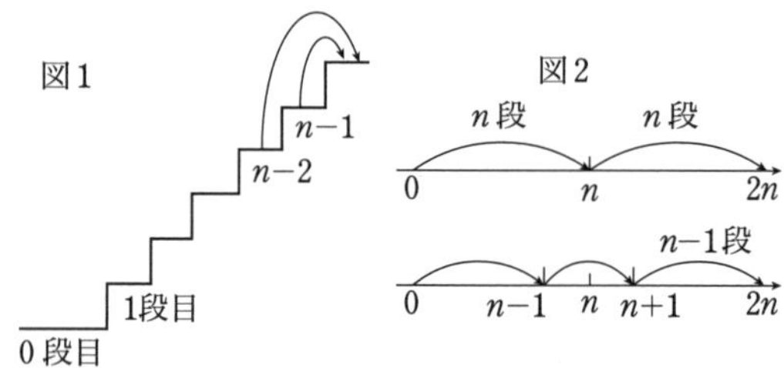

n 段目を踏まないときは，$n-1$ 段目まで登って（a_{n-1} 通り），1 段飛ばして $n+1$ 段目に登り（1 通り），残り $n-1$ 段を登る（a_{n-1} 通り）から，${a_{n-1}}^2$ 通りある．
よって，$a_{2n}={a_n}^2+{a_{n-1}}^2$ である．

《2 行のソーシャルディスタンス (B20)》

109. 自然数 n に対して横 n 個，縦 2 個からなる $n\times 2$ 個のマスを考え，それぞれのマスに 1 つずつ白玉または黒玉を入れる．その白玉と黒玉の入れ方のうち，黒玉が上下左右いずれにも隣り合わないような入れ方の総数を A_n とする．例えば $n=5$ のとき，図 1 の入れ方は黒玉が上下左右いずれにも隣り合わないような入れ方であり，図 2 の入れ方は黒玉が左右に隣り合っている入れ方である．

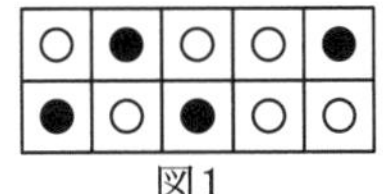
図1

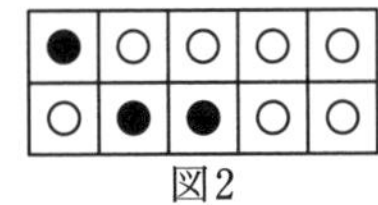
図2

A_n を求めよ．

（21　京大・特色入試／奇妙な設問を削除した）

▶解答◀ n 列目の並びが上から見たとき (白，白) である入れ方を x_n 通り，(白，黒) である入れ方を y_n 通り，(黒，白) である入れ方を z_n 通りとする．

$$A_n=x_n+y_n+z_n \quad \cdots\cdots ①$$

である．$n+1$ 列目が (白，白) のとき，n 列目はどの並びでも黒が隣り合わないから，

$$x_{n+1}=x_n+y_n+z_n \quad \cdots\cdots ②$$

$n+1$ 列目が (白，黒) のとき，n 列目は (白，白) もしくは (黒，白) であるから，

$$y_{n+1}=x_n+z_n \quad \cdots\cdots ③$$

$n+1$ 列目が (黒，白) のとき，n 列目は (白，白) もしくは (白，黒) であるから，

$$z_{n+1}=x_n+y_n \quad \cdots\cdots ④$$

が成立する．①，② から $x_n=A_{n-1}$ である．

②＋③＋④ より，

$$x_{n+1}+y_{n+1}+z_{n+1}=2(x_n+y_n+z_n)+x_n$$

であり，これに ① と $x_n=A_{n-1}$ を合わせると

$$A_{n+1}=2A_n+A_{n-1}$$

である．$A_1=3,\ A_2=x_2+y_2+z_2=3+2+2=7$ であるから，形式的に $A_0=1$ と定めると，漸化式は $n\geqq 1$ で成り立つ．ここで，$x^2-2x-1=0$ を解いて，$x=1\pm\sqrt{2}$ を得る．

$$\alpha=1-\sqrt{2},\ \beta=1+\sqrt{2}$$

とおく．このとき，$\beta-\alpha=2\sqrt{2}$ である．

$$A_{n+1}-\alpha A_n=\beta(A_n-\alpha A_{n-1})$$

$$A_{n+1}-\beta A_n=\alpha(A_n-\beta A_{n-1})$$

数列 $\{A_{n+1}-\alpha A_n\}$，$\{A_{n+1}-\beta A_n\}$ は等比数列で

$$A_{n+1}-\alpha A_n=\beta^n(A_1-\alpha A_0)=\sqrt{2}\beta^{n+1} \quad \cdots\cdots ⑤$$

$$A_{n+1}-\beta A_n=\alpha^n(A_1-\beta A_0)=-\sqrt{2}\alpha^{n+1} \quad \cdots ⑥$$

(⑤ − ⑥) ÷ $(\beta-\alpha)$ により，

$$A_n=\frac{\sqrt{2}\beta^{n+1}+\sqrt{2}\alpha^{n+1}}{\beta-\alpha}=\frac{1}{2}(\alpha^{n+1}+\beta^{n+1})$$

$$=\boldsymbol{\frac{1}{2}\{(1-\sqrt{2})^{n+1}+(1+\sqrt{2})^{n+1}\}}$$

◆別解◆ 漸化式を立てる場合，後の方でのタイプ分け (マルコフ系の漸化式)，前の方でのタイプ分け (1 ステップ法) がある．1 ステップ法の場合，樹形図をかいて枝の数を数える方法がある．黒を B で，白を W で表し，縦に，上から黒玉，白玉と並べる場合，$\binom{\mathrm{B}}{\mathrm{W}}$ と書くことにする．他も同様に読め．1 列ごとに $\binom{\mathrm{W}}{\mathrm{W}}$ か $\binom{\mathrm{B}}{\mathrm{W}}$ か $\binom{\mathrm{W}}{\mathrm{B}}$ を並べる．ただし，$\binom{\mathrm{B}}{\mathrm{W}}\binom{\mathrm{B}}{\mathrm{W}}$ や $\binom{\mathrm{W}}{\mathrm{B}}\binom{\mathrm{W}}{\mathrm{B}}$ は不可である．図から $A_1=3,\ A_2=7$ である．そして，樹形図の数から

$$A_n=2A_{n-1}+A_{n-2} \quad \cdots\cdots ⑦$$

となる．

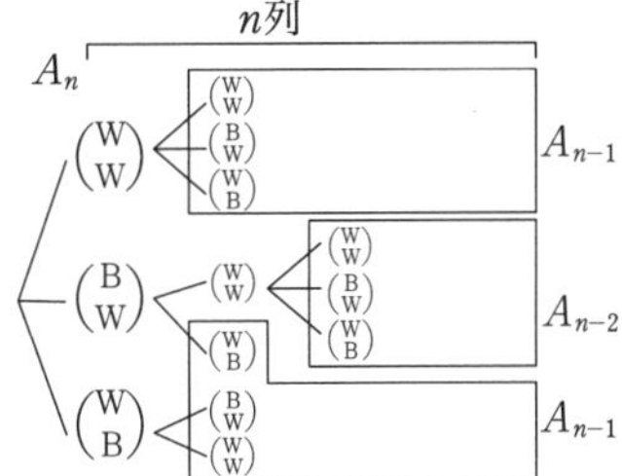

説明の必要はないだろうが，一応書いておく．2 行 n 列の場合の適する配列 (A_n 通りある) について，1 列目は，$\binom{\mathrm{W}}{\mathrm{W}}$，$\binom{\mathrm{B}}{\mathrm{W}}$，$\binom{\mathrm{W}}{\mathrm{B}}$ のいずれかである．1 列目が $\binom{\mathrm{W}}{\mathrm{W}}$ の場合は A_{n-1} 通りある．1 列目が $\binom{\mathrm{B}}{\mathrm{W}}$ の場合は 2 列目は $\binom{\mathrm{W}}{\mathrm{W}}$ か $\binom{\mathrm{W}}{\mathrm{B}}$ である．これが $\binom{\mathrm{W}}{\mathrm{W}}$ の場合は A_{n-2} 通りあり，1 列目が $\binom{\mathrm{B}}{\mathrm{W}}$，2 列目が $\binom{\mathrm{W}}{\mathrm{B}}$ の場合と，1 列目が $\binom{\mathrm{W}}{\mathrm{B}}$ で 2 列目が $\binom{\mathrm{B}}{\mathrm{W}}$ か $\binom{\mathrm{W}}{\mathrm{W}}$ の場合を集めると A_{n-1} 通りある．よって ⑦ となる．

《確率漸化式 (B15)》

110. 「4 個の玉が入った袋から玉を同時に 3 個取り出して，赤玉 2 個と白玉 1 個を袋に入れる」という操作を n 回行う．最初に袋に入っているのは赤玉 2 個と白玉 2 個とし，n 回の操作の後に袋の中の赤玉が 2 個になる確率を p_n とする．このとき，

以下の問いに答えよ．

（1） p_1 を求めよ．

（2） p_2 を求めよ．

（3） 2以上の整数 n に対して，p_n を p_{n-1} を用いて表せ．

（4） 自然数 n に対して，p_n を n を用いて表せ．

（5） $\lim_{n\to\infty} p_n$ を求めよ．　（21　大府大・後期）

▶解答◀ （1） 1回目の操作で，赤2個，白2個の袋から

（ア） 赤2個，白1個を取り出し，赤2個，白1個を入れると，赤2個，白2個になる．

この取り出し方の確率は $\frac{{}_2C_2\cdot{}_2C_1}{{}_4C_3}=\frac{1}{2}$

（イ） 赤1個，白2個を取り出し，赤2個，白1個を入れると，赤3個，白1個になる．

この取り出し方の確率は $\frac{{}_2C_1\cdot{}_2C_2}{{}_4C_3}=\frac{1}{2}$

よって（ア）より，$p_1=\boldsymbol{\frac{1}{2}}$

（2） 2回目の操作で赤2個，白2個の袋からのときは，（1）と同じである．

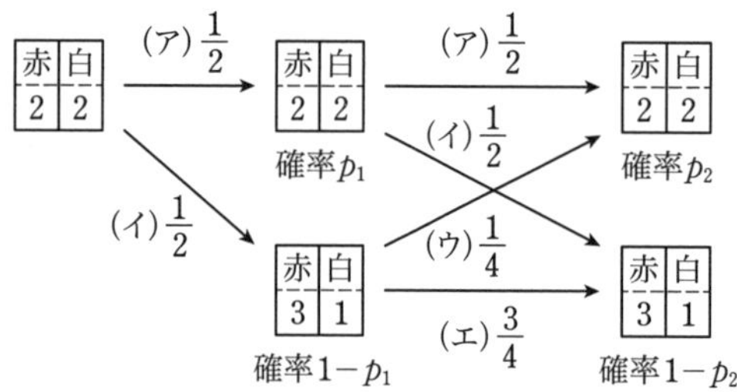

赤3個，白1個の袋から

（ウ） 赤3個を取り出し，赤2個，白1個を入れると，赤2個，白2個になる．

この取り出し方の確率は $\frac{{}_3C_3}{{}_4C_3}=\frac{1}{4}$

（エ） 赤2個，白1個を取り出し，赤2個，白1個を入れると，赤3個，白1個になる．

この取り出し方の確率は $\frac{{}_3C_2\cdot{}_1C_1}{{}_4C_3}=\frac{3}{4}$

よって，

$$p_2=p_1\cdot\frac{1}{2}+(1-p_1)\cdot\frac{1}{4}$$
$$=\frac{1}{2}\cdot\frac{1}{2}+\left(1-\frac{1}{2}\right)\cdot\frac{1}{4}=\boldsymbol{\frac{3}{8}}$$

（3） 3回目以降の操作も（2）と同様であるから，n 回の操作の後に赤玉が3個になる確率は $1-p_n$ になる．

$$p_n=p_{n-1}\cdot\frac{1}{2}+(1-p_{n-1})\cdot\frac{1}{4}$$
$$=\boldsymbol{\frac{1}{4}p_{n-1}+\frac{1}{4}}$$

（4） （3）より，

$$p_n-\frac{1}{3}=\frac{1}{4}\left(p_{n-1}-\frac{1}{3}\right)$$

数列 $\left\{p_n-\frac{1}{3}\right\}$ は，公比 $\frac{1}{4}$ の等比数列である．

よって，

$$p_n-\frac{1}{3}=\left(p_1-\frac{1}{3}\right)\left(\frac{1}{4}\right)^{n-1}$$
$$=\left(\frac{1}{2}-\frac{1}{3}\right)\left(\frac{1}{4}\right)^{n-1}=\frac{2}{3}\left(\frac{1}{4}\right)^n$$
$$p_n=\boldsymbol{\frac{1}{3}+\frac{2}{3}\left(\frac{1}{4}\right)^n}$$

（5） $\lim_{n\to\infty}p_n=\lim_{n\to\infty}\left\{\frac{1}{3}+\frac{2}{3}\left(\frac{1}{4}\right)^n\right\}=\boldsymbol{\frac{1}{3}}$

《二項間漸化式（B15）☆》

111． 中が見えない袋の中に，1から5までの数字が1つずつ書かれた5個の球が入っている．この袋の中から球を1個取り出し数字を調べて袋に戻す．この試行を n 回繰り返して得られる n 個の数字の和が偶数となる確率を P_n とするとき，以下の各問いの答えのみを解答欄に記入せよ．

（1） P_1, P_2 の値をそれぞれ求めよ．

（2） P_n と P_{n+1} の間に成り立つ関係式を求めよ．

（3） P_n を n の式で表せ．

（21　日本獣医生命科学大・獣医）

▶解答◀ （1） 1回の試行で偶数の数字が書かれた球を取り出す確率は $\frac{2}{5}$，奇数の数字が書かれた球を取り出す確率は $\frac{3}{5}$ である．$P_1=\boldsymbol{\frac{2}{5}}$ である．

$n=2$ のとき，1回目，2回目で偶奇が一致するように取り出すことを考えて，$P_2=\left(\frac{2}{5}\right)^2+\left(\frac{3}{5}\right)^2=\boldsymbol{\frac{13}{25}}$ である．

（2） n 個の数字の和が偶数（確率 P_n）のとき，$n+1$ 回目は偶数の数字が書かれた球を取り出し（確率 $\frac{2}{5}$），n 個の数字の和が奇数（確率 $1-P_n$）のとき，$n+1$ 回目は奇数の数字が書かれた球を取り出す（確率 $\frac{3}{5}$）ことで，$n+1$ 個の球の数字の和は偶数であるから，

$$P_{n+1}=\frac{2}{5}P_n+\frac{3}{5}(1-P_n)$$
$$\boldsymbol{P_{n+1}=-\frac{1}{5}P_n+\frac{3}{5}}$$

である．

（3） $P_{n+1}-\frac{1}{2}=-\frac{1}{5}\left(P_n-\frac{1}{2}\right)$

数列 $\left\{P_n-\frac{1}{2}\right\}$ は等比数列であるから

$$P_n-\frac{1}{2}=\left(-\frac{1}{5}\right)^{n-1}\left(P_1-\frac{1}{2}\right)$$
$$P_n=\left(-\frac{1}{5}\right)^{n-1}\cdot\left(-\frac{1}{10}\right)+\frac{1}{2}$$

$$P_n=\frac{1}{2}\left\{1+\left(-\frac{1}{5}\right)^n\right\}$$

である．

《漸化式を立てよう (B20) ☆》

112. 1，2，3 の各数字が 1 つずつ書かれた 3 枚のカードが入った箱がある．この箱の中から無作為に 1 枚を取り出し，数字を見てから箱の中に戻すという試行を繰り返す．同じ数字を 3 回続けて取り出したら，試行を終了するものとする．

（i） 試行が 3 回で終了する確率を求めよ．

（ii） 試行が 4 回以内で終了する確率を求めよ．

（iii） 試行を 6 回行っても終了しない確率を求めよ．

（21　広島市立大・後期）

▶解答◀ （i） 3 回続けて同じ数字が出る確率であるから $\frac{3}{3^3}=\mathbf{\frac{1}{9}}$

（ii） 試行が 4 回で終了する場合

最初が 1 のときは 1222，1333 の 2 通りで，最初が 2 や 3 のときも同様であるから，$3\cdot2=6$ 通りある．

この場合の確率は $\frac{6}{3^4}=\frac{2}{27}$ となる．

したがって，試行が「4 回以内」すなわち「3 回または 4 回」で終了する確率は

$$\frac{1}{9}+\frac{2}{27}=\mathbf{\frac{5}{27}}$$

（iii） 余事象で考える．

試行が 5 回で終了する場合

11222，21222，31222 のように最初はどの数字になってもよく，2 回目以降について試行が 4 回で終了する数字の並びになると 5 回で終了となる．したがって $3\cdot6=18$ 通りある．このときの確率は $\frac{18}{3^5}=\frac{2}{27}$ となる．

試行が 6 回で終了する場合

試行が 4 回で終了する場合の数字の並びを利用する．

□□1222，□□1333

のように，2 つの □ の数字は 1，1（1 が 2 連続）以外の数字であれば何でもよいから，$(3^2-1)\cdot6=48$ 通りある．このときの確率は $\frac{48}{3^6}=\frac{16}{243}$ となる．

以上のことから，求める確率は

1−(6 回以内で終了する確率)

$$=1-\left(\frac{5}{27}+\frac{2}{27}+\frac{16}{243}\right)=\mathbf{\frac{164}{243}}$$

◆別解◆ 1，2，3 のいずれかを

「1 が 3 つ以上連続しない，2 が 3 つ以上連続しない，3 が 3 つ以上連続しないように」n 個並べる列の個数を a_n とする．

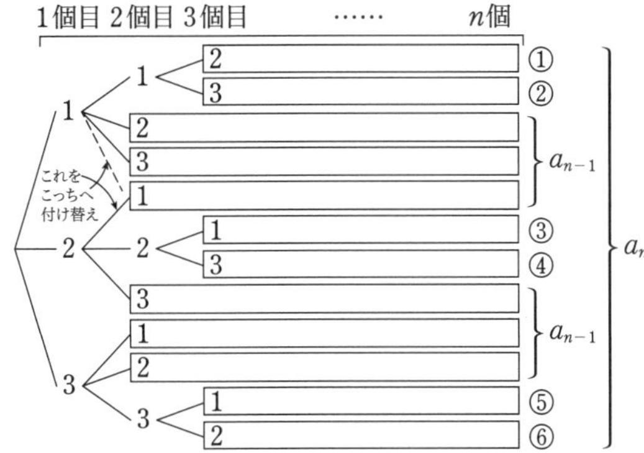

a_n 通りの順列は 1 個目が 1，2，3 のいずれかである．この先のすべての枝の本数の合計が a_n である．これに注意せよ．この内訳を見る．1 個目 − 2 個目が 1 − 2，1 − 3，2 − 1 の先の枝の本数の合計は a_{n-1} であり，2 − 3，3 − 1，3 − 2 の先の枝の本数の合計も a_{n-1} である．

1 個，2 個目，3 個目が「1 − 1 − 2，1 − 1 − 3，2 − 2 − 1（①，②，③）」「2 − 2 − 3，3 − 3 − 1，3 − 3 − 2（④，⑤，⑥）」については a_{n-2} 通りずつあるから

$$a_n=2a_{n-1}+2a_{n-2}$$

$a_1=3$，$a_2=3^2=9$ であり，

$$a_3=2(a_2+a_1)=24$$

以下同様に

$$a_4=2(a_3+a_2)=2(24+9)=66$$

$$a_5=2(a_4+a_3)=2(66+24)=180$$

$$a_6=2(a_5+a_4)=2(180+66)=492$$

n 回以内で終了しない確率を p_n とする．$p_n=\frac{a_n}{3^n}$ である．

（i） 111，222，333 となるときで，

求める確率は $\frac{3}{3^3}=\mathbf{\frac{1}{9}}$

（ii） $p_4=\frac{66}{3^4}=\frac{22}{27}$

求める確率は $1-p_4=\mathbf{\frac{5}{27}}$

（iii） $p_6=\frac{492}{3^6}=\mathbf{\frac{164}{243}}$

《漸化式を立てよう (B15)》

113. 次の操作を 5 回繰り返し，白玉，赤玉を左から順に 1 列に並べる．

操作：1 個のさいころを投げて，4 以下の目が出たときには白玉を 1 個おき，他の目が出たときには赤玉を 1 個，次に白玉を 1 個おく．

たとえば，さいころの出た目が順に「1 1 1 5 1」であったとすると，並べられた玉の個数は 6 個で，玉の色は左から順に「白 白 白 赤 白 白」となる．このとき，

- 並べられた玉の個数が7個で，左から3個目の玉が赤玉である確率は□
- 左から5個目の玉が赤玉である確率は□

である．（21　東京慈恵医大）

▶解答◀　「白玉をおくか，赤玉白玉とおく」から，赤玉が連続することはない．

4以下がa回，5以上がb回出ると，$a+b=5$であり，並ぶ玉の個数は$a+2b$個である．並ぶ玉の個数は7個になるとき，$a+b=5$，$a+2b=7$で，$(a,b)=(3,2)$である．2組の「赤白」が並ぶ位置を考えると1組は左から3，4個目にきて，もう1組は左から1，2個目，5，6個目，6，7個目のいずれか（図の中括弧の位置）にくるから3通りある．よって，求める確率は$3\cdot\left(\frac{2}{3}\right)^3\left(\frac{1}{3}\right)^2=\mathbf{\frac{8}{81}}$

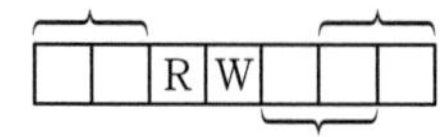

である．

次に，左から5個目の玉が赤玉である確率を考える．左からn番目が赤玉である確率をp_nとして，p_5を求める．左から$n+1$番目が赤玉であるのは，左からn番目が白玉（確率$1-p_n$）で，次に5以上の目が出て赤が並ぶ（確率$\frac{1}{3}$）ときに限られる．ゆえに

$$p_{n+1}=\frac{1}{3}(1-p_n)$$

である．$p_1=\frac{1}{3}$であるから，

$$p_2=\frac{1}{3}\cdot\frac{2}{3}=\frac{2}{9},\ p_3=\frac{1}{3}\cdot\frac{7}{9}=\frac{7}{27},$$

$$p_4=\frac{1}{3}\cdot\frac{20}{27}=\frac{20}{81},\ p_5=\frac{1}{3}\cdot\frac{61}{81}=\mathbf{\frac{61}{243}}$$

注意　後半部分を，並べられた玉の個数によって場合分けして考えることもできるが，遠回りである．

《漸化式を立てよう（B20）☆》

114． 1枚の硬貨を6回続けて投げるとき，次の問いに答えよ．

（1） 裏が出る回数より表が出る回数の方が多い確率を求めよ．

（2） 1回目，3回目，5回目のうち少なくとも1つは表である確率を求めよ．

（3） 表が2回以上続いて出ない確率を求めよ．

（21　広島工業大）

考え方　（3） 一般化せよ．第一手が何かでタイプ分けして漸化式を立てる頻出問題である．

▶解答◀　（1） 表が3回より多く（4回，5回，6回）出る確率である．

$$\frac{{}_6C_4+{}_6C_5+{}_6C_6}{2^6}=\frac{{}_6C_2+{}_6C_1+{}_6C_0}{2^6}$$
$$=\frac{15+6+1}{64}=\mathbf{\frac{11}{32}}$$

（2） 余事象は1回目と3回目と5回目にすべて裏が出るという事象で，その確率は$\left(\frac{1}{2}\right)^3$である．求める確率は$1-\frac{1}{8}=\mathbf{\frac{7}{8}}$

（3） 表を○，裏を×で表す．○と×を合わせてn個，左右一列に並べる列で，○が連続しない列の個数をa_nとする．a_n通りの列について，その左端が何かでタイプ分けする．

左端が×で，

×	$n-1$個の列で○が連続しない（a_{n-1}通り）

左端が○でその右が×（○だと○が連続し不適）で

○	×	$n-2$個の列で○が連続しない（a_{n-2}通り）

という形があるから

$$a_n=a_{n-1}+a_{n-2}$$

である．ただし，$n-2\geqq 1$として，$n\geqq 3$である．

1個の場合は○か×で$a_1=2$

a_2は××か×○か×○で$a_2=3$となる．

$a_3=a_2+a_1=5$で，これを続け，

$$a_n : 1, 2, 3, 5, 8, 13, 21$$

となり，求める確率は$\frac{a_6}{2^6}=\mathbf{\frac{21}{64}}$

◆別解◆　（3） ○が連続しないように，○をk回，×を$6-k$個．合計6個を並べる列の個数をx_kとする．これは×を$6-k$個並べておいて，その間か両端（$7-k$カ所ある）のうちのkカ所を選び，そこに○を突っ込むと考え$x_k={}_{7-k}C_k$である．ただし，$7-k\geqq k$であるから$0\leqq k\leqq 3$である．

$$\sum_{k=0}^{3}{}_{7-k}C_k={}_7C_0+{}_6C_1+{}_5C_2+{}_4C_3$$
$$=1+6+10+4=21$$

求める確率は$\frac{21}{2^6}=\mathbf{\frac{21}{64}}$

◆別解◆　（3） 表を○，裏を×，どちらでもよいことを△で表す．硬貨をn回投げるとき，表が2回以上連続して出ることがある確率をP_nとする．「どこから○の連続が始まるか」でタイプ分けをするのが定石である．

P_2は○○となる確率で$P_2=\left(\frac{1}{2}\right)^2=\frac{1}{4}$

P_3は○○△（1回目から○の連続が始まる），または×○○（2回目から○の連続が始まる）となる確率で

$$P_3=\left(\frac{1}{2}\right)^2+\left(\frac{1}{2}\right)^3=\frac{3}{8}$$

P_6について．

○○△△△△ ……………………………………①

×○○△△△ ……………………………………………②

△×○○△△ ……………………………………………③

□□×○○△ ……………………………………………④

□□□×○○ ……………………………………………⑤

なお，最初の3回以内に表が2回以上連続するのは，①，②でカウントしてあるから，④の□□はその2回で表が連続する場合を除いたもの（確率$1-P_2$）で，⑤の□□□はその3回で表が連続する場合を除いたもの（確率$1-P_3$）である．

$$P_6=\left(\frac{1}{2}\right)^2+\left(\frac{1}{2}\right)^3+\left(\frac{1}{2}\right)^3+(1-P_2)\left(\frac{1}{2}\right)^3+(1-P_3)\left(\frac{1}{2}\right)^3$$

$$=\frac{1}{2}+\frac{3}{4}\cdot\frac{1}{8}+\frac{5}{8}\cdot\frac{1}{8}=\frac{43}{64}$$

求める確率は$1-P_6=\mathbf{\frac{21}{64}}$である．

《モンモールの問題（B30）》

115．図1のように1，2，…，nの番号が1つずつ書かれたn個の箱と，1，2，…，nの番号が1つずつ書かれたn個の玉がある．各箱に玉を1つずつ無作為に入れる．このとき，どの箱も，箱の番号と中の玉の番号が一致しない入れ方の総数をa_n，どの箱も，箱の番号と中の玉の番号が一致しない確率をp_nとする．以下，ア～カは数値で答えよ．

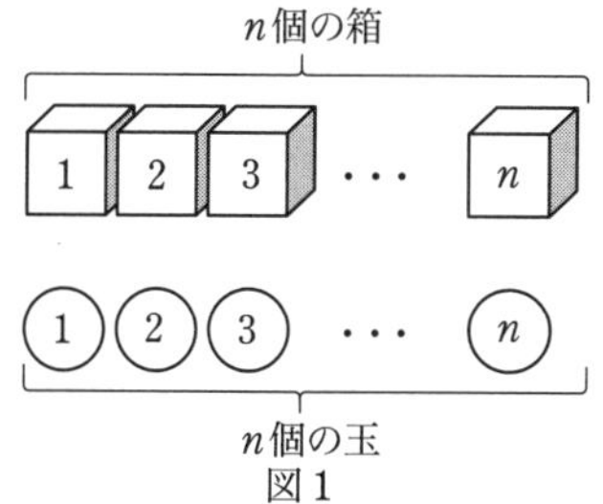

図1

（1）$a_3=$ ア，$a_4=$ イ である．

（2）a_5を求めるために，次の（i），（ii）の場合に分けて考える．ここで番号kが書かれた箱と玉をそれぞれ箱k，玉kと呼ぶ．

（i）玉4が箱5に，玉5が箱4に入り，かつどの箱も，箱の番号と中の玉の番号が一致しない入れ方の総数は ウ である．

（ii）玉4が箱5に，玉5が箱4以外の箱に入り，かつどの箱も，箱の番号と中の玉の番号が一致しない入れ方の総数は エ である．

（i），（ii）を用いると，$a_5=$ オ である．したがって，$p_5=$ カ である．

（3）$n\geqq 3$とする．$n=5$の場合と同様に考えて，a_{n-1}, a_{n-2}, nを用いてa_nを表すと$a_n=$ □ である．また，p_nはa_nとnを用いて$p_n=$ □ と表される．これらのことから，

$$p_n=\boxed{キ}\,p_{n-1}+\boxed{ク}\,p_{n-2}$$

である．ただし，キ，ク はnを用いて表すこと．

よって，p_n-p_{n-1}をnを用いて表すと，$p_n-p_{n-1}=$ □ である．これより，$e^x=\sum_{m=0}^{\infty}\frac{x^m}{m!}$であることを用いると

$$\lim_{n\to\infty}p_n=\boxed{}$$

である．（21　立命館大・理系）

▶解答◀（1）問題文にある条件を満たす順列を，攪乱（かくらん）順列と呼ぶことにする．

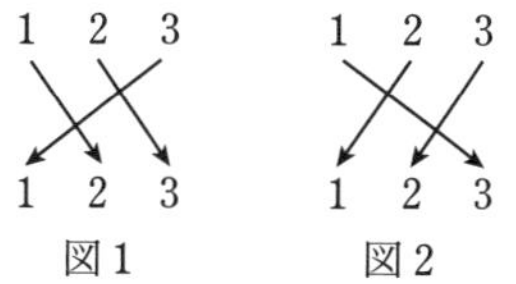

図1　図2

$n=3$のとき，図1は，玉1が箱2，玉2が箱3，玉3が箱1にあることを表す．図1，図2の2通りあり，$a_3=\mathbf{2}$である．

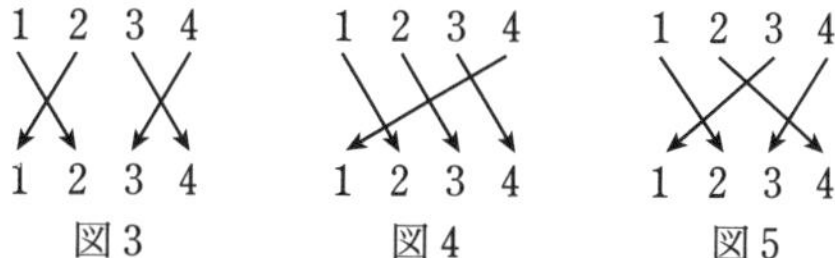

図3　図4　図5

$n=4$のとき，玉1が箱2にある（$1\to 2$と書く）場合は上図のように3通りある．$1\to 3$，$1\to 4$でも同様に3通りだから，$a_4=3\cdot 3=\mathbf{9}$である．

（2） $i\to i$のとき，iが不動点であるということにする．$n=5$のとき，1～4の順列があるところに5を持ってくると考え，玉4の入る箱と玉5の入る箱を入れ替えることで攪乱順列ができるかどうか考える．1～4の順列のうち，1，2，3が不動点であるときは，玉4と玉5の入る箱を入れ替えても攪乱順列とはならない．

（i） 4が不動点であるときは，1～3が攪乱順列（a_3通り）になっていれば，$4\to 5$，$5\to 4$とすることで玉4が箱5に，玉5が箱4に入って1～5の攪乱順列ができる（図6）．$a_3=\mathbf{2}$通りある．

（ii） 不動点がないときは，1～4の攪乱順列（a_4通り）になっていて，その各々について$4\to i\ (i\neq 4)$となるiに対して$4\to 5$，$5\to i$とすることで玉4が玉5に，玉5

が玉 4 が入るはずだった箱 4 以外の箱に入って 1〜5 の攪乱順列ができる（図 7）．$a_4 = \mathbf{9}$ 通りとなる．

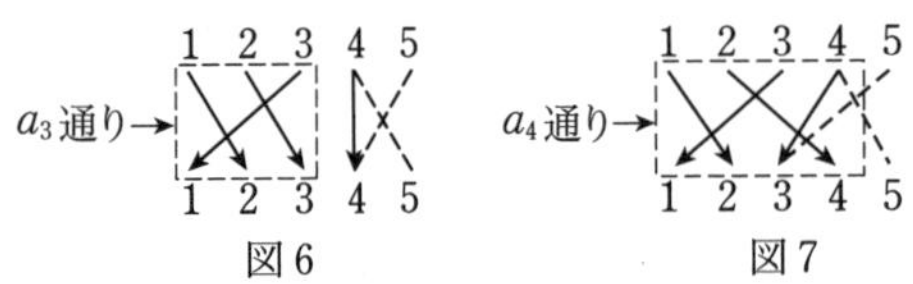

（ i ），（ ii ）より，箱 5 に玉 4 が入る場合は $2+9=11$ 通り，箱 5 に玉 3，玉 2，玉 1 が入る場合も同様なことが言えるから，$a_5 = 4 \cdot 11 = \mathbf{44}$ であり，$p_5 = \dfrac{a_5}{5!} = \mathbf{\dfrac{11}{30}}$ である．

（**3**）　$n=5$ の場合と同様に考えて

$$a_n = \boldsymbol{(n-1)a_{n-1} + (n-1)a_{n-2}}$$

であり，$p_n = \boldsymbol{\dfrac{a_n}{n!}}$ と表せるから

$$\begin{aligned} p_n &= \frac{n-1}{n!}a_{n-1} + \frac{n-1}{n!}a_{n-2} \\ &= \frac{n-1}{n} \cdot \frac{a_{n-1}}{(n-1)!} + \frac{n-1}{n(n-1)} \cdot \frac{a_{n-2}}{(n-2)!} \\ &= \boldsymbol{\left(1 - \frac{1}{n}\right)p_{n-1} + \frac{1}{n}p_{n-2}} \end{aligned}$$

したがって

$$p_n - p_{n-1} = \boldsymbol{-\frac{1}{n}(p_{n-1} - p_{n-2})}$$

両辺に $\dfrac{n!}{(-1)^n}$ をかけて

$$\begin{aligned} \frac{n!}{(-1)^n}(p_n - p_{n-1}) &= \frac{n!}{(-1)^n} \cdot \frac{-1}{n}(p_{n-1} - p_{n-2}) \\ &= \frac{(n-1)!}{(-1)^{n-1}}(p_{n-1} - p_{n-2}) \end{aligned}$$

$\left\{\dfrac{n!}{(-1)^n}(p_n - p_{n-1})\right\}$ は定数で，$p_2 = \dfrac{1}{2}$，$p_1 = 0$ であるから

$$\frac{n!}{(-1)^n}(p_n - p_{n-1}) = \frac{2!}{(-1)^2}(p_2 - p_1) = 1$$

$$p_n - p_{n-1} = \boldsymbol{\frac{(-1)^n}{n!}}$$

$$p_n - p_1 = \sum_{m=2}^{n} \frac{(-1)^m}{m!}$$

であるから

$$p_n = \sum_{m=0}^{n} \frac{(-1)^m}{m!} - \frac{-1}{1!} - \frac{1}{0!} = \sum_{m=0}^{n} \frac{(-1)^m}{m!}$$

したがって

$$\lim_{n \to \infty} p_n = \boldsymbol{e^{-1}}$$

$$\begin{aligned} p_2 - p_1 &= \frac{(-1)^2}{2!} \\ p_3 - p_2 &= \frac{(-1)^3}{3!} \\ p_4 - p_3 &= \frac{(-1)^4}{4!} \\ &\vdots \\ p_n - p_{n-1} &= \frac{(-1)^n}{n!} \end{aligned}$$

《正三角形上での動きを考える（B20）☆》

116．投げたときに表が出る確率と裏が出る確率が等しい硬貨がある．この硬貨を同時に 2 枚投げて，表が出た枚数に応じて数直線上の点 P を正の方向へ動かす．2 枚とも表が出たら 2 だけ移動し，1 枚だけ表が出たら 1 だけ移動するものとし，2 枚とも裏が出たら移動しないものとする．点 P の出発点を原点として，この試行を n 回くり返したとき，点 P の座標を 3 で割った余りが 0 である確率を a_n，1 である確率を b_n，2 である確率を c_n とする．このとき，次の各問いに答えよ．

（1）　$a_1, b_1, c_1, a_2, b_2, c_2$ をそれぞれ求めよ．

（2）　$n \geqq 1$ のとき，$a_{n+1}, b_{n+1}, c_{n+1}$ をそれぞれ a_n, b_n, c_n を用いて表せ．

（3）　漸化式 $x_{n+1} = \dfrac{1+x_n}{4}$ $(n = 1, 2, 3, \cdots)$ を満たす数列 $\{x_n\}$ の一般項を x_1 を用いて表せ．

（4）　数列 $\{a_n\}$ の一般項を求めよ．（21　旭川医大）

▶解答◀　（**1**）　2 枚の硬貨を投げるという試行を 1 回行ったとき，表が 0, 1, 2 枚出る確率は，それぞれ $\dfrac{1}{4}, \dfrac{1}{2}, \dfrac{1}{4}$ である．

数直線上で，座標を 3 で割った余りのみ考えるということは，図のような正三角形の頂点を移動する点 P を考えるのと同じである．点 P は最初頂点 A にいて，表が出た枚数と同じだけ右回りに進んでいく．

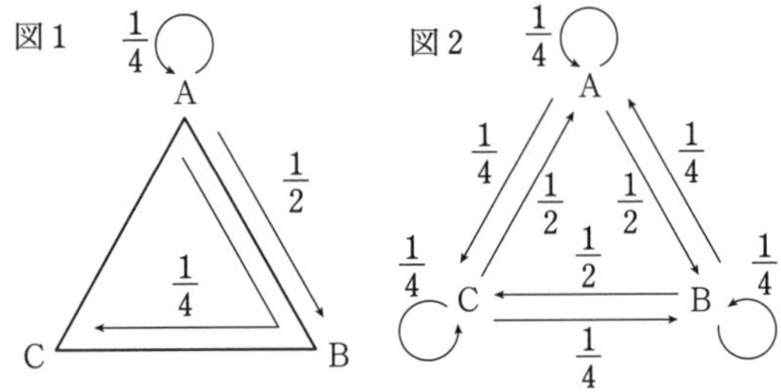

それぞれの点から，次の点に移る確率は，図 2 の通りである．

a_1, b_1, c_1 は，それぞれ 1 回の試行で A → A, A → B, A → C と移動する確率であるから

$$a_1 = \boldsymbol{\frac{1}{4}},\ b_1 = \boldsymbol{\frac{1}{2}},\ c_1 = \boldsymbol{\frac{1}{4}}$$

2 回の試行の後に点 P が A にあるのは，2 回の試行で点 P が，A → A → A, A → B → A, A → C → A のいずれかの移動をするときである．よって

$$a_2 = \frac{1}{4} \cdot \frac{1}{4} + \frac{1}{2} \cdot \frac{1}{4} + \frac{1}{4} \cdot \frac{1}{2} = \boldsymbol{\frac{5}{16}}$$

2 回の試行の後に点 P が B にあるのは，2 回の試行で点 P が，A → A → B, A → B → B, A → C → B のいず

れかの移動をするときである．よって

$$b_2 = \frac{1}{4}\cdot\frac{1}{2} + \frac{1}{2}\cdot\frac{1}{4} + \frac{1}{4}\cdot\frac{1}{4} = \mathbf{\frac{5}{16}}$$

2 回の試行の後に点 P が C にあるのは，2 回の試行で点 P が，A → A → C, A → B → C, A → C → C のいずれかの移動をするときである．よって

$$c_2 = \frac{1}{4}\cdot\frac{1}{4} + \frac{1}{2}\cdot\frac{1}{2} + \frac{1}{4}\cdot\frac{1}{4} = \frac{6}{16} = \mathbf{\frac{3}{8}}$$

(2) 図 1，2 に注意して

$$a_{n+1} = \boldsymbol{\frac{1}{4}a_n + \frac{1}{4}b_n + \frac{1}{2}c_n} \quad \cdots\cdots\textcircled{1}$$

$$b_{n+1} = \boldsymbol{\frac{1}{2}a_n + \frac{1}{4}b_n + \frac{1}{4}c_n}$$

$$c_{n+1} = \boldsymbol{\frac{1}{4}a_n + \frac{1}{2}b_n + \frac{1}{4}c_n}$$

(3) $x_{n+1} = \dfrac{1+x_n}{4}$ より

$$x_{n+1} = \frac{1}{4}x_n + \frac{1}{4}$$

$$x_{n+1} - \frac{1}{3} = \frac{1}{4}\left(x_n - \frac{1}{3}\right)$$

数列 $\left\{x_n - \dfrac{1}{3}\right\}$ は，等比数列であるから

$$x_n - \frac{1}{3} = \left(x_1 - \frac{1}{3}\right)\left(\frac{1}{4}\right)^{n-1}$$

$$x_n = \boldsymbol{\left(x_1 - \frac{1}{3}\right)\left(\frac{1}{4}\right)^{n-1} + \frac{1}{3}}$$

(4) $a_n + b_n + c_n = 1$ であるから

$$a_n + b_n = 1 - c_n$$

である．① より

$$a_{n+1} = \frac{1}{4}(a_n + b_n) + \frac{1}{2}c_n$$

$$= \frac{1}{4}(1 - c_n) + \frac{1}{2}c_n = \frac{1+c_n}{4}$$

両辺から $\dfrac{1}{3}$ を引いて

$$a_{n+1} - \frac{1}{3} = \frac{1}{4}\left(c_n - \frac{1}{3}\right)$$

同様に

$$b_{n+1} - \frac{1}{3} = \frac{1}{4}\left(a_n - \frac{1}{3}\right)$$

$$c_{n+1} - \frac{1}{3} = \frac{1}{4}\left(b_n - \frac{1}{3}\right)$$

これらより

$$a_{n+3} - \frac{1}{3} = \frac{1}{4}\left(c_{n+2} - \frac{1}{3}\right)$$

$$= \left(\frac{1}{4}\right)^2\left(b_{n+1} - \frac{1}{3}\right) = \left(\frac{1}{4}\right)^3\left(a_n - \frac{1}{3}\right)$$

（ア） n が 3 で割って 1 余る数のとき

$$a_n = \left(a_1 - \frac{1}{3}\right)\left\{\left(\frac{1}{4}\right)^3\right\}^{\frac{n-1}{3}} + \frac{1}{3}$$

$$= \left(\frac{1}{4} - \frac{1}{3}\right)\left(\frac{1}{4}\right)^{n-1} + \frac{1}{3}$$

$$= -\frac{1}{12}\left(\frac{1}{4}\right)^{n-1} + \frac{1}{3} = \mathbf{\frac{1}{3}\left\{1 - \left(\frac{1}{4}\right)^n\right\}}$$

（イ） n が 3 で割って 2 余る数のとき

$$a_n = \left(a_2 - \frac{1}{3}\right)\left\{\left(\frac{1}{4}\right)^3\right\}^{\frac{n-2}{3}} + \frac{1}{3}$$

$$= \frac{1}{4}\left(c_1 - \frac{1}{3}\right)\left(\frac{1}{4}\right)^{n-2} + \frac{1}{3}$$

$$= \left(\frac{1}{4} - \frac{1}{3}\right)\left(\frac{1}{4}\right)^{n-1} + \frac{1}{3}$$

$$= -\frac{1}{12}\left(\frac{1}{4}\right)^{n-1} + \frac{1}{3} = \mathbf{\frac{1}{3}\left\{1 - \left(\frac{1}{4}\right)^n\right\}}$$

（ウ） n が 3 の倍数のとき

$$a_n = \left(a_3 - \frac{1}{3}\right)\left\{\left(\frac{1}{4}\right)^3\right\}^{\frac{n-3}{3}} + \frac{1}{3}$$

$$= \frac{1}{4}\left(c_2 - \frac{1}{3}\right)\left(\frac{1}{4}\right)^{n-3} + \frac{1}{3}$$

$$= \left(\frac{1}{4}\right)^2\left(b_1 - \frac{1}{3}\right)\left(\frac{1}{4}\right)^{n-3} + \frac{1}{3}$$

$$= \left(\frac{1}{2} - \frac{1}{3}\right)\left(\frac{1}{4}\right)^{n-1} + \frac{1}{3}$$

$$= \frac{1}{6}\left(\frac{1}{4}\right)^{n-1} + \frac{1}{3} = \mathbf{\frac{1}{3}\left\{1 + 2\left(\frac{1}{4}\right)^n\right\}}$$

《正方形の移動 (B20) ☆》

117. 1 辺の長さが 1 の正方形の頂点に 1，2，3，4 と時計回りに番号をつけ，この正方形の辺上を移動する点 P を考える．最初に点 P は頂点 1 にあるものとし，点 P を次の操作によって動かす．

【操作】1 から 4 までの番号をつけた 4 枚のカードから無作為に 1 枚を取り出し，出た番号を k とする．点 P が頂点 i にあるとき，$k \geqq i$ ならば点 P を時計回りに長さ k だけ進め，$k < i$ ならば点 P を反時計回りに長さ k だけ進める．

n 回の操作の後に点 P が頂点 1，2，3，4 にある確率をそれぞれ p_n, q_n, r_n, s_n とする．

（1） p_2, q_2, r_2, s_2 を求めよ．

（2） $p_n + r_n = \dfrac{1}{2}$ が成り立つことを示せ．

（3） p_{n+1}, q_{n+1} をそれぞれ p_n, q_n で表せ．

（4） $a_n = p_{2n}$ とするとき，$\displaystyle\lim_{n\to\infty} a_n$ を求めよ．

（21　津田塾大・学芸-数学科，情報科学科-推薦）

▶解答◀ （1） P が点 1 にあるとき，k の値によって P の移動先は図 1 のようになる．同様に，P が点 2，3，4 にあるとき，k の値によって P の移動先はそれぞれ図 2，3，4 になる．

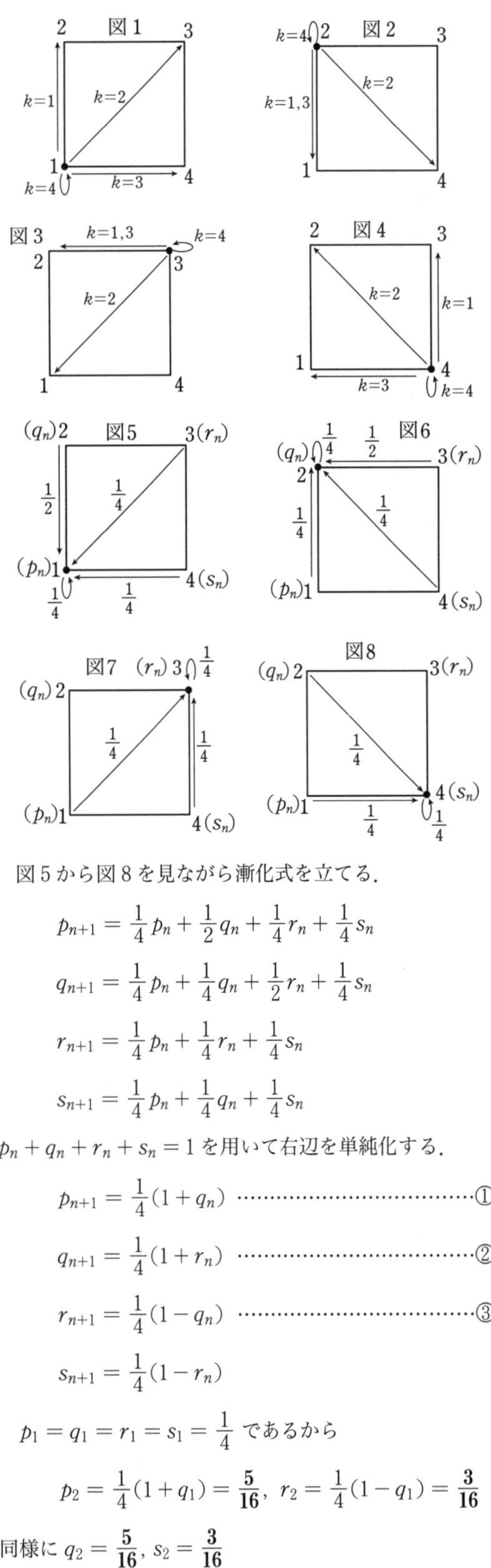

図5から図8を見ながら漸化式を立てる.

$$p_{n+1}=\frac{1}{4}p_n+\frac{1}{2}q_n+\frac{1}{4}r_n+\frac{1}{4}s_n$$

$$q_{n+1}=\frac{1}{4}p_n+\frac{1}{4}q_n+\frac{1}{2}r_n+\frac{1}{4}s_n$$

$$r_{n+1}=\frac{1}{4}p_n+\frac{1}{4}r_n+\frac{1}{4}s_n$$

$$s_{n+1}=\frac{1}{4}p_n+\frac{1}{4}q_n+\frac{1}{4}s_n$$

$p_n+q_n+r_n+s_n=1$ を用いて右辺を単純化する.

$$p_{n+1}=\frac{1}{4}(1+q_n) \cdots\cdots ①$$

$$q_{n+1}=\frac{1}{4}(1+r_n) \cdots\cdots ②$$

$$r_{n+1}=\frac{1}{4}(1-q_n) \cdots\cdots ③$$

$$s_{n+1}=\frac{1}{4}(1-r_n)$$

$p_1=q_1=r_1=s_1=\dfrac{1}{4}$ であるから

$$p_2=\frac{1}{4}(1+q_1)=\boldsymbol{\frac{5}{16}},\ r_2=\frac{1}{4}(1-q_1)=\boldsymbol{\frac{3}{16}}$$

同様に $q_2=\boldsymbol{\dfrac{5}{16}}$, $s_2=\boldsymbol{\dfrac{3}{16}}$

(2) ①+③ より $p_{n+1}+r_{n+1}=\dfrac{1}{2}$ であり, $p_1+r_1=\dfrac{1}{2}$ と合わせて $p_n+r_n=\dfrac{1}{2}$ である.

(3) $\boldsymbol{p_{n+1}=\dfrac{1}{4}(1+q_n)}$ ……④

$r_n=\dfrac{1}{2}-p_n$ を ② に代入して

$$\boldsymbol{q_{n+1}=\frac{1}{4}\left(\frac{3}{2}-p_n\right)} \cdots\cdots ⑤$$

(4) ④ の n を1つ増やした $p_{n+2}=\dfrac{1}{4}(1+q_{n+1})$ に ⑤ を代入し

$$p_{n+2}=\frac{1}{4}\left(1+\frac{3}{8}-\frac{1}{4}p_n\right)$$

この n を $2n$ にして $p_{2n+2}=-\dfrac{1}{16}p_{2n}+\dfrac{11}{32}$ となる.

$$a_{n+1}=-\frac{1}{16}a_n+\frac{11}{32}$$

$$a_{n+1}-\frac{11}{34}=-\frac{1}{16}\left(a_n-\frac{11}{34}\right)$$

数列 $\left\{a_n-\dfrac{11}{34}\right\}$ は等比数列で

$$a_n-\frac{11}{34}=\left(-\frac{1}{16}\right)^{n-1}\left(a_1-\frac{11}{34}\right)$$

$\left|-\dfrac{1}{16}\right|<1$ であるから $\displaystyle\lim_{n\to\infty}a_n=\boldsymbol{\frac{11}{34}}$

注意【そのまま出来るだろう】

$$p_{n+2}-\frac{11}{34}=-\frac{1}{16}\left(p_n-\frac{11}{34}\right)$$

数列 $\left\{p_n-\dfrac{11}{34}\right\}$ は1つ飛ばしの等比数列で, n が偶数のとき, 2番から n 番に上がるためには添え字は $n-2$ 上がり, その間のステップ数は $\dfrac{n-2}{2}$ だから

$$p_n-\frac{11}{34}=\left(-\frac{1}{16}\right)^{\frac{n-2}{2}}\left(p_2-\frac{11}{34}\right)$$

同様に n が奇数のとき

$$p_n-\frac{11}{34}=\left(-\frac{1}{16}\right)^{\frac{n-1}{2}}\left(p_1-\frac{11}{34}\right)$$

となる. p_{2n}, p_{2n-1} などとおかなくても出来るようにしたい.

《正五角形上での動き (B20) ☆》

118. 平面上に正五角形 ABCDE があり, 頂点 A, B, C, D, E は時計回りに配置されている. 点 P をまず頂点 A の位置に置き, この正五角形の辺にそって時計回りに頂点から頂点へ与えられた正の整数 n だけ動かす. たとえば, $n=2$ ならば点 P は頂点 C の位置にあり, $n=6$ ならば点 P は頂点 B の位置にある. 次の問いに答えよ.

(1) さいころを2回投げて出た目の積で n を与えるとき, 点 P が頂点 A の位置にある確率および点 P が頂点 B の位置にある確率をそれぞれ求めよ.

(2) さいころを k 回投げて出た目の積で n を与えるとき, 点 P が頂点 A の位置にある確率を求

めよ．

（3） さいころを k 回投げて出た目の積で n を与えるとき，点Pが頂点Bの位置にある確率を b_k とする．b_{k+1} を b_k を用いて表せ．

（4） （3）で与えた b_k に対して，$f_k=6^k b_k$ とおく．数列 $\{f_k\}$ と $\{b_k\}$ の一般項をそれぞれ求めよ．

（21 新潟大・理系）

▶解答◀ n を5で割った余りを m とする．

（1） さいころを2回ふるときの，それぞれの m の値を表にまとめると右表のようになる．

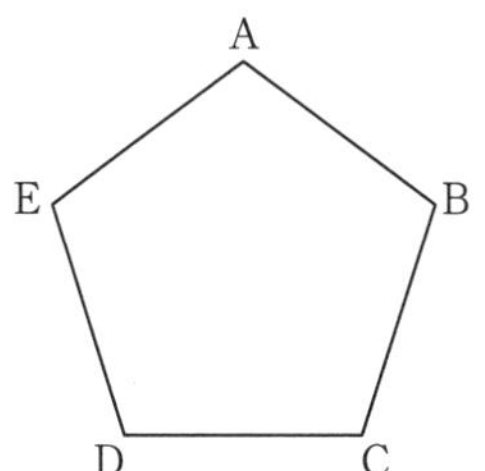

	1	2	3	4	5	6
1	1	2	3	4	0	1
2	2	4	1	3	0	2
3	3	1	4	2	0	3
4	4	3	2	1	0	4
5	0	0	0	0	0	0
6	1	2	3	4	0	1

PがAにあるのは $m=0$ のときであり，それは表内に11箇所あるから，PがAにある確率は $\boldsymbol{\frac{11}{36}}$ である．また，PがBにあるのは $m=1$ のときであり，それは表内に7箇所あるから，PがBにある確率は $\boldsymbol{\frac{7}{36}}$ である．

（2） $m=0$ となるのは，少なくとも1回5の目が出るときである．余事象は k 回とも5以外の目が出ることであり，その確率は $\left(\frac{5}{6}\right)^k$ であるから，求める確率は $\boldsymbol{1-\left(\frac{5}{6}\right)^k}$ である．

（3） k 回ふって出る目の積を5で割った余りを m_k とおく．また，m_k が0, 1, 2, 3, 4となる確率をそれぞれ a_k, b_k, c_k, d_k, e_k とする．このとき

$$a_k+b_k+c_k+d_k+e_k=1 \quad \cdots\cdots①$$

であり，$m_{k+1}=1$ となるのは，次の4タイプがある．

- $m_k=1$ であり（確率 b_k），$k+1$ 回目に1または6が出る（確率 $\frac{1}{3}$）ときで，この確率は $\frac{1}{3}b_k$ である．
- $m_k=2$ であり（確率 c_k），$k+1$ 回目に3が出る（確率 $\frac{1}{6}$）ときで，この確率は $\frac{1}{6}c_k$ である．
- $m_k=3$ であり（確率 d_k），$k+1$ 回目に2が出る（確率 $\frac{1}{6}$）ときで，この確率は $\frac{1}{6}d_k$ である．
- $m_k=4$ であり（確率 e_k），$k+1$ 回目に4が出る（確率 $\frac{1}{6}$）ときで，この確率は $\frac{1}{6}e_k$ である．

よって，これらより

$$b_{k+1}=\frac{1}{3}b_k+\frac{1}{6}(c_k+d_k+e_k)$$

$$=\frac{1}{6}b_k+\frac{1}{6}(b_k+c_k+d_k+e_k)$$

ここで，①より $b_k+c_k+d_k+e_k=1-a_k$ であり，（2）より $a_k=1-\left(\frac{5}{6}\right)^k$ であるから

$$\boldsymbol{b_{k+1}=\frac{1}{6}b_k+\frac{1}{6}\left(\frac{5}{6}\right)^k}$$

（4） （3）で得た漸化式の両辺に 6^{k+1} をかけると

$$6^{k+1}b_{k+1}=6^k b_k+5^k$$

$$f_{k+1}-f_k=5^k$$

である．また，$f_1=6b_1=6\cdot\frac{1}{3}=2$ であるから，$k \geqq 2$ のとき

$$f_k=f_1+\sum_{j=1}^{k-1}5^j=2+5\cdot\frac{5^{k-1}-1}{5-1}$$

$$=\frac{1}{4}(8+5^k-5)=\boldsymbol{\frac{1}{4}(5^k+3)}$$

この結果は $k=1$ でも成り立っている．これより

$$6^k b_k=\frac{1}{4}(5^k+3)$$

$$\boldsymbol{b_k=\frac{1}{4}\left\{\left(\frac{5}{6}\right)^k+3\left(\frac{1}{6}\right)^k\right\}}$$

《後ろでタイプ分けする（B20）☆》

119. n を2以上の自然数とする．箱の中にH, Y, O, G, Oの各文字が1つずつ記入された5枚のカード（[H], [Y], [O], [G], [O]）が入っている．すなわち，Oが記入されたカードが2枚，H, Y, Gが記入されたカードが1枚ずつ箱に入っている．この箱から1枚のカードをとり出し，そのカードに記入されている文字を記録して箱に戻す．この試行を n 回繰り返すことを考える．Oが連続して2回以上記録されない事象を E_n とする．また，n 回目に取り出したカードの文字がOである事象を F_n，O以外である事象を $\overline{F_n}$ とする．E_n の起こる確率を p_n，$E_n\cap F_n$ の起こる確率を q_n，$E_n\cap\overline{F_n}$ の起こる確率を r_n とする．以下の問に答えなさい．

（1） p_2, p_3 を求めなさい．

（2） p_{n+1} を q_n と r_n を用いて表しなさい．

（3） p_{n+2} を p_{n+1} と p_n を用いて表しなさい．

（21 兵庫県立大・理，社会情報-中期）

考え方 典型的な悪文である．文章の時制が一致していない．他が全部現在形で書いているのだから「n 回目に取り出した」ではなく「n 回目に取り出す」である．まあ，過去形ではなく，仮定のつもり（取り出したと仮定したとき）だろうが．

（1） 直接考えても簡単だから直接考える．「とりあえず余事象」というのはよくない．

（2） E_{n+1} とか，$E_n \cap F_n$ とか，覚えられない．すべて「Oが2回以上連続しない場合で考える」と書けばいいのである．

▶解答◀ （1） Oが記入されたカードが出ることを単にOと表し，O以外の文字が記入されたカードが出ることを $\overline{\text{O}}$ と表す．2回の試行でOが連続しないのは，1回目がO（確率 $\frac{2}{5}$）で2回目が $\overline{\text{O}}$（確率 $\frac{3}{5}$）か，1回目が $\overline{\text{O}}$（確率 $\frac{3}{5}$）になるときで

$$p_2 = \frac{2}{5} \cdot \frac{3}{5} + \frac{3}{5} = \mathbf{\frac{21}{25}}$$

3回の試行でOが連続しないのは

2回目が $\overline{\text{O}}$（確率 $\frac{3}{5}$）か，2回目がO（確率 $\frac{2}{5}$）で1回目と3回目が $\overline{\text{O}}$ になるときで

$$p_3 = \frac{3}{5} + \frac{3}{5} \cdot \frac{2}{5} \cdot \frac{3}{5} = \mathbf{\frac{93}{125}}$$

（2） すべてOが2回以上連続しない場合で考え，特に記述しない．そのとき，n 回目がOである確率が q_n，n 回目が $\overline{\text{O}}$ である確率が r_n である．樹形図を見よ．

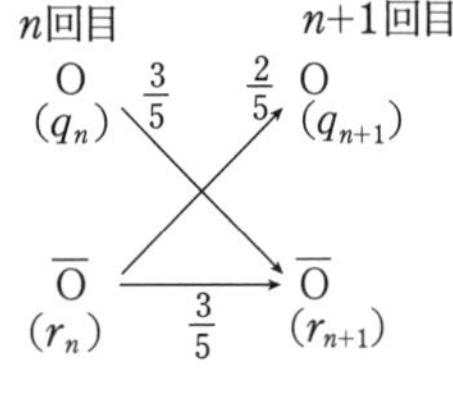

$$p_n = q_n + r_n \quad \cdots\cdots ①$$

$$q_{n+1} = \frac{2}{5} r_n \quad \cdots\cdots ②$$

$$r_{n+1} = \frac{3}{5} q_n + \frac{3}{5} r_n \quad \cdots\cdots ③$$

であり，②＋③ より

$$\boldsymbol{p_{n+1} = \frac{3}{5} q_n + r_n}$$

（3） ①，③ より

$$r_{n+1} = \frac{3}{5} p_n \quad \cdots\cdots ④$$

となる．②，④ より

$$r_n = \frac{3}{5} p_{n-1}$$

$$q_n = \frac{2}{5} r_{n-1} = \frac{2}{5} \cdot \frac{3}{5} p_{n-2}$$

これらを加えて

$$p_n = \frac{3}{5} p_{n-1} + \frac{6}{25} p_{n-2}$$

$$\boldsymbol{p_{n+2} = \frac{3}{5} p_{n+1} + \frac{6}{25} p_n}$$

◆別解◆ 後の方でタイプ分けすると「p_n の漸化式を求めたいのに，それ以外の確率 q_n, r_n が必要になる」という典型である．最初で場合分けするのが定石である．

$n+2$ 回まで，Oが連続しない（確率 p_{n+2}）のは，1回目がO，2回目が $\overline{\text{O}}$ で，以後 n 回でOが連続しない（確率 $\frac{2}{5} \cdot \frac{3}{5} \cdot p_n$）か，1回目が $\overline{\text{O}}$ で以後 $n+1$ 回でOが連続しない（確率 $\frac{3}{5} p_{n+1}$）ときである．

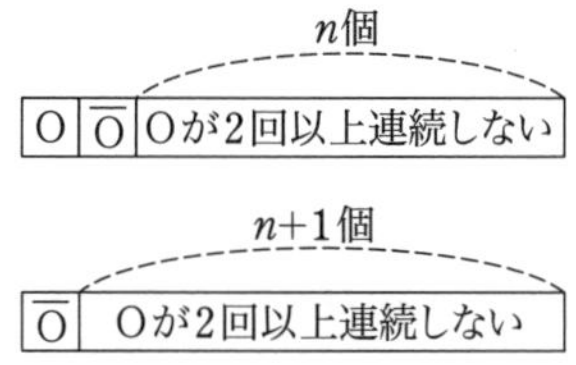

$$\boldsymbol{p_{n+2} = \frac{3}{5} p_{n+1} + \frac{6}{25} p_n}$$

注意 （1） 余事象で考える．2回の試行でOを2回連続して取り出す確率は $\left(\frac{2}{5}\right)^2$ であるから

$$p_2 = 1 - \left(\frac{2}{5}\right)^2 = \mathbf{\frac{21}{25}}$$

3回の試行でOを2回以上連続して取り出すのは

OO△（Oの2連続が1回目から始まるとき）

$\overline{\text{O}}$OO（Oの2連続が2回目から始まるとき）

と取り出すときである．ただし，△ はどの文字でもよいことを表す．このようになる確率は

$$\left(\frac{2}{5}\right)^2 + \frac{3}{5} \cdot \left(\frac{2}{5}\right)^2 = \frac{20+12}{125} = \frac{32}{125}$$

であり，

$$p_3 = 1 - \frac{32}{125} = \mathbf{\frac{93}{125}}$$

《病気の連立漸化式（B20）》

120. 病気Aと診断された人は，病気Aのままか，病気B，病気Cの順に悪化し，これら3つの段階のいずれかに診断されるものとする．

- 病気Aだった人の1年後の段階は次の通りである．
  60% は病気Aのまま，30% は病気Bに悪化，10% は病気Cに悪化
- 病気Bだった人の1年後の段階は次の通りである．
  80% は病気Bのまま，20% は病気Cに悪化
- 病気Cだった人の1年後の段階は病気Cのままである．

n は正の整数とする．病気Aの人が n 年後に病気A，病気B，病気Cの段階である確率をそれぞれ a_n, b_n, c_n とすると，$a_1 = \frac{3}{5}, b_1 = \frac{3}{10}, c_1 = \frac{1}{10}$ となる．

（1） a_{n+1} を a_n で，b_{n+1} を a_n, b_n で，c_{n+1} を a_n, b_n, c_n で表せ．

（2） $\{a_n\}$ の一般項 a_n を求めよ．

（3） $x_n=\left(\frac{5}{3}\right)^n b_n$ とおき，$\{x_n\}$ の一般項 x_n を求め，$\{b_n\}$ の一般項 b_n を求めよ．

（4） $\{c_n\}$ の一般項 c_n を求めよ．

（21　東北大・医 AO）

▶解答◀ （1） $a_{n+1}=\boldsymbol{\frac{3}{5}a_n}$,

$$b_{n+1}=\boldsymbol{\frac{3}{10}a_n+\frac{4}{5}b_n},\ c_{n+1}=\boldsymbol{\frac{1}{10}a_n+\frac{1}{5}b_n+c_n}$$

である．

（2） 数列 $\{a_n\}$ は等比数列であるから，

$$a_n=\left(\frac{3}{5}\right)^{n-1}a_1=\boldsymbol{\left(\frac{3}{5}\right)^n}$$

（3） （2）の結果を代入すると

$$b_{n+1}=\frac{3}{10}\left(\frac{3}{5}\right)^n+\frac{4}{5}b_n \quad \cdots\cdots①$$

両辺を $\left(\frac{3}{5}\right)^n$ で割って

$$\left(\frac{5}{3}\right)^n b_{n+1}=\frac{3}{10}+\frac{4}{5}\left(\frac{5}{3}\right)^n b_n$$

$$\frac{3}{5}\left(\frac{5}{3}\right)^{n+1} b_{n+1}=\frac{4}{5}\left(\frac{5}{3}\right)^n b_n+\frac{3}{10}$$

$$\frac{3}{5}x_{n+1}=\frac{4}{5}x_n+\frac{3}{10}$$

$$x_{n+1}+\frac{3}{2}=\frac{4}{3}\left(x_n+\frac{3}{2}\right)$$

数列 $\left\{x_n+\frac{3}{2}\right\}$ は等比数列であるから，

$$x_n+\frac{3}{2}=\left(\frac{4}{3}\right)^{n-1}\left(x_1+\frac{3}{2}\right)$$

ここで，$x_1=\frac{5}{3}b_1=\frac{1}{2}$ であるから，

$$x_n=2\left(\frac{4}{3}\right)^{n-1}-\frac{3}{2}=\boldsymbol{\frac{3}{2}\left\{\left(\frac{4}{3}\right)^n-1\right\}}$$

$$b_n=\left(\frac{3}{5}\right)^n x_n=\boldsymbol{\frac{3}{2}\left\{\left(\frac{4}{5}\right)^n-\left(\frac{3}{5}\right)^n\right\}}$$

（4） $a_n+b_n+c_n=1$ であるから，

$$c_n=1-a_n-b_n$$

$$=1-\left(\frac{3}{5}\right)^n-\frac{3}{2}\left\{\left(\frac{4}{5}\right)^n-\left(\frac{3}{5}\right)^n\right\}$$

$$=\boldsymbol{1+\frac{1}{2}\left(\frac{3}{5}\right)^n-\frac{3}{2}\left(\frac{4}{5}\right)^n}$$

◆別解◆ ①は（3）のように解くこともできるが，特殊解を利用する解法に比べて下手な方針である．特殊解方式を覚えた方がよい．

$f(x)=A\left(\frac{3}{5}\right)^x$ として，

$$f(n+1)=\frac{3}{10}\left(\frac{3}{5}\right)^n+\frac{4}{5}f(n) \quad \cdots\cdots②$$

が任意の自然数 n で成り立つように実数の定数 A を定める．

$$A\left(\frac{3}{5}\right)^{n+1}=\frac{3}{10}\left(\frac{3}{5}\right)^n+\frac{4}{5}A\left(\frac{3}{5}\right)^n$$

$$\frac{3}{5}A=\frac{3}{10}+\frac{4}{5}A \qquad \therefore\quad A=-\frac{3}{2}$$

$f(n)=-\frac{3}{2}\left(\frac{3}{5}\right)^n$ となる．

①－②より

$$b_{n+1}-f(n+1)=\frac{4}{5}(b_n-f(n))$$

数列 $\{b_n-f(n)\}$ は等比数列で

$$b_n-f(n)=\left(\frac{4}{5}\right)^{n-1}(b_1-f(1))$$

$$b_n+\frac{3}{2}\left(\frac{3}{5}\right)^n=\left(\frac{4}{5}\right)^{n-1}\left(\frac{3}{10}+\frac{9}{10}\right)$$

$$b_n=\boldsymbol{\frac{3}{2}\left\{\left(\frac{4}{5}\right)^n-\left(\frac{3}{5}\right)^n\right\}}$$

【確率漸化式の難問】

《特殊解を利用しよう（C30）》

121． n を正の整数とし，1, 2, 3, 4, 5, 6 の 6 個の数字から同じ数字をくり返し用いることを許して n 桁の整数をつくる．このような整数のうち，1 が奇数個用いられるものの総数を A_n，それ以外のものの総数を B_n とする．また，1 と 6 がいずれも奇数個用いられるものの総数を C_n とする．次の問に答えよ．

（1） A_4 を求めよ．

（2） 正の整数 n に対して，A_{n+1} を A_n と B_n を用いて表せ．

（3） 正の整数 n に対して，A_n と B_n を求めよ．

（4） p を定数とする．

$$X_1=p$$

$$X_{n+1}=2X_n+6^n\ (n=1,2,3,\cdots)$$

で定められる数列を $\{X_n\}$ とする．正の整数 n に対して，X_n を n と p を用いて表せ．

（5） 正の整数 n に対して，C_n を求めよ．

（21　北里大・医）

▶解答◀ （1） 1 桁のとき 1, 2, 3, 4, 5, 6 のいずれかで $A_1=1,\ B_1=5,\ C_1=0$

先に（3）を求め

$$A_4=\frac{1}{2}(6^4-4^4)=\mathbf{520}$$

（2） $n+1$ 桁で 1 が奇数個のもの（A_{n+1} 個ある）は n 桁で 1 が奇数個のもの（A_n 個）の右に 2〜6 のいずれかをつけるか，1 が偶数個のもの（B_n 個）の右に 1 をつけて得られ

$$A_{n+1}=\boldsymbol{5A_n+B_n} \quad \cdots\cdots①$$

同様に

$$B_{n+1}=A_n+5B_n \quad \cdots\cdots②$$

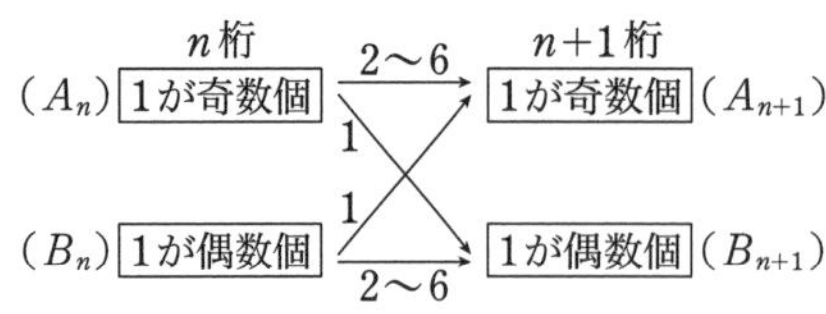

（3） ①＋②, ①－② より

$$A_{n+1}+B_{n+1}=6(A_n+B_n)$$

$$A_{n+1}-B_{n+1}=4(A_n-B_n)$$

数列 $\{A_n+B_n\}$, $\{A_n-B_n\}$ は等比数列で

$$A_n+B_n=6^{n-1}(A_1+B_1)=6^n$$

$$A_n-B_n=4^{n-1}(A_1-B_1)=-4^n$$

これらより

$$A_n=\boldsymbol{\frac{1}{2}(6^n-4^n)},\ B_n=\boldsymbol{\frac{1}{2}(6^n+4^n)}$$

（4） $X_{n+1}=2X_n+6^n$ ……③

$\alpha\cdot 6^{n+1}=2\cdot\alpha\cdot 6^n+6^n$ ……④

とおいて解く．$6\alpha=2\alpha+1$ で $\alpha=\frac{1}{4}$

③－④ より $X_{n+1}-\alpha\cdot 6^{n+1}=2(X_n-\alpha\cdot 6^n)$

数列 $\{X_n-\alpha\cdot 6^n\}$ は等比数列で

$$X_n-\alpha\cdot 6^n=2^{n-1}(X_1-\alpha\cdot 6)$$

$$X_n=\boldsymbol{\frac{1}{4}\cdot 6^n+2^{n-1}\left(p-\frac{3}{2}\right)}$$

（5） n 桁で1を奇数個，6を偶数個含むものが D_n 個あるとすると，1を偶数個，6を奇数個含むものも D_n 個ある．

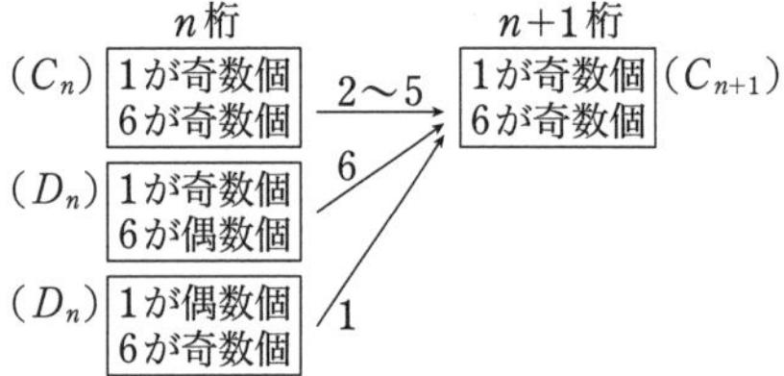

$n+1$ 桁で1が奇数個，6が奇数個あるもの（C_{n+1} 個）は n 桁で1が奇数個，6が奇数個のもの（C_n 個）の右に2~5をつけるか，1が奇数個，6が偶数個のもの（D_n 個）の右に6をつけるか，1が偶数個，6が奇数個のもの（D_n 個）の右に1をつけて得られ

$$C_{n+1}=4C_n+2D_n$$

ところで，1が奇数個で6が奇数個のもの（C_n 個）と，1が奇数個で6が偶数個のもの（D_n 個）の和は1が奇数個のものであるから $C_n+D_n=A_n$ であり

$C_{n+1}=2C_n+6^n-4^n$ ……⑤

となる．ここで

$\alpha\cdot 6^{n+1}=2\cdot\alpha\cdot 6^n+6^n\left(\alpha=\frac{1}{4}\right)$ ……⑥

$\beta\cdot 4^{n+1}=2\cdot\beta\cdot 4^n-4^n\left(\beta=-\frac{1}{2}\right)$ ……⑦

⑤－⑥－⑦ より

$$C_{n+1}-\alpha\cdot 6^{n+1}-\beta\cdot 4^{n+1}=2(C_n-\alpha\cdot 6^n-\beta\cdot 4^n)$$

数列 $\{C_n-\alpha\cdot 6^n-\beta\cdot 4^n\}$ は等比数列で

$$C_n-\alpha\cdot 6^n-\beta\cdot 4^n=2^{n-1}(C_1-\alpha\cdot 6-\beta\cdot 4)$$

$$C_n=\frac{1}{4}\cdot 6^n-\frac{1}{2}\cdot 4^n+2^{n-1}\left(-\frac{3}{2}+2\right)$$

$$C_n=\boldsymbol{\frac{1}{4}(6^n+2^n-2\cdot 4^n)}$$

注意 1°**【特殊解を見つける】**

本問では

$$a_{n+1}=pa_n+f(n)$$

の形の漸化式を扱っている．この場合

$$g(n+1)=pg(n)+f(n)$$

の形の $g(n)$ を特殊解という．a_1 がある値のとき $a_n=g(n)$ になるようなものが特殊解である．

特に $a_{n+1}=pa_n+q$ $(p\neq 1)$ のときには

$$\alpha=p\alpha+q\left(\alpha=\frac{q}{1-p}\right)$$

で特殊解として定数 α が見つかる．特殊解は発見するものであり，たいていの場合は $f(n)$ と $g(n)$ は同型にする．$f(n)$ が定数ならば $g(n)$ も定数，$f(n)=6^n$ ならば $g(n)=\alpha\cdot 6^n$（④，⑥を見よ），$f(n)=4^n$ ならば $g(n)=\beta\cdot 4^n$（⑦を見よ）と考える．なお，$f(n)$ が等比数列のときは公比が p に等しいと，特殊解は同型にならない．

2°**【別解いろいろ】**

$A_n+B_n=6^n$ は意味から分かる．①にこれを用いると

$$A_{n+1}=4A_n+6^n$$

この後，教科書傍用問題集は少し遠回りで計算ミスをしやすい解法を教えてきた．$a_{n+1}=pa_n+q$ への帰着をするというのである．

$A_{n+1}=4A_n+6^n$ の両辺を 6^{n+1} で割る．

$$\frac{A_{n+1}}{6^{n+1}}=\frac{2}{3}\cdot\frac{A_n}{6^n}+\frac{1}{6}$$

$$\frac{A_{n+1}}{6^{n+1}}-\frac{1}{2}=\frac{2}{3}\left(\frac{A_n}{6^n}-\frac{1}{2}\right)$$

数列 $\left\{\frac{A_n}{6^n}-\frac{1}{2}\right\}$ は公比 $\frac{2}{3}$ の等比数列であるから

$$\frac{A_n}{6^n}-\frac{1}{2}=\left(\frac{A_1}{6}-\frac{1}{2}\right)\left(\frac{2}{3}\right)^{n-1}$$

$$\frac{A_n}{6^n}=-\frac{1}{3}\left(\frac{2}{3}\right)^{n-1}+\frac{1}{2}$$

$$A_n=-2^{n-1}\cdot 2^n+\frac{1}{2}\cdot 6^n=\boldsymbol{\frac{1}{2}(6^n-4^n)}$$

$$B_n=6^n-A_n=\boldsymbol{\frac{1}{2}(6^n+4^n)}$$

(**4**)　$X_{n+1}=2X_n+6^n$ の両辺を 6^{n+1} で割る．

$$\frac{X_{n+1}}{6^{n+1}}=\frac{1}{3}\cdot\frac{X_n}{6^n}+\frac{1}{6}$$

$$\frac{X_{n+1}}{6^{n+1}}-\frac{1}{4}=\frac{1}{3}\left(\frac{X_n}{6^n}-\frac{1}{4}\right)$$

数列 $\left\{\frac{X_n}{6^n}-\frac{1}{4}\right\}$ は公比 $\frac{1}{3}$ の等比数列であるから

$$\frac{X_n}{6^n}-\frac{1}{4}=\left(\frac{X_1}{6}-\frac{1}{4}\right)\left(\frac{1}{3}\right)^{n-1}$$

$$\frac{X_n}{6^n}=\frac{2p-3}{12}\left(\frac{1}{3}\right)^{n-1}+\frac{1}{4}$$

$$X_n=\boldsymbol{\frac{1}{4}\cdot 6^n+2^{n-1}\left(p-\frac{3}{2}\right)}$$

(**5**)　$C_{n+1}=2C_n+6^n-4^n$ ……………………………⑤

ここで(4)の結果を利用するために，両辺に $2\cdot4^n$ を加えると

$$C_{n+1}+2\cdot4^n=2C_n+4^n+6^n$$

$$C_{n+1}+2^{2n+1}=2(C_n+2^{2n-1})+6^n$$

(4)の結果で $X_n=C_n+2^{2n-1}$ とする．

$p=X_1=C_1+2=2$ である．

$$C_n+2^{2n-1}=\frac{6^n+2^n}{4}$$

$$C_n=\boldsymbol{\frac{1}{4}(6^n+2^n-2\cdot4^n)}$$

(5)の⑤のところで(4)の利用に気が付かなければ，階差数列を利用する．

$$C_{n+1}=2C_n+6^n-4^n$$

$$\frac{C_{n+1}}{2^{n+1}}=\frac{C_n}{2^n}+\frac{1}{2}(3^n-2^n)$$

数列 $\left\{\frac{C_n}{2^n}\right\}$ の階差数列の一般項が $\frac{1}{2}(3^n-2^n)$ であるから，$n\geqq2$ のとき

$$\frac{C_n}{2^n}=\frac{C_1}{2}+\frac{1}{2}\sum_{k=1}^{n-1}(3^k-2^k)$$

$$=\frac{1}{2}\left(3\cdot\frac{3^{n-1}-1}{3-1}-2\cdot\frac{2^{n-1}-1}{2-1}\right)$$

$$=\frac{1}{2}\cdot\frac{3^n-2^{n+1}+1}{2}$$

この結果は $n=1$ のときも成り立つ．

$$C_n=\frac{3^n-2^{n+1}+1}{4}\cdot2^n=\boldsymbol{\frac{1}{4}(6^n+2^n-2\cdot4^n)}$$

【二項係数と母関数】

《二項展開 (A5) ☆》

122. $(x+3)^{10}$ の展開式における x^8 の係数は□である．

$\left(x-\dfrac{2}{x}\right)^{12}$ の展開式における x^{10} の係数は□である．

(21 国際医療福祉大・医)

▶解答◀ ${}_{10}\mathrm{C}_8\cdot 1^8\cdot 3^2=\mathbf{405}$

後半の展開式の一般項は

$${}_{12}\mathrm{C}_k x^k\left(-\frac{2}{x}\right)^{12-k}={}_{12}\mathrm{C}_k(-2)^{12-k}x^{2k-12}$$

であるから，$2k-12=10$ のとき $k=11$ である．x^{10} の係数は ${}_{12}\mathrm{C}_{11}\cdot(-2)^1=\mathbf{-24}$

《二項展開 (A5) ☆》

123. $(20+1)^{100}$ の十の位の値を求めなさい．

(21 福島大・システム理工)

▶解答◀ $(20+1)^{100}$

$$={}_{100}\mathrm{C}_0+{}_{100}\mathrm{C}_1\cdot 20+{}_{100}\mathrm{C}_2\cdot 20^2+\cdots+{}_{100}\mathrm{C}_{100}\cdot 20^{100}$$

$$=1+2000+400({}_{100}\mathrm{C}_2+{}_{100}\mathrm{C}_3\cdot 20+\cdots+{}_{100}\mathrm{C}_{100}\cdot 20^{98})$$

よって，求める十の位の値は **0**

《等式の証明 (B20) ☆》

124. m 個から r 個取る組合せの総数を ${}_m\mathrm{C}_r$ と表す．また，$r=0$ のときは ${}_m\mathrm{C}_0=1$ と定める．n を 2 以上の整数とするとき，以下の問いに答えよ．

(1) $k=1, 2, \cdots, n$ に対して，$k{}_n\mathrm{C}_k=n{}_{n-1}\mathrm{C}_{k-1}$ が成り立つことを示せ．

(2) $\displaystyle\sum_{k=1}^{n}k{}_n\mathrm{C}_k$ を n を用いて表せ．

(3) $\displaystyle\sum_{k=2}^{n}k(k-1){}_n\mathrm{C}_k$ を n を用いて表せ．

(4) $1+\displaystyle\sum_{k=2}^{n}(k-1)^2{}_n\mathrm{C}_k$ を n を用いて表せ．

(21 大府大・後期)

▶解答◀ (1) $k{}_n\mathrm{C}_k=k\cdot\dfrac{n!}{k!(n-k)!}$

$$=n\cdot\frac{(n-1)!}{(k-1)!\{(n-1)-(k-1)\}!}=n{}_{n-1}\mathrm{C}_{k-1}$$

(2) (1)を利用して，

$$\sum_{k=1}^{n}k{}_n\mathrm{C}_k=\sum_{k=1}^{n}n{}_{n-1}\mathrm{C}_{k-1}=n\sum_{k=1}^{n}{}_{n-1}\mathrm{C}_{k-1}$$

ここで，二項定理

$$(1+x)^n=\sum_{k=0}^{n}{}_n\mathrm{C}_k x^k \quad\cdots\cdots\text{①}$$

で $x=1$ として $\displaystyle\sum_{k=0}^{n}{}_n\mathrm{C}_k=2^n$

よって，

$$\sum_{k=1}^{n}k{}_n\mathrm{C}_k=n\sum_{k=0}^{n-1}{}_{n-1}\mathrm{C}_k=\boldsymbol{n\cdot 2^{n-1}}$$

(3) (1)と同様にして，$k=2, 3, \cdots, n$ に対して

$$k(k-1){}_n\mathrm{C}_k=k(k-1)\cdot\frac{n!}{k!(n-k)!}$$

$$=n(n-1)\cdot\frac{(n-2)!}{(k-2)!\{(n-2)-(k-2)\}!}$$

$$=n(n-1){}_{n-2}\mathrm{C}_{k-2}$$

これを用いて，

$$\sum_{k=2}^{n}k(k-1){}_n\mathrm{C}_k=\sum_{k=2}^{n}n(n-1){}_{n-2}\mathrm{C}_{k-2}$$

$$=n(n-1)\sum_{k=0}^{n-2}{}_{n-2}\mathrm{C}_k=\boldsymbol{n(n-1)2^{n-2}}$$

(4) $1+\displaystyle\sum_{k=2}^{n}(k-1)^2{}_n\mathrm{C}_k$

$$=1+\sum_{k=2}^{n}k(k-1){}_n\mathrm{C}_k-\sum_{k=2}^{n}(k-1){}_n\mathrm{C}_k$$

$$=1+\sum_{k=2}^{n}k(k-1){}_n\mathrm{C}_k-\sum_{k=1}^{n}(k-1){}_n\mathrm{C}_k$$

$$=\sum_{k=2}^{n}k(k-1){}_n\mathrm{C}_k-\sum_{k=1}^{n}k{}_n\mathrm{C}_k+\sum_{k=0}^{n}{}_n\mathrm{C}_k$$

$$=n(n-1)2^{n-2}-n\cdot 2^{n-1}+2^n$$

$$=\{n(n-1)-2n+4\}2^{n-2}$$

$$=\boldsymbol{(n^2-3n+4)2^{n-2}}$$

◆別解◆ (1) n 人から 1 人の委員長を含めて k 人の委員を選ぶとき ($k\leqq n$)

(ア) n 人から k 人の委員を選んで，その中から 1 人の委員長を決める場合は ${}_n\mathrm{C}_k\cdot k$ 通り

(イ) 先に，n 人から 1 人の委員長を選んで，残りの $n-1$ 人から $k-1$ 人の委員を決める場合は，$n\cdot{}_{n-1}\mathrm{C}_{k-1}$ 通り

(ア)，(イ)より，$k{}_n\mathrm{C}_k=n{}_{n-1}\mathrm{C}_{k-1}$

(2)，(3) 要素の個数が n 個の有限集合 A がある．($n(A)=n$) ここで，A の部分集合の個数を数える．

(ア) A の部分集合で，要素の個数が k 個のものは，${}_n\mathrm{C}_k$ 個ある．($k=0, 1, 2, \cdots, n$)

よって，A の部分集合の総数は ${}_n\mathrm{C}_0+{}_n\mathrm{C}_1+{}_n\mathrm{C}_2+\cdots+{}_n\mathrm{C}_n$

(イ) 各要素は，その部分集合に属するか属さないかの 2 通りずつの場合があるので A の部分集合の総数は 2^n 個である．

(ア)，(イ)より，${}_n\mathrm{C}_0+{}_n\mathrm{C}_1+{}_n\mathrm{C}_2+\cdots+{}_n\mathrm{C}_n=2^n$

◆別解◆ (2)，(3) ①の両辺を x で微分して，

$$n(1+x)^{n-1}=\sum_{k=1}^{n}k{}_n\mathrm{C}_k x^{k-1} \quad\cdots\cdots\text{②}$$

②で $x=1$ として，$\displaystyle\sum_{k=1}^{n}k{}_n\mathrm{C}_k=\boldsymbol{n\cdot 2^{n-1}}$

さらに，$n \geqq 2$ のとき，②の両辺を x で微分して

$$n(n-1)(1+x)^{n-2} = \sum_{k=2}^{n} k(k-1)_n\mathrm{C}_k x^{k-2}$$

この式で $x=1$ として

$$\sum_{k=2}^{n} k(k-1)_n\mathrm{C}_k = \boldsymbol{n(n-1)2^{n-2}}$$

《等式の証明（B20）》

125．自然数 n に対して，

$$S_n = \sum_{k=1}^{n} \frac{{}_{n-1}\mathrm{C}_{k-1}}{k}$$
$$= {}_{n-1}\mathrm{C}_0 + \frac{{}_{n-1}\mathrm{C}_1}{2} + \cdots + \frac{{}_{n-1}\mathrm{C}_{n-1}}{n}$$
$$T_n = \sum_{k=1}^{n} \frac{{}_n\mathrm{C}_k}{k} = {}_n\mathrm{C}_1 + \frac{{}_n\mathrm{C}_2}{2} + \cdots + \frac{{}_n\mathrm{C}_n}{n}$$

とおく．ただし，${}_0\mathrm{C}_0 = 1$ とする．このとき，以下の問いに答えよ．

（1） S_2 と T_2 を求めよ．

（2） $k = 1, 2, \cdots, n$ に対して，
$n \cdot {}_{n-1}\mathrm{C}_{k-1} = k \cdot {}_n\mathrm{C}_k$ を示せ．

（3） $S_n = \dfrac{2^n - 1}{n}$ を示せ．

（4） $T_n = S_1 + S_2 + \cdots + S_n$ を示せ．必要ならば，等式

$${}_n\mathrm{C}_k = {}_{n-1}\mathrm{C}_k + {}_{n-1}\mathrm{C}_{k-1}$$
$$(n \geqq 2,\ k = 1, 2, \cdots, n-1)$$

を用いてよい．　（21　福井大・工，教育，国際）

▶解答◀ （1） $S_2 = {}_1\mathrm{C}_0 + \dfrac{{}_1\mathrm{C}_1}{2} = \boldsymbol{\dfrac{3}{2}}$

$$T_2 = {}_2\mathrm{C}_1 + \frac{{}_2\mathrm{C}_2}{2} = \boldsymbol{\frac{5}{2}}$$

（2） $n \cdot {}_{n-1}\mathrm{C}_{k-1} = n \cdot \dfrac{(n-1)!}{(k-1)!\{(n-1)-(k-1)\}!}$

$$= k \cdot \frac{n!}{k!(n-k)!} = k \cdot {}_n\mathrm{C}_k$$

（3） まず，二項定理 $(1+x)^n = \sum\limits_{k=0}^{n} {}_n\mathrm{C}_k x^k$ で，$x=1$ として $\sum\limits_{k=0}^{n} {}_n\mathrm{C}_k = 2^n$ を得る．この式と（2）を用いて

$$S_n = \sum_{k=1}^{n} \frac{{}_{n-1}\mathrm{C}_{k-1}}{k} = \sum_{k=1}^{n} \frac{1}{k} \cdot \frac{k \cdot {}_n\mathrm{C}_k}{n}$$
$$= \frac{1}{n}\sum_{k=1}^{n} {}_n\mathrm{C}_k = \frac{1}{n}\left(\sum_{k=0}^{n} {}_n\mathrm{C}_k - {}_n\mathrm{C}_0\right) = \frac{2^n-1}{n}$$

（4） $T_1 = {}_1\mathrm{C}_1 = 1,\ S_1 = {}_0\mathrm{C}_0 = 1$ で $T_1 = S_1$ である．
$n \geqq 2$ のとき

$$T_n - T_{n-1} = \sum_{k=1}^{n} \frac{{}_n\mathrm{C}_k}{k} - \sum_{k=1}^{n-1} \frac{{}_{n-1}\mathrm{C}_k}{k}$$
$$= \frac{1}{n} + \sum_{k=1}^{n-1} \frac{{}_n\mathrm{C}_k - {}_{n-1}\mathrm{C}_k}{k} = \frac{1}{n} + \sum_{k=1}^{n-1} \frac{{}_{n-1}\mathrm{C}_{k-1}}{k}$$
$$= \sum_{k=1}^{n} \frac{{}_{n-1}\mathrm{C}_{k-1}}{k} = S_n$$

よって

$$T_n = \sum_{k=2}^{n} (T_k - T_{k-1}) + T_1$$
$$= \sum_{k=2}^{n} S_k + S_1 = \sum_{k=1}^{n} S_k$$

$n=1$ のときも含めて成り立つ．

♦別解♦ （2） n 人から1人の委員長を含めて k 人の委員を選ぶときを考える（$k \leqq n$）．

（ア） 先に n 人から1人の委員長を選んで，残りの $n-1$ 人から $k-1$ 人の委員を決める場合は，$n \cdot {}_{n-1}\mathrm{C}_{k-1}$ 通り．

（イ） n 人から k 人の委員を選んで，その中から1人の委員長を決める場合は ${}_n\mathrm{C}_k \cdot k$ 通り．

（ア），（イ）より $n \cdot {}_{n-1}\mathrm{C}_{k-1} = k \cdot {}_n\mathrm{C}_k$

（3） 二項定理 $(1+x)^{n-1} = \sum\limits_{k=1}^{n} {}_{n-1}\mathrm{C}_{k-1} x^{k-1}$ の両辺を，0から1まで x で積分して

左辺は

$$\int_0^1 (1+x)^{n-1}\,dx = \left[\frac{(1+x)^n}{n}\right]_0^1 = \frac{2^n-1}{n}$$

右辺は

$$\sum_{k=1}^{n} {}_{n-1}\mathrm{C}_{k-1} \int_0^1 x^{k-1}\,dx = \sum_{k=1}^{n} {}_{n-1}\mathrm{C}_{k-1}\left[\frac{x^k}{k}\right]_0^1$$
$$= \sum_{k=1}^{n} \frac{{}_{n-1}\mathrm{C}_{k-1}}{k} = S_n$$

よって，$S_n = \dfrac{2^n-1}{n}$

注意 **【だからどうした？】**

（4）の等式が「それがどうしたの？」という感じである．こういう問題は「複雑なものがこれだけ簡単になりました」でないといけない．T_n にはシグマが入っている．シグマの式が，シグマの式になっても面白くない．

【整数問題】

【素因数と倍数の話題】

《約数の個数（A5）》

126．3888 の正の約数のうち，1 を除く約数は全部で何個あるか．（21　酪農学園大・農食，獣医-看護）

▶解答◀　$3888 = 2^4 \cdot 3^5$ であるから，1 を含めた約数は $(4+1)(5+1) = 30$ 個ある．したがって 1 を除く約数は全部で **29** 個ある．

《約数の逆数の総和（A5）》

127．360 の正の約数の逆数の総和を求めなさい．（21　福島大・人間，数理）

考え方　n が自然数 k, l, m，異なる素数 $p, q, r, \cdots$ を用いて $n = p^k q^l r^m \cdots$ と素因数分解されるとき，すべての正の約数の総和は

$$(1+p+\cdots+p^k)(1+q+\cdots+q^l)(1+r+\cdots+r^m)$$

である．これを逆数にする．

▶解答◀　$360 = 2^3 \cdot 3^2 \cdot 5$

求める値は

$$\left(1+\frac{1}{2}+\frac{1}{2^2}+\frac{1}{2^3}\right)\left(1+\frac{1}{3}+\frac{1}{3^2}\right)\left(1+\frac{1}{5}\right)$$

$$= \frac{1+2+2^2+2^3}{2^3} \cdot \frac{1+3+3^2}{3^2} \cdot \frac{1+5}{5}$$

$$= \frac{15 \cdot 13 \cdot 6}{2^3 \cdot 3^2 \cdot 5} = \mathbf{\frac{13}{4}}$$

《約数の個数（B10）》

128．自然数 n は，1 と n 以外にちょうど 4 個の約数をもつとする．このような自然数 n の中で，最小の数は □ であり，最小の奇数は □ である．（21　慶應大・看護医療）

▶解答◀　n が自然数 k, l, m, 異なる素数 $p, q, r, \cdots$ を用いて $n = p^k q^l r^m \cdots$ と素因数分解されるとき，n の約数の個数は $(k+1)(l+1)(m+1)\cdots$ である．n が 1 と n 以外にちょうど 4 個の約数をもつとき，1 と n を含めれば，ちょうど 6 個の約数をもつ．$6 = 2 \cdot 3$ である．$n = p^5$ または $n = pq^2$ と素因数分解されるときである．

$n = p^5$ のとき

最小の数は $2^5 = 32$，最小の奇数は $3^5 = 243$

$n = pq^2$ のとき

最小の数は $3 \cdot 2^2 = 12$，最小の奇数は $5 \cdot 3^2 = 45$

よって，求める最小の数は **12**，最小の奇数は **45**

《最小公倍数（A5）☆》

129．最小公倍数が 180 である 2 つの自然数 a, b の組のうち，a と b の和が 105 となるものは $(a, b) = ($ □, □ $)$ である．ただし，$a < b$ とする．（21　北九州市立大）

▶解答◀　a, b の最大公約数を g とし，$a = ga'$，$b = gb'$（a', b' は互いに素で $a' < b'$）とおく．a と b の最小公倍数が 180 で，a と b の和が 105 であるから

$$ga'b' = 180 = 2^2 \cdot 3^2 \cdot 5$$

$$g(a'+b') = 105 = 3 \cdot 5 \cdot 7$$

$a'b'$ と $a'+b'$ は互いに素であるから，g は 180 と 105 の最大公約数の 15 である．よって

$$a'b' = 2^2 \cdot 3,\ a'+b' = 7$$

となり，$a' = 3, b' = 4$ となる．$(a, b) = $ **(45, 60)**

《最大公約数と最小公倍数（A5）☆》

130．和が 96，最大公約数が 24 となる 2 個の自然数 a, b $(a \leqq b)$ のペアは，$(a, b) = $ □ である．（21　産業医大）

▶解答◀　最大公約数が 24 であるから，a, b は

$$a = 24a',\ b = 24b'$$

とおくことができる．ただし

a', b' は互いに素で，$a' \leqq b'$ ……………………①

a, b の和は $96 = 24 \cdot 4$ であるから

$$24a' + 24b' = 24 \cdot 4 \qquad \therefore\ a'+b' = 4$$

これと ① を満たす組み合わせは $(a', b') = (1, 3)$ のみであるから，$(a, b) = $ **(24, 72)**

《3 数の大公約数と最小公倍数（A5）☆》

131．63, 294, a の最大公約数が 21，最小公倍数が 9702 である．このような正の整数 a の最小値は □ である．（21　藤田医科大・AO）

▶解答◀　$63 = 21 \cdot 3$, $294 = 21 \cdot 14$，$a = 21b$ とおく．

$$9702 = 2 \cdot 3^2 \cdot 7^2 \cdot 11 = 21 \cdot 3 \cdot 14 \cdot 11$$

であるから，$b = 11$ となり，$a = 21 \cdot 11 = $ **231** である．

注意　【3 つ以上の公倍数，公約数】

3 つ以上の公倍数，公約数は高校の範囲外ではなかろうか？いずれも 0 でない整数 $a_1, a_2, \cdots, a_n$ のすべての倍数である整数をこれらの数の公倍数といい，その中の正の公倍数のうち最小のものを $a_1, a_2, \cdots, a_n$ の最小公倍数という．

上の $a_1, a_2, \cdots, a_n$ のすべてを割り切れる整数をこれらの数の公約数といい，その中の正の公約数のうち最大のものを $a_1, a_2, \cdots, a_n$ の最大公約数という．

2 つの整数 a_1, a_2 の最大公約数を g とすると

$$a_1 = g\alpha_1,\ a_2 = g\alpha_2$$

となり，α_1 と α_2 は互いに素である．

例えば 14, 28, 35 の最大公約数は 7 であるが，14 と 28 だけを取ると，最大公約数は 14 になる．

《3 数の大公約数と最小公倍数 (A10) ☆》

132. 自然数 a と b が次の 2 条件

- $a > b$
- a, b の最大公約数は 10，最小公倍数は 140

をみたすとき，組 (a, b) をすべて求めると $(a, b) =$ □ である．また，自然数 a, b, c が上の 2 条件に加えて次の 3 条件

- $b > c$
- a, b, c の最大公約数は 2
- b, c の最小公倍数は 60

をみたすとき，組 (a, b, c) をすべて求めると $(a, b, c) =$ □ である．（21 福岡大・医）

▶解答◀ $a = 10a'$, $b = 10b'$ とおく．a', b' は互いに素な自然数である．最小公倍数が 140 であるから

$$10a'b' = 140 \qquad \therefore \quad a'b' = 14$$

$a > b$ より $a' > b'$ であるから

$$(a', b') = (14, 1), (7, 2)$$

$$(a, b) = \mathbf{(140, 10), (70, 20)}$$

a と b の最大公約数 $10 = 2 \cdot 5$ と c の最大公約数は 2 であるから，$c = 2c'$ とおける．ただし，c' は素因数に 5 を含まない自然数である．

（ア） $(a, b) = (140, 10)$ のとき

$b > c$ より $c' < 5$ である．

$b = 10$ と c の最小公倍数が 60 より，5 と c' の最小公倍数は 30 であるが，これを満たす c' は $c' < 5$ の範囲にはない．よって，解なし．

（イ） $(a, b) = (70, 20)$ のとき

$b > c$ より $c' < 10$ であり，$\dfrac{b}{2} = 10 = 2 \cdot 5$ と c' の最小公倍数が $30 = 2 \cdot 3 \cdot 5$ であるから，$c' = 3, 2 \cdot 3$ を得る．

以上より，$(a, b, c) = \mathbf{(70, 20, 6), (70, 20, 12)}$

《約数の個数 (B20) ☆》

133. 正の約数の個数が 12 個である自然数について，次の問いに答えよ．

（1） 素因数が 2 と 3 だけで，2 と 3 の両方の素因数を含むものは □ 個ある．

（2） 一番小さい自然数は □ であり，その自然数の正の約数の総和は □ である．

（3） 三番目に小さい自然数は □ であり，その自然数の正の約数のうち 8 番目に小さな約数は □ である．（21 久留米大・医）

▶解答◀ （1） 以下では正の約数のことを単に約数という．a, b を自然数とし，整数 $2^a \cdot 3^b$ で約数が 12 個あるとき，$(a+1)(b+1) = 12$ より

$$(a+1, b+1) = (2, 6), (3, 4), (4, 3), (6, 2)$$

$$(a, b) = (1, 5), (2, 3), (3, 2), (5, 1)$$

であるから，**4** 個ある．

（2） 素因数の個数で場合分けする．1 番小さいものを求めるから，素因数はなるべく小さいものを用いる．

（ア） 1 種類のとき．

$2^{11} = 2048$ である．

（イ） 2 種類のとき．

（1）より

$$2 \cdot 3^5 = 486, 2^2 \cdot 3^3 = 108, 2^3 \cdot 3^2 = 72, 2^5 \cdot 3 = 96$$

である．

（ウ） 3 種類のとき．

素因数が 2, 3, 5 のものは a, b, c を自然数とし，整数 $2^a \cdot 3^b \cdot 5^c$ の約数が 12 個あるとき

$$(a+1)(b+1)(c+1) = 12$$

$$(a+1, b+1, c+1) = (2, 2, 3), (2, 3, 2), (3, 2, 2)$$

$$(a, b, c) = (1, 1, 2), (1, 2, 1), (2, 1, 1)$$

より

$$2 \cdot 3 \cdot 5^2 = 150, 2 \cdot 3^2 \cdot 5 = 90, 2^2 \cdot 3 \cdot 5 = 60$$

である．

（エ） 4 種類以上のとき．

素因数が 2, 3, 5, 7 を 1 つずつ用いた $2 \cdot 3 \cdot 5 \cdot 7 = 210$ が最小の自然数だが，その約数は 16 個である．

したがって，約数が 12 個ある最小の自然数は **60** であり，その約数の総和は

$$(1 + 2 + 2^2)(1 + 3)(1 + 5) = 7 \cdot 4 \cdot 6 = \mathbf{168}$$

である．

（3） （2）で求めた数を小さい順に並べると，60, 72, 90, 96, … となる．3 番目に小さい数を求めるから，72 と 90 の間に存在するかを考える．

素因数が 2, 3, 7 で約数が 12 個あるものは（2）の（ウ）と同様にして

$$2 \cdot 3 \cdot 7^2 = 294, 2 \cdot 3^2 \cdot 7 = 126, 2^2 \cdot 3 \cdot 7 = 84$$

であるから，求めるものは **84** であり，また，その約数は

$$1, 2, 3, 4, 6, 7, 12, 14, 21, 28, 42, 84$$

であるから，8 番目に小さい約数は **14** である．

《約数と倍数の考察 (B20)》

134. n を 2 桁の自然数とする．n^2 の下 2 桁が n

に一致する，すなわち，n^2-n が 100 の倍数になる n をすべて求めなさい．　（21　長岡技科大・工）

▶解答◀ $n^2-n=n(n-1)$

n と $n-1$ は互いに素で，$100=2^2\cdot5^2$ であるから，n と $n-1$ のうち一方が $2^2=4$ の倍数で，もう一方が $5^2=25$ の倍数となる．なお，n は 2 桁の自然数であるから，n または $n-1$ が 100 の倍数にはならないことに注意せよ．

（ア）n が 25 の倍数のとき

$n=25, 50, 75$ のいずれかであり，このうち $n-1$ が 4 の倍数となるのは $n-1=24$ のみであるから，$n=25$ のとき n^2-n は 100 の倍数である．

（イ）$n-1$ が 25 の倍数のとき

$n-1=25, 50, 75$ のいずれかであり，このうち n が 4 の倍数となるのは $n=76$ のみであるから，$n=76$ のとき n^2-n は 100 の倍数である．

以上より $\boldsymbol{n=25, 76}$

《約数の配分（C20）》

135．（1）x, y, z を 0 以上の整数とするとき，$x+y+z=2$ を満たす組 (x, y, z) は全部で□通りある．

また，$x+y+z=3$ を満たす組 (x, y, z) は全部で□通りある．

（2）a, b, c を 1 以上の整数とする．

（i）$2700=2^{\square}\times3^{\square}\times5^{\square}$ である．

（ii）$2700=a\times b$ を満たす組 (a, b) は全部で□通りあり，そのなかで，$a>b$ を満たすものは全部で□通りある．

（iii）$2700=a\times b\times c$ を満たす (a, b, c) の組は全部で□通りある．

（3）a, b を 1 以上の整数とする．直角三角形の斜辺の長さが a，残りの 2 辺の長さが b，2700 であるとする．

（i）$a-b=900$ を満たすとき $b=$□である．

（ii）(a, b) の組は全部で□通りある．

（21　川崎医大）

▶解答◀（1）2 個の○と 2 本の縦棒｜を一列に並べ，｜で区切られた○の個数を左から順に x，y，z とする．例えば，｜○｜○ならば $x=0$，$y=1$，$z=1$ を表す．よって，$x+y+z=2$ を満たす組 (x, y, z) は ${}_4\mathrm{C}_2=\boldsymbol{6}$ 通りある．

3 個の○と 2 本の縦棒｜で考えて，$x+y+z=3$ を満たす組 (x, y, z) は ${}_5\mathrm{C}_2=\boldsymbol{10}$ 通りある．

（2）（i）$2700=\boldsymbol{2^2\cdot3^3\cdot5^2}$

（ii）$ab=2700$ を満たす組 (a, b) の個数は，2700 の約数の個数と一致するから $(2+1)(3+1)(2+1)=\boldsymbol{36}$ 通りある．2700 は平方数でないから $a=b$ となることはなく，$a>b$ となる組と $a<b$ となる組の個数は一致する．よって，$a>b$ を満たす組は $\dfrac{36}{2}=\boldsymbol{18}$ 通りある．

（iii）$2700=abc$ と分解するとき，

$$a=2^{x_1}\cdot3^{y_1}\cdot5^{z_1},\ b=2^{x_2}\cdot3^{y_2}\cdot5^{z_2},\ c=2^{x_3}\cdot3^{y_3}\cdot5^{z_3}$$

とおくと，

$$x_1+y_1+z_1=2,\ x_2+y_2+z_2=3,\ x_3+y_3+z_3=2$$

である．これらを満たす組 (x, y, z) の個数は，（1）より順に 6，10，6 であるから，$6\cdot10\cdot6=\boldsymbol{360}$ 通りある．

（3）（i）三平方の定理より，$a^2=b^2+2700^2$

$$(a-b)(a+b)=2700^2 \quad \cdots\cdots①$$

$a-b=900$ のとき，$a+b=8100$ であるから，$a=4500$，$b=\boldsymbol{3600}$ である．

（ii）①の右辺は偶数であるから $a+b$，$a-b$ の少なくとも 1 つは偶数である．$a\pm b$ の偶奇は一致するから $a\pm b$ はともに偶数である．

2 つの偶数 A，B を用いて $2700^2=AB$ のように分解するとき，$2700^2=2^4\cdot3^6\cdot5^4$ で，4 つある 2 のうち 2 つは A，B にそれぞれ振り分けられるから，組 (A, B) の個数は $(2+1)(6+1)(4+1)=105$ である．

105 個のうち 1 つは $A=B=2700$ という分解であるから，$A=a+b$，$B=a-b$ とみて，$A>B$ となる組 (A, B) の個数は $\dfrac{1}{2}(105-1)=52$ である．

(a, b) は **52** 通りある．

《ユークリッドの互除法（A5）》

136． 15334 と 30381 の最大公約数を求めよ．

（21　琉球大・前期）

▶解答◀ ユークリッドの互除法

$$30381=15334\cdot1+15047$$

$$15334=15047\cdot1+287$$

$$15047=287\cdot52+123$$

$$287=123\cdot2+41$$

$$123=41\cdot3$$

であるから，最大公約数は **41** である．

《ユークリッドの互除法（A5）》

137． $\dfrac{7747}{8357}$ を約分せよ．　（21　兵庫医大）

▶解答◀ $8357 = 7747 \cdot 1 + 610$

$7747 = 610 \cdot 12 + 427$

$610 = 427 \cdot 1 + 183$

$427 = 183 \cdot 2 + 61$

$183 = 61 \cdot 3$

であるから，8357 と 7747 の最大公約数は 61 であり，$\dfrac{7747}{8357} = \boldsymbol{\dfrac{127}{137}}$ である．

《累乗を割る (A5)》

138. 2^{345} を 30 で割った余りはいくらか．（21 防衛医大）

▶解答◀ 2^n を 30 で割った余りは，$2^5 = 32 \equiv 2 \pmod{30}$ を考えると，

$2, 4, 8, 16, 2, 4, 8, 16, \cdots$

を周期 4 で繰り返す．$345 = 4 \cdot 86 + 1$ であるから，2^{345} を 30 で割った余りは **2** である．

◆別解◆ 合同式の法を 30 とする．$2^5 = 32 \equiv 2$ であるから，

$2^{345} = (2^5)^{69} \equiv 2^{69}$

$2^{69} = (2^5)^{13} \cdot 2^4 \equiv 2^{17}$

$2^{17} = (2^5)^3 \cdot 2^2 \equiv 2^5 \equiv \mathbf{2}$

《累乗を割る (A5)》

139. 5^n を 7 で割ったときの余りが 4 となるような自然数 n のうち，100 以下であるものの個数は □ である．（21 芝浦工大）

▶解答◀ 以下 mod 7 とする．$5^1 \equiv 5$ の両辺に 5 を掛けて左辺は指数表示のまま，右辺は計算してその値を 7 で割った余りを書く．これを繰り返す．

$5^2 \equiv 25 \equiv 4$

$5^3 \equiv 20 \equiv 6$

$5^4 \equiv 30 \equiv 2$

$5^5 \equiv 10 \equiv 3$

$5^6 \equiv 15 \equiv 1$

$5^7 \equiv 5$

5^n を 7 で割った余りは 5，4，6，2，3，1 を周期 6 で繰り返す．それが余りが 4 となる自然数 n は $n = 6k + 2$ とおける．k は 0 以上の整数である．$n \leqq 100$ より，$6k + 2 \leqq 100$ であり，$k \leqq \dfrac{49}{3}$ となり，$0 \leqq k \leqq 16$ で，n の個数は **17** である．

《剰余の考察 (A10)》

140. m を自然数とする．

（1） m が偶数のとき，$m^{m-1} + 1$ を 8 で割った余りを求めよ．

（2） m が奇数のとき，$m^{m-1} + 1$ を 8 で割った余りを求めよ．（21 京都工繊大・前期）

▶解答◀ $f(m) = m^{m-1} + 1$ とおき，合同式は mod 8 とする．

（1） $f(2) = 2 + 1 \equiv 3$

$f(4) = 4^3 + 1 = 64 + 1 \equiv 1$

$f(6) = (2 \cdot 3)^5 + 1$

$(2 \cdot 3)^5$ は 2 を 3 個以上もつから 8 の倍数である．

$f(6) \equiv 1$

m は偶数であるから素因数 2 をもち，$m \geqq 4$ のとき m^{m-1} は 8 の倍数である．$f(m) \equiv 1$

求める余りは，$\boldsymbol{m = 2}$ **のとき 3，**$\boldsymbol{m \geqq 4}$ **のとき 1**

（2） $f(1) = 1 + 1 \equiv 2$

$f(3) = 3^2 + 1 = 9 + 1 \equiv 1 + 1 \equiv 2$

m が奇数のとき $m = 2k + 1$（k は 0 以上の整数）とおけ

$f(m) = m^{m-1} + 1$

$= (2k+1)^{2k} + 1 = ((2k+1)^2)^k + 1$

$= (4k(k+1) + 1)^k + 1$

$k(k+1)$ は連続する 2 整数の積であるから偶数であり $4k(k+1)$ は 8 の倍数である．

$f(m) \equiv 1^k + 1 \equiv 2$

求める余りは **2**

《剰余の考察 (B20)》

141. 次の問いに答えよ．

（1） すべての自然数 n に対して $6^{6n} - 1$ は 31 の倍数であることを示せ．

（2） l, m は自然数で，$15 \leqq l \leqq 18$，$25 \leqq m \leqq 27$ を満たすとする．このとき $2^l + 6^m - 7$ が 31 の倍数となるような自然数の組 (l, m) をすべて求めよ．（21 弘前大・理工）

▶解答◀ （1） mod 31 とする．6 をかけ，左辺は指数表示のまま，右辺は計算して 31 で割った余りを書くことを続けて行う．

$6 \equiv 6$

$6^2 \equiv 36 \equiv 5$

$6^3 \equiv 30 \equiv -1$

$6^3 \equiv -1$ を 2 乗して $6^6 \equiv 1$

両辺を n 乗して $6^{6n} \equiv 1$

$6^{6n}-1$ は 31 の倍数である．

（2） $2^5 \equiv 32 \equiv 1$

$$l = 5\cdot 3 + r\ (r = 0, 1, 2, 3)$$

$$m = 6\cdot 4 + s\ (s = 1, 2, 3)$$

とおける．

$$2^l + 6^m = 2^{5\cdot 3+r} + 6^{6\cdot 4+s}$$

$$= (2^5)^3\cdot 2^r + (6^6)^4\cdot 6^s \equiv 2^r + 6^s$$

$$2^r \equiv 1, 2, 4, 8$$

$$6^s \equiv 6, 5, -1$$

になるから，$2^l + 6^m \equiv 2^r + 6^s$ が 7 に合同になるのは

$$(2^r, 6^s) \equiv (1, 6), (2, 5), (8, -1)$$

$$(r, s) = (0, 1), (1, 2), (3, 3)$$

のときで，$(l, m) =$ **(15, 25), (16, 26), (18, 27)**

《ルジャンドル関数の基本 (A10)》

142. m, n を自然数とする．

（1） 30! が 2^m で割り切れるとき，最大の m の値は□である．

（2） 125! は末尾に 0 が連続して□個並ぶ．したがって，$n!$ が 10^{40} で割り切れる最小の n の値は□である． （21 立命館大・薬）

▶解答◀ 自然数 n, k に対して，1 以上 n 以下の自然数で，k の倍数の個数は $\left[\dfrac{n}{k}\right]$ である．$[x]$ はガウス記号で，x の整数部分を表す．素数 p に対して，$n!$ に含まれる素因数 p の個数を $f(n, p)$ で表す．

$$f(n, p) = \left[\frac{n}{p}\right] + \left[\frac{n}{p^2}\right] + \left[\frac{n}{p^2}\right] + \cdots$$

である．

（i） $m = f(30, 2)$

$$= \left[\frac{30}{2}\right] + \left[\frac{30}{2^2}\right] + \left[\frac{30}{2^3}\right] + \left[\frac{30}{2^4}\right]$$

$$= 15 + 7 + 3 + 1 = \mathbf{26}$$

（ii） 2 は 5 よりずっと多いから，2 の個数は無視して 5 の個数を数える．

$$f(125, 5) = \left[\frac{125}{5}\right] + \left[\frac{125}{5^2}\right] + \left[\frac{125}{5^3}\right]$$

$$= 25 + 5 + 1 = 31$$

125! の末尾には 0 が **31** 個並ぶ．$n!$ が 10^{40} で割り切れる場合は，5 があと 9 個出て来るまで

$n! = (125!)126\cdot 127\cdot \cdots \cdot n$ と掛けていく．126 以後の 5 の倍数を並べる．ただし 25 の倍数は 5 を 2 個以上もつから注意する．130, 135, 140, 145, 150, 155, 160, 165 で 9 個になる．150 は 5 を 2 個もつ．最小の n は **165**

注意 【$f(n, p)$ の証明】$f(n, p)$ には日本では名前がついていないが，「組合せ論の精選 102 問」（朝倉書店，清水俊宏訳）には「ルジャンドル関数」という名前がある．$f(n, p)$ の式の証明には 2 通りあるが，直接的であるのは次の方法である．図は $n = 24$, $p = 2$ の場合であるが，これは視覚化した例でしかない．p の倍数（図では偶数）を並べ，各整数が p を幾つ持っているかを，縦に，黒丸の個数で表す．最終的には黒丸の総数を求める．1 列目を横に数えていく．ここには p の倍数分だけの黒丸が並ぶから $\left[\dfrac{n}{p}\right]$ 個の黒丸がある．2 列目を横に数えていく．ここに黒丸があるものは，p^2 の倍数のものだから $\left[\dfrac{n}{p^2}\right]$ 個の黒丸がある．以下同様である．

	2,	4,	6,	8,	10,	12,	14,	16,	18,	20,	22,	24
1 列目	•	•	•	•	•	•	•	•	•	•	•	•
2 列目		•		•		•		•		•		•
3 列目				•				•				•
4 列目								•				

《ルジャンドル関数の基本 (B20)》

143. 任意の自然数 m に対して，0 以上の整数 a がただ 1 つ定まり，m は $m = 2^a b$ （b は正の奇数）と表される．この a を $f(m)$ と表す．例えば，$f(40) = f(2^3\cdot 5) = 3$ である．また任意の自然数 n に対して S_n を

$$S_n = \sum_{m=1}^{n} f(m)$$

と定める．以下の問に答えなさい．

（1） S_{12} を求めなさい．

（2） $m < 2^k$ を満たす任意の自然数 m と k に対して，$f(m + 2^k) = f(m)$ であることを示しなさい．

（3） 任意の自然数 k に対して $S_{2^k} = 2^k - 1$ であることを示しなさい．

（4） 任意の自然数 n に対して $S_n < n$ であることを示しなさい．

（21 兵庫県立大・理，社会情報-中期）

▶解答◀ （1） $f(m)$ は m がもつ素因数 2 の個数を表す．1 から 12 までの m に対する $f(m)$ の値は下の表のようになる．

m	1	2	3	4	5	6	7	8	9	10	11	12
$f(m)$	0	1	0	2	0	1	0	3	0	1	0	2

よって，$S_{12} = 1 + 2 + 1 + 3 + 1 + 2 = \mathbf{10}$

（2） $m = 2^a b$ （a は 0 以上の整数で b は正の奇数）とする．

$m < 2^k$ であるから，$a < k$ ……………………………①

$$m + 2^k = 2^a(b + 2^{k-a})$$

① より，$b + 2^{k-a}$ は正の奇数であるから

$$f(m + 2^k) = a = f(m)$$

（**3**）$[x]$ はガウス記号で，x の整数部分を表す．i を自然数とし，$2^i \leqq n < 2^{i+1}$ とする．

$$S_n = \left[\frac{n}{2}\right] + \left[\frac{n}{2^2}\right] + \cdots + \left[\frac{n}{2^i}\right]$$

$n = 2^k$ とすると

$$S_{2^k} = \left[\frac{2^k}{2}\right] + \left[\frac{2^k}{2^2}\right] + \cdots + \left[\frac{2^k}{2^k}\right]$$

$$= 2^{k-1} + 2^{k-2} + \cdots + 1 = \frac{2^k - 1}{2 - 1} = \mathbf{2^k - 1}$$

（**4**）$S_1 = 0 < 1$ である．i を自然数とし，$2^i \leqq n < 2^{i+1}$ とする．一般に，実数 x に対して $[x] \leqq x$ であるから

$$S_n = \left[\frac{n}{2}\right] + \left[\frac{n}{2^2}\right] + \cdots + \left[\frac{n}{2^i}\right]$$

$$\leqq \frac{n}{2} + \frac{n}{2^2} + \cdots + \frac{n}{2^i}$$

$$= \frac{n}{2} \cdot \frac{1 - \left(\frac{1}{2}\right)^i}{1 - \frac{1}{2}} = n\left\{1 - \left(\frac{1}{2}\right)^i\right\} < n$$

したがって，$S_n < n$ である．

注意【素因数の個数を数える関数】

$[x]$ はガウス記号で，整数部分を表す．

自然数 n と素数 p に対して，$n!$ に含まれる p の個数を $f(n, p)$ で表す．

$$f(n, p) = \left[\frac{n}{p}\right] + \left[\frac{n}{p^2}\right] + \left[\frac{n}{p^3}\right] + \cdots$$

となる．$f(n, p)$ には日本では名前がついていないが，「組合せ論の精選 102 問」（朝倉書店，清水俊宏訳）には「ルジャンドル関数」という名前がある．この式の証明には 2 通りあるが，直接的であるのは次の方法である．図は $n = 24$, $p = 2$ の場合であるが，これは視覚化した例でしかない．p の倍数（図では偶数）を並べ，各整数が p を幾つ持っているかを，縦に，黒丸の個数で表す．最終的には黒丸の総数を求める．1 列目を横に数えていく．ここには p の倍数分だけの黒丸が並ぶから $\left[\frac{n}{p}\right]$ 個の黒丸がある．2 列目を横に数えていく．ここに黒丸があるものは，p^2 の倍数のものだから $\left[\frac{n}{p^2}\right]$ 個の黒丸がある．以下同様である．

	2	4	6	8	10	12	14	16	18	20	22	24
1 列目	•	•	•	•	•	•	•	•	•	•	•	•
2 列目		•		•		•		•		•		•
3 列目				•				•				•
4 列目								•				

なお，自然数 n, k に対して 1 以上 n 以下の自然数で k の倍数が $\left[\frac{n}{k}\right]$ 個あることを公式として用いた．

《剰余の考察（B20）☆》

144. 自然数 n に対して

$$N = (n+2)^3 - n(n+1)(n+2)$$

が 36 の倍数になるような n をすべて求めよ．

（21　札幌医大）

▶解答◀ $n(n+1)(n+2)$ は 3 連続整数の積だから 6 の倍数である．N が 36 の倍数ならば

$$N + n(n+1)(n+2) = (n+2)^3$$

の左辺は 6 の倍数であり，右辺も 6 の倍数で，$n+2$ は 2 と 3 を素因数にもつ．$n+2$ は 6 の倍数で $n+2 = 6k$ とおける．k は自然数である．

$$N = (n+2)^3 - n(n+1)(n+2)$$

$$= (n+2)\{(n+2)^2 - n(n+1)\}$$

$$= (n+2)(3n+4)$$

$$= 6k\{3(6k-2)+4\}$$

$$= 6k(18k-2) = 12k(9k-1)$$

$9k-1$ は 3 の倍数でないから，これが 36 の倍数になるのは k が 3 の倍数になるときで，$k = 3m$（m は自然数）とおくと $n = 6k - 2 = \mathbf{18m - 2}$

◆別解◆ $N = (n+2)^3 - n(n+1)(n+2)$

$$= (n+2)\{(n+2)^2 - n(n+1)\}$$

$$= (n+2)(3n+4) \quad \cdots\cdots①$$

$3n+4$ は 3 の倍数でないから，① が $36(= 4 \cdot 9)$ の倍数ならば $n+2$ は 9 の倍数である．また，

$$(n+2) + (3n+4) = 4n+6$$

は偶数であるから，$n+2$ と $3n+4$ の偶奇は一致し，① が 36 の倍数ならば $n+2$ は偶数である．よって，$n+2$ が 18 の倍数であることが必要で

$$n+2 = 18m \quad (m \text{ は自然数})$$

とおくと，このとき $3n+4$ も偶数だから，① は $18 \cdot 2 = 36$ の倍数となる．m を自然数として $\mathbf{n = 18m - 2}$

《素数の論証（B20）》

145. 以下の問いに答えよ．

（1）自然数 n が 6 と互いに素であるとき，n^2 を 24 で割った余りは 1 であることを示せ．

（2）$p^2 - 1 = 24q$ をみたす素数 p と素数 q の組 (p, q) をすべて求めよ．（21　奈良女子大・理）

▶解答◀ （1） n が 6 と互いに素であるから 3 の倍数でない奇数である．$n = 6k \pm 1$ （k は整数）と表せる（以下，複号同順）．

$$n^2 = (6k \pm 1)^2 = 36k^2 \pm 12k + 1$$
$$= 24k^2 + 12k(k \pm 1) + 1$$

$k(k \pm 1)$ は連続 2 整数の積であるから $12k(k \pm 1)$ は 24 の倍数．よって n^2 を 24 で割った余りは 1 である．

（2） $p^2 - 1 = 24q$ ……………………………………①

素数は 2 以上であるから $q \geqq 2$ で，$p^2 - 1 \geqq 48$

$$p^2 \geqq 49 \qquad \therefore \quad p \geqq 7$$

$p = 7$ のときは $q = 2$ である．

$p > 7$ のとき，p は 7 より大きい素数であるから 2 の倍数でもなく，3 の倍数でもない．6 で割ると余りは 1 か 5 である．

$$p = 6k \pm 1$$

とおける．k は 2 以上の自然数である．① に代入する．以下複号同順である．

$$(6k \pm 1)^2 - 1 = 24q$$
$$12k(3k \pm 1) = 24q \qquad \therefore \quad k(3k \pm 1) = 2q$$

$k \geqq 2$，$3k \pm 1 \geqq 5$ である．2, q は素数であるから

$$k = 2,\ q = 3k \pm 1$$

$(p, q) = (6k \pm 1, 3k \pm 1) = (13, 7), (11, 5)$

$(p, q) =$ **(7, 2)，(11, 5)，(13, 7)**

《倍数の論証 (B20)》

146． 次の問いに答えよ．

（1） 自然数 a, b, c が等式 $a^2 + b^2 = c^2$ を満たすとき，a, b, c の少なくとも 1 つは 5 の倍数であることを示せ．

（2） p が 5 以上の素数であるとき，$p^2 - 1$ は 6 の倍数であることを示せ．

（3） p が 5 以上の素数であるとき，$p^2 - 1$ は 24 の倍数であることを示せ．

（21 東京海洋大・海洋生命科学，海洋資源環境）

▶解答◀ （1） 背理法により示す．

a, b, c がいずれも 5 の倍数でないと仮定する．このとき，k を整数として，a は

$$a = 5k \pm 1,\ 5k \pm 2$$

のいずれかの形で表される．

$a = 5k \pm 1$ のとき

$$a^2 = 25k^2 \pm 10k + 1 = 5(5k^2 \pm 2k) + 1$$

$a = 5k \pm 2$ のとき

$$a^2 = 25k^2 \pm 20k + 4 = 5(5k^2 \pm 4k + 1) - 1$$

であるから，a^2 は k_1 を整数として

$$a^2 = 5k_1 \pm 1$$

と表される．b, c についても同様に考えると，k_2, k_3 を整数として

$$b^2 = 5k_2 \pm 1,\ c^2 = 5k_3 \pm 1$$

と表される．このとき

$$a^2 + b^2 = 5(k_1 + k_2),\ 5(k_1 + k_2) \pm 2$$

一方，$c^2 = 5k_3 \pm 1$ であるから，これが $a^2 + b^2$ と等しくなることはない．これは $a^2 + b^2 = c^2$ に矛盾する．

a, b, c の少なくとも 1 つは 5 の倍数である．

（2） p が 5 以上の素数のとき奇数で，6 で割った余りは 1 または 5 である．$p = 6k \pm 1$（k は整数）とおけて

$$p^2 - 1 = (6k \pm 1)^2 - 1 = 36k^2 \pm 12k \quad \cdots\cdots\text{①}$$
$$= 6(6k^2 \pm 2k)$$

は 6 の倍数である．

（3） ①で

$$p^2 - 1 = 24k^2 + 12k(k \pm 1)$$

$k(k \pm 1)$ は連続 2 整数の積であるから偶数で，$12k(k \pm 1)$ は 24 の倍数，$p^2 - 1$ も 24 の倍数である．

《剰余の考察 (B20)》

147. (1) nが整数のとき，nを6で割ったときの余りとn^3を6で割ったときの余りは等しいことを示せ．

(2) 整数a, b, cが条件

$$a^3+b^3+c^3=(c+1)^3 \quad \cdots\cdots\cdots\cdots (*)$$

を満たすとき，$a+b$を6で割った余りは1であることを示せ．

(3) $1 \leqq a \leqq b \leqq c \leqq 10$を満たす整数の組$(a, b, c)$で，(2)の条件$(*)$を満たすものをすべて求めよ． (21 岡山大・共通)

▶解答◀ (1) $n^3-n=(n-1)n(n+1)$であり，右辺は連続3整数の積となるから，$n-1, n, n+1$の中に偶数が少なくとも1個あり，3の倍数が少なくとも1個あるから6の倍数となる．よってnを6で割ったときの余りとn^3を6で割ったときの余りは等しい．

(2) $a^3+b^3+c^3=(c+1)^3$

$$a^3+b^3=3c^2+3c+1$$

$$a^3+b^3=3c(c+1)+1 \quad \cdots\cdots\cdots\cdots\cdots\cdots ①$$

(1)の結果から$a^3-a=6A$, $b^3-b=6B$ (A, Bは整数) とおける．a^3, b^3を消去して

$$(a+6A)+(b+6B)=3c(c+1)+1$$

$$a+b=3c(c+1)-6(A+B)+1$$

$c(c+1)$は2連続整数の積であるから2の倍数であり，$3c(c+1)-6(A+B)$はの倍数である．$a+b$を6で割った余りは**1**である．

(3) $c \leqq 10$から，①において

$$a^3+b^3=3c(c+1)+1 \leqq 3 \cdot 10 \cdot 11+1=331$$

$1 \leqq a \leqq b \leqq c \leqq 10$であり，$6^3=216$, $7^3=343$であるから$1 \leqq a \leqq b \leqq 6$となる．$2 \leqq a+b \leqq 12$であるから，$a+b$を6で割って余りが1となるとき，$a+b=7$である．$(a, b)=(1, 6), (2, 5), (3, 4)$である．

(ア) $(a, b)=(1, 6)$のとき．

①から$1+216=3c(c+1)+1$

$c(c+1)=72$となり，$c=8$である．

(イ) $(a, b)=(2, 5)$のとき．

①から$8+125=3c(c+1)+1$

$c(c+1)=44$となり，これを満たす整数cは存在しない．

(ウ) $(a, b)=(3, 4)$のとき．

①から$27+64=3c(c+1)+1$

$c(c+1)=30$となり，$c=5$である．

以上から$\boldsymbol{(a, b, c)=(1, 6, 8), (3, 4, 5)}$

◆別解◆ (1) $n=6k+r$ (k, rは整数で$r=0, \pm 1, \pm 2, 3$) とおくと

$$n^3=(6k+r)^3=6(36k^3+18k^2r+3kr^2)+r^3$$

$r=0, \pm 1, \pm 2, 3$に対して，順に

$r^3-r=r(r^2-1)=0, 0, \pm 2 \cdot 3, 24$

となり，r^3-rは6の倍数である．nを6で割ったときの余りとn^3を6で割ったときの余りは等しい．

《素数の論証 (B20)》

148. 以下の問いに答えよ．

(1) k^2+2が素数となるような素数kをすべてみつけよ．また，それ以外にないことを示せ．

(2) 整数lが5で割り切れないとき，l^4-1が5で割り切れることを示せ．

(3) m^4+4が素数となるような素数mは存在しないことを示せ． (21 お茶の水女子大・前期)

考え方 「何かの倍数になる」にする．

▶解答◀ (1) $k=2$のとき，$k^2+2=6$は素数でない．

$k=3$のとき，$k^2+2=11$は素数である．

kが5以上の素数のとき，kは3の倍数でないから，mod3として，$k \equiv \pm 1$である．よって

$$k^2+2 \equiv 1+2 \equiv 3 \equiv 0$$

であり，$k^2+2 \geqq 5^2+2>3$であるから，k^2+2は3より大きい3の倍数で素数でない．

以上より，$\boldsymbol{k=3}$のみである．

(2) mod5とする．lが5で割り切れないとき，$l \equiv \pm 1, \pm 2$である．$l \equiv \pm 1$のとき

$$l^4 \equiv (\pm 1)^4 \equiv 1$$

$l \equiv \pm 2$のとき

$$l^4 \equiv (\pm 2)^4 \equiv 16 \equiv 1$$

よって，いずれの場合もl^4-1は5で割り切れる．

(3) 素数mについて，$m \neq 5$のとき，mは5で割り切れないから，(2)よりm^4-1は5で割り切れ

$$m^4+4=(m^4-1)+5$$

も5の倍数である．また$m^4+4 \geqq 2^4+4>5$であるから，m^4+4は5より大きい5の倍数で素数でない．

$m=5$のとき，$m^4+4=629=17 \cdot 37$は素数でない．

以上より，m^4+4が素数となる素数mは存在しない．

◆別解◆ (1) $k(k^2+2)=k\{(k^2-1)+3\}$

$$=(k-1)k(k+1)+3k$$

$(k-1)k(k+1)$は連続する3つの整数の積で3の倍数であるから，$k(k^2+2)$は3の倍数であり，k, k^2+2の

うち少なくとも一方は3の倍数である．3の倍数かつ素数は3しかないから，$k=3$ または $k^2+2=3$ であり，適するのは $k=\mathbf{3}$ のみである．

（3） m^4+4 が素数になるような素数 $m\geqq 2$ が存在すると仮定する．

$$m^4+4=(m^2+2)^2-(2m)^2$$
$$=(m^2+2m+2)(m^2-2m+2)$$

$m\geqq 2$ であるから $m^2+2m+2>m^2-2m+2=m(m-2)+2\geqq 2$ であるから m^4+4 は素数でなく，矛盾する．

よって，m^4+4 が素数となる素数 m は存在しない．

《素数の論証（B20）☆》

149． $n+1,\ n^2+2,\ n^3+3,\ \cdots,\ n^k+k$ がすべて素数となるような自然数 $n,\ k$ が存在するとき，k の最大値を求めよ．（21　東京学芸大）

▶解答◀ n が偶数のときと，奇数のときに分けて調べる．以下，l は自然数とする．

（ア） $n=2l$ のとき．

$$n+1=2l+1,\ n^2+2=4l^2+2$$

$4l^2+2$ は2より大きい偶数だから，条件を満たす $n,\ k$ が存在するならば最大の $k=1$ である．

（イ） $n=2l-1$ のとき．

$n+1=2l$ が素数になるとき，$l=1,\ n=1$ である．このとき，$n^2+2=3,\ n^3+3=4$ であるから，最大の $k=2$ である．

（ア），（イ）より最大の $k=\mathbf{2}$ である．

注意 題意が取りにくいが，ある n に対して $n+1$ から始めて長さ k の素数の列を作り，その長さの最大値を求めよ，ということである．

《素数の論証（B30）》

150． n を正の整数，$a_0,\ a_1,\ a_2,\ \cdots,\ a_n$ を非負の整数として，整式

$$f(x)=a_nx^n+a_{n-1}x^{n-1}+a_{n-2}x^{n-2}$$
$$+\cdots+a_1x+a_0$$

を考える．ただし，$a_0\neq 1$ とする．p が素数ならば $f(p)$ も素数であるとき，次の（A）または（B）が成り立つことを示せ．

（A） $a_i=0\ (i=1,\ 2,\ 3,\ \cdots,\ n)$ かつ a_0 は素数である．

（B） $a_i=0\ (i=0,\ 2,\ 3,\ 4,\ \cdots,\ n)$ かつ $a_1=1$ である．（21　東北大・理-AO）

▶解答◀ 「p が素数ならば $f(p)$ も素数」は命題で，「任意の整数 p に対して，もし p が素数であるならば $f(p)$ も素数である」となる．ただし，「どのような素数 p に対しても，常に $f(p)$ は素数である」という方が分かりやすいだろう．

$a_0\geqq 0,\ a_0\neq 1$ より，$a_0=0$ または $a_0\geqq 2$ である．

（ア） $a_0=0$ のとき．素数 p に対して

$$f(p)=a_np^n+a_{n-1}p^{n-1}+\cdots+a_1p$$
$$=p(a_np^{n-1}+a_{n-1}p^{n-2}+\cdots+a_2p+a_1)$$

が素数となる条件は

$$a_np^{n-1}+a_{n-1}p^{n-2}+\cdots+a_2p+a_1=1$$

であり，これが無数の素数 p に対して成り立つ条件は，p についての恒等式になることで，それは $a_i=0\ (i=2,\ 3,\ 4,\ \cdots,\ n)$ かつ $a_1=1$，すなわち（B）が成り立つことである．

（イ） $a_0\geqq 2$ のとき．a_0 は素数の因数をもつから，その素因数の1つを p として $a_0=pN$（N は自然数）とおくと

$$f(p)=a_np^n+a_{n-1}p^{n-1}+\cdots+a_1p+pN$$
$$=p(a_np^{n-1}+a_{n-1}p^{n-2}+\cdots+a_2p+a_1+N)$$

が素数となる条件は

$$a_np^{n-1}+a_{n-1}p^{n-2}+\cdots+a_2p+a_1+N=1$$

であり，これが p についての恒等式になる条件は $a_i=0\ (i=2,\ 3,\ 4,\ \cdots,\ n)$ かつ $a_1+N=1$ である．$N\geqq 1$ であるから $a_1=0$ かつ $N=1$ となる．このとき $a_0=p$ となるから a_0 は素数となる．よって（A）が成り立つ．

以上で証明された．

《必要性と十分性が潜む（B20）☆》

151． 自然数 $m,\ n$ が $1\leqq m<n\leqq 20$ を満たすとき，$\dfrac{\sqrt{n}+\sqrt{m}}{\sqrt{n}-\sqrt{m}}$ の値が自然数になる $(m,\ n)$ の組み合わせは□通りある．（21　星薬大・推薦）

考え方 分母の有理化をすると「mn が平方数になる」と分かる．しかし，これは必要条件であり，mn が平方数になるものがすべて適するとは限らない．

▶解答◀ 以下，$1\leqq m<n\leqq 20$ はいちいち書かない．$f(n,\ m)=\dfrac{\sqrt{n}+\sqrt{m}}{\sqrt{n}-\sqrt{m}}$ とおく．

$$f(n,\ m)=\frac{(\sqrt{n}+\sqrt{m})^2}{n-m}=\frac{n+m+2\sqrt{mn}}{n-m}$$

が自然数になるためには $\sqrt{mn}$ が自然数になること，すなわち，mn が平方数になることが必要である．

（ア） m が平方数のとき．n も平方数で，1〜20 の中の平方数は 1, 4, 9, 16 である．この中から 2 数を選ぶ組合せは ${}_4C_2=6$ 通りある．

$$f(4,\,1)=\frac{2+1}{2-1}=3$$

$$f(9,\,1)=\frac{3+1}{3-1}=2$$

$$f(16,\,1)=\frac{4+1}{4-1}=\frac{5}{3}\text{ は不適.}$$

$$f(9,\,4)=\frac{3+2}{3-2}=5$$

$$f(16,\,4)=\frac{4+2}{4-2}=3$$

$$f(16,\,9)=\frac{4+3}{4-3}=7$$

（イ） m が平方数でないとき．m が 3 種類以上の素因数をもつとすると，$m \geqq 2\cdot3\cdot5=30$ で不適．m が 2 種類の素因数をもつとき，2, 3 を使う場合は，$m<20$ より $m=2\cdot3,\ 2^2\cdot3,\ 2\cdot3^2$ のいずれかであり，$m=2\cdot3$ のとき，mn が平方数になる場合，$n \geqq 2\cdot3\cdot2^2>20$ となって不適である．$m=2^2\cdot3$ のとき，$n \geqq 3^3$ で不適である．$m=2\cdot3^2$ のときは $n=18<m \leqq 20$ では mn は平方数にならず不適である．5 以上を使う場合は当然不適．

m の素因数は 1 種類で奇数個もつ．最初は素因数を 1 個もつものを考え

$$m=2,\ n=2\cdot2^2$$

$$m=2,\ n=2\cdot3^2$$

$$m=3,\ n=3\cdot2^2$$

$$m=5,\ n=5\cdot2^2$$

次に素因数を 3 個もつものを考え

$$m=2\cdot2^2,\ n=2\cdot3^2$$

のいずれかである．

この最初の 4 つは $n=mk^2$ $(k=2,\,3)$ の形をしていて

$$f(n,\,m)=\frac{k\sqrt{m}+\sqrt{m}}{k\sqrt{m}-\sqrt{m}}=\frac{k+1}{k-1}$$

は $k=2$ のとき 3，$k=3$ のとき 2 で適する．

最後の場合は $f(n,\,m)=\dfrac{3\sqrt{2}+2\sqrt{2}}{3\sqrt{2}-2\sqrt{2}}=5$ で適する．

以上より **10 通り**ある．

注意 1°【ミスの帳消し】

$n=mk^2$ の形は思いつきやすいが，最後の形 $m=2a^2,\ n=2b^2$ $(a=2,\,b=3)$ は見落としやすいかもしれない．$f(16,\,1)$ が不適であることのチェックを忘れ，$m=2\cdot2^2,\ n=2\cdot3^2$ の存在を見落とすと，ミスが帳消しになり，答えの 10 個というのは合う．実際，そういう生徒がいた．

2°【実戦的な方法】

上に $n=1,\,2,\,\cdots,\,20$，縦に $m=1,\,2,\,\cdots,\,20$ と書いて，実際に mn を計算し，mn が平方数になるかどうかを調べていくのが実戦的である．図の長い斜線から下は調べない．図は $m \geqq 10$ の部分は省略した．

○がついたところが平方数になる組である．

m＼n	1	2	3	4	5	6	7	8	9	10	11	12	13	14	15	16	17	18	19	20
1				○					○							○				
2								○										○		
3												○								
4									○							○				
5																				○
6																				
7																				
8																		○		
9																○				

調べながら，ある程度の法則に気づくはずである．

$m=1$ のとき，$n=2$ は駄目，$n=3$ も駄目，$n=4$ は OK，$n=5,\,6,\,7,\,8$ は駄目，$n=9$ は OK，次は 16 だ．あれ，これは平方数だから，$m,\,n$ が平方数同士の

$$(m,\,n)=(1,\,4),\,(1,\,9),\,(1,\,16),$$
$$(4,\,9),\,(4,\,16),\,(9,\,16)$$

が OK とわかる．

次は $m=2$ のとき．$n=3,\,4,\,5,\,6,\,7$ は駄目で $n=8$ のときは $mn=16$ で OK．$n=9,\,10,\,\cdots,\,17$ は駄目で $n=18$ は OK．以下これを続ける．

$$(m,\,n)=(2,\,8),\,(2,\,18),\,(3,\,12),\,(5,\,20)$$

$m=6,\,7$ は駄目，$m=8$ のとき $n=18$ は気づきにくい．やはり $m=2^3,\ n=2\cdot3^2$ と，素因数分解で表示し，理詰めで考える方がよい．

$$(m,\,n)=(8,\,18)$$

《双曲線の有理点 (B20) ☆》

152. 座標平面上の点 $\mathrm{Q}(x,\,y)$ について，$x,\,y$ がともに有理数であるとき，Q を有理点という．

（1） P を曲線 $x^2-y^2=1$ 上の点とする．P を通る傾き 1 の直線と x 軸の交点が有理点ならば，P も有理点であることを示せ．

（2） r を正の実数とする．曲線 $x^2-y^2=1$ 上の有理点のうち，原点との距離が r より大きいものがあることを示せ．

（3） 曲線 $x^2-6y^2=7$ 上に有理点がないことを示せ．

（21 滋賀医大）

▶解答◀ （1） P の座標を $(x_0,\,y_0)$ とすると

$$x_0{}^2-y_0{}^2=1 \quad \cdots\cdots\cdots ①$$

であり，P を通る傾き 1 の直線の方程式は

$$y=x-x_0+y_0$$

である．x 軸との交点は

$$x - x_0 + y_0 = 0 \qquad \therefore \quad x = x_0 - y_0$$

これが有理数のとき，q を有理数として，$x_0 - y_0 = q$ とおくと，$x_0 = y_0 + q$ で，これを ① に代入して

$$(y_0 + q)^2 - y_0{}^2 = 1$$

$$2qy_0 + q^2 = 1 \quad \cdots\cdots ②$$

$q = 0$ は不適であるから，$q \neq 0$ で割って

$$y_0 = \frac{1 - q^2}{2q}$$

となり，q は有理数であるから y_0 は有理数である．

したがって，$x_0 = y_0 + q$ も有理数であるから，点 P は有理点である．

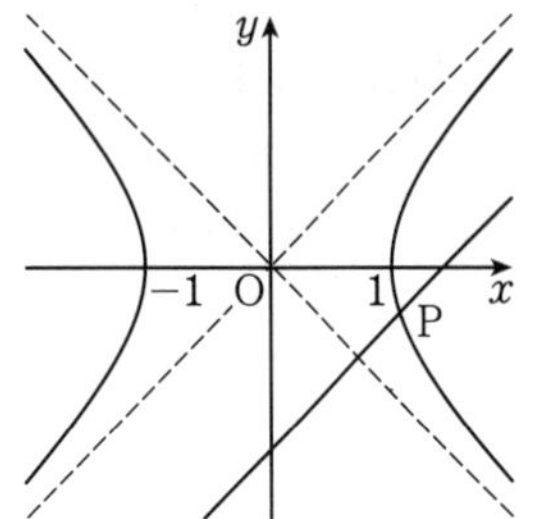

（**2**） x 軸上の有理点を $Q_1(q_1, 0)$ とし，$q_1 > r > 0$ を満たすとする．このとき，Q_1 を通り傾き 1 の直線と双曲線は，② で q を q_1 に変えることで，共有点をもち，その共有点は有理点である．

（**3**） 背理法で示す．双曲線 $x^2 - 6y^2 = 7$ 上に有理点 $P_1(x_1, y_1)$ が存在するとする．a, b, c を整数とし，$c \neq 0$ のとき，x_1, y_1 を通分し，$x_1 = \dfrac{a}{c}, y_1 = \dfrac{b}{c}$ とおくと

$$\frac{a^2}{c^2} - \frac{6b^2}{c^2} = 7$$

$$a^2 - 6b^2 = 7c^2 \quad \cdots\cdots ③$$

である．ここで a, b, c の最大公約数を g とし，α, β, γ を整数とするとき，$a = g\alpha, b = g\beta, c = g\gamma$ とおき，③ に代入すると

$$(g\alpha)^2 - 6(g\beta)^2 = 7(g\gamma)^2$$

$$\alpha^2 - 6\beta^2 = 7\gamma^2$$

となるから，$g = 1$ として一般性を失わない．7 を法とすると ③ は

$$a^2 + b^2 \equiv 0 \quad \cdots\cdots ④$$

ここで，$z \equiv 0, \pm1, \pm2, \pm3$ のとき

$$z^2 \equiv 0, 1, 2, 4$$

であるから，④ が成り立つのは

$$a^2 \equiv b^2 \equiv 0$$

のときのみであり，このとき $a \equiv b \equiv 0$ である．

X, Y を整数として，$a = 7X, b = 7Y$ とすると，③ は

$$7X^2 - 42Y^2 = c^2$$

となり，c は 7 の倍数である．

したがって，a, b, c は 7 を公約数にもち，$g = 1$ に矛盾する．ゆえに双曲線 $x^2 - 6y^2 = 7$ 上に有理点は存在しない．

【因数分解の活用】

《因数分解の活用(B20)》

153. $a,\ m,\ n$ は正整数であり $m>n$ とする.

(1) 整式 $x^{16}-1$ を因数分解せよ.

(2) $a^{2^m}-1$ は $a^{2^n}+1$ で割り切れることを証明せよ.

(3) $a^{2^m}+1$ と $a^{2^n}+1$ の最大公約数を d とする. a が偶数ならば $d=1$, 奇数ならば $d=2$ であることを証明せよ.　(21　奈良県立医大・医)

▶解答◀ (1) $x^{16}-1$

$$=(x^8-1)(x^8+1)=(x^4-1)(x^4+1)(x^8+1)$$
$$=(x^2-1)(x^2+1)(x^4+1)(x^8+1)$$
$$=\boldsymbol{(x-1)(x+1)(x^2+1)(x^4+1)(x^8+1)}$$

(2) (1)と同様にして

$$a^{2^m}-1=(a^{2^{m-1}}-1)(a^{2^{m-1}}+1)$$
$$=(a^{2^{m-2}}-1)(a^{2^{m-2}}+1)(a^{2^{m-1}}+1)$$
$$=(a-1)(a+1)(a^2+1)(a^4+1)$$
$$\times\cdots(a^{2^{m-2}}+1)(a^{2^{m-1}}+1)$$

となり, $1\leqq n\leqq m-1$ であるから, $a^{2^n}+1$ は因数分解した後の式の因数のいずれかとなる. したがって, $a^{2^m}-1$ は $a^{2^n}+1$ で割り切れる.

(3) (2)より, N を整数として

$$a^{2^m}-1=N(a^{2^n}+1)$$

とかけるから

$$a^{2^m}+1=N(a^{2^n}+1)+2$$

が成り立つ. 互除法の原理により d は $a^{2^n}+1$ と 2 の最大公約数である. a が偶数のときは $a^{2^n}+1$ は奇数になるから $d=1$, a が奇数のときは $a^{2^n}+1$ は偶数になるから $d=2$ である.

《因数分解の活用(A10)》

154. 素数 p は, 正整数 $x,\ y$ を用いて $p=x^3+y^3$ と表せるとする.

(1) 整式 u^3+v^3 を因数分解せよ.

(2) $x+y=p$ を証明せよ.

(3) $p=2$ を証明せよ.

(21　奈良県立医大・医-推薦)

▶解答◀ (1) u^3+v^3

$$=\boldsymbol{(u+v)(u^2-uv+v^2)}$$

(2) $p=x^3+y^3$ であるから

$$p=(x+y)(x^2-xy+y^2)$$

p は素数であり, $x+y\geqq 2$ であるから

$$x+y=p,\ x^2-xy+y^2=1$$

したがって, $x+y=p$ である.

(3) $x^2-xy+y^2=1$ を y について解く.

$$y^2-xy+x^2-1=0$$
$$y=\frac{x\pm\sqrt{4-3x^2}}{2}$$

よって, $4-3x^2\geqq 0$ となり, $x=1$ である. このとき $y=1$ であるから, $p=2$ である.

《素数の論証(A10)》

155. m^3-n^3 が 30 以下の素数となるような正の整数 $m,\ n$ の組 $(m,\ n)$ の個数を答えよ.

(21　防衛大・理工)

▶解答◀ $A=m^3-n^3\ (m>n)$ とおく.

$$A=(m-n)(m^2+mn+n^2)\ \cdots\cdots\cdots\cdots①$$

$m^2+mn+n^2>1$ であるから, A が素数であるとき, $m-n=1$ である. $m=n+1$ を①に代入して

$$A=(n+1)^2+n(n+1)+n^2=3n^2+3n+1$$

$A\leqq 30$ のとき

$$3n^2+3n+1\leqq 30$$
$$n(n+1)\leqq\frac{29}{3}=9.6\cdots$$

これを満たすのは, $n=1,\ 2$ である. $n=1$ のとき $A=7$, $n=2$ のとき $A=19$ で, いずれも素数である. よって $(m,\ n)$ は **2 組**ある.

《因数分解の活用(B20)》

156. n を 2 以上の整数とする. 3^n-2^n が素数ならば n も素数であることを示せ. (21　京大・前期)

▶解答◀ n が素数でないと仮定すると, n は合成数である. $n=ab$ とおける. $a,\ b$ は 2 以上の自然数である. ここで, $3^a=X,\ 2^a=Y$ とおくと,

$$3^n-2^n=3^{ab}-2^{ab}=X^b-Y^b$$
$$=(X-Y)(X^{b-1}+\cdots+XY^{b-2}+Y^{b-1})$$

であり,

$$X-Y\geqq 3^2-2^2=5$$

(証明は後で示す)

$$X^{b-1}+\cdots+XY^{b-2}+Y^{b-1}$$
$$>Y^{b-1}=2^{a(b-1)}\geqq 2^{2\cdot 1}=4$$

であるから 3^n-2^n は合成数となり, 3^n-2^n が素数であることに矛盾する. よって, n は素数である.

$X-Y \geqq 5$ を示す．$X-Y=3^a-2^a=f(a)$ とおく．

$$f(a+1)-f(a)=(3^{a+1}-2^{a+1})-(3^a-2^a)$$

$$=2\cdot 3^a-2^a>2\cdot 2^a-2^a=2^a>0$$

であるから，$f(a)$ は a の増加関数であり，

$$f(a) \geqq f(2)=9-4=5$$

【不定方程式】

《1 次不定方程式 (A10)》

157. $2020x+1964y=4$ をみたす整数の組 (x, y) の中で x の絶対値が最小となるものは $(x, y)=$ □ である． (21 北見工大・後期)

▶解答◀ $2020x+1964y=4$

$$505x+491y=1 \quad \cdots\cdots①$$

ユークリッドの互除法を用いて

$$505=491\cdot1+14 \quad \cdots\cdots②$$

$$491=14\cdot35+1 \quad \cdots\cdots③$$

② より $14=505-491$ であり，これを ③ に代入して

$$491=(505-491)\cdot35+1$$

$$505\cdot(-35)+491\cdot36=1 \quad \cdots\cdots④$$

① − ④ より

$$505(x+35)+491(y-36)=0$$

$$505(x+35)=-491(y-36)$$

491 と $505(=5\cdot101)$ は互いに素であるから，整数 m を用いて

$$x+35=491m,\ y-36=-505m$$

$$x=491m-35,\ y=-505m+36$$

と表される．$|x|=|491m-35|$ が最小となるのは $m=0$ のときで，このとき $(x, y)=(\mathbf{-35, 36})$

♦別解♦ 文字は整数とする．$505x+491y=1$

$$y=\frac{1-505x}{491}=-x+\frac{1-14x}{491}$$

$\dfrac{1-14x}{491}=z$ とおく．

$$x=\frac{1-491z}{14}=-35z+\frac{1-z}{14}$$

$\dfrac{1-z}{14}=w$ とおく．

$$z=-14w+1$$

$$x=-35(-14w+1)+w=491w-35$$

このとき

$$y=-x+z$$

$$=-(491w-35)+(-14w+1)$$

$$=-505w+36$$

以下省略する．計算で押せる分，ユークリッドの互除法を用いる方法よりよいと，私は思う．ユークリッドの互除法を用いる方法は「ずっと前に習ったから忘れちゃった」という生徒が多い．計算で押すなら忘れることはない．

《1 次不定方程式 (A10)》

158. 整数 n は 9 で割ると 4 余り，11 で割ると 7 余る．このとき，n を 99 で割った余りは □ である． (21 東京医大・医)

▶解答◀ 以下，文字は整数とする．

$n=9x+4,\ n=11y+7$ とおける．

$$9x+4=11y+7$$

$$9x-11y=3 \quad \cdots\cdots①$$

$x=4,\ y=3$ はこれをみたすから

$$9\cdot4-11\cdot3=3 \quad \cdots\cdots②$$

① − ② より

$$9(x-4)-11(y-3)=0$$

$$9(x-4)=11(y-3)$$

9 と 11 は互いに素であるから

$$x-4=11k,\ y-3=9k$$

とおける．$x=11k+4$ より

$$n=9(11k+4)+4=99k+40$$

よって，n を 99 で割った余りは **40** である．

♦別解♦ ① より

$$x=\frac{11y+3}{9}=y+\frac{2y+3}{9}$$

x, y は整数であるから $\dfrac{2y+3}{9}$ も整数である．

$\dfrac{2y+3}{9}=z$ とおくと

$$y=\frac{9z-3}{2}=4z-1+\frac{z-1}{2}$$

同様に $\dfrac{z-1}{2}$ は整数で，$\dfrac{z-1}{2}=w$ とおける．よって

$$z=2w+1$$

$$y=4(2w+1)-1+w=9w+3$$

$$n=11(9w+3)+7=99w+40$$

n を 99 で割った余りは **40** である．

《1 次不定方程式 (B10) ☆》

159. 等式 $2021x+312y=1$ を満たす整数 x, y のうち，$|x|+|y|$ の値が最小である x, y の組は，$(x, y)=$ □ である． (21 山梨大・医)

▶解答◀ $2021x+312y=1 \quad \cdots\cdots①$

を満たす整数 x, y の組を 1 つ求める．以下，文字はすべて整数とする．① より

$$y=\frac{1-2021x}{312}=-6x+\frac{1-149x}{312}$$

$1-149x=312z$ とおくと

$$x=\frac{1-312z}{149}=-2z+\frac{1-14z}{149}$$

$1-14z=149w$ とおくと

$$z=\frac{1-149w}{14}=-10w+\frac{1-9w}{14}$$

$w=-3$ とすると

$$z=30+\frac{1+27}{14}=32$$

$$x=-2z+w=-64-3=-67$$

$$y=-6x+z=402+32=434$$

よって，$2021\cdot(-67)+312\cdot434=1$ ……………………②

①－② より

$$2021(x+67)+312(y-434)=0$$

2021 と 312 は互いに素である（でなければ ② の左辺が 2 以上の整数の倍数となり矛盾）から

$$x+67=312k,\ y-434=-2021k$$

$$(x,\ y)=(312k-67,\ -2021k+434)\ \cdots\cdots\cdots\text{③}$$

と表される．よって

$$|x|+|y|=|312k-67|+|2021k-434|$$

$(=f(k)$ とおく$)$

$k\leqq0$ のとき

$$f(k)=-(312k-67)-(2021k-434)$$

は単調に減少し，$k=0$ のとき最小となる．

$k\geqq1$ のとき

$$f(k)=(312k-67)+(2021k-434)$$

は単調に増加し，$k=1$ のとき最小となる．

$$f(0)=67+434,\ f(1)=245+1587$$

であるから $f(0)<f(1)$ である．よって，$k=0$ のとき $f(k)$ は最小で，③ より $(x,\ y)=\mathbf{(-67,\ 434)}$

◆別解◆ ① の特殊解を求める普通の方法．

$2021=312\cdot6+149\quad(149=2021-6\cdot312)$

$312=149\cdot2+14\quad(14=312-2\cdot149)$

$149=14\cdot10+9\quad(9=149-10\cdot14)$

$14=9+5\quad(5=14-9)$

$9=5+4\quad(4=9-5)$

$5=4+1\quad(1=5-4)$

であるから

$$1=5-(9-5)$$
$$=-9+2(14-9)$$
$$=2\cdot14-3(149-10\cdot14)$$
$$=-3\cdot149+32(312-2\cdot149)$$
$$=32\cdot312-67(2021-6\cdot312)$$
$$=-67\cdot2021+434\cdot312$$

すなわち，$2021\cdot(-67)+312\cdot434=1$

《1 次不定方程式 (B20) ☆》

160． 以下の問いに答えよ．

（1） 方程式 $39x-17y=1$ の整数解をすべて求めよ．

（2） 方程式 $39x-17y=1$ のどんな整数解 $(x,\ y)$ についても，$x,\ y$ が互いに素であることを示せ．

（3） 座標平面上で，x 座標，y 座標がともに整数である点と直線 $2(39x-17y)=7$ の距離の最小値を求めよ．さらに，そのときの点を 1 つ求め，その座標を答えよ． （21 公立はこだて未来大）

▶解答◀ （1） ユークリッドの互除法より

$$39=17\cdot2+5$$
$$17=5\cdot3+2$$
$$5=2\cdot2+1$$

これより，39 と 17 の最大公約数は 1 で，39 と 17 は互いに素である．また，これらの等式を変形すると

$5=39-17\cdot2$ ………………………………………①

$2=17-5\cdot3$ ………………………………………②

$1=5-2\cdot2$ ………………………………………③

③ に ② を代入して

$$1=5-(17-5\cdot3)\cdot2$$
$$1=17\cdot(-2)+5\cdot7$$

これに ① を代入して

$$1=17\cdot(-2)+(39-17\cdot2)\cdot7$$
$$1=39\cdot7+17\cdot(-16)$$

よって，$39x-17y=1$ は次のように変形できる．

$$39x-17y=39\cdot7+17\cdot(-16)$$
$$39(x-7)=17(y-16)$$

$x,\ y$ が整数のとき，39 と 17 が互いに素であるから，$x-7$ は 17 の倍数である．k を整数とすると $x-7=17k$ と表され，このとき $y-16=39k$ となる．よって方程式の整数解は

$$(x,\ y)=\mathbf{(7+17k,\ 16+39k)}\ (\boldsymbol{k}\ \text{は整数})$$

（2） $39x-17y=1$ の任意の整数解 $(x,\ y)$ について，x と y の最大公約数を g とすると

$$x=gx',\ y=gy'$$

$(x',\ y'$ は互いに素な整数$)$ と表すことができる．$x,\ y$ は $39x-17y=1$ を満たすから

$$39gx'-17gy'=1\qquad\therefore\quad g(39x'-17y')=1$$

$39x'-17y'$ は整数であるから $g=1$ である．よって x と y は互いに素である．

（3） 格子点 (X, Y) と直線 $2(39x-17y)=7$ との距離 d は，点と直線の距離の公式により

$$d=\frac{|2(39X-17Y)-7|}{\sqrt{(2\cdot 39)^2+(2\cdot 17)^2}}$$

ここで，$39x-17y=1$ が整数解をもつから，$39X-17Y$ は任意の整数値をとることができる．

実際，$39x-17y=1$ の整数解の1つを (x_1, y_1) とするとき，任意の整数 n に対して，$(X, Y)=(nx_1, ny_1)$ とすると，$39X-17Y=n$ となる．

したがって，d の分子は正の奇数全体を動く．これより d が最小となるのは分子が1となるときで，このとき

$$d=\frac{1}{\sqrt{(2\cdot 39)^2+(2\cdot 17)^2}}=\boldsymbol{\frac{1}{2\sqrt{1810}}}$$

これが d の最小値である．また，このとき

$$39X-17Y=3 \quad \text{または} \quad 4$$

である．$39x-17y=1$ の整数解 $(x, y)=(7, 16)$ を利用すると，$(X, Y)=(3\cdot 7, 3\cdot 16)$ のとき $39X-17Y=3$ となるから，d が最小となるような点の1つは **(21, 48)** である．

♦別解♦ （1） 以下，文字は整数とする．

$$39x-17y=1$$

$$y=\frac{39x-1}{17}=2x+\frac{5x-1}{17}$$

$\frac{5x-1}{17}=z$ とおく．

$$x=\frac{17z+1}{5}=3z+\frac{2z+1}{5}$$

$\frac{2z+1}{5}=w$ とおく．

$$z=\frac{5w-1}{2}=2w+\frac{w-1}{2}$$

$\frac{w-1}{2}=k$ とおく．

$$w=2k+1$$

$$z=2(2k+1)+k=5k+2$$

$$x=3(5k+2)+(2k+1)=17k+7$$

$$y=2(17k+7)+(5k+2)=39k+16$$

《1次不定方程式(B20)☆》

161． 整数 m が与えられたとき，整数 k, l についての方程式

$(*)\quad 48k+18l=m$

を考える．

（1） 次の空欄に入るべき m に関する条件を答えのみ記せ．

与えられた整数 m に対し，$(*)$が整数解 (k, l) をもつための必要十分条件は □ である．

（2） 上の（1）で記した空欄の条件が必要十分条件であることを示せ．

（3） $m=540$ のとき，方程式$(*)$を満たす正の整数 k, l の組 (k, l) をすべて求めよ．

（21　東北大・共通-後期）

▶解答◀ （1） 空欄に当てはまるのは「**m が6の倍数であること**」である．これが必要十分条件であることを（2）で示す．

（2） まず，必要であることを言う．$(*)$は

$$6(8k+3l)=m$$

であり，左辺は6の倍数であるから，右辺も6の倍数である．よって，$(*)$が整数解 (k, l) をもつためには m が6の倍数であることが必要である．

次に，十分であることを言う．$m=6M$ とおくと，

$$8k+3l=M \quad \cdots\cdots①$$

である．$(k, l)=(-M, 3M)$ は①を満たすから

$$8\cdot(-M)+3\cdot(3M)=M \quad \cdots\cdots②$$

となり，確かに整数解 (k, l) をもつから十分でもある．

以上より，$(*)$が整数解 (k, l) をもつ必要十分条件は m が6の倍数であることである．

（3） ①－②において $M=90$ とすると

$$8(k+90)+3(l-270)=0$$

3と8は互いに素であるから整数 N を用いると

$$k+90=3N,\ l-270=-8N$$

$$k=3N-90,\ l=-8N+270$$

とかける．これらがともに正の整数のとき

$$3N-90>0,\ -8N+270>0$$

$$30<N<\frac{135}{4}=33.75$$

これを満たす整数 N は $N=31, 32, 33$ である．それぞれについて (k, l) を求めると

$$(k, l)=\boldsymbol{(3, 22), (6, 14), (9, 6)}$$

《双曲型2次不定方程式(B10)☆》

162． $2xy+42-3y-28x=12$ を満たす自然数 x, y の組 (x, y) をすべて求めよ．（21　広島工業大）

▶解答◀ $2xy+30-3y-28x=0$

$$xy-\frac{3}{2}y-14x=-15$$

$$\left(x-\frac{3}{2}\right)(y-14)=21-15$$

$$(2x-3)(y-14)=12$$

$2x-3$ は 12 の奇数の約数で，$-1, -3, 1, 3$ のいずれかであり，$2x-3 \geqq -1$ であるから，$2x-3=-3$ の場合は不適である．$y-14 \geqq -13$ である．

$$\begin{pmatrix} 2x-3 \\ y-14 \end{pmatrix} = \begin{pmatrix} -1 \\ -12 \end{pmatrix}, \begin{pmatrix} 1 \\ 2 \end{pmatrix}, \begin{pmatrix} 3 \\ 4 \end{pmatrix}$$

$(x, y) = \mathbf{(1, 2), (2, 26), (3, 18)}$

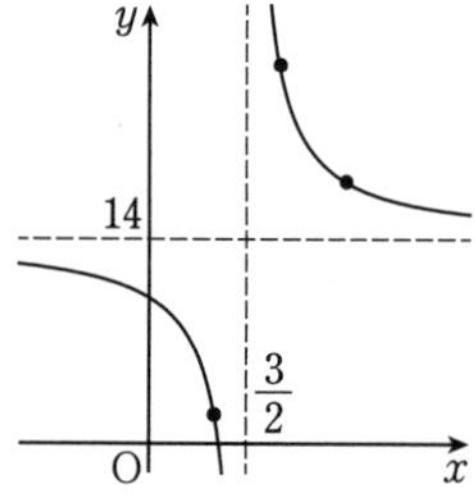

注意 基本的な双曲型である．図は上下・左右の比を変えてある．

《双曲型 2 次不定方程式 (B10)》

163．$Z = 3x^2+2xy-y^2-6x-2y+3$ について，次の問いに答えよ．

（1） x, y についての 2 次式 Z を因数分解せよ．

（2） $0 \leqq y \leqq x$ のとき，Z が素数となる整数の組 (x, y) をすべて求めよ．　(21　広島工業大)

▶解答◀ （1）

$$Z = 3x^2+(2y-6)x-(y^2+2y-3)$$
$$= 3x^2+(2y-6)x-(y+3)(y-1)$$
$$= \{3x-(y+3)\}\{x+(y-1)\}$$
$$= \mathbf{(3x-y-3)(x+y-1)}$$

（2） Z が素数になるならば，$x+y-1=\pm 1$ または $3x-y-3=\pm 1$ が成り立つ．$0 \leqq y \leqq x$ に注意する．

$x+y-1=-1$ のとき $x+y=0$ から $(x, y)=(0, 0)$ で $Z=3$

$x+y-1=1$ のとき $x+y=2$ で，$(x, y)=(2, 0)$, $(1, 1)$ となる．順に $Z=3$, $Z=-1$ となる．

$3x-y-3=-1$ のとき $y=3x-2$ を $0 \leqq y \leqq x$ に代入し $\dfrac{2}{3} \leqq x \leqq 1$ となり $(x, y)=(1, 1)$ である．このとき $Z=-1$

$3x-y-3=1$ のとき $y=3x-4$ を $0 \leqq y \leqq x$ に代入し $\dfrac{4}{3} \leqq x \leqq 2$ となり $(x, y)=(2, 2)$ である．このとき，$Z=3$

Z が素数になるのは $(x, y) = \mathbf{(0, 0)}, \mathbf{(2, 0)}, \mathbf{(2, 2)}$ であり，いずれも $Z=3$ となる．

《楕円型 2 次不定方程式 (B10) ☆》

164．x, y を整数とする．$x^2-4xy+7y^2+y-14=0$ を満たす x と y の組 (x, y) をすべて求めよ．　(21　京都府立大・生命環境)

▶解答◀ $x^2-4xy+7y^2+y-14=0$ を x の 2 次方程式と見て解くと

$$x = \frac{1}{2}\left\{4y \pm \sqrt{16y^2-4(7y^2+y-14)}\right\}$$
$$= 2y \pm \sqrt{-3y^2-y+14} \quad \cdots\cdots ①$$
$$-3y^2-y+14 \geqq 0$$
$$(3y+7)(y-2) \leqq 0 \qquad \therefore \quad -\frac{7}{3} \leqq y \leqq 2$$

であるから，$y=0, \pm 1, \pm 2$ である．

これらの値を ① に代入して x が整数になるときを求めると，$(x, y) = \mathbf{(-6, -2), (-2, -2), (4, 2)}$ である．

注意 本問の方程式を図示すると斜めの楕円になる．このような方程式を楕円型ディオファントス方程式という．

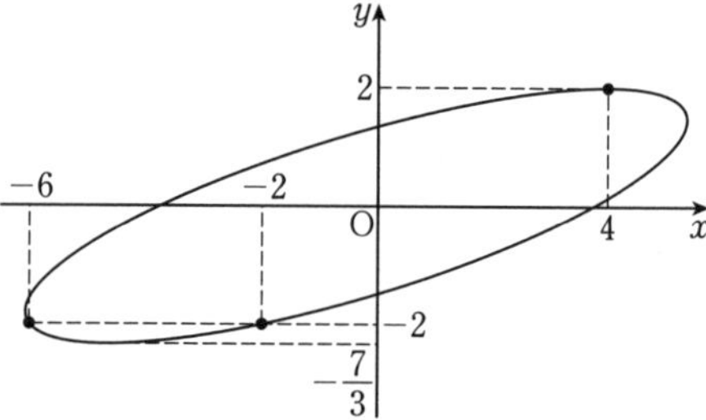

《楕円型 2 次不定方程式 (B10) ☆》

165．$x^2-|x|y+y^2=3$ を満たす整数解 (x, y) をすべて求めると □ である．求めた整数解を xy 平面上に図示すると，□ となる．　(21　関西医大・前期)

▶解答◀ $y^2-|x|y+x^2-3=0$

$$y = \frac{|x| \pm \sqrt{x^2-4(x^2-3)}}{2}$$
$$= \frac{|x| \pm \sqrt{3(4-x^2)}}{2}$$

$4-x^2 \geqq 0$ であり，$|x|=0, 1, 2$

$|x|=0$ のとき，$y=\pm\sqrt{3}$ となり不適．

$|x|=1$ のとき，$y=\dfrac{1 \pm 3}{2}=2, -1$

$|x|=2$ のとき，$y=1$

以上より，求める整数解は

$$(x, y) = \mathbf{(\pm 1, 2), (\pm 1, -1), (\pm 2, 1)}$$

であり，これらの 6 点を図示すると次のようになる．

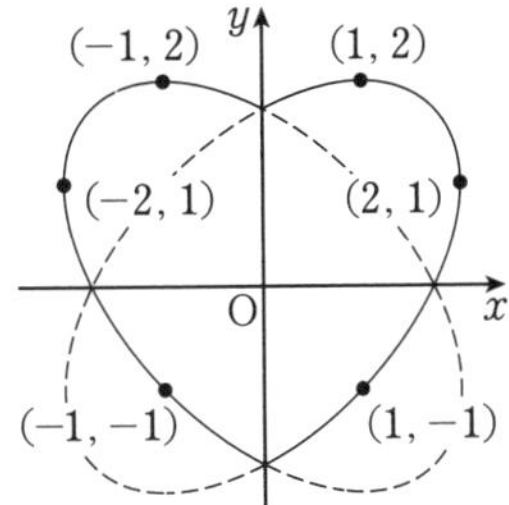

《2 次不定方程式 (A20)》

166. 2 つの正の整数 a, b の最大公約数を G, 最小公倍数を L とするとき,

$$L^2 - G^2 = 72$$

が成り立ちます. このような正の整数の組 (a, b) をすべて求めなさい. (21 横浜市大・共通)

▶解答◀ $L^2 - G^2 = 72$ より

$$(L+G)(L-G) = 2^3 \cdot 3^2$$

$(L+G)+(L-G) = 2L$ より $L+G$ と $L-G$ は偶奇が一致し, 積が偶数であるから, ともに偶数である.

$L+G > L-G > 0$ であるから

$$(L+G, L-G) = (36, 2), (18, 4), (12, 6),$$

よって, $(L, G) = (19, 17), (11, 7), (9, 3)$

L は G の倍数であるから, $(L, G) = (9, 3)$

よって, $(a, b) = \mathbf{(9, 3), (3, 9)}$

《2 次不定方程式 (B20)》

167. (1) 9073 と 2021 の最大公約数を求めよ.

(2) $ab - 3a - 7b = 2000$ を満たす正の整数の組 (a, b) をすべて求めよ.

(3) $\sqrt{n^2 + 2021}$ が整数となるような正の整数 n をすべて求めよ. (21 大教大・前期)

▶解答◀ (1) ユークリッドの互除法を用いて

$$9073 = 2021 \cdot 4 + 989$$

$$2021 = 989 \cdot 2 + 43$$

$$989 = 43 \cdot 23$$

よって, 9073 と 2021 の最大公約数は **43**

(2) $(a-7)(b-3) = 2021$ ……………………………①

$(a-7)(b-3) = 43 \cdot 47$ ……………………………②

一方, $b(a-7) = 2000 + 3a > 0$ より $a - 7 > 0$

① より $b - 3 > 0$

$$(a-7, b-3) = (1, 2021), (43, 47), (47, 43), (2021, 1)$$

$$(a, b) = \mathbf{(8, 2024), (50, 50), (54, 46), (2028, 4)}$$

(3) $\sqrt{n^2 + 2021} = m$ (m は正の整数) とおく.

$$n^2 + 2021 = m^2$$

$$m^2 - n^2 = 2021$$

$$(m+n)(m-n) = 2021$$

$m+n > m-n > 0$ であるから

$$(m+n, m-n) = (2021, 1), (47, 43)$$

$$(m, n) = (1011, 1010), (45, 2)$$

となる. よって $n = \mathbf{1010, 2}$

《2 次不定方程式 (B20)》

168. 次の問に答えよ.

(1) 整数 m に対して, m^2 を 4 で割った余りは 0 または 1 であることを示せ.

(2) 自然数 n, k が

$$25 \times 3^n = k^2 + 176 \quad \cdots\cdots\cdots\cdots (*)$$

を満たすとき, n は偶数であることを示せ.

(3) (2) の関係式 $(*)$ を満たす自然数の組 (n, k) をすべて求めよ. (21 北海道大・後期)

▶解答◀ 以下の解答中で出てくる文字は, 特に断りがない限りすべて整数とする.

(1) (ア) m が偶数のとき : $m = 2l$ とおける.

$$m^2 = (2l)^2 = 4l^2$$

より m^2 を 4 で割った余りは 0 である.

(イ) m が奇数のとき : $m = 2l+1$ とおける.

$$m^2 = (2l+1)^2 = 4(l^2 + l) + 1$$

より m^2 を 4 で割った余りは 1 である.

以上より, 整数 m に対して, m^2 を 4 で割った余りは 0 または 1 である.

(2) mod4 で, $25 \equiv 1$, $3 \equiv -1$, $176 \equiv 0$ であるから $(-1)^n \equiv k^2$ となる. 左辺は 1 または -1 に合同で, 右辺は 0 または 1 に合同だから, 共通なのは 1 だけで, それは n が偶数, k が奇数のときに限る.

(3) (2) より n は偶数であるから, $n = 2a$ とおける. このとき $(*)$ は

$$25 \cdot 3^{2a} = k^2 + 176$$

$$(5 \cdot 3^a)^2 - k^2 = 176$$

$$(5 \cdot 3^a + k)(5 \cdot 3^a - k) = 4 \cdot 44$$

$5 \cdot 3^a + k$, $5 \cdot 3^a - k$ は, $(5 \cdot 3^a + k) - (5 \cdot 3^a - k) = 2k$ が偶数であるから偶奇が一致し, 積が偶数であるから, 両方とも偶数である. $5 \cdot 3^a + k > 5 \cdot 3^a - k$, $5 \cdot 3^a + k > 0$

$$(5 \cdot 3^a + k, 5 \cdot 3^a - k) = (88, 2), (44, 4), (22, 8)$$

$$(5 \cdot 3^a, k) = (45, 43), (24, 20), (15, 7)$$

第二の場合は不適で

$$(a, k) = (2, 43), (1, 7)$$

よって，$(*)$を満たす自然数の組 (n, k) は

$(n, k)=\mathbf{(4, 43), (2, 7)}$ である．

《2 次の不定方程式 (B10) ☆》

169．（1） 9073 と 2021 の最大公約数を求めよ．

（2） $ab-3a-7b=2000$ を満たす正の整数の組 (a, b) をすべて求めよ．

（3） $\sqrt{n^2+2021}$ が整数となるような正の整数 n をすべて求めよ．（21 大教大・前期）

▶解答◀ （1） ユークリッドの互除法を用いて

$9073=2021\cdot 4+989$

$2021=989\cdot 2+43$

$989=43\cdot 23$

よって，9073 と 2021 の最大公約数は **43**

（2） $(a-7)(b-3)=2021$ ……①

$(a-7)(b-3)=43\cdot 47$ ……②

一方，$b(a-7)=2000+3a>0$ より $a-7>0$

① より $b-3>0$

$(a-7, b-3)=(1, 2021), (43, 47), (47, 43), (2021, 1)$

$(a, b)=\mathbf{(8, 2024), (50, 50), (54, 46), (2028, 4)}$

（3） $\sqrt{n^2+2021}=m$ (m は正の整数) とおく．

$n^2+2021=m^2$

$m^2-n^2=2021$

$(m+n)(m-n)=2021$

$m+n>m-n>0$ であるから

$(m+n, m-n)=(2021, 1), (47, 43)$

$(m, n)=(1011, 1010), (45, 2)$

となる．よって $n=\mathbf{1010, 2}$

《双曲型 2 次不定方程式 (A10) ☆》

170．2 次方程式 $x^2+ax+2-3a=0$ が 2 つの整数の解をもつような定数 a の値を求めよ．（21 福岡教育大・後期）

▶解答◀ 2 つの整数解を $\alpha, \beta\ (\alpha\leqq\beta)$ とおくと解と係数の関係から，

$\alpha+\beta=-a$ ……①

$\alpha\beta=2-3a$ ……②

②－①×3 から

$\alpha\beta-3\alpha-3\beta=2$

$(\alpha-3)(\beta-3)=11$

$(\alpha-3, \beta-3)=(-11, -1), (1, 11)$

$(\alpha, \beta)=(-8, 2), (4, 14)$

したがって $a=\mathbf{6, -18}$

《双曲型 2 次不定方程式 (B20) ☆》

171．$3x^2+10xy+8y^2+8x+10y-3$ を因数分解すると，

$$3x^2+10xy+8y^2+8x+10y-3$$
$$=(x+ay+b)(3x+cy+d)$$

となる．このとき，定数 a, b, c, d の値は

$a=\square, b=\square, c=\square, d=\square$

である．これを用いて，等式

$$3x^2+10xy+8y^2+8x+10y+9=0$$

を満たす整数 x, y の組 (x, y) を求めると，そのような組 (x, y) は 4 つあることがわかり，それらを x の値が小さい方から順に並べると，$\square$ となる．（21 宮崎大・医）

▶解答◀ $3x^2+10xy+8y^2+8x+10y-3$

$=3x^2+(10y+8)x+8y^2+10y-3$

$=3x^2+(10y+8)+(2y+3)(4y-1)$

$=(x+2y+3)(3x+4y-1)$

よって，$a=\mathbf{2}, b=\mathbf{3}, c=\mathbf{4}, d=\mathbf{-1}$ である．

$3x^2+10xy+8y^2+8x+10y+9=0$ のとき

$3x^2+10xy+8y^2+8x+10y-3=-12$

$(x+2y+3)(3x+4y-1)=-12$ ……①

積が偶数であるから，$x+2y+3$ と $3x+4y-1$ の少なくとも一方は偶数である．また，2 数の和

$(x+2y+3)+(3x+4y-1)=2(2x+3y+1)$

は偶数であるから，$x+2y+3$ と $3x+4y-1$ の偶奇は等しい．よって，2 数はともに偶数であるから

$(x+2y+3, 3x+4y-1)$

$=(2, -6), (-2, 6), (6, -2), (-6, 2)$

の 4 通りである．これらを解く．

$(x+2y, 3x+4y)$

$=(-1, -5), (-5, 7), (3, -1), (-9, 3)$

$(x, y)=(-3, 1), (17, -11), (-7, 5), (21, -15)$

x が小さい方から並べると

$(x, y)=\mathbf{(-7, 5), (-3, 1), (17, -11), (21, -15)}$

注意【双曲型】

曲線①は直線 $l: 3x+4y-1=0$, $m: x+2y+3=0$ を漸近線とする双曲線である．

図では格子点を順に A, B, C, D としている．

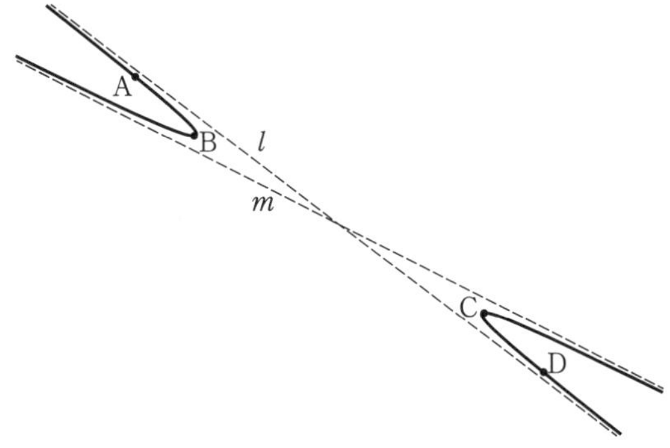

《双曲型の不定方程式 (B20)》

172. 整数 x, y が $x>1$, $y>1$, $x \neq y$ を満たし，等式

$$6x^2+13xy+7x+5y^2+7y+2=966$$

を満たすとする．

（1） $6x^2+13xy+7x+5y^2+7y+2$ を因数分解すると $\square$ である．

（2） この等式を満たす x と y の組をすべて挙げると $(x, y)=\square$ である． (21 慶應大・薬)

▶解答◀ （1） $6x^2+13xy+5y^2+7x+7y+2$

$$=(2x+y)(3x+5y)+7x+7y+2$$

$$=(2x+y)(3x+5y)+7x+7y+2$$

これを $(2x+y+a)(3x+5y+b)$ にして，展開して元にもどるようにする．

x の係数より $3a+2b=7$ ……………………………①

y の係数より $5a+b=7$ ……………………………②

定数項より $ab=2$ ……………………………………③

①, ② を解くと $a=1$, $b=2$ となり，これは ③ を満たす．答えは $\boldsymbol{(2x+y+1)(3x+5y+2)}$

（2） $(2x+y+1)(3x+5y+2)=2\cdot3\cdot7\cdot23$ ……④

$x \geqq 2$, $y \geqq 2$ より

$$3x+5y+2>2x+y+1 \geqq 4+2+1=7$$

$$2x+y+1=A$$

$$3x+5y+2=B$$

とおくと，$5A-B$, $3A-2B$ より

$$7x+3=5A-B,\ -7y-1=3A-2B$$

$$x=\frac{5A-B-3}{7},\ y=\frac{-3A+2B-1}{7}$$

$$AB=2\cdot3\cdot7\cdot23,\ B>A \geqq 7$$

で，B が 7 と 23 の両方をもつと，残りは 6 以下で不適．

$$\begin{pmatrix}A\\B\end{pmatrix}=\begin{pmatrix}7\\138\end{pmatrix}, \begin{pmatrix}14\\69\end{pmatrix}, \begin{pmatrix}21\\46\end{pmatrix}, \begin{pmatrix}23\\42\end{pmatrix}$$

に対して，はじめの 2 つは $5A-B-3<0$ となり不適．あとの 2 つより

$$(x, y)=\boldsymbol{(8, 4), (10, 2)}$$

《双曲型 2 次不定方程式 (B20) ☆》

173. a, b を $0<a<1$, $0<b<1$ を満たす実数とする．平面上の三角形 ABC を考え，辺 AB を $a:1-a$ に内分する点を P, 辺 BC を $b:1-b$ に内分する点を Q, 辺 CA の中点を R とし，三角形 ABC の面積を S, 三角形 PQR の面積を T とする．

（1） $\dfrac{T}{S}$ を a, b で表せ．

（2） a, b が $0<a<\dfrac{1}{2}$, $0<b<\dfrac{1}{2}$ の範囲を動くとき，$\dfrac{T}{S}$ がとりうる値の範囲を求めよ．

（3） p, q を 3 以上の整数とし，$a=\dfrac{1}{p}$, $b=\dfrac{1}{q}$ とする．$\dfrac{T}{S}$ の逆数 $\dfrac{S}{T}$ が整数となるような p, q の組 (p, q) をすべて求めよ． (21 東北大・前期)

▶解答◀ （1） $\triangle \mathrm{APR}=\dfrac{1}{2}aS$

$$\triangle \mathrm{BQP}=(1-a)bS,\ \triangle \mathrm{CRQ}=\frac{1}{2}(1-b)S$$

$$T=\triangle \mathrm{ABC}-(\triangle \mathrm{APR}+\triangle \mathrm{BQP}+\triangle \mathrm{CRQ})$$

$$=\left\{1-\frac{a}{2}-(1-a)b-\frac{1-b}{2}\right\}S$$

$$=\left(ab-\frac{a}{2}-\frac{b}{2}+\frac{1}{2}\right)S$$

よって，$\dfrac{T}{S}=\boldsymbol{\dfrac{1}{2}-\dfrac{a}{2}-\dfrac{b}{2}+ab}$ である．

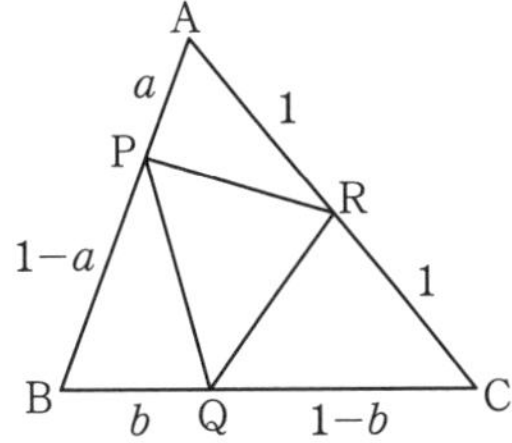

（2） $\dfrac{T}{S}=\left(\dfrac{1}{2}-a\right)\left(\dfrac{1}{2}-b\right)+\dfrac{1}{4}$

ここで，a, b は独立に動き，

$$0<\frac{1}{2}-a<\frac{1}{2},\ 0<\frac{1}{2}-b<\frac{1}{2}$$

であるから，

$$0\cdot0+\frac{1}{4}<\frac{T}{S}<\frac{1}{2}\cdot\frac{1}{2}+\frac{1}{4}$$

$$\boldsymbol{\frac{1}{4}<\frac{T}{S}<\frac{1}{2}}$$

（3） $2<\dfrac{S}{T}<4$ より，$\dfrac{S}{T}$ が整数となるとき $\dfrac{S}{T}=3$, すなわち $\dfrac{T}{S}=\dfrac{1}{3}$ である．

$$\left(\frac{1}{2}-a\right)\left(\frac{1}{2}-b\right)+\frac{1}{4}=\frac{1}{3}$$

$$\left(\frac{1}{2}-\frac{1}{p}\right)\left(\frac{1}{2}-\frac{1}{q}\right)+\frac{1}{4}=\frac{1}{3}$$

$$\frac{p-2}{2p}\cdot\frac{q-2}{2q}=\frac{1}{12}$$

$$3(p-2)(q-2)=pq$$

$$pq-3p-3q+6=0$$

$$(p-3)(q-3)=3$$

$p-3,\ q-3$ はともに 0 以上の整数であるから

$$(p-3,\ q-3)=(3,\ 1),\ (1,\ 3)$$

$$(p,\ q)=\mathbf{(6,\ 4),\ (4,\ 6)}$$

《3 次方程式と整数解 (B30)》

174. 実数 k に対して 3 次方程式

$x^3+(4-k)x^2+(k+13)x+15-3k=0$

が異なる 3 つの整数解 $\alpha,\ \beta,\ \gamma$ を持ち，$2\beta=\alpha+\gamma$ のとき，$k=$ □ である． (21 藤田医科大・医)

▶解答◀ $f(x)=x^3+(4-k)x^2+(k+13)x+15-3k$ とおく．$f''(x)=6x+2(4-k)$ となる．

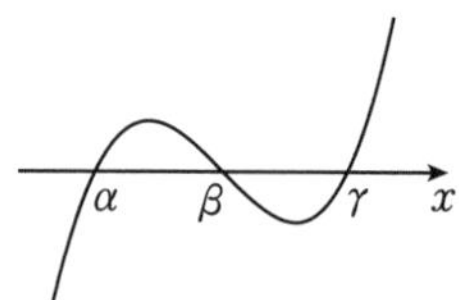

$2\beta=\alpha+\gamma$ より 3 つの整数解は β を等差中項とする等差数列をなす．3 次関数のグラフは変曲点に関して点対称である．変曲点の x 座標は $6x+2(4-k)=0$ の解である．$3\beta+4-k=0$ が成り立つ．$k=3\beta+4$ である．

$$f(\beta)=\beta^3+(4-k)\beta^2+(k+13)\beta+15-3k$$
$$=\beta^3+\{4-(3\beta+4)\}\beta^2$$
$$+(3\beta+4+13)\beta+15-3(3\beta+4)$$
$$=-2\beta^3+3\beta^2+8\beta+3$$
$$=-(\beta+1)(\beta-3)(2\beta+1)$$

が 0 であるから整数 β は $\beta=-1$ または $\beta=3$

$\beta=-1$ のとき $k=3\beta+4=2$,

$\beta=3$ のとき $k=13$

$k=2$ のとき

$$f(x)=x^3-2x^2+15x+9$$
$$=(x+1)(x^2+2x+12)$$

$k=13$ のとき

$$f(x)=x^3-9x^2+26x-24$$
$$=(x-2)(x-3)(x-4)$$

適するのは $k=\mathbf{13}$

♦別解♦ $2\beta=\alpha+\gamma$ ………………①

解と係数の関係を用いて

$\alpha+\beta+\gamma=k-4$ ………………②

$\alpha\beta+\beta\gamma+\gamma\alpha=k+13$ ………………③

$\alpha\beta\gamma=3k-15$ ………………④

①, ② より

$3\beta=k-4$ $\therefore$ $k=3\beta+4$ ………………⑤

である．③ より

$$\beta(\alpha+\gamma)+\gamma\alpha=k+13$$

① より

$$2\beta^2+\gamma\alpha=k+13$$
$$\gamma\alpha=-2\beta^2+k+13$$

で，④ と合わせて

$$\beta(-2\beta^2+k+13)=3k-15$$

となり，⑤ を代入して

$$\beta(-2\beta^2+3\beta+17)=9\beta-3$$
$$2\beta^3-3\beta^2-8\beta-3=0$$
$$(\beta+1)(2\beta^2-5\beta-3)=0$$
$$(\beta+1)(\beta-3)(2\beta+1)=0$$

β は整数であるから，$\beta=-1,\ 3$ である．

(ア) $\beta=-1$ のとき．

① より $\alpha+\gamma=-2$ である．

また，⑤ より $k=1$ で，④ に代入して $\alpha\gamma=12$ であるから，α, γ は 2 次方程式 $x^2+2x+12=0$ の解で，判別式を D とすると $\frac{D}{4}=1-12=-11$ であるから，α, γ は整数ではない．

(イ) $\beta=3$ のとき．

① より $\alpha+\gamma=6$ である．

また，⑤ より $k=13$ で，④ に代入して $\alpha\gamma=8$ であるから，α, γ は 2 次方程式 $x^2-6x+8=0$ の解で $x=2,\ 4$ より適する．

したがって $k=\mathbf{13}$ である．

《不等式で挟む (B20) ☆》

175. $a\leqq b\leqq c$ を満たす自然数 $a,\ b,\ c$ を考える．次の条件 $abc=ab+bc+ca$ を満たす組 $(a,\ b,\ c)$ は全部で □ 組 あり，そのうち，$a+b+c$ を最大にする組は

$$(a,\ b,\ c)=(\square,\ \square,\ \square)$$

である． (21 中京大・工)

▶解答◀ $abc=ab+bc+ca$

両辺を $abc\ (\neq 0)$ で割って

$\frac{1}{a}+\frac{1}{b}+\frac{1}{c}=1$ ………………①

$a \leqq b \leqq c$ より $\dfrac{1}{a} \geqq \dfrac{1}{b} \geqq \dfrac{1}{c}$ であるから

$$\frac{1}{a}+\frac{1}{b}+\frac{1}{c} \leqq \frac{3}{a}$$

$$1 \leqq \frac{3}{a}$$

$$a \leqq 3 \qquad \therefore \quad a=1,\,2,\,3$$

（ア） $a=1$ のとき ① は成立しない．

（イ） $a=2$ のとき $\dfrac{1}{b}+\dfrac{1}{c}=\dfrac{1}{2}$ である．

$$bc-2b-2c=0$$

$$(b-2)(c-2)=4$$

$0 \leqq b-2 \leqq c-2$ より

$$(b-2,\,c-2)=(1,\,4),\,(2,\,2)$$

$$(b,\,c)=(3,\,6),\,(4,\,4)$$

（ウ） $a=3$ のとき $\dfrac{1}{b}+\dfrac{1}{c}=\dfrac{2}{3}$ である．$3 \leqq b \leqq c$ より $\dfrac{1}{b}+\dfrac{1}{c} \leqq \dfrac{1}{3}+\dfrac{1}{3}=\dfrac{2}{3}$ となるが等号が成立するのは $b=c=3$ のときだけである．

以上より $(a,\,b,\,c)=(2,\,3,\,6),\,(2,\,4,\,4),\,(3,\,3,\,3)$ であるから全部で **3** 組あり，そのうち $a+b+c$ を最大にする組は $(a,\,b,\,c)=\mathbf{(2,\,3,\,6)}$ である．

《単位分数と整数 (B20) ☆》

176. 正の整数 $k,\,l,\,m$ に対して

$$P=\frac{1}{k}+\frac{1}{l}+\frac{1}{m}$$

とおく．$k,\,l,\,m$ が

$$k \leqq l \leqq m,\ k+l+m=10$$

を満たすとき，次の問いに答えよ．

（１） $k=3$ のとき，$l,\,m$ の値を求めよ．さらに，P の値を求めよ．

（２） k のとりうる値をすべて求めよ．

（３） P の最大値と最小値，およびそのときの $k,\,l,\,m$ の値を求めよ．　（21　岡山理大・A 日程）

▶解答◀ （１） $k=3$ のとき，

$$l+l \leqq l+m=7$$

$$3 \leqq l \leqq \frac{7}{2}$$

l は正の整数であるから $l=\mathbf{3}$ で $m=\mathbf{4}$．このとき，

$$P=\frac{1}{3}+\frac{1}{3}+\frac{1}{4}=\mathbf{\frac{11}{12}}$$

（２） $k+k+k \leqq k+l+m=10$

$$1 \leqq k \leqq \frac{10}{3}$$

k は正の整数であるから $k=\mathbf{1,\,2,\,3}$ である．このとき，

$$(k,\,l,\,m)=(1,\,1,\,8),\,(1,\,2,\,7),\,(1,\,3,\,6),\,(1,\,4,\,5),$$
$$(2,\,2,\,6),\,(2,\,3,\,5),\,(2,\,4,\,4),\,(3,\,3,\,4)$$

で，各 k に対して $l,\,m$ は存在する．

（３） 8 組しかないから，調べる．上の 8 組に対して，P の値を求めると順に

$$\frac{17}{8},\ \frac{23}{14},\ \frac{3}{2},\ \frac{29}{20},\ \frac{7}{6},\ \frac{31}{30},\ 1,\ \frac{11}{12}$$

となる．左端は 2 より大きく，右端は 1 より小さい．他は 1 以上で 2 より小さい．

最大値は $(k,\,l,\,m)=\mathbf{(1,\,1,\,8)}$ のときの $\mathbf{\dfrac{17}{8}}$

最小値は $(k,\,l,\,m)=\mathbf{(3,\,3,\,4)}$ のときの $\mathbf{\dfrac{11}{12}}$

注意 理詰めでやらないと気持ちが悪い人もいるだろう．一般にも通用するように考察する．

最大について：$l \geqq 2$ のとき $m \geqq 2$ で

$\dfrac{1}{l}+\dfrac{1}{m} \leqq \dfrac{1}{2}+\dfrac{1}{2}$ になり，

$P=\dfrac{1}{k}+\dfrac{1}{l}+\dfrac{1}{m} \leqq 1+1=2$ となる．

$l=1$ のとき $k=1$ で，$m=8$ となり，このときが最大値 $\dfrac{17}{8}(>2)$ を与える．

最小について：最初は $k \leqq l \leqq m$ という大小を取り払おう．その方が説明しやすい．$k+l+m=10$ の解 $(k,\,l,\,m)$ は有限個であるから，最小値は存在する．

k を固定すると $l,\,m$ は $l+m=10-k$ で，和が一定である．$P=\dfrac{1}{k}+\dfrac{10-k}{lm}$

で，lm を最大にすることを考える．

$lm=\dfrac{(l+m)^2-(l-m)^2}{4}$ より，和 $l+m$ が一定のときに積 lm が最大になるのは $|l-m|$ が最小のときである．

$l+m=10-k$ が偶数のときには $l=m$

$l+m=10-k$ が奇数のときには $|l-m|=1$ のときに起こる．k でなく，他を固定しても同様で，結局，最小が起こる場合は，$k,\,l,\,m$ のどの 2 つの差も 0 または 1 である．$k \leqq l \leqq m$ を復活すると，$k=l=m$ または，$m-k=1$ で $k=l$ または $l=m$ である．本問の場合は $(k,\,l,\,m)=(3,\,3,\,4)$ で起こる．最小値は $\dfrac{11}{12}$ となる．ここまで追求すれば，$k+l+m=10$ でなく $k+l+m=N$ のような形になっても，答えるのは容易であろう．

【p 進法】

《2 進法に直す (A5)》

177. 以下の問いに答えよ.

(1) 次の 10 進数で表現された数を 2 進数に変換せよ.

171

(2) 次の 2 進数の足し算を行い, 結果を 2 進数で示せ.

1101 + 1011

(21 公立はこだて未来大)

▶解答◀ (1) 普通は次の図のようにする.

```
2)171
2) 85 …1
2) 42 …1
2) 21 …0
2) 10 …1
2)  5 …0
2)  2 …1
2)  1 …0
```

```
   1 1 0 1
+) 1 0 1 1
 1 1 0 0 0
```

$\mathbf{10101011_{(2)}}$

(2) $1101_{(2)} + 1011_{(2)} = \mathbf{11000_{(2)}}$

注意 (1) 171 を 2 の累乗

$(1, 2, 4, 8, 16, 32, 64, \cdots)$ の和で表す.

$$171 = 128 + 43 = 128 + 32 + 11$$
$$= 128 + 32 + 8 + 3 = 128 + 32 + 8 + 2 + 1$$
$$= 2^7 + 2^5 + 2^3 + 2 + 1 = \mathbf{10101011_{(2)}}$$

(2) $1101_{(2)} + 1011_{(2)} = \mathbf{11000_{(2)}}$

《小数の表示 (A5)》

178. $0.11011_{(2)}$ を 10 進法で表せ.

(21 釧路公立大・中期)

▶解答◀ $0.11011_{(2)} = 1 \cdot 2^{-1} + 1 \cdot 2^{-2} + 1 \cdot 2^{-4} + 1 \cdot 2^{-5}$

$= 0.5 + 0.25 + 0.0625 + 0.03125 = \mathbf{0.84375}$

《4 進法と 6 進法 (A5) ☆》

179. a, b, c をそれぞれ $1 \leqq a < 4$, $0 \leqq b < 4$, $1 \leqq c < 6$ を満たす整数とする. 正の整数 N を 4 進数で表すと $abba_{(4)}$ になり, 6 進数で表すと $ccc_{(6)}$ になる. このとき, a, b, c, N を求めよ.

(21 富山大・理, 工)

▶解答◀ $N = abba_{(4)}$ より

$$N = a \cdot 4^3 + b \cdot 4^2 + b \cdot 4 + a = 65a + 20b$$

$N = ccc_{(6)}$ より

$$N = c \cdot 6^2 + c \cdot 6 + c = 43c \quad \cdots\cdots\cdots ①$$

よって

$$65a + 20b = 43c$$

$$5(13a + 4b) = 43c \quad \cdots\cdots\cdots ②$$

5 と 43 は互いに素であるから c は 5 の倍数であり, これと $1 \leqq c < 6$ より $c = \mathbf{5}$ である. ② より

$$13a + 4b = 43 \qquad \therefore \quad b = \frac{43 - 13a}{4}$$

$1 \leqq a < 4$ より $a = 1, 2, 3$ で, このうち b が $0 \leqq b < 4$ を満たす整数になるのは $a = \mathbf{3}$ である. このとき $b = \mathbf{1}$ であり, また ① より $N = \mathbf{215}$ である.

《2 進法の論証 (A10) ☆》

180. (1) 164 を 2 進法で表せ.

(2) 2 進法で

$$n = a_5 2^5 + a_4 2^4 + a_3 2^3 + a_2 2^2 + a_1 2^1 + a_0 2^0$$

と表された正の整数 n を考える. ただし各 a_i は 0 か 1 である. n が 7 で割り切れるためには,

$$a_0 + 2a_1 + 4a_2 + a_3 + 2a_4 + 4a_5$$

が 7 で割り切れることが必要十分であることを示せ.

(3) 正の整数 n を 2 進法で $n = \sum\limits_{j=0}^{k} a_j 2^j$ と表す. ただし各 a_j は 0 か 1 である. n が 3 で割り切れるためには, $\sum\limits_{j=0}^{k} (-1)^j a_j$ が 3 で割り切れることが必要十分であることを示せ.

(21 熊本大・後期)

▶解答◀ (1) $164 = \mathbf{10100100_{(2)}}$

```
2)164
2) 82 …… 0
2) 41 …… 0
2) 20 …… 1
2) 10 …… 0
2)  5 …… 0
2)  2 …… 1
    1 …… 0
```

(2) 合同式は mod 7 とし

$$m = a_0 + 2a_1 + 4a_2 + a_3 + 2a_4 + 4a_5$$

とする. $n = 32a_5 + 16a_4 + 8a_3 + 4a_2 + 2a_1 + a_0$ において, $32 \equiv 4$, $16 \equiv 2$, $8 \equiv 1$ であるから

$$n \equiv 4a_5 + 2a_4 + a_3 + 4a_2 + 2a_1 + a_0 \equiv m$$

よって, n が 7 で割り切れることは m が 7 で割り切れることと必要十分である.

(3) 合同式は mod 3 とし, $l = \sum\limits_{j=0}^{k} (-1)^j a_j$ とする.

$n=\sum_{j=0}^{k}a_j2^j$ において，$2\equiv -1$ であるから

$$n\equiv \sum_{j=0}^{k}a_j(-1)^j\equiv l$$

よって，n が 3 で割り切れることは l が 3 で割り切れることと必要十分である．

【二項係数の整数問題】

《二項係数の論証 (B20) ☆》

181. 以下の問いに答えよ.

(1) 自然数n, kが$2 \leqq k \leqq n-2$をみたすとき, ${}_n\mathrm{C}_k > n$であることを示せ.

(2) pを素数とする. $k \leqq n$をみたす自然数の組(n, k)で${}_n\mathrm{C}_k = p$となるものをすべて求めよ. (21 九大・理系)

考え方 (1) よく知られているように, 横軸にkを取り, 縦軸に${}_n\mathrm{C}_k$の値を取って棒グラフを描くと, 釣り鐘状になる. ${}_n\mathrm{C}_k$ $(k = 0, 1, \cdots, n)$ はkが$\dfrac{n}{2}$に近いほど大きく, 端の$0, n$にいくほど小さい. それは二項係数の棒グラフは左右対称で, n個からとる個数が$\dfrac{n}{2}$以下で多くなればなるほど組合せの数が増えるからである. $2 \leqq k \leqq n-2$のとき${}_n\mathrm{C}_k > {}_n\mathrm{C}_1 = n$になる. 特に, (1)では, 1個取るときより, 2個以上, $n-2$個以下取る方がいろいろな選択があり, 多いに決まっている.

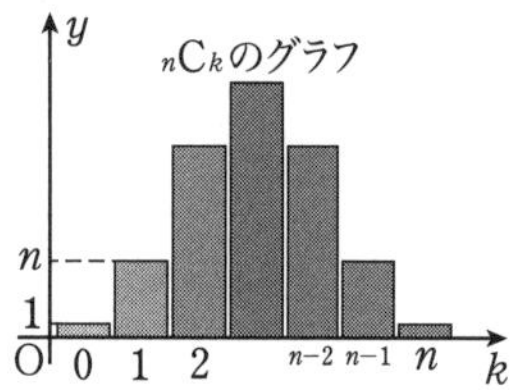

(2) 二項係数が素数になるのはいつか?ということである. 難しいわけではないが, 易しくもない. 洒落た問題だと思う. 素晴らしい.「${}_n\mathrm{C}_k$が素数になるための必要十分条件を求めよ」と出題したら, なかなかの難問である. 答えは「nが素数でかつ$k = 1, n-1$であること」となる.

▶解答◀ (1)
$${}_n\mathrm{C}_k = \frac{n(n-1)\cdots(n-k+1)}{k(k-1)\cdots 1}$$
$$= n\cdot\frac{n-1}{k}\cdot\frac{n-2}{k-1}\cdot\cdots\cdot\frac{n-k+1}{2}$$

$2 \leqq k \leqq n-2$のとき, $n > k+1$であるから

$$\frac{n-1}{k} > 1,\ \frac{n-2}{k-1} > 1,\ \cdots,\ \frac{n-k+1}{2} > 1$$

である. よって, ${}_n\mathrm{C}_k > n$が成り立つ.

(2) 素数pに対して, $p = {}_n\mathrm{C}_k$のとき, $2 \leqq k \leqq n-2$であるとすると, (1)より

$$p = {}_n\mathrm{C}_k > n$$
$$\frac{n(n-1)(n-2)\cdots(n-k+1)}{k(k-1)\cdots 1} = p$$

左辺の分子の各項$n, n-1, \cdots, n-k+1$はすべてpより小さい. よって左辺の約分をして, その結果, 各項より大きな素数pが残るということはあり得ない. ゆえに$2 \leqq k \leqq n-2$ではない. ゆえに$k = 1, n-1, n$のいずれかである. このとき${}_n\mathrm{C}_k$は順に$n, n, 1$となるから$p = {}_n\mathrm{C}_k$になるnは$n = p$で$k = 1, n-1$である.

$(n, k) = (\boldsymbol{p}, \mathbf{1}), (\boldsymbol{p}, \boldsymbol{p}-\mathbf{1})$

《二項係数の論証 (B20)》

182. 正整数a, bの最大公約数を(a, b)で表す.

(1) 任意の正整数m, nに対して, 等式

$$(m+n, n) = (m, n)$$

が成り立つことを証明せよ.

(2) 互いに素な正整数m, nに対して, $(m+n-1)!$は$m!n!$によって割り切れることを証明せよ. (21 奈良県立医大・医-後期)

▶解答◀ (1) $(m, n) = g$とする.

$$m = gm',\ n = gn'$$

(ただしm', n'は互いに素な正の整数) とおく.

$$m+n = g(m'+n')$$

であり, gは$m+n$とnの公約数である. 最大公約数であることは今から証明する. そのために示すべきことは$m'+n'$とn'が共通な素数の約数をもたないということである. 背理法で証明する. $m'+n'$とn'が共通な素数の約数をもつと仮定する. その素数の約数の1つをpとする.

$m'+n' = pa$ (aは正の整数) ……………………①

$n' = pb$ (bは正の整数) ……………………………②

とおける. ①, ②よりn'を消去すると

$m' = p(a-b)$ ………………………………………③

となる. ②, ③よりm', n'がともにpの倍数になるからm', n'が互いに素ということに反する. よって$m'+n'$とn'は互いに素で, gは$m+n$とnの最大公約数である. よって$(m+n, n) = (m, n)$が成り立つ.

(2) $k{}_n\mathrm{C}_k = n{}_{n-1}\mathrm{C}_{k-1}$という公式が知られている.

$$n{}_{n-1}\mathrm{C}_{k-1} = n\cdot\frac{(n-1)!}{(n-k)!(k-1)!}$$
$$= \frac{n!}{(n-k)!k!}\cdot k = k{}_n\mathrm{C}_k$$

と示すことができる.

$$n{}_{m+n}\mathrm{C}_n = (m+n){}_{m+n-1}\mathrm{C}_{n-1}$$

が成り立ち, 左辺はnの倍数であるから右辺もnの倍数で, mとnが互いに素のとき(1)より$m+n$とnも互いに素であるから${}_{m+n-1}\mathrm{C}_{n-1}$が$n$の倍数である. よって$\dfrac{{}_{m+n-1}\mathrm{C}_{n-1}}{n}$は整数である.

$$\frac{{}_{m+n-1}\mathrm{C}_{n-1}}{n} = \frac{(m+n-1)!}{m!(n-1)!n}$$
$$= \frac{(m+n-1)!}{m!n!}$$

は整数であり，$(m+n-1)!$ は $m!n!$ で割り切れる．

《二項係数の難問 (C30)》

183. 以下の問いに答えよ．

（1） 正の奇数 K, L と正の整数 A, B が $KA=LB$ を満たしているとする．K を 4 で割った余りが L を 4 で割った余りと等しいならば，A を 4 で割った余りは B を 4 で割った余りと等しいことを示せ．

（2） 正の整数 a, b が $a>b$ を満たしているとする．このとき，$A={}_{4a+1}\mathrm{C}_{4b+1}$, $B={}_a\mathrm{C}_b$ に対して $KA=LB$ となるような正の奇数 K, L が存在することを示せ．

（3） a, b は（2）の通りとし，さらに $a-b$ が 2 で割り切れるとする．${}_{4a+1}\mathrm{C}_{4b+1}$ を 4 で割った余りは ${}_a\mathrm{C}_b$ を 4 で割った余りと等しいことを示せ．

（4） ${}_{2021}\mathrm{C}_{37}$ を 4 で割った余りを求めよ．

（21 東大・理科）

▶解答◀ （1） K, A, L, B を 4 で割った余りを順に k, a, l, b とする．この a, b は（2）以降の a, b とは別物である．K, L は奇数だから，k, l も奇数で，1 または 3 である．また，$0 \leqq a \leqq 3$, $0 \leqq b \leqq 3$ である．以下合同式はすべて mod 4 とする．

$KA=LB$ より，$ka \equiv lb$ である．さらに，K を 4 で割った余りが L を 4 で割った余りと等しいならば，$k=l$ であり，$ka \equiv kb$ となる．$k(a-b) \equiv 0$ であるから $k \equiv \pm 1$ より，$\pm(a-b) \equiv 0$ である．よって $a-b$ は 4 の倍数で，$-3 \leqq a-b \leqq 3$ であるから $a-b=0$ となり，$a=b$ である．証明された．

（2） ${}_{4a+1}\mathrm{C}_{4b+1}$

$$=\frac{4a+1}{4b+1}\cdot\frac{4a}{4b}\cdot\frac{4a-1}{4b-1}\cdot\frac{4a-2}{4b-2}\cdot\cdots\cdot\frac{4(a-b)+1}{1} \quad ①$$

この中の分子と分母が 4 の倍数の項について，各分数で 4 ずつ約分すると

$$\frac{a}{b}\cdot\frac{a-1}{b-1}\cdot\cdots\cdot\frac{a-b+1}{1}={}_a\mathrm{C}_b$$

となる．① の分子と分母で，4 で割って余り 2 の項について，各分数で 2 ずつ約分すると

$$\frac{2a-1}{2b-1}\cdot\frac{2a-3}{2b-3}\cdot\cdots\cdot\frac{2(a-b+1)-1}{2\cdot 1-1} \quad \cdots\cdots②$$

となり，この分子と分母は奇数である．① の分子と分母が 4 で割って余り 1 の項（x 個あるとする），4 で割って余り 3 の項（y 個あるとする）についても分子と分母は奇数である．よって奇数 K, L を用いて

$$\frac{A}{B}=\frac{L}{K} \quad \cdots\cdots③$$

の形となるから，題意は証明された．

（3） ② の各分数は $\dfrac{2(a-m)-1}{2(b-m)-1}$ の形をしている．m は $0 \leqq m \leqq b-1$ の整数である．$a-b$ が 2 で割り切れるから分子と分母の差

$$\{2(a-m)-1\}-\{2(b-m)-1\}=2(a-b)$$

は 4 の倍数である．よって分母を 4 で割った余りと分子を 4 で割った余りは等しい．この分子にある 4 で割って余りが 1 の個数を z，4 で割って余りが 3 の個数を w とする．mod4 で

$$K \equiv 1^{x+z}\cdot 3^{y+w},\ L \equiv 1^{x+z}\cdot 3^{y+w}$$

の形となり，② の K, L について，K を 4 で割った余りと L を 4 で割った余りは等しい．${}_{4a+1}\mathrm{C}_{4b+1}$ を 4 で割った余りは ${}_a\mathrm{C}_b$ を 4 で割った余りと等しい．

（4） ${}_{2021}\mathrm{C}_{37}={}_{4\cdot 505+1}\mathrm{C}_{4\cdot 9+1}$

$$\equiv {}_{505}\mathrm{C}_9={}_{4\cdot 126+1}\mathrm{C}_{4\cdot 2+1}$$

$$\equiv {}_{126}\mathrm{C}_2=\frac{126\cdot 125}{2}=63\cdot 125 \equiv 3\cdot 1=\mathbf{3}$$

注意 1°【ルジャンドル関数の説明】

自然数 n, k に対して 1 以上 n 以下の自然数で k の倍数が $\left[\dfrac{n}{k}\right]$ 個ある．$[x]$ はガウス記号で，x の整数部分を表す．自然数 n，素数 p に対して，$n!$ が持つ素因数 p の個数を $f(n, p)$ で表す．

$$f(n, p)=\left[\frac{n}{p}\right]+\left[\frac{n}{p^2}\right]+\left[\frac{n}{p^3}\right]+\cdots$$

となります．この式の証明は次のようになります．図は $n=24$, $p=2$ の場合ですが，これは視覚化した例でしかありません．

	2	4	6	8	10	12	14	16	18	20	22	24
1列目	●	●	●	●	●	●	●	●	●	●	●	●
2列目		●		●		●		●		●		●
3列目				●				●				●
4列目								●				

p の倍数（図では偶数）を並べ，各整数が p を幾つ持っているかを，縦に，黒丸の個数で表す．最終的には黒丸の総数を求める．1 列目を横に数えていく．ここには p の倍数分だけの黒丸が並ぶから $\left[\dfrac{n}{p}\right]$ 個の黒丸がある．2 列目を横に数えていく．ここに黒丸があるものは，p^2 の倍数のものだから $\left[\dfrac{n}{p^2}\right]$ 個の黒丸がある．以下同様である．

なお，$f(n, p)$ に，日本では名前がついていませんが，「数論の精選 104 問」（朝倉書店，清水俊宏訳）には「ルジャンドル関数」という名前があります．アメリカの一部の人がこう呼んでいるのだろうと思います．

2°【計算の仕方】

一般の n, p でも同様ですが，分かりやすさのため

に，$n=200$，$p=2$ で説明します．

$$f(200,2)=\left[\frac{200}{2}\right]+\left[\frac{200}{4}\right]+\left[\frac{200}{8}\right]+\cdots$$

を計算するときには，本当に $\left[\dfrac{200}{8}\right]$ を計算するわけではありません．最初の

$\left[\dfrac{200}{2}\right]=[100]=100$ を計算して，その結果を 2 で割って 50 になります．次は 50 を 2 で割って 25，次は 25 を 2 で割って（12.5 になる）小数部分を切り捨てて 12 とする．次は 6，次は 3，次は，3 を 2 で割って（1.5 になる）小数部分を切り捨てて 1 となる．このように，前の，小数部分を切り捨てた値を割っていきます．

理由は，正の整数 m,n に対して

$$\left[\frac{m}{2^{n+1}}\right]=\left[\frac{1}{2}\left[\frac{m}{2^n}\right]\right]\ \cdots\cdots\cdots\cdots\cdots\cdots①$$

になるからです．m を 2 進表示して

$$m=a_0+a_1\cdot 2+\cdots+a_n\cdot 2^n+a_{n+1}\cdot 2^{n+1}+\cdots$$

とする．a_i は 0 または 1 である．

① の左辺について：

$$\frac{m}{2^{n+1}}=\left(\frac{a_0}{2^{n+1}}+\cdots+\frac{a_n}{2}\right)+a_{n+1}+a_{n+2}\cdot 2+\cdots\ ②$$

② の括弧で括った部分は 2 進法による小数表示だから 0 と 1 の間にある．

$$\left[\frac{m}{2^{n+1}}\right]=a_{n+1}+a_{n+2}\cdot 2+\cdots\ \cdots\cdots\cdots\cdots\cdots③$$

である．同様に ① の右辺は

$$\left[\frac{m}{2^n}\right]=a_n+a_{n+1}\cdot 2+a_{n+2}\cdot 2^2+\cdots$$

$$\frac{1}{2}\left[\frac{m}{2^n}\right]=\frac{a_n}{2}+a_{n+1}+a_{n+2}\cdot 2+\cdots$$

$$\left[\frac{1}{2}\left[\frac{m}{2^n}\right]\right]=a_{n+1}+a_{n+2}\cdot 2+\cdots\ \cdots\cdots\cdots\cdots④$$

となる．③，④ が等しいから，① が成り立つ．2 でなく p の場合は p 進法を考えます．

3°【素因数 2 の個数を数える】

（2）について．ここでは自然数 n に対して $n!$ がもつ素因数 2 の個数を数える関数を $f(n)$ とする．[ ] はガウス記号である．

$$f(n)=\left[\frac{n}{2}\right]+\left[\frac{n}{2^2}\right]+\left[\frac{n}{2^3}\right]+\cdots$$

である．

$${}_{4a+1}\mathrm{C}_{4b+1}=\frac{(4a+1)!}{(4b+1)!(4a-4b)!}$$

$$f(4a+1)=\left[\frac{4a+1}{2}\right]+\left[\frac{4a+1}{2^2}\right]+\cdots$$

$$=2a+a+\left[\frac{a}{2}\right]+\left[\frac{a}{2^2}\right]+\cdots$$

$$=3a+f(a)$$

計算の仕方は，$\dfrac{4a+1}{2}=2a+\dfrac{1}{2}$ の小数部分を切り捨てて $2a$ にする．後は，これをどんどん 2 で割っていく．

同様に $f(4b+1)=3b+f(b)$，$f(4a-4b)=3(a-b)+f(a-b)$ となり，

（${}_{4a+1}\mathrm{C}_{4b+1}$ がもつ素因数 2 の個数）

$$=f(4a+1)-f(4b+1)-f(4a-4b)$$

$$=\{3a+f(a)\}-\{3b+f(b)\}-\{3a-3b+f(a-b)\}$$

$$=f(a)-f(b)-f(a-b)$$

$$=（{}_a\mathrm{C}_b \text{がもつ素因数 2 の個数}）$$

である．よって $\dfrac{{}_{4a+1}\mathrm{C}_{4b+1}}{{}_a\mathrm{C}_b}$ は分母と分子が正の奇数の分数（あるいは正の整数）になる．ただし，（3）では 4 で割って余りが 3 の項の考察が必要だから，素因数 2 の個数だけ数えれば完答できるわけではありません．完答のためには．結局解答のようにするしかありません．

4°【ガウス記号・天井関数・床関数】

$x=n+\alpha$（n は整数，$0\leqq\alpha<1$）と表すとき，n を x の整数部分，α を x の小数部分といいます．

$\lceil x\rceil$（ceiling function of x と読む）は小数部分を切り上げた整数，$\lfloor x\rfloor$（floor function of x と読む）は小数部分を切り捨てた整数を表し，無理に日本語に訳せば，それぞれ天井関数，床関数といいます．

x が整数のときには，$\lceil x\rceil=x$，$\lfloor x\rfloor=x$ で，x が整数でないときには

$\lceil x\rceil=n+1$，$\lfloor x\rfloor=n$ になります．

たとえば $x=3.4$ のとき $n=3$, $\alpha=0.4$ であり，$\lfloor 3.4\rfloor=3$，$\lceil 3.4\rceil=4$ です．

たとえば $x=-3.4$ のとき $n=-4$, $\alpha=0.6$ であり，$\lfloor -3.4\rfloor=-4$，$\lceil -3.4\rceil=-3$ です．

これも，長い間，英語で読んでいたのですが，「数論の精選 104 問」は天井関数，床関数と書いています．ガウス記号と床関数は同じ意味です．

ガウス記号に関しては「x を超えない最大の整数」という初見では？？？になる表現があります．こう言うと「そんなことはありません．分かりやすいです」と反論する人が少なくありませんが，そうでないことは，経験的に分かっています．

2008 年の東工大に「実数 x に対し，x 以上の最小の整数を $f(x)$ とする」という文章があり，それを見た生徒は，全員「ガウス記号！」と言いました．生徒どころではありません．私の周りの多くの大人も，そう言ったのです．これはガウス記号しか知らないから「x 以○の最○の整数」という文章を見たら，パブロフ

の犬状態で唾液を出しているに過ぎません．東工大の問題は，実は，天井関数です．

そして，天井関数も，床関数も，上のように個数を数えるためのものです．学校教材では「ガウス記号のグラフを描くときに出て来る」「極限のときに出て来る」ために，単に問題のための記号だと思っている教員が少なくありません．「1 から 1000 の中に 3 の倍数は何個ありますか？」と問われたときに「333 個！」と答えるのは小学生，大学受験生は床関数で $\left\lfloor \dfrac{1000}{3} \right\rfloor = \lfloor 333.3\cdots \rfloor = 333$ 個と答えるか，ガウス記号を使って $\left[\dfrac{1000}{3} \right] = [333.3\cdots] = 333$ 個と答えるようにしなさいと，私は生徒に言っています．

ガウス記号は，「x を超えない最大の整数」ではなく，小数部分を捨てていくという方が，実際の使い方には適しています．

《二項係数の難問（C30）》

184. 以下の問いに答えよ．

（1） 正の整数 n に対して，二項係数に関する次の等式を示せ．

$$n\,{}_{2n}\mathrm{C}_n = (n+1)\,{}_{2n}\mathrm{C}_{n-1}$$

また，これを用いて ${}_{2n}\mathrm{C}_n$ は $n+1$ の倍数であることを示せ．

（2） 正の整数 n に対して，$a_n = \dfrac{{}_{2n}\mathrm{C}_n}{n+1}$ とおく．このとき，$n \geqq 4$ ならば $a_n > n+2$ であることを示せ．

（3） a_n が素数となる正の整数 n をすべて求めよ．　（21　東工大）

▶解答◀ （1） $n\,{}_{2n}\mathrm{C}_n = (n+1)\,{}_{2n}\mathrm{C}_{n-1}$ は $n=1$ のとき成り立つ．$n \geqq 2$ のとき

$$n \cdot {}_{2n}\mathrm{C}_n = n \cdot \frac{(2n)(2n-1)\cdot\cdots\cdot(n+2)(n+1)}{n(n-1)\cdot\cdots\cdot 2\cdot 1}$$

$$= (n+1)\cdot\frac{(2n)(2n-1)\cdot\cdots\cdot(n+3)(n+2)}{(n-1)\cdot\cdots\cdot 2\cdot 1}$$

$$= (n+1)\cdot {}_{2n}\mathrm{C}_{n-1}$$

$n\,{}_{2n}\mathrm{C}_n = (n+1)\,{}_{2n}\mathrm{C}_{n-1}$ である．右辺は $n+1$ の倍数であるから左辺も $n+1$ の倍数で，n と $n+1$ は互いに素であるから ${}_{2n}\mathrm{C}_n$ は $n+1$ の倍数である．

（2） （1）より a_n は自然数である．$a_n > n+2$，すなわち $\dfrac{a_n}{n+2} > 1$ を示す．$b_n = \dfrac{a_n}{n+2}$ とおく．$n \geqq 4$ で $b_n > 1$ を示す．

$$b_n = \frac{{}_{2n}\mathrm{C}_n}{(n+1)(n+2)}$$

$$= \frac{2n(2n-1)(2n-2)\cdots(n+1)}{(n+1)(n+2)\cdot n!}$$

$$= \frac{2n(2n-1)(2n-2)\cdots(n+3)}{n(n-1)\cdots 1}$$

$$\frac{b_{n+1}}{b_n} = \frac{\dfrac{(2n+2)(2n+1)2n\cdots(n+4)}{(n+1)n(n-1)\cdots 1}}{\dfrac{2n(2n-1)(2n-2)\cdots(n+3)}{n(n-1)\cdots 1}}$$

$$= \frac{\dfrac{(2n+2)(2n+1)}{(n+1)}}{\dfrac{(n+3)}{1}} = \frac{4n+2}{n+3}$$

$$= \frac{(n+3)+(3n-1)}{n+3} > 1$$

$b_{n+1} > b_n$ だから b_n は増加し，

$$b_4 = \frac{{}_8\mathrm{C}_4}{5\cdot 6} = \frac{8\cdot 7\cdot 6\cdot 5}{4\cdot 3\cdot 2\cdot 1\cdot 5\cdot 6} = \frac{7}{3} > 1$$

$b_{n+1} > b_n \geqq b_4 > 1$ であるから証明された．

（3） $a_1 = \dfrac{{}_2\mathrm{C}_1}{2} = 1$，$a_2 = \dfrac{{}_4\mathrm{C}_2}{3} = 2$，

$a_3 = \dfrac{{}_6\mathrm{C}_3}{4} = 5$，$a_4 = \dfrac{{}_8\mathrm{C}_4}{5} = 14$，

$a_5 = \dfrac{{}_{10}\mathrm{C}_5}{6} = 42$，$a_6 = \dfrac{{}_{12}\mathrm{C}_6}{7} = 132$

a_n は増加し，$n \geqq 4$ のとき a_n は素数でないと推測できる．

$$a_n = \frac{2n\cdots(n+1)}{(n+1)n\cdots 1}$$

$$\frac{a_{n+1}}{a_n} = \frac{\dfrac{(2n+2)(2n+1)(2n)\cdots(n+2)}{(n+2)\cdots 1}}{\dfrac{2n\cdots(n+1)}{(n+1)\cdots 1}}$$

$$= \frac{\dfrac{(2n+2)(2n+1)}{(n+2)}}{\dfrac{n+1}{1}} = \frac{4n+2}{n+2}$$

$\dfrac{a_{n+1}}{a_n} = \dfrac{4n+2}{n+2} > 1$ であるから $a_{n+1} > a_n$ となり，a_n は増加する．また（2）より

$$a_{n+1} = \frac{4n+2}{n+2}a_n > \frac{4n+2}{n+2}(n+2) = 4n+2$$

である．a_{n+1} が素数になることがあると仮定すると，$(n+2)a_{n+1} = (4n+2)a_n$ の左辺にその素数があるから，右辺にもある．a_n または $4n+2$ がその素因数 a_{n+1} をもつ．ところが $a_{n+1} > a_n$, $a_{n+1} > 4n+2$ であるから，矛盾する．よって，$n \geqq 4$ のとき a_n は素数にならない．

a_n が素数となる正の整数 n は **2, 3** のみである．

注意 （2）を直接示す場合．

$$\frac{{}_{2n}\mathrm{C}_n}{(n+1)(n+2)}$$

$$= \frac{(2n)(2n-1)\cdot\cdots\cdot(n+4)(n+3)}{n(n-1)\cdot\cdots\cdot 2\cdot 1}$$

$$= \frac{n+3}{n}\cdot\frac{n+4}{n-1}\cdot\cdots\cdot\frac{2n-1}{4}\cdot\frac{2n}{3\cdot 2\cdot 1}$$

$n \geqq 4$ においては $\dfrac{n+3}{n}$, $\dfrac{n+4}{n-1}$, …, $\dfrac{2n-1}{4}$ はすべて1より大きく，$\dfrac{2n}{3\cdot 2\cdot 1} \geqq \dfrac{2\cdot 4}{3\cdot 2\cdot 1} > 1$ であるから

$$\frac{{}_{2n}\mathrm{C}_n}{(n+1)(n+2)} > 1$$

である．よって，$n \geqq 4$ ならば $a_n > n+2$ である．

《互いに素でない論証（C30）》

185.（1） a, b を互いに素な自然数とするとき，x, y の一次方程式 $ax = by$ の整数解をすべて求めよ．（答えのみでよい．）

自然数 n, i, j は $n-1 \geqq i > j \geqq 1$ を満たすとする．

（2） 次の等式を証明せよ．

$${}_n\mathrm{C}_i \cdot {}_i\mathrm{C}_j = {}_n\mathrm{C}_j \cdot {}_{n-j}\mathrm{C}_{i-j}$$

（3） ${}_n\mathrm{C}_j$ と ${}_n\mathrm{C}_i$ とは互いに素ではないことを，背理法で示せ．　（21　大阪医薬大・前期）

▶解答◀（1） a, b は互いに素な自然数であるから，k を整数として

$$x = \boldsymbol{kb},\ y = \boldsymbol{ka}$$

（2） ${}_n\mathrm{C}_i \cdot {}_i\mathrm{C}_j = \dfrac{n!}{(n-i)!i!} \cdot \dfrac{i!}{(i-j)!j!}$

$$= \frac{n!}{(n-i)!(i-j)!j!}$$

${}_n\mathrm{C}_j \cdot {}_{n-j}\mathrm{C}_{i-j}$

$$= \frac{n!}{(n-j)!j!} \cdot \frac{(n-j)!}{\{(n-j)-(i-j)\}!(i-j)!}$$

$$= \frac{n!}{(n-i)!(i-j)!j!}$$

よって，${}_n\mathrm{C}_i \cdot {}_i\mathrm{C}_j = {}_n\mathrm{C}_j \cdot {}_{n-j}\mathrm{C}_{i-j}$ は成り立つ．

（3） ${}_n\mathrm{C}_i$ と ${}_n\mathrm{C}_j$ とは互いに素であると仮定する．

${}_n\mathrm{C}_i x = {}_n\mathrm{C}_j y$ という方程式を考えると（2）から $x = {}_i\mathrm{C}_j$, $y = {}_{n-j}\mathrm{C}_{i-j}$ は整数解の1つであり，（1）から，${}_i\mathrm{C}_j = k{}_n\mathrm{C}_j$, ${}_{n-j}\mathrm{C}_{i-j} = k{}_n\mathrm{C}_i$ を満たす整数 k が存在する．

$$k = \frac{{}_i\mathrm{C}_j}{{}_n\mathrm{C}_j} = \frac{i(i-1)(i-2)\cdots(i-j+1)}{n(n-1)(n-2)\cdots(n-j+1)} \quad \cdots①$$

① の分母，分子はともに j 個の連続する整数の積である．$n-1 \geqq i > j \geqq 1$ から，① の分母，分子は正であり，分子は分母より小さい．すなわち，① は正で1より小さい．これは k が整数であることに矛盾する．

よって，${}_n\mathrm{C}_j$ と ${}_n\mathrm{C}_i$ とは互いに素ではない．

【整数の難問】

《倍数の集合（C20）》

186．自然数 a, b に対し，次の集合 A を考える．

$$A=\{ax+by \mid x, y \text{ は整数}\}$$

この集合の要素のうち最小の自然数を d とする．以下の設問（1）〜（4）に対する解答を解答用紙の所定の欄に答えよ．

（1） a が A の要素であることを示せ．

（2） m, n はともに A の要素で $m>n$ であるとする．m を n で割ったときの商を q，あまりを $r\ (0 \leqq r<n)$ とする．r は A の要素であることを示せ．

（3） 集合 A の要素はすべて d の倍数であることを示せ．

（4） d は a と b の最大公約数であることを示せ．

（21　聖マリアンナ医大・医-後期）

▶解答◀ 解答中で出てくる文字は断りのない限りすべて整数である．

（1） $a=a\cdot 1+b\cdot 0$ とかけるから，$a\in A$ である．

（2） $m=qn+r$ より $r=m-qn$ である．

$m=ax_1+by_1,\ n=ax_2+by_2$ とおくと

$$r=(ax_1+by_1)-q(ax_2+by_2)$$
$$=a(x_1-qx_2)+b(y_1-qy_2)$$

とかける．$x_1-qx_2,\ y_1-qy_2$ は整数であるから，$r\in A$ がわかる．実は $m>n$ という条件は不要で，m が A の要素である限り，この議論は成立する．

（3） A の要素のうち，d の倍数でないものがあったと仮定する．それを l とする．すると，l を d で割った余りは 1 以上 d 未満の自然数であり，これは（2）より A の要素になる．これは d の最小性に反するから矛盾．

よって，集合 A の要素はすべて d の倍数である．

（4）（1），（3）より a, b は共に d の倍数であるから，d は a と b の公約数である．d は公約数のうち最大のものではないと仮定する．最大公約数を d' とおくと，最大公約数は公約数の倍数であるから，2 以上の自然数 c を用いて $d'=cd$ とかける．

また，$d\in A$ より $ax+by=d$ を満たす (x, y) が存在する．a と b の最大公約数が d' であるから

$$a=d'a',\ b=d'b' \quad (a', b' \text{は互いに素})$$

とかける．ゆえに，$d'=cd$ も合わせると

$$d'a'x+d'b'y=d$$
$$cda'x+cdb'y=d \qquad \therefore\ c(a'x+b'y)=1$$

左辺は c の倍数であるが，右辺は c の倍数でないから，これは矛盾．よって，d は最大公約数である．

注意 d の倍数全体の集合を B とおく．（3）で $A\subset B$ を示した．また，$ax+by=d$ より B の要素はすべて $a(kx)+b(ky)=kd$ とかけるから，d の倍数はすべて A の要素になる．ゆえに $B\subset A$ も言える．これらより，$A=B$ である．

《オイラー関数（D30）》

187．（1） n を自然数とする．次の**条件 A** を満たす自然数 x の個数を，$f(n)$ と書くことにする．

条件 A：x は n 以下の自然数であり，かつ，x, n は互いに素である．

このとき，

$f(3)=2,\ f(4)=2,$

$f(5)=\square,\ f(6)=\square,$

$f(7)=\square,\ f(8)=\square,\ f(100)=\square$

である．

（2） n を自然数とする．次の**条件 B** を満たす自然数の組 (x, y) の個数を，$g(n)$ と書くことにする．

条件 B：x と y はともに n 以下の自然数であり，かつ，x, y, n の最大公約数は 1 である．

このとき，

$g(3)=8,\ g(4)=12,$

$g(5)=\square,\ g(6)=\square,$

$g(7)=\square,\ g(8)=\square,\ g(100)=\square$ である．

（21　東京理科大・理工，改題）

▶解答◀（1） 以下，k, l は 2 以上の自然数とする．

$f(n)$ はオイラー関数と呼ばれる関数で，1 以上 n 以下の整数で n と共通な素数の約数をもたないものの総数を表す．素数 p に対し

$$f(p)=p-1 \quad \cdots\cdots\cdots ①$$

である．また，$n=p^k$ の場合は，$1\sim p^k$ の p^k 個から，p の倍数の個数 $\left[\dfrac{p^k}{p}\right]=p^{k-1}$ を引くと考えて

$$f(n)=p^k-p^{k-1}=p^k\left(1-\frac{1}{p}\right) \quad \cdots\cdots\cdots ②$$

さらに，p と異なる素数 q について，$f(pq)$ は $1\sim pq$ の中で p の倍数でも q の倍数でもないものの個数である．$1\sim pq$ の中で p の倍数の集合を P，q の倍数の集合を Q とし，集合 X の要素の個数を $\#(X)$ と表すと

$$\#(P)=\left[\frac{pq}{p}\right]=q$$

$$\#(Q) = \left[\frac{pq}{q}\right] = p$$

$$\#(P \cap Q) = \left[\frac{pq}{pq}\right] = 1$$

$$\#(P \cup Q) = \#(P) + \#(Q) - \#(P \cap Q) = p + q - 1$$

であるから

$$f(pq) = pq - (p + q - 1)$$
$$= (p-1)(q-1) \quad \cdots\cdots③$$

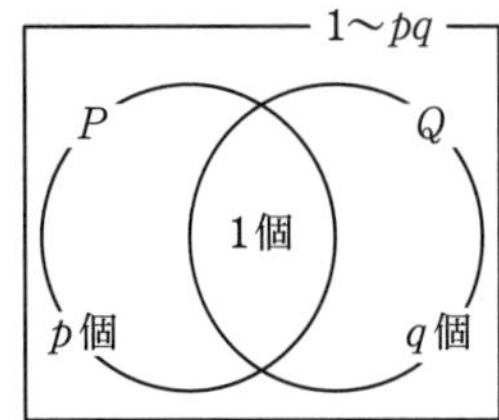

同様に，$n = p^k q^l$ のとき

$$f(n) = p^k q^l - (p^k q^{l-1} + p^{k-1} q^l - p^{k-1} q^{l-1})$$
$$= p^k q^l \left(1 - \frac{1}{p}\right)\left(1 - \frac{1}{q}\right) \quad \cdots\cdots④$$

が成り立つ．

①〜④ を用いて

$$f(3) = 3 - 1 = 2$$
$$f(4) = 4\left(1 - \frac{1}{2}\right) = 2$$
$$f(5) = 5 - 1 = \mathbf{4}$$
$$f(6) = (2-1)(3-1) = \mathbf{2}$$
$$f(7) = 7 - 1 = \mathbf{6}$$
$$f(8) = 8\left(1 - \frac{1}{2}\right) = \mathbf{4}$$
$$f(100) = 100\left(1 - \frac{1}{2}\right)\left(1 - \frac{1}{5}\right) = \mathbf{40}$$

(2) 3 数の最大公約数が 1 とは，3 数とも同時に割り切る自然数が 1 のみであるという意味だと考える．

$$1 \leqq x \leqq n,\ 1 \leqq y \leqq n$$

に注意せよ．以下，$f(n)$ は（i）と同じものであり，適宜 ①〜④ を用いる．また，以下，x, y, n の最大公約数を $G(x, y, n)$ と表す．

素数 p について，$n = p$ の場合を考える．

$G(x, y, p) > 1$ となるのは，x, y がともに素数 p を約数にもつときで

$$1 \leqq x \leqq p,\ 1 \leqq y \leqq p$$

であるから，そのような (x, y) は $(x, y) = (p, p)$ の 1 通りである．

$1 \leqq x \leqq p, 1 \leqq y \leqq p$ をみたす (x, y) は p^2 組あるから

$$g(p) = p^2 - 1 \quad \cdots\cdots⑤$$

次に，$n = p^k$ の場合を考える．

$G(x, y, p^k) > 1$ となるのは，x, y がともに素数 p を約数にもつときで

$$1 \leqq x \leqq p^k,\ 1 \leqq y \leqq p^k$$

であるから，そのような x, y は，それぞれ $\left[\frac{p^k}{p}\right] = p^{k-1}$ 個あるから，$x + yi$ は $(p^{k-1})^2 = p^{2k-2}$ 個ある．

$1 \leqq x \leqq p^k, 1 \leqq y \leqq p^k$ をみたす (x, y) は $(p^k)^2 = p^{2k}$ 組あるから

$$g(p^k) = p^{2k} - p^{2k-2} = p^{2k}\left(1 - \frac{1}{p^2}\right) \quad \cdots\cdots⑥$$

さらに，$n = pq$ の場合を考える．

$G(x, y, pq) > 1$ となるのは，

（ア） $G(x, y, pq)$ が p で割り切れるとき

または

（イ） $G(x, y, pq)$ が q で割り切れるとき

のいずれかである．

（ア）の場合は，x, y がともに p の倍数となるときで，$\left[\frac{pq}{p}\right]^2 = q^2$ 通りある．

（イ）の場合は，x, y がともに q の倍数となるときで，$\left[\frac{pq}{q}\right]^2 = p^2$ 通りある．

ただし，x, y がともに pq で割り切れる場合を（ア）と（イ）で重複して数えており，それは $\left[\frac{pq}{pq}\right]^2 = 1$ 通りある．

$1 \leqq x \leqq pq, 1 \leqq y \leqq pq$ をみたす (x, y) は $(pq)^2$ 組あるから

$$g(pq) = (pq)^2 - (q^2 + p^2 - 1)$$
$$= (p^2 - 1)(q^2 - 1) \quad \cdots\cdots⑦$$

同様に，$n = p^k q^l$ の場合は

$$g(p^k q^l) = (p^k q^l)^2 - \left(\left[\frac{p^k q^l}{p}\right]^2 + \left[\frac{p^k q^l}{q}\right]^2 - \left[\frac{p^k q^l}{pq}\right]^2\right)$$
$$= p^{2k} q^{2l}\left(1 - \frac{1}{p^2}\right)\left(1 - \frac{1}{q^2}\right) \quad \cdots\cdots⑧$$

⑤〜⑧ を用いて

$$g(3) = 3^2 - 1 = 8$$
$$g(4) = 2^4\left(1 - \frac{1}{4}\right) = 12$$
$$g(5) = 5^2 - 1 = \mathbf{24}$$
$$g(6) = (2^2 - 1)(3^2 - 1) = \mathbf{24}$$
$$g(7) = 7^2 - 1 = \mathbf{48}$$
$$g(8) = 2^6\left(1 - \frac{1}{4}\right) = \mathbf{48}$$
$$g(100) = 10000\left(1 - \frac{1}{4}\right)\left(1 - \frac{1}{25}\right) = \mathbf{7200}$$

注意 1°【試験のときは具体的に数える】

具体的に数え上げるほうが実戦的であろう．

例えば，(1) で，$n=5$ のとき条件 A を満たすのは，$x=1, 2, 3, 4$ であるから，$f(5)=\mathbf{4}$ であり，$n=6$ のとき条件 A を満たすのは，$x=1, 5$ であるから，$f(6)=\mathbf{2}$ などである．

(2) を具体的に数え上げる場合は，$n\times n$ の表を書くことになる．例えば，$n=6$ の場合は以下のようになるから，$g(6)=\mathbf{24}$ である．

x \ y	1	2	3	4	5	6
1	○	○	○	○	○	○
2	○	×	○	×	○	×
3	○	○	×	○	○	×
4	○	×	○	×	○	×
5	○	○	○	○	○	○
6	○	×	×	×	○	×

2°【原題】

(2) は (x, y) の組でなく，複素数 $z=x+yi$ として出題されていた．数学 A の範囲の問題とするため，改題した．

《正整数への分割 (B20)》

188. 1000 を幾つかの自然数の和に表し，それらの積を作る．その積の最大値を求めよ．例えば $2^2\cdot 3^2\cdot 5^{198}$ のように，累乗の積で表してよい．

(21　北見工大-問題文を短縮)

▶解答◀ 1976 年の国際数学オリンピックに類題がある．原題は

Determine, with proof, the largest number which is the product of positive integers whose sum is 1976.

と簡潔である．

北見工大の問題文が長すぎるし，難しく書き過ぎだから短縮した．

(ア) 5 以上の数は使わない方がよい．

$m\geqq 5$ のとき．$m=(m-2)+2$ と分解すると

$2(m-2)-m=m-4>0$ であるから，$m<2(m-2)$ である．5 以上の数があるときには，2 を使って積を大きくできる．

(イ) 1 は使わない方がいい．$m\cdot 1$ があるとき，これは $m+1$ にして 1 を使わないようにした方が大きい．

(ウ) 4 は使ってもいいが，使わなくてもいい．$4=2\cdot 2$ だから 2 つの 2 に変更しても値は変わらない．

(エ) 2 は 3 つ以上は使わない方がいい．

$2+2+2=6=3+3$ で $2^3<3^2$ だから 2 が 3 つ以上あったら 2 つの 3 に変えた方が積が大きくなる．

以上により，最大値は，2 個以下の 2 と 3 だけに分解して得られる．最大値を M とすると

$n=3k$ (k は自然数) のとき $M=3^k$

$n=3k+2$ (k は 0 以上の整数，n が 3 で割って余りが 2) のとき $M=3^k\cdot 2$

$n=3k+4$ (k は 0 以上の整数，n が 2 以上で 3 で割って余りが 1) のとき $M=3^k\cdot 2^2$

1000 は 3 で割った余りが 1 だから $1000=3\cdot 332+4$ であり，$M=\mathbf{3^{332}\cdot 2^2}$ である．

《単位分数への分解 (D30)》

189. 以下の問いに答えよ．

(1) a と b を互いに素な自然数とし，自然数 n に対し

$$\frac{1}{n+1}<\frac{b}{a}<\frac{1}{n}$$

が成り立つとする．互いに素な自然数 c, d により

$$\frac{b}{a}-\frac{1}{n+1}=\frac{d}{c}$$

と表すとき，$d<b$ となることを示せ．

(2) S を 0 より大きく 1 より小さい有理数とする．このとき，S は異なる自然数 $n_1, n_2, \cdots, n_l$ の逆数の和として

$$S=\frac{1}{n_1}+\frac{1}{n_2}+\cdots+\frac{1}{n_l}$$

$$(1<n_1<n_2<\cdots<n_l)$$

と表すことができることを示せ．

(21　広島大・後期)

▶解答◀ (1) $\dfrac{1}{n+1}<\dfrac{b}{a}<\dfrac{1}{n}$ ……………………①

「が成り立つとする」というのは，逆数をとって

$$n+1>\frac{a}{b}>n \quad \text{……………………②}$$

と変形できるから

$\dfrac{a}{b}$ が整数でないとき ($b\geqq 2$ のとき) に，$\dfrac{a}{b}$ の整数部分を n とする，ということである．

$$\frac{b}{a}-\frac{1}{n+1}=\frac{d}{c} \qquad \therefore \quad \frac{b(n+1)-a}{a(n+1)}=\frac{d}{c}$$

右辺は既約分数であるから，左辺の分子 $b(n+1)-a$ は d の倍数で，$d\leqq b(n+1)-a$

両辺から b を引いて $d-b\leqq bn-a$

一方，① より $bn<a$

よって $d-b\leqq bn-a<0$

ゆえに $d<b$ となる．

(2) (1) の操作を次のように表す．

$\dfrac{b_1}{a_1}=S$ とする．$0<\dfrac{b_k}{a_k}<1$ である有理数 $\dfrac{b_k}{a_k}$

(a_k, b_k は互いに素な自然数で $b_k < a_k$) が与えられ，$b_k \geqq 2$ であるならば，$\dfrac{a_k}{b_k}$ の整数部分を m_k として，

$$\frac{b_k}{a_k} - \frac{1}{m_k+1} = \frac{b_{k+1}}{a_{k+1}} \text{(既約分数)}$$

によって b_{k+1} と a_{k+1} を定める．

$\dfrac{b_k}{a_k} > \dfrac{b_{k+1}}{a_{k+1}}$ であるから $\dfrac{a_k}{b_k} < \dfrac{a_{k+1}}{b_{k+1}}$ であり，もし $b_{k+1} \geqq 2$ であるならば，次に定まる m_{k+1} について，$m_k < m_{k+1}$ となる．また（1）で示したことにより $b_k > b_{k+1}$ である．いつまでもこの操作を続けることはできず，いつか $b_i = 1$ となる i が存在する．

$$S = \frac{1}{m_1+1} + \frac{1}{m_2+1} + \cdots + \frac{1}{m_{i-1}+1} + \frac{b_i}{a_i+1}$$

$$b_i = 1\ (m_1 < m_2 < \cdots)$$

であるから，題意は証明された．ただし，$b_1 = b = 1$ ならば $\dfrac{1}{m_1+1} \sim \dfrac{1}{m_{i-1}+1}$ の部分はない．

【集合と命題】

《必要と十分・証明と反例 (A5) ☆》

190. n は自然数であるとする.

（1） n が偶数であることは, $n(n+1)(n+2)$ が 24 の倍数であるための十分条件であることを証明せよ.

（2） n が偶数であることは, $n(n+1)(n+2)$ が 24 の倍数であるための必要条件ではないことを証明せよ.

（21 京都教育大・教育）

▶解答◀ （1） k は自然数である.

$n=2k \Longrightarrow n(n+1)(n+2)$ は $24=3\cdot 8$ の倍数

を示すのであるが, $2k$ とおいたからといって, 3 が出てくるとは思えない. 3 は次のように出てくる.

n, $n+1$, $n+2$ は連続する 3 整数であるから, どれか 1 つは 3 の倍数である. したがって $n(n+1)(n+2)$ は 3 の倍数である. 偶数は, 2, 4, 6, 8, ⋯ と, 4 で割って余りが 2 の自然数, 4 の倍数が交互に出てくる. したがって, n, $n+2$ の一方が 4 の倍数, 他方が 2 の奇数倍で, $n(n+2)$ は 8 の倍数である. よって $n(n+1)(n+2)$ は 24 の倍数である.

（2） 「n が偶数であることは, $n(n+1)(n+2)$ が 24 の倍数であるための必要条件」であるとは,

$n(n+1)(n+2)$ が 24 の倍数 $\Longrightarrow$ n は偶数

が言えることである.

「n が偶数であることは, $n(n+1)(n+2)$ が 24 の倍数であるための必要条件ではない」とは,

$n(n+1)(n+2)$ が 24 の倍数 $\Longrightarrow$ n は偶数とは限らない

が言えることである. だから n が奇数のときに

$n=1, 3, 5, 7, \cdots$ と調べていくと, $n=7$ のとき

$$n(n+1)(n+2)=7\cdot 8\cdot 9=24\cdot 21$$

は 24 の倍数であるが, n は偶数ではないから, となる. このとき, $n(n+1)(n+2)$ は 24 の倍数であるが, n は偶数でない. 以上のことから, n が偶数であることは, $n(n+1)(n+2)$ が 24 の倍数であるための必要条件ではない.

♦別解♦ （1） n が偶数ならば, 自然数 k を用いて $n=2k$ とおける. このとき

$$n(n+1)(n+2)=2k(2k+1)(2k+2)$$

$$=4k(k+1)(2k+1)$$

$k(k+1)$ は連続する 2 整数の積であるから 2 の倍数. すなわち $4k(k+1)$ は 8 の倍数となる. n が偶数であることは, $n(n+1)(n+2)$ が 3 の倍数かつ 8 の倍数, すなわち 24 の倍数であるための十分条件となる.

《判定問題 (A5) ☆》

191. 「$x^3-4x \geqq 0$」は「$x \geqq 2$」であるための □.

(a) 必要十分条件である

(b) 十分条件だが必要条件ではない

(c) 必要条件だが十分条件ではない

(d) 必要条件でも十分条件でもない

（21 北見工大・後期）

▶解答◀ $x^3-4x \geqq 0$ は $x(x-2)(x+2) \geqq 0$ と書ける. これを解けば

$-2 \leqq x \leqq 0$ または $x \geqq 2$ となる.

$x^3-4x \geqq 0$ ……………………………………①

$\Longleftrightarrow -2 \leqq x \leqq 0$ または $x \geqq 2$

$\overset{\times}{\underset{\bigcirc}{\rightleftarrows}}$ $x \geqq 2$ (ためが掛かる目標はこちら)

$\Longrightarrow$ の反例は $x=0$ である.

目標から出る矢印が正しいから, よって, 「$x^3-4x \geqq 0$」は「$x \geqq 2$」であるための**必要条件だが十分条件ではない. (c)**

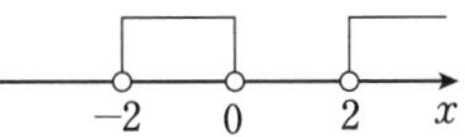

注意 ① の解き方は, 大きな x の値, たとえば $x=100$ とかを入れると 3 つの因子 x, $x-2$, $x+2$ はすべて正で, ① は成り立つ. $x>2$ は ① を満たす. 境界 $x=2$ を飛び越え, $0<x<2$ に入ると, $x-2$ の符号は正から負へ符号を変えるから, ① は成立しない. $0<x<2$ は不適. 同様に $-2<x<0$ は適す. 各因子 x, $x+2$, $x+2$ は 1 次 (x^2 や $(x+2)^3$ がないとこと) だから, 境界を飛び越えるごとに符号を変え, 境界を飛び越えるたびに適, 不適を交代する.

すると, このように主張する人がいる. 「グラフを描くんだグラフを. 曲線 $y=x(x-2)(x+2)$ を描くと, 符号がわかる」

試験問題としては, 数学 II の問題ならよい. 私が高校 1 年のときにも, グラフを描いて解説した教師がいました. そのとき私は思いました. え？いつの間に 3 次関数のグラフやったん？寝ていて気づかなかった？」本問を数学 I あるいは数学 A の問題とするなら, 不適当では？

1 年生に対してこの解説をするのは, 2 次関数 $y=x(x-2)$ のグラフからの類推であって, 何の根拠もない話である. 逆であろう？むしろ, 解説のように符号がわかるから, $y=x(x-2)(x+2)$ の大体の

グラフがわかるのである.

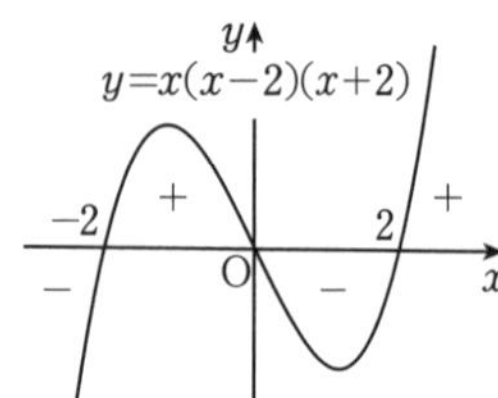

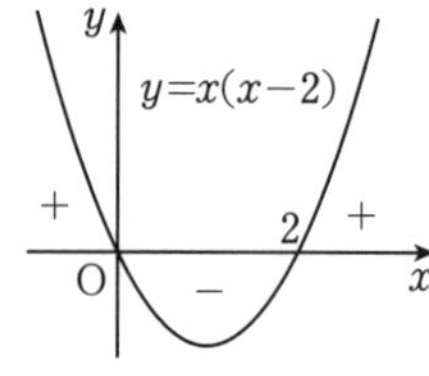

《判定問題 (A5)》

192. 正の整数 a, b に関する 2 つの条件 p, q を次のように定める.

$p : a^2 + ab + b^2$ は 3 の倍数である

$q : a + 2b$ は 3 の倍数である

このとき,「必要条件であるが十分条件ではない」,「十分条件であるが必要条件ではない」,「必要十分条件である」,「必要条件でも十分条件でもない」のうち, 次の □ にあてはまるものを理由をつけて答えよ.

p は q であるための □. (21　茨城大・数)

▶解答◀ $(a+2b)^2 - (a^2+ab+b^2) = 3(ab+b^2)$ であるから

a^2+ab+b^2 が 3 の倍数

$\iff (a+2b)^2$ が 3 の倍数

$\iff a+2b$ が 3 の倍数である.

よって, p は q であるための**必要十分条件**である.

《集合の包含 (B30) ☆》

193. 全体集合 U に対し, どの集合も空集合でない 4 つの部分集合 A, B, C, D があり, これら 4 つの集合について次の 6 つのことがわかっている. また, 集合 C の補集合を $\overline{C}$ とする.

- 集合 A の要素でないものは集合 B の要素でない.
- 集合 B の要素でないものでも集合 C の要素となるものが存在する.
- 集合 B と集合 C の両方の要素であるものが存在する.
- 集合 C の要素はすべて集合 A の要素である.
- 集合 D の要素で集合 C の要素となるものは存在しない.
- 集合 D の要素はすべて集合 B の要素である.

(1) 次の空欄に当てはまるものを, 下の⓪～②のうちから一つずつ選べ. ただし, 同じものを繰り返し選んでもよい.

(i) 命題「$B \subset A$ である」は □.

(ii) 命題「$B \subset C$ である」は □.

(iii) 命題「$B \cap D \subset A$ である」は □.

(iv) 命題「$C \cap D \neq \emptyset$ である」は □.

(v) 命題「$\overline{C \cup \overline{D}} \subset (A \cap B)$ である」は □.

⓪ 真である　① 偽である　② 真偽がわからない

(2) 次の空欄に当てはまるものを, 下の⓪～③のうちから一つずつ選べ. ただし, 同じものを繰り返し選んでもよい.

(i) 集合 C の要素であることは, 集合 A の要素であるための □.

(ii) 集合 A の要素であることは, 集合 A 以外の集合の要素であるための □.

⓪ 必要十分条件である

① 十分条件であるが, 必要条件ではない

② 必要条件であるが, 十分条件ではない

③ 必要条件でも十分条件でもない

(21　久留米大・医-推薦)

▶解答◀ (1) 問題文で与えられている事実 6 つを上から順に (ア)～(カ) とする. A～D はどれも空集合ではないことに注意すると

(ア) より, $\overline{A} \subset \overline{B}$ であるから $B \subset A$

(イ) より, $\overline{B} \cap C \neq \emptyset$

(ウ) より, $B \cap C \neq \emptyset$

(エ) より, $C \subset A$

(オ) より, $D \cap C = \emptyset$

(カ) より, $D \subset B$

よって, 全体集合 U と部分集合 A, B, C, D は図のように表される. ただし, 空集合でないとわかっている部分集合には要素 x_i を書き入れた.

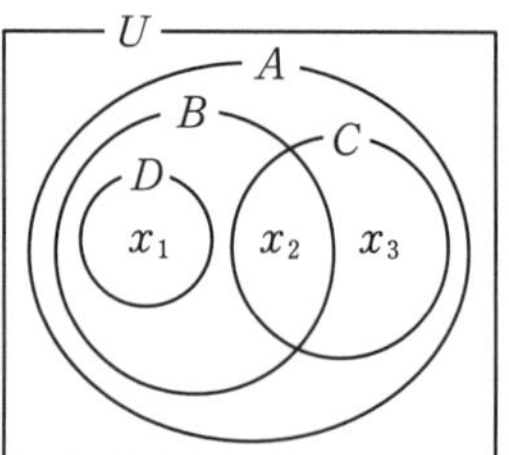

(i) 命題「$B \subset A$ である」は**真である**.

(ii) $x_1 \in B$, $x_1 \notin C$ となる要素 x_1 が存在するから, 命題「$B \subset C$ である」は**偽である**.

(iii) $B \cap D = D$ であるから, 命題「$B \cap D \subset A$ である」は**真である**.

(iv) $C \cap D = \emptyset$ であるから, 命題「$C \cap D \neq \emptyset$ である」

は**偽である**.

（**v**） $\overline{C \cup \overline{D}} = \overline{C} \cap D = D$, $A \cap B = B$, $D \subset B$ であるから，命題「$\overline{C \cup \overline{D}} \subset (A \cap B)$ である」は**真である**.

（**2**）（**i**） 主語がなく文章があいまいである.

「x が集合 C の要素であることは，x が集合 A の要素であるための□.」

と，主語「x が」を補って読む.

$$x \in C \underset{\times}{\overset{\bigcirc}{\rightleftarrows}} x \in A$$

$\Longleftarrow$ の反例は図の x_1

よって，集合 C の要素であることは，集合 A の要素であるための**十分条件であるが，必要条件ではない**.

（**ii**）（ｉ）同様，主語「x が」を補って読む．また，「集合 A 以外の集合」については「B, C, D のいずれかの集合」と解釈して解くこととする．A と C の関係については（ｉ）で調べてある.

$$x \in A \underset{\bigcirc}{\overset{\times}{\rightleftarrows}} x \in C$$

である．同様に

$$x \in A \underset{\bigcirc}{\overset{\times}{\rightleftarrows}} x \in B$$

$\Longrightarrow$ の反例は図の x_3

$$x \in A \underset{\bigcirc}{\overset{\times}{\rightleftarrows}} x \in D$$

$\Longrightarrow$ の反例は図の x_2（x_3 も可）

よって，集合 A の要素であることは，集合 A 以外の集合の要素であるための**必要条件であるが，十分条件ではない**.

【データの整理】

《平均と中央値 (A10) ☆》

194. 6 個の値 5, 1, 11, 3, a, b からなるデータの平均値が 5.5, 中央値が 4.5 であるとする. ただし, $a<b$ とする. このとき, $a=\square$ であり, $b=\square$ である. (21 山梨大・医)

▶解答◀ 6 個の値の平均値が 5.5 だから

$$5+1+11+3+a+b=5.5\cdot 6$$

$$a+b=13 \quad \cdots\cdots ①$$

$a<b$ より $a<6.5<b$ である. よって, 6 個の値を小さい順に並べたとき, 3 番目と 4 番目にくる数は

(ア) $a \leqq 3$ のとき, 3 と 5 (中央値が 4 となり, 不適)

(イ) $3<a<6.5$ のとき, a と 5 (順不同)

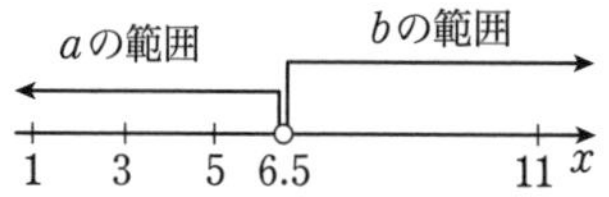

(イ) のとき, 中央値は $\dfrac{a+5}{2}$ であるから

$$\frac{a+5}{2}=4.5 \qquad \therefore \quad a=4$$

これは $3<a<6.5$ を満たす. よって, $a=\mathbf{4}$ であり, ① より $b=13-a=\mathbf{9}$ である.

《標準偏差 (A5)》

195. 6 つの数値 3, 1, 1, 6, 4, 3 からなるデータの標準偏差は $\square$ である. (21 北見工大・後期)

▶解答◀ 6 つの数値 3, 1, 1, 6, 4, 3 の平均は

$$\frac{1}{6}(3+1+1+6+4+3)=\frac{1}{6}\cdot 18=3$$

2 乗の平均は

$$\frac{1}{6}(3^2+1^2+1^2+6^2+4^2+3^2)=\frac{1}{6}\cdot 72=12$$

(分散) = (2 乗の平均) − (平均の 2 乗) であるから分散は

$$12-3^2=3$$

よって, 標準偏差は $\sqrt{\mathbf{3}}$

《分散の最小 (B10)》

196. 変量 x のデータが次のように与えられている. 6, 5, 4, 2, 3, 8, a

ただし, a の値は実数である. このデータの平均値を $\overline{x}$, 標準偏差を s とするとき, 次の問いに答えよ.

(1) $a=7$ のとき, $\overline{x}$, s をそれぞれ求めよ. ただし, 得られた値が無限小数の場合は, 小数第 3 位を四捨五入せよ.

(2) $\overline{x}$, s をそれぞれ a の式で表せ.

(3) x のデータの分散が最小となる a の値を求めよ. ただし, 得られた値が無限小数の場合は, 小数第 3 位を四捨五入せよ.

(21 富山県立大・推薦)

▶解答◀ (1)

$$\overline{x}=\frac{1}{7}(6+5+4+2+3+8+7)=\frac{35}{7}=\mathbf{5}$$

s^2 は x のデータの分散で, 各データから $\overline{x}$ を引いた値の 2 乗の平均をとり

$$s^2=\frac{1}{7}(1+0+1+9+4+9+4)=\frac{28}{7}=4$$

$$s=\sqrt{4}=\mathbf{2}$$

(2)

$$\overline{x}=\frac{1}{7}(6+5+4+2+3+8+a)=\boldsymbol{\frac{a}{7}+4}$$

$$\overline{x^2}=\frac{1}{7}(36+25+16+4+9+64+a^2)$$

$$=\frac{154+a^2}{7}=\frac{a^2}{7}+22$$

$$s^2=\overline{x^2}-\left(\overline{x}\right)^2$$

$$=\frac{a^2}{7}+22-\left(\frac{a^2}{49}+\frac{8}{7}a+16\right)$$

$$=\frac{6}{49}a^2-\frac{8}{7}a+6$$

$$s=\sqrt{\boldsymbol{\frac{6}{49}a^2-\frac{8}{7}a+6}}$$

(3) $s^2=\dfrac{6}{49}\left(a-\dfrac{14}{3}\right)^2+\dfrac{10}{3}$ が最小となる a は

$a=\dfrac{14}{3}=4.666\cdots \fallingdotseq \mathbf{4.67}$ である.

《中央値で悩む (B20)》

197. 次のデータは, ある大学の学生 6 人の 1 ヵ月のアルバイト日数である. ただし, a の値は 0 以上の整数である. このとき, 以下の各問に答えよ.

9　15　11　17　8　a　(単位は日)

(1) a の値がわからないとき, このデータの中央値として何通りの値がありうるか答えよ.

(2) このデータの平均値が 12 日であるとき, a の値を求めよ.

(3) (2) のときのデータの分散, 標準偏差を求めよ.

(21 釧路公立大・中期)

▶解答◀ (1) 中央値は,

(ア) $a \leqq 9$ のとき 10

(イ) $9<a<15$ のとき $\dfrac{a+11}{2}$

(ウ) $a \geqq 15$ のとき 13 である.

(イ) の場合は a の値によって中央値が変化する. $a=10, 11, 12, 13, 14$ の場合があるから, 中央値として **7 通り**の値がある.

（2） $\frac{1}{6}(9+15+11+17+8+a)=12$ から $a=\mathbf{12}$

（3） 分散 V について

$$V=\frac{1}{6}\{(9-12)^2+(15-12)^2+(11-12)^2+(17-12)^2+(8-12)^2+(12-12)^2\}$$

$$=\frac{1}{6}(9+9+1+25+16)=\mathbf{10}$$

したがって，標準偏差は $\sqrt{\mathbf{10}}$

注意（1）「a の値が分からない」とあるから中央値を a を使って表すと（ア），（イ），（ウ）の 3 通りである．具体的な数字で何通りあるかを答えさせるのか？文字を使った場合で答えさせるのか？悩ませる出題であった．一応，前者で解答している．

《四分位数（B15）☆》

198．次の表は，2 つのクラス（A 組 15 名と B 組 16 名）にて行われた数学の小テスト（20 点満点，単位：点）の結果についてまとめたものである．ただし，$a<b$ であるとする．このとき，以下の問いに答えよ．

A 組				B 組			
a	b	7	16	9	14	12	16
8	12	17	12	13	14	12	12
12	9	12	18	11	15	13	10
11	9	12		13	14	13	17
平均値：12 分散：10				平均値：c 分散：4			

（1） a, b, c の値を求めよ．

（2） A 組，B 組のデータについて，四分位範囲と四分位偏差をそれぞれ求めよ．

（3） A 組，B 組のデータについて，標準偏差と四分位偏差を用いてデータの散らばりの度合いを比較せよ．（21 福井大・工，教育，国際）

▶解答◀（1） A 組の変量 x に対して，$X=x-12$ とおき，$a-12=p,\ b-12=q$ とおく．

$\overline{X}=\overline{x}-12=12-12=0$ であるから

$$p+q+(-5)+4+(-4)+0+5+0+0+(-3)+0+6+(-1)+(-3)+0=0$$

$$p+q=1 \quad\cdots\cdots①$$

また，分散が 10 であるから

$$p^2+q^2+(-5)^2+4^2+(-4)^2+0^2+5^2+0^2+0^2+(-3)^2+0^2+6^2+(-1)^2+(-3)^2+0^2$$
$$=15\cdot10$$

$$p^2+q^2=13 \quad\cdots\cdots②$$

② より $(p+q)^2-2pq=13$ に ① を代入して

$$1^2-2pq=13 \qquad \therefore\ pq=-6$$

よって p, q は，2 次方程式 $t^2-t-6=0$ の 2 つの解である．

$$(t+2)(t-3)=0 \qquad \therefore\ t=-2,\ 3$$

$a<b$ より，$p<q$ であるから，$p=-2,\ q=3$ である．

よって，$a=p+12=\mathbf{10},\ b=q+12=\mathbf{15}$

ここで，B 組のデータを小さい順に並び替えて

9, 10, 11, 12 | 12, 12, 13, 13 |

13, 13, 14, 14 | 14, 15, 16, 17

平均値 c を仮平均 13 として計算すると

$$c=13+\{(-4)+(-3)+(-2)+(-1)\cdot3+0\cdot4+1\cdot3+2+3+4\}\div16$$
$$=\mathbf{13}$$

（2） A 組のデータを小さい順に並び替えて

7, 8, 9 | 9 | 10, 11, 12 | 12 |

12, 12, 12 | 15 | 16, 17, 18

A 組の第一四分位数は 9，第三四分位数は 15 で，四分位範囲は $15-9=\mathbf{6}$，四分位偏差は $6\div2=\mathbf{3}$

B 組の第一四分位数は $(12+12)\div2=12$，第三四分位数は $(14+14)\div2=14$ で，四分位範囲は $14-12=\mathbf{2}$，四分位偏差は $2\div2=\mathbf{1}$

（3） 標準偏差（A 組：$\sqrt{10}$，B 組：2），四分位偏差のいずれもが A 組のデータの方が大きいことから，A 組のデータの方が散らばり度合いが大きいと言える．

《相関係数の計算（B20）》

199．2 つの変量 x および y に関するデータが表 1 で与えられている．ただし，表 1 中の a および b は，$a>b$ をみたす整数とする．また，y の平均値および分散はそれぞれ 6 および 9 であるとする．以下の問いに答えよ．

表 1

データ番号	1	2	3	4	5	6
x	1	2	4	6	8	9
y	12	5	a	6	b	2

（1） x の平均値および分散をそれぞれ求めよ．ただし，小数第 3 位を四捨五入して小数第 2 位まで求めよ．

（2） a および b の値をそれぞれ求めよ．

（3） a および b が（2）で求めた値であるとき，x と y の共分散および相関係数をそれぞれ求めよ．ただし，小数第 3 位を四捨五入して小数第

2位まで求めよ．
（表2　平方・立方・平方根の表は省略）

（21　公立はこだて未来大）

▶解答◀（1）x の平均値 $\overline{x}$ は

$$\overline{x}=\frac{1}{6}(1+2+4+6+8+9)=\frac{30}{6}=\mathbf{5}$$

（3）の表の $(x-\overline{x})^2$ の段を利用して，x の分散 ${s_x}^2$ は

$${s_x}^2=\frac{1}{6}(16+9+1+1+9+16)=\frac{26}{3}$$
$$=8.666\cdots \fallingdotseq \mathbf{8.67}$$

（2）y の平均値 $\overline{y}$ が6であるから

$$\frac{1}{6}(12+5+a+6+b+2)=6$$
$$a+b+25=36 \qquad \therefore\ a+b=11 \ \cdots\cdots①$$

データの $y-\overline{y}$ は，6, -1, $a-6$, 0, $b-6$, -4 であり，分散 ${s_y}^2$ が9であるから

$$\frac{1}{6}\{36+1+(a-6)^2+(b-6)^2+16\}=9$$
$$(a-6)^2+(b-6)^2+53=54$$
$$(a-6)^2+(b-6)^2=1 \ \cdots\cdots②$$

$a-6$, $b-6$ は整数であるから，② を満たすのは

$$(a-6,\ b-6)=(\pm1,\ 0),\ (0,\ \pm1)$$

ここで，① と $a>b$ より

$$(a-6)+(b-6)=-1,\quad a-6>b-6$$

であるから，これらを満たすのは

$$(a-6,\ b-6)=(0,\ -1)$$

したがって，$(a,\ b)=\mathbf{(6,\ 5)}$ である．

（3）表を作る．これより，x と y の共分散 s_{xy} は

$$s_{xy}=\frac{-24+3-3-16}{6}=-\frac{20}{3}$$
$$=-6.666\cdots \fallingdotseq \mathbf{-6.67}$$

また，x, y の標準偏差 s_x, s_y は

$$s_x=\sqrt{\frac{26}{3}},\ s_y=\sqrt{9}=3$$

よって，x と y の相関係数 r は

$$r=\frac{s_{xy}}{s_xs_y}=\frac{-\frac{20}{3}}{\sqrt{\frac{26}{3}}\cdot 3}=-\frac{10\sqrt{3}\sqrt{26}}{3\cdot 3\cdot 13}$$
$$=-\frac{10\cdot 1.7321\cdot 5.0990}{117}=-0.754\cdots \fallingdotseq \mathbf{-0.75}$$

データ番号	1	2	3	4	5	6
$x-\overline{x}$	-4	-3	-1	1	3	4
$y-\overline{y}$	6	-1	0	0	-1	-4
$(x-\overline{x})^2$	16	9	1	1	9	16
$(y-\overline{y})^2$	36	1	0	0	1	16
$(x-\overline{x})(y-\overline{y})$	-24	3	0	0	-3	-16

【多項式と複素数の計算】

《割り算の実行 (A5)》

200. x についての整式 x^3+ax^2+5x+b を整式 x^2-2x-2 で割ると，余りが $x-2$ であるという．このとき，$a=-\square$，$b=\square$ である．

(21 明治大・情報)

▶解答◀ x^3+ax^2+5x+b を x^2-2x-2 で割った商は1次式であり，余りは $x-2$ であるから

$$x^3+ax^2+5x+b$$
$$=(x^2-2x-2)(x+c)+x-2$$

とおける．右辺を展開して整理すると

$$x^3+(c-2)x^2+(-2c-1)x+(-2c-2)$$

となるから，左辺と比較して

$a=c-2$ ……………………①

$5=-2c-1$ ……………………②

$b=-2c-2$ ……………………③

② より $c=-3$ で，これを ①，③ に代入して

$a=\mathbf{-5}$，$b=\mathbf{4}$

《2 乗の因数 (A10)》

201. 整式 $P(x)$ を $(x-1)^2$ で割ると1余り，$x-2$ で割ると2余る．このとき，$P(x)$ を $(x-1)^2(x-2)$ で割ったときの余り $R(x)$ を求めなさい．

(21 兵庫県立大・理，社会情報-中期)

▶解答◀ $A(x)$ などは商を表す．

$R(x)=ax^2+bx+c$ とする．

$P(x)=(x-1)^2A(x)+1$ ……………①

$P(x)=(x-2)B(x)+2$ ……………②

$P(x)=(x-1)^2(x-2)C(x)+ax^2+bx+c$ ……③

とおける．③ は直接使わない．この形を作ることを目標にする．

①＝② で $x=2$ とする．

$A(2)+1=2$ $\quad\therefore\quad A(2)=1$

$A(x)$ を $x-2$ で割った余りは1で

$$A(x)=(x-2)D(x)+1$$

とおけて，① に代入し

$$P(x)=(x-1)^2\{(x-2)D(x)+1\}+1$$
$$=(x-1)^2(x-2)D(x)+(x-1)^2+1$$
$$=(x-1)^2(x-2)D(x)+x^2-2x+2$$

$R(x)=\boldsymbol{x^2-2x+2}$

注意 ③ を積極的に使う解法もある．

① と ③ で $x=1$，② と ③ で $x=2$ とし，

$$a+b+c=1,\ 4a+2b+c=2$$

さらに，① と ③ を x で微分し，

$$P'(x)=2(x-1)A(x)+(x-1)^2A'(x)$$
$$P'(x)=2(x-1)(x-2)C(x)+(x-1)^2C(x)$$
$$+(x-1)^2(x-2)C'(x)+2ax+b$$

これらで $x=1$ として等置すると

$$2a+b=0$$

を得る．これらを解いて，$a=1$，$b=-2$, $c=2$ を得る．

《多項式の割り算 (B20) ☆》

202. 整式 $f(x)=x^4-x^2+1$ について，以下の問に答えよ．

(1) x^6 を $f(x)$ で割ったときの余りを求めよ．

(2) x^{2021} を $f(x)$ で割ったときの余りを求めよ．

(3) 自然数 n が3の倍数であるとき，$(x^2-1)^n-1$ が $f(x)$ で割り切れることを示せ．

(21 早稲田大・理工)

▶解答◀ (1) $f(x)=f$ と略記する．

$$x^6+1=(x^2+1)(x^4-x^2+1)$$
$$x^6=(x^2+1)f-1$$

x^6 を f で割った余りは $\mathbf{-1}$ である．

(2) $F=(x^2+1)(x^4-x^2+1)$ とおく．F は f で割り切れる．$x^6=F-1$ である．

$$x^{2021}=(x^6)^{336}x^5=(F-1)^{336}x^5$$
$$x^5=x(x^4-x^2+1)+x^3-x=xf+x^3-x$$
$$x^{2021}=(F-1)^{336}(xf+x^3-x)$$

を二項展開する．F の中には f がある．求める余りは f が掛からない部分で $(-1)^{336}(x^3-x)=\boldsymbol{x^3-x}$ である．

(3) $(x^2-1)^3=x^6-3x^4+3x^2-1$

$$=(x^2+1)(x^4-x^2+1)-3x^4+3x^2-2$$
$$=(x^2+1)(x^4-x^2+1)-3(x^4-x^2+1)+1$$
$$=(x^4-x^2+1)(x^2-2)+1$$

$G=(x^4-x^2+1)(x^2-2)$ とおく．G は f で割り切れる．k を整数として $n=3k$ とおく．

$$(x^2-1)^3=G+1$$
$$(x^2-1)^{3k}-1=(G+1)^k-1$$

を二項展開すると定数項 (G の掛からない項) は消え，$(x^2-1)^n-1$ は $f(x)$ で割り切れる．

注意 **【整数の合同式のように書く】**

二項展開して f が掛かっているところは f で割り切れるから，整数の合同式のように $x^6+1\equiv 0$ と書くことにする．$x^6\equiv -1$

$$x^5=x(x^4-x^2+1)+x^3-x\equiv x^3-x$$

$$x^{2021}=(x^6)^{336}x^5\equiv(-1)^{336}x^5\equiv \boldsymbol{x^3-x}$$

$$(x^2-1)^3=x^6-3x^4+3x^2-1$$
$$=(x^2+1)(x^4-x^2+1)-3x^4+3x^2-2$$
$$=(x^2+1)(x^4-x^2+1)-3(x^4-x^2+1)+1\equiv 1$$

$(x^2-1)^3\equiv 1$ となり，これを k 乗して $(x^2-1)^{3k}\equiv 1$

$(x^2-1)^{3k}-1\equiv 0$ は $f(x)$ で割り切れる．

《成分計算する (B20) ☆》

203．a, b, c, d, e, f を正の整数とし，i は虚数単位とする．次の問いに答えよ．

（1） 複素数 $z=a+b\sqrt{5}\,i$ が

$$z^2=11+8\sqrt{5}\,i$$

を満たすとする．このような a, b の組をすべて求めよ．

（2） 複素数 $w=c-d\sqrt{5}\,i$ と $u=e-f\sqrt{5}\,i$ が

$$-wu=11+8\sqrt{5}\,i$$

を満たすとする．このような c, d, e, f の組をすべて求めよ．　（21　大阪市大・後期）

▶解答◀ （1） $z^2=(a^2-5b^2)+2ab\sqrt{5}\,i$

これと $z^2=11+8\sqrt{5}\,i$ の実部と虚部を比較して

$$a^2-5b^2=11,\ ab=4$$

a, b は正の整数であるから $ab=4$ より

$$(a, b)=(1, 4), (2, 2), (4, 1)$$

であり，このうち $a^2-5b^2=11$ を満たすものは $(4, 1)$ である．よって，$(a, b)=\boldsymbol{(4, 1)}$ である．

（2） $wu=-11-8\sqrt{5}\,i$ を展開して実部と虚部を比べ

$$ce-5df=-11 \quad\cdots\cdots①$$

$$cf+de=8 \quad\cdots\cdots②$$

① より $ce=5df-11$ で左辺は自然数だから

$df=3, 4, 5, 6, \cdots$

$$ce=4, 9, 14, 19, \cdots$$

一方，② より，$8=cf+de\geqq c+e\geqq 2\sqrt{ce}$ だから $\sqrt{ce}\leqq 4$ で $ce\leqq 16$（相加相乗平均の不等式を用いた）である．ゆえに $ce=4, 9, 14$ のいずれかである．

$ce=4$ のとき $df=3$ であり，

$$(c, e)=(1, 4), (4, 1), (2, 2)$$

$$(d, f)=(1, 3), (3, 1)$$

$(d, f)=(1, 3)$ のとき $3c+e=8$ となり $c=2, e=2$ となる．$(d, f)=(3, 1)$ でも同様．

$ce=9$ のとき

$$(c, e)=(1, 9), (3, 3), (9, 1)$$

$c+e\leqq 8$ を満たすのは $(c, e)=(3, 3)$ だけだが，このとき ② は $3f+3d=8$ となり，左辺は 3 の倍数，右辺は 3 の倍数でないから不適．

$ce=14$ のとき

$$(c, e)=(1, 14), (2, 7), (7, 2), (14, 1)$$

$c+e\leqq 8$ を満たさず，不適．

$$(c, d, e, f)=\boldsymbol{(2, 1, 2, 3), (2, 3, 2, 1)}$$

◆別解◆ （1） 複素数の絶対値 $|x+yi|=\sqrt{x^2+y^2}$ を用いる（x, y は実数）．範囲は数学 III である．

$|z|^2=\left|11+8\sqrt{5}\,i\right|$ であるから

$$a^2+(\sqrt{5}b)^2=\sqrt{11^2+(8\sqrt{5})^2}$$

$$a^2+5b^2=21$$

となる．a, b は正の整数であるから $b=1$ のとき $a^2=16$，$b=2$ のとき $a^2=1$

$$(a, b)=(1, 2), (4, 1)$$

このうち $z^2=(a+b\sqrt{5}\,i)^2=11+8\sqrt{5}\,i$ を満たすものは $(a, b)=\boldsymbol{(4, 1)}$ である．

（2） $wu=-11-8\sqrt{5}\,i$

$$|w|^2|u|^2=\left|-11-8\sqrt{5}\,i\right|^2$$

$$(c^2+5d^2)(e^2+5f^2)=3^2\cdot 7^2 \quad\cdots\cdots③$$

c^2+5d^2 と e^2+5f^2 の両方とも 21 より大きいと成立しない．少なくとも一方は 21 以下である．以下でしばらく $c^2+5d^2\leqq 21$ のときを調べる．$c=1, 2, 3, \cdots$ としてみると

$d=1$ ならば $c^2+5d^2=c^2+5=6, 9, 14, 21, \cdots$

$d=2$ ならば $c^2+5d^2=c^2+20=21, \cdots$

$d=3$ ならば $c^2+5d^2=c^2+45=46, 49, 54, \cdots$

$d\geqq 4$ ならば $c^2+5d^2\geqq c^2+80>49$

$c^2+5d^2=6, 14$ のときは素因数 2 をもつから不適である．③ には素因数 2 はないからである．$c^2+5d^2=9$ のときは $(c, d)=(2, 1)$ で，③ より $e^2+5f^2=49$ で $(e, f)=(2, 3)$ となる．

$c^2+5d^2=21$ のときは $e^2+5f^2=21$ となり，このときは (c, d) と (e, f) は $(1, 2)$ または $(4, 1)$ である．

「(c, d) と (e, f)」は「$(2, 1)$ と $(2, 3)$」，「$(1, 2)$ と $(1, 2)$」，「$(1, 2)$ と $(4, 1)$」，「$(4, 1)$ と $(4, 1)$」となる．

$(2-\sqrt{5}\,i)(2-3\sqrt{5}\,i)=-11-8\sqrt{5}\,i$

$(1-2\sqrt{5}\,i)(1-2\sqrt{5}\,i)=-19-4\sqrt{5}\,i$

$(1-2\sqrt{5}\,i)(4-\sqrt{5}\,i)=-6-9\sqrt{5}\,i$

$(4-\sqrt{5}\,i)(4-\sqrt{5}\,i)=11-8\sqrt{5}\,i$

このうち，$(c-d\sqrt{5}\,i)(e-f\sqrt{5}\,i)=-11-8\sqrt{5}\,i$ をみたすものは，第一の場合で，入れ替えも考え

$$(c,d,e,f)=\mathbf{(2,1,2,3),(2,3,2,1)}$$

《複素数の問題と気づくか？(B20)》

204. $\left(\sqrt{n^2-9n+19}\right)^{n^2+5n-14}=1$ を満たす自然数 n をすべて求めよ．（21 昭和大・医-1期）

▶解答◀ $\left(\sqrt{n^2-9n+19}\right)^{n^2+5n-14}=1$ となるのは次の3つの場合がある．

（ア） $n^2-9n+19=1$ のとき

$$n^2-9n+18=0$$

$$(n-3)(n-6)=0 \qquad \therefore \quad n=3,6$$

（イ） $n^2+5n-14=0$ のとき

$$(n+7)(n-2)=0 \qquad \therefore \quad n=2$$

（ウ） $n^2-9n+19=-1$ かつ $n^2+5n-14$ が4の倍数のとき．これは虚数単位を $i=\sqrt{-1}$ として $i^4=1$ のようなケースである．

$$n^2-9n+20=0$$

$$(n-4)(n-5)=0 \qquad \therefore \quad n=4,5$$

$n=4$ のとき

$$n^2+5n-14=4^2+5\cdot4-14=22$$

これは4の倍数ではないから不適．

$n=5$ のとき

$$n^2+5n-14=5^2+5\cdot5-14=36$$

これは4の倍数であるから適する．

以上から，求める n は $\mathbf{2,3,5,6}$ である．

注意【類題】

$(\sqrt{n^2-7n+11})^{n^2-8n+7}=1$ を満たす自然数 n をすべて求めよ．（1998 学習院大・理）

多くの人が実数の問題と考えた．「どこかに複素数の問題と臭わせないと，だまし討ちのようになる」という私の抗議に対して，学習院大教授は「実数の問題と思う方がおかしい」と，全面的な拒絶であった．

▶解答◀ 次の場合がある．

（ア） $n^2-7n+11=1$ のとき．$n=2,5$

（イ） $n^2-8n+7=0$ のとき．$n=1,7$

（ウ） $n^2-7n+11=-1$ かつ n^2-8n+7 が4の倍数のとき．これは，虚数単位を $i=\sqrt{-1}$ として，$i^4=1$ のようなケースである．$n=3,4$ のうち n^2-8n+7 が4の倍数になるのは $n=3$ である．

以上より答えは $n=\mathbf{1,2,3,5,7}$ である．

《オメガの計算(A5)》

205. 1の3乗根 $\omega=\dfrac{-1+\sqrt{3}i}{2}$ に対して，

$\omega^{2021}+\omega^{1000}-\omega^{301}+\omega-1=\square$ である．

ただし，i は虚数単位である．（21 立教大・数学）

▶解答◀ $\omega=\dfrac{-1+\sqrt{3}i}{2}$

$$2\omega+1=\sqrt{3}i$$

$$(2\omega+1)^2=-3 \qquad \therefore \quad \omega^2+\omega+1=0$$

$$(\omega-1)(\omega^2+\omega+1)=0 \qquad \therefore \quad \omega^3=1$$

$$\omega^{2021}+\omega^{1000}-\omega^{301}+\omega-1$$

$$=\omega^{3\cdot673+2}+\omega^{3\cdot333+1}-\omega^{3\cdot100+1}+\omega-1$$

$$=(\omega^3)^{673}\omega^2+(\omega^3)^{333}\omega-(\omega^3)^{100}\omega+\omega-1$$

$$=\omega^2+\omega-\omega+\omega-1$$

$$=(\omega^2+\omega+1)-2=\mathbf{-2}$$

《オメガの類似(A5)》

206. 複素数 x が $x^2-x+1=0$ を満たすとき，

$12x^{2026}+23x^{2025}+34x^{2024}$

$+45x^{2023}+56x^{2022}+67x^{2021}=\square$

である．（21 藤田医科大・後期）

▶解答◀ $x^2-x+1=0$ の両辺に $x+1$ をかけて $x^3+1=0$ となり，$x^3=-1$，よって $x^6=1$ となる．2026を6で割ると余りが4である．各指数を6で割った余りで置き換えてもよく，求値式を f とすると

$$f=12x^4+23x^3+34x^2+45x+56+67x^5$$

$x^3=-1$ だから

$$f=-12x-23+34x^2+45x+56-67x^2$$

$$=-33(x^2-x)+33$$

$$=-33(x^2-x+1)+66=\mathbf{66}$$

《3次方程式(A5)》

207. a,b を実数とする．$x=1+i$ が3次方程式 $x^3+ax^2+bx+4=0$ の解であるとき，a,b の値と他の解を求めなさい．（21 龍谷大・先端理工-推薦）

▶解答◀ $x^3+ax^2+bx+4=0$ は，実数係数の3次方程式であるから $1+i$ が解であれば共役な複素数 $1-i$ も解となる．他の解を α とおくと，解と係数の関係から

$$1+i+1-i+\alpha=-a \quad \cdots\cdots\cdots ①$$

$(1+i)(1-i)+\alpha(1+i)+\alpha(1-i)=b$ ……②

$\alpha(1+i)(1-i)=-4$ ……③

③から $\alpha=-2$ で，①，②から $a=\mathbf{0}$, $b=\mathbf{-2}$，他の解は $\mathbf{-2}$, $\mathbf{1-i}$

《因数分解できる 3 次方程式 (A5)》

208. m は実数の定数とする．3 次方程式

$$2x^3-3mx^2+3m-2=0$$

が 1 つの実数解と異なる 2 つの虚数解をもつとき，その実数解を求めよ．また，定数 m の値の範囲を求めよ． (21 岩手大・理工-後期)

▶解答◀ 左辺に 1 を代入すると 0 となるから $x=\mathbf{1}$ はこの方程式の実数解である．

$$2x^3-3mx^2+3m-2=0$$

$$(x-1)\{2x^2-(3m-2)x-3m+2\}=0$$

$x=1$ または $2x^2-(3m-2)x-3m+2=0$

$2x^2-(3m-2)x-3m+2=0$ が異なる 2 つの虚数解をもつから，判別式について

$$(3m-2)^2-8(-3m+2)<0$$

$$9m^2+12m-12<0$$

$$3(m+2)(3m-2)<0 \qquad \therefore \quad \mathbf{-2<m<\frac{2}{3}}$$

《4 次の相反方程式 (B30) ☆》

209. a, b を実数の定数とする．4 次方程式

$$x^4+ax^3+ax^2+(6-a)x+b=0$$

について，次の問いに答えよ．

(1) $x=1+\sqrt{3}i$ を解にもつとき，$a=$ □，$b=$ □ であり，このときの 4 次方程式の異なる実数解の個数は □ 個である．

(2) $a=3$, $b=1$ のとき，4 次方程式の異なる実数解の個数は □ 個であり，虚数解の個数は □ 個である． (21 久留米大・医-後期)

▶解答◀ $P(x)=x^4+ax^3+ax^2+(6-a)x+b$ とおく．

(1) $P(x)=0$ は $x=1+\sqrt{3}i$ を解にもつから，$x=1-\sqrt{3}i$ を解にもつ．$P(x)$ は

$$\{x-(1+\sqrt{3}i)\}\{x-(1-\sqrt{3}i)\}$$

$$=(x-1)^2+3=x^2-2x+4$$

で割り切れる．割り算を実行し

$$P(x)=(x^2-2x+4)\{x^2+(a+2)x+3a\}$$
$$+(a-2)x+(b-12a)$$

の余りが 0 になるから，

$$a=\mathbf{2},\ b=12a=\mathbf{24}$$

このとき

$$P(x)=(x^2-2x+4)(x^2+4x+6)$$

$P(x)=0$ の解は $x=1\pm\sqrt{3}i$, $-2\pm\sqrt{2}i$，$P(x)=0$ の実数解の個数は $\mathbf{0}$ である．

(2) $a=3$, $b=1$ のとき $P(x)=0$ は

$$x^4+3x^3+3x^2+3x+1=0$$

$x=0$ はこれを満たさないから，$x^2\neq 0$ で両辺を割って

$$x^2+3x+3+\frac{3}{x}+\frac{1}{x^2}=0$$

$$\left(x^2+\frac{1}{x^2}\right)+3\left(x+\frac{1}{x}\right)+3=0$$

$x+\dfrac{1}{x}=t$ とおくと $(t^2-2)+3t+3=0$

$t^2+3t+1=0$ となり，$t=\dfrac{-3\pm\sqrt{5}}{2}$

$x+\dfrac{1}{x}=t$ のとき $x^2-tx+1=0$ で，この判別式を D とすると $D=t^2-4$

$t=\dfrac{-3-\sqrt{5}}{2}$ のとき $|t|=\dfrac{3+\sqrt{5}}{2}>2$ で $D>0$

$t=\dfrac{-3+\sqrt{5}}{2}$ のとき $|t|=\dfrac{3-\sqrt{5}}{2}<2$ で $D<0$

よって，$P(x)=0$ は実数解 **2** 個，虚数解 **2** 個をもつ．

《4 次の相反方程式 (B20)》

210. 四次方程式

$$x^4+11x^3+31x^2+11x+1=0 \quad \cdots\cdots(*)$$

について考える．$x=0$ は解ではないので，解 x に対して $y=x+\dfrac{1}{x}$ とおくと等式

$$y^2+\square y+\square=0$$

が成立する．

四次方程式$(*)$の四つの解を $\alpha, \beta, \gamma, \delta$ とすると

$$\frac{1}{\alpha}+\frac{1}{\beta}+\frac{1}{\gamma}+\frac{1}{\delta}=\square$$

であり

$$\alpha^2+\beta^2+\gamma^2+\delta^2=\square$$

であり

$$\alpha^3+\beta^3+\gamma^3+\delta^3=\square$$

である． (21 東京医大・医)

▶解答◀

$$x^4+11x^3+31x^2+11x+1=0 \quad \cdots\cdots①$$

$x=0$ は解ではないから両辺を x^2 で割って

$$x^2+11x+31+\frac{11}{x}+\frac{1}{x^2}=0$$

$$\left(x^2+\frac{1}{x^2}\right)+11\left(x+\frac{1}{x}\right)+31=0$$

$$\left(x+\frac{1}{x}\right)^2+11\left(x+\frac{1}{x}\right)+29=0$$

$y=x+\dfrac{1}{x}$ とおくと

$$y^2+\mathbf{11}y+\mathbf{29}=0 \quad \cdots\cdots②$$

② の 2 解を y_1, y_2 とおくと，解と係数の関係より

$$y_1+y_2=-11,\ y_1y_2=29 \quad \cdots\cdots③$$

$y=x+\dfrac{1}{x}$ の両辺に x をかけて整理すると $x^2-yx+1=0$ が得られる．この方程式の $y=y_1, y_2$ における解 x は ① の解でもあるから，α, β を $x^2-y_1x+1=0$ の 2 解，γ, δ を $x^2-y_2x+1=0$ の 2 解とおくことができる．このとき，解と係数の関係より

$$\alpha+\beta=y_1,\ \alpha\beta=1 \quad \cdots\cdots④$$

$$\gamma+\delta=y_2,\ \gamma\delta=1 \quad \cdots\cdots⑤$$

である．③，④，⑤ を用いて

$$\frac{1}{\alpha}+\frac{1}{\beta}+\frac{1}{\gamma}+\frac{1}{\delta}=\frac{\alpha+\beta}{\alpha\beta}+\frac{\gamma+\delta}{\gamma\delta}$$

$$=\frac{y_1}{1}+\frac{y_2}{1}=y_1+y_2=\mathbf{-11}$$

$$\alpha^2+\beta^2+\gamma^2+\delta^2$$

$$=(\alpha+\beta)^2-2\alpha\beta+(\gamma+\delta)^2-2\gamma\delta$$

$$={y_1}^2-2\cdot1+{y_2}^2-2\cdot1$$

$$=(y_1+y_2)^2-2y_1y_2-4$$

$$=(-11)^2-2\cdot29-4=\mathbf{59}$$

$$\alpha^3+\beta^3+\gamma^3+\delta^3$$

$$=(\alpha+\beta)^3-3\alpha\beta(\alpha+\beta)+(\gamma+\delta)^3-3\gamma\delta(\gamma+\delta)$$

$$={y_1}^3-3\cdot1\cdot y_1+{y_2}^3-3\cdot1\cdot y_2$$

$$=(y_1+y_2)^3-3y_1y_2(y_1+y_2)-3(y_1+y_2)$$

$$=(y_1+y_2)\{(y_1+y_2)^2-3y_1y_2-3\}$$

$$=(-11)\cdot\{(-11)^2-3\cdot29-3\}$$

$$=-11\cdot31=\mathbf{-341}$$

《6 次の相反方程式 (B20)》

211. 整式 $P(x)=x^6-4x^5+x^4+x^2-4x+1$ を考える．$y=x+\dfrac{1}{x}$ とおくと，$\dfrac{P(x)}{x^3}=\square$ のように y の 1 次式の積に因数分解できる．また，方程式 $P(x)=0$ の実数解のうち最小のものを求めると $x=\square$ となる．（21 山梨大・医）

▶解答◀ $\dfrac{P(x)}{x^3}=x^3-4x^2+x+\dfrac{1}{x}-\dfrac{4}{x^2}+\dfrac{1}{x^3}$

$$=\left(x^3+\frac{1}{x^3}\right)-4\left(x^2+\frac{1}{x^2}\right)+\left(x+\frac{1}{x}\right)$$

$$=\left(x+\frac{1}{x}\right)^3-3\left(x+\frac{1}{x}\right)-4\left\{\left(x+\frac{1}{x}\right)^2-2\right\}+\left(x+\frac{1}{x}\right)$$

$$=y^3-3y-4(y^2-2)+y$$

$$=y^3-4y^2-2y+8=y^2(y-4)-2(y-4)$$

$$=\boldsymbol{(y+\sqrt{2})(y-\sqrt{2})(y-4)} \quad \cdots\cdots①$$

$x=0$ は $P(x)=0$ の解ではないから，$\dfrac{P(x)}{x^3}=0$ の実数解を求める．① より

$$\left(x+\frac{1}{x}+\sqrt{2}\right)\left(x+\frac{1}{x}-\sqrt{2}\right)\left(x+\frac{1}{x}-4\right)=0$$

$$(x^2+\sqrt{2}x+1)(x^2-\sqrt{2}x+1)(x^2-4x+1)=0$$

$x^2\pm\sqrt{2}x+1=0$ は，判別式が $(\pm\sqrt{2})^2-4=-2<0$ であるから実数解をもたない．

$x^2-4x+1=0$ を解くと $x=2\pm\sqrt{3}$

したがって，$P(x)=0$ の最小の実数解は $x=\mathbf{2-\sqrt{3}}$

《3 次方程式を解く (C20)》

212.（1） x, y, z を互いに異なる自然数とするとき，$x^3+y^3+z^3-3xyz$ は素数ではないことを示しなさい．

（2） a を実数，$\omega=\dfrac{-1+\sqrt{3}i}{2}$ とする．このとき，x に関する方程式

$$x^3+3ax^2-2a^3+a^2+a^4=0$$

の解を，ω と a を用いて求めなさい．ただし，

$$x^3+y^3+z^3-3xyz$$
$$=(x+y+z)(x+\omega y+\omega^2z)(x+\omega^2y+\omega z)$$

と分解できることを用いてもよい．

（21 筑波大・医-推薦）

考え方 2 通りの因数分解をしよう，という話である．

▶解答◀（1）

$$x^3+y^3+z^3-3xyz$$
$$=(x+y+z)(x^2+y^2+z^2-xy-yz-zx)$$

であり，$x+y+z$, $x^2+y^2+z^2-xy-yz-zx$ はともに整数である．x, y, z は互いに異なる自然数より

$$x+y+z\geqq1+1+1=3$$

$$x^2+y^2+z^2-xy-yz-zx$$
$$=\frac{1}{2}\{(x-y)^2+(y-z)^2+(z-x)^2\}$$
$$\geqq\frac{1}{2}(1+1+1)=\frac{3}{2}$$

となり，$x^3+y^3+z^3-3xyz$ は 2 以上の自然数の積で書けるから素数ではない．

（2） $x^3+3ax^2-2a^3+a^2+a^4$

$$=(x+a)^3-3a^2x-3a^3+a^2+a^4$$

$$=(x+a)^3+a^2+a^4-3a^2(x+a)$$

$$= (x+a)^3 + \left(a^{\frac{2}{3}}\right)^3 + \left(a^{\frac{4}{3}}\right)^3 - 3(x+a)a^{\frac{2}{3}} \cdot a^{\frac{4}{3}}$$

$$= \left(x+a+a^{\frac{2}{3}}+a^{\frac{4}{3}}\right)\left(x+a+\omega a^{\frac{2}{3}}+\omega^2 a^{\frac{4}{3}}\right)$$

$$\times\left(x+a+\omega^2 a^{\frac{2}{3}}+\omega a^{\frac{4}{3}}\right)$$

と分解できるから，与えられた 3 次方程式の解は

$$\boldsymbol{-a-a^{\frac{2}{3}}-a^{\frac{4}{3}}},$$

$$\boldsymbol{-a-\omega a^{\frac{2}{3}}-\omega^2 a^{\frac{4}{3}}},$$

$$\boldsymbol{-a-\omega^2 a^{\frac{2}{3}}-\omega a^{\frac{4}{3}}}$$

の 3 つである．

注意 【3 次方程式の解の公式】

（２） 一般の 3 次方程式

$$ax^3+bx^2+cx+d=0$$

に対して，$X=x+\dfrac{b}{3a}$ によって立方完成して，2 次の項を消すと $X^3-3AX+B=0$ の形になる．

a, b を実数として，$x^3-3ax+b=0$ の解を考える．ここで，$b=y^3+z^3$, $a=yz$ となる y, z が求められれば，本問と同様の手順で，ある意味で 3 次方程式が解けることになる．ただし y, z は実数とは限らない．

$x^3+b-3ax=0$ は

$$x^3+y^3+z^3-3xyz=0$$

となり

$$(x+y+z)(x^2+y^2+z^2-xy-yz-zx)=0$$

$$(x+y+z)(x+\omega y+\omega^2 z)(x+\omega^2 y+\omega z)=0$$

$$x=-(y+z),\ -\omega y-\omega^2 z,\ -\omega^2 y-\omega z \quad \cdots\cdots①$$

となる．

$y^3+z^3=b$, $y^3z^3=a^3$ だから，y^3, z^3 を解とする 2 次方程式は

$$t^2-bt+a^3=0$$

であり，

$$\frac{b+\sqrt{b^2-4a^3}}{2},\ \frac{b-\sqrt{b^2-4a^3}}{2} \quad \cdots\cdots\cdots\cdots\cdots②$$

の一方が y^3，他方が z^3 である．② が実数なら，平和である．3 乗根をつければ実数 y, z が得られ，

$$y=\sqrt[3]{\frac{b+\sqrt{b^2-4a^3}}{2}},\ z=\sqrt[3]{\frac{b-\sqrt{b^2-4a^3}}{2}}$$

となり，① で，すべての解 x（3 つある）が得られる．

シピオーネ・デル・フェッロが，世界で最初に 3 次方程式の解の公式を導いて，カルダノが 1545 年に「アルスマグナ（ラテン語．偉大なる技術という意味）」に書いた時代には，まだ，負の数すら市民権を得ておらず，$x^2+3x-4=0$ のような負の数を用いた記述も許されず，$x^2+3x=4$ のように表示された．その時代に，詭弁として，虚数 $\sqrt{-1}$ が登場し，やがて，認められていくことになるのである．

《3 次方程式を解く（C20）》

213. t を実数とする．次の問いに答えよ．

（１） $\left(x+\dfrac{t}{x}\right)^3$ を展開せよ．

（２） 2 つの実数 a, b に対して，

$$f(x)=x^3+ax+b$$

とする．x についての整式 $x^3 f\left(x+\dfrac{t}{x}\right)$ において x^4 の係数，x^3 の係数および x^2 の係数を求めよ．

（３） 3 次方程式 $x^3+3x-1=0$ は正の実数解 α をただ 1 つもつ．α を求めよ．

（21 島根大・医，総合理工）

▶解答◀ （1） $\left(x+\dfrac{t}{x}\right)^3$

$$= x^3+3x^2\cdot\frac{t}{x}+3x\left(\frac{t}{x}\right)^2+\left(\frac{t}{x}\right)^3$$

$$= \boldsymbol{x^3+3tx+\frac{3t^2}{x}+\frac{t^3}{x^3}}$$

（２） $x^3 f\left(x+\dfrac{t}{x}\right)$

$$= x^3\left\{\left(x+\frac{t}{x}\right)^3+a\left(x+\frac{t}{x}\right)+b\right\}$$

$$= x^3\left(x^3+3tx+\frac{3t^2}{x}+\frac{t^3}{x^3}\right)$$

$$+ax^3\left(x+\frac{t}{x}\right)+bx^3$$

$$= x^6+(3t+a)x^4+bx^3+(3t+a)tx^2+t^3$$

よって，x^4, x^3, x^2 の係数はそれぞれ $\boldsymbol{3t+a}$, $\boldsymbol{b}$, $\boldsymbol{(3t+a)t}$ である．

（３） $a=3$, $b=-1$ とすると，（２）より

$$x^3 f\left(x+\frac{t}{x}\right)$$

$$= x^6+(3t+3)x^4-x^3+(3t+3)tx^2+t^3$$

さらに $t=-1$ とすると

$$x^3 f\left(x-\frac{1}{x}\right)=x^6-x^3-1$$

$x^6-x^3-1=0$ とすると，$x=0$ は解とはならない．ここで $X=x-\dfrac{1}{x}$ とおく．$X>0$ で X と x を 1 対 1 に対応させるために $x>1$ にとる．数学 III の微分をせずとも，x が $x>1$ で増加するとき $\dfrac{1}{x}$ は減少し，その差は開くから $x-\dfrac{1}{x}$ は増加する．微分すれば

$$\frac{dX}{dx}=1+\frac{1}{x^2}>0$$

となる．X は増加し，$x=1$ のとき $X=0$, $\displaystyle\lim_{x\to\infty}X=\infty$

よって，$x^6-x^3-1=0$ の解のうち $x>1$ をみたす x を求める．

$$x^3=\frac{1+\sqrt{5}}{2} \qquad \therefore \quad x=\sqrt[3]{\frac{\sqrt{5}+1}{2}}$$

$$\frac{1}{x}=\sqrt[3]{\frac{2}{\sqrt{5}+1}}=\sqrt[3]{\frac{\sqrt{5}-1}{2}}$$

$$x-\frac{1}{x}=\sqrt[3]{\frac{\sqrt{5}+1}{2}}-\sqrt[3]{\frac{\sqrt{5}-1}{2}}$$

よって

$$\alpha=\sqrt[3]{\frac{\sqrt{5}+1}{2}}-\sqrt[3]{\frac{\sqrt{5}-1}{2}}$$

《解の虚部の有名問題（C30）》

214．以下の問いに答えなさい．

（1） a, b, c を実数として，

$$P(x)=x^3+ax^2+bx+c$$

とおき，$P(-1+i)=0$ であるとする．ただし，i は虚数単位とする．

（i） b および c を a を用いて表しなさい．

（ii） $P(-1-i)=0$ となることを示し，$P(x)=0$ のすべての解の実部が負となるための条件を，a を用いて表しなさい．

（2） s, t, u を実数として，

$$Q(x)=x^3+sx^2+tx+u$$

とおき，$Q(-1)=0$ であるとする．このとき，$Q(x)=0$ のすべての解の実部が負となるための条件を，t および u を用いて表しなさい．

（21　都立大・数理科学）

▶解答◀ （1）（i） $x=-1+i$ のとき $x^2=-2i$

$$x^3=-2ix=-2i(-1+i)=2i+2$$

$$P(x)=(2i+2)-2ia+b(-1+i)+c$$

$$=2-b+c+(2-2a+b)i$$

$P(-1+i)=0$ で a, b, c は実数であるから

$$2-b+c=0,\ 2-2a+b=0$$

$$b=\boldsymbol{2a-2},\ c=b-2=\boldsymbol{2a-4}$$

（ii） $P(x)=x^3+ax^2+(2a-2)x+2a-4$

$$=x^3-2x-4+a(x^2+2x+2)$$

$$=(x-2)(x^2+2x+2)+a(x^2+2x+2)$$

$$=(x-2+a)(x^2+2x+2)$$

よって，$P(x)=0$ の解は，$x=2-a, -1\pm i$

すべての解の実部が負となるための条件は

$$2-a<0 \qquad \therefore \quad \boldsymbol{a>2}$$

（2） $Q(-1)=0$ より，$-1+s-t+u=0$

$s=t-u+1$ を代入して

$$Q(x)=x^3+sx^2+tx+u$$

$$=x^3+(t-u+1)x^2+tx+u$$

$$=(x+1)\{x^2+(t-u)x+u\}$$

$Q(x)=0$ の解は $x=-1$ および $x^2+(t-u)x+u=0$ の解となる．

$x^2+(t-u)x+u=0$ の 2 解を α, β，判別式を D とする．α, β の実部が負になるための必要十分条件を求める．

（ア） α, β が実数のとき．$D\geqq 0$ で，$\alpha<0, \beta<0$ は $\alpha+\beta<0$ かつ $\alpha\beta>0$ と同値となる．

（イ） α, β が虚数のとき．$D<0$ で，α, β は共役であり，$p, q\ (q\neq 0)$ を実数として $\alpha=p+qi, \beta=p-qi$ とおける．$\alpha+\beta=2p, \alpha\beta=p^2+q^2>0$ となる．この場合も，p が負になるための必要十分条件は $\alpha+\beta<0$ かつ $\alpha\beta>0$（$\alpha\beta>0$ はこの場合は過剰条件であるが（ア）とまとめるために無理につけている）

いずれであっても，$\alpha+\beta<0, \alpha\beta>0$ となる．これを $D\geqq 0, D<0$ で分けているのが（ア），（イ）である．まとめると $\alpha+\beta<0, \alpha\beta>0$ 全体となる．

$-(t-u)<0, u>0$ である．答えは $\boldsymbol{t>u>0}$

注意 これは 1992 年の東大・文科に出題されて有名になった問題である．ただし，それ以前にも早大などで出題されている．上の解答は曲線 $(t-u)^2=4u$ を無視した．92 年の東大のときには，曲線 $(t-u)^2=4u$ を無視できず，混乱した受験生が多い．次の解答では曲線 $(t-u)^2=4u$ を無視しないで書く．

♦別解♦ （1） 実数係数の 3 次方程式 $P(x)=0$ が $-1+i$ を解にもつから，$-1-i$ も解である．

$p=-1+i$，$q=-1-i$ とし，他の解を r とする．解と係数の関係より

$$-a=p+q+r=-2+r$$

$$b=pq+qr+rp=2-2r$$

$$-c=pqr=2r$$

$$a=2-r, b=2-2r, c=-2r$$

（i） r を消去して

$b=2-2(2-a)=\boldsymbol{2a-2}$，

$c=-2(2-a)=\boldsymbol{2a-4}$

（ii） $r<0$ より，$\boldsymbol{a>2}$

（2） $f(x)=x^2+(t-u)x+u$ とおく．$f(x)=0$ の解の実部が負になる条件を求める．判別式を D とする．

$$D=(t-u)^2-4u$$

（ア） $D \geqq 0$ のとき．$f(x)=0$ が $x<0$ の2実解をもつ条件は軸 $x=\dfrac{u-t}{2}<0$，$f(0)=u>0$

よって $(t-u)^2 \geqq 4u$，$t>u, u>0$ ……………………①

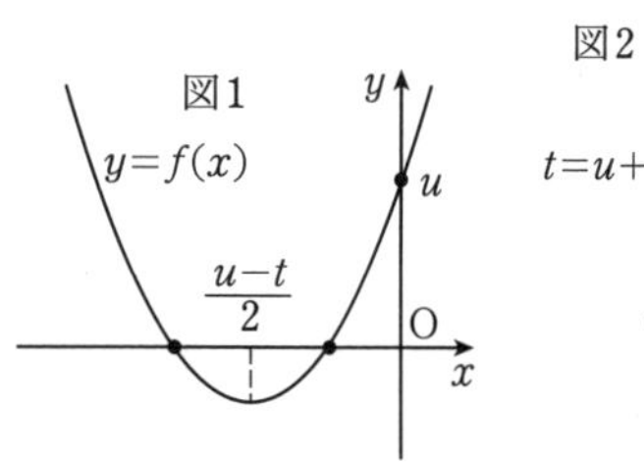

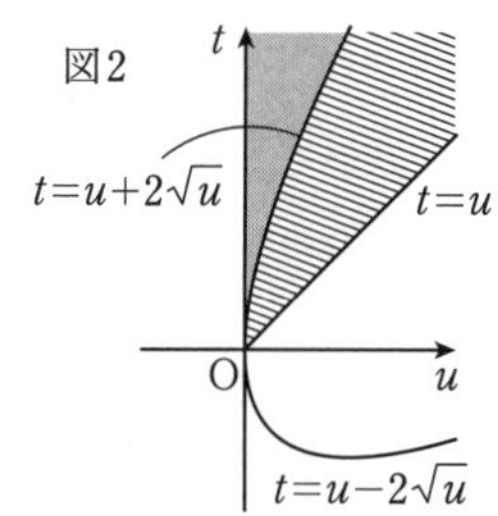

（イ） $D<0$ のとき．$f(x)=0$ は虚数解をもち，その実部 $\dfrac{u-t}{2}<0$ であり，

$(t-u)^2<4u$，$t>u$ ………………………………②

となる．

以上を整理する．①のとき $t-u \geqq 2\sqrt{u}, u>0$ となる．図2の網目部分となる．曲線 $t=u+2\sqrt{u}, u>0$ 上を含み t 軸上を除く．

②のとき $0 \leqq (t-u)^2<4u$ であるから $u>0$ で $0<t-u<2\sqrt{u}$ となる．図2の斜線部分となる．境界は除く．

まとめると $\boldsymbol{t>u>0}$

なお，2曲線 $t=u+2\sqrt{u}$，$t=u-2\sqrt{u}$ の具体的な形を使うわけではない．曲線 $t=u-2\sqrt{u}$ は直線 $t=u$ の下方にあり，関係ない．曲線 $t=u+2\sqrt{u}$ は第一象限で，直線 $t=u$ と t 軸の間を，原点から右上に上がる．

《解全体が不変の有名問題（B30）》

215． $f(x)$ を次の条件を満たす3次の多項式とする．

(a) x^3 の係数は1である．

(b) $0, 1, -1$ ではない複素数 ω が存在して，すべての自然数 n について $f(\omega^n)=0$ となる．

以下の問いに答えよ．

（1） $\omega=-\dfrac{1}{2}+\dfrac{\sqrt{3}}{2}i$ または $\omega=-\dfrac{1}{2}-\dfrac{\sqrt{3}}{2}i$ であることを示せ．ただし，i は虚数単位とする．

（2） $f(x)$ を求めよ．

（3） $g(x)$ を次の多項式とする．

$$g(x)=\sum_{n=0}^{2021}x^n=x^{2021}+x^{2020}+\cdots+1$$

$g(x)$ を $f(x)$ で割ったときの余りを求めよ．

（21 九大・後期）

▶解答◀ （1） 任意の自然数 n について ω^n は $f(x)=0$ の解であるが，$f(x)$ は3次式であるから $f(x)=0$ の解は3つ（重解は重複度を数える）である．

ω は $0, 1, -1$ のいずれでもないから $1, \omega, \omega^2$ はすべて異なる．これらに ω を掛けた $\omega, \omega^2, \omega^3$ はすべて異なり，すべて $f(x)=0$ の解である．さらに ω を掛けた $\omega^2, \omega^3, \omega^4$ はすべて異なり，すべて $f(x)=0$ の3解である．$\omega, \omega^2, \omega^3$ の積と $\omega^2, \omega^3, \omega^4$ の積は等しいから $\omega^6=\omega^9$ で，$\omega^3=1$ となる．$(\omega-1)(\omega^2+\omega+1)=0$ で，$\omega \neq 1$ より $\omega^2+\omega+1=0$

よって，$\omega=\dfrac{-1\pm\sqrt{3}i}{2}$

（2） このいずれであっても，$\omega, \omega^2, \omega^3(=1)$ はすべて異なる．これらが $f(x)=0$ の解であるから

$$f(x)=(x-\omega)(x-\omega^2)(x-1)=\boldsymbol{x^3-1}$$

（3） $g(1)=2022$ である．また，$x \neq 1$ のとき

$$g(x)=1\cdot\frac{1-x^{2022}}{1-x}$$

であり，2022は3の倍数であるから $\omega^{2022}=1$ である．ゆえに $g(\omega)=0$ であり，同様に $g(\omega^2)=0$ である．

$g(x)$ を $f(x)$ で割った商を $Q(x)$，余りを ax^2+bx+c とおくと

$$g(x)=(x^3-1)Q(x)+ax^2+bx+c$$

となる．$x=1, \omega, \omega^2$ を代入すると

$2022=a+b+c$ ……………………………①

$0=a\omega^2+b\omega+c$ ……………………………②

$0=a\omega+b\omega^2+c$ ……………………………③

①＋②＋③より $2022=3c$ $\quad\therefore\quad c=674$

②−③より $0=(a-b)(\omega^2-\omega)$

$\omega^2 \neq \omega$ であるから $a=b$ である．これと $a+b=2022-674$ より $a=b=674$ となる．

求める余りは $\boldsymbol{674x^2+674x+674}$ である．

注意 1°【ω の決定について】

「ω^4 は $\omega, \omega^2, \omega^3$ のうちのいずれかに等しくなる」という着眼をしてもよい．$\omega^2, \omega^3, \omega^4$ は相異なるから $\omega^4=\omega$ しかありえない．

2°【有名問題】

「異なる n 個の複素数の集合 $S=\{\alpha_1, \cdots, \alpha_n\}$ は0を含まず，どの2つ（等しくてもよい）の積も S に属するとする．S を求めよ」という有名問題がある．任意の要素 α_k を1つ取り，S の全体の要素に掛けると，それは S 全体となる．$\{\alpha_k\alpha_1, \cdots, \alpha_k\alpha_n\}$ が S と一致するから全要素の積が等しく $\alpha_1\cdots\alpha_n=(\alpha_k)^n\alpha_1\cdots\alpha_n$ となり $(\alpha_k)^n=1$ となる．S は $z^n=1$ の解集合である．本問は ω^n の全体の要素の個数が3個になる話である．

3°【a, b, c は実数】

（3）で実数係数の多項式を実数係数の多項式で割るから余りは実数係数で a, b, c は実数である．
$\omega^2 = -\omega - 1$ を②に代入し

$$a(-\omega - 1) + b\omega + c = 0$$

$$(b - a)\omega + c - a = 0$$

$b - a, c - a$ は実数で ω は虚数だから
$b - a = 0, c - a = 0$ となり，$a = b = c$ を得る．①より $a = b = c = \dfrac{2022}{3} = 674$

【多項式の難問】

《分数式を多項式にする (C30)》

216. $\alpha=\sqrt{2}+\sqrt{3}$ とするとき，次の問に答えよ．

（1） $\sqrt{2}, \sqrt{3}, \sqrt{6}$ を，それぞれ有理数 a, b, c, d を用いて $a\alpha^3+b\alpha^2+c\alpha+d$ の形に表せ．

（2） $\dfrac{1}{\alpha+1}$ を，有理数 a, b, c, d を用いて $a\alpha^3+b\alpha^2+c\alpha+d$ の形に表せ．

（3）（1），（2）で示した式のいずれかを用いることにより，α が有理数または無理数のどちらになるか，理由をつけて答えよ．ただし，$\sqrt{2}$, $\sqrt{3}$, $\sqrt{6}$ が無理数であることは用いてもよい．

（21　佐賀大・医）

▶解答◀（1） $\alpha=\sqrt{2}+\sqrt{3}$ ……………①

$$\alpha^3=(\sqrt{2}+\sqrt{3})^3$$
$$=(\sqrt{2})^3+3(\sqrt{2})^2\sqrt{3}+3\sqrt{2}(\sqrt{3})^2+(\sqrt{3})^3$$
$$=11\sqrt{2}+9\sqrt{3} \quad \cdots\cdots ②$$

② − ①×9 より，$\alpha^3-9\alpha=2\sqrt{2}$

$$\sqrt{2}=\boldsymbol{\frac{1}{2}\alpha^3-\frac{9}{2}\alpha}$$

①×11 − ② より，$11\alpha-\alpha^3=2\sqrt{3}$

$$\sqrt{3}=\boldsymbol{-\frac{1}{2}\alpha^3+\frac{11}{2}\alpha}$$

$$\alpha^2=(\sqrt{2}+\sqrt{3})^2$$
$$=(\sqrt{2})^2+2\sqrt{2}\sqrt{3}+(\sqrt{3})^2=5+2\sqrt{6}$$

であるから，$\sqrt{6}=\boldsymbol{\frac{1}{2}\alpha^2-\frac{5}{2}}$

（2） $\dfrac{1}{1+\alpha}=\dfrac{1}{1+\sqrt{2}+\sqrt{3}}$

$$=\frac{1+\sqrt{2}-\sqrt{3}}{(1+\sqrt{2}+\sqrt{3})(1+\sqrt{2}-\sqrt{3})}$$
$$=\frac{1+\sqrt{2}-\sqrt{3}}{(1+\sqrt{2})^2-(\sqrt{3})^2}$$
$$=\frac{1+\sqrt{2}-\sqrt{3}}{2\sqrt{2}}=\frac{2+\sqrt{2}-\sqrt{6}}{4}$$
$$=\frac{1}{2}+\frac{1}{4}\left(\frac{1}{2}\alpha^3-\frac{9}{2}\alpha\right)-\frac{1}{4}\left(\frac{1}{2}\alpha^2-\frac{5}{2}\right)$$
$$=\boldsymbol{\frac{1}{8}\alpha^3-\frac{1}{8}\alpha^2-\frac{9}{8}\alpha+\frac{9}{8}}$$

（3） α が有理数であるとすると，$\sqrt{2}=\dfrac{1}{2}\alpha^3-\dfrac{9}{2}\alpha$ の等式で左辺は無理数，右辺は有理数となり，矛盾する．よって，α は**無理数**である．

注意（2） α の満たす有理数係数の4次方程式を作る．$\sqrt{6}=\dfrac{1}{2}\alpha^2-\dfrac{5}{2}$ の両辺を2乗して，

$$6=\frac{1}{4}(\alpha^2-5)^2$$
$$24=\alpha^4-10\alpha^2+25$$
$$\alpha^4-10\alpha^2+1=0$$

$\alpha^4-10\alpha^2+1$ を $\alpha+1$ で割ると，商が $\alpha^3-\alpha^2-9\alpha+9$ で余りが -8 であるから

```
               1  -1  -9   9
1    1 ) 1   0  -10   0   1
      -) 1   1
            -1  -10
         -) -1   -1
                 -9    0
              -) -9   -9
                       9   1
                    -) 9   9
                          -8
```

$$\alpha^4-10\alpha^2+1=(\alpha+1)(\alpha^3-\alpha^2-9\alpha+9)-8$$

$\alpha^4-10\alpha^2+1=0$ であるから，

$$\frac{1}{1+\alpha}=\boldsymbol{\frac{1}{8}\alpha^3-\frac{1}{8}\alpha^2-\frac{9}{8}\alpha+\frac{9}{8}}$$

《4次方程式を解く (D40)》

217. 定数 b, c, p, q, r に対し，

$$x^4+bx+c=(x^2+px+q)(x^2-px+r)$$

が x についての恒等式であるとする．

（1） $p\neq0$ であるとき，q, r を p, b で表せ．

（2） $p\neq0$ とする．b, c が定数 a を用いて

$$b=(a^2+1)(a+2),$$
$$c=-\left(a+\frac{3}{4}\right)(a^2+1)$$

と表されているとき，有理数を係数とする t についての整式 $f(t)$ と $g(t)$ で

$$\{p^2-(a^2+1)\}\{p^4+f(a)p^2+g(a)\}=0$$

を満たすものを1組求めよ．

（3） a を整数とする．x の4次式

$$x^4+(a^2+1)(a+2)x-\left(a+\frac{3}{4}\right)(a^2+1)$$

が有理数を係数とする2次式の積に因数分解できるような a をすべて求めよ．（21　東大・理科）

▶解答◀（1） $(x^2+px+q)(x^2-px+r)$
$$=x^4+(q+r-p^2)x^2+p(r-q)x+qr$$

恒等式であることから，係数を比べ

$$q+r-p^2=0,\ p(r-q)=b,\ qr=c$$
$$r+q=p^2,\ r-q=\frac{b}{p}$$
$$q=\boldsymbol{\frac{1}{2}\left(p^2-\frac{b}{p}\right)},\ r=\boldsymbol{\frac{1}{2}\left(p^2+\frac{b}{p}\right)}$$

（2） 上の結果を $qr=c$ に代入し

$$\frac{1}{4}\left(p^2+\frac{b}{p}\right)\left(p^2-\frac{b}{p}\right)=c$$
$$p^6-b^2=4p^2c$$

ここに，問題に与えられたb, cの式を代入し

$$p^6-(a^2+1)^2(a+2)^2=-(4a+3)(a^2+1)p^2$$

$$p^6+(4a+3)(a^2+1)p^2$$
$$-(a^2+1)^2(a+2)^2=0$$

$$\{p^2-(a^2+1)\}$$
$$\times\{p^4+(a^2+1)p^2+(a^2+1)(a+2)^2\}=0$$

よって，$f(t)=\boldsymbol{t^2+1}$，$g(t)=\boldsymbol{(t^2+1)(t+2)^2}$

(3)（3）の問題文にある4次式

$$x^4+(a^2+1)(a+2)x-\left(a+\frac{3}{4}\right)(a^2+1) \quad \cdots\cdots①$$

はx^4+bx+cである．これは

$$x^4+bx+c=(x^2+px+q)(x^2-px+r)$$

となる．

（ア）$p \neq 0$のとき．（1），（2）のようになる．

（2）より$p^2=a^2+1$または

$p^4+(a^2+1)p^2+(a^2+1)(a+2)^2=0$

（ア-1）$p^2=a^2+1$のとき：$p=\pm\sqrt{a^2+1}$となる．$\sqrt{a^2+1}$は整数のルートであり，これが有理数になるとき，pは整数である．

$$(p-a)(p+a)=1$$

$$(p+a,\ p-a)=(1,\ 1),\ (-1,\ -1)$$

$$(p,\ a)=(1,\ 0),\ (-1,\ 0)$$

これを（2）の問題文にある式に代入し，$b=2$となる．これは整数であるから（1）よりq, rも有理数となる．

（ア-2）$p^4+(a^2+1)p^2+(a^2+1)(a+2)^2=0 \quad \cdots\cdots②$ のとき：

$$p^4>0,\ (a^2+1)p^2>0,\ (a^2+1)(a+2)^2 \geqq 0$$

であるから，

$$p^4+(a^2+1)p^2+(a^2+1)(a+2)^2>0$$

よって，②とはなりえない．

（イ）$p=0$のとき．

$$(x^2+q)(x^2+r)=x^4+(q+r)x^2+qr$$

より1次の項の係数は0である．よって，①より

$$(a^2+1)(a+2)=0 \qquad \therefore \quad a=-2$$

となる．このとき

$$x^4+\frac{25}{4}=x^4+(q+r)x^2+qr$$

となる．係数を比べると$q+r=0$かつ$qr=\dfrac{25}{4}$となる．rを消去すると$q^2+\dfrac{25}{4}=0$となるが，このとき左辺は正であるから不適である．

以上より，有理数係数の2次式の積に因数分解できるようなaは$a=\boldsymbol{0}$だけである．

注意【結果】

$$x^4+2x-\frac{3}{4}=\left(x^2+x-\frac{1}{2}\right)\left(x^2-x+\frac{3}{2}\right)$$

【図形と方程式】

《対称点と最短 (A10)》

218. 座標平面上に点 A(1, 1) をとる.

(1) 直線 $y=2x$ に関して点 A と対称となる点 B の座標を求めなさい.

(2) 直線 $y=\dfrac{1}{2}x$ に関して点 A と対称となる点 C の座標を求めなさい.

(3) 点 P は直線 $y=2x$ 上に, 点 Q は直線 $y=\dfrac{1}{2}x$ 上にあり, 3 点 A, P, Q は同一直線上にないとする. このとき △APQ の周の長さを最小にする点 P, Q の座標を求めなさい.

(21 愛知学院大・薬, 歯)

考え方 学校で習う方法を最初に書いておく. しかしこうした分数が登場する方程式は計算ミスをしやすい (自分は計算ミスをしないという人は凄いね. 私はミスをする).

▶解答◀ (1) B の座標を (b_1, b_2) とおく. 直線 AB と直線 $y=2x$ が直交するから

$$\frac{b_2-1}{b_1-1}\cdot 2=-1$$

$$b_1+2b_2=3 \quad \cdots\cdots ①$$

A, B の中点 $\left(\dfrac{b_1+1}{2}, \dfrac{b_2+1}{2}\right)$ は直線 $y=2x$ 上にあるから

$$\frac{b_2+1}{2}=2\cdot\frac{b_1+1}{2}$$

$$2b_1-b_2=-1 \quad \cdots\cdots ②$$

①＋②×2 より

$$5b_1=1 \qquad \therefore\ b_1=\frac{1}{5}$$

これを ② に代入して $b_2=\dfrac{7}{5}$

よって, B の座標は $\left(\dfrac{\mathbf{1}}{\mathbf{5}}, \dfrac{\mathbf{7}}{\mathbf{5}}\right)$

(2) 直線 $y=x$ に関する対称性から, $\mathrm{C}\left(\dfrac{\mathbf{7}}{\mathbf{5}}, \dfrac{\mathbf{1}}{\mathbf{5}}\right)$

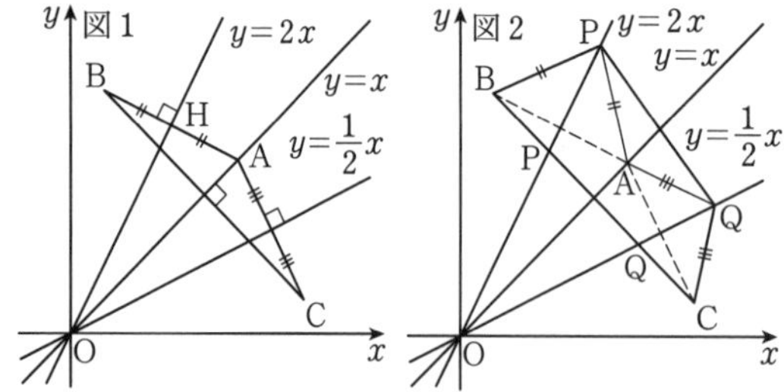

(3) 図 2 を参照せよ. △APQ の周の長さを l とすると

$$l=\mathrm{AP}+\mathrm{PQ}+\mathrm{AQ}$$

$$=\mathrm{BP}+\mathrm{PQ}+\mathrm{CQ}\geqq \mathrm{BC}$$

であり, 等号が成り立つのは B, P, Q, C が一直線上にあるときである.

直線 BC の方程式は $x+y=\dfrac{8}{5}$ である. 直線 BC と $y=2x$ の交点が求める P でその座標は $\left(\dfrac{\mathbf{8}}{\mathbf{15}}, \dfrac{\mathbf{16}}{\mathbf{15}}\right)$, 直線 BC と $y=\dfrac{1}{2}x$ の交点が求める Q でその座標は $\left(\dfrac{\mathbf{16}}{\mathbf{15}}, \dfrac{\mathbf{8}}{\mathbf{15}}\right)$ である.

◆別解◆ 直線との交点を求める.

(1) 図 1 を参照せよ. 直線 AB と $y=2x$ の交点を H とおく. AB : $y=-\dfrac{1}{2}x+\dfrac{3}{2}$ であり, これと $y=2x$ を連立して, 点 H の座標は $\left(\dfrac{3}{5}, \dfrac{6}{5}\right)$ である.

$$\overrightarrow{\mathrm{OB}}=\overrightarrow{\mathrm{OA}}+\overrightarrow{\mathrm{AB}}=\overrightarrow{\mathrm{OA}}+2\overrightarrow{\mathrm{AH}}$$

$$=(1, 1)+2\left(-\frac{2}{5}, \frac{1}{5}\right)=\left(\frac{\mathbf{1}}{\mathbf{5}}, \frac{\mathbf{7}}{\mathbf{5}}\right)$$

◆別解◆ (1) $2x-y=0$ $\cdots\cdots ③$

の法線ベクトルは $\begin{pmatrix}2\\-1\end{pmatrix}$ で,

$$\overrightarrow{\mathrm{OH}}=\overrightarrow{\mathrm{OA}}+\overrightarrow{\mathrm{AH}}=\begin{pmatrix}1\\1\end{pmatrix}+t\begin{pmatrix}2\\-1\end{pmatrix}=\begin{pmatrix}1+2t\\1-t\end{pmatrix}$$

とおける. これを ⑤ に代入し $2(1+2t)-(1-t)=0$ となり, $t=-\dfrac{1}{5}$ となる.

$$\overrightarrow{\mathrm{OB}}=\overrightarrow{\mathrm{OA}}+\overrightarrow{\mathrm{AB}}=\begin{pmatrix}1\\1\end{pmatrix}+2t\begin{pmatrix}2\\-1\end{pmatrix}$$

$$=\begin{pmatrix}1\\1\end{pmatrix}-\frac{2}{5}\begin{pmatrix}2\\-1\end{pmatrix}=\frac{1}{5}\begin{pmatrix}1\\7\end{pmatrix}$$

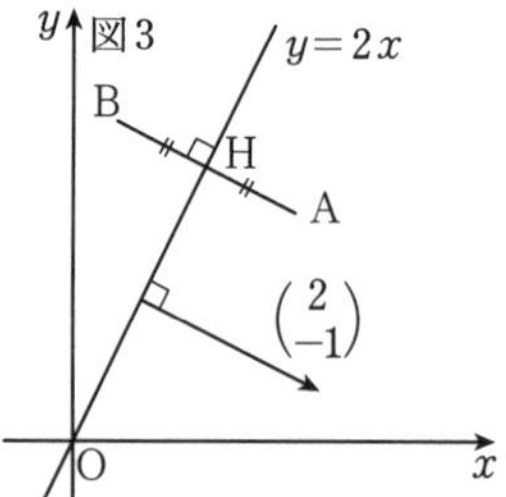

《円と直線が接する (A5)》

219. 座標平面において, $x^2+y^2-y=0$ で表される曲線に, 直線 $y=a(x+1)$ が接しているならば, $a=$ □ または $a=$ □ である.

(21 明治大・総合数理)

▶解答◀ 円 $x^2+\left(y-\dfrac{1}{2}\right)^2=\dfrac{1}{4}$ の中心は $\left(0, \dfrac{1}{2}\right)$, 半径は $\dfrac{1}{2}$ である. これに直線 $ax-y+a=0)$ が接するとき, 円の中心と直線の距離イコール半径とし

て $\dfrac{\left|-\frac{1}{2}+a\right|}{\sqrt{a^2+1}}=\dfrac{1}{2}$

$$|2a-1|=\sqrt{a^2+1} \qquad \therefore \quad (2a-1)^2=a^2+1$$

$$3a^2-4a=0 \qquad \therefore \quad a=\mathbf{0},\ \mathbf{\frac{4}{3}}$$

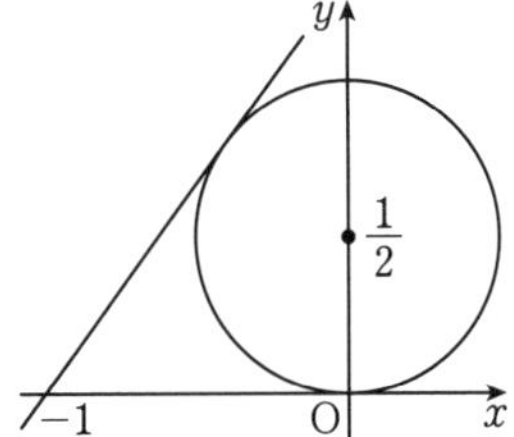

《3 直線が 1 点で交わる (A10)》

220. t を実数とする．座標平面上の 3 つの直線

$$x+(2t-2)y-4t+2=0,$$
$$x+(2t+2)y-4t-2=0,$$
$$2tx+y-4t=0$$

が 1 つの点で交わるような t の値をすべて求めると $t=\square$ である． (21 立教大・数学)

▶解答◀ $x+(2t-2)y-4t+2=0$ ……①

$$x+(2t+2)y-4t-2=0 \quad \cdots\cdots②$$
$$2tx+y-4t=0 \quad \cdots\cdots③$$

① − ② より

$$-4y+4=0 \qquad \therefore \quad y=1$$

これを ① に代入して

$$x+2t-2-4t+2=0 \qquad \therefore \quad x=2t$$

③ に $x=2t,\ y=1$ を代入して

$$4t^2+1-4t=0$$
$$(2t-1)^2=0 \qquad \therefore \quad t=\mathbf{\frac{1}{2}}$$

《角の二等分線の方程式 (B20) ☆》

221. 座標平面上に 3 点 A(3, 0), B(2, 2), C(3, 3) がある．直線 l が ∠ABC を 2 等分するとき，l の傾きは $\square$ であり，y 切片は $\square$ である． (21 山梨大・後期)

▶解答◀ 図を見よ．l と AC の交点を D とすると，角の二等分線の定理より

$$\mathrm{AD}:\mathrm{CD}=\mathrm{BA}:\mathrm{BC}=\sqrt{5}:\sqrt{2}$$

$$\mathrm{AD}=\frac{\sqrt{5}}{\sqrt{5}+\sqrt{2}}\mathrm{AC}=\frac{\sqrt{5}(\sqrt{5}-\sqrt{2})}{5-2}\cdot 3$$
$$=5-\sqrt{10}$$

よって，D$(3,\ 5-\sqrt{10})$ であるから，l の方程式は

$$y=\frac{(5-\sqrt{10})-2}{3-2}(x-2)+2$$
$$y=(3-\sqrt{10})x-2(3-\sqrt{10})+2$$
$$y=(3-\sqrt{10})x+2\sqrt{10}-4$$

l の傾きは $\mathbf{3-\sqrt{10}}$，y 切片は $\mathbf{2\sqrt{10}-4}$ である．

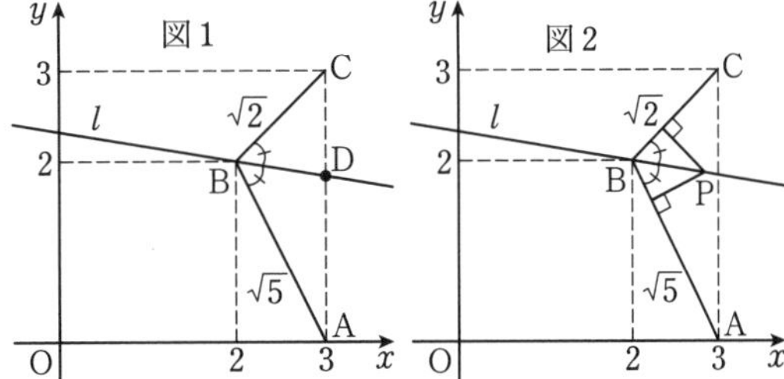

◆別解◆ l 上の任意の点を P$(X,\ Y)$ とする．P と直線 BC : $x-y=0$，AB : $y+2(x-3)=0$ の距離は等しいから（図 2）

$$\frac{|x-y|}{\sqrt{2}}=\frac{|2x+y-6|}{\sqrt{5}}$$

l は直線 BC に関して A と同じ側，直線 AB に関して C と同じ側にあるから $x-y,\ 2x+y-6$ は正で

$$\frac{x-y}{\sqrt{2}}=\frac{2x+y-6}{\sqrt{5}}$$
$$(x-y)\sqrt{5}=(2x+y-6)\sqrt{2}$$
$$y=\frac{(\sqrt{5}-2\sqrt{2})x+6\sqrt{2}}{\sqrt{5}+\sqrt{2}}$$
$$y=\frac{(\sqrt{5}-2\sqrt{2})(\sqrt{5}-\sqrt{2})x+6\sqrt{2}(\sqrt{5}-\sqrt{2})}{5-2}$$
$$y=(3-\sqrt{10})x+2\sqrt{10}-4$$

l の傾きは $\mathbf{3-\sqrt{10}}$，y 切片は $\mathbf{2\sqrt{10}-4}$ である．

《三角形の内接円 (B10) ☆》

222. 3 直線

$$x-y=0,\ x+y-2=0,\ 3x-y-6=0$$

の各交点を頂点とする三角形に内接する円の中心の座標は $\square$ である． (21 東海大・医)

▶解答◀ $x-y=0$ ……①

$$x+y-2=0 \quad \cdots\cdots②$$
$$3x-y-6=0$$

① と ② の交点は (1, 1)，① と ③ の交点は (3, 3)，② と ③ の交点は (2, 0) である．

内接円の中心を I$(X,\ Y)$ とおくと

$$\frac{|X-Y|}{\sqrt{1^2+(-1)^2}}=\frac{|X+Y-2|}{\sqrt{1^2+1^2}}=\frac{|3X-Y-6|}{\sqrt{3^2+(-1)^2}}$$

点 I は直線 $x-y=0$ に関して点 (2, 0) と同じ側（正領域），直線 $x+y-2=0$ に関して原点（原点は負領域）

と反対の側（正領域），直線 $3x-y-6=0$ に関して原点と同じ側（負領域）にあるから絶対値の中の符号は順に正，正，負であるから，絶対値を，順に，そのまま外す，そのまま外す，マイナスをつけて外す．

$$\frac{X-Y}{\sqrt{2}}=\frac{X+Y-2}{\sqrt{2}}=-\frac{3X-Y-6}{\sqrt{10}}$$

左辺と中辺から $Y=1$

左辺と右辺から $\sqrt{5}(X-Y)=-3X+Y+6$

この式で $Y=1$ として X について解くと

$$X=\frac{7+\sqrt{5}}{3+\sqrt{5}}=\frac{(7+\sqrt{5})(3-\sqrt{5})}{(3+\sqrt{5})(3-\sqrt{5})}$$

$$=\frac{16-4\sqrt{5}}{4}=4-\sqrt{5}$$

よって，I の座標は $\mathbf{(4-\sqrt{5},\ 1)}$

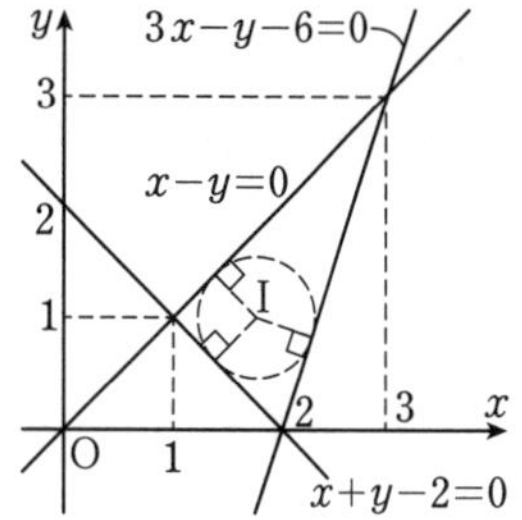

注意【正領域と負領域】

たとえば $3x-y-6$ に $x=0,\ y=0$ を代入すると $0-0-6<0$ だから，$(0,\ 0)$ は直線 $3x-y-6=0$ に関して負領域にあるという．$(X,\ Y)$ も負領域にあり，$3X-Y-6<0$ である．直線の上側，下側という判断は正式ではなく，子供に説明する便宜的なものであった．正式な側の判断は正領域，負領域で行う．

《円の束（A10）》

223. 座標平面上に 2 つの円 $C_1: x^2+y^2-6=0$, $C_2: x^2+y^2-4x+2y+3=0$ がある．

$C_1,\ C_2$ の 2 つの共有点を通る直線の方程式は

$$\square x-\square y-\square=0$$

であり，$C_1,\ C_2$ の 2 つの共有点と C_2 の中心を通る円の方程式は

$$\left(x+\square\right)^2+\left(y-\square\right)^2=\square$$

である．（21　中京大・工）

▶解答◀ $x^2+y^2-6=0$ ……………①

$x^2+y^2-4x+2y+3=0$ ……………②

①－② より $\mathbf{4}x-\mathbf{2}y-\mathbf{9}=0$ ……………③

② より $(x-2)^2+(y+1)^2=2$ であるから C_2 の中心は $(2,\ -1)$ である．①＋③×k を作り，求める円は

$$x^2+y^2-6+k(4x-2y-9)=0$$

とおける．これが $(2,\ -1)$ を通るとき $-1+k=0$ となり $k=1$ である．求める円は

$$x^2+y^2-6+4x-2y-9=0$$

$$(x+\mathbf{2})^2+(y-\mathbf{1})^2=\mathbf{20}$$

《円が切り取る線分・円の束（A15）》

224. 座標平面上に，直線 $l: 2x+y-5=0$ と円 $C: x^2+y^2-4x+2y-4=0$ がある．

（1） 直線 l が円 C から切り取られる線分の長さは $\square$ であり，その線分の中点の座標は $\square$ である．

（2） 直線 l と円 C の 2 つの交点を通り，y 軸に接する円のうち，半径が小さい方の中心の x 座標は $x=\square$ である．（21　久留米大・医）

▶解答◀（1） C と l の共有点を A，B，円の中心を P とする．P から l への垂線 PH を引く．

$$C: (x-2)^2+(y+1)^2=9$$

より，P の座標は $(2,\ -1)$，C の半径は 3 である．

$$\mathrm{PH}=\frac{|2\cdot2-1-5|}{\sqrt{2^2+1^2}}=\frac{2}{\sqrt{5}}$$

であるから

$$\mathrm{AB}=2\sqrt{\mathrm{PA}^2-\mathrm{PH}^2}$$

$$=2\sqrt{9-\frac{4}{5}}=2\sqrt{\frac{41}{5}}=\mathbf{\frac{2\sqrt{205}}{5}}$$

である．

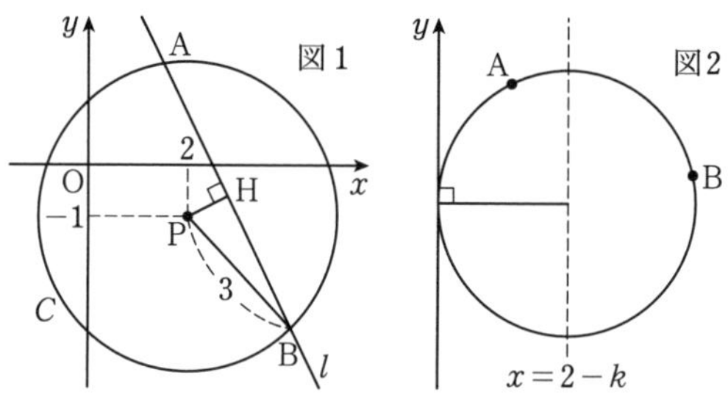

l の傾きは -2 で，PH ⊥ l より，PH の傾きは $\frac{1}{2}$ であるから，PH の方程式は

$$y=\frac{1}{2}(x-2)-1 \qquad \therefore\quad y=\frac{1}{2}x-2$$

で，これと l を連立して $x=\frac{14}{5},\ y=-\frac{3}{5}$ であるから，AB の中点 H の座標は $\left(\mathbf{\frac{14}{5}},\ \mathbf{\frac{-3}{5}}\right)$ である．

（2） A，B を通る円の方程式は，定数 k を用いて

$$x^2+y^2-4x+2y-4+k(2x+y-5)=0$$

$$x^2+2(k-2)x+y^2$$
$$+(k+2)y-5k-4=0 \quad \text{……………①}$$

とおける．中心の x 座標は $2-k$ であるから，この円が y 軸と接するときの半径は $|2-k|$ である．(図 2)

一方，①に $x=0$ を代入して

$$y^2+(k+2)y-5k-4=0 \quad \cdots\cdots ②$$

円が y 軸と接する条件は，②が重解をもつことである．判別式を D とすると，

$$D=(k+2)^2-4(-5k-4)=k^2+24k+20=0$$

$$k=-12\pm 2\sqrt{31}$$

であるから，半径は

$$|2-k|=\left|14\pm 2\sqrt{31}\right|=14\pm 2\sqrt{31}$$

となる．小さい方の半径は $k=-12+2\sqrt{31}$ のときで，このとき中心の x 座標は $2-k=\mathbf{14-2\sqrt{31}}$

◆別解◆（1） l は $y=5-2x$ である．C と連立して

$$x^2+(5-2x)^2-4x+2(5-2x)-4=0$$

$$5x^2-28x+31=0$$

$$x=\frac{14\pm\sqrt{14^2-5\cdot 31}}{5}=\frac{14\pm\sqrt{41}}{5}$$

$\alpha=\dfrac{14-\sqrt{41}}{5}$，$\beta=\dfrac{14+\sqrt{41}}{5}$ とおく．A，B の x 座標をそれぞれ α, β とする．

図 1 を参照せよ．l の傾きは -2 であるから，

$$\mathrm{AB}=(\beta-\alpha)\sqrt{1+(-2)^2}$$

$$=\frac{2\sqrt{41}}{5}\cdot\sqrt{5}=\mathbf{\frac{2\sqrt{205}}{5}}$$

である．中点の x 座標は $\dfrac{\alpha+\beta}{2}=\dfrac{14}{5}$ であるから，l に代入して，中点の座標は $\left(\mathbf{\dfrac{14}{5}},\ \mathbf{\dfrac{-3}{5}}\right)$ である．

注意【別解について】

図 3 で直線の傾きを m とする．このとき

$\mathrm{BH}:\mathrm{AH}:\mathrm{AB}=1:|m|:\sqrt{1+m^2}$ であるから

$\mathrm{AB}=(\beta-\alpha)\sqrt{1+m^2}$ である．

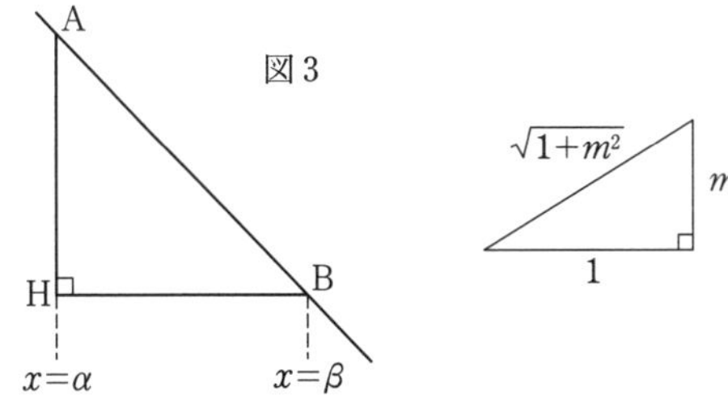

《外接・円の束・接線 (B20) ☆》

225．a を実数の定数とし，2 つの円

$$C_1: x^2+y^2=4,$$

$$C_2: x^2-6x+y^2-2ay+4a+4=0$$

について考える．

（1） C_2 の中心の座標は $\square$，半径は $\square$ である．

（2） C_2 は a の値に関わらず 2 つの定点を通る．これらの定点の座標は，x 座標が小さい方から順に $\square$，$\square$ である．

（3） C_2 が直線 $y=x+1$ と異なる 2 点で交わるような a の値の範囲は $\square$ である．

（4） C_1 と C_2 が外接するような a の値は $a=\square$ である．

（5） $a=1$ のとき，C_1 と C_2 は 2 つの共有点 A, B をもつ．このとき，直線 AB の方程式は $y=\square$ であり，点 A, B と原点 $(0,0)$ を通る円の中心の座標は $\square$，半径は $\square$ である．

（6） $a=0$ のとき，C_1 上の点 (x_1, y_1) における C_1 の接線が C_2 に接するような x_1 の値は $x_1=\square$ である．（21 関西学院大・理系）

▶解答◀（1） C_1 の中心を O_1，半径を r_1，C_2 の中心を O_2，半径を r_2 とする．$\mathrm{O}_1(0,0)$，$r_1=2$ である．

$$C_2:(x-3)^2+(y-a)^2=a^2-4a+5$$

$$\mathrm{O}_2\mathbf{(3, a)},\ r_2=\mathbf{\sqrt{a^2-4a+5}}$$

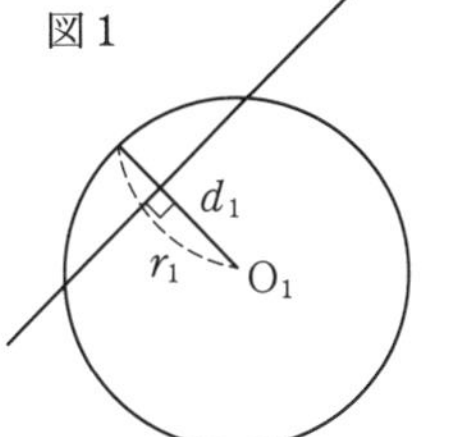

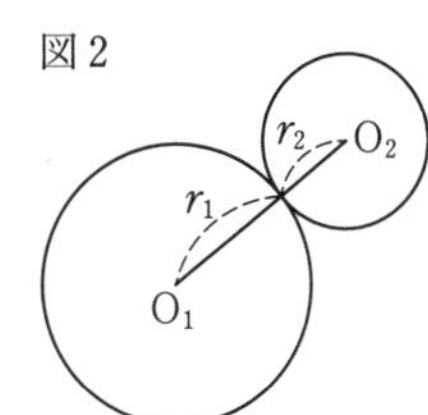

（2） $C_2: x^2-6x+y^2+4-2a(y-2)=0$

は a の値によらず $x^2-6x+y^2+4=0$ かつ $y=2$ を満たす点 (x, y) を通る．このとき $x^2-6x+8=0$ となるから $x=2, 4$ で，2 定点の座標は $\mathbf{(2, 2), (4, 2)}$

（3） O_2 と直線 $x-y+1=0$ の距離 d_1 は

$$d_1=\frac{|3-a+1|}{\sqrt{1+1}}=\frac{|4-a|}{\sqrt{2}}$$

であり，C_2 が直線 $y=x+1$ と異なる 2 点で交わる条件は $d_1<r_1$

$$\frac{1}{2}(4-a)^2<a^2-4a+5$$

$$16-8a+a^2<2a^2-8a+10$$

$a^2-6>0$ で $\mathbf{a<-\sqrt{6},\ \sqrt{6}<a}$

（4） 2 円が外接する条件は $\mathrm{O}_1\mathrm{O}_2=r_1+r_2$

$$\sqrt{9+a^2}=2+\sqrt{a^2-4a+5}$$

2 乗して $9+a^2=4+4\sqrt{a^2-4a+5}+a^2-4a+5$

$$\sqrt{a^2-4a+5}=a$$

左辺が0以上だから右辺も0以上で，$a^2-4a+5=a^2$ となり，$a=\mathbf{\frac{5}{4}}$ である．これは $a\geqq 0$ を満たす．

（5） $a=1$ のとき C_2 は

$$x^2-6x+y^2-2y+8=0$$

で，これと $C_1: x^2+y^2-4=0$ の2交点を通る直線は（これらを辺ごとに引いて）$\boldsymbol{y=-3x+6}$

C_1 と C_2 の2交点を通る円は，

$$x^2+y^2-4-k(3x+y-6)=0 \quad \cdots\cdots\cdots\cdots\text{①}$$

とおけて，これが $(0,0)$ を通るとき $-4+6k=0$ となり，$k=\frac{2}{3}$ で，そのとき①は

$$x^2+y^2-4-\frac{2}{3}(3x+y-6)=0$$

$$x^2-2x+y^2-\frac{2}{3}y=0$$

$$(x-1)^2+\left(y-\frac{1}{3}\right)^2=\frac{10}{9}$$

中心の座標は $\boldsymbol{\left(1,\ \frac{1}{3}\right)}$，半径は $\boldsymbol{\frac{\sqrt{10}}{3}}$ である．

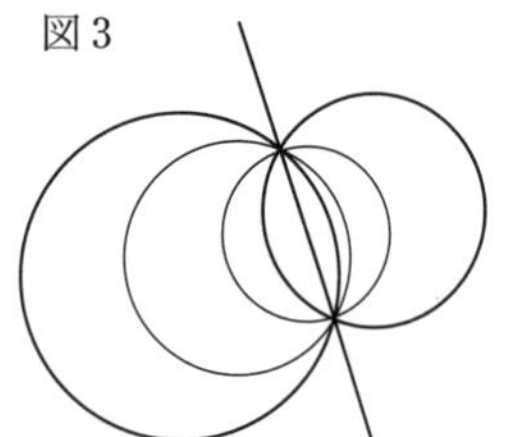

図3

図4

（6） $a=0$ のとき，$O_2(3,0)$，$r_2=\sqrt{5}$ である．

C_1 の (x_1, y_1) における接線は

$$x_1x+y_1y=4 \quad \cdots\cdots\cdots\cdots\cdots\cdots\text{②}$$

である．これが C_2 と接する条件は，O_2 と②の距離が r_2 に等しいことで $\dfrac{|3x_1-4|}{\sqrt{{x_1}^2+{y_1}^2}}=\sqrt{5}$

${x_1}^2+{y_1}^2=4$ であるから，$|3x_1-4|=2\sqrt{5}$

$3x_1=4\pm 2\sqrt{5}$ となり，$|x_1|\leqq 2$ だから $x_1=\boldsymbol{\frac{4-2\sqrt{5}}{3}}$

《円と放物線上の点の距離（B20）》

226． a を正の実数とする．座標平面上の曲線 B_a と曲線 C を次のように定める．

$$B_a: y=-\frac{1}{a}x^2+2,\quad C: x^2+y^2=1$$

以下の問いに答えよ．

（1） 点Pが曲線 B_a 上を動くとき，Pと原点 $O(0,0)$ との距離の最小値を a を用いて表せ．

（2） 曲線 B_a と曲線 C が共有点をもつような a の値の範囲を求めよ．

（3） 点Pが曲線 B_a 上を動き，点Qが曲線 C 上を動くとき，PとQとの距離の最小値を a を用いて表せ．

（21 広島大・後期）

考え方 （1） まずPを (x, y) とする．いきなり $\left(x,\ -\frac{1}{a}x^2+2\right)$ とおかない方がいい．x が主役か，y が主役か，わからない．

▶解答◀ （1） $P(x, y)$ とおく．$x^2=a(2-y)$

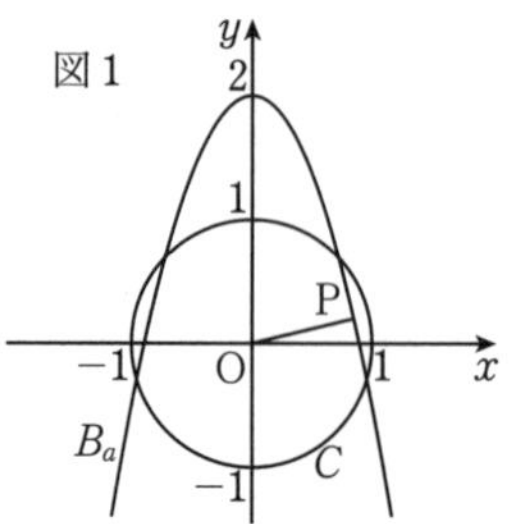

$$OP^2=x^2+y^2=y^2+a(2-y)$$

$$=\left(y-\frac{a}{2}\right)^2+2a-\frac{a^2}{4}$$

$y\leqq 2$ であるから，$\frac{a}{2}\leqq 2$ のとき $y=\frac{2}{a}$ で最小値 $2a-\frac{a^2}{4}$ をとり，$\frac{a}{2}\geqq 2$ のとき $y=2$ で最小値4をとる．OPの最小値は

$\boldsymbol{0<a\leqq 4}$ **のとき** $\boldsymbol{\sqrt{2a-\frac{a^2}{4}}}$，$\boldsymbol{a>4}$ **のとき 2**

（2） 図1のように曲線 B_a と曲線 C が共有点をもつのは，（1）における最小値が1以下のときである．

$0<a\leqq 4$ かつ $\sqrt{2a-\frac{a^2}{4}}\leqq 1$ を解く．$2a-\frac{a^2}{4}\leqq 1$

$a^2-8a+4\geqq 0$

$0<a\leqq 4$ より $\boldsymbol{0<a\leqq 4-2\sqrt{3}}$

（3） Qは C 上を動くから $OQ=1$ であり，PQが最小となるときは，OPが最小になる場合と関係がある．

（1），（2）から，PQの最小値は

$\boldsymbol{0<a\leqq 4-2\sqrt{3}}$ **のとき**，B_a と C は共有点をもつから（図1），**0**

$\boldsymbol{4-2\sqrt{3}<a\leqq 4}$ **のとき** $\boldsymbol{\sqrt{2a-\frac{a^2}{4}}-1}$（図2）

$\boldsymbol{a>4}$ **のとき 1**（図3）

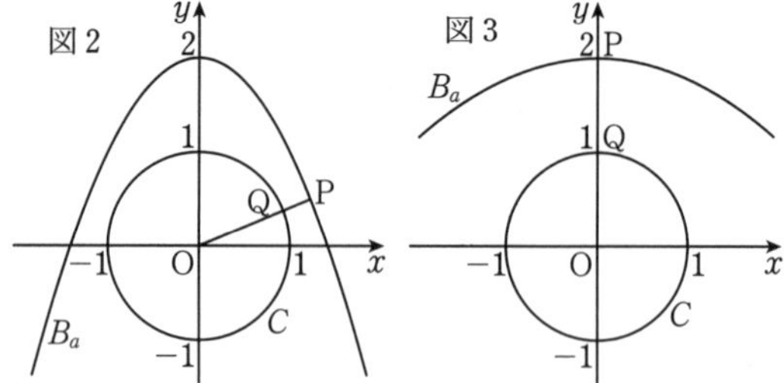

【領域と最大・最小】

《三角形と距離 (B10)》

227. 原点をOとする座標平面上に直線 l がある．l の方程式は $3x+4y-10=0$ である．Oを通り，l に垂直な直線と，l の交点の座標は $\square$ である．Oと l の距離は $\square$ である．

連立不等式 $\begin{cases} 3x+4y-10 \leqq 0 \\ 4x+3y-8 \leqq 0 \end{cases}$

が表す領域を D とする．Oを中心とし，D に含まれる円の半径の最大値は $\square$ である．点 (x, y) が領域 D を動くとき，$x+y$ の最大値は $\square$ である．

(21　法政大・理系)

▶解答◀　Oから $l: 3x+4y-10=0$ に下ろした垂線 m は $m: 4x-3y=0$ で，l, m の交点Pは $\mathrm{P}\left(\frac{6}{5}, \frac{8}{5}\right)$ である．Oと l の距離は

$$\mathrm{OP}=\sqrt{\left(\frac{6}{5}\right)^2+\left(\frac{8}{5}\right)^2}=\sqrt{\frac{36+64}{25}}=\mathbf{2}$$

$n: 4x+3y-8=0$ とする．l と n の交点Qの座標は，連立方程式を解いて $\mathrm{Q}\left(\frac{2}{7}, \frac{16}{7}\right)$ である．領域 D は図1の網目部分のようになる．

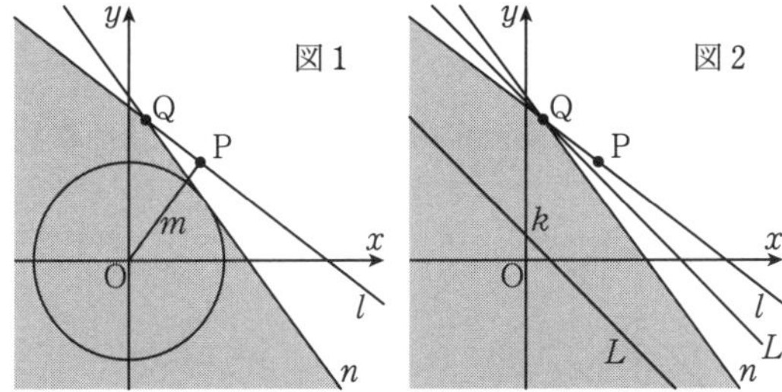

点Pが D に含まれないことに注意すると，Oを中心とし，D に含まれる円の半径が最大となるのは，円が直線 n に接するときで，このとき半径は，Oと n の距離に等しい（図1）．よって，円の半径の最大値は

$$\frac{|4\cdot 0+3\cdot 0-8|}{\sqrt{4^2+3^2}}=\mathbf{\frac{8}{5}}$$

次に，$x+y=k$ とおく．これは傾き -1，y 切片 k の直線 L を表すから，L と D が共有点をもつときの k の最大値を求める．k が最大となるのは，L がQを通るときである（図2）．よって，$x+y$ の最大値は

$$x+y=\frac{2}{7}+\frac{16}{7}=\mathbf{\frac{18}{7}}$$

《三角形と距離 (B10)》

228. 実数 x, y は3つの不等式

$$x+2y \geqq 5,\ 2x-y \geqq 0,\ 3x+y \leqq 10$$

を満たすとする．このとき，$3x-y$ の最大値は $\square$，最小値は $\square$ である．また，x^2-2x+y^2 の最小値は $\square$ である．

(21　北里大・獣医)

▶解答◀　与えられた連立不等式をみたす領域（D とおく）は図の網目部分となる．ただし，境界を含む．なお，

$x+2y=5$ ……………………①

$2x-y=0$ ……………………②

$3x+y=10$ ……………………③

として①，②を解くと $x=1, y=2$ となり，②，③を解くと $x=2, y=4$ となる．③×2−①とすると $5x=15$ で $x=3$ となる．$y=1$ となる．これで図の3交点が得られる．

$3x-y=k$ とおくと

$y=3x-k$ ……………………④

k が最大となるのは，④が $(3, 1)$ を通るときで，

$$k=3\cdot 3-1=\mathbf{8}$$

k が最小となるのは $(1, 2)$ を通るときで，

$$k=3\cdot 1-2=\mathbf{1}$$

次に，$\mathrm{A}(1, 0)$，$\mathrm{P}(x, y)$ とすると

$x^2-2x+y^2=(x-1)^2+y^2-1=\mathrm{AP}^2-1$ となる．

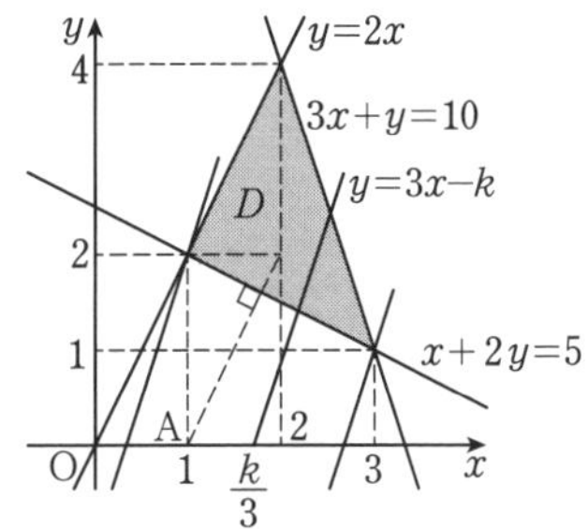

APが最小となるのは，Pが，Aから $x+2y=5$ に下ろした垂線の足になるときで

$$\mathrm{AP}=\frac{|1+0-5|}{\sqrt{1^2+2^2}}=\frac{4}{\sqrt{5}}$$

よって最小値は $\left(\frac{4}{\sqrt{5}}\right)^2-1=\frac{16}{5}-1=\mathbf{\frac{11}{5}}$

《傾き (A10)》

229. 実数 x, y が $x^2+y^2=4$ をみたすとき，$\frac{y}{x-3}$ の最大値は $\square$ であり，最大値を与える x の値は $\square$ である．

(21　名城大・理工)

▶解答◀　$\frac{y}{x-3}=k$ とおくと

$y=k(x-3)$ ……………………①

k の最大値は $k>0$ で，① が円 $x^2+y^2=4$ と接するときに起こる．円の中心 $(0, 0)$ との距離が半径 2 に等しく

$$\frac{|3k|}{\sqrt{1+k^2}}=2$$

分母をはらって 2 乗すると $9k^2=4+4k^2$ となる．

k の最大値は $k=\dfrac{\mathbf{2}}{\sqrt{\mathbf{5}}}$ となる．このとき最大を与える点は原点から直線 ① に下ろした垂線の足で，$y=-\dfrac{1}{k}x$ と連立させ $-\dfrac{1}{k}x=k(x-3)$ となる．k を掛けて $k^2=\dfrac{4}{5}$ を用いると $-x=\dfrac{4}{5}(x-3)$ となり，$x=\dfrac{\mathbf{4}}{\mathbf{3}}$

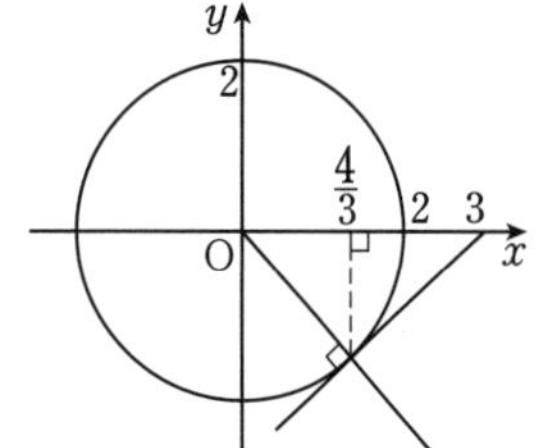

◆別解◆ 判別式でも解ける．

$$x^2+k^2(x-3)^2=4$$

$$(k^2+1)x^2-6k^2x+9k^2-4=0 \cdots\cdots②$$

これを満たす実数 x が存在する条件を求める．判別式を D として

$$\frac{D}{4}=(-3k^2)^2-(k^2+1)(9k^2-4)$$

$$=-5k^2+4 \geqq 0$$

$5k^2 \leqq 4$ であり，最大の $k=\dfrac{\mathbf{2}}{\sqrt{\mathbf{5}}}$

このとき ① の重解 $x=\dfrac{3k^2}{k^2+1}=\dfrac{3\cdot\frac{4}{5}}{\frac{4}{5}+1}=\dfrac{\mathbf{4}}{\mathbf{3}}$

《正方形と円 (B20) ☆》

230. 次の問いに答えよ．

（１） 実数 x, y が $|x|+|y|=1$ を満たすとき，$(x-3)^2+(y-1)^2$ の最大値と最小値を求めよ．

（２） 実数 x, y が $(x-3)^2+(y-1)^2=1$ を満たすとき，$|x|+|y|$ の最大値と最小値を求めよ．

（３） 実数 x, y が $(x-3)^2+(y-1)^2=4$ を満たすとき，$|x|+|y|$ の最大値と最小値を求めよ．

（21 近大・医-後期）

▶解答◀ （１） $|x|+|y|=1 \cdots\cdots①$

は座標平面上で 4 点 $(1, 0)$, $(0, 1)$, $(-1, 0)$, $(0, -1)$ を頂点とする正方形を表す．

$$(x-3)^2+(y-1)^2=k \cdots\cdots②$$

とおくと，中心 C$(3, 1)$，半径 $\sqrt{k}$ の円を表す．中心 C と ① 上の点の距離すなわち $\sqrt{k}$ を考えると，② が $(-1, 0)$ を通るとき k が最大となり，$(1, 0)$ を通るとき k は最小となる（図 1 を参照）．

② から，最大値 $(-1-3)^2+(0-1)^2=\mathbf{17}$，

最小値 $(1-3)^2+(0-1)^2=\mathbf{5}$ となる．

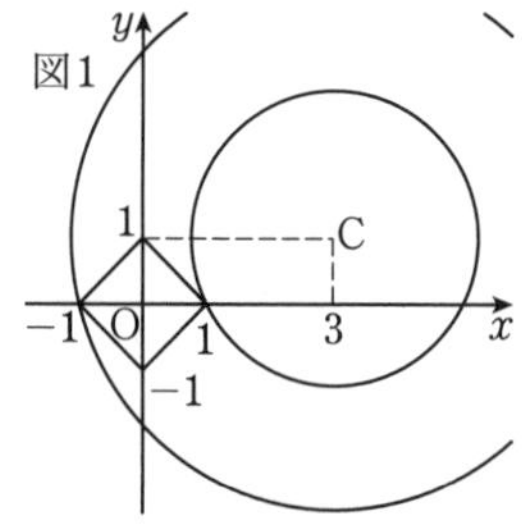

（２） $(x-3)^2+(y-1)^2=1 \cdots\cdots③$

は座標平面上で中心 C$(3, 1)$，半径 1 の円を表す．

$$|x|+|y|=a\ (a>0) \cdots\cdots④$$

とおくと，4 点 $(a, 0)$, $(0, a)$, $(-a, 0)$, $(0, -a)$ を頂点とする正方形を表す（図 2 を参照）．

③ が第 1 象限で ④ と接するとき，a は最大値および最小値をとる．第 1 象限で ④ は $x+y=a$ と表されるから，③ の中心 C と $x+y=a$ との距離が 1 となるとき

$$\frac{|3+1-a|}{\sqrt{1+1}}=1$$

$$|a-4|=\sqrt{2}$$

$$a-4=\pm\sqrt{2} \qquad \therefore\ a=4\pm\sqrt{2}$$

以上のことから，最大値 $\mathbf{4+\sqrt{2}}$，最小値 $\mathbf{4-\sqrt{2}}$ となる．

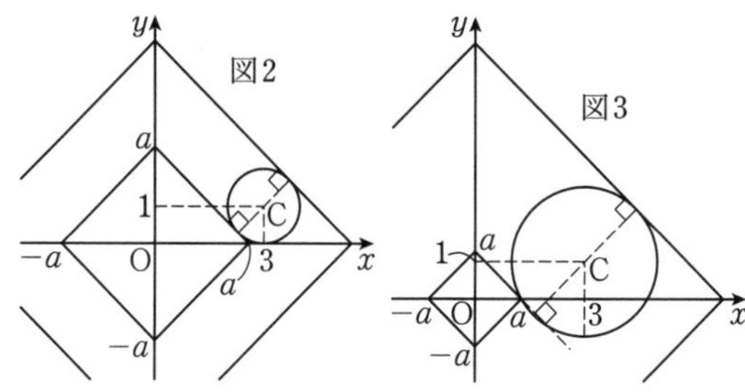

（３） $(x-3)^2+(y-1)^2=4 \cdots\cdots⑤$

は座標平面上で中心 C$(3, 1)$，半径 2 の円を表す．（２）の ④ と ⑤ の共有点で考える．

⑤ が第 1 象限で ④ と接するとき，a は最大値をとる．第 1 象限で ④ は $x+y=a$ となり，⑤ の中心 C と $x+y=a$ との距離が 2 となるとき（図 3 を参照）

$$\frac{|3+1-a|}{\sqrt{1+1}}=2 \qquad \therefore\ a=4\pm2\sqrt{2}$$

$a>3$ であるから，最大値は $\mathbf{4+2\sqrt{2}}$ である．

最小値について，点 $(a, 0)$ と C の距離が 2 のとき

$$(a-3)^2+(0-1)^2=4 \qquad \therefore\ a=3\pm\sqrt{3}$$

$a<3$ であるから，$a=3-\sqrt{3}$ となる．最小値は $\mathbf{3-\sqrt{3}}$ である．あえて理由を付け加える．直線 $x+y=3-\sqrt{3}$

が⑤と接するとき，$x+y=3-\sqrt{3}$ と垂直でCを通る直線 $y=x-2$ との交点の y 座標を求めると $y=\dfrac{1-\sqrt{3}}{2}$ となるから，第1象限では接することはない．

《正方形と放物線 (B20) ☆》

231． 点 (x, y) が不等式 $|x-1|+|y+1|\leqq 1$ をみたすように動くとき，$x^2-\dfrac{1}{2}x-y$ の最大値は □ であり，最小値は □ である．

（21　福岡大・医）

▶解答◀ 領域

$$D: |x-1|+|y+1|\leqq 1$$

は $(1, -1)$ を中心とする正方形で，図示すると図1の境界を含む網目部分となる．

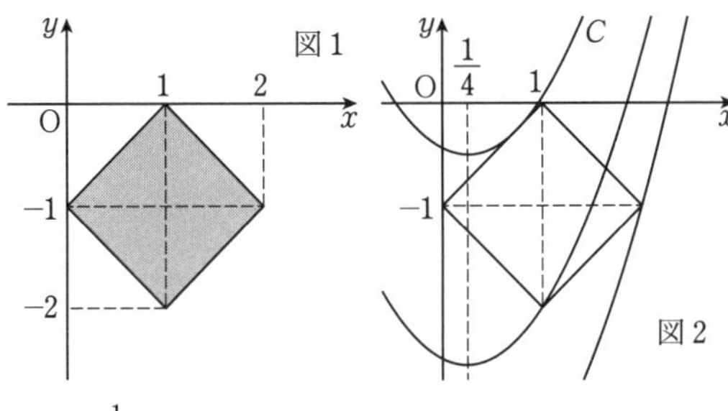

$x^2-\dfrac{1}{2}x-y=k$ とおく．曲線

$$C: y=\left(x-\frac{1}{4}\right)^2-\frac{1}{16}-k$$

の軸は $x=\dfrac{1}{4}$ である．C が D と共有点をもつときで一番上にあがるのは $y=x-1\ (0\leqq x\leqq 1)$ で接するときで，$x^2-\dfrac{1}{2}x-y=k$ と連立させて

$$x^2-\frac{1}{2}x-x+1=k$$

$$x^2-\frac{3}{2}x+1-k=0 \quad \cdots\cdots ①$$

判別式を D_1 として

$$D_1=\frac{9}{4}-4+4k=0$$

のとき $k=\dfrac{7}{16}$ である．このとき①の重解は $x=\dfrac{3}{4}$ で $0\leqq x\leqq 1$ にあるから適する．C が一番下にさがるのは点 $(1, -2)$ か $(2, -1)$ を通るときで，順に

$$k=x^2-\frac{1}{2}x-y=\frac{5}{2}, 4$$

となるから，k の値域は $\dfrac{7}{16}\leqq k\leqq 4$ である．

k の最大値は **4**，最小値は $\boldsymbol{\dfrac{7}{16}}$ である．

《放物線と直線 (B20) ☆》

232． $a>1$ を満たす定数 a に対して，連立不等式

$$\begin{cases} y\geqq ax^2 \\ y\leqq x^2+1 \end{cases}$$

の表す領域を D とする．また，$k=-5x+y$ とおく．

（1）点 (x, y) が不等式 $y\geqq ax^2$ の表す領域上を動くとき，k の最小値とそのときの (x, y) を a を用いて表せ．

（2）D を図示せよ．

（3）点 (x, y) が D 上を動くとき，a の値により場合分けして，k の最大値と最小値，およびそのときの (x, y) をそれぞれ a を用いて表せ．

（21　東京海洋大・海洋工）

▶解答◀（1）図1を見よ．直線 $l: y=5x+k$ が $C: y=ax^2$ と接するとき，連立させ

$$ax^2-5x-k=0 \quad \cdots\cdots ①$$

の判別式イコール0として，$25+4ak=0$ となる．k の最小値は $\boldsymbol{-\dfrac{25}{4a}}$ である．このとき，①の重解 $x=\dfrac{5}{2a}$ で，$y=ax^2=\dfrac{25}{4a}$ だから $(x, y)=\left(\boldsymbol{\dfrac{5}{2a}, \dfrac{25}{4a}}\right)$

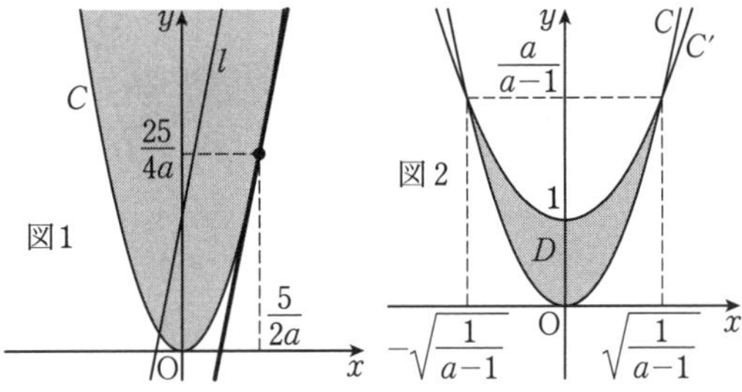

（2）C と放物線 $C': y=x^2+1$ の交点を求める．

$$ax^2=x^2+1 \qquad \therefore\ (a-1)x^2=1$$

$a-1>0$ であるから $x=\pm\sqrt{\dfrac{1}{a-1}}$ である．よって，交点の座標は $\left(\pm\sqrt{\dfrac{1}{a-1}}, \dfrac{a}{a-1}\right)$ であり，D は図2の境界を含む網目部分となる．

（3）$\mathrm{P}\left(-\sqrt{\dfrac{1}{a-1}}, \dfrac{a}{a-1}\right)$，

$\mathrm{Q}\left(\sqrt{\dfrac{1}{a-1}}, \dfrac{a}{a-1}\right)$，$\mathrm{R}\left(\dfrac{5}{2a}, \dfrac{25}{4a}\right)$

とする．k が最大となるのは，l がPを通るときである．$(x, y)=\left(\boldsymbol{-\sqrt{\dfrac{1}{a-1}}, \dfrac{a}{a-1}}\right)$ で最大値

$k=-5x+y=\boldsymbol{\dfrac{a}{a-1}+5\sqrt{\dfrac{1}{a-1}}}$ をとる．

次に，k が最小になるのは，Rが D に含まれる場合は l がRを通るときで，それ以外の場合は l がQを通るときである．RがQの右側か左側かを調べる．

$$\left(\frac{5}{2a}\right)^2-\left(\sqrt{\frac{1}{a-1}}\right)^2=\frac{25(a-1)-4a^2}{4a^2(a-1)}$$

$$= -\frac{(a-5)(4a-5)}{4a^2(a-1)}$$

$1 < a \leqq \frac{5}{4}$, $5 \leqq a$ のとき

$$\left(\frac{5}{2a}\right)^2 - \left(\sqrt{\frac{1}{a-1}}\right)^2 \leqq 0$$

で R は Q の左側にあり D に含まれる．(1) より，k は l が R を通るときに最小となる．このとき，$(x, y) = \left(\frac{5}{2a}, \frac{25}{4a}\right)$ であり，k の最小値は $-\frac{25}{4a}$ である．

また，**$\frac{5}{4} < a < 5$ のとき** R は Q の右側にあり D に含まれない．このとき k は，l が Q を通るときに最小となる．$(x, y) = \left(\sqrt{\frac{1}{a-1}}, \frac{a}{a-1}\right)$ であり，k の最小値は $\frac{a}{a-1} - 5\sqrt{\frac{1}{a-1}}$ である．

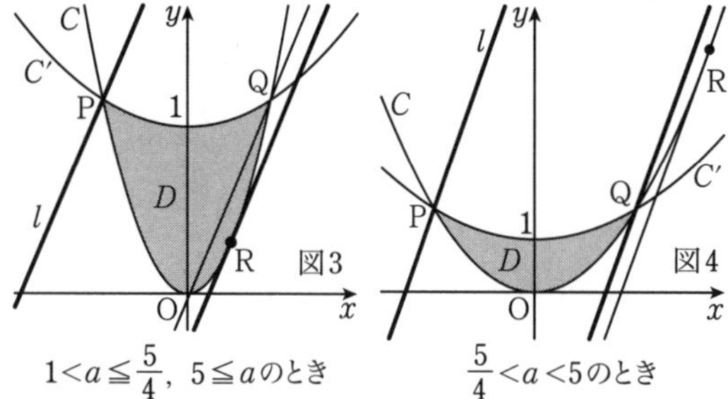

$1 < a \leqq \frac{5}{4}$，$5 \leqq a$ のとき　　$\frac{5}{4} < a < 5$ のとき

【交角を扱う】

《放物線と交角 (B20) ☆》

233. xy 平面において，不等式 $y<0$ が表す領域に点Pがあるとする．曲線 $y=\dfrac{x^2}{4}$ にPから引いた接線は2本ある．このときの接点をそれぞれQ，Rとする．ただし，Qの x 座標はRの x 座標より小さいとする．

（1） $\mathrm{P}(0,-1)$ のとき，QとRの座標を求めよ．

（2） $\angle\mathrm{QPR}=\theta$ とする．

（i） Pが直線 $y=-1$ 上を動くとき，θ が一定であることを示せ．また，そのときの θ の値を求めよ．

（ii） Pが直線 $y=-3$ 上を動くとき，θ の最小値を求めよ．（21 滋賀県立大・工）

▶解答◀ $\mathrm{P}(a,b)$ のとき，接線を

$$y=m(x-a)+b$$

とおく．$y=\dfrac{x^2}{4}$ と連立させて

$$\frac{x^2}{4}-mx+ma-b=0 \quad \cdots\cdots①$$

判別式を D として，$D=0$ より

$$m^2-ma+b=0 \quad \cdots\cdots②$$

（1） $a=0$，$b=-1$ のとき②は $m^2-1=0$ となり

$$m=\pm 1$$

①の重解 $x=2m$ で $y=\dfrac{x^2}{4}=m^2$

Q，Rの座標は $\mathbf{Q(-2,1)}$，$\mathbf{R(2,1)}$ となる．

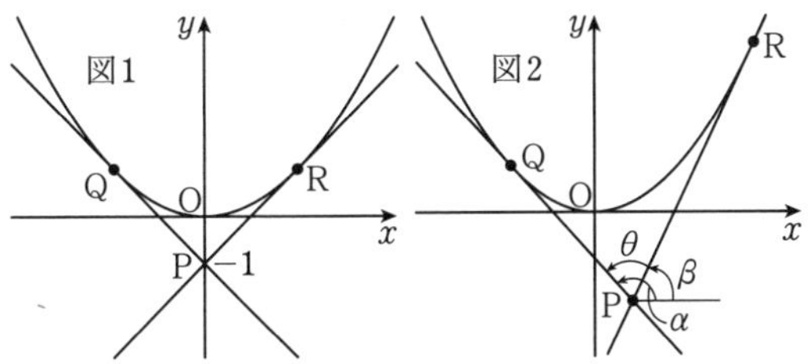

（2）（i） ②の解を $m_1,m_2\ (m_1<m_2)$ とする．解と係数の関係より $m_1m_2=b$ で $b=-1$ のとき

$$m_1m_2=-1$$

2接線は直交し，なす角は **90°** である．

（ii） $b=-3$ のとき．$m_1m_2=-3$

$$m_1=\frac{a-\sqrt{a^2+12}}{2},\ m_2=\frac{a+\sqrt{a^2+12}}{2}$$

$m_1=\tan\alpha$，$m_2=\tan\beta$，$\theta=\alpha-\beta$ とおく．

$$\tan\theta=\frac{\tan\alpha-\tan\beta}{1+\tan\alpha\tan\beta}$$

$$=\frac{-\sqrt{a^2+12}}{1+(-3)}=\frac{\sqrt{a^2+12}}{2}$$

は $a=0$ のとき最小値 $\sqrt{3}$ をとり，θ の最小値は **60°** である．

注意 α，β の範囲は $\theta=\alpha-\beta$ となる範囲でありさえすれば一般角でかまわない．

なお某年，某会で「$b=-3$ のときは見た目で，θ は鋭角，にしていいのでは？」という大人がいて驚いたことがある．見た目でいいなら，自由である．私なら×にするけれど．

《3次関数のグラフと交角 (B20)》

234. $f(x)=\dfrac{2}{3}x^3-\dfrac{1}{3}x$ とし，xy 平面上の曲線 $C:y=f(x)$ を考える．t を正の実数とし，点 $\mathrm{P}(-t,f(-t))$ における C の接線を l とする．l と C の共有点のうち，Pと異なる点をQとし，Qにおける C の接線を m とする．l と m のなす角を $\theta\left(0\leqq\theta\leqq\dfrac{\pi}{2}\right)$ とする．次の問いに答えよ．

（1） Qの座標を t を用いて表せ．

（2） $\tan\theta$ を t を用いて表せ．

（3） $\theta=\dfrac{\pi}{4}$ となるときの t の値をすべて求めよ．

（4） θ が最大となるときの t の値を求めよ．

（21 埼玉大・工）

▶解答◀（1） $f'(x)=2x^2-\dfrac{1}{3}$ より l の方程式は

$$y=f'(-t)(x+t)+f(-t)$$

$$y=\left(2t^2-\frac{1}{3}\right)(x+t)-\frac{2}{3}t^3+\frac{1}{3}t$$

$$y=\left(2t^2-\frac{1}{3}\right)x+\frac{4}{3}t^3$$

である．これと C を連立して

$$\left(2t^2-\frac{1}{3}\right)x+\frac{4}{3}t^3=\frac{2}{3}x^3-\frac{1}{3}x$$

$$\frac{2}{3}x^3-2t^2x-\frac{4}{3}t^3=0$$

$$(x+t)^2(x-2t)=0 \qquad \therefore\quad x=-t,\ 2t$$

また，$f(2t)=\dfrac{16}{3}t^3-\dfrac{2}{3}t$ であるから，Qの座標は $\left(\mathbf{2t,\ \dfrac{16}{3}t^3-\dfrac{2}{3}t}\right)$ である．

（2） m の傾きは $f'(2t)=8t^2-\dfrac{1}{3}$ である．図1のように α,β をとる（図2でもよい）．ただし $\theta=\beta-\alpha$ である．$\tan\alpha=2t^2-\dfrac{1}{3}$，$\tan\beta=8t^2-\dfrac{1}{3}$ だから

$$\tan\theta=\tan(\beta-\alpha)=\frac{\tan\beta-\tan\alpha}{1+\tan\beta\tan\alpha}$$

$$=\frac{\left(8t^2-\frac{1}{3}\right)-\left(2t^2-\frac{1}{3}\right)}{1+\left(8t^2-\frac{1}{3}\right)\left(2t^2-\frac{1}{3}\right)}$$

$$=\frac{54t^2}{9+(24t^2-1)(6t^2-1)}=\boldsymbol{\frac{27t^2}{72t^4-15t^2+5}}$$

このとき，

$$72t^4-15t^2+5=72\left(t^2-\frac{15}{144}\right)^2+\frac{1215}{288}>0$$

より，$\tan\theta>0$ となり θ は鋭角である．

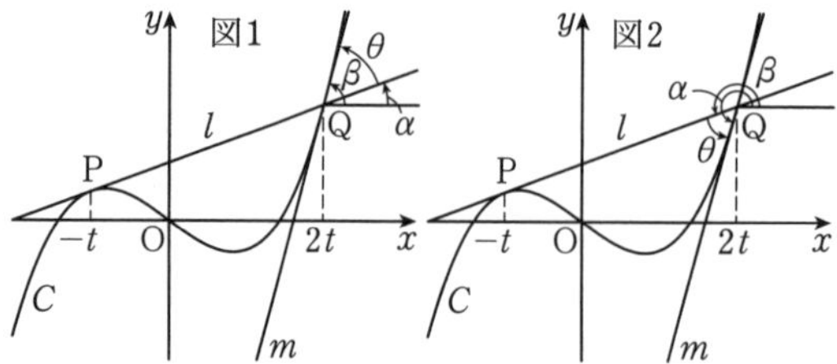

（3） $\theta=\dfrac{\pi}{4}$ のとき $\tan\theta=1$ であるから

$$\frac{27t^2}{72t^4-15t^2+5}=1$$

$$72t^4-42t^2+5=0$$

$$(6t^2-1)(12t^2-5)=0$$

$t>0$ より $t=\boldsymbol{\dfrac{1}{\sqrt{6}}}$，$\boldsymbol{\dfrac{\sqrt{15}}{6}}$ である．

（4） $\tan\theta$ は θ の増加関数であるから，θ が最大になるのは $\tan\theta$ が最大になるときである．よって，$\tan\theta$ を最大にする t を求める．ここで，相加・相乗平均の不等式を用いると

$$\tan\theta=\frac{27}{72t^2-15+\dfrac{5}{t^2}}$$

$$\leqq\frac{27}{2\sqrt{72t^2\cdot\dfrac{5}{t^2}}-15}=\frac{27}{12\sqrt{10}-15}$$

等号が成立するのは $72t^2=\dfrac{5}{t^2}$，すなわち $t^4=\dfrac{5}{72}$ のときであるから，$t>0$ も合わせると，$\tan\theta$ が最大になるときの t の値は $\boldsymbol{\sqrt[4]{\dfrac{5}{72}}}$ である．

《放物線と交角（B20）☆》

235．座標平面において，放物線 $y=x^2$ 上の点で x 座標が p，$p+1$，$p+2$ である点をそれぞれ P，Q，R とする．また，直線 PQ の傾きを m_1，直線 PR の傾きを m_2，$\angle\mathrm{QPR}=\theta$ とする．このとき，次の問（1）～（4）に答えよ．解答欄には，（1）については答えのみを，（2）～（4）については答えだけでなく途中経過も書くこと．

（1） m_1, m_2 をそれぞれ p を用いて表せ．

（2） p が実数全体を動くとき，m_1m_2 の最小値を求めよ．

（3） $\tan\theta$ を p を用いて表せ．

（4） p が実数全体を動くとき，θ が最大になる p の値を求めよ．　（21　立教大・数学）

▶解答◀ （1） 一般に，異なる2点 (α,α^2)，(β,β^2) を通る直線の傾きは $\dfrac{\alpha^2-\beta^2}{\alpha-\beta}=\alpha+\beta$ である．

$$m_1=(p+1)+p=\boldsymbol{2p+1}$$

$$m_2=(p+2)+p=\boldsymbol{2p+2}$$

（2） $m_1m_2=(2p+1)(2p+2)$

$$=4p^2+6p+2=\left(2p+\frac{3}{2}\right)^2-\frac{1}{4}$$

よって，m_1m_2 は $p=-\dfrac{3}{4}$ のとき最小値 $\boldsymbol{-\dfrac{1}{4}}$ をとる．$m_1m_2\neq-1$ であるから2直線 PQ，PR は直交しない．

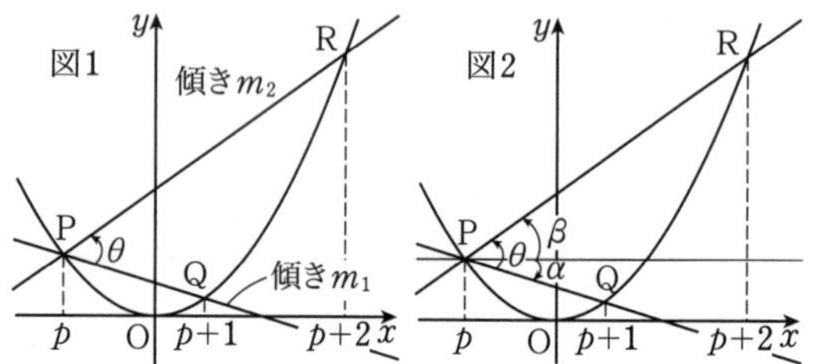

（3） $\tan\theta$ が存在する．

$$\tan\theta=\frac{m_2-m_1}{1+m_1m_2}=\boldsymbol{\frac{1}{4p^2+6p+3}}$$

（4） $\tan\theta=\dfrac{1}{\left(2p+\dfrac{3}{2}\right)^2+\dfrac{3}{4}}$

θ が最大となる p は $\tan\theta$ が最大となるもの，すなわち，分母が最小となるもので $p=\boldsymbol{-\dfrac{3}{4}}$ である．

【軌跡と写像】

《一定値を見る (A5)》

236. k を実数とする．xy 平面において，直線 $y=kx+1$ に関して原点 O と対称な点を P とする．k が実数全体を動くとき，点 P の軌跡を求め，xy 平面に図示せよ．（21 東京女子大・数理）

▶解答◀ $l: y=kx+1$ とする．

l は定点 A(0, 1) を通る．AP = AO = 1 であるから，P は A を中心とした半径 1 の円周上を動く．ただし l は x 軸に垂直な直線（ここでは y 軸）を表せないから，P は原点を通らない．P の軌跡は $\boldsymbol{x^2+(y-1)^2=1}$ である．ただし，原点は除く．

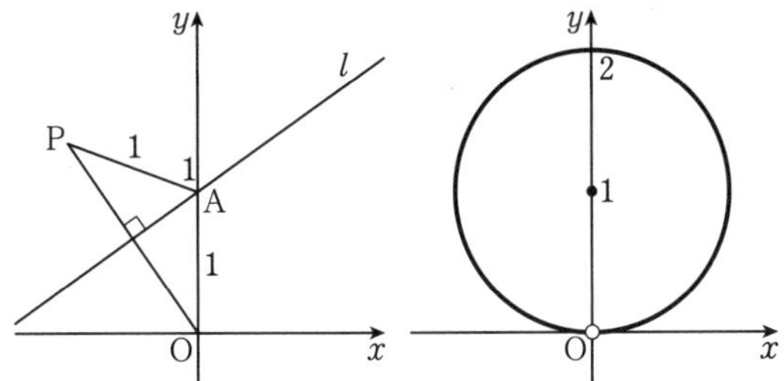

◆別解◆ 直線 OP: $x+ky=0$ ……①

と l との交点 M は $\mathrm{M}\left(-\dfrac{k}{k^2+1}, \dfrac{1}{k^2+1}\right)$ であり，

$\mathrm{P}(X, Y)$ とおくと $\overrightarrow{\mathrm{OP}}=2\overrightarrow{\mathrm{OM}}$ より

$$X=-\frac{2k}{k^2+1},\ Y=\frac{2}{k^2+1}$$

$Y>0$ で $X=-kY$ より，$k=-\dfrac{X}{Y}$

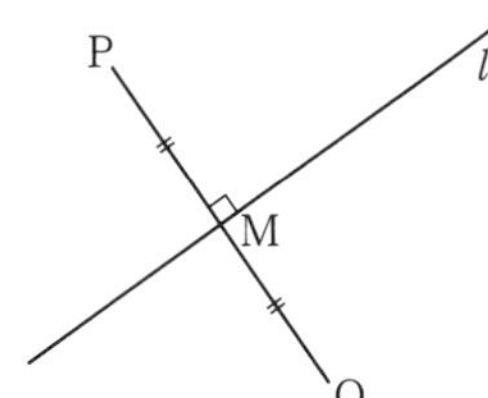

$Y=\dfrac{2}{k^2+1}$ に代入して

$$Y\left(-\frac{X}{Y}\right)^2+Y=2$$

$$X^2+Y^2=2Y$$

$$X^2+(Y-1)^2=1$$

点 P の軌跡は $\boldsymbol{x^2+(y-1)^2=1,\ y>0}$

◆別解◆ $\mathrm{P}(X, Y)$ とおく．P は ① 上の点より，

$$X+kY=0 \quad \text{……②}$$

また，OP の中点 $\left(\dfrac{X}{2}, \dfrac{Y}{2}\right)$ は l 上の点であるから

$$\frac{Y}{2}=k\cdot\frac{X}{2}+1$$

$$kX-Y=-2 \quad \text{……③}$$

② より $kY=-X$

（ア） $Y\neq 0$ のとき．② より

$$k=-\frac{X}{Y}$$

となり，③ に代入して整理すると

$$X^2+(Y-1)^2=1$$

（イ） $Y=0$ のとき．① より $X=0$ となるが，③ は成立しない．

よって点 P の軌跡は $\boldsymbol{x^2+(y-1)^2=1}$ である．ただし，原点は除く．

《重心と軌跡 (B20)》

237. 座標平面上の 2 点 A(0, −1), B(1, 2) を通る直線を l とする．また，中心 (3, −2)，半径 3 の円を C とする．次の問いに答えよ．

（1） l の方程式を求めよ．

（2） l と C は共有点を持たないことを示せ．

（3） 点 P が円 C 上を動くとき，三角形 ABP の重心の軌跡を T とする．T はどのような図形になるか答えよ．

（4） （3）で求めた図形 T 上の点 (x, y) に対して $\sqrt{x^2+y^2}$ の最大値と最小値を求めよ．

（21 新潟大・共通）

▶解答◀ （1） AB の傾きは 3 であるから，l の方程式は $\boldsymbol{y=3x-1}$ である．

（2） 図 1 を見よ．(3, −2) と l の距離は

$$\frac{|3\cdot 3-(-2)-1|}{\sqrt{3^2+(-1)^2}}=\sqrt{10}$$

でありこれは C の半径 3 よりも大きいから，l と C は共有点を持たない．

（3） P の座標を (s, t) とおくと，P は円 C 上より

$$(s-3)^2+(t+2)^2=9 \quad \text{……①}$$

である．また，T 上の点 T の座標を (x, y) とすると T は三角形 ABP の重心より

$$x=\frac{1}{3}(0+1+s)=\frac{s+1}{3}$$

$$y=\frac{1}{3}(-1+2+t)=\frac{t+1}{3}$$

これより，$s=3x-1,\ t=3y-1$ であるから，これを ① に代入すると

$$(3x-4)^2+(3y+1)^2=9$$

$$\left(x-\frac{4}{3}\right)^2+\left(y+\frac{1}{3}\right)^2=1 \quad \text{……②}$$

（2）より，3 点 A, B, P が一直線上に並んで三角形ができないことはないから，T は ② 上をすべて動く．よって，T は**中心** $\boldsymbol{\left(\frac{4}{3}, -\frac{1}{3}\right)}$，**半径 1 の円上**をすべて動く．

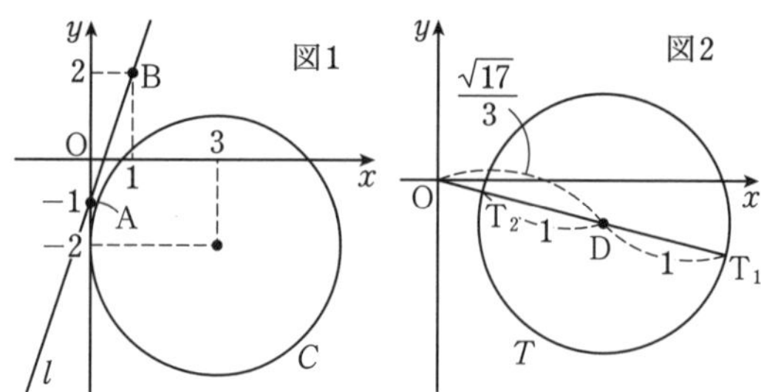

(4) 図2を見よ．$\sqrt{x^2+y^2}$ は原点と T 上の点との距離を表すから，これは図2の T_1 のときに最大，T_2 のときに最小となる．また，T の中心 $\left(\frac{4}{3},\ -\frac{1}{3}\right)$ を D とおくと，$OD=\sqrt{\frac{16}{9}+\frac{1}{9}}=\frac{\sqrt{17}}{3}$ であるから，$\sqrt{x^2+y^2}$ の最大値・最小値はそれぞれ

$$OT_1=OD+DT_1=\boldsymbol{\frac{\sqrt{17}}{3}+1}$$

$$OT_2=OD-DT_2=\boldsymbol{\frac{\sqrt{17}}{3}-1}$$

《アポロニウスの円 (A10) ☆》

238. a を正の定数とする．座標平面上の原点 O(0, 0) と定点 A$(x_1,\ 0)$（ただし $x_1 \neq 0$）について，OP : AP = 1 : a である点 P$(x,\ y)$ の軌跡が点 (2, 0) を中心とする半径 1 の円となるとき，$x_1=$ □，$a=$ □ である． (21 山梨大・医)

▶解答◀ OP : AP = 1 : a より，aOP = AP

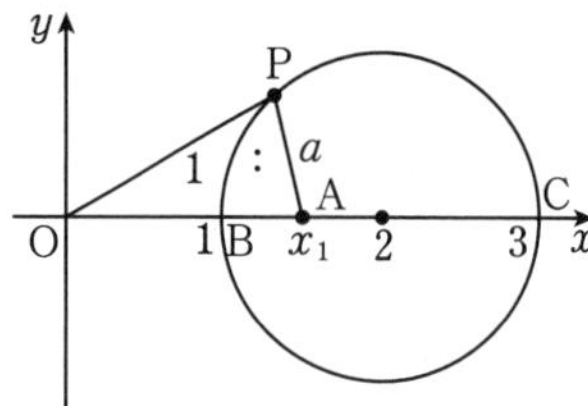

$$a^2OP^2=AP^2$$

$$a^2(x^2+y^2)=(x-x_1)^2+y^2$$

$$(a^2-1)(x^2+y^2)+2x_1x-x_1{}^2=0 \quad \cdots\cdots\text{①}$$

ここで，P$(x,\ y)$ は点 (2, 0) を中心とする半径 1 の円周上にあるから

$$(x-2)^2+y^2=1$$

$$x^2+y^2-4x+3=0 \quad \cdots\cdots\text{②}$$

① と ② が同じ円を表すとき

$$(a^2-1):2x_1:(-x_1{}^2)=1:(-4):3$$

$2x_1:(-x_1{}^2)=(-4):3$ を解くと

$$6x_1=4x_1{}^2$$

$$x_1(2x_1-3)=0$$

$x_1 \neq 0$ より，$x_1=\boldsymbol{\frac{3}{2}}$

これを $(a^2-1):2x_1=1:(-4)$ に代入して解くと

$$-4(a^2-1)=3 \qquad \therefore\ a^2=\frac{1}{4}$$

$a>0$ より，$a=\boldsymbol{\frac{1}{2}}$

◆別解◆ **【アポロニウスの円を利用する】**

P の軌跡の円（$(x-2)^2+y^2=1$）は，OA を $1:a$ に内分する点（B とする），および外分する点（C とする）を直径の両端とする円である．

$a>0$ より，B(1, 0), C(3, 0), $1<x_1<3$ である．

$$OB:BA=OC:CA=1:a$$

$$1:(x_1-1)=3:(3-x_1)=1:a$$

から，$x_1=\frac{3}{2}$，$a=\frac{1}{2}$ を得る．

《アポロニウスの円と中線定理》

239. (1) 三角形 ABC において，辺 BC の中点を M とおくとき，

$|\overrightarrow{AB}|^2+|\overrightarrow{AC}|^2=$ □ $(|\overrightarrow{AM}|^2+|\overrightarrow{BM}|^2)$

が成り立つ．

(2) $p,\ q$ を正の定数とし，座標平面上の 3 点 A$(0,\ 3\sqrt{3})$，B(3, 0)，P$(p,\ q)$ を頂点とする三角形 ABP は正三角形であるとする．このとき，$p=$ □，$q=$ □ である．2 点 A，B からの距離の比が 2 : 1 である点 Q の軌跡は中心が □，半径が □ の円であり，点 R がこの円周上を動くとき，$|\overrightarrow{AR}|^2+|\overrightarrow{PR}|^2$ の最小値は □ である． (21 北里大・薬)

考え方 ベクトルを使う理由がなく，アポロニウスの円は座標が一番扱いやすい．

▶解答◀ (1) 中線定理より（証明は注）

$$|\overrightarrow{AB}|^2+|\overrightarrow{AC}|^2=\boldsymbol{2}(|\overrightarrow{AM}|^2+|\overrightarrow{BM}|^2)$$

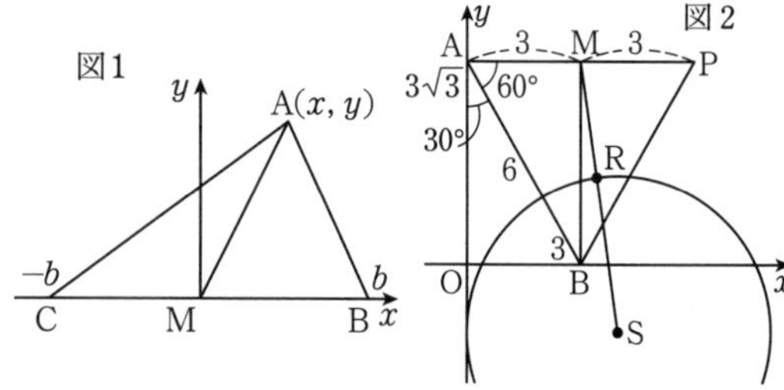

(2) 今度は AP の中点を M とせよ（図2）．△OAB と △ABM は 60 度定規だから BM $=3\sqrt{3}$，MP = 3 で，P$(6,\ 3\sqrt{3})$ だから $p=\boldsymbol{6}$，$q=\boldsymbol{3\sqrt{3}}$

AQ : BQ = 2 : 1 でアポロニウスの円により，AB を 2 : 1 に内分する点と外分する点を直径の両端とする円

(中心をS，半径を r とする) を描く．その内分点などを求めるとき，どっちに2が掛かるんだっけ？と考える必要はない．$|\overrightarrow{AQ}|=2|\overrightarrow{BQ}|$ で絶対値をプラスマイナスで外し $\overrightarrow{AQ}=\pm 2\overrightarrow{BQ}$ として，

$$\overrightarrow{OQ}-\overrightarrow{OA}=\pm 2(\overrightarrow{OQ}-\overrightarrow{OB})$$

プラス，マイナスの各Qを Q_1(外分の方)Q_2(内分の方)として

$$\overrightarrow{OQ_1}=2\overrightarrow{OB}-\overrightarrow{OA},\ \overrightarrow{OQ_2}=\frac{2\overrightarrow{OB}+\overrightarrow{OA}}{3}$$

となる．

$$\overrightarrow{OS}=\frac{\overrightarrow{OQ_1}+\overrightarrow{OQ_2}}{2}=\frac{4\overrightarrow{OB}-\overrightarrow{OA}}{3}$$

$$=\frac{4(3,\ 0)-(0,\ 3\sqrt{3})}{3}=(4,\ -\sqrt{3})$$

$$\overrightarrow{Q_1Q_2}=\overrightarrow{OQ_2}-\overrightarrow{OQ_1}=\frac{4(\overrightarrow{OA}-\overrightarrow{OB})}{3}=\frac{4\overrightarrow{BA}}{3}$$

の長さが円の直径の長さで，$2r=8$ だから $r=\mathbf{4}$

ベクトルが鬱陶しいから頭の上の矢をとる．(1)の定理 (中線定理) より

$$AR^2+PR^2=2(MR^2+AM^2)=2MR^2+18$$

$$MR+RS\geqq MS$$

$$RM+4\geqq MS=\sqrt{(4-3)^2+(-\sqrt{3}-3\sqrt{3})^2}=7$$

$RM\geqq 3$ であり，等号はM，R，Sがこの順で一直線上にあるときに成り立つ．

AR^2+PR^2 の最小値は $2\cdot 3^2+18=\mathbf{36}$

注意 (1)【中線定理の証明】

証明方法はいろいろある．一番簡単なのは，図1のようにMを原点とする座標をとり，

$A(x,\ y),\ B(b,\ 0),\ C(-b,\ 0)$ とすると

$$AB^2+AC^2$$

$$=(x-b)^2+y^2+(x+b)^2+y^2$$

$$=2(x^2+y^2+b^2)=2(MA^2+MB^2)$$

座標で計算すれば，中線定理は簡単に出てくる．

(2)もRを $(x,\ y)$ とすれば

$$AR^2+PR^2=x^2+(y-3\sqrt{3})^2+(x-6)^2+(y-3\sqrt{3})^2$$

$$=2x^2-12x+36+2(y-3\sqrt{3})^2$$

$$=2\{(x-3)^2+(y-3\sqrt{3})^2\}+18$$

となって，点 $(3,\ 3\sqrt{3})$ に最も近い $(x,\ y)$ を求めればよいとわかる．中線定理を意識する必要はないのである．ベクトルでなく，座標への誘導をすべきであった．

◆別解◆ (2) $AQ:BQ=2:1$ をみたす点Qの座標を $(x,\ y)$ とすると $AQ=2BQ$ より

$$AQ^2=4BQ^2$$

$$x^2+(y-3\sqrt{3})^2=4\{(x-3)^2+y^2\}$$

$$x^2+y^2-6\sqrt{3}y+27=4(x^2-6x+9+y^2)$$

$$3x^2-24x+3y^2+6\sqrt{3}y+9=0$$

$$x^2-8x+y^2+2\sqrt{3}y+3=0$$

$$(x-4)^2+(y+\sqrt{3})^2=16 \quad \cdots\cdots ①$$

点Qの軌跡は中心が $\mathbf{(4,\ -\sqrt{3})}$，半径が $\mathbf{4}$ の円である．

なお，内分点，外分点の計算では，学校教育はベクトルを使わないで

Q_1 の座標は $\left(\dfrac{0+6}{2+1},\ \dfrac{3\sqrt{3}+0}{2+1}\right)=(2,\ \sqrt{3})$

Q_2 の座標は $\left(\dfrac{0+6}{2-1},\ \dfrac{-3\sqrt{3}+0}{2-1}\right)=(6,\ -3\sqrt{3})$

と計算しろという．座標の前にベクトルを教えないことの弊害である．Q_1Q_2 の中点は $(4,\ -\sqrt{3})$，

$Q_1Q_2=\sqrt{4^2+(-4\sqrt{3})^2}=8$ であるから

$$(x-4)^2+(y+\sqrt{3})^2=4^2$$

《中点の軌跡 (B20) ☆》

240. 円 $(x-2)^2+y^2=1$ と直線 $y=mx$ が異なる2点 P, Q で交わっているとき，次の問いに答えよ．

（1） m の値の範囲を求めよ．

（2） 円の中心を A とするとき，△APQ の面積を m で表せ．

（3） 線分 PQ の中点 M の座標を (p, q) とする．m の値が（1）の範囲で変化するとき，p と q の満たす方程式を p と q のみで表せ．

（21　群馬大・理工，情報）

▶解答◀ （1） 円を C とし，C の中心 A(2, 0) から直線 $y=mx$ に下ろした垂線の足を M, AM $=h$ とする．点と直線の距離の公式より

$$h=\frac{|2m|}{\sqrt{1+m^2}}$$

円と直線が2交点をもつ条件は $h<1$ で $4m^2<m^2+1$ となる．$3m^2<1$ であり

$$-\frac{1}{\sqrt{3}}<m<\frac{1}{\sqrt{3}} \quad \cdots\cdots①$$

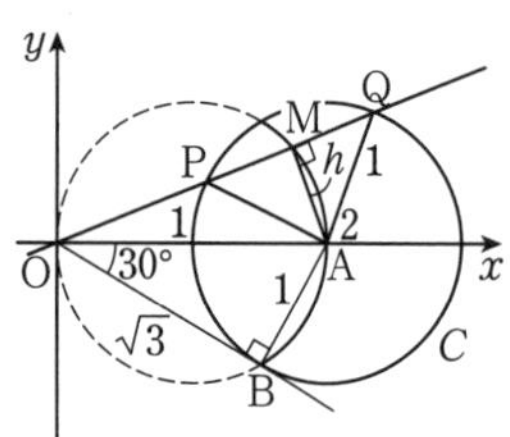

（2） $\mathrm{PM}=\sqrt{1^2-h^2}=\sqrt{\dfrac{1-3m^2}{1+m^2}}$

$$\triangle\mathrm{APQ}=\frac{1}{2}\mathrm{PQ}\cdot h=\sqrt{\frac{1-3m^2}{1+m^2}}\cdot\frac{|2m|}{\sqrt{1+m^2}}$$

$$=\boldsymbol{\frac{|2m|\sqrt{1-3m^2}}{1+m^2}}$$

（3） $\angle\mathrm{AMO}=90°$ であるから，M は OA を直径とする円 $(x-1)^2+y^2=1$ 上にある．

$$\boldsymbol{(p-1)^2+q^2=1}$$

注意 【方程式は等式で書かれたもの】

O から C に引いた接線と C の接点の一方を B とする．三角形 OAB は 60 度定規で，OB $=\sqrt{3}$ である．OB $\cos 30°=\dfrac{3}{2}$ であるから $\dfrac{3}{2}<p\leqq 2$ である．これは不等式であり，方程式ではないから，今は答えとしては不要である．なお，次の解法なら，$p=\dfrac{2}{m^2+1}$，$0\leqq m^2<\dfrac{1}{3}$ から $\dfrac{3}{2}<p\leqq 2$ を得る．

◆別解◆ （1） 円と $y=mx$ から y を消去して

$$(x-2)^2+(mx)^2=1$$

$$x^2-4x+4+m^2x^2-1=0$$

$$(m^2+1)x^2-4x+3=0 \quad \cdots\cdots②$$

判別式を D として

$$\frac{D}{4}=4-3(m^2+1)=1-3m^2>0$$

$$\boldsymbol{-\frac{1}{\sqrt{3}}<m<\frac{1}{\sqrt{3}}}$$

（3） ②の2解を α, β として，解と係数の関係より $\alpha+\beta=\dfrac{4}{m^2+1}$ である．

$$p=\frac{\alpha+\beta}{2}=\frac{2}{m^2+1}$$

M は $y=mx$ 上にあるから $q=pm$ であり，$p>0$ であるから $m=\dfrac{q}{p}$

これを $p=\dfrac{2}{m^2+1}$ に代入し $p=\dfrac{2}{\dfrac{q^2}{p^2}+1}$

$$p=\frac{2p^2}{q^2+p^2}$$

$p^2+q^2=2p$ となり $\boldsymbol{(p-1)^2+q^2=1}$

《垂心の軌跡 (20)》

241. xy 平面において，2点 B$(-\sqrt{3}, -1)$，C$(\sqrt{3}, -1)$ に対し，点 A は次の条件(＊)を満たすとする．

（＊） $\angle\mathrm{BAC}=\dfrac{\pi}{3}$ かつ点 A の y 座標は正．

次の各問に答えよ．

（1） △ABC の外心の座標を求めよ．

（2） 点 A が条件(＊)を満たしながら動くとき，△ABC の垂心の軌跡を求めよ．（21　京大・理系）

▶解答◀ （1） 外心を G とすると，G は BC の垂直二等分線上にあるから，y 軸上にある．また，円周角の定理より $\angle\mathrm{BGC}=\dfrac{2}{3}\pi$ となる．ここで，図1より $\angle\mathrm{BGC}=\dfrac{2}{3}\pi$ となる G は $(0, 0)$, $(-2, 0)$ のいずれかであるが，このうち A の y 座標は正であるから，G の座標は **(0, 0)** である．

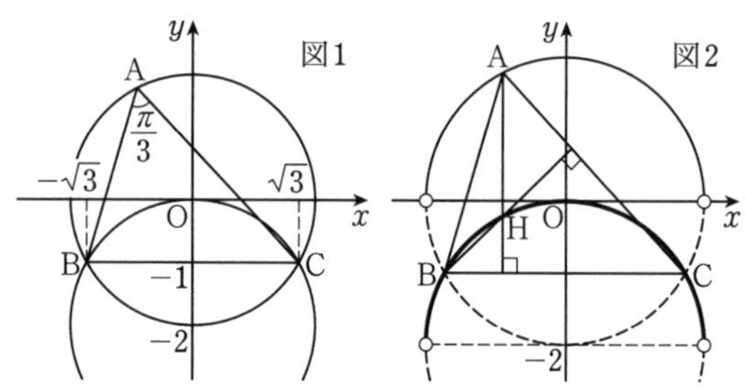

（2） 垂心をHとし，$A(s, t)$, $H(x, y)$ とすると，

$$s^2+t^2=4 \quad (t>0) \quad \cdots\cdots①$$

である．このとき，$x=s$ であり，$\overrightarrow{BH} \perp \overrightarrow{CA}$ より

$$(x+\sqrt{3}, y+1)\cdot(s-\sqrt{3}, t+1)=0$$

$$(s+\sqrt{3})(s-\sqrt{3})+(y+1)(t+1)=0$$

$$s^2-3+(y+1)(t+1)=0$$

$$4-t^2-3+(y+1)(t+1)=0$$

$$(y+1)(t+1)=t^2-1$$

$t>0$ より $t+1 \neq 0$ であるから

$$y+1=t-1 \qquad \therefore \quad t=y+2$$

これより，① へ代入して

$$x^2+(y+2)^2=4 \text{ かつ } y+2>0$$

よって，Hの軌跡は $\boldsymbol{x^2+(y+2)^2=4}$ **の** $\boldsymbol{y>-2}$ **の部分**である．

注意 【外心と垂心の関係】

一般に △ABC の外心 O，垂心 H に対して，

$$\overrightarrow{OH}=\overrightarrow{OA}+\overrightarrow{OB}+\overrightarrow{OC} \quad \cdots\cdots(*)$$

である．これより，$\overrightarrow{OB}+\overrightarrow{OC}=(0, -2)$ であるから，Hの軌跡はAの軌跡を y 軸方向に -2 だけ平行移動したものになる．

(*)を満たす点Hが垂心となることを示しておく．

$|\overrightarrow{OA}|=|\overrightarrow{OB}|=|\overrightarrow{OC}|$ より

$$\overrightarrow{AH}\cdot\overrightarrow{BC}=(\overrightarrow{OH}-\overrightarrow{OA})\cdot(\overrightarrow{OC}-\overrightarrow{OB})$$

$$=(\overrightarrow{OC}+\overrightarrow{OB})\cdot(\overrightarrow{OC}-\overrightarrow{OB})$$

$$=|\overrightarrow{OC}|^2-|\overrightarrow{OB}|^2=0$$

$$\overrightarrow{BH}\cdot\overrightarrow{CA}=(\overrightarrow{OH}-\overrightarrow{OB})\cdot(\overrightarrow{OA}-\overrightarrow{OC})$$

$$=(\overrightarrow{OA}+\overrightarrow{OC})\cdot(\overrightarrow{OA}-\overrightarrow{OC})$$

$$=|\overrightarrow{OA}|^2-|\overrightarrow{OC}|^2=0$$

よって，$\overrightarrow{AH} \perp \overrightarrow{BC}$, $\overrightarrow{BH} \perp \overrightarrow{CA}$ であるから，(*)を満たす点Hは垂心であることが示された．

《定長線分の中点の軌跡（B20）☆》

242. 座標平面において，放物線 $y=x^2$ の上を2点 $A(a, a^2)$, $B(b, b^2)$ が AB = 2 を満たしながら移動する．ただし $a<b$ とする．次の問いに答えよ．

（1） $a+b=u$ とおくとき，ab を u で表せ．

（2） 以下の問いでは，線分ABの中点を $M(s, t)$ とする．s と t を u で表せ．

（3） $t=f(s)$ を満たす関数 $f(s)$ を求めよ．さらに $f(s)$ の最小値を求めよ．

（4） $s>0$ の範囲で $f(s)$ が最小値をとる s に対して，a の値を求めよ．

（21 岡山県大・情報工-中期）

▶解答◀ （1） AB = 2 のとき

$$(a-b)^2+(a^2-b^2)^2=4$$

$$(a-b)^2\{1+(a+b)^2\}=4$$

$$\{(a+b)^2-4ab\}\{1+(a+b)^2\}=4$$

$$(u^2-4ab)(1+u^2)=4$$

$$4ab=u^2-\frac{4}{1+u^2}$$

$$ab=\boldsymbol{\frac{u^2}{4}-\frac{1}{1+u^2}}$$

（2） $s=\dfrac{a+b}{2}=\boldsymbol{\dfrac{u}{2}}$

$$t=\frac{a^2+b^2}{2}=\frac{1}{2}\{(a+b)^2-2ab\}$$

$$=\frac{u^2}{2}-\left(\frac{u^2}{4}-\frac{1}{1+u^2}\right)=\boldsymbol{\frac{u^2}{4}+\frac{1}{1+u^2}}$$

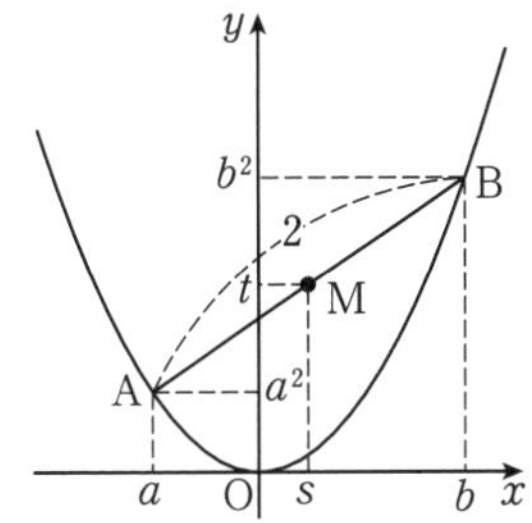

（3） （2）より，$u=2s$ であるから

$$f(s)=\boldsymbol{s^2+\frac{1}{1+4s^2}}$$

$$=\frac{1}{4}(1+4s^2)+\frac{1}{1+4s^2}-\frac{1}{4}$$

相加・相乗平均の不等式より

$$f(s) \geqq 2\sqrt{\frac{1}{4}(1+4s^2)\cdot\frac{1}{1+4s^2}}-\frac{1}{4}=\frac{3}{4}$$

$\dfrac{1}{4}(1+4s^2)^2=1$，すなわち，$s=\pm\dfrac{1}{2}$ のとき等号が成立するから，$f(s)$ の最小値は $f\left(\pm\dfrac{1}{2}\right)=\boldsymbol{\dfrac{3}{4}}$ である．

（4） $s=\dfrac{1}{2}$ のとき，（2）より $a+b=u=1$ であり，（1）より，$ab=\dfrac{1}{4}-\dfrac{1}{2}=-\dfrac{1}{4}$ である．よって，a, b は2次方程式 $X^2-X-\dfrac{1}{4}=0$ の解である．

$$X=\frac{1\pm\sqrt{1+1}}{2}=\frac{1\pm\sqrt{2}}{2}$$

$a<b$ であるから，$a=\boldsymbol{\dfrac{1-\sqrt{2}}{2}}$

《放物線の通過領域（A10）☆》

243. a を定数とする．放物線 $y=x^2-2ax+3a^2$

について，次の問いに答えよ．

（1） 頂点の座標を a で表せ．

（2） a がすべての実数値をとって変化するとき，この放物線が通らない点の範囲を求め左下に図示せよ．

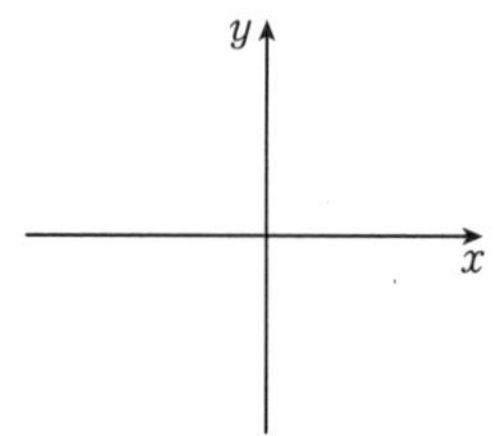

（21　愛知医大・看護）

▶解答◀ （1） $y=(x-a)^2+2a^2$

頂点の座標は $(\boldsymbol{a},\ \boldsymbol{2a^2})$ である．

（2） $3a^2-2xa+x^2-y=0$ を a の2次方程式と見て判別式を D とすると

$$\frac{D}{4}=x^2-3(x^2-y)=3y-2x^2<0$$

$y<\dfrac{2}{3}x^2$ を図示すると境界線を除く網目部分となる．

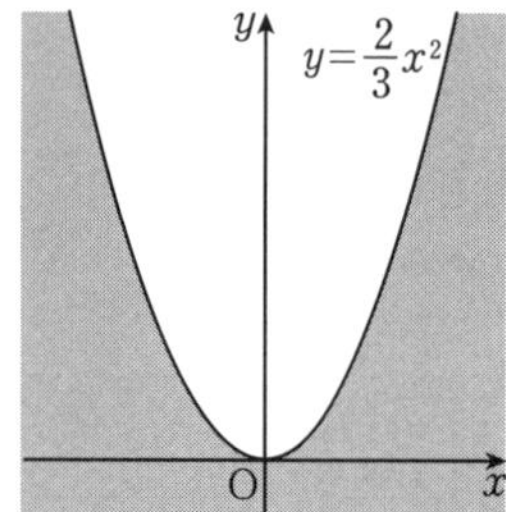

《直線の通過領域 (B20)》

244. 実数 t が $0\leqq t\leqq 1$ の範囲を動くとき，直線 $y=(2t-2)x-t^2-1$ の通過する領域を xy 平面に図示せよ．（21　東北大・医 AO）

▶解答◀ $f(t)=(2t-2)x-t^2-1$ とおく．

$$f(t)=-(t-x)^2+(x^2-2x-1)$$

x を固定し，t を $0\leqq t\leqq 1$ で動かしたとき，$f(t)$ のとる最大値を M，最小値を m として通過領域は $m\leqq y\leqq M$ になる．$m,\ M$ は

$f(0)=-2x-1,\ f(1)=-2,\ \ f(x)=x^2-2x-1$

のいずれかである．ただし $f(x)$ が有効なのは $0\leqq x\leqq 1$ のときで，それは M として有効である．

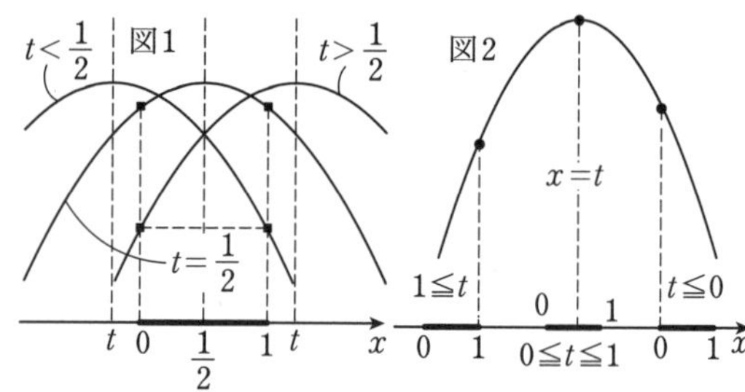

これを図示すると，次の図の境界を含む網目部分となる．$C: y=x^2-2x-1,\ l: y=-2x-1$ である．

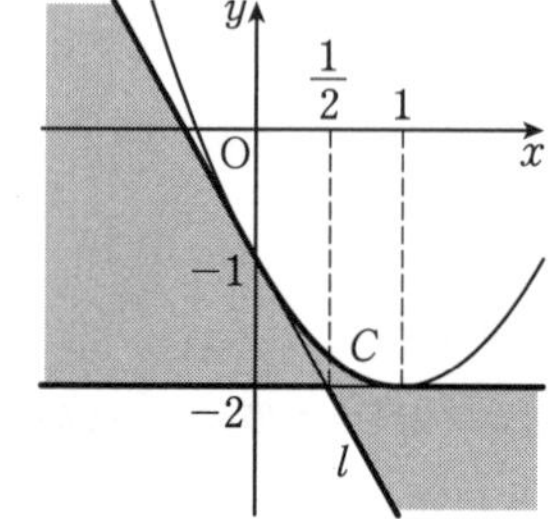

◆別解◆ 直線の方程式は

$$y=-(t-x)^2+(x^2-2x-1)$$

と変形できる．このとき常に

$$y\leqq x^2-2x-1$$

が成り立つことに注意せよ．そこで放物線

$$y=x^2-2x-1 \quad \cdots\cdots\cdots\cdots\cdots Ⓐ$$

と直線の方程式を連立させると

$$(2t-2)x-t^2-1=x^2-2x-1$$

$(x-t)^2=0$ となり $x=t$ の重解となる．直線は放物線Ⓐと $x=t$ の点で接して動く．$0\leqq t\leqq 1$ より接点の x 座標は $0\leqq x\leqq 1$ となる．あとは実際に線分を動かして上図を得る．

注意【包絡線】

このようにパラメータが入った直線（より一般には曲線）が，一定の曲線に接して動くとき，一定の曲線を包絡線（ほうらくせん）という．別解のⒶは次のようにしても得られる．

直線の方程式を t について整理して

$$t^2-2xt+(y+2x+1)=0$$

これを t についての方程式と見て，判別式を D とする．$\dfrac{D}{4}=0$ とおいてみる．

$$\frac{D}{4}=x^2-(y+2x+1)=0$$

$$y=x^2-2x-1$$

となる．

《弦の通過領域 (B30)☆》

245. 座標平面上において原点をOとする．Oを中心とする半径$2\sqrt{7}$の円C_1を考える．C_1とx軸との交点を$A(-2\sqrt{7}, 0)$, $B(2\sqrt{7}, 0)$とする．C_1上の点E，Fでできる線分EFでC_1を，円弧の部分がOBの中点Cでx軸に接するように折り返す．ただし，E，Fのy座標は負でないとする．

（1） 折り返して得られる円弧を一部とする円C_2の中心をDとするとき，Dの座標を求めよ．またC_2を表す式を求めよ．

（2） EFを直径とする円C_3を考えるとき，円の中心Gの座標を求めよ．またC_3を表す式を求めよ．

（3） C_3とy軸の2つの交点を考えるとき，この2点間の距離を求めよ．

（4） C_1の円周のうち，

$$-2\sqrt{7} \leqq x \leqq 2\sqrt{7},\ 0 \leqq y \leqq 2\sqrt{7}$$

の部分を考える．円周上の弧PQを弦PQで折り返したとき，折り返された弧がx軸に接するようにする．このような弦PQの存在する範囲を求めよ．　（21　昭和大・医-1期）

▶解答◀ （1） C_2はCでx軸に接し，その半径はC_1の半径と同じ$2\sqrt{7}$である．DCはx軸に垂直であるから，$DC = 2\sqrt{7}$である．$\mathbf{D(\sqrt{7}, 2\sqrt{7})}$である．

$$C_2 : \boldsymbol{(x-\sqrt{7})^2 + (y-2\sqrt{7})^2 = 28}$$

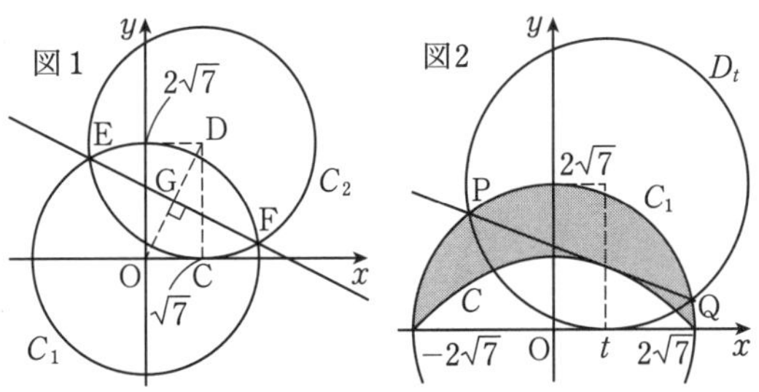

（2） 図1を見よ．対称性からGはODの中点で$\mathbf{G\left(\frac{\sqrt{7}}{2}, \sqrt{7}\right)}$である．三平方の定理から

$$GF^2 = OF^2 - OG^2 = 28 - \left(\frac{7}{4} + 7\right) = \frac{77}{4}$$

$$C_3 : \boldsymbol{\left(x - \frac{\sqrt{7}}{2}\right)^2 + (y-\sqrt{7})^2 = \frac{77}{4}}$$

（3） C_3で$x=0$を代入して

$$\frac{7}{4} + (y-\sqrt{7})^2 = \frac{77}{4}$$

$$y = \sqrt{7} \pm \frac{\sqrt{70}}{2}$$

求める2点間の距離は

$$\left(\sqrt{7} + \frac{\sqrt{70}}{2}\right) - \left(\sqrt{7} - \frac{\sqrt{70}}{2}\right) = \boldsymbol{\sqrt{70}}$$

（4） $C_1 : x^2 + y^2 = 28$

を折り返して得られる円弧D_tがx軸と点$(t, 0)$ $(-2\sqrt{7} \leqq t \leqq 2\sqrt{7})$で接するとして，

$$D_t : (x-t)^2 + (y-2\sqrt{7})^2 = 28$$

となる．$D_t - C_1$から，直線PQは

$$(x-t)^2 + 28 - x^2 - 4\sqrt{7}y = 0 \quad \cdots\cdots①$$

$$y = \frac{(x-t)^2 + 28 - x^2}{4\sqrt{7}}$$

となる．この式から，直線PQは領域$y \geqq \frac{28-x^2}{4\sqrt{7}}$にあり，放物線$C : y = \frac{28-x^2}{4\sqrt{7}}$と$x=t$で接し，接点は$-2\sqrt{7} \leqq x \leqq 2\sqrt{7}$にある．接点を動かして，弦PQは**$C$と$C_1$で挟まれた図2の網目部分**を動く．

♦別解♦ （4） ①は

$$t^2 - 2xt - 4\sqrt{7}y + 28 = 0 \quad \cdots\cdots②$$

となる．これを満たす実数t $(-2\sqrt{7} \leqq t \leqq 2\sqrt{7})$が少なくとも1つ存在する条件を求める．ただし，$C_1$の周または内部で考えるから$x^2 + y^2 \leqq 28$であり，$-2\sqrt{7} \leqq x \leqq 2\sqrt{7}$である．

$$f(t) = t^2 - 2xt - 4\sqrt{7}y + 28$$

とおく．$f(t)$の軸は$t = x$であり，$-2\sqrt{7} \leqq x \leqq 2\sqrt{7}$を満たすから，これは$t$の変域内にある．図3を見よ．$f(t)$の判別式を$D$として

$$\frac{D}{4} = x^2 + 4\sqrt{7}y - 28 \geqq 0$$

$\left(C : y = \frac{28-x^2}{4\sqrt{7}}\text{ の上方}\right)$のもとで，$f(-2\sqrt{7}) \geqq 0$または$f(2\sqrt{7}) \geqq 0$である．（$f(-2\sqrt{7}) < 0$かつ$f(2\sqrt{7}) < 0$とすると2解が$|t| > 2\sqrt{7}$に出る）

$$f(-2\sqrt{7}) = 4\sqrt{7}(x - y + 2\sqrt{7}) \geqq 0$$

（$l_1 : y = x + 2\sqrt{7}$の下方）または

$$f(2\sqrt{7}) = 4\sqrt{7}(-x - y + 2\sqrt{7}) \geqq 0$$

（$l_2 : y = -x + 2\sqrt{7}$の下方）

弦PQの存在する領域は図4の境界を含む網目部分である．

図 3

図 4

注意 1°【同一方向に向かう境界は接する】

C と l_1 を連立させると

$$-\frac{1}{4\sqrt{7}}x^2+\sqrt{7}=x+2\sqrt{7}$$

$$x^2+4\sqrt{7}x+28=0$$

$$(x+2\sqrt{7})^2=0 \qquad \therefore \quad x=-2\sqrt{7}$$

C と l_1 は $x=-2\sqrt{7}$ で接する．同様にして C と l_2 は $x=2\sqrt{7}$ で接する．しかし，図示では，このようなことは示さないで「接するものとして描く」のが普通である．こうした問題は，解答で述べたように，接線の通過領域に言い換えられることが多いからである．

2°【丁寧にいえば】

（1） $\mathrm{OE}=\mathrm{OF}=\mathrm{DE}=\mathrm{DF}=2\sqrt{7}$ から，四角形 OFDE はひし形である．よって，G は EF の中点，すなわち OD の中点である．

《放物線の通過領域（B30）☆》

246. a, b を実数とする．座標平面上の放物線

$$C : y=x^2+ax+b$$

は放物線 $y=-x^2$ と 2 つの共有点を持ち，一方の共有点の x 座標は $-1<x<0$ を満たし，他方の共有点の x 座標は $0<x<1$ を満たす．

（1） 点 (a, b) のとりうる範囲を座標平面上に図示せよ．

（2） 放物線 C の通りうる範囲を座標平面上に図示せよ．

（21 東大・共通）

▶解答◀ （1） $y=x^2+ax+b$ と $y=-x^2$ を連立すると

$$x^2+ax+b=-x^2$$

$$2x^2+ax+b=0$$

$f(x)=2x^2+ax+b$ とおくと，$f(x)=0$ が $-1<x<0$ と $0<x<1$ に 1 つずつ解をもつ条件は

$$f(-1)>0 \text{ かつ } f(0)<0 \text{ かつ } f(1)>0$$

である．ゆえに

$$f(-1)=2-a+b>0$$

$$f(0)=b<0,\ f(1)=2+a+b>0$$

これらを ab 平面に図示すると，図 2 の境界を含まない網目部分となる．

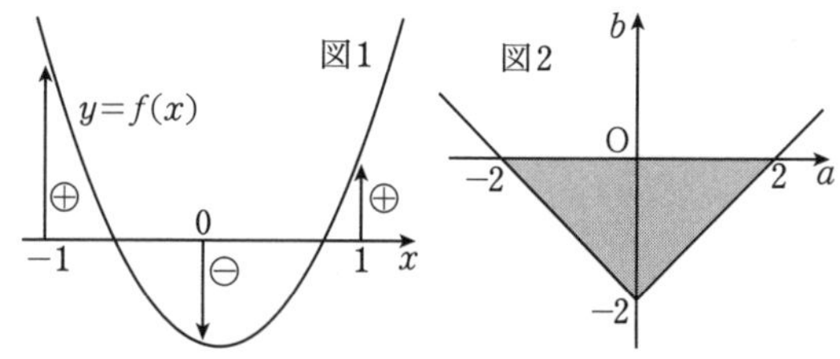

（2） x, y を固定する．$F(a, b)=b+xa+x^2-y$ とおく．$F(a, b)=0$ かつ図 2 の網目部分を満たす (a, b) が存在する条件を求める．それは ab 平面の直線 $F(a, b)=0$ が図 2 の領域の内部を通過することであり，そのような (a, b) が存在しないのは，図 2 の三角形の 3 頂点の上方（境界を含む）を通るか，下方（境界を含む）を通るときである．すなわち，3 頂点のすべてが $F(a, b)$ の正領域（境界を含む）にあるか，負領域（境界を含む）にある．

$$F(2, 0) \geqq 0,\ F(-2, 0) \geqq 0,\ F(0, -2) \geqq 0$$

または

$$F(2, 0) \leqq 0,\ F(-2, 0) \leqq 0,\ F(0, -2) \leqq 0$$

である．よって

$$y \leqq x^2+2x,\ y \leqq x^2-2x,\ y \leqq x^2-2$$

または

$$y \geqq x^2+2x,\ y \geqq x^2-2x,\ y \geqq x^2-2$$

これを図示すると図 3 の 3 曲線すべての下方（境界を含む），または上方（境界を含む）となる．これ以外の部分が答えで，図 3 の境界を除く網目部分となる．

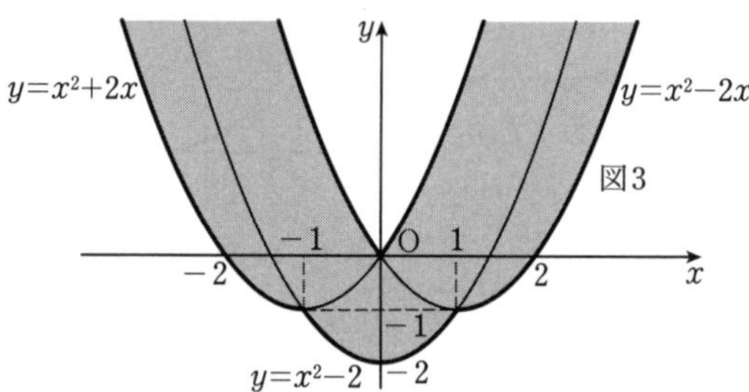

◆別解◆ （2） 解説を含めて書く．

x を固定して，a, b を動かしたとき，$y=x^2+ax+b$ のとる値の値域を求めるという方法がある．実は，本問では，その解法は結構苦労する．(a, b) の変域が，周を除く三角形の内部ということが原因である．一般に，c, d を $c<d$ を満たす実数で，実数の変数 y が $c \leqq y \leqq d$ のすべての値を動いていくとき，y の最小値が c で，最大値が d であるという．このように等号が入っていれば，日本語が書きやすいのであるが，今は，この形にならな

い．実数の変数 y が $c<y<d$ のすべての値を動いていくとき，y の下限が c で上限が d であるという．

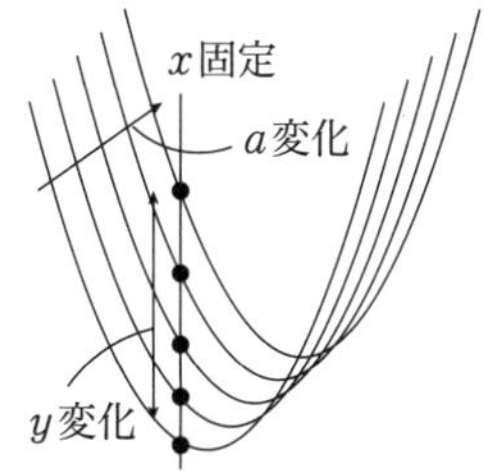

図 2 の三角形の下側の折れ線は
$a \geqq 0$ のときは $b=a-2$
$a \leqq 0$ のときは $b=-a-2$
となる．これを $b=-2+|a|$ とまとめよう．すると，(a, b) の動く範囲は
$-2<a<2$ かつ $-2+|a|<b<0$
とまとめることができる．x を固定し，a も固定し，b を動かしたときの $y=x^2+ax+b$ の値域を求めると

$$x^2+ax+|a|-2<y<x^2+ax \cdots\cdots①$$

となる．これからさらに a を動かして値域を求めるが，固定した x の値が，$x=0$ のとき，x^2+ax は a によらず一定になるのに対して，$x \neq 0$ のときは，いろいろな値を取る．そこで場合分けする．

（ア） $x=0$ のとき．$y=b$ である．図 2 を見よ．$a=0$ のとき，b は $-2<b<0$ のすべてを動くから y の値域は $-2<y<0$ である．

（イ） $x \neq 0$ のとき．a を動かしたとき，① の右辺は変化するが，変域は $-2<a<2$ の範囲で，端に等号がついていない．「y の最大値が○」という書き方ができず，鬱陶しい．y が $m<y<M$ の値をとり，いくらでも m, M に近い値を取ることができるとき，y の上限が M，下限が m という．

x^2+ax の上限は，
$a=2,-2$ のときの値の大きい方 (等しいときはその値) である．M は x^2+2x, x^2-2x の大きい方（等しいときはその値）である．

$h(a)=x^2+ax+|a|-2$ の下限を考察する．
$0 \leqq a<2$ のとき．

$$h(a)=x^2+ax+a-2=x^2+a(x+1)-2 \cdots\cdots②$$

$-2<a \leqq 0$ のとき．

$$h(a)=x^2+ax-a-2=x^2+a(x-1)-2 \cdots\cdots③$$

条件は左右対称であるから $0 \leqq x$ で考察する．$x=1$ のとき ③ の $h(a)=-1$
② の $h(a)=2a-1 \geqq -1$
$h(a)$ の最小値は -1 である．これ以外の x では

$$h(0)=x^2-2$$
$$h(-2)=x^2-2x,\ h(2)=x^2+2x$$

の最小のものが y の下限である．

結局，$y=x^2-2, y=x^2-2x, y=x^2+2x$ が上限，下限を与える．これを図示し，これらの間にある部分（境界を除く）が求める領域である．図 2 の一番上をなぞったものが上限で，一番下をなぞったものが下限になる．

注意 1°【一度等号を入れて後で抜けばいい？】

「$-2 \leqq a \leqq 2$ かつ $-2+|a| \leqq b \leqq 0$ と，等号を入れておいて最大値と最小値を求め，最後に等号を抜けばいいのではないか？」というアイデアもあるだろう．本当にそれでいいのか？

もっと単純にして，a が $-1<a<1$ を動くとき，曲線 $y=ax^2$ の通過領域を求めよう．今のアイデアが正しいなら，a が $-1 \leqq a \leqq 1$ を動くとき，曲線 $y=ax^2$ の通過領域は $-x^2 \leqq y \leqq x^2$ で，$-1<a<1$ を動くときは，等号をとって $-x^2<y<x^2$ が答えということになるが，実際には $x=0$ のときには $y=ax^2=0$ であるから，本当の通過領域は
$x \neq 0$ のときは $-x^2<y<x^2$
$x=0$ のときは $y=0$ となる．

今は，a, b の 2 変数であるために，いったん b を消去して ① にして，$-2 \leqq a \leqq 2$ で a を動かして x^2+ax の最大値と $x^2+ax+|a|-2$ の最小値を求めれば，結果的には，正しい答えを得る．① では等号がないから不都合なことは起こらない．しかし，危ない橋を渡っている感じは否めない．

2°【こんな解答はどうか？】

生徒に解いてもらうと，答えだけを書く人が少なくない．どうやったの？と聞くと
「$y=-x^2$ と，$(-1,-1),(0,0),(1,-1)$ で交わるときが問題なので，これらのうちの 2 つを通るとき，$y=x^2-2x, y=x^2+2x, y=x^2-2$ がポイントとなる（次の図の状態）．後はグリグリと動かしました (曲線で上下に挟まれた部分を塗る)」
という．

唖然とした．これでは「逆手流」を教えたかいがない．

これで何点貰えるか？答案を返却する商業模試なら，クレームが鬱陶しいから減点しない．返却する必要がない大学入試なら，私なら，採点のスピードアップのため「逆手流などの式の考察がなくて，答えだけ，

あるいは，グリグリ動かす答案は細かく読まずに，図示が合っていたら点を半分だけ与える」にする．採点は楽で，採点者にも評判がよいだろう．

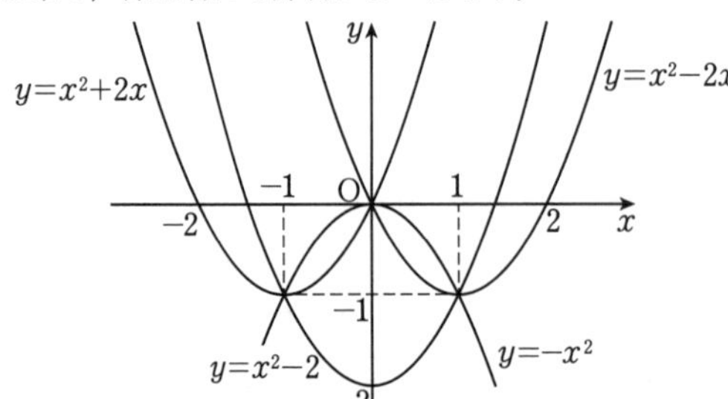

《写像 (B20) ☆》

247. 実数 x, y が $x^2+y^2 \leqq 2$ を満たすとき，点 $(x-y, xy)$ が存在する領域を D とする．

（1） $x-y=s, xy=t$ とするとき，不等式 $x^2+y^2 \leqq 2$ を s と t だけで表すと □ である．

（2） 実数 s, t に対して，x, y が実数となるような s, t の条件式は □ である．

（3） 領域 D の面積は □ である．

（21　久留米大・推薦）

▶解答◀ （1） $x^2+y^2 \leqq 2$ より

$$(x-y)^2+2xy \leqq 2$$

$x-y=s, xy=t$ を代入して

$$\boldsymbol{s^2+2t \leqq 2} \quad \cdots\cdots ①$$

（2） $y=x-s$ を $xy=t$ に代入して

$$x(x-s)=t$$

$$x^2-sx-t=0$$

s, t は実数であるから x が実数となる条件は，x についての上の2次方程式の判別式が0以上になることであり，このとき $y=x-s$ より y も実数である．よって求める条件は

$$\boldsymbol{s^2+4t \geqq 0} \quad \cdots\cdots ②$$

（3） ①より $t \leqq \frac{1}{2}(2-s^2)$

②より $t \geqq -\frac{s^2}{4}$

$\frac{1}{2}(2-s^2)=-\frac{s^2}{4}$ を解くと

$$4-2s^2=-s^2$$

$$s^2=4 \qquad \therefore \quad s=\pm 2$$

であるから，①かつ②を図示して，領域 D は図の網目部分のようになる．よって D の面積は

$$\int_{-2}^{2}\left\{\frac{1}{2}(2-s^2)-\left(-\frac{s^2}{4}\right)\right\}ds$$

$$=-\frac{1}{4}\int_{-2}^{2}(s+2)(s-2)\,ds$$

$$=\frac{1}{4}\cdot\frac{(2+2)^3}{6}=\boldsymbol{\frac{8}{3}}$$

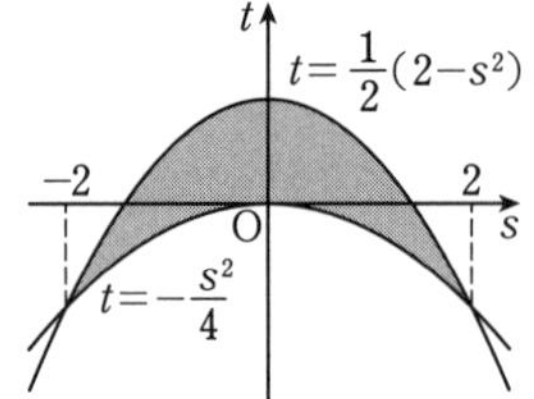

♦別解♦ （2） $x+(-y)=s, x(-y)=-t$ より，$x, -y$ は2次方程式 $u^2-su-t=0$ の解である．$x, -y$ が実数となる条件として（判別式）$\geqq 0$ をとると②が得られる．

【座標の難問】

《minimax 原理 (C30)》

248. x の2次式 $f(x)=x^2+ax+b$ を考える．ただし，a, b は実数とする．

（1） $f(2)$ の値を，$f(0)$ と $f(1)$ を用いて表せ．

（2） $f(0), f(1), f(2)$ のうち少なくとも1つは絶対値が $\frac{1}{2}$ 以上であることを示せ．

（3） $f(0), f(1), f(2)$ のうち1つだけの絶対値が $\frac{1}{2}$ 以上となり，残り2つの絶対値が $\frac{1}{2}$ より小さいような (a, b) の範囲を ab 平面上に図示したとき，その領域の面積を求めよ．

（21　近大・医-推薦）

▶解答◀ （1） $f(0)=b,\ f(1)=1+a+b$ であるから

$$f(2)=4+2a+b=2(1+a+b)-b+2$$

$$f(2)=\boldsymbol{2f(1)-f(0)+2} \quad \cdots\cdots ①$$

（2） $|f(0)|<\frac{1}{2}, |f(1)|<\frac{1}{2}, |f(2)|<\frac{1}{2}$ であると仮定する．

$$-\frac{1}{2}<f(0)<\frac{1}{2} \quad \cdots\cdots ②$$

$$-1<-2f(1)<1 \quad \cdots\cdots ③$$

$$-\frac{1}{2}<f(2)<\frac{1}{2} \quad \cdots\cdots ④$$

②＋③＋④より

$$-2<f(0)-2f(1)+f(2)<2$$

これは①より得られる $f(0)-2f(1)+f(2)=2$ に矛盾する．よって $|f(0)|, |f(1)|, |f(2)|$ の少なくとも1つは $\frac{1}{2}$ 以上である．

（3） $A: -\frac{1}{2}<b<\frac{1}{2}$

$B: -\frac{3}{2}<a+b<-\frac{1}{2}$

$$C : -\frac{9}{2} < 2a + b < -\frac{7}{2}$$

とする．このうちの 2 つを満たし他の 1 つを満たさない領域は図の境界を除く網目部分である．求める面積は

$$\mathrm{DE} \cdot \mathrm{DJ} + \mathrm{EF} \cdot \mathrm{DJ} + \frac{1}{2}\mathrm{IH} \cdot \mathrm{GE} \cdot 2$$

$$= 1 \cdot 1 + \frac{1}{2} \cdot 1 + \frac{1}{2} \cdot 1 \cdot 1 \cdot 2 = \mathbf{\frac{5}{2}}$$

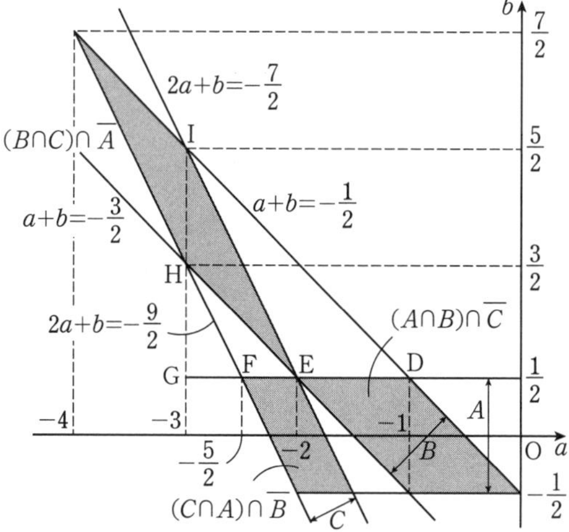

注意 1°【出来が悪い】

$|f(0)| < \frac{1}{2}$ を，$-\frac{1}{2} < f(0) < \frac{1}{2}$ と外せない人が多い．絶対値を「中身の符号で丁寧に場合分けする」と思っていると，8 通りの場合分けをするのか？と手が止まってしまう．「」はあくまでも基本であるが，応用的な問題では『出来るだけ場合分けしない』が正しい．私は高校一年のとき，「」と習った，そのときは疑問にもたなかったが，Z 会や，大学への数学の学コンに応募を始めたら『』と気づくことになった．教える人は言い方に注意しないといけない．

2°【minimax 原理】

本問は次の話題が関係している．それを，単なる座標平面の図示の話にしたものである．

> a, b は実数で，$f(x) = x^2 + ax + b$ とする．$|f(x)|$ の $0 \leqq x \leqq 2$ における最大値を M とする．M を最小にする $f(x)$ を求めよ．

このタイプの問題は「平方完成して軸の位置で場合分け」などはしない．

▶解答◀ $|f(x)|$ の $0 \leqq x \leqq 2$ における最大値 M は，$0 \leqq x \leqq 2$ の任意の x に対して $|f(x)| \leqq M$，すなわち $-M \leqq f(x) \leqq M$ が成り立ち，かつ等号が成り立つ x が存在するものである．

$$f(0) \leqq M, \ -M \leqq f(1), \ f(2) \leqq M$$

$$b \leqq M, \ -M \leqq 1 + a + b, \ 4 + 2a + b \leqq M$$

両側の式はそのまま，中央の式は 2 倍して，辺ごとに加えると

$$-2M + 4 + 2a + 2b \leqq 2 + 2a + 2b + 2M$$

となる．これを整理して $\frac{1}{2} \leqq M$ を得る．等号は

$$b = \frac{1}{2}, \ -\frac{1}{2} = 1 + a + b, \ 4 + 2a + b = \frac{1}{2}$$

が成り立つときで，$a = -2, b = \frac{1}{2}$ となる．このとき，$f(x) = x^2 - 2x + \frac{1}{2}$ となり，$0 \leqq x \leqq 2$ で常に $-\frac{1}{2} \leqq f(x) \leqq \frac{1}{2}$（等号は $x = 0, 1, 2$ で成立）を満たすから適する．

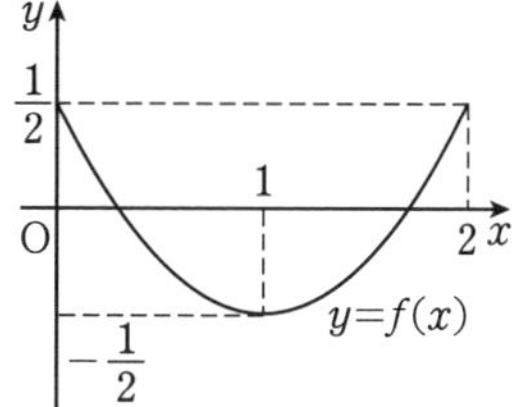

【三角関数】

《sin1 と sin2 と sin3 と cos1(B10) ☆》

249. $\sin 1$, $\sin 2$, $\sin 3$, $\cos 1$ という 4 つの数値を小さい方から順に並べよ．ただし，1，2，3 は，それぞれ 1 ラジアン，2 ラジアン，3 ラジアンを表す．（21　鹿児島大・共通）

考え方 $\sin 1$, $\sin 2$, $\sin 3$, $\sin 4$ の大小比較は頻出だが，そこに $\cos 1$ があるのは珍しい．

▶解答◀ $\cos 1 = \sin\left(\dfrac{\pi}{2} - 1\right)$ である．

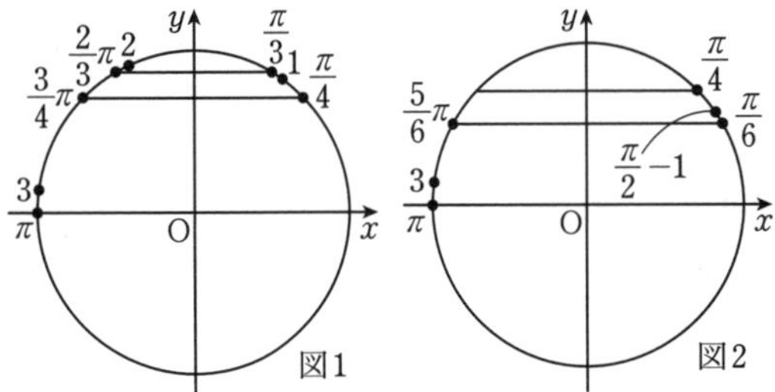

$\dfrac{\pi}{4} < 1 < \dfrac{\pi}{3} < 2 < \dfrac{2}{3}\pi < \dfrac{3}{4}\pi < 3 < \pi$ であり（図 1），

$\dfrac{\pi}{6} < \dfrac{\pi}{2} - 1 < \dfrac{\pi}{4}$，$\dfrac{5}{6}\pi < 3 < \pi$ である（図 2）から

$$0 < \sin 3 < \frac{1}{2} < \sin\left(\frac{\pi}{2} - 1\right) < \frac{1}{\sqrt{2}}$$

$$< \sin 1 < \frac{\sqrt{3}}{2} < \sin 2$$

よって，$\mathbf{\sin 3 < \cos 1 < \sin 1 < \sin 2}$ である．

《tan の半角表示 (A10) ☆》

250. $\tan\dfrac{\theta}{2} = \dfrac{1}{2}$ のとき，$\cos\theta$，$\sin\theta$，$\tan\theta$ を求めよ．（21　東京女子医大）

▶解答◀ $t = \tan\dfrac{\theta}{2}$ とおくと

$$\cos\theta = \frac{1-t^2}{1+t^2},\ \sin\theta = \frac{2t}{1+t^2}$$

であるから

$$\tan\theta = \frac{\sin\theta}{\cos\theta} = \frac{2t}{1-t^2}$$

よって，$\tan\dfrac{\theta}{2} = \dfrac{1}{2}$ のとき

$$\cos\theta = \frac{1-\frac{1}{4}}{1+\frac{1}{4}} = \mathbf{\frac{3}{5}},\ \sin\theta = \frac{2\cdot\frac{1}{2}}{1+\frac{1}{4}} = \mathbf{\frac{4}{5}}$$

$$\tan\theta = \frac{2\cdot\frac{1}{2}}{1-\frac{1}{4}} = \mathbf{\frac{4}{3}}$$

注意 上の t についての式は公式として扱った．次のようにして導くことができる．

途中，分母分子を $\cos^2\dfrac{\theta}{2}$ で割っている．

$t = \tan\dfrac{\theta}{2}$ のとき

$$\cos\theta = \cos^2\frac{\theta}{2} - \sin^2\frac{\theta}{2} = \frac{\cos^2\frac{\theta}{2} - \sin^2\frac{\theta}{2}}{\cos^2\frac{\theta}{2} + \sin^2\frac{\theta}{2}}$$

$$= \frac{1-\tan^2\frac{\theta}{2}}{1+\tan^2\frac{\theta}{2}} = \frac{1-t^2}{1+t^2}$$

$$\sin\theta = 2\sin\frac{\theta}{2}\cos\frac{\theta}{2} = \frac{2\sin\frac{\theta}{2}\cos\frac{\theta}{2}}{\cos^2\frac{\theta}{2} + \sin^2\frac{\theta}{2}}$$

$$= \frac{2\tan\frac{\theta}{2}}{1+\tan^2\frac{\theta}{2}} = \frac{2t}{1+t^2}$$

《tan の 2 倍角 (A5) ☆》

251. $-\dfrac{\pi}{2} < \theta < \dfrac{\pi}{2}$ で $\sin\theta = \dfrac{7}{11}$ のとき，$\tan 2\theta$ の値を求めよ．（21　宮城教育大・中等，初等）

▶解答◀ $-\dfrac{\pi}{2} < \theta < \dfrac{\pi}{2}$ と $\sin\theta > 0$ から

$0 < \theta < \dfrac{\pi}{2}$ であり，$\cos\theta > 0$ である．

$$\cos\theta = \sqrt{1-\sin^2\theta} = \sqrt{1-\frac{49}{121}} = \frac{6}{11}\sqrt{2}$$

$$\tan\theta = \frac{\sin\theta}{\cos\theta} = \frac{7}{11}\cdot\frac{11}{6\sqrt{2}} = \frac{7}{6\sqrt{2}}$$

$$\tan 2\theta = \frac{2\tan\theta}{1-\tan^2\theta} = \frac{2\cdot\frac{7}{6\sqrt{2}}}{1-\frac{49}{72}}$$

$$= \frac{14}{6\sqrt{2}}\cdot\frac{72}{23} = \mathbf{\frac{84\sqrt{2}}{23}}$$

《tan の加法定理 (A5)》

252. $\tan 15° = \square$，

$\sin 130° + \cos 140° + \tan 150° = \square$

である．（21　明治薬大・後期）

▶解答◀ $\tan 15° = \tan(60° - 45°)$

$$= \frac{\tan 60° - \tan 45°}{1 + \tan 60° \tan 45°} = \frac{\sqrt{3}-1}{\sqrt{3}+1}$$

$$= \frac{\left(\sqrt{3}-1\right)^2}{2} = \mathbf{2-\sqrt{3}}$$

$\sin 130° + \cos 140° + \tan 150°$

$$= \sin 50° - \cos 40° - \frac{1}{\sqrt{3}}$$

$$= \sin(90° - 40°) - \cos 40° - \frac{1}{\sqrt{3}}$$

$$= \cos 40° - \cos 40° - \frac{1}{\sqrt{3}} = \mathbf{-\frac{1}{\sqrt{3}}}$$

《大小比較 (B20) ☆》

253. α を $\sin\alpha = \dfrac{3}{5}$，$0 \leqq \alpha \leqq \dfrac{\pi}{2}$ を満たす実数

とする．このとき，次の問いに答えよ．

（1） $\sin 2\alpha$ の値を求めよ．

（2） $\sin\frac{5}{12}\pi$ の値を求めよ．

（3） α と $\frac{5}{24}\pi$ の大小を比較せよ．

（21　静岡大・後期）

▶解答◀ （1） $\sin\alpha=\frac{3}{5}$ のとき，$\cos\alpha=\frac{4}{5}$ である．

$$\sin 2\alpha=2\sin\alpha\cos\alpha=2\cdot\frac{3}{5}\cdot\frac{4}{5}=\boldsymbol{\frac{24}{25}}$$

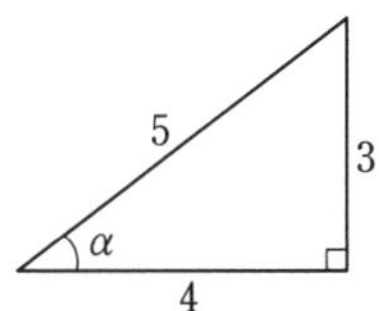

（2） ラジアンは分かりにくいから度数法で表す．

$$\sin 75^\circ=\sin(45^\circ+30^\circ)$$
$$=\sin 45^\circ\cos 30^\circ+\cos 45^\circ\sin 30^\circ$$
$$=\frac{1}{\sqrt{2}}\cdot\frac{\sqrt{3}}{2}+\frac{1}{\sqrt{2}}\cdot\frac{1}{2}=\boldsymbol{\frac{\sqrt{6}+\sqrt{2}}{4}}$$

（3） $\sin\frac{5}{12}\pi-\sin 2\alpha=\frac{\sqrt{6}+\sqrt{2}}{4}-\frac{24}{25}$

$$=\frac{1}{4}(\sqrt{6}+\sqrt{2}-3.84)$$
$$>\frac{1}{4}(2.44+1.41-3.84)=\frac{1}{4}(3.85-3.84)>0$$

$\frac{3}{5}=\sin\alpha<\cos\alpha=\frac{4}{5}$ であるから，$0<\alpha<\frac{\pi}{4}$ である．$\frac{5}{12}\pi$ も 2α も鋭角であるから，$\sin\frac{5}{12}\pi>\sin 2\alpha$ のとき $\frac{5}{12}\pi>2\alpha$ である．よって，$\boldsymbol{\frac{5}{24}\pi>\alpha}$ である．

【三角関数の方程式と不等式】

《sin の方程式 (A5)》

254． $1-\cos 2x=2\sin x$，ただし $0^\circ\leqq x<360^\circ$ とすると，$x=$ □°，□°，□° である．

（21　愛知学院大・薬，歯）

▶解答◀ $1-\cos 2x=2\sin x$

$$2\sin^2 x=2\sin x$$
$$\sin x(\sin x-1)=0$$
$$\sin x=0,\ 1 \qquad \therefore\quad x=\boldsymbol{0^\circ,\ 90^\circ,\ 180^\circ}$$

《3 倍角の方程式 (A10) ☆》

255． $0\leqq\theta<\pi$ のとき，方程式

$$\cos\theta+\cos 2\theta+\cos 3\theta=0$$

を満たす実数 θ の値をすべて求めよ．

（21　東北大・医 AO）

▶解答◀ $c=\cos\theta$ とおく．

$$c+(2c^2-1)+(4c^3-3c)=0$$
$$4c^3+2c^2-2c-1=0$$
$$(2c+1)(2c^2-1)=0$$
$$c=-\frac{1}{2},\ \pm\frac{1}{\sqrt{2}}$$
$$\theta=\boldsymbol{\frac{\pi}{4},\ \frac{2}{3}\pi,\ \frac{3}{4}\pi}$$

《2 倍角と合成 (B20) ☆》

256． 次の方程式を解け．ただし，$0<x<\pi$ とする．

（1） $\sin 2x=\sqrt{3}\sin x$

（2） $\sqrt{3}\cos x+\sin x=\sqrt{3}$

（3） $\sqrt{3}\cos 2x+\sin 2x=\sqrt{3}\cos x+3\sin x$

（21　岡山理大・A 日程）

▶解答◀ （1） $2\sin x\cos x=\sqrt{3}\sin x$

$$\sin x(2\cos x-\sqrt{3})=0$$

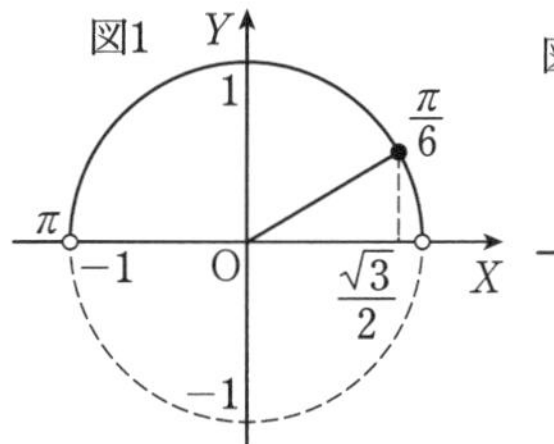

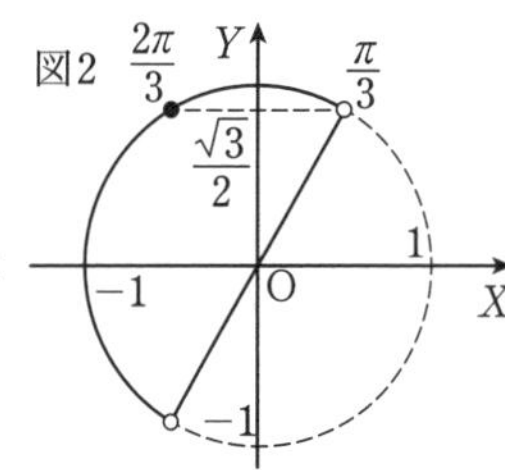

$0<x<\pi$ より $\sin x\neq 0$ だから $\cos x=\frac{\sqrt{3}}{2}$ である．図 1 を見よ．$x=\boldsymbol{\frac{\pi}{6}}$

（2） $2\sin\left(x+\frac{\pi}{3}\right)=\sqrt{3}$

$$\sin\left(x+\frac{\pi}{3}\right)=\frac{\sqrt{3}}{2},\ \frac{\pi}{3}<x+\frac{\pi}{3}<\frac{4\pi}{3}$$

図 2 を見よ．$x+\frac{\pi}{3}=\frac{2\pi}{3}$ で $x=\boldsymbol{\frac{\pi}{3}}$

（3） $2\sin\left(2x+\frac{\pi}{3}\right)=2\sqrt{3}\sin\left(x+\frac{\pi}{6}\right)$

$x+\frac{\pi}{6}=\theta$ とおくと $\sin 2\theta=\sqrt{3}\sin\theta$

$2\sin\theta\cos\theta=\sqrt{3}\sin\theta$ となり

$\sin\theta=0$ または $\cos\theta=\frac{\sqrt{3}}{2}$ で，$\frac{\pi}{6}<\theta<\frac{7\pi}{6}$

$\theta=\pi$ となり $x+\frac{\pi}{6}=\pi$ であるから $x=\boldsymbol{\frac{5\pi}{6}}$

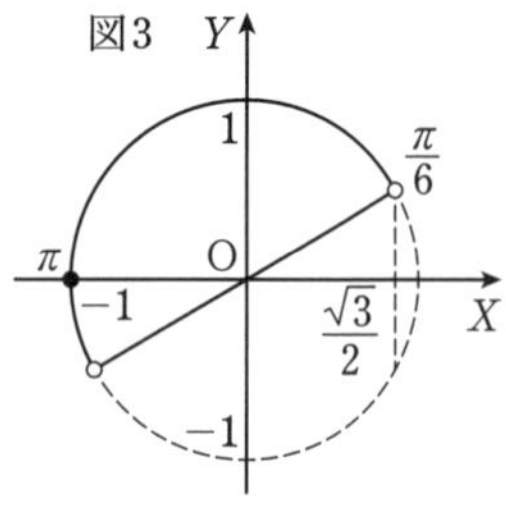

《sin と cos の不等式 (A10)》

257. $0 \leqq \theta < 2\pi$ のとき，以下の問いに答えよ．

（1） 方程式 $\sin 2\theta = \sin\theta$ を解け．

（2） 不等式 $2\cos^2\theta + (\sqrt{3} - 6)\cos\theta - 3\sqrt{3} > 0$ を解け． （21 甲南大・公募-文理共通）

▶解答◀ （**1**） $2\sin\theta\cos\theta = \sin\theta$

$\sin\theta = 0$ または $\cos\theta = \dfrac{1}{2}$ であり，$0 \leqq \theta < 2\pi$ より，

$\theta = \mathbf{0}, \boldsymbol{\dfrac{\pi}{3}}, \boldsymbol{\pi}, \boldsymbol{\dfrac{5}{3}\pi}$ である（図1）．

（**2**） $(2\cos\theta + \sqrt{3})(\cos\theta - 3) > 0$

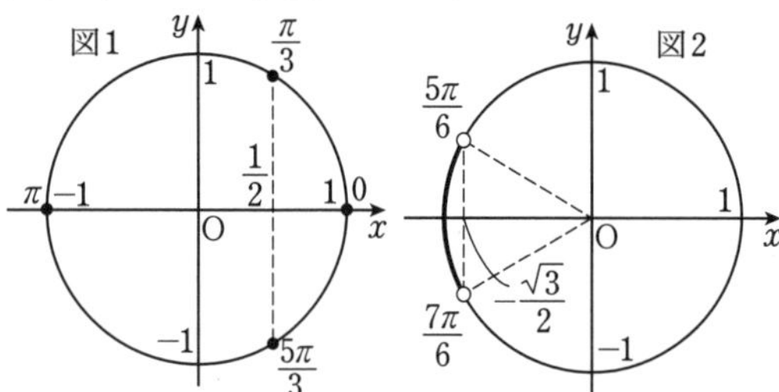

$-1 \leqq \cos\theta \leqq 1$ より，$\cos\theta - 3 < 0$ だから（図2）

$$2\cos\theta + \sqrt{3} < 0 \qquad \therefore\ \cos\theta < -\frac{\sqrt{3}}{2}$$

$0 \leqq \theta < 2\pi$ より

$$\boldsymbol{\frac{5}{6}\pi < \theta < \frac{7}{6}\pi}$$

《領域の図示 (B15) ☆》

258. $0 \leqq x < 2\pi$ とする．

$2\sin 2x - 2\sqrt{2}\sin x - 2\cos x + \sqrt{2}$

$= (\square\sin x - \square)(\square\cos x - \sqrt{\square})$

と因数分解できるので，不等式

$2\sin 2x - 2\sqrt{2}\sin x - 2\cos x + \sqrt{2} < 0$

の解は，$\square$ である． （21 玉川大）

▶解答◀ $2\sin 2x - 2\sqrt{2}\sin x - 2\cos x + \sqrt{2}$

$= 4\sin x\cos x - 2\sqrt{2}\sin x - 2\cos x + \sqrt{2}$

$= \mathbf{(2\sin x - 1)(2\cos x - \sqrt{2})}$

であるから

$(2\sin x - 1)(2\cos x - \sqrt{2}) < 0$ ………………①

となる．$X = \cos x, Y = \sin x$ とおく．

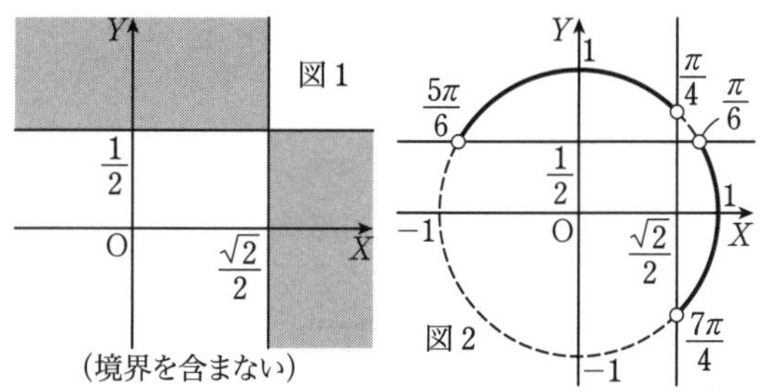

領域 $(2Y - 1)(2X - \sqrt{2}) < 0$ は図1の網目部分である．境界を除く．次に図2を見よ．① の解は

$$\boldsymbol{0 \leqq x < \frac{\pi}{6},\ \frac{\pi}{4} < x < \frac{5}{6}\pi,\ \frac{7}{4}\pi < x < 2\pi}$$

注意【領域の図示】

領域 $(2Y - 1)(2X - \sqrt{2}) < 0$ の図示は，学校で教わるように「$2Y - 1 < 0$ かつ $2X - \sqrt{2} > 0$」または「$2Y - 1 > 0$ かつ $2X - \sqrt{2} < 0$」とやってはいけない．境界 $2Y - 1 = 0$ と $2X - \sqrt{2} = 0$ で，区切り，平面全体を4つの領域に分け，どこが適するかを判断する．たとえば $X = 100, Y = 100$ を代入すると成立しないから，右上の部分は不適である．後は線で境界を飛び越えると適・不適を交代する．この方針ならば境界が3つ以上あっても同様にできる．

《合成と不等式 (A10) ☆》

259. $0 < x < \pi$ のとき，不等式

$$\sin^4 x + 2\sin x\cos x - \cos^4 x > \frac{\sqrt{2}}{2}$$

の解は，$\square$ である． （21 摂南大）

▶解答◀ $\sin^4 x + 2\sin x\cos x - \cos^4 x > \dfrac{\sqrt{2}}{2}$

$$(\sin^2 x + \cos^2 x)(\sin^2 x - \cos^2 x) + \sin 2x > \frac{1}{\sqrt{2}}$$

$$-\cos 2x + \sin 2x > \frac{1}{\sqrt{2}}$$

$$\sqrt{2}\cos\left(2x - \frac{3}{4}\pi\right) > \frac{1}{\sqrt{2}}$$

$$\cos\left(2x - \frac{3}{4}\pi\right) > \frac{1}{2}$$

$0 < x < \pi$ より

$$-\frac{\pi}{3} < 2x - \frac{3}{4}\pi < \frac{\pi}{3}$$

$$\boldsymbol{\frac{5}{24}}\pi < x < \boldsymbol{\frac{13}{24}}\pi$$

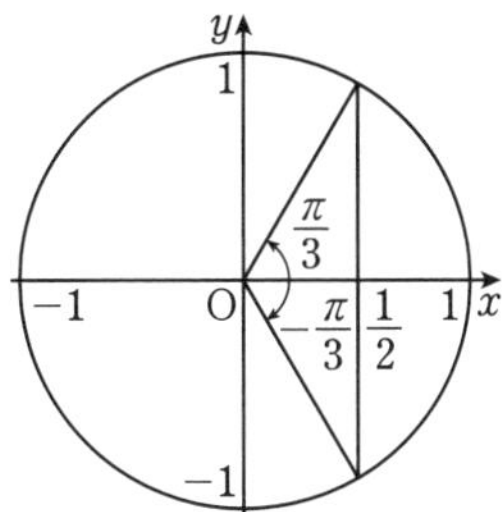

《視覚化せよ (B20)》

260. k は定数とする．

（1） xy 平面上の円 $x^2+y^2=1$ と直線 $kx-y+3k-1=0$ が異なる2つの共有点A，Bをもつとする．このとき，k のとり得る値の範囲は □ である．線分ABの長さが $\sqrt{3}$ であるとき，$k=$ □ である．

（2）「□ または □」は「θ についての方程式 $k\cos\theta-\sin\theta+3k-1=0$ が $0\leqq\theta\leqq\pi$ の範囲にちょうど1つだけ解をもつ」であるための必要十分条件である． （21 北里大・薬）

▶解答◀ （1） $C: x^2+y^2=1$

$l: kx-y+3k-1=0$

とおく．C と l が異なる2つの共有点をもつとき，C の中心 $(0, 0)$ と l との距離が C の半径1より小さいから

$$\frac{|3k-1|}{\sqrt{k^2+1}}<1$$

$$(3k-1)^2<k^2+1$$

$$8k^2-6k<0$$

$$k(4k-3)<0 \qquad \therefore \quad \boldsymbol{0<k<\frac{3}{4}}$$

また，$\mathrm{AB}=\sqrt{3}$ のとき，l と $(0, 0)$ との距離は $\frac{1}{2}$ であるから

$$\frac{|3k-1|}{\sqrt{k^2+1}}=\frac{1}{2}$$

$$4(3k-1)^2=k^2+1$$

$$35k^2-24k+3=0 \qquad \therefore \quad k=\boldsymbol{\frac{12\pm\sqrt{39}}{35}}$$

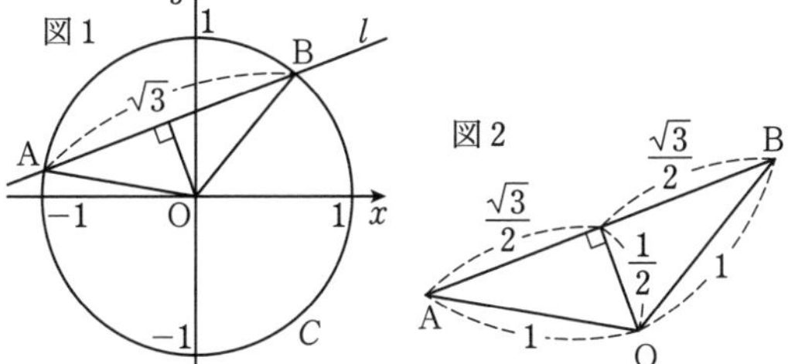

（2） $\cos\theta=x$，$\sin\theta=y$ とおくと $x^2+y^2=1$ で $0\leqq\theta\leqq\pi$ より $0\leqq y\leqq1$

よって $k\cos\theta-\sin\theta+3k-1=0$ が $0\leqq\theta\leqq\pi$ の範囲にちょうど1つだけ解をもつことは，直線 l が円 C の $y\geqq0$ の部分とただ1つの共有点をもつということである．

なお，l について $k(x+3)-(y+1)=0$ より定点 $(-3, -1)$ を通ることに注意せよ．

l が $(1, 0)$ を通るとき

$$k-0+3k-1=0 \qquad \therefore \quad k=\frac{1}{4}$$

l が $(-1, 0)$ を通るとき

$$-k-0+3k-1=0 \qquad \therefore \quad k=\frac{1}{2}$$

l が C と $y>0$ の部分で接するとき

$$\frac{|3k-1|}{\sqrt{k^2+1}}=1$$

$k(4k-3)=0$ で，$k>0$ であるから $k=\frac{3}{4}$

よって $\boldsymbol{k=\frac{3}{4}}$ または $\boldsymbol{\frac{1}{4}\leqq k<\frac{1}{2}}$

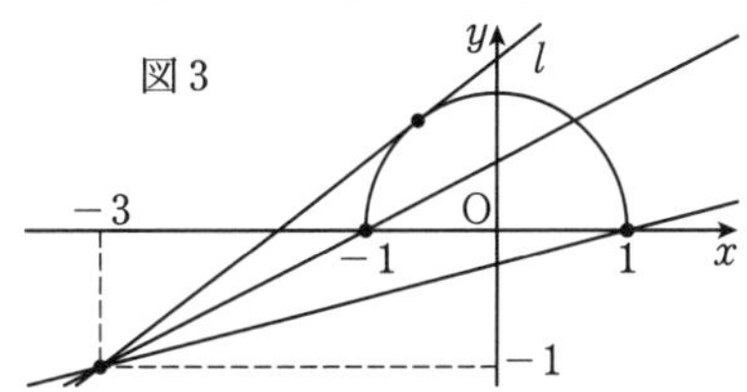

《視覚化せよ (B20) ☆》

261. $0\leqq x<2\pi$ において，2つの曲線

$$y=a\sin x,\ y=\cos x+2$$

がただ1つの共有点Pをもつとき，正の定数 a の値と点Pの座標を求めよ． （21 広島工業大）

▶解答◀ 2式を連立させ $a\sin x=\cos x+2$ ……①

$X=\cos x, Y=\sin x$ とおくと点 (X, Y) は円 $X^2+Y^2=1$ と直線 $aY=X+2$ の共有点である．それがただ1つになるのは，図のように接するときであり，そのとき $x=\frac{2\pi}{3}$ である．$a\sin x=\cos x+2$ に代入し $a\cdot\frac{\sqrt{3}}{2}=\frac{3}{2}$ であるから，$a=\boldsymbol{\sqrt{3}}$ となる．なお，a は直線 $aY=X+2$ の傾きではなく傾きの逆数だから，錯覚しないように．$\mathrm{P}=(x, \cos x+2)=\boldsymbol{\left(\frac{2\pi}{3}, \frac{3}{2}\right)}$

◆別解◆ ①は $\cos\alpha=\frac{-1}{\sqrt{1+a^2}}$, $\sin\alpha=\frac{a}{\sqrt{1+a^2}}$ （α は鈍角）として $\sqrt{1+a^2}\cos(x-\alpha)=2$ と合成できる．これを満たす $x\ (0\leqq x<2\pi)$ がただ1つ存在する条件は $\sqrt{1+a^2}=2$ であり，$a=\boldsymbol{\sqrt{3}}$ となる．そのとき $\cos\alpha=-\frac{1}{2}$, $\sin\alpha=\frac{\sqrt{3}}{2}$ で $x=\alpha=\frac{2\pi}{3}$ （後略）

《円周上の点 (B20)》

262. x, y を $0 < y - x < \pi$ を満たす実数とする．さらに，等式

$$\sin x + \sin y = \frac{2}{\sqrt{3}} \quad \cdots\cdots ①$$

$$\cos x + \cos y = \sqrt{\frac{5}{3}} \quad \cdots\cdots ②$$

を満たすとする．$\left(\frac{2}{\sqrt{3}}\right)^2 + \left(\sqrt{\frac{5}{3}}\right)^2 = 3$ であるので，$\cos(y - x) = \square$ を満たす．したがって，$y - x = \square\pi$ となる．よって，等式 ①，② から，$\sin x = \square$ である．(21　京産大・公募理系)

▶解答◀ $\sin x + \sin y = \frac{2}{\sqrt{3}} \quad \cdots\cdots ①$

$$\cos x + \cos y = \sqrt{\frac{5}{3}} \quad \cdots\cdots ②$$

①，② の両辺を 2 乗して加えると

$$(\sin x + \sin y)^2 + (\cos x + \cos y)^2 = 3$$

$$2(\sin x \sin y + \cos x \cos y + 1) = 3$$

$$\cos(y - x) = \boldsymbol{\frac{1}{2}}$$

$0 < y - x < \pi$ であるから

$$y - x = \boldsymbol{\frac{\pi}{3}} \qquad \therefore \quad y = x + \frac{\pi}{3} \quad \cdots\cdots ③$$

以下では，$\sin x = s, \cos x = c$ とする．

③ を ① に代入して

$$\sin x + \sin\left(x + \frac{\pi}{3}\right) = \frac{2}{\sqrt{3}}$$

$$s + \frac{1}{2}s + \frac{\sqrt{3}}{2}c = \frac{2}{\sqrt{3}}$$

$$\frac{3}{2}s + \frac{\sqrt{3}}{2}c = \frac{2}{\sqrt{3}}$$

$$3\sqrt{3}s + 3c = 4 \quad \cdots\cdots ④$$

③ を ② に代入して

$$\cos x + \cos\left(x + \frac{\pi}{3}\right) = \sqrt{\frac{5}{3}}$$

$$c + \frac{1}{2}c - \frac{\sqrt{3}}{2}s = \sqrt{\frac{5}{3}}$$

$$\frac{3}{2}c - \frac{\sqrt{3}}{2}s = \sqrt{\frac{5}{3}}$$

$$3\sqrt{3}c - 3s = 2\sqrt{5} \quad \cdots\cdots ⑤$$

④ $\times \sqrt{3}$ − ⑤ から

$$12s = 4\sqrt{3} - 2\sqrt{5}$$

$$\sin x = \boldsymbol{\frac{2\sqrt{3} - \sqrt{5}}{6}}$$

◆別解◆ XY 座標平面で考える．$\mathrm{A}(\cos x, \sin x)$，$\mathrm{B}(\cos y, \sin y)$，$\mathrm{M}\left(\frac{\sqrt{15}}{6}, \frac{\sqrt{3}}{3}\right)$ とする．A, B は単位円周上の点であり，①，② から M は線分 AB の中点であるから，$\mathrm{OM} \perp \mathrm{AB}$ である．$0 < y - x < \pi$ であるから，図のような位置関係となる．

$$\overrightarrow{\mathrm{OM}} = \frac{\sqrt{3}}{6}(\sqrt{5}, 2)$$

$$\mathrm{OM} = \frac{\sqrt{3}}{6}\sqrt{5+4} = \frac{\sqrt{3}}{2}$$

$\triangle\mathrm{OAM}$ は $60°$ 定規の形となり，$\mathrm{AM} = \frac{1}{2}$ である．

$$y - x = 2\angle\mathrm{AOM} = 2 \cdot \frac{\pi}{6} = \boldsymbol{\frac{\pi}{3}}$$

$$\cos(y - x) = \cos\frac{\pi}{3} = \boldsymbol{\frac{1}{2}}$$

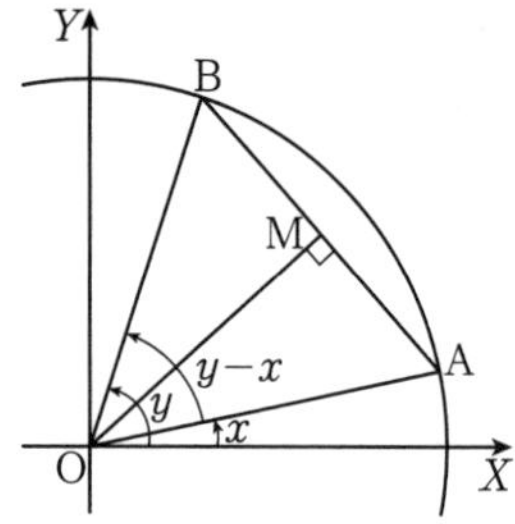

$\overrightarrow{\mathrm{MA}}$ は $\overrightarrow{\mathrm{OM}}$ と垂直で，長さが $\frac{1}{\sqrt{3}}$ 倍で右下向きのベクトルであるから

$$\overrightarrow{\mathrm{MA}} = \frac{1}{\sqrt{3}} \cdot \frac{\sqrt{3}}{6}(2, -\sqrt{5})$$

$$\overrightarrow{\mathrm{OA}} = \overrightarrow{\mathrm{OM}} + \overrightarrow{\mathrm{MA}}$$

$$= \frac{\sqrt{3}}{6}(\sqrt{5}, 2) + \frac{1}{6}(2, -\sqrt{5})$$

$$= \frac{1}{6}(2 + \sqrt{15}, 2\sqrt{3} - \sqrt{5})$$

よって $\sin x = \boldsymbol{\frac{2\sqrt{3} - \sqrt{5}}{6}}$

《不等式の解の個数 (B20) ☆》

263. 以下の問いに答えよ．

（1） $0 \leqq \theta < 2\pi$ のとき，方程式 $2\cos\theta + 1 = 0$ を満たす θ の値を求めよ．

（2） $0 \leqq \theta < 2\pi$ のとき，方程式

$$2\cos\left(2\theta + \frac{\pi}{3}\right) + 1 = 0$$

を満たす θ の値を求めよ．

（3） $0 \leqq \theta < 2\pi$ のとき，方程式

$$2\cos\left(a\theta + \frac{\pi}{3}\right) + 1 = 0$$

を満たす θ がちょうど 15 個存在するような，正の定数 a の範囲を求めよ．（21　東邦大・薬）

考え方 円で考えるが，(3) は難しい．

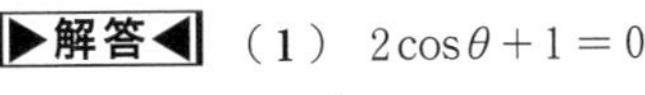

▶解答◀ (1) $2\cos\theta+1=0$

$$\cos\theta=-\frac{1}{2}$$

$0\leqq\theta<2\pi$ より，$\theta=\boldsymbol{\frac{2}{3}\pi,\ \frac{4}{3}\pi}$ である．

図 1

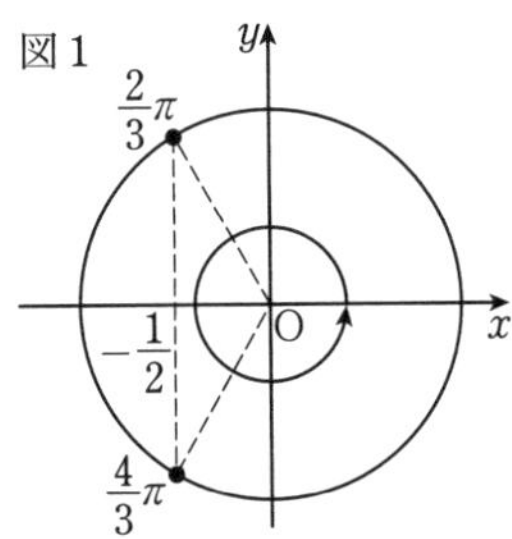

図 2

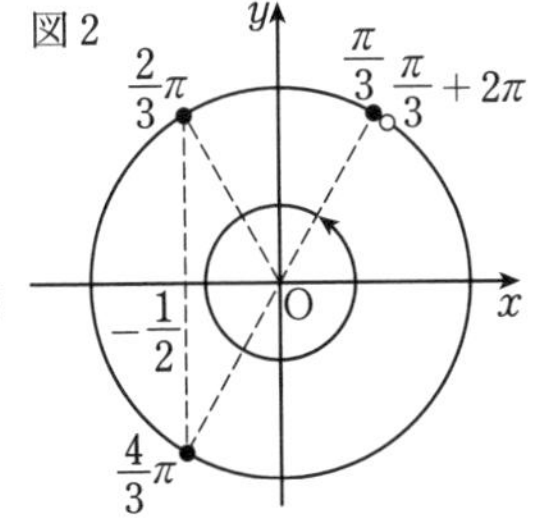

(2) $2\cos\left(2\theta+\frac{\pi}{3}\right)+1=0$

$$\cos\left(2\theta+\frac{\pi}{3}\right)=-\frac{1}{2}$$

$0\leqq\theta<2\pi$ より，$\frac{\pi}{3}\leqq 2\theta+\frac{\pi}{3}<\frac{13}{3}\pi$ であるから

$$2\theta+\frac{\pi}{3}=\frac{2}{3}\pi,\ \frac{4}{3}\pi,\ \frac{8}{3}\pi,\ \frac{10}{3}\pi$$

$$2\theta=\frac{\pi}{3},\ \pi,\ \frac{7}{3}\pi,\ 3\pi$$

$$\theta=\boldsymbol{\frac{\pi}{6},\ \frac{\pi}{2},\ \frac{7}{6}\pi,\ \frac{3}{2}\pi}$$

(3) $2\cos\left(a\theta+\frac{\pi}{3}\right)+1=0$ ……………………①

$$\cos\left(a\theta+\frac{\pi}{3}\right)=-\frac{1}{2}$$

① を満たす θ がちょうど 15 個存在するとき，最大の解は $\theta=\frac{2}{3}\pi+14\pi$ である．このとき，$0\leqq\theta<2\pi$ より

$$\frac{\pi}{3}\leqq a\theta+\frac{\pi}{3}<\frac{\pi}{3}+2a\pi \quad \cdots\cdots\cdots②$$

であるから，$\frac{2}{3}\pi+14\pi$ が ② に含まれ，かつ，$\frac{4}{3}\pi+14\pi$ が ② に含まれないような a の範囲を考える．

$\frac{\pi}{3}+2a\pi$ そのものは ② に含まれないことに注意して

$$\frac{2}{3}\pi+14\pi<\frac{\pi}{3}+2a\pi\leqq\frac{4}{3}\pi+14\pi$$

$$\frac{1}{3}+14<2a\leqq 1+14 \qquad \therefore\ \boldsymbol{\frac{43}{6}<a\leqq\frac{15}{2}}$$

図 3

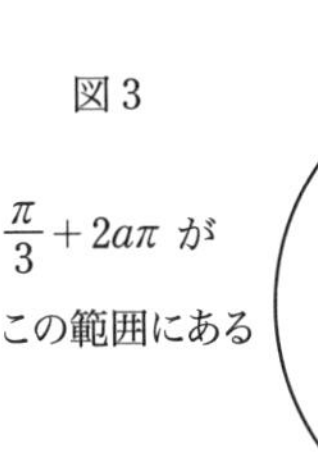

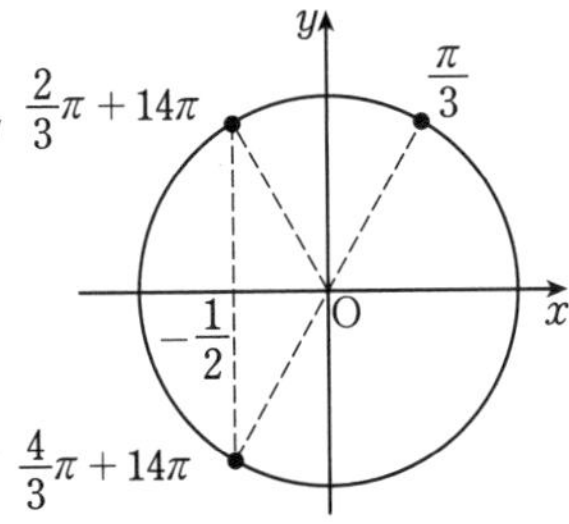

《tan と不定方程式 (B30) ☆》

264. 自然数 n に対し，$\tan\theta_n=\frac{1}{n}$ を満たす角 $\theta_n\left(0<\theta_n<\frac{\pi}{2}\right)$ を考える．このとき，$\theta_1=\square$，$\tan(\theta_1+\theta_2)=\square$，$\theta_1+\theta_2+\theta_3=\square$ が成り立つ．次に，自然数の組 (m,n) が $\theta_m+2\theta_n=\frac{\pi}{4}$ を満たすとき，m は n を用いて $m=\square$ と表されるので，このような (m,n) を全て求めると $(m,n)=\square$ となる．

(21 明治薬大・前期)

▶解答◀ $\tan\theta_1=1$ であるから $\theta_1=\boldsymbol{\frac{\pi}{4}}$ である．

$\tan\theta_2=\frac{1}{2}$ であるから

$$\tan(\theta_1+\theta_2)=\frac{\tan\theta_1+\tan\theta_2}{1-\tan\theta_1\tan\theta_2}=\frac{1+\frac{1}{2}}{1-\frac{1}{2}}=\boldsymbol{3}$$

である．$\tan\theta_3=\frac{1}{3}$ であるから

$$\tan(\theta_1+\theta_2+\theta_3)=\frac{\tan(\theta_1+\theta_2)+\tan\theta_3}{1-\tan(\theta_1+\theta_2)\tan\theta_3}$$

$$=\frac{3+\frac{1}{3}}{1-3\cdot\frac{1}{3}}=\frac{\frac{10}{3}}{0}$$

おっと，分母が 0 になってしまった．tan が定義できない．$0<\theta_1+\theta_2+\theta_3<\frac{3}{2}\pi$ より $\theta_1+\theta_2+\theta_3=\boldsymbol{\frac{\pi}{2}}$

$\theta_m+2\theta_n=\frac{\pi}{4}$，$0<\theta_m<\frac{\pi}{2}$，$0<\theta_n<\frac{\pi}{2}$ より $0<2\theta_n<\frac{\pi}{4}$ であるから，$\tan 2\theta_n$ が定義できる．

$$\tan 2\theta_n=\frac{2\tan\theta_n}{1-\tan^2\theta_n}=\frac{\frac{2}{n}}{1-\frac{1}{n^2}}=\frac{2n}{n^2-1}$$

であるから，$\theta_m+2\theta_n=\frac{\pi}{4}$ のとき

$$\tan\theta_m=\tan\left(\frac{\pi}{4}-2\theta_n\right)$$

$$=\frac{\tan\frac{\pi}{4}-\tan 2\theta_n}{1+\tan\frac{\pi}{4}\tan 2\theta_n}=\frac{1-\frac{2n}{n^2-1}}{1+\frac{2n}{n^2-1}}$$

$$\frac{1}{m}=\frac{n^2-2n-1}{n^2+2n-1}$$

右辺の分母と左辺は正であるから右辺の分子も正で $n(n-2)>1$ である．ゆえに $n\geqq 3$ である．

$$m=\frac{n^2+2n-1}{n^2-2n-1}=\boldsymbol{1+\frac{4n}{n^2-2n-1}}$$

となる．$m=1+\frac{4n}{n^2-2n-1}$ が自然数であるから $\frac{4n}{n^2-2n-1}$ も自然数で $\frac{4n}{n^2-2n-1}\geqq 1$

$$n^2-6n-1\leqq 0$$

$$n(n-6)\leqq 1$$

$n\geqq 7$ のときは成立しないから $3\leqq n\leqq 6$ である．

$$(n,m)=(3,7),\ \left(4,\frac{23}{7}\right),\ \left(5,\frac{17}{7}\right),\ \left(6,\frac{47}{23}\right)$$

となり，求めるものは $(m, n) = \mathbf{(7, 3)}$ である．

注意 **【分母の 0 を避ける】**

私は上の解答で十分だと思うけれど，「分母が 0 の式を書くなんて！」と大人の非難を浴びそうだ．

$1 - \tan(\theta_1 + \theta_2)\tan\theta_3 = 1 - 3 \cdot \dfrac{1}{3} = 0$ で

$\tan(\theta_1 + \theta_2 + \theta_3)$ が定義できない．

$0 < \theta_1 + \theta_2 + \theta_3 < \dfrac{3}{2}\pi$ より $\theta_1 + \theta_2 + \theta_3 = \boldsymbol{\dfrac{\pi}{2}}$

【置き換えなどで方程式や最大最小】

今年は $t=\sin\theta+\cos\theta$ と置き換えて解く問題が異様に多い．2つ3つ解いて適当に飛ばしてください．資料性のために主要大学のを入れておきます．

《置き換えて方程式 (B20)》

265. $t=\sin\theta+\cos\theta$ とし，θ は $-\dfrac{\pi}{2}<\theta<\dfrac{\pi}{2}$ の範囲を動くものとする．

（1） t のとりうる値の範囲を求めよ．

（2） $\sin^3\theta+\cos^3\theta$ と $\cos 4\theta$ を，それぞれ t を用いて表せ．

（3） $\sin^3\theta+\cos^3\theta=\cos 4\theta$ であるとき，t の値をすべて求めよ． （21 筑波大・前期）

考え方 $t=\sin\theta+\cos\theta$ の置き換えは指示されなくてもできるようにしよう．

▶解答◀ （1） 三角関数の合成を行う．

$$t=\sin\theta+\cos\theta=\sqrt{2}\sin\left(\theta+\frac{\pi}{4}\right) \quad\cdots\cdots\text{①}$$

$-\dfrac{\pi}{2}<\theta<\dfrac{\pi}{2}$ のとき

$$-\frac{\pi}{4}<\theta+\frac{\pi}{4}<\frac{3}{4}\pi$$

であるから，① より

$$\boldsymbol{-1<t\leqq\sqrt{2}} \quad\cdots\cdots\text{②}$$

（2） $t=\sin\theta+\cos\theta$ を2乗して

$$t^2=1+2\sin\theta\cos\theta$$

$$\sin\theta\cos\theta=\frac{t^2-1}{2}$$

$$\sin^3\theta+\cos^3\theta$$

$$=(\sin\theta+\cos\theta)^3-3\sin\theta\cos\theta(\sin\theta+\cos\theta)$$

$$=t^3-3\cdot\frac{t^2-1}{2}\cdot t=\boldsymbol{-\frac{1}{2}t^3+\frac{3}{2}t}$$

$$\cos 4\theta=1-2\sin^2 2\theta$$

$$=1-2(2\sin\theta\cos\theta)^2=1-8(\sin\theta\cos\theta)^2$$

$$=1-8\left(\frac{t^2-1}{2}\right)^2=\boldsymbol{-2t^4+4t^2-1}$$

（3） $\sin^3\theta+\cos^3\theta=\cos 4\theta$ のとき

$$-\frac{1}{2}t^3+\frac{3}{2}t=-2t^4+4t^2-1$$

$$4t^4-t^3-8t^2+3t+2=0$$

$$(t-1)(4t^3+3t^2-5t-2)=0$$

$$(t-1)^2(4t^2+7t+2)=0$$

$$t=1,\ \frac{-7\pm\sqrt{17}}{8}$$

② より

$$\boldsymbol{t=1,\ \frac{-7+\sqrt{17}}{8}}$$

《置き換えて方程式 (B20) ☆》

266. 実数 x が，$\dfrac{3}{4}\pi<x<\pi$ および $\dfrac{1}{\cos x}+\dfrac{1}{\sin x}=\dfrac{4}{3}$ をみたすとする．以下の問いに答えよ．

（1） $\cos x+\sin x$ の値を求めよ．

（2） $\cos 2x+\sin 2x$ の値を求めよ．

（3） $\cos 3x+\sin 3x$ の値を求めよ．

（21 公立はこだて未来大）

考え方 本問はできが悪い．「$\cos x+\sin x=t$ とおけ」という指示がないからだ．こうした問題では「和に名前をつける」を覚えておきたい．

▶解答◀ （1） $\dfrac{1}{\cos x}+\dfrac{1}{\sin x}=\dfrac{4}{3}$ より

$$3(\sin x+\cos x)=4\cos x\sin x \quad\cdots\cdots\text{①}$$

ここで $\cos x+\sin x=t$ とおくと

$$t^2=1+2\cos x\sin x$$

$$\cos x\sin x=\frac{t^2-1}{2}$$

また，$t=\sqrt{2}\cos\left(x-\dfrac{\pi}{4}\right)$ と合成できて，

$\dfrac{\pi}{2}<x-\dfrac{\pi}{4}<\dfrac{3}{4}\pi$ であるから，$-1<t<0$ ………②

① を t で表すと，$3t=2(t^2-1)$

$$(2t+1)(t-2)=0 \qquad \therefore\quad t=2,\ -\frac{1}{2}$$

したがって，② より $\cos x+\sin x=t=\boldsymbol{-\dfrac{1}{2}}$

（2） $s=\cos x-\sin x$ とおくと

$$s^2=1-2\cos x\sin x=1-(t^2-1)=\frac{7}{4}$$

$\dfrac{3}{4}\pi<x<\pi$ より $\sin x>0$ であり，$t<0$ であるから

$$s=t-2\sin x<0$$

よって $s=-\dfrac{\sqrt{7}}{2}$ である．2倍角の公式より

$$\cos 2x+\sin 2x=\cos^2 x-\sin^2 x+2\cos x\sin x$$

$$=st+(t^2-1)=\boldsymbol{\frac{\sqrt{7}-3}{4}}$$

（3） 3倍角の公式より

$$\cos 3x+\sin 3x$$

$$=4\cos^3 x-3\cos x-4\sin^3 x+3\sin x$$

$$=4(\cos^3 x-\sin^3 x)-3(\cos x-\sin x)$$

$$=4s(1+\cos x\sin x)-3s=s\{1+2(t^2-1)\}$$

$$=-\frac{\sqrt{7}}{2}\left(1-\frac{3}{2}\right)=\boldsymbol{\frac{\sqrt{7}}{4}}$$

《置き換えて方程式 (B20) ☆》

267. a を正の定数とする．$0\leqq x<2\pi$ のとき，

$$f(x)=2\sin x\cos x+a(\sin x+\cos x)+2$$

について，$\sin x+\cos x=t$ とおく．$f(x)$ を a

とtで表すと，□となる．$|t|$ のとりうる値の範囲は $0 \leqq |t| \leqq$ □で，$f(x)$ の最大値は a を用いて□と表される．また，方程式 $f(x)=0$ が異なる4つの解をもつような a の値の範囲は □ $< a <$ □ である．（21　同志社大）

▶解答◀ $t=\sin x+\cos x$ より

$$t^2=\sin^2 x+\cos^2 x+2\sin x\cos x$$
$$=1+2\sin x\cos x$$
$$2\sin x\cos x=t^2-1$$
$$f(x)=t^2-1+at+2=\boldsymbol{t^2+at+1}$$

となる．$t=\sqrt{2}\sin\left(x+\frac{\pi}{4}\right)$ で

$\frac{\pi}{4} \leqq x+\frac{\pi}{4} < 2\pi+\frac{\pi}{4}$ であるから，t の変域は $-\sqrt{2}\leqq t\leqq\sqrt{2}$ であり，$|t|$ の変域は $0\leqq|t|\leqq\boldsymbol{\sqrt{2}}$ である．

$g(t)=t^2+at+1$ とおく．$g(t)$ は下に凸な2次関数であるから，$t=-\sqrt{2}, \sqrt{2}$ のいずれかで最大値をとる．

$$g(-\sqrt{2})=3-\sqrt{2}a,\ g(\sqrt{2})=3+\sqrt{2}a$$

であるから，$a>0$ より，最大値は $\boldsymbol{3+\sqrt{2}a}$ である．$-\sqrt{2}<t<\sqrt{2}$ のとき，1個の t に対して2個の x が対応し，$t=\pm\sqrt{2}$ のとき，1個の t に対して1個の x が対応し，$t<-\sqrt{2},\ \sqrt{2}<t$ のとき，t に対応する x は存在しない．よって，$f(x)=0$ が4個の異なる解をもつのは，$g(t)=0$ が $0\leqq|t|\leqq\sqrt{2}$ の範囲に2個の異なる解をもつときである．

$$g(t)=t^2+at+1=\left(t+\frac{a}{2}\right)^2+1-\frac{a^2}{4}$$

であるから，グラフは図のようになり，$-\sqrt{2}<t<\sqrt{2}$ の範囲で t 軸と異なる2点を共有する条件は

$$1-\frac{a^2}{4}<0<3-\sqrt{2}a$$
$$a^2>4 \text{ かつ } \sqrt{2}a<3$$
$$a<-2,\ 2<a \text{ かつ } a<\frac{3}{\sqrt{2}}$$

$a>0$ であるから $\boldsymbol{2<a<\frac{3}{\sqrt{2}}}$

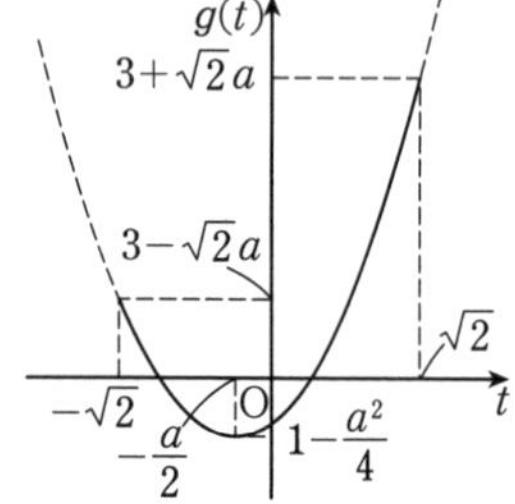

《置き換えて方程式（B30）☆》

268. a, b を実数とする．このとき，変数 x の関数

$$f(x)=\sin 2x+a(\sin x+\cos x)+b$$

について，次の各問に答えよ．

（1）$t=\sin x+\cos x$ とおくとき，$f(x)$ を，t を用いて表せ．

（2）x の方程式 $f(x)=0$ が少なくとも1つの実数解を持つようなすべての a, b を，座標平面上の点 (a, b) として図示せよ．（21　宮崎大・医）

▶解答◀（1）$t=\sin x+\cos x$ のとき

$$t=\sqrt{2}\sin\left(x+\frac{\pi}{4}\right)$$

であるから，$-\sqrt{2}\leqq t\leqq\sqrt{2}$ である．このとき

$$f(x)=\sin 2x+a(\sin x+\cos x)+b$$
$$=2\sin x\cos x+a(\sin x+\cos x)+b$$
$$=(\sin x+\cos x)^2-1+a(\sin x+\cos x)+b$$
$$=\boldsymbol{t^2+at+b-1}$$

（2）$f(x)=0$ が少なくとも1つの実数解を持つのは，t の方程式 $b=-t^2-at+1$ が $-\sqrt{2}\leqq t\leqq\sqrt{2}$ の範囲に少なくとも1つの実数解をもつときである．

$g(t)=-t^2-at+1$ とおく．

$g(t)=-\left(t+\frac{a}{2}\right)^2+\frac{a^2}{4}+1$

a を固定し，t を $-\sqrt{2}\leqq t\leqq\sqrt{2}$ で動かしたとき $g(t)$ の最大値 M と最小値 m に対して $m\leqq b\leqq M$ のときである．m, M は

$g(-\sqrt{2})=\sqrt{2}a-1,\ g(\sqrt{2})=-\sqrt{2}a-1,$

$g\left(-\frac{a}{2}\right)=\frac{a^2}{4}+1$

の中にある．ただし $g\left(-\frac{a}{2}\right)$ が有効なのは，

$-\sqrt{2}\leqq-\frac{a}{2}\leqq\sqrt{2}$，すなわち $-2\sqrt{2}\leqq a\leqq 2\sqrt{2}$ のときに，最大値としてのみ有効である．

図の上側の太線が $b=M$ のグラフで，下側の太線が $b=m$ のグラフである．$m\leqq b\leqq M$ として図の網目部分（境界を含む）を得る．なお，

$C: b=\frac{a^2}{4}+1\ (-2\sqrt{2}\leqq a\leqq 2\sqrt{2}),$

$l_1: b=\sqrt{2}a-1,\ l_2: b=-\sqrt{2}a-1$

である．

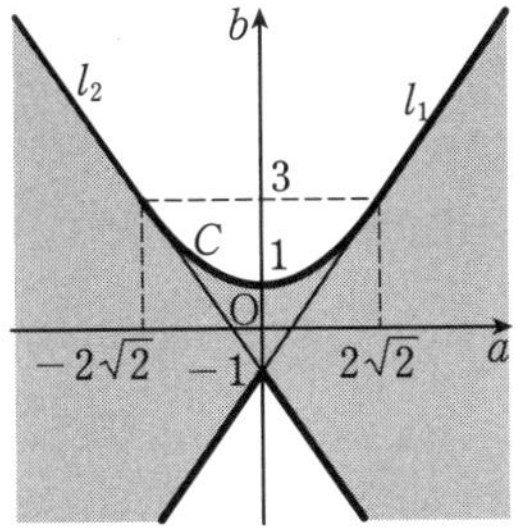

♦別解♦ 古くからある解法を書こう．

$h(t) = t^2 + at + b - 1$ とおく．$h(t) = 0$ が $-\sqrt{2} \leqq t \leqq \sqrt{2}$ の解を少なくとも 1 つもつのは次の 2 つの場合がある．

（ア） $h(\sqrt{2})h(-\sqrt{2}) \leqq 0$

$$(b + \sqrt{2}a + 1)(b - \sqrt{2}a + 1) \leqq 0 \quad \cdots\cdots\cdots\cdots\textcircled{1}$$

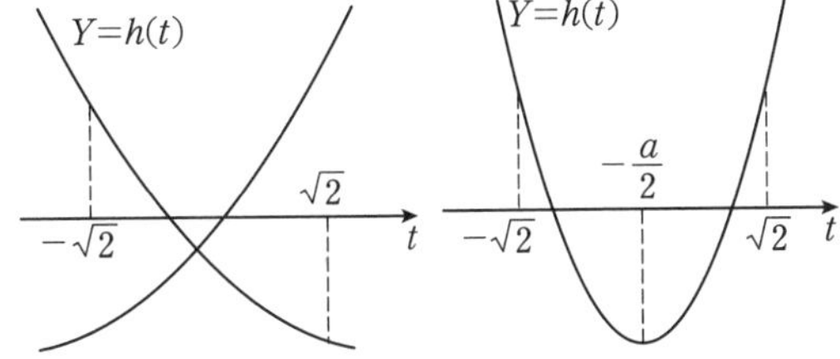

（イ） $h(\sqrt{2}) = b + \sqrt{2}a + 1 \geqq 0$

$h(-\sqrt{2}) = b - \sqrt{2}a + 1 \geqq 0$

$-\sqrt{2} \leqq -\frac{a}{2} \leqq \sqrt{2}$，$D = a^2 - 4b + 4 \geqq 0$

ただし D は $h(t)$ の判別式である．

図示すると ① は l_1 と l_2 の上下に挟まれた間となり，（イ）は C と l_1, l_2 の間に挟まれた部分となる．ただし，この解法で正解まで到達する生徒は多くない．① の図示ですら手間取る．

《2 次方程式の解の配置 (B10)》

269．方程式 $\cos^2 x + a\sin x + a - 2 = 0$（$a$ は実数）は，$0 \leqq x \leqq \frac{\pi}{2}$ で解をもつとする．このとき，a のとりうる値の範囲は，$m \leqq a \leqq M$ となる．$\frac{(2M + m)^2}{2}$ の値を求めよ．

（21 自治医大・医）

▶解答◀ $s = \sin x$ とおく．$0 \leqq x \leqq \frac{\pi}{2}$ のとき，$0 \leqq s \leqq 1$ である．

$$\cos^2 x + a\sin x + a - 2 = 0$$

$$1 - s^2 x + as + a - 2 = 0$$

$$s^2 - as - a + 1 = 0 \quad \cdots\cdots\cdots\cdots\textcircled{1}$$

$$a(s + 1) = s^2 + 1 \quad \cdots\cdots\cdots\cdots\textcircled{2}$$

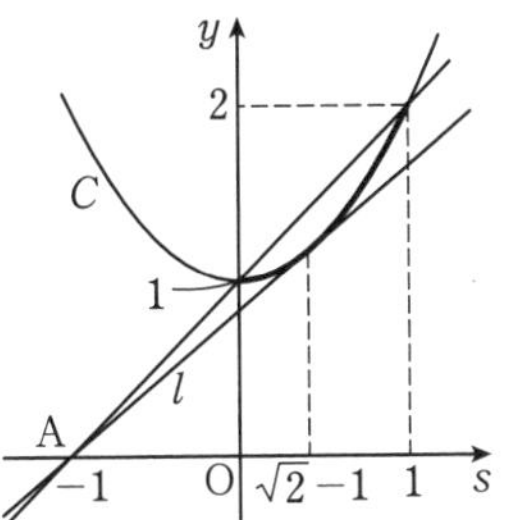

$C : y = s^2 + 1$，$l : y = a(s+1)$，$\mathrm{A}(-1, 0)$ とおく．l は定点 A を通る，傾き a の直線である（図を参照せよ）．

l と C が $0 < s < 1$ で接するとき，① の判別式を D とすると $D = a^2 + 4a - 4 = 0$ のとき $a = -2 \pm 2\sqrt{2}$ である．① の重解 $s = \frac{a}{2}$ が $0 < s < 1$ にあるのは $a = -2 + 2\sqrt{2}$ のときである．

l が $(0, 1)$ または $(1, 2)$ を通るとき，$a = 1$ である．

よって，$m = -2 + 2\sqrt{2}$，$M = 1$ である．

$$\frac{(2M + m)^2}{2} = \frac{(2\sqrt{2})^2}{2} = \mathbf{4}$$

♦別解♦ ② のあと $a = \frac{s^2 + 1}{s + 1}$ となる．

$f(s) = \frac{s^2 + 1}{s + 1}$ とおく．

$$f'(s) = \frac{2s(s+1) - (s^2 + 1) \cdot 1}{(s+1)^2} = \frac{s^2 + 2s - 1}{(s+1)^2}$$

$s^2 + 2s - 1 = 0$, $0 < s < 1$ を解くと $s = -1 + \sqrt{2}$

s	0	$\cdots$	α	$\cdots$	1
$f'(s)$		$-$	0	$+$	
$f(s)$		↘		↗	

$\alpha = \sqrt{2} - 1$ とおく．$f(0) = 1$，$f(1) = 1$，

$$f(\alpha) = \frac{(\sqrt{2} - 1)^2 + 1}{\sqrt{2}} = 2\sqrt{2} - 2 = 2\alpha$$

曲線 $y = f(s)$ と $y = a$ が共有点をもつ条件は $2\alpha \leqq a \leqq 1$ である．$m = -2 + 2\sqrt{2}$，$M = 1$

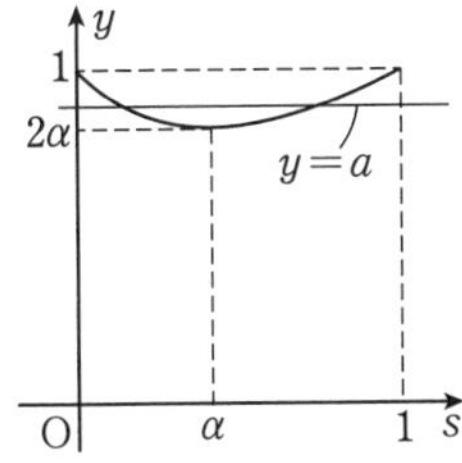

♦別解♦ ① までは解答と同じ．$f(s) = s^2 - as - a + 1$ とおく．$f(s) = 0$ が $0 \leqq s \leqq 1$ で少なくとも 1 つ実数解をもつ条件を求める．

② の符号から $a > 0$ である．判別式を D とおくと，$D = a^2 + 4a - 4 \geqq 0$ を解いて $a \geqq 2\sqrt{2} - 2$ となる．また．$f(0) = 1 - a$ と $f(1) = 2(1 - a)$ は同符号であるから，$1 - a < 0$ のときには $0 \leqq s \leqq 1$ で常に $f(s) < 0$ と

なり，不適．よって$1-a \geqq 0$であり，$-2+2\sqrt{2} \leqq a \leqq 1$となる．このとき$0 < \dfrac{a}{2} < 1$になり，軸は$0 < x < 1$にあるから適する．

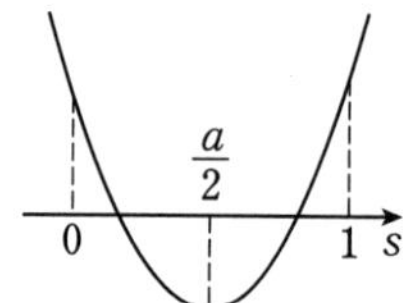

【最大・最小など】

《合成 (A10)》

270. $y=(2+\sqrt{3})\sin 2\theta+(3+2\sqrt{3})\cos 2\theta$ $\left(0 \leqq \theta \leqq \dfrac{\pi}{2}\right)$ とする．y の最大値，最小値とそのときの θ の値を求めなさい．

（21　愛知学院大・薬，歯）

▶解答◀ $y=(2+\sqrt{3})\sin 2\theta+(3+2\sqrt{3})\cos 2\theta$

$$=(2+\sqrt{3})(\sin 2\theta+\sqrt{3}\cos 2\theta)$$

$$=2(2+\sqrt{3})\sin\left(2\theta+\frac{\pi}{3}\right)$$

$0 \leqq \theta \leqq \dfrac{\pi}{2}$ のとき $\dfrac{\pi}{3} \leqq 2\theta+\dfrac{\pi}{3} \leqq \dfrac{4}{3}\pi$ であるから，$2\theta+\dfrac{\pi}{3}=\dfrac{\pi}{2}$ すなわち $\theta=\boldsymbol{\dfrac{\pi}{12}}$ のとき最大値 $\boldsymbol{4+2\sqrt{3}}$ をとり，$2\theta+\dfrac{\pi}{3}=\dfrac{4}{3}\pi$ すなわち $\theta=\boldsymbol{\dfrac{\pi}{2}}$ のとき最小値 $\boldsymbol{-3-2\sqrt{3}}$ をとる．

《2 次関数 (A10)》

271. $0 \leqq \theta \leqq \pi$ のとき，関数

$$f(\theta)=\cos 2\theta+3\cos\theta-1$$

の最小値は □，最大値は □ である．また，方程式 $f(\theta)=0$ の解は $\theta=$ □ である．

（21　関西学院大・理系）

▶解答◀ $\cos\theta=c$ とおく．$0 \leqq \theta \leqq \pi$ のとき $-1 \leqq c \leqq 1$ で

$$f(\theta)=2c^2-1+3c-1=2c^2+3c-2$$

$$=2\left(c+\frac{3}{4}\right)^2-\frac{9}{8}-2$$

$$=2\left(c+\frac{3}{4}\right)^2-\frac{25}{8}$$

であるから，最小値は $c=-\dfrac{3}{4}$ のとき $\boldsymbol{-\dfrac{25}{8}}$，最大値は $c=1$ のとき $\boldsymbol{3}$ である．また，

$$f(\theta)=2c^2+3c-2=(2c-1)(c+2)$$

であるから，$f(\theta)=0$ となるのは $c=\dfrac{1}{2}$ のとき，すなわち $\theta=\boldsymbol{\dfrac{\pi}{3}}$ のときである．

《2 次関数 (A5)》

272. 関数

$$f(\theta)=\frac{1}{2}\cos 2\theta+\frac{\cos\theta}{\tan^2\theta}-\frac{1}{\tan^2\theta\cos\theta}$$

$\left(0<\theta<\dfrac{\pi}{2}\right)$ は $\theta=$ □ のとき，最小値 □ をとる．

（21　関大・理系）

▶解答◀ $\cos\theta=c,\ \sin\theta=s$ とおく．

$$\frac{\cos\theta}{\tan^2\theta}-\frac{1}{\tan^2\theta\cos\theta}=\frac{c}{\frac{s^2}{c^2}}-\frac{1}{\frac{s^2}{c^2}c}$$

$$=\frac{c^3-c}{s^2}=\frac{-c(1-c^2)}{s^2}=\frac{-cs^2}{s^2}=-c$$

$$f(\theta)=\frac{1}{2}(2c^2-1)-c=\left(c-\frac{1}{2}\right)^2-\frac{3}{4}$$

は $c=\dfrac{1}{2}$ $\left(\theta=\boldsymbol{\dfrac{\pi}{3}}\right)$ のとき最小値 $\boldsymbol{-\dfrac{3}{4}}$ をとる．

《引っかけ問題 (B10)》

273. 関数

$$y=3\cos 2x+2\cos x(4\tan x+\cos x)-3$$

の定義域と値域を求めよ．（21　愛知医大・医-推薦）

▶解答◀ **意地の悪い引っ掛け問題**である．問題文中に $\tan x$ があるから $\cos x \neq 0$ のときに定義される．

定義域は $\boldsymbol{x \neq \dfrac{\pi}{2}+n\pi}$ $(\boldsymbol{n=0 \pm 1, \pm 2, \cdots})$ である．

$t=\sin x$ とおく．$-1<t<1$ である．

$$y=3\cos 2x+2(4\sin x+\cos^2 x)-3$$

$$=3(1-2t^2)+2(4t+1-t^2)-3$$

$$=-8t^2+8t+2=-8\left(t-\frac{1}{2}\right)^2+4$$

$f(t)=-8t^2+8t+2$ とおく．$f(-1)=-14$ である．

y の値域は $\boldsymbol{-14<y \leqq 4}$ である．

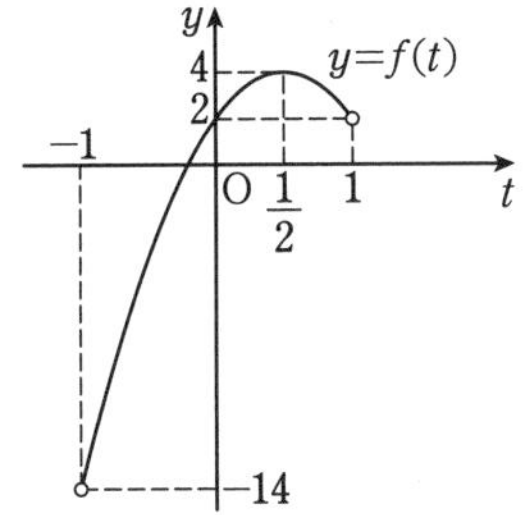

《置き換えて最大・最小 (B20) ☆》

274. 関数 $y=\sin 2x-\sin x-\cos x$ の最大値と最小値を求めよ．ただし，最大値および最小値を与える x の値は求めなくてよい．

（21　三重大・前期）

考え方 「$t=\sin x+\cos x$ とおく」という定石を覚えよう．

▶解答◀ $t=\sin x+\cos x$ とおくと

$$t^2=1+2\sin x\cos x$$

$$\sin 2x=t^2-1$$

また $t=\sqrt{2}\sin\left(x+\dfrac{\pi}{4}\right)$ より $-\sqrt{2} \leqq t \leqq \sqrt{2}$ である．このとき

$$y=\sin 2x-\sin x-\cos x$$

$$=t^2-1-t$$

$$=\left(t-\frac{1}{2}\right)^2-\frac{5}{4}$$

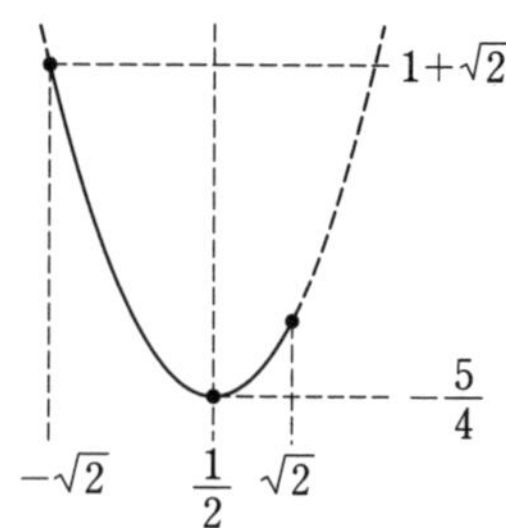

$t=-\sqrt{2}$ のとき最大値は $\mathbf{1+\sqrt{2}}$

$t=\dfrac{1}{2}$ のとき最小値は $-\dfrac{\mathbf{5}}{\mathbf{4}}$

《2倍角合成で最大最小 (B10) ☆》

275. 関数

$f(\theta)=9\sin^2\theta+4\sin\theta\cos\theta+6\cos^2\theta$

は $\sin\theta=\pm\square$, $\cos\theta=\pm\square$（複号同順）のとき最大値 $\square$ をとる．（21　星薬大・B方式）

考え方 学校では「sin の合成」を習うだろう．しかし，これは，不等式を解くときや，方程式を解くときはまだしも，最大・最小を考えるときにはよろしくない．2倍角が絡み，そのときの θ を求める場合には苦労する．最大・最小問題では，合成するなら，sin より，cos の合成の方がよい（ただし cos の合成が最短の解法ではない）．昔は，教科書に両方載っていた．現在は cos の合成は教えない．2021年の共通テストには cos の合成が出題された．センター試験の時代にも出題されたことがある．私の基準は「教科書に何が載っているかなんて，関係ない」である．勉強は，参考書や問題集で，自分でやるものである．

【最短の解法】

$x=\cos\theta,\ y=\sin\theta$ とおく．$x^2+y^2=1$ が成り立つ．$f(\theta)=9y^2+4xy+6x^2$ である．$k=f(\theta)$ とおく．これはさらに $k=\dfrac{9y^2+4xy+6x^2}{x^2+y^2}$ と変形できる．分母をはらって移項し

$$kx^2+ky^2=9y^2+4xy+6x^2$$

$$(k-9)y^2-4xy+(k-6)x^2=0$$

$k=9$ は実現する．たとえば $x=0$ で起こる．$k\neq 9$ のとき，上を y について解いて

$$y=\frac{2\pm\sqrt{4-(k-9)(k-6)}}{k-9}x$$

となる．$x=0$ とすると $y=0$ となり，$x^2+y^2=1$ に反するから $x\neq 0$ である．これは誤解しないように．$k\neq 9$ のときは $x\neq 0$ だと言っているだけで，いつも $x\neq 0$ だと言っているのではない．$x\neq 0$ のときは上の y が実数になるための必要十分条件は根号内が0以上になることで $4-(k-9)(k-6)\geqq 0$ となる．$k^2-15k+50\leqq 0$ となり，$(k-5)(k-10)\leqq 0$
よって $5\leqq k\leqq 10$ となる．$k=f(\theta)$ の最大値は **10** で，それは $y=\dfrac{2}{k-9}x$ すなわち，$y=2x$ のときに起こる．$x^2+y^2=1$ より $(x,y)=\pm\dfrac{1}{\sqrt{5}}(1,2)$ のときである．

これを受験テクニックと思うならそれは偏見である．大学の線形代数でレーリー商という項目がある．そこで出てくる有名な方法である．商という名の通り，分数にして考えるのである．

▶解答◀ $f(\theta)$ の周期は π だから，まず $0\leqq\theta\leqq\pi$ で考える．

$$f(\theta)=9\sin^2\theta+4\sin\theta\cos\theta+6\cos^2\theta$$

$$=\frac{9}{2}(1-\cos2\theta)+2\sin2\theta+\frac{6}{2}(1+\cos2\theta)$$

$$=\frac{1}{2}(-3\cos2\theta+4\sin2\theta+15)$$

$$=\frac{5}{2}\left(\frac{-3}{5}\cos2\theta+\frac{4}{5}\sin2\theta+3\right)$$

$\cos\alpha=\dfrac{-3}{5},\ \sin\alpha=\dfrac{4}{5}$ $(0<\alpha<\pi)$ として

$$f(\theta)=\frac{5}{2}\{\cos(2\theta-\alpha)+3\}$$

と合成できる．最大を調べるときには $2\theta-\alpha$ の形に合成するのがコツである．最大を与える（一番簡単な）角が $\dfrac{\alpha}{2}$ になるようにするのである．sin で合成すると，こんなに簡単にはならない．次の別解を見よ．

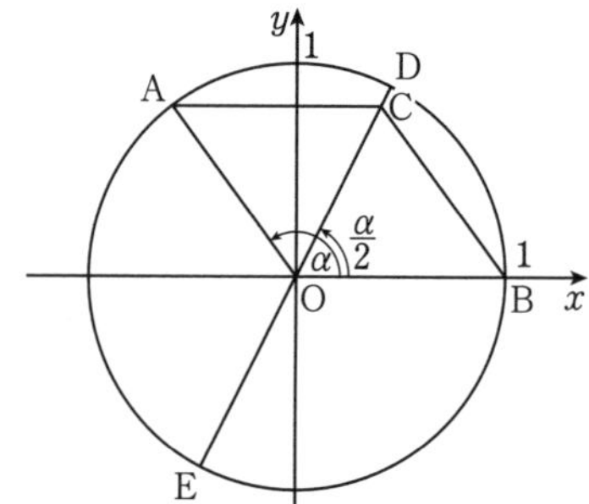

$f(\theta)$ の最大値は $\dfrac{5+15}{2}=\mathbf{10}$ である．そのとき $2\theta=\alpha$ である．次に偏角 $\dfrac{\alpha}{2}$ の単位ベクトルを求める．

$\overrightarrow{\mathrm{OA}}=(\cos\alpha,\sin\alpha)=\left(-\dfrac{3}{5},\dfrac{4}{5}\right)$,

$\overrightarrow{\mathrm{OB}}=(1,0)$ とし，四角形 OBCA は菱形とする．

$$\overrightarrow{\mathrm{OC}}=\overrightarrow{\mathrm{OA}}+\overrightarrow{\mathrm{OB}}=(\cos\alpha,\sin\alpha)+(1,0)$$

$$=\frac{1}{5}(-3,4)+(1,0)=\frac{2}{5}(1,2)$$

$\vec{u}=(1,2)$ として $\vec{u}$ 方向の単位ベクトルを $\overrightarrow{\mathrm{OD}}$ とする．

$$\overrightarrow{\mathrm{OD}}=\frac{1}{|\vec{u}|}\vec{u}=\frac{1}{\sqrt{5}}(1,2)$$

最大を与える1つの$\theta = \frac{\alpha}{2}$である．$\theta = \frac{\alpha}{2} + \pi$でも同じ値を与えるから，最大をとるときの

$$(\cos\theta, \sin\theta) = \pm\left(\cos\frac{\alpha}{2}, \sin\frac{\alpha}{2}\right)$$
$$= \pm\overrightarrow{\mathrm{OD}} = \pm\left(\frac{\sqrt{5}}{5}, \frac{2\sqrt{5}}{5}\right)$$

注意　**【ベクトルが苦手な人は】**

$\cos\alpha = -\frac{3}{5}$であり$2\cos^2\frac{\alpha}{2} - 1 = -\frac{3}{5}$

$\cos^2\frac{\alpha}{2} = \frac{1}{5}$で，$\cos\frac{\alpha}{2} = \frac{1}{\sqrt{5}}$となる．

$\sin\frac{\alpha}{2} = \sqrt{1-\cos^2\frac{\alpha}{2}} = \frac{2}{\sqrt{5}}$

と求めてもよい．

◆別解◆　sinで合成する．

$$f(\theta) = \frac{1}{2}(4\sin 2\theta - 3\cos 2\theta + 15)$$
$$= \frac{1}{2}\{5\sin(2\theta - \beta) + 15\}$$

と合成できる．ただし，βは$\cos\beta = \frac{4}{5}$, $\sin\beta = \frac{3}{5}$を満たす鋭角とする．$f(\theta)$の最大値は$\frac{1}{2}(5+15) = \mathbf{10}$である．

$\cos\beta = \frac{4}{5}$より$2\cos^2\frac{\beta}{2} - 1 = \frac{4}{5}$

$\cos^2\frac{\beta}{2} = \frac{9}{10}$となる．$\frac{\beta}{2}$は鋭角であるから

$$\cos\frac{\beta}{2} = \frac{3}{\sqrt{10}}, \sin\frac{\beta}{2} = \sqrt{1-\cos^2\frac{\beta}{2}} = \frac{1}{\sqrt{10}}$$

最大を与えるとき$2\theta - \beta = \frac{\pi}{2} + 2n\pi$と書ける（$n$は整数）．$\theta = \frac{\beta}{2} + \frac{\pi}{4} + n\pi$となる．

nが偶数のとき

$$\cos\theta = \cos\left(\frac{\beta}{2} + \frac{\pi}{4}\right)$$
$$= \left(\cos\frac{\beta}{2} - \sin\frac{\beta}{2}\right)\cdot\frac{1}{\sqrt{2}} = \frac{3-1}{\sqrt{10}}\cdot\frac{1}{\sqrt{2}} = \frac{1}{\sqrt{5}}$$

問題文の「複号同順」は使わないで導く．

$$\sin\theta = \sin\left(\frac{\beta}{2} + \frac{\pi}{4}\right)$$
$$= \left(\sin\frac{\beta}{2} + \cos\frac{\beta}{2}\right)\cdot\frac{1}{\sqrt{2}} = \frac{1+3}{\sqrt{10}}\cdot\frac{1}{\sqrt{2}} = \frac{2}{\sqrt{5}}$$

nが奇数のときは符号が負になる．最大を与える$\cos\theta$, $\sin\theta$は複号同順で，

$$\sin\theta = \pm\frac{2}{\sqrt{5}} = \pm\frac{\mathbf{2\sqrt{5}}}{\mathbf{5}}, \cos\theta = \pm\frac{1}{\sqrt{5}} = \pm\frac{\mathbf{\sqrt{5}}}{\mathbf{5}}$$

◆別解◆　**【内積と見る】**

$\overrightarrow{\mathrm{OP}} = (\cos 2\theta, \sin 2\theta)$, $\overrightarrow{\mathrm{OA}} = \left(-\frac{3}{5}, \frac{4}{5}\right)$とする．$\overrightarrow{\mathrm{OA}}$の偏角を$\alpha$ $(0 < \alpha < \pi)$，$\overrightarrow{\mathrm{OA}}$, $\overrightarrow{\mathrm{OP}}$のなす角を$t$とする．

$$f(\theta) = \frac{5}{2}\left(-\frac{3}{5}\cos 2\theta + \frac{4}{5}\sin 2\theta + 3\right)$$
$$= \frac{5}{2}(\overrightarrow{\mathrm{OA}}\cdot\overrightarrow{\mathrm{OP}} + 3)$$
$$= \frac{5}{2}(|\overrightarrow{\mathrm{OA}}||\overrightarrow{\mathrm{OP}}|\cos t + 3) = \frac{5}{2}(\cos t + 3)$$

の最大値は$\frac{5}{2}(1+3) = \mathbf{10}$で，それは$t = 0$でとる．そのとき$2\theta = \alpha + 2n\pi$であり後は解答と同じ．

◆別解◆　**【直線をずらす】**

$X = \cos 2\theta$, $Y = \sin 2\theta$とし，$\mathrm{P} = (X, Y)$とする．$k = -3X + 4Y$とおく．

$$f(\theta) = \frac{1}{2}(-3\cos 2\theta + 4\sin 2\theta + 15) = \frac{1}{2}(k + 15)$$

直線$k = -3X + 4Y$をずらして考える．これが円$X^2 + Y^2 = 1$の上側から接するときに最大になる．直線$k = -3X + 4Y$の法線ベクトルは$\vec{v} = (-3, 4)$であり，$\vec{v}$方向の単位ベクトルは$\left(-\frac{3}{5}, \frac{4}{5}\right)$であるから点Aで接するときに最大になる．$X = -\frac{3}{5}$, $Y = \frac{4}{5}$としてて$k = 5$となる．以下省略する．

《3次の関係（B20）》

276． $0 \leqq \theta \leqq \pi$とし，関数

$$f(\theta) = \sin 3\theta - \cos 3\theta - 4\sin 2\theta$$
$$+2\sin\theta + 2\cos\theta - 2$$

とするとき，次の問に答えなさい．

（1）$\sin\theta + \cos\theta = \frac{\sqrt{3}}{2}$のとき，

$\sin\theta\cos\theta = \frac{\square}{\square}$である．

（2）$\sin\theta + \cos\theta = t$とおくとき，関数$f(\theta)$を$t$の式で表すと次のようになる．

$$f(\theta) = \square t^3 - \square t^2 - \square t + \square$$

（3）$f(\theta) = 0$であるとき，$\theta = \square\pi$, $\square\pi$である．

（4）$f(\theta)$の最大値は$\square$である．

（21　東北医薬大・医）

▶解答◀　（1）$\sin\theta + \cos\theta = \frac{\sqrt{3}}{2}$

を2乗して

$$1 + 2\sin\theta\cos\theta = \frac{3}{4}$$
$$\sin\theta\cos\theta = -\frac{\mathbf{1}}{\mathbf{8}}$$

（2）$\sin\theta + \cos\theta = t$を2乗して

$$1 + 2\sin x\cos x = t^2$$
$$\sin 2\theta = t^2 - 1$$

$\sin\theta = s$, $\cos\theta = c$とおくと

$$\sin 3\theta - \cos 3\theta = 3s - 4s^3 - (4c^3 - 3c)$$

$$= 3(s+c) - 4(s^3 + c^3)$$

$$= 3t - 4\{(s+c)^3 - 3sc(s+c)\}$$

$$= 3t - 4t^2 + 4 \cdot 3 \cdot \frac{1}{2}(t^2 - 1)t = 2t^3 - 3t$$

$$f(\theta) = 2t^3 - 3t - 4(t^2 - 1) + 2t - 2$$

$$= \boldsymbol{2t^3 - 4t^2 - t + 2}$$

（3） $t = \sqrt{2}\sin\left(\theta + \frac{\pi}{4}\right)$，$\frac{\pi}{4} \leqq \theta + \frac{\pi}{4} \leqq \frac{5\pi}{4}$

$$-\frac{1}{\sqrt{2}} \leqq \sin\left(\theta + \frac{\pi}{4}\right) \leqq 1$$

$-1 \leqq t \leqq \sqrt{2}$ である．

$f(\theta) = (t-2)(2t^2 - 1)$ であるから

$f(\theta) = 0$ のとき $t = \pm\frac{1}{\sqrt{2}}$（図 1 を見よ）

$$\sin\left(\theta + \frac{\pi}{4}\right) = \pm\frac{1}{2}$$

$$\theta + \frac{\pi}{4} = \frac{5\pi}{6},\ \frac{7\pi}{6}$$

$$\theta = \boldsymbol{\frac{7\pi}{12}},\ \boldsymbol{\frac{11\pi}{12}}$$

（4） $g(t) = 2t^3 - 4t^2 - t + 2$ とおく．

$$g'(t) = 6t^2 - 8t - 1$$

$$g'(-1) = 13 > 0$$

$$g'(\sqrt{2}) = 11 - 8\sqrt{2} = \sqrt{121} - \sqrt{128} < 0$$

$g'(t) = 0$ の解について

$\alpha = \frac{4 - \sqrt{22}}{6}$，$\beta = \frac{4 + \sqrt{22}}{6}$ とする．

$$-1 < \alpha < \sqrt{2} < \beta$$

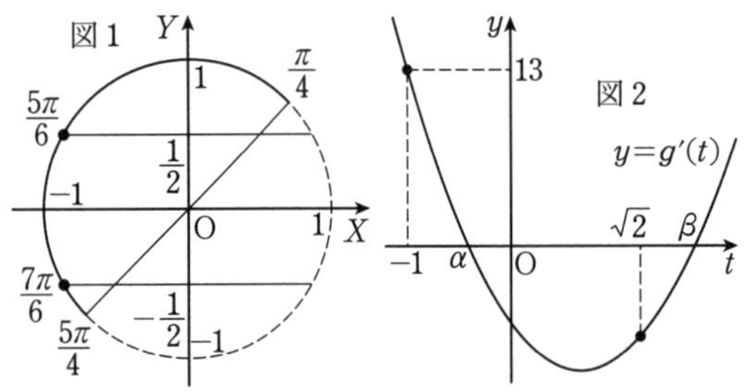

t	-1	$\cdots$	α	$\cdots$	$\sqrt{2}$
$g'(t)$		$+$	0	$-$	
$g(t)$		↗		↘	

$g(t)$ を $g'(t)$ で割り，商と余りを求め

$$g(t) = g'(t)\left(\frac{t}{3} - \frac{2}{9}\right) - \frac{22}{9}t + \frac{16}{9}$$

$g'(\alpha) = 0$ であるから，$f(\theta)$ の最大値は

$$g(\alpha) = -\frac{22}{9} \cdot \frac{4 - \sqrt{22}}{6} + \frac{16}{9} = \boldsymbol{\frac{4 + 11\sqrt{22}}{27}}$$

《3 次方程式の解（B20）》

277．$0 \leqq \theta \leqq \pi$ とする．次の各問に答えよ．

（1） $t = \cos\theta - \sin\theta$ とするとき，

$$y = \cos\theta - \sin\theta + \sin\theta\cos\theta$$

を t の式として表せ．また，y のとり得る値の範囲も答えよ．

（2） x の方程式 $x^3 - \frac{1}{2}x^2 - \frac{1}{2}x + s = 0$ の解が

$$\cos\theta,\ -\sin\theta,\ \sin\theta\cos\theta$$

であるとするとき，θ と定数 s の値を求めよ．

ただし，等式

$(x-\alpha)(x-\beta)(x-\gamma)$

$= x^3 - (\alpha+\beta+\gamma)x^2 + (\alpha\beta + \beta\gamma + \gamma\alpha)x - \alpha\beta\gamma$

を利用してもよい．（21　中京大・工）

▶解答◀ （1） $t = \sqrt{2}\sin\left(\theta + \frac{3}{4}\pi\right)$

$$\frac{3}{4}\pi \leqq \theta + \frac{3}{4}\pi \leqq \frac{7}{4}\pi$$

$$-1 \leqq \sin\left(\theta + \frac{3\pi}{4}\right) \leqq \frac{1}{\sqrt{2}}$$

$$-\sqrt{2} \leqq t \leqq 1 \cdots\cdots ①$$

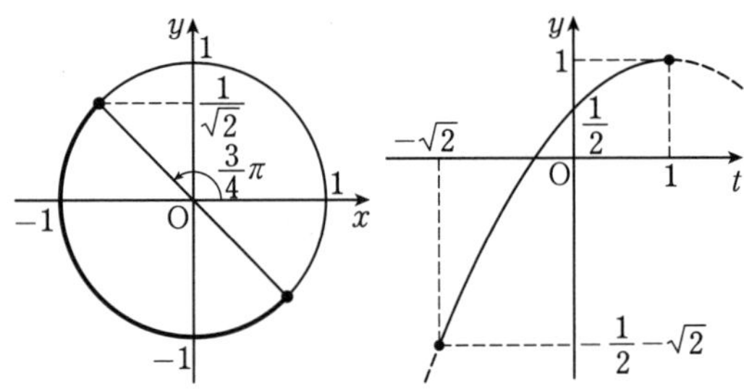

$t^2 = 1 - 2\sin\theta\cos\theta$ だから $\sin\theta\cos\theta = \frac{1 - t^2}{2}$

$$y = t + \frac{1 - t^2}{2} = \boldsymbol{-\frac{1}{2}t^2 + t + \frac{1}{2}}$$

$y = -\frac{1}{2}(t-1)^2 + 1$ であるから ① より

$$\boldsymbol{-\frac{1}{2} - \sqrt{2} \leqq y \leqq 1}$$

（2） 解と係数の関係より

$$\cos\theta - \sin\theta + \sin\theta\cos\theta = \frac{1}{2} \cdots\cdots ②$$

$$-\sin\theta\cos\theta - \sin^2\theta\cos\theta + \sin\theta\cos^2\theta = -\frac{1}{2} \cdots ③$$

$$-\sin^2\theta\cos^2\theta = -s \cdots\cdots ④$$

② より $t + \frac{1 - t^2}{2} = \frac{1}{2}$ である．$2t - t^2 = 0$ となり，$t = 0, 2$ である．① より $t = 0$ であるから

$$\sqrt{2}\sin\left(\theta + \frac{3}{4}\pi\right) = 0$$

$\theta + \frac{3}{4}\pi = \pi$ であり，$\theta = \boldsymbol{\frac{\pi}{4}}$ となる．このとき

$\sin\theta = \cos\theta = \frac{1}{\sqrt{2}}$ であり，④ より

$$s = \sin^2\frac{\pi}{4}\cos^2\frac{\pi}{4} = \boldsymbol{\frac{1}{4}}$$

となる．③ も成り立つ．

注意 1°【コサインの合成】

$t=\sqrt{2}\cos\left(\theta+\frac{\pi}{4}\right),\ \frac{\pi}{4}\leqq\theta+\frac{\pi}{4}\leqq\frac{5\pi}{4}$

$-1\leqq\cos\left(\theta+\frac{\pi}{4}\right)\leqq\frac{1}{\sqrt{2}}$

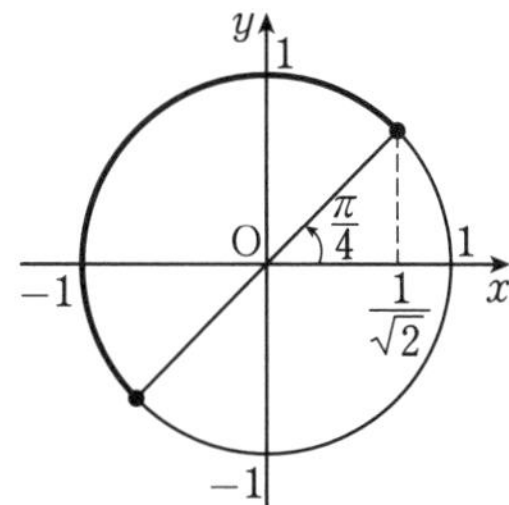

2°【過剰条件】③ は使っていないから成立を確認する.

《軌跡 (B20) ☆》

278. 平面上を運動する点 P の座標 (x, y) が, 時刻 t の関数として

$$x=\cos t+|\sin t|,\quad y=|\cos t|+\sin t$$

で与えられているとする.

（1） $t=0,\ \frac{\pi}{2},\ \pi,\ \frac{3\pi}{2},\ 2\pi$ のときの点 P の座標を求めよ.

（2） t が $0\leqq t\leqq 2\pi$ の範囲を動くときの点 P の軌跡を求め, 図示せよ.

（3） 点 P が時刻 $t=0$ から $t=2\pi$ までに実際に動いた道のりを求めよ. （21 青学大・理工）

▶解答◀ （1） $t=0,\ \frac{\pi}{2},\ \pi,\ \frac{3\pi}{2},\ 2\pi$ のときの点 P の座標は順に

$$\mathbf{(1,1),\ (1,1),\ (-1,1),\ (1,-1),\ (1,1)}$$

（2）（ア） $0\leqq t\leqq\frac{\pi}{2}$ のとき

$$x=\cos t+\sin t=\sqrt{2}\cos\left(t-\frac{\pi}{4}\right)$$

$$y=\cos t+\sin t$$

$-\frac{\pi}{4}\leqq t-\frac{\pi}{4}\leqq\frac{\pi}{4}$ であるから, P の軌跡は線分 $y=x,\ 1\leqq x\leqq\sqrt{2}$ である.

（イ） $\frac{\pi}{2}\leqq t\leqq\pi$ のとき

$$x=\cos t+\sin t=\sqrt{2}\cos\left(t-\frac{\pi}{4}\right)$$

$$y=\sin t-\cos t=\sqrt{2}\sin\left(t-\frac{\pi}{4}\right)$$

$\frac{\pi}{4}\leqq t-\frac{\pi}{4}\leqq\frac{3\pi}{4}$ であるから, P の軌跡は円弧 $x^2+y^2=2,\ 1\leqq y\leqq\sqrt{2}$ である.

（ウ） $\pi\leqq t\leqq\frac{3\pi}{2}$ のとき

$$x=\cos t-\sin t=\sqrt{2}\cos\left(t+\frac{\pi}{4}\right)$$

$$y=-\cos t+\sin t=-(\cos t-\sin t)$$

$\frac{5\pi}{4}\leqq t+\frac{\pi}{4}\leqq\frac{7\pi}{4}$ であるから, P の軌跡は線分 $y=-x,\ -1\leqq x\leqq 1$ である.

（エ） $\frac{3\pi}{2}\leqq t\leqq 2\pi$ のとき

$$x=\cos t-\sin t=\sqrt{2}\cos\left(t+\frac{\pi}{4}\right)$$

$$y=\sin t+\cos t=\sqrt{2}\sin\left(t+\frac{\pi}{4}\right)$$

$\frac{7\pi}{4}\leqq t+\frac{\pi}{4}\leqq\frac{9\pi}{4}$ であるから, P の軌跡は円弧 $x^2+y^2=2,\ 1\leqq x\leqq\sqrt{2}$ である.

（ア）～（エ）より, P の軌跡は図 1 のようになる.

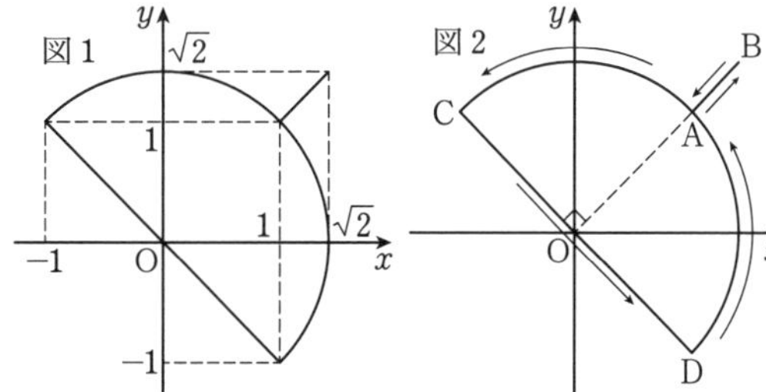

（3） $A(1, 1),\ B(\sqrt{2}, \sqrt{2}),\ C(-1, 1),\ D(1, -1)$ とする. 図 2 を見よ. P は $t=0$ から $t=2\pi$ までに

$$A\to B\to A\to C\to D\to A$$

と動く. $\angle AOC=\frac{\pi}{2}$ に注意し, 求める道のりは

$$2AB+\overset{\frown}{AC}+CD+\overset{\frown}{DA}$$

$$=2\cdot\sqrt{2}(\sqrt{2}-1)+\sqrt{2}\cdot\frac{\pi}{2}+2\sqrt{2}+\sqrt{2}\cdot\frac{\pi}{2}$$

$$=\mathbf{4+\sqrt{2}\pi}$$

【三角関数の難問】

《置き換えて分離 (B20)》

279. $0\leqq\theta<2\pi$ のとき, 関数

$$f(\theta)=2\cos\theta(\sqrt{3}\sin\theta+\cos\theta)$$

の最大値は □ である.

$$g(x, y)=\frac{2\sqrt{3}xy+2x^2}{x^4+2x^2y^2+y^4+1}$$

について考える. a を正の定数とし, 点 (x, y) が円 $x^2+y^2=a^2$ 上を動くとき, $g(x, y)$ の最大値は a を用いて □ と表される. また, 点 (x, y) が xy 平面全体を動くとき, $g(x, y)$ の最大値は □ である. （21 北里大・医）

▶解答◀ $f(\theta)=2\cos\theta(\sqrt{3}\sin\theta+\cos\theta)$

$$=\sqrt{3}\cdot 2\sin\theta\cos\theta+2\cos^2\theta$$

$$=\sqrt{3}\sin 2\theta+1+\cos 2\theta=2\sin\left(2\theta+\frac{\pi}{6}\right)+1$$

$\frac{\pi}{6}\leqq 2\theta+\frac{\pi}{6}<\frac{25}{6}\pi$ であるから, $f(\theta)$ の最大値は $2+1=\mathbf{3}$ である.

(x, y) が円 $x^2+y^2=a^2$ を動くとき, $x=a\cos\theta$,

$y=a\sin\theta\,(0\leqq\theta<2\pi)$ とおける．これを

$g(x,\,y)=\dfrac{2x(\sqrt{3}y+x)}{(x^2+y^2)^2+1}$ に代入し

$$g(x,\,y)=\frac{2a\cos\theta(\sqrt{3}a\sin\theta+a\cos\theta)}{a^4+1}$$

$$g(x,\,y)=\frac{a^2}{a^4+1}f(\theta)\ \cdots\cdots\cdots\text{①}$$

$a>0$ より $\dfrac{a^2}{a^4+1}>0$ である．$f(\theta)$ の最大値は 3 であるから $g(x,\,y)$ の最大値は $\boldsymbol{\dfrac{3a^2}{a^4+1}}$ である．

$(x,\,y)$ が xy 平面全体を動くときの $g(x,\,y)$ の最大は，正の値を考えるから，$(x,\,y)\neq(0,\,0)$ で考える．

$x=a\cos\theta,\ y=a\sin\theta\ (a>0)$ とおけて ① で考える．

相加・相乗平均の不等式より

$$\frac{a^2}{a^4+1}=\frac{1}{a^2+\frac{1}{a^2}}\leqq\frac{1}{2\sqrt{a^2\cdot\frac{1}{a^2}}}=2$$

等号は $a^2=\dfrac{1}{a^2}$ すなわち $a=1$ で成立する．

$g(x,\,y)=\dfrac{a^2}{a^4+1}f(\theta)$ の最大値は $\boldsymbol{\dfrac{3}{2}}$ である．

《セカント (C30)》

280. 実数 $\theta,\,a$ は $-\dfrac{\pi}{2}<\theta<\dfrac{\pi}{2},\ a>0$ を満たすとし，2 つの円 $C_1,\,C_2$ の方程式を以下で定める．

$$C_1:(x-\tan\theta)^2+(y-\tan\theta)^2=9$$

$$C_2:(x-a\cos\theta+1)^2+(y-a\sin\theta-1)^2=1$$

以下の問いに答えよ．

（1） $t=\dfrac{1}{\cos\theta}$ とおく．C_1 の中心と C_2 の中心の間の距離を L とする．L^2 を t と a を用いて表せ．

（2） ある実数 a に対して，2 つの円 $C_1,\,C_2$ がただ 1 つの共有点をもつような θ がちょうど 5 個存在するとする．このとき a の値を求めよ．

（21 東北大・後期）

▶解答◀ （1） $C_1,\,C_2$ の中心をそれぞれ $O_1,\,O_2$ とすると，

$$O_1(\tan\theta,\,\tan\theta),\ O_2(a\cos\theta-1,\,a\sin\theta+1)$$

である．このとき

$$\begin{aligned}L^2&=(a\cos\theta-1-\tan\theta)^2+(a\sin\theta+1-\tan\theta)^2\\&=(a\cos\theta-1)^2-2\tan\theta(a\cos\theta-1)+\tan^2\theta\\&\quad+(a\sin\theta+1)^2-2\tan\theta(a\sin\theta+1)+\tan^2\theta\\&=2+2\tan^2\theta+a^2-2a\cos\theta-2a\sin\theta\\&\quad+2a\sin\theta-2a\tan\theta\sin\theta\\&=2(1+\tan^2\theta)+a^2-2a\cos\theta(1+\tan^2\theta)\\&=\frac{2}{\cos^2\theta}+a^2-\frac{2a}{\cos\theta}=\boldsymbol{2t^2-2at+a^2}\\&=2\left(t-\frac{a}{2}\right)^2+\frac{a^2}{2}\end{aligned}$$

（2） $C_1,\,C_2$ の半径はそれぞれ 3, 1 であるから，2 円 $C_1,\,C_2$ がただ 1 つの共有点をもつのは $C_1,\,C_2$ が外接または内接しているときであり，そのとき $L=4,\,2$ である．ゆえに，

$$2t^2-2at+a^2=16\ \cdots\cdots\cdots\text{①}$$

$$2t^2-2at+a^2=4\ \cdots\cdots\cdots\text{②}$$

を考える．①，② を平方完成すると

$$(2t-a)^2+a^2=32\ \cdots\cdots\cdots\text{③}$$

$$(2t-a)^2+a^2=8\ \cdots\cdots\cdots\text{④}$$

となり，$2t-a=Y$ とおくと aY 平面における 2 つの円

$$a^2+Y^2=32,\ a^2+Y^2=8$$

となる．$(a,\,Y)$ を決めると $(a,\,t)$ が定まるから，t の個数と $(a,\,Y)$ の個数は等しい．$t\geqq1$ より $Y=-a+2$ 上の共有点については対応する θ が 1 個，それより上の部分の共有点については対応する θ が 2 個である．

例えば，$a=1$ とすると，図より $Y>a+2$ の範囲で ③ との共有点が 1 つ，④ との共有点が 1 つであるから，対応する θ は $2\cdot2=4$ である．

同様に考えると，対応する θ が 5 個となるのは $a^2+Y^2=8$ と $Y=-a+2$ の共有点の a 座標となるときであり

$$a^2+(-a+2)^2=8\qquad\therefore\quad a=1\pm\sqrt{3}$$

図から，$a=\boldsymbol{1+\sqrt{3}}$ のときである．

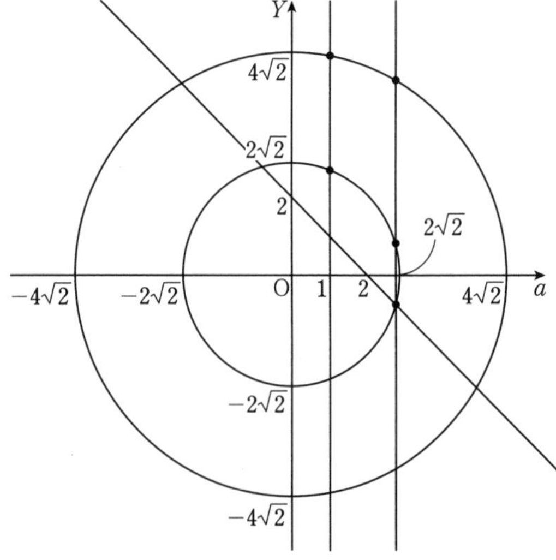

注意 【$\theta=0$ が解だ！】

$\theta=0$ が解でないと 5 個というのは起こらないから ①，② に $t=1$ を代入し

$$a^2-2a-14=0,\ a^2-2a-2=0$$

$a>0$ より $a=1+\sqrt{15},\ 1+\sqrt{3}$

と書く人がいる．「それでどっちなん？」と言うと「両方です」とか言うから，「$1+\sqrt{15}$ は駄目なんだけど」と言うと絶句する．説明不足としかいえない．

◆別解◆ $f(t)=2t^2-2at+a^2$ とおく．また，$-\dfrac{\pi}{2}<\theta<\dfrac{\pi}{2}$ において，$t=1$ のとき対応する θ は1つ，$t>1$ のとき2つ，$t<1$ のとき対応する θ はない．軸の位置で場合分けをする．

（ア）$\dfrac{a}{2}\leqq 1$ のとき：図1を見よ．$f(t)$ は $t\geqq 1$ において単調増加である．ゆえに①，②の解のうち $t\geqq 1$ を満たすものはともに1個以下であるから，対応する θ は $2\cdot 2=4$ 個以下となる．よって，5個にはならない．

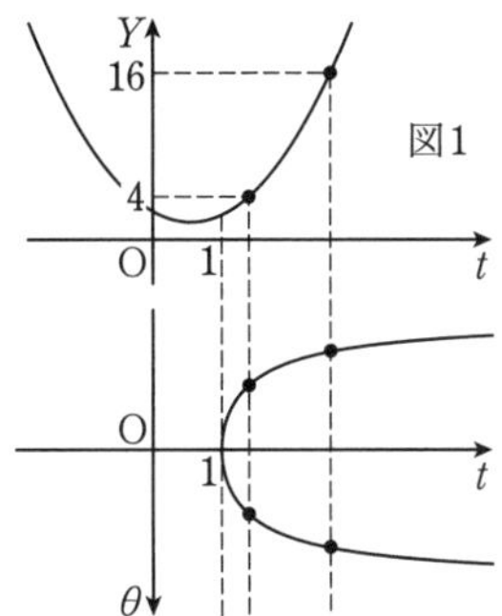

（イ）$\dfrac{a}{2}\geqq 1$ のとき：対応する θ が奇数個であるから，①と②のどちらかは必ず $t=1$ を解にもつ．すなわち，$f(1)=16$ または $f(1)=4$ である．

- $f(1)=16$ のとき：図2を見よ．

$$2-2a+a^2=16 \qquad \therefore\quad a=1\pm\sqrt{15}$$

このうち $\dfrac{a}{2}\geqq 1$ を満たすものは $a=1+\sqrt{15}$ である．このとき①は $t>1$ に解をもう1つもつから，①を満たす θ は3つである．このときの頂点の y 座標は

$$\frac{a^2}{2}=\frac{(1+\sqrt{15})^2}{2}=8+\sqrt{15}>4$$

であるから②を満たす t は存在しない．よって，①，②を満たす θ は3個となり不適．

- $f(1)=4$ のとき：図3を見よ．

$$2-2a+a^2=4 \qquad \therefore\quad a=1\pm\sqrt{3}$$

このうち $\dfrac{a}{2}\geqq 1$ を満たすものは $a=1+\sqrt{3}$ である．このとき②は $t>1$ に解をもう1つもつから，②を満たす θ は3つである．また，①は $t>1$ に解を1つもつから，①を満たす θ は2つである．よって，①，②を満たす θ は5個となり適する．

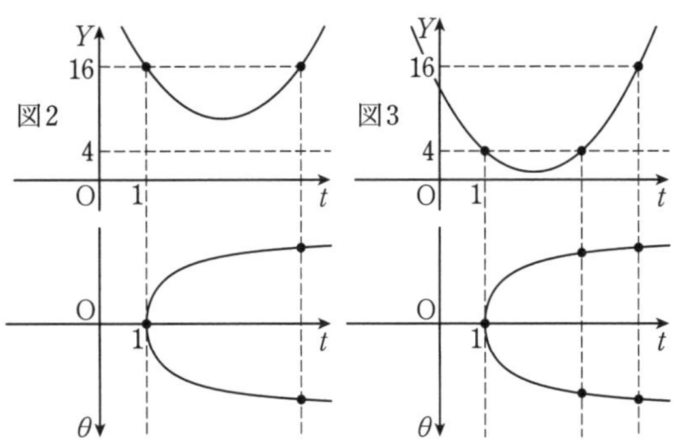

よって，2つの円 C_1, C_2 がただ1つの共有点をもつような θ がちょうど5個存在するような a は $a=\mathbf{1+\sqrt{3}}$ である．

【三角関数の図形への応用】

《角の三等分線の関係（B20）》

281． △OAB において，辺 AB 上に 2 つの点をとり，点 A に近い順にそれぞれ P，Q とする．線分 OP と線分 OQ は ∠AOB を 3 等分している．∠AOP の大きさを θ とし，さらに線分 AP，線分 PQ，線分 QB の長さをそれぞれ x, y, z とする．このとき，$\sin\theta$ を x, y, z で表せ．

（21　群馬大・医）

▶解答◀　OA $= a$，OB $= b$ とする．

△OAQ で，OP は ∠QOA の二等分線であるから，

$$\mathrm{OA} : \mathrm{OQ} = x : y$$

である．すなわち，$\mathrm{OQ} = \dfrac{y}{x}a$ である．同様に，△OPB で，OQ は ∠BOP の二等分線であるから，

$$\mathrm{OB} : \mathrm{OP} = z : y$$

である．すなわち，$\mathrm{OP} = \dfrac{y}{z}b$ である．

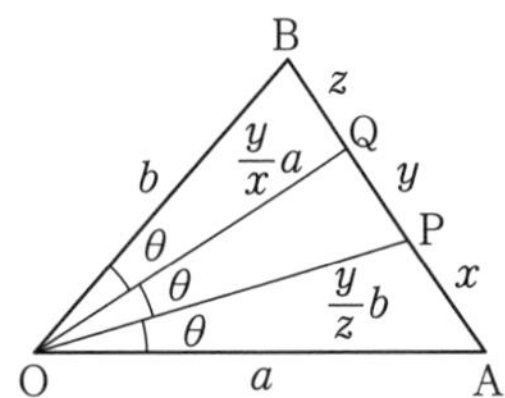

$$\triangle\mathrm{OAB} = \frac{1}{2}ab\sin 3\theta$$
$$= \frac{1}{2}ab(3\sin\theta - 4\sin^3\theta)$$
$$= \frac{1}{2}ab\sin\theta(3 - 4\sin^2\theta)$$

$$\triangle\mathrm{OAP} + \triangle\mathrm{OPQ} + \triangle\mathrm{OQB}$$
$$= \frac{1}{2}a\cdot\frac{y}{z}b\sin\theta + \frac{1}{2}\cdot\frac{y}{z}b\cdot\frac{y}{x}a\sin\theta + \frac{1}{2}\cdot\frac{y}{x}a\cdot b\sin\theta$$
$$= \frac{1}{2}ab\sin\theta\left(\frac{y}{z} + \frac{y^2}{zx} + \frac{y}{x}\right)$$
$$= \frac{1}{2}ab\sin\theta\cdot\frac{y(x+y+z)}{zx}$$

であるから，$\sin\theta > 0$ に注意して，

$$\triangle\mathrm{OAB} = \triangle\mathrm{OAP} + \triangle\mathrm{OPQ} + \triangle\mathrm{OQB}$$
$$\frac{1}{2}ab\sin\theta(3 - 4\sin^2\theta) = \frac{1}{2}ab\sin\theta\cdot\frac{y(x+y+z)}{zx}$$
$$3 - 4\sin^2\theta = \frac{y(x+y+z)}{zx}$$
$$4\sin^2\theta = 3 - \frac{y(x+y+z)}{zx}$$
$$\sin\theta = \boldsymbol{\frac{1}{2}\sqrt{3 - \frac{y(x+y+z)}{zx}}}$$

《正五角形（B10）》

282． 1 辺の長さが 1 の正五角形 ABCDE の対角線 AC の長さを a とする．次の問いに答えよ．

（1）∠ABC，∠BAC の大きさを求めよ．

（2）$a = 2\cos 36°$ となることを示せ．

（3）$a = \dfrac{1+\sqrt{5}}{2}$ および $\cos 36° = \dfrac{1+\sqrt{5}}{4}$ となることを示せ．

（4）$\cos 18° = \dfrac{\sqrt{10+2\sqrt{5}}}{4}$ となることを示せ．

（21　島根大・総合理工，人科，生物）

▶解答◀　（1）図 1 を見よ．∠BAC は円周の $\dfrac{1}{5}$ の円弧に対する円周角であるから

$$\frac{360°}{5}\cdot\frac{1}{2} = \mathbf{36°}$$

∠ABC は円周の $\dfrac{3}{5}$ の円弧に対する円周角であるから $36°\cdot 3 = \mathbf{108°}$ である．

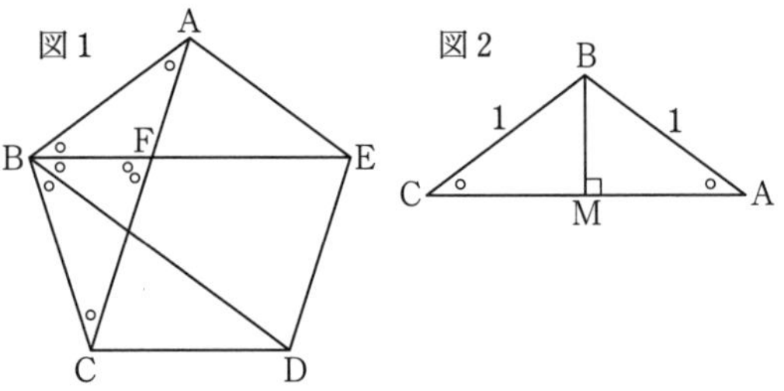

（2）図の○は 36° である．対角線 AC の中点を M とする．図 2 を見よ．BM ⊥ AC であるから

$$a = \mathrm{AC} = 2\mathrm{AM} = 2\cos 36°$$

（3）図 1 を見よ．AC と BE の交点を F とする．FC = BC = 1 であるから AF = AC − FC = $a - 1$ である．△ABC ∽ △AFB であるから

$$1 : (a-1) = a : 1$$
$$a(a-1) = 1$$
$$a^2 - a - 1 = 0$$

$a > 0$ より $a = \dfrac{1+\sqrt{5}}{2}$

$$\cos 36° = \frac{a}{2} = \frac{1+\sqrt{5}}{4}$$

（4）$\cos 36° = 2\cos^2 18° - 1$

$$2\cos^2 18° = \cos 36° + 1 = \frac{5+\sqrt{5}}{4}$$
$$\cos^2 18° = \frac{5+\sqrt{5}}{8} = \frac{10+2\sqrt{5}}{16}$$
$$\cos 18° = \frac{\sqrt{10+2\sqrt{5}}}{4}$$

♦別解♦　(4)　図形的に $\cos 18°$ を求める．図 3 を見よ．辺 CD の中点を H とすると

$$\mathrm{AH} \perp \mathrm{CH},\ \angle\mathrm{HAC} = 18°$$

$$\mathrm{AH} = \sqrt{\mathrm{AC}^2 - \mathrm{CH}^2}$$

$$= \sqrt{\left(\frac{1+\sqrt{5}}{2}\right)^2 - \left(\frac{1}{2}\right)^2} = \frac{1}{2}\sqrt{5+2\sqrt{5}}$$

$$\cos 18° = \frac{\mathrm{AH}}{\mathrm{AC}} = \frac{\frac{1}{2}\sqrt{5+2\sqrt{5}}}{\frac{1+\sqrt{5}}{2}} = \frac{\sqrt{5+2\sqrt{5}}}{1+\sqrt{5}}$$

$$= \frac{\sqrt{5}\sqrt{2+\sqrt{5}}}{1+\sqrt{5}} = \frac{\sqrt{5}\sqrt{2+\sqrt{5}}\,(\sqrt{5}-1)}{(1+\sqrt{5})(\sqrt{5}-1)}$$

$$= \frac{\sqrt{5}\sqrt{(2+\sqrt{5})(6-2\sqrt{5})}}{4}$$

$$= \frac{\sqrt{5}\sqrt{2+2\sqrt{5}}}{4} = \frac{\sqrt{10+2\sqrt{5}}}{4}$$

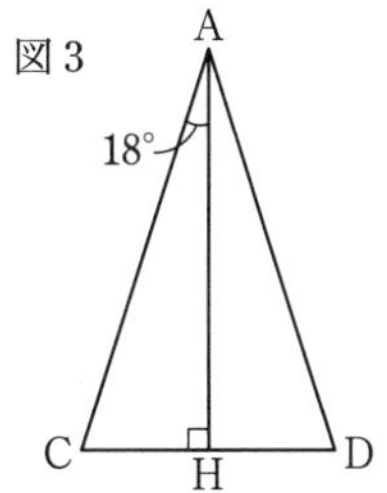

《座標との融合 (B20)》

283．座標平面上に 2 点 $\mathrm{A}\left(\frac{5}{8}, 0\right)$, $\mathrm{B}\left(0, \frac{3}{2}\right)$ をとる．L は原点を通る直線で，L が x 軸の正の方向となす角 θ は $0 \leqq \theta \leqq \frac{\pi}{2}$ の範囲にあるとする．ただし，角 θ の符号は時計の針の回転と逆の向きを正とする．点 A と直線 L との距離を d_{A}，点 B と直線 L との距離を d_{B} とおく．このとき

$$d_{\mathrm{A}} + d_{\mathrm{B}} = \square \sin\theta + \square \cos\theta$$

である．θ が $0 \leqq \theta \leqq \frac{\pi}{2}$ の範囲を動くとき，$d_{\mathrm{A}} + d_{\mathrm{B}}$ の最大値は $\square$ であり，最小値は $\square$ である．　　(21　明治大・理工)

▶解答◀　点 A，B から L におろした垂線の足をそれぞれ P，Q とする．

$$d_{\mathrm{A}} = \mathrm{AP} = \mathrm{OA}\sin\theta = \frac{5}{8}\sin\theta$$

$$d_{\mathrm{B}} = \mathrm{BQ} = \mathrm{OB}\sin\left(\frac{\pi}{2}-\theta\right) = \frac{3}{2}\cos\theta$$

であるから，

$$d_{\mathrm{A}} + d_{\mathrm{B}} = \boldsymbol{\frac{5}{8}}\sin\theta + \boldsymbol{\frac{3}{2}}\cos\theta = \frac{13}{8}\sin(\theta+\alpha)$$

と合成できる．α は $\sin\alpha = \frac{12}{13}$，$\cos\alpha = \frac{5}{13}$ を満たす鋭角である．$0 \leqq \theta \leqq \frac{\pi}{2}$ のとき，$\alpha \leqq \theta+\alpha \leqq \frac{\pi}{2}+\alpha$

$$\sin\left(\frac{\pi}{2}+\alpha\right) = \cos\alpha = \frac{5}{13}$$

であるから，

$$\frac{5}{13} \leqq \sin(\theta+\alpha) \leqq 1$$

$$\frac{5}{8} \leqq \frac{13}{8}\sin(\theta+\alpha) \leqq \frac{13}{8}$$

$d_{\mathrm{A}} + d_{\mathrm{B}}$ の最大値は $\boldsymbol{\frac{13}{8}}$，最小値は $\boldsymbol{\frac{5}{8}}$ である．

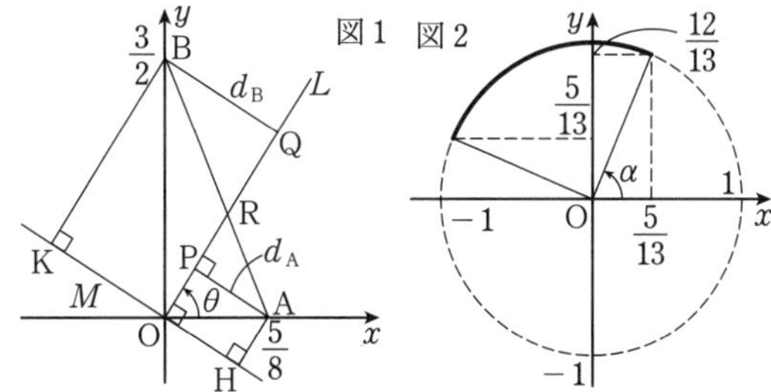

注意　**【図形的に】** L に垂直で O を通る直線を M とする．A，B から M に下ろした垂線の足を H，K とし，AB と L の交点を R とする．R は A から B までを動く．

$$\triangle\mathrm{OAB} = \triangle\mathrm{HRK} = \frac{1}{2}\mathrm{HK}\cdot\mathrm{OR} = \frac{1}{2}(d_{\mathrm{A}}+d_{\mathrm{B}})\mathrm{OR}$$

は一定であるから，$d_{\mathrm{A}} + d_{\mathrm{B}}$ が最大になるのは OR が最小のとき，それは L が AB に垂直のときで，$d_{\mathrm{A}}+d_{\mathrm{B}}$ の最大値は AB の長さに等しい．最小になるのは OR が最大になるときで，R が B に一致するときに起こる．$d_{\mathrm{A}} + d_{\mathrm{B}}$ の最小値は OA の長さに等しい．

【指数関数と対数関数】

【指数の計算】

《指数の計算（A5）》

284. $\dfrac{10^4\times10^{-5}}{10^{-14}\times10^3}=10^{\square}$ （21　松山大・薬）

▶解答◀ $\dfrac{10^{-1}}{10^{-11}}=10^{-1-(-11)}=\mathbf{10^{10}}$

《指数の計算（A5）》

285. $\sqrt[3]{16}\times3\sqrt[6]{4}\div2\sqrt[9]{64}=\square$

（21　松山大・薬）

▶解答◀ $2^{\frac{4}{3}}\cdot(3\cdot2^{\frac{2}{6}})\div(2\cdot2^{\frac{6}{9}})$

$=3\cdot2^{\frac{4}{3}+\frac{1}{3}-\frac{5}{3}}=\mathbf{3}$

《等式を導く（A5）☆》

286. 実数 x，y について $5000^x=2000^y=\sqrt{10}$ が成り立つとき，$\dfrac{1}{x}+\dfrac{1}{y}=\square$ である．

（21　藤田医科大・医）

▶解答◀ $5000^x=10^{\frac{1}{2}}$，$2000^y=10^{\frac{1}{2}}$

$5000=10^{\frac{1}{2x}}$，$2000=10^{\frac{1}{2y}}$

辺ごとにかけて $10^7=10^{\frac{1}{2x}+\frac{1}{2y}}$

$\dfrac{1}{2x}+\dfrac{1}{2y}=7$ であり $\dfrac{1}{x}+\dfrac{1}{y}=\mathbf{14}$

《指数の指数（A5）》

287. $A=4^{(4^4)}$, $B=(4^4)^4$ のとき，

$\log_2(\log_2A)-\log_2(\log_2B)$

の値を整数で表すと $\square$ である．

（21　立教大・数学）

▶解答◀ $A=4^{(4^4)}$ より

$\log_2A=\log_24^{(4^4)}=4^4\cdot\log_24=4^4\cdot2$

$=2^8\cdot2=2^9$

$B=(4^4)^4$ より

$\log_2B=\log_2(4^4)^4=4\cdot\log_24^4=16\cdot\log_24$

$=16\cdot2=2^5$

$\log_2(\log_2A)-\log_2(\log_2B)$

$=\log_22^9-\log_22^5=9-5=\mathbf{4}$

《大小比較（A10）☆》

288. $\log_34$, $\log_{\frac{1}{2}}5$, $\log_{\frac{1}{2}}\dfrac{1}{2}$, $\log_{\sqrt{2}-1}\dfrac{1}{2}$

を小さい順に並べると，$\square$ である．

（21　北見工大・後期）

▶解答◀ $\log_34>\log_33=1$

$\log_{\frac{1}{2}}5=\dfrac{\log_25}{\log_2\frac{1}{2}}=-\log_25<0$

$\log_{\frac{1}{2}}\dfrac{1}{2}=1$

また，$0<\sqrt{2}-1<1$ であるから $1>\dfrac{1}{2}>\sqrt{2}-1$

$\log_{\sqrt{2}-1}1<\log_{\sqrt{2}-1}\dfrac{1}{2}<\log_{\sqrt{2}-1}(\sqrt{2}-1)$

$0<\log_{\sqrt{2}-1}\dfrac{1}{2}<1$

以上より，$\mathbf{\log_{\frac{1}{2}}5<\log_{\sqrt{2}-1}\frac{1}{2}<\log_{\frac{1}{2}}\frac{1}{2}<\log_34}$

注意　**【近似値を覚えよう】**

常用対数の近似値を覚えておくと答えはすぐにわかる．

$\log_{10}2=0.3010$, $\log_{10}3=0.4771$ であるから

$\log_34=\dfrac{2\log_{10}2}{\log_{10}3}=\dfrac{2\cdot0.3010}{0.4771}\fallingdotseq1.26$

$\log_{\frac{1}{2}}5=\dfrac{\log_{10}5}{\log_{10}\frac{1}{2}}=\dfrac{1-\log_{10}2}{-\log_{10}2}$

$=-\dfrac{0.6990}{0.3010}\fallingdotseq-2.32$

$\log_{\frac{1}{2}}\dfrac{1}{2}=1$

$\log_{\sqrt{2}-1}\dfrac{1}{2}\fallingdotseq\log_{0.4}\dfrac{1}{2}=\dfrac{\log_{10}\frac{1}{2}}{\log_{10}0.4}$

$=\dfrac{-\log_{10}2}{2\log_{10}2-1}=\dfrac{-0.3010}{2\cdot0.3010-1}=\dfrac{-0.3010}{-0.398}$

$\fallingdotseq0.75$

$\mathbf{\log_{\frac{1}{2}}5<\log_{\sqrt{2}-1}\frac{1}{2}<\log_{\frac{1}{2}}\frac{1}{2}<\log_34}$

空欄補充だから証明の必要もない．

【対数の値の計算と桁数と最高位の計算】

《log7 の計算》

289. $\log_{10}2=0.301$, $\log_{10}3=0.477$ とする．このとき，次の問いに答えよ．

（1）$\log_{10}48$ を求めよ．

（2）$10^{0.84}<7<10^{0.85}$ を示せ．

（21　富山県立大・工）

▶解答◀（1）$48=2^4\cdot3$ より

$\log_{10}48=4\log_{10}2+\log_{10}3$

$=4\cdot0.301+0.477=\mathbf{1.681}$

（2）$\log_{10}48<\log_{10}7^2<\log_{10}50$

（1）より $\log_{10}48=1.681$

$\log_{10}50=\log_{10}100-\log_{10}2$

$=2-0.301=1.699$

ゆえに，$1.681<\log_{10}7^2<1.699$

$0.8405<\log_{10}7<0.8495$

よって，$10^{0.84} < 7 < 10^{0.85}$

《桁数と最高位（A10）☆》

290. $\log_{10}2 = 0.3010$，$\log_{10}3 = 0.4771$，$\log_{10}7 = 0.8451$ として次の問に答えなさい．

（1） 7^{202} は □ 桁の整数であり，一の位の数字は □，最高位の数字は □ である．

（2） $\left(\frac{3}{4}\right)^{101}$ は，小数第 □ 位に初めて 0 でない数字があらわれる．（21　愛知学院大・薬，歯）

対数は近似値計算のために重要である．近似値を求める計算をしなければ使えることにはならない．近似値とは，桁数と最高位くらいはわからないといけない．「ロケットガールの誕生」という本に，初期の宇宙開発で，コンピューター（計算する人）と呼ばれた女性達が，対数表や三角関数表を用いて，手で軌道計算した様子が書かれている．某国の教科書は桁数だけを求めるから，近似計算をしているということがわかっていない生徒も多い．

▶解答◀（1） 常用対数をとる．

$$\log_{10}7^{202} = 202\cdot\log_{10}7$$

$$= 202\cdot 0.8451 = 170.7102$$

であるから

$$7^{202} = 10^{170.7102} = 10^{0.7102}\cdot 10^{170}$$

となる．ここで

$$\log_{10}5 = \log_{10}10 - \log_{10}2$$

$$= 1 - 0.3010 = 0.6990$$

であるから $5 = 10^{0.6990}$ であり

$$\log_{10}6 = \log_{10}2 + \log_{10}3$$

$$= 0.3010 + 0.4771 = 0.7781$$

であるから $6 = 10^{0.7781}$ である．

よって，$5 < 10^{0.7102} < 6$ となり

$$5\cdot 10^{170} < 7^{202} < 6\cdot 10^{170}$$

が成り立つ．7^{202} は **171** 桁の整数であり，最高位の数字は **5** である．

次に一の位の数字を求める．mod 10 とする．7 をかけて，左辺は指数表示，右辺は計算をする．

$$7 \equiv 7$$

$$7^2 \equiv 49 \equiv 9$$

$$7^3 \equiv 63 \equiv 3$$

$$7^4 \equiv 21 \equiv 1$$

$$7^5 \equiv 7$$

7 から始まって 7 に戻ったから，7^n の一の位の数（7^n を 10 で割った余り）は 7，9，3，1 を周期 4 で繰り返す．$202 = 4\cdot 50 + 2$ であるから，7^{202} の一の位の数字は **9** である．

（2） $\log_{10}\left(\frac{3}{4}\right)^{101} = 101(\log_{10}3 - 2\log_{10}2)$

$$= 101(0.4771 - 2\cdot 0.3010) = -12.6149$$

であるから，

$$-13 < \log_{10}\left(\frac{3}{4}\right)^{101} < -12$$

$$10^{-13} < \left(\frac{3}{4}\right)^{101} < 10^{-12}$$

よって，$\left(\frac{3}{4}\right)^{101}$ は小数第 **13** 位に初めて 0 でない数字があらわれる．

注意 その数字くらい求めさせた方がよい．

$$\left(\frac{3}{4}\right)^{101} = 10^{-12.6149} = 10^{0.3851}\cdot 10^{-13}$$

となり，$\log_{10}2 = 0.3010$，$\log_{10}3 = 0.4771$ であるから，$2 < 10^{0.3851} < 3$ であり，初めてあらわれる 0 でない数字は 2 である．

《桁数と最高位（A10）☆》

291. $\log_{10}2 = 0.3010$, $\log_{10}3 = 0.4771$ として次の問いに答えよ．

（1） 8^{2021} は何桁の整数か．

（2） 8^{2021} の最高位の数字は何か．

（3） 8^{2021} の一の位の数字は何か．

（21　愛知医大・医-推薦）

▶解答◀（1） $8^{2021} = 2^{6063}$ であるから

$$\log_{10}8^{2021} = 6063\log_{10}2 = 1824.963$$

よって，$10^{1824} < 8^{2021} < 10^{1825}$ であるから 8^{2021} は **1825 桁**の整数である．

（2） $8^{2021} = 10^{0.963}\cdot 10^{1824}$

ここで，$\log_{10}9 = 2\log_{10}3 = 0.9542$ であるから

$$9 < 10^{0.963} < 10$$

よって，$9\cdot 10^{1824} < 8^{2021} < 10^{1825}$

したがって，8^{2021} の最高位の数字は **9** である．

（3） mod 10 で考える．

$$8 \equiv 8,\ 8^2 \equiv 64 \equiv 4,\ 8^3 \equiv 32 \equiv 2$$

$$8^4 \equiv 16 \equiv 6,\ 8^5 \equiv 48 \equiv 8$$

よって，8^n の一の位の数字は 8, 4, 2, 6 を周期 4 で繰り返す．$2021 = 4\cdot 505 + 1$ であるから，8^{2021} の一の位の数字は **8** である．

《桁数（A5）》

292. 3^{100} を 10 進法で表すと□桁の数であり，5 進法で表すと□桁の数である．

(21　星薬大・B 方式)

▶解答◀　3^{100} の $\log_{10}$ をとって

$$\log_{10} 3^{100} = 100\log_{10} 3 = 100\cdot 0.4771 = 47.71$$

$47 < 47.71 < 48$ であるから

$$47 < \log_{10} 3^{100} < 48$$

$$10^{47} < 3^{100} < 10^{48}$$

3^{100} を 10 進法で表すと，**48** 桁の数である．

また，3^{100} の $\log_5$ をとって

$$\log_5 3^{100} = 100\log_5 3 = 100\cdot\frac{\log_{10} 3}{\log_{10}\frac{10}{2}}$$

$$= 100\cdot\frac{\log_{10} 3}{1-\log_{10} 2} = 100\cdot\frac{0.4771}{1-0.3010}$$

$$= \frac{47.71}{0.6990} = 68.2\cdots$$

$68 < 68.2\cdots < 69$ であるから

$$68 < \log_5 3^{100} < 69$$

$$5^{68} < 3^{100} < 5^{69}$$

3^{100} を 5 進法で表すと，**69** 桁の数である．

《はよこい (B20)》

293. (1)　不等式

$$\frac{k-1}{k} < \log_{10} 7 < \frac{k}{k+1}$$

を満たす自然数 k は□である．

(2)　7^{35} は□桁（けた）の整数である．

(21　上智大・理工)

▶解答◀　(1)　まず $\log_{10} 7 = 0.8451$(はよこい)を既知とした解法を示す．

$$\frac{k-1}{k} < \log_{10} 7 < \frac{k}{k+1}$$

$$1-\frac{1}{k} < \log_{10} 7 < 1-\frac{1}{k+1}$$

$$\frac{1}{k+1} < 1-\log_{10} 7 < \frac{1}{k}$$

$$k < \frac{1}{1-\log_{10} 7} < k+1$$

ここで

$$\frac{1}{1-\log_{10} 7} = \frac{1}{1-0.8451} = \frac{1}{0.1549} = 6.4\cdots$$

であるから，求める自然数 k は **6** である．

(2)　上の不等式より $\frac{5}{6} < \log_{10} 7 < \frac{6}{7}$

35 倍して $\frac{175}{6} < \log_{10} 7^{35} < 30$

$$29 < \log_{10} 7^{35} < 30$$

$$10^{29} < 7^{35} < 10^{30}$$

したがって 7^{35} は **30** 桁の整数である．

◆別解◆　(1)　$\log_{10} 2$, $\log_{10} 3$ のみが既知のとき

$$\frac{k-1}{k} < \log_{10} 7 < \frac{k}{k+1}$$

$$1-\frac{1}{k} < \log_{10} 7 < 1-\frac{1}{k+1}$$

$$\frac{1}{k+1} < 1-\log_{10} 7 < \frac{1}{k}$$

また，$48 < 49 < 50$ であるから

$$4\sqrt{3} < 7 < 5\sqrt{2}$$

$$\log_{10} 4\sqrt{3} < \log_{10} 7 < \log_{10} 5\sqrt{2}$$

ここで，

$$\log_{10} 4\sqrt{3} = 2\log_{10} 2 + \frac{1}{2}\log_{10} 3$$

$$= 0.6020 + 0.2385 = 0.8405$$

$$\log_{10} 5\sqrt{2} = \log_{10}\frac{10}{2} + \frac{1}{2}\log_{10} 2$$

$$1-0.3010+0.1505 = 0.8495$$

したがって

$$0.1505 < 1-\log_{10} 7 < 0.1595$$

$$0.15 < 1-\log_{10} 7 < 0.16$$

よって，$\frac{1}{6} = 0.16\cdots$, $\frac{1}{7} = 0.142\cdots$ であるから

$$\frac{1}{7} < 1-\log_{10} 7 < \frac{1}{6}$$

であるから，求める自然数 k は **6** である．

また，**常用対数の値を知らないとき**の解法もある．

$$7^1 = 7,\ 7^2 = 49,\ 7^3 = 343,\ 7^4 = 2401,$$

$$7^5 = 16807,\ 7^6 = 117649,$$

$$7^7 = 823543$$

であるから $10^5 < 7^6$, $7^7 < 10^6$

両辺の常用対数をとると

$$5 < 6\log_{10} 7,\ 7\log_{10} 7 < 6$$

$\frac{5}{6} < \log_{10} 7 < \frac{6}{7}$ となり $k = \mathbf{6}$ である．

【指数方程式・対数方程式】

《指数方程式 (A5)》

294. 1 とは異なる 2 つの正の数 x, y が

$$x^{x+y} = y^{10},\ y^{x+y} = x^{90}$$

をみたすとき，$x+y=$ □ であり，さらに $(x, y) =$ □ である．

(21　福岡大・医)

▶解答◀　両辺の対数をとって

$$(x+y)\log x = 10\log y \quad \cdots\cdots①$$

$$(x+y)\log y = 90\log x$$

2 式を辺々かけて

$$(x+y)^2(\log x)(\log y)=900(\log y)(\log x)$$

$\log x \neq 0,\ \log y \neq 0$ であるから $(x+y)^2=900$

$x+y>0$ より $x+y=\mathbf{30}$

① に代入して

$$30\log x = 10\log(30-x)$$

$$x^3=30-x$$

$$x^3+x-30=0$$

$$(x-3)(x^2+3x+10)=0$$

ここで，$x>0$ より $x=3$ で $(x, y)=\mathbf{(3, 27)}$

《指数方程式と対数方程式 (A10)》

295. 等式 $8^{x+1}=2^{4-x^2}$ をみたす正の数 x は □ である．また，等式 $3+\log_2 x=\log_2(3x+1)$ をみたす x は □ である． (21　名城大・理工)

▶解答◀ $8^{x+1}=2^{4-x^2}$

$$2^{3(x+1)}=2^{4-x^2}$$

$$3(x+1)=4-x^2$$

$$x^2+3x-1=0$$

$x>0$ であるから，$x=\mathbf{\dfrac{-3+\sqrt{13}}{2}}$

真数条件により $x>0,\ 3x+1>0$ であり，$x>0$

$$3+\log_2 x=\log_2(3x+1)$$

$$\log_2 8+\log_2 x=\log_2(3x+1)$$

$$\log_2 8x=\log_2(3x+1)$$

$8x=3x+1$ となり，$x=\mathbf{\dfrac{1}{5}}$

これは $x>0$ をみたす．

《底の変換あり (A5) ☆》

296. $a>0,\ b>0$，かつ $a^2+b^2=1$ のとき，等式 $\log_a b^2=\log_b ab$ を満たす実数 a, b の値を求めよ． (21　山梨大・工)

▶解答◀ $a^2+b^2=1,\ a>0,\ b>0$ であるから，$0<a<1,\ 0<b<1$ である．よって $\log_a b>0$ である．

$\log_a b^2=\log_b ab$ より

$$2\log_a b=\frac{\log_a ab}{\log_a b}$$

$$2(\log_a b)^2=1+\log_a b$$

$$(2\log_a b+1)(\log_a b-1)=0$$

$$\log_a b=1 \qquad \therefore\ b=a$$

$a^2+b^2=1,\ a=b$ より，$a=\mathbf{\dfrac{1}{\sqrt{2}}},\ b=\mathbf{\dfrac{1}{\sqrt{2}}}$ である．

《対数方程式の同値変形 (B10) ☆》

297. x についての方程式

$$\log_2(x-1)=\log_4(2x+a)$$

が異なる 2 つの実数解を持つような実数 a の値の範囲を求めよ． (21　東京女子大・数理)

▶解答◀

$$\log_2(x-1)=\log_4(2x+a) \cdots\cdots ①$$

真数条件より，$x>1$ かつ $2x+a>0$ ……②

① より $\log_2(x-1)=\dfrac{\log_2(2x+a)}{\log_2 4}$

$$\log_2(x-1)=\frac{\log_2(2x+a)}{2}$$

$$\log_2(x-1)^2=\log_2(2x+a)$$

$$(x-1)^2=2x+a \cdots\cdots ③$$

$x>1$ かつ ③ であるならば，③ の左辺は正であるから右辺も正となり，$2x+a>0$ は成り立つ．よって「② かつ ③」は「$x>1$ かつ ③」と同値である．③ より

$$x^2-4x+1=a$$

$f(x)=x^2-4x+1$ とおく．$f(x)=(x-2)^2-3$

$f(1)=-2,\ f(2)=-3$

曲線 $y=f(x)$ と直線 $y=a$ が $x>1$ で異なる 2 つの共有点をもつ条件を求め $\mathbf{-3<a<-2}$

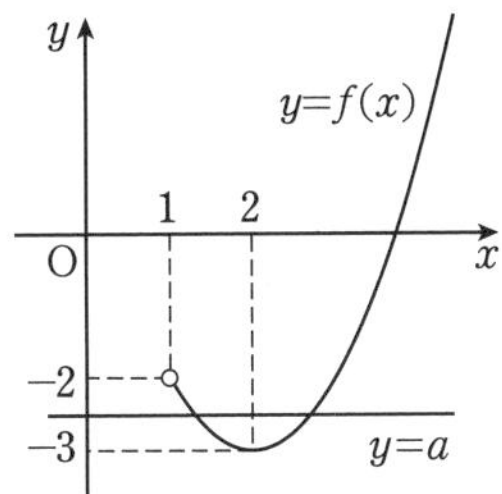

《対数方程式 (A5)》

298. 連立方程式

$$\begin{cases}\log_2(x+1)-\log_2(y+5)+1=0\\ 2^x-2^y-2=0\end{cases}$$

を解け． (21　公立はこだて未来大)

▶解答◀ $\log_2(x+1)-\log_2(y+5)+1=0$ より

$$\log_2(y+5)=\log_2(x+1)+1$$

$$\log_2(y+5)=\log_2 2(x+1)$$

$$y+5=2(x+1) \qquad \therefore\ y=2x-3 \cdots\cdots ①$$

また，真数条件より，$x>-1,\ y>-5$ ……②

① を $2^x-2^y-2=0$ に代入して

$$2^x-2^{2x-3}-2=0$$

$2^x=t$ とおくと $t-\dfrac{t^2}{8}-2=0$

$$t^2-8t+16=0$$

$(t-4)^2=0 \qquad \therefore \quad t=4$

よって，$2^x=4$ より $\boldsymbol{x=2}$ であり，これと ① より $\boldsymbol{y=1}$ である．これらは ② を満たす．

【指数不等式・対数不等式】

《塊にする (A5)》

299． $4^x-3\cdot2^{x+1}+8<0$ を満たす x の範囲を求めよ．（21　三重大・工，教育）

▶解答◀ $4^x-3\cdot2^{x+1}+8<0$

$(2^x)^2-6\cdot2^x+8<0$

$(2^x-2)(2^x-4)<0$

$2<2^x<4 \qquad \therefore \quad \boldsymbol{1<x<2}$

《底の変換あり (A10)》

300． 不等式 $\log_{\frac{1}{3}}(4x^2+3x)>(\log_3 2)-2$ の解は $-\dfrac{\square}{\square}<x<-\dfrac{\square}{\square}$, $\square<x<\dfrac{\square}{\square}$ である．（21　東邦大・薬）

▶解答◀ $\log_{\frac{1}{3}}(4x^2+3x)>(\log_3 2)-2$ ……①

について，真数条件より $x(4x+3)>0$

$x<-\dfrac{3}{4},\ 0<x$ ……②

① の底を 3 に揃える．

$\dfrac{\log_3(4x^2+3x)}{\log_3\frac{1}{3}}>\log_3\dfrac{2}{3^2}$

$-\log_3(4x^2+3x)>\log_3\dfrac{2}{9}$

$\log_3\dfrac{2}{9}+\log_3(4x^2+3x)<0$

$\log_3\dfrac{2}{9}(4x^2+3x)<0$

$\dfrac{2}{9}(4x^2+3x)<1$

$8x^2+6x-9<0$

$(2x+3)(4x-3)<0 \qquad \therefore \quad -\dfrac{3}{2}<x<\dfrac{3}{4}$

これと ② を合わせて

$\boldsymbol{-\dfrac{3}{2}<x<-\dfrac{3}{4},\ 0<x<\dfrac{3}{4}}$

《底の変換あり・絶対値あり (B20) ☆》

301． 不等式

$\log_3(5-x^2)+\log_{\frac{1}{3}}(5-x)\geqq\log_9(x^2-2x+1)-1$

を解け．（21　福島県立医大）

▶解答◀ いつもなら真数条件を求めるが，後回しにする．対数の底を 3 に揃え不等式を整理すると

$\log_3(5-x^2)-\log_3(5-x)\geqq\log_3|x-1|-1$

$\log_3 3(5-x^2)\geqq\log_3(5-x)|x-1|$

$3(5-x^2)\geqq(5-x)|x-1|\ (>0)$ ……①

$15-3x^2=\pm(5-x)(x-1)$ を解く．

$15-3x^2=(x-5)(x-1)$ のとき $4x^2-6x-10=0$ で $(x+1)(2x-5)=0$ となり $x=-1,\ \dfrac{5}{2}$

$15-3x^2=(5-x)(x-1)$ のとき $2x^2+6x-20=0$ で $(x-2)(x+5)=0$ となり $x=2,\ -5$

① になる範囲は $\boldsymbol{-1\leqq x<1,\ 1<x\leqq2}$

真数条件は，① の各因子が正になることで，それは $x\neq1$ のもとで $x<5$ と同値である．なぜなら，このとき ① の右辺が正になり，左辺も正になる．よって $5-x^2>0$ になるためである．$x\neq1,\ x<5$ のもとで ① を考えればよい．

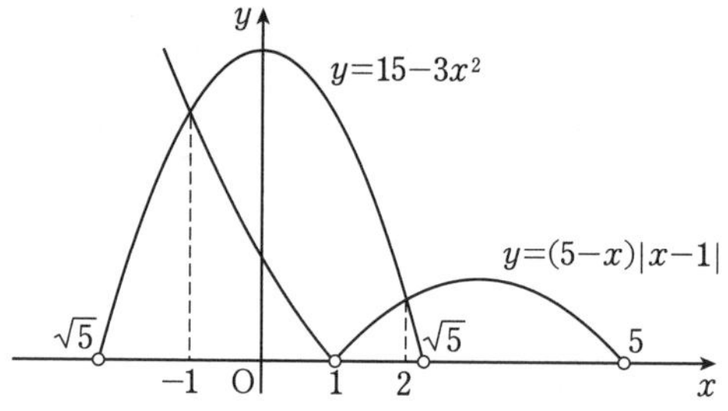

《無理数の論証 (A5) ☆》

302． 2 つの整数 a,b が $a\log_2 3=b$ を満たすとき，$a=b=0$ であることを示せ．（21　愛媛大・後期）

▶解答◀ $a\log_2 3=b$ のとき，両辺の絶対値をとって

$|a\log_2 3|=|b|$

$|a|\log_2 3=|b|$

$\log_2 3^{|a|}=|b| \qquad \therefore \quad 3^{|a|}=2^{|b|}$

両辺の 3 の指数，2 の指数を比較して $|a|=|b|=0$ すなわち $a=b=0$ である．

《塊で置いて関数 (B20) ☆》

303． $f(x)=16\cdot9^x-4\cdot3^{x+2}-3^{-x+2}+9^{-x}$ とし，$t=4\cdot3^x+3^{-x}$ とおくとき，以下の問いに答えよ．

（1） t の最小値とそのときの x の値を求めよ．

（2） $f(x)$ を t の式で表せ．

（3） x の方程式 $f(x)=k$ の相異なる実数解の個数が 3 個であるとき，定数 k の値と，3 つの実数解を求めよ．（21　福井大・工，教育，国際）

▶解答◀（1） $3^x=X$ とおくと

$t=4X+\dfrac{1}{X} \qquad \therefore \quad 4X^2-tX+1=0$ …①

この X の2次方程式が正の解をもつ条件を求める．

$f(X)=4X^2-tX+1$ とおいて，$f(0)=1$ であるから，軸 $X=\dfrac{t}{8}$ について，$t>0$ である．

判別式 $D\geqq 0$ より

$$(-t)^2-4\cdot 4\cdot 1\geqq 0$$

$$(t+4)(t-4)\geqq 0 \qquad \therefore\quad t\leqq -4,\ 4\leqq t$$

よって，$t\geqq 4$，すなわち最小値は **4** である．このとき，① の重解を求めて，$X=\dfrac{1}{2}$ で，$x=-\log_3 2$

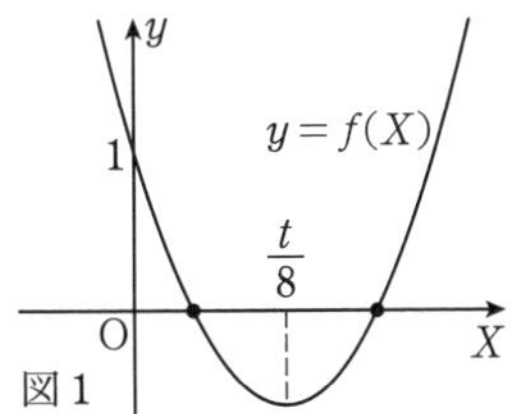

（2） $t=4\cdot 3^x+3^{-x}$ より

$$t^2=(4\cdot 3^x+3^{-x})^2=16\cdot 9^x+8+9^{-x}$$

であるから

$$16\cdot 9^x+9^{-x}=t^2-8$$

$$f(x)=16\cdot 9^x+9^{-x}-9(4\cdot 3^x+3^{-x})$$

$$=\boldsymbol{t^2-9t-8}$$

（3） $g(t)=t^2-9t-8$ とおくと

$$g(t)=\left(t-\frac{9}{2}\right)^2-\frac{113}{4}$$

ここで，（1）の内容から，$g(t)=k$ の解を考えて

$t<4$ のとき

正の数 X は存在せず x も存在しない．

$t=4$ のとき

$D=0$ で正の数 X は1個存在し x も1個存在する．

$t>4$ のとき

$D>0$ で正の数 X は2個存在し x も2個存在する．

$f(x)=k$ の相異なる実数解の個数が3個であるとき，$k=g(4)=\boldsymbol{-28}$ である．このとき，$g(t)=-28$ より

$$t^2-9t+20=0$$

$$(t-4)(t-5)=0 \qquad \therefore\quad t=4,\ 5$$

$t=5$ のとき，① より

$$4X^2-5X+1=0$$

$$(4X-1)(X-1)=0 \qquad \therefore\quad X=\frac{1}{4},\ 1$$

$$3^x=\frac{1}{4},\ 1$$

よって，$x=-\log_3 4,\ 0$ で，3つの実数解は $\boldsymbol{-\log_3 4,\ -\log_3 2,\ 0}$ である．

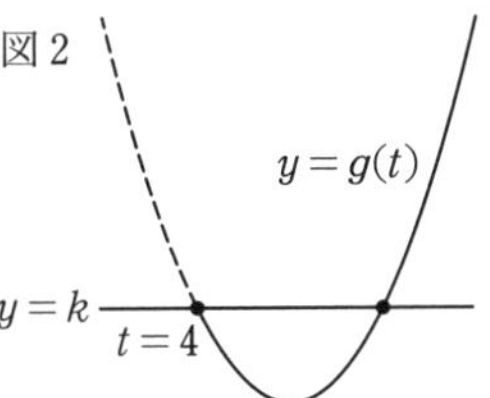

♦別解♦ （1） 2つの正の数 $4\cdot 3^x$ と 3^{-x} に対して，相加・相乗平均の不等式を用いて

$$t=4\cdot 3^x+3^{-x}\geqq 2\sqrt{4\cdot 3^x\cdot 3^{-x}}=4$$

等号成立は，$4\cdot 3^x=3^{-x}$ すなわち $3^x=\dfrac{1}{2}$ より $x=-\log_3 2$ のときであり，最小値は **4** である．

《置き換えて関数（B20）》

304. 正の実数 x,y が，方程式

$$\frac{9^{4x}+9^{y^2+1}}{6}=3^{4x+y^2} \quad \cdots\cdots\cdots\cdots\cdots\cdots\cdots(*)$$

を満たすとする．

（1） y^2 を x を用いて表せ．

（2） 正の実数 x,y が（＊）および $1-\dfrac{x}{y}>0$ を満たしながら動くとき，

$$\frac{1}{\log_{1+\frac{x}{y}}4}+\frac{1}{\log_{1-\frac{x}{y}}4}$$

の最大値を求めよ．（21 北海道大・理系）

▶解答◀ （1） $\dfrac{9^{4x}+9^{y^2+1}}{6}=3^{4x+y^2}$

$3^{4x}=X,\ 3^{y^2}=Y$ とおくと

$$\frac{X^2+9Y^2}{6}=XY$$

$$\frac{X^2-6XY+9Y^2}{6}=0$$

$$(X-3Y)^2=0$$

$$3Y=X$$

$$3\cdot 3^{y^2}=3^{4x}$$

$$3^{y^2+1}=3^{4x}$$

$$y^2+1=4x \qquad \therefore\quad \boldsymbol{y^2=4x-1}$$

（2） （1）より $x=\dfrac{y^2+1}{4}$ であるから

$$\frac{1}{\log_{1+\frac{x}{y}}4}+\frac{1}{\log_{1-\frac{x}{y}}4}$$

$$=\log_4\left(1+\frac{x}{y}\right)+\log_4\left(1-\frac{x}{y}\right)$$

$$=\log_4\left(1+\frac{x}{y}\right)\left(1-\frac{x}{y}\right)=\log_4\left(1-\frac{x^2}{y^2}\right)$$

$$=\log_4\left(1-\frac{(y^2+1)^2}{16y^2}\right)$$

$$=\log_4\left(1-\frac{1}{16}\left(y^2+\frac{1}{y^2}+2\right)\right)$$

ここで，相加・相乗平均の不等式より

$$y^2+\frac{1}{y^2} \geqq 2\sqrt{y^2\cdot\frac{1}{y^2}}=2$$

等号成立は $y^2=\frac{1}{y^2}$ すなわち $y=1$ のときである．このとき

$$x=\frac{1^2+1}{4}=\frac{1}{2}$$

だから，$1-\frac{x}{y}>0$ を満たす．よって求める最大値は

$$\log_4\left(1-\frac{1}{16}(2+2)\right)=\boldsymbol{\log_4\frac{3}{4}}$$

【対数の難問】

《手数が多い (C30)》

305. 4 つの実数を $\alpha=\log_2 3$, $\beta=\log_3 5$, $\gamma=\log_5 2$, $\delta=\frac{3}{2}$ とおく．以下の問に答えよ．

（1） $\alpha\beta\gamma=1$ を示せ．

（2） α, β, γ, δ を小さい順に並べよ．

（3） $p=\alpha+\beta+\gamma$, $q=\frac{1}{\alpha}+\frac{1}{\beta}+\frac{1}{\gamma}$ とし，$f(x)=x^3+px^2+qx+1$ とする．このとき $f\left(-\frac{1}{2}\right)$, $f(-1)$ および $f\left(-\frac{3}{2}\right)$ の正負を判定せよ．　　　（21　名古屋大・前期）

▶解答◀ （1） 底の変換公式を用いて

$$\alpha\beta\gamma=(\log_2 3)(\log_3 5)(\log_5 2)$$
$$=(\log_2 3)\cdot\frac{\log_2 5}{\log_2 3}\cdot\frac{\log_2 2}{\log_2 5}=\log_2 2=1$$

（2） まず常用対数の近似値

$$\log_{10} 2=0.3010,\ \log_{10} 3=0.4771$$

を用いて α, β, γ の値を見積もる．

$$\alpha=\log_2 3=\frac{\log_{10} 3}{\log_{10} 2}=\frac{0.4771}{0.3010}=1.585\cdots$$
$$\beta=\log_3 5=\frac{\log_{10} 5}{\log_{10} 3}=\frac{1-\log_{10} 2}{\log_{10} 3}$$
$$=\frac{1-0.3010}{0.4771}=\frac{0.6990}{0.4771}=1.465\cdots$$
$$\gamma=\log_5 2=\frac{\log_{10} 2}{\log_{10} 5}=\frac{\log_{10} 2}{1-\log_{10} 2}$$
$$=\frac{0.3010}{1-0.3010}=\frac{0.3010}{0.6990}=0.430\cdots$$

と $\delta=\frac{3}{2}=1.5$ より

$$\gamma<1<\beta<\delta<\alpha$$

であると予想できる．これを示す．

$9>8$ より $3>2\sqrt{2}=2^{\frac{3}{2}}$ であるから

$$\log_2 3>\log_2 2^{\frac{3}{2}} \qquad \therefore\ \alpha>\frac{3}{2}=\delta$$

$25<27$ より $5<3\sqrt{3}=3^{\frac{3}{2}}$ であるから

$$\log_3 3<\log_3 5<\log_3 3^{\frac{3}{2}}$$
$$1<\beta<\frac{3}{2}=\delta$$

$2<5$ より

$$\log_5 2<\log_5 5 \qquad \therefore\ \gamma<1$$

以上より

$$\boldsymbol{\gamma<\beta<\delta<\alpha}$$

（3） $\alpha\beta\gamma=1$ であるから

$$q=\frac{1}{\alpha}+\frac{1}{\beta}+\frac{1}{\gamma}=\frac{\beta\gamma+\gamma\alpha+\alpha\beta}{\alpha\beta\gamma}$$
$$=\beta\gamma+\gamma\alpha+\alpha\beta$$

であり

$$f(x)=x^3+px^2+qx+1$$
$$=x^3+(\alpha+\beta+\gamma)x^2+(\beta\gamma+\gamma\alpha+\alpha\beta)x+\alpha\beta\gamma$$
$$=(x+\alpha)(x+\beta)(x+\gamma)$$

よって

$$f\left(-\frac{1}{2}\right)=\left(\alpha-\frac{1}{2}\right)\left(\beta-\frac{1}{2}\right)\left(\gamma-\frac{1}{2}\right)$$

であるから，γ と $\frac{1}{2}$ の大小を調べる．（2）より $\gamma<\frac{1}{2}$ と予想できるから，これを示す．

$4<5$ より $2<\sqrt{5}=5^{\frac{1}{2}}$ であるから

$$\log_5 2<\log_5 5^{\frac{1}{2}} \qquad \therefore\ \gamma<\frac{1}{2}$$

これと（2）より

$$\alpha>\frac{3}{2}>\beta>1>\frac{1}{2}>\gamma$$

であり，$\alpha-\frac{1}{2}>0$, $\beta-\frac{1}{2}>0$, $\gamma-\frac{1}{2}<0$ であるから，$\boldsymbol{f\left(-\frac{1}{2}\right)<0}$ である．また

$$f(-1)=(\alpha-1)(\beta-1)(\gamma-1)$$

であり，$\alpha-1>0$, $\beta-1>0$, $\gamma-1<0$ であるから，$\boldsymbol{f(-1)<0}$ である．さらに

$$f\left(-\frac{3}{2}\right)=\left(\alpha-\frac{3}{2}\right)\left(\beta-\frac{3}{2}\right)\left(\gamma-\frac{3}{2}\right)$$

であり，$\alpha-\frac{3}{2}>0$, $\beta-\frac{3}{2}<0$, $\gamma-\frac{3}{2}<0$ であるから，$\boldsymbol{f\left(-\frac{3}{2}\right)>0}$ である．

注意 $f\left(-\frac{1}{2}\right)$ の符号を調べるためには γ と $\frac{1}{2}$ の大小を自分で調べることが必要で，他の 2 つの符号を調べるより一手間かかる．問題文での順序を間違えたのであろうか．

【数列】

【等差数列】

《等差数列》

306. ある等差数列の第 n 項を a_n とするとき，

$$a_{37}+a_{38}+a_{39}+a_{40}+a_{41}=1445$$

$$a_{202}+a_{206}=-412$$

が成り立つ．次の設問に答えなさい．

(i) この等差数列の初項と公差を求めなさい．

(ii) この等差数列の初項から第 n 項までの和を S_n とするとき，S_n が最大となる n を求めなさい．（21 岩手県立大・ソフトウェア）

▶解答◀ (i) 初項を a，公差を d とおく．

$$a_{37}+a_{38}+a_{39}+a_{40}+a_{41}$$
$$=(a_{39}-2d)+(a_{39}-d)+a_{39}+(a_{39}+d)+(a_{39}+2d)=5a_{39}$$

よって，$5a_{39}=1445$ より $a_{39}=289$ だから

$$a+38d=289 \quad \cdots\cdots ①$$

$$a_{202}+a_{206}=(a_{204}-2d)+(a_{204}+2d)=2a_{204}$$

$2a_{204}=-412$ より $a_{204}=-206$ だから

$$a+203d=-206 \quad \cdots\cdots ②$$

②－① より　$165d=-495$　∴ $d=-3$

これを ① に代入して

$$a+38\cdot(-3)=289 \qquad \therefore\ a=403$$

したがって，初項は **403**，公差は **−3** である．

(ii) $a_n=403+(n-1)\cdot(-3)=-3n+406$

$-3n+406>0$ すなわち $n\leqq 135$ のとき $a_n>0$ であるから，S_n が最大となる n は **135** である．

《等差数列》

307. m, n を 1 より大きい整数とするとき，n^m は連続する n 個の奇数の和で表されることを示せ．（21 藤田医科大・AO）

▶解答◀ l を整数とする．n 個の連続する奇数

$$2l+1,\ 2l+3,\ \cdots,\ 2(l+n)-1$$

の和は等差数列の和の公式から

$$\frac{n}{2}\{2l+1+2(l+n)-1\}=(2l+n)n$$

これが n^m に一致するとき，l は

$$n^m=(2l+n)n$$

$$l=\frac{n^{m-1}-n}{2} \quad \cdots\cdots ①$$

をみたすことが条件である．n^{m-1} と n の偶奇は一致するから $n^{m-1}-n$ は偶数で，① をみたす整数 l が存在するから示された．

【和の計算】

《$(ak+b)r^k$ の和 (A5)》

308. 次の和 S_n および T_n を求めよ．

$$S_n=\sum_{k=1}^{n}(2k-1)\cdot 2^{k-1},\ T_n=\sum_{k=1}^{n}S_k$$

（21 岩手大・理工-後期）

▶解答◀

$$S_n=1+3\cdot 2+5\cdot 2^2+\cdots+(2n-1)\cdot 2^{n-1} \quad \cdots\cdots ①$$

$$2S_n=1\cdot 2+3\cdot 2^2+\cdots+(2n-3)\cdot 2^{n-1}+(2n-1)\cdot 2^n \quad ②$$

①－② より

$$-S_n=1+2^2+2^3+\cdots+2^n-(2n-1)\cdot 2^n$$
$$=-1+\frac{2(2^n-1)}{2-1}-(2n-1)\cdot 2^n$$
$$=-1+2\cdot 2^n-2-(2n-1)\cdot 2^n$$

$$S_n=\boldsymbol{(2n-3)\cdot 2^n+3}$$

$$T_n=\sum_{k=1}^{n}\{(2k-3)\cdot 2^k+3\}$$
$$=\sum_{k=1}^{n}\{(2k-1)\cdot 2^k-2\cdot 2^k+3\}$$
$$=2S_n-4\cdot\frac{2^n-1}{2-1}+3n$$
$$=(2n-3)\cdot 2^{n+1}+6-2\cdot 2^{n+1}+4+3n$$
$$=\boldsymbol{(2n-5)\cdot 2^{n+1}+3n+10}$$

《部分分数の和 (A10)》

309. 一般項が $a_n=\dfrac{2}{n(n+2)}$ であるような数列 $\{a_n\}$ の初項から第 n 項までの和を S_n とする．$S_n>\dfrac{7}{6}$ を満たす最小の自然数 n は □ である．（21 立教大・数学）

▶解答◀ $a_n=\dfrac{2}{n(n+2)}=\dfrac{1}{n}-\dfrac{1}{n+2}$

$$S_n=\sum_{k=1}^{n}a_k=\sum_{k=1}^{n}\left(\frac{1}{k}-\frac{1}{k+2}\right)$$
$$=1+\frac{1}{2}-\frac{1}{n+1}-\frac{1}{n+2}$$
$$=\frac{3}{2}-\frac{2n+3}{(n+1)(n+2)}$$

$S_n>\dfrac{7}{6}$ のとき

$$\frac{3}{2}-\frac{2n+3}{(n+1)(n+2)}>\frac{7}{6}$$

$$\frac{2n+3}{(n+1)(n+2)}<\frac{1}{3}$$

$$6n+9<n^2+3n+2$$

$$n^2-3n-7>0 \qquad \therefore\ n(n-3)>7$$

$n=1, 2, 3, \cdots$ を代入していくと，成り立つ最小の自然数は $n=\boldsymbol{5}$ である．

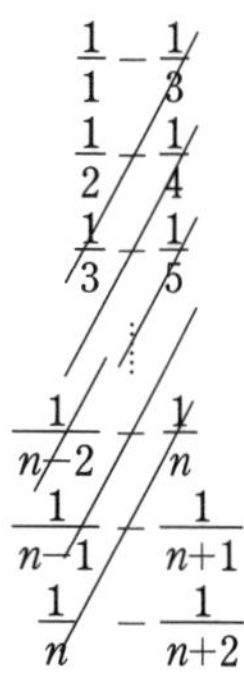

《1 違いの差の形にする (A5)》

310. n が自然数のとき，等式

$$\frac{1}{2!}+\frac{2}{3!}+\frac{3}{4!}+\cdots+\frac{n}{(n+1)!}=1-\frac{1}{(n+1)!}$$

が成り立つことを証明せよ．（21 山梨大・工）

▶解答◀ $\dfrac{k}{(k+1)!}=\dfrac{(k+1)-1}{(k+1)!}$

$$=\frac{1}{k!}-\frac{1}{(k+1)!}$$

$$\sum_{k=1}^{n}\frac{k}{(k+1)!}=\sum_{k=1}^{n}\left\{\frac{1}{k!}-\frac{1}{(k+1)!}\right\}$$

$$=1-\frac{1}{(n+1)!}$$

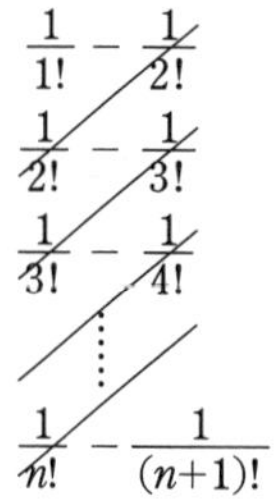

《和文の公式 (B20) ☆》

311. 一般項が $a_n=n(n+1)$ である数列を $\{a_n\}$ とし，

$$b_n=a_1+a_2+\cdots+a_n=\sum_{k=1}^{n}a_k,$$

$$c_n=\sum_{k=1}^{n}b_k\ (n=1,\ 2,\ 3,\ \cdots)$$

とする．このとき，次の問いに答えなさい．

（1） 数列 $\{b_n\}$ の一般項を求めなさい．

（2） 数列 $\{c_n\}$ の一般項を求めなさい．

（3） $\displaystyle\sum_{k=1}^{n}\frac{1}{a_k}$ を求めなさい．

（4） $\displaystyle\sum_{k=1}^{n}\frac{1}{c_k}$ を求めなさい．（21 山口大・理）

▶解答◀ （1） $b_n=\displaystyle\sum_{k=1}^{n}a_k=\sum_{k=1}^{n}(k^2+k)$

$$=\frac{1}{6}n(n+1)(2n+1)+\frac{1}{2}n(n+1)$$

$$=\frac{1}{6}n(n+1)\{(2n+1)+3\}$$

$$=\boldsymbol{\frac{1}{3}n(n+1)(n+2)}$$

（2） $c_n=\displaystyle\sum_{k=1}^{n}b_k=\sum_{k=1}^{n}\frac{1}{3}(k^3+3k^2+2k)$

$$=\frac{1}{12}n^2(n+1)^2+\frac{1}{6}n(n+1)(2n+1)$$

$$+\frac{1}{3}n(n+1)$$

$$=\frac{1}{12}n(n+1)\{n(n+1)+2(2n+1)+4\}$$

$$=\frac{1}{12}n(n+1)(n^2+5n+6)$$

$$=\boldsymbol{\frac{1}{12}n(n+1)(n+2)(n+3)}$$

$$1-\frac{1}{2}$$

$$\frac{1}{2}-\frac{1}{3}$$

$$\cdots\cdots$$

$$\frac{1}{n-1}-\frac{1}{n}$$

$$\frac{1}{n}-\frac{1}{n+1}$$

（3） $\displaystyle\sum_{k=1}^{n}\frac{1}{a_k}=\sum_{k=1}^{n}\frac{1}{k(k+1)}$

$$=\sum_{k=1}^{n}\left(\frac{1}{k}-\frac{1}{k+1}\right)=1-\frac{1}{n+1}=\boldsymbol{\frac{n}{n+1}}$$

（4） $\displaystyle\sum_{k=1}^{n}\frac{1}{c_k}=\sum_{k=1}^{n}\frac{12}{k(k+1)(k+2)(k+3)}$

$$=4\sum_{k=1}^{n}\left\{\frac{1}{k(k+1)(k+2)}\right.$$

$$\left.-\frac{1}{(k+1)(k+2)(k+3)}\right\}$$

$$=4\left\{\frac{1}{1\cdot2\cdot3}-\frac{1}{(n+1)(n+2)(n+3)}\right\}$$

$$=\boldsymbol{\frac{2n(n^2+6n+11)}{3(n+1)(n+2)(n+3)}}$$

♦別解♦ （1） **【和文の公式】**

$$\sum_{k=1}^{n}k(k+1)=\frac{1}{3}n(n+1)(n+2)$$

$$\sum_{k=1}^{n}k(k+1)(k+2)=\frac{1}{4}n(n+1)(n+2)(n+3)$$

が成り立つ．証明は同じことなので，1 つ目だけ行う．

$$n(n+1)=\frac{1}{3}\{n(n+1)(n+2)-(n-1)n(n+1)\}$$

であるから

$$\sum_{k=1}^{n}k(k+1)$$

$$=\frac{1}{3}\sum_{k=1}^{n}\{k(k+1)(k+2)-(k-1)k(k+1)\}$$

$$=\frac{1}{3}\{n(n+1)(n+2)-0\}$$

$$=\frac{1}{3}n(n+1)(n+2)$$

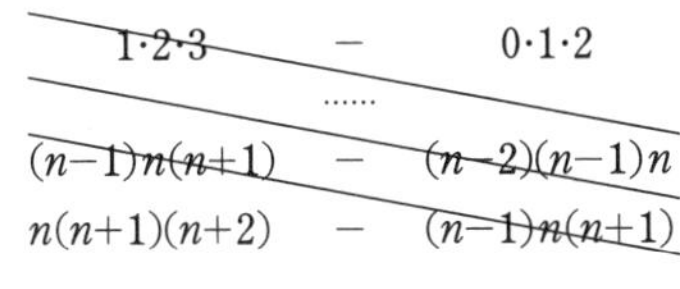

（2）は

$$c_n = \sum_{k=1}^{n} b_k = \frac{1}{3}\sum_{k=1}^{n} k(k+1)(k+2)$$

$$= \frac{1}{3}\cdot\frac{1}{4}n(n+1)(n+2)(n+3)$$

$$= \boldsymbol{\frac{1}{12}n(n+1)(n+2)(n+3)}$$

《格子点の個数（B10）☆》

312. 自然数 n について，連立不等式

$$\begin{cases} x \geqq 0 \\ \dfrac{1}{4}x + \dfrac{1}{5}|y| \leqq n \end{cases}$$

を満たす整数の組 (x, y) の個数は，$n=1$ のときは $\square$ であり，n の式で表すと，$\square$ となる．

（21　早稲田大・人間科学-理系）

▶解答◀　$x \geqq 0$，$\dfrac{1}{4}x + \dfrac{1}{5}|y| \leqq n$ の表す領域は，境界を含む図 1 の網目部分の図形である．

ここで $\mathrm{A}(4n, 0)$，$\mathrm{B}(0, 5n)$，$\mathrm{C}(0, -5n)$ とする．

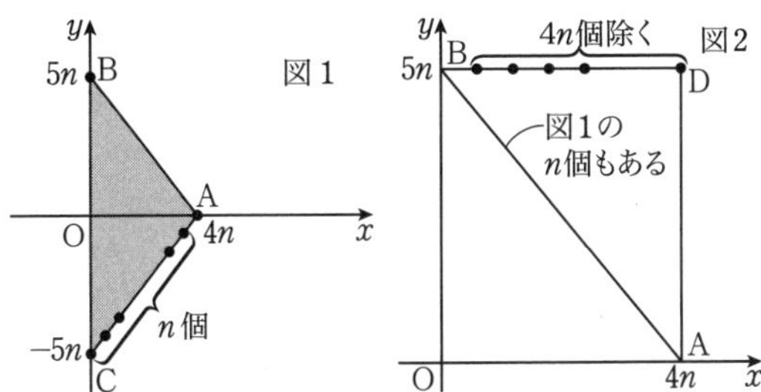

図 2 のように $y \leqq 0$ の部分を AB と AC が一致するように貼り合わせ，格子点の過剰分を除き，不足分を加える．

$\mathrm{D}(4n, 5n)$ とする．四角形 OADB の周および内部の格子点の個数は $(4n+1)(5n+1)$ である．このうち BD 上の $1 \leqq x \leqq 4n$ の格子点は，図 1 では x 軸上にあるため 2 度数えているから除く．

また，図 1 の AC 上の $0 \leqq x \leqq 4n-1$ の n 個の格子点は図 2 では AB に一致しているため数えられていないから加える．

したがって格子点の個数は

$$(4n+1)(5n+1) - 4n + n = \boldsymbol{20n^2 + 6n + 1}$$

であり，$n=1$ のとき **27** 個ある．

◆別解◆　$x \geqq 0$，$\dfrac{1}{4}x + \dfrac{1}{5}|y| \leqq n$ の表す領域は，境界を含む図 3 の網目部分の図形である．ここで $\mathrm{A}(4n, 0)$，$\mathrm{B}(0, 5n)$，$\mathrm{C}(0, -5n)$ とする．

図 4 を見よ．△OAB の周および内部の領域にある格子点のうち，AB 上を除くものの個数を a_n とする．

なお，AB 上には横 4，縦 5 の長方形が n 個並んでいると考えることができ，図 3 のように AB 上には $n+1$ 個の格子点がある．

$$a_n = \frac{1}{2}(4n+1)(5n+1) - (n+1) = 10n^2 + 4n$$

x 軸について折り返すと，$(0, 0) \sim (4n-1, 0)$ の $4n$ 個の格子点を 2 度数えていることと，折れ線 BAC 上の格子点が $2n+1$ 個あることから，図 3 の領域に格子点は，n の式で表すと

$$2a_n - 4n + (2n+1) = \boldsymbol{20n^2 + 6n + 1}$$

あり，$n=1$ のときの格子点は **27** 個ある．

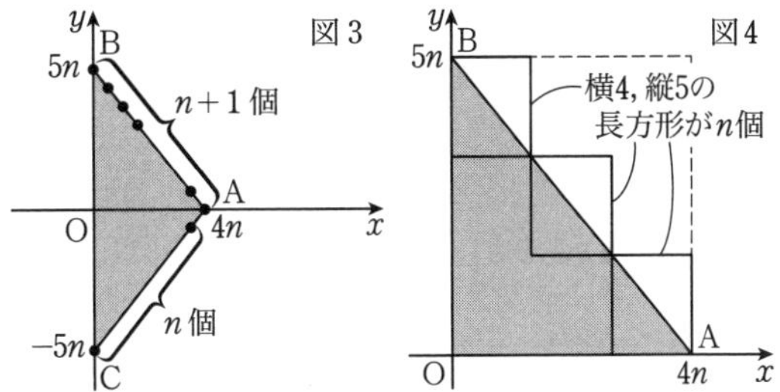

◆別解◆　図 3 を見よ．y 軸上には格子点が $10n+1$ 個ある．$1 \leqq x \leqq 4n$ における格子点の個数を求める．

k を $1 \leqq k \leqq n$ を満たす整数，$m = 0, 1, 2, 3$ とする．

$x = 4k - m$ 上の格子点の個数を考える．

直線 AB の方程式は $\dfrac{1}{4}x + \dfrac{1}{5}y = n$，直線 AC の方程式は $\dfrac{1}{4}x - \dfrac{1}{5}y = n$ であるから，それぞれに $x = 4k - m$ を代入して

$$5k - 5n - \frac{5}{4}m \leqq y \leqq 5n - 5k + \frac{5}{4}m$$

を満たす整数を考える．

$m = 0$ のとき

$$5k - 5n \leqq y \leqq 5n - 5k$$

より，格子点は $10(n-k)+1$ 個ある．

$m = 1$ のとき

$$5k - 5n - \frac{5}{4} \leqq y \leqq 5n - 5k + \frac{5}{4}$$

を満たす整数は

$$5k - 5n - 1 \leqq y \leqq 5n - 5k + 1$$

より，格子点は $10(n-k)+3$ 個ある．

$m = 2$ のとき

$$5k - 5n - \frac{5}{2} \leqq y \leqq 5n - 5k + \frac{5}{2}$$

を満たす整数は

$$5k - 5n - 2 \leqq y \leqq 5n - 5k + 2$$

より，格子点は $10(n-k)+5$ 個ある．

$m = 3$ のとき

$$5k - 5n - \frac{15}{4} \leqq y \leqq 5n - 5k + \frac{15}{4}$$

を満たす整数は

$$5k-5n-3 \leqq y \leqq 5n-5k+3$$

より，格子点は $10(n-k)+7$ 個ある．

これらを k について加え，y 軸上の格子点も合わせて求める格子点の総数は

$$\sum_{k=1}^{n}\{40(n-k)+16\}+10n+1$$

$$=\sum_{k=1}^{n-1}40k+26n+1$$

$$=40\cdot\frac{1}{2}n(n-1)+26n+1=\mathbf{20n^2+6n+1}$$

である．$n=1$ のときは **27** 個ある．

《格子点の個数 (A5)》

313. n を正の整数とする．条件

$$0 \leqq y \leqq -x^3+nx^2$$

を満たす 0 以上の整数 $x,\ y$ の組 $(x,\ y)$ の個数は $\dfrac{(n+1)(n+2)(\boxed{})}{12}$ である．（21 関大・理系）

▶解答◀ $f(x)=-x^3+nx^2=-x^2(x-n)$ とおくと，$x \geqq 0,\ 0 \leqq y \leqq f(x)$ が満たす領域は図の網目部分となる．ただし，境界を含む．

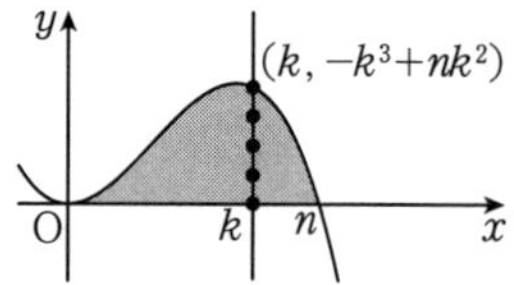

$x=k\ (k=0,\ 1,\ 2,\ \cdots,\ n)$ 上の格子点のうち領域内にあるものの個数は $-k^3+nk^2+1$ であるから，領域内の格子点の総数は

$$\sum_{k=0}^{n}(-k^3+nk^2+1)$$

$$=1+\sum_{k=1}^{n}(-k^3+nk^2+1)$$

$$=1-\frac{n^2(n+1)^2}{4}+n\cdot\frac{n(n+1)(2n+1)}{6}+n$$

$$=\frac{1}{12}(n+1)\{12-3n^2(n+1)+2n^2(2n+1)\}$$

$$=\frac{1}{12}(n+1)(n^3-n^2+12)$$

$$=\frac{(n+1)(n+2)(\boldsymbol{n^2-3n+6})}{12}$$

《格子点の個数 (B20)》

314. xy 平面において，x 座標と y 座標がともに整数である点を格子点とよぶ．

（1） 実数 $x,\ y$ に対し，実数 $k,\ l$ をそれぞれ次の等式 $5x+4y=k,\quad 3x+2y=l$ によって定めるとき，次の 2 条件 (i), (ii) は同値であることを示せ．

(i) $x,\ y$ はともに整数である．

(ii) $k,\ l$ はともに偶数であるか，または $k,\ l$ はともに奇数である．

ただし，2 で割り切れる整数を偶数とよび，2 で割り切れない整数を奇数とよぶ．

（2） n を自然数とする．xy 平面において，連立不等式

$$\begin{cases} 0 \leqq 5x+4y \leqq n \\ 0 \leqq 3x+2y \leqq n \end{cases}$$

の表す領域を D_n とする．D_n に含まれる格子点の個数を，n を用いて表せ．

（21 京都工繊大・後期）

▶解答◀ （1） $5x+4y=k$ ……………①

$3x+2y=l$ ……………②

$x,\ y$ がともに整数ならば $k,\ l$ はともに整数であり，① より $x+4(x+y)=k$ であるから x と k は偶奇が一致する．また，② より $x+2(x+y)=l$ であるから x と l も偶奇が一致する．よって k と l は偶奇が一致する．

逆に，①，② より

$x=2l-k$ ……………③

$2y=3k-5l$

$2y=(k-l)+2(k-2l)$

$y=\dfrac{k-l}{2}+k-2l$ ……………④

③ より $k,\ l$ が整数ならば x は整数である．④ より $k,\ l$ の偶奇が一致すれば $k-l$ は偶数であるから y は整数である．

以上より (i)，(ii) は同値である．

（2） $0 \leqq k \leqq n$ ……………⑤

$0 \leqq l \leqq n$ ……………⑥

（ア） n が偶数のとき

⑤，⑥ を満たす $k,\ l$ はともに偶数のとき $\dfrac{n}{2}+1$ 個ずつあり，ともに奇数のとき $\dfrac{n}{2}$ 個ずつある．

（1）の結果と平行でない直線の交点は 1 個であることから格子点の個数は

$$\left(\frac{n}{2}+1\right)^2+\left(\frac{n}{2}\right)^2=\frac{n^2}{2}+n+1$$

（イ） n が奇数のとき

⑤，⑥ を満たす $k,\ l$ はともに偶数のとき $\dfrac{n-1}{2}+1$ 個ずつあり，ともに奇数のとき $\dfrac{n-1}{2}+1$ 個ずつある．

格子点の個数は

$$2\left(\frac{n-1}{2}+1\right)^2=\frac{(n+1)^2}{2}$$

よって格子点の個数は **n が偶数のとき** $\dfrac{n^2}{2}+n+1$，**n が奇数のとき** $\dfrac{(n+1)^2}{2}$ である．

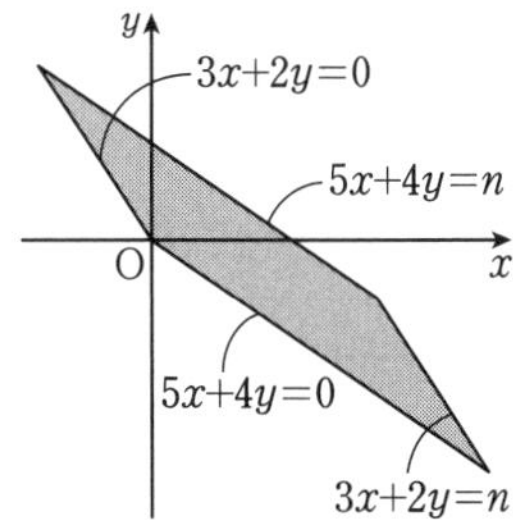

《3 の倍数で 5 の倍数でない (C20)》

315．次の問いに答えなさい．ただし，m, n は自然数とする．

（1） 10 以上 100 以下の自然数のうち，3 で割り切れるものの和を求めなさい．

（2） 10 以上 $3m$ 以下の自然数のうち，3 で割り切れるものの和が 3657 であるとする．このとき，m の値を求めなさい．

（3） 18 以上 $3n$ 以下の自然数のうち，15 との最大公約数が 3 であるものの和が 2538 であるとする．このとき，n の値を求めなさい．

（21 山口大・医，理）

▶解答◀ （1） $3\cdot4+3\cdot5+\cdots+3\cdot33$

$$=3(4+5+\cdots+33)$$

$$=3\cdot\frac{1}{2}\cdot30\cdot(4+33)=\mathbf{1665}$$

（2） $3\cdot4+3\cdot5+\cdots+3\cdot m=3(4+5+\cdots+m)$

$$=3\cdot\frac{1}{2}\cdot(m-3)(4+m)=3657$$

$$(m-3)(m+4)=2438$$

$50^2=2500$ であり，左側の 2 数の差が 7 であることを考慮すると，$46\cdot53=2438$ であるから $m=\mathbf{49}$

（3） 18 以上 $3n$ 以下の自然数で 3 の倍数の和は，

$$3\cdot6+3\cdot7+\cdots+3\cdot n=\frac{3}{2}(n-5)(n+6)$$

であり，k を $5k \leqq n < 5(k+1)$ を満たす整数とおくと（このように不等式で挟むのが難しい），18 以上 $3n$ 以下の自然数で 15 の倍数の和は，

$$15\cdot2+15\cdot3+\cdots+15k=15(2+3+\cdots+k)$$

$$=\frac{15}{2}(k-1)(k+2)$$

となる．

15 との最大公約数が 3 であるものは，「3 の倍数」かつ「5 の倍数ではない」数である．和が 2538 であるから

$$\frac{3}{2}(n-5)(n+6)-\frac{15}{2}(k-1)(k+2)=2538$$

が成り立つ．

$$(n-5)(n+6)-5(k-1)(k+2)=1692 \quad \cdots\cdots①$$

$5k \leqq n < 5(k+1)$ から

$$(5k-5)(5k+6) \leqq (n-5)(n+6)$$

$$< 5k(5k+11)$$

となるから

$$(5k-5)(5k+6)-5(k-1)(k+2) \leqq 1692$$

$$< 5k(5k+11)-5(k-1)(k+2)$$

この左辺と右辺を整理して

$$20(k-1)(k+1) \leqq 1692 < 20k^2+50k+10 \quad \cdots\cdots②$$

ここで $20k^2 \fallingdotseq 1600$ としてみると $k \fallingdotseq 4\sqrt{5}=4\cdot2.23\cdots \fallingdotseq 9$ である．② の左右両辺は k の増加関数である．② で $k=8$ とすると（正しかろうと間違いであろうと，代入した式をそのまま書く．後も同様）$1260 \leqq 1692 < 1690$ となり成立しない．$k=9$ とすると $1600 \leqq 1690 < 2080$ で成り立つ．$k=10$ とすると $1980 \leqq 1692 < 2510$ で成立しない．適する k は $k=9$ だけである．① に代入し

$$(n-5)(n+6)=2132 \quad \cdots\cdots\cdots\cdots\cdots\cdots③$$

$n^2 \fallingdotseq 2000$ とすると $n \fallingdotseq 20\sqrt{5}=20\cdot2.2\cdots=44.7\cdots$ であるから，③ で $n=45$ としてみると $2040=2132$ で成立しない．$n=46$ とすると $2132=2132$ で成り立つ．$(n-5)(n+6)$ は増加関数であるから，$n=\mathbf{46}$ に限る．

《フラクタル (B20) ☆》

316．次の手順で図形を描く．

1. 長さ 1 の線分を描く (K_0).
2. 線分を三等分する．
3. 中央の線分を一辺とする正三角形を描く．
4. 正三角形の底の線分を消す．

ここまでの手続きで長さが $\frac{1}{3}$ の線分 4 本からなる図形が得られた．これを K_1 とする (上図参照). K_1 を構成する 4 本の線分に対し，上図のようにそれぞれ手順 2〜4 を繰り返して得られる図形を K_2 とする．さらに，K_2 を構成する線分すべてに対し，上図のようにそれぞれ手順 2〜4 を繰り返して得られる図形を K_3 とする．以下同様に，図形を構成する線分すべてに対し，それぞれ手順 2〜4 を繰り返して得られる図形を K_4，K_5，… とする．

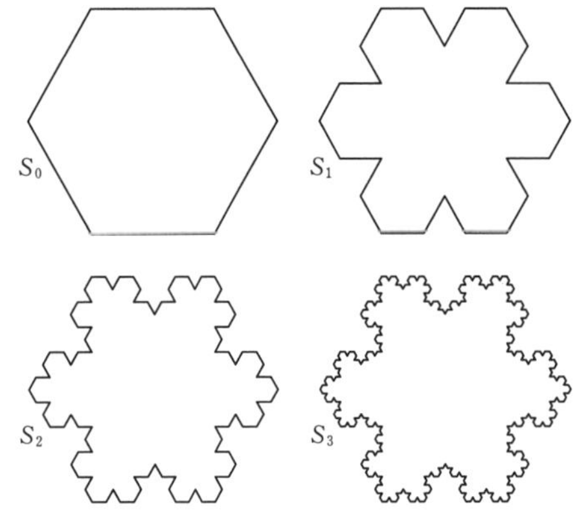

各 $n \geqq 0$ に対し，K_n を 6 個，新たに描いた正三角形が内側になるように，図のように組み合わせて作った図形を S_n とし，S_n の面積を s_n とする．

(1) s_0，s_1，s_2 を求めよ．

(2) s_n ($n = 3, 4, 5, \cdots$) を求めよ．

(21 京都教育大・教育)

▶解答◀ (1) S_0 は 1 辺の長さ 1 の正三角形 6 個を組み合わせた図形であるから，面積 s_0 は

$$s_0 = 6 \cdot \frac{\sqrt{3}}{4} \cdot 1^2 = \boldsymbol{\frac{3\sqrt{3}}{2}}$$

K_n を構成する線分の個数を k_n，1 つの線分の長さを a_n とおくと，K_{n+1} については，K_n の 1 つの辺から長さが $\frac{1}{3}$ 倍の 4 つの辺ができる (図 1 参照)．したがって，$k_{n+1} = 4k_n$ が成り立ち $k_0 = 1$ であるから

$$k_n = 4^n \quad \cdots\cdots ①$$

また，$a_{n+1} = \frac{1}{3}a_n$ が成り立ち $a_0 = 1$ であるから

$$a_n = \left(\frac{1}{3}\right)^n \quad \cdots\cdots ②$$

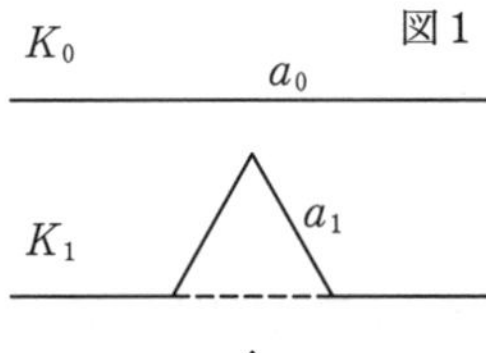

S_1 は $K_1$6 つでできる図形である．S_0 から 1 辺の長さ a_1 の正三角形 $6k_0 = 6$ 個分を除くと面積が求められる．

$$s_1 = s_0 - 6k_0 \cdot \frac{\sqrt{3}}{4}a_1{}^2 = \frac{3\sqrt{3}}{2} - 6 \cdot \frac{\sqrt{3}}{4} \cdot \frac{1}{9} = \boldsymbol{\frac{4\sqrt{3}}{3}}$$

S_2 は $K_2$6 つでできる図形である．S_1 から 1 辺の長さ a_2 の正三角形 $6k_1$ 個分を除くと面積が求められる．

$$s_2 = s_1 - 6k_1 \cdot \frac{\sqrt{3}}{4}a_2{}^2$$

$$= \frac{4\sqrt{3}}{3} - 6 \cdot 4 \cdot \frac{\sqrt{3}}{4} \cdot \frac{1}{81} = \boldsymbol{\frac{34\sqrt{3}}{27}}$$

図 2

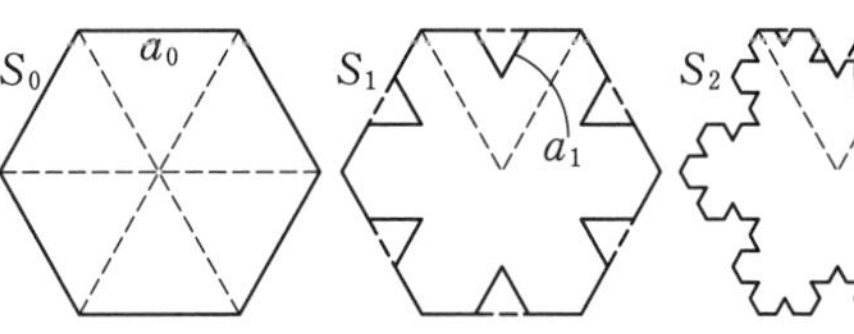

(2) S_n は K_n6 つでできる図形である．S_{n-1} から 1 辺の長さ a_n の正三角形 $6k_{n-1}$ 個分を除くと面積が求められる．

$$s_n = s_{n-1} - 6k_{n-1} \cdot \frac{\sqrt{3}}{4}a_n{}^2 \quad \cdots\cdots ③$$

①，②，③ から

$$s_n = s_{n-1} - 6 \cdot 4^{n-1} \cdot \frac{\sqrt{3}}{4}\left(\frac{1}{3}\right)^{2n}$$

$$= s_{n-1} - \frac{\sqrt{3}}{6}\left(\frac{4}{9}\right)^{n-1}$$

となるから

$$s_n = s_0 - \frac{\sqrt{3}}{6}\sum_{l=1}^{n}\left(\frac{4}{9}\right)^{l-1}$$

$$= \frac{3\sqrt{3}}{2} - \frac{\sqrt{3}}{6} \cdot \frac{1 - \left(\frac{4}{9}\right)^n}{1 - \frac{4}{9}} = \boldsymbol{\frac{6\sqrt{3}}{5} + \frac{3\sqrt{3}}{10}\left(\frac{4}{9}\right)^n}$$

$$s_n = s_{n-1} - \frac{\sqrt{3}}{6}\left(\frac{4}{9}\right)^{n-1}$$

$$s_{n-1} = s_{n-2} - \frac{\sqrt{3}}{6}\left(\frac{4}{9}\right)^{n-2}$$

$$\vdots$$

$$s_2 = s_1 - \frac{\sqrt{3}}{6}\cdot\frac{4}{9}$$

$$s_1 = s_0 - \frac{\sqrt{3}}{6}$$

注意 コッホの切片曲線の変形である.

《図形と数列 (B20)》

317. 座標平面上の 3 点 O(0, 0), A(2, 1), $B_0(3, 4)$ を頂点とする三角形 OAB_0 がある. 辺 AB_0 を 3 : 2 に内分する点を C_1 とし, 点 C_1 から辺 OB_0 に下ろした垂線と辺 OB_0 との交点を B_1 とする. また, 線分 AB_1 を 3 : 2 に内分する点を C_2 とし, 点 C_2 から辺 OB_0 に下ろした垂線と辺 OB_0 との交点を B_2 とする. 以下同様に, 自然数 n に対し, 線分 AB_{n-1} を 3 : 2 に内分する点を C_n とし, 点 C_n から辺 OB_0 に下ろした垂線と辺 OB_0 との交点を B_n とする. 次の問いに答えよ.

(1) 三角形 OAB_1 の面積を求めよ.

(2) 自然数 n に対し, 三角形 OAB_n の面積を n を用いて表せ.

(3) 自然数 n に対し, 三角形 AB_nC_n の面積を n を用いて表せ. (21 弘前大・医, 農, 人文, 教)

▶解答◀ (1) $OB_0 : 4x - 3y = 0$ より点 A から OB_0 に下した垂線を AH とすると (図 1),

$$AH = \frac{|4\cdot 2 - 3\cdot 1|}{\sqrt{4^2 + 3^2}} = 1$$

また

$$AB_0 = \sqrt{1^2 + 3^2} = \sqrt{10}$$

より,

$$HB_0 = \sqrt{AB_0{}^2 - AH^2} = 3$$

さらに,

$$OA = \sqrt{1^2 + 2^2} = \sqrt{5}$$

より,

$$OH = \sqrt{OA^2 - AH^2} = 2$$

であり, $HB_1 : B_1B_0 = AC_1 : C_1B_0 = 3 : 2$ であるから,

$$HB_1 = \frac{3}{3+2}HB_0 = \frac{9}{5}$$

よって

$$\triangle OAB_1 = \frac{1}{2}(OH + HB_1)\cdot AH$$

$$= \frac{1}{2}\left(2 + \frac{9}{5}\right)\cdot 1 = \mathbf{\frac{19}{10}}$$

(2) 図 2 を参照せよ.

$$HB_n : B_nB_{n-1} = AC_n : C_nB_{n-1} = 3 : 2$$

であるから

$$HB_n = \frac{3}{3+2}HB_{n-1}$$

となり, 数列 $\{HB_n\}$ は等比数列である.

$$HB_n = HB_0\cdot\left(\frac{3}{5}\right)^n = 3\left(\frac{3}{5}\right)^n \quad \cdots\cdots\cdots ①$$

よって

$$\triangle OAB_n = \frac{1}{2}(OH + HB_n)\cdot AH$$

$$= \frac{1}{2}\left\{2 + 3\left(\frac{3}{5}\right)^n\right\}\cdot 1 = \mathbf{1 + \frac{3}{2}\left(\frac{3}{5}\right)^n}$$

(3) $AH \parallel B_nC_n$ より $\triangle B_{n-1}HA \backsim \triangle B_{n-1}B_nC_n$ となるから

$$HA : B_nC_n = AB_{n-1} : C_nB_{n-1}$$

$$1 : B_nC_n = 3 + 2 : 2 \qquad \therefore\ B_nC_n = \frac{2}{5}$$

よって, ① を考慮すると

$$\triangle AB_nC_n = \triangle HB_nC_n = \frac{1}{2}B_nC_n\cdot HB_n$$

$$= \frac{1}{2}\cdot\frac{2}{5}\cdot 3\left(\frac{3}{5}\right)^n = \mathbf{\left(\frac{3}{5}\right)^{n+1}}$$

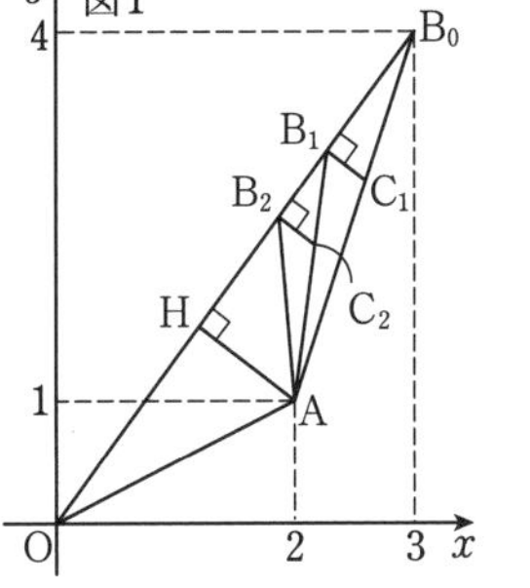

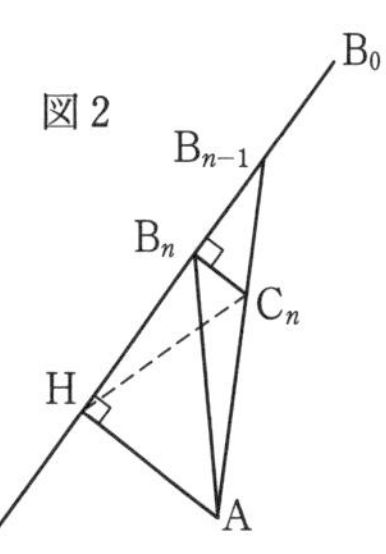

【群数列】

《一般項が決定される (B20)》

318. 次のように群に分けられた数列 $\{a_n\}$ を考える．

$$1, 1 \mid 2 \mid 3, 3 \mid 4, 4, 4, 4, 4$$
$$\mid 5, 5, 5, 5, 5, 5, 5, 5, 5, 5 \mid 6, 6, 6, 6, \cdots$$

第 k 群には c_k 個の k が並んでいるとすると，数列 $\{c_k\}$ の一般項は k の 2 次式で表されるとする．このとき，次の問いに答えよ．

（1） 数列 $\{c_k\}$ の一般項を求めよ．

（2） 数列 $\{a_n\}$ の初項から第 k 群の末項までの和 $S(k)$ を求めよ．

（3） 数列 $\{a_n\}$ の初項から第 n 項までの和が 2500 を超えるような最小の n の値を求めよ．

（21　愛知医大・医）

▶解答◀ （1） a, b, c を定数とし

$$c_k = ak^2 + bk + c$$

とする．$c_1 = 2, c_2 = 1, c_3 = 2$ であるから

$$a + b + c = 2 \quad \cdots\cdots①$$
$$4a + 2b + c = 1 \quad \cdots\cdots②$$
$$9a + 3b + c = 2 \quad \cdots\cdots③$$

② − ① より，$3a + b = -1$ ……④

③ − ② より，$5a + b = 1$ ……⑤

④，⑤ より $a = 1, b = -4$ となり，① に代入して $c = 5$ であるから

$$c_k = \boldsymbol{k^2 - 4k + 5}$$

（2） 第 k 群の和は

$$k(k^2 - 4k + 5) = k^3 - 4k^2 + 5k$$

であるから，

$$S(k) = \sum_{j=1}^{k}(j^3 - 4j^2 + 5j)$$
$$= \frac{1}{4}k^2(k+1)^2 - \frac{2}{3}k(k+1)(2k+1) + \frac{5}{2}k(k+1)$$
$$= \frac{1}{12}k(k+1)\{3k(k+1) - 8(2k+1) + 30\}$$
$$= \boldsymbol{\frac{1}{12}k(k+1)(3k^2 - 13k + 22)}$$

（3） $S(k) > 2500$ を考える．最高次だけ考えて $\frac{k^4}{4} \fallingdotseq 2500$ とすると $k^4 \fallingdotseq 10000$ で $k \fallingdotseq 10$ となる．

$$S(10) = \frac{1}{12}\cdot 10\cdot 11\cdot(300 - 130 + 22) = 1760$$
$$S(11) = \frac{1}{12}\cdot 11\cdot 12\cdot(363 - 143 + 22) = 2662$$

であるから，第 11 群で和が 2500 を超える．第 10 群の末項は，初項から数えて

$$\sum_{j=1}^{10} c_j = \sum_{j=1}^{10}(j^2 - 4j + 5)$$
$$= \frac{1}{6}\cdot 10\cdot 11\cdot 21 - 2\cdot 10\cdot 11 + 50$$
$$= 385 - 220 + 50 = 215$$

番目になる．$\frac{2500 - 1760}{11} = 67.2\cdots$ であり

$$1760 + 11\cdot 68 = 2508 > 2500$$

であるから，第 11 群を 68 項加える．

求める最小の n は $n = 215 + 68 = \boldsymbol{283}$

《分母が奇数 (A10)》

319. 次のような，分母が奇数で分子が自然数であるような数列を考える．

$$\frac{1}{1}, \frac{1}{3}, \frac{2}{3}, \frac{1}{5}, \frac{2}{5}, \frac{3}{5}, \frac{1}{7}, \frac{2}{7}, \frac{3}{7}, \frac{4}{7},$$
$$\frac{1}{9}, \frac{2}{9}, \frac{3}{9}, \cdots$$

第 1000 項は □ である．　（21　産業医大）

▶解答◀ 分母が $2k-1$ となる項を第 k 群とする．第 k 群は k 個の項からなる．

$$\frac{1}{1} \mid \frac{1}{3}, \frac{2}{3} \mid \frac{1}{5}, \frac{2}{5}, \frac{3}{5} \mid \frac{1}{7}, \frac{2}{7}, \frac{3}{7}, \frac{4}{7} \mid \frac{1}{9}, \cdots$$

初項から第 N 群の最後の項までの項数は

$$1 + 2 + 3 + \cdots + N = \frac{1}{2}N(N+1)$$

第 1000 項が第 N 群に含まれているとすると

$$\frac{1}{2}(N-1)N < 1000 \leqq \frac{1}{2}N(N+1)$$
$$(N-1)N < 2000 \leqq N(N+1) \quad \cdots\cdots①$$

$N^2 \fallingdotseq 2000$ と考えて，N の見当を付ける．このとき

$$N \fallingdotseq 20\sqrt{5} = 44.7\cdots$$

$N = 45$ のとき $(N-1)N = 1980$, $N(N+1) = 2070$ となり，① を満たす．第 1000 項は第 45 群に含まれる．

第 44 群の最後の項までの項数は $\frac{1}{2}\cdot 44\cdot 45 = 990$ であるから，第 1000 項は第 45 群の最初の項から数えると，$1000 - 990 = 10$ 番目の項である．

第 45 群は，分母が $2\cdot 45 - 1 = 89$ で，分子は最初の項から順に 1, 2, 3, … となるから，第 1000 項は，$\boldsymbol{\frac{10}{89}}$

《分母が等比数列 (B20)》

320. 分母が 3 の累乗で，0 より大きく 1 より小さい既約分数を並べた数列

$$\frac{1}{3}, \frac{2}{3}, \frac{1}{9}, \frac{2}{9}, \frac{4}{9}, \frac{5}{9}, \frac{7}{9}, \frac{8}{9}, \frac{1}{27}, \frac{2}{27}, \frac{4}{27}, \cdots$$

について，第 ア 項は $\frac{728}{729}$ であり，初項から第 ア 項までの和は □ である．

（21　藤田医科大・医）

▶解答◀ 分母が 3^k の項で第 k 群とする．

$$\frac{1}{3},\ \frac{2}{3}\ \Big|\ \frac{1}{9},\ \frac{2}{9},\ \frac{4}{9},\ \frac{5}{9},\ \frac{7}{9},\ \frac{8}{9}\ \Big|\ \frac{1}{27},\ \frac{2}{27},\ \frac{4}{27},\ \cdots$$

1 以上 3^k 以下の自然数で，3 の倍数は $\frac{3^k}{3}=3^{k-1}$ 個あるから，第 k 群の項数は $3^k-3^{k-1}=2\cdot 3^{k-1}$ である．

$\frac{728}{729}=\frac{3^6-1}{3^6}$ より，$\frac{728}{729}$ は第 6 群の末項で

$$\sum_{k=1}^{6} 2\cdot 3^{k-1}=2\cdot\frac{3^6-1}{3-1}=728$$

より，第 **728** 項である．

第 k 群の和は

$$\sum_{i=1}^{3^k}\frac{i}{3^k}-\frac{1}{3^k}(3+6+9+\cdots+3^k)$$

$$=\frac{1}{3^k}\sum_{i=1}^{3^k} i-\frac{1}{3^{k-1}}\sum_{i=1}^{3^{k-1}} i$$

$$=\frac{1}{3^k}\cdot\frac{1}{2}\cdot 3^k(3^k+1)-\frac{1}{3^{k-1}}\cdot\frac{1}{2}\cdot 3^{k-1}(3^{k-1}+1)$$

$$=\frac{3^k+1}{2}-\frac{3^{k-1}+1}{2}=3^{k-1}$$

より，初項から第 728 項までの和は

$$\sum_{k=1}^{6} 3^{k-1}=\frac{3^6-1}{3-1}=\mathbf{364}$$

《会話文 (B20)》

321．次の（ｉ），（ii），（iii）の【ルール】で点 $(x,\ y)$ に番号をふっていく．ただし，$x,\ y$ を 0 以上の整数とする．

（ｉ） 点 $(0,\ 0)$ を 1 番とする．

（ii） $x+y=1$ から順に $x+y=2,\ 3,\ 4,\ \cdots$ のそれぞれの場合を考え，点に番号をふっていく．

（iii） $x+y$ が奇数のとき，点 $(x+y,\ 0)$ を最初の番号とし，x 座標を -1，y 座標を $+1$ するごとに番号を 1 つずつ増やし，x 座標が 0 になるまで番号をふり続ける．また，$x+y$ が偶数のとき，点 $(0,\ x+y)$ を最初の番号とし，x 座標を $+1$，y 座標を -1 するごとに番号を 1 つずつ増やし，y 座標が 0 になるまで番号をふり続ける．

先生と花子さんの二人の会話を読み，それぞれの問いに答えよ．

花子：【ルール】が複雑ですね．

先生：そうですね．こういうときは，2 番目の点から具体的に書き出してみましょう．

花子：点□が 2 番で，点□が 3 番で，4 番目の点は $(0,\ 2)$ ですね．

（1） 空欄に当てはまる座標を答えよ．

先生：【ルール】が把握できたところで，点 $(20,\ 21)$ が何番目の点か求めてみましょう．

花子：$x+y=41$ なので，すべてを書き出すのは大変ですね．

先生：そうですね．だからまず，$x+y=41$ の場合の最初の点が何番目の点かを考えてみましょう．

花子：はい．$x+y=41$ の最初の点は，$x+y=40$ の最後の点の次の点だから，$x+y=40$ の最後の点が何番目の点かがわかればいいんですね．

先生：そうですね．これでもうわかりましたね．

花子：はい．$x+y=41$ の最初の点は□番目だから，点 $(20,\ 21)$ は□番目の点ですね．

（2） 空欄に当てはまる数字を答えよ．

先生：次は，2021 番目の点を求めてみましょう．

花子：2021 番目の点は $x+y=$ □ に含まれる点ですよね．

先生：そうですね．それがわかると 2021 番目の点はわかりますよね．

花子：はい．2021 番目の点は点□ですね．

（3） 空欄に当てはまる数字や座標を答えよ．

（4） n を自然数とする．二人の会話を参考にすると，x 軸上の点で，点 $(0,\ 0)$ から点 $(2n-1,\ 0)$ までにふられている番号の和は□である．ただし，分母と分子が降べきの順に展開された 1 項の分数式で表せ．（21 久留米大・医-推薦）

考え方 会話文の問題は嫌いである．無駄に長い．太郎はどこに行った？花子と 2 人だけになるとは…

しかし，一応出ているから取り上げておく．

▶解答◀ （1） $x+y=1$ のとき．1 は奇数であるから，2 番目の点は $\mathbf{(1,\ 0)}$，3 番目の点は $\mathbf{(0,\ 1)}$ である．

（2） $x+y=4$ までの点の移動を xy 座標平面上に図示すると，図 1 のようになる．ただし，点の横の数字は点にふられる番号を表している．

k は 0 以上の整数とする．$x+y=5$ 以降も同様に考えると，点は直線 $x+y=k$ 上を図 1 のように折れ曲がりながら移動するとわかる．ただし，k が偶数のときと奇数のときで移動の向きが変わることに注意せよ．

直線 $x+y=k$ 上に点は $k+1$ 個あるから，$x+y=k$ 上の最後の点までに点は全部で

$$1+2+\cdots+k+(k+1)=\frac{(k+1)(k+2)}{2}\text{（個）}$$

ある．よって，$x+y=40$ 上の最後の点 $(40,\ 0)$ までに点は全部で $\frac{41\cdot 42}{2}=861$ 個ある．

図 2 を見よ．矢印は移動の向きである．$x+y=41$

上の最初の点 $(41, 0)$ は $861+1=\mathbf{862}$ 番目の点であり，点 $(20, 21)$ はそこから 21 回移動しているから，$862+21=\mathbf{883}$ 番目の点である．

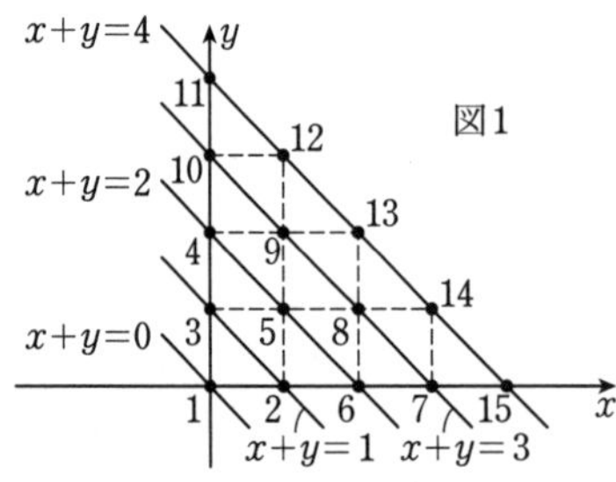

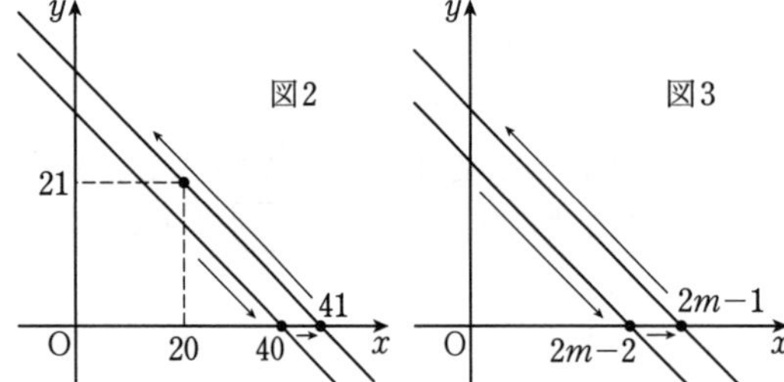

（**3**） 2021 番目の点が直線 $x+y=l$ 上にあるとすると

$$\frac{l(l+1)}{2}<2021\leqq\frac{(l+1)(l+2)}{2}\ \cdots\cdots\cdots\cdots①$$

が成り立つ．

ここで，$\dfrac{l^2}{2}\fallingdotseq 2021$ とし，さらに $l^2\fallingdotseq 4000$ とすると

$$l\fallingdotseq 20\sqrt{10}\fallingdotseq 20\cdot 3.162=63.24$$

となるから，$l=63$ としてみると

$$2016=\frac{63\cdot 64}{2}<2021\leqq\frac{64\cdot 65}{2}=2080$$

で，① は成り立つ．

よって，2021 番目の点は $x+y=\mathbf{63}$ に含まれる点である．

また，$x+y=63$ 上の最初の点 $(63, 0)$ は 2017 番目の点であるから，そこから 4 回移動して得られる 2021 番目の点は $(63-4,\ 0+4)=\mathbf{(59, 4)}$ である．

（**4**） $m=1, 2, \cdots, n$ とする．図 3 を見よ．

（2）と同様に考えると，$(2m-2, 0)$ は

$\dfrac{(2m-1)\cdot 2m}{2}=2m^2-m$ 番目，$(2m-1, 0)$ は

$2m^2-m+1$ 番目の点である．

よって $(0, 0)$ から $(2n-1, 0)$ までの x 軸上の点にふられた番号の和は

$$\begin{aligned}&\sum_{m=1}^{n}(2m^2-m)+\sum_{m=1}^{n}(2m^2-m+1)\\&=\sum_{m=1}^{n}(4m^2-2m+1)\\&=4\cdot\frac{n(n+1)(2n+1)}{6}-2\cdot\frac{n(n+1)}{2}+n\\&=\frac{2(2n^3+3n^2+n)}{3}-n^2=\boldsymbol{\frac{4n^3+3n^2+2n}{3}}\end{aligned}$$

【漸化式】

《$a_{n+1}=pa_n+Ar^n$(A10)☆》

322. 数列 $\{a_n\}$ が $a_1=6$, $a_{n+1}=3a_n+3^{n+2}$ のとき，一般項 a_n と $\sum_{k=1}^{n} a_k$ を求めよ．

（21　京都府立大・生命環境）

▶解答◀ $a_{n+1}=3a_n+3^{n+2}$ の両辺を 3^{n+1} で割って

$$\frac{a_{n+1}}{3^{n+1}}=\frac{a_n}{3^n}+3$$

であるから，数列 $\left\{\frac{a_n}{3^n}\right\}$ は等差数列で

$$\frac{a_n}{3^n}=\frac{a_1}{3}+3(n-1)$$

$$a_n=3^n\{2+3(n-1)\}=\boldsymbol{3^n(3n-1)}$$

$S=\sum_{k=1}^{n} a_k$ とおくと

$$S=3\cdot2+3^2\cdot5+\cdots+3^{n-1}(3n-4)+3^n(3n-1)$$

$$3S=3^2\cdot2+3^3\cdot5+\cdots+3^n(3n-4)+3^{n+1}(3n-1)$$

を辺ごとに引く．

$$-2S=3\cdot2+3^2\cdot3+\cdots+3^n\cdot3-3^{n+1}(3n-1)$$

$$=6+3^3+\cdots+3^{n+1}-3^{n+1}(3n-1)$$

$$=6+\frac{3^3(3^{n-1}-1)}{3-1}-3^{n+1}(3n-1)$$

$$=3^{n+1}\left\{\frac{3}{2}-(3n-1)\right\}-\frac{15}{2}$$

$$S=\boldsymbol{\frac{6n-5}{4}\cdot3^{n+1}+\frac{15}{4}}$$

《2 進法との融合問題 (B20)》

323. 数列 $\{a_n\}$ を次のように定めるとき，以下の設問に答えよ．

$$a_1=1,\ a_{n+1}=4a_n+1\ (n=1,\ 2,\ 3,\ \cdots)$$

（１） a_1, a_2, a_3 を求め，2 進法で表せ．

（２） 数列 $\{a_n\}$ の一般項を求めよ．

（３） a_n は，初項 1 の等比数列 $\{b_n\}$ を用いて $a_n=\sum_{k=1}^{m} b_k$ と表すことができる．$\{b_n\}$ の一般項を求め，m を n を用いて表せ．ただし，数列 $\{b_n\}$ の公比は 1 よりも大きい整数とする．

（４） a_n を 2 進法で表したときの桁数と 0 の個数を，どちらも n を用いて表せ．

（21　関西医大・後期）

▶解答◀ （１） $a_1=1=\boldsymbol{1_{(2)}}$

$a_2=4a_1+1=5=\boldsymbol{101_{(2)}}$

$a_3=4a_2+1=21=\boldsymbol{10101_{(2)}}$

（２） $a_{n+1}+\frac{1}{3}=4\left(a_n+\frac{1}{3}\right)$

数列 $\left\{a_n+\frac{1}{3}\right\}$ は等比数列であるから

$$a_n+\frac{1}{3}=\left(a_1+\frac{1}{3}\right)\cdot4^{n-1}=\frac{1}{3}\cdot4^n$$

$$a_n=\boldsymbol{\frac{4^n-1}{3}}$$

（３） $a_n>1\ (n\geqq2)$ より数列 $\{b_n\}$ の公比は 1 より大きいから $b_n=r^{n-1}\ (r\geqq2)$ とおけまた $m\geqq2$ である．

$$a_n=\sum_{k=1}^{m} r^{k-1}=1+r+\cdots+r^{m-1}$$

$n=2$ のとき成り立つとすると $a_2=1+r+\cdots+r^{m-1}$

$$5=1+r+\cdots+r^{m-1}\ \cdots\cdots\text{①}$$

$m\geqq3$ とすると

$$1+r+\cdots+r^{m-1}\geqq1+r+r^2\geqq1+2+2^2=7$$

より ① は成り立たない．よって $m=2$ であり $5=1+r$ より $r=4$ となる．

このとき $\sum_{k=1}^{m} b_k=\frac{4^m-1}{4-1}=\frac{4^m-1}{3}$

これが a_n と等しいとき $\frac{4^n-1}{3}=\frac{4^m-1}{3}$ から $n=m$

よって $\boldsymbol{b_n=4^{n-1},\ m=n}$

（４） （３）より $a_n=1+4+4^2+\cdots+4^{n-1}$

$$=1+2^2+2^4+\cdots+2^{2n-2}$$

よって a_n を 2 進法で表すと，1 の位，2^2 の位，…，2^{2n-2} の位に 1 が入る．よって桁数は $\boldsymbol{2n-1}$，0 の個数は $\boldsymbol{n-1}$

```
10101 ……101
↑         ↑ ↑
2^(2n-2)の位  2^2の位  1の位
```

♦別解♦ （４） 10 進法で 4 倍することは 2 進法で $100_{(2)}$ 倍することである．つまり，2 桁左にずらすことである．よって $a_{n+1}=4a_n+1$ は 2 進法では a_n を 2 桁左にずらし，1 の位に 1 を加えることを意味する．$a_1=1_{(2)}$ であるから，a_n を 2 進法で表すと $\boldsymbol{2n-1}$ 桁で，左から 1, 0, 1, 0, … と繰り返して，1 の位は 1 となる．よって 0 の個数は $\boldsymbol{n-1}$

《二項間の変わった漸化式 (B10)》

324. 次の式で定まる数列 $\{a_n\}$ について以下の問に答えよ．

$$a_1=-2,$$

$$a_{n+1}+a_n=(-1)^{n+1}\cdot2\ (n=1,\ 2,\ \cdots)$$

（１） $b_n=(-1)^na_n$ とおくとき，数列 $\{b_n\}$ の一般項を求めよ．

（２） 数列 $\{a_n\}$ の一般項を求めよ．

（３） $S_n=\sum_{k=1}^{n} a_k$ を求めよ．

（21　東京女子大・数理）

▶解答◀ （１） $a_{n+1}+a_n=(-1)^{n+1}\cdot2$

両辺に $(-1)^{n+1}$ をかけて

$$(-1)^{n+1}a_{n+1}+(-1)^{n+1}a_n=(-1)^{2n+2}\cdot 2$$

$$(-1)^{n+1}a_{n+1}-(-1)^{n}a_n=2$$

$b_n=(-1)^n a_n$ であるから

$$b_{n+1}-b_n=2$$

数列 $\{b_n\}$ は初項 $b_1=-a_1=2$，公差 2 の等差数列

$$b_n=2+(n-1)\cdot 2=\mathbf{2n}$$

（2） $b_n=(-1)^n a_n$ の両辺に $(-1)^n$ をかけて

$$(-1)^n b_n=(-1)^{2n}a_n$$

$$a_n=(-1)^n b_n=\mathbf{(-1)^n\cdot 2n}$$

（3） $S_n=\sum_{k=1}^{n}a_k=2\sum_{k=1}^{n}(-1)^n\cdot n$

$$\frac{S_n}{2}=-1+(-1)^2\cdot 2+(-1)^3\cdot 3+\cdots+(-1)^n\cdot n \quad \cdots\cdots①$$

$$-\frac{S_n}{2}=(-1)^2+(-1)^3\cdot 2+\cdots+(-1)^n(n-1)+(-1)^{n+1}\cdot n \quad \cdots\cdots②$$

① − ② より

$$S_n=(-1)+(-1)^2+(-1)^3+\cdots+(-1)^n-(-1)^{n+1}\cdot n$$

$$=-\frac{1-(-1)^n}{1+1}-(-1)^{n+1}\cdot n$$

$$=\frac{1}{2}\{-1+(-1)^n+2n(-1)^n\}$$

$$=\mathbf{\frac{1}{2}\{(2n+1)\cdot(-1)^n-1\}}$$

◆別解◆ （3） m, k を自然数とする．

（ア） $n=2m$ のとき

$$a_{2k-1}+a_{2k}$$

$$=(-1)^{2k-1}\cdot 2(2k-1)+(-1)^{2k}\cdot 2\cdot 2k$$

$$=-2(2k-1)+4k=2$$

であるから

$$S_n=S_{2m}=\sum_{k=1}^{m}(a_{2k-1}+a_{2k})$$

$$=\sum_{k=1}^{m}2=2m=n$$

（イ） $n=2m-1$ のとき

$$S_n=S_{2m-1}=S_{2m}-a_{2m}$$

$$=2m-(-1)^{2m}\cdot 2\cdot 2m$$

$$=2m-4m=-2m=-(n+1)$$

よって n が偶数のとき $S_n=n$，
n が奇数のとき $S_n=-(n+1)$

《1 次分数形の漸化式》

325. 数列 $\{a_n\}$ をつぎで定めるとする．

$$\begin{cases} a_1=1, \\ a_{n+1}=\dfrac{a_n}{6a_n+5}(n=1, 2, 3, \cdots\cdots) \end{cases}$$

a_n の一般項を求めると $a_n=\dfrac{\boxed{17}}{\boxed{18}^{\,n}-\boxed{19}}$ である．

（21 日大・医）

▶解答◀ $a_1=1\neq 0$, $a_{n+1}=\dfrac{a_n}{6a_n+5}$ から，明らかに $a_n>0$ で，漸化式の逆数をとると

$$\frac{1}{a_{n+1}}=\frac{5}{a_n}+6$$

$$\frac{1}{a_{n+1}}+\frac{3}{2}=5\left(\frac{1}{a_n}+\frac{3}{2}\right)$$

数列 $\left\{\dfrac{1}{a_n}+\dfrac{3}{2}\right\}$ は公比 5 の等比数列であるから

$$\frac{1}{a_n}+\frac{3}{2}=\left(\frac{1}{a_1}+\frac{3}{2}\right)\cdot 5^{n-1}=\frac{5^n}{2}$$

$$\frac{1}{a_n}=\frac{5^n-3}{2} \qquad \therefore\ a_n=\mathbf{\frac{2}{5^n-3}}$$

《1 次分数形の漸化式 (B30) ☆》

326. α と β を実数とし，$\alpha<4$, $\beta\neq 4$, $\alpha<\beta$ をみたすとする．数列 $\{a_n\}$ を

$$a_1=4,$$

$$a_{n+1}=\frac{4a_n+10}{a_n+1}\ (n=1, 2, \cdots)$$

で定め，数列 $\{b_n\}$ を $b_n=\dfrac{a_n-\beta}{a_n-\alpha}$ $(n=1, 2, \cdots)$ で定める．このとき，次の問いに答えよ．

（1） $\alpha=\dfrac{1}{5}$, $\beta=\dfrac{6}{5}$ のとき，b_2 を求めよ．

（2） 数列 $\{b_n\}$ が等比数列となるような α, β を 1 組求めよ．

（3）（2）で求めた α, β に対して，$-10^{-78}<b_n<10^{-78}$ となる最小の自然数 n を求めよ．ただし，$\log_{10}2=0.3010$, $\log_{10}3=0.4771$ とする．

（21 島根大・前期）

▶解答◀ （1） $a_2=\dfrac{4a_1+10}{a_1+1}$

$$=\frac{4\cdot 4+10}{4+1}=\frac{26}{5}$$

$$b_2=\frac{a_2-\frac{6}{5}}{a_2-\frac{1}{5}}=\frac{\frac{26}{5}-\frac{6}{5}}{\frac{26}{5}-\frac{1}{5}}=\mathbf{\frac{4}{5}}$$

（2） $b_{n+1}=\dfrac{a_{n+1}-\beta}{a_{n+1}-\alpha}=\dfrac{\frac{4a_n+10}{a_n+1}-\beta}{\frac{4a_n+10}{a_n+1}-\alpha}$

$$=\frac{4a_n+10-\beta(a_n+1)}{4a_n+10-\alpha(a_n+1)}=\frac{(4-\beta)a_n+10-\beta}{(4-\alpha)a_n+10-\alpha}$$

$$= \frac{4-\beta}{4-\alpha} \cdot \frac{a_n + \frac{10-\beta}{4-\beta}}{a_n + \frac{10-\alpha}{4-\alpha}}$$

数列 $\{b_n\}$ が等比数列となるように，$\frac{10-\beta}{4-\beta} = -\beta$

かつ $\frac{10-\alpha}{4-\alpha} = -\alpha$ と定める．

$\frac{10-\beta}{4-\beta} = -\beta$ から $10-\beta = -\beta(4-\beta)$

$$\beta^2 - 3\beta - 10 = 0$$

$$(\beta+2)(\beta-5) = 0 \qquad \therefore \quad \beta = -2,\ 5$$

同様にして $\alpha = -2,\ 5$

$\alpha < 4,\ \beta \neq 4$ であるから $\boldsymbol{\alpha = -2,\ \beta = 5}$

（3） $b_1 = \frac{a_1 - 5}{a_1 + 2} = \frac{4-5}{4+2} = -\frac{1}{6}$

（2）より $b_{n+1} = -\frac{1}{6} b_n$

数列 $\{b_n\}$ は公比 $-\frac{1}{6}$ の等比数列であるから

$$b_n = b_1 \left(-\frac{1}{6}\right)^{n-1} = \left(-\frac{1}{6}\right)^n$$

$-10^{-78} < b_n < 10^{-78}$ より $|b_n| < 10^{-78}$

$$\left(\frac{1}{6}\right)^n < 10^{-78}$$

$$10^{78} < 6^n$$

$$78 < n \log_{10} 6$$

$\log_{10} 6 = \log_{10} 2 + \log_{10} 3 = 0.7781$ であるから

$$n > \frac{78}{0.7781} = 100.2\cdots$$

これをみたす最小の自然数 n は **101** である．

《調べてみよう（A10）☆》

327．p と q を正の数とし，数列 $\{a_n\}$ が
$a_1 = p,\ a_2 = q$ および $a_n = \frac{1 + a_{n-1}}{a_{n-2}}\ (n \geqq 3)$
を満たすとする．このとき，

（1） $a_5 = \frac{1+p}{q}$ となることを示せ．

（2） a_{99} を求めよ．　　（21　中部大・工）

▶解答◀ （1） $a_n = \frac{1+a_{n-1}}{a_{n-2}}$ より

$$a_3 = \frac{1+a_2}{a_1} = \frac{1+q}{p}$$

$$a_4 = \frac{1+a_3}{a_2} = \frac{1+\frac{1+q}{p}}{q} = \frac{1+p+q}{pq}$$

$$a_5 = \frac{1+a_4}{a_3} = \frac{1+\frac{1+p+q}{pq}}{\frac{1+q}{p}}$$

$$= \frac{1+p+q+pq}{q(1+q)} = \frac{(1+p)(1+q)}{q(1+q)} = \frac{1+p}{q}$$

であるから，示された．

（2）（1）より

$$a_6 = \frac{1+a_5}{a_4} = \frac{1+\frac{1+p}{q}}{\frac{1+p+q}{pq}} = \frac{p(1+p+q)}{1+p+q} = p$$

$$a_7 = \frac{1+a_6}{a_5} = \frac{1+p}{\frac{1+p}{q}} = q$$

であるから，$a_6 = a_1,\ a_7 = a_2$ が成り立つ．これより，数列 $\{a_n\}$ は周期 5 で同じ値を繰り返す数列である．

$$a_{99} = a_{5\cdot 19+4} = a_4 = \boldsymbol{\frac{1+p+q}{pq}}$$

《調べてみよう（A10）》

328．数列 $\{a_n\}$ が次の 2 つの条件を満たしている．

$$a_2 = 10$$

$$a_{n+2} = a_{n+1} - a_n\ (n = 1,\ 2,\ 3,\ \cdots)$$

このとき，a_{2021} がとりうる値を求めよ．

（21　早稲田大・人間科学-数学選抜）

▶解答◀ $a_1 = a$ とおく．

$$a_3 = a_2 - a_1 = 10 - a$$

$$a_4 = a_3 - a_2 = -a$$

$$a_5 = a_4 - a_3 = -10$$

$$a_6 = a_5 - a_4 = a - 10$$

$$a_7 = a_6 - a_5 = a$$

$$a_8 = a_7 - a_6 = 10$$

であるから

$$a_{n+3} = -a_n,\quad a_{n+6} = a_n$$

である．$2021 = 6\cdot 336 + 5$ であるから $a_{2021} = a_5 = \boldsymbol{-10}$

◆別解◆ $a_{n+2} = a_{n+1} - a_n$ のとき，特性方程式

$$t^2 - t + 1 = 0 \quad \cdots\cdots\cdots\cdots ①$$

の解について，$t+1$ をかけると $t^3 + 1 = 0$ になり，$t^3 = -1$ となる．

よく知られているように ① の解 $\alpha,\ \beta\ (\alpha < \beta)$ に対し

$$a_n = A\alpha^n + B\beta^n$$

の形となるから，$a_{n+3} = -a_n$ である．

$$2021 = 3\cdot 673 + 2$$

より $a_{2021} = -a_2 = \boldsymbol{-10}$

《3 項間漸化式（A10）☆》

329．以下で定義される数列 $\{a_n\}$ がある．

$$a_1 = 1,\ a_2 = 4,$$

$$a_{n+2} = 5a_{n+1} - 6a_n\ (n = 1,\ 2,\ 3,\ \cdots)$$

このとき，$a_{n+2} - \alpha a_{n+1} = \beta(a_{n+1} - \alpha a_n)$ を満た

す α, β の値を求めよ．また，数列 $\{a_n\}$ の一般項を求めよ．

（21　長崎大・医，歯，薬など／極限の設問を削除）

▶解答◀　$a_{n+2}=5a_{n+1}-6a_n$ は

$$a_{n+2}-2a_{n+1}=3(a_{n+1}-2a_n) \quad \cdots\cdots①$$

$$a_{n+2}-3a_{n+1}=2(a_{n+1}-3a_n) \quad \cdots\cdots②$$

の2通りに書き直すことができる．よって

$$(\alpha, \beta)=\mathbf{(2, 3), (3, 2)}$$

① より，数列 $\{a_{n+1}-2a_n\}$ は公比3の等比数列であるから

$$a_{n+1}-2a_n=(a_2-2a_1)3^{n-1}=2\cdot 3^{n-1} \quad \cdots\cdots③$$

② より，数列 $\{a_{n+1}-3a_n\}$ は公比2の等比数列であるから

$$a_{n+1}-3a_n=(a_2-3a_1)2^{n-1}=2^{n-1} \quad \cdots\cdots④$$

③－④ より

$$a_n=\mathbf{2\cdot 3^{n-1}-2^{n-1}}$$

《連立漸化式から3項間へ (B20)》

330．数列 $\{a_n\}$, $\{b_n\}$ は，$a_1=-2$, $b_1=-3$ であり，

$a_{n+1}=3a_n+2b_n$, $b_{n+1}=3a_n-2b_n$

$(n=1, 2, 3, \cdots)$ を満たす．このとき，一般項は $a_n=$ □, $b_n=$ □ と求まる．　（21　同志社大）

▶解答◀　$a_{n+1}=3a_n+2b_n$ より

$$b_n=\frac{1}{2}(a_{n+1}-3a_n) \quad \cdots\cdots①$$

これを，$b_{n+1}=3a_n-2b_n$ に代入して

$$\frac{1}{2}(a_{n+2}-3a_{n+1})=3a_n-(a_{n+1}-3a_n)$$

$$a_{n+2}-a_{n+1}-12a_n=0$$

$t^2-t-12=0$ の2解を α, β とすると，解と係数の関係より

$$\alpha+\beta=1, \alpha\beta=-12$$

であるから

$$a_{n+2}-(\alpha+\beta)a_{n+1}+\alpha\beta a_n=0 \quad \cdots\cdots②$$

$$a_{n+2}-\alpha a_{n+1}=\beta(a_{n+1}-\alpha a_n)$$

数列 $\{a_{n+1}-\alpha a_n\}$ は公比 β の等比数列であるから

$$a_{n+1}-\alpha a_n=(a_2-\alpha a_1)\beta^{n-1} \quad \cdots\cdots③$$

② は α, β の対称式であるから，③ の α, β を入れ替えて

$$a_{n+1}-\beta a_n=(a_2-\beta a_1)\alpha^{n-1} \quad \cdots\cdots④$$

③－④ より

$$(\beta-\alpha)a_n=(a_2-\alpha a_1)\beta^{n-1}-(a_2-\beta a_1)\alpha^{n-1}$$

$\beta=4$, $\alpha=-3$, $a_1=-2$, $a_2=3a_1+2b_1=-12$ を代入して

$$7a_n=\{-12-(-3)(-2)\}4^{n-1}$$
$$-\{-12-4(-2)\}(-3)^{n-1}$$

$$a_n=\mathbf{\frac{1}{7}\{-18\cdot 4^{n-1}+4\cdot(-3)^{n-1}\}}$$

① に代入して

$$b_n=\frac{1}{7}\Big\{-18\cdot\frac{1}{2}(4^n-3\cdot 4^{n-1})$$
$$+4\cdot\frac{1}{2}\{(-3)^n-3\cdot(-3)^{n-1}\}\Big\}$$
$$=\mathbf{\frac{1}{7}\{-9\cdot 4^{n-1}+4\cdot(-3)^n\}}$$

《連立漸化式 (B10)》

331．数列 $\{a_n\}$, $\{b_n\}$ を，初項 $a_1=-1$, $b_1=2$ と漸化式

$$\begin{cases} a_{n+1}=a_n-4b_n \\ b_{n+1}=a_n+5b_n \end{cases}$$

で定める．このとき，次の問いに答えよ．

（1）$c_n=a_{n+1}-3a_n$ とおくとき，数列 $\{c_n\}$ が漸化式 $c_{n+1}=3c_n$ を満たすことを示せ．

（2）$d_n=\dfrac{a_n}{3^n}$ とおくとき，数列 $\{d_n\}$ が満たす漸化式を導き，数列 $\{d_n\}$ の一般項を求めよ．

（3）数列 $\{a_n\}$, $\{b_n\}$ の一般項を求めよ．

（21　金沢大・理系）

▶解答◀　（1）$c_{n+1}=a_{n+2}-3a_{n+1}$

$$=(a_{n+1}-4b_{n+1})-3a_{n+1}$$
$$=-2a_{n+1}-4(a_n+5b_n)$$
$$=-2a_{n+1}-4a_n+5(a_{n+1}-a_n)$$
$$=3a_{n+1}-9a_n=3c_n$$

これより $c_{n+1}=3c_n$ が示された．

（2）$a_2=a_1-4b_1=-1-4\cdot 2=-9$ より，

$$c_1=a_2-3a_1=-9-3\cdot(-1)=-6$$

$\{c_n\}$ は等比数列であるから

$$c_n=3^{n-1}c_1=-2\cdot 3^n$$

$$a_{n+1}-3a_n=-2\cdot 3^n$$

$$\frac{a_{n+1}}{3^{n+1}}-\frac{a_n}{3^n}=-\frac{2}{3}$$

よって，$\boldsymbol{d_{n+1}=d_n-\frac{2}{3}}$ である．さらに，

$d_1=\dfrac{a_1}{3}=-\dfrac{1}{3}$ であるから

$$d_n=\mathbf{-\frac{2}{3}n+\frac{1}{3}}$$

（3） $a_n = 3^n d_n = \mathbf{3^{n-1}(-2n+1)}$ である．また，

$$b_n = \frac{1}{4}(a_n - a_{n+1})$$
$$= \frac{1}{4}\{(-2n+1)3^{n-1} - (-2n-1)3^n\}$$
$$= \frac{3^{n-1}}{4}\{(-2n+1) - 3(-2n-1)\}$$
$$= \mathbf{3^{n-1}(n+1)}$$

《a_n と S_n》

332. 初項 1 の数列 $\{a_n\}$ について，初項から第 n 項までの和 S_n と a_n の間に関係式

$$S_n = 4a_n - 3 \quad (n = 1, 2, 3, \cdots)$$

が成り立つとき，数列 $\{a_n\}$ の一般項は

$$a_n = \square \quad (n = 1, 2, 3, \cdots)$$

であり，和 S_n は

$$S_n = \square \quad (n = 1, 2, 3, \cdots)$$

である．（21　星薬大・B 方式）

▶解答◀ $a_{n+1} = S_{n+1} - S_n$ に，$S_n = 4a_n - 3$ を代入して

$$a_{n+1} = (4a_{n+1} - 3) - (4a_n - 3)$$
$$3a_{n+1} = 4a_n \qquad \therefore \quad a_{n+1} = \frac{4}{3}a_n$$

数列 $\{a_n\}$ は公比 $\frac{4}{3}$ の等比数列であるから

$$a_n = a_1 \cdot \left(\frac{4}{3}\right)^{n-1}$$
$$= 1 \cdot \left(\frac{4}{3}\right)^{n-1} = \mathbf{\left(\frac{4}{3}\right)^{n-1}}$$
$$S_n = 4 \cdot \left(\frac{4}{3}\right)^{n-1} - 3 = \mathbf{3\left\{\left(\frac{4}{3}\right)^n - 1\right\}}$$

《添え字の制限をいつ外す？（B20）》

333. 数列 $\{a_n\}$ と $\{b_n\}$ は次を満たすとする．

$$b_1 = 2a_1,$$
$$b_n = a_1 + \cdots + a_{n-1} + 2a_n \quad (n = 2, 3, 4, \cdots)$$

次の問いに答えよ．

（1） $a_n = 2n^2 - 1$ $(n = 1, 2, 3, \cdots)$ のとき，数列 $\{b_n\}$ の一般項を求めよ．

（2） $b_n = 3$ $(n = 1, 2, 3, \cdots)$ のとき，数列 $\{a_n\}$ の一般項を求めよ．

（3） $b_n = 4n + 1$ $(n = 1, 2, 3, \cdots)$ のとき，数列 $\{a_n\}$ の一般項を求めよ．（21　埼玉大・理工）

▶解答◀ （1） $b_n = \sum_{k=1}^{n} a_k + a_n$

$$= \sum_{k=1}^{n}(2k^2 - 1) + 2n^2 - 1$$
$$= 2 \cdot \frac{1}{6}n(n+1)(2n+1) - n + 2n^2 - 1$$
$$= \frac{1}{3}n(n+1)(2n+1) + (n-1)(2n+1)$$
$$= \mathbf{\frac{1}{3}(2n+1)(n^2+4n-3)}$$

（2） $b_n = a_1 + \cdots + a_{n-1} + 2a_n$ $(n \geqq 2)$ を $b_n = a_1 + \cdots + a_n + a_n$ と書き，$n = 1$ とすれば $b_1 = 2a_1$ となるから $b_n = a_1 + \cdots + a_n + a_n$ $(n \geqq 1)$ でよい．

$$b_n = a_1 + \cdots + a_n + a_n \quad \cdots\cdots①$$
$$b_{n+1} = a_1 + \cdots + a_{n+1} + a_{n+1} \quad \cdots\cdots②$$

② − ① より

$$b_{n+1} - b_n = 2a_{n+1} - a_n \quad \cdots\cdots③$$

$b_n = 3$ のとき左辺は 0 であるから $a_{n+1} = \frac{a_n}{2}$

数列 $\{a_n\}$ は等比数列で $a_1 = \frac{b_1}{2} = \frac{3}{2}$ であるから，

$$a_n = \left(\frac{1}{2}\right)^{n-1} a_1 = \mathbf{3\left(\frac{1}{2}\right)^n}$$

（3） $b_n = 4n + 1$ のとき $b_{n+1} - b_n = 4$ だから，③ より

$$4 = 2a_{n+1} - a_n$$
$$a_{n+1} - 4 = \frac{1}{2}(a_n - 4)$$

数列 $\{a_n - 4\}$ は等比数列であり，$a_1 = \frac{b_1}{2} = \frac{5}{2}$

$$a_n - 4 = \left(\frac{1}{2}\right)^{n-1}(a_1 - 4)$$
$$a_n = \mathbf{4 - 3\left(\frac{1}{2}\right)^n}$$

注意（2） 冒頭の書き換えをしない場合は，形式的な添え字の制限がついて回る．

$$b_n = a_1 + \cdots + a_{n-1} + 2a_n \ (n \geqq 2) \quad \cdots\cdots④$$

で $n = 2$ として $b_2 = a_1 + 2a_2$ で，$b_1 = 2a_1$ とから

$$a_1 = \frac{1}{2}b_1, \ a_2 = \frac{1}{2}b_2 - \frac{1}{4}b_1 \quad \cdots\cdots⑤$$

$b_n = 3$ のとき $a_1 = \frac{3}{2}, \ a_2 = \frac{3}{2} - \frac{3}{4} = \frac{3}{4}$ ⋯⋯⑥

となる．

$$b_{n+1} = a_1 + \cdots + a_n + 2a_{n+1} \quad \cdots\cdots⑦$$

⑦ − ④ より $n \geqq 2$ で

$$b_{n+1} - b_n = 2a_{n+1} - a_n \quad \cdots\cdots⑧$$

となる．$b_n = 3$ のとき，$n \geqq 2$ で $2a_{n+1} - a_n = 0$ となり，$a_{n+1} = \frac{a_n}{2}$ となる．⑥ よりこれは $n = 1$ でも成り立つから数列 $\{a_n\}$ は等比数列をなす．以下省略．

（3） $b_n = 4n + 1$ のとき $b_1 = 5, \ b_2 = 9$ であるから，⑤ に代入して $a_1 = \frac{5}{2}, \ a_2 = \frac{13}{4}$ ⋯⋯⑨

となる．⑧ より $n \geqq 2$ で $4 = 2a_{n+1} - a_n$ となる．⑨ よりこれは $n = 1$ でも成り立つ．以下省略．

《n がシグマの中にもある（B30）☆》

334. 数列 $\{a_n\}$ は $n = 1, 2, 3, \cdots$ に対して，

$$4\sum_{k=1}^{n}(n+1-k)a_k = n^4 - 4n^3 - 16n^2 + 11n$$

を満たすものとする．以下の問いに答えよ．

（1） a_1 の値を求めよ．

（2） 数列 $\{a_n\}$ の初項から第 n 項までの和を S_n とするとき，S_n の最小値とそのときの n の値を求めよ． （21 早稲田大・人間科学-数学選抜）

▶解答◀ （1） $n=1$ とすると

$$4a_1=1-4-16+11 \qquad \therefore \quad a_1=\mathbf{-2}$$

（2） $4\sum_{k=1}^{n}(n+1-k)a_k$

$$=n^4-4n^3-16n^2+11n$$

$n \geqq 2$ のとき

$$4\sum_{k=1}^{n-1}(n-k)a_k$$

$$=(n-1)^4-4(n-1)^3-16(n-1)^2+11(n-1)$$

辺ごとに引いて

$$4a_n+4\sum_{k=1}^{n-1}a_k=(4n^3-6n^2+4n-1)$$

$$-4(3n^2-3n+1)-16(2n-1)+11$$

$$4\sum_{k=1}^{n}a_k=4n^3-18n^2-16n+22$$

結果は $n=1$ のときも成り立つ．

$f(n)=4n^3-18n^2-16n+22$ とおく．

$$f(n+1)-f(n)$$

$$=4(3n^2+3n+1)-18(2n+1)-16$$

$$=12n^2-24n-30=12n(n-2)-30$$

$n=1, 2$ のとき $f(n+1)-f(n)<0$ であるから，$f(n+1)<f(n)$ となり

$$f(1)>f(2)>f(3)$$

$n \geqq 3$ のとき

$$12n(n-2)-30 \geqq 12\cdot 3\cdot 1-30=6>0$$

であるから，$f(n+1)-f(n)>0$ となり，$f(n+1)>f(n)$ より

$$f(3)<f(4)<f(5)<\cdots$$

したがって，$n=\mathbf{3}$ で最小値

$$S_3=\frac{f(3)}{4}=\frac{1}{4}(108-162-48+22)$$

$$=\frac{1}{4}\cdot(-80)=\mathbf{-20}$$

をとる．

《双曲線関数の 2 倍角の公式 (B20) ☆》

335．次のように定められた数列 $\{a_n\}$ がある．

$$a_1=2,\ a_{n+1}=2(a_n)^2-1\ (n=1, 2, \cdots)$$

このとき，次の問いに答えよ．

（1） 自然数 n に対して，不等式 $a_n>1$ が成り立つことを示せ．

（2） x についての 2 次方程式 $x^2-2a_nx+1=0$ の 2 つの解のうち，値が大きい方を b_n とする．このとき b_{n+1} を b_n を用いて表せ．

（3） a_n を n を用いて表せ．

（21 兵庫県立大・理，社会情報-中期）

考え方 $f(x)=\dfrac{e^x+e^{-x}}{2}$ について $f(2x)=2\{f(x)\}^2-1$ は（双曲線関数の）2 倍角の公式である．

▶解答◀ （1） $a_1=2>1$ だから $n=1$ のとき成り立つ．$n=k$ のとき成り立つとする．$a_k>1$ である．このとき

$$a_{k+1}=2(a_k)^2-1>2\cdot 1^2-1=1$$

であるから，$n=k+1$ のとき成り立つ．よって，示された．

（2） $b_n=a_n+\sqrt{(a_n)^2-1}$ である．

$$b_{n+1}=a_{n+1}+\sqrt{(a_{n+1})^2-1}$$

$$=2(a_n)^2-1+\sqrt{\{2(a_n)^2-1\}^2-1}$$

$$=2(a_n)^2-1+\sqrt{4(a_n)^4-4(a_n)^2}$$

$$=(a_n)^2+(a_n)^2-1+2a_n\sqrt{(a_n)^2-1}$$

$$=\left(a_n+\sqrt{(a_n)^2-1}\right)^2=(b_n)^2$$

よって，$b_{n+1}=\boldsymbol{(b_n)^2}$ である．

（3） $b_1=2+\sqrt{3}>0$ と（2）より $b_n>0$ である．

$$\log_2 b_{n+1}=2\log_2 b_n$$

数列 $\{\log_2 b_n\}$ は等比数列で

$$\log_2 b_n=2^{n-1}\log_2(2+\sqrt{3})$$

$$b_n=(2+\sqrt{3})^{2^{n-1}}$$

b_n は $x^2-2a_nx+1=0$ の解であるから

$$(b_n)^2-2a_nb_n+1=0$$

$$2a_nb_n=(b_n)^2+1$$

$$a_n=\frac{1}{2}\left(b_n+\frac{1}{b_n}\right)$$

$$=\boldsymbol{\frac{1}{2}\left\{\left(2+\sqrt{3}\right)^{2^{n-1}}+\left(2-\sqrt{3}\right)^{2^{n-1}}\right\}}$$

《連立漸化式を作る (B20)》

336．自然数 n に対して，x の 1 次式 P_n を次で定める．

$$P_1=x,$$

$$P_{n+1}=(n+3)P_n+(n+1)!\ (n=1, 2, 3, \cdots)$$

P_n の x について 1 次の項の係数を a_n とし，P_n の

定数項を b_n とする．

（1） P_4 を求めよ．

（2） 数列 $\{a_n\}$ の一般項を求めよ．

（3） $\dfrac{b_{n+1}}{a_{n+1}} - \dfrac{b_n}{a_n}$ を n で表せ．

（4） 数列 $\left\{\dfrac{b_n}{a_n}\right\}$ の一般項を求めよ．

（5） 数列 $\{b_n\}$ の一般項を求めて，$S_n = \sum_{k=1}^{n} \dfrac{b_k}{3^k}$ を求めよ．

（21　名古屋工大）

▶解答◀ （1） $P_2 = 4P_1 + 2! = 4x + 2$

$$P_3 = 5P_2 + 3! = 5(4x+2) + 6 = 20x + 16$$

$$P_4 = 6P_3 + 4!$$

$$= 6(20x+16) + 24 = \mathbf{120x + 120}$$

（2） $P_n = a_n x + b_n$ とおける．漸化式から

$$a_{n+1}x + b_{n+1} = (n+3)(a_n x + b_n) + (n+1)!$$

$$a_{n+1}x + b_{n+1} = (n+3)a_n x + (n+3)b_n + (n+1)!$$

となるから，係数を比べて

$$a_{n+1} = (n+3)a_n \quad \cdots\cdots①$$

$$b_{n+1} = (n+3)b_n + (n+1)! \quad \cdots\cdots②$$

が成り立つ．① の両辺を $(n+3)!$ で割ると

$$\frac{a_{n+1}}{(n+3)!} = \frac{a_n}{(n+2)!}$$

となるから，$\dfrac{a_n}{(n+2)!}$ は定数で

$$\frac{a_n}{(n+2)!} = \frac{a_1}{3!} = \frac{1}{6}$$

$$a_n = \mathbf{\frac{1}{6}(n+2)!}$$

（3） ②÷① より

$$\frac{b_{n+1}}{a_{n+1}} = \frac{b_n}{a_n} + \frac{(n+1)!}{(n+3)a_n}$$

右辺の第二項に（2）の結果を代入し

$$\frac{b_{n+1}}{a_{n+1}} = \frac{b_n}{a_n} + \frac{6}{(n+2)(n+3)}$$

$$\frac{b_{n+1}}{a_{n+1}} - \frac{b_n}{a_n} = \mathbf{\frac{6}{(n+2)(n+3)}}$$

（4） $\dfrac{b_{n+1}}{a_{n+1}} - \dfrac{b_n}{a_n} = \dfrac{6}{n+2} - \dfrac{6}{n+3}$

$$\frac{b_{n+1}}{a_{n+1}} + \frac{6}{n+3} = \frac{b_n}{a_n} + \frac{6}{n+2}$$

$\dfrac{b_n}{a_n} + \dfrac{6}{n+2}$ は一定で

$$\frac{b_n}{a_n} + \frac{6}{n+2} = \frac{b_1}{a_1} + \frac{6}{3}$$

である．$b_1 = 0$ より $\dfrac{b_n}{a_n} = \mathbf{2 - \dfrac{6}{n+2}}$

（5） $b_n = 2a_n - \dfrac{6}{n+2}a_n$

$$b_n = \mathbf{\frac{1}{3}(n+2)! - (n+1)!}$$

$$\frac{b_k}{3^k} = \frac{(k+2)!}{3^{k+1}} - \frac{(k+1)!}{3^k}$$

$$\sum_{k=1}^{n} \frac{b_k}{3^k} = \mathbf{\frac{(n+2)!}{3^{n+1}} - \frac{2}{3}}$$

$$\frac{3!}{3^2} - \frac{2!}{3^1}$$
$$\frac{4!}{3^3} - \frac{3!}{3^2}$$
$$\frac{5!}{3^4} - \frac{4!}{3^3}$$
$$\vdots$$
$$\frac{(n+2)!}{3^{n+1}} - \frac{(n+1)!}{3^n}$$

注意 P_n は簡単に求められる．

$$P_{n+1} = (n+3)P_n + (n+1)!$$

を $(n+3)!$ で割る．

$$\frac{P_{n+1}}{(n+3)!} = \frac{P_n}{(n+2)!} + \frac{1}{(n+3)(n+2)}$$

$$\frac{P_{n+1}}{(n+3)!} = \frac{P_n}{(n+2)!} + \frac{1}{n+2} - \frac{1}{n+3}$$

$$\frac{P_{n+1}}{(n+3)!} + \frac{1}{n+3} = \frac{P_n}{(n+2)!} + \frac{1}{n+2}$$

$\dfrac{P_n}{(n+2)!} + \dfrac{1}{n+2}$ は一定で

$$\frac{P_n}{(n+2)!} + \frac{1}{n+2} = \frac{P_1}{3!} + \frac{1}{3}$$

$P_1 = x$ で，$(n+2)!$ を掛けると

$$P_n = (n+2)!\left(\frac{x}{6} + \frac{1}{3}\right) - (n+1)!$$

《積分との融合 (B20) ☆》

337. 関数 $f_n(x)$ $(n = 1, 2, 3, \cdots)$ が

$$f_1(x) = 2x + 3,$$

$$f_{n+1}(x) = 3x^2 + \int_0^1 x f_n(t)\,dt - \frac{1}{2}$$

$(n = 1, 2, 3, \cdots)$ を満たすとき，次の問に答えよ．

（1） 関数 $f_2(x)$ を答えよ．

（2） $a_n = \int_0^1 f_n(t)\,dt$ $(n = 1, 2, 3, \cdots)$ とおくとき，a_{n+1} を a_n で表す式を答えよ．

（3） $n \geqq 2$ のとき，関数 $f_n(x)$ を答えよ．

（21　防衛大・理工）

▶解答◀ （1） $n=1$ のとき

$$f_2(x) = 3x^2 + \int_0^1 x f_1(t)\,dt - \frac{1}{2}$$

$$= 3x^2 + x\int_0^1 (2t+3)\,dt - \frac{1}{2}$$

$$= 3x^2 + x\Big[\,t^2 + 3t\,\Big]_0^1 - \frac{1}{2} = \mathbf{3x^2 + 4x - \frac{1}{2}}$$

（2） $a_n=\int_0^1 f_n(t)\,dt$ より，

$$f_{n+1}(x)=3x^2+a_nx-\frac{1}{2}$$

$$a_{n+1}=\int_0^1 f_{n+1}(t)\,dt=\int_0^1\left(3t^2+a_nt-\frac{1}{2}\right)dt$$

$$=1+\frac{a_n}{2}-\frac{1}{2}=\boldsymbol{\frac{1}{2}(a_n+1)}$$

（3） （2）より，$a_{n+1}-1=\frac{1}{2}(a_n-1)$ であるから，数列 $\{a_n-1\}$ は公比 $\frac{1}{2}$ の等比数列である．

$$a_n-1=(a_1-1)\left(\frac{1}{2}\right)^{n-1}$$

$a_1=\int_0^1(2t+3)\,dt=4$ であるから，

$$a_n=3\left(\frac{1}{2}\right)^{n-1}+1$$

$$f_n(x)=3x^2+a_{n-1}x-\frac{1}{2}$$

$$=\boldsymbol{3x^2+\left\{3\left(\frac{1}{2}\right)^{n-2}+1\right\}x-\frac{1}{2}}$$

【難問】

《題意が取りにくい問題（C30）》

338. n を 2 以上の整数とする．正の整数 r に対して，

$$(2n-2)r+1\leqq k\leqq 2nr$$

をみたす整数 k 全体の集合を $B^n(r)$ とする．次の問いに答えよ．

（1） $r=1, 2, 3, 4$ のそれぞれに対して $B^3(r)$ を要素を具体的に書き並べる方法で表せ．

（2） $B^n(r)\cap B^n(r+1)=\emptyset$ となる最大の r を求めよ．

（3） $B^n(1)$，$B^n(2)$，$B^n(3)$，… のいずれにも属さない正の整数の個数を a_n とする．a_n を求めよ．

（21　島根大・後期）

▶解答◀ （1） $(2n-2)r+1\leqq k\leqq 2nr$ は $n=3$ のとき $4r+1\leqq k\leqq 6r$ であり，さらに $r=1, 2, 3, 4$ とすると，それぞれ $5\leqq k\leqq 6$，$9\leqq k\leqq 12$，$13\leqq k\leqq 18$，$17\leqq k\leqq 24$ であるから

$$B^3(1)=\boldsymbol{\{5, 6\}}$$

$$B^3(2)=\boldsymbol{\{9, 10, 11, 12\}}$$

$$B^3(3)=\boldsymbol{\{13, 14, 15, 16, 17, 18\}}$$

$$B^3(4)=\boldsymbol{\{17, 18, 19, 20, 21, 22, 23, 24\}}$$

（2） $B^n(r)=\{k\,|\,(2n-2)r+1\leqq k\leqq 2nr\}$

$$B^n(r+1)$$
$$=\{k\,|\,(2n-2)(r+1)+1\leqq k\leqq 2n(r+1)\}$$

であるから，$B^n(r)\cap B^n(r+1)=\emptyset$ となるのは

$$2nr<(2n-2)(r+1)+1$$

となるときであるから

$$2r<2n-1 \qquad \therefore\ r<n-\frac{1}{2}$$

これを満たす最大の r は $\boldsymbol{n-1}$ である．

（3） （2）より，$1\leqq r\leqq n-1$ のとき $B^n(r)\cap B^n(r+1)=\emptyset$ であり，$r\geqq n$ のとき $B^n(r)\cap B^n(r+1)\neq\emptyset$ である．すなわち $B^n(1)$，$B^n(2)$，…，$B^n(n)$ の間には隙間があるが，それ以降には隙間がないということである．図を見よ．

$$B^n(n)=\{k\,|\,2n^2-2n+1\leqq k\leqq 2n^2\}$$

であるから，1 から $2n^2$ までの整数から $B^n(r)$ $(r=1, 2, \cdots, n)$ に属する整数を除き，残った整数の個数が a_n である．$B^n(r)$ に属する整数の個数は

$$2nr-\{(2n-2)r+1\}+1=2r$$

であるから

$$a_n=2n^2-\sum_{r=1}^{n}2r=2n^2-n(n+1)=\boldsymbol{n^2-n}$$

《複雑過ぎる問題（C30）》

339. n を自然数とし，次の条件を満たす数列 $\{a_n\}$ と $\{b_n\}$ を考える．

$$a_1=1,$$
$$(n+3)a_{n+1}-(n+1)a_n=2(n+1)$$
$$(n=1, 2, 3, \cdots)$$
$$b_1=1,$$
$$\sum_{k=1}^{n}kb_k=a_n\left(\sum_{k=1}^{n}b_k\right)\ (n=2, 3, 4, \cdots)$$

次の問いに答えよ．

（1） a_2, b_2 を求めよ．

（2） $c_n=(n+2)(n+1)a_n$ $(n=1, 2, 3, \cdots)$ とおく．$c_{n+1}-c_n$ を n で表せ．

（3） $n\geqq 1$ とする．このとき，a_n を n で表せ．

（4） $n\geqq 2$ とする．このとき，$s_{n-1}=\sum_{k=1}^{n-1}b_k$ とし，$b_n=d_ns_{n-1}$ を満たす d_n を考える．このとき，d_n を n で表せ．ただし，必要ならば，次の等式が成り立つことを証明なしで用いてよい．

$$a_n\left(\sum_{k=1}^{n}b_k\right)-a_{n-1}\left(\sum_{k=1}^{n-1}b_k\right)$$

$= a_n b_n + (a_n - a_{n-1}) s_{n-1}$

（５） $n \geqq 2$ とする．このとき，b_n を n で表せ．

（21　同志社大・理系）

▶解答◀ （１） $\{a_n\}$ の漸化式に $n=1$ を代入して

$$4a_2 - 2a_1 = 4 \qquad \therefore \quad a_2 = \mathbf{\frac{3}{2}}$$

$\{b_n\}$ の漸化式に $n=2$ を代入して

$$b_1 + 2b_2 = a_2(b_1 + b_2)$$

$$1 + 2b_2 = \frac{3}{2}(1 + b_2) \qquad \therefore \quad b_2 = \mathbf{1}$$

（２） $\{a_n\}$ の漸化式の両辺に $n+2$ をかけて

$$(n+3)(n+2)a_{n+1} - (n+2)(n+1)a_n = 2(n+1)(n+2)$$

$$c_{n+1} - c_n = \mathbf{2(n+1)(n+2)}$$

（３） $c_1 = 3 \cdot 2 \cdot a_1 = 6$ であり，$n \geqq 2$ のとき

$$c_n = c_1 + \sum_{k=1}^{n-1} 2(k+1)(k+2)$$

$$= 6 + \frac{2}{3}\sum_{k=1}^{n-1}\{(k+1)(k+2)(k+3) - k(k+1)(k+2)\}$$

$$= 6 + \frac{2}{3}\{n(n+1)(n+2) - 1 \cdot 2 \cdot 3\}$$

$$= \frac{2}{3}n(n+1)(n+2) + 2$$

$2 \cdot 3 \cdot 4 - 1 \cdot 2 \cdot 3$

$3 \cdot 4 \cdot 5 - 2 \cdot 3 \cdot 4$

$4 \cdot 5 \cdot 6 - 3 \cdot 4 \cdot 5$

$n(n+1)(n+2) - (n-1)n(n+1)$

この結果は $n=1$ でも成り立つ．ゆえに

$$(n+2)(n+1)a_n = \frac{2}{3}n(n+1)(n+2) + 2$$

$$a_n = \mathbf{\frac{2}{3}n + \frac{2}{(n+1)(n+2)}}$$

（４） $\displaystyle\sum_{k=1}^{n} kb_k = a_n\left(\sum_{k=1}^{n} b_k\right)$ ……①

$\displaystyle\sum_{k=1}^{n-1} kb_k = a_{n-1}\left(\sum_{k=1}^{n-1} b_k\right)$ ……②

①－② より，$n \geqq 2$ において

$$nb_n = a_n\left(\sum_{k=1}^{n} b_k\right) - a_{n-1}\left(\sum_{k=1}^{n-1} b_k\right)$$

問題文にある式によって右辺を変形すると

$$nb_n = a_n b_n + (a_n - a_{n-1})s_{n-1}$$

$(n - a_n)b_n = (a_n - a_{n-1})s_{n-1}$ ……③

ここで，$n - a_n$, $a_n - a_{n-1}$ をそれぞれ計算すると

$$n - a_n = \frac{1}{3}n - \frac{2}{(n+1)(n+2)}$$

$$a_n - a_{n-1} = \frac{2}{3}n + \frac{2}{(n+1)(n+2)} - \frac{2}{3}(n-1) - \frac{2}{n(n+1)}$$

$$a_n - a_{n-1} = \frac{2}{3} - \frac{4}{n(n+1)(n+2)}$$

$a_n - a_{n-1} = \dfrac{2}{n}(n - a_n)$ であり，③にこれを用いると

$(n - a_n)b_n = \dfrac{2}{n}(n - a_n)s_{n-1}$ ……④

となる．さらに，

$$\frac{1}{3}n \geqq \frac{2}{3} > \frac{2}{3 \cdot 4} \geqq \frac{2}{(n+1)(n+2)}$$

であるから，$n - a_n \neq 0$ である．④を $n - a_n$ で割って

$b_n = \dfrac{2}{n}s_{n-1}$ ……⑤

よって，$d_n = \mathbf{\dfrac{2}{n}}$（注の 2° を見よ）である．

（５） ⑤の分母をはらって

$nb_n = 2\displaystyle\sum_{k=1}^{n-1} b_k$ ……⑥

$(n+1)b_{n+1} = 2\displaystyle\sum_{k=1}^{n} b_k$ ……⑦

⑦－⑥ より，$n \geqq 2$ において

$$(n+1)b_{n+1} - nb_n = 2b_n$$

$$(n+1)b_{n+1} = (n+2)b_n$$

$$\frac{b_{n+1}}{n+2} = \frac{b_n}{n+1}$$

$n \geqq 2$ では $\dfrac{b_n}{n+1}$ は一定であるから，

$$\frac{b_n}{n+1} = \frac{b_2}{3} \qquad \therefore \quad b_n = \mathbf{\frac{1}{3}(n+1)}$$

注意 1°【問題文で与えられた等式】

（４）でヒントの等式を証明しておく．

$$a_n\left(\sum_{k=1}^{n} b_k\right) - a_{n-1}\left(\sum_{k=1}^{n-1} b_k\right)$$

$$= a_n(s_{n-1} + b_n) - a_{n-1}s_{n-1}$$

$$= a_n b_n + (a_n - a_{n-1})s_{n-1}$$

2°【0 だったらどうするんだよ？】

$b_n = d_n s_{n-1}$ と $b_n = \dfrac{2}{n}s_{n-1}$ で，$b_n = 0$，$s_{n-1} = 0$ となる n が存在すれば d_n は確定しない．そうならないことを証明する必要がある．常に $b_n > 0$ であることを証明する．$b_1 > 0$, $b_2 > 0$ である．$n \leqq m-1$ で成り立つとする．$b_1 > 0, \cdots, b_{m-1} > 0$ であるから $s_{m-1} = b_1 + \cdots + b_{m-1} > 0$ である．$b_m = \dfrac{2}{m}s_{m-1} > 0$ となり，$n = m$ でも成り立つから数学的帰納法により証明された．

《出題者の解法が効率が悪い（C30）》

340． 数列 $\{S_n\}$ を

$$S_1 = 2, S_2 = 8,$$

$$S_n - S_{n-2} = 2n^2 \ (n = 3, 4, 5, \cdots)$$

で定め，数列 $\{T_n\}$ を

$$T_n = \begin{cases} \sum_{k=1}^{m} (2k-1)^2 & (n = 2m-1 \text{ のとき}) \\ \sum_{k=1}^{m} (2k)^2 & (n = 2m \text{ のとき}) \end{cases}$$

で定める．ただし，$m = 1, 2, 3, \cdots$ とする．次の問いに答えよ．

（1） $S_n = 2T_n \ (n = 1, 2, 3, \cdots)$ を示せ．

（2） $T_n = \frac{1}{6}n(n+1)(n+2) \ (n = 1, 2, 3, \cdots)$ を示せ．

（3） 数列 $\{a_n\}$ の初項 a_1 から第 n 項 a_n までの和が S_n に等しいとき，数列 $\{a_n\}$ の一般項を求めよ． （21 山形大・工）

▶解答◀ （1） $n = 3, 4, 5, \cdots$ に対して，

$$S_n - S_{n-2} = 2n^2 \quad \cdots\cdots\cdots①$$

のとき，$n = 2k-1$ とおくと

$$S_{2k-1} - S_{2k-3} = 2(2k-1)^2$$

となる．$m \geqq 2$ のとき，$k = 2, 3, \cdots, m$ を代入して辺ごとに加えると

$$S_{2m-1} - 2 = 2\{3^2 + 5^2 + \cdots + (2m-3)^2 + (2m-1)^2\}$$

$$S_{2m-1} = 2\{1 + 3^2 + 5^2 + \cdots + (2m-3)^2 + (2m-1)^2\}$$

$$S_{2m-1} = 2\sum_{k=1}^{m} (2k-1)^2$$

結果は $m = 1$ でも成り立つ．

①において $n = 2k$ とおくと

$$S_{2k} - S_{2k-2} = 2(2k)^2$$

となる．$m \geqq 2$ のとき，$k = 2, 3, \cdots, m$ を代入して辺ごと加えると

$$S_{2m} - 8 = 2\{4^2 + 6^2 + \cdots + (2m-2)^2 + (2m)^2\}$$

$$S_{2m} = 2\{4 + 4^2 + 6^2 + \cdots + (2m-2)^2 + (2m)^2\}$$

$$S_{2m} = 2\sum_{k=1}^{m} (2k)^2$$

結果は $m = 1$ でも成り立つ．

以上のことから $S_n = 2T_n$ である．

$$\begin{aligned} S_3 - S_1 &= 2\cdot3^2 \\ S_5 - S_3 &= 2\cdot5^2 \\ &\ \vdots \\ S_{2m-3} - S_{2m-5} &= 2\cdot(2m-3)^2 \\ S_{2m-1} - S_{2m-3} &= 2\cdot(2m-1)^2 \end{aligned} \qquad \begin{aligned} S_4 - S_2 &= 2\cdot4^2 \\ S_6 - S_4 &= 2\cdot6^2 \\ &\ \vdots \\ S_{2m-2} - S_{2m-4} &= 2\cdot(2m-2)^2 \\ S_{2m} - S_{2m-2} &= 2\cdot(2m)^2 \end{aligned}$$

（2） $n = 2m-1$ のとき

$$\begin{aligned} T_{2m-1} &= \sum_{k=1}^{m} (4k^2 - 4k + 1) \\ &= 4\cdot\frac{1}{6}m(m+1)(2m+1) \\ &\quad -4\cdot\frac{1}{2}m(m+1) + m \\ &= \frac{m}{3}\{2(m+1)(2m+1) - 6(m+1) + 3\} \\ &= \frac{m}{3}(4m^2 - 1) \\ &= \frac{2m}{6}(2m-1)(2m+1) = \frac{1}{6}(n+1)n(n+2) \end{aligned}$$

$n = 2m$ のとき

$$\begin{aligned} T_{2m} &= \sum_{k=1}^{m} 4k^2 = 4\cdot\frac{1}{6}m(m+1)(2m+1) \\ &= \frac{1}{6}\cdot 2m(2m+2)(2m+1) \\ &= \frac{1}{6}n(n+2)(n+1) \end{aligned}$$

以上のことから $T_n = \frac{1}{6}n(n+1)(n+2)$ である．

（3） $a_1 = S_1 = 2$

$n \geqq 2$ のとき（1），（2）から

$$\begin{aligned} a_n &= S_n - S_{n-1} = 2T_n - 2T_{n-1} \\ &= \frac{1}{3}n(n+1)(n+2) - \frac{1}{3}(n-1)n(n+1) \\ &= \frac{1}{3}n(n+1)\{(n+2) - (n-1)\} = n(n+1) \end{aligned}$$

結果は $n = 1$ でも成り立つから

$$a_n = \boldsymbol{n(n+1)}$$

注意 【出題者は遠回り過ぎる】

$S_n - S_{n-2} = 2n^2$ より

$$a_n + a_{n-1} = 2n^2$$

いろいろな手法があるが，普遍性があるのは特殊解（初項がある値なら，a_n がそれになるもの）を見つける方法である．

$$n(n+1) + n(n-1) = 2n^2$$

を閃けば，辺ごとに引いて

$$\{a_n - n(n+1)\} + \{a_{n-1} - (n-1)n\} = 0$$

$$\{a_n - n(n+1)\} = -\{a_{n-1} - (n-1)n\}$$

数列 $\{a_n - n(n+1)\}$ は等比数列をなし

$$a_n - n(n+1) = -(-1)^{n-1}(a_1 - 1\cdot2)$$

$a_1=2$ であるから $a_n=n(n+1)$

閃かないなら $f(n)=pn^2+qn+r$ として

$f(n)+f(n-1)=2n^2$

$$pn^2+qn+r+p(n-1)^2+q(n-1)+r=2n^2$$

が恒等式になるように p,q,r を決定する．展開して

$$2pn^2+(2q-2p)n+p-q+2r=2n^2$$

係数を比べ

$$2p=2,\ 2q-2p=0,\ p-q+2r=0$$

$$p=1,\ q=1,\ r=0$$

$f(n)=n^2+n$ で，

$$a_n+a_{n-1}=2n^2$$

$$f(n)+f(n-1)=2n^2$$

を辺ごとに引く．

$$\{a_n-f(n)\}+\{a_{n-1}-f(n-1)\}=0$$

$$\{a_n-f(n)\}=-\{a_{n-1}-f(n-1)\}$$

数列 $\{a_n-f(n)\}$ は等比数列で，後は上と同じである．

他にも，a_1,a_2,a_3 から一般項を予想してもよいし，異様な T_n を持ち出す解法に比べたら，圧倒的に素直である．

《ガウス記号の漸化式（C30）》

341．$0\leqq a<1$ を満たす実数 a に対し，数列 $\{a_n\}$ を

$$a_1=a,$$

$$a_{n+1}=3\left[a_n+\frac{1}{2}\right]-2a_n\ (n=1,2,3,\cdots)$$

という漸化式で定める．ただし $[x]$ は x 以下の最大の整数を表す．以下の問に答えよ．

（1） a が $0\leqq a<1$ の範囲を動くとき，点 $(x,y)=(a_1,a_2)$ の軌跡を xy 平面上に図示せよ．

（2） $a_n-[a_n]\geqq\frac{1}{2}$ ならば，$a_n<a_{n+1}$ であることを示せ．

（3） $a_n>a_{n+1}$ ならば，$a_{n+1}=3[a_n]-2a_n$ かつ $[a_{n+1}]=[a_n]-1$ であることを示せ．

（4） ある2以上の自然数 k に対して，

$$a_1>a_2>\cdots>a_k$$

が成り立つとする．このとき a_k を a の式で表せ．（21 名古屋大・前期）

▶解答◀ （1） $(x,y)=(a_1,a_2)$ のとき

$$x=a_1=a$$

$$y=a_2=3\left[a_1+\frac{1}{2}\right]-2a_1=3\left[a+\frac{1}{2}\right]-2a$$

$0\leqq a<1$ のとき $0\leqq x<1$ で，2式から a を消去して

$$y=3\left[x+\frac{1}{2}\right]-2x$$

$0\leqq x<\frac{1}{2}$ のとき，$\frac{1}{2}\leqq x+\frac{1}{2}<1$ であるから

$$\left[x+\frac{1}{2}\right]=0\qquad\therefore\quad y=-2x$$

$\frac{1}{2}\leqq x<1$ のとき，$1\leqq x+\frac{1}{2}<\frac{3}{2}$ であるから

$$\left[x+\frac{1}{2}\right]=1\qquad\therefore\quad y=3-2x$$

求める軌跡は図の2本の線分になる．ただし黒丸を含み白丸を除く．

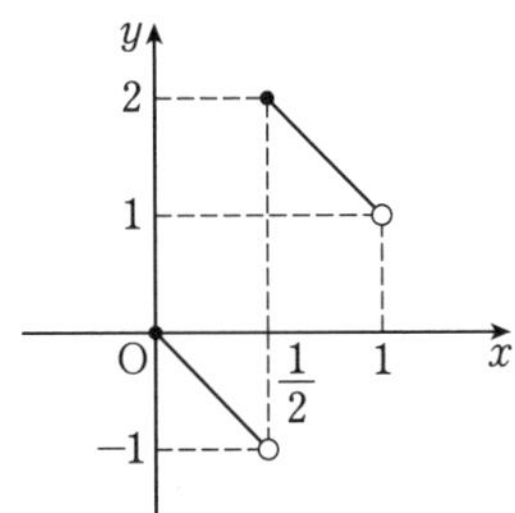

（2） 一般に，実数 x に対し，$[x]$ は $m\leqq x<m+1$ を満たす整数 m であり

$$[x]\leqq x<[x]+1\qquad\therefore\quad 0\leqq x-[x]<1$$

$a_n-[a_n]\geqq\frac{1}{2}$ のとき，$\frac{1}{2}\leqq a_n-[a_n]<1$ である．a_n について解いて

$$[a_n]+\frac{1}{2}\leqq a_n<[a_n]+1\ \cdots\cdots①$$

各辺に $\frac{1}{2}$ を加え

$$[a_n]+1\leqq a_n+\frac{1}{2}<[a_n]+\frac{3}{2}$$

よって，$[x]$ の定義を用いて

$$\left[a_n+\frac{1}{2}\right]=[a_n]+1$$

であるから

$$a_{n+1}=3\left[a_n+\frac{1}{2}\right]-2a_n$$

$$=3([a_n]+1)-2a_n>3a_n-2a_n=a_n$$

なお，最後の不等式は①を用いた．

（3） $a_n>a_{n+1}$ のとき，$a_n-[a_n]\geqq\frac{1}{2}$ とすると，（2）より $a_n<a_{n+1}$ となって矛盾する．よって

$$0\leqq a_n-[a_n]<\frac{1}{2}$$

であり

$$[a_n]\leqq a_n<[a_n]+\frac{1}{2}\ \cdots\cdots②$$

$$[a_n]+\frac{1}{2}\leqq a_n+\frac{1}{2}<[a_n]+1$$

よって，$[x]$ の定義を用いて

$$\left[a_n+\frac{1}{2}\right]=[a_n]$$

であるから

$$a_{n+1}=3\left[a_n+\frac{1}{2}\right]-2a_n=3[a_n]-2a_n\ \cdots③$$

が成り立つ.

また，② の各辺に -2 をかけて

$$-2[a_n]-1<-2a_n\leqq -2[a_n]$$

各辺に $3[a_n]$ を加え

$$[a_n]-1<3[a_n]-2a_n\leqq [a_n]$$

③ を代入し

$$[a_n]-1<a_{n+1}\leqq [a_n]$$

ここで，$a_{n+1}=[a_n]$ とすると，③ より

$$a_{n+1}=3a_{n+1}-2a_n \qquad \therefore \quad a_{n+1}=a_n$$

これは $a_n>a_{n+1}$ と矛盾するから，$a_{n+1}\neq [a_n]$ であり

$$[a_n]-1<a_{n+1}<[a_n]$$

ゆえに，$[x]$ の定義を用いて

$$[a_{n+1}]=[a_n]-1 \quad \cdots\cdots④$$

が成り立つ.

（**4**） $a_1>a_2>\cdots>a_k$ のとき，（3）より，$n=1, 2, \cdots, k-1$ に対し ③，④ が成り立つ．④ より数列 $\{[a_n]\}$ は公差 -1 の等差数列で，$a_1=a$ と $0\leqq a<1$ より $[a_1]=0$ であるから，$n=1, 2, \cdots, k$ に対し

$$[a_n]=[a_1]+(n-1)(-1)=1-n$$

③ に代入し

$$a_{n+1}=3(1-n)-2a_n$$

$$a_{n+1}=-2a_n-3n+3\ (n=1, 2, \cdots, k-1)$$

$g(n)=-n+\dfrac{4}{3}$ とすると

$$a_{n+1}-g(n+1)=-2\{a_n-g(n)\}$$

と変形できるから，数列 $\{a_n-g(n)\}$ は公比 -2 の等比数列で

$$a_k-g(k)=\{a_1-g(1)\}(-2)^{k-1}$$

$$=\left(a-\frac{1}{3}\right)(-2)^{k-1}$$

$$a_k=\left(a-\frac{1}{3}\right)(-2)^{k-1}+g(k)$$

$$=\boldsymbol{\left(a-\frac{1}{3}\right)(-2)^{k-1}-k+\frac{4}{3}}$$

【数学的帰納法】

《不等式の証明 (A5) ☆》

342. 数列 $\{a_n\}$ を次のように定める.

$a_1=1,\ a_{n+1}=1+\dfrac{1}{(n+1)^2}a_n{}^2\ (n=1,2,3,\cdots)$

このとき，すべての自然数 n に対して，不等式 $1\leqq a_n\leqq 2$ が成り立つことを示せ.

(21 茨城大・工)

▶解答◀ 不等式 $1\leqq a_n\leqq 2$ について $a_1=1$ であるから，$n=1$ のとき成り立つ. $n=k$ のとき，成り立つとする. $1\leqq a_k\leqq 2$

$$a_{k+1}=1+\frac{1}{(k+1)^2}a_k{}^2\geqq 1$$

$$a_{k+1}=1+\frac{1}{(k+1)^2}a_k{}^2\leqq 1+\frac{1}{(1+1)^2}\cdot 2^2=2$$

となり，$n=k+1$ のときも成り立つ. 数学的帰納法により証明された.

《漸化式と帰納法 (A5)》

343. 数列 $\{a_n\}$ は

$a_1=\dfrac{1}{9}$,

$a_n-a_{n+1}=(6n+9)a_na_{n+1}\ (n=1,2,3,\cdots)$

を満たす. このとき，次の各問いに答えよ.

(1) すべての自然数 n について，$a_n>0$ であることを示せ.

(2) $b_n=\dfrac{1}{a_n}$ とおくとき，数列 $\{b_n\}$ の一般項を求めよ.

(3) $\displaystyle\sum_{k=1}^{9}a_k$ を求めよ. (21 芝浦工大)

▶解答◀ (1) $a_{n+1}\{(6n+9)a_n+1\}=a_n$

$a_1=\dfrac{1}{9}>0$ である. $n=k$ で成り立つとすると $a_k>0$ である，$a_{k+1}\{(6k+9)a_k+1\}=a_k$ の $(6k+9)a_k+1>0$ であり，$a_{k+1}=\dfrac{a_k}{(6k+9)a_k+1}>0$

$n=k+1$ で成り立つから数学的帰納法により証明された.

(2) 与えられた漸化式の両辺を a_na_{n+1} で割ると

$$\frac{1}{a_{n+1}}-\frac{1}{a_n}=6n+9$$

$$b_{n+1}-b_n=6n+9$$

$n\geqq 2$ のとき

$$b_n=b_1+\sum_{k=1}^{n-1}(6k+9)$$

$$=9+6\cdot\frac{1}{2}n(n-1)+9(n-1)=\boldsymbol{3n(n+2)}$$

この結果は $n=1$ のときも正しい.

(3) $a_n=\dfrac{1}{b_n}=\dfrac{1}{3n(n+2)}$

$$=\frac{1}{6}\left(\frac{1}{n}-\frac{1}{n+2}\right)$$

$$\sum_{k=1}^{9}a_k=\frac{1}{6}\sum_{k=1}^{9}\left(\frac{1}{k}-\frac{1}{k+2}\right)$$

$$=\frac{1}{6}\left(\frac{1}{1}+\frac{1}{2}-\frac{1}{10}-\frac{1}{11}\right)=\boldsymbol{\frac{12}{55}}$$

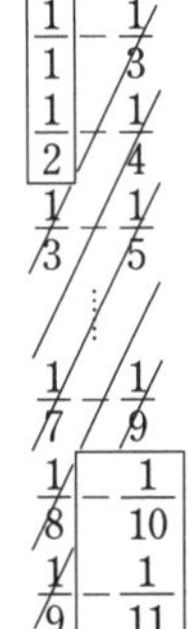

《一般項を予想する (A10) ☆》

344. $a_1=1$,

$a_{n+1}=(n+1)!+na_n\ (n=1,2,3,\cdots)$

で表される数列 $\{a_n\}$ を考える.

(1) $a_2,\ a_3,\ a_4,\ a_5$ を求めよ.

(2) 一般項 a_n を推測し，それが正しいことを数学的帰納法を用いて証明せよ. (21 広島市立大)

▶解答◀ (1) $a_2=2!+a_1=\mathbf{3}$

$a_3=3!+2a_2=6+6=\mathbf{12}\ (=3\cdot 4)$

$a_4=4!+3a_3=24+36=\mathbf{60}\ (=3\cdot 4\cdot 5)$

$a_5=5!+4a_4=120+240=\mathbf{360}\ (=3\cdot 4\cdot 5\cdot 6)$

(2) $\boldsymbol{a_n=\dfrac{(n+1)!}{2}}$ と推測できる. $1\leqq n\leqq 5$ で成り立つ. $n=k$ で成り立つとする. $a_k=\dfrac{(k+1)!}{2}$

$$a_{k+1}=(k+1)!+ka_k$$

$$=(k+1)!+k\cdot\frac{(k+1)!}{2}$$

$$=\frac{(k+1)!}{2}\cdot(2+k)=\frac{(k+2)!}{2}$$

となり，$n=k+1$ のときも成り立つ. 数学的帰納法により証明された.

《2 飛び帰納法 (B20) ☆》

345. $a_1=2,\ b_1=1$ および

$a_{n+1}=2a_n+3b_n$,

$b_{n+1}=a_n+2b_n\quad (n=1,2,3,\cdots)$

で定められた数列 $\{a_n\}$, $\{b_n\}$ がある. $c_n=a_nb_n$ とおく.

(1) c_2 を求めよ.

（2） c_n は偶数であることを示せ．

（3） n が偶数のとき，c_n は 28 で割り切れることを示せ．（21　北海道大・理系）

▶解答◀ （1） $a_2 = 2a_1 + 3b_1$
$= 2\cdot 2 + 3\cdot 1 = 7$, $b_2 = a_1 + 2b_1 = 2 + 2\cdot 1 = 4$ だから

$$c_2 = a_2 b_2 = 7\cdot 4 = \mathbf{28}$$

（2） $n = 1$ のとき，$c_1 = a_1 b_1 = 2\cdot 1 = 2$ で成り立つ．
$n = k$ のとき c_k が偶数であるとすると

$$c_{k+1} = a_{k+1}b_{k+1} = (2a_k + 3b_k)(a_k + 2b_k)$$
$$= 2a_k{}^2 + 6b_k{}^2 + 7a_k b_k = 2(a_k{}^2 + 3b_k{}^2) + 7c_k$$

$a_k{}^2 + 3b_k{}^2$ は整数であるから，c_{k+1} は偶数となり，$n = k+1$ のときも成り立つ．よって数学的帰納法により証明された．

（3） n を偶数とするとき，c_n が 28 で割り切れることを数学的帰納法で示す．
$n = 2$ のとき，$c_2 = 28$ であるから成り立つ．
$n = k$ のとき，c_n が 28 で割り切れるとする．ここで

$$a_{k+2} = 2a_{k+1} + 3b_{k+1}$$
$$= 2(2a_k + 3b_k) + 3(a_k + 2b_k) = 7a_k + 12b_k$$

また

$$b_{k+2} = a_{k+1} + 2b_{k+1}$$
$$= 2a_k + 3b_k + 2(a_k + 2b_k) = 4a_k + 7b_k$$

よって

$$c_{k+2} = a_{k+2}b_{k+2} = (7a_k + 12b_k)(4a_k + 7b_k)$$
$$= 28a_k{}^2 + 84b_k{}^2 + 97a_k b_k$$
$$= 28(a_k{}^2 + 3b_k{}^2) + 97c_k$$

$a_k{}^2 + 3b_k{}^2$ は整数であるから c_{k+2} は 28 で割り切れる．
よって，$n = k+2$ のときも成り立つ．

《4 飛び帰納法 (B20) ☆》

346． 次の式によって定められる数列 $\{a_n\}$ を考える．

$$a_1 = 1,\ a_2 = 1,$$
$$a_n = na_{n-1} + a_{n-2}\ (n = 3, 4, 5, \cdots)$$

（1） n が 2 以上の偶数ならば a_n は奇数であることを示せ．

（2） a_n が偶数となるような自然数 n の条件を求めよ．（21　津田塾大・文芸-数学，情報科学）

▶解答◀ （1） 以下，合同式は mod 2 とする．
$a_n = na_{n-1} + a_{n-2}$，$a_1 \equiv 1$，$a_2 \equiv 1$ より

$$a_3 = 3a_2 + a_1 \equiv 1\cdot 1 + 1 \equiv 0$$
$$a_4 = 4a_3 + a_2 \equiv 0\cdot 0 + 1 \equiv 1$$
$$a_5 = 5a_4 + a_3 \equiv 1\cdot 1 + 0 \equiv 1$$
$$a_6 = 6a_5 + a_4 \equiv 0\cdot 1 + 1 \equiv 1$$

であるから，$n = 1$ から始めて a_n は
　奇数番目の項で奇数
　→ 偶数番目の項で奇数
　→ 奇数番目の項で偶数
　→ 偶数番目の項で奇数
を繰り返すと予想される．これは，m を正の整数として

$a_{4m-3} \equiv 1$，$a_{4m-2} \equiv 1$，$a_{4m-1} \equiv 0$，$a_{4m} \equiv 1$ ……①

と表せる．この予想が正しいことを数学的帰納法を用いて示す．

　$m = 1$ のときの成立は，上ですでに述べた．
　$m = k$ のとき，① の成立を仮定すると

$$a_{4(k+1)-3} = a_{4k+1} = (4k+1)a_{4k} + a_{4k-1}$$
$$\equiv 1\cdot 1 + 0 \equiv 1$$
$$a_{4(k+1)-2} = a_{4k+2} = (4k+2)a_{4k+1} + a_{4k}$$
$$\equiv 0\cdot 1 + 1 \equiv 1$$
$$a_{4(k+1)-1} = a_{4k+3} = (4k+3)a_{4k+2} + a_{4k+1}$$
$$\equiv 1\cdot 1 + 1 \equiv 0$$
$$a_{4(k+1)} = a_{4k+4} = (4k+4)a_{4k+3} + a_{4k+2}$$
$$\equiv 0\cdot 0 + 1 \equiv 1$$

であるから，$m = k+1$ のときも ① は成立する．
　よって ① は正しく，n が 2 以上の偶数ならば a_n は奇数である．

（2） ① より，a_n が偶数となる条件は **n を 4 で割ると余りが 3 になること**である．

《割り切れる話 (B20)》

347． 数列 $\{a_n\}$ を，

$$\begin{cases} a_1 = 5 \\ a_{n+1} = 9a_n - 16 \quad (n = 1, 2, 3, \cdots) \end{cases}$$

で定めるとき，数列 $\{a_n\}$ について次の各問に答えよ．

（1） 第 n 項 a_n を求めよ．

（2） 数列 $\{b_n\}$ を，

$$b_n = 2 + 2^{2n+1} \quad (n = 1, 2, 3, \cdots)$$

で定める．すべての自然数 n に対し，$b_n - a_n$ は 5 の倍数であることを，数学的帰納法を用いて証明せよ．（21　宮崎大・工，数）

▶解答◀ （1） $a_{n+1} = 9a_n - 16$ より

$$a_{n+1} - 2 = 9(a_n - 2)$$

数列 $\{a_n-2\}$ は公比 9 の等比数列であるから

$$a_n-2=(a_1-2)\cdot 9^{n-1}$$

$$a_n=(5-2)\cdot 9^{n-1}+2=\mathbf{3\cdot 9^{n-1}+2}$$

（**2**）（1）の a_n と $b_n=2+2^{2n+1}$ について

$$b_n-a_n=(2+2^{2n+1})-(3\cdot 9^{n-1}+2)$$
$$=2^{2n+1}-3\cdot 9^{n-1}$$

$n=1$ のとき，$2^3-3\cdot 1=5$ であるから，b_1-a_1 は 5 の倍数である．

$n=k$ のとき，成立すると仮定する．このとき，整数 N を用いて，$b_k-a_k=2^{2k+1}-3\cdot 9^{k-1}=5N$ と書けて

$$2^{2k+1}=5N+3\cdot 9^{k-1}$$

である．$n=k+1$ のとき

$$b_{k+1}-a_{k+1}=2^{2(k+1)+1}-3\cdot 9^{k+1-1}$$
$$=2^{2k+3}-3\cdot 9^k=4\cdot 2^{2k+1}-3\cdot 9^k$$
$$=4(5N+3\cdot 9^{k-1})-3\cdot 9\cdot 9^{k-1}$$
$$=5\cdot 4N+(12-27)\cdot 9^{k-1}$$
$$=5(4N-3\cdot 9^{k-1})$$

であるから，$b_{k+1}-a_{k+1}$ も 5 の倍数である．

数学的帰納法により，証明された．

注意 mod 5 で $9\equiv 4$ である．

$$b_n-a_n=2\cdot 4^n-3\cdot 9^{n-1}\equiv 2\cdot 4^n-3\cdot 4^{n-1}$$
$$\equiv(8-3)\cdot 4^{n-1}\equiv 5\cdot 4^{n-1}\equiv 0$$

《フェルマーの小定理（B20）》

348．（1） 31 が素数であることを，背理法を用いて証明せよ．3，5，7 が素数であることは用いてよい．

（2） ${}_{31}\mathrm{C}_r\ (r=1,2,\cdots,30)$ を 31 で割った余りは 0 であることを，背理法を用いて証明せよ．

（3） すべての自然数 n に対して $n^{31}-n$ を 31 で割った余りは 0 であることを，数学的帰納法を用いて証明せよ．（21 京都府立大・生命環境）

▶解答◀（1） 入試にはこういう困った問題もあるということで，取り上げる．ワクチンである．

31 が素数でないとすると，合成数で，2 以上の自然数 $a,b\ (2\leqq a\leqq b)$ を用いて $31=ab$ と表せる．$a>7$ とすると $b\geqq a>7$ で $31=ab>7\cdot 7=49$ となり，矛盾するから $a\leqq 7$ である．a がもつ最小の素因数は 7 以下であり，2，3，5，7 のいずれかである．31 は 2，3，5，7 のいずれかで割り切れる．ところが

$$31=2\cdot 15+1$$
$$31=3\cdot 10+1$$
$$31=5\cdot 6+1$$
$$31=7\cdot 4+3$$

であり，31 は 2，3，5，7 のいずれでも割り切れず，矛盾する．したがって 31 は素数である．

（**2**） ${}_{31}\mathrm{C}_r=\dfrac{31\cdot 30\cdot\cdots\cdot(30-r+1)}{r(r-1)\cdots 1}$

の分子の 31 が約分されるとすると，分母の $r,r-1,\cdots,1$ の中に 31 の倍数があることになるが，$1\leqq r\leqq 30$ であるから矛盾する．よって分子の 31 は約分されないで残る．${}_{31}\mathrm{C}_r$ は 31 の倍数，すなわち 31 で割った余りは 0 である．

（**3**） $n=1$ のとき，$1^{31}-1=0$ であるから，31 で割った余りは 0 である．

$n=k$ で成り立つとする．m を整数として，

$k^{31}-k=31m$ とおける．このとき

$$(k+1)^{31}-(k+1)$$
$$=\sum_{r=0}^{31}{}_{31}\mathrm{C}_r k^{31-r}-(k+1)$$
$$=(k^{31}+1)+\sum_{r=1}^{30}{}_{31}\mathrm{C}_r k^{31-r}-(k+1)$$
$$=31m+\sum_{r=1}^{30}{}_{31}\mathrm{C}_r k^{31-r}$$

$1\leqq r\leqq 30$ のとき ${}_{31}\mathrm{C}_r k^{31-r}$ は 31 で割り切れ，$n=k+1$ のとき成り立つから数学的帰納法により証明された．

《虚数になる証明（B20）☆》

349．i を虚数単位とする．以下の問に答えよ．

（1） $n=2,3,4,5$ のとき $(2+i)^n$ を求めよ．またそれらの虚部の整数を 10 で割った余りを求めよ．

（2） n を正の整数とするとき $(2+i)^n$ は虚数であることを示せ．（21 神戸大・理系）

▶解答◀（1） $(2+i)^2=\mathbf{3+4i}$

$$(2+i)^3=(3+4i)(2+i)=\mathbf{2+11i}$$
$$(2+i)^4=(2+11i)(2+i)=\mathbf{-7+24i}$$
$$(2+i)^5=(-7+24i)(2+i)=\mathbf{-38+41i}$$

これらの虚部の整数を 10 で割った余りは，順に **4，1，4，1** である．

（**2**） すべての自然数 n に対して，$(2+i)^n$ の虚部が 0 にならないことを示す．虚部を 10 で割った余りが 0 でないことを示す．（1）より，$(2+i)^n$ の実部を 10 で割った余りは 2，3 を繰り返し，虚部を 10 で割った余りは 1，4 を繰り返すと考えられるから，これを数学的帰納法によって示す．

$n=1,2$ のとき，$(2+i)^1=2+i$, $(2+i)^2=3+4i$ より，確かに成立している．

$n=2k-1, 2k$ のとき，成立しているとする．すなわち，整数 a, b, c, d を用いて

$$(2+i)^{2k-1}=(10a+2)+(10b+1)i$$

$$(2+i)^{2k}=(10c+3)+(10d+4)i$$

の形でかけていたとする．このとき

$$\begin{aligned}(2+i)^{2k+1}&=\{(10a+2)+(10b+1)i\}(3+4i)\\&=\{3(10a+2)-4(10b+1)\}\\&\qquad+i\{4(10a+2)+3(10b+1)\}\\&=\{10(3a-4b)+2\}+i\{10(4a+3b+1)+1\}\end{aligned}$$

これより，$(2+i)^{2k+1}$ の実部，虚部を 10 で割った余りはそれぞれ 2, 1 である．また，

$$\begin{aligned}(2+i)^{2k+2}&=\{(10c+3)+(10d+4)i\}(3+4i)\\&=\{3(10c+3)-4(10d+4)\}\\&\qquad+i\{4(10c+3)+3(10d+4)\}\\&=\{10(3c-4d-1)+3\}+i\{10(4c+3d+2)+4\}\end{aligned}$$

これより，$(2+i)^{2k+2}$ の実部，虚部を 10 で割った余りはそれぞれ 3, 4 である．よって，$n=2k+1, 2k+2$ でも成立する．

以上より，数学的帰納法より虚部を 10 で割った余りは 1, 4 を繰り返すから，$(2+i)^n$ の虚部が 0 になることはなく，常に虚数である．

◆別解◆（２）**【虚部の満たす漸化式を求める】**

$z=2+i$ とする．$z-2=i$ を 2 乗し

$$z^2-4z+4=-1$$

$$z^2-4z+5=0$$

$$z^{n+2}-4z^{n+1}+5z^n=0$$

z^n の虚部を y_n とすると

$$y_{n+2}-4y_{n+1}+5y_n=0$$

また $y_1=1$ である．合同式の法を 5 とすると，

$$y_{n+2}\equiv 4y_{n+1} \qquad \therefore\ y_{n+1}\equiv 4y_n$$

これより，$y_2\equiv 4\cdot 1=4$, $y_3\equiv 4\cdot 4\equiv 1$ となり，帰納的に y_n を 5 で割った余りは 1, 4 を繰り返すことがわかる．よって，$(2+i)^n$ の虚部が 0 になることはなく，常に虚数である．

注意【本問の一般化】

本問を一般化した大変強い事実が成り立つ．

> $a=b=1$ ではない互いに素な整数 a, b を用いて $z=a+bi$ としたとき，z^n は任意の n に対して実数にならない．

$z-a=bi$ を 2 乗し

$$z^2-2az+a^2=-b^2$$

$$z^{n+2}-2az^{n+1}+(a^2+b^2)z^n=0$$

z^n の虚部を y_n とすると

$$y_{n+2}-2ay_{n+1}+(a^2+b^2)y_n=0 \quad \cdots\cdots①$$

また，$y_1=b$, $y_2=2ab$ である．

ここで，次の補題を証明する．

【補題】 a^2+b^2 は 3 以上の素数の約数をもつ．

もし，a^2+b^2 が 3 以上の素数（奇数）を約数にもたないと仮定すると，$a^2+b^2=2^k$ とおける．ただし，文字はすべて自然数である．a と b は互いに素であるから a^2+b^2 が偶数になるのは a, b がともに奇数のときで，$a=2l-1$, $b=2m-1$ とおいて代入すると

$$(2l-1)^2+(2m-1)^2=2^k$$

$$4(l^2-l+m^2-m)+2=2^k$$

左辺を 4 で割ると余りが 2 であるから $k\geqq 2$ では不適．よって $k=1$ であり，$a^2+b^2=2$，すなわち，$a=b=1$ となり矛盾する．（補題の証明ここまで）

ゆえに a^2+b^2 は 3 以上の素数（奇数）を約数にもち，それを p とする．a と b は互いに素であるから a も b も p で割り切れない．

y_1, y_2 はいずれも p の倍数ではなく，① において合同式の法を p とすると

$$y_{n+2}\equiv 2ay_{n+1} \qquad \therefore\ y_{n+1}\equiv 2ay_n$$

これより帰納的に $y_n\not\equiv 0$ であることがわかる．よって，$y_n=0$ にはならず，z^n は実数でない．

《連立漸化式（B30）》

350． 次の条件によって定まる数列 $\{a_n\}$, $\{b_n\}$ について答えよ．n を正の整数とするとき，

$$a_1=1,\ b_1=\sqrt{2},$$

$$a_{n+1}=\frac{a_n+b_n}{2},\ b_{n+1}=\frac{2a_nb_n}{a_n+b_n}.$$

（１） 不等式 $b_m<a_m$ を満たす正の整数 m をすべて求めよ．

（２） $a_1, b_1, a_m, b_m, a_{m+1}, b_{m+1}$ の大小関係を不等号 $<$ を用いて表せ．ここで，m は 2 以上の整数である．

（３） n を正の整数とするとき，不等式

$$|a_n-b_n|<2^{(1-2^n)}$$

が成り立つことを証明せよ．（21 群馬大・医）

▶解答◀（１） まず，明らかに，常に $a_n>0$, $b_n>0$ である．

$$a_{n+1}-b_{n+1}=\frac{a_n+b_n}{2}-\frac{2a_nb_n}{a_n+b_n}$$

$$= \frac{(a_n + b_n)^2 - 4a_nb_n}{2(a_n + b_n)}$$

$$= \frac{(a_n - b_n)^2}{2(a_n + b_n)} \quad \cdots\cdots ①$$

であるから，常に $a_n - b_n \neq 0$ である．数学的帰納法で示すまでもないが，一応書いておく．$n = 1$ のとき成り立つ．$n = k$ で成り立つとすると $a_k - b_k \neq 0$

$$a_{k+1} - b_{k+1} = \frac{(a_k - b_k)^2}{2(a_k + b_k)} > 0$$

よって $n = k + 1$ で成り立つ．数学的帰納法により証明された．そして $n \geqq 2$ のとき $a_n - b_n > 0$ であることも示された．

$b_m < a_m$ となる m は，**2 以上のすべての整数**である．

（2） よって $b_{n+1} < a_{n+1}$ である．$n \geqq 2$ のとき

$$a_n - a_{n+1} = a_n - \frac{a_n + b_n}{2} = \frac{a_n - b_n}{2} > 0$$

$$b_{n+1} - b_n = \frac{2a_nb_n}{a_n + b_n} - b_n = \frac{a_nb_n - {b_n}^2}{a_n + b_n}$$

$$= \frac{b_n(a_n - b_n)}{a_n + b_n} > 0$$

$n \geqq 2$ のとき数列 $\{a_n\}$ は減少列，数列 $\{b_n\}$ は増加列であるから，$m \geqq 2$ のとき

$$b_2 \leqq b_m < b_{m+1} < a_{m+1} < a_m \leqq a_2$$

$$a_2 = \frac{a_1 + b_1}{2} = \frac{1 + \sqrt{2}}{2} < \sqrt{2} = b_1$$

$$b_2 = \frac{a_1b_1}{a_1 + b_1} = \frac{2\sqrt{2}}{1 + \sqrt{2}} = 2\sqrt{2}(\sqrt{2} - 1)$$

$$= 4 - 2\sqrt{2} = 4 - 2.8\cdots > 1 = a_1$$

$$a_1 < b_2 \leqq b_m < b_{m+1} < a_{m+1} < a_m \leqq a_2 < b_1$$

$$\boldsymbol{a_1 < b_m < b_{m+1} < a_{m+1} < a_m < b_1}$$

（3） $|a_1 - b_1| = \sqrt{2} - 1 < \frac{1}{2} = 2^{-1}$

$n = 1$ のとき成り立つ．$n = k$ で成り立つとする．

$$|a_k - b_k| < 2^{(1-2^k)}$$

である．① と $a_k + b_k > a_k \geqq a_1 = 1$ より

$$|a_{k+1} - b_{k+1}| = \frac{(a_k - b_k)^2}{2(a_k + b_k)} < \frac{\{2^{(1-2^k)}\}^2}{2 \cdot 1}$$

$$= \frac{2^{(2-2^{k+1})}}{2} = 2^{(1-2^{k+1})}$$

$n = k + 1$ でも成り立つ．数学的帰納法により証明された．

注意 $a_{n+1}b_{n+1} = a_nb_n$ であるから a_nb_n は一定で $a_nb_n = a_1b_1 = \sqrt{2}$

$0 \leqq |a_n - b_n| < 2^{(1-2^n)}$ に $a_n < b_1 = \sqrt{2}$ を掛けて

$0 \leqq |{a_n}^2 - \sqrt{2}| < (\sqrt{2})2^{(1-2^n)}$

$n \to \infty$ のとき $(\sqrt{2})2^{(1-2^n)} \to 0$ だから a_n は $\sqrt[4]{2}$ に収束する．

《二項係数のシグマ (B30)》

351．2つの自然数 n, k に対し，

$$a(n, k) = \sum_{j=0}^{n} (-2)^{n-j} {}_{n+k+1}\mathrm{C}_j$$

とおく．以下の問いに答えよ．

（1） $a(1, k)$ を求めよ．

（2） $a(n, 1) = \frac{1}{4}\{2n + 3 + (-1)^n\}$ を示せ．

（3） $n \geqq 2,\ k \geqq 2$ のとき，

$$a(n, k) = a(n, k - 1) + a(n - 1, k)$$

を示せ．

（4） $l = n + k$ とおく．l に関する数学的帰納法により，$a(n, k) > 0$ を示せ．（21　中央大・理工）

▶解答◀ （1）

$$a(1, k) = \sum_{j=0}^{1} (-2)^{1-j} {}_{k+2}\mathrm{C}_j$$

$$= (-2) \cdot {}_{k+2}\mathrm{C}_0 + (-2)^0 \cdot {}_{k+2}\mathrm{C}_1$$

$$= -2 + k + 2 = \boldsymbol{k}$$

（2） $a(n, 1) = \sum_{j=0}^{n} (-2)^{n-j} {}_{n+2}\mathrm{C}_j$

$$= \sum_{j=0}^{n} {}_{n+2}\mathrm{C}_j \cdot 1^j \cdot (-2)^{n+2-j} \cdot \frac{1}{4}$$

$$= \frac{1}{4}\left\{\sum_{j=0}^{n+2} {}_{n+2}\mathrm{C}_j \cdot 1^j \cdot (-2)^{n+2-j} - {}_{n+2}\mathrm{C}_{n+1} \cdot (-2) - {}_{n+2}\mathrm{C}_{n+2} \cdot (-2)^0\right\}$$

$$= \frac{1}{4}\{(1 - 2)^{n+2} + 2(n + 2) - 1\}$$

$$= \frac{1}{4}\{2n + 3 + (-1)^n\}$$

（3） ${}_{n+k+1}\mathrm{C}_j = {}_{n+k}\mathrm{C}_{j-1} + {}_{n+k}\mathrm{C}_j$ が成り立つから

$$a(n, k) = \sum_{j=0}^{n} (-2)^{n-j} {}_{n+k+1}\mathrm{C}_j$$

$$= (-2)^n + \sum_{j=1}^{n} (-2)^{n-j} ({}_{n+k}\mathrm{C}_{j-1} + {}_{n+k}\mathrm{C}_j)$$

$$= \sum_{j=1}^{n} (-2)^{n-j} {}_{n+k}\mathrm{C}_{j-1} + \left\{(-2)^n + \sum_{j=1}^{n} (-2)^{n-j} {}_{n+k}\mathrm{C}_j\right\}$$

$$= \sum_{j=0}^{n-1} (-2)^{n-1-j} {}_{n+k}\mathrm{C}_j + \sum_{j=0}^{n} (-2)^{n-j} {}_{n+k}\mathrm{C}_j$$

$$= a(n - 1, k) + a(n, k - 1)$$

（4） $a(1, k) = k > 0$

$$a(n, 1) = \frac{1}{4}\{(2n + 3) + (-1)^n\}$$

$$\geqq \frac{1}{4}(2n + 2) > 0$$

であるから

$$a(1, 1) > 0,\ a(1, 2) > 0,\ a(2, 1) > 0$$

$l=n+k=4$ のとき

$$a(2,2)=a(2,1)+a(1,2)>0$$

$$a(1,3)>0,\ a(3,1)>0$$

であるから成り立つ．

$l=n+k=m$ のとき成り立つとする．
まず，$a(m,1)>0,\ a(1,m)>0$ である．
$l=n+k=m+1\ (n\geqq 2,\ k\geqq 2)$ のとき

$$a(n,k)=a(n-1,k)+a(n,k-1)$$

$(n-1)+k=m,\ n+(k-1)=m$ であるから

$$a(n-1,k)>0,\ a(n,k-1)>0$$

よって，$a(n,k)>0$ となり $l=m+1$ のときも成り立つ．したがって数学的帰納法により証明された．

《4 乗のシグマ (B30) ☆》

352．j を自然数とする．$S_j(n)$ を次のようにおく．

$$S_j(n)=1^j+2^j+\cdots+n^j$$

$$=\sum_{k=1}^{n}k^j\ (n=1,2,3,\cdots)$$

例えば，$j=2$ のとき，

$$S_2(n)=1^2+2^2+3^2+\cdots+n^2$$

$$=\frac{1}{6}n(n+1)(2n+1)$$

となる．このとき，以下の問いに答えなさい．

（1） 数学的帰納法を用いて，すべての自然数 n について，次の等式が成り立つことを示しなさい．

$$S_{j+1}(n)=-\sum_{k=1}^{n}S_j(k)+(n+1)S_j(n)$$

（2） $S_4(n)$ を n を用いて，因数分解した形で表しなさい．　（21　山口大・理）

▶解答◀ （1） 証明すべき式を，シグマ部分について解き直して

$$\sum_{k=1}^{n}S_j(k)=(n+1)S_j(n)-S_{j+1}(n)\ \cdots\cdots\cdots\cdots ①$$

とする．これを証明する．(複雑なものを単純にするのが，証明の基本) $n=1$ のとき

$$S_j(1)=2S_j(1)-S_{j+1}(1)$$

これは $1^j=2\cdot 1^j-1^{j+1}$ となり，成り立つ．$n=m$ のとき成り立つとする．

$$\sum_{k=1}^{m}S_j(k)=(m+1)S_j(m)-S_{j+1}(m)$$

である．$S_j(m+1)$ を加えて

$$\sum_{k=1}^{m+1}S_j(k)$$

$$=(m+1)S_j(m)-S_{j+1}(m)+S_j(m+1)\ \cdots ②$$

となる．これを利用して，① で $n=m+1$ とした式

$$\sum_{k=1}^{m+1}S_j(k)=(m+2)S_j(m+1)-S_{j+1}(m+1)\ \cdots ③$$

を示す．この ②，③ の右辺が等しいことを証明するが，引いたものが 0 であることを示す．

$$\{(m+1)S_j(m)-S_{j+1}(m)+S_j(m+1)\}$$
$$-\{(m+2)S_j(m+1)-S_{j+1}(m+1)\}$$
$$=S_{j+1}(m+1)-S_{j+1}(m)$$
$$-(m+1)\{S_j(m+1)-S_j(m)\}$$
$$=(m+1)^{j+1}-(m+1)(m+1)^j=0$$

であるから成り立つ．数学的帰納法により証明された．

（2） ① で $j=3$ とする．

$$\sum_{k=1}^{n}S_3(k)=(n+1)S_3(n)-S_4(n)\ \cdots\cdots\cdots\cdots ④$$

ここで $S_3(n)=\dfrac{1}{4}n^2(n+1)^2$ であるから

$$\sum_{k=1}^{n}S_3(k)=\sum_{k=1}^{n}\frac{1}{4}(k^4+2k^3+k^2)$$

$$=\frac{1}{4}\{S_4(n)+2S_3(n)+S_2(n)\}\ \cdots\cdots\cdots\cdots ⑤$$

④，⑤ より

$$4(n+1)S_3(n)-4S_4(n)=S_4(n)+2S_3(n)+S_2(n)$$
$$5S_4(n)=2(2n+1)S_3(n)-S_2(n)$$
$$=\frac{1}{2}(2n+1)n^2(n+1)^2-\frac{1}{6}n(n+1)(2n+1)$$
$$=\frac{1}{6}n(n+1)(2n+1)\{3n(n+1)-1\}$$
$$S_4(n)=\boldsymbol{\frac{1}{30}n(n+1)(2n+1)(3n^2+3n-1)}$$

注意（1） **【何をやっているのか？】**

闇雲に帰納法へ行かされるのは，試験としては部分点がとれていいけれど，何をやっているか，見えない．$\displaystyle\sum_{k=1}^{n}S_j(k)$ は，指数は固定して，1 から 1 まで，1 から 2 まで，…，1 から n までと，加える．

$$\sum_{k=1}^{n}S_j(k)=S_j(1)+S_j(2)+\cdots+S_j(n)$$
$$=1^j$$
$$+1^j+2^j$$
$$+1^j+2^j+3^j$$
$$\cdots$$
$$+1^j+2^j+3^j+\cdots+n^j$$
$$=n\cdot 1^j+(n-1)\cdot 2^j+(n-2)\cdot 3^j+\cdots+1\cdot n^j$$
$$=\sum_{k=1}^{n}(n+1-k)k^j=\sum_{k=1}^{n}\{(n+1)k^j-k^{j+1}\}$$
$$=(n+1)S_j(n)-S_{j+1}(n)$$

この系統は，普通，横に数えるものを縦に数えている．

《人生帰納法 (B20) ☆》

353. 正の整数nに対して，

$$(a_1+a_2+a_3+\cdots+a_n)^2$$
$$=a_1{}^3+a_2{}^3+a_3{}^3+\cdots+a_n{}^3$$

が成り立っている．ただし，$a_n>0$である．次の設問に答えなさい．

（ｉ）a_1, a_2, a_3の値をそれぞれ求めなさい．

（ii）a_nを表す式を予想し，その式が正しいことを証明しなさい．（21　岩手県立大・ソフトウェア）

考え方 人生帰納法である．

▶解答◀ （ｉ）$n=1$のとき

$$a_1{}^2=a_1{}^3$$

$a_n>0$（以下，いちいち書かない）より $a_1=\mathbf{1}$

$n=2$のとき

$$(a_1+a_2)^2=a_1{}^3+a_2{}^3$$
$$(1+a_2)^2=1^3+a_2{}^3$$
$$a_2{}^2-a_2-2=0$$
$$(a_2-2)(a_2+1)=0 \qquad \therefore \quad a_2=\mathbf{2}$$

$n=3$のとき

$$(a_1+a_2+a_3)^2=a_1{}^3+a_2{}^3+a_3{}^3$$
$$(1+2+a_3)^2=1^3+2^3+a_3{}^3$$
$$a_3{}^2-a_3-6=0$$
$$(a_3-3)(a_3+2)=0 \qquad \therefore \quad a_3=\mathbf{3}$$

（ii）$\boldsymbol{a_n=n}$と予想される．$n=1$のときは成り立つ．$n\leqq k$で成り立つとすると

$$(a_1+\cdots+a_k+a_{k+1})^2=a_1{}^3+\cdots+a_k{}^3+a_{k+1}{}^3$$
$$(1+\cdots+k+a_{k+1})^2=1^3+\cdots+k^3+a_{k+1}{}^3$$
$$\left\{\frac{1}{2}k(k+1)+a_{k+1}\right\}^2=\left\{\frac{1}{2}k(k+1)\right\}^2+a_{k+1}{}^3$$
$$\left\{\frac{1}{2}k(k+1)\right\}^2+k(k+1)a_{k+1}+a_{k+1}{}^2$$
$$=\left\{\frac{1}{2}k(k+1)\right\}^2+a_{k+1}{}^3$$
$$k(k+1)a_{k+1}+a_{k+1}{}^2=a_{k+1}{}^3$$
$$a_{k+1}{}^2-a_{k+1}-k(k+1)=0$$
$$\{a_{k+1}-(k+1)\}(a_{k+1}+k)=0$$

$a_{k+1}=k+1$であるから，$n=k+1$のときも成り立つ．数学的帰納法により証明された．

注意 易しいが，生徒に試すと，ほとんど解けないことに驚く．一番酷いのは「$a_n=n$とすると与式を満たすから成り立つ」というものである．

常に$a_n>0$であるという条件があるから，

a_1を決めるとa_2が確定する．

a_1, a_2を決めるとa_3が確定する．

$a_1, \cdots, a_k$を決めるとa_{k+1}が確定する．

という流れである．

《一般のシグマ・人生帰納法（B30）》

354. 任意の自然数mに対して，$\sum_{k=1}^{n}k^m$はnについての$(m+1)$次式で表されることを証明せよ．ただし，$m=1$のとき$\sum_{k=1}^{n}k=\frac{n(n+1)}{2}$となり，$n$についての2次式で表されることは証明なしで使ってよい．（21　山梨大・医）

考え方 $\sum_{k=1}^{n}k^2$を求める代表的な方法は

$$(k+1)^3-k^3=3k^2+3k+1$$

の両辺の$k=1$から$k=n$までの和をとって

$$(n+1)^3-1=3\sum_{k=1}^{n}k^2+3\sum_{k=1}^{n}k+n$$

とし，既知である$\sum_{k=1}^{n}k$の値を代入して求める方法である．$\sum_{k=1}^{n}k^3$についても，$\sum_{k=1}^{n}k$, $\sum_{k=1}^{n}k^2$を既知として同様に求めることができる．これを一般のmに拡張する．

▶解答◀ $S_m=\sum_{k=1}^{n}k^m$とおく．S_mがnについての$(m+1)$次式で表されることを，mについての数学的帰納法で示す．

$S_1=\frac{n(n+1)}{2}$はnの2次式である．

$M\geqq 2$に対して$m\leqq M$で成り立つとする．$S_1, S_2, \cdots, S_{M-1}$が$n$についての$2, 3, \cdots, M$次式で表される．このとき，二項定理より

$$(k+1)^{M+1}-k^{M+1}=\sum_{r=0}^{M+1}{}_{M+1}\mathrm{C}_r k^r-k^{M+1}$$
$$(k+1)^{M+1}-k^{M+1}$$
$$={}_{M+1}\mathrm{C}_0+{}_{M+1}\mathrm{C}_1k+{}_{M+1}\mathrm{C}_2k^2+\cdots+{}_{M+1}\mathrm{C}_Mk^M$$

この等式の両辺の$k=1$から$k=n$までの和をとって

$$(n+1)^{M+1}-1$$
$$=n+{}_{M+1}\mathrm{C}_1S_1+{}_{M+1}\mathrm{C}_2S_2+\cdots+{}_{M+1}\mathrm{C}_MS_M$$
$${}_{M+1}\mathrm{C}_MS_M=(n+1)^{M+1}-n-1-\sum_{r=1}^{M-1}{}_{M+1}\mathrm{C}_rS_r$$
$$S_M=\frac{1}{M+1}$$
$$\times\left\{(n+1)^{M+1}-(n+1)-\sum_{r=1}^{M-1}{}_{M+1}\mathrm{C}_rS_r\right\}$$

$(n+1)^{M+1}$はnについての$(M+1)$次式である．また，仮定より$\sum_{r=1}^{M-1}{}_{M+1}\mathrm{C}_rS_r$は$n$について$M$次以下の多項式である．よって，$S_M$は$n$についての$(M+1)$次式である．数学的帰納法により証明された．

【平面のベクトル】

《直線上の点の表示 (A5) ☆》

355. 2つのベクトルを $\vec{a}=(-5,12)$, $\vec{b}=(-3,4)$ とする．整数 t に対して，$|\vec{a}-t\vec{b}|$ を最小とする t の値は $\square$ である．(21 立教大・数学)

▶解答◀ $\vec{a}-t\vec{b}=(-5+3t,\ 12-4t)$

$|\vec{a}-t\vec{b}|^2=(-5+3t)^2+(12-4t)^2$

$=25t^2-126t+169$

$=25\left(t-\dfrac{63}{25}\right)^2-\dfrac{63^2}{25}+169$

$\dfrac{63}{25}=2.52$ に最も近い整数 $t=\mathbf{3}$ で最小になる．

《解法の選択 (B20) ☆》

356. ベクトル $\vec{a}=(56,-33)$, $\vec{b}=(12,5)$ がある．$|\vec{a}+t\vec{b}|$ は $t=\square$ のとき最小値 $\square$ をとる．(21 藤田医科大・医)

▶解答◀ $\vec{a}+t\vec{b}=(56,-33)+t(12,5)$

$=(56+12t,\ -33+5t)$

$|\vec{a}+t\vec{b}|^2=(56+12t)^2+(-33+5t)^2$

$=169t^2+(1344-330)t+3136+1089$

$=169t^2+1014t+4225$

$=169(t^2+6t)+4225$

$=169(t+3)^2-1521+4225$

$|\vec{a}+t\vec{b}|$ は $t=\mathbf{-3}$ のとき，最小値 $\sqrt{2704}=\mathbf{52}$ をとる．

藤田医大は名古屋方面にある．名古屋弁なら「数がどえりゃあ大きいであかんわあ」というところである．

解法の選択がある．図形的に解く，ベクトルで計算する，座標計算する．今は座標で行くのがよい．

◆別解◆ $\overrightarrow{\mathrm{OP}}=\vec{a}+t\vec{b}$ とすると，Pは点 $(56,-33)$ を通り傾きが $\dfrac{5}{12}$ の直線 $l: y=\dfrac{5}{12}(x-56)-33$

$5x-12y-280-396=0$

を描く．

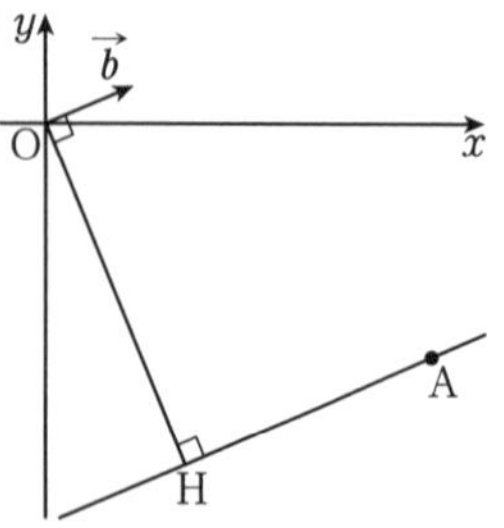

$|\vec{a}+t\vec{b}|$ の最小値はOから l に下ろした垂線の足Hで与えられ，点と直線の距離の公式から

$$\mathrm{OH}=\frac{676}{\sqrt{5^2+12^2}}=\frac{676}{13}=\mathbf{52}$$

そのとき $\overrightarrow{\mathrm{OH}}=u(5,-12)$ とおけて，Hは $5x-12y-676=0$ 上にあるから代入し $169u-676=0$ となる．$u=4$ で $56+12t=5\cdot4$ であるから $t=\mathbf{-3}$

《解法の選択 (B20) ☆》

357. $|\vec{a}-\vec{b}|=\sqrt{2}$, $|\vec{a}+2\vec{b}|=\sqrt{5}$, $\vec{a}\cdot\vec{b}\neq0$ であり，実数全体を定義域とする t の関数

$g(t)=|\vec{a}-t\vec{b}|$

は最小値1をとる．このとき，$|\vec{a}|=\square$ である．また，$-8\leqq t\leqq8$ のとき，$g(t)$ の最大値は $\square$ である．(21 東邦大・医)

考え方 ベクトルで一番重要なことは基底の考えである．「基底を定めてその1次結合で表す」である．そして状況に合わせて基底を変更する．本書では，この話はもう一度出てくる．

図形問題では解法の選択が重要である．図形的に解く，ベクトルで計算する，三角関数で計算する，困ったら座標計算する．本問では，多分，座標が一番早い．ベクトルでやる（別解を見よ）なら，基底の変更をする．

本問では長さの計算が出てくる．最短距離を与えるベクトルと，それに垂直な方向のベクトルを基底にすれば長さの計算は三平方の定理で出来て，**内積不要**である．

▶解答◀ $\overrightarrow{\mathrm{OP}}=\vec{a}-t\vec{b}$ とおく．点P全体は直線を描く．$|\overrightarrow{\mathrm{OP}}|$ の最小を与える点をHとし

$\overrightarrow{\mathrm{OB}}=\vec{a}-\vec{b}$, $\overrightarrow{\mathrm{OC}}=\vec{a}+2\vec{b}$

とおく．$\mathrm{OH}=1$ であり，直線BCはOHと垂直である．

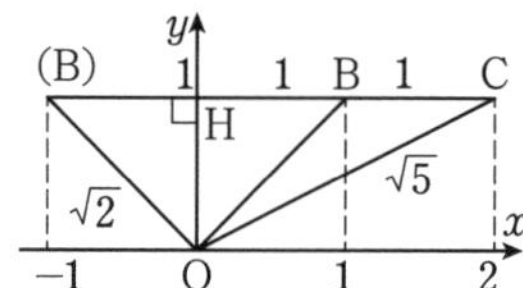

H(0, 1), C(2, 1) となるように xy 座標軸をとる．

$\vec{a}+2\vec{b}=(2,1)$ ……①

であり，$\vec{a}-\vec{b}=(-1,1)$ ……②

または $\vec{a}-\vec{b}=(1,1)$ ……③

①, ②のとき，これを解くと $\vec{a}=(0,1)$, $\vec{b}=(1,0)$ となり，$\vec{a}\cdot\vec{b}=0$ で条件に反する．

①, ③のとき，$\vec{a}=\left(\dfrac{4}{3},1\right)$, $\vec{b}=\left(\dfrac{1}{3},0\right)$ となる．

$$|\vec{a}|=\sqrt{\left(\frac{4}{3}\right)^2+1}=\mathbf{\frac{5}{3}}$$

$$\vec{a}-t\vec{b}=\left(\frac{4}{3},1\right)-t\left(\frac{1}{3},0\right)=\left(\frac{4-t}{3},1\right)$$

$$g(t)=\sqrt{\left(\frac{4}{3}-\frac{t}{3}\right)^2+1}$$

は，$t=-8$ で最大値 $\sqrt{1+\left(\dfrac{12}{3}\right)^2}=\sqrt{\mathbf{17}}$ をとる．

◆別解◆ ベクトルらしく書くことにする．OH 方向と HC 方向に基底をとる．出だしは解答と同じである．途中から座標に行かないで書く．式番号は ① から始める．

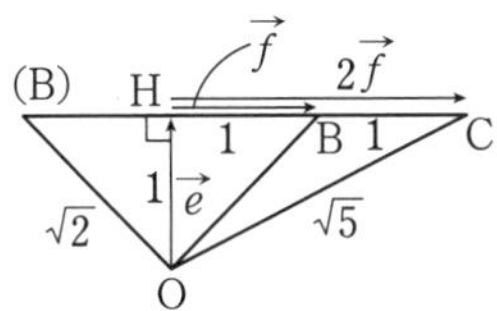

$\overrightarrow{\mathrm{OH}}=\vec{e}$, $\overrightarrow{\mathrm{HC}}=2\vec{f}$ とおく．

$$|\vec{e}|=1,\ |\vec{f}|=1,\ \vec{e}\perp\vec{f}$$

である．

$$\overrightarrow{\mathrm{OB}}=\vec{e}-\vec{f} \text{ または } \vec{e}+\vec{f}$$

$$\overrightarrow{\mathrm{OC}}=\vec{e}+2\vec{f}$$

である．$\vec{a}+2\vec{b}=\vec{e}+2\vec{f}$ ……………………①

であり $\vec{a}-\vec{b}=\vec{e}-\vec{f}$ ……………………②

または $\vec{a}-\vec{b}=\vec{e}+\vec{f}$ ……………………③

① かつ ② のとき，$\vec{a}=\vec{e}$, $\vec{b}=\vec{f}$ となり，$\vec{a}\cdot\vec{b}=0$ となって不適．① かつ ③ のとき，

$$\vec{a}=\vec{e}+\frac{4}{3}\vec{f},\ \vec{b}=\frac{1}{3}\vec{f} \text{ ……………………④}$$

$$|\vec{a}|=\sqrt{1+\left(\frac{4}{3}\right)^2}=\mathbf{\frac{5}{3}}$$

④ を代入する．

$$g(t)=|\vec{a}-t\vec{b}|=\left|\vec{e}+\frac{4}{3}\vec{f}-\frac{t}{3}\vec{f}\right|$$

$$=\sqrt{1+\left(\frac{4}{3}-\frac{t}{3}\right)^2}$$

は，$t=-8$ で最大値 $\sqrt{\mathbf{17}}$ をとる．

◆別解◆ 式番号は ① から振り直す．

$$|\vec{a}-\vec{b}|^2=2$$

$$|\vec{a}|^2-2\vec{a}\cdot\vec{b}+|\vec{b}|^2=2 \text{ ……………………①}$$

$$|\vec{a}+2\vec{b}|^2=5$$

$$|\vec{a}|^2+4\vec{a}\cdot\vec{b}+4|\vec{b}|^2=5 \text{ ……………………②}$$

$|\vec{a}|^2=m$ とおく．$m>0$ である．

②×2＋① より

$$3m+6|\vec{b}|^2=9$$

$$m+2|\vec{b}|^2=3 \qquad \therefore\ |\vec{b}|^2=\frac{3-m}{2} \text{ …③}$$

②×4−① より

$$3m-12\vec{a}\cdot\vec{b}=3$$

$$m-4\vec{a}\cdot\vec{b}=1 \qquad \therefore\ \vec{a}\cdot\vec{b}=\frac{m-1}{4} \text{ ……④}$$

$$\{g(t)\}^2=|\vec{a}-t\vec{b}|^2$$

$$=|\vec{a}|^2-2t\vec{a}\cdot\vec{b}+t^2|\vec{b}|^2$$

$$=m-2t\cdot\frac{m-1}{4}+t^2\cdot\frac{3-m}{2}$$

$$=\frac{3-m}{2}\left(t^2-\frac{2}{3-m}\cdot\frac{m-1}{2}\cdot t\right)+m$$

$$=\frac{3-m}{2}\left(t^2+\frac{m-1}{m-3}\cdot t\right)+m$$

$$=\frac{3-m}{2}\left\{t+\frac{m-1}{2(m-3)}\right\}^2+m-\frac{3-m}{2}\cdot\left\{\frac{m-1}{2(m-3)}\right\}^2$$

$$=\frac{3-m}{2}\left\{t+\frac{m-1}{2(m-3)}\right\}^2+m+\frac{m-1}{8(m-3)}$$

定義域が実数全体で最小値が 1 のとき，$\frac{3-m}{2}>0$ すなわち $m<3$ である．さらに

$$m+\frac{(m-1)^2}{8(m-3)}=1$$

$$8m^2-24m+m^2-2m+1=8m-24$$

$$9m^2-34m+25=0$$

$$(m-1)(9m-25)=0$$

$m<3$ より，$m=1,\ \frac{25}{9}$ である．

$m=1$ のとき，④ より，$\vec{a}\cdot\vec{b}=0$ となり不適．よって

$$m=|\vec{a}|^2=\frac{25}{9} \qquad \therefore\ |\vec{a}|=\mathbf{\frac{5}{3}}$$

$$\vec{a}\cdot\vec{b}=\frac{\frac{25}{9}-1}{4}=\frac{4}{9},\ |\vec{b}|^2=\frac{3-\frac{25}{9}}{2}=\frac{1}{9}$$

であるから

$$\{g(t)\}^2=|\vec{a}|^2-2t\vec{a}\cdot\vec{b}+t^2|\vec{b}|^2$$

$$=\frac{25}{9}-\frac{8}{9}t+\frac{1}{9}t^2=\frac{1}{9}(t-4)^2+1$$

以下省略

《円上の点が満たす等式（A10）》

358. 平面上の 2 点 A と B を考える．

$$2\overrightarrow{\mathrm{AB}}\cdot\overrightarrow{\mathrm{AB}}+9\overrightarrow{\mathrm{AP}}\cdot\overrightarrow{\mathrm{BP}}=3\overrightarrow{\mathrm{AB}}\cdot(\overrightarrow{\mathrm{AP}}+2\overrightarrow{\mathrm{BP}})$$

が成り立つとき，点 P が描く図形は，□ を中心とする半径 □ の円になる．　（21 産業医大）

▶解答◀ $\overrightarrow{\mathrm{AB}}=\vec{b}$, $\overrightarrow{\mathrm{AP}}=\vec{p}$ とおくと

$$2|\vec{b}|^2+9\vec{p}\cdot(\vec{p}-\vec{b})=3\vec{b}\cdot\{\vec{p}+2(\vec{p}-\vec{b})\}$$

$$2|\vec{b}|^2+9|\vec{p}|^2-9\vec{b}\cdot\vec{p}=9\vec{b}\cdot\vec{p}-6|\vec{b}|^2$$

$$9|\vec{p}|^2-18\vec{b}\cdot\vec{p}+8|\vec{b}|^2=0$$

$$9\left(|\vec{p}|^2-2\vec{b}\cdot\vec{p}+|\vec{b}|^2\right)=|\vec{b}|^2$$

$$|\vec{p}-\vec{b}|^2=\frac{1}{9}|\vec{b}|^2$$

よって，$|\overrightarrow{\mathrm{BP}}|^2=\frac{1}{9}|\overrightarrow{\mathrm{AB}}|^2$ であるから，P が描く図形は **B** を中心とする半径 $\mathbf{\frac{AB}{3}}$ の円である．

【図形とベクトル】

《形状決定問題（A10）》

359. 平面上に $\triangle$ABC がある．このとき，

$$X=\overrightarrow{AB}\cdot\overrightarrow{AC},\ Y=\overrightarrow{BA}\cdot\overrightarrow{BC},\ Z=\overrightarrow{CA}\cdot\overrightarrow{CB}$$

とする．$XY=ZX$ を満たすとき，$\triangle$ABC はどのような三角形か答えよ．

（21　富山県立大・前期）

▶解答◀ $\overrightarrow{AB}=\vec{b},\ \overrightarrow{AC}=\vec{c}$ とする．

$XY=ZX$ を満たすとき，$X=0$ または $Y=Z$ である．

（ア）$X=0$ のとき $\vec{b}\cdot\vec{c}=0$ より $\angle BAC=90°$

（イ）$Y=Z$ のとき

$$\overrightarrow{BA}\cdot\overrightarrow{BC}=\overrightarrow{CA}\cdot\overrightarrow{CB}$$
$$(-\vec{b})\cdot(\vec{c}-\vec{b})=(-\vec{c})\cdot(\vec{b}-\vec{c})$$
$$-\vec{b}\cdot\vec{c}+|\vec{b}|^2=-\vec{b}\cdot\vec{c}+|\vec{c}|^2$$
$$|\vec{b}|^2=|\vec{c}|^2 \qquad \therefore\ |\vec{b}|=|\vec{c}|$$

（ア），（イ）より $\triangle$ABC は，**$\angle BAC=90°$ の直角三角形，または AB＝AC の二等辺三角形**である．

《面積比の頻出問題（A10）》

360. 平面上の三角形 ABC と正の実数 a,b,c がある．点 P について以下の命題を考える．

命題 X：点 P は $a\overrightarrow{PA}+b\overrightarrow{PB}+c\overrightarrow{PC}=\vec{0}$ をみたす．

命題 Y：点 P は三角形 ABC の内部にある．

命題 Z：$\triangle$PBC, $\triangle$PCA, $\triangle$PAB の面積の比は $a:b:c$ である．

$\overrightarrow{AB}=\vec{x},\ \overrightarrow{AC}=\vec{y}$ とする．次の問に答えよ．

（1）命題 X が成り立つとする．ベクトル $\overrightarrow{AP}$ を $\vec{x},\vec{y}$ および a,b,c を用いて表し，命題 Y が成り立つことを示せ．

（2）命題 X が成り立つとする．直線 AP と直線 BC の交点を Q とするとき，ベクトル $\overrightarrow{AQ}$ を $\vec{x},\vec{y}$ および a,b,c を用いて表し，命題 Z が成り立つことを示せ．

（3）命題「Z ⟹ X」が成り立たないことを示せ．

（21　北見工大・後期）

▶解答◀（1）$a\overrightarrow{PA}+b\overrightarrow{PB}+c\overrightarrow{PC}=\vec{0}$

$$-a\overrightarrow{AP}+b(\overrightarrow{AB}-\overrightarrow{AP})+c(\overrightarrow{AC}-\overrightarrow{AP})=\vec{0}$$
$$(a+b+c)\overrightarrow{AP}=b\overrightarrow{AB}+c\overrightarrow{AC}$$
$$\overrightarrow{AP}=\frac{b}{a+b+c}\overrightarrow{AB}+\frac{c}{a+b+c}\overrightarrow{AC}$$
$$=\boldsymbol{\frac{b}{a+b+c}\vec{x}+\frac{c}{a+b+c}\vec{y}}$$

$\frac{b}{a+b+c}>0,\ \frac{c}{a+b+c}>0,\ 0<\frac{b+c}{a+b+c}<1$ であるから点 P は三角形 ABC の内部にある．すなわち命題 Y が成り立つ．

（2）$\overrightarrow{AP}=\frac{b+c}{a+b+c}\cdot\frac{b\vec{x}+c\vec{y}}{b+c}$

辺 BC を $c:b$ に内分する点が Q であり，

$$\overrightarrow{AQ}=\boldsymbol{\frac{b\vec{x}+c\vec{y}}{b+c}}$$
$$\overrightarrow{AP}=\frac{b+c}{a+b+c}\overrightarrow{AQ}$$

P は AQ を $b+c:a$ に内分する点である．$\triangle$ABC の面積を S とすると

$$\triangle PBC=\frac{a}{a+b+c}S$$
$$\triangle PCA=\frac{b}{b+c}\cdot\frac{b+c}{a+b+c}S=\frac{b}{a+b+c}S$$
$$\triangle PAB=\frac{c}{b+c}\cdot\frac{b+c}{a+b+c}S=\frac{c}{a+b+c}S$$

よって，$\triangle PBC:\triangle PCA:\triangle PAB=a:b:c$ であり，命題 Z が成り立つ．

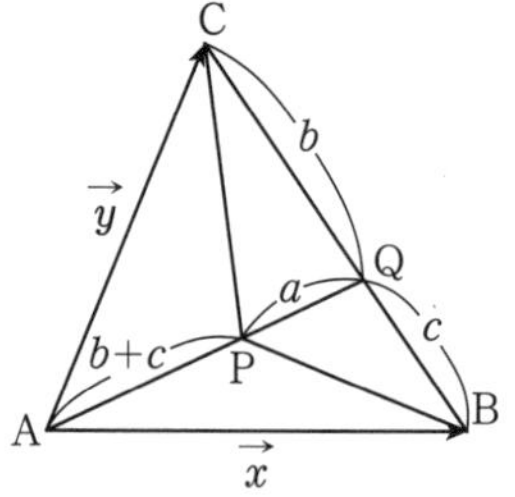

（3）反例は図のように点 P が $\triangle$ABC の外部にある場合である．

点 P が AQ を $b+c:a$ に外分し，BQ：QC＝$c:b$ であるとする．

$$\triangle PBC=\frac{a}{b+c-a}S$$
$$\triangle PCA=\frac{b}{b+c}\cdot\frac{b+c}{b+c-a}S=\frac{b}{b+c-a}S$$
$$\triangle PAB=\frac{c}{b+c}\cdot\frac{b+c}{b+c-a}S=\frac{c}{b+c-a}S$$

であるから

$$\triangle PBC:\triangle PCA:\triangle PAB=a:b:c$$

であり，命題 Z が成り立つ．このとき

$$\overrightarrow{AP}=\frac{b+c}{b+c-a}\overrightarrow{AQ}$$
$$=\frac{b+c}{b+c-a}\cdot\frac{b\overrightarrow{AB}+c\overrightarrow{AC}}{b+c}$$
$$=\frac{b}{b+c-a}\overrightarrow{AB}+\frac{c}{b+c-a}\overrightarrow{AC}$$

両辺に $b+c-a$ をかけて

$$(b+c-a)\overrightarrow{AP}=b\overrightarrow{AB}+c\overrightarrow{AC}$$
$$-(b+c-a)\overrightarrow{PA}=b(\overrightarrow{PB}-\overrightarrow{PA})+c(\overrightarrow{PC}-\overrightarrow{PA})$$
$$a\overrightarrow{PA}-b\overrightarrow{PB}-c\overrightarrow{PC}=\vec{0}$$

となり，命題 X は成り立たない．

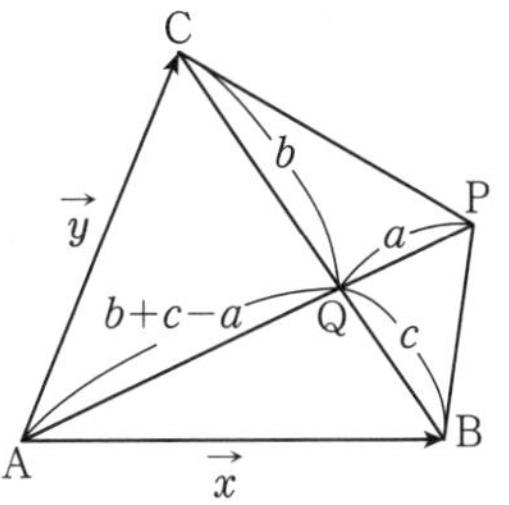

《三角形とベクトル (A10) ☆》

361. 三角形OABにおいて，辺OAの中点をM，辺OBを3：1に内分する点をNとし，線分ANと線分BMとの交点をPとする．$\overrightarrow{\mathrm{OA}}=\vec{a}$, $\overrightarrow{\mathrm{OB}}=\vec{b}$ とするとき，$\overrightarrow{\mathrm{OP}}$ を $\vec{a}$ と $\vec{b}$ で表すと □ である．

（21　神奈川大・給費生）

▶解答◀ 図のように，AP : PN $=(1-s):s$, BP : PM $=t:(1-t)$ とおく．

Pは AN上の点であるから

$$\overrightarrow{\mathrm{OP}}=s\overrightarrow{\mathrm{OA}}+(1-s)\overrightarrow{\mathrm{ON}}$$
$$=s\vec{a}+\frac{3}{4}(1-s)\vec{b} \quad \cdots\cdots ①$$

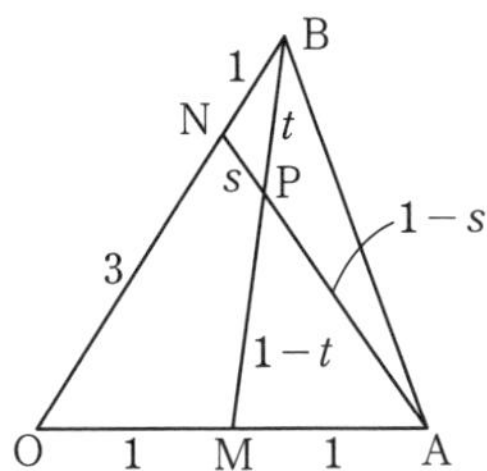

Pは BM上の点であるから

$$\overrightarrow{\mathrm{OP}}=t\overrightarrow{\mathrm{OM}}+(1-t)\overrightarrow{\mathrm{OB}}$$
$$=\frac{1}{2}t\vec{a}+(1-t)\vec{b} \quad \cdots\cdots ②$$

$\vec{a}$ と $\vec{b}$ は1次独立だから，①と②を係数比較して

$$s=\frac{1}{2}t,\ \frac{3}{4}(1-s)=1-t$$

第一式より $t=2s$，第二式に代入して

$$3-3s=4-4\cdot 2s \qquad \therefore\quad 5s=1$$
$$s=\frac{1}{5},\ t=\frac{2}{5}$$
$$\overrightarrow{\mathrm{OP}}=\frac{1}{5}\vec{a}+\frac{3}{4}\cdot\frac{4}{5}\vec{b}=\boldsymbol{\frac{1}{5}\vec{a}+\frac{3}{5}\vec{b}}$$

《平行四辺形とベクトル (A10) ☆》

362. $k>1$ とする．平行四辺形 ABCD において，辺BCを4：1に内分する点をE，辺CDを $1:k$ に外分する点をFとする．

このとき，$\overrightarrow{\mathrm{AE}}$, $\overrightarrow{\mathrm{AF}}$ を，それぞれ $\overrightarrow{\mathrm{AB}}$, $\overrightarrow{\mathrm{AD}}$, k を用いて表すと，

$$\overrightarrow{\mathrm{AE}}=\overrightarrow{\mathrm{AB}}+\square\overrightarrow{\mathrm{AD}},\ \overrightarrow{\mathrm{AF}}=\square\overrightarrow{\mathrm{AB}}+\overrightarrow{\mathrm{AD}}$$

である．

また，3点A, E, Fが一直線上にあるとき，$k=$ □ である．

（21　大工大・A日程）

▶解答◀ $k>1$ であるから，DC : DF $=(k-1):k$

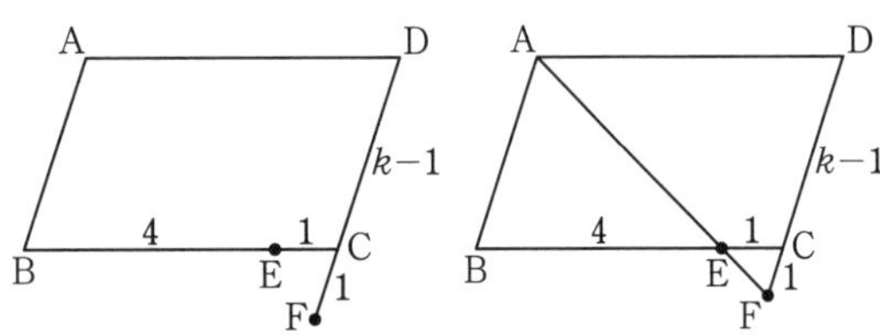

$$\overrightarrow{\mathrm{AE}}=\overrightarrow{\mathrm{AB}}+\overrightarrow{\mathrm{BE}}=\overrightarrow{\mathrm{AB}}+\boldsymbol{\frac{4}{5}}\overrightarrow{\mathrm{AD}}$$
$$\overrightarrow{\mathrm{AF}}=\overrightarrow{\mathrm{AD}}+\overrightarrow{\mathrm{DF}}=\boldsymbol{\frac{k}{k-1}}\overrightarrow{\mathrm{AB}}+\overrightarrow{\mathrm{AD}}$$

3点A，E，Fが一直線上にあるのは $\overrightarrow{\mathrm{AF}}=l\overrightarrow{\mathrm{AE}}$ となる実数 l が存在するときである．

$$\frac{k}{k-1}\overrightarrow{\mathrm{AB}}+\overrightarrow{\mathrm{AD}}=l\overrightarrow{\mathrm{AB}}+\frac{4}{5}l\overrightarrow{\mathrm{AD}}$$

$\dfrac{k}{k-1}=l$ かつ $1=\dfrac{4}{5}l$ となる．$l=\dfrac{5}{4}$ で

$$\frac{k}{k-1}=\frac{5}{4}$$
$$4k=5(k-1) \qquad \therefore\quad k=\boldsymbol{5}$$

◆別解◆ 3点A，E，Fが一直線上にあるのは AB : CF = BE : EC となるときである．AB = DC に注意して $(k-1):1=4:1$ で，$k=\boldsymbol{5}$

《正六角形とベクトル (B20) ☆》

363. 1辺の長さが1の正六角形 OABCDE において，線分ACを3：1に内分する点をPとする．ベクトル $\overrightarrow{\mathrm{OP}}$ を $\overrightarrow{\mathrm{OA}}$ と $\overrightarrow{\mathrm{OE}}$ を用いて表すと $\overrightarrow{\mathrm{OP}}=$ □ である．また，△OBP の面積は □ である．

（21　福岡大・医）

▶解答◀ 正六角形の中心をQとする．

$$\overrightarrow{\mathrm{OC}}=2\overrightarrow{\mathrm{OQ}}=2(\overrightarrow{\mathrm{OA}}+\overrightarrow{\mathrm{OE}})$$
$$\overrightarrow{\mathrm{OP}}=\frac{1}{4}\overrightarrow{\mathrm{OA}}+\frac{3}{4}\overrightarrow{\mathrm{OC}}=\boldsymbol{\frac{7}{4}\overrightarrow{\mathrm{OA}}+\frac{3}{2}\overrightarrow{\mathrm{OE}}}$$

図2で，MはQAの中点，NはQBの中点である．BM，ANは中線で，これらの交点Gは三角形QABの重心である．AC上の線分比を計算する．仮に AN = NC = 6 としたとき，AP = 9, CP = 3, PN = 6 − 3 = 3 で，NG = 2, GA = 4 だから PG = 5, CG = 8 であり，$\dfrac{\mathrm{PG}}{\mathrm{CG}}=\dfrac{5}{8}$

1辺の長さ1の正三角形の面積を S とおく．

△OBC $=2S$ である．面積の比について

△OBP : △OBC は OB を底辺と見たとき，高さの比は

PG : CG に等しい.

$$\triangle\mathrm{OBP} = \frac{5}{8}\triangle\mathrm{OBC} = \frac{5}{8}\cdot\frac{\sqrt{3}}{4}\cdot 1^2 \times 2 = \boldsymbol{\frac{5\sqrt{3}}{16}}$$

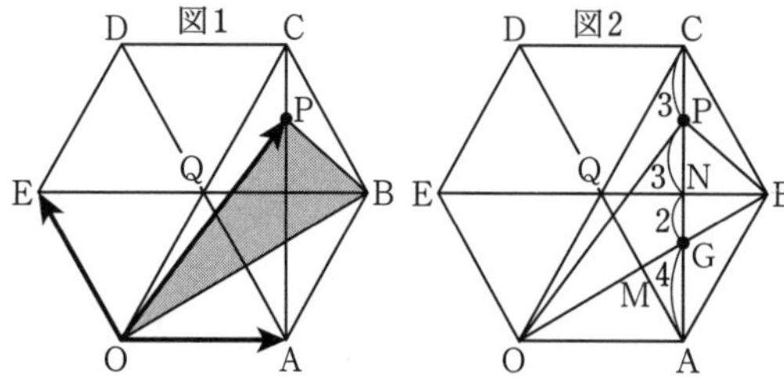

◆別解◆ △OBP の面積について：

$$\overrightarrow{\mathrm{OP}} = \frac{7}{4}\overrightarrow{\mathrm{OA}} + \frac{3}{2}\overrightarrow{\mathrm{OE}},\ \overrightarrow{\mathrm{OB}} = 2\overrightarrow{\mathrm{OA}} + \overrightarrow{\mathrm{OE}}$$

$$|\overrightarrow{\mathrm{OA}}| = |\overrightarrow{\mathrm{OE}}| = 1$$

$$\overrightarrow{\mathrm{OA}}\cdot\overrightarrow{\mathrm{OE}} = 1\cdot 1\cos 120^\circ = -\frac{1}{2}$$

$$|\overrightarrow{\mathrm{OP}}|^2 = \left(\frac{7}{4}\right)^2|\overrightarrow{\mathrm{OA}}|^2 + \left(\frac{3}{2}\right)^2|\overrightarrow{\mathrm{OE}}|^2 + 2\cdot\frac{7}{4}\cdot\frac{3}{2}\overrightarrow{\mathrm{OA}}\cdot\overrightarrow{\mathrm{OE}}$$

$$= \frac{49}{16} + \frac{36}{16} - \frac{42}{16} = \frac{43}{16}$$

$$|\overrightarrow{\mathrm{OB}}|^2 = (\sqrt{3})^2 = 3$$

$$\overrightarrow{\mathrm{OP}}\cdot\overrightarrow{\mathrm{OB}} = \left(\frac{7}{4}\overrightarrow{\mathrm{OA}} + \frac{3}{2}\overrightarrow{\mathrm{OE}}\right)\cdot\left(2\overrightarrow{\mathrm{OA}} + \overrightarrow{\mathrm{OE}}\right)$$

$$= \frac{7}{2}|\overrightarrow{\mathrm{OA}}|^2 + \left(3 + \frac{7}{4}\right)\overrightarrow{\mathrm{OA}}\cdot\overrightarrow{\mathrm{OE}} + \frac{3}{2}|\overrightarrow{\mathrm{OE}}|^2$$

$$= \frac{7}{2} + \frac{19}{4}\cdot\left(-\frac{1}{2}\right) + \frac{3}{2} = 5 - \frac{19}{8} = \frac{21}{8}$$

$$\triangle\mathrm{OBP} = \frac{1}{2}\sqrt{|\overrightarrow{\mathrm{OP}}|^2|\overrightarrow{\mathrm{OB}}|^2 - (\overrightarrow{\mathrm{OP}}\cdot\overrightarrow{\mathrm{OB}})^2}$$

$$= \frac{1}{2}\sqrt{\frac{43}{16}\cdot 3 - \left(\frac{21}{8}\right)^2} = \boldsymbol{\frac{5\sqrt{3}}{16}}$$

《角の二等分線 (B10) ☆》

364. 平面上に三角形 OAB と点 P がある．

$\overrightarrow{\mathrm{OA}} = \vec{a},\ \overrightarrow{\mathrm{OB}} = \vec{b},\ \overrightarrow{\mathrm{OP}} = \vec{p}$

とおく．線分 OP が ∠AOB を二等分し，

$|\vec{a}| = 1,\ |\vec{b}| = 3,\ |\vec{p}| = 4,\ \vec{a}\cdot\vec{b} = \frac{3}{8}$

のとき，以下の問いに答えよ．

（1） $\theta = \angle\mathrm{AOP}$ とおくとき，$\cos\theta$ の値を求めよ．

（2） $\vec{p} = s\vec{a} + t\vec{b}$ を満たす実数 $s,\ t$ を求めよ．

（21 日本女子大・理）

▶解答◀ （1） $\angle\mathrm{AOB} = 2\theta$ であるから

$$\vec{a}\cdot\vec{b} = |\vec{a}||\vec{b}|\cos 2\theta$$

$$\frac{3}{8} = 3\cos 2\theta$$

$$\cos 2\theta = \frac{1}{8}$$

$$2\cos^2\theta - 1 = \frac{1}{8} \qquad \therefore\ \cos^2\theta = \frac{9}{16}$$

$0^\circ < 2\theta < 180^\circ$ より $0^\circ < \theta < 90^\circ$ であるから

$$\cos\theta = \boldsymbol{\frac{3}{4}}$$

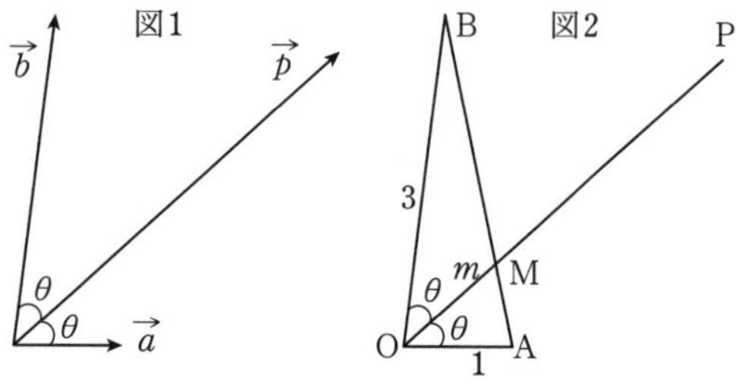

（2） 正の実数 k をもちいて

$$\vec{p} = k\left(\frac{\vec{a}}{|\vec{a}|} + \frac{\vec{b}}{|\vec{b}|}\right)$$

と表すことができるから

$$\vec{p} = k\left(\vec{a} + \frac{\vec{b}}{3}\right)$$

$$|\vec{p}|^2 = k^2\left|\vec{a} + \frac{\vec{b}}{3}\right|^2$$

$$|\vec{p}|^2 = k^2\left(|\vec{a}|^2 + \frac{2}{3}\vec{a}\cdot\vec{b} + \frac{1}{9}|\vec{b}|^2\right)$$

$$4^2 = k^2\left(1^2 + \frac{2}{3}\cdot\frac{3}{8} + \frac{1}{9}\cdot 3^2\right)$$

$$4^2 = k^2\cdot\frac{9}{4}$$

$$k^2 = \frac{4^3}{3^2} \qquad \therefore\ k = \frac{8}{3}$$

よって，$\vec{p} = \frac{8}{3}\left(\vec{a} + \frac{\vec{b}}{3}\right) = \frac{8}{3}\vec{a} + \frac{8}{9}\vec{b}$

したがって，$s = \boldsymbol{\frac{8}{3}},\ t = \boldsymbol{\frac{8}{9}}$

◆別解◆ （2） 図2を見よ．AB と OP の交点を M とし，OM $= m$ とする．

$$\triangle\mathrm{OAB} = \triangle\mathrm{OAM} + \triangle\mathrm{OMB}$$

$$\frac{1}{2}\cdot 1\cdot 3\sin 2\theta = \frac{1}{2}1\cdot m\sin\theta + \frac{1}{2}3\cdot m\sin\theta$$

$$6\sin\theta\cos\theta = 4m\sin\theta$$

$$m = \frac{3}{2}\cos\theta = \frac{9}{8}$$

角の二等分線の定理より

$$\mathrm{AM} : \mathrm{MB} = \mathrm{OA} : \mathrm{OB} = 1 : 3$$

$$\overrightarrow{\mathrm{OP}} = \frac{\mathrm{OP}}{\mathrm{OM}}\overrightarrow{\mathrm{OM}} = \frac{4}{\frac{9}{8}}\cdot\frac{3\vec{a} + \vec{b}}{4} = \frac{8}{3}\vec{a} + \frac{8}{9}\vec{b}$$

《角の二等分線 (B10)》

365. 三角形 ABC において $\overrightarrow{\mathrm{AB}} = \vec{b},\ \overrightarrow{\mathrm{AC}} = \vec{c}$ とおく．線分 AB の中点を P，線分 AC を 1 : 3 に内分する点を Q，三角形 ABC の重心を R とおく．また，2 点 A, R を通る直線と線分 PQ の交点を S,

線分 SR を 3 : 2 に外分する点を T とする．このとき，次の問に答えなさい．

（1） $\overrightarrow{\mathrm{AP}}=\dfrac{\square}{\square}\vec{b}$，$\overrightarrow{\mathrm{AQ}}=\dfrac{\square}{\square}\vec{c}$ である．

（2） $\overrightarrow{\mathrm{AR}}=\dfrac{\square}{\square}\vec{b}+\dfrac{\square}{\square}\vec{c}$，$\overrightarrow{\mathrm{AS}}=\dfrac{\square}{\square}\vec{b}+\dfrac{\square}{\square}\vec{c}$ である．

（3） $\overrightarrow{\mathrm{AT}}=\dfrac{\square}{\square}\vec{b}+\dfrac{\square}{\square}\vec{c}$ である．また，△PQT の面積を S_1，△ABC の面積を S_2 とすると，$\dfrac{S_1}{S_2}=\dfrac{\square}{\square}$ である．

（4） △PQT の面積が $\dfrac{9}{4}$ でベクトル $\vec{b}$, $\vec{c}$ のなす角が 60° のとき $\vec{b}$ と $\vec{c}$ の内積 $\vec{b}\cdot\vec{c}=\square\sqrt{\square}$ である． （21 東北医薬大・薬）

▶解答◀ （1） $\overrightarrow{\mathrm{AP}}=\boldsymbol{\dfrac{1}{2}}\vec{b}$，$\overrightarrow{\mathrm{AQ}}=\boldsymbol{\dfrac{1}{4}}\vec{c}$

（2） $\overrightarrow{\mathrm{AR}}=\boldsymbol{\dfrac{1}{3}}\vec{b}+\boldsymbol{\dfrac{1}{3}}\vec{c}$ である．

図 1 を見よ．S は AR 上にあるから

$$\overrightarrow{\mathrm{AS}}=k\overrightarrow{\mathrm{AR}}=\frac{k}{3}\vec{b}+\frac{k}{3}\vec{c}\quad(0<k<1)$$

とおく．（1）より $\vec{b}=2\overrightarrow{\mathrm{AP}}$，$\vec{c}=4\overrightarrow{\mathrm{AQ}}$ であるから

$$\overrightarrow{\mathrm{AS}}=\frac{2}{3}k\overrightarrow{\mathrm{AP}}+\frac{4}{3}k\overrightarrow{\mathrm{AQ}}$$

S は PQ 上にあるから

$$\frac{2}{3}k+\frac{4}{3}k=1 \qquad \therefore\quad k=\frac{1}{2}$$

よって，$\overrightarrow{\mathrm{AS}}=\boldsymbol{\dfrac{1}{6}}\vec{b}+\boldsymbol{\dfrac{1}{6}}\vec{c}$

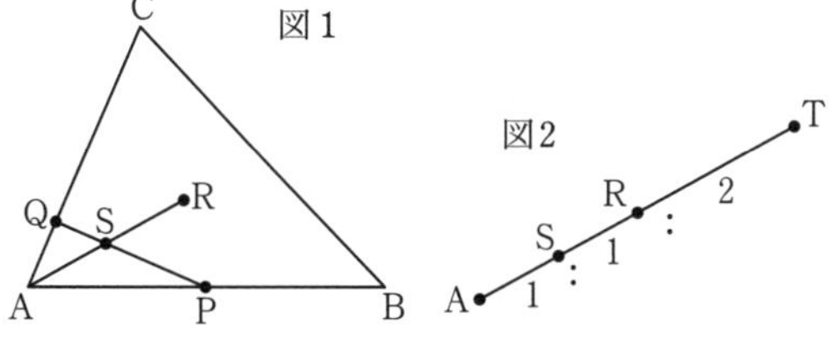

（3） （2）より S は AR の中点で，T は SR を 3 : 2 に外分するから，R は AT の中点である．(図 2)

$$\overrightarrow{\mathrm{AT}}=2\overrightarrow{\mathrm{AR}}=\boldsymbol{\frac{2}{3}}\vec{b}+\boldsymbol{\frac{2}{3}}\vec{c}$$

図 3 において，線分比と面積比の関係より

$$\triangle\mathrm{APQ}:\triangle\mathrm{PQT}=\mathrm{AS}:\mathrm{ST}=1:3$$

であり，$\triangle\mathrm{APQ}=\triangle\mathrm{ABC}\cdot\dfrac{\mathrm{AP}}{\mathrm{AB}}\cdot\dfrac{\mathrm{AQ}}{\mathrm{AC}}=\dfrac{1}{8}\triangle\mathrm{ABC}$ であるから

$$\triangle\mathrm{PQT}=3\triangle\mathrm{APQ}=\frac{3}{8}\triangle\mathrm{ABC}$$

よって，$\dfrac{S_1}{S_2}=\boldsymbol{\dfrac{3}{8}}$

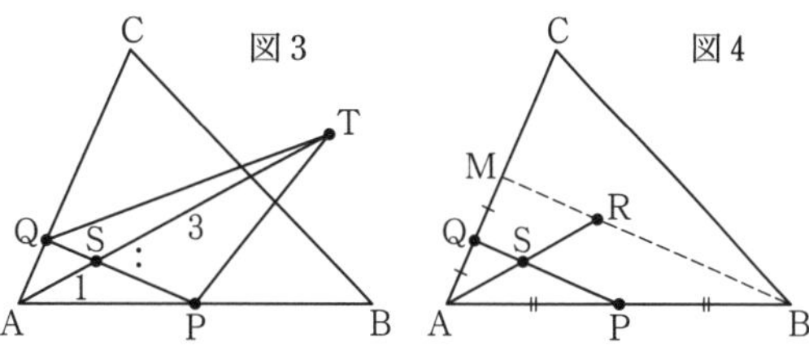

（4） （3）より

$$\triangle\mathrm{ABC}=\frac{8}{3}\triangle\mathrm{PQT}=\frac{8}{3}\cdot\frac{9}{4}=6$$

また，$\vec{b}$, $\vec{c}$ のなす角が 60° であるから

$$\triangle\mathrm{ABC}=\frac{1}{2}|\vec{b}||\vec{c}|\sin 60^\circ=\frac{\sqrt{3}}{4}|\vec{b}||\vec{c}|$$

よって

$$\frac{\sqrt{3}}{4}|\vec{b}||\vec{c}|=6 \qquad \therefore\quad |\vec{b}||\vec{c}|=8\sqrt{3}$$

$$\vec{b}\cdot\vec{c}=|\vec{b}||\vec{c}|\cos 60^\circ=\boldsymbol{4\sqrt{3}}$$

◆別解◆ （2） 図 4 を見よ．R は △ABC の重心であるから，BR の延長は AC の中点 M を通る．このとき，Q は AM の中点となるから，中点連結定理より PQ // BM である．よって

$$\mathrm{AS}:\mathrm{SR}=\mathrm{AP}:\mathrm{PB}=1:1$$

$$\overrightarrow{\mathrm{AS}}=\frac{1}{2}\overrightarrow{\mathrm{AR}}=\boldsymbol{\frac{1}{6}}\vec{b}+\boldsymbol{\frac{1}{6}}\vec{c}$$

《三角形と垂線 (B20) ☆》

366． 三角形 OAB において，辺 AB を 2 : 1 に内分する点を D とし，直線 OA に関して点 D と対称な点を E とする．$\overrightarrow{\mathrm{OA}}=\vec{a}$，$\overrightarrow{\mathrm{OB}}=\vec{b}$ とし，$|\vec{a}|=4$，$\vec{a}\cdot\vec{b}=6$ を満たすとする．

（1） 点 B から直線 OA に下ろした垂線と直線 OA との交点を F とする．$\overrightarrow{\mathrm{OF}}$ を $\vec{a}$ を用いて表せ．

（2） $\overrightarrow{\mathrm{OE}}$ を $\vec{a}$, $\vec{b}$ を用いて表せ．

（3） 三角形 BDE の面積が $\dfrac{5}{9}$ になるとき，$|\vec{b}|$ の値を求めよ． （21 北海道大・理系）

▶解答◀ （1） $\overrightarrow{\mathrm{OF}}=k\vec{a}$ とおけて

$$\overrightarrow{\mathrm{BF}}=\overrightarrow{\mathrm{OF}}-\overrightarrow{\mathrm{OB}}=k\vec{a}-\vec{b}$$

これが $\vec{a}$ に垂直だから内積をとって

$$(k\vec{a}-\vec{b})\cdot\vec{a}=0$$

$$k|\vec{a}|^2-\vec{a}\cdot\vec{b}=0$$

$k=\dfrac{\vec{a}\cdot\vec{b}}{|\vec{a}|^2}$ であり

$$\overrightarrow{\mathrm{OF}}=k\vec{a}=\frac{\vec{a}\cdot\vec{b}}{|\vec{a}|^2}\vec{a}$$

$|\vec{a}|=4,\ \vec{a}\cdot\vec{b}=6$ であるから

$$\overrightarrow{OF}=\frac{6}{4^2}\vec{a}=\boldsymbol{\frac{3}{8}\vec{a}}$$

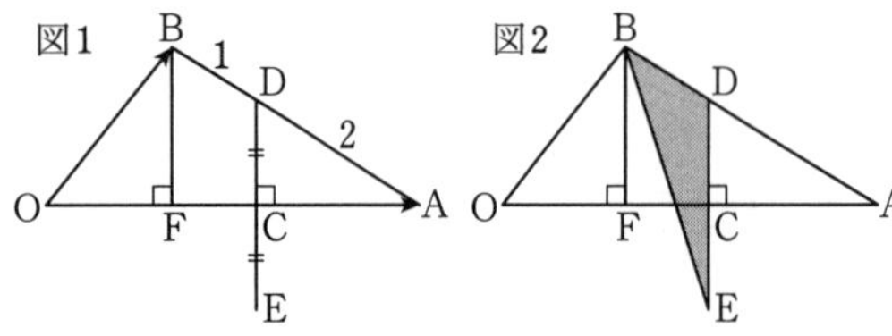

（**2**） D から OA に下した垂線の足を C とする．
△ADC ∽ △ABF であるから

$$DC:BF=AD:AB=2:3$$

よって

$$\overrightarrow{DC}=\frac{2}{3}\overrightarrow{BF}=\frac{2}{3}\left(\frac{3}{8}\vec{a}-\vec{b}\right)=\frac{1}{4}\vec{a}-\frac{2}{3}\vec{b}$$

したがって

$$\overrightarrow{OE}=\overrightarrow{OD}+2\overrightarrow{DC}$$
$$=\left(\frac{1}{3}\vec{a}+\frac{2}{3}\vec{b}\right)+2\left(\frac{1}{4}\vec{a}-\frac{2}{3}\vec{b}\right)=\boldsymbol{\frac{5}{6}\vec{a}-\frac{2}{3}\vec{b}}$$

（**3**） △OAB の面積を S とする．DE : DC = 2 : 1 であるから

$$\triangle BDE=2\triangle BDC$$

BD : DA = 1 : 2 であるから

$$\triangle BDC=\frac{1}{2}\triangle DAC$$

DA : BA = CA : FA = 2 : 3 であるから

$$\triangle DAC=\left(\frac{2}{3}\right)^2\triangle BAF$$

（1）より，FA : OA = 5 : 8 であるから

$$\triangle BAF=\frac{5}{8}S$$

以上より

$$\triangle BDE=2\cdot\frac{1}{2}\cdot\left(\frac{2}{3}\right)^2\cdot\frac{5}{8}S=\frac{5}{18}S$$

また

$$S=\frac{1}{2}\sqrt{|\vec{a}|^2|\vec{b}|^2-(\vec{a}\cdot\vec{b})^2}$$
$$=\frac{1}{2}\sqrt{16|\vec{b}|^2-36}=\sqrt{4|\vec{b}|^2-9}$$

よって，$\triangle BDE=\frac{5}{9}$ のとき

$$\frac{5}{18}\sqrt{4|\vec{b}|^2-9}=\frac{5}{9}$$
$$\sqrt{4|\vec{b}|^2-9}=2$$
$$4|\vec{b}|^2-9=2^2 \qquad \therefore\quad |\vec{b}|=\boldsymbol{\frac{\sqrt{13}}{2}}$$

◆別解◆ （**3**） △BDE の面積は

$$\frac{1}{2}|\overrightarrow{DE}||\overrightarrow{FC}|$$

これが $\frac{5}{9}$ に等しいから

$$\frac{1}{2}|\overrightarrow{DE}||\overrightarrow{FC}|=\frac{5}{9} \quad\cdots\cdots①$$

ここで

$$\overrightarrow{OC}=\overrightarrow{OD}+\overrightarrow{DC}$$
$$=\left(\frac{1}{3}\vec{a}+\frac{2}{3}\vec{b}\right)+\left(\frac{1}{4}\vec{a}-\frac{2}{3}\vec{b}\right)=\frac{7}{12}\vec{a}$$
$$\overrightarrow{FC}=\overrightarrow{OC}-\overrightarrow{OF}=\frac{7}{12}\vec{a}-\frac{3}{8}\vec{a}=\frac{5}{24}\vec{a}$$
$$|\overrightarrow{FC}|=\frac{5}{24}|\vec{a}|=\frac{5}{24}\cdot 4=\frac{5}{6}$$

これを ① に代入して

$$\frac{1}{2}|\overrightarrow{DE}|\cdot\frac{5}{6}=\frac{5}{9} \qquad \therefore\quad |\overrightarrow{DE}|=\frac{4}{3}$$

また

$$\overrightarrow{DE}=2\overrightarrow{DC}=\frac{1}{2}\vec{a}-\frac{4}{3}\vec{b}$$

であるから

$$\left|\frac{1}{2}\vec{a}-\frac{4}{3}\vec{b}\right|=\frac{4}{3}$$
$$|3\vec{a}-8\vec{b}|=8$$
$$|3\vec{a}-8\vec{b}|^2=8^2$$
$$9|\vec{a}|^2-48\vec{a}\cdot\vec{b}+64|\vec{b}|^2=64$$
$$9\cdot 4^2-48\cdot 6+64|\vec{b}|^2=64$$
$$9-3\cdot 6+4|\vec{b}|^2=4$$
$$|\vec{b}|^2=\frac{13}{4} \qquad \therefore\quad |\vec{b}|=\boldsymbol{\frac{\sqrt{13}}{2}}$$

《円と三角形 (B15)》

367. 円 $(x-2)^2+y^2=4$ を C とし，点 O(0, 0) と C 上の 2 点 A(a_1, a_2), B(b_1, b_2) に対して，△OAB は正三角形であるとする．ただし，$a_2>0$ とする．

（1） 点 A，B の座標を求めよ．

（2） C 上の点 P に対して，直線 OP と直線 AB が点 Q で交わるとする．点 Q が線分 AB を 1 : 2 に内分するとき，

$$\overrightarrow{OP}=s\overrightarrow{OA}+t\overrightarrow{OB}$$

を満たす実数 $s,\ t$ を求めよ． （21 室蘭工業大）

▶解答◀ （1） C は中心 (2, 0)，半径 2 の円であるから，原点を通り x 軸に対称である．よって，△OAB が正三角形であるとき，A，B は x 軸に関して対称である．

AB と x 軸との交点を H とすると △OAH は 30 度定規だから

$$a_1=\sqrt{3}a_2 \quad\cdots\cdots①$$

また，A は C 上にあるから

$$(a_1-2)^2+a_2{}^2=4$$

① を代入して

$$(\sqrt{3}a_2-2)^2+a_2{}^2=4$$

$$4a_2(a_2-\sqrt{3})=0$$

$a_2>0$ より $a_2=\sqrt{3}$ となるから，A の座標は $\mathbf{(3,\ \sqrt{3})}$，B の座標は $\mathbf{(3,\ -\sqrt{3})}$ である.

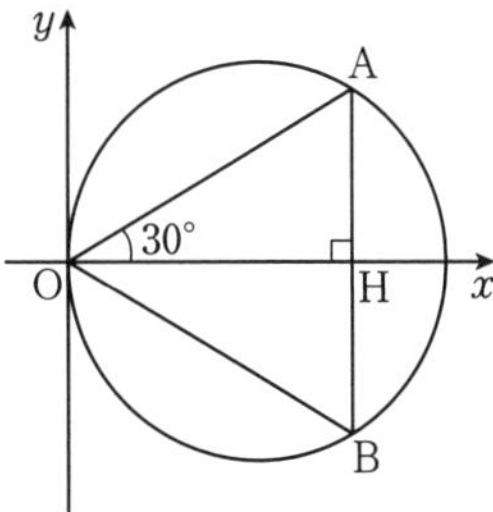

（**2**） Q は AB を 1 : 2 に内分するから

$$\overrightarrow{OQ}=\frac{2}{3}\overrightarrow{OA}+\frac{1}{3}\overrightarrow{OB}$$

$$=\frac{2}{3}(3,\ \sqrt{3})+\frac{1}{3}(3,\ -\sqrt{3})=\left(3,\ \frac{\sqrt{3}}{3}\right)$$

P は OQ 上にあるから，実数 k を用いて

$$\overrightarrow{OP}=k\overrightarrow{OQ}=k\left(3,\ \frac{\sqrt{3}}{3}\right)$$

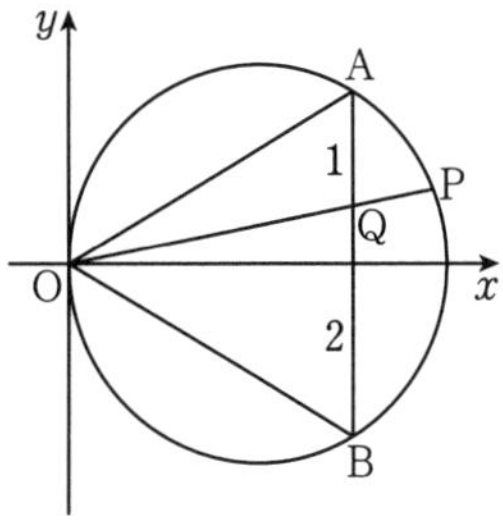

P は C 上にあるから

$$(3k-2)^2+\left(\frac{\sqrt{3}}{3}k\right)^2=4$$

$$27k^2-36k+k^2=0$$

$$4k(7k-9)=0 \qquad \therefore\quad k=\frac{9}{7}$$

よって

$$\overrightarrow{OP}=\frac{9}{7}\overrightarrow{OQ}=\frac{9}{7}\left(\frac{2}{3}\overrightarrow{OA}+\frac{1}{3}\overrightarrow{OB}\right)$$

$$=\frac{6}{7}\overrightarrow{OA}+\frac{3}{7}\overrightarrow{OB}$$

したがって，$s=\mathbf{\frac{6}{7}}$, $t=\mathbf{\frac{3}{7}}$ である.

《円周上の動点 (B20) ☆》

368. 座標平面上の3点O，A，Bは

$|\overrightarrow{OA}|=3,\ |\overrightarrow{OB}|=1,\ |\overrightarrow{AB}|=2\sqrt{3}$

を満たすとする．また同一平面上の点Pは

$\overrightarrow{AP}\cdot\overrightarrow{BP}=0$

を満たしながら動くとする．次の問いに答えよ．

（1） 実数 s, t を用いて

$\overrightarrow{OP}=s\overrightarrow{OA}+t\overrightarrow{OB}$

と表すとき，s がとりうる値の範囲を求めよ．

（2） 点Pが直線OB上にないとき，三角形OBPの面積の最大値を求めよ．（21 弘前大・理工）

▶解答◀ （1） $\overrightarrow{AP}\cdot\overrightarrow{BP}=0$

$(\overrightarrow{OP}-\overrightarrow{OA})\cdot(\overrightarrow{OP}-\overrightarrow{OB})=0$

$|\overrightarrow{OP}|^2-\overrightarrow{OA}\cdot\overrightarrow{OP}-\overrightarrow{OB}\cdot\overrightarrow{OP}+\overrightarrow{OA}\cdot\overrightarrow{OB}=0$ ……①

ここで

$|\overrightarrow{AB}|^2=|\overrightarrow{OB}-\overrightarrow{OA}|^2$

$=|\overrightarrow{OB}|^2+|\overrightarrow{OA}|^2-2\overrightarrow{OA}\cdot\overrightarrow{OB}$

$\overrightarrow{OA}\cdot\overrightarrow{OB}=\frac{1}{2}\left(|\overrightarrow{OB}|^2+|\overrightarrow{OA}|^2-|\overrightarrow{AB}|^2\right)$

$=\frac{1}{2}(1+9-12)=-1$

$|\overrightarrow{OP}|^2=|s\overrightarrow{OA}+t\overrightarrow{OB}|^2$

$=s^2|\overrightarrow{OA}|^2+t^2|\overrightarrow{OB}|^2+2st\overrightarrow{OA}\cdot\overrightarrow{OB}$

$=9s^2+t^2-2st$

$\overrightarrow{OA}\cdot\overrightarrow{OP}=\overrightarrow{OA}\cdot(s\overrightarrow{OA}+t\overrightarrow{OB})$

$=s|\overrightarrow{OA}|^2+t\overrightarrow{OA}\cdot\overrightarrow{OB}=9s-t$

$\overrightarrow{OB}\cdot\overrightarrow{OP}=s\overrightarrow{OA}\cdot\overrightarrow{OB}+t|\overrightarrow{OB}|^2=-s+t$

①に代入し

$t^2-2st+9s^2-8s-1=0$

t は実数であるから，判別式を D とすると

$\frac{D}{4}=s^2-(9s^2-8s-1)\geqq 0$

$8s^2-8s-1\leqq 0$

$\boldsymbol{\frac{2-\sqrt{6}}{4}\leqq s\leqq\frac{2+\sqrt{6}}{4}}$

（2） △OBPの面積を S とする．

$S=\frac{1}{2}\sqrt{|\overrightarrow{OB}|^2|\overrightarrow{OP}|^2-(\overrightarrow{OB}\cdot\overrightarrow{OP})^2}$

$=\frac{1}{2}\sqrt{(9s^2-2st+t^2)-(-s+t)^2}=\sqrt{2}|s|$

（1）より $|s|\leqq\frac{2+\sqrt{6}}{4}$ であるから，S の最大値は $\boldsymbol{\frac{\sqrt{2}+\sqrt{3}}{2}}$ である．

◆別解◆ （2） 線分ABの中点をCとし，P，Cから直線OBにおろした垂線の足をH，Kとする．$\angle\mathrm{ABO}=\theta$ とする．余弦定理より

$\cos\theta=\frac{\mathrm{BA}^2+\mathrm{BO}^2-\mathrm{OA}^2}{2\cdot\mathrm{BA}\cdot\mathrm{BO}}$

$=\frac{12+1-9}{2\cdot2\sqrt{3}\cdot1}=\frac{1}{\sqrt{3}}$

$\sin\theta=\sqrt{1-\cos^2\theta}=\sqrt{\frac{2}{3}}$

$\mathrm{CK}=\mathrm{CB}\sin\theta=\sqrt{3}\cdot\sqrt{\frac{2}{3}}=\sqrt{2}$

$\mathrm{PH}\leqq\mathrm{PC}+\mathrm{CK}=\sqrt{3}+\sqrt{2}$

等号はP，C，Kの順で一直線上にあるときに成り立つ．

$S=\frac{1}{2}\mathrm{OB}\cdot\mathrm{PH}=\frac{1}{2}\mathrm{PH}$

の最大値は $\boldsymbol{\frac{\sqrt{3}+\sqrt{2}}{2}}$

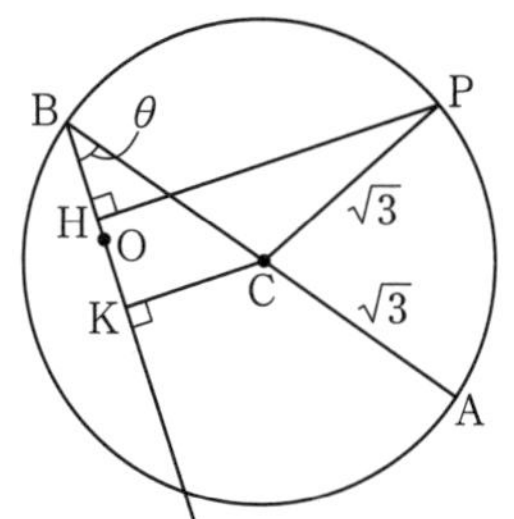

《内心外心垂心傷あり (B30)》

369. △ABCの外心をO，内心をI，重心をG，垂心をHとする．ただし，三角形の3頂点から対辺またはその延長に下ろした垂線は，1点で交わる．その交点を三角形の垂心という．

$\mathrm{BC}=a,\ \mathrm{CA}=b,\ \mathrm{AB}=c$

とし，a, b, c がすべて異なるとき，次の問に答えよ．

（1） $\overrightarrow{OG}$ を $\overrightarrow{OA}, \overrightarrow{OB}, \overrightarrow{OC}$ を用いて表せ．

（2） 辺BCの中点をMとする．直線AMと直線OHの交点は重心Gであることを示せ．また，OG：GHを求めよ．

（3） $\overrightarrow{OH}$ を $\overrightarrow{OA}, \overrightarrow{OB}, \overrightarrow{OC}$ を用いて表せ．

（4） 次の式が成り立つことを示せ．

$\overrightarrow{OI}=\frac{a\overrightarrow{OA}+b\overrightarrow{OB}+c\overrightarrow{OC}}{a+b+c}$

（21 大教大・後期）

考え方 三角形ABCが正三角形の場合，外心と垂心は一致する．その場合，直線OHはない．角Aが90度の直角三角形の場合，垂心HはAに一致する．図1のような配置にはならない．だから，図形的な答案を書く場合，鋭角三角形のとき，直角三角形のとき，鈍角三角

形のときで，細かく分けないと，本当はいけない．しかし，そんなことをする人は多分，ほとんどいない．設問の順序を見ても，図形的にやれと言っているように見える．そうでないなら，(2)(3) の順を変える．まあ，雑でいいということだろう．「一般に成り立つが正三角形でない鋭角三角形のときの図で書け」と言ったらどうだろう？

▶解答◀ (**1**) 辺 BC の中点を M とおく．重心 G は線分 AM を AG : GM = 2 : 1 に内分するから

$$\overrightarrow{\mathrm{OM}} = \frac{\overrightarrow{\mathrm{OB}} + \overrightarrow{\mathrm{OC}}}{2},\ \overrightarrow{\mathrm{OG}} = \frac{\overrightarrow{\mathrm{OA}} + 2\overrightarrow{\mathrm{OM}}}{3}$$

となり

$$\overrightarrow{\mathrm{OG}} = \frac{\overrightarrow{\mathrm{OA}} + \overrightarrow{\mathrm{OB}} + \overrightarrow{\mathrm{OC}}}{3}$$

(**2**) 図 1 を参照せよ．重心 G は中線 AM を 2 : 1 に内分する点であるから，AH // OM を考慮すると，G が直線 OH 上にあるための条件は

$$\mathrm{AH} : \mathrm{OM} = 2 : 1 \quad \cdots\cdots①$$

が成り立つことである．

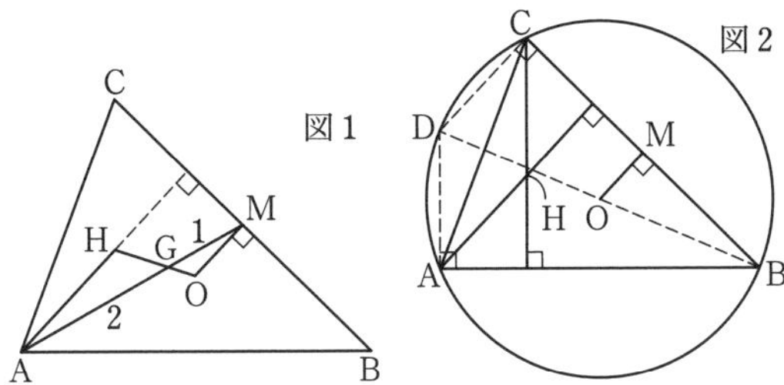

図 2 を参照せよ．点 D と点 B は外接円の直径の両端である．このとき

$$\mathrm{DC} \perp \mathrm{BC},\ \mathrm{DA} \perp \mathrm{AB} \quad \cdots\cdots②$$

が成り立つ．また，垂心，外心の性質から

$$\mathrm{AH} \perp \mathrm{BC},\ \mathrm{CH} \perp \mathrm{AB} \quad \cdots\cdots③$$

$$\mathrm{MO} \perp \mathrm{BC} \quad \cdots\cdots④$$

②, ④ より CD // MO であるから，△CDB ∽ △MOB であり

$$\mathrm{CD} : \mathrm{MO} = \mathrm{DB} : \mathrm{OB} = 2 : 1 \quad \cdots\cdots⑤$$

となる．

②, ③ より DC // AH, DA // CH であるから，四角形 AHCD は平行四辺形であり AH = DC となるから，⑤ と合わせて

$$\mathrm{AH} : \mathrm{MO} = 2 : 1$$

となる．条件 ① が示されたので，重心 G は直線 OH 上にある．このとき，△MGO ∽ △AGH となるから

$$\mathrm{OG} : \mathrm{GH} = \mathrm{MG} : \mathrm{GA} = \mathbf{1 : 2}$$

(**3**) 重心 G は線分 OH を 1 : 2 に内分するから

$$\overrightarrow{\mathrm{OH}} = 3\overrightarrow{\mathrm{OG}} = \overrightarrow{\mathrm{OA}} + \overrightarrow{\mathrm{OB}} + \overrightarrow{\mathrm{OC}}$$

(**4**) 図 3 を参照せよ．直線 AI が辺 BC と交わる点を E とする．直線 AE は ∠BAC を二等分するから

$$\mathrm{BE} : \mathrm{EC} = c : b \quad \cdots\cdots⑥$$

△ABE において，$\mathrm{BE} = a \cdot \frac{c}{b+c} = \frac{ac}{b+c}$ であり，BI は ∠ABE を二等分するから

$$\mathrm{AI} : \mathrm{IE} = \mathrm{AB} : \mathrm{BE}$$

$$= c : \frac{ac}{b+c} = b + c : a \quad \cdots\cdots⑦$$

となる．⑥, ⑦ より

$$\overrightarrow{\mathrm{OE}} = \frac{b\overrightarrow{\mathrm{OB}} + c\overrightarrow{\mathrm{OC}}}{b+c}$$

$$\overrightarrow{\mathrm{OI}} = \frac{a\overrightarrow{\mathrm{OA}} + (b+c)\overrightarrow{\mathrm{OE}}}{a+b+c}$$

であるから

$$\overrightarrow{\mathrm{OI}} = \frac{a\overrightarrow{\mathrm{OA}} + b\overrightarrow{\mathrm{OB}} + c\overrightarrow{\mathrm{OC}}}{a+b+c}$$

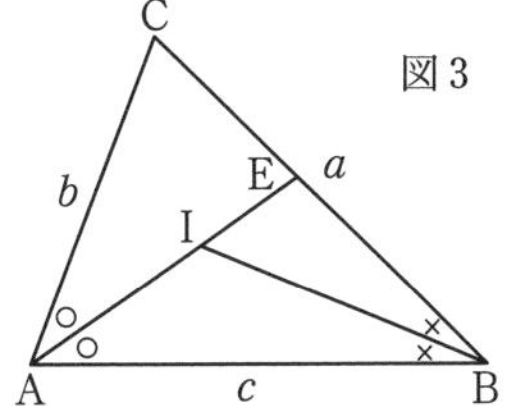

♦別解♦ (**2**)(**3**)（ベクトルの利用）

図 4 を参照せよ．重心 G は中線 AM 上の点であるから，H が OG 上にあることを示す．k は実数とし，OG 上に点 P をとり

$$\overrightarrow{\mathrm{OP}} = k\left(\overrightarrow{\mathrm{OA}} + \overrightarrow{\mathrm{OB}} + \overrightarrow{\mathrm{OC}}\right)$$

とおく．$|\overrightarrow{\mathrm{OA}}| = |\overrightarrow{\mathrm{OB}}| = |\overrightarrow{\mathrm{OC}}|$（外接円の半径）であるから

$$\overrightarrow{\mathrm{AP}} \cdot \overrightarrow{\mathrm{BC}}$$

$$= \left\{(k-1)\overrightarrow{\mathrm{OA}} + k\left(\overrightarrow{\mathrm{OB}} + \overrightarrow{\mathrm{OC}}\right)\right\} \cdot \left(\overrightarrow{\mathrm{OC}} - \overrightarrow{\mathrm{OB}}\right)$$

$$= (k-1)\overrightarrow{\mathrm{OA}} \cdot \left(\overrightarrow{\mathrm{OC}} - \overrightarrow{\mathrm{OB}}\right)$$

$$+ k\left(|\overrightarrow{\mathrm{OC}}|^2 - |\overrightarrow{\mathrm{OB}}|^2\right) = (k-1)\overrightarrow{\mathrm{OA}} \cdot \overrightarrow{\mathrm{BC}}$$

同様にして

$$\overrightarrow{\mathrm{BP}} \cdot \overrightarrow{\mathrm{CA}} = (k-1)\overrightarrow{\mathrm{OB}} \cdot \overrightarrow{\mathrm{CA}}$$

$$\overrightarrow{\mathrm{CP}} \cdot \overrightarrow{\mathrm{AB}} = (k-1)\overrightarrow{\mathrm{OC}} \cdot \overrightarrow{\mathrm{AB}}$$

となるから，$k = 1$ のとき

$$\mathrm{AP} \perp \mathrm{BC},\ \mathrm{BP} \perp \mathrm{CA},\ \mathrm{CP} \perp \mathrm{AB}$$

となり，P は垂心になる．よって

$$\overrightarrow{\mathrm{OH}} = \overrightarrow{\mathrm{OA}} + \overrightarrow{\mathrm{OB}} + \overrightarrow{\mathrm{OC}} = 3\overrightarrow{\mathrm{OG}}$$

であるから，G は線分 OH を内分し

$$\mathrm{OG : GH} = \mathbf{1 : 2}$$

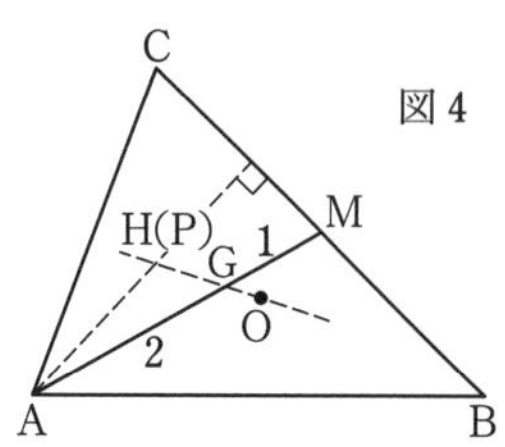

《外接円と三角形 (B20) ☆》

370. 点 O を中心とする半径 1 の円がある．この円に内接する三角形 ABC が

$$7\overrightarrow{\mathrm{OA}} = 15\overrightarrow{\mathrm{OB}} + 20\overrightarrow{\mathrm{OC}}$$

を満たすとする．

(1) $\overrightarrow{\mathrm{OA}}\cdot\overrightarrow{\mathrm{OB}} = \square$，　$\overrightarrow{\mathrm{OA}}\cdot\overrightarrow{\mathrm{OC}} = \square$

(2) 直線 OA と直線 BC の交点を D とすると，

$\overrightarrow{\mathrm{BD}} = \square\overrightarrow{\mathrm{BC}}$，　$\overrightarrow{\mathrm{OD}} = \square\overrightarrow{\mathrm{OA}}$

である．

(3) 三角形 ABC の面積は $\square$ である．

(21　青学大・理工)

▶解答◀ (1) $7\overrightarrow{\mathrm{OA}} - 15\overrightarrow{\mathrm{OB}} = 20\overrightarrow{\mathrm{OC}}$

$|\overrightarrow{\mathrm{OA}}| = |\overrightarrow{\mathrm{OB}}| = |\overrightarrow{\mathrm{OC}}| = 1$ であるから

$$|7\overrightarrow{\mathrm{OA}} - 15\overrightarrow{\mathrm{OB}}|^2 = |20\overrightarrow{\mathrm{OC}}|^2$$

$$49 - 210\overrightarrow{\mathrm{OA}}\cdot\overrightarrow{\mathrm{OB}} + 225 = 400$$

$$210\overrightarrow{\mathrm{OA}}\cdot\overrightarrow{\mathrm{OB}} = -126 \qquad \therefore \quad \overrightarrow{\mathrm{OA}}\cdot\overrightarrow{\mathrm{OB}} = \boldsymbol{\frac{-3}{5}}$$

$$7\overrightarrow{\mathrm{OA}} - 20\overrightarrow{\mathrm{OC}} = 15\overrightarrow{\mathrm{OB}}$$

$$|7\overrightarrow{\mathrm{OA}} - 20\overrightarrow{\mathrm{OC}}|^2 = |15\overrightarrow{\mathrm{OB}}|^2$$

$$49 - 280\overrightarrow{\mathrm{OA}}\cdot\overrightarrow{\mathrm{OC}} + 400 = 225$$

$$280\overrightarrow{\mathrm{OA}}\cdot\overrightarrow{\mathrm{OC}} = 224 \qquad \therefore \quad \overrightarrow{\mathrm{OA}}\cdot\overrightarrow{\mathrm{OC}} = \boldsymbol{\frac{4}{5}}$$

(2) $7\overrightarrow{\mathrm{OA}} = 5(3\overrightarrow{\mathrm{OB}} + 4\overrightarrow{\mathrm{OC}})$

$$\overrightarrow{\mathrm{OA}} = 5\cdot\frac{3\overrightarrow{\mathrm{OB}} + 4\overrightarrow{\mathrm{OC}}}{7}$$

よって，$\overrightarrow{\mathrm{OD}} = \dfrac{3\overrightarrow{\mathrm{AB}} + 4\overrightarrow{\mathrm{AC}}}{7}$ で BD : DC = 4 : 3 であるから，$\overrightarrow{\mathrm{BD}} = \boldsymbol{\frac{4}{7}}\overrightarrow{\mathrm{BC}}$，$\overrightarrow{\mathrm{OD}} = \boldsymbol{\frac{1}{5}}\overrightarrow{\mathrm{OA}}$

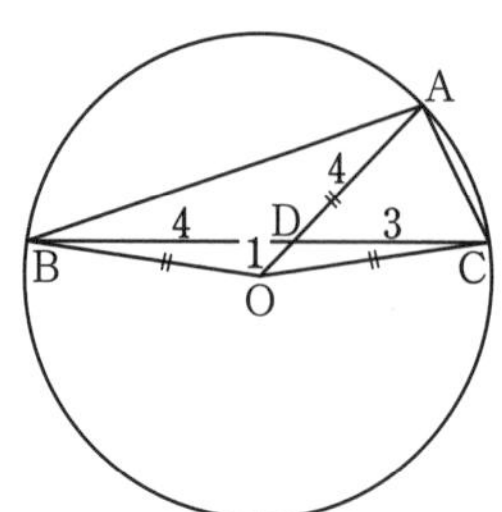

(3) $\triangle\mathrm{OAB} = \dfrac{1}{2}\sqrt{|\overrightarrow{\mathrm{OA}}|^2|\overrightarrow{\mathrm{OB}}|^2 - (\overrightarrow{\mathrm{OA}}\cdot\overrightarrow{\mathrm{OB}})^2}$

$$= \frac{1}{2}\sqrt{1 - \frac{9}{25}} = \frac{2}{5}$$

$$\triangle\mathrm{ABC} = \frac{\mathrm{BC}}{\mathrm{BD}}\triangle\mathrm{ABD} = \frac{\mathrm{BC}}{\mathrm{BD}}\cdot\frac{\mathrm{AD}}{\mathrm{AO}}\triangle\mathrm{OAB}$$

$$= \frac{7}{4}\cdot\frac{4}{5}\cdot\frac{2}{5} = \boldsymbol{\frac{14}{25}}$$

《内心外心垂心 (B20) ☆》

371. 次の各問いに答えよ．ただし，答えは結果のみを解答欄に記入せよ．

△OAB において，OA = 7，OB = 8，AB = 9 とする．また，△OAB の垂心を H，内心を I，外心を J とする．$\overrightarrow{\mathrm{OA}} = \vec{a}$，$\overrightarrow{\mathrm{OB}} = \vec{b}$ とするとき，次の問いに答えよ．

(1) 内積 $\vec{a}\cdot\vec{b}$ を求めよ．

(2) $\overrightarrow{\mathrm{OH}}$ を $\vec{a}$，$\vec{b}$ を用いて表せ．

(3) $\overrightarrow{\mathrm{OI}}$ を $\vec{a}$，$\vec{b}$ を用いて表せ．

(4) $\overrightarrow{\mathrm{OJ}}$ を $\vec{a}$，$\vec{b}$ を用いて表せ．

(21　昭和大・医-2 期)

▶解答◀ (1) $|\overrightarrow{\mathrm{AB}}|^2 = |\vec{b} - \vec{a}|^2$

$$= |\vec{a}|^2 - 2\vec{a}\cdot\vec{b} + |\vec{b}|^2$$

であるから

$$81 = 49 - 2\vec{a}\cdot\vec{b} + 64 \qquad \therefore \quad \vec{a}\cdot\vec{b} = \mathbf{16}$$

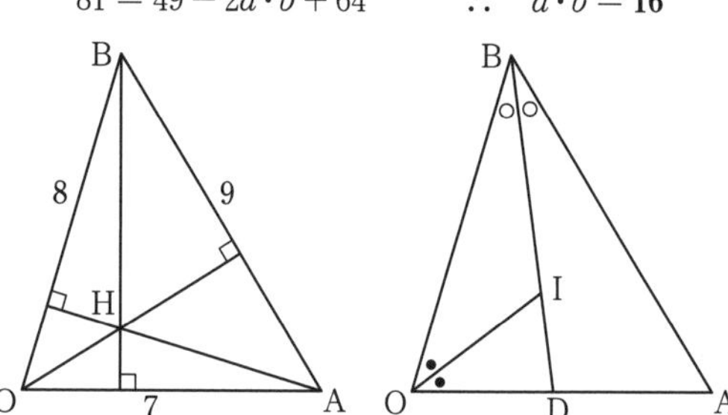

(2) $\overrightarrow{\mathrm{OH}} = x\vec{a} + y\vec{b}$ とすると，$\overrightarrow{\mathrm{OH}} \perp \overrightarrow{\mathrm{AB}}$ より

$$(x\vec{a} + y\vec{b})\cdot(\vec{b} - \vec{a})$$

$$= -x|\vec{a}|^2 + (x - y)\vec{a}\cdot\vec{b} + y|\vec{b}|^2$$

$$= -49x + 16(x - y) + 64y$$

$$= -33x + 48y = 0 \quad \cdots\cdots\cdots①$$

$\overrightarrow{\mathrm{AH}} \perp \overrightarrow{\mathrm{OB}}$ より

$$(\overrightarrow{\mathrm{OH}} - \overrightarrow{\mathrm{OA}})\cdot\overrightarrow{\mathrm{OB}} = \{(x - 1)\vec{a} + y\vec{b}\}\cdot\vec{b}$$

$$= (x - 1)\vec{a}\cdot\vec{b} + y|\vec{b}|^2$$

$$= 16x + 64y - 16 = 0 \quad \cdots\cdots\cdots②$$

①，② より

$$11x = 16y,\ x + 4y = 1$$

$$x = \frac{4}{15},\ y = \frac{11}{60}$$

したがって，$\overrightarrow{\mathrm{OH}} = \boldsymbol{\frac{4}{15}\vec{a} + \frac{11}{60}\vec{b}}$

（3） 直線BIと辺OAの交点をDとする．BIは∠Bの二等分線であるから

$$\mathrm{OD}:\mathrm{DA} = \mathrm{OB}:\mathrm{AB} = 8:9$$

よって，$\overrightarrow{\mathrm{OD}} = \frac{8}{17}\vec{a}$ である．

OIは∠Oの二等分線であるから

$$\mathrm{DI}:\mathrm{IB} = \mathrm{OD}:\mathrm{OB} = \left(7\cdot\frac{8}{17}\right):8 = 7:17$$

よって，$\overrightarrow{\mathrm{OI}} = \frac{17\overrightarrow{\mathrm{OD}} + 7\vec{b}}{24} = \boldsymbol{\frac{1}{3}\vec{a} + \frac{7}{24}\vec{b}}$

（4） $\overrightarrow{\mathrm{OJ}} = z\vec{a} + w\vec{b}$ とする．

辺OAの中点をMとすると，$\overrightarrow{\mathrm{OM}} = \frac{1}{2}\vec{a}$ であり，$\overrightarrow{\mathrm{MJ}} \perp \overrightarrow{\mathrm{OA}}$ であるから

$$\overrightarrow{\mathrm{MJ}}\cdot\overrightarrow{\mathrm{OA}} = (\overrightarrow{\mathrm{OJ}} - \overrightarrow{\mathrm{OM}})\cdot\vec{a}$$

$$= \left\{\left(z - \frac{1}{2}\right)\vec{a} + w\vec{b}\right\}\cdot\vec{a}$$

$$= 49\left(z - \frac{1}{2}\right) + 16w = 0 \quad \cdots\cdots ③$$

辺OBの中点をNとすると，$\overrightarrow{\mathrm{ON}} = \frac{1}{2}\vec{b}$ であり，$\overrightarrow{\mathrm{NJ}} \perp \overrightarrow{\mathrm{OB}}$ であるから

$$\overrightarrow{\mathrm{NJ}}\cdot\overrightarrow{\mathrm{OB}} = \left\{z\vec{a} + \left(w - \frac{1}{2}\right)\vec{b}\right\}\cdot\vec{b}$$

$$= 16z + 64\left(w - \frac{1}{2}\right) = 0 \quad \cdots\cdots ④$$

③，④より

$$98z + 32w = 49,\ z + 4w = 2$$

$$z = \frac{11}{30},\ w = \frac{49}{120}$$

したがって，$\overrightarrow{\mathrm{OJ}} = \boldsymbol{\frac{11}{30}\vec{a} + \frac{49}{120}\vec{b}}$

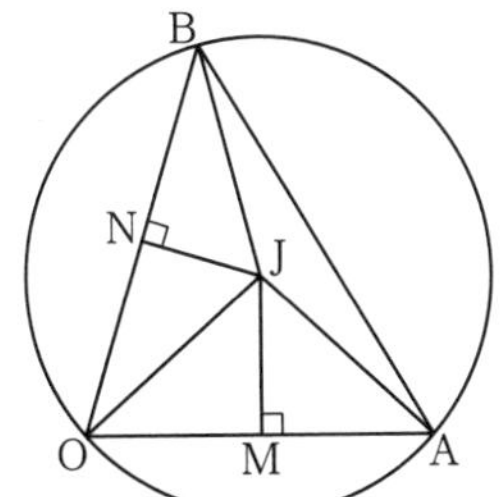

♦別解♦ （4） $|\overrightarrow{\mathrm{OJ}}| = |\overrightarrow{\mathrm{AJ}}| = |\overrightarrow{\mathrm{BJ}}|$ である．

$|\overrightarrow{\mathrm{OJ}}| = |\overrightarrow{\mathrm{AJ}}|$ より

$$|\overrightarrow{\mathrm{OJ}}|^2 = |\overrightarrow{\mathrm{OJ}} - \vec{a}|^2$$

$$|\overrightarrow{\mathrm{OJ}}|^2 = |\overrightarrow{\mathrm{OJ}}|^2 - 2\overrightarrow{\mathrm{OJ}}\cdot\vec{a} + |\vec{a}|^2$$

$$\overrightarrow{\mathrm{OJ}}\cdot\vec{a} = \frac{1}{2}|\vec{a}|^2$$

$\overrightarrow{\mathrm{OJ}} = z\vec{a} + w\vec{b}$ とすると

$$z|\vec{a}|^2 + w\vec{a}\cdot\vec{b} = \frac{1}{2}|\vec{a}|^2$$

$$49z + 16w = \frac{49}{2}$$

$|\overrightarrow{\mathrm{OJ}}| = |\overrightarrow{\mathrm{BJ}}|$ でも同様にして

$$\overrightarrow{\mathrm{OJ}}\cdot\vec{b} = \frac{1}{2}|\vec{b}|^2$$

$$z\vec{a}\cdot\vec{b} + w|\vec{b}|^2 = \frac{1}{2}|\vec{b}|^2$$

$$16z + 64w = 32$$

これで③，④と同じ方程式が得られたから，あとは解答と同様にできる．

《外心垂心（B30）》

372. 三角形OABにおいて，$\overrightarrow{\mathrm{OA}} = \vec{a}$, $\overrightarrow{\mathrm{OB}} = \vec{b}$ と表し，さらに $|\overrightarrow{\mathrm{OA}}|^2 = r$, $|\overrightarrow{\mathrm{OB}}|^2 = s$, $\overrightarrow{\mathrm{OA}}\cdot\overrightarrow{\mathrm{OB}} = t$ とする．以下の□にあてはまる数または式を解答欄に記入せよ．

（1） 三角形の垂心Hについて $\overrightarrow{\mathrm{OH}} = x\vec{a} + y\vec{b}$ と表す．直線BHが辺OAまたはその延長と垂直であることを r, s, t と未知数 x, y を用いて表せば，x と y に対する関係式 □ $= 0$ が得られる．同様に，直線AHが辺OBまたはその延長と垂直であることから x と y に対する関係式 □ $= 0$ が得られる．よって，x と y は r, s, t を用いて，$x =$ □，$y =$ □ と表される．

（2） 三角形の外心Pについて $\overrightarrow{\mathrm{OP}} = X\vec{a} + Y\vec{b}$ と表す．Pが辺OAの垂直二等分線上にあることを r, s, t と未知数 X, Y を用いて表せば，X と Y に対する関係式 □ $= 0$ が得られる．同様に，Pが辺OBの垂直二等分線上にあることから X と Y に対する関係式 □ $= 0$ が得られる．よって，X と Y は r, s, t を用いて，$X =$ □，$Y =$ □ と表される．

（3） （1）と（2）の結果から，$\overrightarrow{\mathrm{HP}}$ は r, s, t と $\vec{a}, \vec{b}$ を用いて，$\overrightarrow{\mathrm{HP}} =$ □ と表される．また，三角形の重心Gについて，$\overrightarrow{\mathrm{OG}}$ は $\vec{a}, \vec{b}$ を用いて，$\overrightarrow{\mathrm{OG}} =$ □ と表せるので，$\overrightarrow{\mathrm{HG}} =$ □ $\overrightarrow{\mathrm{HP}}$ である．

（21　京都薬大）

▶解答◀ （1） $\overrightarrow{\mathrm{BH}} = \overrightarrow{\mathrm{OH}} - \overrightarrow{\mathrm{OB}}$

$$= x\vec{a} + (y-1)\vec{b}$$

$\overrightarrow{\mathrm{OA}}\cdot\overrightarrow{\mathrm{BH}} = 0$ より

$$\vec{a}\cdot\{x\vec{a} + (y-1)\vec{b}\} = 0$$

$$x|\vec{a}|^2 + (y-1)\vec{a}\cdot\vec{b} = 0$$

$$\boldsymbol{xr + (y-1)t} = 0 \quad \cdots\cdots ①$$

$$\overrightarrow{\mathrm{AH}} = \overrightarrow{\mathrm{OH}} - \overrightarrow{\mathrm{OA}} = (x-1)\vec{a} + y\vec{b}$$

$\overrightarrow{OB}\cdot\overrightarrow{AH}=0$ より

$$\vec{b}\cdot\{(x-1)\vec{a}+y\vec{b}\}=0$$

$$\boldsymbol{(x-1)t+ys=0} \quad \cdots\cdots②$$

ここで，$t^2=(\overrightarrow{OA}\cdot\overrightarrow{OB})^2$

$$=|\overrightarrow{OA}|^2|\overrightarrow{OB}|^2\cos^2\angle AOB<rs$$

であるから $t^2-rs<0$ が成り立つことに注意すると，

①×s－②×t より

$$(rs-t^2)x-st+t^2=0 \qquad \therefore\quad x=\boldsymbol{\frac{t^2-st}{t^2-rs}}$$

①×t－②×r より

$$(t^2-rs)y-t^2+rt=0 \qquad \therefore\quad y=\boldsymbol{\frac{t^2-rt}{t^2-rs}}$$

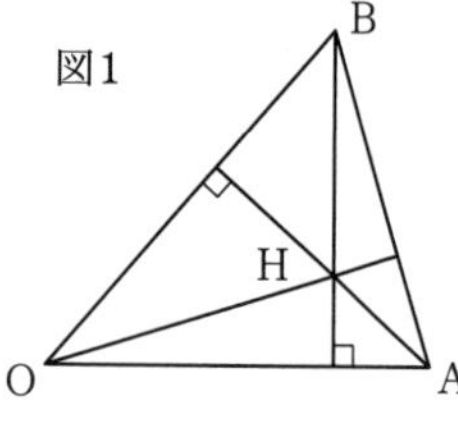

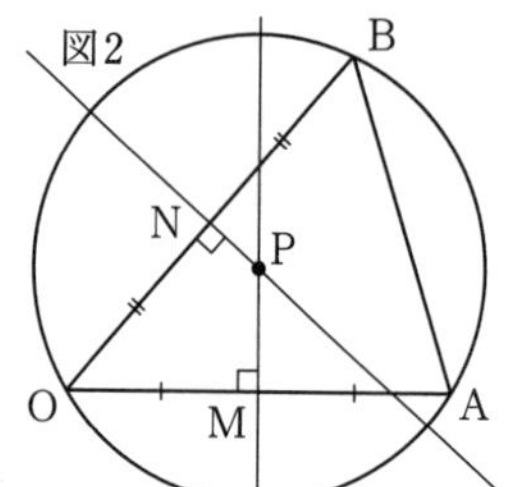

（2） OA，OB の中点をそれぞれ M，N とする．

$$\overrightarrow{MP}=\overrightarrow{OP}-\overrightarrow{OM}=\left(X-\frac{1}{2}\right)\vec{a}+Y\vec{b}$$

$\overrightarrow{OA}\cdot\overrightarrow{MP}=0$ より

$$\vec{a}\cdot\left\{\left(X-\frac{1}{2}\right)\vec{a}+Y\vec{b}\right\}=0$$

$$\boldsymbol{\left(X-\frac{1}{2}\right)r+Yt=0} \quad \cdots\cdots③$$

$$\overrightarrow{NP}=\overrightarrow{OP}-\overrightarrow{ON}=X\vec{a}+\left(Y-\frac{1}{2}\right)\vec{b}$$

$\overrightarrow{OB}\cdot\overrightarrow{NP}=0$ より

$$\vec{b}\cdot\left\{X\vec{a}+\left(Y-\frac{1}{2}\right)\vec{b}\right\}=0$$

$$\boldsymbol{Xt+\left(Y-\frac{1}{2}\right)s=0} \quad \cdots\cdots④$$

③×s－④×t より

$$(rs-t^2)X=\frac{1}{2}(rs-st)$$

$$X=\boldsymbol{\frac{s(t-r)}{2(t^2-rs)}}$$

③×t－④×r より

$$(t^2-rs)Y=\frac{1}{2}(rt-rs)$$

$$Y=\boldsymbol{\frac{r(t-s)}{2(t^2-rs)}}$$

（3） $\overrightarrow{HP}=\overrightarrow{OP}-\overrightarrow{OH}$

$$=(X-x)\vec{a}+(Y-y)\vec{b}$$

$$=\left(\frac{s(t-r)}{2(t^2-rs)}-\frac{t^2-st}{t^2-rs}\right)\vec{a}$$

$$+\left(\frac{r(t-s)}{2(t^2-rs)}-\frac{t^2-rt}{t^2-rs}\right)\vec{b}$$

$$=\boldsymbol{\frac{3st-rs-2t^2}{2(t^2-rs)}\vec{a}+\frac{3rt-rs-2t^2}{2(t^2-rs)}\vec{b}}$$

また，$\overrightarrow{OG}=\boldsymbol{\frac{1}{3}(\vec{a}+\vec{b})}$ であるから

$$\overrightarrow{HG}=\overrightarrow{OG}-\overrightarrow{OH}=\left(\frac{1}{3}-x\right)\vec{a}+\left(\frac{1}{3}-y\right)\vec{b}$$

$$=\left(\frac{1}{3}-\frac{t^2-st}{t^2-rs}\right)\vec{a}+\left(\frac{1}{3}-\frac{t^2-rt}{t^2-rs}\right)\vec{b}$$

$$=\frac{3st-rs-2t^2}{3(t^2-rs)}\vec{a}+\frac{3rt-rs-2t^2}{3(t^2-rs)}\vec{b}=\boldsymbol{\frac{2}{3}}\overrightarrow{HP}$$

《三角形で垂線を立てる (B20) ☆》

373. 平面上の △ABC において

AB = 7, BC = 8, CA = 6

とする．辺 AB を 2 : 1 に内分する点を D，辺 BC を 1 : 3 に内分する点を E，線分 AE と線分 CD の交点を P とする．点 A から辺 BC に下ろした垂線と辺 BC の交点を H とする．さらに，辺 BC の垂直二等分線が線分 AE と交わる点を Q とする．このとき，次の問に答えよ．

（1） 内積 $\overrightarrow{AB}\cdot\overrightarrow{AC}$ を求めよ．

（2） △ABC の面積を求めよ．

（3） 線分 AE の長さを求めよ．

（4） $\overrightarrow{AP}$ を $\overrightarrow{AE}$ を用いて表せ．

（5） $\overrightarrow{AH}$ を $\overrightarrow{AB}$ と $\overrightarrow{AC}$ を用いて表せ．

（6） 線分 PQ の長さを求めよ．

（21 山形大・医，理，農，人文社会）

▶解答◀ （1） $|\overrightarrow{BC}|=8$ から $|\overrightarrow{AC}-\overrightarrow{AB}|^2=64$

$$|\overrightarrow{AC}|^2-2\overrightarrow{AB}\cdot\overrightarrow{AC}+|\overrightarrow{AB}|^2=64$$

$$36-2\overrightarrow{AB}\cdot\overrightarrow{AC}+49=64$$

$$\overrightarrow{AB}\cdot\overrightarrow{AC}=\boldsymbol{\frac{21}{2}}$$

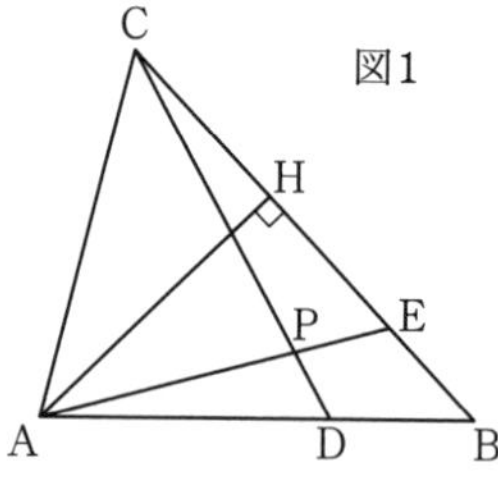

（2） $\triangle ABC=\frac{1}{2}\sqrt{|\overrightarrow{AB}|^2|\overrightarrow{AC}|^2-(\overrightarrow{AB}\cdot\overrightarrow{AC})^2}$

$$=\frac{1}{2}\sqrt{7^2\cdot6^2-\left(\frac{21}{2}\right)^2}$$

$$=\frac{1}{4}\sqrt{(7\cdot6\cdot2+21)(7\cdot6\cdot2-21)}=\boldsymbol{\frac{21}{4}\sqrt{15}}$$

（3） $\overrightarrow{AE}=\frac{3\overrightarrow{AB}+\overrightarrow{AC}}{1+3}=\frac{1}{4}(3\overrightarrow{AB}+\overrightarrow{AC})$

$$|\overrightarrow{AE}|^2=\frac{1}{16}|3\overrightarrow{AB}+\overrightarrow{AC}|^2$$

$$= \frac{1}{16}\left(9|\overrightarrow{AB}|^2 + 6\overrightarrow{AB}\cdot\overrightarrow{AC} + |\overrightarrow{AC}|^2\right)$$

$$= \frac{1}{16}(9\cdot 49 + 3\cdot 21 + 36) = \frac{9\cdot 15}{4}$$

したがって $\mathrm{AE} = \boldsymbol{\frac{3}{2}\sqrt{15}}$

（4） P は線分 AE 上にあるから，実数 k を用いて

$$\overrightarrow{AP} = k\overrightarrow{AE} = \frac{3}{4}k\overrightarrow{AB} + \frac{1}{4}k\overrightarrow{AC} \quad \cdots\cdots ①$$

と表せる．P は線分 CD 上にあるから，実数 t を用いて

$$\overrightarrow{AP} = t\overrightarrow{AD} + (1-t)\overrightarrow{AC}$$

$$= \frac{2}{3}t\overrightarrow{AB} + (1-t)\overrightarrow{AC} \quad \cdots\cdots ②$$

と表せる．$\overrightarrow{AB}, \overrightarrow{AC}$ は一次独立であるから，①，② から

$$\frac{3}{4}k = \frac{2}{3}t,\ \frac{1}{4}k = 1-t$$

この 2 式から

$$t = \frac{9}{11},\ k = \frac{8}{11} \qquad \therefore\quad \overrightarrow{AP} = \boldsymbol{\frac{8}{11}\overrightarrow{AE}}$$

（5） H は線分 BC 上にあるから，実数 s を用いて

$$\overrightarrow{AH} = s\overrightarrow{AB} + (1-s)\overrightarrow{AC}$$

と表せる．$\mathrm{AH} \perp \mathrm{BC}$ であるから

$$\overrightarrow{AH}\cdot\overrightarrow{BC} = 0$$

$$\{s\overrightarrow{AB} + (1-s)\overrightarrow{AC}\}\cdot(\overrightarrow{AC} - \overrightarrow{AB}) = 0$$

$$(2s-1)\overrightarrow{AB}\cdot\overrightarrow{AC} - s|\overrightarrow{AB}|^2 + (1-s)|\overrightarrow{AC}|^2 = 0$$

$$\frac{21}{2}(2s-1) - 49s + 36(1-s) = 0$$

$$64s = \frac{51}{2} \qquad \therefore\quad s = \frac{51}{128}$$

$$\overrightarrow{AH} = \boldsymbol{\frac{51}{128}\overrightarrow{AB} + \frac{77}{128}\overrightarrow{AC}}$$

（6） BC の中点を M とおく．$\mathrm{ME} = \mathrm{BE} = 2$

（5）から，$\mathrm{BH} = \frac{77}{128}\mathrm{BC} = \frac{77}{16}$ であるから

$$\mathrm{EH} = \frac{77}{16} - 2 = \frac{45}{16}$$

AH // QM から

$$\mathrm{AE} : \mathrm{AQ} = \mathrm{EH} : \mathrm{MH} = \frac{45}{16} : \left(\frac{45}{16} - 2\right)$$

$$= 45 : 13 \quad \cdots\cdots ③$$

（4）から，$\mathrm{AE} : \mathrm{PE} = 11 : 3 \quad \cdots\cdots ④$

③，④ から

$$\mathrm{AE} : \mathrm{PQ} = 45\cdot 11 : (45\cdot 11 - 13\cdot 11 - 45\cdot 3)$$

$$= 495 : 217$$

（3）から $\mathrm{PQ} = \frac{217}{495}\cdot\frac{3}{2}\sqrt{15} = \boldsymbol{\frac{217}{330}\sqrt{15}}$

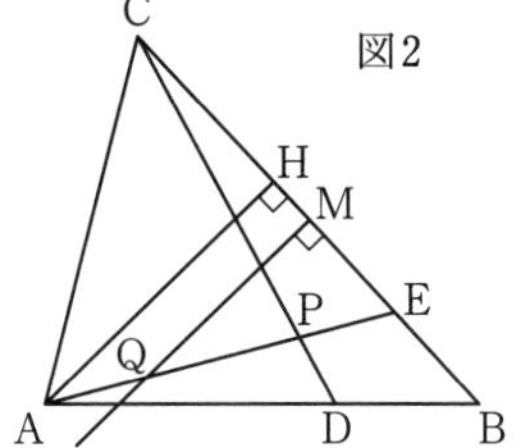

図2

《三角形で垂線を立てる (B20) ☆》

374．△OAB を 1 辺の長さが 1 の正三角形とする．辺 AB を $s : 1-s\ (0 < s < 1)$ に内分する点を C，辺 OA を $t : 1-t\ (0 < t < 1)$ に内分する点を D，辺 OB を $u : 1-u\ (0 < u < 1)$ に内分する点を E とする．線分 OC と線分 DE の交点を F とおく．次の 2 つの条件について考える．

(a) 線分 OC と線分 DE は垂直である．

(b) 点 F は線分 OC の中点である．

次の問いに答えよ．

（1） (a) が成り立つとき，t を s と u を用いて表せ．

（2） (b) が成り立つとき，t を s と u を用いて表せ．

（3） (a) と (b) が同時に成り立つとき，t と u を s を用いて表せ．

（4） (a) と (b) が同時に成り立つとき，△ODE の面積を s を用いて表せ．（21 埼玉大・後期）

▶解答◀ （1） $\overrightarrow{OA} = \vec{a}, \overrightarrow{OB} = \vec{b}$ とおくと

$$|\vec{a}| = |\vec{b}| = 1,\ \vec{a}\cdot\vec{b} = 1\cdot 1\cdot\frac{1}{2} = \frac{1}{2}$$

$$\overrightarrow{OC} = (1-s)\vec{a} + s\vec{b},\ \overrightarrow{OD} = t\vec{a},\ \overrightarrow{OE} = u\vec{b}$$

であるから，$\overrightarrow{DE} = u\vec{b} - t\vec{a}$ であり，$\overrightarrow{OC} \perp \overrightarrow{DE}$ より

$$\overrightarrow{OC}\cdot\overrightarrow{DE} = \{(1-s)\vec{a} + s\vec{b}\}\cdot(u\vec{b} - t\vec{a})$$

$$= -t(1-s)|\vec{a}|^2 + \{(1-s)u - st\}\vec{a}\cdot\vec{b} + su|\vec{b}|^2$$

$$= -t(1-s) + \frac{1}{2}\{(1-s)u - st\} + su$$

$$= \frac{1}{2}(s-2)t + \frac{1}{2}(1+s)u = 0$$

よって，$t = \boldsymbol{\frac{(1+s)u}{2-s}}$ である．

（2） $\overrightarrow{OF} = \frac{1}{2}\overrightarrow{OC} = \frac{1}{2}(1-s)\vec{a} + \frac{1}{2}s\vec{b}$

$$= \frac{1-s}{2t}(t\vec{a}) + \frac{s}{2u}(u\vec{b}) = \frac{1-s}{2t}\overrightarrow{OD} + \frac{s}{2u}\overrightarrow{OE}$$

F は線分 DE 上にあるから

$$\frac{1-s}{2t} + \frac{s}{2u} = 1 \qquad \therefore\quad t = \boldsymbol{\frac{(1-s)u}{2u-s}}$$

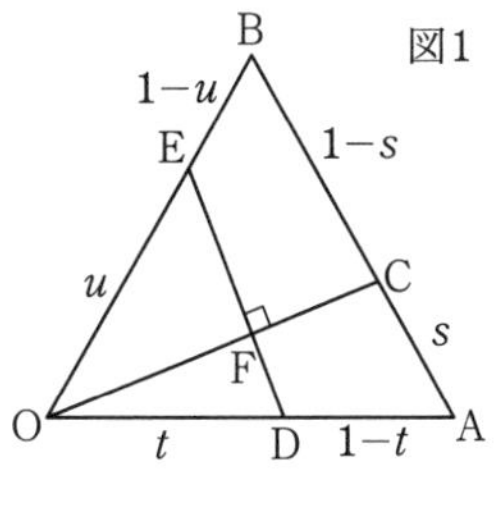

図1

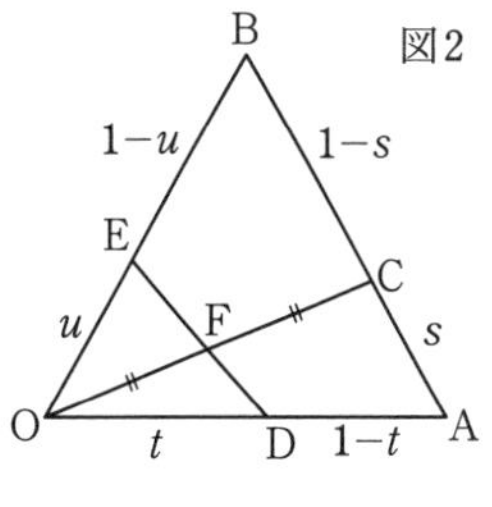

図2

（３）（１）と（２）の式がともに成立しているから

$$t=\frac{(1+s)u}{2-s}=\frac{(1-s)u}{2u-s}$$

$u\neq 0$ であるから，$\frac{1+s}{2-s}=\frac{1-s}{2u-s}$

$$2u-s=\frac{(1-s)(2-s)}{1+s}$$

$$u=\frac{1}{2}\left\{\frac{(1-s)(2-s)}{1+s}+s\right\}=\boldsymbol{\frac{s^2-s+1}{1+s}}$$

$$t=\frac{(1+s)u}{2-s}=\boldsymbol{\frac{s^2-s+1}{2-s}}$$

（４）$\triangle\mathrm{OAB}=\frac{1}{2}\cdot 1^2\cdot\sin 60^\circ=\frac{\sqrt{3}}{4}$ である．

$\triangle\mathrm{ODE}=tu\triangle\mathrm{OAB}$

$$=\frac{s^2-s+1}{2-s}\cdot\frac{s^2-s+1}{1+s}\cdot\frac{\sqrt{3}}{4}$$

$$=\boldsymbol{\frac{\sqrt{3}(s^2-s+1)^2}{4(2-s)(1+s)}}$$

《オイラー線（B30）☆》

375．△OABにおいて，

$\mathrm{OA}=5,\ \mathrm{OB}=4,\ \mathrm{AB}=\sqrt{21}$

とし，$\overrightarrow{\mathrm{OA}}=\vec{a},\ \overrightarrow{\mathrm{OB}}=\vec{b}$ とおく．△OABの外心をP，垂心をHとすると，

$\overrightarrow{\mathrm{OP}}=\square\vec{a}+\square\vec{b},\ \overrightarrow{\mathrm{OH}}=\square\vec{a}+\square\vec{b}$

と表すことができる．また，線分PHを1：2に内分する点Dについて，

$\overrightarrow{\mathrm{OD}}=\square\vec{a}+\square\vec{b}$

と表せることから，点Dは△OABの$\square$である．

（21　関西医大・前期）

▶解答◀

$$|\overrightarrow{\mathrm{AB}}|^2=|-\vec{a}+\vec{b}|^2=|\vec{a}|^2-2\vec{a}\cdot\vec{b}+|\vec{b}|^2$$

$|\vec{a}|=5,\ |\vec{b}|=4,\ |\overrightarrow{\mathrm{AB}}|=\sqrt{21}$ であるから

$$21=25-2\vec{a}\cdot\vec{b}+16\qquad\therefore\quad \vec{a}\cdot\vec{b}=10$$

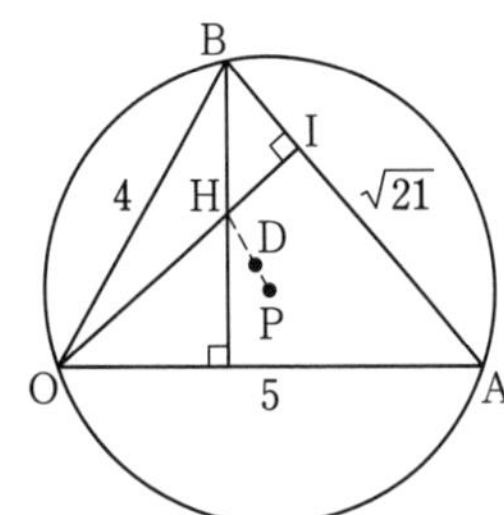

s,t を実数とし，$\overrightarrow{\mathrm{OP}}=s\vec{a}+t\vec{b}$ とおくと

$$\overrightarrow{\mathrm{OA}}\cdot\overrightarrow{\mathrm{OP}}=\vec{a}\cdot(s\vec{a}+t\vec{b})=s|\vec{a}|^2+t\vec{a}\cdot\vec{b}$$

$$=25s+10t$$

Pは△OABの外心であるから

$$\overrightarrow{\mathrm{OA}}\cdot\overrightarrow{\mathrm{OP}}=|\overrightarrow{\mathrm{OA}}||\overrightarrow{\mathrm{OP}}|\cos\angle\mathrm{AOP}$$

$$=|\overrightarrow{\mathrm{OA}}|\cdot\frac{1}{2}|\overrightarrow{\mathrm{OA}}|=\frac{1}{2}|\overrightarrow{\mathrm{OA}}|^2=\frac{25}{2}$$

これより，$10s+4t=5$ ……①

$$\overrightarrow{\mathrm{OB}}\cdot\overrightarrow{\mathrm{OP}}=\vec{b}\cdot(s\vec{a}+t\vec{b})=s\vec{a}\cdot\vec{b}+t|\vec{b}|^2$$

$$=10s+16t$$

$\overrightarrow{\mathrm{OA}}\cdot\overrightarrow{\mathrm{OP}}$ の場合と同様に，$\overrightarrow{\mathrm{OB}}\cdot\overrightarrow{\mathrm{OP}}=\frac{1}{2}|\overrightarrow{\mathrm{OB}}|^2=8$

これより，$5s+8t=4$ ……②

①，②より

$$s=\frac{2}{5},\ t=\frac{1}{4}\qquad\therefore\quad \overrightarrow{\mathrm{OP}}=\boldsymbol{\frac{2}{5}}\vec{a}+\boldsymbol{\frac{1}{4}}\vec{b}$$

直線OHとABの交点をIとする．u を実数とし，$\mathrm{AI}:\mathrm{IB}=u:(1-u)$ とおくと，$\overrightarrow{\mathrm{OI}}=(1-u)\vec{a}+u\vec{b}$ であり

$$\overrightarrow{\mathrm{OI}}\cdot\overrightarrow{\mathrm{AB}}=\{(1-u)\vec{a}+u\vec{b}\}\cdot(-\vec{a}+\vec{b})$$

$$=(u-1)|\vec{a}|^2+(-2u+1)\vec{a}\cdot\vec{b}+u|\vec{b}|^2$$

$$=25u-25-20u+10+16u=21u-15$$

$\overrightarrow{\mathrm{OI}}$ と $\overrightarrow{\mathrm{AB}}$ は直交するから，$21u-15=0$

$u=\frac{5}{7}$ であるから，$\overrightarrow{\mathrm{OI}}=\frac{2}{7}\vec{a}+\frac{5}{7}\vec{b}$

さらに，k を実数として $\overrightarrow{\mathrm{OH}}=k\overrightarrow{\mathrm{OI}}=\frac{2}{7}k\vec{a}+\frac{5}{7}k\vec{b}$ とおけ，このとき

$$\overrightarrow{\mathrm{BH}}=\overrightarrow{\mathrm{OH}}-\overrightarrow{\mathrm{OB}}=\frac{2}{7}k\vec{a}+\left(\frac{5}{7}k-1\right)\vec{b}$$

$$\overrightarrow{\mathrm{OA}}\cdot\overrightarrow{\mathrm{BH}}=\vec{a}\cdot\left\{\frac{2}{7}k\vec{a}+\left(\frac{5}{7}k-1\right)\vec{b}\right\}$$

$$=\frac{2}{7}k|\vec{a}|^2+\left(\frac{5}{7}k-1\right)\vec{a}\cdot\vec{b}$$

$$=\frac{50}{7}k+\frac{50}{7}k-10=\frac{100}{7}k-10$$

$\overrightarrow{\mathrm{OA}}$ と $\overrightarrow{\mathrm{BH}}$ は直交するから，$\frac{100}{7}k-10=0$

$k=\frac{7}{10}$ であるから，$\overrightarrow{\mathrm{OH}}=\boldsymbol{\frac{1}{5}}\vec{a}+\boldsymbol{\frac{1}{2}}\vec{b}$

以上より

$$\overrightarrow{\mathrm{OD}}=\frac{2}{3}\overrightarrow{\mathrm{OP}}+\frac{1}{3}\overrightarrow{\mathrm{OH}}$$

$$=\left(\frac{4}{15}\vec{a}+\frac{1}{6}\vec{b}\right)+\left(\frac{1}{15}\vec{a}+\frac{1}{6}\vec{b}\right)=\boldsymbol{\frac{1}{3}}\vec{a}+\boldsymbol{\frac{1}{3}}\vec{b}$$

と表されるから，点Dは△OABの**重心**である．

注意【オイラー線】

本問の結果から，外心P，重心D，垂心Hは一直線上に存在し，PD：DH＝1：2が成り立つことが知られている．

《外心と重心の距離（C30）》

376．3辺の長さが $\mathrm{BC}=a,\ \mathrm{CA}=b,\ \mathrm{AB}=c$ である△ABCにおいて，辺BC上に点Dをとり，$\mathrm{BD}=m,\ \mathrm{CD}=n$，および $\mathrm{AD}=d$ とする．△ABCの重心をGとして，以下の問いに答えよ．なお，（１）以外は途中の式や考え方を記入すること．

（1） $\angle \mathrm{ADB}=\theta$ として，$\cos\theta$ の値を c, d, m を用いて表せ．

（2） 次のことを証明せよ．

$b^2m+c^2n=a(d^2+mn)$

（3） AG の長さを a, b, c を用いて表せ．

（4） $\angle \mathrm{BAC}$ の二等分線が辺 BC と交わる点を D′ とする．もし，△ABC が $\angle \mathrm{BAC}=90^\circ$ の直角三角形ならば，AD′ の長さは b と c を用いて表せる．このときの AD′ の長さを求めよ．

（5） △ABC の外接円の中心を O，その半径を R として，OG の長さを a, b, c および R を用いて表せ．

（21 兵庫医大）

▶解答◀ （1） △ADB で余弦定理より

$$c^2=d^2+m^2-2dm\cos\theta \quad \cdots\cdots ①$$

$$\cos\theta=\boldsymbol{\frac{d^2+m^2-c^2}{2dm}}$$

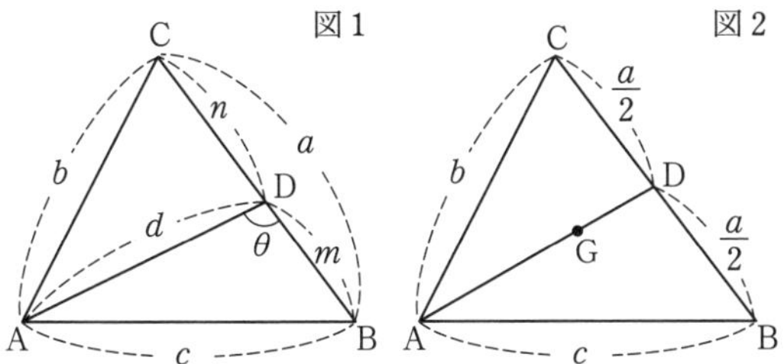

（2） $\angle \mathrm{ADC}=180^\circ-\theta$ である．△ACD に余弦定理を用いて

$$b^2=d^2+n^2-2dn\cos(180^\circ-\theta)$$

$$b^2=d^2+n^2+2dn\cos\theta \quad \cdots\cdots ②$$

①×n＋②×m より

$$nc^2+mb^2=n(d^2+m^2)+m(d^2+n^2)$$

$$nc^2+mb^2=(n+m)(d^2+mn)$$

$m+n=a$ であるから

$$b^2m+c^2n=a(d^2+mn) \quad \cdots\cdots ③$$

（3） 図2を見よ．$m=n=\frac{a}{2}$ のとき，AD は中線で，③より

$$\frac{a}{2}(b^2+c^2)=a\left(d^2+\frac{a^2}{4}\right)$$

$$d^2=\frac{b^2+c^2}{2}-\frac{a^2}{4}=\frac{2(b^2+c^2)-a^2}{4}$$

$$d=\frac{\sqrt{2(b^2+c^2)-a^2}}{2}$$

したがって

$$\mathrm{AG}=\frac{2}{3}d=\boldsymbol{\frac{\sqrt{2(b^2+c^2)-a^2}}{3}}$$

（4） 図3を見よ．角の二等分線と辺の比の定理より $\mathrm{BD'}:\mathrm{D'C}=c:b$ であるから，$m=\frac{ca}{b+c}$, $n=\frac{ba}{b+c}$ である．これを③に代入して

$$\frac{ab^2c}{b+c}+\frac{abc^2}{b+c}=a\left\{d^2+\frac{a^2bc}{(b+c)^2}\right\}$$

$$bc=d^2+\frac{a^2bc}{(b+c)^2}$$

$a^2=b^2+c^2$ であるから

$$bc=d^2+\frac{(b^2+c^2)bc}{(b+c)^2}$$

$$d^2=bc\left\{1-\frac{b^2+c^2}{(b+c)^2}\right\}=\frac{2b^2c^2}{(b+c)^2}$$

$$d=\mathrm{AD'}=\boldsymbol{\frac{\sqrt{2}bc}{b+c}}$$

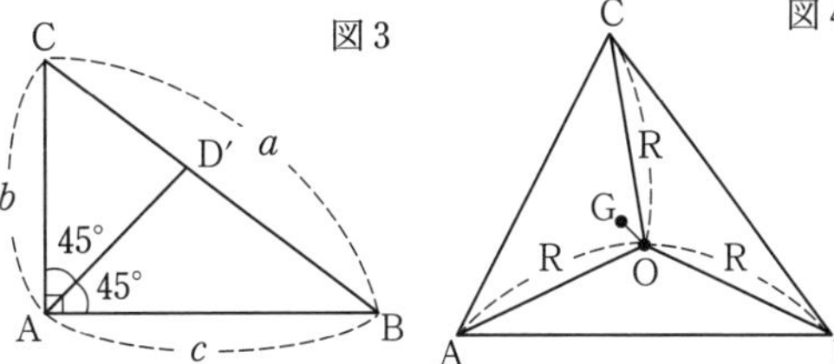

（5） 図4を見よ．$|\overrightarrow{\mathrm{OA}}|=|\overrightarrow{\mathrm{OB}}|=|\overrightarrow{\mathrm{OC}}|=R$ より

$$|\overrightarrow{\mathrm{AB}}|^2=|\overrightarrow{\mathrm{OB}}-\overrightarrow{\mathrm{OA}}|^2$$

$$=|\overrightarrow{\mathrm{OB}}|^2-2\overrightarrow{\mathrm{OA}}\cdot\overrightarrow{\mathrm{OB}}+|\overrightarrow{\mathrm{OA}}|^2$$

$$c^2=2R^2-2\overrightarrow{\mathrm{OA}}\cdot\overrightarrow{\mathrm{OB}}$$

$$2\overrightarrow{\mathrm{OA}}\cdot\overrightarrow{\mathrm{OB}}=2R^2-c^2$$

同様にして

$$2\overrightarrow{\mathrm{OB}}\cdot\overrightarrow{\mathrm{OC}}=2R^2-a^2$$

$$2\overrightarrow{\mathrm{OC}}\cdot\overrightarrow{\mathrm{OA}}=2R^2-b^2$$

である．$\overrightarrow{\mathrm{OG}}=\frac{1}{3}(\overrightarrow{\mathrm{OA}}+\overrightarrow{\mathrm{OB}}+\overrightarrow{\mathrm{OC}})$ であるから

$$|\overrightarrow{\mathrm{OG}}|^2=\frac{1}{9}\left\{|\overrightarrow{\mathrm{OA}}|^2+|\overrightarrow{\mathrm{OB}}|^2+|\overrightarrow{\mathrm{OC}}|^2\right.$$

$$\left.+2(\overrightarrow{\mathrm{OA}}\cdot\overrightarrow{\mathrm{OB}}+\overrightarrow{\mathrm{OB}}\cdot\overrightarrow{\mathrm{OC}}+\overrightarrow{\mathrm{OC}}\cdot\overrightarrow{\mathrm{OA}})\right\}$$

$$=\frac{1}{9}(9R^2-a^2-b^2-c^2)$$

したがって

$$\mathrm{OG}=\boldsymbol{\frac{1}{3}\sqrt{9R^2-a^2-b^2-c^2}}$$

◆別解◆ （4） $\triangle\mathrm{ABC}=\frac{1}{2}bc$ である．

$$\triangle\mathrm{ABD'}=\frac{1}{2}\cdot c\cdot\mathrm{AD'}\sin 45^\circ=\frac{c}{2\sqrt{2}}\mathrm{AD'}$$

$$\triangle\mathrm{ACD'}=\frac{1}{2}\cdot b\cdot\mathrm{AD'}\sin 45^\circ=\frac{b}{2\sqrt{2}}\mathrm{AD'}$$

$\triangle\mathrm{ABC}=\triangle\mathrm{ABD'}+\triangle\mathrm{ACD'}$ であるから

$$\frac{1}{2}bc=\frac{1}{2\sqrt{2}}(b+c)\mathrm{AD'}$$

$$\mathrm{AD'}=\boldsymbol{\frac{\sqrt{2}bc}{b+c}}$$

《メネラウスの定理 (B30)》

377. 面積が1である三角形ABCがある．s, tを$s>0, t>0, s+t<1$を満たす実数とする．三角形ABCの内部に，$\overrightarrow{AX}=s\overrightarrow{AB}+t\overrightarrow{AC}$を満たす点Xをとる．直線AXと辺BCの交点をP，直線BXと辺CAの交点をQ，直線CXと辺ABの交点をRとする．三角形BPX，三角形CQX，三角形ARXの面積の和をWとする．以下の問いに答えよ．

（1） $\dfrac{PC}{BP}$, $\dfrac{QA}{CQ}$, $\dfrac{RB}{AR}$ の値をsとtを用いて表せ．

（2） 三角形BPX，三角形CQX，三角形ARXの面積をsとtを用いて表せ．

（3） $s=t$のとき，Wを求めよ．

（4） 点Qが辺CAの中点であるとき，Wを求めよ．

（21　広島大・後期）

▶解答◀ （1） $\overrightarrow{AX}=s\overrightarrow{AB}+t\overrightarrow{AC}$

$$=(s+t)\cdot\frac{s\overrightarrow{AB}+t\overrightarrow{AC}}{s+t}$$

であり，Pは直線AXと辺BCの交点であるから

$$\overrightarrow{AP}=\frac{s\overrightarrow{AB}+t\overrightarrow{AC}}{s+t},\ \overrightarrow{AX}=(s+t)\overrightarrow{AP}$$

と表すことができる．したがって，

$$\frac{PC}{BP}=\boldsymbol{\frac{s}{t}},\ \frac{AX}{XP}=\frac{s+t}{1-s-t}$$

△ACPと直線BQでメネラウスの定理から

$$\frac{AQ}{QC}\cdot\frac{CB}{BP}\cdot\frac{PX}{XA}=1$$

$$\frac{AQ}{QC}\cdot\frac{s+t}{t}\cdot\frac{1-s-t}{s+t}=1$$

$$\frac{QA}{CQ}=\boldsymbol{\frac{t}{1-s-t}}$$

△ABPと直線CRでメネラウスの定理から

$$\frac{AX}{XP}\cdot\frac{PC}{CB}\cdot\frac{BR}{RA}=1$$

$$\frac{s+t}{1-s-t}\cdot\frac{s}{s+t}\cdot\frac{BR}{RA}=1$$

$$\frac{RB}{AR}=\boldsymbol{\frac{1-s-t}{s}}$$

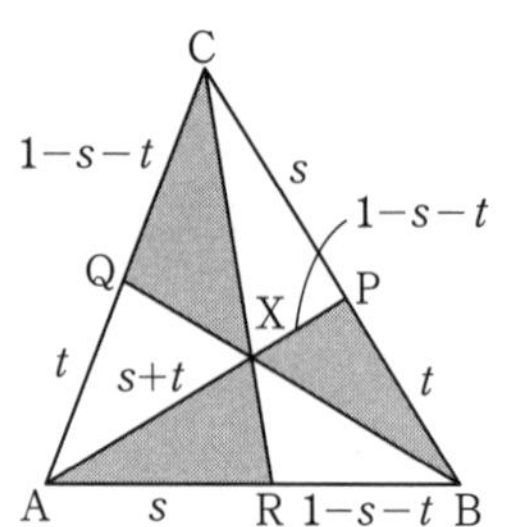

（2） $\triangle BPX=(1-s-t)\triangle ABP$

$$=(1-s-t)\cdot\frac{t}{s+t}\triangle ABC=\boldsymbol{\frac{t(1-s-t)}{s+t}}$$

$$\triangle CQX=\frac{1-s-t}{t+(1-s-t)}\triangle ACX$$

$$=\frac{1-s-t}{1-s}\cdot(s+t)\triangle ACP$$

$$=\frac{1-s-t}{1-s}\cdot(s+t)\cdot\frac{s}{s+t}\triangle ABC$$

$$=\boldsymbol{\frac{s(1-s-t)}{1-s}}$$

$$\triangle ARX=\frac{s}{s+(1-s-t)}\triangle ABX$$

$$=\frac{s}{1-t}\cdot(s+t)\triangle ABP$$

$$=\frac{s}{1-t}\cdot(s+t)\cdot\frac{t}{s+t}\triangle ABC=\boldsymbol{\frac{st}{1-t}}$$

（3） （2）から$s=t$のとき

$$\triangle BPX=\frac{t(1-t-t)}{t+t}=\frac{1}{2}-t$$

$$\triangle CQX=\frac{t(1-t-t)}{1-t}=\frac{t-2t^2}{1-t}$$

$$\triangle ARX=\frac{t^2}{1-t}$$

となるから

$$W=\frac{1}{2}-t+\frac{t-2t^2}{1-t}+\frac{t^2}{1-t}$$

$$=\frac{1}{2}-t+\frac{t(1-t)}{1-t}=\boldsymbol{\frac{1}{2}}$$

（4） Qが辺CAの中点のとき$t=1-s-t$から$s=1-2t$

$$\triangle BPX=\frac{t(1-1+2t-t)}{1-2t+t}=\frac{t^2}{1-t}$$

$$\triangle CQX=\frac{(1-2t)(1-1+2t-t)}{1-1+2t}=\frac{1-2t}{2}$$

$$\triangle ARX=\frac{t(1-2t)}{1-t}$$

となるから

$$W=\frac{t^2}{1-t}+\frac{1-2t}{2}+\frac{t(1-2t)}{1-t}$$

$$=\frac{1}{2}-t+\frac{t(1-t)}{1-t}=\boldsymbol{\frac{1}{2}}$$

注意 （3）と（4）について，交点の1つが辺の中点であるという条件は同じであり，結果は一致している．

《正射影 (B30)》

378. 座標平面上で，原点Oを通り，$\vec{u}=(\cos\theta, \sin\theta)$を方向ベクトルとする直線を$l$とおく．ただし，

$-\dfrac{\pi}{2}<\theta\leqq\dfrac{\pi}{2}$とする．

（1） $\theta\neq\dfrac{\pi}{2}$とする．直線lの法線ベクトルで，y成分が正であり，大きさが1のベクトルを$\vec{n}$とおく．点P(1, 1)に対し，$\overrightarrow{OP}=s\vec{u}+t\vec{n}$と表す．$a=\cos\theta, b=\sin\theta$として，$s, t$の

それぞれを a, b についての 1 次式で表すと $s=\square$, $t=\square$ である.

点 P(1, 1) から直線 l に垂線を下ろし，直線 l との交点を Q とする．ただし，点 P が直線 l 上にあるときは，点 Q は P とする．以下では，$-\frac{\pi}{2}<\theta \leqq \frac{\pi}{2}$ とする.

(2) 線分 PQ の長さは，$\theta=\square$ のとき最大となる.

さらに，点 R(−3, 1) から直線 l に垂線を下ろし，直線 l との交点を S とする．ただし，点 R が直線 l 上にあるときは，点 S は R とする.

(3) 線分 QS を 1 : 3 に内分する点を T とおく．θ が $-\frac{\pi}{2}<\theta \leqq \frac{\pi}{2}$ を満たしながら動くとき，点 T(x, y) がえがく軌跡の方程式は $\square=0$ である.

(4) PQ^2+RS^2 の最大値は $\square$ である.

(21 慶應大・理工)

▶解答◀ (1) $\vec{u}$ に垂直な単位ベクトルは $(\pm\sin\theta, \mp\cos\theta)$ (複号同順) と 2 つあるが，そのうち，$-\frac{\pi}{2}<\theta \leqq \frac{\pi}{2}$ において y 成分が正であるものは

$$\vec{n}=(-\sin\theta, \cos\theta)$$

である．$a=\cos\theta$, $b=\sin\theta$ とおくと，$a^2+b^2=1$ であり，$\vec{u}=(a, b)$, $\vec{n}=(-b, a)$ となるから

$$\begin{pmatrix}1\\1\end{pmatrix}=s\begin{pmatrix}a\\b\end{pmatrix}+t\begin{pmatrix}-b\\a\end{pmatrix}$$

$$as-bt=1 \quad \cdots\cdots ①$$

$$bs+at=1 \quad \cdots\cdots ②$$

①×a+②×b より,

$$(a^2+b^2)s=a+b \qquad \therefore \quad s=a+b$$

②×a−①×b より,

$$(a^2+b^2)t=a-b \qquad \therefore \quad t=a-b$$

よって，$(s, t)=\boldsymbol{(a+b, a-b)}$ である．$\vec{u}$ の方向に X 軸を，$\vec{n}$ の方向に Y 軸をとると，$|\vec{u}|=|\vec{n}|=1$ より，P の XY 平面における座標は $(a+b, a-b)$ である．xy 平面における座標と区別するために，XY 平面における座標は $\{a+b, a-b\}$ のように中括弧で囲んで表すことにする.

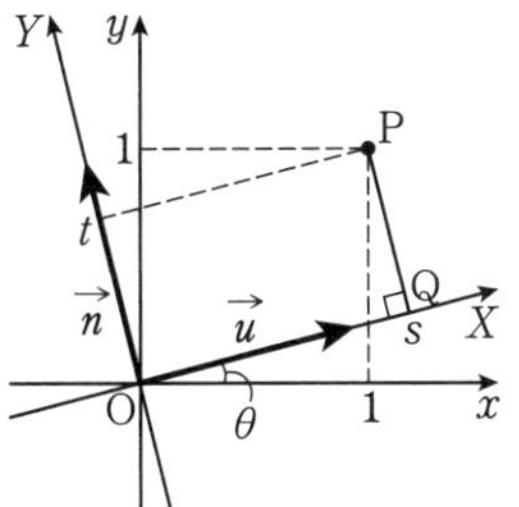

(2) P$\{a+b, a-b\}$, Q$\{a+b, 0\}$ より

$$PQ=|a-b|=|\cos\theta-\sin\theta|$$
$$=\sqrt{2}\left|\cos\left(\theta+\frac{\pi}{4}\right)\right|$$

であるから，$\theta=-\frac{\pi}{4}$ で最大となる.

(3) R の XY 座標を P と同様に求めると,

$$as-bt=-3, \ bs+at=1$$

より，R$\{-3a+b, a+3b\}$ である．このとき，S$\{-3a+b, 0\}$ であるから，T の XY 座標の X 成分は

$$\frac{3}{4}(a+b)+\frac{1}{4}(-3a+b)=b$$

となり，T$\{b, 0\}$ とわかる．xy 平面上で表すと,

$$\overrightarrow{OT}=b\vec{u}=\sin\theta\begin{pmatrix}\cos\theta\\ \sin\theta\end{pmatrix}$$

である．ゆえに,

$$x=\sin\theta\cos\theta=\frac{1}{2}\sin 2\theta$$

$$y=\sin^2\theta=\frac{1-\cos 2\theta}{2}$$

これより，$\sin 2\theta=2x$, $\cos 2\theta=1-2y$ となるから，T が描く軌跡の方程式は

$$(2x)^2+(1-2y)^2=1$$

$$\boldsymbol{x^2+y^2-y}=0$$

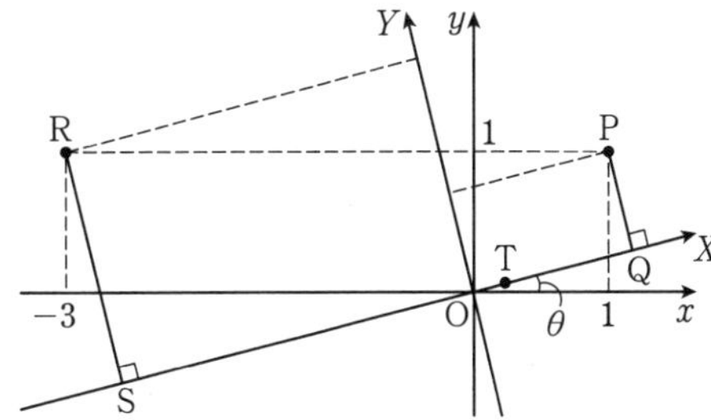

(4)
$$PQ^2+RS^2=(a-b)^2+(a+3b)^2$$
$$=2a^2+4ab+10b^2$$
$$=2\cos^2\theta+4\cos\theta\sin\theta+10\sin^2\theta$$
$$=(1+\cos 2\theta)+2\sin 2\theta+5(1-\cos 2\theta)$$
$$=2\sin 2\theta-4\cos 2\theta+6$$
$$=2\sqrt{5}\sin(2\theta-\alpha)+6$$

ただし，α は $\cos\alpha=\dfrac{1}{\sqrt{5}}$, $\sin\alpha=\dfrac{2}{\sqrt{5}}$ を満たす角である．ここで，$-\dfrac{\pi}{2}<\alpha\leqq\dfrac{\pi}{2}$ より $-\dfrac{\pi}{4}<\dfrac{\alpha}{2}\leqq\dfrac{\pi}{4}$ であるから，$-\dfrac{\pi}{2}<\dfrac{\alpha}{2}+\dfrac{\pi}{4}\leqq\dfrac{\pi}{2}$ となる．よって，PQ^2+RS^2 は $\theta=\dfrac{\alpha}{2}+\dfrac{\pi}{4}$ で最大値 $\boldsymbol{2\sqrt{5}+6}$ をとる．

《次々と比をとる (B30)》

379．△OAB の辺 OA，AB，BO の上にそれぞれ点 P, Q, R があり，△OAB の重心と △PQR の重心が一致する．辺 OA, AB, BO を 3 : 1 に内分する点をそれぞれ A_1, B_1, C_1 とし，辺 A_1B_1, B_1C_1, C_1A_1 を 3 : 1 に内分する点をそれぞれ A_2，B_2，C_2 とする．$\overrightarrow{OA}=\vec{a}$, $\overrightarrow{OB}=\vec{b}$ および $\overrightarrow{OP}=s\vec{a}\ (0\leqq s\leqq 1)$ とおくとき，以下の問いに答えよ．

（1） $\vec{a}+\vec{b}$ を $\overrightarrow{OP}$，$\overrightarrow{OQ}$，$\overrightarrow{OR}$ を用いて示せ．

（2） $\overrightarrow{OQ}$ と $\overrightarrow{OR}$ をそれぞれ $\vec{a}$，$\vec{b}$，および s を用いて表せ．

（3） $\overrightarrow{B_2C_2}$ と $\overrightarrow{PR}$ が平行であるとき s の値を求めよ．

（4） △OAB と $\triangle A_2B_2C_2$ の面積比を求めよ．

（21　京都府立大・生命環境）

▶解答◀ （1） △OAB の重心を G とすると $\overrightarrow{OG}=\dfrac{\vec{a}+\vec{b}}{3}$ であり，G は △PQR の重心でもあるから，$\overrightarrow{OG}=\dfrac{1}{3}(\overrightarrow{OP}+\overrightarrow{OQ}+\overrightarrow{OR})$ である．

$$\frac{\vec{a}+\vec{b}}{3}=\frac{1}{3}(\overrightarrow{OP}+\overrightarrow{OQ}+\overrightarrow{OR})$$

$$\vec{a}+\vec{b}=\boldsymbol{\overrightarrow{OP}+\overrightarrow{OQ}+\overrightarrow{OR}}\ \cdots\cdots①$$

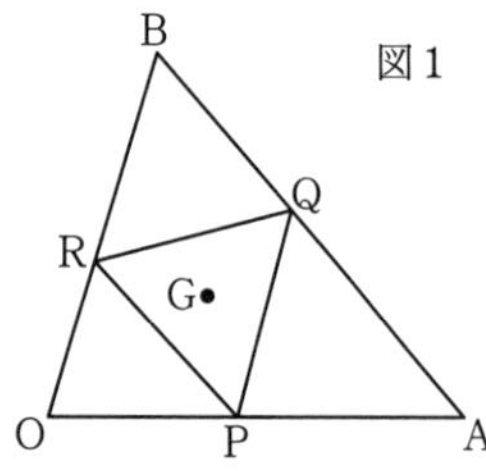

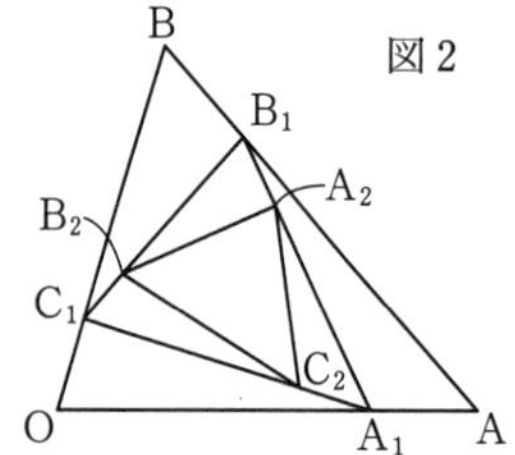

（2） AQ : QB $=t:(1-t)$，OR : RB $=u:(1-u)$ とすると

$$\overrightarrow{OQ}=(1-t)\vec{a}+t\vec{b},\ \overrightarrow{OR}=u\vec{b}$$

とかけるから ① に代入して

$$\vec{a}+\vec{b}=s\vec{a}+\{(1-t)\vec{a}+t\vec{b}\}+u\vec{b}$$

$$(-s+t)\vec{a}+(1-t-u)\vec{b}=\vec{0}$$

$\vec{a}$，$\vec{b}$ は 1 次独立であるから

$$-s+t=0,\ 1-t-u=0$$

したがって，$t=s$，$u=1-s$ であるから，

$$\overrightarrow{OQ}=\boldsymbol{(1-s)\vec{a}+s\vec{b}},\ \overrightarrow{OR}=\boldsymbol{(1-s)\vec{b}}$$

（3） $OA_1:A_1A=3:1$，$AB_1:B_1B=3:1$，$OC_1:C_1B=1:3$ であるから

$$\overrightarrow{OA_1}=\frac{3}{4}\vec{a},\ \overrightarrow{OB_1}=\frac{1}{4}\vec{a}+\frac{3}{4}\vec{b}$$

$$\overrightarrow{OC_1}=\frac{1}{4}\vec{b}$$

$B_1B_2:B_2C_1=3:1$，$A_1C_2:C_2C_1=1:3$ であるから

$$\overrightarrow{OB_2}=\frac{1}{4}\overrightarrow{OB_1}+\frac{3}{4}\overrightarrow{OC_1}$$

$$\overrightarrow{OC_2}=\frac{3}{4}\overrightarrow{OA_1}+\frac{1}{4}\overrightarrow{OC_1}$$

となり

$$\begin{aligned}\overrightarrow{B_2C_2}&=\overrightarrow{OC_2}-\overrightarrow{OB_2}\\&=\frac{3}{4}\overrightarrow{OA_1}-\frac{1}{4}\overrightarrow{OB_1}-\frac{1}{2}\overrightarrow{OC_1}\\&=\frac{9}{16}\vec{a}-\frac{1}{4}\left(\frac{1}{4}\vec{a}+\frac{3}{4}\vec{b}\right)-\frac{1}{8}\vec{b}=\frac{1}{2}\vec{a}-\frac{5}{16}\vec{b}\end{aligned}$$

また

$$\overrightarrow{PR}=\overrightarrow{OR}-\overrightarrow{OP}=-s\vec{a}+(1-s)\vec{b}$$

$\overrightarrow{B_2C_2}\,/\!/\,\overrightarrow{PR}$ のとき，k を定数として

$$\overrightarrow{PR}=k\overrightarrow{B_2C_2}$$

$$-s\vec{a}+(1-s)\vec{b}=k\left(\frac{1}{2}\vec{a}-\frac{5}{16}\vec{b}\right)$$

$\vec{a}$，$\vec{b}$ は 1 次独立であるから

$$-s=\frac{k}{2},\ 1-s=-\frac{5}{16}k$$

これより $s=\boldsymbol{\dfrac{8}{13}}$，$k=-\dfrac{16}{13}$ で，これは $0\leqq s\leqq 1$ をみたす．

（4） △OAB $=S$ とおくと

$$\triangle OA_1C_1=\triangle A_1AB_1=\triangle B_1BC_1$$

$$=\frac{1}{4}\cdot\frac{3}{4}S=\frac{3}{16}S$$

であるから

$$\triangle A_1B_1C_1=S-3\cdot\frac{3}{16}S=\frac{7}{16}S$$

同様にして

$$\triangle A_2B_2C_2=\frac{7}{16}\triangle A_1B_1C_1=\frac{7}{16}\cdot\frac{7}{16}S=\frac{49}{256}S$$

$$\triangle OAB:\triangle A_2B_2C_2=S:\frac{49}{256}S=\boldsymbol{256:49}$$

《交角の範囲 (B20)》

380．$\vec{0}$ でない 2 つのベクトル $\vec{a}$, $\vec{b}$ が垂直であるとする．$\vec{a}+\vec{b}$ と $\vec{a}+3\vec{b}$ のなす角を $\theta\ (0\leqq\theta\leqq\pi)$ とする．以下の問に答えよ．

（1） $|\vec{a}|=x$, $|\vec{b}|=y$ とするとき，$\sin^2\theta$ を x, y を用いて表せ．

（2） θ の最大値を求めよ．　（21　神戸大・理系）

▶解答◀ （1） $\vec{a}+\vec{b}$ と $\vec{a}+3\vec{b}$ のなす角が θ であるから，

$$(\vec{a}+\vec{b})\cdot(\vec{a}+3\vec{b})=|\vec{a}+\vec{b}||\vec{a}+3\vec{b}|\cos\theta$$

が成立する．ここで，$\vec{a}\cdot\vec{b}=0$ より

$$(\vec{a}+\vec{b})\cdot(\vec{a}+3\vec{b})=x^2+3y^2$$

$$|\vec{a}+\vec{b}||\vec{a}+3\vec{b}|=\sqrt{x^2+y^2}\sqrt{x^2+9y^2}$$

であるから，

$$\cos\theta=\frac{x^2+3y^2}{\sqrt{x^2+y^2}\sqrt{x^2+9y^2}} \quad\cdots\cdots\cdots\cdots\text{①}$$

$$\cos^2\theta=\frac{x^4+6x^2y^2+9y^4}{x^4+10x^2y^2+9y^4} \quad\cdots\cdots\cdots\cdots(*)$$

$$1-\cos^2\theta=1-\frac{x^4+6x^2y^2+9y^4}{x^4+10x^2y^2+9y^4}$$

$$\sin^2\theta=\boldsymbol{\frac{4x^2y^2}{x^4+10x^2y^2+9y^4}} \quad\cdots\cdots\cdots\cdots\text{②}$$

（**2**） ① より $\cos\theta>0$ であるから，$0\leqq\theta<\frac{\pi}{2}$ の範囲である．この範囲においては，θ が最大のとき $\sin^2\theta$ も最大になるから，$\sin^2\theta$ が最大になるときを考える．② の右辺について，分母分子を共に x^2y^2 で割ると，

$$\sin^2\theta=\frac{4}{\frac{x^2}{y^2}+10+9\cdot\frac{y^2}{x^2}}$$

相加相乗平均の不等式より

$$\sin^2\theta\leqq\frac{4}{2\sqrt{\frac{x^2}{y^2}\cdot9\cdot\frac{y^2}{x^2}}+10}=\frac{1}{4}$$

等号は $\frac{x^2}{y^2}=9\cdot\frac{y^2}{x^2}$，すなわち $x=\sqrt{3}y$ のときに確かに成立する．これより，$\sin^2\theta$ の最大値は $\frac{1}{4}$ であるから，このとき $\sin\theta=\frac{1}{2}$ である．よって，θ の最大値は $\boldsymbol{\frac{\pi}{6}}$ である．

◆別解◆ $\vec{a}$, $\vec{b}$ の始点を原点，$\vec{a}$ 方向に X 軸，$\vec{b}$ 方向に Y 軸をとり，XY 座標で $\vec{a}=(x,0)$，$\vec{b}=(0,y)$ とおける．もちろん $x>0$, $y>0$ である．$\vec{a}+\vec{b}=(x,y)$，$\vec{a}+3\vec{b}=(x,3y)$ となり，これらの偏角を α, β として $\tan\alpha=\frac{y}{x}$, $\tan\beta=\frac{3y}{x}$ となる．$m=\frac{y}{x}$ とおくと $\tan\beta=3m$

$$\tan\theta=\tan(\beta-\alpha)=\frac{\tan\beta-\tan\alpha}{1+\tan\beta\tan\alpha}$$

$$=\frac{3m-m}{1+3m\cdot m}=\frac{2m}{1+3m^2}$$

$$=\frac{2}{\frac{1}{m}+3m}\leqq\frac{2}{2\sqrt{\frac{1}{m}\cdot3m}}=\frac{1}{\sqrt{3}}$$

等号は $m=\frac{1}{\sqrt{3}}$ のときに成立し θ の最大値は $\boldsymbol{\frac{\pi}{6}}$ である．なお $m=\frac{y}{x}$ を代入し

$$\tan\theta=\frac{2\cdot\frac{y}{x}}{1+\frac{3y^2}{x^2}}=\frac{2xy}{x^2+3y^2}>0$$

θ は鋭角で $\sin\theta=\frac{2xy}{\sqrt{(x^2+3y^2)^2+(2xy)^2}}$ である．交角は tan 経由がよろしい．

【斜交座標と領域】

《領域 (A10)》

381. $\triangle$ABC において，AB＝3，AC＝4 であって，$\overrightarrow{\mathrm{AB}}$ と $\overrightarrow{\mathrm{AC}}$ の内積が $\overrightarrow{\mathrm{AB}}\cdot\overrightarrow{\mathrm{AC}}=4\sqrt{5}$ を満たす．点 P が次の条件を満たしながら動くとき，点 P の存在範囲の面積を求めよ．

$\overrightarrow{\mathrm{AP}}=s\overrightarrow{\mathrm{AB}}+t\overrightarrow{\mathrm{AC}},\ s\geqq 0,\ t\geqq 0,$

$1\leqq \frac{3}{2}s+\frac{4}{3}t\leqq 2$

(21　福岡教育大・前期)

▶解答◀　$\overrightarrow{\mathrm{AP}}=s\overrightarrow{\mathrm{AB}}+t\overrightarrow{\mathrm{AC}},\ s\geqq 0,\ t\geqq 0,$

$$1\leqq \frac{3}{2}s+\frac{4}{3}t\leqq 2$$

$$\overrightarrow{\mathrm{AD}}=\frac{2}{3}\overrightarrow{\mathrm{AB}},\ \overrightarrow{\mathrm{AD'}}=\frac{4}{3}\overrightarrow{\mathrm{AB}}$$

$$\overrightarrow{\mathrm{AE}}=\frac{3}{4}\overrightarrow{\mathrm{AC}},\ \overrightarrow{\mathrm{AE'}}=\frac{3}{2}\overrightarrow{\mathrm{AC}}$$

とする．点 P の存在範囲は図の境界を含む網目部分．

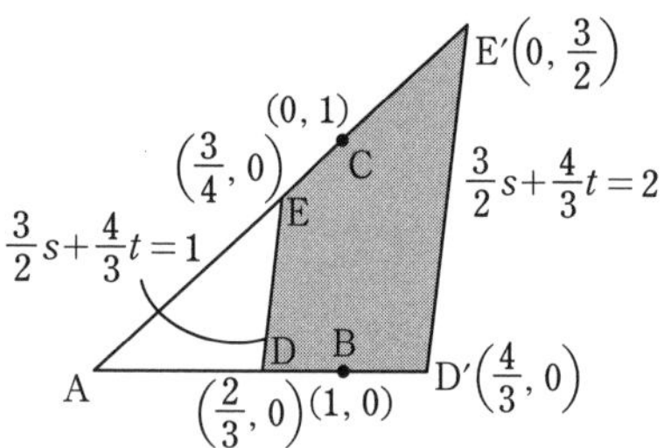

点 P の存在範囲の面積を S とする．

$$\triangle\mathrm{ABC}=\frac{1}{2}\sqrt{|\overrightarrow{\mathrm{AB}}|^2|\overrightarrow{\mathrm{AC}}|^2-(\overrightarrow{\mathrm{AB}}\cdot\overrightarrow{\mathrm{AC}})^2}$$

$$=\frac{1}{2}\sqrt{9\cdot16-16\cdot5}=\frac{1}{2}\sqrt{64}=4$$

$$S=\triangle\mathrm{AD'E'}-\triangle\mathrm{ADE}$$

$$=\left(\frac{4}{3}\cdot\frac{3}{2}-\frac{2}{3}\cdot\frac{3}{4}\right)\triangle\mathrm{ABC}$$

$$=\frac{3}{2}\triangle\mathrm{ABC}=\frac{3}{2}\cdot4=\mathbf{6}$$

《領域 (A10)》

382. 平面上に 3 点 O，A，B があり，

$|\overrightarrow{\mathrm{OA}}|=|\sqrt{2}\,\overrightarrow{\mathrm{OA}}+\overrightarrow{\mathrm{OB}}|=|2\sqrt{2}\,\overrightarrow{\mathrm{OA}}+\overrightarrow{\mathrm{OB}}|=1$

を満たしている．

(1)　$|\overrightarrow{\mathrm{OB}}|=\sqrt{\square}$

(2)　$\cos\angle\mathrm{AOB}=\dfrac{\square\sqrt{\square}}{\square}$

(3)　実数 s, t が $s\geqq0,\ t\geqq0,\ s+2t\leqq1$ を満たしながら変化するとき，$\overrightarrow{\mathrm{OP}}=s\,\overrightarrow{\mathrm{OA}}+t\,\overrightarrow{\mathrm{OB}}$ で定まる点 P の存在する範囲の面積は 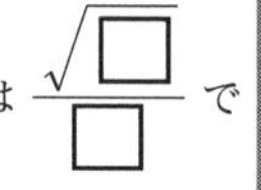 $\dfrac{\sqrt{\square}}{\square}$ である．

(21　青学大・理工)

▶解答◀　(1)　$|\overrightarrow{\mathrm{OA}}|=1$ および $|\sqrt{2}\,\overrightarrow{\mathrm{OA}}+\overrightarrow{\mathrm{OB}}|=1$ から

$$2|\overrightarrow{\mathrm{OA}}|^2+2\sqrt{2}\,\overrightarrow{\mathrm{OA}}\cdot\overrightarrow{\mathrm{OB}}+|\overrightarrow{\mathrm{OB}}|^2=1$$

$$2\sqrt{2}\,\overrightarrow{\mathrm{OA}}\cdot\overrightarrow{\mathrm{OB}}+|\overrightarrow{\mathrm{OB}}|^2=-1 \quad \cdots\cdots①$$

$|2\sqrt{2}\,\overrightarrow{\mathrm{OA}}+\overrightarrow{\mathrm{OB}}|=1$ から

$$8|\overrightarrow{\mathrm{OA}}|^2+4\sqrt{2}\,\overrightarrow{\mathrm{OA}}\cdot\overrightarrow{\mathrm{OB}}+|\overrightarrow{\mathrm{OB}}|^2=1$$

$$4\sqrt{2}\,\overrightarrow{\mathrm{OA}}\cdot\overrightarrow{\mathrm{OB}}+|\overrightarrow{\mathrm{OB}}|^2=-7 \quad \cdots\cdots②$$

②－① から $\overrightarrow{\mathrm{OA}}\cdot\overrightarrow{\mathrm{OB}}=-\dfrac{3}{\sqrt{2}}$

① から，$|\overrightarrow{\mathrm{OB}}|^2=5$ したがって $|\overrightarrow{\mathrm{OB}}|=\boldsymbol{\sqrt{5}}$

(2)　(1) から

$$\cos\angle\mathrm{AOB}=\frac{\overrightarrow{\mathrm{OA}}\cdot\overrightarrow{\mathrm{OB}}}{|\overrightarrow{\mathrm{OA}}||\overrightarrow{\mathrm{OB}}|}=-\frac{3}{\sqrt{2}}\cdot\frac{1}{1\cdot\sqrt{5}}=\boldsymbol{-\frac{3}{\sqrt{10}}}$$

(3)　$\triangle\mathrm{OAB}=\dfrac{1}{2}|\overrightarrow{\mathrm{OA}}||\overrightarrow{\mathrm{OB}}|\sin\angle\mathrm{AOB}$

$$=\frac{1}{2}|\overrightarrow{\mathrm{OA}}||\overrightarrow{\mathrm{OB}}|\sqrt{1-\cos^2\angle\mathrm{AOB}}$$

$$=\frac{1}{2}\cdot\sqrt{5}\cdot\sqrt{1-\frac{9}{10}}=\frac{1}{2\sqrt{2}}$$

$\overrightarrow{\mathrm{OP}}=s\,\overrightarrow{\mathrm{OA}}+2t\cdot\dfrac{1}{2}\overrightarrow{\mathrm{OB}}\ (s\geqq0,\ t\geqq0,\ s+2t\leqq1)$

であるから，OB の中点を M とおくと，点 P の存在する範囲は $\triangle$OAM の周および内部である．その面積は

$$\frac{1}{2}\cdot\frac{1}{2\sqrt{2}}=\boldsymbol{\frac{\sqrt{2}}{8}}$$

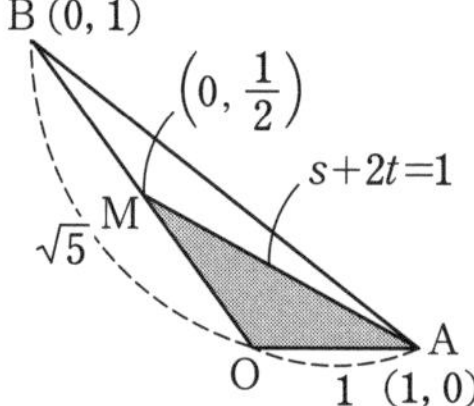

《領域 (A10)》

383. 三角形 OAB に対し，辺 OA を 3：2 に外分する点を C，辺 OB を 4：3 に外分する点を D，辺 AB の中点を M とおく．s, t を実数とし，

$$\overrightarrow{\mathrm{OP}}=s\overrightarrow{\mathrm{OA}}+t\overrightarrow{\mathrm{OB}}$$

とする．

(1)　等式 $3\overrightarrow{\mathrm{OP}}+4\overrightarrow{\mathrm{CP}}+5\overrightarrow{\mathrm{DP}}=\vec{0}$ が成り立つとき，s, t の値を求めなさい．

(2)　点 P が直線 OM と直線 CD の交点であるとき，s, t の値を求めなさい．

(3)　点 P が三角形 OCM の内部および周上を動

くとき，点 (s, t) の存在範囲を st 平面上に図示しなさい．（21　大分大・理工）

▶解答◀　$\overrightarrow{OA}$ と $\overrightarrow{OB}$ は一次独立である．
$\overrightarrow{OC}=3\overrightarrow{OA}$, $\overrightarrow{OD}=4\overrightarrow{OB}$ である．

（1）　$3\overrightarrow{OP}+4\overrightarrow{CP}+5\overrightarrow{DP}=\vec{0}$ から

$$3\overrightarrow{OP}+4(\overrightarrow{OP}-\overrightarrow{OC})+5(\overrightarrow{OP}-\overrightarrow{OD})=\vec{0}$$

$$12\overrightarrow{OP}=4\overrightarrow{OC}+5\overrightarrow{OD}$$

$$\overrightarrow{OP}=\frac{1}{3}\cdot 3\overrightarrow{OA}+\frac{5}{12}\cdot 4\overrightarrow{OB}=\overrightarrow{OA}+\frac{5}{3}\overrightarrow{OB}$$

よって，$\boldsymbol{s=1,\ t=\frac{5}{3}}$ である．

（2）　斜交座標で考える．図 1 を見よ．$\mathrm{M}\left(\frac{1}{2}, \frac{1}{2}\right)$, C(3, 0), D(0, 4) であるから，直線 OM, CD の方程式はそれぞれ

$$t=s,\ \frac{s}{3}+\frac{t}{4}=1$$

これを解いて，$\boldsymbol{s=\frac{12}{7},\ t=\frac{12}{7}}$ である．

（3）　P が △OCM の内部および周上を動くとき
直線 OC の上側であるから $t \geqq 0$
直線 OM の下側であるから $t \leqq s$
直線 CM の下側であるから $t \leqq -\frac{1}{5}(s-3)$
(s, t) の存在範囲は図 2 の網目の部分である．境界を含む．

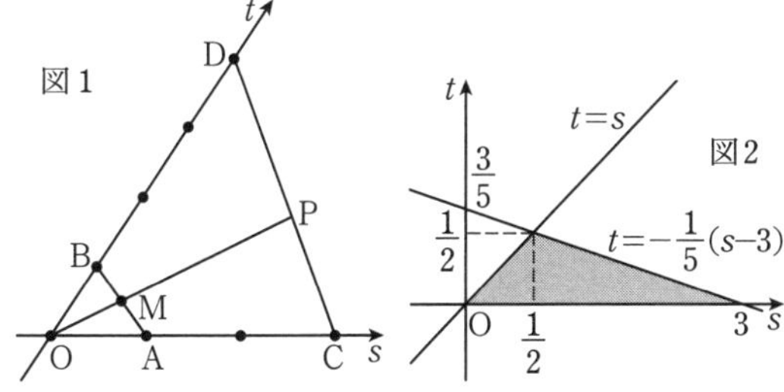

◆別解◆　（2）　$\overrightarrow{OM}=\frac{1}{2}\overrightarrow{OA}+\frac{1}{2}\overrightarrow{OB}$
P は直線 OM 上の点であるから，$\overrightarrow{OP}=k\overrightarrow{OM}$ とおく．

$$\overrightarrow{OP}=\frac{k}{2}\overrightarrow{OA}+\frac{k}{2}\overrightarrow{OB}$$

$$=\frac{k}{2}\cdot\frac{1}{3}\overrightarrow{OC}+\frac{k}{2}\cdot\frac{1}{4}\overrightarrow{OD}=\frac{k}{6}\overrightarrow{OC}+\frac{k}{8}\overrightarrow{OD}$$

P は直線 CD 上の点であるから

$$\frac{k}{6}+\frac{k}{8}=1 \qquad \therefore\ k=\frac{24}{7}$$

$$\overrightarrow{OP}=\frac{12}{7}\overrightarrow{OA}+\frac{12}{7}\overrightarrow{OB}$$

よって，$\boldsymbol{s=\frac{12}{7},\ t=\frac{12}{7}}$ である．

（3）　$\overrightarrow{OP}=l\overrightarrow{OC}+m\overrightarrow{OM}$ とおく．P が △OCM の内部および周上を動くとき

$$l \geqq 0,\ m \geqq 0,\ l+m \leqq 1 \quad \cdots\cdots①$$

をみたす．

$$\overrightarrow{OP}=l\cdot 3\overrightarrow{OA}+m\left(\frac{1}{2}\overrightarrow{OA}+\frac{1}{2}\overrightarrow{OB}\right)$$

$$=\left(3l+\frac{1}{2}m\right)\overrightarrow{OA}+\frac{1}{2}m\overrightarrow{OB}$$

$s=3l+\frac{1}{2}m,\ t=\frac{1}{2}m$ から

$$m=2t,\ l=\frac{1}{3}(s-t)$$

① に代入して

$$\frac{1}{3}(s-t) \geqq 0,\ 2t \geqq 0,\ \frac{1}{3}(s-t)+2t \leqq 1$$

$$0 \leqq t \leqq s,\ s+5t \leqq 3$$

図は省略する．

《平行四辺形 (B10)》

384．原点を O とする xy 平面上に 3 点
A(2, −1), B(−1, 3), C(4, 2)
がある．$0 \leqq p \leqq 1$, $0 \leqq q \leqq 1$，$0 \leqq r \leqq 1$ に対し，$\overrightarrow{OP}=p\overrightarrow{OA}+q\overrightarrow{OB}+r\overrightarrow{OC}$ を満たす点 P の存在しうる領域の面積は □ である．
（21　藤田医科大・AO）

▶解答◀　$\overrightarrow{OD}=\overrightarrow{OA}+\overrightarrow{OB}$ とする．
$\overrightarrow{OQ}=p\overrightarrow{OA}+q\overrightarrow{OB}$ とおく．$0 \leqq p \leqq 1$, $0 \leqq q \leqq 1$ のとき，Q は $\overrightarrow{OA}$, $\overrightarrow{OB}$ で張る平行四辺形 OADB を描く．$\overrightarrow{OP}=\overrightarrow{OQ}+r\overrightarrow{OC}$ で，P の描く図形は Q の描く図形を $r\overrightarrow{OC}$ だけ平行移動したものと読める．P の描く図形は図 2 の六角形 OAEGFB の周および内部である．

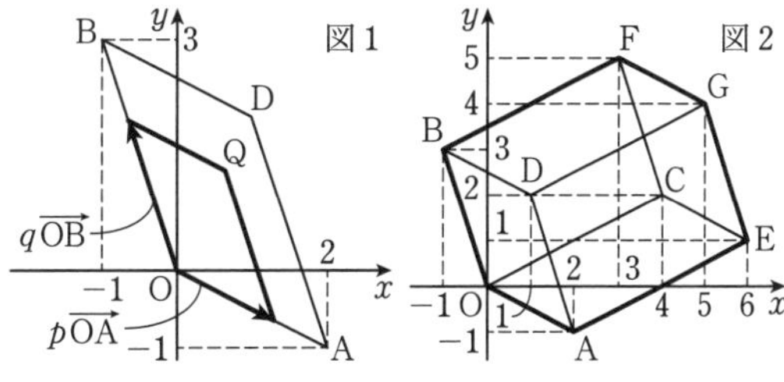

$$\overrightarrow{OE}=\overrightarrow{OA}+\overrightarrow{OC}=(6, 1)$$

$$\overrightarrow{OF}=\overrightarrow{OB}+\overrightarrow{OC}=(3, 5)$$

$$\overrightarrow{OG}=\overrightarrow{OD}+\overrightarrow{OC}=(5, 4)$$

とする．

図形 X の面積を $[X]$ で表す．
$\overrightarrow{OA}=(2, -1)$, $\overrightarrow{OB}=(-1, 3)$ より

$$[\mathrm{OADB}]=|2\cdot 3-(-1)\cdot(-1)|=5$$

$\overrightarrow{AE}=\overrightarrow{OC}=(4, 2)$, $\overrightarrow{AD}=\overrightarrow{OB}=(-1, 3)$ より

$$[\mathrm{AEGD}]=|4\cdot 3-2\cdot(-1)|=14$$

$\overrightarrow{BD}=\overrightarrow{OA}=(2, -1)$, $\overrightarrow{BF}=\overrightarrow{OC}=(4, 2)$ より

$$[\mathrm{BDGF}]=|2\cdot 2-4\cdot(-1)|=8$$

であるから

$$[\mathrm{OAEGFB}]=[\mathrm{OADB}]+[\mathrm{AEGD}]+[\mathrm{BDGF}]$$
$$=5+14+8=\mathbf{27}$$

である．

◆別解◆　仮に，A(2, −1, 0), B(−1, 3, 1), C(4, 2, 2) として，Pの式は同じとすると，Pは $\overrightarrow{\mathrm{OA}}, \overrightarrow{\mathrm{OB}}, \overrightarrow{\mathrm{OC}}$ で張る平行六面体を描く．つまり，図2を，立体を z 軸の方向から見たものととらえることができる．答えは同じである．

【平面ベクトルの難問】

《円周上の点の表示 (B30) ☆》

385. 曲線 C が媒介変数 θ を用いて，

$x=3\cos\theta-4\sin\theta,\ y=4\cos\theta+3\sin\theta$

$\left(0<\theta<\dfrac{3}{2}\pi\right)$ と表されている．また，

点 $(a, -a)$ を中心とする半径1の円 S がある．このとき，以下の問いに答えよ．

（1） x 座標，y 座標がともに整数になる C 上の点を求めよ．

（2） S と C が共有点をもつとき，a の値の範囲を求めよ．

（3） S と C の共有点が存在する範囲を座標平面上に図示せよ．　（21　福井大・医）

考え方　基本的な考え方を述べる．列ベクトルで書く．$r>0$ とする．図aを見よ．

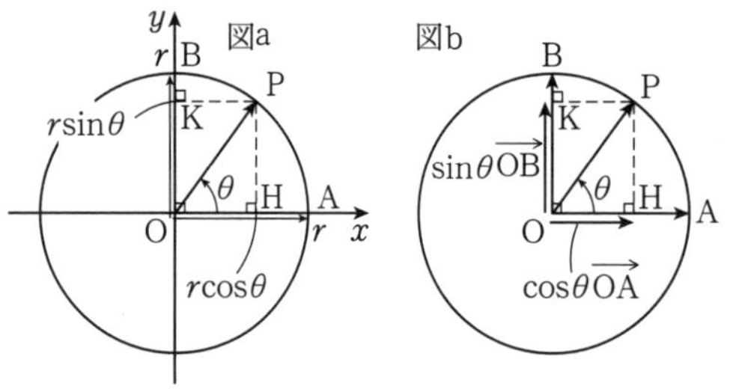

$\mathrm{P}\begin{pmatrix} r\cos\theta \\ r\sin\theta \end{pmatrix}$, $\mathrm{A}\begin{pmatrix} r \\ 0 \end{pmatrix}$, $\mathrm{B}\begin{pmatrix} 0 \\ r \end{pmatrix}$ とする．Pは原点Oを中心とする半径 r の円を描く．

$$\overrightarrow{\mathrm{OP}}=\begin{pmatrix} r\cos\theta \\ r\sin\theta \end{pmatrix}=\cos\theta\begin{pmatrix} r \\ 0 \end{pmatrix}+\sin\theta\begin{pmatrix} 0 \\ r \end{pmatrix}$$
$$\overrightarrow{\mathrm{OP}}=(\cos\theta)\overrightarrow{\mathrm{OA}}+(\sin\theta)\overrightarrow{\mathrm{OB}}$$

である．『OAの長さとOBの長さはともに r である．OAからOBへの回転角は90度である．これを正の回転方向とする．次に，OAから θ 回転するとOPになる』ということに注意せよ．ここまでは問題ないだろう．過去の経験では，生徒は窓外に流れる風景のように「何を当たり前なことを言っているのか？」と読み飛ばす．意識をここに戻せ．Pから直線OAに下ろした垂線の足をH，直線OBに下ろした垂線の足をKとする．

$$\overrightarrow{\mathrm{OP}}=\overrightarrow{\mathrm{OH}}+\overrightarrow{\mathrm{OK}}$$
$$\overrightarrow{\mathrm{OH}}=(\cos\theta)\overrightarrow{\mathrm{OA}},\ \overrightarrow{\mathrm{OK}}=(\sin\theta)\overrightarrow{\mathrm{OB}}$$

である．想像せよ．Oに立て．OAに右腕を伸ばし，OBに左腕を伸ばし，次に，右腕をキュッと縮め，左腕をキュッと縮め，OH, OKでを2辺とする長方形の第四頂点がPであるところを想像せよ．

さあ，本番だ．ここで座標軸を，消しゴムで消せ．図bになる．上の『』で述べたことは，実は座標軸に無関係である．$\overrightarrow{\mathrm{OA}}, \overrightarrow{\mathrm{OB}}$ が垂直で長さがともに r のとき，

$$\overrightarrow{\mathrm{OP}}=(\cos\theta)\overrightarrow{\mathrm{OA}}+(\sin\theta)\overrightarrow{\mathrm{OB}}$$

で与えられる点Pは半径 r の円を描く．これを $\overrightarrow{\mathrm{OA}}, \overrightarrow{\mathrm{OB}}$ で張る円という．ここで「あれ？いつの間に円になった？」と驚く生徒が多い．

▶解答◀　（1） $\begin{pmatrix} x \\ y \end{pmatrix}=\begin{pmatrix} 3\cos\theta-4\sin\theta \\ 4\cos\theta+3\sin\theta \end{pmatrix}$

$$\begin{pmatrix} x \\ y \end{pmatrix}=\cos\theta\begin{pmatrix} 3 \\ 4 \end{pmatrix}+\sin\theta\begin{pmatrix} -4 \\ 3 \end{pmatrix},\ 0<\theta<\frac{3\pi}{2}$$

P(x, y) とすると，Pはベクトル $\vec{u}=\begin{pmatrix} 3 \\ 4 \end{pmatrix}, \vec{v}=\begin{pmatrix} -4 \\ 3 \end{pmatrix}$ で張る円周上を動く．$0<\theta<\dfrac{3\pi}{2}$ より図1の太線（両端を除く）を描く．なお，この白丸の1つ，点D(4, −3)（今度は行ベクトルで書いた）が後で効いてくるので，注意しておく．この円は $C: x^2+y^2=25$ であるから，平方数0, 1, 4, 9, 16, 25, … のうちでこれを満たす x^2 と y^2 は0と25，および9と16である．

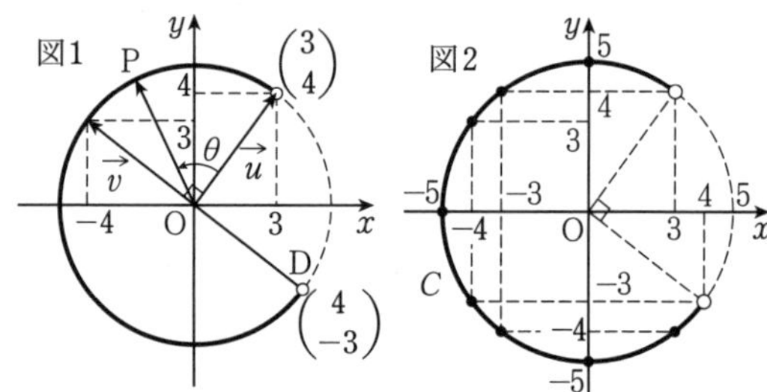

求める格子点は

(0, 5), (−3, 4), (−4, 3), (−5, 0),

(−4, −3), (−3, −4), (0, −5), (3, −4)

（2） 2円 $x^2+y^2=25$, $S:(x-a)^2+(y+a)^2=1$ の中心間の距離を d とすると，$d=\sqrt{2}|a|$ であり，2円が共有点をもつ条件は，

$$5-1\leqq\sqrt{2}|a|\leqq5+1$$
$$2\sqrt{2}\leqq|a|\leqq3\sqrt{2}$$

図3を見よ．円 S の中心 $(a, -a)$ は，直線 $y=-x$

上にあるから，S と C が共有点をもつ条件は

$$-3\sqrt{2} \leqq a \leqq -2\sqrt{2},\ 2\sqrt{2} \leqq a \leqq 3\sqrt{2}$$

（3） 円 S の半径は 1 であるから，S は図 3 の網目部分

$$-x-\sqrt{2} \leqq y \leqq -x+\sqrt{2} \quad \cdots\cdots①$$

を通過するただし，$l_1 : y=-x+\sqrt{2}$, $l_2 : y=-x-\sqrt{2}$ とする．点 D(4, −3) の座標を ① に代入すると成り立つことに注意せよ．求める存在範囲を図示すると，図 3 の太線部分になる．破線部分，特に円弧の D から右の部分が除かれることに注意せよ．

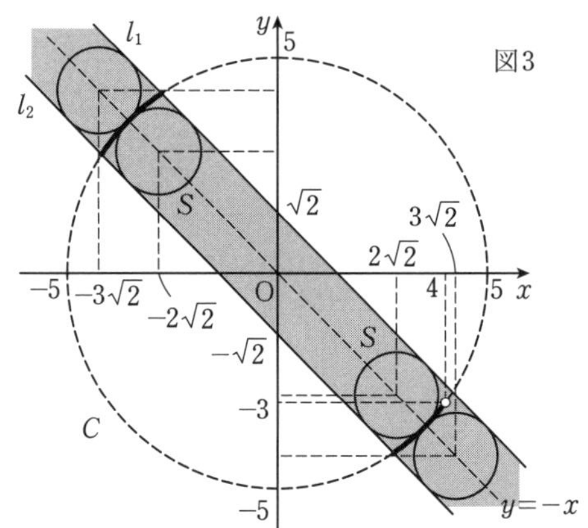

♦別解♦ （1） α は $\cos\alpha = \dfrac{3}{5}$, $\sin\alpha = \dfrac{4}{5}$ を満たす鋭角である．

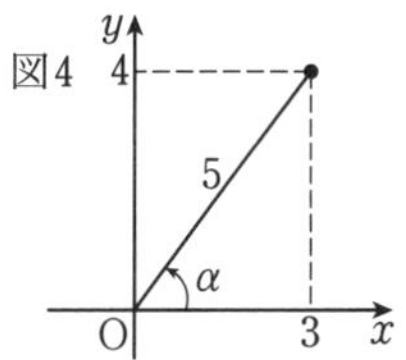

$$x = 3\cos\theta - 4\sin\theta = 5\cos(\theta+\alpha)$$
$$y = 3\sin\theta + 4\cos\theta = 5\sin(\theta+\alpha)$$

と合成できる．$0 < \theta < \dfrac{3}{2}\pi$ より，

$\alpha < \theta+\alpha < \alpha+\dfrac{3}{2}\pi$ あとは解答と同様である．

注意 1°【こんな解答はどうか？】

$x=3\cos\theta-4\sin\theta$, $y=4\cos\theta+3\sin\theta$ で x^2+y^2 を作ると，容易に $x^2+y^2=25$ を得る．そして，$\theta=0$ のときの E(3, 4) と，$\theta=\dfrac{3\pi}{2}$ のときの D(4, −3) が端点である．$0 \leqq \theta < 2\pi$ なら一回りするだろうが，$0 < \theta < \dfrac{3}{2}\pi$ では一回りはできない．それで D，E を端点とする広い方の弧が答えだ．

というのは，満点が貰えるか，わからない．

2°【誤答いろいろ】

過去の経験で，生徒で一番多いのは「合成して，x の範囲と y の範囲を押さえ，$-5 \leqq x < 4$, $-5 \leqq y \leqq 5$ だから（中には $x^2+y^2=25$ も示さないで！）図 1 だ」とする人である．これでは $y>0$ の $3 \leqq x < 4$ の部分が入ってしまうはずだが，D，E が端点と思っているから，図示の段階でなんとなく除く．数学 III の一般のパラメータ表示の曲線だと思って描く人も多い．その場合，$x^2+y^2=25$ も示さないでグニャグニャと描く．それでも本人は解けたつもりである．

3°【逆手流】

世間には，素敵なベクトルを嫌う人が多い．どうしても式でやりたいなら次のような方法がある．逆手流である．

$x=3\cos\theta-4\sin\theta$, $y=4\cos\theta+3\sin\theta$ から $\cos\theta$, $\sin\theta$ について解く．

$$\cos\theta = \frac{3x+4y}{25},\ \sin\theta = \frac{3y-4x}{25}$$

となる．$X=\dfrac{3x+4y}{25}$, $Y=\dfrac{3y-4x}{25}$ とおく．

$$\cos\theta = X,\ \sin\theta = Y,\ 0<\theta<\frac{3\pi}{2}$$

を満たす θ が存在するために X, Y が満たす必要十分条件は

$$X^2+Y^2=1,\ Y>X-1$$

である．ここに代入し

$$\left(\frac{3x+4y}{25}\right)^2+\left(\frac{3y-4x}{25}\right)^2=1$$

$$\frac{3y-4x}{25} > \frac{3x+4y}{25}-1$$

整理すると

$$x^2+y^2=25,\ 7x+y<25$$

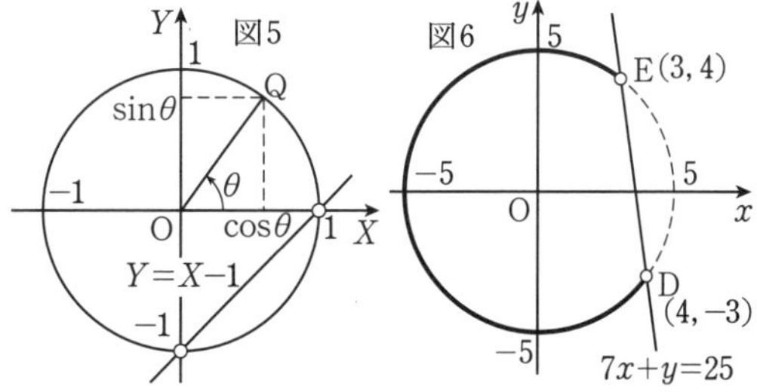

【空間ベクトル】

《4 線分の交点 (B20) ☆》

386. 四面体 OABC について，次の問いに答えよ．

（１） この四面体の各頂点とそれらの対面の三角形の重心を結ぶ 4 本の線分は，1 点で交わることを示せ．

（２）（１）で示された交点を G とする．この四面体が正四面体であるとき，cos∠OGA の値を求めよ．（21 愛知医大・医-推薦）

▶解答◀（１） 解説を交えて書く．このままだと，O だけが特別で，A，B，C のバランスが崩れた式になり美しくない．いったん，O を D とし，A，B，C，D の位置ベクトル（位置ベクトルは座標である．問題文の O とは限らないどこかを座標原点とする xyz 座標空間を設定した座標である．本当は位置ベクトルという名前をやめ，頭の上の矢を消すべきである．位置ベクトルは点の座標であるから点 $\vec{a}$ という言い方をする．他も同様とする）を $\vec{a}$，$\vec{b}$，$\vec{c}$，$\vec{d}$ とし，A の対面（つまり三角形BCD）の重心の位置ベクトルを $\vec{g_A}$ と表す．点 $\vec{a}$ と点 $\vec{g_A}$ を結ぶ線分上の一般の点を $\vec{x}$ と表す．パラメータ（0 以上 1 以下）も a で表す．他も同様とする．

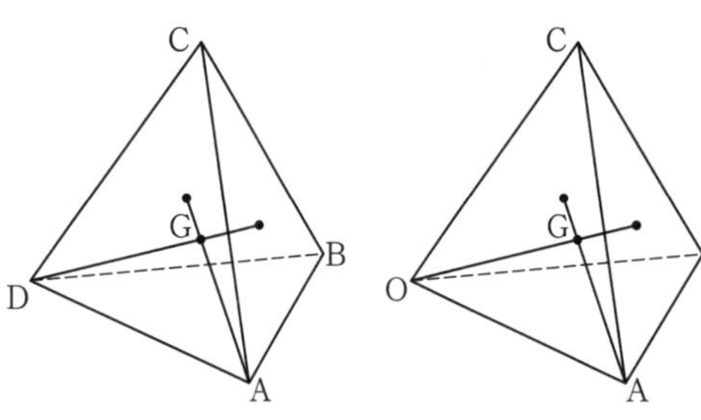

$$\vec{x}=(1-a)\vec{a}+a\vec{g_A}$$
$$\vec{x}=(1-a)\vec{a}+\frac{a}{3}(\vec{b}+\vec{c}+\vec{d})$$

と表せる．同様に，他の 3 線分上の一般の点は

$$\vec{x}=(1-b)\vec{b}+\frac{b}{3}(\vec{a}+\vec{c}+\vec{d})$$
$$\vec{x}=(1-c)\vec{c}+\frac{c}{3}(\vec{a}+\vec{b}+\vec{d})$$
$$\vec{x}=(1-d)\vec{d}+\frac{d}{3}(\vec{a}+\vec{b}+\vec{c})$$

となる．なお，交点をもたない円 $x^2+y^2=1$ と直線 $x+y=3$ でも同じ x, y を使うように，上の $\vec{x}$ は 4 線分の交点を表しているわけではない．一般の点の表示である．$a=b=c=d=\frac{3}{4}$ とするとすべての $\vec{x}$ は $\vec{x}=\frac{1}{4}(\vec{a}+\vec{b}+\vec{c}+\vec{d})$ となるから，この 1 点を共有する．4 線分はどの 2 本も平行ではない（この交点 G と四面体の 2 頂点で三角形をなす）から，どの 2 線分もこれ以外の交点はもたない．

（２） 正四面体の 1 辺の長さを 1 として考えても一般性を失わない．また，この設問ではベクトルの始点を O にする．つまり $\overrightarrow{\mathrm{OA}}=\vec{a}$ 等である．

$$|\vec{a}|^2=|\vec{b}|^2=|\vec{c}|^2=1$$
$$\vec{a}\cdot\vec{b}=\vec{b}\cdot\vec{c}=\vec{c}\cdot\vec{a}=\frac{1}{2}$$

であるから

$$|\overrightarrow{\mathrm{OG}}|^2=\left|\frac{\vec{a}+\vec{b}+\vec{c}}{4}\right|^2$$
$$=\frac{1}{16}\left\{|\vec{a}|^2+|\vec{b}|^2+|\vec{c}|^2+2\left(\vec{a}\cdot\vec{b}+\vec{b}\cdot\vec{c}+\vec{c}\cdot\vec{a}\right)\right\}$$
$$=\frac{1}{16}\left(3\cdot1^2+2\cdot3\cdot\frac{1}{2}\right)=\frac{3}{8}$$
$$|\overrightarrow{\mathrm{OG}}|=\sqrt{\frac{3}{8}}$$

対称性より $|\overrightarrow{\mathrm{AG}}|=\sqrt{\frac{3}{8}}$ であるから

$$\cos\angle\mathrm{OGA}=\frac{\frac{3}{8}+\frac{3}{8}-1}{2\cdot\sqrt{\frac{3}{8}}\cdot\sqrt{\frac{3}{8}}}=-\boldsymbol{\frac{1}{3}}$$

注意【1 次独立ではない】

空間で 4 本のベクトルを使ったら 1 次独立にはならないから係数を比べることはできない．今は共通な点を見つけ，それ以外に交点がないことを示している．

◆別解◆（１） どうしても 1 次独立といいたい，係数を比べたい人もいるだろう．

△ABC，△OBC，△OCA，△OAB の重心をそれぞれ P, Q, R, S とおく．$\overrightarrow{\mathrm{OA}}=\vec{a}$，$\overrightarrow{\mathrm{OB}}=\vec{b}$，$\overrightarrow{\mathrm{OC}}=\vec{c}$ とする．

$$\overrightarrow{\mathrm{OP}}=\frac{\vec{a}+\vec{b}+\vec{c}}{3},\ \overrightarrow{\mathrm{OQ}}=\frac{\vec{b}+\vec{c}}{3}$$
$$\overrightarrow{\mathrm{OR}}=\frac{\vec{c}+\vec{a}}{3},\ \overrightarrow{\mathrm{OS}}=\frac{\vec{a}+\vec{b}}{3}$$

線分 OP 上の点 $\vec{x}$ は

$$\vec{x}=s\overrightarrow{\mathrm{OP}}=\frac{s}{3}\vec{a}+\frac{s}{3}\vec{b}+\frac{s}{3}\vec{c} \quad \cdots\cdots①$$

と書けて，線分 AQ 上の点 $\vec{x}$ は

$$\vec{x}=(1-t)\vec{a}+t\overrightarrow{\mathrm{OQ}}$$
$$=(1-t)\vec{a}+\frac{t}{3}\vec{b}+\frac{t}{3}\vec{c} \quad \cdots\cdots②$$

と書ける．$0\leqq s\leqq 1, 0\leqq t\leqq 1$ である．$\vec{a}$，$\vec{b}$，$\vec{c}$ は 1 次独立である．①，② の係数を比べ

$$\frac{s}{3}=1-t,\ \frac{s}{3}=\frac{t}{3}$$

これを解いて $s=t=\frac{3}{4}$ となる．①，② は 1 点で交わり，その交点を G とすると $\overrightarrow{\mathrm{OG}}=\frac{\vec{a}+\vec{b}+\vec{c}}{4}$ である．2 線分 OP，AQ は 1 点 G で交わる．同様に 2 線分

OP，BR も上と同じ点 G で交わり，2 線分 OP，CS も上と同じ点 G で交わる．AQ，BR，CS はどの 2 本も平行ではない．よってこれらのどの 2 本の共有点も G だけである．よって証明された．

《3 点が一直線上 (B20) ☆》

387．四面体 OABC がある．辺 OA を 2：1 に外分する点を D とし，辺 OB を 3：2 に外分する点を E とし，辺 OC を 4：3 に外分する点を F とする．点 P は辺 AB の中点であり，点 Q は線分 EC 上にあり，点 R は直線 DF 上にある．3 点 P，Q，R が一直線上にあるとき，線分の長さの比 EQ：QC および PQ：QR を求めよ．（21　京都工繊大・前期）

考え方　「日本ではベクトル教育は行われていない．問題文に『$\overrightarrow{\mathrm{OA}}=\vec{a}$，EQ：QC $=(1-s):s$ とおけ』などと，すべてお膳立てがしてあり，後はこれで計算しなさいという，ベクトルに名を借りた計算問題が行われているだけである」というのが，私の主張である．本問は問題文に，ベクトルという言葉がない．方針が立たない生徒が多い．教育的な問題である．

図形問題は，解法の選択が問題である．図形的に解く．ベクトルで計算する．三角関数で計算する．困ったら座標計算する．今は比が多いからベクトルである．

式の立て方が問題である．$\overrightarrow{\mathrm{OA}}, \overrightarrow{\mathrm{OB}}, \overrightarrow{\mathrm{OC}}$ を基底にして式を立てるのはよいだろう．EQ：QC を求めるから，これを設定して Q を表示する．Q は線分 EC 上にあるから，内分比を設定する．PQ：QR を求めるから $\overrightarrow{\mathrm{QR}}=k\overrightarrow{\mathrm{PQ}}$ と置くのもよいだろうか？ $\overrightarrow{\mathrm{PQ}}=k\overrightarrow{\mathrm{QR}}$ でも同じである．ただし，R はとても遠くにある．

さらに，文字の消去の仕方も問題である．よく見て，1 つずつ文字を消していこう．下手な消し方をすると分数式が出て来る．k には手を触れないで，s, t を消去していこう．k を無視して，「$2t, -3s, 3-4t+s$」「$-\frac{1}{2}, 3s-\frac{1}{2}, 1-s$」から s, t を消すのである．

▶解答◀　$\overrightarrow{\mathrm{OA}}=\vec{a}$，$\overrightarrow{\mathrm{OB}}=\vec{b}$，$\overrightarrow{\mathrm{OC}}=\vec{c}$ とおく．

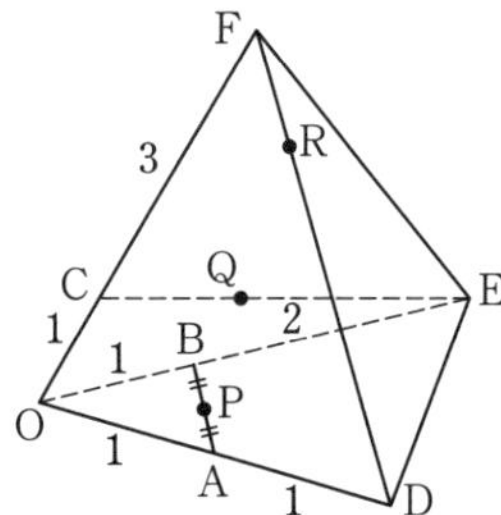

$\overrightarrow{\mathrm{OD}}=2\vec{a}$，$\overrightarrow{\mathrm{OE}}=3\vec{b}$，$\overrightarrow{\mathrm{OF}}=4\vec{c}$ であり $\overrightarrow{\mathrm{OP}}=\dfrac{\vec{a}+\vec{b}}{2}$ となる．また，Q は EC 上，R は DF 上にあるから

$$\overrightarrow{\mathrm{OQ}}=s\overrightarrow{\mathrm{OE}}+(1-s)\overrightarrow{\mathrm{OC}}=3s\vec{b}+(1-s)\vec{c}$$

$$\overrightarrow{\mathrm{OR}}=t\overrightarrow{\mathrm{OD}}+(1-t)\overrightarrow{\mathrm{OF}}=2t\vec{a}+4(1-t)\vec{c}$$

よって

$$\overrightarrow{\mathrm{PQ}}=\overrightarrow{\mathrm{OQ}}-\overrightarrow{\mathrm{OP}}$$

$$=-\frac{1}{2}\vec{a}+\left(3s-\frac{1}{2}\right)\vec{b}+(1-s)\vec{c}$$

$$\overrightarrow{\mathrm{QR}}=\overrightarrow{\mathrm{OR}}-\overrightarrow{\mathrm{OQ}}$$

$$=2t\vec{a}-3s\vec{b}+(3-4t+s)\vec{c}$$

P，Q，R は一直線上にあるから，$\overrightarrow{\mathrm{QR}}=k\overrightarrow{\mathrm{PQ}}$ とおけて

$$2t\vec{a}-3s\vec{b}+(3-4t+s)\vec{c}$$

$$=-\frac{k}{2}\vec{a}+k\left(3s-\frac{1}{2}\right)\vec{b}+k(1-s)\vec{c}$$

係数を比べて

$$2t=-\frac{k}{2} \quad \cdots\cdots①$$

$$-3s=k\left(3s-\frac{1}{2}\right) \quad \cdots\cdots②$$

$$3-4t+s=k(1-s) \quad \cdots\cdots③$$

となる．②＋③×3 で s を消去して

$$9-12t=\frac{5}{2}k \quad \cdots\cdots④$$

①×6＋④ で t を消去して $9=-\frac{1}{2}k$ となる．$k=-18$ となり，① に代入し $t=\frac{9}{2}$ で，② に代入し -3 で割ると $s=6\left(3s-\frac{1}{2}\right)$ で，$s=\frac{3}{17}$ となる．

$$\overrightarrow{\mathrm{OQ}}=\frac{3}{17}\overrightarrow{\mathrm{OE}}+\frac{14}{17}\overrightarrow{\mathrm{OC}},\ \overrightarrow{\mathrm{QR}}=-18\overrightarrow{\mathrm{PQ}}$$

EQ：QC ＝ **14：3**，PQ：QR ＝ **1：18**

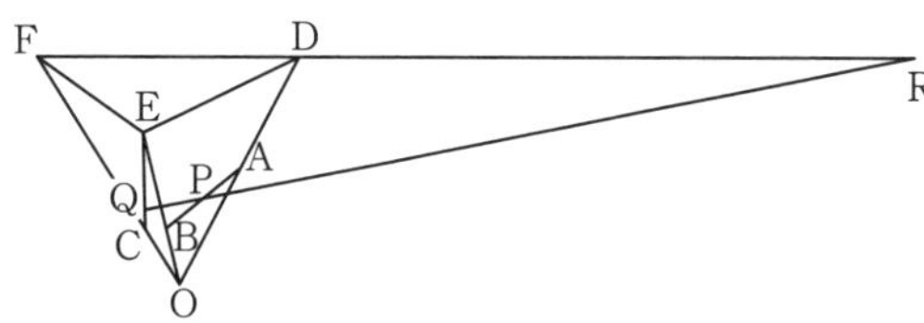

注意　最初の図は不自然で，とても P，Q，R が一直線上にあるとは思えないだろう．実際の位置関係は上のようになっている．

《3 点が一直線上 (B20)》

388．正四面体 OABC において三角形 ABC の重心を D，線分 AB を 2：1 に内分する点を E，線分 AC を 5：2 に外分する点を F とする．$\overrightarrow{\mathrm{OA}}=\vec{a}, \overrightarrow{\mathrm{OB}}=\vec{b}, \overrightarrow{\mathrm{OC}}=\vec{c}$ として，次の問いに答えよ．

（1）　ベクトル $\overrightarrow{\mathrm{OD}}$ を $\vec{a}, \vec{b}, \vec{c}$ を用いて表せ．

（2）　ベクトル $\overrightarrow{\mathrm{OE}}$ および $\overrightarrow{\mathrm{OF}}$ を $\vec{a}, \vec{b}, \vec{c}$ を用いて

表せ．

（3） 点 G は点 E を通り $\overrightarrow{OA}$ に平行な直線上にある．点 H は点 F を通り $\overrightarrow{OB}$ に平行な直線上にある．3 点 D，G，H が一直線上にあるとき，ベクトル $\overrightarrow{OG}$ および $\overrightarrow{OH}$ を $\vec{a}, \vec{b}, \vec{c}$ を用いて表せ．

（4）（3）で求めた $\overrightarrow{OG}, \overrightarrow{OH}$ に対して，$\dfrac{|\overrightarrow{OH}|^2}{|\overrightarrow{OG}|^2}$ を求めよ．　　（21　新潟大・理系）

▶解答◀ （1） D は △ABC の重心より

$$\overrightarrow{OD} = \boldsymbol{\frac{1}{3}\vec{a} + \frac{1}{3}\vec{b} + \frac{1}{3}\vec{c}}$$

（2） E は線分 AB を 2 : 1 に内分するから

$$\overrightarrow{OE} = \boldsymbol{\frac{1}{3}\vec{a} + \frac{2}{3}\vec{b}}$$

F は線分 AC を 5 : 2 に外分するから

$$\overrightarrow{OF} = \boldsymbol{-\frac{2}{3}\vec{a} + \frac{5}{3}\vec{c}}$$

（3） $\overrightarrow{OG} = \overrightarrow{OE} + s\overrightarrow{OA} = \left(s + \frac{1}{3}\right)\vec{a} + \frac{2}{3}\vec{b}$

$$\overrightarrow{OH} = \overrightarrow{OF} + t\overrightarrow{OB} = -\frac{2}{3}\vec{a} + t\vec{b} + \frac{5}{3}\vec{c}$$

であるから，

$$\overrightarrow{DG} = \overrightarrow{OG} - \overrightarrow{OD} = s\vec{a} + \frac{1}{3}\vec{b} - \frac{1}{3}\vec{c}$$

$$\overrightarrow{DH} = \overrightarrow{OH} - \overrightarrow{OD} = -\vec{a} + \left(t - \frac{1}{3}\right)\vec{b} + \frac{4}{3}\vec{c}$$

3 点 D，G，H が一直線上にあるとき，$\overrightarrow{DH} = k\overrightarrow{DG}$ とかけるから，

$$-\vec{a} + \left(t - \frac{1}{3}\right)\vec{b} + \frac{4}{3}\vec{c} = k\left\{s\vec{a} + \frac{1}{3}\vec{b} - \frac{1}{3}\vec{c}\right\}$$

係数を比較して

$$-1 = ks,\ t - \frac{1}{3} = \frac{k}{3},\ \frac{4}{3} = -\frac{k}{3}$$

3 番目の式より $k = -4$ であるから，$s = \frac{1}{4}$，

$t = -\frac{4}{3} + \frac{1}{3} = -1$ である．よって，

$$\overrightarrow{OG} = \boldsymbol{\frac{7}{12}\vec{a} + \frac{2}{3}\vec{b}},\ \overrightarrow{OH} = \boldsymbol{-\frac{2}{3}\vec{a} - \vec{b} + \frac{5}{3}\vec{c}}$$

図は正確ではないことに注意せよ．

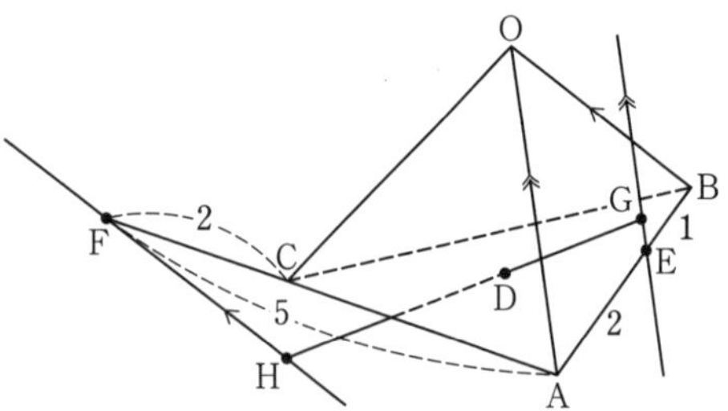

（4） 正四面体の一辺を l とすると，各面は正三角形であるから

$$|\vec{a}| = |\vec{b}| = |\vec{c}| = l$$

$$\vec{a}\cdot\vec{b} = \vec{b}\cdot\vec{c} = \vec{c}\cdot\vec{a} = l\cdot l\cdot\cos 60^\circ = \frac{l^2}{2}$$

これより，

$$|\overrightarrow{OG}|^2 = \frac{49}{144}|\vec{a}|^2 + \frac{4}{9}|\vec{b}|^2 + \frac{7}{9}\vec{a}\cdot\vec{b}$$

$$= \left(\frac{49}{144} + \frac{4}{9} + \frac{7}{18}\right)l^2 = \frac{169}{144}l^2$$

$$|\overrightarrow{OH}|^2 = \frac{4}{9}|\vec{a}|^2 + |\vec{b}|^2 + \frac{25}{9}|\vec{c}|^2$$

$$+ \frac{4}{3}\vec{a}\cdot\vec{b} - \frac{10}{3}\vec{b}\cdot\vec{c} - \frac{20}{9}\vec{c}\cdot\vec{a}$$

$$= \left(\frac{4}{9} + 1 + \frac{25}{9} + \frac{2}{3} - \frac{5}{3} - \frac{10}{9}\right)l^2$$

$$= \frac{19}{9}l^2$$

となる．よって，$\dfrac{|\overrightarrow{OH}|^2}{|\overrightarrow{OG}|^2} = \dfrac{19}{9}\cdot\dfrac{144}{169} = \boldsymbol{\dfrac{304}{169}}$ である．

《正八面体を平面で切る (B15) ☆》

389. 6 点 O, A, B, C, D, E は，1 辺の長さが 1 の正八面体の頂点である．ただし，$\overrightarrow{OA} + \overrightarrow{OC} = \overrightarrow{OE}$ とする．辺 OB を 1 : 3 に内分する点を P，辺 OC を 5 : 3 に内分する点を Q，3 点 A，P，Q が定める平面と直線 DE との交点を R とする．$\overrightarrow{OA} = \vec{a}$，$\overrightarrow{OB} = \vec{b}$，$\overrightarrow{OC} = \vec{c}$ とおくとき，次の問に答えよ．

（1） 内積 $\vec{a}\cdot\vec{b}$ を求めよ．

（2） $\overrightarrow{AP}$ と $\overrightarrow{AQ}$ を $\vec{a}$，$\vec{b}$，$\vec{c}$ を用いて表せ．

（3） $\overrightarrow{OR}$ を $\vec{a}$，$\vec{b}$，$\vec{c}$ を用いて表せ．

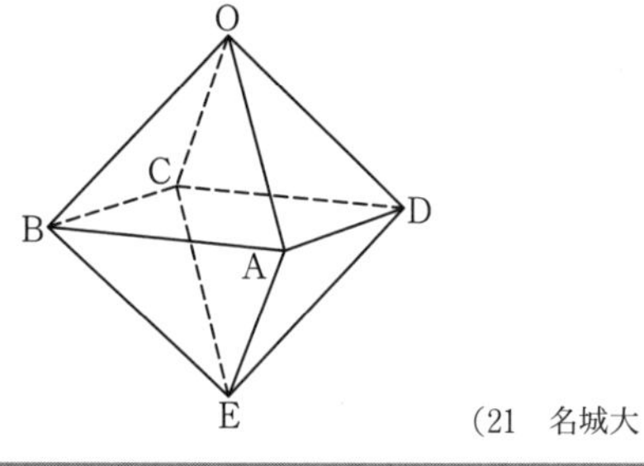

（21　名城大・理工）

▶解答◀ （1） △OAB は 1 辺の長さが 1 の正三角形であるから

$$\vec{a}\cdot\vec{b} = 1\cdot 1\cdot\cos 60^\circ = \boldsymbol{\frac{1}{2}}$$

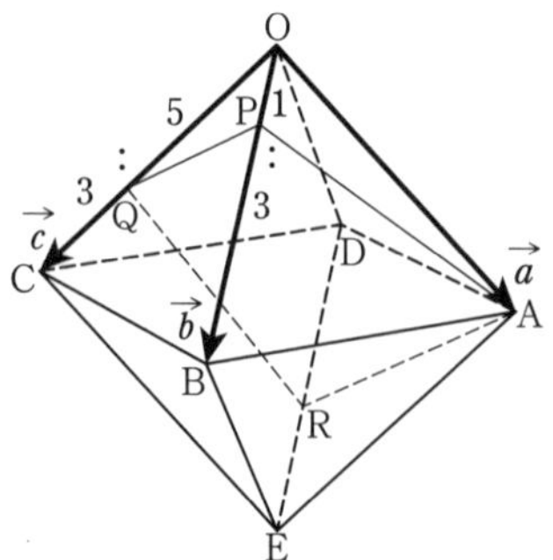

(**2**) P は辺 OB を 1 : 3 に内分する点であるから

$$\overrightarrow{OP}=\frac{1}{4}\vec{b}$$

$$\overrightarrow{AP}-\overrightarrow{AO}=\frac{1}{4}\vec{b}$$

$$\overrightarrow{AP}=\overrightarrow{AO}+\frac{1}{4}\vec{b}=\boldsymbol{-\vec{a}+\frac{1}{4}\vec{b}}$$

Q は辺 OC を 5 : 3 に内分する点であるから

$$\overrightarrow{OQ}=\frac{5}{8}\vec{c}$$

$$\overrightarrow{AQ}-\overrightarrow{AO}=\frac{5}{8}\vec{c}$$

$$\overrightarrow{AQ}=\overrightarrow{AO}+\frac{5}{8}\vec{c}=\boldsymbol{-\vec{a}+\frac{5}{8}\vec{c}}$$

(**3**) R は平面 APQ 上にあるから

$$x+y+z=1 \quad \cdots\cdots①$$

をみたす実数 x, y, z について

$$\overrightarrow{OR}=x\overrightarrow{OA}+y\overrightarrow{OP}+z\overrightarrow{OQ}$$

$$=x\vec{a}+\frac{1}{4}y\vec{b}+\frac{5}{8}z\vec{c} \quad \cdots\cdots②$$

とかける．R は直線 DE 上にあるから k を実数として

$$\overrightarrow{OR}=\overrightarrow{OE}+k\overrightarrow{DE}$$

$$=\vec{a}+k\vec{b}+\vec{c} \quad \cdots\cdots③$$

とかける．$\vec{a}$, $\vec{b}$, $\vec{c}$ は一次独立であるから ②, ③ から

$$x=1 \quad \cdots\cdots④$$

$$\frac{1}{4}y=k \quad \cdots\cdots⑤$$

$$\frac{5}{8}z=1 \quad \cdots\cdots⑥$$

①, ④, ⑤, ⑥ から

$$x=1,\ y=-\frac{8}{5},\ z=\frac{8}{5},\ k=-\frac{2}{5}$$

したがって

$$\overrightarrow{OR}=\boldsymbol{\vec{a}-\frac{2}{5}\vec{b}+\vec{c}}$$

《正四面体を平面で切る (B20) ☆》

390. 四面体 OABC において，辺 OA の中点を P，辺 OB を 2 : 1 に内分する点を Q，辺 BC を 3 : 1 に内分する点を R，点 P，Q，R を通る平面と辺 AC との交点を S とするとき，

$$\overrightarrow{PQ}=-\frac{\square}{\square}\overrightarrow{OA}+\frac{\square}{\square}\overrightarrow{OB}$$

$$\overrightarrow{PR}=-\frac{\square}{\square}\overrightarrow{OA}+\frac{\square}{\square}\overrightarrow{OB}+\frac{\square}{\square}\overrightarrow{OC}$$

であり，AS : SC = □ : □ である．

（21　星薬大・B 方式）

考え方　私は早く正確に解くことに命をかけている．下手な解法に価値はない．カルノーの定理（空間版メネラウスの定理）という定理が知られている．

> 四面体 ABCD がある．線分（両端を除く）AB，BC，CD，DA 上にそれぞれ点 P，Q，R，S がある．点 P，Q，R，S は同一平面 α 上にあるとする．このとき
>
> $$\frac{AP}{PB}\cdot\frac{BQ}{QC}\cdot\frac{CR}{RD}\cdot\frac{DS}{SA}=1$$
>
> が成り立つ．

【証明】　直線 AC，PQ，RS を l_1，l_2，l_3 とする．α と l_1 の関係は

（ア）　平行

（イ）　平行でない

のいずれかで，（ア）のときは l_1 は平面 α 上のすべての直線と交わらないから l_1 は l_2，l_3 と交わらない．l_1 と l_2 は平面 ABC 上にあり，交わらないから l_1 と l_2 は平行，同様に l_1 と l_3 は平行，よって l_2 と l_3 は平行である．

（イ）のときは l_1 と α は共有点（X とする）をもつ．X，P，Q はともに α と平面 ABC 上にあるから α と平面 ABC の交線上にある．同様に X，R，S は α と平面 ADC の交線上にあり，l_2，l_3 は X で交わる．

(**1**)　$\dfrac{AP}{PB}=\dfrac{QC}{BQ}$，$\dfrac{DS}{SA}=\dfrac{RD}{CR}$

$$\frac{AP}{PB}\cdot\frac{BQ}{QC}=1,\ \frac{CR}{RD}\cdot\frac{DS}{SA}=1$$

これらをかけると

$$\frac{AP}{PB}\cdot\frac{BQ}{QC}\cdot\frac{CR}{RD}\cdot\frac{DS}{SA}=1 \quad \cdots\cdots①$$

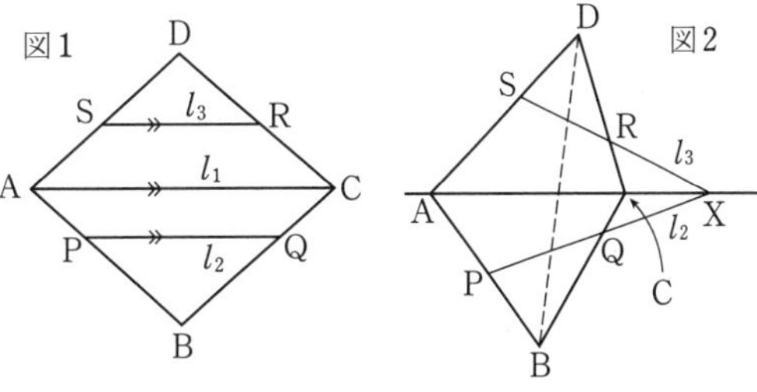

（イ）のときは，X は AC の C 方向への延長上にあるか，AC の A 方向への延長上にある．どちらでも同じことだから C 方向への延長上にあるとしてよい．

△ABC と l_2 に関してメネラウスの定理を用いて

$$\frac{AP}{PB}\cdot\frac{BQ}{QC}\cdot\frac{CX}{XA}=1 \quad \cdots\cdots②$$

△ADC と l_3 に関してメネラウスの定理を用いて

$$\frac{CR}{RD}\cdot\frac{DS}{SA}\cdot\frac{AX}{XC}=1 \quad \cdots\cdots③$$

②, ③ を辺ごとにかけると AX と XC が消えて ① になる. **【証明終わり】**

「あれだ！」と気づくためには，交点をもたない 2 辺 OC, AB を垂直と水平に描いて，交点がぐるっと回る図 2 のようにしないといけない. 図 1 のように描くと気づかない.

$$\frac{\mathrm{CR}}{\mathrm{RB}}\cdot\frac{\mathrm{BQ}}{\mathrm{QO}}\cdot\frac{\mathrm{OP}}{\mathrm{PA}}\cdot\frac{\mathrm{AS}}{\mathrm{SC}}=1$$

$$\frac{1}{3}\cdot\frac{1}{2}\cdot\frac{1}{1}\cdot\frac{\mathrm{AS}}{\mathrm{SC}}=1$$

$$\frac{\mathrm{AS}}{\mathrm{SC}}=6$$

▶解答◀

$$\overrightarrow{\mathrm{PQ}}=\overrightarrow{\mathrm{OQ}}-\overrightarrow{\mathrm{OP}}=-\frac{1}{2}\overrightarrow{\mathrm{OA}}+\frac{2}{3}\overrightarrow{\mathrm{OB}}$$

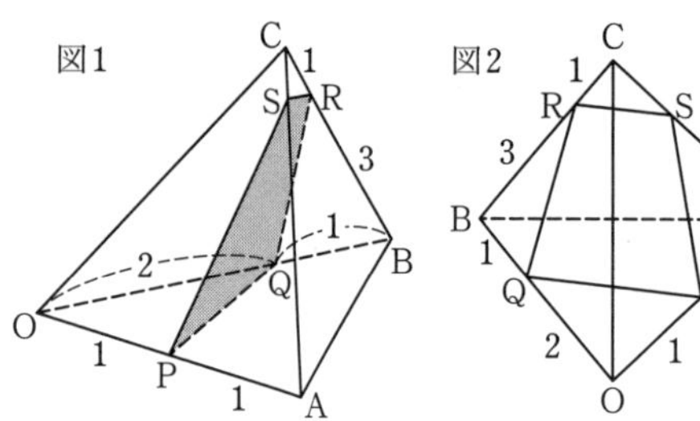

$$\overrightarrow{\mathrm{PR}}=\overrightarrow{\mathrm{OR}}-\overrightarrow{\mathrm{OP}}=-\frac{1}{2}\overrightarrow{\mathrm{OA}}+\frac{1}{4}\overrightarrow{\mathrm{OB}}+\frac{3}{4}\overrightarrow{\mathrm{OC}}$$

S は線分 AC 上にあるから，k を実数として

$$\overrightarrow{\mathrm{OS}}=k\overrightarrow{\mathrm{OA}}+(1-k)\overrightarrow{\mathrm{OC}}\ \cdots\cdots④$$

と書け，S は平面 PQR 上にあるから，s, t を実数として

$$\overrightarrow{\mathrm{PS}}=s\overrightarrow{\mathrm{PQ}}+t\overrightarrow{\mathrm{PR}}$$

と書ける. これにより

$$\begin{aligned}\overrightarrow{\mathrm{OS}}&=\overrightarrow{\mathrm{OP}}+\overrightarrow{\mathrm{PS}}\\&=\overrightarrow{\mathrm{OP}}+s\overrightarrow{\mathrm{PQ}}+t\overrightarrow{\mathrm{PR}}\\&=\frac{1}{2}\overrightarrow{\mathrm{OA}}+s\left(-\frac{1}{2}\overrightarrow{\mathrm{OA}}+\frac{2}{3}\overrightarrow{\mathrm{OB}}\right)\\&\qquad+t\left(-\frac{1}{2}\overrightarrow{\mathrm{OA}}+\frac{1}{4}\overrightarrow{\mathrm{OB}}+\frac{3}{4}\overrightarrow{\mathrm{OC}}\right)\\&=\frac{1}{2}(1-s-t)\overrightarrow{\mathrm{OA}}\\&\qquad+\left(\frac{2}{3}s+\frac{1}{4}t\right)\overrightarrow{\mathrm{OB}}+\frac{3}{4}t\overrightarrow{\mathrm{OC}}\ \cdots\cdots⑤\end{aligned}$$

①, ② の係数を比較して

$$\frac{1}{2}(1-s-t)=k\ \cdots\cdots⑥$$

$$\frac{2}{3}s+\frac{1}{4}t=0\ \cdots\cdots⑦$$

$$\frac{3}{4}t=1-k\ \cdots\cdots⑧$$

⑤ より，$t=\frac{4}{3}(1-k)$ を ④ に代入して

$$\frac{2}{3}s+\frac{1}{4}\cdot\frac{4}{3}(1-k)=0$$

$$s=\frac{1}{2}(k-1)$$

これらを ③×2 に代入して

$$1-\frac{1}{2}(k-1)-\frac{4}{3}(1-k)=2k$$

両辺を 6 倍して

$$6-3(k-1)-8(1-k)=12k$$

$$7k=1 \qquad \therefore\ k=\frac{1}{7}$$

以上より

$$\mathrm{AS}:\mathrm{SC}=(1-k):k=\frac{6}{7}:\frac{1}{7}=\mathbf{6:1}$$

《正四面体を平面で切る (B20)》

391. 空間内に，同一平面上にない 4 点 O, A, B, C がある. s, t を $0<s<1,\ 0<t<1$ をみたす実数とする. 線分 OA を 1 : 1 に内分する点を $\mathrm{A_0}$，線分 OB を 1 : 2 に内分する点を $\mathrm{B_0}$，線分 AC を $s:(1-s)$ に内分する点を P，線分 BC を $t:(1-t)$ に内分する点を Q とする. さらに 4 点 $\mathrm{A_0}, \mathrm{B_0}$, P, Q が同一平面上にあるとする.

（1） t を s を用いて表せ.

（2） $|\overrightarrow{\mathrm{OA}}|=1,\ |\overrightarrow{\mathrm{OB}}|=|\overrightarrow{\mathrm{OC}}|=2$, $\angle\mathrm{AOB}=120^\circ,\ \angle\mathrm{BOC}=90^\circ,\ \angle\mathrm{COA}=60^\circ$, $\angle\mathrm{POQ}=90^\circ$ であるとき，s の値を求めよ.

（21 阪大・共通）

▶解答◀ （1） $\overrightarrow{\mathrm{OA}}=\vec{a},\ \overrightarrow{\mathrm{OB}}=\vec{b},\ \overrightarrow{\mathrm{OC}}=\vec{c}$ とおく.

$$\overrightarrow{\mathrm{A_0B_0}}=\overrightarrow{\mathrm{OB_0}}-\overrightarrow{\mathrm{OA_0}}=\frac{1}{3}\vec{b}-\frac{1}{2}\vec{a}$$

$$\begin{aligned}\overrightarrow{\mathrm{A_0P}}&=\overrightarrow{\mathrm{OP}}-\overrightarrow{\mathrm{OA_0}}=(1-s)\vec{a}+s\vec{c}-\frac{1}{2}\vec{a}\\&=\left(\frac{1}{2}-s\right)\vec{a}+s\vec{c}\end{aligned}$$

$$\overrightarrow{\mathrm{A_0Q}}=\overrightarrow{\mathrm{OQ}}-\overrightarrow{\mathrm{OA_0}}=(1-t)\vec{b}+t\vec{c}-\frac{1}{2}\vec{a}\ \cdots\cdots①$$

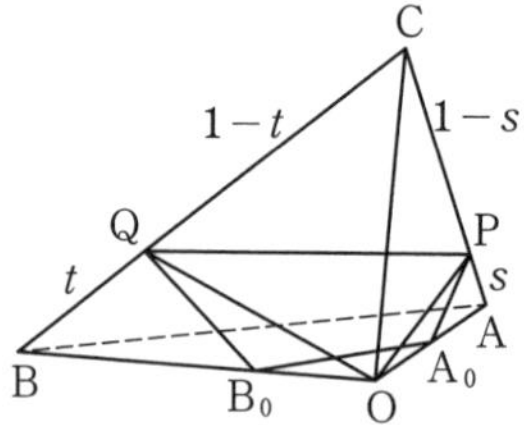

4 点 $\mathrm{A_0}, \mathrm{B_0}$, P, Q は同一平面上にあるから，実数 x, y を用いて

$$\begin{aligned}\overrightarrow{\mathrm{A_0Q}}&=x\overrightarrow{\mathrm{A_0B_0}}+y\overrightarrow{\mathrm{A_0P}}\\&=x\left(\frac{1}{3}\vec{b}-\frac{1}{2}\vec{a}\right)+y\left\{\left(\frac{1}{2}-s\right)\vec{a}+s\vec{c}\right\}\\&=\left\{-\frac{x}{2}+\left(\frac{1}{2}-s\right)y\right\}\vec{a}+\frac{x}{3}\vec{b}+ys\vec{c}\ \cdots\cdots②\end{aligned}$$

とかける. ① と ② の係数を比較し，

$$-\frac{1}{2}=-\frac{x}{2}+\left(\frac{1}{2}-s\right)y\ \cdots\cdots③$$

$$1-t=\frac{x}{3} \qquad \therefore \quad x=3(1-t) \quad \cdots\cdots\cdots\cdots④$$

$$t=ys \qquad \therefore \quad y=\frac{t}{s} \quad \cdots\cdots\cdots\cdots\cdots\cdots\cdots⑤$$

④, ⑤ を ③ に代入して

$$-\frac{1}{2}=-\frac{3}{2}(1-t)+\left(\frac{1}{2s}-1\right)t$$

$$\frac{1}{2}\left(\frac{1}{s}+1\right)t=1 \qquad \therefore \quad t=\boldsymbol{\frac{2s}{s+1}}$$

(2) $\vec{a}\cdot\vec{b}=1\cdot 2\cdot\cos 120°=-1$

$\vec{b}\cdot\vec{c}=0$

$\vec{c}\cdot\vec{a}=2\cdot 1\cdot\cos 60°=1$

$\angle \mathrm{POQ}=90°$ より $\overrightarrow{\mathrm{OP}}\cdot\overrightarrow{\mathrm{OQ}}=0$ であり,

$$\{(1-s)\vec{a}+s\vec{c}\}\cdot\{(1-t)\vec{b}+t\vec{c}\}=0$$

$$-(1-s)(1-t)+(1-s)t+4st=0$$

$$2st+s+2t-1=0$$

$$2t(s+1)+s-1=0$$

$$4s+s-1=0 \qquad \therefore \quad s=\boldsymbol{\frac{1}{5}}$$

注意【カルノーの定理】

次のような定理が知られている.

四面体 ABCD があり, 平面 π が辺 AB と点 P で, 辺 BC と点 Q で, 辺 CD と点 R で, 辺 DA と点 S で交わるとき

$$\frac{\mathrm{AP}}{\mathrm{PB}}\cdot\frac{\mathrm{BQ}}{\mathrm{QC}}\cdot\frac{\mathrm{CR}}{\mathrm{RD}}\cdot\frac{\mathrm{DS}}{\mathrm{SA}}=1$$

である. ただし, P, Q, R, S はいずれも A, B, C, D とは異なるとする.

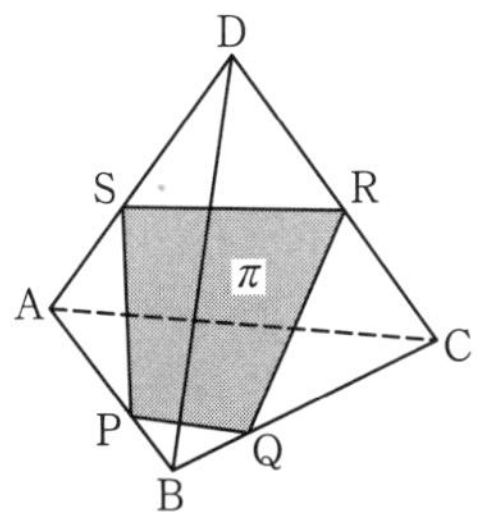

(1) においてこれを適用すると,

$$\frac{2}{1}\cdot\frac{1}{1}\cdot\frac{s}{1-s}\cdot\frac{1-t}{t}=1$$

$$2s(1-t)=t(1-s)$$

$$(s+1)t=2s \qquad \therefore \quad t=\boldsymbol{\frac{2s}{s+1}}$$

と素早く求められる.

《四面体の外接球の中心 (B20) ☆》

392. 四面体 OABC は

$\angle \mathrm{AOB}=\angle \mathrm{AOC}=90°$, $\angle \mathrm{BOC}=60°$,

$\mathrm{OA}=3$, $\mathrm{OB}=4$, $\mathrm{OC}=5$

を満たすとし, $\vec{a}=\overrightarrow{\mathrm{OA}}$, $\vec{b}=\overrightarrow{\mathrm{OB}}$, $\vec{c}=\overrightarrow{\mathrm{OC}}$ とする. 四面体 OABC の各頂点から等距離にある点を D とすると

$$\overrightarrow{\mathrm{OD}}=\frac{1}{2}\vec{a}+s\vec{b}+t\vec{c}\ (s,\ t\ \text{は実数})$$

と表される. また, $\vec{c}$ に垂直で辺 AB の中点を通る平面を H, $\vec{a}$ に垂直で辺 BC の中点を通る平面を I, $\vec{b}$ に垂直で辺 AC の中点を通る平面を J とし, 3 つの平面 H, I, J が交わる点を M とする. このとき, 以下の問いに答えよ.

(1) s と t を求めよ.

(2) $\overrightarrow{\mathrm{OM}}=x\vec{a}+y\vec{b}+z\vec{c}$ (x, y, z は実数) とし, 辺 AB の中点を E とする. 平面 H 上のベクトル $\overrightarrow{\mathrm{EM}}$ と $\vec{c}$ のなす角が直角であることを利用して, y と z の関係式を求めよ.

(3) $\overrightarrow{\mathrm{OM}}$ を $\vec{a}, \vec{b}, \vec{c}$ を用いて表せ.

(4) 三角形 ABC の重心を G とし, 辺 OG を 3 : 1 に内分する点を F とする. $\overrightarrow{\mathrm{OF}}$ を $\overrightarrow{\mathrm{OD}}$ と $\overrightarrow{\mathrm{OM}}$ を用いて表せ.

(21 大府大・前期)

▶解答◀ (1) いきなり何が書いてあるのか, わからない. $\overrightarrow{\mathrm{OD}}=\frac{1}{2}\vec{a}+s\vec{b}+t\vec{c}$ の $\frac{1}{2}$ って何?解説は答えを書くものではない. こういうことから解説を始めないといけない. D は O, A, B, C から等距離にあるから

$\mathrm{OD}^2=\mathrm{AD}^2=\mathrm{BD}^2=\mathrm{CD}^2$

になる点であるが, これは

$\mathrm{OD}^2=\mathrm{AD}^2$ かつ $\mathrm{OD}^2=\mathrm{BD}^2$ かつ $\mathrm{OD}^2=\mathrm{CD}^2$ と同値である. まず, $\mathrm{OD}^2=\mathrm{AD}^2$ であるが, このとき, D は OA の垂直二等分面上にある.

$\angle \mathrm{AOB}=\angle \mathrm{AOC}=90°$ だから平面 OBC は OA と垂直であり, 平面 OBC に水平に見ると, 図 1 のように見えて, OA の垂直二等分面 (π_1) は OA の中点 N を通って OA に垂直だから, $\overrightarrow{\mathrm{ND}}=s\vec{b}+t\vec{c}$ の形に書ける. だから $\overrightarrow{\mathrm{OD}}=\frac{1}{2}\vec{a}+s\vec{b}+t\vec{c}$ の形になる.

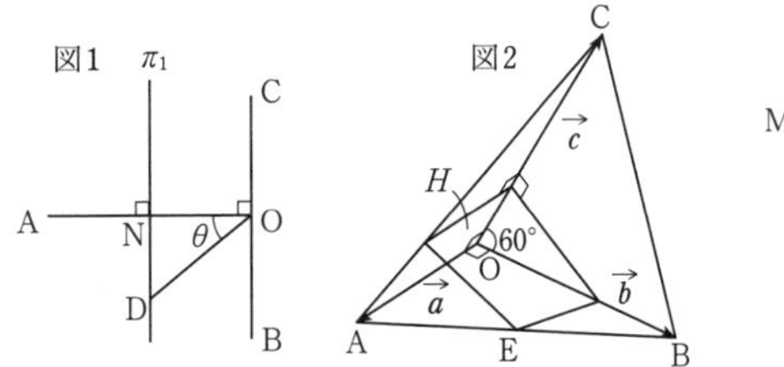

もちろん，それは計算で確かめることができる．

$$|\overrightarrow{\mathrm{OD}}|^2=|\overrightarrow{\mathrm{AD}}|^2$$
$$|\overrightarrow{\mathrm{OD}}|^2=|\overrightarrow{\mathrm{OD}}-\overrightarrow{\mathrm{OA}}|^2$$
$$|\overrightarrow{\mathrm{OD}}|^2=|\overrightarrow{\mathrm{OD}}|^2+|\overrightarrow{\mathrm{OA}}|^2-2\overrightarrow{\mathrm{OA}}\cdot\overrightarrow{\mathrm{OD}}$$
$$\overrightarrow{\mathrm{OA}}\cdot2\overrightarrow{\mathrm{OD}}=|\overrightarrow{\mathrm{OA}}|^2$$

となる．

$$\vec{a}\cdot\left(\vec{a}+2s\vec{b}+2t\vec{c}\right)=|\vec{a}|^2$$

$\vec{a}\cdot\vec{b}=0$, $\vec{a}\cdot\vec{c}=0$ であるからこれは成り立つ．なお，$2\overrightarrow{\mathrm{OA}}\cdot\overrightarrow{\mathrm{OD}}=|\overrightarrow{\mathrm{OA}}|^2$ は，$\angle\mathrm{DOA}=\theta$ として

$$\overrightarrow{\mathrm{OA}}\cdot\overrightarrow{\mathrm{OD}}=|\overrightarrow{\mathrm{OA}}||\overrightarrow{\mathrm{OD}}|\cos\theta$$
$$=\mathrm{OA}\cdot\mathrm{ON}=\mathrm{OA}\cdot\frac{1}{2}\mathrm{OA}=\frac{1}{2}\mathrm{OA}^2$$

とする方法も有名である．

$|\vec{a}|=3$, $|\vec{b}|=4$, $|\vec{c}|=5$, $\vec{a}\cdot\vec{b}=0$, $\vec{a}\cdot\vec{c}=0$, $\vec{b}\cdot\vec{c}=4\cdot5\cos60°=10$ である．

同様に

$$2\overrightarrow{\mathrm{OB}}\cdot\overrightarrow{\mathrm{OD}}=|\overrightarrow{\mathrm{OB}}|^2$$
$$\vec{b}\cdot\left(\vec{a}+2s\vec{b}+2t\vec{c}\right)=|\vec{b}|^2$$
$$2\cdot16s+2\cdot10t=16$$
$$8s+5t=4$$
$$2\overrightarrow{\mathrm{OC}}\cdot\overrightarrow{\mathrm{OD}}=|\overrightarrow{\mathrm{OC}}|^2$$
$$2\cdot10s+2\cdot25t=25$$
$$2s+5t=\frac{5}{2}$$

$8s+5t=4$, $2s+5t=\frac{5}{2}$ を解いて $s=\boldsymbol{\frac{1}{4}}$, $t=\boldsymbol{\frac{2}{5}}$

（2） $\vec{c}\perp\overrightarrow{\mathrm{EM}}$ より

$$\vec{c}\cdot\left(x\vec{a}+y\vec{b}+z\vec{c}-\frac{\vec{a}+\vec{b}}{2}\right)=0$$
$$0x+10y+25z-\frac{0+10}{2}=0$$

$\boldsymbol{2y+5z=1}$ ……………………………………①

（3） M が平面 I, J 上にあるから

$$\vec{a}\cdot\left(x\vec{a}+y\vec{b}+z\vec{c}-\frac{\vec{b}+\vec{c}}{2}\right)=0$$
$$9x+0+0=0$$
$$\vec{b}\cdot\left(x\vec{a}+y\vec{b}+z\vec{c}-\frac{\vec{c}+\vec{a}}{2}\right)=0$$
$$0+16y+10z-\frac{10+0}{2}=0$$

より，$x=0$, $8y+5z=\frac{5}{2}$

この結果と ① より $y=\frac{1}{4}$, $z=\frac{1}{10}$ で

$\overrightarrow{\mathrm{OM}}=\boldsymbol{\frac{1}{4}\vec{b}+\frac{1}{10}\vec{c}}$ ……………………………②

（4） $\overrightarrow{\mathrm{OG}}=\frac{\vec{a}+\vec{b}+\vec{c}}{3}$ であるから

$\overrightarrow{\mathrm{OF}}=\frac{3}{4}\overrightarrow{\mathrm{OG}}=\frac{\vec{a}+\vec{b}+\vec{c}}{4}$ ………………………③

また，（1）より

$\overrightarrow{\mathrm{OD}}=\frac{1}{2}\vec{a}+\frac{1}{4}\vec{b}+\frac{2}{5}\vec{c}$ …………………………④

である．②, ③, ④ より

$$\overrightarrow{\mathrm{OF}}=\boldsymbol{\frac{1}{2}\overrightarrow{\mathrm{OD}}+\frac{1}{2}\overrightarrow{\mathrm{OM}}}$$

は瞬時にわかる．

注意 最後のところは

$$\overrightarrow{\mathrm{OF}}=k\overrightarrow{\mathrm{OD}}+l\overrightarrow{\mathrm{OM}}$$

とおいて

$$=\frac{1}{2}k\vec{a}+\left(\frac{1}{4}k+\frac{1}{4}l\right)\vec{b}+\left(\frac{2}{5}k+\frac{1}{10}l\right)\vec{c}$$

とおき，③ との間で $\vec{a}$, $\vec{b}$, $\vec{c}$ の係数を比較すると

$$\frac{1}{4}=\frac{1}{2}k,\ \frac{1}{4}=\frac{1}{4}k+\frac{1}{4}l,\ \frac{1}{4}=\frac{2}{5}k+\frac{1}{10}l$$

これを解けば $k=l=\frac{1}{2}$ となる．

$$\overrightarrow{\mathrm{OF}}=\boldsymbol{\frac{1}{2}\overrightarrow{\mathrm{OD}}+\frac{1}{2}\overrightarrow{\mathrm{OM}}}$$

《三角形の面積の最小（B20）》

393. 正方形 BCDE を底面とし，辺の長さがすべて 1 である四角錐 A − BCDE を考える．$\vec{a}=\overrightarrow{\mathrm{CA}}$, $\vec{b}=\overrightarrow{\mathrm{CB}}$, $\vec{d}=\overrightarrow{\mathrm{CD}}$ とする．辺 BC を 1 : 2 に内分する点を P とし，辺 DE を $t:(1-t)$ に内分する点を Q とする．ただし，t は $0<t<1$ をみたす実数であるとする．このとき，以下の問いに答えなさい．

（1） $\overrightarrow{\mathrm{AP}}$ と $\overrightarrow{\mathrm{AQ}}$ を $\vec{a}$, $\vec{b}$, $\vec{d}$, t を用いて表しなさい．

（2） 内積 $\overrightarrow{\mathrm{AP}}\cdot\overrightarrow{\mathrm{AQ}}$ を t を用いて表しなさい．

（3） △APQ の面積 S を t を用いて表しなさい．

（4） △APQ の面積 S が最小となる t の値を求め，そのときの S の値を求めなさい．

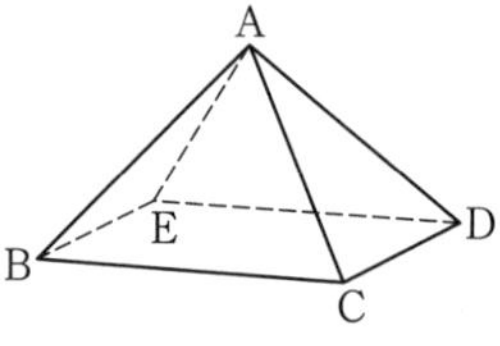

（21 都立大・理系）

▶解答◀ （1） $\overrightarrow{\mathrm{AP}}=\overrightarrow{\mathrm{CP}}-\overrightarrow{\mathrm{CA}}$

$$=\frac{2}{3}\overrightarrow{\mathrm{CB}}-\overrightarrow{\mathrm{CA}}=\boldsymbol{-\vec{a}+\frac{2}{3}\vec{b}}$$
$$\overrightarrow{\mathrm{AQ}}=\overrightarrow{\mathrm{CQ}}-\overrightarrow{\mathrm{CA}}=\overrightarrow{\mathrm{CD}}+t\overrightarrow{\mathrm{CB}}-\overrightarrow{\mathrm{CA}}$$
$$=\boldsymbol{-\vec{a}+t\vec{b}+\vec{d}}$$

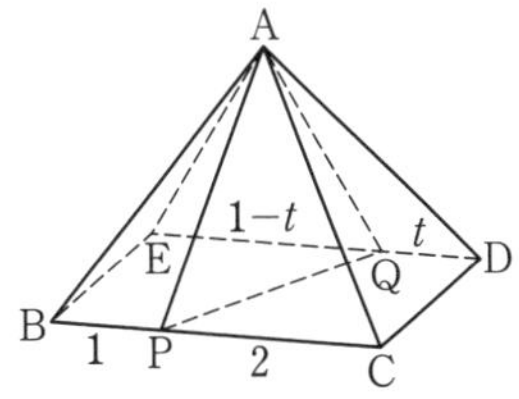

（2） $|\vec{a}|=|\vec{b}|=|\vec{d}|=1$,
$\vec{a}\cdot\vec{b}=\vec{d}\cdot\vec{a}=1\cdot1\cdot\cos 60°=\dfrac{1}{2}$, $\vec{b}\cdot\vec{d}=0$ を用いて

$$\overrightarrow{AP}\cdot\overrightarrow{AQ}=\left(-\vec{a}+\frac{2}{3}\vec{b}\right)\cdot\left(-\vec{a}+t\vec{b}+\vec{d}\right)$$
$$=|\vec{a}|^2-\left(t+\frac{2}{3}\right)\vec{a}\cdot\vec{b}+\frac{2t}{3}|\vec{b}|^2-\vec{a}\cdot\vec{d}+\frac{2}{3}\vec{b}\cdot\vec{d}$$
$$=1^2-\left(t+\frac{2}{3}\right)\cdot\frac{1}{2}+\frac{2t}{3}\cdot1^2-\frac{1}{2}+\frac{2}{3}\cdot0$$
$$=\boldsymbol{\frac{t+1}{6}}$$

（3） $|\overrightarrow{AP}|^2=\left|-\vec{a}+\dfrac{2}{3}\vec{b}\right|^2$
$$=|\vec{a}|^2-2\cdot\frac{2}{3}\vec{a}\cdot\vec{b}+\left(\frac{2}{3}\right)^2|\vec{b}|^2$$
$$=1^2-\frac{4}{3}\cdot\frac{1}{2}+\frac{4}{9}\cdot1^2=\frac{7}{9}$$
$$|\overrightarrow{AQ}|^2=|-\vec{a}+t\vec{b}+\vec{d}|^2$$
$$=|\vec{a}|^2+t^2|\vec{b}|^2+|\vec{d}|^2-2t\vec{a}\cdot\vec{b}+2t\vec{b}\cdot\vec{d}-2\vec{d}\cdot\vec{a}$$
$$=1^2+t^2\cdot1^2+1^2-2t\cdot\frac{1}{2}+2t\cdot0-2\cdot\frac{1}{2}$$
$$=t^2-t+1$$
$$S=\frac{1}{2}\sqrt{|\overrightarrow{AP}|^2|\overrightarrow{AQ}|^2-\left(\overrightarrow{AP}\cdot\overrightarrow{AQ}\right)^2}$$
$$=\frac{1}{2}\sqrt{\frac{7}{9}(t^2-t+1)-\left(\frac{t+1}{6}\right)^2}$$
$$=\boldsymbol{\frac{1}{12}\sqrt{27t^2-30t+27}}$$

（4） $S=\dfrac{1}{12}\sqrt{27\left(t-\dfrac{5}{9}\right)^2-\dfrac{25}{3}+27}$
$$=\frac{1}{12}\sqrt{27\left(t-\frac{5}{9}\right)^2+\frac{56}{3}}$$

$0<t<1$ であるから，S は $t=\boldsymbol{\dfrac{5}{9}}$ のとき最小値 $\boldsymbol{\dfrac{\sqrt{42}}{18}}$ をとる．

《正四面体で垂線を下ろす（B20）☆》

394. 1辺の長さが2の正四面体OABCがある．点Pは $3\overrightarrow{OP}=\overrightarrow{AP}+2\overrightarrow{PB}$ を満たす．△ABCの重心をGとし，$\overrightarrow{OA}=\vec{a}$, $\overrightarrow{OB}=\vec{b}$, $\overrightarrow{OC}=\vec{c}$ とする．

（1） $\overrightarrow{OP}$ を $\vec{a}$, $\vec{b}$ を用いて表せ．

（2） 直線PGと平面OBCの交点をQとする．$\overrightarrow{OQ}$ を $\vec{b}$, $\vec{c}$ を用いて表せ．

（3） 点Dは平面OAC上を動く．（2）の点Qに対して，$|\overrightarrow{QD}|$ の最小値を求めよ．

（21　徳島大・医，歯，薬）

▶解答◀ （1） $3\overrightarrow{OP}=\overrightarrow{AP}+2\overrightarrow{PB}$
$$3\overrightarrow{OP}=\overrightarrow{OP}-\vec{a}+2(\vec{b}-\overrightarrow{OP})$$
$$\overrightarrow{OP}=\boldsymbol{-\frac{1}{4}\vec{a}+\frac{1}{2}\vec{b}}$$

（2） $\overrightarrow{OG}=\dfrac{1}{3}(\vec{a}+\vec{b}+\vec{c})$

Qは直線PG上にあるから
$$\overrightarrow{OQ}=s\overrightarrow{OG}+(1-s)\overrightarrow{OP}$$
$$=\frac{s}{3}(\vec{a}+\vec{b}+\vec{c})+(1-s)\left(-\frac{1}{4}\vec{a}+\frac{1}{2}\vec{b}\right)$$
$$=\frac{7s-3}{12}\vec{a}+\frac{3-s}{6}\vec{b}+\frac{s}{3}\vec{c}$$

とおけて，Qは平面OBC上にあるから $\dfrac{7s-3}{12}=0$ となり，$s=\dfrac{3}{7}$ である．$\overrightarrow{OQ}=\boldsymbol{\dfrac{3}{7}\vec{b}+\dfrac{1}{7}\vec{c}}$

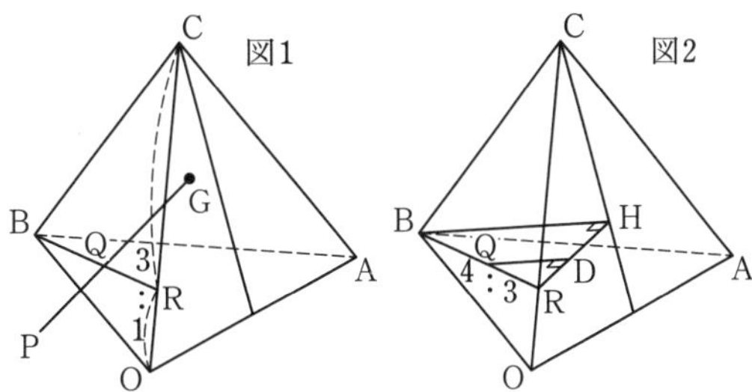

（3） $|\overrightarrow{QD}|$ の最小を与えるDはQから平面OACに下ろした垂線の足である．Bから平面OACに下ろした垂線の足をHとする．正四面体の高さは，よく知られているように，一辺の長さの $\sqrt{\dfrac{2}{3}}$ 倍であり，$\mathrm{BH}=2\sqrt{\dfrac{2}{3}}$ である．$\overrightarrow{OQ}=\dfrac{3}{7}\overrightarrow{OB}+\dfrac{4}{7}\left(\dfrac{1}{4}\overrightarrow{OC}\right)$ であるから，OCを1:3に内分する点をR（図1）として，
$$\overrightarrow{OR}=\frac{1}{4}\overrightarrow{OC},\ \overrightarrow{OQ}=\frac{3}{7}\overrightarrow{OB}+\frac{4}{7}\overrightarrow{OR}$$

QはRBを3:4に内分する（図2）から直角三角形の相似より $|\overrightarrow{QD}|=\dfrac{3}{7}\mathrm{BH}=\boldsymbol{\dfrac{2\sqrt{6}}{7}}$

♦別解♦ （3） $|\vec{a}|=|\vec{b}|=|\vec{c}|=2$

$\vec{a}\cdot\vec{b}=|\vec{a}||\vec{b}|\cos 60°=2$ で同様に $\vec{b}\cdot\vec{c}=\vec{c}\cdot\vec{a}=2$

$|\overrightarrow{QD}|$ が最小になるのは $\overrightarrow{QD}$ が平面OACと垂直になるときである．このとき，$\overrightarrow{QD}\perp\vec{a}$, $\overrightarrow{QD}\perp\vec{c}$ となる．点Dは平面OAC上にあるから $\overrightarrow{OD}=t\vec{a}+u\vec{c}$ とおける．
$$\overrightarrow{QD}=\overrightarrow{OD}-\overrightarrow{OQ}=t\vec{a}-\frac{3}{7}\vec{b}+\left(u-\frac{1}{7}\right)\vec{c}$$

$\overrightarrow{QD}\perp\vec{a}$ から $\overrightarrow{QD}\cdot\vec{a}=0$
$$t|\vec{a}|^2-\frac{3}{7}\vec{a}\cdot\vec{b}+\left(u-\frac{1}{7}\right)\vec{c}\cdot\vec{a}=0$$
$$4t+2u-\frac{8}{7}=0 \quad\cdots\cdots\cdots①$$

$\overrightarrow{QD} \perp \vec{c}$ から $\overrightarrow{QD} \cdot \vec{c} = 0$

$$t\vec{a}\cdot\vec{c} - \frac{3}{7}\vec{b}\cdot\vec{c} + \left(u - \frac{1}{7}\right)|\vec{c}|^2 = 0$$

$$2t + 4u - \frac{10}{7} = 0 \quad \cdots\cdots ②$$

①, ② を解いて $t = \frac{1}{7}$, $u = \frac{2}{7}$ である.

$$|\overrightarrow{QD}|^2 = \left|\frac{1}{7}(\vec{a} - 3\vec{b} + \vec{c})\right|^2$$

$$= \frac{1}{49}(|\vec{a}|^2 + 9|\vec{b}|^2 + |\vec{c}|^2 - 6\vec{a}\cdot\vec{b} - 6\vec{b}\cdot\vec{c} + 2\vec{c}\cdot\vec{a})$$

$$= \frac{1}{49}(4 + 36 + 4 - 12 - 12 + 4) = \frac{24}{49}$$

であるから, $|\overrightarrow{QD}|$ の最小値は $\boldsymbol{\frac{2\sqrt{6}}{7}}$

《平面に垂線を下ろす (B20) ☆》

395. 四面体 ABCD において,

AB = 4, BC = 5, AC = AD = BD = CD = 3

とする. 点 D から三角形 ABC を含む平面へ垂線 DH を下ろす. このとき, 次の問いに答えよ.

(1) $\overrightarrow{AB}\cdot\overrightarrow{AD}$ と $\overrightarrow{AC}\cdot\overrightarrow{AD}$ の値をそれぞれ求めよ.

(2) $\overrightarrow{AH}$ を $\overrightarrow{AB}$ と $\overrightarrow{AC}$ を用いて表せ.

(3) 四面体 ABCD の体積 V を求めよ.

(21 静岡大・前期)

▶解答◀ (1) $|\overrightarrow{BD}|^2 = |\overrightarrow{AB} - \overrightarrow{AD}|^2$

$$= |\overrightarrow{AB}|^2 - 2\overrightarrow{AB}\cdot\overrightarrow{AD} + |\overrightarrow{AD}|^2$$

$$9 = 16 - 2\overrightarrow{AB}\cdot\overrightarrow{AD} + 9 \qquad \therefore \quad \overrightarrow{AB}\cdot\overrightarrow{AD} = \mathbf{8}$$

△ACD は一辺が 3 の正三角形であるから,

$$\overrightarrow{AC}\cdot\overrightarrow{AD} = 3\cdot3\cdot\cos 60° = \boldsymbol{\frac{9}{2}}$$

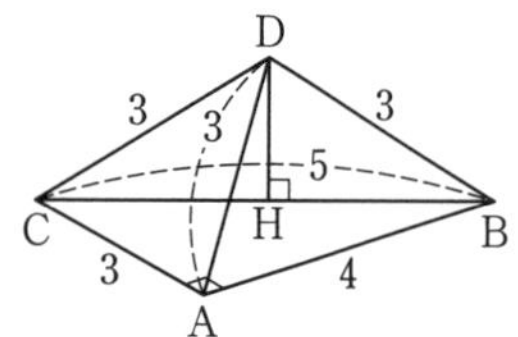

(2) s, t を実数とし, $\overrightarrow{AH} = s\overrightarrow{AB} + t\overrightarrow{AC}$ とおく.

$\angle BAC = 90°$ であるから, $\overrightarrow{AB}\cdot\overrightarrow{AC} = 0$

$\overrightarrow{DH} = \overrightarrow{AH} - \overrightarrow{AD} = s\overrightarrow{AB} + t\overrightarrow{AC} - \overrightarrow{AD}$ であるから,

$$\overrightarrow{AB}\cdot\overrightarrow{DH} = \overrightarrow{AB}\cdot\left(s\overrightarrow{AB} + t\overrightarrow{AC} - \overrightarrow{AD}\right)$$

$$= s|\overrightarrow{AB}|^2 + t\overrightarrow{AB}\cdot\overrightarrow{AC} - \overrightarrow{AB}\cdot\overrightarrow{AD}$$

$$= 16s - 8$$

$$\overrightarrow{AC}\cdot\overrightarrow{DH} = \overrightarrow{AC}\cdot\left(s\overrightarrow{AB} + t\overrightarrow{AC} - \overrightarrow{AD}\right)$$

$$= s\overrightarrow{AB}\cdot\overrightarrow{AC} + t|\overrightarrow{AC}|^2 - \overrightarrow{AC}\cdot\overrightarrow{AD} = 9t - \frac{9}{2}$$

平面 ABC と $\overrightarrow{DH}$ は直交するから,

$$\overrightarrow{AB}\cdot\overrightarrow{DH} = \overrightarrow{AC}\cdot\overrightarrow{DH} = 0 \qquad \therefore \quad s = t = \frac{1}{2}$$

$$\overrightarrow{AH} = \boldsymbol{\frac{1}{2}\overrightarrow{AB} + \frac{1}{2}\overrightarrow{AC}}$$

(3) $|\overrightarrow{AH}|^2 = \frac{1}{4}\left(|\overrightarrow{AB}|^2 + 2\overrightarrow{AB}\cdot\overrightarrow{AC} + |\overrightarrow{AC}|^2\right)$

$$= \frac{1}{4}(16 + 0 + 9) = \frac{25}{4}$$

$$|\overrightarrow{DH}| = \sqrt{|\overrightarrow{AD}|^2 - |\overrightarrow{AH}|^2} = \sqrt{9 - \frac{25}{4}} = \frac{\sqrt{11}}{2}$$

したがって, $V = \frac{1}{3}\cdot\triangle ABC\cdot|\overrightarrow{DH}|$

$$= \frac{1}{3}\cdot\left(\frac{1}{2}\cdot3\cdot4\right)\cdot\frac{\sqrt{11}}{2} = \boldsymbol{\sqrt{11}}$$

♦別解♦ (3) △ADH, △BDH, △CDH は, 斜辺 AD, BD, CD が等しく DH が共通な直角三角形であるからすべて合同である. したがって, AH = BH = CH であるから H は △ABC の外心であり, また ∠BAC = 90° であるから H は BC の中点となる. これより,

$$DH = \sqrt{CD^2 - CH^2} = \sqrt{9 - \left(\frac{5}{2}\right)^2} = \frac{\sqrt{11}}{2}$$

$$V = \frac{1}{3}\cdot\triangle ABC\cdot DH$$

$$= \frac{1}{3}\cdot\left(\frac{1}{2}\cdot3\cdot4\right)\cdot\frac{\sqrt{11}}{2} = \boldsymbol{\sqrt{11}}$$

【空間ベクトルの難問】

《六角錐の論証 (C20)》

396. 以下の問に答えよ.

(1) 空間内に点 O と, O を通らない平面 α がある. α 上にある点 $P_1, P_2, \cdots, P_n$ と実数 $x_1, x_2, \cdots, x_n$ $(n \geqq 2)$ が

$$x_1\overrightarrow{OP_1} + x_2\overrightarrow{OP_2} + \cdots + x_n\overrightarrow{OP_n} = \vec{0}$$

をみたすとき, $x_1 + x_2 + \cdots + x_n = 0$ が成り立つことを示せ.

(2) O を頂点とし, 正六角形 $A_1A_2A_3A_4A_5A_6$ を底面とする六角錐がある. $0 < t_i < 1$ をみたす実数 t_i $(i = 1, 2, \cdots, 6)$ に対して, 辺 OA_i を $t_i : (1 - t_i)$ に内分する点を P_i とする. このとき点 $P_1, P_2, \cdots, P_6$ が同一平面上にあるならば, 次の等式が成り立つことを示せ.

(i) $\frac{1}{t_1} + \frac{1}{t_3} + \frac{1}{t_5} = \frac{1}{t_2} + \frac{1}{t_4} + \frac{1}{t_6}$

(ii) $\frac{1}{t_1} + \frac{1}{t_4} = \frac{1}{t_2} + \frac{1}{t_5} = \frac{1}{t_3} + \frac{1}{t_6}$

(21 神戸大・後期)

▶解答◀ (1) $x_j\overrightarrow{OP_j} = x_j(\overrightarrow{OP_1} + \overrightarrow{P_1P_j})$ と変形すると, 与えられた式は

$$\left(\sum_{j=1}^{n} x_j\right)\overrightarrow{OP_1} + \sum_{j=2}^{n}(x_j\overrightarrow{P_1P_j}) = \vec{0}$$

ここで，$\sum_{j=1}^{n} x_j \neq 0$ と仮定すると

$$\overrightarrow{\mathrm{OP_1}} = -\frac{\sum_{j=2}^{n}(x_j\overrightarrow{\mathrm{P_1P}_j})}{\sum_{j=1}^{n} x_j}$$

$\sum_{j=2}^{n}(x_j\overrightarrow{\mathrm{P_1P}_j})$ は平面 α 内のベクトルであるから，$\overrightarrow{\mathrm{OP_1}}$ と平面 α が平行ということになり，平面 α が O を通らないことに矛盾する．よって，$\sum_{j=1}^{n} x_j = 0$ である．

（2） $\overrightarrow{\mathrm{OP}_i} = t_i\overrightarrow{\mathrm{OA}_i}$ より，$\overrightarrow{\mathrm{OA}_i} = \frac{1}{t_i}\overrightarrow{\mathrm{OP}_i}$ である．

（i） $\mathrm{A_1A_2A_3A_4A_5A_6}$ は正六角形より $\triangle \mathrm{A_1A_3A_5}$ と $\triangle \mathrm{A_2A_4A_6}$ の重心は一致する．

$$\frac{1}{3}(\overrightarrow{\mathrm{OA_1}}+\overrightarrow{\mathrm{OA_3}}+\overrightarrow{\mathrm{OA_5}}) = \frac{1}{3}(\overrightarrow{\mathrm{OA_2}}+\overrightarrow{\mathrm{OA_4}}+\overrightarrow{\mathrm{OA_6}})$$

$$\frac{1}{t_1}\overrightarrow{\mathrm{OP_1}}+\frac{1}{t_3}\overrightarrow{\mathrm{OP_3}}+\frac{1}{t_5}\overrightarrow{\mathrm{OP_5}} = \frac{1}{t_2}\overrightarrow{\mathrm{OP_2}}+\frac{1}{t_4}\overrightarrow{\mathrm{OP_4}}+\frac{1}{t_6}\overrightarrow{\mathrm{OP_6}}$$

$$\frac{1}{t_1}\overrightarrow{\mathrm{OP_1}}-\frac{1}{t_2}\overrightarrow{\mathrm{OP_2}}+\frac{1}{t_3}\overrightarrow{\mathrm{OP_3}} -\frac{1}{t_4}\overrightarrow{\mathrm{OP_4}}+\frac{1}{t_5}\overrightarrow{\mathrm{OP_5}}-\frac{1}{t_6}\overrightarrow{\mathrm{OP_6}} = \vec{0}$$

（1）で示したことを用いると

$$\frac{1}{t_1}-\frac{1}{t_2}+\frac{1}{t_3}-\frac{1}{t_4}+\frac{1}{t_5}-\frac{1}{t_6}=0$$

$$\frac{1}{t_1}+\frac{1}{t_3}+\frac{1}{t_5}=\frac{1}{t_2}+\frac{1}{t_4}+\frac{1}{t_6}$$

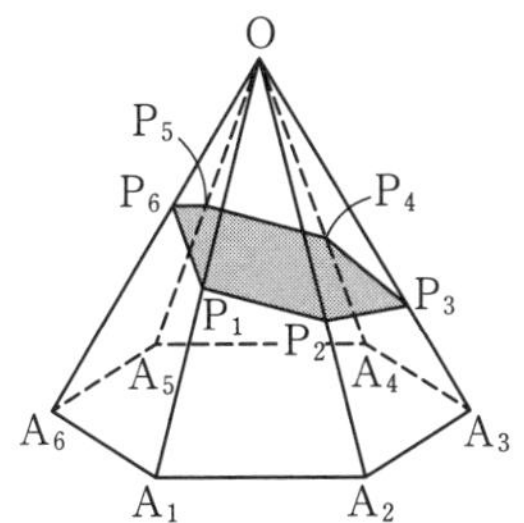

（ii） $\mathrm{A_1A_2A_3A_4A_5A_6}$ は正六角形より $\mathrm{A_1A_4}$ と $\mathrm{A_2A_5}$ の中点は一致する．

$$\frac{1}{2}(\overrightarrow{\mathrm{OA_1}}+\overrightarrow{\mathrm{OA_4}}) = \frac{1}{2}(\overrightarrow{\mathrm{OA_2}}+\overrightarrow{\mathrm{OA_5}})$$

$$\frac{1}{t_1}\overrightarrow{\mathrm{OP_1}}+\frac{1}{t_4}\overrightarrow{\mathrm{OP_4}} = \frac{1}{t_2}\overrightarrow{\mathrm{OP_2}}+\frac{1}{t_5}\overrightarrow{\mathrm{OP_5}}$$

$$\frac{1}{t_1}\overrightarrow{\mathrm{OP_1}}-\frac{1}{t_2}\overrightarrow{\mathrm{OP_2}}+\frac{1}{t_4}\overrightarrow{\mathrm{OP_4}}-\frac{1}{t_5}\overrightarrow{\mathrm{OP_5}} = \vec{0}$$

（1）で示したことを用いると

$$\frac{1}{t_1}-\frac{1}{t_2}+\frac{1}{t_4}-\frac{1}{t_5}=0$$

$$\frac{1}{t_1}+\frac{1}{t_4}=\frac{1}{t_2}+\frac{1}{t_5}$$

同様に $\mathrm{A_2A_5}$ と $\mathrm{A_3A_6}$ の中点が一致することから

$$\frac{1}{t_2}+\frac{1}{t_5}=\frac{1}{t_3}+\frac{1}{t_6}$$

が言えるから，

$$\frac{1}{t_1}+\frac{1}{t_4}=\frac{1}{t_2}+\frac{1}{t_5}=\frac{1}{t_3}+\frac{1}{t_6}$$

が示された．

《正四面体と正八面体（C30）》

397．一辺の長さが 1 の正四面体 ABCD がある．辺 AB，AC，AD の上に点 P，Q，R をそれぞれ $\mathrm{AP}=\mathrm{AQ}=\mathrm{AR}=\frac{1}{3}$ となるようにとる．また，三角形 ABC，ACD，ADB，BCD の重心をそれぞれ $\mathrm{G_1}$，$\mathrm{G_2}$，$\mathrm{G_3}$，$\mathrm{G_4}$ とする．以下の問いに答えよ．

（1） 正四面体 ABCD および四面体 APQR の体積をそれぞれ求めよ．

（2） 四面体 $\mathrm{G_1G_2G_3G_4}$ は正四面体であることを示せ．

（3） 正四面体 $\mathrm{G_1G_2G_3G_4}$ の体積を求めよ．

（4） 6 つの点 P, Q, R, $\mathrm{G_3}$, $\mathrm{G_1}$, $\mathrm{G_2}$ を頂点とする正八面体の体積を求めよ．（21　奈良女子大・後期）

▶解答◀ （1） A から三角形 BCD に下ろした垂線の足は三角形 BCD の重心 $\mathrm{G_4}$ に一致する．

$$\mathrm{BG_4} = \frac{2}{3}\cdot\frac{\sqrt{3}}{2} = \frac{\sqrt{3}}{3} \text{ より}$$

$$\mathrm{AG_4} = \sqrt{\mathrm{AB}^2-\mathrm{BG_4}^2} = \sqrt{1-\frac{1}{3}} = \frac{\sqrt{6}}{3}$$

正四面体 ABCD の体積を V とすると

$$V = \frac{\sqrt{3}}{4}\cdot\frac{\sqrt{6}}{3}\cdot\frac{1}{3} = \boldsymbol{\frac{\sqrt{2}}{12}}$$

また，四面体 APQR の体積を V_1 とすると

$$V : V_1 = 1 : \left(\frac{1}{3}\right)^3 = 1 : \frac{1}{27}$$

より，$V_1 = \frac{\sqrt{2}}{12}\cdot\frac{1}{27} = \boldsymbol{\frac{\sqrt{2}}{324}}$

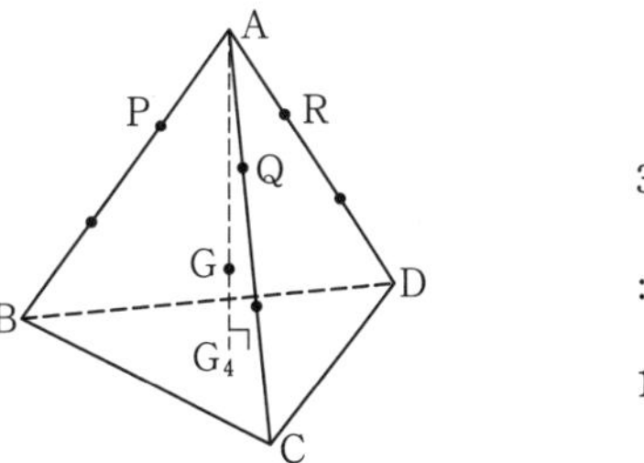

（2） $\overrightarrow{\mathrm{AB}}=\vec{b}$, $\overrightarrow{\mathrm{AC}}=\vec{c}$, $\overrightarrow{\mathrm{AD}}=\vec{d}$ とすると

$$\overrightarrow{\mathrm{AG_1}} = \frac{1}{3}(\vec{b}+\vec{c}),\ \overrightarrow{\mathrm{AG_2}} = \frac{1}{3}(\vec{c}+\vec{d})$$

$$\overrightarrow{\mathrm{AG_3}} = \frac{1}{3}(\vec{d}+\vec{b}),\ \overrightarrow{\mathrm{AG_4}} = \frac{1}{3}(\vec{b}+\vec{c}+\vec{d})$$

四面体 ABCD の重心を G とすると，$\overrightarrow{\mathrm{AG}} = \frac{1}{4}(\vec{b}+\vec{c}+\vec{d})$ で $\overrightarrow{\mathrm{AG}} = \frac{3}{4}\overrightarrow{\mathrm{AG_4}}$ より $\overrightarrow{\mathrm{GG_4}} = -\frac{1}{3}\overrightarrow{\mathrm{GA}}$ である．

また，$\overrightarrow{BG_2}=\overrightarrow{AG_2}-\overrightarrow{AB}=\frac{1}{3}(-3\vec{b}+\vec{c}+\vec{d})$，

$$\overrightarrow{BG}=\overrightarrow{AG}-\overrightarrow{AB}=\frac{1}{4}(-3\vec{b}+\vec{c}+\vec{d})=\frac{3}{4}\overrightarrow{BG_2}$$

より，$\overrightarrow{GG_2}=-\frac{1}{3}\overrightarrow{GB}$ である．

同様にして，$\overrightarrow{GG_3}=-\frac{1}{3}\overrightarrow{GC}$, $\overrightarrow{GG_1}=-\frac{1}{3}\overrightarrow{GD}$ が成り立つ．よって四面体 $G_1G_2G_3G_4$ は正四面体 ABCD を $\frac{1}{3}$ に縮めたものであるから，四面体 $G_1G_2G_3G_4$ は正四面体である．

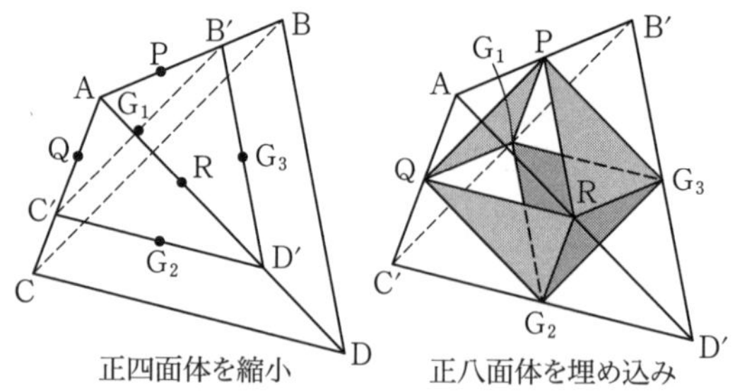

正四面体を縮小　　正八面体を埋め込み

（**3**） 正四面体 $G_1G_2G_3G_4$ の体積を V_2 とすると，（2）より

$$V:V_2=1:\left(\frac{1}{3}\right)^3=1:\frac{1}{27}$$

であるから

$$V_2=\frac{\sqrt{2}}{12}\cdot\frac{1}{27}=\boldsymbol{\frac{\sqrt{2}}{324}}$$

（**4**） $\overrightarrow{PG_1}=\overrightarrow{AG_1}-\overrightarrow{AP}=\frac{1}{3}(\vec{b}+\vec{c})-\frac{1}{3}\vec{b}=\frac{1}{3}\vec{c}$

$$\overrightarrow{PG_3}=\overrightarrow{AG_3}-\overrightarrow{AP}=\frac{1}{3}(\vec{d}+\vec{b})-\frac{1}{3}\vec{b}=\frac{1}{3}\vec{d}$$

$$\overrightarrow{QG_1}=\overrightarrow{AG_1}-\overrightarrow{AQ}=\frac{1}{3}(\vec{b}+\vec{c})-\frac{1}{3}\vec{c}=\frac{1}{3}\vec{b}$$

$$\overrightarrow{QG_2}=\overrightarrow{AG_2}-\overrightarrow{AQ}=\frac{1}{3}(\vec{c}+\vec{d})-\frac{1}{3}\vec{c}=\frac{1}{3}\vec{d}$$

$$\overrightarrow{RG_2}=\overrightarrow{AG_2}-\overrightarrow{AR}=\frac{1}{3}(\vec{c}+\vec{d})-\frac{1}{3}\vec{d}=\frac{1}{3}\vec{c}$$

$$\overrightarrow{RG_3}=\overrightarrow{AG_3}-\overrightarrow{AR}=\frac{1}{3}(\vec{d}+\vec{b})-\frac{1}{3}\vec{d}=\frac{1}{3}\vec{b}$$

$$\overrightarrow{PQ}=\overrightarrow{AQ}-\overrightarrow{AP}=\frac{1}{3}(\vec{c}-\vec{b})=\frac{1}{3}\overrightarrow{BC}$$

$$\overrightarrow{PR}=\overrightarrow{AR}-\overrightarrow{AP}=\frac{1}{3}(\vec{d}-\vec{b})=\frac{1}{3}\overrightarrow{BD}$$

$$\overrightarrow{QR}=\overrightarrow{AR}-\overrightarrow{AQ}=\frac{1}{3}(\vec{d}-\vec{c})=\frac{1}{3}\overrightarrow{CD}$$

$$\overrightarrow{G_1G_2}=\overrightarrow{AG_2}-\overrightarrow{AG_1}=\frac{1}{3}(\vec{d}-\vec{b})=\frac{1}{3}\overrightarrow{BD}$$

$$\overrightarrow{G_1G_3}=\overrightarrow{AG_3}-\overrightarrow{AG_1}=\frac{1}{3}(\vec{d}-\vec{c})=\frac{1}{3}\overrightarrow{CD}$$

$$\overrightarrow{G_2G_3}=\overrightarrow{AG_3}-\overrightarrow{AG_2}=\frac{1}{3}(\vec{b}-\vec{c})=\frac{1}{3}\overrightarrow{CB}$$

よって各辺の長さが $\frac{1}{3}$ の正八面体であるから，求める体積を V_3 とすると底面が 1 辺 $\frac{1}{3}$ の正方形で高さが $\frac{\sqrt{2}}{6}$ の四角錐 2 つと考えて

$$V_3=\frac{1}{3}\left(\frac{1}{3}\right)^2\cdot\frac{\sqrt{2}}{6}\cdot 2=\boldsymbol{\frac{\sqrt{2}}{81}}$$

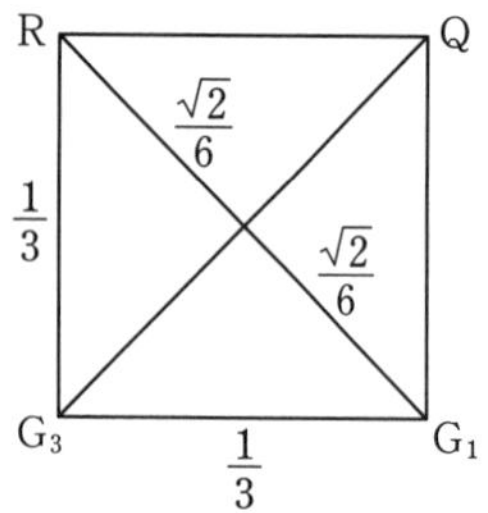

【空間座標】

《等面四面体の体積（B10）☆》

398. 座標空間内に4点 A$(0,\ -2,\ 2)$，B$(0,\ 2,\ 2)$，C$(2,\ 0,\ -2)$，D$(-2,\ 0,\ -2)$ がある．この4点を頂点とする四面体 ABCD の体積は □ である．

（21　慶應大・薬）

考え方　4面が合同な四面体を等面四面体という．等面四面体は直方体に埋め込む．

▶解答◀　ま上（z 軸の正方向）から見ると図1のように見える．

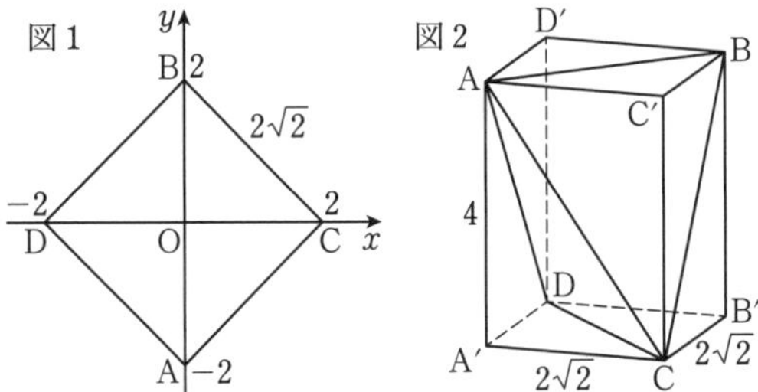

各点の z 座標の符号を変えた点をダッシュつきで表す．たとえば A′$(0,\ -2,\ -2)$ である．図2のような直方体の四隅の四面体を切り取ると考え，求める体積は

$$\left(1-\frac{1}{6}\cdot 4\right)(2\sqrt{2})^2\cdot 4=\boldsymbol{\frac{32}{3}}$$

♦別解♦　ま上から見ると図1のように見える．立体が z 軸に平行な線分でできているとして，その線分の下端がすべて平面 $z=-2$ 上にくるように平行移動する．これで立体は等積変形される．この変形でも，ま上から見た図は図1と同じである．変形前で，多面体の線分の上端がある面は $z=ax+by+c$ の形となり，下端も $z=dx+ey+f$ の形となる．変形後も同様で，四角錐となる．底面積は図1の面積 $(2\sqrt{2})^2$，高さ4で，体積は $\frac{1}{3}(2\sqrt{2})^2\cdot 4=\boldsymbol{\frac{32}{3}}$

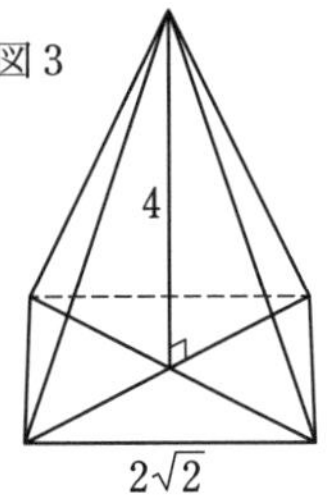

♦別解♦　平面 ABC を $ax+by+cz+d=0$ とする．A，B，C の座標を代入して

$-2b+2c+d=0$ ……①

$2b+2c+d=0$ ……②

$2a-2c+d=0$ ……③

①−②より $b=0$ で，①より $d=-2c$ である．③より $2a+2d=0$ から $a=-d$ である．

$c=1$ として，平面 ABC は $2x+z-2=0$ である．D と平面 ABC の距離は

$$\frac{|2\cdot(-2)-2-2|}{\sqrt{2^2+1^2}}=\frac{8}{\sqrt{5}}$$

$\overrightarrow{\mathrm{AB}}=(0,\ 4,\ 0)$，$\overrightarrow{\mathrm{AC}}=(2,\ 2,\ -4)$ より

$$|\overrightarrow{\mathrm{AB}}|^2=16,\ |\overrightarrow{\mathrm{AC}}|^2=4+4+16=24$$

$\overrightarrow{\mathrm{AB}}\cdot\overrightarrow{\mathrm{AC}}=8$ であるから

$$\triangle\mathrm{ABC}=\frac{1}{2}\sqrt{|\overrightarrow{\mathrm{AB}}|^2|\overrightarrow{\mathrm{AC}}|^2-(\overrightarrow{\mathrm{AB}}\cdot\overrightarrow{\mathrm{AC}})^2}$$

$$=\frac{1}{2}\sqrt{16\cdot 24-8^2}=\frac{1}{2}\sqrt{8^2(2\cdot 3-1)}=4\sqrt{5}$$

求める体積は

$$\frac{1}{3}\cdot 4\sqrt{5}\cdot\frac{8}{\sqrt{5}}=\boldsymbol{\frac{32}{3}}$$

《空間の正三角形（A10）☆》

399. 空間内の3点を

A$(t,\ 0,\ 1)$，B$(1,\ t,\ 0)$，C$(0,\ 1,\ t)$

とするとき，△ABC の面積 S を t を用いて表すと，$S=$ □ であり，S は $t=$ □ のとき，最小値 □ をとる．

（21　中京大・工）

▶解答◀　$\overrightarrow{\mathrm{AB}}=(1-t,\ t,\ -1)$

$$|\overrightarrow{\mathrm{AB}}|^2=(1-t)^2+t^2+(-1)^2=2t^2-2t+2$$

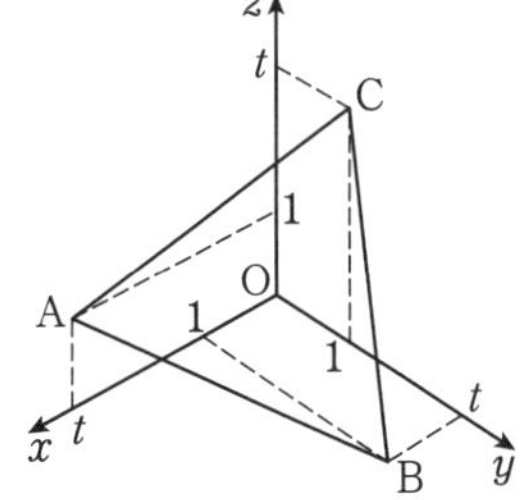

対称性より $|\overrightarrow{\mathrm{AB}}|=|\overrightarrow{\mathrm{BC}}|=|\overrightarrow{\mathrm{CA}}|$ であり △ABC は正三角形であるから

$$S=\frac{\sqrt{3}}{4}|\overrightarrow{\mathrm{AB}}|^2=\boldsymbol{\frac{\sqrt{3}}{2}(t^2-t+1)}$$

$$=\frac{\sqrt{3}}{2}\left\{\left(t-\frac{1}{2}\right)^2+\frac{3}{4}\right\}$$

は $t=\boldsymbol{\frac{1}{2}}$ で最小値 $\boldsymbol{\frac{3\sqrt{3}}{8}}$ をとる．

《空間の三角形（A10）☆》

400. $a,\ b,\ c$ を正の数とする．O を原点とする座標空間に3点 A$(a,\ 0,\ 0)$，B$(0,\ b,\ 0)$，C$(0,\ 0,\ c)$ がある．△ABC，△OBC，△OAC，△OAB の面積をそれぞれ $S,\ S_1,\ S_2,\ S_3$ とする．下の問いに答えな

さい．

（1） S_1, S_2, S_3 をそれぞれ a, b, c を用いて表しなさい．

（2） $\cos\angle BAC$ を a, b, c を用いて表しなさい．

（3） S^2 を a, b, c を用いて表しなさい．

（4） S^2 を S_1, S_2, S_3 を用いて表しなさい．

（21 長岡技科大・工）

▶解答◀ （1） 順に $\boldsymbol{\frac{1}{2}bc,\ \frac{1}{2}ca,\ \frac{1}{2}ab}$

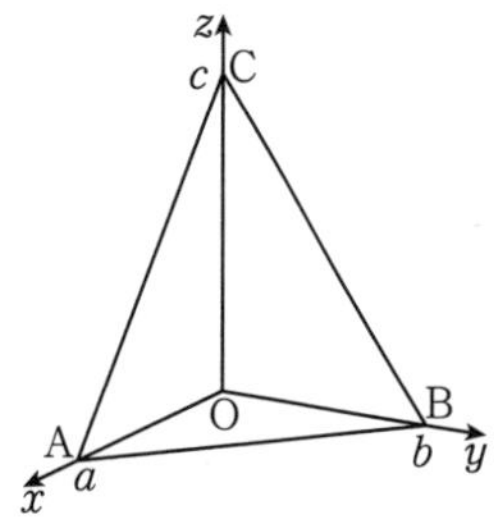

（2） $\overrightarrow{AB} = (-a, b, 0),\ \overrightarrow{AC} = (-a, 0, c)$

$|\overrightarrow{AB}| = \sqrt{a^2+b^2},\ |\overrightarrow{AC}| = \sqrt{a^2+c^2}$

$\overrightarrow{AB}\cdot\overrightarrow{AC} = a^2$

$$\cos\angle BAC = \frac{\overrightarrow{AB}\cdot\overrightarrow{AC}}{|\overrightarrow{AB}||\overrightarrow{AC}|}$$

$$= \boldsymbol{\frac{a^2}{\sqrt{a^2+b^2}\sqrt{a^2+c^2}}}$$

（3） $S = \frac{1}{2}\sqrt{|\overrightarrow{AB}|^2|\overrightarrow{AC}|^2 - (\overrightarrow{AB}\cdot\overrightarrow{AC})^2}$

は公式である．ルートの中は

$$(a^2+b^2)(a^2+c^2) - (a^2)^2 = a^2b^2 + b^2c^2 + c^2a^2$$

$$S^2 = \boldsymbol{\frac{1}{4}(a^2b^2 + b^2c^2 + c^2a^2)}$$

（4） $S^2 = \left(\frac{1}{2}bc\right)^2 + \left(\frac{1}{2}ca\right)^2 + \left(\frac{1}{2}ab\right)^2$

$$= \boldsymbol{S_1{}^2 + S_2{}^2 + S_3{}^2}$$

《直線に垂線を下ろす (B10) ☆》

401. 座標空間において，点 $(4, 0, -5)$ を通り，ベクトル $\vec{l} = (1, 1, -3)$ に平行な直線を l，点 $(3, 2, -4)$ を通り，ベクトル $\vec{m} = (-2, 1, 4)$ に平行な直線を m，点 $(2, 1, -2)$ を通り，ベクトル $\vec{n} = (0, -2, 1)$ に平行な直線を n とする．

（1） 直線 l と直線 m が交点をもつとき，その交点の座標は (□, □, □) である．

（2） 点 $(8, -3, 5)$ から直線 n に引いた垂線と，直線 n との交点の座標は (□, □, □) である．

（21 久留米大・後期）

▶解答◀ （1） s，t を実数とする．

直線 l 上の点は

$$(x, y, z) = (4, 0, -5) + s(1, 1, -3)$$

と書けて，直線 m 上の点は

$$(x, y, z) = (3, 2, -4) + t(-2, 1, 4)$$

と書ける．交点について，l と m を連立して

$s + 4 = -2t + 3$ ……………………①

$s = t + 2$ ……………………②

$-3s - 5 = 4t - 4$ ……………………③

①，② より

$t + 6 = -2t + 3$　　∴　$t = -1$

したがって，$s = 1$，$t = -1$ で，これは ③ を満たす．

l と m の交点の座標は $(\mathbf{5, 1, -8})$ である．

（2） 直線 n 上の点は

$$(x, y, z) = (2, 1, -2) + u(0, -2, 1)$$

と書ける．$A(8, -3, 5)$ から n に下ろした垂線の足を $H(2, -2u+1, u-2)$ とする．

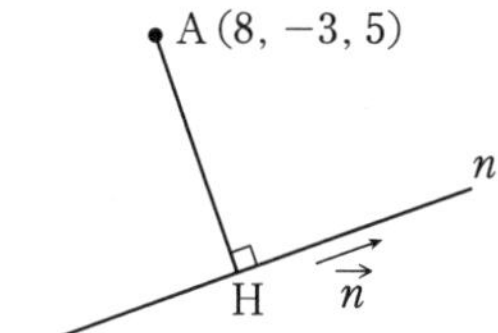

$\overrightarrow{AH} = (-6, -2u+4, u-7)$ が $\vec{n} = (0, -2, 1)$ と垂直であるから内積をとって

$$(-2u+4)\cdot(-2) + u - 7 = 0$$

$5u - 15 = 0$ で，$u = 3$ となる．$H(\mathbf{2, -5, 1})$ である．

《共通垂線 (A10) ☆》

402. 空間において，点 $(1, -2, 3)$ を通り，ベクトル $\vec{a} = (2, 1, -1)$ に平行な直線を l とすると，l と xy 平面との交点の座標は □ である．また，l 上に点 P，x 軸上に点 Q をとり，直線 PQ が l と x 軸のどちらにも垂直になるようにすると，点 Q の x 座標は □ である．

（21 愛知工大・工）

▶解答◀ $A(1, -2, 3)$ とする．点 A を通り，$\vec{a} = (2, 1, -1)$ に平行な直線 l 上にある点 B は，実数 t を用いて

$$\overrightarrow{OB} = \overrightarrow{OA} + t\vec{a} = (1, -2, 3) + t(2, 1, -1)$$

$$= (2t+1, t-2, -t+3)$$

と書ける．$-t + 3 = 0$ として，xy 平面との交点は $(\mathbf{7, 1, 0})$ である．

$\overrightarrow{\mathrm{OP}}=(2p+1,\ p-2,\ -p+3)$, $\overrightarrow{\mathrm{OQ}}=(q,\ 0,\ 0)$ とする．

$$\overrightarrow{\mathrm{QP}}=\overrightarrow{\mathrm{OP}}-\overrightarrow{\mathrm{OQ}}$$
$$=(2p-q+1,\ p-2,\ -p+3)$$

が $\vec{a}$ およびベクトル $\vec{u}=(1,\ 0,\ 0)$ と垂直になるのは

$$\overrightarrow{\mathrm{QP}}\cdot\vec{a}=4p-2q+2+p-2+p-3$$
$$=6p-2q-3=0 \quad\cdots\cdots①$$
$$\overrightarrow{\mathrm{QP}}\cdot\vec{u}=2p-q+1=0 \quad\cdots\cdots②$$

のときである．①−②×3より

$$q-6=0$$

であるから，$q=\mathbf{6}$ である．(なお，$p=\dfrac{5}{2}$ である．)

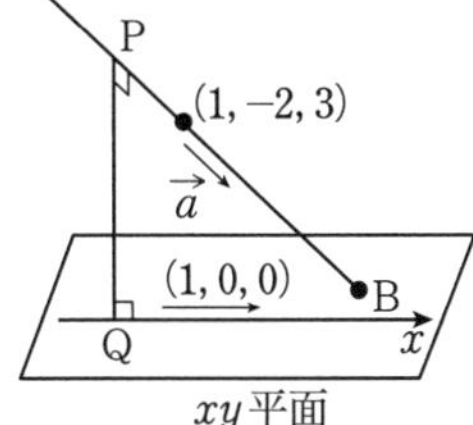

《3つの垂直（B20）》

403．四面体 OABC がある．辺 BC を 4：3 に内分する点を L，辺 CA を 3：2 に内分する点を M，辺 AB を 1：2 に内分する点を N とするとき，次の問いに答えなさい．

（1） $\overrightarrow{\mathrm{AL}}$ を $\overrightarrow{\mathrm{AB}}$ と $\overrightarrow{\mathrm{AC}}$ を用いて表しなさい．

（2） 線分 BM と線分 CN の交点を P とするとき，3点 A，P，L は一直線上にあることを示しなさい．

（3） $\overrightarrow{\mathrm{OA}}=\vec{a}$, $\overrightarrow{\mathrm{OB}}=\vec{b}$, $\overrightarrow{\mathrm{OC}}=\vec{c}$ とするとき，$\overrightarrow{\mathrm{OP}}$ を $\vec{a}$, $\vec{b}$, $\vec{c}$ を用いて表しなさい．

（4） $\angle\mathrm{AOB}=\angle\mathrm{BOC}=\angle\mathrm{COA}=90^\circ$ であり，平面 ABC が直線 OP に垂直であるとき，AB：BC：CA を求めなさい．

（21 前橋工大・前期）

▶解答◀ （1） BL：LC＝4：3 であるから

$$\overrightarrow{\mathrm{AL}}=\frac{3\overrightarrow{\mathrm{AB}}+4\overrightarrow{\mathrm{AC}}}{4+3}=\boldsymbol{\frac{3\overrightarrow{\mathrm{AB}}+4\overrightarrow{\mathrm{AC}}}{7}}$$

なお，(3)では $\overrightarrow{\mathrm{OL}}=\dfrac{3\vec{b}+4\vec{c}}{7}$ として用いる．

（2） $\dfrac{\mathrm{CM}}{\mathrm{MA}}\cdot\dfrac{\mathrm{AN}}{\mathrm{NB}}\cdot\dfrac{\mathrm{BL}}{\mathrm{LC}}=\dfrac{3}{2}\cdot\dfrac{1}{2}\cdot\dfrac{4}{1}=1$

だからチェバの定理（の逆）により，AL，BM，CN は1点Pで交わる．言い方を変えれば，BM と CN の交点をPとして，3点 A，P，L は一直線上にある．

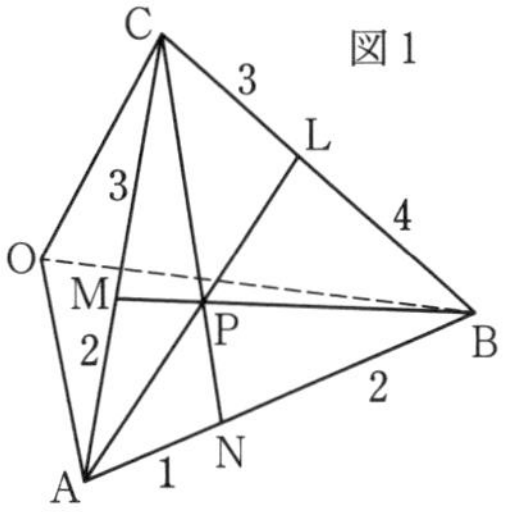

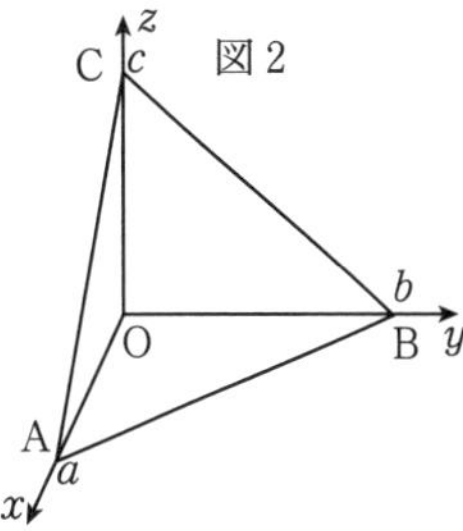

（3） 三角形 CNB と直線 AL に関してメネラウスの定理を用いると

$$\frac{\mathrm{AP}}{\mathrm{PL}}\cdot\frac{\mathrm{LC}}{\mathrm{CB}}\cdot\frac{\mathrm{BN}}{\mathrm{NA}}=1$$
$$\frac{\mathrm{AP}}{\mathrm{PL}}\cdot\frac{3}{7}\cdot\frac{2}{1}=1$$
$$\frac{\mathrm{AP}}{\mathrm{PL}}=\frac{7}{6}$$
$$\overrightarrow{\mathrm{OP}}=\frac{6\overrightarrow{\mathrm{OA}}+7\overrightarrow{\mathrm{OL}}}{13}=\boldsymbol{\frac{6\vec{a}+3\vec{b}+4\vec{c}}{13}}$$

（4） $\mathrm{OA}=a$, $\mathrm{OB}=b$, $\mathrm{OC}=c$ として図2の直交座標で考える．平面 ABC は $\dfrac{x}{a}+\dfrac{y}{b}+\dfrac{z}{c}=1$ で，ベクトル $\left(\dfrac{1}{a},\ \dfrac{1}{b},\ \dfrac{1}{c}\right)$ は法線ベクトルの1つである．これが $\overrightarrow{\mathrm{OP}}=\dfrac{1}{13}(6a,\ 3b,\ 4c)$ と平行だから

$$6a:3b:4c=\frac{1}{a}:\frac{1}{b}:\frac{1}{c}$$
$$\frac{a}{2}:\frac{b}{4}:\frac{c}{3}=\frac{1}{a}:\frac{1}{b}:\frac{1}{c}$$

比例定数を k として $\dfrac{a}{2}=\dfrac{k}{a}$, $\dfrac{b}{4}=\dfrac{k}{b}$, $\dfrac{c}{3}=\dfrac{k}{c}$

$a^2=2k$, $b^2=4k$, $c^2=3k$

$\mathrm{AB}^2=a^2+b^2=6k$, $\mathrm{BC}^2=b^2+c^2=7k$,

$\mathrm{CA}^2=c^2+a^2=5k$

$$\mathrm{AB}:\mathrm{BC}:\mathrm{CA}=\boldsymbol{\sqrt{6}:\sqrt{7}:\sqrt{5}}$$

♦別解♦ （1） BL：LC＝4：3 であるから

$$\overrightarrow{\mathrm{AL}}=\frac{3\overrightarrow{\mathrm{AB}}+4\overrightarrow{\mathrm{AC}}}{4+3}=\boldsymbol{\frac{3\overrightarrow{\mathrm{AB}}+4\overrightarrow{\mathrm{AC}}}{7}}$$

（2） P は BM 上にあるから

$$\overrightarrow{\mathrm{AP}}=t\overrightarrow{\mathrm{AB}}+(1-t)\overrightarrow{\mathrm{AM}}=t\overrightarrow{\mathrm{AB}}+\frac{2}{5}(1-t)\overrightarrow{\mathrm{AC}}$$

と書けて，P は CN 上にあるから

$$\overrightarrow{\mathrm{AP}}=s\overrightarrow{\mathrm{AN}}+(1-s)\overrightarrow{\mathrm{AC}}=\frac{1}{3}s\overrightarrow{\mathrm{AB}}+(1-s)\overrightarrow{\mathrm{AC}}$$

と書ける．$\overrightarrow{\mathrm{AB}}$, $\overrightarrow{\mathrm{AC}}$ は一次独立であるから係数を比べ

$$t=\frac{1}{3}s,\ \frac{2}{5}(1-t)=1-s$$

s を消去して $3t+\dfrac{2}{5}(1-t)=1$ で，$t=\dfrac{3}{13}$

$$\overrightarrow{\mathrm{AP}}=\frac{3}{13}\overrightarrow{\mathrm{AB}}+\frac{4}{13}\overrightarrow{\mathrm{AC}}$$
$$=\frac{1}{13}\left(3\overrightarrow{\mathrm{AB}}+4\overrightarrow{\mathrm{AC}}\right)=\frac{7}{13}\overrightarrow{\mathrm{AL}}$$

したがって，3点 A，P，L は一直線上にある．

(3) (2)から

$$\overrightarrow{\mathrm{OP}}-\vec{a}=\frac{3}{13}\left(\vec{b}-\vec{a}\right)+\frac{4}{13}\left(\vec{c}-\vec{a}\right)$$

$$\overrightarrow{\mathrm{OP}}=\boldsymbol{\frac{1}{13}\left(6\vec{a}+3\vec{b}+4\vec{c}\right)}$$

(4) (3)において，$\angle\mathrm{AOB}=\angle\mathrm{BOC}=\angle\mathrm{COA}=90^\circ$ であるから，$\vec{a}\cdot\vec{b}=\vec{b}\cdot\vec{c}=\vec{c}\cdot\vec{a}=0$

$|\vec{a}|=a$, $|\vec{b}|=b$, $|\vec{c}|=c$ とおく．

OP ⊥ △ABC であるとき，OP ⊥ AB かつ OP ⊥ AC が成り立つ．したがって，$\overrightarrow{\mathrm{OP}}\cdot\overrightarrow{\mathrm{AB}}=0$ から

$$\left(6\vec{a}+3\vec{b}+4\vec{c}\right)\cdot\left(\vec{b}-\vec{a}\right)=0$$

$$3|\vec{b}|^2-6|\vec{a}|^2=0 \qquad \therefore\quad b^2=2a^2$$

$\overrightarrow{\mathrm{OP}}\cdot\overrightarrow{\mathrm{AC}}=0$ から

$$\left(6\vec{a}+3\vec{b}+4\vec{c}\right)\cdot\left(\vec{c}-\vec{a}\right)=0$$

$$4|\vec{c}|^2-6|\vec{a}|^2=0 \qquad \therefore\quad c^2=\frac{3}{2}a^2$$

$$\mathrm{AB}^2=a^2+b^2=a^2+2a^2=3a^2$$

$$\mathrm{BC}^2=b^2+c^2=2a^2+\frac{3}{2}a^2=\frac{7}{2}a^2$$

$$\mathrm{CA}^2=c^2+a^2=\frac{3}{2}a^2+a^2=\frac{5}{2}a^2$$

となり，

$$\mathrm{AB}:\mathrm{BC}:\mathrm{CA}=\sqrt{3}a:\sqrt{\frac{7}{2}}a:\sqrt{\frac{5}{2}}a$$

$$=\boldsymbol{\sqrt{6}:\sqrt{7}:\sqrt{5}}$$

《座標空間の正四面体 (A20) ☆》

404. 2 頂点 A, B の座標が A(1, 2, −1), B(−1, 2, 1) である正四面体 ABCD を考える．頂点 C の y 座標は 4 であり，x 座標は正である．頂点 D の x 座標は負である．以下の問いに答えよ．

(1) 頂点 C の座標を求めよ．

(2) 頂点 D の座標を求めよ．

(3) 正四面体 ABCD の体積を求めよ．

(21 福島県立医大)

▶解答◀ (1) $\mathrm{C}(a,4,b)$ とおく．$a>0$ である．

$$\mathrm{CA}^2=\mathrm{CB}^2=\mathrm{AB}^2$$

$$(a-1)^2+2^2+(b+1)^2$$
$$=(a+1)^2+2^2+(b-1)^2=2^2+2^2$$

$\mathrm{CA}^2=\mathrm{CB}^2$ を整理すると $b=a$ を得る．$\mathrm{CA}^2=\mathrm{AB}^2$ に代入し $2a^2+2=4$ を得る．$a>0$ より $a=b=1$

よって，**C(1, 4, 1)** である．

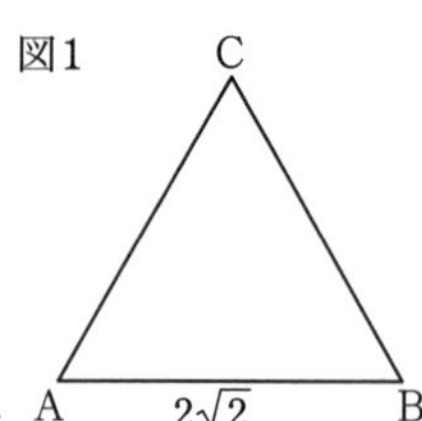

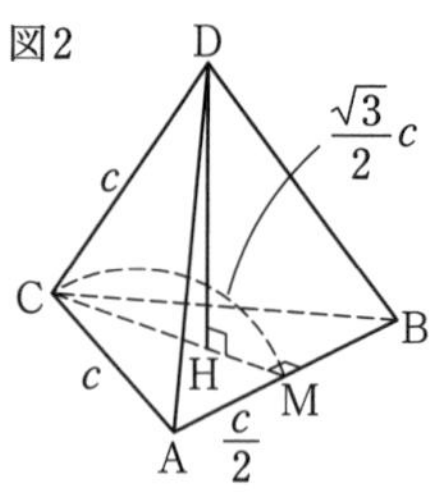

(2) 正四面体の一辺の長さ $\mathrm{AB}=2\sqrt{2}=c$ とおく．正四面体 ABCD の頂点 D から平面 ABC に下ろした垂線の足を H とする．AB の中点を M として

$\mathrm{CH}=\dfrac{2}{3}\mathrm{CM}=\dfrac{2}{3}\cdot\dfrac{\sqrt{3}}{2}c=\dfrac{c}{\sqrt{3}}$ であり，

$\mathrm{DH}=\sqrt{c^2-\mathrm{CH}^2}=\sqrt{\dfrac{2}{3}}c=\dfrac{4}{\sqrt{3}}$ である．

H は △ABC の重心 $\left(\dfrac{1}{3},\dfrac{8}{3},\dfrac{1}{3}\right)$ である．

$\overrightarrow{\mathrm{AB}}=(-2,0,2)$, $\overrightarrow{\mathrm{AC}}=(0,2,2)$ であり，

$\overrightarrow{\mathrm{HD}}=(p,q,r)$ とすると，$\overrightarrow{\mathrm{AB}}\perp\overrightarrow{\mathrm{HD}}$, $\overrightarrow{\mathrm{AC}}\perp\overrightarrow{\mathrm{HD}}$ より

$$\overrightarrow{\mathrm{AB}}\cdot\overrightarrow{\mathrm{HD}}=-2p+2r=0$$

$$\overrightarrow{\mathrm{AC}}\cdot\overrightarrow{\mathrm{HD}}=2q+2r=0$$

$p=r$, $q=-r$ だから $\overrightarrow{\mathrm{HD}}=(r,-r,r)$ となる．

$|\overrightarrow{\mathrm{HD}}|=\dfrac{4}{\sqrt{3}}$ より $\sqrt{3}|r|=\dfrac{4}{\sqrt{3}}$ だから $r=\pm\dfrac{4}{3}$

$$\overrightarrow{\mathrm{OD}}=\overrightarrow{\mathrm{OH}}+\overrightarrow{\mathrm{HD}}$$
$$=\left(\frac{1}{3},\frac{8}{3},\frac{1}{3}\right)\pm\left(\frac{4}{3},-\frac{4}{3},\frac{4}{3}\right)$$

D の x 座標は負であるから，上式の ± のうち − である．

D(−1, 4, −1) となる．

(3) $\dfrac{1}{3}\cdot\triangle\mathrm{ABC}\cdot\mathrm{HD}=\dfrac{1}{3}\cdot\dfrac{\sqrt{3}}{4}(2\sqrt{2})^2\sqrt{\dfrac{16}{3}}=\boldsymbol{\dfrac{8}{3}}$

《平面と対称点 (A10) ☆》

405. xyz 空間の 3 点

A(1, 0, 0), B(0, −1, 0), C(0, 0, 2)

を通る平面 α に関して点 P(1, 1, 1) と対称な点 Q の座標を求めよ．ただし，点 Q が平面 α に関して P と対称であるとは，線分 PQ の中点 M が平面 α 上にあり，直線 PM が P から平面 α に下ろした垂線となることである．

(21 京大・理系)

▶解答◀ $\alpha: x-y+\dfrac{z}{2}=1$

$$\alpha: 2x-2y+z=2$$

P から α に下ろした垂線の足を M とする．

$$\overrightarrow{\mathrm{OM}}=\overrightarrow{\mathrm{OP}}+\overrightarrow{\mathrm{PM}}=\overrightarrow{\mathrm{OP}}+t\begin{pmatrix}2\\-2\\1\end{pmatrix}=\begin{pmatrix}1+2t\\1-2t\\1+t\end{pmatrix}$$

とおけて，M は α 上にあるから α に代入し

$$2(1+2t)-2(1-2t)+(1+t)=2$$

$9t=1$ で，$t=\dfrac{1}{9}$

$$\overrightarrow{OQ}=\overrightarrow{OP}+\overrightarrow{PQ}=\overrightarrow{OP}+2t\begin{pmatrix}2\\-2\\1\end{pmatrix}$$

$$=\begin{pmatrix}1\\1\\1\end{pmatrix}+\frac{2}{9}\begin{pmatrix}2\\-2\\1\end{pmatrix}=\frac{1}{9}\begin{pmatrix}13\\5\\11\end{pmatrix}$$

よって，Q の座標は $\left(\boldsymbol{\dfrac{13}{9},\ \dfrac{5}{9},\ \dfrac{11}{9}}\right)$ である．

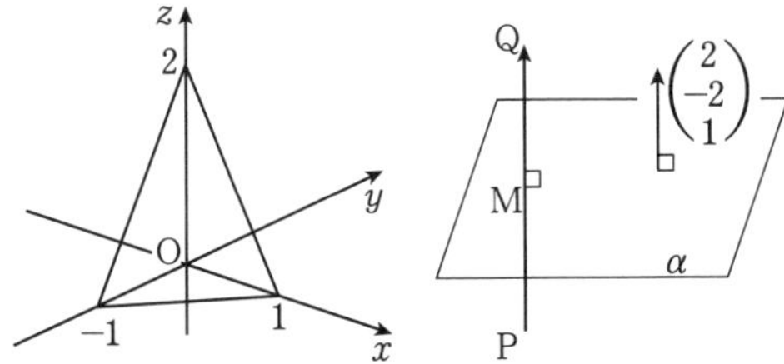

注意 **【平面の方程式の切片形】**

3 点 $(a,0,0)$, $(0,b,0)$, $(0,0,c)$ を通る平面の方程式は $\dfrac{x}{a}+\dfrac{y}{b}+\dfrac{z}{c}=1$ である．本問の冒頭では $(a,b,c)=(1,-1,2)$ として適用している．

《平面に垂線を下ろす (B20)》

406. O を原点とする座標空間において，3 点 A$(-2,0,0)$, B$(0,1,0)$, C$(0,0,1)$ を通る平面を α とする．2 点 P$(0,5,5)$, Q$(1,1,1)$ をとる．点 P を通り $\overrightarrow{OQ}$ に平行な直線を l とする．直線 l 上の点 R から平面 α に下ろした垂線と α の交点を S とする．$\overrightarrow{OR}=\overrightarrow{OP}+k\overrightarrow{OQ}$（ただし k は実数）とおくとき，以下の問いに答えよ．

（1） k を用いて，$\overrightarrow{AS}$ を成分で表せ．

（2） 点 S が △ABC の内部または周にあるような k の値の範囲を求めよ． （21 筑波大・前期）

▶解答◀ （1） 平面 α の方程式は

$$\frac{x}{-2}+\frac{y}{1}+\frac{z}{1}=1$$

$$\alpha : x-2y-2z=-2$$

であるから，α の法線ベクトルは $(1,-2,-2)$ である．

さらに，$\overrightarrow{OR}=\overrightarrow{OP}+k\overrightarrow{OQ}$ について

$$\overrightarrow{OR}=(0,5,5)+k(1,1,1)=(k,k+5,k+5)$$

であるから，α 上の点 S について

$$\overrightarrow{OS}=\overrightarrow{OR}+l(1,-2,-2)$$

$$=(k,k+5,k+5)+(l,-2l,-2l)$$

$$=(k+l,k-2l+5,k-2l+5)$$

とおけるから，S$(k+l,k-2l+5,k-2l+5)$ となる．

これを α の方程式に代入して

$$(k+l)-2(k-2l+5)-2(k-2l+5)=-2$$

$$-3k+9l-18=0 \qquad \therefore\ l=\frac{k}{3}+2$$

であるから

$$\overrightarrow{OS}=\left(k+\frac{k}{3}+2,\ k-\frac{2k}{3}-4+5,\ k-\frac{2k}{3}-4+5\right)$$

$$=\left(\frac{4k}{3}+2,\ \frac{k}{3}+1,\ \frac{k}{3}+1\right)$$

$$\overrightarrow{AS}=\overrightarrow{OS}-\overrightarrow{OA}$$

$$=\left(\frac{4k}{3}+2,\ \frac{k}{3}+1,\ \frac{k}{3}+1\right)-(-2,0,0)$$

$$=\boldsymbol{\left(\frac{4k}{3}+4,\ \frac{k}{3}+1,\ \frac{k}{3}+1\right)}$$

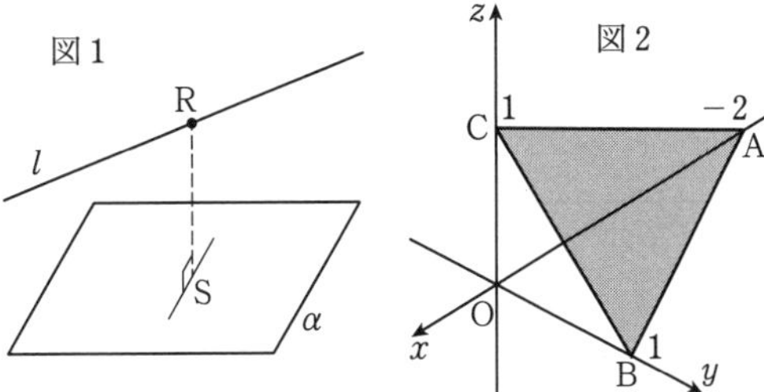

（2） 図 2 を参照せよ．△ABC を，yz 平面に射影して考える．S(x,y,z) が，△ABC の内部または周にあるのは，S を yz 平面に射影した点 S$'(y,z)$ が △OBC の内部または周にあるとき，すなわち

$$y\geqq 0,\ z\geqq 0,\ y+z\leqq 1$$

を満たすときである．このとき

$$\frac{k}{3}+1\geqq 0,\ \frac{2k}{3}+2\leqq 1$$

$$k\geqq -3,\ k\leqq -\frac{3}{2} \qquad \therefore\ \boldsymbol{-3\leqq k\leqq -\frac{3}{2}}$$

《点と平面の距離 (B10)》

407. 1 辺の長さが $\sqrt{3}$ の立方体 ABCD-EFGH において，辺 AB 上に点 P を，AP $=1$ となるようにとる．また，辺 CG 上に点 Q を，CQ $=\alpha$ となるようにとる．ただし，$0<\alpha<\sqrt{3}$ とする．

（1） △DPQ の面積 S を，α の関数として求めよ．

（2） 点 C から △DPQ に下ろした垂線 CK の長さ h を，α の関数として求めよ．

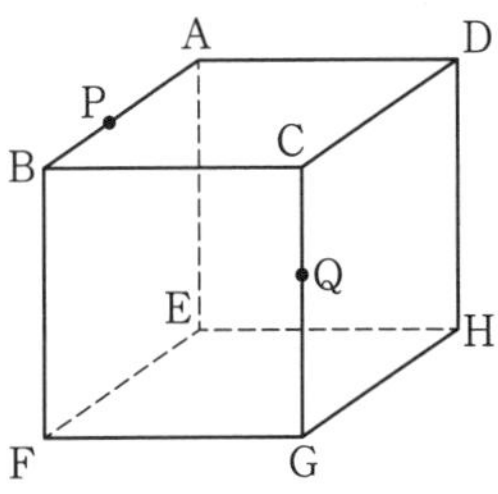

（21 岐阜薬大）

▶解答◀ （1） $DP=2,\ DQ=\sqrt{\alpha^2+3}$

$$\overrightarrow{DP}\cdot\overrightarrow{DQ}=(\overrightarrow{DA}+\overrightarrow{AP})\cdot(\overrightarrow{DC}+\overrightarrow{CQ})$$
$$=\left(\overrightarrow{DA}+\frac{1}{\sqrt{3}}\overrightarrow{DC}\right)\cdot\left(\overrightarrow{DC}+\frac{\alpha}{\sqrt{3}}\overrightarrow{DH}\right)$$
$$=\frac{1}{\sqrt{3}}|\overrightarrow{DC}|^2=\sqrt{3}$$
$$S=\frac{1}{2}\sqrt{|\overrightarrow{DP}|^2|\overrightarrow{DQ}|^2-(\overrightarrow{DP}\cdot\overrightarrow{DQ})^2}$$
$$=\frac{1}{2}\sqrt{4(\alpha^2+3)-3}=\boldsymbol{\frac{1}{2}\sqrt{4\alpha^2+9}}$$

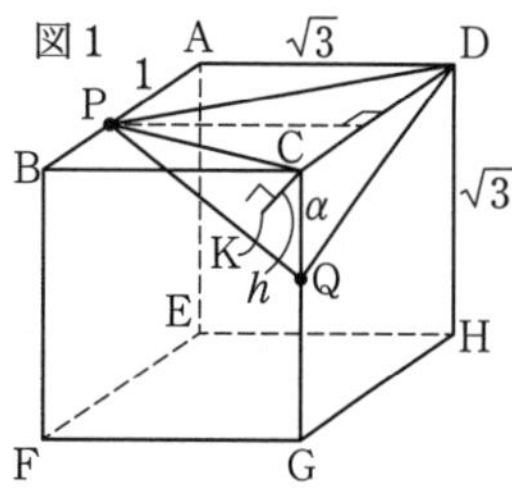

（2） 三角錐C-PQDの体積をVとする．

$$V=\frac{1}{3}\cdot S\cdot h=\frac{h}{6}\sqrt{4\alpha^2+9}\ \cdots\cdots ①$$

また，△CPDを底面と見ると

$$V=\frac{1}{3}\cdot\frac{1}{2}\cdot\sqrt{3}\cdot\sqrt{3}\cdot\alpha=\frac{\alpha}{2}\ \cdots\cdots ②$$

①，②より

$$\frac{h}{6}\sqrt{4\alpha^2+9}=\frac{\alpha}{2}\qquad\therefore\ h=\boldsymbol{\frac{3\alpha}{\sqrt{4\alpha^2+9}}}$$

◆別解◆ （1） 座標を設定する．Dを原点とする．直線DCにx軸，直線DAにy軸，直線DHにz軸と図2のように座標を定める．

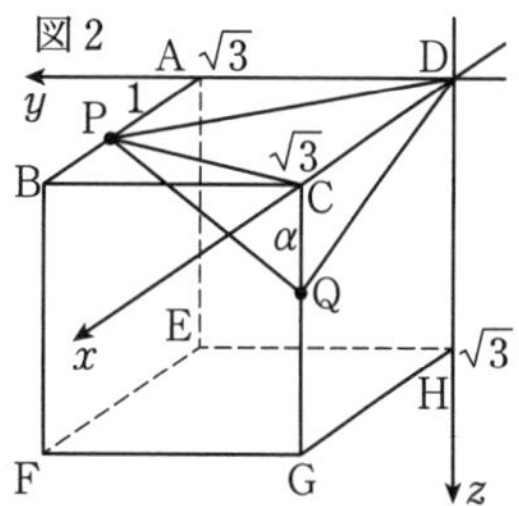

$P(1,\sqrt{3},0)$，$Q(\sqrt{3},0,\alpha)$であるから

$$S=\frac{1}{2}\sqrt{|\overrightarrow{DP}|^2|\overrightarrow{DQ}|^2-(\overrightarrow{DP}\cdot\overrightarrow{DQ})^2}$$
$$=\frac{1}{2}\sqrt{4(\alpha^2+3)-3}=\boldsymbol{\frac{1}{2}\sqrt{4\alpha^2+9}}$$

（2） 平面PQDの方程式を求める．
$\vec{n}=(a,b,c)$を平面PQDの法線ベクトルとする．
$\vec{n}\cdot\overrightarrow{DP}=0$，$\vec{n}\cdot\overrightarrow{DQ}=0$で，

$$a+\sqrt{3}b=0\ \cdots\cdots ③$$
$$\sqrt{3}a+\alpha c=0\ \cdots\cdots ④$$

③より$a=-\sqrt{3}b$で，④に代入して$-3b+\alpha c=0$となり，$c=\dfrac{3}{\alpha}b$である．よって，$\vec{n}=\left(-\sqrt{3}b,\ b,\ \dfrac{3}{\alpha}b\right)$となる．$b=\alpha$として，$\vec{n}=(-\sqrt{3}\alpha,\ \alpha,\ 3)$を採用する．
平面PQDの方程式は

$$-\sqrt{3}\alpha(x-1)+\alpha(y-\sqrt{3})+3(z-0)=0$$
$$-\sqrt{3}\alpha x+\alpha y+3z=0$$

点$C(\sqrt{3},0,0)$と平面PQDの距離hは

$$h=\frac{|-3\alpha+0+0|}{\sqrt{3\alpha^2+\alpha^2+9}}=\boldsymbol{\frac{3\alpha}{\sqrt{4\alpha^2+9}}}$$

注意 【点と平面の距離の公式】

点(x_0,y_0,z_0)と平面$ax+by+cz+d=0$の距離は$\dfrac{|ax_0+by_0+cz_0+d|}{\sqrt{a^2+b^2+c^2}}$である．

《点と平面の距離（B20）☆》

408． Oを原点とする座標空間内に3点$A(a,0,0)$，$B(0,b,0)$，$C(0,0,c)$がある．ただし，$a>1$，$b>1$，$c>1$とする．$\angle BAC=\theta$とし，△ABCの面積をSとするとき，次の問いに答えよ．

（1） $\cos\theta$，$\sin\theta$をa，b，cを用いて表せ．

（2） 原点Oから平面ABCに垂線を下ろし，垂線と平面の交点をHとする．線分OHの長さが1のとき，$\dfrac{1}{a^2}+\dfrac{1}{b^2}+\dfrac{1}{c^2}=1$が成り立つことを示せ．

（3） （2）の条件のもとで$a=2$としたとき，Sを最小にするb，cの値を求めよ．また，そのときのSの値を求めよ． （21 名古屋市立大・薬）

▶解答◀ （1） $\overrightarrow{AB}=(-a,b,0)$，
$\overrightarrow{AC}=(-a,0,c)$であるから

$$\cos\theta=\frac{\overrightarrow{AB}\cdot\overrightarrow{AC}}{|\overrightarrow{AB}||\overrightarrow{AC}|}=\frac{a^2}{\sqrt{a^2+b^2}\sqrt{a^2+c^2}}$$
$$=\boldsymbol{\frac{a^2}{\sqrt{(a^2+b^2)(a^2+c^2)}}}$$
$$\sin\theta=\sqrt{1-\cos^2\theta}$$
$$=\sqrt{1-\frac{a^4}{(a^2+b^2)(a^2+c^2)}}$$
$$=\boldsymbol{\sqrt{\frac{b^2c^2+c^2a^2+a^2b^2}{(a^2+b^2)(a^2+c^2)}}}$$

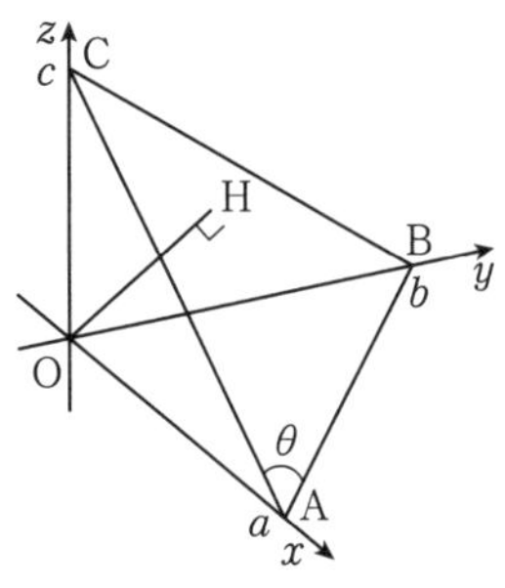

（**2**） $S=\dfrac{1}{2}|\overrightarrow{AB}||\overrightarrow{AC}|\sin\theta$

$$=\frac{1}{2}\sqrt{a^2+b^2}\sqrt{a^2+c^2}\sqrt{\frac{b^2c^2+c^2a^2+a^2b^2}{(a^2+b^2)(a^2+c^2)}}$$

$$S=\frac{1}{2}\sqrt{b^2c^2+c^2a^2+a^2b^2}$$

四面体 OABC の体積について

$$\frac{1}{3}\cdot S\cdot \mathrm{OH}=\frac{1}{3}\cdot\triangle\mathrm{OAB}\cdot\mathrm{OC}\ \cdots\cdots\cdots①$$

OH $=1$ を用いて

$$\frac{1}{2}\sqrt{b^2c^2+c^2a^2+a^2b^2}\cdot 1=\frac{1}{2}ab\cdot c$$

$$b^2c^2+c^2a^2+a^2b^2=a^2b^2c^2$$

$$\frac{1}{a^2}+\frac{1}{b^2}+\frac{1}{c^2}=1\ \cdots\cdots\cdots②$$

（**3**） ① と OH $=1$，$a=2$ を用いて

$$S=\frac{1}{2}ab\cdot c=bc$$

② に $a=2$ を代入し

$$\frac{1}{4}+\frac{1}{b^2}+\frac{1}{c^2}=1 \qquad \therefore\quad \frac{1}{b^2}+\frac{1}{c^2}=\frac{3}{4}$$

相加相乗平均の不等式を用いて

$$\frac{1}{b^2}+\frac{1}{c^2}\geqq 2\sqrt{\frac{1}{b^2}\cdot\frac{1}{c^2}}$$

$$\frac{3}{4}\geqq\frac{2}{bc} \qquad \therefore\quad S\geqq\frac{8}{3}$$

等号成立は $\dfrac{1}{b^2}=\dfrac{1}{c^2}=\dfrac{3}{8}$，すなわち $b=c=\dfrac{2\sqrt{6}}{3}$ のときである．$b=c=\boldsymbol{\dfrac{2\sqrt{6}}{3}}$ で S は最小値 $\boldsymbol{\dfrac{8}{3}}$ をとる．

♦別解♦ （**2**） 平面 ABC の方程式は

$$\frac{x}{a}+\frac{y}{b}+\frac{z}{c}-1=0$$

である．OH $=1$ であり，OH は O と平面 ABC の距離であるから，点と平面の距離の公式を用いて

$$\frac{|-1|}{\sqrt{\dfrac{1}{a^2}+\dfrac{1}{b^2}+\dfrac{1}{c^2}}}=1$$

$$\frac{1}{a^2}+\frac{1}{b^2}+\frac{1}{c^2}=1$$

《平面と円（B20）☆》

409. O を原点とする座標空間に，3 点 A$(1,-2,2)$，B$(-1,-3,1)$，C$(-1,0,4)$ がある．このとき，次の各問いに答えよ．

（1） △ABC の面積を求めよ．

（2） 3 点 A, B, C を含む平面に O から垂線 OH を下ろす．このとき，点 H の座標を求めよ．

（3） △ABC の外接円を K とする．

（i） K の中心 J の座標を求めよ．

（ii） 点 P が K 上を動くとき，OP^2 の最大値を求めよ．（21 旭川医大）

▶解答◀ （**1**） $\overrightarrow{OA}=(1,-2,2)$，

$\overrightarrow{OB}=(-1,-3,1)$，$\overrightarrow{OC}=(-1,0,4)$

であるから

$$\overrightarrow{AB}=(-2,-1,-1),\ \overrightarrow{AC}=(-2,2,2)$$

$$|\overrightarrow{AB}|=\sqrt{4+1+1}=\sqrt{6}$$

$$|\overrightarrow{AC}|=\sqrt{4+4+4}=2\sqrt{3}$$

$$\overrightarrow{AB}\cdot\overrightarrow{AC}=4-2-2=0$$

$\angle\mathrm{BAC}=90^\circ$ より

$$\triangle\mathrm{ABC}=\frac{1}{2}\cdot\mathrm{AB}\cdot\mathrm{AC}=\frac{1}{2}\cdot\sqrt{6}\cdot 2\sqrt{3}=\boldsymbol{3\sqrt{2}}$$

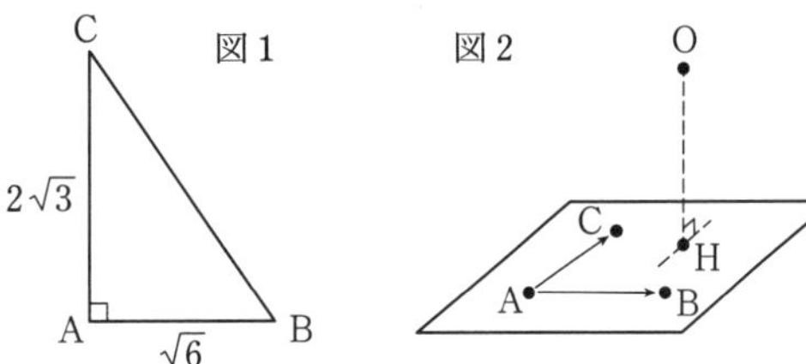

（**2**） 平面 ABC の法線ベクトル $\vec{v}$ を求める．

$\vec{v}=(p,q,r)$ とおくと $\overrightarrow{AB}\cdot\vec{v}=0$，$\overrightarrow{AC}\cdot\vec{v}=0$ より

$$-2p-q-r=0\ \cdots\cdots\cdots①$$

$$-2p+2q+2r=0\ \cdots\cdots\cdots②$$

となる．これを p,q,r について解く．ただし，$p:q:r$ が求められるだけである．①×2＋② より

$$-6p=0 \qquad \therefore\quad p=0$$

であり，②－① より

$$3q+3r=0 \qquad \therefore\quad q+r=0$$

$$q=-r \qquad \therefore\quad q:r=1:(-1)$$

であるから

$$p:q:r=0:1:(-1)$$

となる．平面 ABC の法線ベクトルは $\vec{v}=(0,1,-1)$ である．さて，点 A$(1,-2,2)$ を通って $\vec{v}=(0,1,-1)$ に垂直な平面 π 上の任意の点を P(x,y,z) とすると

$$\overrightarrow{AP}=(x-1,y+2,z-2)$$

は$\vec{v}$に垂直であるから，内積をとって

$$0\cdot(x-1)+1\cdot(y+2)-1\cdot(z-2)=0$$

$$\pi : y-z+4=0 \quad \cdots\cdots③$$

となる．これが平面 ABC の方程式である．

次に，点 O(0, 0, 0) から ③ に下ろした垂線の足を H とする．$\overrightarrow{\mathrm{OH}}=t\vec{v}$ とおけて

$$\overrightarrow{\mathrm{OH}}=(0,\ t,\ -t)$$

H は ③ 上にあるから

$$t-(-t)+4=0 \qquad \therefore \quad t=-2$$

となり，$\overrightarrow{\mathrm{OH}}=(0,\ -2,\ 2)$ であるから，求める H の座標は，**H(0, −2, 2)** である．

（3）（i） J は線分 BC の中点だから，点 J の座標は

$$\left(\frac{-1-1}{2},\ \frac{-3+0}{2},\ \frac{1+4}{2}\right)=\left(\mathbf{-1,\ -\frac{3}{2},\ \frac{5}{2}}\right)$$

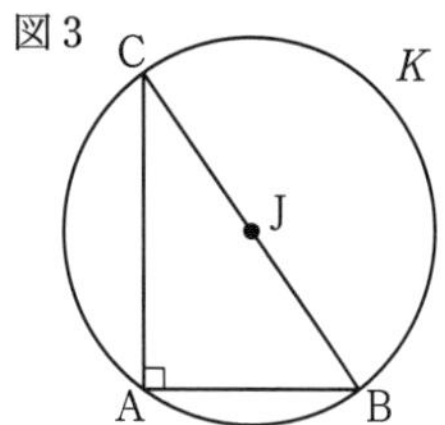

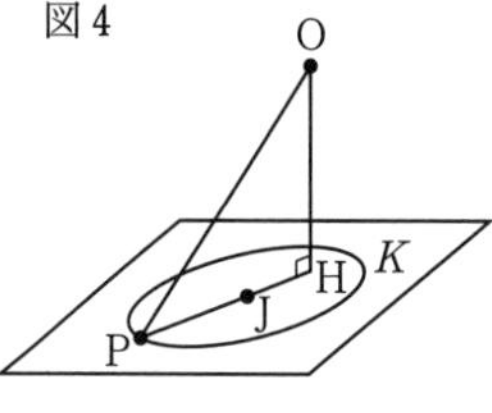

（ii） OP^2 が最大となるのは，3 点 H，J，P がこの順で同一直線上にあるときである（図 4）．

円 K の半径 $|\overrightarrow{\mathrm{BJ}}|$ について

$$|\overrightarrow{\mathrm{BJ}}|^2=|\overrightarrow{\mathrm{OJ}}-\overrightarrow{\mathrm{OB}}|^2$$

$$=(-1+1)^2+\left(-\frac{3}{2}+3\right)^2+\left(\frac{5}{2}-1\right)^2$$

$$=\frac{18}{4} \quad \cdots\cdots Ⓐ$$

円 K の半径は，$\sqrt{\dfrac{18}{4}}=\dfrac{3\sqrt{2}}{2}$ である．また

$$|\overrightarrow{\mathrm{HJ}}|^2=|\overrightarrow{\mathrm{OJ}}-\overrightarrow{\mathrm{OH}}|^2$$

$$=(-1-0)^2+\left(-\frac{3}{2}+2\right)^2+\left(\frac{5}{2}-2\right)^2$$

$$=\frac{6}{4} \quad \cdots\cdots Ⓑ$$

だから，$\mathrm{HJ}=\dfrac{\sqrt{6}}{2}$ である．さらに

$$\mathrm{OH}^2=0+4+4=8$$

だから，三平方の定理より，図 4 の位置の P について

$$\mathrm{OP}^2=\mathrm{OH}^2+\mathrm{HP}^2$$

$$=8+\left(\frac{\sqrt{6}}{2}+\frac{3\sqrt{2}}{2}\right)^2$$

$$=8+\frac{1}{4}(6+2\cdot\sqrt{6}\cdot3\sqrt{2}+18)$$

$$=\mathbf{14+3\sqrt{3}}$$

これが，OP^2 の最大値である．

注意 Ⓐ, Ⓑ より，BJ > HJ であるから，H は円 K の内部の点である．

《円錐の断面が放物線 (B20) ☆》

410． 座標空間において，点 (0, 0, 1) を中心とする半径 1 の球面を考える．点 P(0, 1, 2) と球面上の点 Q の 2 点を通る直線が xy 平面と交わるとき，その交点を R とおく．点 Q が球面上を動くとき，R の動く領域を求め，xy 平面に図示せよ．

（21　香川大・医）

▶解答◀ 球面の中心 (0, 0, 1) を A，P(0, 1, 2) から球面に引いた接線と球面との接点を H とおくと，AH = 1，$\mathrm{PA}=\sqrt{1+1}=\sqrt{2}$ から，∠APH = 45° である．

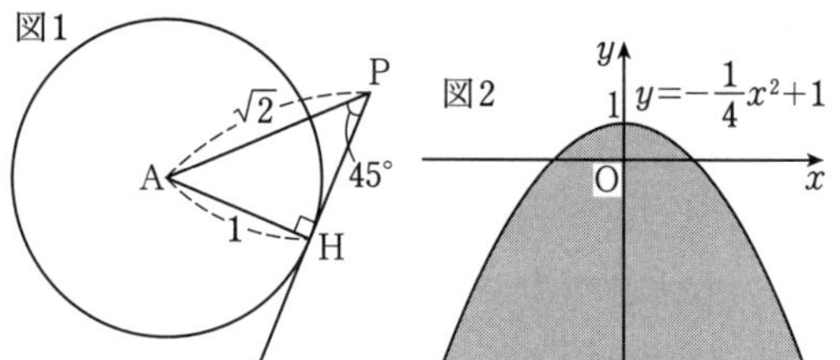

$\overrightarrow{\mathrm{PR}}$ と $\overrightarrow{\mathrm{PA}}$ のなす角は 45° 以下になるから，

$$\frac{\overrightarrow{\mathrm{PR}}\cdot\overrightarrow{\mathrm{PA}}}{|\overrightarrow{\mathrm{PR}}||\overrightarrow{\mathrm{PA}}|}\geqq\cos45^\circ=\frac{1}{\sqrt{2}}$$

R(X, Y, 0) とおく．

$\overrightarrow{\mathrm{PR}}=(X,\ Y-1,\ -2)$，$\overrightarrow{\mathrm{PA}}=(0,\ -1,\ -1)$ より

$$\frac{-(Y-1)+2}{\sqrt{X^2+(Y-1)^2+4}\sqrt{1+1}}\geqq\frac{1}{\sqrt{2}}$$

$$3-Y\geqq\sqrt{X^2+(Y-1)^2+4}$$

$3-Y>0$ のもとで両辺を 2 乗すると，

$$9-6Y+Y^2\geqq X^2+Y^2-2Y+1+4$$

$$4Y\leqq -X^2+4$$

$$Y\leqq-\frac{1}{4}X^2+1$$

これは $3-Y>0$ を満たす．

よって，求める領域は $y\leqq-\dfrac{1}{4}x^2+1$ であり，これを図示すると図 2 の網目部分となる．ただし境界を含む．

◆別解◆ R(X, Y, 0) とおく．

点 Q は直線 PR 上の点であるから，パラメータ t を用いて

$$\overrightarrow{\mathrm{OQ}}=\overrightarrow{\mathrm{OP}}+t\overrightarrow{\mathrm{PR}}=(0,\ 1,\ 2)+t(X,\ Y-1,\ -2)$$

$$=(tX,\ tY-t+1,\ -2t+2)$$

と表される．Q は球：$x^2+y^2+(z-1)^2=1$ 上の点で

あるから,

$$(tX)^2+(tY-t+1)^2+(-2t+1)^2=1$$

$$(X^2+Y^2-2Y+5)t^2+2(Y-3)t+1=0$$

これを満たす実数 t が存在する条件は判別式 $D \geqq 0$ であるから

$$\frac{D}{4}=(Y-3)^2-(X^2+Y^2-2Y+5)$$

$$=-X^2-4Y+4 \geqq 0$$

$$Y \leqq -\frac{1}{4}X^2+1$$

R の動く領域は $y \leqq -\frac{1}{4}x^2+1$ であり,図 2 の網目部分である.ただし,境界を含む.

《内接球(B20)》

411. 座標空間において,3 点

A(6, 6, 3), B(4, 0, 6), C(0, 6, 6)

を通る平面を α とする.以下の問いに答えよ.

(1) α に垂直で大きさが 1 のベクトルをすべて求めよ.

(2) 中心が点 P(a, b, c) で半径が r の球が平面 α, xy 平面, yz 平面, zx 平面のすべてに接し,かつ $a \geqq 0, b \geqq 0$ が満たされている.このような点 P と r の組をすべて求めよ.

(21 東北大・理系・後期)

▶解答◀ (1) 平面 α の法線ベクトルを $\vec{n}=(a, b, c)$ とすると $\vec{n}$ は $\overrightarrow{AB}=(-2, -6, 3)$, $\overrightarrow{AC}=3(-2, 0, 1)$ と垂直であるから,内積をとり

$$-2a-6b+3c=0 \quad \cdots\cdots ①$$

$$-2a+c=0 \quad \cdots\cdots ②$$

② より $c=2a$ で,① に代入し $b=\frac{2}{3}a$ となる.

$\vec{n}=\left(a, \frac{2a}{3}, 2a\right)=\frac{a}{3}(3, 2, 6)$ となる.$\vec{n}$ の 1 つとして,$\vec{n}=(3, 2, 6)$ がある.ゆえに,平面 α の法線の単位ベクトルは

$$\pm\frac{\vec{n}}{|\vec{n}|}=\pm\left(\frac{3}{7}, \frac{2}{7}, \frac{6}{7}\right)$$

である.また,平面 α の方程式 (B を通るから)

$$3(x-4)+2(y-0)+6(z-6)=0$$

$$3x+2y+6z=48$$

(2) 球は xy 平面, yz 平面, zx 平面のすべてに接し,かつ $a \geqq 0, b \geqq 0$ が満たされているから,P の座標は (r, r, r) または $(r, r, -r)$ である.球と平面 α が接する条件は P と平面 α の距離が r であることである.

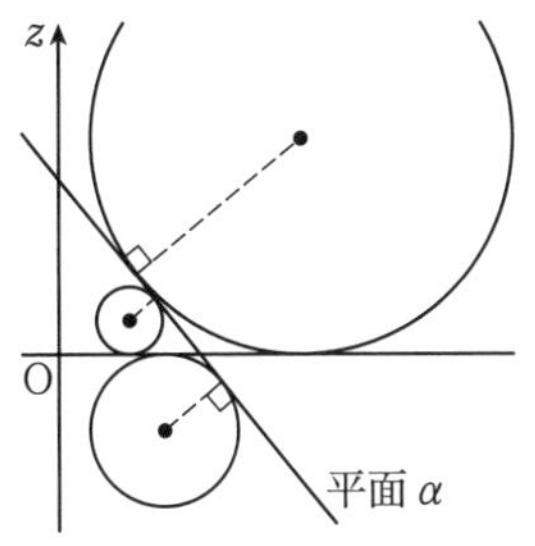

(ア) P(r, r, r) のとき:点と平面の距離の公式より

$$\frac{|3r+2r+6r-48|}{\sqrt{9+4+36}}=r$$

$$|11r-48|=7r$$

$$11r-48=\pm 7r \qquad \therefore \quad r=12, \frac{8}{3}$$

(イ) P$(r, r, -r)$ のとき:点と平面の距離の公式より

$$\frac{|3r+2r+6(-r)-48|}{\sqrt{9+4+36}}=r$$

$$|-r-48|=7r$$

$$-r-48=\pm 7r \qquad \therefore \quad r=8, -6$$

$r>0$ より $r=8$ である.

以上(ア),(イ)より点 P と r の組は

P$\left(\frac{8}{3}, \frac{8}{3}, \frac{8}{3}\right)$, $r=\frac{8}{3}$,

P(12, 12, 12), $r=12$,

P(8, 8, −8), $r=8$

◆別解◆ (1)【平面の方程式を先に出す】

平面 α の方程式を

$$ax+by+cz=1$$

とおくと,これが 3 点 A, B, C を通るから

$$6a+6b+3c=1 \quad \cdots\cdots ③$$

$$4a+6c=1 \quad \cdots\cdots ④$$

$$6b+6c=1 \quad \cdots\cdots ⑤$$

③, ④, ⑤ より $(a, b, c)=\left(\frac{1}{16}, \frac{1}{24}, \frac{1}{8}\right)$ であるから,平面 α の方程式は

$$\frac{1}{16}x+\frac{1}{24}y+\frac{1}{8}z=1$$

$$3x+2y+6z=48$$

この法線ベクトルの一つは $\vec{n}=(3, 2, 6)$ であり,

$$|\vec{n}|=\sqrt{9+4+36}=7$$

であるから,単位法線ベクトルは向きも考えると

$$\pm\frac{\vec{n}}{|\vec{n}|}=\pm\left(\frac{3}{7}, \frac{2}{7}, \frac{6}{7}\right)$$

注意【点と平面の距離の公式】

平面 $ax+by+cz+d=0$ と点 (x_0, y_0, z_0) の距離は

$$\frac{|ax_0+by_0+cz_0+d|}{\sqrt{a^2+b^2+c^2}}$$

で与えられる.

《球を切る（B20）☆》

412. 座標空間内の 4 点 O(0, 0, 0)，A(1, 0, 0)，B(0, 1, 0)，C(0, 0, 2) を考える．以下の問いに答えよ．

（1） 四面体 OABC に内接する球の中心の座標を求めよ．

（2） 中心の x 座標，y 座標，z 座標がすべて正の実数であり，xy 平面，yz 平面，zx 平面のすべてと接する球を考える．この球が平面 ABC と交わるとき，その交わりとしてできる円の面積の最大値を求めよ．（21　九大・理系）

▶解答◀ （1） x, y, z 座標が正で，xy 平面，yz 平面，zx 平面に接する球の中心を I とすると，I(r, r, r) とおける．平面 ABC：$\dfrac{x}{1}+\dfrac{y}{1}+\dfrac{z}{2}=1$

$$2x+2y+z-2=0$$

に I から下ろした垂線の足を H とすると，点と平面の距離の公式より

$$\mathrm{IH}=\frac{|2r+2r+r-2|}{\sqrt{2^2+2^2+1^2}}=\frac{|5r-2|}{3}$$

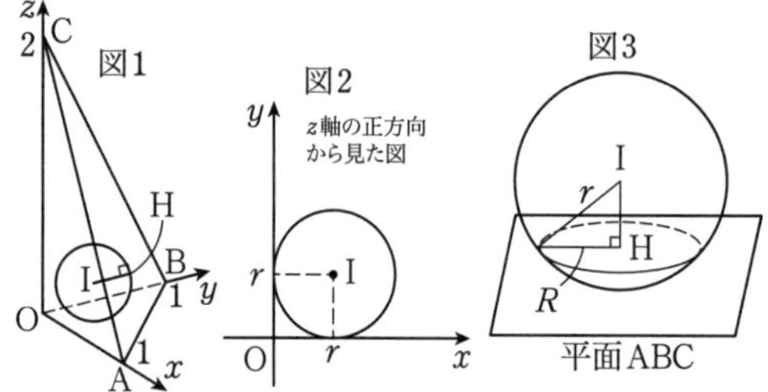

この球が四面体 OABC に内接するとき，$r<1$ かつ IH $=r$ であり，$\dfrac{|5r-2|}{3}=r$ となる．$5r-2=\pm 3r$ から $r=1, \dfrac{1}{4}$ となるが，$r<1$ より $r=\dfrac{1}{4}$ である．求める座標は，$\left(\boldsymbol{\dfrac{1}{4}, \dfrac{1}{4}, \dfrac{1}{4}}\right)$ である．

（2） 題意の円の半径を R とする．図 3 を参照せよ．

$$R^2=r^2-\mathrm{IH}^2=r^2-\frac{(5r-2)^2}{9}\ \cdots\cdots\cdots\cdots\text{①}$$

$$=\frac{-16r^2+20r-4}{9}=-\frac{16}{9}\left(r-\frac{5}{8}\right)^2+\frac{1}{4}$$

R^2 は $r=\dfrac{5}{8}$ のとき最大値 $\dfrac{1}{4}$ をとるから，求める円の面積 πR^2 の最大値は $\boldsymbol{\dfrac{\pi}{4}}$ である．

注意 球と平面の交線が円になる条件は IH $<r$ である．$\dfrac{|5r-2|}{3}<r$ は $-3r<5r-2<3r$ となり，$\dfrac{1}{4}<r<1$ を得る．「r の変域を押さえて，$r=\dfrac{5}{8}$ が変域内にあることを確認すべきだ」というのは，よくある「正しい答案の書き方」的な主張である．しかし，IH $<r$ は $r^2-\mathrm{IH}^2>0$ になること，すなわち，①の値が正になることである．つまり，R^2 の最大値が正になることと同値である．R^2 の最大値が正になって出てきたのに，それが IH $<r$ を満たすことを確認すべきだというのは，可笑しな話である．だから，変域を押さえる必要はない．しかし，可笑しな主張をする人は声が大きいから，要らぬ減点を生まぬためには，こうしたことを書いておくのは智恵であるかもしれない．ただし，生徒の時代の私は，無駄を書かなかった．同値性を理解しているのは私だからである．

◆別解◆ （1） （1）だけなら次のような解法がある．

$\overrightarrow{\mathrm{CA}}=(1, 0, -2)$，$\overrightarrow{\mathrm{CB}}=(0, 1, -2)$

$$\triangle\mathrm{ABC}=\frac{1}{2}\sqrt{|\overrightarrow{\mathrm{CA}}|^2|\overrightarrow{\mathrm{CB}}|^2-\left(\overrightarrow{\mathrm{CA}}\cdot\overrightarrow{\mathrm{CB}}\right)^2}$$

$$=\frac{1}{2}\sqrt{5^2-4^2}=\frac{3}{2}$$

四面体 OABC の体積を [OABC] と表す．

[OABC] = [IOAB] + [IOBC] + [IOCA] + [IABC]

$$\frac{1\cdot 1\cdot 2}{6}=\frac{1}{3}r(\triangle\mathrm{OAB}+\triangle\mathrm{OBC}+\triangle\mathrm{OCA}+\triangle\mathrm{ABC})$$

$$\frac{1}{3}=\frac{1}{3}r\left(\frac{1}{2}+1+1+\frac{3}{2}\right)$$

$r=\dfrac{1}{4}$ となり，求める座標は $\left(\boldsymbol{\dfrac{1}{4}, \dfrac{1}{4}, \dfrac{1}{4}}\right)$ である．

《直方体を平面で切る（B30）》

413. 座標空間において，頂点を

(0, 0, 0), (1, 0, 0), (0, 1, 0), (0, 0, 1),
(1, 1, 0), (1, 0, 1), (0, 1, 1), (1, 1, 1)

とする立方体を C とし，3 点

$(0, 0, 0)$，$\left(\dfrac{s}{2}, 0, \dfrac{t}{2}\right)$，$\left(0, \dfrac{s}{2}, \dfrac{t}{2}\right)$

$(s>0, t>0)$ を通る平面を α とする．C を α によって 2 つの立体に分割したとき，C と α の共通部分の図形を P とし，2 つの立体のうち体積が小さい方の立体を Q とする．ただし，2 つの立体の体積が等しいときは，頂点 (1, 1, 0) を含む立体を Q とする．

（1） $s=2$ とする．P が四角形となるのは，$0<t\leqq$ **ア** のときで，このとき，P の面積は □ である．また，Q の体積は □ である．

（2） $s=2$ とする．P が五角形となるのは，**ア** $<t<$ □ のときである．さらに，$t=\dfrac{3}{2}$ とすると，P の面積は $\dfrac{□}{□}\sqrt{□}$ である．

（3） $t=2$ とする．P が三角形となるのは，$0<s\leqq$ □ のときで，このとき，P の面積は □ であり，Q の体積は □ である．

（21　東京理科大・薬）

▶解答◀ （1） $O(0,0,0)$, $A\left(\frac{s}{2}, 0, \frac{t}{2}\right)$, $B\left(0, \frac{s}{2}, \frac{t}{2}\right)$ とおく．平面 OAB の方程式は，原点を通るから定数項は 0 で，$z=ax+by$ の形になる．これに A，B の座標を代入して，$\frac{t}{2}=a\cdot\frac{s}{2}$, $\frac{t}{2}=b\cdot\frac{s}{2}$ となり，$\alpha : z=\frac{t}{s}(x+y)$ となる．実際には，平面の方程式に慣れていれば，一瞬で書ける．

P の面積を $[P]$，Q の体積を $[Q]$，C の体積を $[C]$ で表す．

$s=2$ のとき．$A\left(1, 0, \frac{t}{2}\right)$, $B\left(0, 1, \frac{t}{2}\right)$,

$$\alpha : z=\frac{t}{2}(x+y) \cdots\cdots ①$$

となる．α で $x=1$, $y=1$ とおくと $z=t$ となる．$R(1,1,t)$, $D\left(1,1,\frac{t}{2}\right)$, $E\left(0,0,\frac{t}{2}\right)$ とする．

P が四角形になるのは R が $(1,1,1)$ より下方にあるときで $\mathbf{0<t\leqq 1}$ のときである．

$$[P]=2\triangle OAB$$
$$=\sqrt{|\overrightarrow{OA}|^2|\overrightarrow{OB}|^2-\left(\overrightarrow{OA}\cdot\overrightarrow{OB}\right)^2}$$
$$=\sqrt{\left(1+\frac{t^2}{4}\right)^2-\left(\frac{t^2}{4}\right)^2}$$
$$=\sqrt{1+\frac{t^2}{2}}=\boldsymbol{\frac{1}{2}\sqrt{2t^2+4}} \cdots\cdots ②$$

Q を平面 $z=\frac{t}{2}$ で切り，その上方（四面体 ABDR）をひっくり返して $\triangle OAB$ の上に重ねれば，底面が正方形，高さが $\frac{t}{2}$ の直方体にできる．

$$[Q]=1\cdot 1\cdot\frac{t}{2}=\boldsymbol{\frac{t}{2}}\leqq\frac{1}{2}=\frac{1}{2}[C]$$

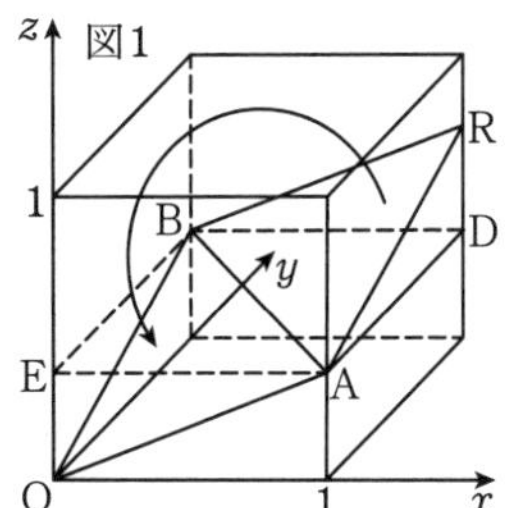

（2） P が五角形となるのは A が $(1,0,1)$ より下方で，R が $(1,1,1)$ より上方にあるときである．$\frac{t}{2}<1$ かつ $t>1$ のときであり $\mathbf{1<t<2}$

① で $z=1$ とおくと $x+y=\frac{2}{t}$ となる．$t=\frac{3}{2}$ のとき $x+y=\frac{4}{3}$ となる．

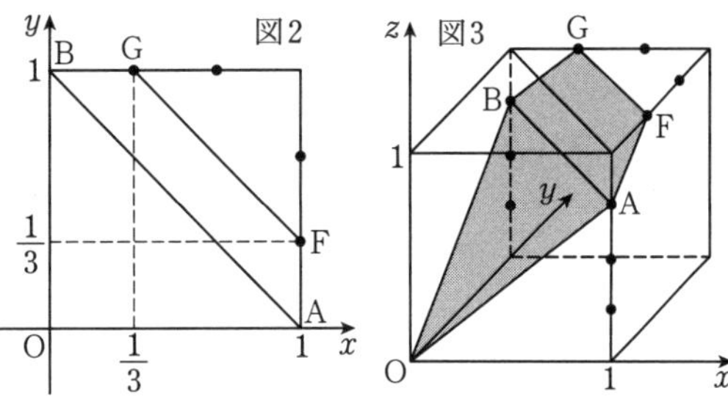

$F\left(1, \frac{1}{3}, 1\right)$, $G\left(\frac{1}{3}, 1, 1\right)$ とする．立体を z 軸方向から見ると図 2 のように見える．② を見て，

$$\triangle OAB=\frac{1}{2}\sqrt{1+\frac{t^2}{2}}$$

である．$\triangle OAB$ の 2 つ分から，$\triangle OAB$ を 3 分の 2 倍に縮小した部分を削り取り，

$$[P]=\frac{1}{2}\sqrt{1+\frac{t^2}{2}}+\frac{1}{2}\sqrt{1+\frac{t^2}{2}}\left(1-\left(\frac{2}{3}\right)^2\right)$$
$$=\frac{1}{2}\sqrt{1+\frac{1}{2}\left(\frac{3}{2}\right)^2}\left(2-\frac{4}{9}\right)=\frac{7}{9}\sqrt{1+\frac{9}{8}}$$
$$=\frac{7}{9}\sqrt{\frac{17\cdot 2}{16}}=\boldsymbol{\frac{7}{36}\sqrt{34}}$$

（3） $t=2$ のとき，$A\left(\frac{s}{2}, 0, 1\right)$, $B\left(0, \frac{s}{2}, 1\right)$,

$$\alpha : x+y=\frac{s}{2}z$$

P が三角形になるのは $\frac{s}{2}\leqq 1$ のときで $\mathbf{0<s\leqq 2}$ である．$H(0,0,1)$ とする．

$$[P]=\frac{1}{2}\sqrt{|\overrightarrow{OA}|^2|\overrightarrow{OB}|^2-\left(\overrightarrow{OA}\cdot\overrightarrow{OB}\right)^2}$$
$$=\frac{1}{2}\sqrt{\left(\frac{s^2}{4}+1\right)^2-1^2}$$
$$=\frac{1}{2}\sqrt{\frac{s^4}{16}+\frac{s^2}{2}}=\boldsymbol{\frac{s}{8}\sqrt{s^2+8}}$$

$$[Q]=\frac{1}{3}\triangle ABH\cdot OH=\frac{1}{3}\cdot\frac{1}{2}\left(\frac{s}{2}\right)^2\cdot 1=\boldsymbol{\frac{s^2}{24}}$$

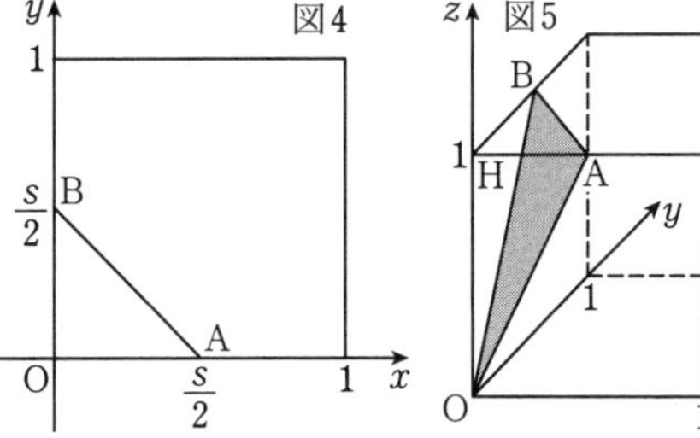

【空間座標の難問】

《直線とのなす角の最大（B30）》

414． O を原点とする座標空間に 4 点 $A(1,1,3)$, $B(-1,1,-1)$, $C(1,-4,-2)$, $D(-2,-1,1)$ がある．次の問いに答えよ．

（1） s, t, u を実数とする．ベクトル $\overrightarrow{DO}$ を

$\overrightarrow{DO} = s\overrightarrow{DA} + t\overrightarrow{DB} + u\overrightarrow{DC}$ と表すとき，s, t, u の値を求めよ．

（2） 線分 AB 上を動く点 P から直線 CD に垂線 PQ を下ろすとき，線分 PQ の長さの最小値を求めよ．また，最小値をとるときの P と Q の座標を求めよ．

（3） 直線 CD 上を点 R が動くとき，$\cos\angle ABR$ の最大値を求めよ．また，最大値をとるときの R の座標を求めよ．　（21　東京農工大・前期）

考え方 （2）を見たとき「そんなものがあるのか？」と思った．B を頂点，BA を中心軸とする（片側だけに開く）円錐面を考え，その開きが小さいと直線 CD と共有点をもたない．開きを大きくしていくと，直線 CD と接するときがあり，そのとき最大になる．希望を言いたい．問題は解後感（解いた後の感覚，解答を見ての印象）が大切である．アイデアが面白いだけに，計算がもう少しすっきりしていたら，拍手をしたい．

▶解答◀ （**1**） $\overrightarrow{DO} = (2, 1, -1)$，
$\overrightarrow{DA} = (3, 2, 2)$，$\overrightarrow{DB} = (1, 2, -2)$，$\overrightarrow{DC} = (3, -3, -3)$ だから

$$(2, 1, -1) = s(3, 2, 2) + t(1, 2, -2) + u(3, -3, 3)$$

よって

$$3s + t + 3u = 2 \quad \cdots\cdots ①$$
$$2s + 2t - 3u = 1 \quad \cdots\cdots ②$$
$$2s - 2t - 3u = -1 \quad \cdots\cdots ③$$

② − ③ より，

$$4t = 2 \qquad \therefore\ t = \frac{1}{2}$$

① + ③ より，

$$5s - t = 1 \qquad \therefore\ s = \frac{1}{5}(t + 1)$$

$t = \frac{1}{2}$ を代入して，

$$s = \frac{1}{5}\cdot\frac{3}{2} = \frac{3}{10}$$

これらを ① に代入して，

$$3\cdot\frac{3}{10} + \frac{1}{2} + 3u = 2 \qquad \therefore\ u = \frac{1}{5}$$

したがって，$s = \mathbf{\frac{3}{10}}, t = \mathbf{\frac{1}{2}}, u = \mathbf{\frac{1}{5}}$ である．

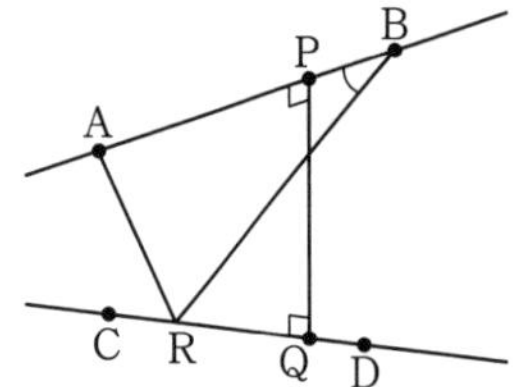

（**2**） $\overrightarrow{AB} = (-2, 0, -4)$ である．点 P は線分 AB 上にあるから，$\overrightarrow{AP} = k\overrightarrow{AB}\ (0 \leqq k \leqq 1)$ である．

$$\overrightarrow{DP} = \overrightarrow{DA} + k\overrightarrow{AB} = (3, 2, 2) + k(-2, 0, -4)$$
$$= (3 - 2k, 2, 2 - 4k)$$

Q は直線 CD 上にあり，$\overrightarrow{DQ} = l\overrightarrow{DC}$（$l$ は実数）とかけて

$$\overrightarrow{DQ} = (3l, -3l, -3l)$$

したがって

$$\overrightarrow{PQ} = \overrightarrow{DQ} - \overrightarrow{DP}$$
$$= (3l, -3l, -3l) - (3 - 2k, 2, 2 - 4k)$$
$$= (3l + 2k - 3, -3l - 2, -3l + 4k - 2) \quad \cdots\cdots ④$$

いま，$PQ \perp CD$ であるから

$$\overrightarrow{PQ}\cdot\overrightarrow{DC} = 3(3l + 2k - 3) - 3(-3l - 2) - 3(-3l + 4k - 2)$$
$$= 27l - 6k + 3 = 0$$

よって，$l = \frac{2k - 1}{9}$ であるから，これを ④ に代入して

$$\overrightarrow{PQ} = \left(\frac{2k-1}{3} + 2k - 3, -\frac{2k-1}{3} - 2, -\frac{2k-1}{3} + 4k - 2\right)$$
$$= \frac{1}{3}(8k - 10, -2k - 5, 10k - 5)$$

よって，$|\overrightarrow{PQ}|$ は

$$\frac{1}{3}\sqrt{(8k - 10)^2 + (-2k - 5)^2 + (10k - 5)^2}$$
$$= \frac{1}{3}\sqrt{168k^2 - 240k + 150}$$
$$= \frac{1}{3}\sqrt{168\left(k - \frac{5}{7}\right)^2 + \frac{450}{7}}$$

$0 \leqq k \leqq 1$ であるから，$k = \frac{5}{7}$ のとき線分 PQ の長さは最小値 $\frac{1}{3}\sqrt{\frac{450}{7}} = \frac{5\sqrt{2}}{\sqrt{7}} = \mathbf{\frac{5\sqrt{14}}{7}}$ をとる．

このとき

$$\overrightarrow{DP} = \left(3 - 2\cdot\frac{5}{7}, 2, 2 - 4\cdot\frac{5}{7}\right)$$
$$= \left(\frac{11}{7}, 2, -\frac{6}{7}\right)$$

であるから，P の座標は $\left(\mathbf{-\frac{3}{7}, 1, \frac{1}{7}}\right)$ である．

また，$l = \frac{1}{9}\left(2\cdot\frac{5}{7} - 1\right) = \frac{1}{21}$ より

$$\overrightarrow{DQ} = \left(\frac{1}{7}, -\frac{1}{7}, -\frac{1}{7}\right)$$

であるから，Q の座標は $\left(\mathbf{-\frac{13}{7}, -\frac{8}{7}, \frac{6}{7}}\right)$

（**3**） $\overrightarrow{OQ}$ と同様に R は直線 CD 上にあるから

$$\overrightarrow{OR} = (1 - m, -4 + m, -2 + m)$$

と表せるから

$$\overrightarrow{BR} = (2 - m, -5 + m, -1 + m)$$

よって

$$\cos\angle \mathrm{ABR} = \frac{\overrightarrow{\mathrm{BA}}\cdot\overrightarrow{\mathrm{BR}}}{|\overrightarrow{\mathrm{BA}}||\overrightarrow{\mathrm{BR}}|}$$

$$= \frac{2(2-m)+4(-1+m)}{\sqrt{20}\sqrt{(2-m)^2+(-5+m)^2+(-1+m)^2}}$$

$$= \frac{2m}{2\sqrt{5}\sqrt{3m^2-16m+30}}$$

$$= \frac{1}{\sqrt{5}}\cdot\frac{m}{\sqrt{3m^2-16m+30}}$$

最大値を考えるから，$m>0$ と考えて，

$$\cos\angle \mathrm{ABR} = \frac{1}{\sqrt{5}}\cdot\frac{1}{\sqrt{3-\dfrac{16}{m}+\dfrac{30}{m^2}}}$$

ここで

$$\frac{30}{m^2}-\frac{16}{m}+3 = 30\left(\frac{1}{m}-\frac{4}{15}\right)^2+\frac{13}{15}$$

であるから，$m=\dfrac{15}{4}$ のとき最大で，最大値は

$$\frac{1}{\sqrt{5}}\cdot\sqrt{\frac{15}{13}} = \frac{\sqrt{3}}{\sqrt{13}} = \boldsymbol{\frac{\sqrt{39}}{13}}$$

$m=\dfrac{15}{4}$ のとき R の座標は $\left(-\boldsymbol{\dfrac{11}{4}},\ -\boldsymbol{\dfrac{1}{4}},\ \boldsymbol{\dfrac{7}{4}}\right)$

【不等式の証明】

《三角不等式（A5）》

415. 実数 x, y に対して $|x|+|y| \geqq |x-y|$ が成り立つことを証明せよ．また，等号が成り立つときを調べよ． （21　広島市立大）

▶解答◀ $(|x|+|y|)^2-|x-y|^2$

$=x^2+2|x||y|+y^2-(x^2-2xy+y^2)$

$=2(|xy|+xy) \geqq 0$

$(|x|+|y|)^2 \geqq |x-y|^2$

$|x|+|y| \geqq |x-y|$

等号は $\boldsymbol{xy \leqq 0}$ のとき成り立つ．

《相加相乗平均の不等式（A5）☆》

416. $a>0, b>0$ および $a^2+3a^2b^2+b^2=\dfrac{1}{3}$ が成り立つとき，ab の最大値は $\dfrac{-\square+\sqrt{\square}}{\square}$ である． （21　星薬大・推薦）

▶解答◀ 相加・相乗平均の不等式を用いる．

$\dfrac{1}{3}=a^2+b^2+3a^2b^2 \geqq 2\sqrt{a^2b^2}+3a^2b^2$

$=2ab+3a^2b^2$

$(3ab)^2+2(3ab)-1 \leqq 0$

$(3ab+1)^2 \leqq 2$

$3ab+1 \leqq \sqrt{2}$ となり，$ab \leqq \dfrac{-1+\sqrt{2}}{3}$

等号は $a=b=\sqrt{\dfrac{\sqrt{2}-1}{3}}$ のとき成り立つ．

ab の最大値は $\boldsymbol{\dfrac{-1+\sqrt{2}}{3}}$ である．

《2つの相加相乗平均の不等式（B5）☆》

417. a, b, c が正の数であるとき，

$\left(\dfrac{a}{b}+1\right)\left(\dfrac{b}{c}+1\right)\left(\dfrac{c}{a}+1\right)$

の最小値を求めよ．またそのときの a, b, c の条件を求めよ． （21　三重大・医，工）

▶解答◀ 相加・相乗平均の不等式より

$\dfrac{a}{b}+1 \geqq 2\sqrt{\dfrac{a}{b}}$, $\dfrac{b}{c}+1 \geqq 2\sqrt{\dfrac{b}{c}}$,

$\dfrac{c}{a}+1 \geqq 2\sqrt{\dfrac{c}{a}}$

辺々かけて

$\left(\dfrac{a}{b}+1\right)\left(\dfrac{b}{c}+1\right)\left(\dfrac{c}{a}+1\right)$

$\geqq 8\sqrt{\dfrac{a}{b}\cdot\dfrac{b}{c}\cdot\dfrac{c}{a}}=8$

等号成立は $a=b$ かつ $b=c$ かつ $c=a$，つまり $a=b=c$ のときである．

よって $\boldsymbol{a=b=c}$ のとき最小値 **8** をとる．

♦別解♦ $P=\left(\dfrac{a}{b}+1\right)\left(\dfrac{b}{c}+1\right)\left(\dfrac{c}{a}+1\right)$ とおく．

$P=\left(\dfrac{a}{c}+\dfrac{a}{b}+\dfrac{b}{c}+1\right)\left(\dfrac{c}{a}+1\right)$

$=1+\dfrac{a}{c}+\dfrac{c}{b}+\dfrac{a}{b}+\dfrac{b}{a}+\dfrac{b}{c}+\dfrac{c}{a}+1$

$=\left(\dfrac{b}{a}+\dfrac{a}{b}\right)+\left(\dfrac{c}{b}+\dfrac{b}{c}\right)+\left(\dfrac{a}{c}+\dfrac{c}{a}\right)+2$

$a, b, c>0$ より相加・相乗平均の不等式から

$\dfrac{b}{a}+\dfrac{a}{b} \geqq 2\sqrt{\dfrac{b}{a}\cdot\dfrac{a}{b}}=2$,

$\dfrac{c}{b}+\dfrac{b}{c} \geqq 2$, $\dfrac{a}{c}+\dfrac{c}{a} \geqq 2$

であるから

$P \geqq 2+2+2+2=8$

等号成立は $\dfrac{b}{a}=\dfrac{a}{b}$ かつ $\dfrac{c}{b}=\dfrac{b}{c}$ かつ $\dfrac{a}{c}=\dfrac{c}{a}$ で $a, b, c>0$ より $a=b=c$ のときである．

よって P は $\boldsymbol{a=b=c}$ のとき最小値 **8** をとる．

《3つの相加相乗平均の不等式（B20）☆》

418. 以下の問いに答えよ．なお，必要があれば等式

$a^3+b^3+c^3-3abc$

$=(a+b+c)(a^2+b^2+c^2-ab-bc-ca)$

を利用してもよい．

（1） 実数 a, b, c に対して，不等式

$a^2+b^2+c^2-ab-bc-ca \geqq 0$

を証明せよ．また，等号が成り立つときの a, b, c の条件を求めよ．

（2） 正の実数 x, y, z に対して，P, Q, R を

$P=\dfrac{x+y+z}{3}$, $Q=\sqrt[3]{xyz}$,

$\dfrac{1}{R}=\dfrac{1}{3}\left(\dfrac{1}{x}+\dfrac{1}{y}+\dfrac{1}{z}\right)$

とおく．このとき，不等式 $P \geqq Q \geqq R$ を証明せよ．また，各等号が成り立つときの x, y, z の条件を求めよ． （21　浜松医大）

▶解答◀ （1） $a^2+b^2+c^2-ab-bc-ca$

$=\dfrac{1}{2}\{(a-b)^2+(b-c)^2+(c-a)^2\} \geqq 0$

等号は $a-b=b-c=c-a=0$ のとき，すなわち $\boldsymbol{a=b=c}$ のとき成り立つ．

（2） $a>0$, $b>0$, $c>0$ のとき，（1）を用いて

$a^3+b^3+c^3-3abc$

$=(a+b+c)(a^2+b^2+c^2-ab-bc-ca) \geqq 0$

が成り立つ．等号は $a=b=c$ で成り立つ．

以下これを利用する．

$\sqrt[3]{x}=a,\ \sqrt[3]{y}=b,\ \sqrt[3]{z}=c$ とおく．x, y, z は正の実数であるから，$a>0,\ b>0,\ c>0$ である．このとき

$$P-Q=\frac{x+y+z}{3}-\sqrt[3]{xyz}$$
$$=\frac{a^3+b^3+c^3}{3}-abc$$
$$=\frac{1}{3}(a^3+b^3+c^3-3abc)\geqq 0$$

したがって，$P\geqq Q$ であり，等号は $\sqrt[3]{x}=\sqrt[3]{y}=\sqrt[3]{z}$ すなわち $\boldsymbol{x=y=z}$ のとき成り立つ．

次に，$\frac{1}{\sqrt[3]{x}}=A,\ \frac{1}{\sqrt[3]{y}}=B,\ \frac{1}{\sqrt[3]{z}}=C$ とおく．

$A>0,\ B>0,\ C>0$ である．このとき

$$\frac{1}{R}-\frac{1}{Q}=\frac{1}{3}\left(\frac{1}{x}+\frac{1}{y}+\frac{1}{z}\right)-\frac{1}{\sqrt[3]{xyz}}$$
$$=\frac{1}{3}(A^3+B^3+C^3)-ABC$$
$$=\frac{1}{3}(A^3+B^3+C^3-3ABC)\geqq 0$$

したがって，$\frac{1}{Q}\leqq\frac{1}{R}$

$Q>0,\ R>0$ であるから，$Q\geqq R$ である．

等号は $\frac{1}{\sqrt[3]{x}}=\frac{1}{\sqrt[3]{y}}=\frac{1}{\sqrt[3]{z}}$ すなわち $\boldsymbol{x=y=z}$ のとき成り立つ．

《相加相乗（B5）》

419．$x>0$ のとき，$3x+\frac{1}{x^3}$ の最小値とそのときの x の値を求めよ．

（21　早稲田大・人間科学-数学選抜）

▶解答◀　$x>0$ のとき，4 文字の相加相乗平均の不等式を用いて

$$3x+\frac{1}{x^3}=x+x+x+\frac{1}{x^3}$$
$$\geqq 4\sqrt[4]{x\cdot x\cdot x\cdot\frac{1}{x^3}}=4$$

で，等号は $x=\frac{1}{x^3}$，$x>0$，すなわち，$x^4=1, x>0$ のときであるから $x=1$ のときに成り立つ．$\boldsymbol{x=1}$ のとき最小値 **4** をとる．

◆別解◆　$f(x)=3x+\frac{1}{x^3}$ とおくと

$$f'(x)=3-\frac{3}{x^4}=\frac{3}{x^4}(x^2+1)(x+1)(x-1)$$

であるから，$x>0$ で増減表は次のようになる．

x	0	$\cdots$	1	$\cdots$
$f'(x)$		$-$	0	$+$
$f(x)$		↘		↗

$\boldsymbol{x=1}$ のとき最小値 $f(1)=\boldsymbol{4}$ をとる．

《道具を選ぶ（C20）☆》

420．次の問に答えよ．

（1）実数 x, y が $2x+y=1$ をみたすとき，$2x^2+y^2$ の最小値とそのときの x, y の値を求めよ．

（2）実数 x, y が $2x^2+y^2=1$ をみたすとき，$2x+y$ の最大値とそのときの x, y の値を求めよ．

（3）実数 x, y が $2x^2+y^2=1$ をみたすとき，xy の最大値とそのときの x, y の値を求めよ．

（21　佐賀大・後期）

▶解答◀　（1）$2x+y=1$ より $y=1-2x$ を代入して

$$P=2x^2+y^2=2x^2+(1-2x)^2$$
$$=6x^2-4x+1=6\left(x-\frac{1}{3}\right)^2+\frac{1}{3}$$

よって，P は，$x=\boldsymbol{\frac{1}{3}}$，$y=1-2\cdot\frac{1}{3}=\boldsymbol{\frac{1}{3}}$ のとき，最小値 $\boldsymbol{\frac{1}{3}}$ をとる．

（2）$2x+y=k$ とおいて，$y=k-2x$ を $2x^2+y^2=1$ に代入して

$$2x^2+(k-2x)^2=1$$
$$6x^2-4kx+k^2-1=0 \quad\cdots\cdots\text{①}$$

x は実数であるから，この x の 2 次方程式の判別式 D について，$D\geqq 0$ である．

$$\frac{D}{4}=(-2k)^2-6(k^2-1)=-2(k^2-3)$$

よって，$k^2-3\leqq 0$　　$\therefore\ -\sqrt{3}\leqq k\leqq\sqrt{3}$

$k=\sqrt{3}$ のとき ① の重解は，$x=\frac{k}{3}=\boldsymbol{\frac{\sqrt{3}}{3}}$ で，

$y=k-2x=k-2\cdot\frac{k}{3}=\frac{k}{3}=\boldsymbol{\frac{\sqrt{3}}{3}}$

このとき，$2x+y$ は最大値 $\boldsymbol{\sqrt{3}}$ をとる．

（3）$2x^2+y^2=1$ より $y^2=1-2x^2$ を代入して

$$Q=(xy)^2=x^2(1-2x^2)=-2\left(x^2-\frac{1}{4}\right)^2+\frac{1}{8}$$

ただし，$y^2\geqq 0$ であるから $1-2x^2\geqq 0$ で，$0\leqq x^2\leqq\frac{1}{2}$

よって，Q は，$x^2=\frac{1}{4}$，$y^2=\frac{1}{2}$ のとき，最大値 $\frac{1}{8}$ をとる．ゆえに，xy は $x=\boldsymbol{\pm\frac{1}{2}}$，$y=\boldsymbol{\pm\frac{1}{\sqrt{2}}}$ **(複号同順)** のとき，最大値 $\boldsymbol{\frac{1}{2\sqrt{2}}}$ をとる．

（3）$xy=\frac{1}{\sqrt{2}}\cos\theta\cdot\sin\theta=\frac{1}{2\sqrt{2}}\sin 2\theta$

$0\leqq\theta<2\pi$ より $0\leqq 2\theta<4\pi$ であるから，

$2\theta=\frac{\pi}{2},\ \frac{5}{2}\pi$ のとき xy は，最大値 $\boldsymbol{\frac{1}{2\sqrt{2}}}$ をとる．

$\theta=\dfrac{\pi}{4}$ のとき

$$x=\frac{1}{\sqrt{2}}\cos\frac{\pi}{4}=\boldsymbol{\frac{1}{2}},\ y=\sin\frac{\pi}{4}=\boldsymbol{\frac{1}{\sqrt{2}}}$$

$\theta=\dfrac{5}{4}\pi$ のとき

$$x=\frac{1}{\sqrt{2}}\cos\frac{5}{4}\pi=-\boldsymbol{\frac{1}{2}},\ y=\sin\frac{5}{4}\pi=-\boldsymbol{\frac{1}{\sqrt{2}}}$$

♦別解♦ （2） 条件 $2x^2+y^2=1$ により，
$x=\dfrac{1}{\sqrt{2}}\cos\theta$，$y=\sin\theta$ とおける．$(0\leqq\theta<2\pi)$

$$2x+y=2\cdot\frac{1}{\sqrt{2}}\cos\theta+\sin\theta$$

$$=\sin\theta+\sqrt{2}\cos\theta=\sqrt{3}\sin(\theta+\alpha)$$

ただし，$\cos\alpha=\dfrac{1}{\sqrt{3}}$，$\sin\alpha=\sqrt{\dfrac{2}{3}}$，$\dfrac{\pi}{4}<\alpha<\dfrac{\pi}{3}$
$0\leqq\theta<2\pi$ より $\alpha\leqq\theta+\alpha<2\pi+\alpha$ であるから，
$\theta+\alpha=\dfrac{\pi}{2}$ のとき $2x+y$ は最大値 $\boldsymbol{\sqrt{3}}$ をとる．

このとき

$$x=\frac{1}{\sqrt{2}}\cos\left(\frac{\pi}{2}-\alpha\right)=\frac{1}{\sqrt{2}}\sin\alpha=\boldsymbol{\frac{1}{\sqrt{3}}}$$

$$y=\sin\left(\frac{\pi}{2}-\alpha\right)=\cos\alpha=\boldsymbol{\frac{1}{\sqrt{3}}}$$

♦別解♦ （3） $2x^2>0,\ y^2>0$ に対して，相加・相乗平均の不等式を用いて

$$\frac{2x^2+y^2}{2}\geqq\sqrt{2x^2\cdot y^2}$$

$$\frac{1}{2}\geqq\sqrt{2}|xy| \qquad \therefore\ |xy|\leqq\frac{1}{2\sqrt{2}}$$

等号成立は，$2x^2=y^2$ のときのみである．
このとき，$2x^2+y^2=1$ より $4x^2=1$

$$x=\pm\frac{1}{2},\ y=\pm\frac{1}{\sqrt{2}}\ (\text{複号任意})$$

よって，xy の最大値は $\boldsymbol{\dfrac{1}{2\sqrt{2}}}$

このとき $x=\pm\boldsymbol{\dfrac{1}{2}}$，$y=\pm\boldsymbol{\dfrac{1}{\sqrt{2}}}$ **(複号同順)**

《コーシー・シュワルツの不等式 (B20) ☆》

421．鋭角三角形 △ABC において
BC $=a$，CA $=b$，AB $=c$
とする．

（1） △ABC の辺 BC 上の点 P から，辺 AC，AB へそれぞれ垂線 PE，PF を下す．$\mathrm{PE}^2+\mathrm{PF}^2$ が最小値をとるとき，比 PB : PC を求めよ．なお，比は a，b，c を用いて表せ．

（2） 小問（1）の最小値を与える辺 BC 上の定点を P とする．（1）の辺 BC の代わりにそれぞれ辺 CA，辺 AB に対して同様な考察を行い得られる CA 上の定点，AB 上の定点をそれぞれ Q，R とする．AP，BQ，CR は一点 M で交わることを示せ．

（3） △ABC の内部の点 U から，三辺 BC，CA，AB にそれぞれ垂線 UI，UJ，UK を下す．U が動くとき $T=\mathrm{UI}^2+\mathrm{UJ}^2+\mathrm{UK}^2$ は小問（2）の点 M で最小となることを示せ．なお最小値は求めなくてよい．

（21 大阪医科薬科大・後期）

▶解答◀ （1） △ABC の面積を S とおく．

$$\triangle\mathrm{ABP}=\frac{1}{2}c\cdot\mathrm{PF},\ \triangle\mathrm{ACP}=\frac{1}{2}b\cdot\mathrm{PE}\ \cdots\cdots①$$

であるから（図 1）

$$b\cdot\mathrm{PE}+c\cdot\mathrm{PF}=2S\ \cdots\cdots②$$

が成り立つ．コーシー・シュワルツの不等式より

$$(b^2+c^2)(\mathrm{PE}^2+\mathrm{PF}^2)\geqq(b\cdot\mathrm{PE}+c\cdot\mathrm{PF})^2=(2S)^2$$

$$\mathrm{PE}^2+\mathrm{PF}^2\geqq\frac{4S^2}{b^2+c^2}$$

となる．等号は $\dfrac{\mathrm{PE}}{b}=\dfrac{\mathrm{PF}}{c}$ のとき成り立つ．この連比の値を k として $\mathrm{PE}=kb$, $\mathrm{PF}=kc$ となり，② に代入すると $k(b^2+c^2)=2S$ となる．$k=\dfrac{2S}{b^2+c^2}$ となり，
$\mathrm{PE}=\dfrac{2S}{b^2+c^2}\cdot b$, $\mathrm{PF}=\dfrac{2S}{b^2+c^2}\cdot c$ を ① に代入すると

$$\triangle\mathrm{ABP}=\frac{S\cdot c^2}{b^2+c^2},\ \triangle\mathrm{ACP}=\frac{S\cdot b^2}{b^2+c^2}$$

となる．AP を共通の底辺とし，B，C から直線 AP に下ろした垂線 BH，CK を高さとみると，面積比は高さの比で，さらに三角形 BPH，三角形 CPK の相似比を考え

$$\triangle\mathrm{ABP}:\triangle\mathrm{ACP}=\mathrm{BH}:\mathrm{CK}=\mathrm{PB}:\mathrm{PC}$$

となる．

$$\mathrm{PB}:\mathrm{PC}=\triangle\mathrm{ABP}:\triangle\mathrm{ACP}=\boldsymbol{c^2:b^2}$$

である．

（2） 図 2 を見よ．

$$\frac{\mathrm{BP}}{\mathrm{CP}}=\frac{c^2}{b^2},\ \frac{\mathrm{AR}}{\mathrm{BR}}=\frac{b^2}{a^2},\ \frac{\mathrm{CQ}}{\mathrm{AQ}}=\frac{a^2}{c^2}\ \cdots\cdots③$$

となるから

$$\frac{\mathrm{AR}}{\mathrm{BR}}\cdot\frac{\mathrm{BP}}{\mathrm{CP}}\cdot\frac{\mathrm{CQ}}{\mathrm{AQ}}=\frac{b^2}{a^2}\cdot\frac{c^2}{b^2}\cdot\frac{a^2}{c^2}=1$$

となり，△ABC におけるチェバの定理（の逆）より，AP，BQ，CR は 1 点で交わる．

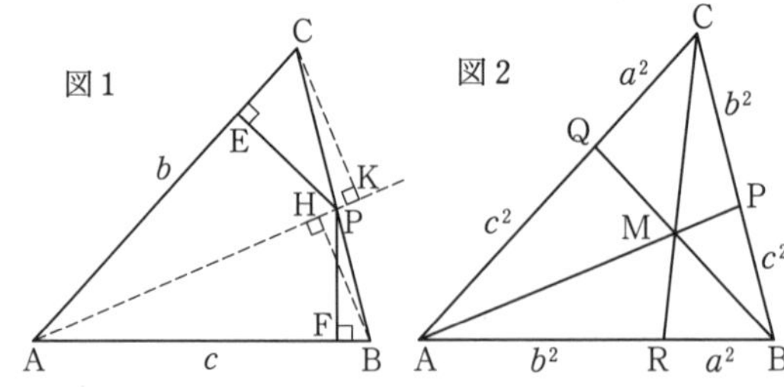

(**3**) 図3を見よ．

$$S=\triangle\mathrm{BCU}+\triangle\mathrm{CAU}+\triangle\mathrm{ABU}$$
$$=\frac{1}{2}a\cdot\mathrm{UI}+\frac{1}{2}b\cdot\mathrm{UJ}+\frac{1}{2}c\cdot\mathrm{UK}$$

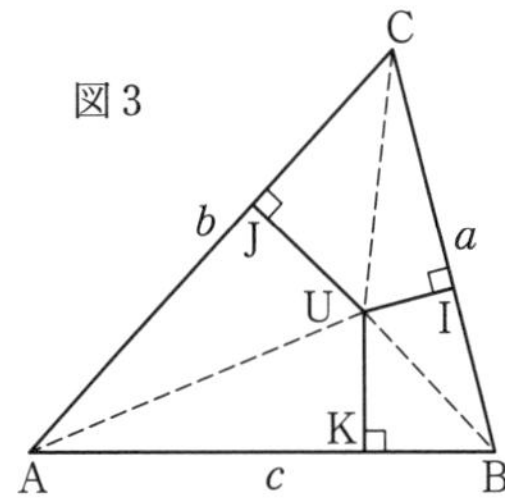

図3

$$a\cdot\mathrm{UI}+b\cdot\mathrm{UJ}+c\cdot\mathrm{UK}=2S \quad\cdots\cdots④$$

となるから，コーシー・シュワルツの不等式より

$$(a^2+b^2+c^2)(\mathrm{UI}^2+\mathrm{UJ}^2+\mathrm{UK}^2)$$
$$\geqq(a\cdot\mathrm{UI}+b\cdot\mathrm{UJ}+c\cdot\mathrm{UK})^2=(2S)^2$$
$$T\geqq\frac{4S^2}{a^2+b^2+c^2}$$

となる．等号は $\dfrac{\mathrm{UI}}{a}=\dfrac{\mathrm{UJ}}{b}=\dfrac{\mathrm{UK}}{c}$ のとき成り立つ．この比の値を k とおくと $\mathrm{UI}=ka$, $\mathrm{UJ}=kb$, $\mathrm{UK}=kc$ となり，これを④に代入して $k=\dfrac{2S}{a^2+b^2+c^2}$

$$\triangle\mathrm{BCU}=\frac{S\cdot a^2}{a^2+b^2+c^2},\ \triangle\mathrm{CAU}=\frac{S\cdot b^2}{a^2+b^2+c^2},$$
$$\triangle\mathrm{ABU}=\frac{S\cdot c^2}{a^2+b^2+c^2}$$

(1)と同様の考察で，このときAU，BU，CUの，すべてU方向への延長が三角形の周と交わる点をそれぞれP，Q，Rとして③となるから，U＝Mで最小になる．

注意【コーシー・シュワルツの不等式】

$x=\mathrm{UI}$, $y=\mathrm{UJ}$, $z=\mathrm{UK}$ とする．

$\vec{v}=(a,b,c)$, $\vec{x}=(x,y,z)$ とし，これらのなす角を θ とすると

$$(ax+by+cz)^2=(\vec{v}\cdot\vec{x})^2=|\vec{v}|^2|\vec{x}|^2\cos^2\theta$$
$$=(a^2+b^2+c^2)(x^2+y^2+z^2)\cos^2\theta$$
$$\leqq(a^2+b^2+c^2)(x^2+y^2+z^2)$$

等号は $\vec{v}$ と $\vec{x}$ が平行のときに成り立つ．そのとき

$$\frac{x}{a}=\frac{y}{b}=\frac{z}{c}$$

である．

$$(ax+by)^2\leqq(a^2+b^2)(x^2+y^2)$$

についても同様である．

《算額で有名な構図(B20)》

422．共通の接線 l をもつ円 C_1，C_2，C_3 の半径をそれぞれ r_1，r_2，r_3 とする．これらの円のどの二つも互いに外接しており，C_3 は l，C_1，C_2 に囲まれた領域に含まれているものとする．以下の問いに答えよ．

(1) $\dfrac{1}{\sqrt{r_3}}=\dfrac{1}{\sqrt{r_1}}+\dfrac{1}{\sqrt{r_2}}$ となることを示せ．

(2) $r_3=1$ のとき，r_1+r_2 の取り得る値の最小値を求めよ．(21 お茶の水女子大・理，文，生活)

▶解答◀ (1) C_1，C_2，C_3 の中心をそれぞれ $\mathrm{P_1}$，$\mathrm{P_2}$，$\mathrm{P_3}$ とし，$\mathrm{P_1}$，$\mathrm{P_2}$，$\mathrm{P_3}$ から l に下ろした垂線の足をそれぞれ $\mathrm{H_1}$，$\mathrm{H_2}$，$\mathrm{H_3}$ とする．

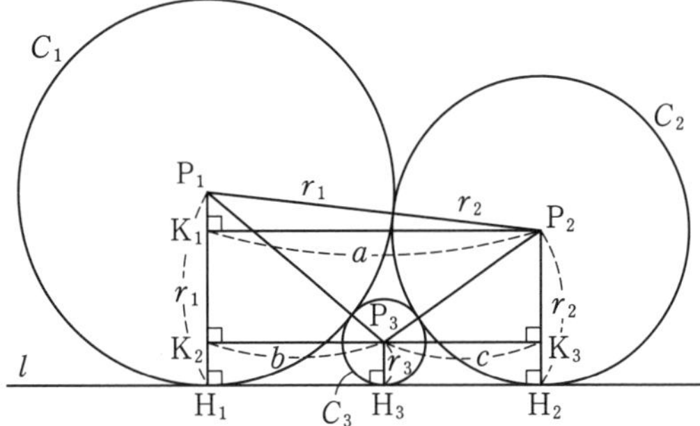

$$\mathrm{P_1H_1}=r_1,\ \mathrm{P_2H_2}=r_2,\ \mathrm{P_3H_3}=r_3$$

また，$\mathrm{P_2}$ から $\mathrm{P_1H_1}$ に下ろした垂線の足を $\mathrm{K_1}$，$\mathrm{P_3}$ から $\mathrm{P_1H_1}$ に下ろした垂線の足を $\mathrm{K_2}$，$\mathrm{P_3}$ から $\mathrm{P_2H_2}$ に下ろした垂線の足を $\mathrm{K_3}$ とする．さらに

$$\mathrm{P_2K_1}=a,\ \mathrm{P_3K_2}=b,\ \mathrm{P_3K_3}=c$$

とおく．

$$\mathrm{P_1P_2}=r_1+r_2$$
$$\mathrm{P_1K_1}=|\mathrm{P_1H_1}-\mathrm{K_1H_1}|$$
$$=|r_1-\mathrm{P_2H_2}|=|r_1-r_2|$$

であるから，$\triangle\mathrm{P_1P_2K_1}$ で三平方の定理を用いて

$$a=\sqrt{(r_1+r_2)^2-(r_1-r_2)^2}=2\sqrt{r_1r_2}$$

同様に，$\triangle\mathrm{P_1P_3K_2}$，$\triangle\mathrm{P_2P_3K_3}$ で三平方の定理を用いて

$$b=2\sqrt{r_1r_3},\ c=2\sqrt{r_2r_3}$$

$a=b+c$ であるから

$$2\sqrt{r_1r_2}=2\sqrt{r_1r_3}+2\sqrt{r_2r_3}$$

両辺を $2\sqrt{r_1r_2r_3}$ で割って

$$\frac{1}{\sqrt{r_3}}=\frac{1}{\sqrt{r_1}}+\frac{1}{\sqrt{r_2}}$$

(**2**) $r_3=1$ のとき

$$\frac{1}{\sqrt{r_1}}+\frac{1}{\sqrt{r_2}}=1 \quad\cdots\cdots①$$

相加相乗平均の不等式を用いて

$$\frac{1}{\sqrt{r_1}}+\frac{1}{\sqrt{r_2}}\geqq2\sqrt{\frac{1}{\sqrt{r_1}}\cdot\frac{1}{\sqrt{r_2}}}$$

$$1 \geqq \frac{2}{(r_1 r_2)^{\frac{1}{4}}}$$

$$(r_1 r_2)^{\frac{1}{4}} \geqq 2 \qquad \therefore \quad r_1 r_2 \geqq 16$$

等号成立は $\dfrac{1}{\sqrt{r_1}} = \dfrac{1}{\sqrt{r_2}} = \dfrac{1}{2}$，すなわち $r_1 = r_2 = 4$ のときである．再び相加相乗平均の不等式を用いて

$$r_1 + r_2 \geqq 2\sqrt{r_1 r_2} \geqq 2\sqrt{16} = 8$$

2 つの等号成立はどちらも $r_1 = r_2 = 4$ のときである．

よって，$r_1 + r_2$ の最小値は 8 である．

♦別解♦ ①を r_2 について解く．

$$\frac{1}{\sqrt{r_2}} = 1 - \frac{1}{\sqrt{r_1}}$$

$$\frac{1}{\sqrt{r_2}} = \frac{\sqrt{r_1} - 1}{\sqrt{r_1}}$$

$\dfrac{1}{\sqrt{r_2}} > 0$ より $r_1 > 1$ であり

$$\sqrt{r_2} = \frac{\sqrt{r_1}}{\sqrt{r_1} - 1} \qquad \therefore \quad r_2 = \frac{r_1}{(\sqrt{r_1} - 1)^2}$$

$k = r_1 + r_2$ とおくと

$$k = r_1 + \frac{r_1}{(\sqrt{r_1} - 1)^2}$$

$t = \sqrt{r_1} - 1$ とおくと，$t > 0$ であり，$r_1 = (t+1)^2$ であるから

$$\begin{aligned} k &= (t+1)^2 + \frac{(t+1)^2}{t^2} \\ &= t^2 + 2t + 1 + \frac{t^2 + 2t + 1}{t^2} \\ &= t^2 + \frac{1}{t^2} + 2\left(t + \frac{1}{t}\right) + 2 \\ &\geqq 2\sqrt{t^2 \cdot \frac{1}{t^2}} + 2 \cdot 2\sqrt{t \cdot \frac{1}{t}} + 2 = 8 \end{aligned}$$

等号成立は $t^2 = \dfrac{1}{t^2}$ かつ $t = \dfrac{1}{t}$，すなわち $t = 1$ のときである．k の最小値は 8 である．

【不等式の難問】

《優加法性 (B30)》

423. α を $\alpha > 1$ をみたす有理数とする．以下の問いに答えなさい．

（1） β を $\beta > 0$ をみたす有理数とし，t, u を $0 < t < u$ をみたす実数とする．このとき，

$t^\beta < u^\beta$

が成り立つことを示しなさい．

（2） t を正の実数とする．このとき，

$1 + t^\alpha < (1+t)^\alpha$

が成り立つことを示しなさい．

（3） x, y を正の実数とする．このとき，

$x^\alpha + y^\alpha < (x+y)^\alpha$

が成り立つことを示しなさい．

（4） n を 2 以上の自然数とし，$x_1, x_2, \cdots, x_n$ を正の実数とする．このとき，

$x_1{}^\alpha + x_2{}^\alpha + \cdots + x_n{}^\alpha < (x_1 + x_2 + \cdots + x_n)^\alpha$

が成り立つことを示しなさい．

（21　都立大・数理科学）

▶解答◀ （1） $f(x) = x^\beta$ とする．$x > 0$ で $f(x)$ は増加関数であるから $0 < t < u$ のとき $f(t) < f(u)$ である．よって $t^\beta < u^\beta$

（2） $g(t) = (1+t)^\alpha - 1 - t^\alpha$ とおく．

$$g'(t) = \alpha\{(1+t)^{\alpha-1} - t^{\alpha-1}\}$$

$\alpha - 1 > 0,\ 0 < t < 1 + t$ であるから（1）より $t^{\alpha-1} < (1+t)^{\alpha-1}$ である．よって $g'(t) > 0$ で，$g(t)$ は $t > 0$ で増加関数である．$g(0) = 0$ であるから $t > 0$ で $g(t) > 0$ である．よって証明された．

（3） （2）で $t = \dfrac{y}{x}$ とおくと，

$$1 + \left(\frac{y}{x}\right)^\alpha < \left(1 + \frac{y}{x}\right)^\alpha$$

両辺に x^α を掛けて　$x^\alpha + y^\alpha < (x+y)^\alpha$

（4） （3）より $n = 2$ で成り立つ．$n = k\ (\geqq 2)$ で成り立つとする．

$$x_1{}^\alpha + \cdots + x_k{}^\alpha < (x_1 + \cdots + x_k)^\alpha$$

となる．式が横に長くなるのを防ぐために以下で $A = x_1 + \cdots + x_k$ とおくと

$$x_1{}^\alpha + \cdots + x_k{}^\alpha < A^\alpha$$

となる．両辺に $x_{k+1}{}^\alpha$ を加えて

$$x_1{}^\alpha + \cdots + x_k{}^\alpha + x_{k+1}{}^\alpha < A^\alpha + x_{k+1}{}^\alpha \quad \cdots\cdots\cdots ①$$

右辺に（2）を用いると

$$A^\alpha + x_{k+1}{}^\alpha < (A + x_{k+1})^\alpha \quad \cdots\cdots\cdots\cdots ②$$

となる．①，② より

$$\begin{aligned} &x_1{}^\alpha + \cdots + x_k{}^\alpha + x_{k+1}{}^\alpha \\ &\qquad < (A + x_{k+1})^\alpha = (x_1 + \cdots + x_k + x_{k+1})^\alpha \end{aligned}$$

$n = k + 1$ でも成り立つから数学的帰納法により証明された．

注意 **【優加法性】**

$f(x) + f(y) < f(x+y)$ を優加法性という．変数が正のとき，f の中身を足したらより大きくなるということで，$f(x) = x^2$ はその例である．

♦別解♦ （2） $\alpha - 1 > 0$ であるから，（1）より，$0 < X < 1$ のとき $X^{\alpha-1} < 1^{\alpha-1}$ であり，X を掛けて $X^\alpha < X$ である．$X = \dfrac{1}{1+t}$ および $X = \dfrac{t}{1+t}$ として

$$\left(\frac{1}{1+t}\right)^\alpha < \frac{1}{1+t},\ \left(\frac{t}{1+t}\right)^\alpha < \frac{t}{1+t}$$

これらを辺ごとに加えて

$$\left(\frac{1}{1+t}\right)^\alpha+\left(\frac{t}{1+t}\right)^\alpha<1$$

両辺に $(1+t)^\alpha$ を掛けて

$$1+t^\alpha<(1+t)^\alpha$$

(**4**) $x_1+x_2+\cdots+x_n=A$ とおく．$0<\dfrac{x_k}{A}<1$ で，上と同様にして $\left(\dfrac{x_k}{A}\right)^\alpha<\dfrac{x_k}{A}$ であり，$k=1, \cdots, n$ とした式を辺ごとに加えると

$$\left(\frac{x_1}{A}\right)^\alpha+\cdots+\left(\frac{x_n}{A}\right)^\alpha<1$$

となる．A^α を掛けて

$$x_1{}^\alpha+\cdots+x_n{}^\alpha<(x_1+\cdots+x_n)^\alpha$$

【数学 II の微分法】

《3 次関数の基本 (A5)》

424. 関数

$$f(x) = 2x^3 - 3x^2 - 12x + 6 \ (-2 \leqq x \leqq 4)$$

の最大値と最小値を求めよ.

(21 公立はこだて未来大)

▶解答◀ $f(x) = 2x^3 - 3x^2 - 12x + 6$ より

$$f'(x) = 6x^2 - 6x - 12 = 6(x+1)(x-2)$$

x	-2	$\cdots$	-1	$\cdots$	2	$\cdots$	4
$f'(x)$		$+$	0	$-$	0	$+$	
$f(x)$		↗		↘		↗	

$$f(-2) = -16 - 12 + 24 + 6 = 2$$

$$f(-1) = -2 - 3 + 12 + 6 = 13$$

$$f(2) = 16 - 12 - 24 + 6 = -14 < f(-2)$$

$$f(4) = 128 - 48 - 48 + 6 = 38 > f(-1)$$

よって, 最大値は $f(4) = \mathbf{38}$, 最小値は $f(2) = \mathbf{-14}$

《極値をもつ範囲 (A10)》

425. 関数 $f(x) = x^3 + 2ax^2 + bx$ が区間 $-2 \leqq x \leqq 2$ ですべての極値をとるとき, 定数 a, b が満たす関係式は $b < \square a^2$, $-\square < a < \square$, $b \geqq \square a - \square$, $b \geqq -\square a - \square$ である.

(21 星薬大・B 方式)

▶解答◀ $f'(x) = 3x^2 + 4ax + b$

$f'(x) = 0$ が $-2 \leqq x \leqq 2$ に異なる 2 つの実数解をもつときである.

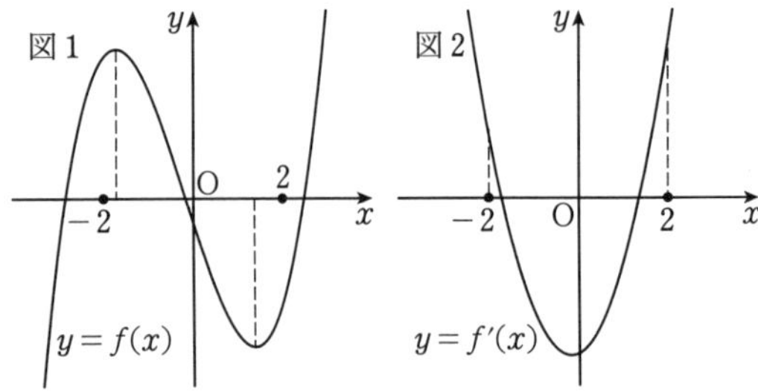

$3x^2 + 4ax + b = 0$ の判別式を D として

$$\frac{D}{4} = 4a^2 - 3b > 0$$

$f'(x)$ の軸について $-2 < -\frac{2a}{3} < 2$,

$f'(-2) = 12 - 8a + b \geqq 0$, $f'(2) = 12 + 8a + b \geqq 0$

$$\boldsymbol{b < \frac{4}{3}a^2,\ -3 < a < 3,\ b \geqq 8a - 12,\ b \geqq -8a - 12}$$

図示は要求されていないが, 点 (a, b) を ab 平面に図示すると網目部分になる. 境界は, 白丸と破線を含まず, 実線を含む.

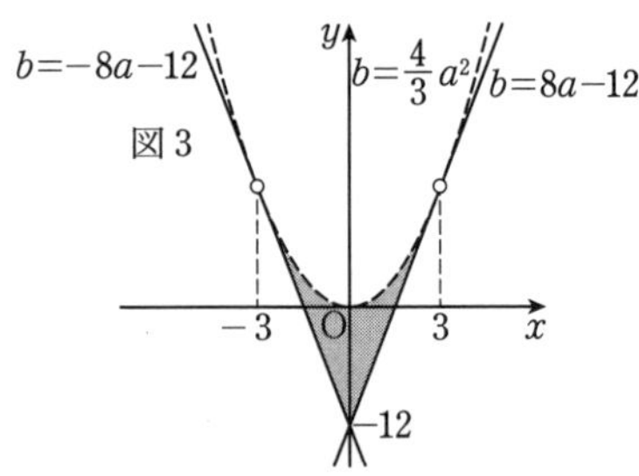

《判別式だけの話 (B15) ☆》

426. a, b を相異なる実数とする. 2 つの関数

$$f(x) = ax^3 + 3bx^2 + 3bx + a,$$

$$g(x) = bx^3 + 3ax^2 + 3ax + b$$

のうち少なくとも一方は極値をもつことを示せ.

(21 愛知医大・医-推薦)

▶解答◀ $a \neq b$ であるから, 少なくとも一方は 0 でない.

(ア) $a \neq 0$ のとき. $\frac{b}{a} = c$ とおくと

$$f(x) = a(x^3 + 3cx^2 + 3cx + 1)$$

$$g(x) = a(cx^3 + 3x^2 + 3x + c)$$

$$f'(x) = 3a(x^2 + 2cx + c)$$

$$g'(x) = 3a(cx^2 + 2x + 1)$$

$x^2 + 2cx + c = 0$ の判別式を D_1 とすると

$$\frac{D_1}{4} = c^2 - c = c(c-1)$$

(ア) $c = 0$ のとき $g(x)$ は 2 次関数だから必ず極値を持つ.

(イ) $c \neq 0$ のとき $cx^2 + 2x + 1 = 0$ の判別式を D_2 とすると, $\frac{D_2}{4} = 1 - c$ である.

a と b は異なるから $c \neq 1$ となり $D_2 \neq 0$ である. $c < 1$ のとき $D_2 > 0$ であるから $g(x)$ は極値をもつ. $c > 1$ のとき $D_1 > 0$ であるから $f(x)$ は極値をもつ.

(イ) $b \neq 0$ のとき. $c = \frac{a}{b}$ とおくと

$$f(x) = b(cx^3 + 3x^2 + 3x + c)$$

$$g(x) = a(x^3 + 3cx^2 + 3cx + 1)$$

となり, (ア) で $f(x)$, $g(x)$ を入れ替えた形になっているから, あとは (ア) と同様に成り立つ.

以上により $f(x)$ と $g(x)$ のうち少なくとも一方は極値をもつ.

《微分と割り算 (A10)》

427. 3 次関数 $y = f(x)$ が, $f'(-1) = f'(2) = 0$ をみたし, $f(x)$ を $(x-1)^2$ で割った余りが $-18x + 1$ であるとする. このとき,

$$f(x) = ax^3 + bx^2 + cx + d$$

と表すと，$a=$ □，$b=$ □，$c=$ □，$d=$ □ である．　（21　京都薬大）

▶解答◀ $f(x)=ax^3+bx^2+cx+d$

$$f'(x)=3ax^2+2bx+c$$

$f'(-1)=0$ より，$3a-2b+c=0$ ……①

$f'(2)=0$ より，$12a+4b+c=0$ ……②

$f(x)$ を $(x-1)^2$ で割った余りが $-18x+1$ であるから，$Q(x)$ を1次式として

$$f(x)=(x-1)^2Q(x)-18x+1$$

とおける．

$f(1)=-18+1=-17$ より

$$a+b+c+d=-17 \quad \cdots\cdots ③$$

また

$$f'(x)=2(x-1)Q(x)+(x-1)^2Q'(x)-18$$

$$f'(1)=-18$$

であるから

$$3a+2b+c=-18 \quad \cdots\cdots ④$$

④－① より

$$4b=-18 \qquad \therefore \quad b=-\frac{9}{2}$$

①，② に代入して

$$3a+c=-9 \quad \cdots\cdots ⑤$$

$$12a+c=18 \quad \cdots\cdots ⑥$$

⑥－⑤ より

$$9a=27 \qquad \therefore \quad a=\mathbf{3}$$

⑤ より，$c=-9-9=\mathbf{-18}$

③ より，$d=-17-3+\frac{9}{2}+18=\mathbf{\frac{5}{2}}$

《極大値 (A10) ☆》

428. 関数

$f(x)=-2x^3+3(a+1)x^2-6ax-3a^2+9a-4$

は極大値 b をもつ．このとき，次の問いに答えよ．ただし，a は定数とする．

（1） $f(x)$ の導関数 $f'(x)$ を求めよ．

（2） $a<1$ のとき，b を a の式で表せ．

（3） $0\leqq a\leqq 4$ のとき，b の最小値を求めよ．

（21　北海学園大・工，経済，経営）

▶解答◀ （1） $f'(x)=\mathbf{-6x^2+6(a+1)x-6a}$

（2） $f'(x)=-6(x-1)(x-a)$

極大値を $g(a)$ とする．

$a<1$ のとき $g(a)=f(1)=\mathbf{-3a^2+6a-3}$

x	$\cdots$	a	$\cdots$	1	$\cdots$
$f'(x)$	$-$	0	$+$	0	$-$
$f(x)$	↘		↗		↘

（3） $a=1$ のとき $f(x)$ は極値をもたない．

$1<a\leqq 4$ のとき

x	$\cdots$	1	$\cdots$	a	$\cdots$
$f'(x)$	$-$	0	$+$	0	$-$
$f(x)$	↘		↗		↘

$$g(a)=f(a)=a^3-6a^2+9a-4$$

$$g'(a)=3a^2-12a+9=3(a-1)(a-3)$$

a	1	$\cdots$	3	$\cdots$	4
$g'(a)$		$-$	0	$+$	
$g(a)$		↘		↗	

$g(a)$ の最小値は $g(3)=27-54+27-4=-4$

$0\leqq a<1$ のとき $g(a)=-3(a-1)^2$ の最小値は $g(0)=-3$

以上から最小値は $\mathbf{-4}$ である．

《文字定数は分離 (B30)》

429. 関数 $f(x)=\frac{1}{2}|x^2+4x-5|+x$ について，次の問に答えよ．

（1） $y=f(x)$ のグラフをかけ．

（2） k を定数とするとき，方程式 $f(x)+k=0$ の異なる実数解の個数を調べよ．

（3） $y=f(x)$ のグラフ上で，$x<0$ の範囲で y が最小となる点Pと，$x\geqq 0$ の範囲で y が最小となる点Qを結ぶ直線を l とする．l と垂直に交わり，P，Q以外の点で $y=f(x)$ のグラフと接する直線を m とする．直線 l，m と y 軸で囲まれた三角形の面積を求めよ．（21　香川大・共通）

▶解答◀ （1）

$$f(x)=\frac{1}{2}|x^2+4x-5|+x$$

$$=\frac{1}{2}|(x-1)(x+5)|+x$$

$x\leqq -5$，$1\leqq x$ のとき

$$f(x)=\frac{1}{2}(x^2+4x-5)+x$$

$$=\frac{1}{2}x^2+3x-\frac{5}{2}=\frac{1}{2}(x+3)^2-7$$

$-5\leqq x\leqq 1$ のとき

$$f(x)=-\frac{1}{2}(x^2+4x-5)+x$$

$$=-\frac{1}{2}x^2-x+\frac{5}{2}=-\frac{1}{2}(x+1)^2+3$$

よって，$y=f(x)$ のグラフは図1のようになる．

図1　図2

（2） 求める実数解の個数は，$y=-f(x)$ と $y=k$ の共有点の個数と一致する．図2より，共有点の個数は

$k>5$ のとき0個，$k=5$ のとき1個，

$k<-3$，$-1<k<5$ のとき2個，

$k=-3$，-1 のとき3個，$-3<k<-1$ のとき4個

（3） $\mathrm{P}(-5,\ -5)$，$\mathrm{Q}(1,\ 1)$ である．

$l: y=x$ であるから，m の傾きは -1 である．

$-5 \leqq x \leqq 1$ のとき，$f'(x)=-x-1$ であるから，$f'(x)=-1$ となるのは $x=0$ のときである．これは $-5 \leqq x \leqq 1$ を満たす．

$x \leqq -5$，$1 \leqq x$ のとき，接線の傾きが -1 になるのは，2つの放物線の対称性から $x=-4$ のとき（図3）であるが，これは $x \leqq -5$，$1 \leqq x$ にはない．

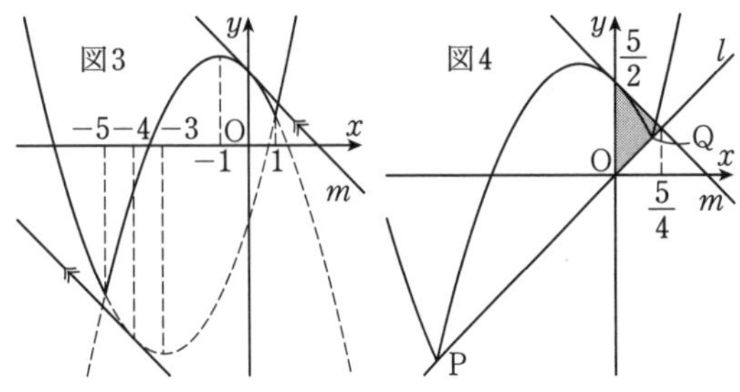

m は傾き -1 で，点 $(0,\ f(0))$ を通るから，

$$m: y=-x+f(0)$$

$$m: y=-x+\frac{5}{2}$$

l と m を連立して

$$x=-x+\frac{5}{2} \qquad \therefore \quad x=\frac{5}{4}$$

求める面積は図4の網目部分の三角形の面積であるから

$$\frac{1}{2}\cdot\frac{5}{2}\cdot\frac{5}{4}=\mathbf{\frac{25}{16}}$$

注意 （3）で $x \leqq -5$，$1 \leqq x$ に接点がないことを式で確認する場合は，$f'(x)=x+3$ から $f'(x)=-1$ となる x を $x=-4$ と導く．

【方程式への応用】

《文字定数は分離（A5）》

430． a を実数の定数とし，x についての3次方程式 $x^3-3x^2+a-5=0$ が異なる2つの正の実数解をもつとき，a の値の範囲は $\square < a < \square$ である．

（21　星薬大・推薦）

▶解答◀ $a=-x^3+3x^3+5$

$f(x)=-x^3+3x^2+5$ とおく．

$$f'(x)=-3x^2+6x=3x(2-x)$$

$$f(0)=5,\ f(2)=9$$

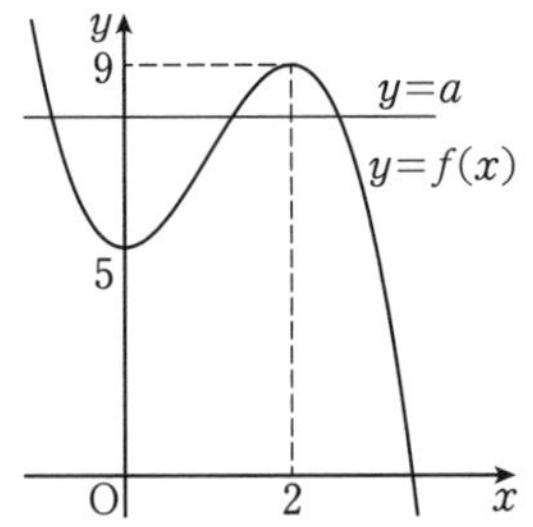

$y=f(x)$ と $y=a$ が $x>0$ の範囲で異なる2交点をもつ条件は $\mathbf{5<a<9}$

《枠を使おう（A15）》

431． a, b, c, k を定数とする．3次関数

$f(x)=ax^3+bx^2+cx+1$

は $f'(-1)=12$ を満たし，かつ $x=-\frac{1}{2}$ のとき極大値 $\frac{11}{4}$ をとる．このとき，$a=\square$，$b=-\square$，$c=-\square$ であり，$f(x)$ は $x=\square$ のとき極小値 $-\square$ をとる．

ここで，3次方程式 $ax^3+bx^2+cx-k=0$ が異なる3つの実数解 $\alpha, \beta, \gamma\ (\alpha<\beta<\gamma)$ をもつとき，k のとり得る値の範囲は $-\square<k<\frac{\square}{\square}$ であり，γ のとり得る値の範囲は $\square<\gamma<\frac{\square}{\square}$ である．

（21　金沢医大・医-後期）

▶解答◀ $f'(x)=3ax^2+2bx+c$ だから $f'(-1)=12$，$f'\left(-\frac{1}{2}\right)=0$，$f\left(-\frac{1}{2}\right)=\frac{11}{4}$ より

$$3a-2b+c=12 \quad \cdots\cdots①$$

$$\frac{3}{4}a-b+c=0 \quad \cdots\cdots②$$

$$-\frac{1}{8}a+\frac{1}{4}b-\frac{1}{2}c+1=\frac{11}{4} \quad \cdots\cdots③$$

①－②より $\frac{9}{4}a-b=12$ ……④

②＋③×2より $\frac{1}{2}a-\frac{1}{2}b+2=\frac{11}{2}$ ……⑤

④－⑤×2より $\frac{5}{4}a=5$ で，$a=\mathbf{4}$，$b=\mathbf{-3}$，$c=\mathbf{-6}$

$$f(x)=4x^3-3x^2-6x+1$$

$$f'(x)=12x^2-6x-6=6(2x+1)(x-1)$$

x	$\cdots$	$-\frac{1}{2}$	$\cdots$	1	$\cdots$
$f'(x)$	$+$	0	$-$	0	$+$
$f(x)$	↗		↘		↗

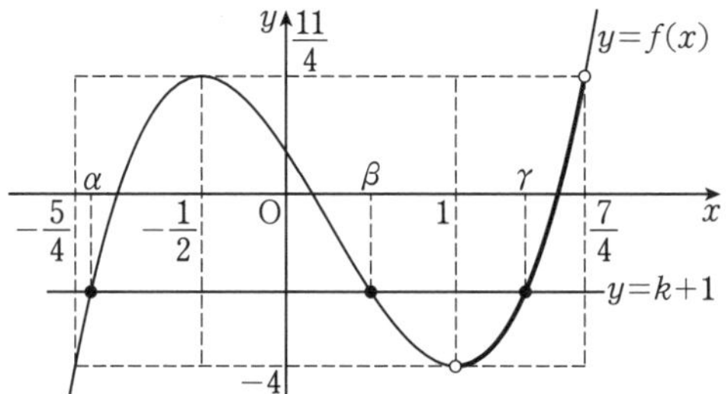

$f(x)$ は $x=\mathbf{1}$ で極小値 $f(1)=\mathbf{-4}$ をとる．

3 次方程式は $f(x)=k+1$ となり，$y=f(x)$ と $y=k+1$ が異なる 3 つの共有点を持つ条件より

$$-4<k+1<\frac{11}{4} \qquad \therefore \quad \boldsymbol{-5<k<\frac{7}{4}}$$

解と係数の関係より $\alpha+\beta+\gamma=\frac{3}{4}$ で，α，β を形式的に $-\frac{1}{2}$ とおくと $\gamma=\frac{7}{4}$ となる．

図より γ のとり得る値の範囲は $\boldsymbol{1<\gamma<\frac{7}{4}}$ である．

《3 次方程式の解が 3 つ (B10) ☆》

432．3 次方程式 $x^3+ax^2+b=0$ …① について，以下の問いに答えよ．ただし，a, b は実数とする．

（1） ① が複素数 $1+\sqrt{2}i$ を解にもつとき，a, b の値を求めよ．

（2） ① が 1 を解にもち，かつ ① が 2 重解をもつとき，a, b の値の組をすべて求めよ．

（3） ① が異なる 3 つの実数解をもつための条件を a, b を用いて表し，この条件を満たす点 (a, b) の範囲を座標平面上に図示せよ．

（21 大府大・理，獣医など）

▶解答◀ （1） 実数係数の 3 次方程式が $1+\sqrt{2}i$ を解にもつことから，その共役複素数 $1-\sqrt{2}i$ も解にもつ．残りの解を k とおくと，解と係数の関係から

$$(1+\sqrt{2}i)+(1-\sqrt{2}i)+k=-a$$

$$(1+\sqrt{2}i)(1-\sqrt{2}i)+(1+\sqrt{2}i)k$$
$$+(1-\sqrt{2}i)k=0$$

$$(1+\sqrt{2}i)(1-\sqrt{2}i)k=-b$$

整理して

$$2+k=-a,\ 3+2k=0,\ 3k=-b$$

よって，$k=-\frac{3}{2}$, $a=\boldsymbol{-\frac{1}{2}}$, $b=\boldsymbol{\frac{9}{2}}$

（**2**） 1 以外の解を k とする．

（ア） 1 が 2 重解のとき，解と係数の関係から

$$1+1+k=-a$$

$$1\cdot1+1\cdot k+k\cdot1=0$$

$$1\cdot1\cdot k=-b$$

よって，$k=-\frac{1}{2}$, $(a, b)=\left(-\frac{3}{2}, \frac{1}{2}\right)$

（イ） k が 2 重解のとき，解と係数の関係から

$$1+k+k=-a$$

$$1\cdot k+k\cdot1+k^2=0 \quad \cdots\cdots② $$

$$1\cdot k\cdot k=-b$$

② より

$$(2+k)k=0 \qquad \therefore \quad k=-2, 0$$

$k=-2$ のとき，$(a, b)=(3, -4)$

$k=0$ のとき，$(a, b)=(-1, 0)$

以上より，$(a, b)=\boldsymbol{\left(-\frac{3}{2}, \frac{1}{2}\right), (3, -4), (-1, 0)}$

（**3**） $f(x)=x^3+ax^2+b$ とおく．$f'(x)=3x^2+2ax$

$f'(x)=0$ を解くと $x=0, -\frac{2a}{3}$

$$f(0)=b,\ f\left(-\frac{2a}{3}\right)=b+\frac{4}{27}a^3$$

$f(x)=0$ が異なる 3 つの実数解をもつ条件は，$f(x)$ が異符号の極値をもつことである．「$a\neq0$ かつ $b\left(b+\frac{4}{27}a^3\right)<0$……③」となる．$a=0$ のときには，③ は $b^2<0$ となり成立しないから，$a\neq0$ は ③ に含まれている．求める条件は $\boldsymbol{b\left(b+\frac{4}{27}a^3\right)<0}$ である．これは $b=0$ と $b=-\frac{4}{27}a^3$ で挟まれた部分となる．図示すると境界を除く網目部分となる．

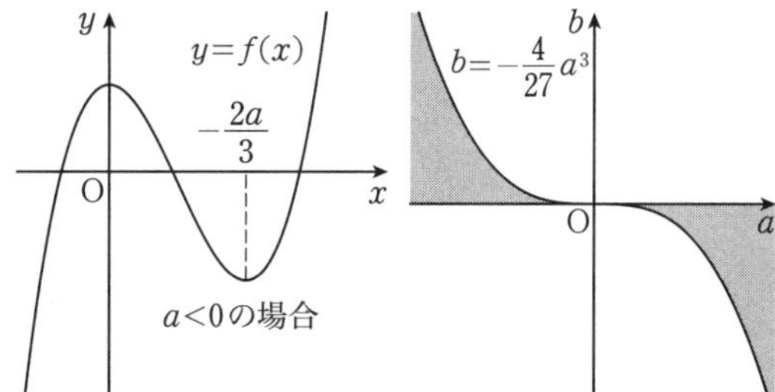

注意 【図示の仕方】

境界は $b=0$, $b=-\frac{4}{27}a^3$ である．これらで区切られた 4 つの部分のうち $a=100$, $b=100$ は不等式を満たさない．b, $b+\frac{4}{27}a^3$ は 1 次の因子（$\left(b+\frac{4}{27}a^3\right)^2$ のように全体に 2 乗などが掛かっていないこと）だから，境界を線で飛び越える（原点は境界の交点だからここで飛び越えてはいけない）たびに適と不適を交代する．

《3次方程式が重解 (B15) ☆》

433. a を1より大きい実数とし，放物線

$$y=-x^2+a$$

を C とする．放物線 C 上の点Pに対して次の条件を考える．

点Pと点 $(1, 0)$ を通る直線は点Pにおける C の接線と垂直に交わる．

この条件を満たす C 上の点Pがちょうど2個あるような a の値を求めよ．（21　千葉大・後期）

▶解答◀ $y=-x^2+a$ のとき $y'=-2x$ である．Pの x 座標を t とすると，Pにおける法線は

$$-2t\{y-(-t^2+a)\}=-(x-t)$$

これが $(1, 0)$ を通るとき

$$-2t\{-(-t^2+a)\}=-(1-t) \quad\cdots\cdots\cdots\text{①}$$

$$2t^3-(2a-1)t-1=0$$

$$f(t)=2t^3-(2a-1)t-1$$

とおく．$f(t)=0$ を満たす実数 t がちょうど2個ある a を求める．それは $f(t)$ が極値をもち，かつ一方の極値が0のときである．

$$f'(t)=6t^2-(2a-1)$$

$f'(t)=0$ を解くと $t=\pm\sqrt{\dfrac{2a-1}{6}}$ である．$a>1$ だから $2a-1>0$ である．

$\alpha=\sqrt{\dfrac{2a-1}{6}}$ とおくと，極値は $f(\alpha)$ と $f(-\alpha)$ である．$2a-1=6\alpha^2$ を用いる．

$$f(\alpha)=2\alpha^3-6\alpha^2\cdot\alpha-1=-4\alpha^3-1<0$$

$$f(-\alpha)=-2\alpha^3-6\alpha^2\cdot(-\alpha)-1=4\alpha^3-1$$

であるから，$f(-\alpha)=0$ のときで

$$4\alpha^3-1=0 \qquad \therefore\quad \alpha=\frac{1}{\sqrt[3]{4}}$$

$2a-1=6\alpha^2$ を用いて

$$a=\frac{1}{2}+3\alpha^2=\boldsymbol{\frac{1}{2}+\frac{3}{2\sqrt[3]{2}}}$$

これは $a>1$ を満たす．

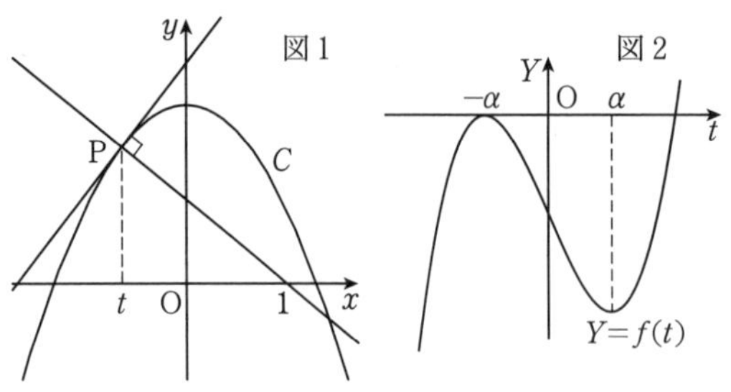

《文字定数は分離的 (C20) ☆》

434. 次の問いに答えよ．

（1） $y=x^3-x$ のグラフをかけ．

（2） a, b を実数の定数とする．$y=x^3-x$ と $y=ax+b$ のグラフが相異なる3点で交わるために a, b が満たすべき条件を求めよ．

（3） $y=x^3-x$ と $y=ax+b$ のグラフが相異なる3点で交わり，かつ3つの交点の x 座標の値の1つが正，他の2つの値が負になるために a, b が満たすべき条件を求めよ．

（21　東京海洋大・海洋生命科学，海洋資源環境）

▶解答◀ （1） $f(x)=x^3-x$ とおく．

$$f'(x)=3x^2-1$$

$f'(x)=0$ のとき $x=\pm\dfrac{1}{\sqrt{3}}$

$$f\left(\frac{1}{\sqrt{3}}\right)=\frac{1}{3\sqrt{3}}-\frac{1}{\sqrt{3}}=-\frac{2}{3\sqrt{3}}$$

$$f\left(-\frac{1}{\sqrt{3}}\right)=\frac{2}{3\sqrt{3}}$$

曲線 $y=f(x)$ は図1のようになる．

（2）（3）では，解が $x<0$ に2つと $x>0$ に1つという指定がされている．このようなタイプの問題では「文字定数は分離せよ」という定石が有名である．ただし，今は定数は a, b の2つあり，完全な意味での文字定数分離ではない．b だけ分離して，a, x は他方に置く．（2）もそれも合わせて解く．

$y=x^3-x$ と $y=ax+b$ を連立させて

$$x^3-x=ax+b$$

$$x^3-(a+1)x=b$$

$g(x)=x^3-(a+1)x$ とおく．曲線 $y=g(x)$ と直線 $y=b$ が異なる3交点をもつ条件を求める．

$$g'(x)=3x^2-(a+1)$$

$a+1\leqq 0$ のときは $g(x)$ が極値を持たず不適．

$a+1>0$ のとき，$\alpha=\sqrt{\dfrac{a+1}{3}}$ とおく．

$$g(\alpha)=\alpha^3-(a+1)\alpha$$

$$=\left\{\frac{a+1}{3}-(a+1)\right\}\sqrt{\frac{a+1}{3}}$$

$$=-\frac{2}{3}(a+1)\sqrt{\frac{a+1}{3}}=-2\left(\sqrt{\frac{a+1}{3}}\right)^3$$

$$g(-\alpha)=2\left(\sqrt{\frac{a+1}{3}}\right)^3$$

求める条件は $\boldsymbol{a+1>0}$ かつ $\boldsymbol{|b|<2\left(\sqrt{\dfrac{a+1}{3}}\right)^3}$

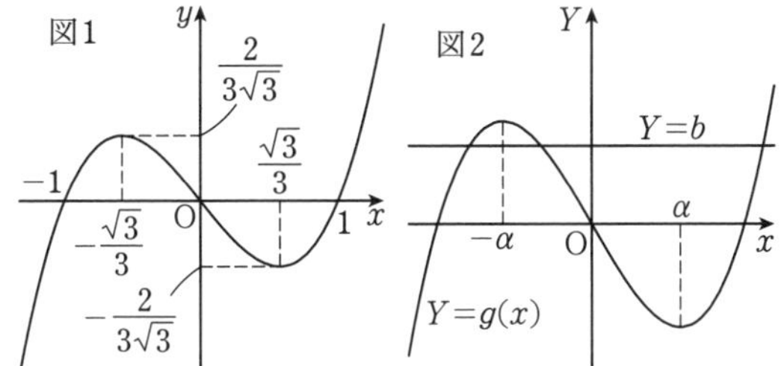

（3） 曲線 $Y=g(x)$ と直線 $Y=b$ の交点の x 座標の2つが $x<0$，1つが $x>0$ にある条件を求める．

$$\boldsymbol{a+1>0 \text{ かつ } 0<b<2\left(\sqrt{\frac{a+1}{3}}\right)^3}$$

注意 **【蛇足】** $a+1 \leqq 0$ のときは

$$0 \leqq |b| < 2\left(\sqrt{\frac{a+1}{3}}\right)^3 \quad \cdots\cdots ①$$

ということはおこらないから，① の中には $a+1>0$ ということが含まれている．だから「$a+1>0$ かつ」をつけることは，蛇足である．

世間には蛇足を好む人がいるからつけておくが，（2）の答えは ① でよいし，（3）の答えも

$$0<b<2\left(\sqrt{\frac{a+1}{3}}\right)^3$$

でよい．

《直方体と逆手流（B20）☆》

435．空間内に四面体 OABC があり，

$$\mathrm{OA}=\mathrm{OB}=\mathrm{OC}=15,$$

$$\angle\mathrm{AOB}=\angle\mathrm{BOC}=\angle\mathrm{COA}=90°$$

である．平面 ABC 上に $\mathrm{OP}=3\sqrt{11}$ となるように点 P をとり，点 P から平面 AOB，BOC，COA に下ろした垂線をそれぞれ PQ，PR，PS とする．PQ，PR，PS を 3 辺とする直方体 T について，次の問いに答えよ．

（1） PQ，PR，PS の長さの和が一定になることを示せ．

（2） 直方体 T の全表面積が一定になることを示せ．

（3） 直方体 T の体積の最大値と最小値を求めよ．

（21　藤田医科大・後期）

▶解答◀ （1） 元々座標はなく「四面体の表面の三角形 ABC の内部に点 P をとる」と読んだが，「平面 ABC 上にとる」と書いてある（書き間違いだろう）から，三角形 ABC の周または外部に出ないことを論証しないといけないと，読めなくもない．しかし，そんなこと，試験の最中に考えるか？

A(15, 0, 0)，B(0, 15, 0)，C(0, 0, 15) と設定する．平面 ABC の方程式は $x+y+z=15$ である．この上に点 $\mathrm{P}(p, q, r)$ をとる．この時点では p, q, r は正とは限らない．P は平面 ABC 上にあるから

$$p+q+r=15 \quad \cdots\cdots ①$$

を満たし，$\mathrm{OP}^2=99$ であるから

$$p^2+q^2+r^2=99 \quad \cdots\cdots ②$$

を満たす．

$$pq+qr+rp=\frac{1}{2}\{(p+q+r)^2-(p^2+q^2+r^2)\}$$

$$=\frac{1}{2}(15^2-99)=63$$

となる．$pqr=V$（この時点では V は体積とは限らない）とおくと，p, q, r は方程式

$$t^3-15t^2+63t-V=0$$

の 3 解である．$f(t)=t^3-15t^2+63t$ とする．

$$f'(t)=3t^2-30t+63=3(t-3)(t-7)$$

t	$\cdots$	3	$\cdots$	7	$\cdots$
$f(t)$	$+$	0	$-$	0	$+$
$f'(t)$	↗		↘		↗

$$f(3)=27-135+189=81$$

$$f(7)=7^3-15\cdot7^2+63\cdot7=49$$

曲線 $Y=f(t)$ と直線 $Y=V$ が 3 交点（重複度を含める．今は変曲点で 3 重の接触をすることはないから 3 重解はない．接点は 2 つと考える）をもつ条件は $49 \leqq V \leqq 81$ であり，解は $1 \leqq t \leqq 9$ に存在し，p, q, r は 1 以上 9 以下であり，正である．P は第一オクタント（$x>0, y>0, z>0$ の部分）にしか存在しない．

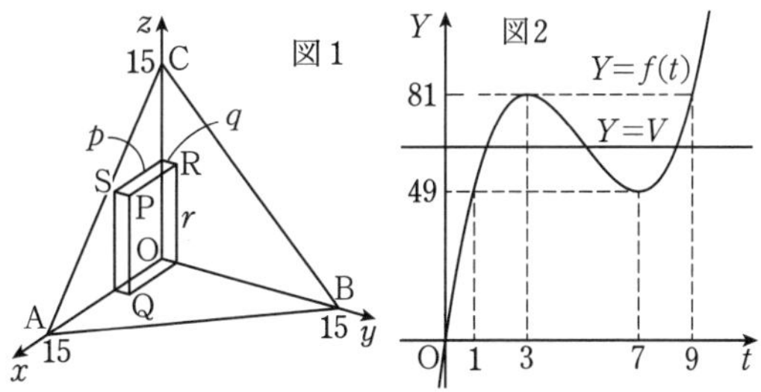

（2） $\mathrm{PQ}=r$，$\mathrm{PR}=p$，$\mathrm{PS}=q$ であるから $\mathrm{PQ}+\mathrm{PR}+\mathrm{PS}=15$ で一定である．

（3） T の表面積は $2(pq+qr+rs)=126$ で一定である．

（4） $V=pqr$ であり，V の最大値は **81**，最小値は **49** である．

注意 **1°【1, 9 の求め方】**

$p+q+r=15$ で $q=r=7$ にすると $p=1$ になる．$p+q+r=15$ で $p=q=3$ にすると $r=9$ になる．

2°【3 重解でいいんじゃないですかあ？】

「先生，たとえば，$V=48$ のときは，$0<t<1$ で 1 交点しかもたないですよね．そのとき，3 重解だと思えばいいんじゃないですかあ」という脳天気な生徒がいる．$p+q+r=15$ で 3 重解ということは $p=q=r$ だから，$p=q=r=5$ ということで，それは $0<t<1$ にはない．

3°【xz 平面との交線を考える】

$99<\dfrac{15^2}{2}$ であるから $\sqrt{99}<\dfrac{15}{\sqrt{2}}$ であり，球 $x^2+y^2+z^2=99$ と平面 $x+y+z=15$ の交線上の点は三角形 ABC の周または外部（$x+y \geqq 15$ または $y+z \geqq 15$ または $z+x \geqq 15$）に出ることはない．図 4 を参照せよ．

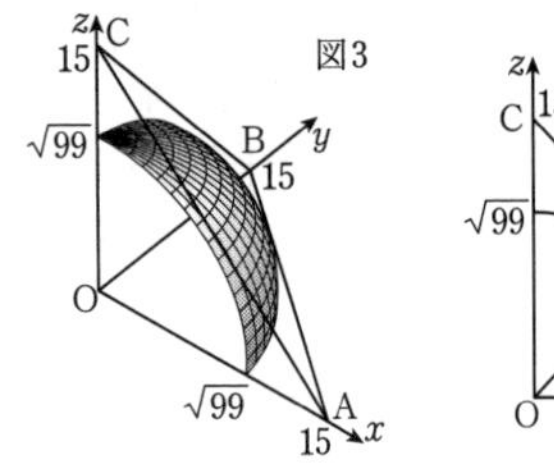

図3

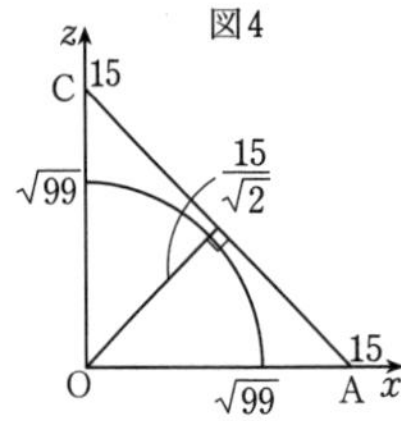

図4

【最大値・最小値】

《最大値・最小値 (A10)》

436. 関数 $f(x)=x^3-3ax^2+b$ (a, b は実数, $0<a<1$) は, $-1 \leqq x \leqq 2$ (x は実数) において, 最大値 6, 最小値 0 をとるものとする. このときの $\dfrac{b}{a}$ の値を求めよ. (21 自治医大・医)

▶解答◀ $g(x)=x^3-3ax^2$ とおく. $g(x)$ の $-1 \leqq x \leqq 2$ における最小値を m, 最大値を M とする. 最大値, 最小値は区間の端または極値でとる. $f(x)$ の最小値が 0 で最大値が 6 であるから $m+b=0$, $M+b=6$ である. この差を作り $M-m=6$ である.

$g(x)=0$ の解は $x=0$ (重解) と $x=3a\ (>0)$ である. 図は曲線 $y=g(x)$ である.

$$g'(x)=3x^2-6ax=3x(x-2a)$$

で, $g(x)$ は $x=0, 2a$ で極値をとる. $g(2a)=-4a^3$ および $g(-a)=-4a^3$ である.「3 次関数のグラフは箱入り娘」で箱を作るのが定石である.

$0<a<1$ より, 図 1 で変域の左端 -1 は長方形の枠の左端 $-a$ より左にあるから $g(-1)<g(-a)=g(2a)$ である. $x=-1$ で最小になり $m=g(-1)=-1-3a$ である. M は $g(0)=0$ または $g(2)=8-12a$ であるが $M=g(0)=0$ とすると $M-m=1+3a<4$ となり不適である. よって $M=8-12a$ である.

$M-m=9-9a$ であり, $M-m=6$ より $9-9a=6$ で $a=\dfrac{1}{3}$ になる. $b=-m=3a+1=2$ となり $\dfrac{b}{a}=\mathbf{6}$

なお, このとき $3a=1<2$ であるから, 図 2 のように, 変域の右端は長方形の枠の右端よりも右にある.

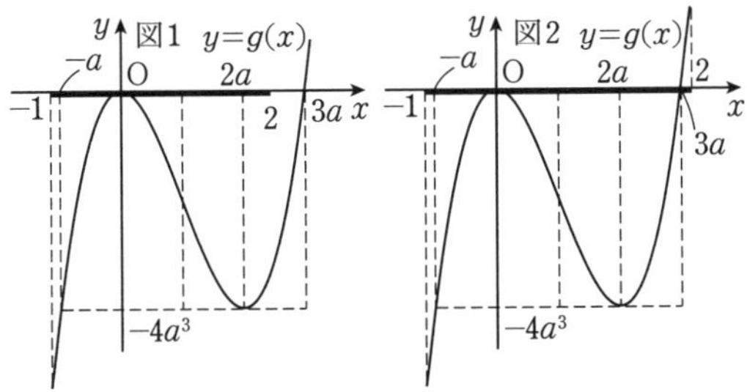

《最大値の最小値 (B20) ☆》

437. $a>0$ とし, $f(x)=x^3-3a^2x$ とおく. このとき, 次の各問いに答えよ.

(1) 曲線 $y=f(x)$ が直線 $y=-1$ に接するように定数 a の値を求めよ. また, このとき, $-1<f(1)<0$ であることを示せ.

(2) 4 点 $(1, 1), (1, -1), (-1, -1), (-1, 1)$ を頂点とする正方形の周を K とする. 曲線 $y=f(x)$ と K との共有点の個数が, ちょうど 6 個となる定数 a の値の範囲を求めよ.

(3) 曲線 $y=f(x)$ の区間 $-1 \leqq x \leqq 1$ における最大値を m とする. a がすべての正の値をとって変化するとき, a の値を横軸に m の値を縦軸にとって m のグラフの概形をかけ. また, m の最小値とそのときの a の値を求めよ. (21 旭川医大)

▶解答◀ (1) $f(x)=x^3-3a^2x$ より

$$f'(x)=3x^2-3a^2=3(x+a)(x-a)$$

x	$\cdots$	$-a$	$\cdots$	a	$\cdots$
$f'(x)$	$+$	0	$-$	0	$+$
$f(x)$	↗		↘		↗

$a>0$ であるから

$$f(-a)=-a^3+3a^3=2a^3>0$$
$$f(a)=a^3-3a^3=-2a^3<0$$

であり, 曲線 $y=f(x)$ が直線 $y=-1$ に接するのは, $f(a)=-1$ のときである. このとき

$$-2a^3=-1$$
$$a^3=\frac{1}{2} \qquad \therefore\quad a=\boldsymbol{\frac{1}{\sqrt[3]{2}}}$$

このときの $y=f(x)$ のグラフは, 図 1 のようになっている.

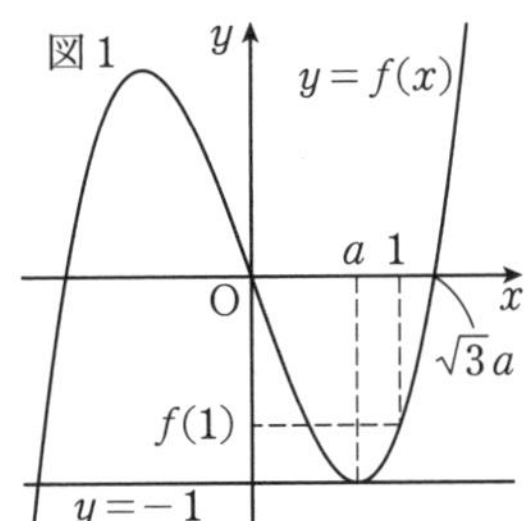

$$f(x)=x(x-\sqrt{3}a)(x+\sqrt{3}a)$$

に注意して

$$f(a)=-1,\ f(\sqrt{3}a)=0$$

である.

ここで, $a^3=\dfrac{1}{2}$ のとき

$$(\sqrt{3}a)^3=3\sqrt{3}a^3=\frac{3\sqrt{3}}{2}>1=1^3$$

であり, $a<1$ であるから

$$a<1<\sqrt{3}a$$

である. $x \geqq a$ で $f(x)$ は増加関数であるから

$$f(a)<f(1)<f(\sqrt{3}a)$$

すなわち, $-1<f(1)<0$ が成り立つ.

（**2**） 曲線 $y=f(x)$ を C とおく．

$$f(-x)=-x^3+3a^2x=-f(x)$$

であるから，C は原点に関して対称な曲線である．よって，同じく原点に関して対称な正方形である K と曲線 C の共有点がちょうど 6 個となるのは，$x>0$ の範囲で K と C の共有点がちょうど 3 個になるときである．

それは，図 2 のような状況であるから

$$0<a<1 \quad \cdots\cdots ①$$

$$f(a)<-1 \quad \cdots\cdots ②$$

$$-1<f(1)<1 \quad \cdots\cdots ③$$

が同時に成り立つときである．

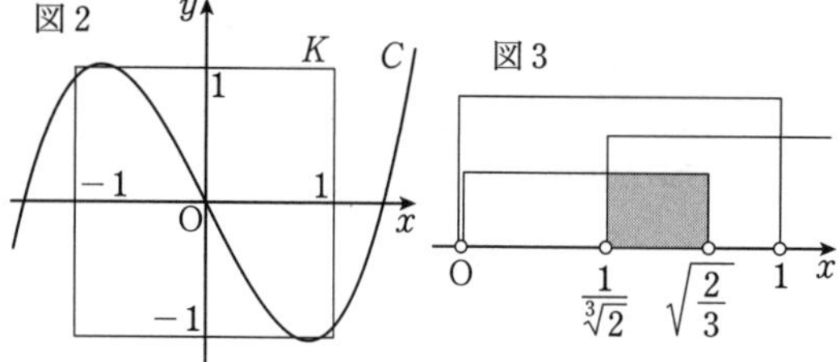

② より

$$-2a^3<-1$$

$$a^3>\frac{1}{2} \qquad \therefore\ a>\frac{1}{\sqrt[3]{2}} \quad \cdots\cdots ④$$

③ より

$$-1<1-3a^2<1$$

$$-2<-3a^2<0$$

$$0<a^2<\frac{2}{3} \qquad \therefore\ 0<a<\sqrt{\frac{2}{3}} \quad \cdots\cdots ⑤$$

ここで

$$\left(\sqrt{\frac{2}{3}}\right)^6-\left(\frac{1}{\sqrt[3]{2}}\right)^6=\frac{8}{27}-\frac{1}{4}$$

$$=\frac{32-27}{108}=\frac{5}{108}>0$$

であるから，$\sqrt{\dfrac{2}{3}}>\dfrac{1}{\sqrt[3]{2}}$ である．

図 3 を見よ．①，④，⑤ より，求める a の範囲は

$$\boldsymbol{\frac{1}{\sqrt[3]{2}}<a<\sqrt{\frac{2}{3}}}$$

（**3**） $-1\leqq x\leqq 1$ における $f(x)$ の最大値の候補は，極大値 $f(-a)$，または，端点 $f(-1)$, $f(1)$ である．ただし，$f(-a)$ が候補となるのは，$-1\leqq -a\leqq 0$，すなわち，$0\leqq a\leqq 1$ のときである．

$$C_1: Y=f(-a)=2a^3 \quad (0\leqq a\leqq 1)$$

$$C_2: Y=f(-1)=3a^2-1$$

$$C_3: Y=f(1)=-3a^2+1$$

として，3 曲線 C_1, C_2, C_3 を aY 平面に描き，Y が大きいものをつないだもの（図の太線）が，m のグラフとなる（図 4）．

$Y=-3a^2+1$, $Y=2a^3$ を連立させて

$$-3a^2+1=2a^3$$

$$2a^3+3a^2-1=0$$

$$(a+1)(2a^2+a-1)=0$$

$$(a+1)^2(2a-1)=0$$

$a>0$ より，2 曲線 C_1, C_3 は $a=\dfrac{1}{2}$ で交わるから，

m は，$a=\boldsymbol{\dfrac{1}{2}}$ のとき，最小値 $2\cdot\left(\dfrac{1}{2}\right)^3=\boldsymbol{\dfrac{1}{4}}$ をとる．

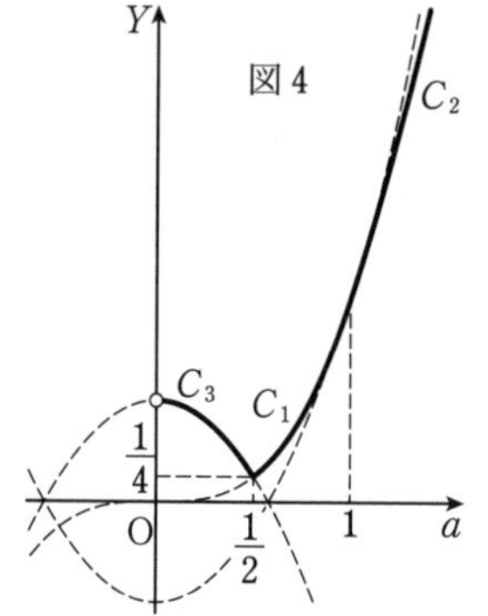

《3 変数 (B10)》

438. x, y, z は

$$\begin{cases} x+y+z=0 \\ x^2+x=yz \end{cases}$$

をみたす実数とする．

（1） x のとりうる範囲を求めなさい．

（2） $x^3+y^3+z^3$ を x の式で表しなさい．

（3） $x^3+y^3+z^3$ の最大値，最小値とそのときの x の値をそれぞれ求めなさい．

（21 愛知学院大・薬，歯）

▶解答◀ （1） $y+z=-x$, $yz=x^2+x$ であるから，y, z は $t^2+xt+x^2+x=0$ の 2 解である．この 2 次方程式の判別式を D とすると

$$D=x^2-4(x^2+x)\geqq 0$$

$$-3x^2-4x\geqq 0$$

$$x(3x+4)\leqq 0 \qquad \therefore\ \boldsymbol{-\frac{4}{3}\leqq x\leqq 0}$$

（**2**） $x^3+y^3+z^3$

$$=x^3+(y+z)^3-3yz(y+z)$$

$$=x^3+(-x)^3-3(x^2+x)\cdot(-x)$$

$$=\boldsymbol{3x^3+3x^2}$$

（3） $f(x)=3x^3+3x^2$ とおく．

$$f'(x)=9x^2+6x=3x(3x+2)$$

であるから，$f(x)$ の増減表は次のようになる．

x	$-\frac{4}{3}$	$\cdots$	$-\frac{2}{3}$	$\cdots$	0
$f'(x)$		$+$	0	$-$	
$f(x)$		↗		↘	

$f\left(-\frac{4}{3}\right)=-\frac{16}{9}$，$f(0)=0$ である．

$f(x)$ は $x=-\frac{2}{3}$ のとき最大値 $f\left(-\frac{2}{3}\right)=\frac{4}{9}$ をとり，$x=-\frac{4}{3}$ のとき最小値 $-\frac{16}{9}$ をとる．

《枠を使おう（B20）☆》

439．実数 x に対して，$f(x)=-\frac{1}{4}x^3+3x$ とおく．このとき，次の問いに答えよ．

（1） $y=f(x)$ のグラフをかけ．

（2） $f(x-2)=f(x)$ をみたす実数 x をすべて求めよ．

（3） 実数 s に対して，$f(x)$ の $x\leqq s$ の範囲における最小値を $g(s)$ とおく．このとき，$t=g(s)$ のグラフをかけ．

（4） 実数 s に対して，$f(x)$ の $s-2\leqq x\leqq s$ の範囲における最小値を $h(s)$ とおく．このとき，$t=h(s)$ のグラフをかけ．

（21 高知大・医，理工）

▶解答◀ （1） $f'(x)=-\frac{3}{4}x^2+3$

$$=-\frac{3}{4}(x+2)(x-2)$$

x	$\cdots$	-2	$\cdots$	2	$\cdots$
$f'(x)$	$-$	0	$+$	0	$-$
$f(x)$	↘		↗		↘

$f(-2)=-4,\ f(2)=4$

よって，$y=f(x)$ のグラフは図1のようになる．

（2） $f(x-2)=f(x)$

$$-\frac{1}{4}(x-2)^3+3(x-2)=-\frac{1}{4}x^3+3x$$

$$x^3-6x^2+12x-8-12x+24=x^3-12x$$

$$-6x^2+12x+16=0$$

$$3x^2-6x-8=0$$

$x=\frac{3\pm\sqrt{33}}{3}$ で $\alpha=\frac{3-\sqrt{33}}{3}$，$\beta=\frac{3+\sqrt{33}}{3}$

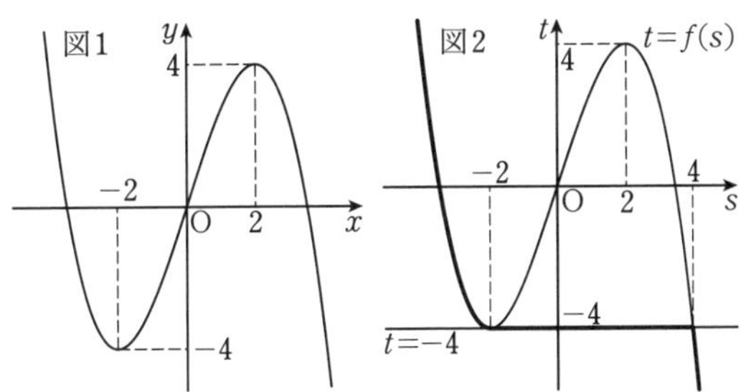

（3） 最小値は，区間の端での値 $f(s)$ または極小値 $f(-2)=-4$ の中にある．ただし，$f(-2)$ が有効なのは $-2\leqq s$ が成り立つときである．$t=f(s),\ t=-4$ を描いたものが図2である．この下側をなぞった太線部分が曲線 $t=g(s)$ である．

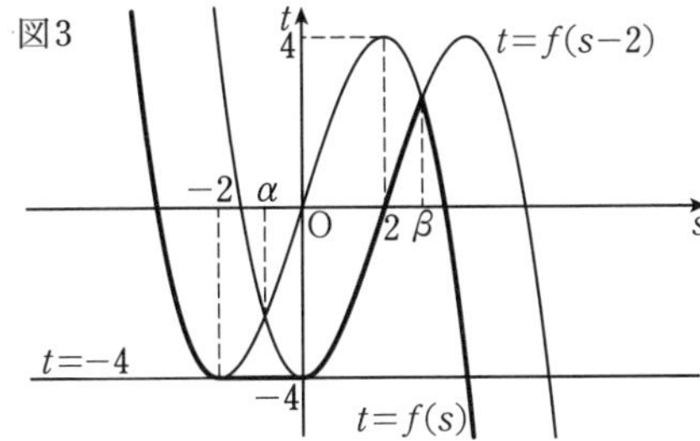

（4） 最小値は，区間の端での $f(s)$ と $f(s-2)$ および極小値 $f(-2)=-4$ の中にある．ただし，$f(-2)$ が有効なのは

$$s-2\leqq -2\leqq s \qquad \therefore\ -2\leqq s\leqq 0$$

のときである．

$t=f(s-2),\ t=f(s),\ t=-4$ を描いたものが図3である．この下側をなぞった太線部分が曲線 $t=h(s)$ である．

♦別解♦ （2） $f(x)=-4$ となるのは

$$-\frac{1}{4}x^3+3x=-4$$

$$x^3-12x-16=0$$

$$(x+2)^2(x-4)=0 \qquad \therefore\ x=-2,\ 4$$

（ア） $s\leqq -2$ のとき

$$g(s)=f(s)=-\frac{1}{4}s^3+3s$$

（イ） $-2\leqq s\leqq 4$ のとき

$$g(s)=f(-2)=-4$$

（ウ） $4\leqq s$ のとき

$$g(s)=f(s)=-\frac{1}{4}s^3+3s$$

よって，$t=g(s)$ のグラフは図2の太線部分である．

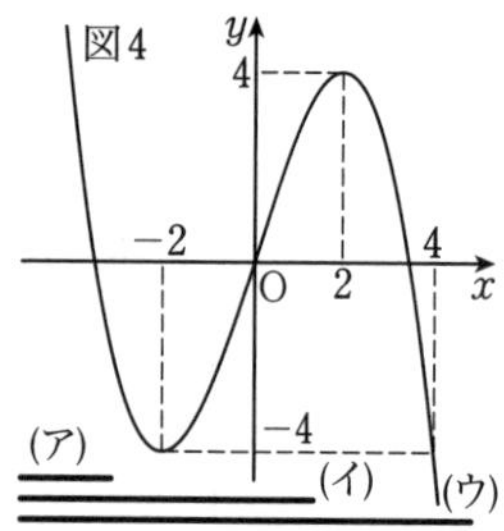

注意【3次関数のグラフは箱入り娘】

3次関数が極値をもつとき，極大点Pで引いた接線，極小点Qで引いた接線が曲線で再び交わる点をP′, Q′とする．P, Q, P′, Q′，変曲点Aを通ってy軸に平行に引いた直線とで，図5のように4分割された長方形を描く．3次関数のグラフはこの中に綺麗に収まっている．

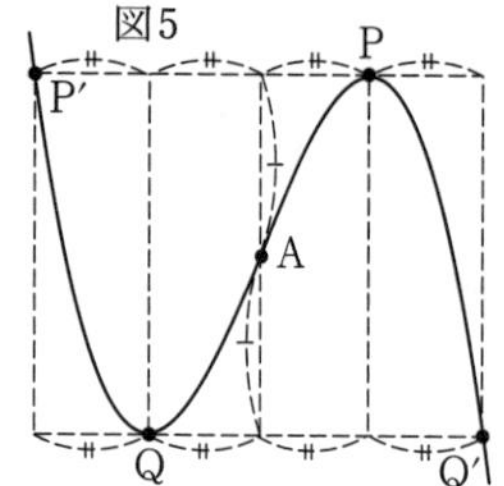

《枠を使おう (C30)》

440. aを実数とする．関数

$$f(x)=-\frac{2}{3}x^3+\frac{2a+1}{2}x^2-ax$$

が$x=a$で極大値をとるとき，次の問いに答えよ．

（1） aの満たす条件を求めよ．

（2） 次の不等式を解け．

$$|x+1|+|x-2|\leqq 4$$

（3） xが（2）の範囲を動くとき，$f(x)$の最大値と最小値をaを用いて表せ．

（21 広島大・共通）

▶解答◀ （1）

$$f'(x)=-2x^2+(2a+1)x-a$$
$$=-(x-a)(2x-1)$$

$f'(x)=0$の解は$x=\frac{1}{2}, a$で，$x=a$で極大になるのは$\boldsymbol{\frac{1}{2}<a}$のときである．

x	$\cdots$	$\frac{1}{2}$	$\cdots$	a	$\cdots$
$f'(x)$	$-$	0	$+$	0	$-$
$f(x)$	↘		↗		↘

（2） $g(x)=|x+1|+|x-2|$とおく．

（ア） $x\leqq -1$のとき

$$g(x)=-(x+1)-(x-2)=-2x+1$$

$-2x+1\leqq 4$から$-\frac{3}{2}\leqq x\leqq -1$

（イ） $-1\leqq x\leqq 2$のとき

$$g(x)=(x+1)-(x-2)=3\leqq 4$$

したがって$-1\leqq x\leqq 2$

（ウ） $x\geqq 2$のとき

$$g(x)=(x+1)+(x-2)=2x-1$$

$2x-1\leqq 4$から$2\leqq x\leqq\frac{5}{2}$

（ア），（イ），（ウ）から$\boldsymbol{-\frac{3}{2}\leqq x\leqq\frac{5}{2}}$

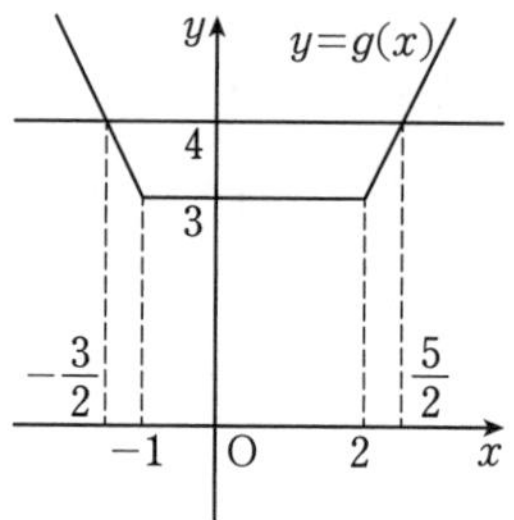

（3） $-\frac{3}{2}\leqq x\leqq\frac{5}{2}$の範囲における最大値を$M$，最小値を$m$とする．$x=\frac{1}{2}$は変域内にある．$M, m$は区間の端か極値でをとる．

$$f\left(-\frac{3}{2}\right)=\frac{9}{4}+\frac{9(2a+1)}{8}+\frac{3}{2}a=\frac{15}{4}a+\frac{27}{8}$$

は最大の候補，

$$f\left(\frac{5}{2}\right)=-\frac{125}{12}+\frac{50a+25}{8}-\frac{5}{2}a=\frac{15}{4}a-\frac{175}{24}$$

は最大と最小の候補，

$$f\left(\frac{1}{2}\right)=-\frac{1}{12}+\frac{2a+1}{8}-\frac{1}{2}a=-\frac{1}{4}a+\frac{1}{24}$$

は最小の候補，

$$f(a)=-\frac{2}{3}a^3+\frac{2a+1}{2}a^2-a^2=\frac{1}{3}a^3-\frac{1}{2}a^2$$

は最大の候補だが，そうなるのは，aが区間内にあるときで$\frac{1}{2}<a\leqq\frac{5}{2}$のときである．このとき

$$f(a)-f\left(-\frac{3}{2}\right)=\frac{1}{3}\left(a^3-\frac{3}{2}a^2-\frac{45}{4}a-\frac{81}{8}\right)$$
$$=\frac{1}{3}\left(a+\frac{3}{2}\right)^2\left(a-\frac{9}{2}\right)<0$$

（この因数分解は，正直にやると少し大変だし迷う．別解に連動するが，曲線$y=f(x)$と直線$y=f(a)$は$x=a$で接し，$x=\frac{6a+3}{4}-2a$で交わるから

$$f(x)-f(a)=-\frac{2}{3}(x-a)^2\left(x-\frac{3-2a}{4}\right)$$

と書ける．ここに$x=-\frac{3}{2}$を代入してマイナスを掛けるとよい）

だから，$f(a)$はMとして脱落する．区間内にあっても脱落するが，区間外では候補にもならない．

$f\left(-\dfrac{3}{2}\right) > f\left(\dfrac{5}{2}\right)$ であるから $f\left(\dfrac{5}{2}\right)$ は M から脱落する．

$M = f\left(-\dfrac{3}{2}\right) = \dfrac{\mathbf{15}}{\mathbf{4}}\boldsymbol{a} + \dfrac{\mathbf{27}}{\mathbf{8}}$ である．

m は $f\left(\dfrac{5}{2}\right)$ か $f\left(\dfrac{1}{2}\right)$ である．

$$f\left(\frac{5}{2}\right) - f\left(\frac{1}{2}\right) = 4a - \frac{22}{3} = 4\left(a - \frac{11}{6}\right)$$

$\dfrac{\mathbf{1}}{\mathbf{2}} < \boldsymbol{a} < \dfrac{\mathbf{11}}{\mathbf{6}}$ のとき $m = f\left(\dfrac{5}{2}\right) = \dfrac{\mathbf{15}}{\mathbf{4}}\boldsymbol{a} - \dfrac{\mathbf{175}}{\mathbf{24}}$

$\boldsymbol{a} \geqq \dfrac{\mathbf{11}}{\mathbf{6}}$ のとき $m = f\left(\dfrac{1}{2}\right) = -\dfrac{\mathbf{1}}{\mathbf{4}}\boldsymbol{a} + \dfrac{\mathbf{1}}{\mathbf{24}}$

注意 グラフを描いてもよいが，結構面倒である．

$l : y = \dfrac{15}{4}a + \dfrac{27}{8}$, $m : y = \dfrac{15}{4}a - \dfrac{175}{24}$,

$C : y = \dfrac{1}{3}a^3 - \dfrac{1}{2}a^2$ のグラフの位置関係は図 2 のようになる．

$n : y = -\dfrac{1}{4}a + \dfrac{1}{24}$, $m : y = \dfrac{15}{4}a - \dfrac{175}{24}$ のグラフの位置関係は図 3 のようになる．

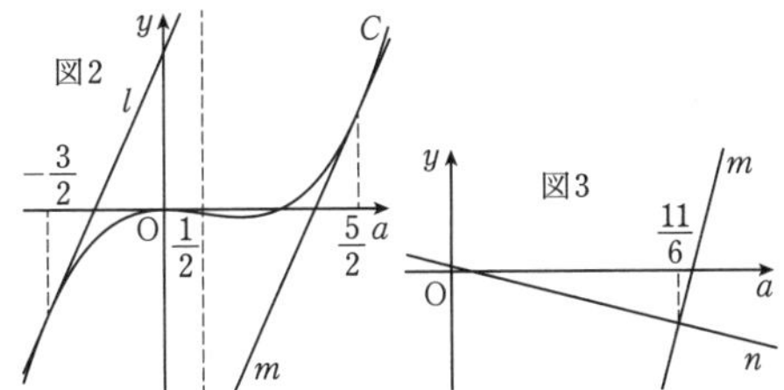

◆別解◆（3）【3 次関数のグラフは箱入り娘】

$f(x) = k$ が 3 実解（重解を含む）をもつとき，その解を α, β, γ とする．解と係数の関係（3 解の和）より

$$\alpha + \beta + \gamma = \frac{6a+3}{4}$$

である．

$\beta = \gamma = a$ のとき $\alpha = \dfrac{6a+3}{4} - 2a = \dfrac{3-2a}{4}$

これは使わないが，箱入り娘の定番で押さえておく．

$\alpha = \beta = \dfrac{1}{2}$ のとき $\gamma = \dfrac{6a+3}{4} - 1 = \dfrac{6a-1}{4}$

$$f(x) - f\left(\frac{1}{2}\right) = -\frac{2}{3}\left(x - \frac{1}{2}\right)^2\left(x - \frac{6a-1}{4}\right)$$

と書ける．$t > 0$ として

$$f\left(\frac{1}{2}+t\right) - f\left(\frac{1}{2}\right) = -\frac{2}{3}t^2\left(\frac{1}{2} + t - \frac{6a-1}{4}\right)$$

$$f\left(\frac{1}{2}-t\right) - f\left(\frac{1}{2}\right) = -\frac{2}{3}t^2\left(\frac{1}{2} - t - \frac{6a-1}{4}\right)$$

を引いて

$$f\left(\frac{1}{2}-t\right) - f\left(\frac{1}{2}+t\right) = \frac{2}{3}t^2 \cdot 2t > 0$$

である．$\dfrac{\frac{5}{2} + \left(-\frac{3}{2}\right)}{2} = \dfrac{1}{2}$ で変域の中点が $\dfrac{1}{2}$ であり，その中点から左右に同じだけ離れると左の方が関数値が大きいから，区間の左端で最大になる．これは極大点が区間内にあろうとなかろうと関係ない．

最大値 M は $M = f\left(-\dfrac{3}{2}\right) = \dfrac{\mathbf{15}}{\mathbf{4}}\boldsymbol{a} + \dfrac{\mathbf{27}}{\mathbf{8}}$

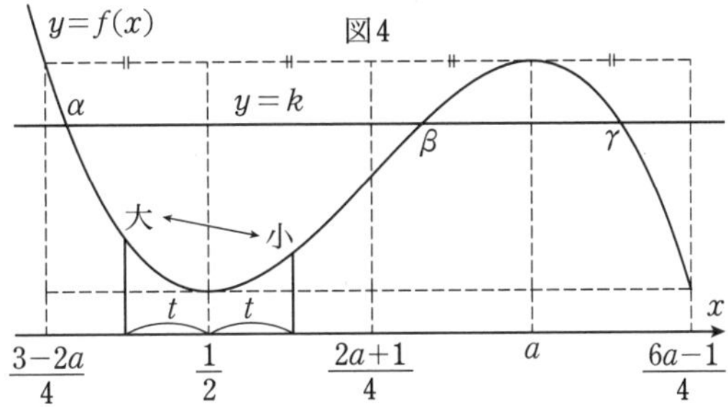

最小値 m について．極小値と $f\left(\dfrac{5}{2}\right)$ の大小を比べるが，直接比べるのではなく，$\dfrac{6a-1}{4}$ と区間の右端の大小を比べる．$\dfrac{6a-1}{4} - \dfrac{5}{2} = \dfrac{6a-11}{4}$ だから

$\boldsymbol{a} \geqq \dfrac{\mathbf{11}}{\mathbf{6}}$ のとき $m = f\left(\dfrac{1}{2}\right) = -\dfrac{\mathbf{1}}{\mathbf{4}}\boldsymbol{a} + \dfrac{\mathbf{1}}{\mathbf{24}}$

$\dfrac{\mathbf{1}}{\mathbf{2}} < \boldsymbol{a} < \dfrac{\mathbf{11}}{\mathbf{6}}$ のとき $m = f\left(\dfrac{5}{2}\right) = \dfrac{\mathbf{15}}{\mathbf{4}}\boldsymbol{a} - \dfrac{\mathbf{175}}{\mathbf{24}}$

【接線・法線】

《直交する曲線 (A10)》

441．$0 < a < 1$ に対し，2 つの曲線

$C_1 : y = x^2\ (x \geqq 0)$，$C_2 : y = a(x-5)^2\ (x \geqq 0)$ の共有点を P とする．P における C_1 の接線と P における C_2 の接線が直交するとき，P の座標は □．

また，$a =$ □．（21　工学院大・A 日程）

▶解答◀ $f(x) = x^2$, $g(x) = a(x-5)^2$ とおく．

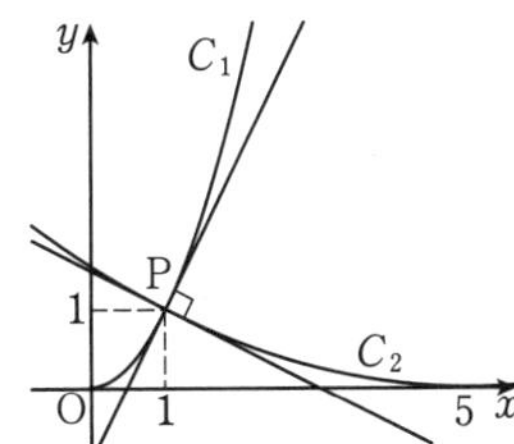

$$f'(x) = 2x,\ g'(x) = 2a(x-5)$$

よって，P の座標を (t, t^2) とおくと

$$f(t) = g(t),\ f'(t) \cdot g'(t) = -1$$

であるから，

$t^2 = a(t-5)^2$ ……………………………①

$2t \cdot 2a(t-5) = -1$ ……………………………②

$t = 0, 5$ は ①，② を満たさないから $t \neq 0, 5$ である．② より $a = -\dfrac{1}{4t(t-5)}$ である．これを ① に代入して

$$t^2 = -\frac{t-5}{4t}$$

$$4t^3 + t - 5 = 0$$

$$(t-1)(4t^2 + 4t + 5) = 0$$

t は実数より $t = 1$ である．よって P の座標は $\mathbf{(1, 1)}$ である．また，$a = -\dfrac{1}{4(1-5)} = \dfrac{\mathbf{1}}{\mathbf{16}}$ である．

《接する円 (A10) ☆》

442. 座標平面において，円 C は $x>0$ の範囲で x 軸と接しているとする．円 C の中心を P，円 C と x 軸との接点を Q とする．また，円 C は，放物線 $y=x^2$ 上の点 $\mathrm{R}(\sqrt{2},\,2)$ を通り，点 R において放物線 $y=x^2$ と共通の接線をもつとする．このとき，△PQR の面積を求めよ．

（21　信州大・理，医（保），経）

▶解答◀　円 C は第 1 象限の点を通り x 軸と接するから，その中心 P を $(a,\,b)$ $(0<b<2)$ とすると，円の半径は b である．

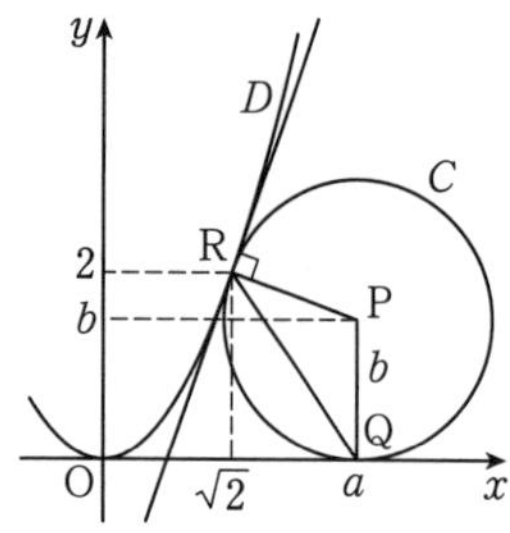

$y=x^2$ のとき $y'=2x$ で，R における法線は

$$y=-\frac{1}{2\sqrt{2}}(x-\sqrt{2})+2$$

である．$x=a,\,y=b$ とおくと $a=\sqrt{2}-2\sqrt{2}(r-2)$ となる．$\mathrm{P}\left(\sqrt{2}-2\sqrt{2}(b-2),\,b\right)$ となる．$\mathrm{PR}^2=b^2$ であるから

$$\{-2\sqrt{2}(b-2)\}^2+(b-2)^2=b^2$$

$$9(b-2)^2=b^2$$

$b<2$ であるから $3(2-b)=b$ で $r=\dfrac{3}{2},\,a=2\sqrt{2}$

$\mathrm{PQ}=b=\dfrac{3}{2}$ を底辺とみると，△PQR の高さは $a-\sqrt{2}=\sqrt{2}$ であるから

$$\triangle\mathrm{PQR}=\frac{1}{2}\cdot\frac{3}{2}\cdot\sqrt{2}=\boldsymbol{\frac{3\sqrt{2}}{4}}$$

《接線 (A20)》

443. xy 平面上に，x の関数

$$f(x)=x^3+(a+4)x^2+(4a+6)x+4a+2$$

のグラフ $y=f(x)$ がある．$y=f(x)$ が任意の実数 a に対して通る定点を P，点 P における接線が $y=f(x)$ と交わる点を Q とおく．

（1）点 P の座標は □ であり，点 P における接線の方程式は $y=$ □ である．

（2）$a=5$ のとき，$y=f(x)$ 上の点における接線は，$x=$ ア において傾きが最小になる．

（3）$x=$ ア において $f(x)$ が極値をとるとき，$a=$ □ であり，点（ア，f（ア））を S とおくと，三角形 SPQ の面積は □ である．

（21　慶應大・薬）

▶解答◀　（1）曲線 $y=f(x)$ について

$$y=x^3+4x^2+6x+2+a(x+2)^2$$

は定点 $\mathbf{P(-2,\,-2)}$ を通る．

$$f'(x)=3x^2+8x+6+2a(x+2)\ \cdots\cdots\cdots\cdots\text{①}$$

$$f'(-2)=12-16+6=2$$

P における接線は $y=2(x+2)-2$

$$y=\boldsymbol{2x+2}$$

（2）$a=5$ のとき $f(x)=x^3+9x^2+26x+22$

$$f'(x)=3x^2+18x+26=3(x+3)^2-1$$

は $x=\boldsymbol{-3}$ において接線の傾きが最小になる．

（3）① を用いて，$f'(-3)=0$ のとき

$$27-24+6-2a=0 \qquad \therefore\quad a=\boldsymbol{\frac{9}{2}}$$

このとき

$$f'(x)=3x^2+8x+6+9(x+2)$$

$$=3x^2+17x+24=(x+3)(3x+8)$$

$f(x)$ は $x=-3$ で極大になる．

$$f(-3)=-27+36-18+2+\frac{9}{2}=-\frac{5}{2}$$

$\mathrm{S}\left(-3,\,-\dfrac{5}{2}\right)$ である．また $y=f(x)$ と $y=2x+2$ を連立して

$$x^3+4x^2+6x+2+\frac{9}{2}(x+2)^2=2x+2$$

これは $x=-2$ を重解にもつ．他の解を q とすると，解と係数の関係（3 解の和）より

$$2\cdot(-2)+q=-\left(4+\frac{9}{2}\right) \qquad \therefore\quad q=-\frac{9}{2}$$

$y=2x+2$ で $x=-\dfrac{9}{2}$ とすると $y=-7$

$\mathrm{Q}\left(-\dfrac{9}{2},\,-7\right)$ となる．P$(-2,\,-2)$ であるから

$$\overrightarrow{\mathrm{PQ}}=\left(-\frac{5}{2},\,-5\right),\ \overrightarrow{\mathrm{PS}}=\left(-1,\,-\frac{1}{2}\right)$$

$$\triangle\mathrm{SPQ}=\frac{1}{2}\left|\left(-\frac{5}{2}\right)\left(-\frac{1}{2}\right)-(-1)(-5)\right|$$

$$=\frac{1}{2}\left|\frac{5}{4}-5\right|=\boldsymbol{\frac{15}{8}}$$

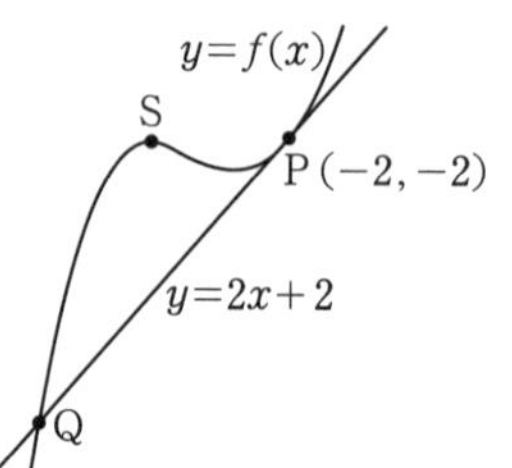

図はデフォルメしてある．

《接線 (B25) ☆》

444. a を $a \neq -3$ を満たす定数とする．放物線 $y=\dfrac{1}{2}x^2$ 上の点 $\mathrm{A}\left(-1,\ \dfrac{1}{2}\right)$ における接線を l_1，点 $\mathrm{B}\left(a+2,\ \dfrac{(a+2)^2}{2}\right)$ における接線を l_2 とする．l_1 と l_2 の交点を C とおく．

（１） C の座標を a を用いて表せ．

（２） a が $a>0$ を満たしながら動くとき，$\dfrac{|\mathrm{AB}|}{|\mathrm{BC}|}$ が最小となるときの a の値を求めよ．ただし，$|\mathrm{AB}|$ および $|\mathrm{BC}|$ はそれぞれ線分 AB と線分 BC の長さを表す．（21 北海道大・理系）

▶解答◀ （１） $y=\dfrac{1}{2}x^2$ のとき $y'=x$

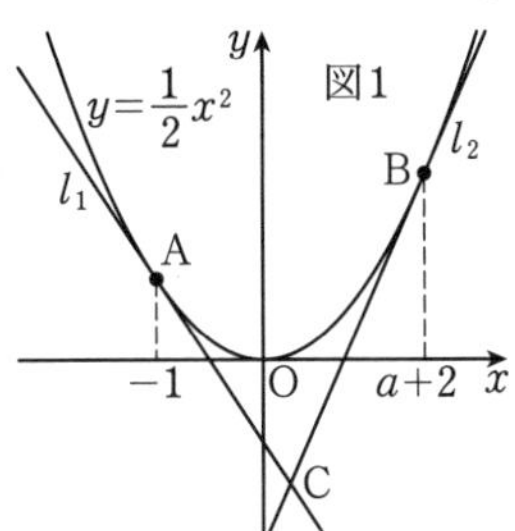

$$l_1 : y=-(x+1)+\frac{1}{2} \quad \cdots\cdots\text{①}$$

$$l_2 y=(a+2)x-\frac{(a+2)^2}{2} \quad \cdots\cdots\text{②}$$

①, ② を連立して

$$(a+2)x-\frac{(a+2)^2}{2}=-x-\frac{1}{2}$$

$$(a+3)x=\frac{(a+2)^2-1}{2}$$

$$(a+3)x=\frac{(a+3)(a+1)}{2}$$

$a \neq -3$ より $x=\dfrac{a+1}{2}$ で，これを ① に代入して

$$y=-\frac{a+1}{2}-\frac{1}{2}=-\frac{a+2}{2}$$

C の座標は $\left(\boldsymbol{\dfrac{a+1}{2},\ -\dfrac{a+2}{2}}\right)$

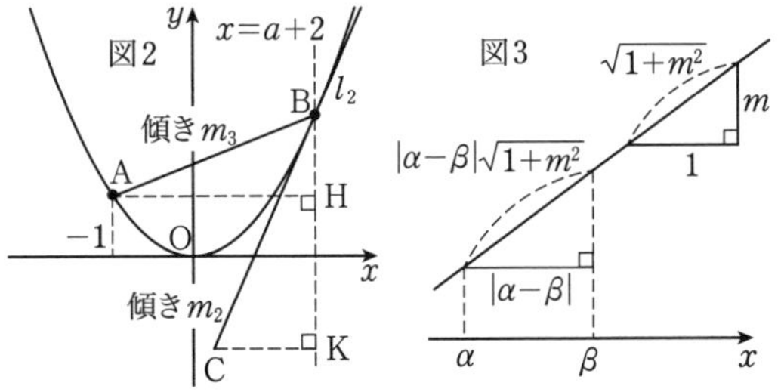

（**２**） 解説としては本質を書かないと意味がない．また，線分長を表す絶対値は日本では定着していないから，使わない．B を通って x 軸に垂直な直線に A，C から下ろした垂線の足を H，K とする．図 3 で，一般に，傾きが m の直線上で，x 座標が α, β の 2 点間の距離は $|\alpha-\beta|\sqrt{1+m^2}$ である．

$$\mathrm{CK}=\left|(a+2)-\frac{a+1}{2}\right|=\left|\frac{a+3}{2}\right|,$$

$\mathrm{AH}=|(a+2)-(-1)|=|a+3|$ であるから

$\mathrm{AH}=2\mathrm{CK}$ である．A，B の x 座標を順に

$a_1=-1,\ b_1=a+2$ とする．

l_2 の傾きを $m_2=a+2$，AB の傾きを m_3 とする．

$$m_3=\frac{\frac{b_1{}^2-a_1{}^2}{2}}{b_1-a_1}=\frac{b_1+a_1}{2}=\frac{a+1}{2}$$

$$\mathrm{AB}^2=(1+m_3{}^2)\mathrm{AH}^2,\ \mathrm{BC}^2=(1+m_2{}^2)\mathrm{CK}^2$$

$\mathrm{AH}=2\mathrm{CK}$ であるから

$$\frac{\mathrm{AB}^2}{\mathrm{BC}^2}=\frac{4(1+m_3{}^2)}{1+m_2{}^2}=\frac{4+(a+1)^2}{1+(a+2)^2}$$

$$=\frac{a^2+2a+5}{a^2+4a+5}$$

分母の方が大きいから逆数の方がよい．

$$\frac{\mathrm{BC}^2}{\mathrm{AB}^2}=\frac{a^2+4a+5}{a^2+2a+5}$$

$$=1+\frac{2a}{a^2+2a+5}=1+\frac{2}{a+\frac{5}{a}+2} \quad \cdots\cdots\text{③}$$

$\dfrac{\mathrm{AB}}{\mathrm{BC}}$ が最小になるのは $\dfrac{\mathrm{BC}^2}{\mathrm{AB}^2}$ が最大になるとき，③ の分母が最小のときで，相加相乗平均の不等式より

$$a+\frac{5}{a} \geqq 2\sqrt{a\cdot\frac{5}{a}}=2\sqrt{5}$$

等号は $a=\dfrac{5}{a}$ $(a=\sqrt{5})$ のときに成り立つから，求める $a=\boldsymbol{\sqrt{5}}$

注意 正直に計算する．因数分解ができるはずだというつもりでやらないといけない．ガンガン展開すると 4 次式だからグチャグチャになる．

$$\mathrm{AB}^2=(a+2+1)^2+\left(\frac{(a+2)^2-1}{2}\right)^2$$

$$=(a+3)^2+\frac{(a+3)^2(a+1)^2}{2^2}$$

$$=\frac{(a+3)^2}{4}(4+(a+1)^2)$$

$$=\frac{(a+3)^2}{4}(a^2+2a+5)$$

$$\mathrm{BC}^2=\left(a+2-\frac{a+1}{2}\right)^2+\left(\frac{(a+2)^2}{2}+\frac{a+2}{2}\right)^2$$

$$=\left(\frac{(a+3)}{2}\right)^2+\frac{(a+2)^2}{2^2}(a+2+1)^2$$

$$=\frac{(a+3)^2}{4}(1+(a+2)^2)$$

$$=\frac{(a+3)^2}{4}(a^2+4a+5)$$

後は同様である．

【図形への応用】

《菱形の最大（A10）》

445．1辺の長さが r で，対角線のうちの1つの長さが r^2 のひし形を考える．このひし形の面積が最大になるときの r の値を求めよ．

（21　愛媛大・後期）

▶解答◀　ひし形 ABCD とし，対角線の交点を O，BD $= r^2$ とする．ひし形 ABCD ができる条件から $2r > r^2$ すなわち $0 < r < 2$ である．BO $= \dfrac{r^2}{2}$ で AO ⊥ BD であるから，三平方の定理より

$$\mathrm{AO} = \sqrt{\mathrm{AB}^2 - \mathrm{BO}^2} = \sqrt{r^2 - \frac{r^4}{4}}$$

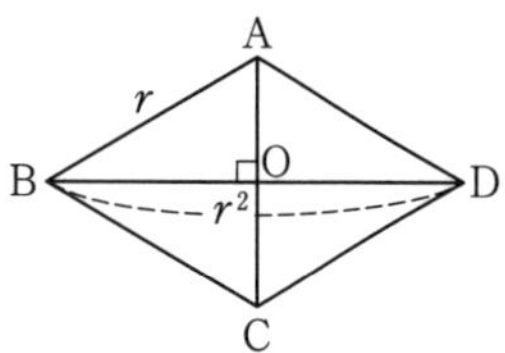

ひし形 ABCD の面積を S とすると

$$S = \frac{1}{2}\mathrm{BD}\cdot 2\mathrm{AO} = r^2\sqrt{r^2 - \frac{r^4}{4}} = \sqrt{r^6 - \frac{r^8}{4}}$$

$f(r) = r^6 - \dfrac{r^8}{4}$ とする．

$$f'(r) = 6r^5 - 2r^7 = 2r^5(3 - r^2)$$

r	0	$\cdots$	$\sqrt{3}$	$\cdots$	2
$f'(r)$		$+$	0	$-$	
$f(r)$		↗		↘	

S が最大となる $r = \sqrt{3}$ である．

《円柱（A10）》

446．直円柱の体積を y，底面の円の半径を x とする．表面積が 24π で一定のとき，次の問に答えなさい．

（1）　$y = -\pi x^3 + \square\,\pi x$ である．

（2）　$x = \square$ のとき，y は最大値 $\square\,\pi$ となる．

（21　金城学院大・薬）

▶解答◀　（i）　直円柱の高さを h とおくと，表面積が 24π であるから

$$2\pi x^2 + 2\pi xh = 24\pi \qquad \therefore \quad xh = 12 - x^2$$

よって，直円柱の体積 y は

$$y = \pi x^2 h = \pi x(12 - x^2) = \boldsymbol{-\pi x^3 + 12\pi x}$$

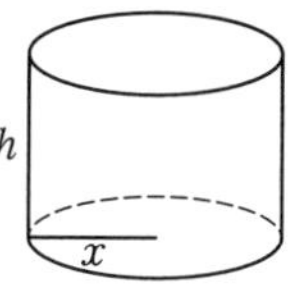

（ii）　$y' = -3\pi x^2 + 12\pi = -3\pi(x+2)(x-2)$ であるから，$x > 0$ での増減表は次のようになる．

x	0	$\cdots$	2	$\cdots$
y'		$+$	0	$-$
y		↗		↘

よって $x = \mathbf{2}$ のとき最大値 $-8\pi + 24\pi = \boldsymbol{16\pi}$ をとる．

《三角錐・円錐（B30）》

447．1辺の長さが2，対角線の交点を O とする正方形 ABCD の紙を使って容器を作る．厚さやのりしろは無視してよいものとする．以下の問いに答えよ．

（1）　正方形 ABCD から三角形 OAD を切り取って捨てる．五角形 OABCD を用いて，OB と OC を折り曲げ，OA と OD を接着することによって三角錐状の容器を作る．この容器の容積 V_a を求めよ．

（2）　正方形 ABCD に内接し，点 O を中心とする半径1の円において，中心角 θ の扇形 OPQ を考える．この扇形 OPQ を切り出し，OP と OQ を接着し，円錐状の容器を作る．$x = \dfrac{\theta}{2\pi}$，$t = x^2$ とし，この容器の容積を V とするとき，V^2 を t で表せ．また，V の最大値 V_b を求めよ．

（3）　正方形 ABCD から半径1の半円を2つ切り出し，（2）と同様の方法で円錐状の容器を2つ作る．この2つの容器の容積の合計 V_c を求めよ．

（4）　V_a, V_b, V_c の大小関係を判定せよ．

（21　早稲田大・人間科学-数学選抜）

▶解答◀　（1）　図1の五角形 OABCD の OA と OD を接着すると図2の三角錐状の容器になる．

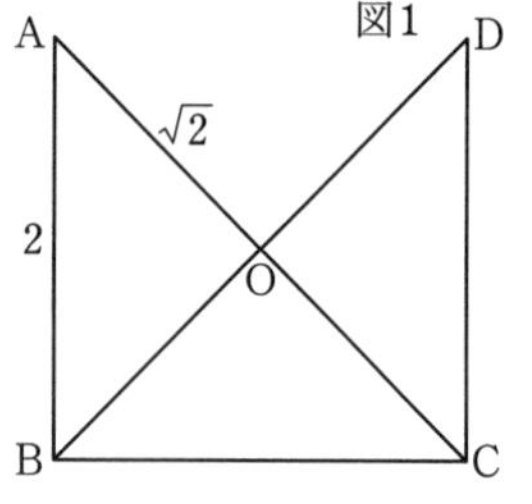

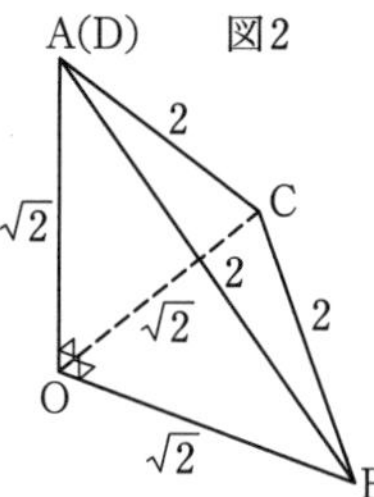

$$V_a = \frac{1}{3}\triangle\mathrm{OBC}\cdot\mathrm{OA}$$

$$= \frac{1}{3} \cdot \frac{1}{2} \cdot (\sqrt{2})^2 \cdot \sqrt{2} = \boldsymbol{\frac{\sqrt{2}}{3}}$$

(**2**) 図 3 のような扇形 OPQ から図 4 のような円錐状の容器を作る.

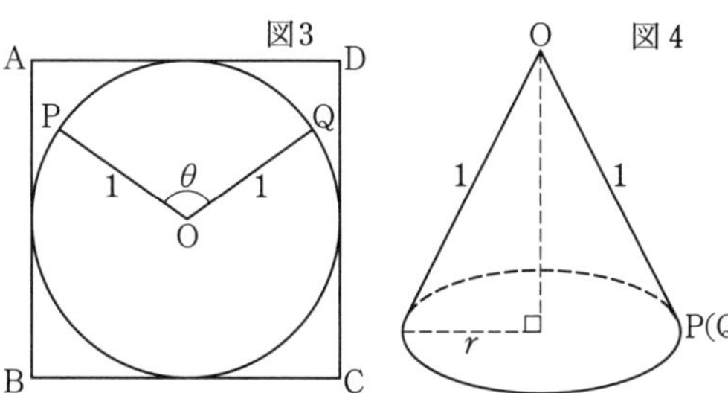

図 4 の円錐に底面があるとすると, 図 5 の展開図のようになる. 底面の半径を r とすると

$$2\pi r = \theta \qquad \therefore \quad r = \frac{\theta}{2\pi}$$

したがって, $r = x$ である.

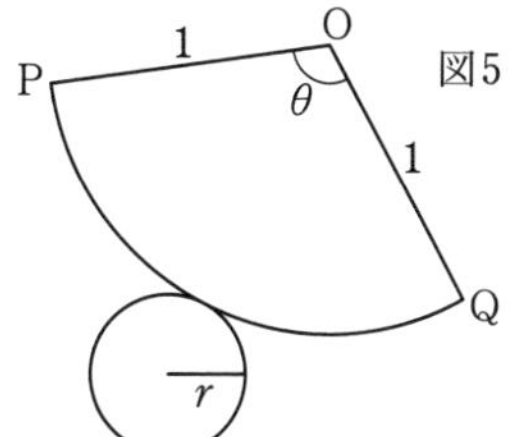

図 4 を参照せよ. 三平方の定理を用いて, 円錐の高さは $\sqrt{1-x^2}$ であるから

$$V = \frac{1}{3}\pi x^2 \sqrt{1-x^2} \quad \cdots\cdots\cdots\cdots\cdots\cdots\textcircled{1}$$

である. $t = x^2$ のとき

$$V^2 = \frac{1}{9}\pi^2 x^4 (1-x^2) = \boldsymbol{\frac{1}{9}\pi^2 t^2 (1-t)}$$

である. これを $f(x)$ とおくと

$$f'(t) = \frac{1}{9}\pi^2 (2t - 3t^2) = \frac{1}{9}\pi^2 t(2-3t)$$

$0 < \theta < 2\pi$ であるから $0 < x < 1$ となり, $0 < t < 1$ である. 増減表は次のようになる.

t	0	$\cdots$	$\frac{2}{3}$	$\cdots$	1
$f'(t)$		$+$	0	$-$	
$f(t)$		↗		↘	

したがって

$$V_b = \sqrt{f\left(\frac{2}{3}\right)} = \sqrt{\frac{1}{9}\pi^2 \cdot \frac{4}{9} \cdot \frac{1}{3}} = \boldsymbol{\frac{2\sqrt{3}}{27}\pi}$$

(**3**) $x = \frac{\pi}{2\theta}$ であるから ① で $\theta = \pi$ とすると, $V = \frac{V_c}{2}$ である. したがって

$$V_c = 2 \cdot \frac{1}{3}\pi \cdot \left(\frac{1}{2}\right)^2 \sqrt{1 - \left(\frac{1}{2}\right)^2}$$

$$= \frac{2}{3}\pi \cdot \frac{1}{4} \cdot \frac{\sqrt{3}}{2} = \boldsymbol{\frac{\sqrt{3}}{12}\pi}$$

(**4**) $\sqrt{2} \fallingdotseq 1.41$, $\sqrt{3} \fallingdotseq 1.73$, $\pi \fallingdotseq 3.14$ として

$$V_a = \frac{\sqrt{2}}{3} \fallingdotseq 0.471\cdots$$

$$V_b = \frac{2\sqrt{3}}{27}\pi \fallingdotseq \frac{2 \cdot 1.73 \cdot 3.14}{27} = 0.402\cdots$$

$$V_c = \frac{\sqrt{3}}{12}\pi \fallingdotseq \frac{1.73 \cdot 3.14}{12} = 0.452\cdots$$

したがって, $\boldsymbol{V_b < V_c < V_a}$ である.

【数学 II の積分法】

《偶関数・奇関数の利用 (A10) ☆》

448. a, b を実数とする．$I = \int_{-2}^{2}(x^2 + ax + b)^2\,dx$ の最小値は $a = \square$, $b = \dfrac{\square}{\square}$ のとき，$\dfrac{\square}{\square}$ である．

(21　玉川大)

▶解答◀ 偶関数，奇関数の性質を用いる．

$$I = \int_{-2}^{2}(x^2 + ax + b)^2\,dx$$

$$= \int_{-2}^{2}\{(x^2 + b) + ax\}^2\,dx$$

$$= \int_{-2}^{2}\{(x^2 + b)^2 + 2ax(x^2 + b) + a^2x^2\}\,dx$$

$$= 2\int_{0}^{2}\{x^4 + (a^2 + 2b)x^2 + b^2\}\,dx$$

$$= 2\Big[\,\frac{1}{5}x^5 + \frac{1}{3}(a^2 + 2b)x^3 + b^2x\,\Big]_0^2$$

$$= 2\left\{\frac{32}{5} + \frac{8}{3}(a^2 + 2b) + 2b^2\right\}$$

$$= 2\left\{\frac{8}{3}a^2 + 2\left(b + \frac{4}{3}\right)^2 + \frac{128}{45}\right\}$$

I は $a = \mathbf{0}$, $b = -\dfrac{\mathbf{4}}{\mathbf{3}}$ のとき最小値 $2\cdot\dfrac{128}{45} = \dfrac{\mathbf{256}}{\mathbf{45}}$ をとる．

《定積分は定数 (A10) ☆》

449. 関数 $f(x) = 3x^2 + x\int_0^2 f(t)\,dt + a$ が $f(2) = 0$ を満たすとき，$a = \dfrac{\square}{\square}$ である．

(21　藤田医科大・医)

▶解答◀ $b = \int_0^2 f(t)\,dt$ とおくと

$f(x) = 3x^2 + bx + a$ である．

$f(2) = 0$ より

$$a + 2b = -12 \quad\cdots\cdots①$$

$$b = \int_0^2 f(t)\,dt = \int_0^2 (3t^2 + bt + a)\,dt$$

$$= \Big[\,t^3 + \frac{1}{2}bt^2 + at\,\Big]_0^2 = 2a + 2b + 8$$

$$2a + b = -8 \quad\cdots\cdots②$$

①, ② を連立して，$a = -\dfrac{\mathbf{4}}{\mathbf{3}}$，$b = -\dfrac{16}{3}$ である．

《1 次の直交多項式 (A10)》

450. a, b, c は実数の定数とし，また関数

$$f(x) = ax,\ g(x) = bx + c$$

は次の 3 つの条件を満たしている．

(i) $\int_0^1 \{f(x)\}^2\,dx = 1$,

(ii) $\int_0^1 \{g(x)\}^2\,dx = 1$,

(iii) $\int_0^1 f(x)g(x)\,dx = 0$.

(1) a, b, c の値を求めよ．

(2) 2 つの実数 s, t が

$$\int_0^1 \{sf(x) + tg(x)\}^2\,dx \leqq 4$$

を満たしているとき，$-3s + t$ の最大値と，そのときの s, t の値を求めよ．

(21　群馬大・理工，情報)

▶解答◀ (1) $\int_0^1 \{f(x)\}^2\,dx$

$$= \int_0^1 a^2x^2\,dx = a^2\Big[\,\frac{x^3}{3}\,\Big]_0^1 = \frac{1}{3}a^2$$

であるから，$\dfrac{1}{3}a^2 = 1$，すなわち $a = \pm\sqrt{3}$ である．

$$\int_0^1 \{g(x)\}^2\,dx = \int_0^1 (b^2x^2 + 2bcx + c^2)\,dx$$

$$= \Big[\,\frac{b^2}{3}x^3 + bcx^2 + c^2x\,\Big]_0^1 = \frac{b^2}{3} + bc + c^2$$

であるから，

$$\frac{b^2}{3} + bc + c^2 = 1 \quad\cdots\cdots①$$

$$\int_0^1 f(x)g(x)\,dx = \int_0^1 (abx^2 + acx)\,dx$$

$$= a\Big[\,\frac{b}{3}x^3 + \frac{c}{2}x^2\,\Big]_0^1 = a\left(\frac{b}{3} + \frac{c}{2}\right)$$

であるから，$a\left(\dfrac{b}{3} + \dfrac{c}{2}\right) = 0$ である．$a = \pm\sqrt{3} \neq 0$ であるから，$\dfrac{b}{3} + \dfrac{c}{2} = 0$ である．すなわち，$c = -\dfrac{2}{3}b$ である．① に代入して

$$\frac{1}{3}b^2 - \frac{2}{3}b^2 + \frac{4}{9}b^2 = 1$$

$$\frac{1}{9}b^2 = 1$$

$b = \pm 3$ で，$c = -\dfrac{2}{3}b$ より

$$(a, b, c) = (\pm\sqrt{\mathbf{3}}, \mathbf{3}, \mathbf{-2}), (\pm\sqrt{\mathbf{3}}, \mathbf{-3}, \mathbf{2})$$

(2) $\int_0^1 \{sf(x) + tg(x)\}^2\,dx$

$$= s^2\int_0^1 \{f(x)\}^2\,dx + 2st\int_0^1 f(x)g(x)\,dx + t^2\int_0^1 \{g(x)\}^2\,dx$$

$$= s^2 + t^2$$

である．st 平面上で $s^2 + t^2 \leqq 4$ が表す領域は，図の網目部分 D である．

$-3s+t=k$ とおく．$l : t=3s+k$ が D と共有点をもつのは，図の l_1 と l_2 の間である．k が最大となるのは l が l_1 となるときである．

このとき，$t=3s+k$ は $s^2+t^2=4$ に接するから，

$$s^2+(3s+k)^2=4$$

$$10s^2+6ks+k^2-4=0 \quad \cdots\cdots ②$$

の判別式 $D=0$ である．したがって，

$$\frac{D}{4}=9k^2-10(k^2-4)=0$$

$$k^2=40 \qquad \therefore \quad k=\pm 2\sqrt{10}$$

であるから，k の最大値は $\mathbf{2\sqrt{10}}$ である．このとき②の重解は

$$s=-\frac{3k}{10}=-\frac{\mathbf{3\sqrt{10}}}{\mathbf{5}}$$

$$t=3s+k=-\frac{9\sqrt{10}}{5}+2\sqrt{10}=\frac{\mathbf{\sqrt{10}}}{\mathbf{5}}$$

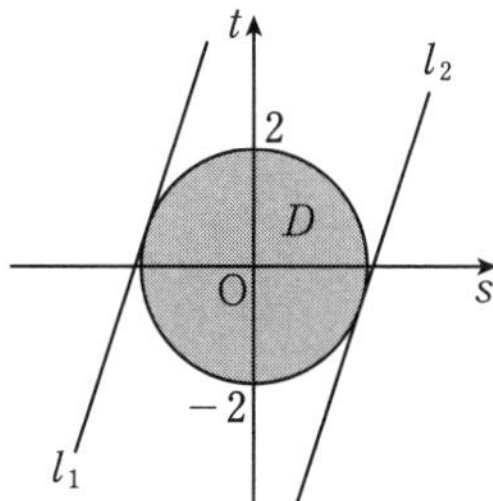

《塊のままの積分をせよ (B20) ☆》

451. a, b を実数とする．2次方程式 $x^2+ax+b=0$ は異なる2つの実数解 $\alpha, \beta\ (\alpha<\beta)$ をもつとき，次の問いに答えよ．

（1） a, b を用いて $\alpha-\beta$ を表せ．

（2） a, b を用いて $\displaystyle\int_\alpha^\beta (x^2+ax+b)\,dx$ を表せ．

（3） α, β を用いて，$\displaystyle\int_\gamma^\beta (x^2+ax+b)\,dx=0$ となる $\gamma\ (\gamma<\beta)$ を表せ． （21 富山県立大・推薦）

▶解答◀ （1） $x^2+ax+b=0$

$$x=\frac{-a\pm\sqrt{a^2-4b}}{2}$$

$$\alpha=\frac{-a-\sqrt{a^2-4b}}{2},\ \beta=\frac{-a+\sqrt{a^2-4b}}{2}$$

$$\alpha-\beta=\mathbf{-\sqrt{a^2-4b}}$$

（2） （3）でも使えるように変形する．

$$x^2+ax+b=(x-\alpha)(x-\beta)$$

$$=\{(x-\beta)-(\alpha-\beta)\}(x-\beta)$$

$$=(x-\beta)^2-(\alpha-\beta)(x-\beta)$$

$$\int_\alpha^\beta (x^2+ax+b)\,dx$$

$$=\left[\frac{1}{3}(x-\beta)^3-\frac{1}{2}(\alpha-\beta)(x-\beta)^2\right]_\alpha^\beta$$

$$=-\frac{1}{3}(\alpha-\beta)^3+\frac{1}{2}(\alpha-\beta)^3$$

$$=\frac{1}{6}(\alpha-\beta)^3=\mathbf{-\frac{1}{6}\left(\sqrt{a^2-4b}\right)^3}$$

（3） $\displaystyle\int_\gamma^\beta (x^2+ax+b)\,dx$

$$=\left[\frac{1}{3}(x-\beta)^3-\frac{1}{2}(\alpha-\beta)(x-\beta)^2\right]_\gamma^\beta$$

$$=-\frac{1}{3}(\gamma-\beta)^3+\frac{1}{2}(\alpha-\beta)(\gamma-\beta)^2$$

$$=\frac{1}{6}(\gamma-\beta)^2\{-2(\gamma-\beta)+3(\alpha-\beta)\}$$

$$=\frac{1}{6}(\gamma-\beta)^2(3\alpha-2\gamma-\beta)$$

が0のとき，$\gamma-\beta\neq 0$ より $\gamma=\mathbf{\frac{1}{2}(3\alpha-\beta)}$

《整数との融合 (B20)》

452. 整数 a, b, c に関する次の条件（＊）を考える．

$$\int_a^c (x^2+bx)\,dx=\int_b^c (x^2+ax)\,dx \quad (*)$$

（1） 整数 a, b, c が（＊）および $a\neq b$ をみたすとき，c^2 を a, b を用いて表せ．

（2） $c=3$ のとき，（＊）および $a<b$ をみたす整数の組 (a, b) をすべて求めよ．

（3） 整数 a, b, c が（＊）および $a\neq b$ をみたすとき，c は3の倍数であることを示せ．

（21 阪大・文系）

▶解答◀ （1）

$$\int_a^c (x^2+bx)\,dx=\int_b^c (x^2+ax)\,dx$$

$$\left[\frac{1}{3}x^3+\frac{b}{2}x^2\right]_a^c=\left[\frac{1}{3}x^3+\frac{a}{2}x^2\right]_b^c$$

$$-\frac{a^3}{3}+\frac{bc^2-ba^2}{2}=-\frac{b^3}{3}+\frac{ac^2-ab^2}{2}$$

$$\frac{a^3-b^3}{3}=-\frac{ab(a-b)}{2}-\frac{c^2(a-b)}{2}$$

$a\neq b$ より

$$2(a^2+ab+b^2)=-3ab-3c^2$$

$$3c^2=-(2a^2+5ab+2b^2)$$

$$c^2=\mathbf{-\frac{1}{3}(2a+b)(a+2b)} \quad \cdots\cdots ①$$

（2） $c=3$ のとき

$$-27=(2a+b)(a+2b) \quad \cdots\cdots ②$$

$a<b$ より

$$(2a+b)-(a+2b)=a-b<0$$

$$2a+b<a+2b$$

また，$(2a+b)+(a+2b)=3(a+b)$ より，$2a+b$ と $a+2b$ の和は3の倍数である．

以上をふまえると，② を満たす2つの整数 $2a+b$, $a+2b$ の組合せは $(2a+b,\ a+2b)=(-3,\ 9),\ (-9,\ 3)$ であり，$(a,\ b)=\mathbf{(-5,\ 7),\ (-7,\ 5)}$

（3） c は整数であるから，① より $2a+b$ と $a+2b$ のうち少なくとも一方は3の倍数である．また，（2）より $2a+b$ と $a+2b$ の和は3の倍数であるから，$2a+b$ と $a+2b$ はいずれも3の倍数である．したがって，① より c^2 は3の倍数である．3は素数であるから，c も3の倍数である．

注意 $a<b$ は $a \neq b$ に含まれるので，（2）では（1）の結果をそのまま使うことができる．

【面積】

《面積が帳消し（A10）》

453. $a>0$ は定数とする．曲線

$y=-3x^3+x\ (x \geqq 0)$

を C とする．直線 $y=a$ と曲線 C は $x>0$ の範囲で2つの交点を持つとする．2つの図形 $A,\ B$ を次のように定める．直線 $y=a$，曲線 C および y 軸で囲まれた，下の図の斜線部分の図形を A とする．直線 $y=a$ と曲線 C で囲まれた，下の図の斜線部分の図形を B とする．このとき，A と B の面積が等しくなるならば $a=$ □ である．

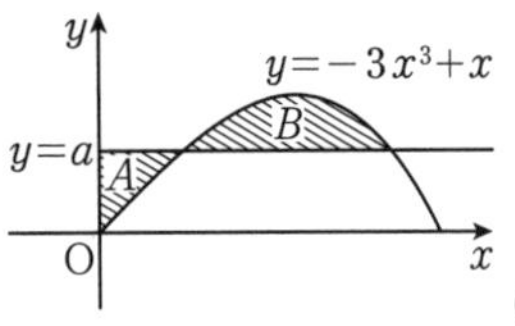

（21 明治大・総合数理）

▶解答◀ C と直線 $y=a$ の $x>0$ における交点の x 座標を $p,\ q\ (p<q)$ とする．

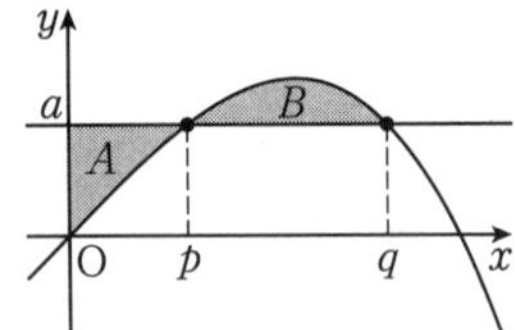

A と B の面積が等しいとき

$$\int_0^p \{a-(-3x^3+x)\}dx=\int_p^q \{(-3x^3+x)-a\}dx$$

$$\int_0^p (3x^3-x+a)\,dx+\int_p^q (3x^3-x+a)\,dx=0$$

$$\int_0^q (3x^3-x+a)\,dx=0$$

$$\left[\frac{3}{4}x^4-\frac{1}{2}x^2+ax\right]_0^q=0$$

$$\frac{3}{4}q^4-\frac{1}{2}q^2+aq=0$$

$q>0$ より

$$3q^3-2q+4a=0 \quad \cdots\cdots①$$

一方，q は C と $y=a$ の交点の x 座標であるから

$$-3q^3+q=a \quad \cdots\cdots②$$

①＋② より

$$-q+4a=a \qquad \therefore\ q=3a$$

これを ② に代入して

$$-81a^3+3a=a$$

$$a(2-81a^2)=0$$

$a>0$ より $a=\sqrt{\dfrac{2}{81}}=\mathbf{\dfrac{\sqrt{2}}{9}}$

《6分の1公式（A10）》

454. 放物線 $y=x^2+px+4q$ を x 軸方向に4，y 軸方向に -10 だけ平行移動した放物線 C が $y=x^2-px-q$ であるとき，$p=$ □，$q=$ □ である．放物線 C に，$(-3,\ -17)$ から引いた接線で傾きが正のものを l とすると，l の方程式は $y=$ □ である．l と平行で，放物線 C が切り取る線分の長さが10である直線 m の方程式は $y=$ □ である．また，放物線 C と直線 m の囲む部分の面積は □ となる．（21 明治薬大・公募）

▶解答◀ C の方程式は

$$y+10=(x-4)^2+p(x-4)+4q$$

$$y=x^2-8x+16+px-4p+4q-10$$

$$y=x^2+(p-8)x+6-4p+4q$$

である．これが $y=x^2-px-q$ であるとき，

$$p-8=-p,\ 6-4p+4q=-q$$

であるから，$p=\mathbf{4},\ q=\mathbf{2}$ である．したがって，C の方程式は

$$y=x^2-4x-2$$

である．このとき，$y'=2x-4$ であるから，C 上の点 $(t,\ t^2-4t-2)$ における接線は

$$y=(2t-4)(x-t)+t^2-4t-2$$

$$y=(2t-4)x-t^2-2 \quad \cdots\cdots①$$

である．これが $(-3,\ -17)$ を通るとき

$$-17=-6t+12-t^2-2$$

$$t^2+6t-27=0$$

$$(t+9)(t-3)=0$$

であるから，$t=3,-9$ である．このうち，傾き $2t-4$ が正になるのは $t=3$ のときで，その接線の方程式は①より

$$y=\mathbf{2x-11}$$

である．

$m: y=2x+b$ とおく．m と C の交点の x 座標は

$$x^2-4x-2=2x+b$$

$$x^2-6x-(b+2)=0$$

$$x=3\pm\sqrt{b+11} \quad \cdots\cdots②$$

である．これらを $\alpha, \beta\,(\alpha<\beta)$ とおく．(ただし，$b>-11$ である．) 交点の座標は $(\alpha, 2\alpha+b), (\beta, 2\beta+b)$ である．したがって，放物線 C が直線 m から切り取る線分の長さは，

$$\sqrt{(\beta-\alpha)^2+(2\beta-2\alpha)^2}$$

$$=\sqrt{5}(\beta-\alpha)=\sqrt{5}\cdot 2\sqrt{b+11}$$

である．これが 10 であるとき

$$\sqrt{5}\cdot 2\sqrt{b+11}=10$$

$$\sqrt{b+11}=\sqrt{5}$$

$$b+11=5$$

であるから，$b=-6$ である ($b>-11$ をみたす)．よって，m の方程式は $y=\mathbf{2x-6}$ である．このとき，C と m の交点は②より $x=3\pm\sqrt{5}$ であるから，求める面積は

$$\int_{3-\sqrt{5}}^{3+\sqrt{5}}\{2x-6-(x^2-4x-2)\}\,dx$$

$$=\frac{1}{6}(2\sqrt{5})^3=\boldsymbol{\frac{20\sqrt{5}}{3}}$$

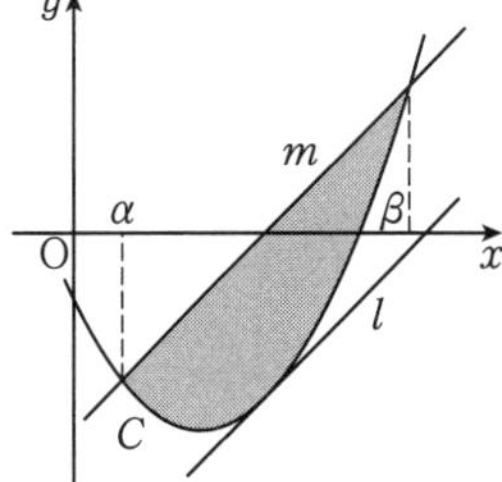

《3 つの放物線で 6 分の 1 公式 (B20) ☆》

455. 座標平面上の曲線 $y=x^2$ を C_1 とおく．

まず，曲線 C_1 を，x 軸方向に a, y 軸方向に b だけ平行移動して得られる曲線を C_2 とする．

(1) 曲線 C_2 を表す方程式を求めよ．

(2) C_1 と C_2 が共有点をもたないための必要十分条件を，a, b を用いて表せ．

次に，点 $\mathrm{A}(s, t)$ を固定する．点 Q が曲線 C_1 上を動くとき，点 A に関して，点 Q と対称な点 P の軌跡を C_3 とする．

(3) 曲線 C_3 を表す方程式を求めよ．

(4) C_1 と C_3 が複数の共有点をもつための必要十分条件を，s, t を用いて表せ．

最後に，$a=0, b=-14, s=-2, t=13$ のときを考える．

(5) C_1 と C_3 だけで囲まれる部分の面積を S_1 とおき，C_2 と C_3 だけで囲まれる部分の面積を S_2 とおく．C_1, C_2, C_3 の 3 つの曲線で囲まれる部分の面積 S_2-S_1 を求めよ．

(21 東京理科大・理工)

▶解答◀ (1) $C_1: y=x^2$ を x 軸方向に a, y 軸方向に b だけ平行移動して得られる曲線 C_2 の方程式は

$$y=(x-a)^2+b$$

$$C_2: \boldsymbol{y=x^2-2ax+a^2+b}$$

(2) C_1 と C_2 が共有点を持たないのは，C_1, C_2 を表す方程式を連立した

$$x^2=x^2-2ax+a^2+b$$

$$2ax=a^2+b \quad \cdots\cdots①$$

が実数解をもたないときである．

(ア) $a=0$ のとき．①は，$b=0$ となるから，$b=0$ のとき無数の実数解をもち，$b\neq 0$ で実数解をもたない．

(イ) $a\neq 0$ のとき．①は，$x=\dfrac{a^2+b}{2a}$ となり，任意の (a, b) に対して，常にひとつの実数解をもつ．

(ア)，(イ) より，求める a, b の必要十分条件は

$$\boldsymbol{a=0} \text{ かつ } \boldsymbol{b\neq 0}$$

(3) 点 P, Q の座標を，それぞれ $(x, y), (a, b)$ とおく．P は，$\mathrm{A}(s, t)$ に関して Q と対称な点であるから

$$\overrightarrow{\mathrm{AP}}=-\overrightarrow{\mathrm{AQ}}$$

$$(x-s, y-t)=-(a-s, b-t)$$

$$(a-s, b-t)=(s-x, t-y)$$

$$(a, b)=(2s-x, 2t-y)$$

$b=a^2$ より

$$2t-y=(2s-x)^2$$

$$2t-y=x^2-4sx+4s^2$$

$$C_3: \boldsymbol{y=-x^2+4sx-4s^2+2t}$$

(4) C_1 と C_3 を連立させて

$$x^2=-x^2+4sx-4s^2+2t$$

$$x^2-2sx+2s^2-t=0 \quad \cdots\cdots②$$

② の判別式を D とおくと，C_1 と C_3 が複数の共有点をもつのは，$D>0$ のときである．このとき

$$\frac{D}{4}=s^2-(2s^2-t)>0$$

$$-s^2+t>0 \qquad \therefore\ \ \boldsymbol{t>s^2}$$

（5） $a=0,\ b=-14,\ s=-2,\ t=13$ のとき

$$C_1: y=x^2$$

$$C_2: y=x^2-14$$

$$C_3: y=-x^2-8x+10$$

C_1 と C_3 を連立させて

$$x^2=-x^2-8x+10$$

$$x^2+4x-5=0$$

$$(x+5)(x-1)=0 \qquad \therefore\ \ x=-5,\ 1$$

C_2 と C_3 を連立させて

$$x^2-14=-x^2-8x+10$$

$$x^2+4x-12=0$$

$$(x+6)(x-2)=0 \qquad \therefore\ \ x=-6,\ 2$$

求める面積 S_2-S_1 は，図の網目部分の面積である．

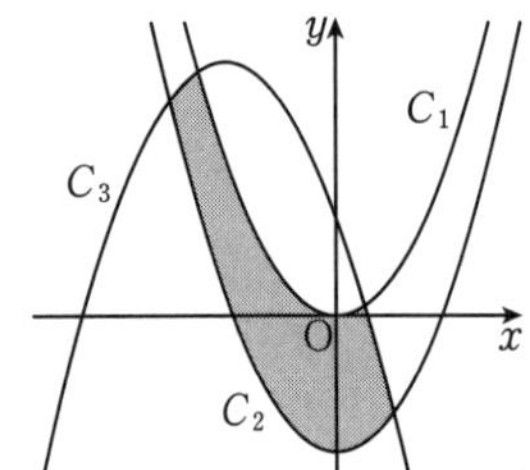

$$S_1=\frac{2}{6}(1+5)^3=72$$

$$S_2=\frac{2}{6}(2+6)^3=\frac{512}{3}$$

$$S_2-S_1=\frac{512}{3}-\frac{216}{3}=\boldsymbol{\frac{296}{3}}$$

《直交で 6 分の 1 公式 (B20)》

456. $t>0$ とする．曲線 $C_1: y=x^2$ 上の点 $\mathrm{P}(t,\ t^2)$ における接線と直交して点 P を通る直線を l とする．曲線 $C_2: y=-x^2+ax+b$ が点 P を通り，点 P における接線が l であるとき，次の問に答えよ．

（1） 直線 l の式を，t を用いて表せ．

（2） b の値を求めよ．

（3） 曲線 C_1 と C_2 の点 P 以外の交点の x 座標を，t を用いて表せ．

（4） 曲線 C_1 と C_2 で囲まれる部分の面積の最小値と，そのときの t の値を求めよ．

（21 明治大・情報）

▶解答◀ （1） $t>0$ である．$C_1: y=x^2$ において $y'=2x$ であるから，l の式は

$$y=-\frac{1}{2t}(x-t)+t^2$$

$$\boldsymbol{y=-\frac{1}{2t}x+t^2+\frac{1}{2}}$$

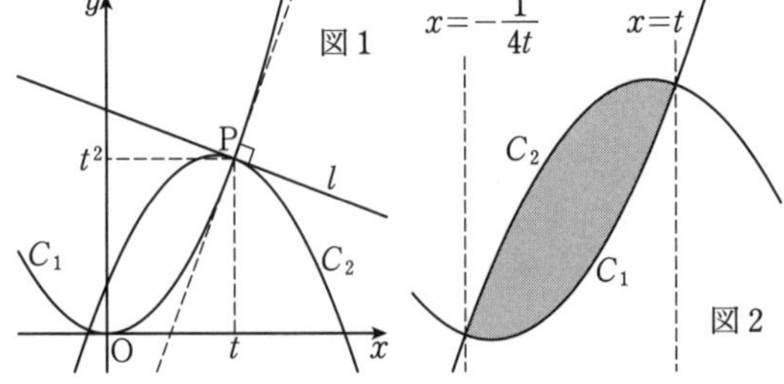

（2） $C_2: y=-x^2+ax+b$ は P を通るから

$$t^2=-t^2+at+b$$

$$at+b=2t^2 \quad \cdots\cdots ①$$

C_2 において $y'=-2x+a$ であり，l は点 P で C_2 に接するから

$$-2t+a=-\frac{1}{2t}$$

$$a=2t-\frac{1}{2t} \quad \cdots\cdots ②$$

② を ① に代入して

$$2t^2-\frac{1}{2}+b=2t^2 \qquad \therefore\ \ \boldsymbol{b=\frac{1}{2}} \quad \cdots\cdots ③$$

（3） C_1 と C_2 を連立して

$$x^2=-x^2+ax+b$$

②，③ を代入して

$$2x^2-\left(2t-\frac{1}{2t}\right)x-\frac{1}{2}=0$$

$$(x-t)\left(2x+\frac{1}{2t}\right)=0 \qquad \therefore\ \ x=t,\ -\frac{1}{4t}$$

よって，C_1 と C_2 の P 以外の交点の x 座標は $\boldsymbol{-\frac{1}{4t}}$

（4） C_1 と C_2 で囲まれる部分（図 2）の面積 S は

$$S=\int_{-\frac{1}{4t}}^{t}\{(-x^2+ax+b)-x^2\}\,dx$$

$$=-2\int_{-\frac{1}{4t}}^{t}\left(x+\frac{1}{4t}\right)(x-t)\,dx$$

$$=\frac{2}{6}\left\{t-\left(-\frac{1}{4t}\right)\right\}^3=\frac{1}{3}\left(t+\frac{1}{4t}\right)^3$$

$t>0$ より，相加平均・相乗平均の不等式を用いて

$$S \geqq \frac{1}{3}\left(2\sqrt{t\cdot\frac{1}{4t}}\right)^3=\frac{1}{3}$$

等号は $t=\frac{1}{4t}$ すなわち $t=\frac{1}{2}\ (>0)$ のとき成り立つ．

したがって，$\boldsymbol{t=\frac{1}{2}}$ のとき，S は最小値 $\boldsymbol{\frac{1}{3}}$ をとる．

《折り返しで6分の1公式(B30)》

457. 二次関数 $y = |x^2 - 4x + 1|$ を考える．この二次関数と直線 $y = f$ で囲まれる面積 S を考える．

（1） 二次関数の頂点の座標を求めなさい．

（2） $f = 9$ のときの S の値を求めなさい．

（3） 面積 S が最小となるような f の値を求めなさい．　（21　産業医大）

▶解答◀ （1） $G(x) = x^2 - 4x + 1$ とおく．

$$|G(x)| = |(x-2)^2 - 3| = |-(x-2)^2 + 3|$$

より，頂点の座標は $(\mathbf{2}, \mathbf{3})$ である．

（2） $f = 9$ のときの S は，図1の網目部分の面積である．$y = |G(x)|$ のグラフを F，$y = G(x)$ のグラフを G とする．

$f > -3$ のとき，G と直線 $y = f$ は2交点をもつ．この x 座標を $\alpha, \beta\ (\alpha < \beta)$ とすると，これらは

$G(x) = f$，すなわち，$x^2 - 4x + 1 - f = 0$

の2解であるから，解と係数の関係より

$$\alpha + \beta = 4,\ \alpha\beta = 1 - f$$

よって

$$(\beta - \alpha)^2 = (\alpha + \beta)^2 - 4\alpha\beta$$
$$= 16 - 4(1 - f) = 4(3 + f)$$

G と直線 $y = f$ で囲まれた図形の面積を $S(f)$ とおく．

$$S(f) = \int_\alpha^\beta \{f - G(x)\}\,dx = \frac{1}{6}(\beta - \alpha)^3$$
$$= \frac{1}{6}\{4(3+f)\}^{\frac{3}{2}} = \frac{4}{3}(3+f)^{\frac{3}{2}}$$

図2のように，G と $y = 9$ で囲まれた図形の x 軸より上の部分の面積を S_1，下の部分の面積を S_2 とすると

$$S_1 = S(9) - S(0),\ S_2 = S(0)$$

したがって，$f = 9$ のときの S は

$$S = S_1 - S_2 = S(9) - 2S(0)$$
$$= \frac{4}{3}\left(12^{\frac{3}{2}} - 2\cdot 3^{\frac{3}{2}}\right) = \mathbf{24\sqrt{3}}$$

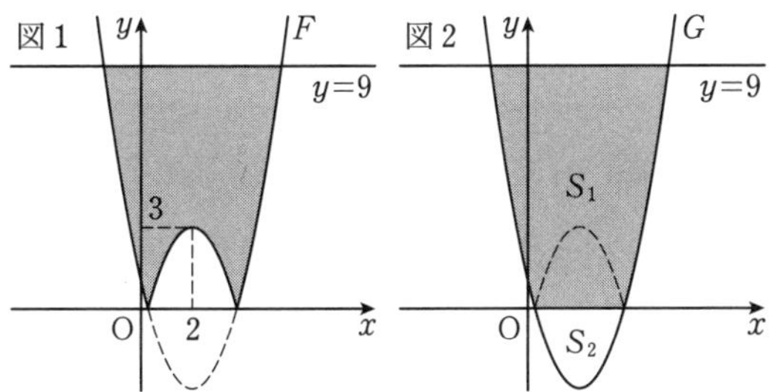

（3） f の関数 S は，$f < 0$ のとき定義されず，$f \geqq 3$ において単調に増加するから，$0 \leqq f \leqq 3$ のときについて調べる．

このとき S は図3の網目部分の面積で，このうち，$y \geqq f$ の部分の面積を T_1，$y \leqq f$ の部分の面積を T_2 とする．

また，図4のように，G と $y = f$ で囲まれた部分のうち，$0 \leqq y \leqq f$ の部分の面積を S_3，$-f \leqq y \leqq 0$ の部分の面積を S_4，$y \leqq -f$ の部分の面積を S_5 とすると，

$$S_3 = S(f) - S(0),\ S_4 = S(0) - S(-f),$$
$$T_1 = S_5 = S(-f),$$
$$T_2 = S_3 - S_4 = S(f) + S(-f) - 2S(0)$$

したがって

$$S = T_1 + T_2 = S(f) + 2S(-f) - 2S(0)$$
$$= \frac{4}{3}(3+f)^{\frac{3}{2}} + \frac{8}{3}(3-f)^{\frac{3}{2}} - \frac{8}{3}\cdot 3^{\frac{3}{2}}$$
$$\frac{dS}{df} = \frac{4}{3}\cdot\frac{3}{2}(3+f)^{\frac{1}{2}} + \frac{8}{3}\cdot\frac{3}{2}(3-f)^{\frac{1}{2}}\cdot(-1)$$
$$= 2\sqrt{3+f} - 4\sqrt{3-f}$$
$$= 2\cdot\frac{(3+f) - 4(3-f)}{\sqrt{3+f} + 2\sqrt{3-f}}$$
$$= \frac{2(5f-9)}{\sqrt{3+f} + 2\sqrt{3-f}}$$

これより，$0 \leqq f \leqq 3$ の範囲で増減表をかくと

f	0	…	$\frac{9}{5}$	…	3
$\frac{dS}{df}$		$-$	0	$+$	
S		↘		↗	

よって，S が最小になるのは $f = \mathbf{\frac{9}{5}}$ のときである．

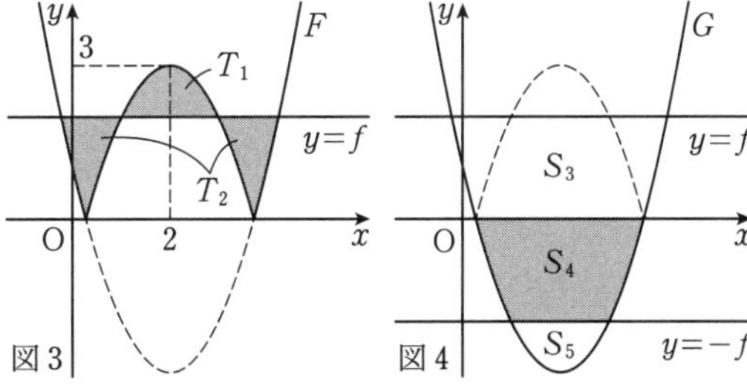

《放物線で12分の1公式の構図(B20)☆》

458. a を正の実数とする．放物線 $y = x^2$ を C_1，放物線 $y = -x^2 + 4ax - 4a^2 + 4a^4$ を C_2 とする．以下の問に答えよ．

（1） 点 (t, t^2) における C_1 の接線の方程式を求めよ．

（2） C_1 と C_2 が異なる2つの共通接線 l, l' を持

つような a の範囲を求めよ．ただし C_1 と C_2 の共通接線とは，C_1 と C_2 の両方に接する直線のことである．

以下，a は（2）で求めた範囲にあるとし，l, l' を C_1 と C_2 の異なる2つの共通接線とする．

（3） l, l' の交点の座標を求めよ．

（4） C_1 と l, l' で囲まれた領域を D_1 とし，不等式 $x \leqq a$ の表す領域を D_2 とする．D_1 と D_2 の共通部分の面積 $S(a)$ を求めよ．

（5） $S(a)$ を（4）の通りとする．a が（2）で求めた範囲を動くとき，$S(a)$ の最大値を求めよ．

（21　名古屋大・理系）

▶解答◀ （1） $C_1 : y = x^2$ より $y' = 2x$ であるから，(t, t^2) における接線の方程式は

$$y = 2t(x - t) + t^2$$

$$\boldsymbol{y = 2tx - t^2} \quad \cdots\cdots ①$$

（2） ① と C_2 の式を連立し

$$2tx - t^2 = -x^2 + 4ax - 4a^2 + 4a^4$$

$$x^2 + 2(t - 2a)x - t^2 - 4a^4 + 4a^2 = 0$$

これが重解をもつ条件は，(判別式) $= 0$ であり

$$(t - 2a)^2 - (-t^2 - 4a^4 + 4a^2) = 0$$

$$2t^2 - 4at + 4a^4 = 0$$

$$t^2 - 2at + 2a^4 = 0 \quad \cdots\cdots ②$$

② を満たす異なる実数 t がちょうど2個存在することが条件である．(判別式) > 0 より

$$a^2 - 2a^4 > 0 \qquad \therefore \quad a^2(2a^2 - 1) < 0$$

$a > 0$ より

$$a^2 < \frac{1}{2} \qquad \therefore \quad \boldsymbol{0 < a < \frac{1}{\sqrt{2}}} \quad \cdots\cdots ③$$

（3） ③ のとき，② の2解を α, β $(\alpha < \beta)$ とおくと，① より l, l' の方程式は

$$y = 2\alpha x - \alpha^2, \ y = 2\beta x - \beta^2$$

2式を連立して

$$2\alpha x - \alpha^2 = 2\beta x - \beta^2$$

$$2(\alpha - \beta)x = \alpha^2 - \beta^2$$

$$x = \frac{\alpha + \beta}{2}, \ y = 2\alpha \cdot \frac{\alpha + \beta}{2} - \alpha^2 = \alpha\beta$$

② において解と係数の関係より

$$\alpha + \beta = 2a, \ \alpha\beta = 2a^4$$

$x = a$, $y = 2a^4$ であり，l, l' の交点は $\boldsymbol{(a, 2a^4)}$ である．

（4） 求める面積は

$$S(a) = \int_{\alpha}^{a} \{x^2 - (2\alpha x - \alpha^2)\}\, dx$$

$$= \int_{\alpha}^{\frac{\alpha+\beta}{2}} (x - \alpha)^2\, dx$$

$$= \left[\frac{1}{3}(x - \alpha)^3 \right]_{\alpha}^{\frac{\alpha+\beta}{2}}$$

$$= \frac{1}{3}\left(\frac{\alpha + \beta}{2} - \alpha \right)^3 = \frac{1}{24}(\beta - \alpha)^3$$

ここで，② を解くと

$$t = a \pm \sqrt{a^2 - 2a^4}$$

であるから，$\beta - \alpha = 2\sqrt{a^2 - 2a^4}$ であり

$$S(a) = \frac{1}{24}\left(2\sqrt{a^2 - 2a^4} \right)^3 = \boldsymbol{\frac{1}{3}\left(\sqrt{a^2 - 2a^4} \right)^3}$$

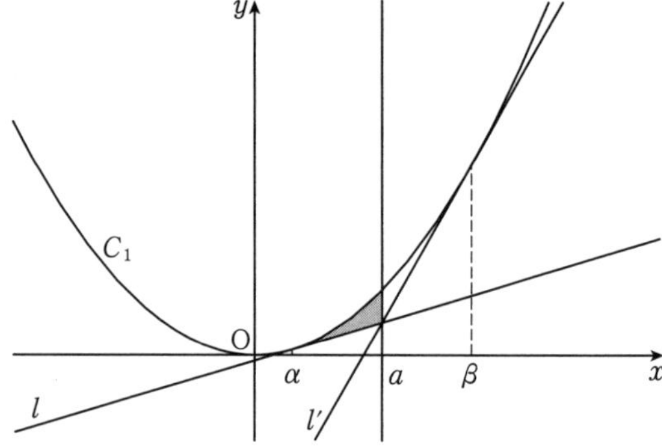

（5） $S(a) = \dfrac{1}{3}\left\{ \sqrt{-2\left(a^2 - \dfrac{1}{4}\right)^2 + \dfrac{1}{8}} \right\}^3$ であり，③ のとき $0 < a^2 < \dfrac{1}{2}$ であるから，$a^2 = \dfrac{1}{4}$，すなわち $a = \dfrac{1}{2}$ で $S(a)$ は最大値 $\dfrac{1}{3}\left(\sqrt{\dfrac{1}{8}} \right)^3 = \boldsymbol{\dfrac{1}{48\sqrt{2}}}$ をとる．

《放物線で12分の1公式 (B20) ☆》

459. 次の各問（1）～（3）に答えよ．

（1） $f(x) + xf'(x) = 2x^2 - 6x + 1$ を満たす2次関数 $f(x)$ を求めよ．

（2） $f(x) - \displaystyle\int_{-1}^{1} f(t)\, dt = 2x^2 - 6x + 1$ を満たす関数 $f(x)$ を求めよ．

（3） 放物線 $y = 2x^2 - 6x + 1$ とこの放物線の $x = 0$ における接線および $x = 4$ における接線で囲まれる図形の面積を求めよ．

（21　三重大・生物資源）

▶解答◀ （1）

$$f(x) + xf'(x) = 2x^2 - 6x + 1 \quad \cdots\cdots ①$$

$f(x) = ax^2 + bx + c$ $(a \neq 0)$ とおくと

$$f'(x) = 2ax + b$$

① に代入して

$$ax^2+bx+c+x(2ax+b)=2x^2-6x+1$$

$$3ax^2+2bx+c=2x^2-6x+1$$

x についての恒等式より，係数を比較して

$$3a=2,\ 2b=-6,\ c=1$$

3 式より，$a=\dfrac{2}{3}$，$b=-3$，$c=1$

よって，$f(x)=\boldsymbol{\dfrac{2}{3}x^2-3x+1}$ である．

（**2**） $f(x)-\displaystyle\int_{-1}^{1}f(t)\,dt=2x^2-6x+1$ …………②

$\displaystyle\int_{-1}^{1}f(t)\,dt=k$ とおくと，② より

$$f(x)=2x^2-6x+k+1$$

偶関数の性質を利用して

$$k=\int_{-1}^{1}(2t^2-6t+k+1)\,dt$$

$$=2\int_{0}^{1}(2t^2+k+1)\,dt$$

$$=2\left[\frac{2}{3}t^3+(k+1)t\right]_0^1=2\left(\frac{2}{3}+k+1\right)$$

$$=2k+\frac{10}{3}$$

よって，$k=-\dfrac{10}{3}$ だから，$f(x)=\boldsymbol{2x^2-6x-\dfrac{7}{3}}$

（**3**） $g(x)=2x^2-6x+1$ とおくと

$$g'(x)=4x-6$$

$x=0$ における接線の方程式は

$$y=g'(0)(x-0)+g(0)$$

$$y=-6x+1$$

$x=4$ における接線の方程式は

$$y=g'(4)(x-4)+g(4)$$

$$y=10(x-4)+9 \qquad \therefore\ y=10x-31$$

2 本の接線の交点の x 座標は

$$-6x+1=10x-31$$

$$16x=32 \qquad \therefore\ x=2$$

求める面積を S とすると

$$S=\int_0^2\{(2x^2-6x+1)-(-6x+1)\}\,dx+\int_2^4\{(2x^2-6x+1)-(10x-31)\}\,dx$$

$$=\int_0^2 2x^2\,dx+\int_2^4 2(x-4)^2\,dx$$

$$=\left[\frac{2}{3}x^3\right]_0^2+\left[\frac{2}{3}(x-4)^3\right]_2^4$$

$$=\frac{16}{3}+\frac{16}{3}=\boldsymbol{\frac{32}{3}}$$

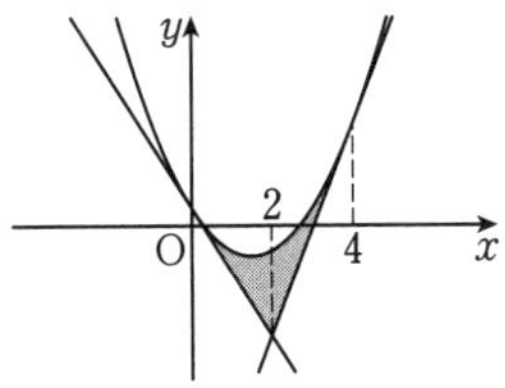

◆別解◆ （**1**） $\{xf(x)\}'=f(x)+xf'(x)$ だから

$$\{xf(x)\}'=2x^2-6x+1$$

$$xf(x)=\int(2x^2-6x+1)\,dx$$

$$xf(x)=\frac{2}{3}x^3-3x^2+x+C\ (C\text{ は積分定数})$$

$x=0$ を代入して，$C=0$ とわかる．よって，

$$xf(x)=\frac{2}{3}x^3-3x^2+x$$

$$f(x)=\boldsymbol{\frac{2}{3}x^2-3x+1}$$

◆別解◆ （**3**） $\dfrac{1}{12}$ 公式を用いると，面積 S は

$$S=\frac{2}{12}(4-0)^3=\frac{1}{6}\cdot 4^3=\boldsymbol{\frac{32}{3}}$$

《円と放物線（B20）》

460. 座標平面上において，$y=\dfrac{3}{2}(1-x^2)$ であたえられる放物線を A とする．以下の問いに答えよ．

（1） 放物線 A 上の点と点 $(0,b)$ との距離の最小値を b を用いて表せ．ただし，$b<\dfrac{7}{6}$ とする．

（2） 中心が点 $\left(0,\dfrac{2}{3}\right)$，半径が $\dfrac{2}{3}$ の円と放物線 A の共有点をすべて求めよ．

（3） （2）であたえた円と放物線 A で囲まれた部分の面積を求めよ． （21 公立はこだて未来大）

▶解答◀ （**1**） A 上の点を $\mathrm{P}(x,y)$，$\mathrm{B}(0,b)$ とする．$y=\dfrac{3}{2}(1-x^2)$ が成り立つから

$$x^2=1-\frac{2}{3}y$$

$$\mathrm{BP}^2=x^2+(y-b)^2=1-\frac{2}{3}y+(y-b)^2$$

$$=y^2-\left(2b+\frac{2}{3}\right)y+1+b^2$$

$$=\left\{y-\left(b+\frac{1}{3}\right)\right\}^2-\left(b+\frac{1}{3}\right)^2+1+b^2$$

$$=\left\{y-\left(b+\frac{1}{3}\right)\right\}^2+\frac{8}{9}-\frac{2}{3}b$$

$y\leqq\dfrac{3}{2}$ である．$b<\dfrac{7}{6}$ より $b+\dfrac{1}{3}<\dfrac{3}{2}$ であり，$y=b+\dfrac{1}{3}$ で最小値 $\dfrac{8}{9}-\dfrac{2}{3}b$ をとる．

d の最小値は $\boldsymbol{\sqrt{\dfrac{8}{9}-\dfrac{2}{3}b}}$

（**2**） $b=\dfrac{2}{3}$ のとき d の最小値は $\dfrac{2}{3}$ となり，それは $y=1$ でおこる．

このとき $x^2=1-\frac{2}{3}y=\frac{1}{3}$ で，$\mathrm{P}\left(\pm\frac{1}{\sqrt{3}},\,\mathbf{1}\right)$

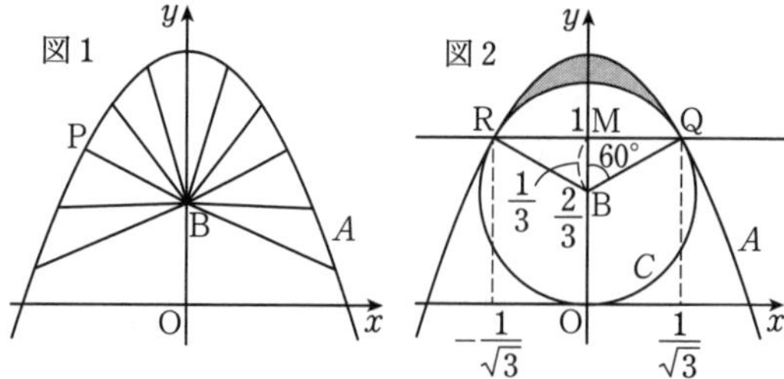

（**3**） 図 2 を見よ．MB : BQ : QM $=1:2:\sqrt{3}$ であるから △MBQ は 60° 定規で，∠QBR $=120°$ である．

A と QR で囲む面積（6 分の 1 公式を用いる）から半径 $\frac{2}{3}$，中心角 120° の弓形（扇方から △BQR を除いたもの）を引いて，求める面積は

$$\frac{\frac{3}{2}}{6}\left(\frac{2}{\sqrt{3}}\right)^3-\left\{\frac{\pi}{3}\left(\frac{2}{3}\right)^2-\frac{\sqrt{3}}{4}\left(\frac{2}{3}\right)^2\right\}$$

$$=\frac{2}{3\sqrt{3}}-\frac{4}{27}\pi+\frac{\sqrt{3}}{9}=\boldsymbol{\frac{\sqrt{3}}{3}-\frac{4}{27}\pi}$$

《円と放物線（B25）》

461．座標平面において，円 $x^2+y^2=1$ を C_1，放物線 $y=a-x^2$ を C_2 とする．ただし，a は定数で $a>1$ とする．C_1 と C_2 が交わり，交点において共通の接線をもつとき，次の問いに答えよ．

（1） a の値，及び C_1 と C_2 の交点を求めよ．

（2） C_1 と C_2 の概形を図示せよ．

（3） C_1 と C_2 の交点における接線を求めよ．

（4） C_1 と C_2 とで囲まれた部分の面積 S を求めよ．

（21　岡山県立大・前期）

▶解答◀ （1） $a>1$ であるとき，C_1 と

$C_2: x^2=a-y$ ……………………………①

が接するときは，連立させて x^2 を消去した

$y^2-y+a-1=0$ ……………………………②

が $y<a$ の重解をもつときで，② の判別式を D とすると $D=0$ が成り立つ．

$$D=1-4(a-1)=-4a+5$$

であるから

$$-4a+5=0 \qquad \therefore\ a=\boldsymbol{\frac{5}{4}}$$

このとき，重解は $y=\frac{1}{2}$ であるから ① より

$$x^2=\frac{5}{4}-\frac{1}{2}=\frac{3}{4}$$

$$x=\pm\frac{\sqrt{3}}{2}$$

接点の座標は $\boldsymbol{\left(\frac{\sqrt{3}}{2},\,\frac{1}{2}\right)}$，$\boldsymbol{\left(-\frac{\sqrt{3}}{2},\,\frac{1}{2}\right)}$ である．

（**2**） C_1, C_2 の概形は図 1 のようになる．

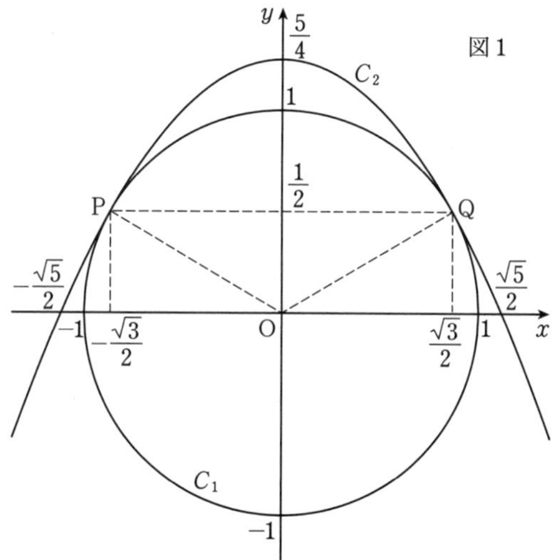

（**3**） $\mathrm{P}\left(-\frac{\sqrt{3}}{2},\,\frac{1}{2}\right)$，$\mathrm{Q}\left(\frac{\sqrt{3}}{2},\,\frac{1}{2}\right)$ とおくと，図 1 は y 軸に関して対称であるから，まず点 Q における接線を考える．

$f(x)=-x^2+\frac{5}{4}$ とすると

$$f'(x)=-2x,\ f'\left(\frac{\sqrt{3}}{2}\right)=-\sqrt{3}$$

であるから，接線の方程式は

$$y=-\sqrt{3}\left(x-\frac{\sqrt{3}}{2}\right)+\frac{1}{2}$$

点 P における接線も同様に考えて，求める接線は

$$\boldsymbol{y=-\sqrt{3}x+2,\ y=\sqrt{3}x+2}$$

（**4**） 面積を求める図形は図 2 の網目部分である．

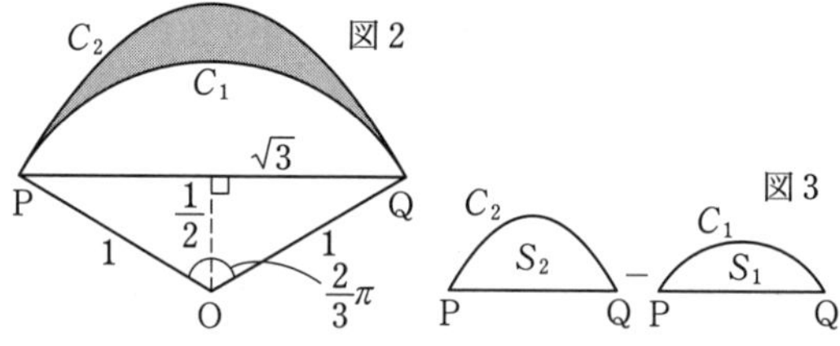

$\angle\mathrm{POQ}=\frac{2}{3}\pi$ で，C_1 の劣弧 PQ は円周の $\frac{1}{3}$ である．直線 PQ と劣弧 PQ で囲まれた部分の面積 S_1 は，円の $\frac{1}{3}$ から △POQ の面積を引いたもので

$$S_1=\pi\cdot1^2\cdot\frac{1}{3}-\frac{1}{2}\cdot\sqrt{3}\cdot\frac{1}{2}=\frac{\pi}{3}-\frac{\sqrt{3}}{4}$$

直線 PQ と C_2 の囲む面積 S_2 は，$\frac{1}{6}$ 公式を用いて

$$S_2=\frac{1}{6}\left\{\frac{\sqrt{3}}{2}-\left(-\frac{\sqrt{3}}{2}\right)\right\}^3=\frac{\sqrt{3}}{2}$$

$S = S_2 - S_1$

$= \dfrac{\sqrt{3}}{2} - \left(\dfrac{\pi}{3} - \dfrac{\sqrt{3}}{4}\right) = \boldsymbol{\dfrac{3\sqrt{3}}{4} - \dfrac{\pi}{3}}$

《共通接線 (B30)》

462. xy 平面上に曲線 $C_1 : y = x^2 - 4x + \dfrac{3}{2}$ と曲線 $C_2 : y = -x^2 - 4x - \dfrac{3}{2}$ がある．このとき，次の問いに答えなさい．

（1） 曲線 C_1 と曲線 C_2 の両方に接している直線の方程式を 2 個求めなさい．

（2）（1）で定めた 2 つの直線と曲線 C_2 で囲まれた図形の面積の値を求めなさい．

（21　福島大・共生システム，食農）

▶解答◀（1） $y = x^2 - 4x + \dfrac{3}{2}$ のとき

$y' = 2x - 4$, $y = -x^2 - 4x - \dfrac{3}{2}$ のとき $y' = -2x - 4$ である．C_1 の $x = s$ における接線の方程式は

$$y = (2s-4)(x-s) + s^2 - 4s + \frac{3}{2}$$

$$y = (2s-4)x - s^2 + \frac{3}{2} \quad \cdots\cdots ①$$

C_2 の $x = t$ における接線の方程式は

$$y = (-2t-4)(x-t) - t^2 - 4t - \frac{3}{2}$$

$$y = (-2t-4)x + t^2 - \frac{3}{2} \quad \cdots\cdots ②$$

① と ② が一致するとき

$$2s - 4 = -2t - 4 \qquad \therefore \quad t = -s \quad \cdots\cdots ③$$

$$-s^2 + \frac{3}{2} = t^2 - \frac{3}{2}$$

$$t^2 = -s^2 + 3 \quad \cdots\cdots ④$$

③ を ④ に代入して

$$s^2 = -s^2 + 3 \qquad \therefore \quad s = \pm\frac{\sqrt{6}}{2}$$

このとき ③ より，$t = \mp\dfrac{\sqrt{6}}{2}$（複号同順）

① に代入して求める直線の方程式は

$$\boldsymbol{y = -(4-\sqrt{6})x,\ y = -(4+\sqrt{6})x}$$

それぞれ l_1, l_2 とする．

（2） $\alpha = \dfrac{\sqrt{6}}{2}$ とする．求める面積は $\dfrac{1}{12}(2\alpha)^3$ である．試験ではこれで一気に書かないと，正解しない．

$$\int_{-\alpha}^{0} \left\{-(4-\sqrt{6})x - \left(-x^2 - 4x - \frac{3}{2}\right)\right\} dx$$

$$+ \int_{0}^{\alpha} \left\{-(4+\sqrt{6})x - \left(-x^2 - 4x - \frac{3}{2}\right)\right\} dx$$

$$= \int_{-\alpha}^{0} (x+\alpha)^2\, dx + \int_{0}^{\alpha} (x-\alpha)^2\, dx$$

$$= \left[\frac{(x+\alpha)^3}{3}\right]_{-\alpha}^{0} + \left[\frac{(x-\alpha)^3}{3}\right]_{0}^{\alpha}$$

$$= \frac{2\alpha^3}{3} = \frac{2}{3}\cdot\frac{6}{4}\cdot\frac{\sqrt{6}}{2} = \boldsymbol{\frac{\sqrt{6}}{2}}$$

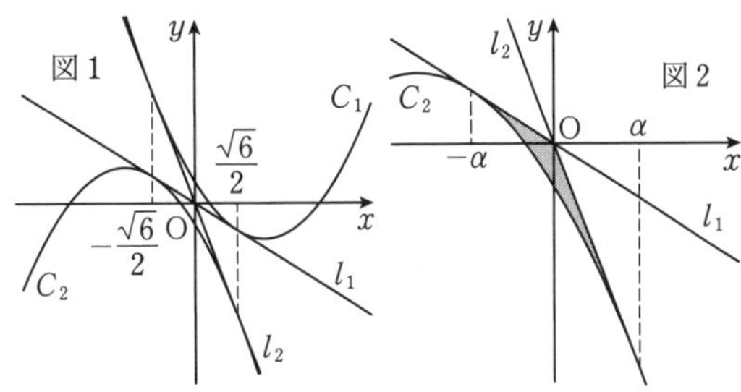

♦別解♦（1） 求める接線を $l : y = mx + n$ とする．C_1 と l を連立して

$$x^2 - 4x + \frac{3}{2} = mx + n$$

$$x^2 - (m+4)x - \left(n - \frac{3}{2}\right) = 0$$

この判別式を D_1 とすると，$D_1 = 0$ であるから

$$(m+4)^2 + 2(2n-3) = 0 \quad \cdots\cdots ⑤$$

C_2 と l を連立して

$$-x^2 - 4x - \frac{3}{2} = mx + n$$

$$x^2 + (m+4)x + n + \frac{3}{2} = 0$$

この判別式を D_2 とすると，$D_2 = 0$ であるから

$$(m+4)^2 - 2(2n+3) = 0 \quad \cdots\cdots ⑥$$

⑤ − ⑥ から，$8n = 0 \qquad \therefore \quad n = 0$

⑤ に代入して

$$(m+4)^2 - 6 = 0 \qquad \therefore \quad m = -4 \pm \sqrt{6}$$

求める直線の方程式は

$$\boldsymbol{y = -(4-\sqrt{6})x,\ y = -(4+\sqrt{6})x}$$

《共通接線 (B20)》

463. $y = \dfrac{1}{4}x^2 - 2|x-1|$ と $y = \dfrac{1}{2}x - \dfrac{17}{4}$ で囲まれた図形の面積 S を求めなさい．

（21　兵庫県立大・理，社会情報-中期）

▶解答◀ $C : y = \dfrac{1}{4}x^2 - 2|x-1|$,

$l : y = \dfrac{1}{2}x - \dfrac{17}{4}$ とする．C は $x \geqq 1$ のとき

$$y = \frac{1}{4}x^2 - 2x + 2 = \frac{1}{4}(x-4)^2 - 2$$

このとき，l との交点の x 座標は

$$\frac{1}{4}x^2 - 2x + 2 = \frac{1}{2}x - \frac{17}{4}$$

$$x^2 - 10x + 25 = 0$$

$$(x-5)^2 = 0 \qquad \therefore \quad x = 5$$

$x \geqq 1$ を満たす．

C は $x \leqq 1$ のとき

$$y = \frac{1}{4}x^2 + 2x - 2 = \frac{1}{4}(x+4)^2 - 6$$

このとき，l との交点の x 座標は

$$\frac{1}{4}x^2+2x-2=\frac{1}{2}x-\frac{17}{4}$$

$$x^2+6x+9=0$$

$$(x+3)^2=0 \qquad \therefore \quad x=-3$$

$x \leqq 1$ を満たす．

よって，C と l で囲まれた図形は図の網目部分である．

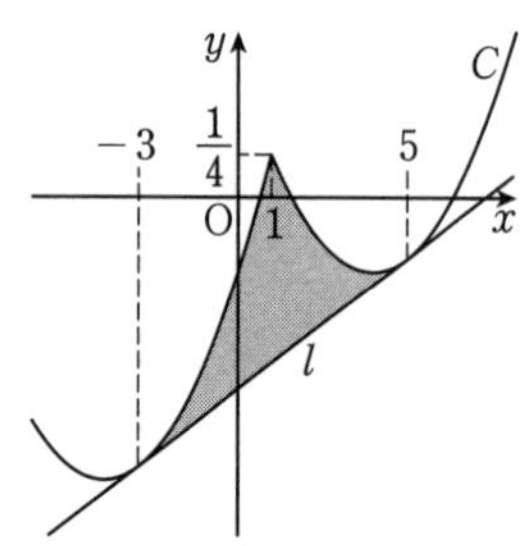

$$S=\int_{-3}^{1}\left\{\frac{1}{4}x^2+2x-2-\left(\frac{1}{2}x-\frac{17}{4}\right)\right\}dx$$

$$+\int_{1}^{5}\left\{\frac{1}{4}x^2-2x+2-\left(\frac{1}{2}x-\frac{17}{4}\right)\right\}dx$$

$$=\int_{-3}^{1}\frac{1}{4}(x+3)^2\,dx+\int_{1}^{5}\frac{1}{4}(x-5)^2\,dx$$

$$=\left[\frac{1}{12}(x+3)^3\right]_{-3}^{1}+\left[\frac{1}{12}(x-5)^3\right]_{1}^{5}$$

$$=\frac{4^3}{12}+\frac{4^3}{12}=\boldsymbol{\frac{32}{3}}$$

《2 つの放物線の共通接線 (B20) ☆》

464. 座標平面上で，直線 $l: y=ax+b$ は曲線 $C_1: y=4x^2-10x+11$ および曲線 $C_2: y=x^2-8x+16$ の両方に第一象限で接するとする．ここで，a, b は定数である．このとき，次の問に答えなさい．

（1） 2 曲線 C_1, C_2 の共有点のうち，第一象限内にあるものの座標は $\left(\frac{\square}{\square}, \frac{\square}{\square}\right)$ である．

（2） 定数 $a=-\square$，$b=\square$，
曲線 C_1 と直線 l の接点の座標は $(\square, \square)$，
曲線 C_2 と直線 l の接点の座標は $(\square, \square)$
である．

（3） 2 曲線 C_1, C_2 および直線 l で囲まれた図形の面積は $\frac{\square}{\square}$ である． （21 東北医薬大・薬）

▶解答◀ （1） C_1 と C_2 を連立して

$$4x^2-10x+11=x^2-8x+16$$

$$3x^2-2x-5=0$$

$$(x+1)(3x-5)=0 \qquad \therefore \quad x=-1, \frac{5}{3}$$

$x=\frac{5}{3}$ を $C_2: y=(x-4)^2$ に代入して $y=\frac{49}{9}$

よって，第 1 象限内の共有点の座標は $\boldsymbol{\left(\frac{5}{3}, \frac{49}{9}\right)}$

（2） C_1 と l を連立して

$$4x^2-10x+11=ax+b$$

$$4x^2-(a+10)x+(11-b)=0 \quad \cdots\cdots ①$$

C_1 と l は接するから ① は重解をもつ．よって判別式は 0 であるから

$$(a+10)^2-16(11-b)=0$$

$$a^2+20a+16b-76=0 \quad \cdots\cdots ②$$

同様に，C_2 と l を連立して整理すると

$$x^2-(a+8)x+(16-b)=0 \quad \cdots\cdots ③$$

③ の判別式は 0 だから $(a+8)^2-4(16-b)=0$

$$a^2+16a+4b=0 \quad \cdots\cdots ④$$

④×4−② より

$$3a^2+44a+76=0$$

$$(a+2)(3a+38)=0 \qquad \therefore \quad a=-2, -\frac{38}{3}$$

このうち ①，③ の重解（順に $x=\frac{a+10}{8}, \frac{a+8}{2}$）がともに正となるのは $a=-2$ のときである．このときの重解（順に $x=1, 3$）がそれぞれ C_1 と l，C_2 と l の接点の x 座標である．$a=-2$ を ④ に代入すると

$$4-32+4b=0 \qquad \therefore \quad b=7$$

よって $l: y=-2x+7$ であり，この式に $x=1, 3$ を代入するとそれぞれ $y=5, 1$

以上より，$a=\boldsymbol{-2}$，$b=\boldsymbol{7}$，C_1 と l の接点の座標は $\boldsymbol{(1, 5)}$，C_2 と l の接点の座標は $\boldsymbol{(3, 1)}$

（3） C_1, C_2, l で囲まれた図形の面積は

$$\int_{1}^{\frac{5}{3}}\{(4x^2-10x+11)-(-2x+7)\}\,dx$$

$$+\int_{\frac{5}{3}}^{3}\{(x^2-8x+16)-(-2x+7)\}\,dx$$

$$=\int_{1}^{\frac{5}{3}}4(x-1)^2\,dx+\int_{\frac{5}{3}}^{3}(x-3)^2\,dx$$

$$=\left[\frac{4}{3}(x-1)^3\right]_{1}^{\frac{5}{3}}+\left[\frac{1}{3}(x-3)^3\right]_{\frac{5}{3}}^{3}$$

$$=\frac{4}{3}\cdot\left(\frac{2}{3}\right)^3-\frac{1}{3}\cdot\left(-\frac{4}{3}\right)^3$$

$$=\frac{32+64}{81}=\boldsymbol{\frac{32}{27}}$$

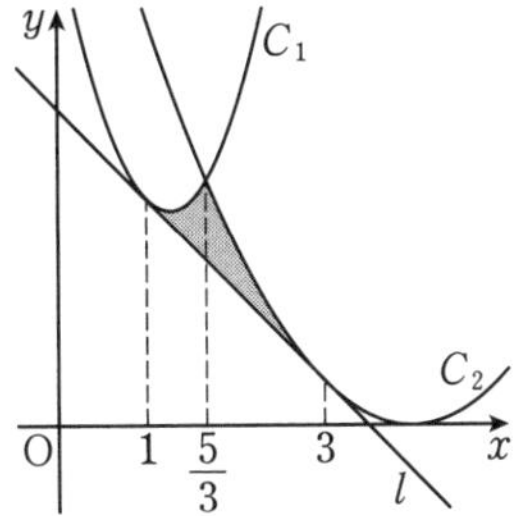

《3 次関数の 12 分の 1 公式（B15）☆》

465. a, b, c を実数の定数とし，$c \neq -\frac{1}{3}$ とする．関数 $f(x)$, $g(x)$ を

$$f(x) = 2x^3 + ax^2 + bx,\ g(x) = (x+1)^3$$

と定め，$f(x)$ は $x = c$, $x = -\frac{1}{3}$ でそれぞれ極値をとるとする．

（1） a, c をそれぞれ b を用いて表せ．

（2） $f(c) = g(c)$ とする．このとき，b の値を求めよ．

（3） （2）の条件のもとで，2 曲線 $y = f(x)$, $y = g(x)$ で囲まれた部分の面積 S を求めよ．

（21　室蘭工業大）

▶解答◀ （1） $f(x) = 2x^3 + ax^2 + bx$

$$f'(x) = 6x^2 + 2ax + b$$

$f(x)$ は $x = c$, $-\frac{1}{3}$ で極値をとるから $6x^2+2ax+b = 0$ に解と係数の関係を用いて

$$c + \left(-\frac{1}{3}\right) = -\frac{2a}{6} \quad \cdots\cdots①$$

$$c \cdot \left(-\frac{1}{3}\right) = \frac{b}{6} \quad \cdots\cdots②$$

② より，$c = -\boldsymbol{\frac{b}{2}}$ となり，これを ① に代入して

$a = \boldsymbol{\frac{3b+2}{2}}$

（2） $f(c) = g(c)$ であるから

$$2c^3 + ac^2 + bc = (c+1)^3$$

$$c^3 + (a-3)c^2 + (b-3)c - 1 = 0$$

両辺に 8 をかけて

$$(2c)^3 + (2a-6)(2c)^2 + 4(b-3)2c - 8 = 0$$

$2c = -b$, $2a = 3b+2$ を代入して

$$-b^3 + (3b-4)b^2 - 4(b-3)b - 8 = 0$$

$$b^3 - 4b^2 + 6b - 4 = 0$$

$$(b-2)(b^2 - 2b + 2) = 0$$

$b^2 - 2b + 2 > 0$ より，$b = \mathbf{2}$

（3） $a = 4, b = 2, c = -1$ となるから

$$f(x) = 2x^3 + 4x^2 + 2x = 2x(x+1)^2$$

$y = f(x)$ と $y = g(x)$ の共有点の x 座標は

$$f(x) - g(x) = 2x(x+1)^2 - (x+1)^3$$

$$= (x+1)^2(x-1)$$

であるから，$x = -1, 1$ である．また，$-1 \leqq x \leqq 1$ において $f(x) - g(x) \leqq 0$ であるから，求める面積 S は

$$S = -\int_{-1}^{1} (x+1)^2(x-1)\,dx$$

$$= \frac{1}{12}(1-(-1))^4 = \boldsymbol{\frac{4}{3}}$$

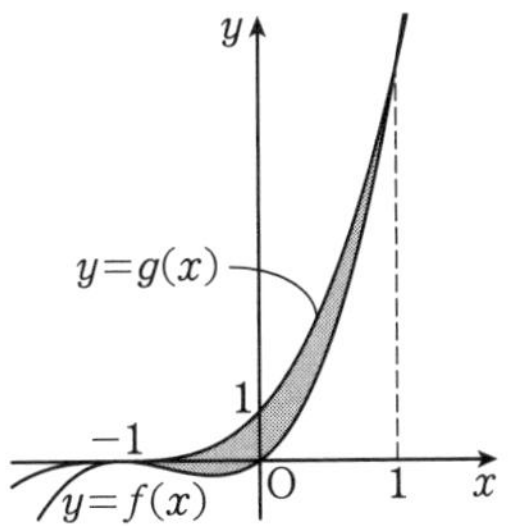

《3 次関数の 12 分の 1 公式（B20）☆》

466. 座標平面上に曲線 $C : y = x^3$ がある．

（1） C 上の点 (t, t^3) における接線の方程式を求めよ．

（2） 座標平面上の点で，その点から C への接線が 3 つ引けるようなものの範囲を図示せよ．

（3） 点 $(-1, 4)$ を通る直線で，C に接するものはただ 1 つであることを示せ．その直線を l とするとき，l の方程式を求め，さらに C と l で囲まれた部分の面積を求めよ．（21　和歌山県立医大）

▶解答◀ （1） $y = x^3$ のとき $y' = 3x^2$ であるから，点 (t, t^3) における C の接線の方程式は

$$y - t^3 = 3t^2(x - t) \qquad \therefore\ \boldsymbol{y = 3t^2x - 2t^3}$$

（2） $2t^3 - 3xt^2 + y = 0$ を満たす実数 t が 3 つ存在する条件を求める．$f(t) = 2t^3 - 3xt^2 + y$ とする．

$$f'(t) = 6t^2 - 6xt = 6t(t-x)$$

$f(t) = 0$ が異なる 3 つの実数解をもつ条件は，$f(t)$ が異符号の極値をもつことで，それは「$x \neq 0$ かつ $f(0)f(x) < 0$」すなわち「$x \neq 0$ かつ $y(y - x^3) < 0$」である．$x = 0$ のとき後者は $y^2 < 0$ となり成立しないから，まとめると $\boldsymbol{y(y - x^3) < 0}$

これを図示すると次の図 1 の網目部分となる．ただし，境界線は含まない．

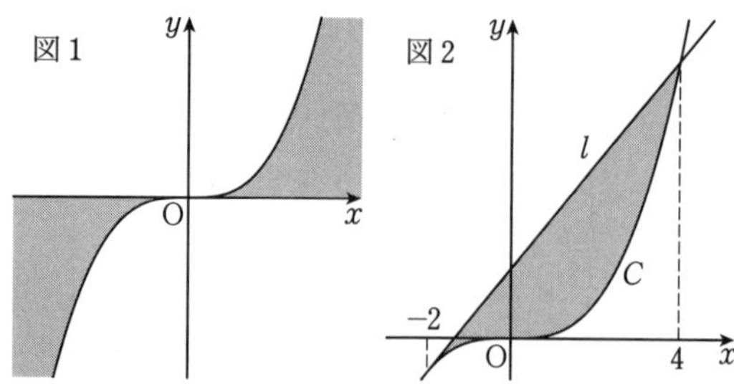

（**3**） $(x,\ y)=(-1,\ 4)$ を $2t^3-3xt^2+y=0$ に代入して $2t^3+3t^2+4=0$

$(t+2)(2t^2-t+2)=0$ となる．$2t^2-t+2=0$ は実数解をもたないから，$t=-2$ である．よって，点 $(-1,\ 4)$ を通る C の接線はただ 1 つで $\boldsymbol{y=12x+16}$

C とこれを連立させて

$$x^3=12x+16 \qquad \therefore \quad (x+2)^2(x-4)=0$$

$x=-2$ で接し，$x=4$ で交わる．

12 分の 1 公式を用いる．求める面積は

$$\int_{-2}^{4}\{(12x+16)-x^3\}\,dx$$

$$=\frac{1}{12}(4-(-2))^4=\boldsymbol{108}$$

《通過領域の面積 (C30) ☆》

467．実数 a が $0\leqq a\leqq 1$ を満たしながら動くとき，座標平面において 3 次関数

$y=x^3-2ax+a^2\ (0\leqq x\leqq 1)$

のグラフが通過する領域を A とする．このとき，次の問いに答えよ．

（1） 直線 $x=\dfrac{1}{2}$ と A との共通部分に属する点の y 座標のとり得る範囲を求めよ．

（2） A に属する点の y 座標の最小値を求めよ．

（3） A の面積を求めよ． （21 早稲田大・教育）

▶解答◀ （1） $y=x^3-2ax+a^2$ で

$x=\dfrac{1}{2}$ とすると $y=\dfrac{1}{8}-a+a^2$

$f(a)=a^2-a+\dfrac{1}{8}$ とおく．

$$f(a)=\left(a-\frac{1}{2}\right)^2-\frac{1}{8}$$

$0\leqq a\leqq 1$ のとき $f(a)$ の値域は

$$f\left(\frac{1}{2}\right)\leqq f(a)\leqq f(1)$$

$$\boldsymbol{-\frac{1}{8}\leqq y\leqq \frac{1}{8}}$$

（**2**） $f(a)=a^2-2ax+x^3$ とおく．x を固定して a を動かす．(曲線が動く様子は注を見よ)

$$f(a)=(a-x)^2-x^2+x^3$$

$0\leqq a\leqq 1,\ 0\leqq x\leqq 1$ であるから $a=x$ になることができて，$f(a)$ の最小値は $f(x)=x^3-x^2$

次に x を動かす．$g(x)=x^3-x^2$ とする．

$$g'(x)=3x^2-2x=x(3x-2)$$

$g(x)$ の最小値は

$$g\left(\frac{2}{3}\right)=\frac{4}{9}\cdot\frac{-1}{3}=\boldsymbol{-\frac{4}{27}}$$

x	0	$\cdots$	$\frac{2}{3}$	$\cdots$	1
$g'(x)$		$-$	0	$+$	
$g(x)$		↘		↗	

（**3**） $f(a)$ の最大値は $f(0)$ と $f(1)$ の大きい方（等しいときはその値）である．

$$f(0)=x^3,\ f(1)=1-2x+x^3$$

$1-2x\geqq 0$ のとき $f(0)\leqq f(1)$

$1-2x\leqq 0$ のとき $f(0)\geqq f(1)$

通過領域は，

$0\leqq x\leqq \dfrac{1}{2}$ のとき

$$x^3-x^2\leqq y\leqq 1-2x+x^3$$

$\dfrac{1}{2}\leqq x\leqq 1$ のとき

$$x^3-x^2\leqq y\leqq x^3$$

求める面積は

$$\int_0^{\frac{1}{2}}\{(1-2x+x^3)-(x^3-x^2)\}\,dx$$

$$+\int_{\frac{1}{2}}^{1}\{x^3-(x^3-x^2)\}\,dx$$

$$=\int_0^{\frac{1}{2}}(x-1)^2\,dx+\int_{\frac{1}{2}}^{1}x^2\,dx$$

$$=\left[\frac{1}{3}(x-1)^3\right]_0^{\frac{1}{2}}+\left[\frac{1}{3}x^3\right]_{\frac{1}{2}}^{1}$$

$$=-\frac{1}{24}+\frac{1}{3}+\frac{1}{3}-\frac{1}{24}=\frac{2}{3}-\frac{1}{12}=\boldsymbol{\frac{7}{12}}$$

注意 $g(x)=x^3-2ax+a^2$ とおく．

$$g'(x)=3x^2-2a$$

$x=\sqrt{\dfrac{2}{3}a}$ で極小になる．a の増加とともに極小点が右方に動く．

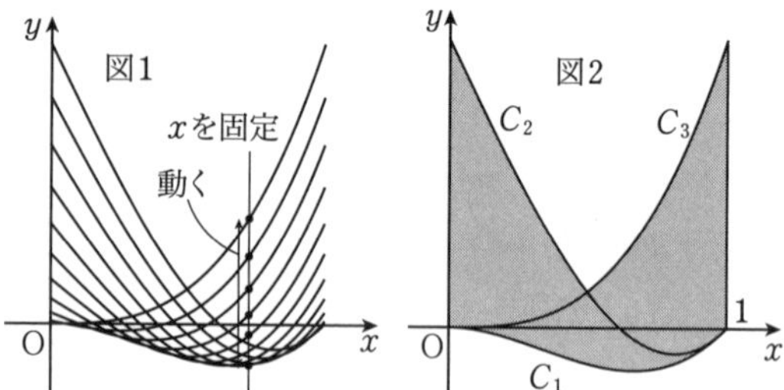

$C_1:y=x^3-x^2,\ C_2:y=1-2x+x^3,\ C_3:y=x^3$ である．

《変曲点を使おう (B20)》

468. (1) $a \geqq 0$ とする.

$$\int_0^a (x^3 - a^2x)\,dx = a^q \int_0^1 (x^3 - x)\,dx = pa^q$$

となる. ここで $p = \frac{\square}{\square}$, $q = \square$ である.

$a = \square$ のとき $\left|\int_0^a x(x^2 - a^2)\,dx\right| = 4$ となる.

(2) 曲線 $y = f(x) = x^3 - 6x^2 + 10x + 1$ の変曲点は(ア , イ)である. この変曲点を通って $y = f(x)$ と 3 点で交わる直線で, その直線と曲線 $y = f(x)$ で囲まれる部分の面積が 8 となるものを考える.

3 つの交点のうちで x 座標が最も大きい交点の x 座標は ウ なので, 求める直線の方程式は

$$y = \frac{f(\text{ウ}) - f(\text{ア})}{(\text{ウ} - \text{ア})}(x - \text{ア}) + \text{イ}$$

$$= \square x + \square$$

である. (21 順天堂大・医)

▶解答◀ (i) $\int_0^a (x^3 - a^2x)\,dx$

$$= \left[\frac{x^4}{4} - \frac{1}{2}a^2x^2\right]_0^a = -\frac{a^4}{4} \quad \cdots\cdots①$$

$$a^q \int_0^1 (x^3 - x)\,dx = a^q\left[\frac{x^4}{4} - \frac{x^2}{2}\right]_0^1 = -\frac{a^q}{4}$$

であるから, $-\frac{a^4}{4} = -\frac{a^q}{4} = pa^q$ が成り立つ.

したがって $p = \mathbf{\frac{-1}{4}}$, $q = \mathbf{4}$ である.

また $\left|\int_0^a x(x^2 - a^2)\,dx\right| = 4$ のとき, ① より

$$\left|-\frac{a^4}{4}\right| = 4 \qquad \therefore \quad a^4 = 16$$

$a > 0$ より $a = \mathbf{2}$ である.

(ii) $f(x) = x^3 - 6x^2 + 10x + 1$

$f'(x) = 3x^2 - 12x + 10$

$f''(x) = 6x - 12$

(変曲点というから数学 III になるけれど, 3 交点が等間隔に並ぶときといえば, 解と係数で押せて数学 II になる) 変曲点は $(\mathbf{2}, \mathbf{5})$ である. これを通って $y = f(x)$ と 3 点で交わる直線を $y = mx+n$ とおく. $f(x) = mx+n$ の 2 以外の解を大きい方から α, β とする. 解と係数の関係 (3 解の和) より $\alpha+\beta+2 = 6$ となる. $\alpha-2 = 2-\beta$ となる. 曲線 $y = f(x)$ と直線 $y = mx + n$ で囲む面積は曲線 $C_2 : y = f(x) - (mx + n)$ と x 軸で囲む面積に等しく, C_2 は $y = (x - \beta)(x - 2)(x - \alpha)$ である. これを左に 2 だけ平行移動し, $\alpha - 2 = a$ とおくと移動後の曲線は $C_3 : y = (x + a)x(x - a)$ となる. C_3 は原点対称である. C_3 と x 軸の囲む面積は $2\left|\int_0^a x(x^2 - a^2)\,dx\right|$ に等しく, これが 8 であるから, (i) で求めた結果が使えて $a = 2$ である.

$\beta = 2 - a = 0$, $\alpha = 2 + a = \mathbf{4}$ で, $f(2) = 5$, $f(4) = 9$ となるから, $y = mx + n$ は点 $(2, 5)$, $(4, 9)$ を通り ($f(0) = 1$ で, 簡単な方の点 $(0, 1)$ を使えばよいのに)

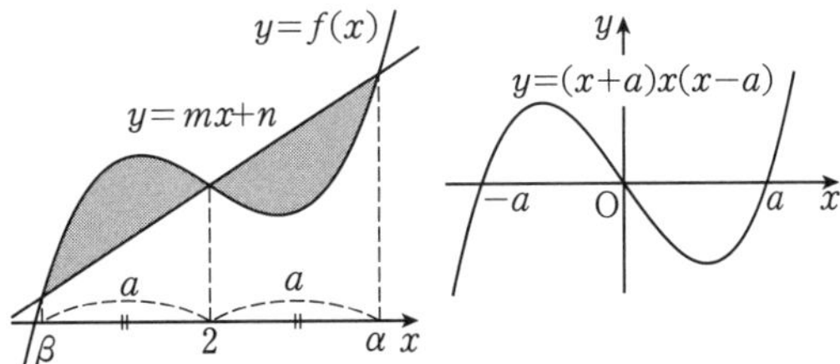

$$y = \frac{9 - 5}{4 - 2}(x - 2) + 5 \qquad \therefore \quad y = \mathbf{2x + 1}$$

《4 次関数と面積 (B20) ☆》

469. 曲線

$$y = x^4 - 2x^3 + x^2 - 2x + 2$$

を C とし, 異なる 2 点で C と接する直線を l とします. 曲線 C と直線 l に囲まれる部分の面積を求めなさい. (21 横浜市大・共通)

▶解答◀ 直線 l の方程式を $y = ax + b$ とおく. また, 直線 l と曲線 C の異なる 2 接点の座標を α, β とおく. l と C の連立方程式から y を消去して出てくる 4 次方程式

$$x^4 - 2x^3 + x^2 - 2x + 2 = ax + b$$

の解は, 異なる 2 重解 α, β であるから

$$x^4 - 2x^3 + x^2 - 2x + 2 - (ax + b)$$
$$= (x - \alpha)^2(x - \beta)^2$$

すなわち

$$x^4 - 2x^3 + x^2 - (a + 2)x + 2 - b$$
$$= (x^2 - 2\alpha x + \alpha^2)(x^2 - 2\beta x + \beta^2)$$

$$x^4 - 2x^3 + x^2 - (a + 2)x + 2 - b$$
$$= x^4 - 2(\alpha + \beta)x^3 + (\alpha^2 + 4\alpha\beta + \beta^2)x^2$$
$$-2\alpha\beta(\alpha + \beta)x + \alpha^2\beta^2$$

が x の恒等式となる. よって

$$-2 = -2(\alpha + \beta),\ 1 = \alpha^2 + 4\alpha\beta + \beta^2,$$
$$-(a + 2) = -2\alpha\beta(\alpha + \beta),\ 2 - b = \alpha^2\beta^2$$

$\alpha + \beta = 1$ を $1 = (\alpha + \beta)^2 + 2\alpha\beta$ に代入して,

$$1 = 1^2 + 2\alpha\beta \qquad \therefore \quad \alpha\beta = 0$$

$(\alpha, \beta) = (0, 1), (1, 0)$ で，α，β は実数で存在し，$a = -2 + 2\alpha\beta(\alpha + \beta) = -2$，$b = 2 - (\alpha\beta)^2 = 2$ で直線 l の方程式は $y = -2x + 2$ となる．

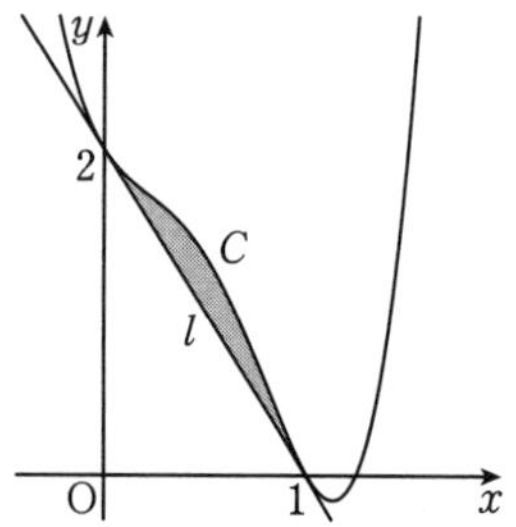

求める面積 S は

$$S = \int_0^1 \{x^4 - 2x^3 + x^2 - 2x + 2 - (-2x + 2)\}\,dx$$

$$= \int_0^1 (x^4 - 2x^3 + x^2)\,dx$$

$$= \left[\frac{x^5}{5} - \frac{x^4}{2} + \frac{x^3}{3}\right]_0^1 = \frac{1}{5} - \frac{1}{2} + \frac{1}{3} = \boldsymbol{\frac{1}{30}}$$

【面積の難問】

《横向きと縦の放物線で囲む面積 (B30)》

470. k を正の実数として，2 つの放物線

$C_1 : y = x^2 - k$

$C_2 : x = y^2 - k$

の共有点を調べる．C_1, C_2 の方程式から y を消去することにより，方程式 $f(x) = 0$，ただし

$f(x) = x^4 - 2kx^2 - x + k^2 - k$

を得る．また，$g(x) = f'(x)$ とおく．

（1） k の値により場合分けして，$g(x) = 0$ の異なる実数解の個数を調べよ．

（2） $g(x) = 0$ が 2 つの異なる実数解をもつとき，$f(x)$ の増減を調べ，$y = f(x)$ のグラフの概形を描け．

（3）（2）のとき，C_1 と C_2 の共有点は 2 個のみであることを示し，それらの座標を求めよ．

（4）（3）で求めた 2 個の共有点を通る直線と C_1 とで囲まれた部分の面積を求めよ．

（21　東京海洋大・海洋工）

▶解答◀ （1） $g(x) = 4x^3 - 4kx - 1$

$g'(x) = 12x^2 - 4k$

$g'(x) = 0$ を解くと，$x = \pm\sqrt{\dfrac{k}{3}}$ である．$a = \sqrt{\dfrac{k}{3}}$ とおく．$a > 0$ である．

$k = 3a^2$ で，$g(x) = 4x^3 - 12a^2x - 1$

$g(a) = -8a^3 - 1 < 0$

$g(-a) = 8a^3 - 1$

$g(-a) > 0$ になるのは $a > \dfrac{1}{2}$ のときで，$k = 3a^2 > \dfrac{3}{4}$ のときである．

図 1 を参照せよ．$g(x) = 0$ の異なる実数解の個数は，$0 < k < \dfrac{3}{4}$ のとき **1**，$k = \dfrac{3}{4}$ のとき **2**，$k > \dfrac{3}{4}$ のとき **3**

（2）（1）より $k = \dfrac{3}{4}$ である．このとき

$$f(x) = x^4 - \frac{3}{2}x^2 - x - \frac{3}{16}$$

$$f'(x) = g(x) = 4x^3 - 3x - 1 = (2x + 1)^2(x - 1)$$

$f(x)$ の増減表は次のようになる．

x	$\cdots$	$-\frac{1}{2}$	$\cdots$	1	$\cdots$
$f'(x)$	$-$	0	$-$	0	$+$
$f(x)$	↘		↘		↗

$$f\left(-\frac{1}{2}\right) = \frac{1}{16} - \frac{3}{8} + \frac{1}{2} - \frac{3}{16} = 0$$

$$f(1) = 1 - \frac{3}{2} - 1 - \frac{3}{16} = -\frac{27}{16}$$

$y = f(x)$ のグラフの概形は図 2 のようになる．

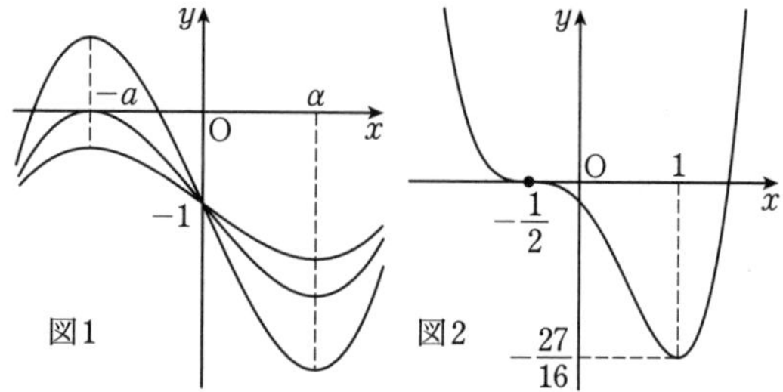

（3）（2）のグラフより，$f(x) = 0$ の異なる実数解は 2 個である．これが共有点の x 座標である．共有点の x 座標に対し，C_1 の方程式から y 座標が 1 つだけ定まるから，共有点は 2 個のみである．

$f(x) = 0$ の解を求める．$f(x)$ は $x + \dfrac{1}{2}$ を因数にもつから，繰り返し割り算をすると 3 回割り切れて

$$f(x) = \left(x + \frac{1}{2}\right)^3\left(x - \frac{3}{2}\right)$$

よって，$f(x) = 0$ の解は $x = -\dfrac{1}{2}, \dfrac{3}{2}$ である．これらを C_1 の方程式 $y = x^2 - \dfrac{3}{4}$ に代入して y を求める．

共有点の座標は $\boldsymbol{\left(-\frac{1}{2}, -\frac{1}{2}\right), \left(\frac{3}{2}, \frac{3}{2}\right)}$

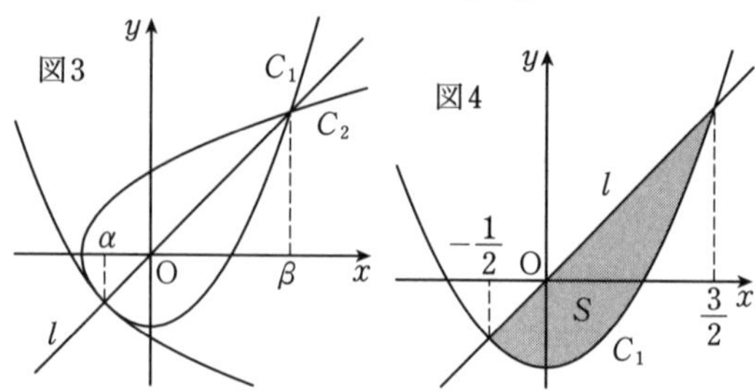

（4）（3）の2個の共有点を通る直線を $l : y = h(x)$ と表し，$\alpha = -\frac{1}{2}$, $\beta = \frac{3}{2}$ とおくと

$$\left(x^2 - \frac{3}{4}\right) - h(x) = (x - \alpha)(x - \beta)$$

と変形できる．これを用いると，求める面積 S は

$$S = \int_\alpha^\beta \left\{h(x) - \left(x^2 - \frac{3}{4}\right)\right\} dx$$

$$= -\int_\alpha^\beta (x - \alpha)(x - \beta)\, dx$$

$$= \frac{1}{6}(\beta - \alpha)^3 = \frac{2^3}{6} = \mathbf{\frac{4}{3}}$$

注意　y 軸を軸とする放物線と x 軸を軸とする放物線の共有点を求めるのに，本問では2曲線の方程式から強引に y を消去し4次方程式を作って考えているが，2次以下の範囲で収まるように次のように処理するのが普通である．

2曲線の方程式を足して

$$x + y = x^2 + y^2 - 2k$$

$$\left(x - \frac{1}{2}\right)^2 + \left(y - \frac{1}{2}\right)^2 = 2k + \frac{1}{2} \quad \cdots\cdots\cdots\text{①}$$

$k > 0$ より，これは円を表す．次に，2曲線の方程式の一方からもう一方を引いて

$$y - x = x^2 - y^2$$

$$(x - y)(x + y + 1) = 0$$

これは2直線 $l_1 : x - y = 0$, $l_2 : x + y + 1 = 0$ を表す．C_1, C_2 の共有点は，この2直線と円①の共有点である．l_1 と①の共有点の座標を求めると

$$\left(\frac{1}{2} \pm \sqrt{k + \frac{1}{4}},\ \frac{1}{2} \pm \sqrt{k + \frac{1}{4}}\right)$$

l_2 と①は $k \geqq \frac{3}{4}$ のとき共有点をもち，その座標は

$$\left(-\frac{1}{2} \pm \sqrt{k - \frac{3}{4}},\ -\frac{1}{2} \mp \sqrt{k - \frac{3}{4}}\right)$$

である．

《2実数関数と絶対値の積分（B30）☆》

471. $f(x) = |x^2 - 7x + 10| + |x - 2|$ とする．

（1）$1 \leqq x \leqq 6$ の範囲において，$f(x)$ の最大値と最小値を求めよ．

（2）曲線 $y = f(x)$ と直線 $y = x + k$ の共有点の個数が4個になるときの実数 k の値の範囲を求めよ．

（3）曲線 $y = f(x)$ と2つの直線 $x = 1$, $x = 6$ および x 軸で囲まれた図形の面積 S を求めよ．

（21　徳島大・理工，保健）

▶解答◀（1）

$$f(x) = |(x - 5)(x - 2)| + |x - 2|$$

$x \leqq 2$ のとき

$$f(x) = (x^2 - 7x + 10) - (x - 2)$$

$$= x^2 - 8x + 12 = (x - 4)^2 - 4$$

$2 \leqq x \leqq 5$ のとき

$$f(x) = -(x^2 - 7x + 10) + (x - 2)$$

$$= -x^2 + 8x - 12 = -(x - 4)^2 + 4$$

$x \geqq 5$ のとき

$$f(x) = (x^2 - 7x + 10) + (x - 2)$$

$$= x^2 - 6x + 8 = (x - 3)^2 - 1$$

となるから，曲線 $y = f(x)$ は図1のようになる．

$1 \leqq x \leqq 6$ における最大値は $f(6) = \mathbf{8}$

最小値は $f(2) = \mathbf{0}$

（2）$y = x + k$ と $y = -x^2 + 8x - 12$ が接するとき

$$x + k = -x^2 + 8x - 12$$

$$x^2 - 7x + k + 12 = 0$$

の判別式を D として $D = 0$

$$7^2 - 4(k + 12) = 0 \qquad \therefore \quad k = \frac{1}{4}$$

上の2次方程式の重解は $x = \frac{7}{2}$ となり，$2 < x < 4$ にある．$y = x + k$ が $(2, 0)$ と $(5, 3)$ を通るときの k の値はともに -2 であるから，図のグラフとの共有点の個数が4となる k の値の範囲は $\mathbf{-2 < k < \frac{1}{4}}$

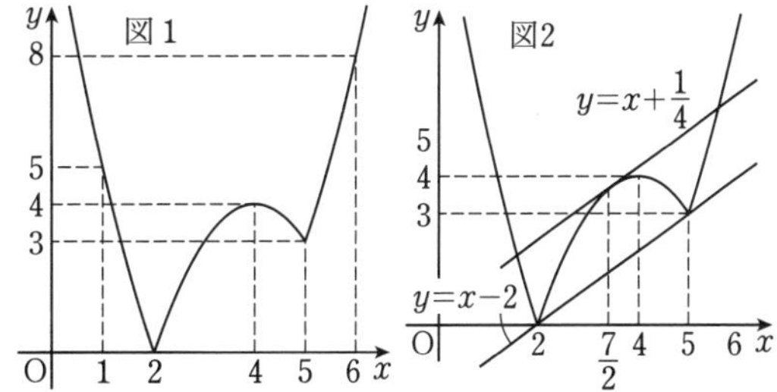

（3）$f(x) \geqq 0$ である．6分の1公式を使う．面積は

$$\int_1^6 f(x)\, dx$$

$$= \int_1^6 |(x - 2)(x - 5)|\, dx + \int_1^6 |x - 2|\, dx$$

$$= 2\int_1^2 (x^2 - 7x + 10)\, dx + \frac{1}{6}(5 - 2)^3$$

$$+ \frac{1}{2} \cdot 1^2 + \frac{1}{2} \cdot 4^2$$

$$= 2\left[\frac{x^3}{3} - \frac{7x^2}{2} + 10x\right]_1^2 + \frac{9}{2} + \frac{1}{2} + 8$$

$$= \frac{2 \cdot 7}{3} - 7 \cdot 3 + 20 + 5 + 8 = \frac{14 + 36}{3} = \mathbf{\frac{50}{3}}$$

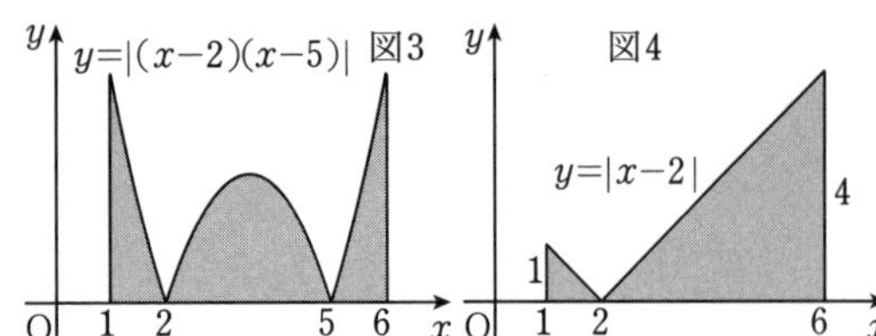

《4 次関数と面積 (B30)》

472. a, b, c を実数とする．

$f(x) = x^4 - 4x^3 + 4x^2 + \dfrac{1}{4}$

とする．座標平面上における曲線 $C_1 : y = f(x)$ と放物線 $C_2 : y = ax^2 + bx + c$ は点 $\mathrm{P_1}\left(\dfrac{2-\sqrt{2}}{2},\ f\left(\dfrac{2-\sqrt{2}}{2}\right)\right)$，$\mathrm{P_2}\left(\dfrac{2+\sqrt{2}}{2}, f\left(\dfrac{2+\sqrt{2}}{2}\right)\right)$ を共有点としてもち，かつ点 $\mathrm{P_1}$ で共通の接線 l_1，点 $\mathrm{P_2}$ で共通の接線 l_2 をもつという．曲線 C_1 と放物線 C_2 によって囲まれた部分の面積を S_1，接線 l_1 および l_2 と C_2 によって囲まれた部分の面積を S_2 とする．

（1） $a = -$ **ア**，$b =$ **イ**，$c =$ □ である．

（2） $S_1 = \dfrac{\square}{\square}\sqrt{\square}$ である．

（3） 接線 l_1 の方程式は $y = \sqrt{\square}x + \dfrac{\square}{\square} - \sqrt{\square}$ であり，$S_2 = \dfrac{\square}{\square}\sqrt{\square}$ である．

連立不等式 $y \geqq f(x)$, $y \leqq -$ **ア** x^2+ **イ** $x+\dfrac{1}{4}$, $x \geqq \dfrac{2+\sqrt{2}}{2}$ が表す領域（境界線も含む）の面積を S_3 とする．

（4） $S_3 = \dfrac{\square}{\square} - \dfrac{\square}{\square}\sqrt{\square}$ である．

（21　東京理科大・薬）

▶解答◀ （1） $g(x) = ax^2 + bx + c$,

$\alpha = \dfrac{2-\sqrt{2}}{2}$，$\beta = \dfrac{2+\sqrt{2}}{2}$ とおく．

$$f(x) - g(x) = (x-\alpha)^2(x-\beta)^2$$

とおけて，

$$g(x) = f(x) - \{x^2 - (\alpha+\beta)x + \alpha\beta\}^2$$

$$= f(x) - \left(x^2 - 2x + \frac{4-2}{4}\right)^2$$

$$g(x) = f(x) - \left(x^2 - 2x + \frac{1}{2}\right)^2 \quad \cdots\cdots\cdots\text{①}$$

$$= x^4 - 4x^3 + 4x^2 + \frac{1}{4}$$

$$-\left(x^4 + 4x^2 + \frac{1}{4} - 4x^3 + x^2 - 2x\right)$$

$$= -x^2 + 2x$$

よって，$a = \mathbf{-1}$, $b = \mathbf{2}$, $c = \mathbf{0}$ である．

（2） $X = x - \alpha$ とおく．

$$\{(x-\alpha)(x-\beta)\}^2 = \{X(X-(\beta-\alpha))\}^2$$

$$= X^2\{X^2 - 2(\beta-\alpha)X + (\beta-\alpha)^2\}$$

$$= X^4 - 2(\beta-\alpha)X^3 + (\beta-\alpha)^2X^2$$

$$= (x-\alpha)^4 - 2(\beta-\alpha)(x-\alpha)^3$$

$$+(\beta-\alpha)^2(x-\alpha)^2$$

であるから，

$$S_1 = \int_\alpha^\beta \{f(x) - g(x)\}\,dx$$

$$= \Big[\ \frac{1}{5}(x-\alpha)^5 - \frac{1}{2}(\beta-\alpha)(x-\alpha)^4$$

$$+\frac{1}{3}(\beta-\alpha)^2(x-\alpha)^3\ \Big]_\alpha^\beta$$

$$= \left(\frac{1}{5} - \frac{1}{2} + \frac{1}{3}\right)(\beta-\alpha)^5$$

$$= \frac{1}{30}(\sqrt{2})^5 = \mathbf{\frac{2}{15}\sqrt{2}}$$

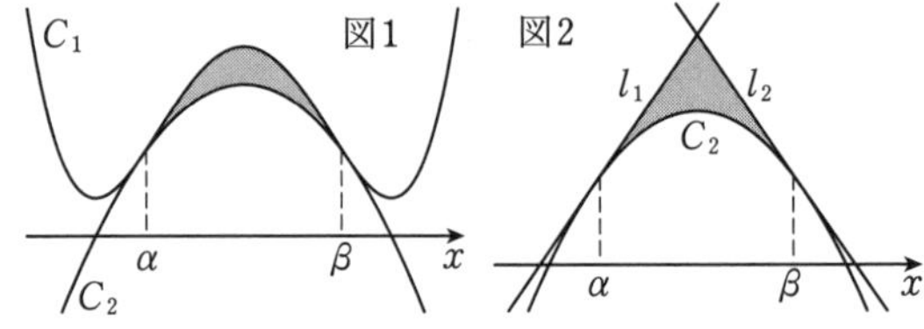

（3） $g(x) = -x^2 + 2x = 1 - (x-1)^2$

$$g'(x) = -2(x-1)$$

$$g'\left(1 - \frac{\sqrt{2}}{2}\right) = \sqrt{2},\ g\left(1 - \frac{\sqrt{2}}{2}\right) = 1 - \frac{1}{2} = \frac{1}{2}$$

l_1 は $y = \sqrt{2}\left(x - 1 + \dfrac{\sqrt{2}}{2}\right) + \dfrac{1}{2}$

$$y = \mathbf{\sqrt{2}x + \frac{3}{2} - \sqrt{2}}$$

S_2 は $\dfrac{1}{12}$ 公式を用いる．

$$S_2 = \frac{1}{12}(\beta-\alpha)^3 = \frac{1}{12}(\sqrt{2})^3 = \mathbf{\frac{1}{6}\sqrt{2}}$$

（4） $y = -x^2 + 2x + \dfrac{1}{4}$ は $y = g(x) + \dfrac{1}{4}$ と表される．① で

$$f(x) - g(x) = \left(x^2 - 2x + \frac{1}{2}\right)^2$$

と書いていることに注意せよ．

$$f(x) - g(x) = \left\{(x-1)^2 - \frac{1}{2}\right\}^2$$

$$f(x) - g(x) = (x-1)^4 - (x-1)^2 + \frac{1}{4}$$

$$g(x) + \frac{1}{4} - f(x) = (x-1)^2 - (x-1)^4$$

$x \geqq \beta > 1$ において

$$(x-1)^2-(x-1)^4=(x-1)^2\{1-(x-1)^2\}$$
$$=(x-1)^2x(2-x) \geqq 0$$

を解くと $\beta \leqq x \leqq 2$ となるから

$$S_3=\int_\beta^2\left\{g(x)+\frac{1}{4}-f(x)\right\}dx$$
$$=\left[\frac{1}{3}(x-1)^3-\frac{1}{5}(x-1)^5\right]_\beta^2$$
$$=\frac{1}{3}-\frac{1}{5}-\frac{1}{3}(\beta-1)^3+\frac{1}{5}(\beta-1)^5$$
$$=\frac{2}{15}-\left\{\frac{1}{3}-\frac{1}{5}\left(\frac{\sqrt{2}}{2}\right)^2\right\}\left(\frac{\sqrt{2}}{2}\right)^3$$
$$=\frac{2}{15}-\left(\frac{1}{3}-\frac{1}{10}\right)\cdot\frac{\sqrt{2}}{4}$$
$$=\mathbf{\frac{2}{15}-\frac{7}{120}\sqrt{2}}$$

C_1，$y=g(x)+\dfrac{1}{4}$ のグラフを描けば図 3 のようになる．また，差のグラフ $y=g(x)+\dfrac{1}{4}-f(x)$ を描けば図 4 になる．

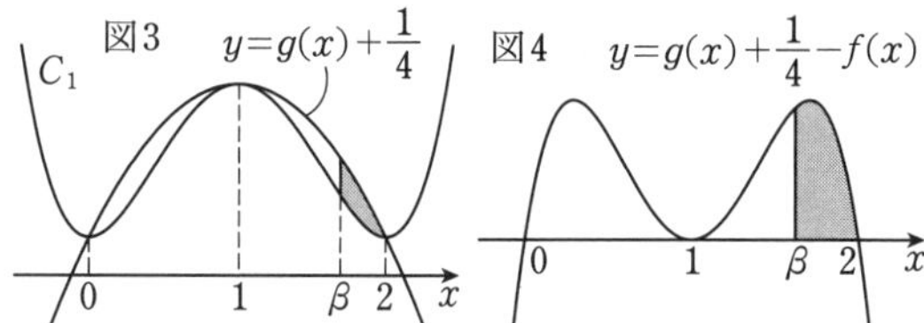

別解 （3） 正直に計算しても大したことはない．C_2 の軸 $x=1$ に関する対称性を利用する．l_1 を $y=h(x)$ として $h(x)-g(x)=(x-\alpha)^2$ であるから，

$$\frac{S_2}{2}=\int_\alpha^1\{h(x)-g(x)\}dx$$
$$=\left[\frac{1}{3}(x-\alpha)^3\right]_\alpha^1=\frac{1}{3}(1-\alpha)^3$$
$$=\frac{1}{3}\left(\frac{\sqrt{2}}{2}\right)^3=\frac{2\sqrt{2}}{3\cdot 2^3}=\frac{\sqrt{2}}{12}$$

$S_2=\mathbf{\dfrac{1}{6}\sqrt{2}}$ となる．

《多項式の割り算の利用（C30）》

473． a を実数とする．直線 $y=ax-2a+1$ を l とし，曲線 $y=x^3-4x+1$ を C とする．このとき，以下の問いに答えよ．

（1） l は a の値にかかわらず定点 P を通る．点 P の座標を求めよ．

（2） l と C が異なる 3 点で交わるための条件を a を用いて表せ．

（3） $0<a<4$ のとき，l と C で囲まれた 2 つの部分のうち，l の上方にある部分の面積が $\dfrac{27}{2}$ となるように a の値を定めよ．（21 大府大・後期）

▶解答◀ （1） $y=ax-2a+1$ より $y=a(x-2)+1$ は，点 $(2, 1)$ を通る傾き a の直線の方程式である．よって，P の座標は $\mathbf{(2, 1)}$．

（2） C と l を連立させて，

$$x^3-4x+1=ax-2a+1$$
$$x^3-(a+4)x+2a=0$$
$$(x-2)(x^2+2x-a)=0$$

よって，$x=2$, $x^2+2x-a=0$ ……………………①

2 次方程式①が，2 以外の異なる 2 つの実数解をもつことが条件である．

①を，$x^2+2x=a$ と変形して，2 つのグラフ C' : $y=(x+1)^2-1$, $y=a$ の共有点の x 座標が 2 でないような a の値の範囲を求めると，$\mathbf{-1<a<8, 8<a}$

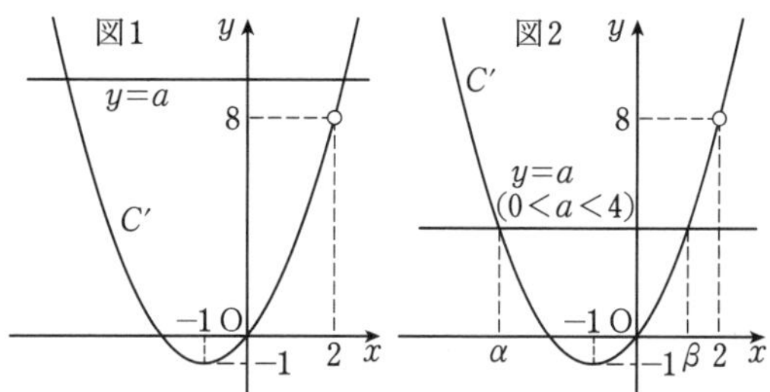

（3） $0<a<4$ のとき，①の異なる 2 つの実数解を $\alpha, \beta\ (\alpha<\beta)$ とおくと，グラフより $\alpha<\beta<2$ で，l と C で囲まれた 2 つの部分のうち，l の上方にある部分の面積を S とすると

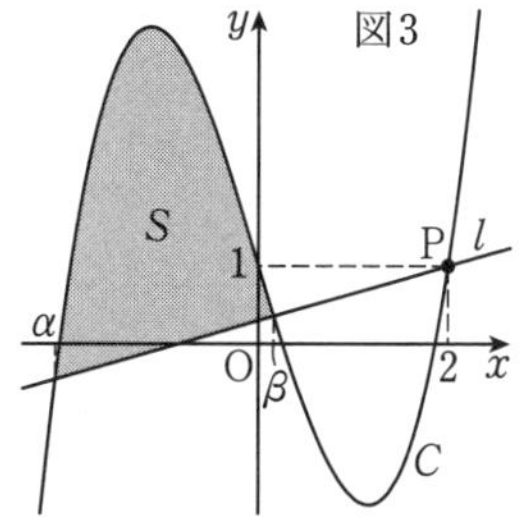

$$S=\int_\alpha^\beta\{x^3-4x+1-(ax-2a+1)\}dx$$
$$=\int_\alpha^\beta(x-\alpha)(x-\beta)(x-2)dx$$
$$=\int_\alpha^\beta(x-\alpha)\{(x-\alpha)-(\beta-\alpha)\}$$
$$\times\{(x-\alpha)-(2-\alpha)\}dx$$
$$=\int_\alpha^\beta\{(x-\alpha)^3-(\beta+2-2\alpha)(x-\alpha)^2$$
$$+(\beta-\alpha)(2-\alpha)(x-\alpha)\}dx$$
$$=\left[\frac{(x-\alpha)^4}{4}-(\beta+2-2\alpha)\frac{(x-\alpha)^3}{3}\right.$$

$$+(\beta-\alpha)(2-\alpha)\frac{(x-\alpha)^2}{2}\Bigg]_{\alpha}^{\beta}$$

$$=\frac{(\beta-\alpha)^4}{4}-(\beta+2-2\alpha)\frac{(\beta-\alpha)^3}{3}$$

$$+(\beta-\alpha)(2-\alpha)\frac{(\beta-\alpha)^2}{2}$$

$$=\frac{(\beta-\alpha)^3}{12}\{3(\beta-\alpha)$$

$$-4(\beta+2-2\alpha)+6(2-\alpha)\}$$

$$=\frac{(\beta-\alpha)^3}{12}(-\beta-\alpha+4)$$

ここで，解の公式からの $\alpha=-1-\sqrt{a+1}$,
$\beta=-1+\sqrt{a+1}$ を代入して

$$S=\frac{(2\sqrt{a+1})^3}{12}\cdot 6=4\sqrt{(a+1)^3}$$

$S=\dfrac{27}{2}$ であるから，

$$4\sqrt{(a+1)^3}=\frac{27}{2}$$

$$(a+1)^{\frac{3}{2}}=\left(\frac{3}{2}\right)^3$$

$$a+1=\left(\frac{3}{2}\right)^2 \qquad \therefore\quad a=\boldsymbol{\frac{5}{4}}$$

(この値は，$0<a<4$ を満たす.)

♦別解♦ （**3**） $S=\displaystyle\int_{\alpha}^{\beta}\{x^3-(a+4)x+2a\}\,dx$

$F(x)=\dfrac{x^4}{4}-\dfrac{a+4}{2}x^2+2ax$ とおくと，
$S=F(\beta)-F(\alpha)$ で $4F(x)$ を $x^2+2x-a\ (=f(x))$
で割って，次数下げの式を作ると

$$\begin{array}{lrrrrr}
 & 1 & -2 & -a-4 & & \\ \hline
1\quad 2\quad -a\ \big) & 1 & 0 & -2a-8 & 8a & 0 \\
-)\ & 1 & 2 & -a & & \\ \hline
 & & -2 & -a-8 & 8a & \\
 & -) & -2 & -4 & 2a & \\ \hline
 & & & -a-4 & 6a & 0 \\
 & & -) & -a-4 & -2a-8 & a^2+4a \\ \hline
 & & & & 8a+8 & -a^2-4a
\end{array}$$

$$4F(x)=(x^2+2x-a)(x^2-2x-a-4)$$

$$+8(a+1)x-a^2-4a$$

$$F(x)=\frac{1}{4}f(x)(x^2-2x-a-4)$$

$$+2(a+1)x-\frac{a^2+4a}{4}$$

$f(\alpha)=f(\beta)=0$ であるから，

$$F(\beta)-F(\alpha)=2(a+1)(\beta-\alpha)$$

$$=4(a+1)\sqrt{a+1}$$

【数学IIの微積分の融合】

《微分と積分 (B20)》

474. a を定数とし，関数 $F(x)$ を

$F(x)=\int_0^x (t^2+at+a)\,dt$

と定める．次の各問に答えよ．

（1） 関数 $F(x)$ が極値をもたないような a の範囲を求めよ．

（2） 関数 $F(x)$ が極大値 M，極小値 m をとり，$M+m=-\dfrac{7}{6}$ であるとき，a の値を求めよ．

（21 名城大・薬）

▶解答◀ （1）

$$F(x)=\int_0^x (t^2+at+a)\,dt$$

$$F'(x)=x^2+ax+a$$

$x^2+ax+a=0$ の判別式を D とすると，$F(x)$ が極値をもたないのは $D\leqq 0$ のときである．

$$a^2-4a\leqq 0$$

$$a(a-4)\leqq 0 \qquad \therefore\ \boldsymbol{0\leqq a\leqq 4}$$

（**2**） $F(x)$ が極値をもつときであるから $D>0$ で，$a<0$ または $a>4$ である．

$x^2+ax+a=0$ の2解を $\alpha, \beta\ (\alpha<\beta)$ とする．

$$F'(x)=x^2+ax+a=(x-\alpha)(x-\beta)$$

x	$\cdots$	α	$\cdots$	β	$\cdots$
$F'(x)$	$+$	0	$-$	0	$+$
$F(x)$	↗		↘		↗

$M=F(\alpha),\ m=F(\beta)$ である．また，解と係数の関係より

$$\alpha+\beta=-a,\ \alpha\beta=a$$

であるから

$$M+m=F(\alpha)+F(\beta)$$

$$=\int_0^\alpha (t^2+at+a)\,dt+\int_0^\beta (t^2+at+a)\,dt$$

$$=\left[\frac{t^3}{3}+\frac{a}{2}t^2+at\right]_0^\alpha+\left[\frac{t^3}{3}+\frac{a}{2}t^2+at\right]_0^\beta$$

$$=\frac{1}{3}(\alpha^3+\beta^3)+\frac{a}{2}(\alpha^2+\beta^2)+a(\alpha+\beta)$$

$$=\frac{1}{3}\{(\alpha+\beta)^3-3\alpha\beta(\alpha+\beta)\}$$

$$+\frac{a}{2}\{(\alpha+\beta)^2-2\alpha\beta\}+a(\alpha+\beta)$$

$$=\frac{1}{3}(-a^3+3a^2)+\frac{a}{2}(a^2-2a)-a^2$$

$$=\frac{1}{6}a^3-a^2$$

$M+m=-\dfrac{7}{6}$ であるから

$$\frac{1}{6}a^3-a^2=-\frac{7}{6}$$

$$a^3-6a^2+7=0$$

$$(a+1)(a^2-7a+7)=0$$

$$a=-1,\ \frac{7\pm\sqrt{21}}{2}$$

ここで，$4<\sqrt{21}<5$ であるから

$$\frac{7+\sqrt{21}}{2}>4,\ 0\leqq\frac{7-\sqrt{21}}{2}\leqq 4$$

したがって，求める a の値は

$$\boldsymbol{a=-1,\ \frac{7+\sqrt{21}}{2}}$$

《絶対値で積分 (B15) ☆》

475. a を正の実数とする．関数

$S(a)=\int_0^2 |x^2-ax|\,dx$

について，以下の問いに答えよ．

（1） x の関数 $y=|x^2-ax|$ のグラフの概形をかけ．

（2） $S(a)$ を a を用いて表せ．

（3） a がすべての正の実数を動くとき，$S(a)$ の最小値を求めよ．

（21 大府大・環境シスなど）

▶解答◀ （1） $x^2-ax=x(x-a)$ であるから，$y=|x^2-ax|$ のグラフは，

$$y=x^2-ax=\left(x-\frac{a}{2}\right)^2-\frac{a^2}{4}$$

のグラフを $0<x<a$ の部分だけ x 軸対称に折り返したものである．

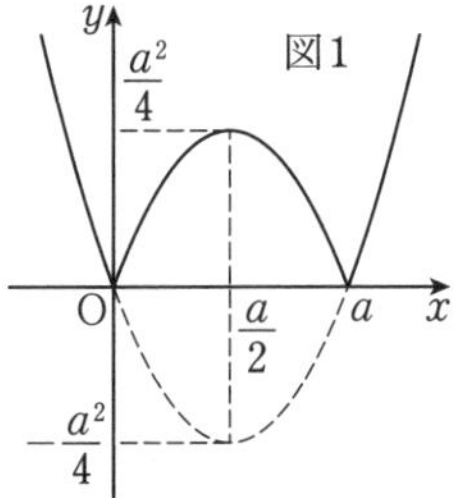

（**2**） （ア） $0<a\leqq 2$ のとき（図2）

$$S(a)=-\int_0^a (x^2-ax)\,dx+\int_a^2 (x^2-ax)\,dx$$

$$=-\left[\frac{x^3}{3}-\frac{ax^2}{2}\right]_0^a+\left[\frac{x^3}{3}-\frac{ax^2}{2}\right]_a^2$$

$$=\left(\frac{8}{3}-2a\right)-2\left(\frac{a^3}{3}-\frac{a^3}{2}\right)=\frac{1}{3}a^3-2a+\frac{8}{3}$$

（イ） $a\geqq 2$ のとき（図3）

$$S(a)=-\int_0^2 (x^2-ax)\,dx=-\left[\frac{x^3}{3}-\frac{ax^2}{2}\right]_0^2$$

$$=2a-\frac{8}{3}$$

(ア)(イ)より

$0 < a \leqq 2$ のとき $S(a) = \frac{1}{3}a^3 - 2a + \frac{8}{3}$

$a \geqq 2$ のとき $S(a) = 2a - \frac{8}{3}$

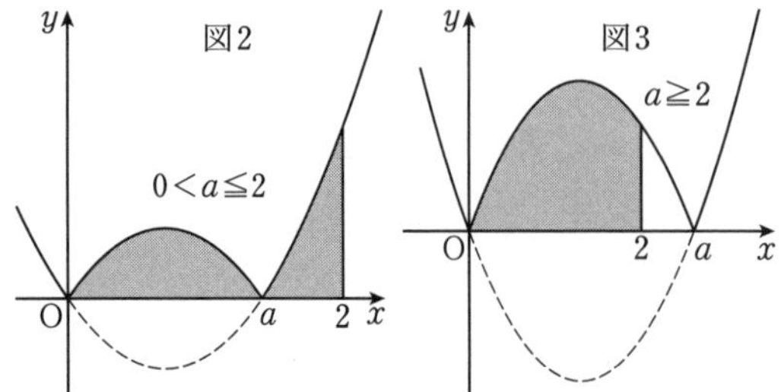

(**3**) $a > 2$ のとき $S'(a) = 2 > 0$,
$0 < a < 2$ のとき $S'(a) = a^2 - 2$ である．

a	0	$\cdots$	$\sqrt{2}$	$\cdots$	2	$\cdots$
$S'(a)$		$-$	0	$+$		$+$
$S(a)$		↘		↗		↗

増減表より，最小値は

$$S(\sqrt{2}) = \frac{2\sqrt{2}}{3} - 2\sqrt{2} + \frac{8}{3} = \mathbf{\frac{8-4\sqrt{2}}{3}}$$

《絶対値で積分 (B25) ☆》

476. a を負でない実数として，
$f(x) = x^2 - 2ax + a^2 - 1$
とおくとき，以下の設問に答えよ．
(1) $f(x) \geqq 0$ となる x の範囲を求めよ．
(2) x 軸と 2 つの直線 $x = -1$, $x = 1$ および曲線 $y = f(x)$ で囲まれた部分の面積を $S(a)$ とするとき，$S(a)$ を a の式で表せ．
(3) $S(a)$ の最小値とそのときの a の値を求めよ．　(21　東京女子大・数理)

▶解答◀ $f(x) = x^2 - 2ax + a^2 - 1$
$= x^2 - 2ax + (a+1)(a-1)$
$= \{x - (a+1)\}\{x - (a-1)\}$

(**1**) $f(x) \geqq 0$ のとき $a - 1 < a + 1$ であるから

$x \leqq a - 1$, $a + 1 \leqq x$

(**2**) $-1 \leqq a - 1$, $1 \leqq a + 1$ である．
(ア) $-1 \leqq a - 1 \leqq 1$ つまり $0 \leqq a \leqq 2$ のとき (図1)

$$S(a) = \int_{-1}^{a-1}(x^2 - 2ax + a^2 - 1)\,dx - \int_{a-1}^{1}(x^2 - 2ax + a^2 - 1)\,dx$$

$$= \left[\frac{1}{3}x^3 - ax^2 + (a^2-1)x\right]_{-1}^{a-1} - \left[\frac{1}{3}x^3 - ax^2 + (a^2-1)x\right]_{a-1}^{1}$$

$$= \frac{1}{3}(a-1)^3 - a(a-1)^2 + (a^2-1)(a-1) + \frac{1}{3} + a + a^2 - 1 - \frac{1}{3} + a - (a^2 - 1) + \frac{1}{3}(a-1)^3 - a(a-1)^2 + (a^2-1)(a-1)$$

$$= \frac{2}{3}(a-1)^3 - 2a(a-1)^2 + 2(a+1)(a-1)^2 + 2a$$

$$= \frac{2}{3}(a-1)^3 + 2(a-1)^2 + 2a = \frac{2}{3}a^3 + \frac{4}{3}$$

(イ) $1 \leqq a - 1$ つまり $2 \leqq a$ のとき (図2)

$$S(a) = \int_{-1}^{1}(x^2 - 2ax + a^2 - 1)\,dx$$

$$= 2\int_{0}^{1}(x^2 + a^2 - 1)\,dx$$

$$= 2\left[\frac{1}{3}x^3 + (a^2-1)x\right]_{0}^{1}$$

$$= 2\left(\frac{1}{3} + a^2 - 1\right) = 2a^2 - \frac{4}{3}$$

よって **$0 \leqq a \leqq 2$ のとき $S(a) = \frac{2}{3}a^3 + \frac{4}{3}$**,
$2 \leqq a$ のとき $S(a) = 2a^2 - \frac{4}{3}$

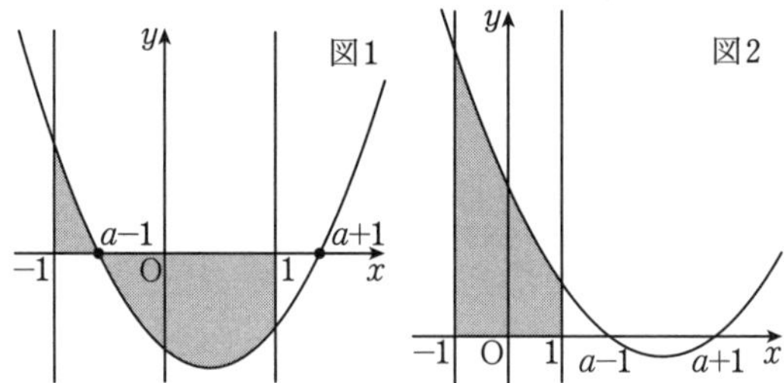

(**3**) $S(a)$ は $0 \leqq a \leqq 2$ のときも $2 \leqq a$ のときも単調増加する．
よって $a = \mathbf{0}$ のとき最小値 $\mathbf{\frac{4}{3}}$

《放物線と囲む面積の最小 (B20) ☆》

477. xy 平面上の曲線 $C : y = |x^2 + 2x|$ と直線 $l : y = k(x+2)$ が相異なる 3 点を共有する．ただし，k は実数の定数とする．このとき，次の問いに答えよ．
(1) k の値の範囲を求めよ．
(2) 3 つの共有点の x 座標を求めよ．必要ならば k を用いてよい．
(3) 曲線 C と直線 l で囲まれる 2 つの部分の面積の和の最小値と，そのときの k の値を求めよ．
(21　東京海洋大・海洋生命科学，海洋資源環境)

▶解答◀ (**1**) $f(x) = -x^2 - 2x$ とおく．

$f'(x)=-2x-2$, $f'(-2)=4-2=2$ である．

$y=k(x+2)$ と C が 3 交点をもつ条件は $\mathbf{0<k<2}$

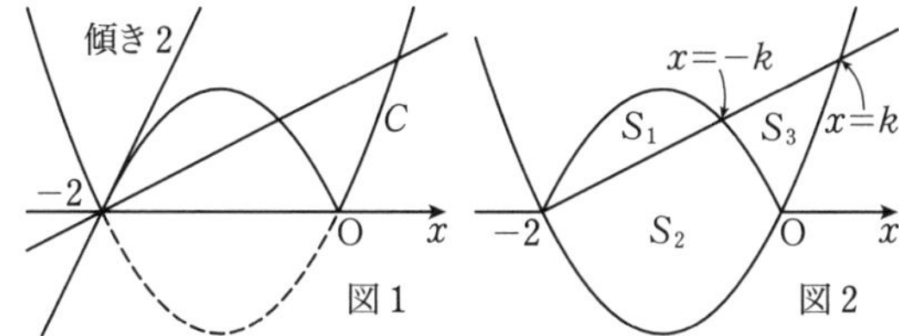

（**2**） $|x^2+2x|=k(x+2)$ のとき

$$x(x+2)=\pm k(x+2)$$

$$x=\mathbf{-2,\ \pm k}$$

（**3**） 図 2 のように面積 S_1, S_2, S_3 を定める．

6 分の 1 公式を用いる．

$$S_1=\frac{1}{6}\{-k-(-2)\}^3=\frac{1}{6}(2-k)^3$$

$$S_1+S_2=\frac{1}{6}\{0-(-2)\}^3\cdot 2=\frac{8}{3}$$

$$S_2+S_3=\frac{1}{6}\{k-(-2)\}^3=\frac{1}{6}(k+2)^3$$

まず，S_2 を消去して，

$$S_3-S_1=\frac{1}{6}(k+2)^3-\frac{8}{3}$$

これに $2S_1=\frac{1}{3}(2-k)^3$ を加え

$$S_3+S_1=\frac{1}{6}(k+2)^3+\frac{1}{3}(2-k)^3-\frac{8}{3}$$

これを $S(k)$ とする．

$$S'(k)=\frac{1}{2}(k+2)^2-(2-k)^2$$

$$=\frac{1}{2}(k^2+4k+4-8+8k-2k^2)$$

$$=\frac{1}{2}(-k^2+12k-4)=-\frac{1}{2}(k^2-12k+4)$$

$g'(k)=0$, $0<k<2$ を解くと

$$k=6-4\sqrt{2}$$

k	0	$\cdots$	$6-4\sqrt{2}$	$\cdots$	2
$S'(k)$		$-$	0	$+$	
$S(k)$		↘		↗	

$k=6-4\sqrt{2}$ のとき $(k+2)^2=2(2-k)^2$

$$k+2=\sqrt{2}(2-k)$$

求める最小値は

$$S(k)=\frac{1}{6}(\sqrt{2}(2-k))^3+\frac{1}{3}(2-k)^3-\frac{8}{3}$$

$$=\frac{1}{3}(\sqrt{2}+1)(2-k)^3-\frac{8}{3}$$

$$=\frac{1}{3}(\sqrt{2}+1)(4\sqrt{2}-4)^3-\frac{8}{3}$$

$$=\frac{64}{3}(\sqrt{2}+1)(\sqrt{2}-1)(\sqrt{2}-1)^2-\frac{8}{3}$$

$$=\frac{64}{3}(3-2\sqrt{2})-\frac{8}{3}=\boldsymbol{\frac{1}{3}(184-128\sqrt{2})}$$

注意 1°【折り返す】

$y=|x^2+2x|$ のグラフは $y=x^2+2x$ のグラフを描き，$y<0$ の部分を x 軸に関して対称に折り返す．

2°【割り算の利用】

$$S(k)=\frac{1}{6}(k^3+3k^2\cdot 2+3k\cdot 4+8)$$

$$+\frac{1}{3}(8-3\cdot k\cdot 4+3\cdot k^2\cdot 2-k^3)-\frac{8}{3}$$

$$=\frac{1}{6}(-k^3+18k^2-12k+8)$$

$$S'(k)=\frac{1}{2}(-k^2+12k-4)$$

$-k^3+18k^2-12k+8$ を $-k^2+12k-4$ で割って

$$S(k)=\frac{1}{6}\{(-k^2+12k-4)(k-6)+64k-16\}$$

$k=6-4\sqrt{2}$ のとき

$$S(k)=\frac{1}{6}\{64(6-4\sqrt{2})-16\}$$

$$=\frac{1}{3}(184-128\sqrt{2})$$

3°【少しの工夫】

図 3 で，線分 OB と C の弧 OB で囲む面積は，線分 OD と C の弧 OD で囲む面積に等しい．したがって S_3 は △OBD の面積に等しく

$$S_3=\triangle\text{OBD}=\triangle\text{GEF}=\frac{1}{2}\cdot 2k\cdot 2k=2k^2$$

よって $S(k)=S_1+2k^2$ となる．

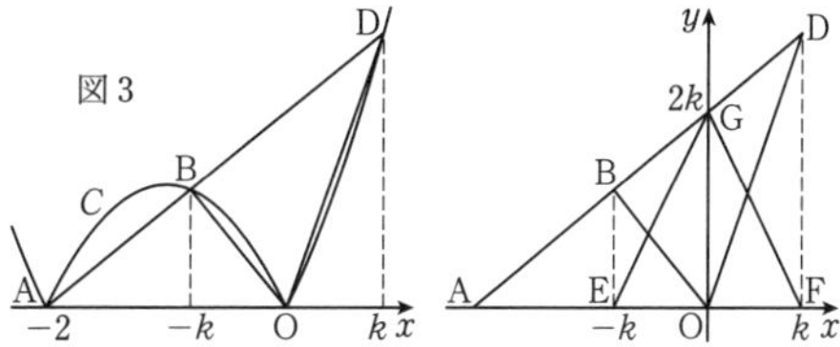

4°【正直な積分をすると】

S_1 は 6 分の 1 公式を用いて，S_2 は正直に計算すると

$$S(k)=\frac{1}{6}(2-k)^3+\int_{-k}^{0}\{k(x+2)+x^2+2x\}\,dx$$

$$+\int_{0}^{k}\{k(x+2)-(x^2+2x)\}\,dx$$

$$=\frac{1}{6}(2-k)^3+\left[\frac{k}{2}x^2+2kx+\frac{x^3}{3}+x^2\right]_{-k}^{0}$$

$$+\left[\frac{k}{2}x^2+2kx-\frac{x^3}{3}-x^2\right]_{0}^{k}$$

$$=\frac{1}{6}(2-k)^3-\frac{k^3}{2}+2k^2+\frac{k^3}{3}-k^2$$

$$+\frac{k^3}{2}+2k^2-\frac{k^3}{3}-k^2$$

$$=\frac{1}{6}(2-k)^3+2k^2$$

しかし，経験では S_2 を正直に計算する人は S_1 も正直に計算することが多く，正直に計算する人達は計算ミスをすることが多い．

【極限】

《ルートの極限 (A5)》

478. 定数 a, b が $\displaystyle\lim_{x\to3}\frac{\sqrt{4x+a}-b}{x-3}=\frac{2}{5}$ をみたすとき，$(a, b)=$ □ である．(21　福岡大・推薦)

▶解答◀ $x\to3$ のとき $\dfrac{\sqrt{4x+a}-b}{x-3}$ の分母は 0 に収束し，分子は $\sqrt{12+a}-b$ に収束する．$\sqrt{12+a}-b\neq0$ とすると $\displaystyle\lim_{x\to3}\frac{\sqrt{4x+a}-b}{x-3}$ は発散し不適である．したがって，$b=\sqrt{12+a}$

$$\frac{\sqrt{4x+a}-b}{x-3}=\frac{\sqrt{4x+a}-\sqrt{12+a}}{x-3}$$
$$=\frac{4(x-3)}{(x-3)(\sqrt{4x+a}+\sqrt{12+a})}$$
$$=\frac{4}{\sqrt{4x+a}+\sqrt{12+a}}$$

これが $\dfrac{2}{5}$ に収束するから，$\dfrac{2}{\sqrt{12+a}}=\dfrac{2}{5}$

$$a=\mathbf{13},\ b=\sqrt{12+13}=\mathbf{5}$$

《ルートの極限 (B10)》

479. a, b を正の定数とし，

$$\lim_{x\to\infty}(\sqrt{ax^2+bx+3}-2x)=2$$

が成り立つとき，$a=$ □，$b=$ □ である．

(21　宮崎大・前期／改題)

▶解答◀ 空欄を埋めるという形式であったが，出題者は，いきなり $\displaystyle\lim_{x\to\infty}\frac{\sqrt{ax^2+bx+3}+2x}{x^2}$ を考えるという，意味不明のことをやっていた．検討不足で話にならない．意味不明の解法指定をカットした．

x が大きいとき $\sqrt{ax^2+bx+3}-2x\fallingdotseq2$ になるということである．$\sqrt{ax^2+bx+3}\fallingdotseq2x+2$ として 2 乗すると $ax^2+bx+3\fallingdotseq4x^2+8x+4$

係数を比べて $a=\mathbf{4}$, $b=\mathbf{8}$ となる．x が大きいときだから，定数項が合わないが気にするな．

もう少しユックリやれば，

$$\lim_{x\to\infty}(\sqrt{ax^2+bx+3}-2x)=2$$

が成り立つならば，x で割った式を考え

$$\lim_{x\to\infty}\frac{\sqrt{ax^2+bx+3}-2x}{x}=\lim_{x\to\infty}\frac{2}{x}$$

が成り立つ．

$$\lim_{x\to\infty}\left(\sqrt{a+\frac{b}{x}+\frac{3}{x^2}}-2\right)=0$$

$\sqrt{a}-2=0$ となる．$a=4$ である．

$$\sqrt{4x^2+bx+3}-2x=\frac{4x^2+bx+3-4x^2}{\sqrt{4x^2+bx+3}+2x}$$
$$=\frac{bx+3}{\sqrt{4x^2+bx+3}+2x}=\frac{b+\frac{3}{x}}{\sqrt{4+\frac{b}{x}+\frac{3}{x^2}}+2}$$

の極限値は $\dfrac{b}{\sqrt{4}+2}=\dfrac{b}{4}$ であり，これが 2 に等しいとき $b=\mathbf{8}$

《置き換えて見栄えよく (A10)》

480. 次の極限を求めよ．

$$\lim_{n\to\infty}\left\{\log\left((n+1)^5\sin\frac{\pi}{2^{n+1}}\right)-\log\left(n^5\sin\frac{\pi}{2^n}\right)\right\}$$

(21　弘前大・医，理工，教)

▶解答◀ $\dfrac{\pi}{2^{n+1}}=\theta$ とおく．

$$\log\left\{(n+1)^5\sin\frac{\pi}{2^{n+1}}\right\}-\log\left(n^5\sin\frac{\pi}{2^n}\right)$$
$$=5\log\frac{n+1}{n}+\log\frac{\sin\theta}{\sin2\theta}$$
$$=5\log\left(1+\frac{1}{n}\right)+\log\frac{\sin\theta}{2\sin\theta\cos\theta}$$
$$=5\log\left(1+\frac{1}{n}\right)+\log\frac{1}{2\cos\theta}(=I\text{ とおく})$$

$n\to\infty$ のとき，$\theta\to0$ であるから

$$\lim_{n\to\infty}I=5\log(1+0)+\log\frac{1}{2\cdot1}=\mathbf{-\log2}$$

《三角関数と極限 (A5)》

481. 極限 $\displaystyle\lim_{x\to a}\frac{\sin x-\sin a}{\sin(x-a)}$ の値を求めなさい．

(21　福島大・前期)

▶解答◀ 分子には差→積の公式を，分母には 2 倍角の公式を用いて

$$\frac{\sin x-\sin a}{\sin(x-a)}=\frac{2\cos\frac{x+a}{2}\sin\frac{x-a}{2}}{2\sin\frac{x-a}{2}\cos\frac{x-a}{2}}$$
$$=\frac{\cos\frac{x+a}{2}}{\cos\frac{x-a}{2}}$$

となり，$x\to a$ として，答えは $\dfrac{\cos a}{\cos0}=\mathbf{\cos a}$

◆別解◆

$$\frac{\sin x-\sin a}{\sin(x-a)}=\frac{\sin x-\sin a}{x-a}\cdot\frac{1}{\frac{\sin(x-a)}{x-a}}$$

$f(x)=\sin x$ とおくと，$f'(x)=\cos x$ であるから，微分係数の定義を用いて

$$\lim_{x\to a}\frac{\sin x-\sin a}{x-a}=\lim_{x\to a}\frac{f(x)-f(a)}{x-a}$$
$$=f'(a)=\cos a$$
$$\lim_{x\to a}\frac{\sin(x-a)}{x-a}=1$$
$$\lim_{x\to a}\frac{\sin x-\sin a}{\sin(x-a)}=(\cos a)\cdot1=\mathbf{\cos a}$$

注意 1°【ロピタルの定理】論述なら「ロピタルの定理を使った？」と思われないようにするために「微分係

数の定義より」と書く．空欄補充なら，ロピタルの定理が早い．分子と分母をそれぞれ微分し $\dfrac{\cos x}{\cos(x-a)}$ で $x \to a$ とする．

2°【差→積の公式】

差→積の公式を忘れている生徒も多い．平均と差の半分を作って加法定理で展開する．

$$\sin x - \sin a$$
$$= \sin\left(\frac{x+a}{2} + \frac{x-a}{2}\right)$$
$$\quad - \sin\left(\frac{x+a}{2} - \frac{x-a}{2}\right)$$

(サインコスたすコスサイン) 引く (サインコスひくコスサイン) で，前のサインコスが消えて，後ろのコスサインが 2 つ残り $2\cos\dfrac{x+a}{2}\sin\dfrac{x-a}{2}$ になる．

《三角関数と極限 (B10)》

482. 次の極限値を求めよ．

$$\lim_{x\to 0}\left(\frac{x\tan x}{\sqrt{\cos 2x}-\cos x} + \frac{x}{\tan 2x}\right)$$

(21　岩手大)

▶解答◀ $\sqrt{\cos 2x}+\cos x$ を分母分子にかけて，

$$\frac{x\tan x}{\sqrt{\cos 2x}-\cos x} = \frac{x\tan x(\sqrt{\cos 2x}+\cos x)}{\cos 2x - \cos^2 x}$$
$$= \frac{x\tan x(\sqrt{\cos 2x}+\cos x)}{2\cos^2 x - 1 - \cos^2 x}$$
$$= \frac{x\tan x(\sqrt{\cos 2x}+\cos x)}{-\sin^2 x}$$
$$= -\frac{x}{\sin x}\cdot\frac{\sqrt{\cos 2x}+\cos x}{\cos x}$$
$$\frac{x}{\tan 2x} = \frac{x}{\frac{\sin 2x}{\cos 2x}} = \frac{1}{2}\cdot\frac{2x}{\sin 2x}\cdot\cos 2x$$

よって

$$\lim_{x\to 0}\left(\frac{x\tan x}{\sqrt{\cos 2x}-\cos x} + \frac{x}{\tan 2x}\right)$$
$$= -1\cdot\frac{1+1}{1} + \frac{1}{2}\cdot 1\cdot 1 = \boldsymbol{-\frac{3}{2}}$$

《三角関数の極限 (B30) ☆》

483. $f(x)$
$$= \lim_{h\to 0}\frac{\tan(x+h)+\tan(x-h)-2\tan x}{h^2}$$
とするとき，$f\left(\dfrac{\pi}{6}\right) = \square$ である．

(21　東海大・医)

▶解答◀ $X=\tan x,\ H=\tan h$ とおく．

$$\tan(x+h)+\tan(x-h)-2\tan x$$
$$= \left(\frac{X+H}{1-XH} - X\right) + \left(\frac{X-H}{1+XH} - X\right)$$
$$= \frac{H(1+X^2)}{1-XH} - \frac{H(1+X^2)}{1+XH}$$
$$= \frac{H(1+X^2)\{(1+XH)-(1-XH)\}}{1-X^2H^2}$$
$$= \frac{(1+X^2)2XH^2}{1-X^2H^2}$$
$$= \frac{2(1+\tan^2 x)\tan x}{1-\tan^2 x\tan^2 h}\cdot\frac{\sin^2 h}{\cos^2 h}$$

となるから

$$f(x) = \lim_{h\to 0}\frac{\tan(x+h)+\tan(x-h)-2\tan x}{h^2}$$
$$= \lim_{h\to 0}\frac{2(1+\tan^2 x)\tan x}{1-\tan^2 x\tan^2 h}\cdot\frac{1}{\cos^2 h}\cdot\left(\frac{\sin h}{h}\right)^2$$
$$= \frac{2(1+\tan^2 x)\tan x}{1-(\tan^2 x)\cdot 0}\cdot\frac{1}{1^2}\cdot 1^2$$
$$= 2(1+\tan^2 x)\tan x = \frac{2\sin x}{\cos^3 x}$$
$$f\left(\frac{\pi}{6}\right) = \frac{2\sin\frac{\pi}{6}}{\cos^3\frac{\pi}{6}} = \frac{1}{\left(\frac{\sqrt{3}}{2}\right)^3} = \boldsymbol{\frac{8\sqrt{3}}{9}}$$

♦別解♦ 上の解答は少し工夫して，因数分解をしやすくしている．生徒に解いてもらったら「置き換えない」「一気に通分して意欲が減退した」ために，正解者はほとんどいなかった．意外に難問らしい．そういうときはロピタルの定理だ．「ロピタルの定理は使ったらいかん(つまり 0 点？)」というのは，大人の決まり文句だが，正しくは「自分はそう教わったし，その呪縛から逃れられないが，大学入試の実態はわからない」である．某会で何度かそれに関する発言があった．「使えばいいと思う」と発言したのは T 大，TK 大， W 大教授である．KO 大 (伏せ字になっていないが) 教授は「うちは 5 点の減点をする」と発言した．手を出さずに 0 点になるのは馬鹿げている．大体，本問は空欄補充である．

【ロピタルの定理】

$\displaystyle\lim_{x\to a}\frac{g(x)}{f(x)}$ が $\boldsymbol{\dfrac{0}{0}}$ の形になり $\displaystyle\lim_{x\to a}\frac{g'(x)}{f'(x)}$ が**収束**するならば $\displaystyle\lim_{x\to a}\frac{g(x)}{f(x)} = \lim_{x\to a}\frac{g'(x)}{f'(x)}$

ロピタルの定理は，太字にした部分が「$\dfrac{\infty}{\infty}$」で「∞ に発散」とか，a が ∞ とか，いろいろな形がある．この「収束」「∞ に発散」の部分が抜けている参考書が大変多い．振動するようなケースでは成立せず，間違いであるから注意せよ．いろいろな形に対する証明を載せている高校生向けの本は，おそらく私の「崖っぷち数学 III 検定外教科書」しかない．タイプによっては，高校では証明できない．

$g(x) = \tan x$ とする．ロピタルの定理を 2 回使う．

ただし h に関する極限であるから **h で微分**する．

$$\lim_{h\to0}\frac{\tan(x+h)+\tan(x-h)-2\tan x}{h^2}$$

$$=\lim_{h\to0}\frac{g(x+h)+g(x-h)-2g(x)}{h^2}$$

$$=\lim_{h\to0}\frac{g'(x+h)-g'(x-h)}{2h}$$

$$=\lim_{h\to0}\frac{g''(x+h)+g''(x-h)}{2}$$

$$=\frac{2g''(x)}{2}=g''(x)$$

$$g'(x)=\frac{1}{\cos^2 x}=(\cos x)^{-2}$$

$$g''(x)=-2(\cos x)^{-3}(-\sin x)=\frac{2\sin x}{\cos^3 x}$$

以下省略．

《チェビシェフの多項式（B20）》

484．n を自然数とし，$-1<x<1$ で関数 $T_n(x)$ と $U_n(x)$ をそれぞれ

$$T_n(\cos\theta)=\cos n\theta,\ U_n(\cos\theta)=\frac{\sin n\theta}{\sin\theta}$$

を満たすように定める．ただし，$0<\theta<\pi$ とする．このとき

$$\lim_{x\to1-0}T_n(x)=\square,\ \lim_{x\to1-0}U_n(x)=\square$$

である．三角関数の加法定理を用いると

$$T_{n+1}(x)=\square T_n(x)-\square U_n(x)$$

および

$$U_{n+1}(x)=T_n(x)+\square U_n(x)$$

が成り立ち，$U_n(x)$ が満たす漸化式として

$$U_{n+2}(x)=\square U_{n+1}(x)-U_n(x)$$

が得られる．また，

$$x^2=\square U_3(x)+\square U_1(x),$$

$$x^3=\square U_4(x)+\square U_2(x)$$

である．（21　立命館大・理系）

考え方　通常は，$\cos n\theta$ を展開し，形式的に $x=\cos\theta$ と置き換えた式を第一種チェビシェフの多項式 $T_n(x)$，$\dfrac{\sin(n+1)\theta}{\sin\theta}$ を展開し，$x=\cos\theta$ と置き換えた式を第二種チェビシェフの多項式という．多項式であるから定義域など書かないのが普通である．問題に与えられた $U_n(x)$ とは n がずれているし，ここでは多項式といわず「関数」と言っている．生徒が迷わないようにしたのであろう．

$$\cos(n+1)\theta+\cos(n-1)\theta$$

$$=\cos(n\theta+\theta)+\cos(n\theta-\theta)$$

（を展開し）

$$\cos(n+1)\theta+\cos(n-1)\theta=2\cos n\theta\cos\theta$$

$$T_{n+1}(x)+T_{n-1}(x)=2T_n(x)$$

同様に（今は問題に与えられた $U_n(x)$ で書く）

$$\sin(n+1)\theta+\sin(n-1)\theta=2\sin n\theta\cos\theta$$

を $\sin\theta$ で割って

$$U_{n+1}(x)+U_{n-1}(x)=2U_n(x)x$$

などの関係式が知られている．他にも，ド・モアブルの定理で展開する方法が知られている．

▶解答◀　$x\to1-0$ であるから $x=\cos\theta$ $(0<\theta<\pi)$ とおく．このとき，$\theta\to0$ より

$$\lim_{x\to1-0}T_n(x)=\lim_{\theta\to0}T_n(\cos\theta)=\lim_{\theta\to0}\cos n\theta=\mathbf{1}$$

$$\lim_{x\to1-0}U_n(x)=\lim_{\theta\to0}U_n(\cos\theta)=\lim_{\theta\to0}\frac{\sin n\theta}{\sin\theta}$$

$$=n\lim_{\theta\to0}\left(\frac{\sin n\theta}{n\theta}\cdot\frac{\theta}{\sin\theta}\right)=\boldsymbol{n}$$

である．$x=\cos\theta$ とおく．三角関数の加法定理

$$\cos(n+1)\theta=\cos\theta\cos n\theta-\sin\theta\sin n\theta$$

$$\sin(n+1)\theta=\sin\theta\cos n\theta+\cos\theta\sin n\theta$$

$$\cos(n+1)\theta=\cos\theta\cos n\theta-\sin^2\theta\cdot\frac{\sin n\theta}{\sin\theta}$$

$$\frac{\sin(n+1)\theta}{\sin\theta}=\cos n\theta+\cos\theta\cdot\frac{\sin n\theta}{\sin\theta}$$

であるから

$$T_{n+1}(x)=\boldsymbol{x}T_n(x)-\boldsymbol{(1-x^2)}U_n(x)\ \cdots\cdots①$$

$$U_{n+1}(x)=T_n(x)+\boldsymbol{x}U_n(x)\ \cdots\cdots②$$

が成り立つ．行数を節約するために誘導を無視する．

$$\sin(n+2)\theta+\sin n\theta=2\cos\theta\sin(n+1)\theta$$

$$\frac{\sin(n+2)\theta}{\sin\theta}+\frac{\sin n\theta}{\sin\theta}=2\cos\theta\frac{\sin(n+1)\theta}{\sin\theta}$$

$$U_{n+2}(x)=\boldsymbol{2x}U_{n+1}(x)-U_n(x)\ \cdots\cdots③$$

$$U_1(x)=\frac{\sin\theta}{\sin\theta}=1$$

$$U_2(x)=\frac{\sin2\theta}{\sin\theta}=2\cos\theta=2x$$

であるから，③を用いて

$$U_3(x)=2xU_2(x)-U_1(x)$$

$$=2x\cdot2x-1=4x^2-1$$

$$U_4(x)=2xU_3(x)-U_2(x)$$

$$=2x(4x^2-1)-2x=8x^3-4x$$

$$U_3(x)+U_1(x)=4x^2,\ U_4(x)+2U_2(x)=8x^3$$

$$x^2=\frac{\mathbf{1}}{\mathbf{4}}U_3(x)+\frac{\mathbf{1}}{\mathbf{4}}U_1(x),\ x^3=\frac{\mathbf{1}}{\mathbf{8}}U_4(x)+\frac{\mathbf{1}}{\mathbf{4}}U_2(x)$$

《e の極限（A5）》

485．極限値 $\displaystyle\lim_{n\to\infty}\left(\frac{n+3}{n+1}\right)^n$ を求めよ．

（21　東京電機大・前期）

▶解答◀

$$\left(\frac{n+3}{n+1}\right)^n=\left(\frac{n+1+2}{n+1}\right)^n=\left(1+\frac{2}{n+1}\right)^n$$

$\dfrac{n+1}{2}=h$ とおくと $n\to\infty$ のとき $h\to\infty$ であり，$n=2h-1$ であるから

$$\left(1+\frac{2}{n+1}\right)^n=\left(1+\frac{1}{h}\right)^{2h-1}$$
$$=\left\{\left(1+\frac{1}{h}\right)^h\right\}^2\left(1+\frac{1}{h}\right)^{-1}$$

$\displaystyle\lim_{n\to\infty}\left(\frac{n+3}{n+1}\right)^n=e^2\cdot 1=\boldsymbol{e^2}$

注意 【公式】$\displaystyle\lim_{x\to\infty}\left(1+\frac{a}{x}\right)^x=e^a$ が成り立つ．

$$\frac{1}{\left(1+\frac{2}{n+1}\right)^n}=\frac{1}{\left(1+\frac{2}{n+1}\right)^{n+1}\cdot\left(1+\frac{3}{n+1}\right)^{-1}}$$
$$\to\frac{1}{e^2\cdot 1}=\frac{1}{e^3}$$

《e の極限 (A10)》

486. $\displaystyle\lim_{n\to\infty}\left(\frac{n-2}{n+1}\right)^n=\square$ （21 明治大・総合数理）

▶解答◀ $\left(\dfrac{n-2}{n+1}\right)^n=\dfrac{1}{\left(\dfrac{n+1}{n-2}\right)^n}$

$$=\frac{1}{\left(1+\frac{3}{n-2}\right)^n}$$
$$=\frac{1}{\left\{\left(1+\frac{3}{n-2}\right)^{\frac{n-2}{3}}\right\}^3\cdot\left(1+\frac{3}{n-2}\right)^2}$$

$$\lim_{n\to\infty}\left(\frac{n-2}{n+1}\right)^n=\frac{1}{e^3\cdot 1^2}=\boldsymbol{\frac{1}{e^3}}$$

注意 【公式】$\displaystyle\lim_{x\to\infty}\left(1+\frac{a}{x}\right)^x=e^a$ が成り立つ．

$$\frac{1}{\left(1+\frac{3}{n-2}\right)^n}=\frac{1}{\left(1+\frac{3}{n-2}\right)^{n-2}\cdot\left(1+\frac{3}{n-2}\right)^2}$$
$$\to\frac{1}{e^3\cdot 1}=\frac{1}{e^3}$$

《r^n と e の極限 (A15)》

487. 数列 $\{a_n\}$ を $a_1=0$,

$(n+2)a_{n+1}=na_n+\dfrac{4n}{n+1}$ $(n=1, 2, 3, \cdots)$

で定める．

（1） $(n+1)na_n=b_n$ とおくことで，数列 $\{a_n\}$ の一般項を求めると，$a_n=\dfrac{\square(n-\square)}{n+\square}$ である．

（2） r を実数とするとき，$\displaystyle\lim_{n\to\infty}(2r)^{n+1}$ が正の実数値に収束するような r の値は $r=\dfrac{\square}{\square}$ であり，このとき $\displaystyle\lim_{n\to\infty}(ra_n)^{n+1}$ の極限値を p とすると，$\log p=\square$ である． （21 久留米大・医）

▶解答◀ （1） $(n+2)a_{n+1}=na_n+\dfrac{4n}{n+1}$

$$(n+2)(n+1)a_{n+1}=(n+1)na_n+4n$$

$b_n=(n+1)na_n$ とおくと，$b_{n+1}=b_n+4n$

であり，$b_1=2\cdot 1\cdot a_1=0$ より，$n\geqq 2$ のとき

$$b_n=b_1+\sum_{k=1}^{n-1}4k=2n(n-1)$$

となり，この結果は $n=1$ のときも成り立つ．

$$(n+1)na_n=2n(n-1)$$
$$a_n=\boldsymbol{\frac{2(n-1)}{n+1}}$$

（2） $\displaystyle\lim_{n\to\infty}(2r)^{n+1}$ が収束するのは $-1<2r\leqq 1$ のときで，正の値に収束するのは $2r=1$ より $r=\boldsymbol{\dfrac{1}{2}}$ のときである．このとき

$$\lim_{n\to\infty}(ra_n)^{n+1}=\lim_{n\to\infty}\left(\frac{n-1}{n+1}\right)^{n+1}$$
$$=\lim_{n\to\infty}\left(1+\frac{-2}{n+1}\right)^{n+1}=e^{-2}$$

より，$p=e^{-2}$ であるから，$\log p=\boldsymbol{-2}$ である．

《正多角形の極限 (B20)》

488. 長さ $l\,(>0)$ の線分を n 等分（ただし $n\geqq 3$）して折り曲げ，正 n 角形 $P_{l,n}$ を作り，その面積を $S_{l,n}$ とする．また，$P_{l,n}$ の内接円（すべての辺に接する円）の半径を $r_{l,n}$ とする．このとき，次の問に答えよ．

（1） $r_{6,8}=\square$ である

（2） $S_{6,8}=\square$ である．

（3） $\displaystyle\lim_{n\to\infty}S_{6,n}=\square$ である．

（4） a を定数として $S=\displaystyle\lim_{n\to\infty}n^a(S_{l,2n}-S_{l,n})$ とおく．S が 0 でない値に収束するとき $a=\square$ である．また，このとき $S=\dfrac{1}{9}$ となるのは $l=\square$ のときである． （21 岩手医大）

▶解答◀ 正 n 角形 $P_{l,n}$ の辺 AB と外接円の中心 O でできる三角形 OAB は，頂角 $\angle\text{AOB}=\dfrac{2\pi}{n}$，底辺 $\text{AB}=\dfrac{l}{n}$ の二等辺三角形である．

AB の中点を M とおくと，OM ⊥ AB であるから

$$\text{OM}\tan\frac{\pi}{n}=\text{AM}=\frac{l}{2n}$$

OM は内接円の半径であり，△OAB を n 個集めると $P_{l,n}$ になるから，$\frac{\pi}{n}=\theta_n$ とおくと

$$r_{l,n}=\mathrm{OM}=\frac{l}{2n\tan\theta_n},$$

$$S_{l,n}=n\left(\frac{1}{2}\mathrm{OM}\cdot\mathrm{AB}\right)=\frac{l^2}{4n\tan\theta_n}$$

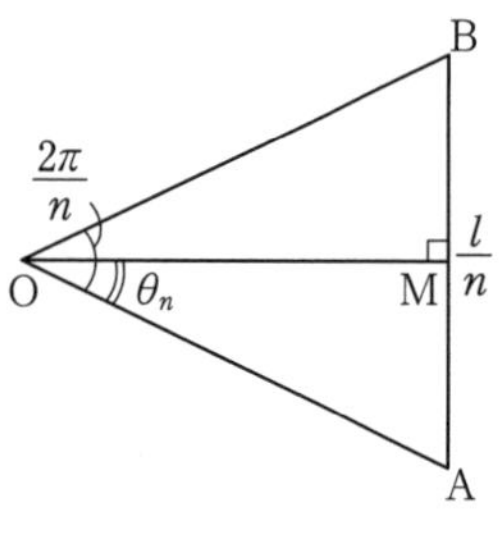

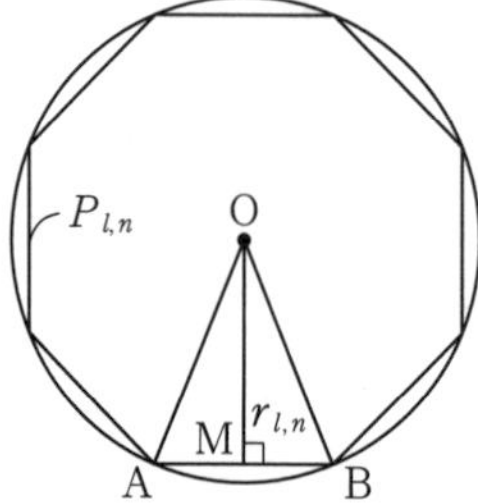

（1） $l=6, n=8$ として

$$r_{6,8}=\frac{3}{8\tan\theta_8},\ S_{6,8}=\frac{6^2}{32\tan\theta_8}=\frac{9}{8\tan\theta_8}$$

ここで，$\tan\theta_8=x$ とおくと，$0<x<1$ であり，2倍角の公式により

$$\tan\frac{\pi}{4}=\tan 2\theta_8=\frac{2x}{1-x^2}$$

$$1-x^2=2x \qquad \therefore\ x^2+2x-1=0$$

$0<x<1$ の範囲でこれを解くと $x=-1+\sqrt{2}$ である．

$$\frac{1}{\tan\theta_8}=\frac{1}{x}=\sqrt{2}+1$$

であるから $r_{6,8}=\boldsymbol{\frac{3(\sqrt{2}+1)}{8}}$

（2） $S_{6,8}=\boldsymbol{\frac{9(\sqrt{2}+1)}{8}}$

（3） $S_{6,n}=\frac{6^2}{4n\tan\theta_n}=\frac{9}{\pi}\cdot\frac{\theta_n}{\tan\theta_n}$ である．

$n\to\infty$ のとき $\theta_n\to 0$ であるから

$$\lim_{n\to\infty}\frac{\theta_n}{\tan\theta_n}=\lim_{\theta_n\to 0}\frac{\theta_n}{\tan\theta_n}=1$$

$$\lim_{n\to\infty}S_{6,n}=\lim_{n\to\infty}\frac{9}{\pi}\cdot\frac{\theta_n}{\tan\theta_n}=\boldsymbol{\frac{9}{\pi}}$$

（4） $S_{l,2n}-S_{l,n}=\frac{l^2}{8n\tan\theta_{2n}}-\frac{l^2}{4n\tan\theta_n}$ である．

$2\theta_{2n}=\theta_n$ であるから，$\tan\theta_{2n}=T$ とおくと

$$\tan\theta_n=\tan 2\theta_{2n}=\frac{2T}{1-T^2}$$

$$S_{l,2n}-S_{l,n}=\frac{l^2}{4n}\left(\frac{1}{2T}-\frac{1-T^2}{2T}\right)=\frac{l^2}{8n}T$$

$$=\frac{l^2}{8n}\tan\theta_{2n}=\frac{l^2}{8n}\cdot\frac{\pi}{2n}\cdot\frac{\tan\theta_{2n}}{\theta_{2n}}$$

$$n^a(S_{l,2n}-S_{l,n})=\frac{l^2\pi}{16}\cdot\frac{\tan\theta_{2n}}{\theta_{2n}}n^{a-2}$$

$\lim_{n\to\infty}\frac{\tan\theta_{2n}}{\theta_{2n}}=1$ であり，$\lim_{n\to\infty}n^{a-2}$ は，$a<2$ のとき 0，$a=2$ のとき 1，$a>2$ のとき ∞ となるから，$n^a(S_{l,2n}-S_{l,n})$ が 0 以外の値に収束する条件は $\boldsymbol{a=2}$ であり，このとき

$$S=\lim_{n\to\infty}n^a(S_{l,2n}-S_{l,n})=\frac{l^2\pi}{16}$$

$S=\frac{1}{9}$ より

$$\frac{l^2\pi}{16}=\frac{1}{9} \qquad \therefore\ l=\boldsymbol{\frac{4}{3\sqrt{\pi}}}$$

《漸化式と極限 (B10) ☆》

489. 数列 $\{a_n\}$ を次で定める．

$$a_1=2,\ a_{n+1}=3a_n+2^{n+1}\ (n=1,\ 2,\ \cdots)$$

このとき，極限 $\lim_{n\to\infty}\frac{a_n}{3^n}$ を求めなさい．

（21 福島大・前期）

▶解答◀ $a_{n+1}=3a_n+2^{n+1}$ を 3^{n+1} で割り，

$$\frac{a_{n+1}}{3^{n+1}}=\frac{a_n}{3^n}+\left(\frac{2}{3}\right)^{n+1}$$

数列 $\left\{\frac{a_n}{3^n}\right\}$ の階差数列の一般項が $\left(\frac{2}{3}\right)^{n+1}$ であるから，$n\geqq 2$ のとき

$$\frac{a_n}{3^n}=\frac{a_1}{3}+\sum_{k=1}^{n-1}\left(\frac{2}{3}\right)^{k+1}$$

$$=\frac{2}{3}+\frac{4}{9}\cdot\frac{1-\left(\frac{2}{3}\right)^{n-1}}{1-\frac{2}{3}}$$

$$=\frac{2}{3}+\frac{4}{3}-\frac{4}{3}\left(\frac{2}{3}\right)^{n-1}=2\left\{1-\left(\frac{2}{3}\right)^n\right\}$$

結果は $n=1$ でも成立．$\left|\frac{2}{3}\right|<1$ より $\lim_{n\to\infty}\frac{a_n}{3^n}=\boldsymbol{2}$

◆別解◆ **【特殊解を見つける】**

$$a_{n+1}=3a_n+2^{n+1}$$

$$A\cdot 2^{n+1}=3\cdot A\cdot 2^n+2^{n+1}$$

として解くと $2A=3A+2$ となり，$A=-2$ を得る．辺ごとに引いて

$$a_{n+1}-A\cdot 2^{n+1}=3(a_n-A\cdot 2^n)$$

数列 $\{a_n-A\cdot 2^n\}$ は等比数列で

$$a_n-A\cdot 2^n=3^{n-1}(a_1-A\cdot 2)$$

$$a_n+2^{n+1}=3^{n-1}\cdot 6$$

$$\frac{a_n}{3^n}=2-2\cdot\left(\frac{2}{3}\right)^n$$

$\left|\frac{2}{3}\right|<1$ より $\lim_{n\to\infty}\frac{a_n}{3^n}=\boldsymbol{2}$

《漸化式と極限 (B20) ☆》

490. 数列 $\{a_n\}$ を次で定義する．

$$a_1=2,\ a_2=3,$$

$$a_{n+2}=\sqrt[3]{a_{n+1}a_n{}^2}\ (n=1,\ 2,\ 3,\ \cdots)$$

また，$b_n=\log a_n\ (n=1,\ 2,\ 3,\ \cdots)$ とおく．ただし，log は自然対数を表す．このとき，次の問いに答えよ．

（1） b_{n+2} を b_{n+1}, b_n を用いて表せ．

（2）$c_n=b_{n+1}-b_n$ ($n=1, 2, 3, \cdots$) とおく．数列 $\{c_n\}$ の一般項を求めよ．

（3）極限値 $\lim_{n\to\infty} a_n$ を求めよ．

（21　電気通信大・後期）

▶解答◀（1）$a_{n+2}=\sqrt[3]{a_{n+1}a_n^2}$

$$\log a_{n+2}=\frac{1}{3}(\log a_{n+1}+2\log a_n)$$

$$b_{n+2}=\boldsymbol{\frac{1}{3}(b_{n+1}+2b_n)}$$

（2）$c_{n+1}=b_{n+2}-b_{n+1}$

$$=\frac{1}{3}(b_{n+1}+2b_n)-b_{n+1}$$

$$=-\frac{2}{3}(b_{n+1}-b_n)=-\frac{2}{3}c_n$$

であるから数列 $\{c_n\}$ は公比 $-\frac{2}{3}$ の等比数列である．

$$c_n=c_1\cdot\left(-\frac{2}{3}\right)^{n-1}=(b_2-b_1)\left(-\frac{2}{3}\right)^{n-1}$$

$$=(\log 3-\log 2)\left(-\frac{2}{3}\right)^{n-1}=\boldsymbol{\left(-\frac{2}{3}\right)^{n-1}\log\frac{3}{2}}$$

（3）数列 $\{b_n\}$ の階差数列は $\left\{c_1\cdot\left(-\frac{2}{3}\right)^{n-1}\right\}$ であるから，$n\geqq 2$ のとき

$$b_n=b_1+c_1\sum_{k=1}^{n-1}\left(-\frac{2}{3}\right)^{k-1}$$

$$=b_1+c_1\cdot\frac{1-\left(-\frac{2}{3}\right)^{n-1}}{1+\frac{2}{3}}$$

$$=b_1+\frac{3}{5}c_1\left\{1-\left(-\frac{2}{3}\right)^{n-1}\right\}$$

$$\lim_{n\to\infty} b_n=b_1+\frac{3}{5}c_1=\log 2+\frac{3}{5}\log\frac{3}{2}$$

$$=\log 2\cdot\left(\frac{3}{2}\right)^{\frac{3}{5}}=\log 2^{\frac{2}{5}}\cdot 3^{\frac{3}{5}}$$

よって，$\lim_{n\to\infty}\log a_n=\log 2^{\frac{2}{5}}\cdot 3^{\frac{3}{5}}$

対数関数 $\log x$ は連続関数であるから

$$\lim_{n\to\infty} a_n=\boldsymbol{2^{\frac{2}{5}}\cdot 3^{\frac{3}{5}}}$$

【無限級数】

《無限等比級数（A5）》

491．実数 a に対して

$f_n(a)=1-a+a^2+\cdots+(-a)^{n-1}$

（n は自然数）とする．$f_n(a)$ は初項 1，公比 □ の等比数列の和なので $f_n(a)=\frac{\square}{1+a}$ となる．

$|a|<1$ のとき，$\lim_{n\to\infty} f_n(a)=\frac{\square}{1+a}$ となる．

（21　聖マリアンナ医大・医）

▶解答◀ $f_n(a)$ は初項 1，公比 $\boldsymbol{-a}$ の等比数列の和であるから

$$f_n(a)=\boldsymbol{\frac{1-(-a)^n}{1+a}}$$

$|a|<1$ のとき，$\lim_{n\to\infty}(-a)^n=0$ であるから

$$\lim_{n\to\infty} f_n(a)=\boldsymbol{\frac{1}{1+a}}$$

《図形と無限級数（B10）》

492．1 辺の長さが a の正三角形 ABC において，辺 BC 上に点 P_1 をとり，線分 BP_1 の長さを p とする．ただし，点 P_1 は点 B, C とは異なるとする．点 P_1 から辺 AB に下ろした垂線と辺 AB の交点を Q_1 とし，点 Q_1 から辺 AC に下ろした垂線と辺 AC の交点を R_1 とし，点 R_1 から辺 BC に下ろした垂線と辺 BC の交点を P_2 とする．同様に，点 P_2 から始めて点 Q_2, R_2, P_3 を定め，点 P_3 から始めて点 Q_3, R_3, P_4 を定め，以下これを繰り返して点 P_n, Q_n, R_n ($n=1, 2, 3, \cdots$) を定める．線分 BP_n の長さを a_n とするとき，次の問いに答えよ．

（1）線分 AQ_1, CR_1, BP_2 の長さを a と p を用いて表せ．

（2）数列 $\{a_n\}$ の一般項を a と p を用いて表せ．

（3）線分 BC を 2 : 1 に内分する点を D として，2 点 D, P_n の間の距離を d_n とする．無限級数 $\sum_{n=1}^{\infty} d_n$ の値を a と p を用いて表せ．

（21　宮城教育大・前期）

▶解答◀（1）図を見よ．○で示した角度は $\frac{\pi}{3}$ である．

$$AQ_1=a-BQ_1=\boldsymbol{a-\frac{1}{2}p}$$

$$CR_1=a-AR_1=a-\frac{1}{2}AQ_1=\boldsymbol{\frac{1}{2}a+\frac{1}{4}p}$$

$$BP_2=a-CP_2=a-\frac{1}{2}CR_1=\boldsymbol{\frac{3}{4}a-\frac{1}{8}p}$$

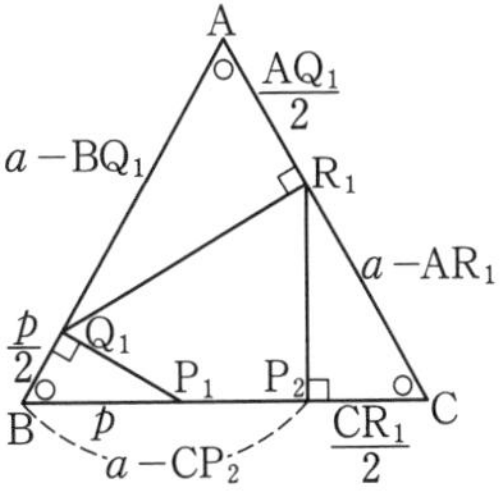

（2）（1）の最後の式で BP_2 を a_{n+1}，p を a_n として

$$a_{n+1}=\frac{3}{4}a-\frac{1}{8}a_n$$

$$a_{n+1}-\frac{2}{3}a=-\frac{1}{8}\left(a_n-\frac{2}{3}a\right)$$

数列 $\left\{a_n - \frac{2}{3}a\right\}$ は公比 $-\frac{1}{8}$ の等比数列であるから

$$a_n - \frac{2}{3}a = \left(a_1 - \frac{2}{3}a\right)\left(-\frac{1}{8}\right)^{n-1}$$

$$a_n = \left(\boldsymbol{p} - \frac{\mathbf{2}}{\mathbf{3}}\boldsymbol{a}\right)\left(-\frac{\mathbf{1}}{\mathbf{8}}\right)^{\boldsymbol{n}-\mathbf{1}} + \frac{\mathbf{2}}{\mathbf{3}}\boldsymbol{a}$$

(3) $\mathrm{BD} = \frac{2}{3}a$ であるから

$$d_n = |\mathrm{BP}_n - \mathrm{BD}| = \left|\left(p - \frac{2}{3}a\right)\left(-\frac{1}{8}\right)^{n-1}\right|$$

$$= \left|p - \frac{2}{3}a\right|\left(\frac{1}{8}\right)^{n-1}$$

$$\sum_{n=1}^{\infty} d_n = \left|p - \frac{2}{3}a\right| \cdot \frac{1}{1 - \frac{1}{8}} = \frac{\mathbf{8}}{\mathbf{7}}\left|\boldsymbol{p} - \frac{\mathbf{2}}{\mathbf{3}}\boldsymbol{a}\right|$$

《漸化式と級数 (B20) ☆》

493. 数列 $\{x_n\}$ はすべての自然数 n について

$$\sum_{k=1}^{n} 2^{k-1}x_k = 8 - 5n$$

を満たすとする．以下の問いに答えよ．

(1) x_1 を求めよ．

(2) $n \geqq 2$ に対して x_n を求めよ．

(3) 無限級数 $\sum_{n=1}^{\infty} x_n$ の和を求めよ．

(4) 無限級数 $\sum_{n=1}^{\infty} x_n \sin\frac{n\pi}{2}$ の和を求めよ．

(21　大府大・工)

▶解答◀ (1) $\sum_{k=1}^{n} 2^{k-1}x_k = 8 - 5n$ ……………①

①で $n = 1$ として，$x_1 = \mathbf{3}$

(2) $n \geqq 2$ のとき，①で n を $n-1$ に置き換えて，

$$\sum_{k=1}^{n-1} 2^{k-1}x_k = 8 - 5(n-1) \quad\text{……………②}$$

①－②より

$$2^{n-1}x_n = -5 \qquad \therefore \quad x_n = -\frac{\mathbf{5}}{\mathbf{2}^{\boldsymbol{n}-\mathbf{1}}}$$

(3) $S_n = \sum_{k=1}^{n} x_k$ とおく．

$n \geqq 2$ のとき，

$$S_n = x_1 + \sum_{k=2}^{n} x_k = 3 - 5\sum_{k=2}^{n}\frac{1}{2^{k-1}}$$

$$= 3 - 5 \cdot \frac{1}{2} \cdot \frac{1 - \left(\frac{1}{2}\right)^{n-1}}{1 - \frac{1}{2}}$$

$$= -2 + 5 \cdot \left(\frac{1}{2}\right)^{n-1}$$

よって，

$$\sum_{n=1}^{\infty} x_n = \lim_{n\to\infty} S_n = \lim_{n\to\infty}\left\{-2 + 5 \cdot \left(\frac{1}{2}\right)^{n-1}\right\} = \mathbf{-2}$$

(4) $a_n = x_n \sin\frac{n\pi}{2}$ とおく．m を自然数として

$$a_{4m-2} = x_{4m-2}\sin(2m-1)\pi = 0$$

$$a_{4m-1} = x_{4m-1}\sin\left(2m\pi - \frac{\pi}{2}\right) = \frac{5}{2^{4m-2}}$$

$$a_{4m} = x_{4m}\sin 2m\pi = 0$$

$$a_{4m+1} = x_{4m+1}\sin\left(2m\pi + \frac{\pi}{2}\right) = -\frac{5}{2^{4m}}$$

$T_n = \sum_{k=1}^{n} a_k$ とおくと，$n \geqq 2$ のとき，

$T_n = a_1 + \sum_{k=2}^{n} a_k = 3 + \sum_{k=2}^{n} a_k$ で

$$T_{4m+1} = 3 + \sum_{k=1}^{m}(a_{4k-2} + a_{4k-1} + a_{4k} + a_{4k+1})$$

$$= 3 + \sum_{k=1}^{m}\left(\frac{5}{2^{4k-2}} - \frac{5}{2^{4k}}\right)$$

$$= 3 + 5\sum_{k=1}^{m}\frac{3}{2^{4k}}$$

$$= 3 + 5 \cdot \frac{3}{16} \cdot \frac{1 - \left(\frac{1}{16}\right)^m}{1 - \frac{1}{16}} = 4 - \left(\frac{1}{16}\right)^m$$

$$T_{4m+2} = T_{4m+1} + a_{4m+2}$$

$$T_{4m+3} = T_{4m+2} + a_{4m+3}$$

$$T_{4m+4} = T_{4m+3} + a_{4m+4}$$

となる．

$a_{4m+2} = a_{4m+4} = 0$, $m \to \infty$ のとき $a_{4m+3} = \frac{5}{2^{4m+2}} \to 0$ であるから，

$$\lim_{m\to\infty} T_{4m+1} = \lim_{m\to\infty} T_{4m+2}$$

$$= \lim_{m\to\infty} T_{4m+3} = \lim_{m\to\infty} T_{4m+4} = 4$$

よって，

$$\sum_{n=1}^{\infty} x_n \sin\frac{n\pi}{2} = \lim_{n\to\infty} T_n = \mathbf{4}$$

《ケンプナー級数 (B20) ☆》

494. 正の整数に関する条件

(＊) 10進法で表したときに，どの位にも数字9が現れない

を考える．以下の問いに答えよ．

(1) k を正の整数とするとき，10^{k-1} 以上かつ 10^k 未満であって条件(＊)を満たす正の整数の個数を a_k とする．このとき，a_k を k の式で表せ．

(2) 正の整数 n に対して，

$$b_n = \begin{cases} \dfrac{1}{n} & (n\text{ が条件}(*)\text{を満たすとき}) \\ 0 & (n\text{ が条件}(*)\text{を満たさないとき}) \end{cases}$$

とおく．このとき，すべての正の整数 k に対して次の不等式が成り立つことを示せ．

$$\sum_{n=1}^{10^k-1} b_n < 80$$

(21　東工大・前期)

▶解答◀ (1) k 桁の整数のうち，どの位にも数字9が現れないものを考える．

10^{k-1} の位は0, 9以外の8通り，10^{k-2}～1の位はそれぞれ9以外の9通りだから $a_k = \mathbf{8 \cdot 9^{k-1}}$ である．

(2) $b_1 = 1, b_2 = \dfrac{1}{2}, \cdots, b_8 = \dfrac{1}{8}, b_9 = 0, \cdots$ などとなっている．n に数字9が含まれていなければその逆数を，含まれていれば0を足していく．k 桁の整数 n についての b_n の和を S_k とおく．このとき

$$S_1 = 1 + \frac{1}{2} + \cdots + \frac{1}{7} + \frac{1}{8}$$

などとなる．このような S_k を用いると

$$\sum_{n=1}^{10^k-1} b_n = \sum_{j=1}^{k} S_j$$

である．S_j を評価することを考える．条件(＊)を満たさないものについては0であるから，条件(＊)を満たすものだけの和を考えると S_j は

$$S_j = \frac{1}{10^{j-1}} + \frac{1}{10^{j-1}+1} + \cdots$$

とかけるような a_j 個の項の和である．各項はすべて $\dfrac{1}{10^{j-1}}$ 以下であるから

$$S_j \leqq \frac{1}{10^{j-1}} \cdot a_j = 8\left(\frac{9}{10}\right)^{j-1}$$

と評価できる．よって，

$$\sum_{n=1}^{10^k-1} b_n \leqq \sum_{j=1}^{k} 8\left(\frac{9}{10}\right)^{j-1} = 8 \cdot \frac{1-\left(\frac{9}{10}\right)^k}{1-\frac{9}{10}}$$

$$= 80\left\{1-\left(\frac{9}{10}\right)^k\right\} < 80$$

注意【ケンプナー級数】

調和級数

$$1 + \frac{1}{2} + \frac{1}{3} + \frac{1}{4} + \cdots$$

の項のうち，分母の十進表示の各位の数のどこかに9が現れるものをすべて取り除くことで得られる級数をケンプナー級数といい，実際これは22.92… に収束する．取り除く数が9でなくても収束することは，本問の評価方法を見れば明らかである．

《無限等比級数 (B10) ☆》

495. チームAとチームBが試合をして，先に2連勝したチームが優勝となり，優勝チームが決まるまで試合を続けるものとする．チームAがチームBに勝つ確率は $\dfrac{2}{3}$ であって，引き分けになることはないとする．既に1試合が行われ，チームAが1勝しているとして，次の問いに答えよ．

(1) ここからあと3試合行って，チームAが優勝する確率を求めよ．

(2) チームAが優勝する確率を求めよ．

(21 愛知医大・医)

▶解答◀ (i) A｜BAA

と勝つときである．｜の左のAは既に確定している勝ちで，右のBAAはこれから起こりうること，つまり，BAAの順で勝つことを表す．求める確率は

$$\frac{1}{3} \cdot \frac{2}{3} \cdot \frac{2}{3} = \mathbf{\frac{4}{27}}$$

(ii) $a = \dfrac{2}{3}, b = \dfrac{1}{3}$ とおく．

A｜A

A｜BAA

A｜BABAA

…

のようになることで，無限等比級数の公式により求める確率は，

$$a + (ba)a + (ba)^2 a + \cdots$$

$$= a \cdot \frac{1}{1-ab} = \frac{\frac{2}{3}}{1-\frac{2}{9}} = \mathbf{\frac{6}{7}}$$

《鈍角三角形と鋭角三角形 (B20) ☆》

496. n は2以上の自然数とする．円周を $2n$ 等分する点をとり，順に $A_1, A_2, \cdots, A_{2n}$ とする．次の問いに答えよ．

(1) $A_1, A_2, \cdots, A_{2n}$ から異なる3点を選ぶとき，それらを頂点とする三角形が直角三角形となる場合の数を求めよ．

(2) $A_3, A_4, \cdots, A_{2n}$ から A_i を選ぶとき，$\angle A_iA_1A_2$ が鈍角となる場合の数を求めよ．

(3) $A_2, A_3, \cdots, A_{2n}$ から異なる2点 A_i, A_j を選ぶとき，$\angle A_iA_1A_j$ が鈍角となる場合の数を求めよ．

(4) $A_1, A_2, \cdots, A_{2n}$ から異なる3点を選ぶとき，それらを頂点とする三角形が鋭角三角形となる確率 p_n を求めよ．また，極限 $\displaystyle\lim_{n\to\infty} p_n$ を求めよ．

(21 埼玉大・後期)

▶解答◀ (1) 直角三角形の斜辺は直径になるからその選び方は n 通り，もう1点は残りの $2n-2$ 点の中から1つ選ぶから $2n-2$ 通りである．よって，直角三角形は $n \cdot (2n-2) = \mathbf{2n(n-1)}$ である．

(2) 円の中心Oに関して A_2 と対称になる点は A_{n+2} であり，このとき $\angle A_{n+2}A_1A_2$ は直角になる．ゆえに，$\angle A_iA_1A_2$ が鈍角となるのは，$i = n+3$～$2n$ までのときで，その場合の数は $2n-(n+3)+1 = \mathbf{n-2}$ である．

（3）（2）と同様に考える．j を固定したとき，O に関して A_j と対称になる点は A_{n+j} であり，このとき $\angle A_{n+j}A_1A_j$ は直角になる．ゆえに，$\angle A_iA_1A_j$ が鈍角となるのは，$i=n+j+1 \sim 2n$ までのときで，その場合の数は $2n-(n+j+1)+1=n-j$ である．

次に j を動かす．j は直径 A_1A_{n+1} より左を動くから $j=2\sim n-1$ である．これより，$\angle A_iA_1A_j$ が鈍角となる場合の数は

$$\sum_{j=2}^{n-1}(n-j)=\frac{1}{2}\{(n-2)+1\}(n-2)$$
$$=\boldsymbol{\frac{1}{2}(n-1)(n-2)}$$

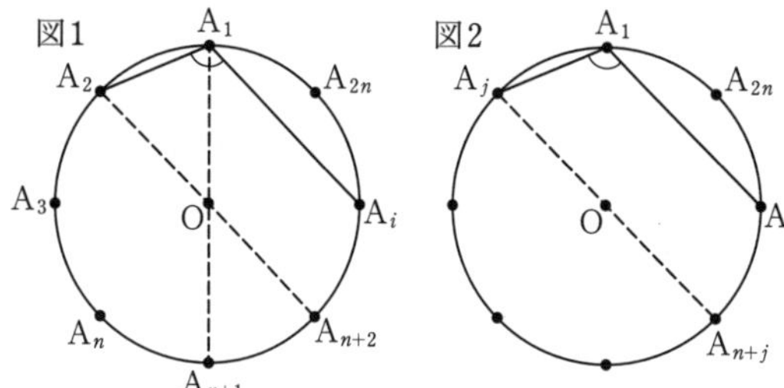

（4）（3）では $\angle A_1$ が鈍角のときを考えたが，鈍角が $\angle A_2, \cdots, \angle A_{2n}$ のときもそれぞれ $\frac{1}{2}(n-1)(n-2)$ ずつあり，間の角が鈍角となる組1つに対して鈍角三角形1つが対応するから，鈍角三角形は

$$\frac{1}{2}(n-1)(n-2)\cdot 2n=n(n-1)(n-2)$$

これより，鋭角三角形の数は，鈍角三角形と直角三角形の数を除いて

$$_{2n}C_3-n(n-1)(n-2)-2n(n-1)$$
$$=\frac{1}{6}(2n)(2n-1)(2n-2)$$
$$\quad -n(n-1)(n-2)-2n(n-1)$$
$$=\frac{1}{3}n(n-1)\{2(2n-1)-3(n-2)-6\}$$
$$=\frac{1}{3}n(n-1)(n-2)$$

である．よって，求める確率 p_n は

$$p_n=\frac{\frac{1}{3}n(n-1)(n-2)}{_{2n}C_3}=\boldsymbol{\frac{n-2}{2(2n-1)}}$$

$$\lim_{n\to\infty}p_n=\lim_{n\to\infty}\frac{1-\frac{2}{n}}{2\left(2-\frac{1}{n}\right)}=\boldsymbol{\frac{1}{4}}$$

♦別解♦ もう少し楽に鈍角三角形の個数を求めることができる．鈍角三角形の頂点を A, B, C とする．∠ABC を鈍角として左回りに A, B, C をとることにする．まず A の選び方で $2n$ 通りある．

O に関して A と対称な点を A′ とすると，図3の $n-1$ 個の点の中から2点を選ぶと鈍角三角形になるから B, C の組合せは $_{n-1}C_2$ 通りある．よって，鈍角三角形は $2n\cdot{}_{n-1}C_2=n(n-1)(n-2)$ だけある．

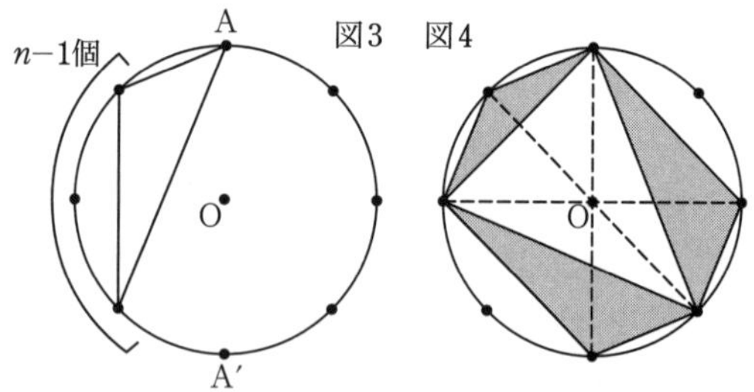

注意【鋭角三角形と鈍角三角形の数の比】
図4を見よ．三角形の頂点について，O と対称な点をとると鋭角三角形1つに対して鈍角三角形3つが対応する．ゆえに，鋭角三角形の数と鈍角三角形の数の比は 1：3 となる．ただし，これは円周上の点が偶数個のときにしか成立しない．これを用いると，鈍角三角形の個数を求めた時点で，鋭角三角形の個数もすぐにわかる．50年前には，今回の出題者のようなシグマをする解法が普通であった．私たちが「シグマなんか要らん」と，よい解法を広めてきた．昨年の問題を見ても，埼玉大はうまい解法があっても気づかないか，敢えて下手な解法へ行く．入試対策としては下手な解法もできるようにすることが大切かもしれない．

《力学系の典型（B20）☆》

497． 数列 $\{a_n\}$ は

$$a_1=2,\ a_{n+1}=\sqrt{4a_n-3}\ (n=1, 2, 3, \cdots)$$

で定義されている．次の問いに答えなさい．

（1） すべての自然数 n について，不等式

$$2\leqq a_n\leqq 3$$

が成り立つことを証明しなさい．

（2） すべての自然数 n について，不等式

$$|a_{n+1}-3|\leqq\frac{4}{5}|a_n-3|$$

が成り立つことを証明しなさい．

（3） 極限 $\lim_{n\to\infty}a_n$ を求めなさい．

（21 信州大・教育）

考え方 図示すると図のようになる．すると $2\leqq a_n<3$ は当たり前だし，$\lim_{n\to\infty}a_n=3$ も当たり前だ．しかし，こうした問題は式で行う．

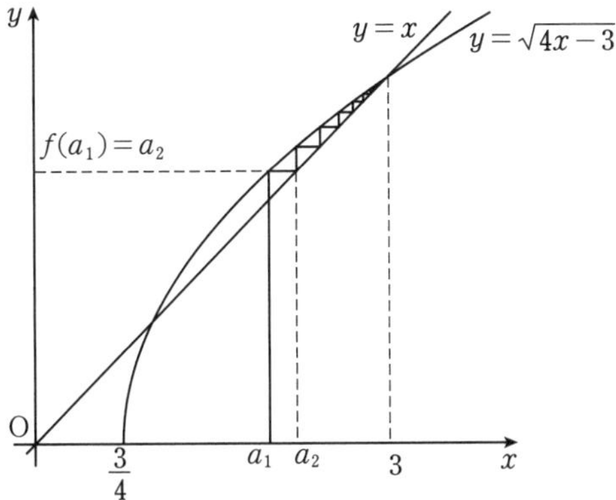

▶解答◀ （1） $a_1=2$ であるから，$n=1$ のとき成り立つ．$n=k$ で成り立つとする．$2 \leqq a_k \leqq 3$ である．

$$5 \leqq 4a_k-3 \leqq 9 \qquad \therefore \quad \sqrt{5} \leqq \sqrt{4a_k-3} \leqq 3$$

$2<\sqrt{5}$ であるから $2 \leqq a_{k+1} \leqq 3$ となって，$n=k+1$ でも成り立つ．よって，数学的帰納法によりすべての自然数 n で成り立つ．

（2） $|a_{n+1}-3|=\left|\sqrt{4a_n-3}-3\right|$

$$=\frac{1}{\sqrt{4a_n-3}+3}|4a_n-12|$$

$$=\frac{4}{a_{n+1}+3}|a_n-3|$$

（1）より $a_{n+1} \geqq 2$ であるから，

$$\frac{4}{a_{n+1}+3} \leqq \frac{4}{5}$$

よって

$$|a_{n+1}-3| \leqq \frac{4}{5}|a_n-3|$$

（3） $0 \leqq |a_n-3| \leqq \frac{4}{5}|a_{n-1}-3|$

$$\leqq \left(\frac{4}{5}\right)^2|a_{n-2}-3|$$

$$\leqq \cdots \leqq \left(\frac{4}{5}\right)^{n-1}|a_1-3|$$

$$0 \leqq |a_n-3| \leqq \left(\frac{4}{5}\right)^{n-1}|a_1-3|$$

$\lim_{n\to\infty}\left(\frac{4}{5}\right)^{n-1}=0$ であるから，ハサミウチの原理により $\lim_{n\to\infty}|a_n-3|=0$ である．

$$\lim_{n\to\infty}a_n=\mathbf{3}$$

《力学系の定数が1になる形（B30）》

498. 関数 $f(x)=-x^2+3x-1$, $g(x)=2-\frac{1}{x}$ に対して，数列 $\{a_n\}$, $\{b_n\}$ を次のように定める．

$$a_1=\frac{3}{2},\ a_{n+1}=f(a_n) \quad (n=1,\ 2,\ 3,\ \cdots)$$

$$b_1=\frac{3}{2},\ b_{n+1}=g(b_n) \quad (n=1,\ 2,\ 3,\ \cdots)$$

（1） $x>1$ のとき，$f(x)<g(x)$ が成り立つことを示せ．

（2） $b_2,\ b_3,\ b_4$ を求めよ．また，数列 $\{b_n\}$ の一般項を求めよ．

（3） $n \geqq 2$ のとき，$1<a_n<b_n$ が成り立つことを示せ．

（4） $\lim_{n\to\infty}a_n$ を求めよ． （21 岐阜薬大）

▶解答◀ （1） $g(x)-f(x)$

$$=2-\frac{1}{x}-(-x^2+3x-1)$$

$$=\frac{1}{x}(x^3-3x^2+3x-1)=\frac{1}{x}(x-1)^3$$

$x>1$ のとき，$g(x)-f(x)>0$，すなわち $f(x)<g(x)$ である．ついでに後に $x>1$ で $g(x)<x$ を使うからこれを示す．

$$x-g(x)=x-2+\frac{1}{x}=\frac{(x-1)^2}{x}>0$$

（2） $b_2=g(b_1)=2-\frac{1}{b_1}=2-\frac{2}{3}=\mathbf{\frac{4}{3}}$

$$b_3=g(b_2)=2-\frac{1}{b_2}=2-\frac{3}{4}=\mathbf{\frac{5}{4}}$$

$$b_4=g(b_3)=2-\frac{1}{b_3}=2-\frac{4}{5}=\mathbf{\frac{6}{5}}$$

以上より，$b_n=\frac{n+2}{n+1}$ と推測できる．帰納法で示す．

$n=1$ のとき，$b_1=\frac{3}{2}$ となり成り立つ．

$n=k$ のとき成り立つとする．$b_k=\frac{k+2}{k+1}$ である．

$$b_{k+1}=g(b_k)=2-\frac{1}{b_k}$$

$$=2-\frac{k+1}{k+2}=\frac{k+3}{k+2}$$

$n=k+1$ でも成り立つから，数学的帰納法により証明された．よって，$b_n=\mathbf{\frac{n+2}{n+1}}$

（3） $n \geqq 2$ のとき

$$1<a_n<b_n<\frac{3}{2}$$

であることを示す．$a_2=f(a_1)=f\left(\frac{3}{2}\right)=\frac{5}{4}$, $b_2=\frac{4}{3}$ であるから $n=2$ のとき成り立つ．$n=k \geqq 2$ で成り立つとする．$1<a_k<b_k<\frac{3}{2}$ である．

$f(x)$ は $1<x<\frac{3}{2}$ で増加関数だから $1<a_k<b_k$ に f を施して

$$f(1)<f(a_k)<f(b_k)$$

図を見よ．$1<x<\frac{3}{2}$ で $f(x)<g(x)<x<\frac{3}{2}$ である．ここに $x=b_k$ を代入し

$f(b_k)<g(b_k)<b_k<\frac{3}{2}$ となり，続けて書くと

$$1=f(1)<f(a_k)<f(b_k)<g(b_k)<b_k<\frac{3}{2}$$

$a_{k+1} = f(a_k),\ b_{k+1} = g(b_k)$ だから（間を幾つか略し）

$$1 < a_{k+1} < b_{k+1} < \frac{3}{2}$$

となる．$n = k+1$ でも成り立つから数学的帰納法により証明された．

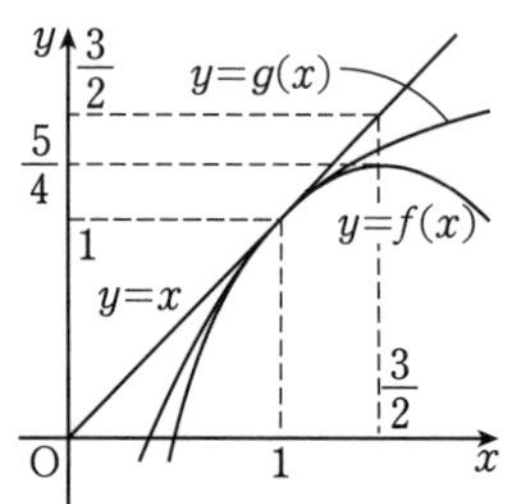

（4）（3）より $1 < a_n < b_n$ が成り立ち

$$\lim_{n\to\infty} b_n = \lim_{n\to\infty} \frac{n+2}{n+1} = \lim_{n\to\infty} \frac{1+\frac{2}{n}}{1+\frac{1}{n}} = 1$$

であるから，ハサミウチの原理により，$\lim_{n\to\infty} a_n = \mathbf{1}$

注意　【出題者のアイデアが見えるか？】

$a_{n+1} = -a_n{}^2 + 3a_n - 1$ で 1 に収束することを示そうとすると

$$a_{n+1} - 1 = (a_n - 1)(2 - a_n)$$

で，$0 < r < 1$ である定数 r を用いて $2 - a_n < r$ の形に評価して

$$a_{n+1} - 1 < r(a_n - 1)$$

にするというのが頻出問題の流れであるが，$2 - a_n$ は 1 に収束するから，そのような定数 r がなく，頻出問題のようには解けないのである．そこで b_n で挟んだのである．出題者の秀逸なアイデア！

$a_{n+1} = f(a_n)$ となる $f(x)$ について $y = f(x)$ が $y = x$ と接するときには，いつもこのような問題が起こる．$f(x) = \sin x,\ f(x) = x(1-x)$（初項は適宜定めよ）の場合を考えてみよ．

【極限の難問】

《1 次分数形の漸化式と極限 (C30)》

499． 正の実数 a, b, c, d は以下の条件をみたすとする．

- $ad - bc \neq 0$.

このとき，2 次方程式 $cx^2 + (d-a)x - b = 0$ は相異なる 2 個の実数解 α, β（ただし $\alpha > \beta$）を持つ．また，任意の正の実数 $u > 0$ に対して，数列 $\{x_n\}_{n=1,2,\cdots}$ を以下の漸化式で定める：

$$x_1 = u,\ x_{n+1} = \frac{ax_n + b}{cx_n + d}\ (n = 1, 2, \cdots)$$

（1）$a - c\beta \neq 0$ を証明せよ．

（2）任意の正整数 n について，$x_n \neq \beta$ であり，かつ，任意の正整数 n に対して，

$$y_n = \frac{x_n - \alpha}{x_n - \beta}$$

とおくと，数列 $\{y_n\}_{n=1,2,\cdots}$ は等比数列になることを証明せよ．

（3）任意の正の実数 u に対して，数列 $\{x_n\}_{n=1,2,\cdots}$ は $n \to \infty$ のとき収束することを示し，その極限値を求めよ．

（21　奈良県立医大・医-後期）

▶解答◀（1）$a - c\beta = 0$ と仮定すると

$$\beta = \frac{a}{c} \quad \cdots\cdots ①$$

また，β は $cx^2 + (d-a)x - b = 0$ の解であるから

$$c\beta^2 + (d-a)\beta - b = 0$$

$$b - d\beta = -\beta(a - c\beta) \quad \cdots\cdots ②$$

$$b - d\beta = 0$$

$$\beta = \frac{b}{d} \quad \cdots\cdots ③$$

① = ③ より

$$\frac{a}{c} = \frac{b}{d} \qquad \therefore\ ad - bc = 0$$

これは $ad - bc \neq 0$ に矛盾する．よって $a - c\beta \neq 0$ である．

（2）
$$y_{n+1} = \frac{x_{n+1} - \alpha}{x_{n+1} - \beta} = \frac{\frac{ax_n + b}{cx_n + d} - \alpha}{\frac{ax_n + b}{cx_n + d} - \beta}$$

$$= \frac{ax_n + b - \alpha(cx_n + d)}{ax_n + b - \beta(cx_n + d)}$$

$$= \frac{(a - c\alpha)x_n + (b - d\alpha)}{(a - c\beta)x_n + (b - d\beta)} \quad \cdots\cdots ④$$

ここで，② と同様に

$$b - d\alpha = -\alpha(a - c\alpha) \quad \cdots\cdots ⑤$$

であるから，②，⑤ を ④ に代入して

$$y_{n+1} = \frac{(a - c\alpha)x_n - \alpha(a - c\alpha)}{(a - c\beta)x_n - \beta(a - c\beta)}$$

$$= \frac{a - c\alpha}{a - c\beta} \cdot \frac{x_n - \alpha}{x_n - \beta} = \frac{a - c\alpha}{a - c\beta} y_n$$

よって $\{y_n\}$ は公比が $\frac{a - c\alpha}{a - c\beta}$ の等比数列である．

（3）まず $x_n \neq \beta$ を示す．β は 2 次方程式の解だから

$$c\beta^2 + (d-a)\beta - b = 0$$

$$c\beta^2 + d\beta = a\beta + b$$

$$\beta = \frac{a\beta + b}{c\beta + d}$$

これと $x_{n+1} = \frac{ax_n + b}{cx_n + d}$ と辺々差をとると

$$x_{n+1} - \beta = \frac{ax_n + b}{cx_n + d} - \frac{a\beta + b}{c\beta + d}$$

$$x_{n+1}-\beta=\frac{(ad-bc)(x_n-\beta)}{(cx_n+d)(c\beta+d)}$$

$ad-bc\neq 0$ であるから $x_{n+1}=\beta$ とすると $x_n=\beta$ となる．これを繰り返して $x_1=\beta$ となる．解と係数の関係より $\alpha\beta=-\dfrac{b}{c}<0$ で $\alpha>\beta$ より $\beta<0$ となり $x_1<0$ となるが，これは $x_1=u>0$ に反する．よって $x_n\neq\beta$ である．

$$y_1=\frac{x_1-\alpha}{x_1-\beta}=\frac{u-\alpha}{u-\beta}$$

であるから

$$y_n=\left(\frac{a-c\alpha}{a-c\beta}\right)^{n-1}\cdot\frac{u-\alpha}{u-\beta}\quad\cdots\cdots⑥$$

ここで

$$y_n=\frac{x_n-\alpha}{x_n-\beta}$$

$$y_nx_n-\beta y_n=x_n-\alpha$$

$$x_n=\frac{\beta y_n-\alpha}{y_n-1}$$

であるから，⑥を代入して

$$x_n=\frac{\beta\left(\dfrac{a-c\alpha}{a-c\beta}\right)^{n-1}\cdot\dfrac{u-\alpha}{u-\beta}-\alpha}{\left(\dfrac{a-c\alpha}{a-c\beta}\right)^{n-1}\cdot\dfrac{u-\alpha}{u-\beta}-1}$$

ここで $\beta<0$ より $a-c\beta>0$ であるから

$$1-\frac{a-c\alpha}{a-c\beta}=\frac{a-c\beta-a+c\alpha}{a-c\beta}$$

$$=\frac{c(\alpha-\beta)}{a-c\beta}>0$$

解と係数の関係より $\alpha+\beta=\dfrac{a-d}{c}$ であるから

$$1+\frac{a-c\alpha}{a-c\beta}=\frac{a-c\beta+a-c\alpha}{a-c\beta}$$

$$=\frac{2a-c(\alpha+\beta)}{a-c\beta}=\frac{2a-(a-d)}{a-c\beta}$$

$$=\frac{a+d}{a-c\beta}>0$$

よって

$$-1<\frac{a-c\alpha}{a-c\beta}<1$$

ゆえに

$$\lim_{n\to\infty}\left(\frac{a-c\alpha}{a-c\beta}\right)^{n-1}=0$$

したがって

$$\lim_{n\to\infty}x_n=\frac{\beta\cdot 0-\alpha}{0-1}=\boldsymbol{\alpha}$$

【関数と曲線と無理方程式】

《分数関数の逆関数（A5）》

500. a を実数の定数とする．関数 $f(x)=\dfrac{3x-2}{4x+a}$ の逆関数が $f(x)$ に等しいとき，$a=\square$ である．（21　愛媛大・後期）

考え方　関数は数の対応関係であり，定義域内の任意の数 x と値域内の1つの数 y の間の対応関係を f で表す．関数値を $f(x)$ で表し，$y=f(x)$ とする．

関数は，本来，定義域を述べるのは，関数を与える者，すなわち，出題者の仕事である．ところが，日本の学校教育では，関数の定義域を「不都合が起こらないように広くとれ」という．

関数は本来，**出題者が定義域を宣言すべきもの**であるから，**逆関数も，出題者がその定義域を宣言すべきもの**である．しかし，高校では，最も広くとれという．検定教科書はおかしい．

できるだけ広くとった定義域を解答者が考え，その定義域内で，関数値 $f(x)$ を考える．本来は値域（それが逆関数の定義域になる）を調べるべきであるが，逆関数を習う時点では微分法を学んでいないから，値域は調べない．だから，逆関数を求めようとする段階では逆関数の定義域もわからない．

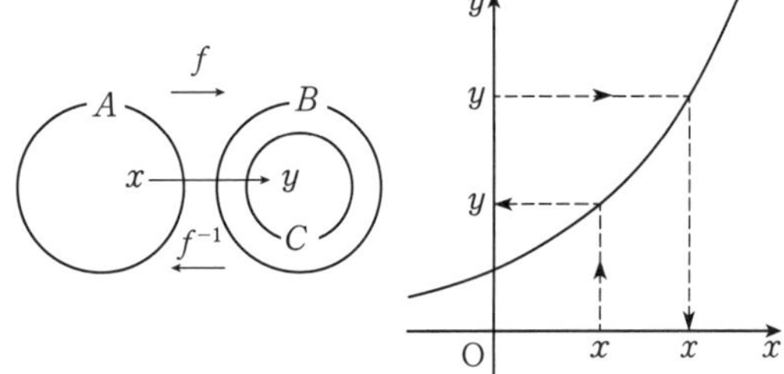

次の手順に従う．$y=f(x)$ とおく．繰り返すが，y のとる値の範囲は不明であるから，仮想的に，$y=f(x)$ の y の値域が分かったものとする．その $y=f(x)$ を実現するような x が存在するものと仮定しているのである．$y=f(x)$ から x について解いてみる．これが唯一に定まるようにする．そのように，x の範囲を制限しておかねばならないし（繰り返すが，それは本来，出題者の仕事）そうなるような値の y を考える．x について解いた式を $x=f^{-1}(y)$ と表し，f^{-1} を f の逆関数という．通常はここで x,y を取り替え $y=f^{-1}(x)$ となる．

x が唯一に定まらないような y に対しては逆関数は定義できない．その値は逆関数の定義域から除外する．

【例1】 $g(x)=\dfrac{e^x-e^{-x}}{2}$ の逆関数を求めてみよう．

手順1：$y=\dfrac{e^x-e^{-x}}{2}$ とおく．***x* について解く**．両辺に $2e^x$ を掛けて

$$2ye^x=(e^x)^2-1$$

$$(e^x)^2-2ye^x-1=0$$

e^x についての 2 次方程式を解く．$e^x > 0$ であるから，負の解は不適で，正の解（大きな方）を採用し

$$e^x = y + \sqrt{y^2+1}$$

$$x = \log_e(y + \sqrt{y^2+1})$$

この段階で，任意の実数 y に対して右辺が定義できるから，$y = g(x)$ の値域が任意の実数であることがわかる．つまり，値域を求めるという作業は，x について解くということによって判明する．これは「逆手流」として知られている手法である．任意の実数 x に対して y が定まり，任意の実数 y に対して x が定まる．g の定義域は実数全体であり，値域も実数全体である．$y = g(x)$ の形から，具体的に x について解くことができる関数については，解いてみて，値域の考察ができるのである．具体的に x について解くことができない関数については，誰も「逆関数を求めよ」とは言わないから，心配ご無用である．

手順 2：x, y を取り替える．

$$y = \log_e(x + \sqrt{x^2+1})$$

$$g^{-1}(x) = \log_e(x + \sqrt{x^2+1})$$

g^{-1} の定義域も実数全体である．

【例 2】$h(x) = \dfrac{e^x + e^{-x}}{2}$ の逆関数を求めてみよう．このままでは，実は，x が実数全体では逆関数は存在しない．$h(x)$ は単調でないからである．しかし，例 1 では，単調であるかどうかを，調べてはいない．だから，例 1 と対比すれば，**単調であることを示すことは，逆関数を求める作業には不要**である．

手順 1：x について解く．両辺に $2e^x$ を掛けて

$$2ye^x = (e^x)^2 + 1$$

$$(e^x)^2 - 2ye^x + 1 = 0$$

$$e^x = y \pm \sqrt{y^2-1}$$

e^x が唯 1 つに定まらないといけない．そのためには，プラスマイナスのどっちが対応するかを決めないといけない．$h(x)$ の定義域を 1 対 1 になるように，制限しておく必要があることがわかる．だから「$h(x) = \dfrac{e^x + e^{-x}}{2}$ の逆関数を求めてみよう」は，たとえば，「$x > 0$ で定義された関数 $h(x) = \dfrac{e^x + e^{-x}}{2}$ の逆関数を求めよ」というような形でなければならないと分かる．

$x > 0$ と制限しておけば，$e^x > 1$ になる．e^x についての 2 次方程式とみて，解と係数の関係（2 解の積が 1）で，一方は 1 より大きく，他方は 1 より小さい．大きな方をとり，$e^x = y + \sqrt{y^2-1}$

$$x = \log_e(y + \sqrt{y^2-1})$$

手順 2：x, y を取り替える．

$$y = \log_e(x + \sqrt{x^2-1})$$

$$h^{-1}(x) = \log_e(x + \sqrt{x^2-1})$$

さて，問題はここからである．本問（愛媛大が出題した問題）のように，1 次分数関数の場合，某教科書では

$$f(x) = \frac{3}{4} + \frac{-3a-8}{4(4x+a)}$$

と変形し，$f(x)$ が逆関数をもつのは $-3a-8 \neq 0$ のときであると教える．もしそれがよいことなら「例 1，例 2 では，定義域内の任意の実数 x と，値域内の任意の y が，1 対 1 に対応するという手順をやっていないのに，なんで 1 次分数関数だけそれが必要になるのか？」を答えるべきである．本来，逆関数を教えるのは，（微分など）値域を調べる手段を提供した後にすべきである．現在，検定教科書は，微分法を教える前に，逆関数を扱う．1 次分数関数のときだけ，この変形をしろというのは，おかしい．分数関数で，分子の次数を低くするという変形は積分では有効で，一部の数列では有効だが，微分では 99 パーセント無駄（それをすると安田の定理が使えなくなるから，むしろ有害）だし，逆関数では完璧に無駄である．

▶解答◀ $y = \dfrac{3x-2}{4x+a}$ とおく．

$$4xy + ay = 3x - 2$$

$$x(4y-3) = -ay - 2 \quad \cdots\cdots ①$$

定義域内の任意の x に対して，x が唯一に定まるのは $y \neq \dfrac{3}{4}$ のときであり（もし $y = \dfrac{3}{4}$ が値域内にあれば，それに対する x がない [注を見よ．解なし，不能] か，x がなんであってもよい [不定，x に何を代入しても $y = \dfrac{3}{4}$ になるのでは，逆関数の定義に反する．x は唯一に定まるのでなければならない] から $y = \dfrac{3}{4}$ は値域にはない）

$$x = \frac{-ay-2}{4y-3}$$

x と y をとりかえて

$$y = \frac{-ax-2}{4x-3}$$

$$f^{-1}(x) = \frac{-ax-2}{4x-3}$$

$f(x) = f^{-1}(x)$ になるための必要十分条件は

$$\frac{3x-2}{4x+a} = \frac{-ax-2}{4x-3} \quad \cdots\cdots ②$$

の両辺の定義域が一致し，かつ，定義域内の任意の実数 x に対して成り立つことである．$f(x)$ の定義域 $x \neq -\dfrac{a}{4}$ と $f^{-1}(x)$ の定義域 $x \neq \dfrac{3}{4}$ が一致することが必要で $a = \mathbf{-3}$ となり，このとき ② の左右両辺の分子と分母は同じ式になり，成り立つ．

注意 1°【不定と不能】

①で，$4y-3=0$ かつ $-ay-2=0$ のとき（すなわち $-a\cdot\frac{3}{4}-2=0$ のとき）x が何でも成立し，唯一には定まらない．昔は不定（定まらず）といった．$4y-3=0$ かつ $-ay-2\neq 0$ のとき①は成立しない．昔は不能（解くことあたわず）といった．

2°【展開する】②の分母をはらい

$$(3x-2)(4x-3)=(4x+a)(-ax-2)$$

両辺の x^2 の係数を比べ，$12=-4a$ となり $a=-3$ となる．このとき他の係数も等しくなる．

◆別解◆ $f(x)=\frac{3x-2}{4x+a}$ について $f^{-1}(x)=f(x)$ が成り立つためには

$$f(f(x))=\frac{3f(x)-2}{4f(x)+a}=\frac{3\cdot\frac{3x-2}{4x+a}-2}{4\cdot\frac{3x-2}{4x+a}+a}$$

$$=\frac{3(3x-2)-2(4x+a)}{4(3x-2)+a(4x+a)}$$

$$=\frac{x-6-2a}{4(3+a)x+a^2-8} \quad \cdots\cdots ③$$

が $x\neq-\frac{a}{4}$, $f(x)\neq-\frac{a}{4}$ を満たす任意の x に対してつねに x に等しくなることが必要十分で，③ $=x$ として分母をはらった

$$x-6-2a=4(3+a)x^2+(a^2-8)x$$

の両辺が同じ多項式である．係数を比べ

$$3+a=0,\ a^2-8=1,\ 0=-6-2a$$

よって $a=\mathbf{-3}$

3°【題意の成立は保証されている】

「$f(x)=\frac{3x-2}{4x+a}$ の逆関数が $f(x)$ に等しいとき」とは，実現している状態で考えろということである．だから「このとき他の係数も等しい」は不要である．

《無理方程式（A5）》

501．方程式 $\sqrt{3x-7}-\sqrt{x-1}=2$ を解け．

（21 愛知医大・医）

▶解答◀ 解説とともに書く．「$\sqrt{3x-7}$, $\sqrt{x-1}$ がともに定義される条件は，$3x-7\geqq 0$ かつ $x-1\geqq 0$ より $x\geqq\frac{7}{3}$ である」ということから解答を書き始めた．下でわかるように，これは無駄である．無理方程式を解くときには定義域は不要で**両辺の符号を押さえて2乗する**の繰り返しで解ける．

$$\sqrt{3x-7}=2+\sqrt{x-1} \quad \cdots\cdots ①$$

右辺は正，左辺は0以上である．これを押さえた上で，①はこれを2乗した次と同値である．

$$(\sqrt{3x-7})^2=(2+\sqrt{x-1})^2 \quad \cdots\cdots ②$$

説明の都合上，ゆっくり変形する．同値というのは，もし①を満たす実数 x が存在するならば②が成り立つし，逆に，もし②を満たす実数 x が存在するならば，②の2乗を外して

$$\sqrt{3x-7}=\pm(2+\sqrt{x-1})$$

となるが，$\sqrt{3x-7}\geqq 0$, $2+\sqrt{x-1}>0$ であるから $\sqrt{3x-7}=-(2+\sqrt{x-1})$ は起こりえず，①に戻ることができる．「もし」をつけたのは，結果が「解なし」になる場合もあるからである．$p \Longrightarrow q$ は英語では if p then q である．日本の学校教育では「もし」を読まないから，誤解をしている人が多い．

$$3x-7=(2+\sqrt{x-1})^2 \quad \cdots\cdots ③$$

もし，これを満たす実数 x が存在するならば，この右辺は0以上であるから左辺も0以上である．実数 x がこれを満たす限り，$3x-7\geqq 0$ は成り立つ．だから，最初に $3x-7\geqq 0$ を書いたことは余計である．③を展開し

$$3x-7=4+4\sqrt{x-1}+(x-1) \quad \cdots\cdots ④$$

$$2x-10=4\sqrt{x-1}$$

$$x-5=2\sqrt{x-1} \quad \cdots\cdots ⑤$$

加算と減算は同値変形であるから，⑤から④まで戻ることができる．⑤の右辺が0以上であるから，左辺も0以上で，$x\geqq 5$ であり，$x\geqq\frac{7}{3}$ と合わせて，$x\geqq 5$ である．$x\geqq 5$ は「定義域の考察からは出てこない情報」である．両辺を2乗し $(x-5)^2=4(x-1)$

左辺は0以上であるから右辺は0以上である．もし，これを満たす実数 x が存在するならば，$x\geqq 1$ が成立し，最初に書いた $x-1\geqq 0$ は無駄である．

$$x^2-14x+29=0 \qquad \therefore\ x=7\pm 2\sqrt{5}$$

$x\geqq 5$ より，$x=\mathbf{7+2\sqrt{5}}$

注意【グラフについて】

「グラフを描いて，目で見る」人もいるだろうが複雑になるとグラフを描くことが難しくなる．「式でやると場合分けが面倒なとき」以外は式優先でやる．

《無理方程式（A10）》

502．関数 $y=\sqrt{2x+3}$ のグラフと関数 $y=\frac{1}{3}x+1$ のグラフの共有点の個数は $\boxed{}$ であり，共有点の座標のうち，x 座標が負の座標は $\boxed{}$ である．

（21 日大・医）

▶解答◀ 図で，$C: y=\sqrt{2x+3}$, $l: y=\frac{1}{3}x+1$ とする．図から交点は2個あるが，式で解く．

2式を連立させて

$$\sqrt{2x+3}=\frac{1}{3}x+1$$

$$3\sqrt{2x+3}=x+3 \quad\cdots\cdots\cdots\cdots\cdots\cdots\cdots①$$

左辺は 0 以上であるから右辺も 0 以上で $x \geqq -3$ となる．①を 2 乗して

$$9(2x+3)=x^2+6x+9$$

$$x^2-12x-18=0$$

$$x=6\pm 3\sqrt{6}$$

$3\sqrt{6}=3\cdot 2.44\cdots=7.3\cdots$ であるから
$6-3\sqrt{6}=-1.3\cdots>-3$ である．よって 2 解とも適する．C と l の共有点の個数は **2** である．$x<0$ の解は $x=6-3\sqrt{6}$ で，座標は $(\mathbf{6-3\sqrt{6},\ 3-\sqrt{6}})$

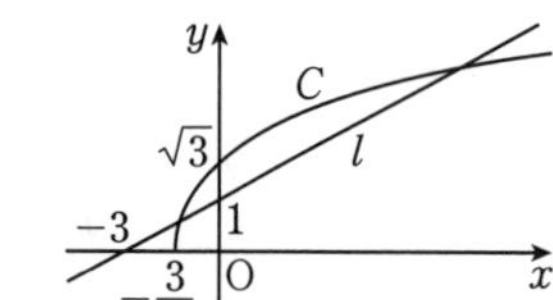

《無理方程式（A10）》

503. $y=\sqrt{x+a}$ と $y=|-x+a|$ の共有点の個数を n とする．$k=\dfrac{\square}{\square}$ とすると，$a=k$ のとき $n=\square$，$a>k$ のとき $n=\square$，$a<k$ のとき $n=\square$ である．　（21　埼玉医大・前期）

▶解答◀ $\sqrt{x+a}=|-x+a|$
左辺も右辺も 0 以上であるから，2 乗して

$$x+a=x^2-2ax+a^2$$

$$x^2-(2a+1)x+a^2-a=0$$

判別式を D として

$$D^2=(2a+1)^2-4a^2+4a=8a+1$$

$k=\mathbf{\dfrac{-1}{8}}$ であり，$a=k$ のとき（$D=0$ のとき）$n=\mathbf{1}$，$a>k$ のとき（$D>0$ のとき）$n=\mathbf{2}$，$a<k$ のとき（$D<0$ のとき）$n=\mathbf{0}$ である．ss

注意 $y=\sqrt{x+a}$ と $y=|-x+a|$ のグラフを描くより，式でやった方が早い．

【微分法】

《基本的な微分 (A5)》

504. 次の関数の導関数を求めよ.

$$y=\frac{e^{2x}}{1+\sin x}$$

(21 広島市立大・後期)

▶解答◀ $y'=\dfrac{2e^{2x}(1+\sin x)-\cos x\cdot e^{2x}}{(1+\sin x)^2}$

$$=\boldsymbol{\frac{2+2\sin x-\cos x}{(1+\sin x)^2}e^{2x}}$$

《基本的な微分 (A5)》

505. 関数 $f(x)=\sqrt{x+\sqrt{x^2-9}}$ の $x=5$ における微分係数は $\dfrac{\square}{\square}$ である.

(21 藤田医科大・医)

▶解答◀ $f(x)=\sqrt{x+\sqrt{x^2-9}}$

$$f'(x)=\frac{1}{2\sqrt{x+\sqrt{x^2-9}}}\left(x+\sqrt{x^2-9}\right)'$$

$$=\frac{1}{2\sqrt{x+\sqrt{x^2-9}}}\left(1+\frac{x}{\sqrt{x^2-9}}\right)$$

$$f'(5)=\frac{1}{2\sqrt{5+4}}\left(1+\frac{5}{4}\right)=\frac{1}{6}\cdot\frac{9}{4}=\boldsymbol{\frac{3}{8}}$$

《基本的な微分 (A5)》

506. $\dfrac{d}{dx}(e^{3x}\sin 2x)=\square$

$\dfrac{d^2}{dx^2}(e^{3x}\sin 2x)=\square$ (21 青学大・理工)

▶解答◀ $\dfrac{d}{dx}(e^{3x}\sin 2x)$

$$=3e^{3x}\sin 2x+e^{3x}\cdot 2\cos 2x$$

$$=\boldsymbol{e^{3x}(3\sin 2x+2\cos 2x)}$$

$$\frac{d^2}{dx^2}(e^{3x}\sin 2x)=\frac{d}{dx}\{e^{3x}(3\sin 2x+2\cos 2x)\}$$

$$=3e^{3x}(3\sin 2x+2\cos 2x)$$

$$+e^{3x}(6\cos 2x-4\sin 2x)$$

$$=\boldsymbol{e^{3x}(5\sin 2x+12\cos 2x)}$$

《意外に解きにくい問題 (A10)》

507. 関数 $f(x)=-|x|^{\sqrt{6}}$ の $x=\sqrt{6}\cdot f(\sqrt{6})$ における微分係数は

$$f'(\sqrt{6}\cdot f(\sqrt{6}))=\square$$

である. (21 東京医大・医)

▶解答◀ $\sqrt{6}=\alpha$ とおくと $f(x)=-|x|^{\alpha}$

$$x=\alpha f(\alpha)=\alpha(-|\alpha|^{\alpha})=\alpha(-\alpha^{\alpha})=-\alpha^{\alpha+1}<0$$

$x<0$ のとき

$$f(x)=-(-x)^{\alpha}$$

$$f'(x)=-\alpha(-x)^{\alpha-1}\cdot(-x)'=\alpha(-x)^{\alpha-1}$$

$$f'(\alpha f(\alpha))=f'(-\alpha^{\alpha+1})=\alpha\{-(-\alpha^{\alpha+1})\}^{\alpha-1}$$

$$=\alpha(\alpha^{\alpha+1})^{\alpha-1}=\alpha^{\alpha^2}$$

$\alpha=\sqrt{6}$ を戻して

$$f'(\sqrt{6}\cdot f(\sqrt{6}))=(\sqrt{6})^{(\sqrt{6})^2}=(\sqrt{6})^6=\boldsymbol{216}$$

《高階導関数 (B20)》

508. $x>0$ で定義された関数

$$f(x)=\log x-(\log x)^2$$

の第 n 次導関数 $f^{(n)}(x)$ $(n=1,2,3,\cdots)$ に対して, 方程式 $f^{(n)}(x)=0$ の解を $x=x_n$ とおく. このとき, $\dfrac{x_{n+1}}{x_n}$ を求めよ. (21 山梨大・医)

用語について.「高次導関数」と書く書籍があるが, 解析概論では「高階」と呼んでいる. ステップを上がるという意味で階の方がよい. 1次, 2次だと, 2乗している感じがして, よい用語とは思えない.

▶解答◀

$$f'(x)=\frac{1}{x}-2\log x\cdot\frac{1}{x}=\frac{-2\log x+1}{x}$$

$$f''(x)=\frac{-\frac{2}{x}\cdot x-(-2\log x+1)\cdot 1}{x^2}$$

$$=\frac{2\log x-3}{x^2}$$

$$f^{(n)}(x)=\frac{a_n\log x+b_n}{x^n}\quad(a_n\neq 0)$$

の形で表せることを数学的帰納法で示す.

$n=1$ で成り立つ.

$n=k$ で成り立つとすると

$$f^{(k)}(x)=\frac{a_k\log x+b_k}{x^k}$$

である.

$$f^{(k+1)}(x)=\frac{\frac{a_k}{x}\cdot x^k-(a_k\log x+b_k)\cdot kx^{k-1}}{x^{2k}}$$

$$=\frac{-ka_k\log x+(a_k-kb_k)}{x^{k+1}}$$

であるから $n=k+1$ のときも成り立つ. 数学的帰納法により証明された. また,

$$a_{n+1}=-na_n \quad\cdots\cdots\text{①}$$

$$b_{n+1}=a_n-nb_n \quad\cdots\cdots\text{②}$$

が成り立つ.

$f^{(n)}(x_n)=0$ として,

$$a_n\log x_n+b_n=0$$

$$\log x_n=-\frac{b_n}{a_n}$$

この n を $n+1$ に置き換えて

$$\log x_{n+1} = -\frac{b_{n+1}}{a_{n+1}}$$

これらを辺ごとに引いて

$$\log x_{n+1} - \log x_n = \frac{b_n}{a_n} - \frac{b_{n+1}}{a_{n+1}} \quad \cdots\cdots\cdots\cdots③$$

であるから，右辺を n の式で表す．

②÷① より

$$\frac{b_{n+1}}{a_{n+1}} = -\frac{1}{n} + \frac{b_n}{a_n}$$

$$\frac{b_n}{a_n} - \frac{b_{n+1}}{a_{n+1}} = \frac{1}{n}$$

③ に代入して

$$\log\frac{x_{n+1}}{x_n} = \frac{1}{n} \qquad \therefore \quad \boldsymbol{\frac{x_{n+1}}{x_n} = e^{\frac{1}{n}}}$$

【グラフ】

《グラフの凹凸 (B10)》

509. 関数 $y = x^3e^{-x^2}$ の増減，極値および凹凸を調べ，そのグラフをかけ．ただし，$\lim_{x\to\infty} x^3e^{-x^2} = 0$，$\lim_{x\to-\infty} x^3e^{-x^2} = 0$ であることは証明なしに用いてよい．（21 琉球大・理-後）

▶解答◀ $f(x) = x^3e^{-x^2}$ とする．$f(x)$ は奇関数であるから，まず $x \geqq 0$ の場合について調べる．

$$f'(x) = 3x^2e^{-x^2} + x^3(-2x)e^{-x^2}$$

$$= (3x^2 - 2x^4)e^{-x^2} = -x^2(2x^2-3)e^{-x^2}$$

$$f''(x) = (6x - 8x^3)e^{-x^2} + (3x^2 - 2x^4)(-2x)e^{-x^2}$$

$$= 2x(2x^4 - 7x^2 + 3)e^{-x^2}$$

$$= 2x(2x^2-1)(x^2-3)e^{-x^2}$$

x	0	$\cdots$	$\frac{1}{\sqrt{2}}$	$\cdots$	$\sqrt{\frac{3}{2}}$	$\cdots$	$\sqrt{3}$	$\cdots$
$f'(x)$	0	+	+	+	0	−	−	−
$f''(x)$	0	+	0	−	−	−	0	+
$f(x)$		⤴		↗		↘		⤵

$$f\left(\frac{1}{\sqrt{2}}\right) = \frac{\sqrt{2}}{4}e^{-\frac{1}{2}},\ f\left(\sqrt{\frac{3}{2}}\right) = \frac{3\sqrt{6}}{4}e^{-\frac{3}{2}}$$

$$f(\sqrt{3}) = 3\sqrt{3}e^{-3}$$

$y = f(x)$ のグラフは原点対称で，$\lim_{x\to\pm\infty} f(x) = 0$ であるから，グラフは図1のようになる．図中では $a = \frac{1}{\sqrt{2}}$，$b = \sqrt{\frac{3}{2}}$，$c = \frac{\sqrt{2}}{4}e^{-\frac{1}{2}}$，$d = \frac{3\sqrt{6}}{4}e^{-\frac{3}{2}}$ としている．

図1

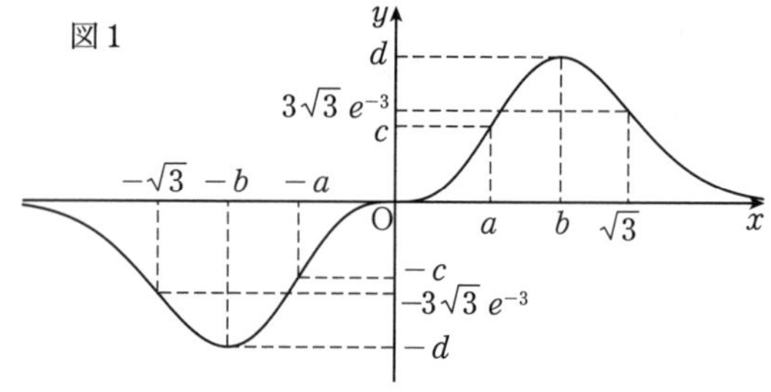

《漸近線 (A20)》

510. $f(x) = 2\sqrt{1+x^2} - x$ とする．以下の各問に答えよ．

（1） 関数 $f(x)$ の導関数 $f'(x)$ および第2次導関数 $f''(x)$ を求めよ．

（2） 方程式 $f'(x) = 0$ を解け．

（3） 2つの極限 $\lim_{x\to\infty}(f(x) - x)$ および $\lim_{x\to-\infty}(f(x) + 3x)$ を求めよ．

（4） 関数 $y = f(x)$ の増減，極値，グラフの凹凸，漸近線を調べ，そのグラフの概形をかけ．

(注) 関数 $y = g(x)$ について，

$$\lim_{x\to\infty}\{y - (ax+b)\} = 0$$

または $\lim_{x\to-\infty}\{y - (ax+b)\} = 0$

が成り立つとき，直線 $y = ax + b$ は曲線 $y = g(x)$ の漸近線である．（21 茨城大・工）

考え方 $|x|$ が十分大きいとき $\sqrt{1+x^2}$ は $\sqrt{x^2} = |x|$ に近く，$f(x)$ は $2|x| - x$ に近い．だから曲線 $y = f(x)$ は $x \to \infty$ では $y = 2x - x$，すなわち $y = x$ に漸近し，$x \to -\infty$ では $y = -2x - x$，すなわち $y = -3x$ に漸近する．高校の教科書では漸近線の定義をしないから，問題文で定義しているのはよい．実はこの (注) は後で付加されたものである．そのため，最初に問題文を書いた人は世界の数学の慣習に従って $(f(x) - x)$ と丸括弧だけで書いているが，注を付け加えた人は別の人である．学校内の慣習で，$\{y - (ax+b)\}$ と，丸括弧と波括弧 (学校だと，小括弧，中括弧と呼ぶ) で書いている．

$\{\sqrt{f(x)}\}' = \frac{f'(x)}{2\sqrt{f(x)}}$ である．

▶解答◀ (1) $f(x) = 2\sqrt{1+x^2} - x$ より，

$$f'(x) = 2\cdot\frac{2x}{2\sqrt{1+x^2}} - 1 = \boldsymbol{\frac{2x}{\sqrt{1+x^2}} - 1}$$

$$f''(x) = 2\cdot\frac{1\cdot\sqrt{1+x^2} - x\cdot\frac{x}{\sqrt{1+x^2}}}{(\sqrt{1+x^2})^2}$$

$$= \boldsymbol{\frac{2}{(\sqrt{1+x^2})^3}}$$

(2) $f'(x) = 0$ のとき $2x = \sqrt{1+x^2}$ であり，右辺は正だから左辺も正で $x > 0$ である．両辺を 2 乗して，$4x^2 = 1 + x^2$ となる．$x = \dfrac{1}{\sqrt{3}}$

(3) $f(x) - x = 2(\sqrt{1+x^2} - x) = \dfrac{2}{\sqrt{1+x^2}+x}$

$\lim_{x\to\infty}(f(x) - x) = 0$ ……………………………①

$f(x) + 3x = 2(\sqrt{1+x^2} + x) = \dfrac{2}{\sqrt{1+x^2}-x}$

$\lim_{x\to-\infty}(f(x) + 3x) = 0$ ……………………………②

(4) 増減は次のようになる．

x	$\cdots$	$\dfrac{1}{\sqrt{3}}$	$\cdots$
$f'(x)$	$-$	0	$+$
$f(x)$	↘		↗

極小値（最小値）は

$$f\left(\frac{1}{\sqrt{3}}\right) = 2\sqrt{1+\frac{1}{3}} - \frac{1}{\sqrt{3}} = \frac{4}{\sqrt{3}} - \frac{1}{\sqrt{3}} = \sqrt{3}$$

であり，$f''(x) > 0$ であるから，グラフは下に凸である．また，①，②より，$y = x$，$y = -3x$ を漸近線に持つから，グラフは図の太線部分のようになる．

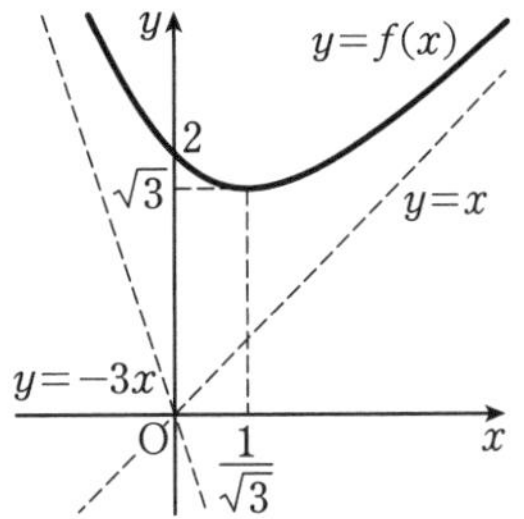

【接線・法線】

《接線 (A10)》

511．関数 $f(x) = \dfrac{3x^2-1}{x^3}$ $(x > 0)$ について，次の問いに答えよ．

(1) $f(x)$ を微分して，$f(x)$ の増減表をかけ．ただし，凹凸は調べなくてよい．

(2) $a > 0$ とする．曲線 $y = f(x)$ 上の点 $(a, f(a))$ における接線が原点を通るとき，定数 a の値を求めよ．（21 大工大・A 日程）

▶解答◀ (i) $f(x) = \dfrac{3}{x} - x^{-3}$ であるから

$$f'(x) = -\frac{3}{x^2} + \frac{3}{x^4} = -\frac{3(x^2-1)}{x^4}$$

x	0	$\cdots$	1	$\cdots$
$f'(x)$		$+$	0	$-$
$f(x)$		↗		↘

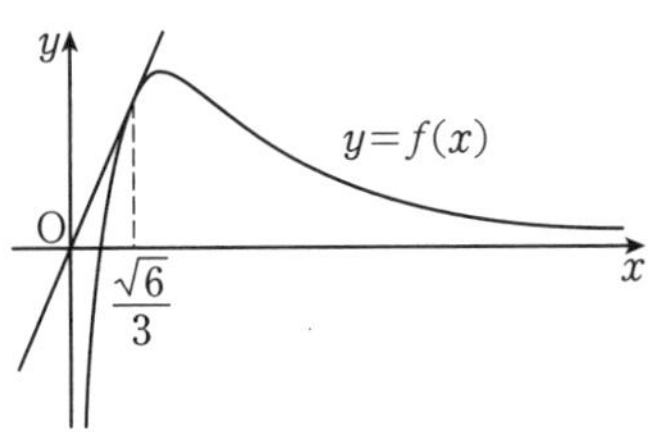

(ii) $y = f(x)$ の $(a, f(a))$ における接線の方程式は

$$y = \left(-\frac{3}{a^2} + \frac{3}{a^4}\right)(x-a) + \frac{3}{a} - \frac{1}{a^3}$$

$$y = \left(-\frac{3}{a^2} + \frac{3}{a^4}\right)x + \frac{6a^2-4}{a^3}$$

これが原点を通るとき $6a^2 - 4 = 0$，$a > 0$ より $a = \dfrac{\sqrt{6}}{3}$

《曲線が接する (B10) ☆》

512．座標平面上の 2 つの曲線 $y = ae^x$ と $y = -x^2 + 2x$ が共有点をもち，かつ，その共有点において共通の接線をもつような正の定数 a の値を求めよ．（21 早稲田大・教育）

▶解答◀ $f(x) = ae^x$, $g(x) = -x^2 + 2x$ とおく．

$f'(x) = ae^x$, $g'(x) = -2x + 2$

2 曲線が $x = t$ で接する条件は

$f(t) = g(t)$, $f'(t) = g'(t)$

$ae^t = -t^2 + 2t$ ……………………………①

$ae^t = -2t + 2$ ……………………………②

①＝②より

$-t^2 + 2t = -2t + 2$

$t^2 - 4t + 2 = 0$

$t = 2 \pm \sqrt{2}$

②で $a > 0$ より $-2t + 2 > 0$

$t < 1$ であるから $t = 2 - \sqrt{2}$

②より $a = \dfrac{-2+2\sqrt{2}}{e^{2-\sqrt{2}}}$

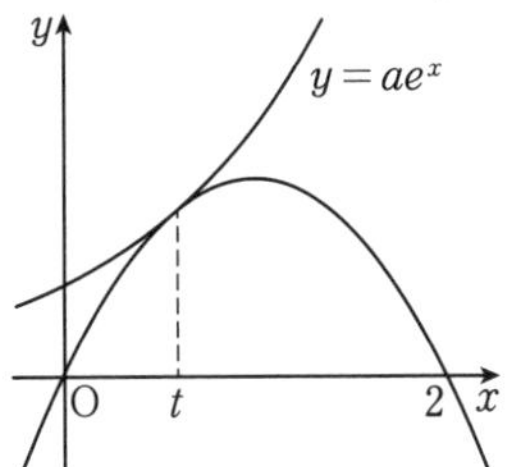

《曲率円の問題 (B20) ☆》

513．座標平面上の曲線 $y = \log x$ $(x > 0)$ を C とする．C 上の異なる 2 点 $\mathrm{A}(a, \log a)$, $\mathrm{P}(t, \log t)$ における法線をそれぞれ l_1，l_2 とし，l_1 と l_2 の交点を Q とする．また，線分 AQ の長さを d とするとき，以下の問いに答えなさい．ただし，対数は

自然対数とする．
（1） d を a と t を用いて表しなさい．
（2） PがAに限りなく近づくとき，d の極限値を r とする．r を a を用いて表しなさい．
（3） a が $a>0$ の範囲を動くとき，（2）で求めた r の最小値を求めなさい． （21 山口大・理）

▶解答◀ （1） $f(x)=\log x$ とおく．

$f'(x)=\dfrac{1}{x}$ から，$A(a, \log a)$ における法線 l_1 は

$$y=-a(x-a)+\log a$$
$$y=-ax+a^2+\log a$$
$$l_2: y=-tx+t^2+\log t$$
$$-ax+a^2+\log a=-tx+t^2+\log t$$
$$(a-t)x=a^2-t^2+\log a-\log t$$

$a \neq t$ であるから

$$x=a+t+\frac{\log a-\log t}{a-t}$$

$b=\dfrac{\log a-\log t}{a-t}$ とおくと $x=a+t+b$

$$y=-a^2-at-ab+a^2+\log a$$
$$=\log a-a(t+b)$$

$Q(a+t+b, \log a-a(t+b))$ となるから

$$d^2=(t+b)^2+a^2(t+b)^2=(1+a^2)(t+b)^2$$
$$d=\sqrt{1+a^2}(t+b)$$
$$=\boldsymbol{\sqrt{1+a^2}\left(t+\frac{\log a-\log t}{a-t}\right)}$$

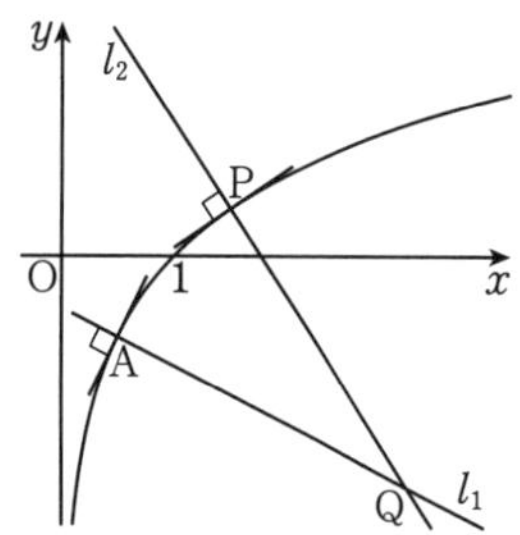

（2） 微分法の定義により

$t \to a$ のとき

$$\frac{\log a-\log t}{a-t}=\frac{f(a)-f(t)}{a-t} \to f'(a)=\frac{1}{a}$$

となるから

$$r=\lim_{t \to a} d=\sqrt{1+a^2}\left(a+\frac{1}{a}\right)$$
$$=\boldsymbol{\frac{1}{a}(1+a^2)\sqrt{1+a^2}}$$

（3） $r=\sqrt{\dfrac{(1+a^2)^3}{a^2}}$

$a^2=u$ とおく．$g(u)=\dfrac{(1+u)^3}{u}$ について

$$g'(u)=\frac{3(1+u)^2 \cdot u-(1+u)^3 \cdot 1}{u^2}$$
$$=\frac{(1+u)^2(2u-1)}{u^2}$$

u	0	$\cdots$	$\frac{1}{2}$	$\cdots$
$g'(u)$		$-$	0	$+$
$g(u)$		↘		↗

$u=\dfrac{1}{2}$ $\left(a=\dfrac{1}{\sqrt{2}}\right)$ で最小値

$$r=\sqrt{2}\left(1+\frac{1}{2}\right)\sqrt{1+\frac{1}{2}}=\boldsymbol{\frac{3\sqrt{3}}{2}}$$

【易しい方程式】

《文字定数は分離せよ（A10）》

514． a は正の実数とする．$-\pi \leqq x \leqq \pi$ のとき，x に関する方程式

$$\sin x=\frac{1}{\sqrt{2}}x+a$$

の異なる解の個数を求めよ． （21 小樽商大）

▶解答◀ $\sin x-\dfrac{1}{\sqrt{2}}x=a$

$f(x)=\sin x-\dfrac{1}{\sqrt{2}}x$ とおく．

$$f'(x)=\cos x-\frac{1}{\sqrt{2}}$$

x	$-\pi$	$\cdots$	$-\frac{\pi}{4}$	$\cdots$	$\frac{\pi}{4}$	$\cdots$	π
$f'(x)$		$-$	0	$+$	0	$-$	0
$f(x)$		↘		↗		↘	

$f(x)$ は奇関数である．$f(0)=0$

$$f\left(\frac{\pi}{4}\right)=\frac{4-\pi}{4\sqrt{2}}, \quad f(\pi)=-\frac{\pi}{\sqrt{2}}$$

$\alpha=\dfrac{4-\pi}{4\sqrt{2}}$, $\beta=\dfrac{\pi}{\sqrt{2}}$ とする．$\beta-\alpha=\dfrac{5\pi-4}{4\sqrt{2}}>0$

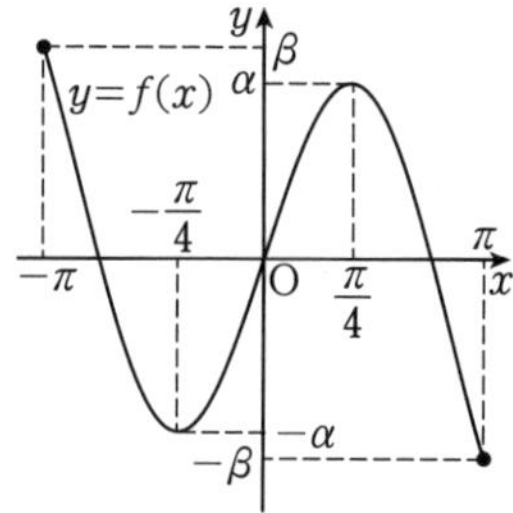

曲線 $y=f(x)$ は図のようになる．直線 $y=a\ (>0)$ との共有点の個数から求める解の個数は

$\boldsymbol{0<a<\dfrac{4\sqrt{2}-\sqrt{2}\pi}{8}}$ のとき **3**,

$\boldsymbol{a=\dfrac{4\sqrt{2}-\sqrt{2}\pi}{8}}$ のとき **2**,

$\dfrac{4\sqrt{2}-\sqrt{2}\pi}{8} < a \leqq \dfrac{\pi}{\sqrt{2}}$ のとき 1,

$a > \dfrac{\pi}{\sqrt{2}}$ のとき 0

【不等式】

《log の不等式 (A5)》

515. $x>0$ のとき，不等式 $\log(1+x) > x - \dfrac{x^2}{2}$ が成り立つことを証明しなさい．

(21 前橋工大・前期)

▶解答◀ $f(x) = \log(1+x) - x + \dfrac{x^2}{2}$ とおく．

$$f'(x) = \frac{1}{1+x} - 1 + x = \frac{x^2}{1+x}$$

であるから $x>0$ のとき $f'(x)>0$ となる．

したがって，$f(x)$ は $x \geqq 0$ において増加関数であるから，$x>0$ のとき $f(x) > f(0) = 0$ が成り立つ．すなわち，$x>0$ のとき，$\log(1+x) > x - \dfrac{x^2}{2}$ が成り立つ．

《sin の不等式 (B20)》

516. $x \geqq 0$ のとき，以下の問いに答えよ．

(1) 不等式 $x - \dfrac{1}{3!}x^3 \leqq \sin x$ を証明せよ．

(2) 不等式 $\sin x \leqq x - \dfrac{1}{3!}x^3 + \dfrac{1}{5!}x^5$ を証明せよ．

(3) (1), (2) の不等式が成り立つことを用いて，$\displaystyle\lim_{x\to+0}\frac{\sin x - x}{x^3} = -\frac{1}{6}$ を証明せよ．

(21 愛知県立大・情報)

▶解答◀ (1) $f(x) = \sin x - \left(x - \dfrac{1}{3!}x^3\right)$ とおく．

$$f'(x) = \cos x - 1 + \frac{1}{2}x^2$$

$$f''(x) = -\sin x + x$$

$$f'''(x) = -\cos x + 1$$

$x \geqq 0$ のとき $f'''(x) \geqq 0$ であるから $f''(x)$ は増加関数である．$f''(0) = 0$ であるから $f''(x) \geqq 0$ で $f'(x)$ は増加関数である．$f'(0) = 0$ であるから $f'(x) \geqq 0$ で $f(x)$ は増加関数である．$f(0) = 0$ であるから $f(x) \geqq 0$ である．よって不等式は証明された．

(2) $g(x) = x - \dfrac{1}{3!}x^3 + \dfrac{1}{5!}x^5 - \sin x$ とおく．

$$g'(x) = 1 - \frac{1}{2}x^2 + \frac{1}{4!}x^4 - \cos x$$

$$g''(x) = -x + \frac{1}{3!}x^3 + \sin x$$

(1) より $g''(x) \geqq 0$ で $g'(x)$ は増加関数である．$g'(0) = 0$ であるから $g'(x) \geqq 0$ で $g(x)$ は増加関数である．$g(0) = 0$ であるから $g(x) \geqq 0$ である．よって不等式は証明された．

(3) $x - \dfrac{1}{3!}x^3 \leqq \sin x \leqq x - \dfrac{1}{3!}x^3 + \dfrac{1}{5!}x^5$

$$-\frac{1}{3!}x^3 \leqq \sin x - x \leqq -\frac{1}{3!}x^3 + \frac{1}{5!}x^5$$

$x \to +0$ のとき $x \neq 0$ であるから x^3 で割って

$$-\frac{1}{6} \leqq \frac{\sin x - x}{x^3} \leqq -\frac{1}{6} + \frac{1}{5!}x^2$$

$\displaystyle\lim_{x\to+0}\left(-\frac{1}{6} + \frac{1}{5!}x^2\right) = -\frac{1}{6}$ であるから，ハサミウチの原理より $\displaystyle\lim_{x\to+0}\frac{\sin x - x}{x^3} = -\frac{1}{6}$

《e^x のマクローリン展開 (B30)》

517. 自然数 n に対して，関数 $g_n(x)$ を

$$g_n(x) = 1 + \sum_{k=1}^{n}\frac{x^k}{k!}$$

と定める．e を自然対数の底とする．

(1) $x>0$ のとき，$e^x > 1+x$ となることを示せ．

(2) $x>0$ のとき，$e^x > 1 + x + \dfrac{x^2}{2}$ となることを示せ．

(3) $x>0$ のとき，すべての自然数 n に対して，

$e^x > g_n(x)$

となることを，数学的帰納法によって示せ．

(21 室蘭工業大)

▶解答◀ (1) $f_1(x) = e^x - (1+x)$ とおく．

$$f_1{}'(x) = e^x - 1$$

よって，$x>0$ のとき $f_1{}'(x) > 0$ であるから，$f_1(x)$ は $x>0$ において単調に増加する．

$$f_1(0) = e^0 - (1+0) = 0$$

であるから，$x>0$ において $f_1(x) > 0$ である．

したがって，$x>0$ のとき $e^x > 1+x$ となる．

(2) $f_2(x) = e^x - \left(1 + x + \dfrac{x^2}{2}\right)$ とおく．

$$f_2{}'(x) = e^x - (1+x)$$

(1) の結果より，$x>0$ のとき $f_2{}'(x) > 0$ であるから，$f_2(x)$ は $x>0$ において単調に増加する．

$$f_2(0) = e^0 - \left(1 + 0 + \frac{0^2}{2}\right) = 0$$

であるから，$x>0$ において $f_2(x) > 0$ である．

したがって，$x>0$ のとき $e^x > 1 + x + \dfrac{x^2}{2}$ となる．

(3) $f_n(x) = e^x - g_n(x)$ とおく．$f_n(x) > 0$ を示す．

$n=1$ のとき，$f_1(x) = e^x - g_1(x) = e^x - (1+x) > 0$ となり成り立つ．

$n=l$ のとき成り立つとすると

$$f_{l+1}(x) = e^x - g_{l+1}(x) = e^x - \left(1 + \sum_{k=1}^{l+1}\frac{x^k}{k!}\right)$$

$$f_{l+1}{}'(x) = e^x - \sum_{k=1}^{l+1}\frac{x^{k-1}}{(k-1)!}$$

$$= e^x - \left(1 + \sum_{k=1}^{l} \frac{x^k}{k!}\right) = e^x - g_l(x)$$
$$= f_l(x)$$

よって，$f_{l+1}{}'(x) > 0$ であるから，$f_{l+1}(x)$ は $x > 0$ において単調に増加する．

$$f_{l+1}(0) = e^0 - (1+0) = 0$$

であるから，$x > 0$ において $f_{l+1}(x) > 0$ である．よって $n = l+1$ のときも成り立つから，数学的帰納法により証明された．

注意 $e^x > g_n(x)$ より $1 > e^{-x}g_n(x)$ を示す．

$h(x) = e^{-x}g_n(x)$ とおく．

$$h'(x) = -e^{-x}g_n(x) + e^{-x}g_n{}'(x)$$
$$= -e^{-x}g_n(x) + e^{-x}g_{n-1}(x)$$
$$= -e^{-x}(g_n(x) - g_{n-1}(x))$$
$$= -e^{-x} \cdot \frac{x^n}{n!}$$

$h'(x) < 0$ であるから，$h(x)$ は $x > 0$ において単調に減少する．

$$h(0) = e^0 \cdot 1 = 1$$

であるから，$x > 0$ において $h(x) < 1$ である．

したがって $e^{-x}g_n(x) < 1$ となるから $e^x > g_n(x)$ である．

《log を挟む (B30)》

518. $a \geqq 0$ とし，n を正の整数とする．次の問いに答えよ．

（1） $x > 0$ のとき，

$$\frac{x}{1+a}\left(1 - \frac{x}{2(1+a)}\right) < \log\frac{1+a+x}{1+a} < \frac{x}{1+a}$$

を示せ．

（2） $I_n(a) = \left(1 + \frac{1}{n^2(1+a)}\right) \times \left(1 + \frac{2}{n^2(1+a)}\right) \cdots \left(1 + \frac{n}{n^2(1+a)}\right)$

とおく．$\lim_{n\to\infty} \log I_n(a)$ を求めよ．

（3） $\lim_{n\to\infty} \frac{{}_{3n^2+n}\mathrm{C}_n}{{}_{2n^2+n}\mathrm{C}_n}\left(\frac{2}{3}\right)^n$ を求めよ．

（21 新潟大・理系）

▶解答◀ （1） $t > 0$ で

$$t - \frac{t^2}{2} < \log(1+t) < t \quad \cdots\cdots ①$$

が成り立つことを示す．

$f(t) = t - \log(1+t)$ とおく．

$$f'(t) = 1 - \frac{1}{1+t} = \frac{t}{1+t}$$

$t > 0$ では $f'(t) > 0$ となり，$t > 0$ では $f(t)$ は増加関数である．$f(0) = 0$ であるから，$t > 0$ で $f(t) > 0$ である．

$g(t) = \log(1+t) - t + \frac{t^2}{2}$ とおく．

$$g'(t) = \frac{1}{1+t} - 1 + t = \frac{t^2}{1+t} > 0$$

$t > 0$ で $g'(t) > 0$ で，$t > 0$ では $g(t)$ は増加関数である．$g(0) = 0$ であるから，$t > 0$ で $g(t) > 0$ である．

① が証明された．① で $t = \frac{x}{1+a}$ とおけば証明すべき不等式を得る．

（**2**） $b = \frac{k}{n^2(1+a)}$ とおく．

$$\frac{k}{n^2(1+a)} - \frac{k^2}{2n^4(1+a)^2} < \log\left(1 + \frac{k}{n^2(1+a)}\right) < \frac{k}{n^2(1+a)}$$

各辺で $1 \leqq k \leqq n$ のシグマをとり

$$\frac{1}{n^2(1+a)} \cdot \frac{1}{2}n(n+1) - \frac{1}{2n^4(1+a)^2} \cdot \frac{1}{6}n(n+1)(2n+1) < \log I_n(a) < \frac{1}{n^2(1+a)} \cdot \frac{1}{2}n(n+1)$$

となり，

$$\frac{1}{1+a} \cdot \frac{1}{2}\left(1 + \frac{1}{n}\right) - \frac{1}{2n(1+a)^2} \cdot \frac{1}{6}\left(1 + \frac{1}{n}\right)\left(2 + \frac{1}{n}\right) < \log I_n(a) < \frac{1}{1+a} \cdot \frac{1}{2}\left(1 + \frac{1}{n}\right)$$

$n \to \infty$ とすると左右両辺は $\frac{1}{2(1+a)}$ に収束し，ハサミウチの原理より

$$\lim_{n\to\infty} \log I_n(a) = \boldsymbol{\frac{1}{2(1+a)}}$$

（**3**） $J_n = \frac{{}_{3n^2+n}\mathrm{C}_n}{{}_{2n^2+n}\mathrm{C}_n}\left(\frac{2}{3}\right)^n$ とおく．

$$\frac{{}_{3n^2+n}\mathrm{C}_n}{{}_{2n^2+n}\mathrm{C}_n}\left(\frac{2}{3}\right)^n = \frac{3n^2+n}{2n^2+n} \cdot \frac{3n^2+(n-1)}{2n^2+(n-1)} \cdot \cdots \cdot \frac{3n^2+1}{2n^2+1} \cdot \left(\frac{2}{3}\right)^n$$
$$= \frac{6n^2+2n}{6n^2+3n} \cdot \frac{6n^2+2(n-1)}{6n^2+3(n-1)} \cdot \cdots \cdot \frac{6n^2+2}{6n^2+3}$$
$$= \frac{1+\frac{2n}{6n^2}}{1+\frac{3n}{6n^2}} \cdot \frac{1+\frac{2(n-1)}{6n^2}}{1+\frac{3(n-1)}{6n^2}} \cdot \cdots \cdot \frac{1+\frac{2}{6n^2}}{1+\frac{3}{6n^2}}$$
$$= \frac{1+\frac{n}{3n^2}}{1+\frac{n}{2n^2}} \cdot \frac{1+\frac{n-1}{3n^2}}{1+\frac{n-1}{2n^2}} \cdot \cdots \cdot \frac{1+\frac{1}{3n^2}}{1+\frac{1}{2n^2}}$$

この log をとり

$$\log J_n = \sum_{k=1}^{n} \log\frac{1+\frac{k}{3n^2}}{1+\frac{k}{2n^2}}$$
$$= \sum_{k=1}^{n} \log\left(1 + \frac{k}{3n^2}\right) - \sum_{k=1}^{n} \log\left(1 + \frac{k}{2n^2}\right)$$

$= \log I_n(2) - \log I_n(1)$

$$\lim_{n\to\infty} \log J_n = \frac{1}{6} - \frac{1}{4} = -\frac{1}{12}$$

$$\lim_{n\to\infty} J_n = e^{-\frac{1}{12}}$$

注意 1°【$f(t)$ の定義域】

最初から $t > 0$ にしておくと「$t > 0$ なのに $t = 0$ にしていいんですかあ？」と言う人がいる．$t > 0$ にしなければよい．$f(t), g(t)$ の定義域は一番広くとって，$t > -1$ にしておけばよい．$t > 0$ では ① になると言っているだけで，定義域まで $t > 0$ と書いているわけではない．特に $t > 0$ では $f'(t) > 0$ であり，$t > -1$ だから $t = 0$ になることができるから $f(0) = 0$ である．特に $t > 0$ では $f(t) > 0$ となる．

2°【連続性】

祖母は昔の人で，テレビに天皇家族が出てくると，直立し「やはり天皇家の方々は気品があるねえ」と言っていた．「天皇は昔，強かった豪族の末裔であり，普通の人間」と呆れると，「昔なら不敬罪で百叩きだわ」と叱られた．百叩きではすまないと思うけどね．

$\lim_{x\to a} f(x) = f(a)$ が成り立つとき $f(x)$ は $x = a$ で連続であるという．ユックリ書くと

$\lim_{x\to a} f(x) = f\left(\lim_{x\to a} x\right) = f(a)$ である．たとえば

$\lim_{x\to 0} \sqrt{2+x} = \sqrt{\lim_{x\to 0}(2+x)} = \sqrt{2}$ では $\sqrt{x}$ の連続性を使っている．通常，極限計算では毎回連続性を使っている．だから，誰も連続性に関しては，何も言わない．

$$\lim_{n\to\infty} \log J_n = \log e^{-\frac{1}{12}}$$

log の連続性を用いて

$$\log\left(\lim_{n\to\infty} J_n\right) = \log e^{-\frac{1}{12}}$$

$\log A = \log B$ ならば $A = B$（log の単調性．当たり前過ぎて，誰も，普段は何も言わない）だから

$$\lim_{n\to\infty} J_n = e^{-\frac{1}{12}}$$

である．あるいは，log の逆関数 e^x の連続性を用いてもよい．$J_n = e^{\log J_n}$ で

$$\lim_{n\to\infty} J_n = e^{\lim_{n\to\infty} \log J_n} = e^{-\frac{1}{12}}$$

である．

さあ，ここからが問題である．普通の極限では，至る所で連続性を用いるのに，何も言わない．ところが，この log をとって，log を外すときだけ，スイッチが入って「log の逆関数の連続性により，と書くべきだ」という人達がいる．大学教授は極めて賢い人が多いが，賢くてもたまには大ボケをかます．「東大数学で1点も多くとる方法（東京出版）」には，受験生相手の授業で，2^x を x で微分したものを $(2^x)' = x \cdot 2^{x-1}$ にしたという東大名誉教授の話を書いた．

おそらく，昔の偉い学者が，極限計算では，普段も至る所で連続性を使っているのに気づかず，気まぐれで「log の逆関数の連続性により，と書くべきだ」と言ったのだろう．困ったものだ．ところが，それを聞いた完全受け身の学生が，偉い先生の話だからと無批判に受け入れ，教師になって，スイッチが入って自分の生徒に教え，それが連綿と受け継がれてきたのであろう．自分の先生が言ったことだからといって，なんでもかんでも，直立して有り難く頂くのはやめた方がいい．間違いは間違い．大ボケは大ボケ．捨て去るべきである．

3°【1 に近い無限個の積】

個数が無限に増えるものの積を無限乗積という．n が大きいとき $1 + \frac{1}{n}$ は 1 に近いが，$\left(1 + \frac{1}{n}\right)^n$ は 1 に近いわけではなく，$n \to \infty$ のとき e に収束する．本問では $1 \leqq r \leqq n$ のとき $\frac{3n^2+r}{2n^2+r} \fallingdotseq \frac{3n^2}{2n^2} = \frac{3}{2}$ で，これが n 個並ぶから $\frac{{}_{3n^2+n}\mathrm{C}_n}{{}_{2n^2+n}\mathrm{C}_n}$ は $\left(\frac{3}{2}\right)^n$ に近く，$\frac{{}_{3n^2+n}\mathrm{C}_n}{{}_{2n^2+n}\mathrm{C}_n}\left(\frac{2}{3}\right)^n$ は 1 に近いと思う人がいる．しかし，無限乗積の極限は直感が効かない．極限は 1 ではない．

《同値性の論証（A10）》

519. a, b を 3 以上の実数とする．次の 2 つの条件 (p) と (q) は同値であることを示せ．必要ならば，自然対数の底 e の値は，2.71⋯ であることを用いてもよい．

(p)　$a < b$

(q)　$a^{\frac{1}{a}} > b^{\frac{1}{b}}$

（21　東北大・医 AO）

▶解答◀ (q) は自然対数をとった

$$\frac{\log a}{a} > \frac{\log b}{b}$$

と同値である．ここで，$f(x) = \frac{\log x}{x}$ とおく．

$$f'(x) = \frac{\frac{1}{x} \cdot x - \log x}{x^2} = \frac{1 - \log x}{x^2}$$

であるから，次の増減表を得る．

x	0	⋯	e	⋯
$f'(x)$		$+$	0	$-$
$f(x)$		↗		↘

これより，$x \geqq 3$ においては $f(x)$ は単調減少である．よって，3 以上の実数 a, b に対して，$a < b$ ならば $f(a) > f(b)$ であるし，逆に $f(a) > f(b)$ ならば $a < b$ となる．(p) と (q) は同値である．

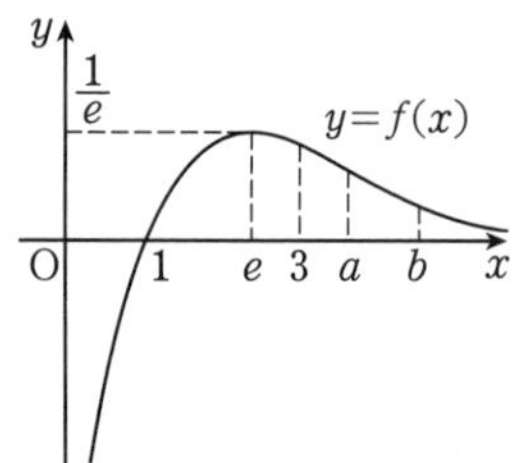

《近似値の計算 (B30)》

520．$a > 0$ のとき，$0 < t < 1$ を満たす定数 t に対して，

$$f(x) = t\log(1+x) - \log(1+a^{1-t}x^t)$$

とする．このとき，以下の問いに答えよ．

（1） $x > 0$ での $f(x)$ の最小値とそのときの x の値を求めよ．

（2） $b > 0$ のとき，不等式

$(1+a)^{1-t}(1+b)^t \geqq 1 + a^{1-t}b^t$

が成り立つことを示せ．また，等号が成り立つのはどのようなときか．

（3） $3^6 - 1 = 728$, $9^6 - 1 = 728 \cdot 730$ である．$\sqrt[6]{730}$ の小数第 2 位の数を求めよ．

（21　福井大・医）

▶解答◀ （1）

$f(x) = t\log(1+x) - \log(1+a^{1-t}x^t)$ より

$$f'(x) = \frac{t}{1+x} - \frac{a^{1-t}tx^{t-1}}{1+a^{1-t}x^t}$$
$$= t\cdot\frac{1+a^{1-t}x^t - (1+x)a^{1-t}x^{t-1}}{(1+x)(1+a^{1-t}x^t)}$$
$$= t\cdot\frac{x^{1-t} - a^{1-t}}{x^{1-t}(1+x)(1+a^{1-t}x^t)}$$

$0 < t < 1$ に注意して

x	0	$\cdots$	a	$\cdots$
$f'(x)$		$-$	0	$+$
$f(x)$		↘		↗

$x > 0$ において $f(x)$ は，$x = \boldsymbol{a}$ で最小値

$$f(a) = t\log(1+a) - \log(1+a^{1-t}a^t)$$
$$= \boldsymbol{(t-1)\log(1+a)}$$

（2） （1）より，$f(b) \geqq f(a)$ が成り立つ．

$$t\log(1+b) - \log(1+a^{1-t}b^t) \geqq (t-1)\log(1+a)$$
$$\log(1+a)^{1-t}(1+b)^t \geqq \log(1+a^{1-t}b^t)$$
$$(1+a)^{1-t}(1+b)^t \geqq 1 + a^{1-t}b^t$$

等号が成り立つのは，$\boldsymbol{a = b}$ のときである．

（3） $(1+a)^{1-t}(1+b)^t \geqq 1 + a\left(\dfrac{b}{a}\right)^t$ で $a = 3^6 - 1$, $b = 9^6 - 1$, $t = \dfrac{1}{6}$ とすると $\dfrac{b}{a} = 3^6 + 1 = 730$ だから

$$(3^6)^{\frac{5}{6}}(9^6)^{\frac{1}{6}} > 1 + (3^6 - 1)\sqrt[6]{730}$$
$$3^5 \cdot 9 > 1 + (3^6 - 1)\sqrt[6]{730}$$
$$\sqrt[6]{730} < \frac{2186}{728} = 3.002\cdots$$

また，$\sqrt[6]{730} = \sqrt[6]{3^6 + 1} > \sqrt[6]{3^6} = 3$．よって，$\sqrt[6]{730}$ の小数第 2 位の数字は **0** である．

【力学系への応用】

《力学系・微分の利用 (B30)》

521．数列 $\{a_n\}$ を

$a_1 = 1$, $a_{n+1} = 2e^{-a_n} - 1 + a_n$ $(n = 1, 2, 3, \cdots)$

によって定める．次の問いに答えよ．ただし，$2 < e < 3$ であることは証明なしに用いてよい．

（1） $f(x) = e^{-x} - 1 + x$ とする．$0 < x < 1$ のとき，不等式

$$0 < f(x) < \frac{2}{3}x$$

が成り立つことを示せ．

（2） $b_n = a_n - \log 2$ とする．すべての正の整数 n について $0 < b_n < 1$ となることを，数学的帰納法を用いて証明せよ．

（3） $\displaystyle\lim_{n\to\infty} a_n$ を求めよ．

（21　琉球大・前期）

▶解答◀ （1） $f'(x) = -e^{-x} + 1$

$0 < x < 1$ のとき $e^{-x} < 1$ であるから，$f'(x) > 0$ である．よって，$f(x)$ は単調増加である．$f(0) = 0$ より $0 < x < 1$ で $f(x) > 0$ である．

$g(x) = \dfrac{2}{3}x - f(x)$ とおく．

$$g'(x) = \frac{2}{3} - (-e^{-x} + 1) = e^{-x} - \frac{1}{3}$$

$0 < x < 1$ のとき $e^{-x} > e^{-1}$ である．さらに $2 < e < 3$ より $e^{-1} > 3^{-1}$ であるから，$g'(x) > 0$ である．よって，$g(x)$ は単調増加である．$g(0) = 0$ より $0 < x < 1$ で $g(x) > 0$，すなわち $f(x) < \dfrac{2}{3}x$ である．

（2） まず a_n を消去する．

$$\log 2e^{-a_n} = -a_n + \log 2 = -b_n$$
$$2e^{-a_n} = e^{-b_n}$$

これと $a_n = b_n + \log 2$, $a_{n+1} = b_{n+1} + \log 2$ を $a_{n+1} = 2e^{-a_n} - 1 + a_n$ に代入し

$$b_{n+1} + \log 2 = e^{-b_n} - 1 + b_n + \log 2$$
$$b_{n+1} = e^{-b_n} - 1 + b_n$$
$$b_{n+1} = f(b_n) \quad \cdots\cdots ①$$

$b_1 = a_1 - \log 2 = 1 - \log 2 > 0$ であり，$0 < \log 2 < 1$ であるから，$0 < b_1 < 1$ である．$n = 1$ で成り立つ．

$n = k$ で成り立つとする．$0 < b_k < 1$ である．このとき（1）より

$$0 < f(b_k) < \frac{2}{3}b_k$$

も成り立つ．① より

$$0 < b_{k+1} < \frac{2}{3}b_k$$

また，$0 < b_k < 1$ より，$\frac{2}{3}b_k < \frac{2}{3} < 1$ であるから

$$0 < b_{k+1} < 1$$

である．$n = k+1$ でも成り立つ．数学的帰納法により証明された．

（3） $b_n < \frac{2}{3}b_{n-1} < \left(\frac{2}{3}\right)^2 b_{n-2} < \cdots < \left(\frac{2}{3}\right)^{n-1} b_1$ であるから

$$0 < b_n < \left(\frac{2}{3}\right)^{n-1} b_1$$

$\left|\frac{2}{3}\right| < 1$ であるから，$\lim_{n\to\infty}\left(\frac{2}{3}\right)^{n-1} b_1 = 0$ であり，ハサミウチの原理により

$$\lim_{n\to\infty} b_n = 0$$

よって，

$$\lim_{n\to\infty} a_n = \lim_{n\to\infty}(b_n + \log 2) = \mathbf{\log 2}$$

【最大・最小】

《接線の長さ (B20) ☆》

522. 曲線 $y = \frac{1}{2}(x^2+1)$ 上の点 P における接線は x 軸と交わるとし，その交点を Q とおく．線分 PQ の長さを L とするとき，L が取りうる値の最小値を求めよ． （21 京大・前期）

▶解答◀ $f(x) = \frac{1}{2}(x^2+1)$ とおく．

$f'(x) = x$ である．P の x 座標を $t \neq 0$ とし，$\mathrm{H}(t, 0)$ とする．接線 $y = f'(t)(x-t) + f(t)$ で $y = 0$ として Q の x 座標は $x = t - \frac{f(t)}{f'(t)}$ となる．

$\mathrm{QH} = \left|\frac{f(t)}{f'(t)}\right| = \frac{f(t)}{|t|}$ である．

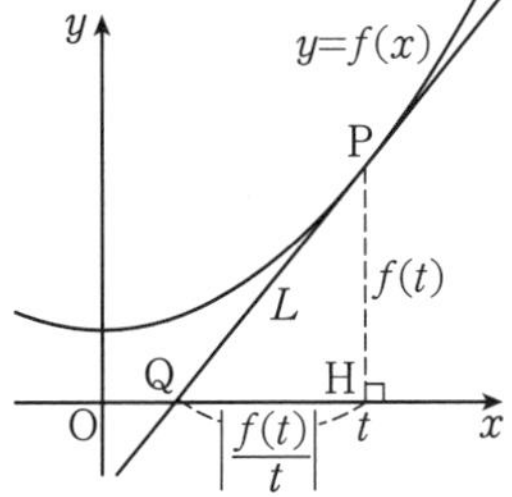

$$L^2 = \mathrm{PH}^2 + \mathrm{QH}^2 = \{f(t)\}^2 + \frac{\{f(t)\}^2}{t^2}$$

$$= \{f(t)\}^2 \cdot \frac{t^2+1}{t^2} = \frac{1}{4}\cdot\frac{(t^2+1)^3}{t^2}$$

$X = t^2\ (> 0)$ とおき，$g(X) = \frac{(X+1)^3}{4X}$ とすると，

$$g'(X) = \frac{1}{4}\cdot\frac{3(X+1)^2\cdot X - (X+1)^3\cdot 1}{X^2}$$

$$= \frac{(X+1)^2\{3X - (X+1)\}}{4X^2}$$

$$= \frac{(X+1)^2(2X-1)}{4X^2}$$

X	0	$\cdots$	$\frac{1}{2}$	$\cdots$
$g'(X)$		$-$	0	$+$
$g(X)$		↘		↗

L は $t^2 = \frac{1}{2}$ で最小になる．この t に対して，求める最小値は $\frac{t^2+1}{2}\sqrt{\frac{t^2+1}{t^2}} = \mathbf{\frac{3\sqrt{3}}{4}}$

《置き換えて手際よく (B10)》

523. $0 \leqq x \leqq \frac{\pi}{2}$ のとき $1 - (8\sin^3 x + \cos^3 x)^2$ の最大値は □ である． （21 藤田医科大・後期）

▶解答◀ $\sin x = s$，$\cos x = c$ とおく．

$f(x) = 1 - (8s^3 + c^3)^2$ とすると

$$f'(x) = -2(8s^3 + c^3)(24s^2c - 3c^2s)$$

$$= -6sc(8s^3 + c^3)(8s - c)$$

$0 < x < \frac{\pi}{2}$ のとき $s > 0, c > 0$ であるから，

$f'(x) = 0$ となるとき $8s - c = 0$ で $\tan x = \frac{1}{8}$

これを満たす x を $x = \alpha$ とする．

$0 < x < \alpha$ で，$8s - c < 0$

$\alpha < x < \frac{\pi}{2}$ で，$8s - c > 0$

x	0	$\cdots$	α	$\cdots$	$\frac{\pi}{2}$
$f'(x)$		$+$	0	$-$	
$f(x)$		↗		↘	

$\sin\alpha = \frac{1}{\sqrt{65}}$，$\cos\alpha = \frac{8}{\sqrt{65}}$ である．

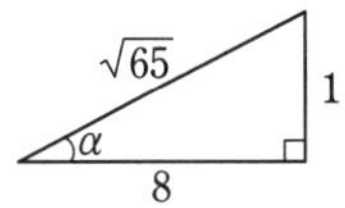

求める最大値は

$$f(\alpha) = 1 - \left\{8\cdot\left(\frac{1}{\sqrt{65}}\right)^3 + \left(\frac{8}{\sqrt{65}}\right)^3\right\}^2$$

$$= 1 - \left\{\frac{8(1+8^2)}{65\sqrt{65}}\right\}^2 = 1 - \frac{64}{65} = \mathbf{\frac{1}{65}}$$

《置き換えよう (A10)》

524. 関数 $f(x)=e^{\frac{1}{2}x}+e^{-\frac{3}{2}x}$ の最小値は $3^{\frac{1}{4}}\times\boxed{}$ である. (21 関大・理系)

▶解答◀ $f(x)=e^{\frac{1}{2}x}+e^{-\frac{3}{2}x}$

$X=e^{-\frac{1}{2}x}$ とおく. $X>0$ である. このとき

$$f(x)=\left(e^{-\frac{1}{2}x}\right)^{-1}+\left(e^{-\frac{1}{2}x}\right)^{3}=\frac{1}{X}+X^3$$

であるから, $g(X)=\frac{1}{X}+X^3$ とおくと

$$g'(X)=-\frac{1}{X^2}+3X^2=\frac{3X^4-1}{X^2}$$

X	0	$\cdots$	$\frac{1}{\sqrt[4]{3}}$	$\cdots$
$g'(X)$		$-$	0	$+$
$g(X)$		↘		↗

$g(X)$ の増減は上のようになるから, $g(X)$ は $X=\frac{1}{\sqrt[4]{3}}$ のとき最小値をとる.

$g(X)=\frac{1}{X}+X^3=\frac{1+X^4}{X}$ より, $g(X)$ の最小値は

$$g\left(\frac{1}{\sqrt[4]{3}}\right)=\frac{1+\frac{1}{3}}{\frac{1}{\sqrt[4]{3}}}=3^{\frac{1}{4}}\cdot\boldsymbol{\frac{4}{3}}$$

《最小値の最大値 (A20)》

525. $f(x)=e^{-ax}+x$ とおくとき, 次の問いに答えなさい. ただし a は正の数とする.

(1) $f(x)$ の最小値を与える x の値を a を用いて表しなさい.

(2) $f(x)$ の最小値を $m(a)$ とおく. $m(a)$ を求めなさい.

(3) a が $a>0$ の範囲で動くとき, $m(a)$ の最大値を求めなさい. (21 福島大・前期)

▶解答◀ (1) $f'(x)=-ae^{-ax}+1$

$f'(x)=0$ とすると, $e^{-ax}=\frac{1}{a}$

$e^{ax}=a$

$ax=\log a \qquad \therefore\quad x=\frac{\log a}{a}$

$f(x)$ の増減は次の通り.

x	$\cdots$	$\frac{\log a}{a}$	$\cdots$
$f'(x)$	$-$	0	$+$
$f(x)$	↘		↗

よって, $f(x)$ は $x=\boldsymbol{\frac{\log a}{a}}$ で最小値をとる.

(2) $m(a)=f\left(\frac{\log a}{a}\right)=\frac{1}{a}+\frac{\log a}{a}=\boldsymbol{\frac{\log a+1}{a}}$

(3) $m'(a)=\dfrac{\frac{1}{a}\cdot a-(\log a+1)\cdot 1}{a^2}=-\dfrac{\log a}{a^2}$

$m(a)$ の増減は次の通り.

a	0	$\cdots$	1	
$m'(a)$		$+$	0	$-$
$m(a)$		↗		↘

よって, $m(a)$ は $a=1$ で最大値 $m(1)=\mathbf{1}$ をとる.

《交角の捉え方 (B20) ☆》

526. xy 平面上の曲線 $y=x^3$ を C とする. C 上の 2 点 A$(-1,-1)$, B$(1,1)$ をとる. さらに, C 上で原点 O と B の間に動点 P(t, t^3) $(0<t<1)$ をとる. このとき, 以下の問に答えよ.

(1) 直線 AP と x 軸のなす角を α とし, 直線 PB と x 軸のなす角を β とするとき, $\tan\alpha$, $\tan\beta$ を t を用いて表せ. ただし, $0<\alpha<\frac{\pi}{2}$, $0<\beta<\frac{\pi}{2}$ とする.

(2) $\tan\angle$APB を t を用いて表せ.

(3) $\angle$APB を最小にする t の値を求めよ.

(21 早稲田大・理工)

考え方 以下では, 3 点 P, A, B が三角形をなすとする. 線分 PB から線分 PA に回る角を θ とする.

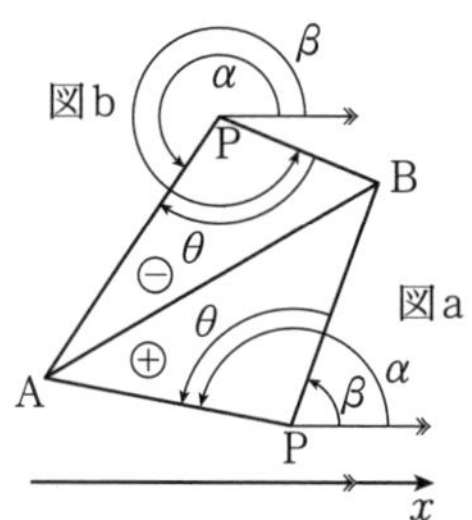

左回りに P, B, A の順で回るとき (上図 a の状態) は $0<\theta<\pi$, 右回りに P, B, A の順で回るとき (図 b の状態) は $-\pi<\theta<0$ とする. ベクトル $\overrightarrow{\text{PA}}$ の偏角とは, 始点 P から, x 軸に平行に右に出した線分を, P を中心に回転し PA に重なるまで回る角である. 左回りを正, 右回りを負とする. ベクトルは大げさという場合は, 単に PA の偏角という. PA の偏角を α, PB の偏角を β とする. α, β は一般角で 1 つ定める.

以下では度数法で書く. 図 a の場合, $\theta=100^\circ$ で描いた. $\beta=70^\circ$, $\alpha=170^\circ$ にとってあるが, これに限るということではない. $\beta=70^\circ+720^\circ$, $\alpha=170^\circ+720^\circ$ にしてもよい. $\theta=\alpha-\beta$ が $-180^\circ<\theta<180^\circ$ の範囲に入ればよい.

「傾き m_1, m_2 の 2 直線のなす角を θ (鋭角) として $\tan\theta=\left|\frac{m_1-m_2}{1+m_1m_2}\right|$」という酷い公式を載せている書

物があるが，そういう理解では次が解けない．大体「直線 AP と x 軸とのなす角が α」という大昔からある記述は簡単な場合しか想定していない化石である．

放物線 $y=x^2$ 上の 2 点 $\mathrm{P}(p,\ p^2)$，$\mathrm{Q}(q,\ q^2)$ における接線をそれぞれ $l,\ m$ とし，l と m の交点を R とする．ただし $p<q$ とする．$\angle\mathrm{PRQ}=\theta$ とおくとき，$\tan\theta$ を $p,\ q$ を用いて表しなさい．

（10　産業医大／設問を 2 つ削除）

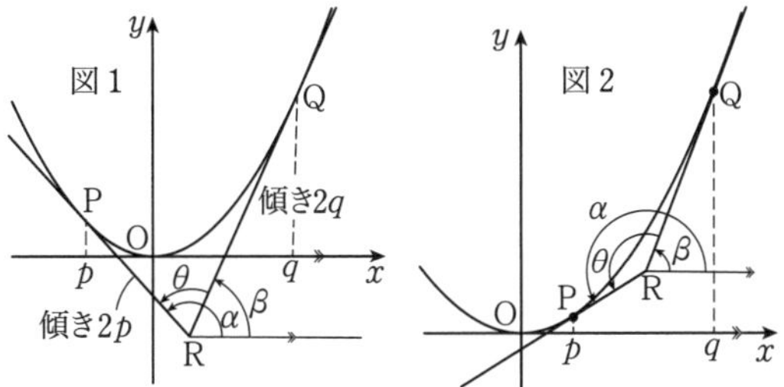

答えは $\tan\theta=\tan(\alpha-\beta)=\boldsymbol{\dfrac{2p-2q}{1+4pq}}$

本問では，見た目で「今は鈍角」と判断しているのだろう．試験としてはよいが，応用性のない思考である．P は直線 AB より下方にあるから，左回りに P，B，A の順である．

▶解答◀　（1）　AP の傾きが $\tan\alpha$ より

$$\tan\alpha=\frac{t^3-(-1)}{t-(-1)}=\boldsymbol{t^2-t+1}$$

BP の傾きが $\tan\beta$ より

$$\tan\beta=\frac{t^3-1}{t-1}=\boldsymbol{t^2+t+1}$$

（2）　$\angle\mathrm{APB}=\theta$ とおく．図 2 は図 1 の第 1 象限あたりの拡大である．

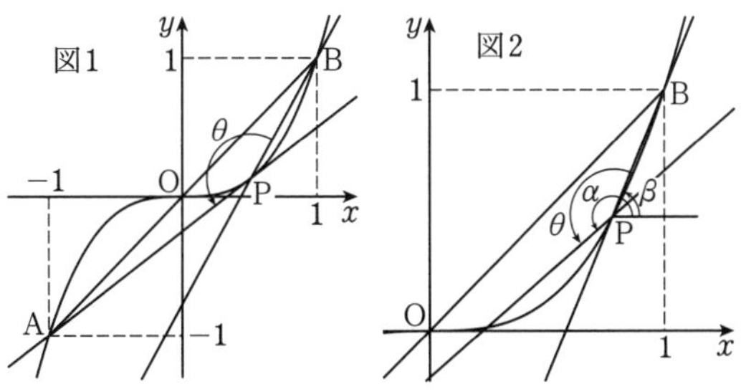

出題者が書いた α，の範囲指定は駄目だ．「見た目で θ は鈍角」とやろうとしている．PA，PB の偏角を一般角で $\alpha,\ \beta$（ただし $\theta=\alpha-\beta$）とおく．$\tan\alpha,\ \tan\beta$ の値は（1）と同じである．

$$\tan\theta=\tan(\alpha-\beta)=\frac{\tan\alpha-\tan\beta}{1+\tan\alpha\tan\beta}$$

$$=\frac{(t^2-t+1)-(t^2+t+1)}{1+(t^2-t+1)(t^2+t+1)}$$

$$=-\frac{2t}{1+(t^2+1)^2-t^2}=-\boldsymbol{\frac{2t}{t^4+t^2+2}}$$

（3）　$f(t)=-2\cdot\dfrac{t}{t^4+t^2+2}$ とおくと，

$$f'(t)=-2\cdot\frac{1\cdot(t^4+t^2+2)-t(4t^3+2t)}{(t^4+t^2+2)^2}$$

$$=2\cdot\frac{3t^4+t^2-2}{(t^4+t^2+2)^2}=\frac{2(t^2+1)(3t^2-2)}{(t^4+t^2+2)^2}$$

t	0	$\cdots$	$\sqrt{\dfrac{2}{3}}$	$\cdots$	1
$f'(t)$		$-$	0	$+$	
$f(t)$		↘		↗	

$\tan\theta<0$ であるから θ は鈍角である．$\tan\theta$ は θ の増加関数であるから，θ が最小になるのは $\tan\theta$ が最小になるときで，求める t は $\boldsymbol{\dfrac{\sqrt{6}}{3}}$ である．

《安田の定理（B20）☆》

527． 2 つの関数

$$y=\frac{3\cos x+4\sin x+1}{11+12\sin 2x+7\sin^2 x},$$

$$t=3\cos x+4\sin x$$

について，以下の問いに答えよ．

（1）　x が $0\leqq x<2\pi$ の範囲を動くとき，t のとりうる値の範囲を求めよ．

（2）　y を t の関数で表せ．

（3）　x が $0\leqq x<2\pi$ の範囲を動くとき，y の最大値と最小値を求めよ．　（21　日本女子大・理）

▶解答◀　（1）　$t=3\cos x+4\sin x$ であるから

$$t=5\cos(x-\alpha)$$

ただし，α は $\cos\alpha=\dfrac{3}{5}$，$\sin\alpha=\dfrac{4}{5}$ を満たす鋭角である．よって，t のとりうる値の範囲は

$$\boldsymbol{-5\leqq t\leqq 5}$$

（2）　$t^2=9\cos^2 x+24\sin x\cos x+16\sin^2 x$

$$=9(1-\sin^2 x)+12\sin 2x+16\sin^2 x$$

$$=9+12\sin 2x+7\sin^2 x$$

よって $\boldsymbol{y=\dfrac{t+1}{t^2+2}}$（$=f(t)$ とおく）

（3）　$f'(t)=\dfrac{1\cdot(t^2+2)-(t+1)\cdot 2t}{(t^2+2)^2}$

$$=-\frac{t^2+2t-2}{(t^2+2)^2}$$

$$f(-1-\sqrt{3})=\frac{1-\sqrt{3}}{4}<\frac{2}{9}=f(5)$$

$$f(-1+\sqrt{3})=\frac{1+\sqrt{3}}{4}>-\frac{4}{27}=f(-5)$$

最大値は $\dfrac{1+\sqrt{3}}{4}$，最小値は $\dfrac{1-\sqrt{3}}{4}$

t	-5	$\cdots$	$-1-\sqrt{3}$	$\cdots$	$-1+\sqrt{3}$	$\cdots$	5
$f'(t)$		$-$	0	$+$	0	$-$	
$f(t)$		↘		↗		↘	

注意 **【安田の定理】**

$f(x)=\dfrac{g(x)}{h(x)}$ が $x=\alpha$ で極値をとり $h'(\alpha)\neq 0$ ならば極値は $f(\alpha)=\dfrac{g'(\alpha)}{h'(\alpha)}$

【証明】$f'(x)=\dfrac{g'(x)h(x)-g(x)h'(x)}{(h(x))^2}$ が $x=\alpha$ で 0 になる．$g'(\alpha)h(\alpha)=g(\alpha)h'(\alpha)$ であり，両辺を $h(\alpha)h'(\alpha)$ で割ると $\dfrac{g'(\alpha)}{h'(\alpha)}=\dfrac{g(\alpha)}{h(\alpha)}$ となるから

$f(\alpha)=\dfrac{g(\alpha)}{h(\alpha)}=\dfrac{g'(\alpha)}{h'(\alpha)}$

今の場合は $f(t)=\dfrac{t+1}{t^2+2}$ の分母分子を微分した $\dfrac{1}{2t}$ に代入して計算することになる．数値を代入して計算するだけだから，途中を飛ばして結果だけ書けばよい．

《これも安田の定理 (B20)》

528．実数全体で定義された次の関数 $f(x)$，$g(x)$ を考える．

$$f(x)=\frac{\sin x}{x^2+x+2}$$

$$g(x)=(x^2+x+2)^2f'(x)$$

また，$0\leqq x\leqq 2\pi$ における $f(x)$ の最大値を M とおく．

（１） $0\leqq x\leqq 2\pi$ の範囲において方程式 $g(x)=0$ はちょうど 2 つの解をもつことを示せ．

（２）（１）で示した 2 つの解のうち，小さい方を α とする．$M=\dfrac{\cos\alpha}{2\alpha+1}$ を示せ．

（３） 不等式 $M<\dfrac{\sqrt{2}}{\pi+2}$ を示せ．

（21　富山大・理，医，薬，工）

▶解答◀ （１） $f(x)=\dfrac{\sin x}{x^2+x+2}$ より

$$f'(x)=\frac{(\cos x)(x^2+x+2)-(\sin x)(2x+1)}{(x^2+x+2)^2}$$

であるから

$$g(x)=(x^2+x+2)^2f'(x)$$
$$=(x^2+x+2)\cos x-(2x+1)\sin x$$
$$g'(x)=(2x+1)\cos x+(x^2+x+2)(-\sin x)$$
$$-\{2\sin x+(2x+1)\cos x\}$$
$$=-(x^2+x+4)\sin x$$

$0\leqq x\leqq 2\pi$ では $x^2+x+4>0$ であるから，$g(x)$ は表のように増減する．

x	0	$\cdots$	π	$\cdots$	2π
$g'(x)$		$-$	0	$+$	
$g(x)$		↘		↗	

$$g(0)=2>0,\ g(\pi)=-(\pi^2+\pi+2)<0$$
$$g(2\pi)=4\pi^2+2\pi+2>0$$

であるから，$0\leqq x\leqq 2\pi$ において $g(x)=0$ は 2 つの解をもつ．それを $\alpha,\beta\ (0<\alpha<\pi<\beta<2\pi)$ とする．

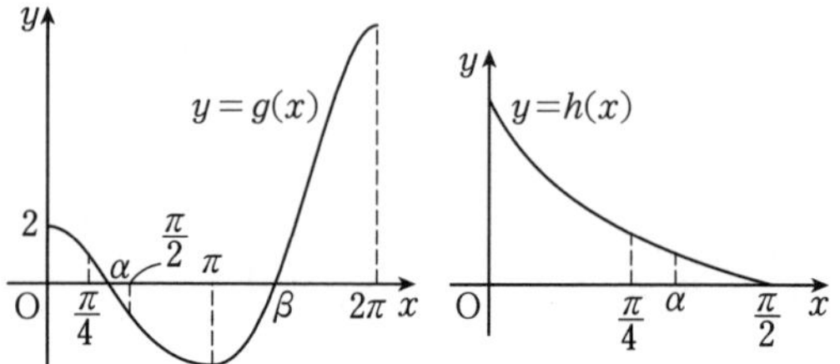

$f'(x)=\dfrac{g(x)}{(x^2+x+2)^2}$ より，$f(x)$ は表のように増減する．

x	0	$\cdots$	α	$\cdots$	β	$\cdots$	2π
$f'(x)$		$+$	0	$-$	0	$+$	
$f(x)$		↗		↘		↗	

$f(0)=f(2\pi)=0$ に注意すると，$f(x)$ は $x=\alpha$ で最大になる．

（２） $x=\alpha$ のとき，$g(x)=0$ であるから

$$(x^2+x+2)\cos x=(2x+1)\sin x$$

両辺を $(x^2+x+2)(2x+1)\neq 0$ で割って

$$\frac{\cos x}{2x+1}=\frac{\sin x}{x^2+x+2}\qquad \therefore\quad f(x)=\frac{\cos x}{2x+1}$$

よって

$$M=f(\alpha)=\frac{\cos\alpha}{2\alpha+1}\ \cdots\cdots\cdots①$$

（３） 右辺にある $\dfrac{\sqrt{2}}{\pi+2}=\dfrac{\frac{\sqrt{2}}{2}}{\frac{\pi}{4}+1}$ は①の α を $\dfrac{\pi}{4}$ に置き換えたものである．そこで

$$h(x)=\frac{\cos x}{2x+1}\left(0<x<\frac{\pi}{2}\right)$$

とする．

$$h'(x)=\frac{-(\sin x)(2x+1)-(\cos x)\cdot 2}{(2x+1)^2}<0$$

となる．$0<x<\dfrac{\pi}{2}$ で $\cos x>0,\ \sin x>0$ であることに注意せよ．$h(x)$ は減少関数である．

$$g\left(\frac{\pi}{4}\right)=\left(\frac{\pi^2}{16}+\frac{\pi}{4}+2\right)\cdot\frac{1}{\sqrt{2}}-\left(\frac{\pi}{2}+1\right)\cdot\frac{1}{\sqrt{2}}$$
$$=\left(\frac{\pi^2}{16}-\frac{\pi}{4}+2\right)\cdot\frac{1}{\sqrt{2}}$$

$$=\left(\left(\frac{\pi}{4}-\frac{1}{2}\right)^2+\frac{7}{4}\right)\cdot\frac{1}{\sqrt{2}}>0$$

$$g\left(\frac{\pi}{2}\right)=-\pi-1<0$$

だから $\frac{\pi}{4}>\alpha>\frac{\pi}{2}$

$$M=h(\alpha)<h\left(\frac{\pi}{4}\right)=\frac{\sqrt{2}}{\pi+2}$$

《方程式の利用（B30）》

529. 関数

$$f(x)=\frac{x^2}{e^x-x},\ g(x)=(2-x)e^x-x$$

について，次の問に答えよ．

（１） すべての実数 x に対して，不等式

$$(1-x)e^x \leqq 1$$

が成り立つことを示せ．また，等号が成り立つときの x の値を求めよ．

（２）（１）を用いて，方程式 $g(x)=0$ が実数解をただ一つもつことを示せ．また，その実数解を α とおくとき，$1<\alpha<2$ であることを示せ．

（３） α を（２）で定めた実数とする．このとき，関数 $f(x)$ の極大値を α の分数式で表せ．

（21　佐賀大・後期）

考え方 （３） 安田の定理は方程式の利用で極値を簡単にするというものであった．本問も方程式を使って e^α を消去し，極値を変形する．同系統である．

▶解答◀ （１） $h(x)=(1-x)e^x$ とおくと，$h'(x)=(-1)\cdot e^x+(1-x)e^x=-xe^x$

x	$\cdots$	0	$\cdots$
$h'(x)$	$+$	0	$-$
$h(x)$	↗		↘

増減表より，$h(x)\leqq h(0)=1$

$$(1-x)e^x\leqq 1$$

等号成立は，$x=\mathbf{0}$ のときのみである．

（２） $g'(x)=(-1)\cdot e^x+(2-x)e^x-1$

$$=(1-x)e^x-1=h(x)-1$$

（１）より，$g'(x)\leqq 0$ であるから $g(x)$ は減少関数である．また，$g(1)=e-1>0,\ g(2)=-2<0$ である．よって，$g(x)=0$ は $1<x<2$ にただ一つの実数解をもつ．

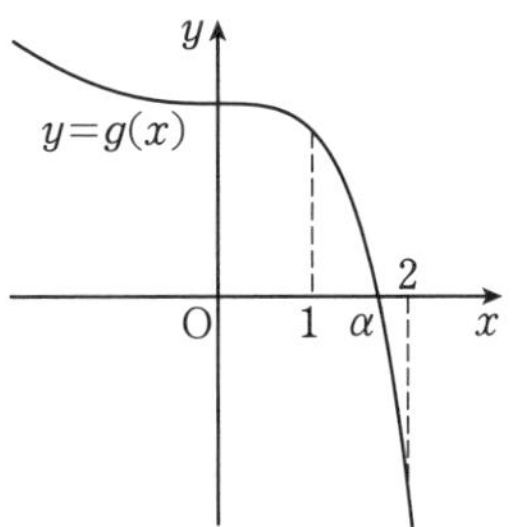

（３） $f'(x)=\dfrac{2x(e^x-x)-x^2(e^x-1)}{(e^x-x)^2}$

$$=\frac{x\{(2-x)e^x-x\}}{(e^x-x)^2}=\frac{xg(x)}{(e^x-x)^2}$$

$f'(x)=0$ のとき，$x=0,\alpha$

x	$\cdots$	0	$\cdots$	α	$\cdots$
$f'(x)$	$-$	0	$+$	0	$-$
$f(x)$	↘		↗		↘

$g(\alpha)=0$ であるから，$(2-\alpha)e^\alpha-\alpha=0$

$$e^\alpha=\frac{\alpha}{2-\alpha}$$

よって極大値は

$$f(\alpha)=\frac{\alpha^2}{e^\alpha-\alpha}=\frac{\alpha^2}{\frac{\alpha}{2-\alpha}-\alpha}$$

$$=\frac{\alpha(2-\alpha)}{1-(2-\alpha)}=\boldsymbol{\frac{\alpha(2-\alpha)}{\alpha-1}}$$

《区間内にあるかないか（B10）》

530. 関数 $f(x)$ を $f(x)=e^{-2x}\sin^2 x$ と定める．a を正の実数とするとき，$0\leqq x\leqq a$ における $f(x)$ の最大値を求めよ．ただし，e は自然対数の底とする．（21　弘前大・理工）

▶解答◀ $\sin^2 x$ は 0 と 1 の有限な範囲を振動し，$\lim\limits_{x\to\infty}e^{-x}=0$ であるから $\lim\limits_{x\to\infty}f(x)=0$ である．$f(0)=0$ である．$f(x)\geqq 0$ であるから，最大値は正の極値，または区間の端（$x=a$）でとる．

$$f'(x)=e^{-2x}(-2\sin^2 x+2\sin x\cos x)$$

$$=-2e^{-2x}\sin x(\sin x-\cos x)$$

$\sin x=0$ のときは $f(x)=0$ になる．

$\sin x=\cos x$ のとき $x=\frac{\pi}{4}+n\pi$ である．n は 0 以上の整数である．このとき $\sin^2 x=\frac{1}{2}$ であるから極値は $\frac{1}{2}e^{-\frac{\pi}{4}-n\pi}$ となり，これは n の増加とともに減少する．正の極値で最大のものは $x=\frac{\pi}{4}$ でとる．

x	0	$\cdots$	$\frac{\pi}{4}$	$\cdots$	π
$f'(x)$		$+$	0	$-$	
$f(x)$		↗		↘	

よって，$0 \leqq x \leqq a$ における $f(x)$ の最大値は

$\boldsymbol{0 < a < \frac{\pi}{4}}$ **のとき** $\boldsymbol{f(a) = e^{-2a}\sin^2 a}$

$\boldsymbol{\frac{\pi}{4} \leqq a}$ **のとき** $\boldsymbol{f\left(\frac{\pi}{4}\right) = e^{-\frac{\pi}{2}}\sin^2\frac{\pi}{4} = \frac{1}{2}e^{-\frac{\pi}{2}}}$

注意 グラフなど不要だろう．

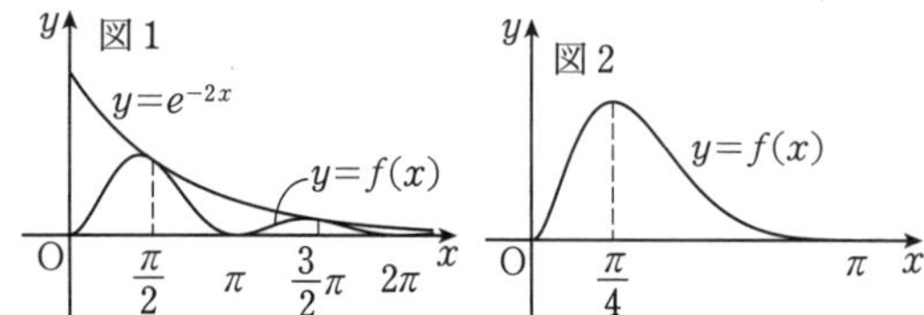

《区間内にあるかないか (B20) ☆》

531. (1) t の関数 $f(t) = \frac{\log t}{t}$ $(t > 0)$ を考える．関数 $f(t)$ の最大値を求めよ．

(2) a を正の実数とする．x の関数

$$g(x) = e^{ax} + 2e^{-ax} + (2-a^2)x \ (0 \leqq x \leqq 1)$$

を考える．関数 $g(x)$ の最小値を求めよ．

(21 京都工繊大・前期)

考え方 (2) $g'(x) = 0$ の解が区間の中にあるか，ないかの場合分けが起こる．生徒に問題を解かせると，「$g'(x) = 0$ の解が区間の中にあるに決まっている」として，先入観で増減表を捏造する人が多い．

▶解答◀ (1) $f(t) = \frac{\log t}{t}$ $(t > 0)$

$$f'(t) = \frac{\frac{1}{t}\cdot t - (\log t)\cdot 1}{t^2} = \frac{1-\log t}{t^2}$$

$f(t)$ の増減は次のようになる．

t	0	$\cdots$	e	$\cdots$
$f'(t)$		$+$	0	$-$
$f(t)$		↗		↘

$f(t)$ の最大値は $f(e) = \boldsymbol{\frac{1}{e}}$ である．

(2) $g(x) = e^{ax} + 2e^{-ax} + (2-a^2)x$

$$g'(x) = ae^{ax} - 2ae^{-ax} + (2-a^2)$$

$$= \frac{a}{e^{ax}}\left\{(e^{ax})^2 + \left(\frac{2}{a} - a\right)e^{ax} - 2\right\}$$

$$= \frac{a}{e^{ax}}\left(e^{ax} + \frac{2}{a}\right)(e^{ax} - a)$$

$a > 0$ であるから $\frac{a}{e^{ax}}\left(e^{ax} + \frac{2}{a}\right) > 0$

$g'(x) = 0$ を解くと $e^{ax} = a$ で，$ax = \log a$，よって $x = \frac{\log a}{a}$ となる．この解が変域内にあるかどうかが問題である．

(ア) $1 < a$ のとき．$\frac{\log a}{a} > 0$ であり，(1) より $\frac{\log a}{a} \leqq \frac{1}{e} < 1$ である．

x	0	$\cdots$	$\frac{\log a}{a}$	$\cdots$	1
$g'(x)$		$-$	0	$+$	
$g(x)$		↘		↗	

$g(x)$ は $x = \frac{\log a}{a}$ で最小になる．このとき $e^{ax} = a$

$$g(x) = e^{ax} + \frac{2}{e^{ax}} + (2-a^2)x$$

$$= a + \frac{2}{a} + \frac{2-a^2}{a}\log a$$

(イ) $0 < a \leqq 1$ のとき．$\frac{\log a}{a} \leqq 0$ であるから ((ア) の増減表で $\frac{\log a}{a}$ が左に外れる) $0 \leqq x \leqq 1$ で $g'(x) \geqq 0$ であり，$g(x)$ は増加関数である．$g(x)$ の最小値は $g(0) = 3$ である．

最小値は $\boldsymbol{1 < a}$ **のとき** $\boldsymbol{a + \frac{2}{a} + \frac{2-a^2}{a}\log a}$

$\boldsymbol{0 < a \leqq 1}$ **のとき 3**

《差積の公式 (B20)》

532. 以下の問いに答えなさい．

(1) 実数 θ は $0 < \theta < \frac{\pi}{2}$ の範囲にあり，$\sin 2\theta = \sin 3\theta$ をみたすとする．$\cos\theta$ の値を求めなさい．

(2) 関数 $f(x) = 3\cos 2x - 2\cos 3x$ の $0 \leqq x \leqq \frac{\pi}{2}$ における最大値と最小値を求めなさい．

(3) (2) で $f(x)$ が最大値と最小値をとる x の値をそれぞれ求めなさい． (21 都立大・理系)

▶解答◀ (1) $\sin 2\theta = \sin 3\theta$ より

$$2\sin\theta\cos\theta = 3\sin\theta - 4\sin^3\theta$$

$0 < \theta < \frac{\pi}{2}$ であるから，$\sin\theta \neq 0$ で

$$2\cos\theta = 3 - 4\sin^2\theta$$

$$2\cos\theta = 3 - 4(1-\cos^2\theta)$$

$$4\cos^2\theta - 2\cos\theta - 1 = 0$$

$$\cos\theta = \frac{1\pm\sqrt{5}}{4}$$

$0 < \theta < \frac{\pi}{2}$ であるから，$\cos\theta = \boldsymbol{\frac{1+\sqrt{5}}{4}}$

(2) $f'(x) = 6(\sin 3x - \sin 2x)$

$$= 6\left\{\sin\left(\frac{5}{2}x + \frac{x}{2}\right) - \sin\left(\frac{5}{2}x - \frac{x}{2}\right))\right\}$$

$$= 12\cos\frac{5x}{2}\sin\frac{x}{2}$$

$$0 < \frac{5x}{2} < \frac{5\pi}{4},\ 0 < \frac{x}{2} < \frac{\pi}{4}$$

$\frac{5x}{2} = \frac{\pi}{2}$ とおくと $x = \frac{\pi}{5}$ となる．$\alpha = \frac{\pi}{5}$ とおく．

x	0	$\cdots$	α	$\cdots$	$\frac{\pi}{2}$
$f'(x)$	0	+	0	−	
$f(x)$		↗		↘	

$5\alpha = \pi$ で $3\alpha = \pi - 2\alpha$ となり，$\cos 3\alpha = -\cos 2\alpha$

また $\cos\alpha$ は（1）で求めた値である．最大値は

$$\begin{aligned} f(\alpha) &= 3\cos 2\alpha - 2\cos 3\alpha \\ &= 3\cos 2\alpha - 2(-\cos 2\alpha) \\ &= 5\cos 2\alpha = 5(2\cos^2\alpha - 1) \\ &= 5\left(2\cdot\frac{3+\sqrt{5}}{8} - 1\right) = \boldsymbol{\frac{-5+5\sqrt{5}}{4}} \end{aligned}$$

$$f\left(\frac{\pi}{2}\right) = 3\cos\frac{2\pi}{2} - 2\cos\frac{3\pi}{2} = -3 < f(0) = 1$$

最小値は $\boldsymbol{-3}$

（3） 最大値をとる $x = \boldsymbol{\frac{\pi}{5}}$，最小値をとる $x = \boldsymbol{\frac{\pi}{2}}$

《正 n 角形（B20）》

533．（1） $0 < x < \frac{\pi}{2}$ のとき，

$\tan x > x$

であることを証明せよ．

（2） $f(x) = \frac{\sin x}{x}\ \left(0 < x < \frac{\pi}{2}\right)$

とおく．$0 < x_1 < x_2 < \frac{\pi}{2}$ ならば，$f(x_1) > f(x_2)$ であることを証明せよ．

（3） $n \geqq 3$ とする．半径 1 の円に内接する正 n 角形の周の長さ（1 辺の長さの n 倍）を a_n とする．

$a_n < a_{n+1}\ (n = 3, 4, 5, \cdots)$

であることを証明せよ． （21 京都教育大・教育）

▶解答◀ （1） 図 1 を見よ．OA$=1$ とする．$0 < x < \frac{\pi}{2}$ のとき，直角三角形 OAC の面積は扇形 OAB の面積より大きいから

$$\frac{1}{2}\cdot 1\cdot\tan x > \frac{1}{2}\cdot 1^2\cdot x \qquad \therefore\quad \tan x > x$$

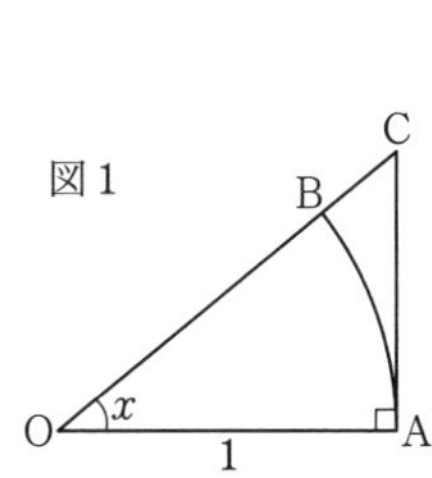

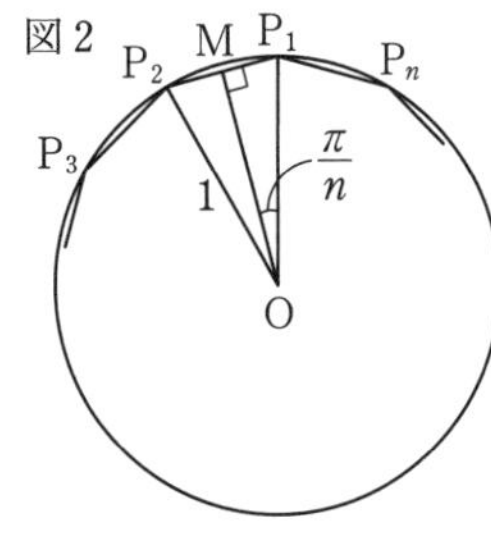

（2）

$$f'(x) = \frac{x\cos x - \sin x}{x^2} = \frac{\cos x}{x^2}(x - \tan x)$$

（1）から $0 < x < \frac{\pi}{2}$ のとき $f'(x) < 0$ となり，$0 \leqq x < \frac{\pi}{2}$ では $f(x)$ は減少関数となる．したがって，$0 < x_1 < x_2 < \frac{\pi}{2}$ ならば，$f(x_1) > f(x_2)$ である．

（3） 円の中心を O，正 n 角形の頂点を P_1，P_2，…，P_n とおく．線分 P_1P_2 の中点を M とおくと，$\angle P_1OM = \frac{\pi}{n}$ だから，$P_1M = \sin\frac{\pi}{n}$ となる．$P_1P_2 = 2\sin\frac{\pi}{n}$ から

$$a_n = 2n\sin\frac{\pi}{n} = 2\pi\cdot\frac{\sin\frac{\pi}{n}}{\frac{\pi}{n}} = 2\pi f\left(\frac{\pi}{n}\right)$$

したがって，$a_{n+1} = 2\pi f\left(\frac{\pi}{n+1}\right)$ となる．

$n \geqq 3$ のとき $0 < \frac{\pi}{n+1} < \frac{\pi}{n} < \frac{\pi}{2}$ が成り立ち，（2）から $f\left(\frac{\pi}{n+1}\right) > f\left(\frac{\pi}{n}\right)$ となるから，$a_{n+1} > a_n$ は成り立つ．

《挟んで極限（B20）》

534．x の関数

$$f(x) = 6x - 6\log x - 3(\log x)^2 - (\log x)^3$$

$(x > 0)$ を考える．

（1） $f'(x)$ および $f''(x)$ を求めよ．ただし，$f'(x)$, $f''(x)$ はそれぞれ $f(x)$ の第 1 次，第 2 次の導関数である．

（2） 正の実数 x に対して，不等式 $f(x) \geqq f(1)$ が成り立つことを示せ．

（3） （2）の不等式を用いて，極限 $\lim_{x\to\infty}\frac{(\log x)^2}{x}$ を求めよ． （21 京都工繊大・後期）

▶解答◀ （1）

$$f(x) = 6x - 6\log x - 3(\log x)^2 - (\log x)^3$$

$$f'(x) = \boldsymbol{6 - \frac{6}{x} - \frac{6\log x}{x} - \frac{3(\log x)^2}{x}}$$

$$\begin{aligned} f''(x) &= \frac{6}{x^2} - 6\cdot\frac{\frac{1}{x}\cdot x - \log x}{x^2} \\ &\quad -3\cdot\frac{2(\log x)\cdot\frac{1}{x}\cdot x - (\log x)^2\cdot 1}{x^2} \\ &= \boldsymbol{\frac{3(\log x)^2}{x^2}} \end{aligned}$$

（2） $x > 0$ のとき，$f''(x) > 0$ より $f'(x)$ は単調に増加する．$f'(1) = 0$ より $f(x)$ の増減は次のようになる．

x	0	$\cdots$	1	$\cdots$
$f'(x)$		−	0	+
$f(x)$		↘		↗

よって $f(x)$ は $x = 1$ のとき最小になるから，$x > 0$ のとき $f(x) \geqq f(1)$ が成り立つ．

（3） $f(1) = 6$ より $f(x) \geqq f(1) > 0$ であるから

$$6x - 6\log x - 3(\log x)^2 - (\log x)^3 > 0$$

$$6x > 6\log x + 3(\log x)^2 + (\log x)^3$$

$x>1$ のとき $\log x>0$ であるから

$$6x>(\log x)^3$$

$$\frac{6}{\log x}>\frac{(\log x)^2}{x}>0$$

$\lim_{x\to\infty}\frac{6}{\log x}=0$ であるからハサミウチの原理より

$$\lim_{x\to\infty}\frac{(\log x)^2}{x}=\mathbf{0}$$

《log の分数関数 (B30)》

535. n を 2 以上の自然数とし，関数 $f_n(x)$ を

$$f_n(x)=\frac{\log x}{x^n}\quad(x>1)$$

と定める．$y=f_n(x)$ で表される曲線を C とするとき，次の問いに答えよ．

（1） $x>1$ のとき，$\log x<x-1$ を示せ．また，$\lim_{x\to\infty}f_n(x)=0$ を示せ．

（2） 関数 $f_n(x)$ の増減を調べ，極値を求めよ．

（3） 曲線 C の変曲点を求めよ．また，その変曲点における接線と y 軸との交点を $(0,\ y_n)$ とおくとき，$\lim_{n\to\infty}y_n$ を求めよ．　(21　金沢大・理系)

▶解答◀ （1） $g(x)=(x-1)-\log x$ とおく．このとき，$x>1$ において

$$g'(x)=1-\frac{1}{x}=\frac{x-1}{x}>0$$

$g(1)=0$ であるから，$x>1$ において $g(x)>0$ である．よって，不等式は証明された．

$\log x<x-1$ より $0<f_n(x)<\frac{x-1}{x^n}$ であり，

$$\lim_{x\to\infty}\frac{x-1}{x^n}=\lim_{x\to\infty}\frac{1-\frac{1}{x}}{x^{n-1}}=0$$

よって，ハサミウチの原理より $\lim_{x\to\infty}f_n(x)=0$ である．

（2） $f_n'(x)=\frac{x^{n-1}-\log x\cdot nx^{n-1}}{(x^n)^2}=\frac{1-n\log x}{x^{n+1}}$

これより次の増減表を得る．

x	1	$\cdots$	$e^{\frac{1}{n}}$	$\cdots$
$f_n'(x)$		$+$	0	$-$
$f_n(x)$		$\nearrow$		$\searrow$

極値は $f_n\left(e^{\frac{1}{n}}\right)=\frac{\log e}{n\left(e^{\frac{1}{n}}\right)^n}=\boldsymbol{\frac{1}{ne}}$ である．

（3） $f_n''(x)=\frac{-nx^n-(1-n\log x)(n+1)x^n}{(x^{n+1})^2}$

$$=\frac{-(2n+1)+n(n+1)\log x}{x^{n+2}}$$

$f_n''(x)$ は $x=e^{\frac{2n+1}{n(n+1)}}$ の前後で負から正に符号変化するから，ここで変曲する．また，

$$f_n\left(e^{\frac{2n+1}{n(n+1)}}\right)=\frac{2n+1}{n(n+1)}\cdot\frac{1}{e^{\frac{2n+1}{n+1}}}$$

より，変曲点は $\left(\boldsymbol{e^{\frac{2n+1}{n(n+1)}},\ \frac{2n+1}{n(n+1)}\cdot\frac{1}{e^{\frac{2n+1}{n+1}}}}\right)$ である．

$x_n=e^{\frac{2n+1}{n(n+1)}}$ とおくと，接線の方程式は

$$y=f_n'(x_n)(x-x_n)+f_n(x_n)$$

$x=0$ とすると，$y_n=-x_nf_n'(x_n)+f_n(x_n)$ となる．

$$f_n'(x_n)=\frac{1-\frac{2n+1}{n+1}}{e^{\frac{2n+1}{n}}}\to\frac{1-2}{e^2}=-\frac{1}{e^2}\quad(n\to\infty)$$

$$f_n(x_n)=\frac{\frac{2n+1}{n(n+1)}}{e^{\frac{2n+1}{n+1}}}\to0\quad(n\to\infty)$$

さらに，$x_n\to e^0=1$ であるから，

$$\lim_{n\to\infty}y_n=(-1)\left(-\frac{1}{e^2}\right)+0=\boldsymbol{\frac{1}{e^2}}$$

《誤読しやすい問題 (B30) ☆》

536. 関数 $f(x)=\sin x-\log(1+x)$ について，以下のことを証明せよ．ただし，$f'(x)$ を $f(x)$ の導関数とする．また，対数は自然対数とする．

（1） $-1<x<\frac{\pi}{2}$ において，$f'(x)$ が極大値をとるような x がただ 1 つ存在する．

（2） $f(x)=0$ となる x が 2 つだけ存在する．

(21　中京大・工)

考え方 誤読をしないようにしよう．（1）は「この区間では極大値が 1 個しかない」と言っているだけである．$x>-1$ 全体では極値は無数にある．大切なことがある．「自分を知ること」である．私は「何度も微分したら，そのうち混乱をする」と，よく知っている．そういう人は $f'''(x)$ なんか計算したらいけない．混乱する．それを防ぐためには視覚化することである．

▶解答◀ （1） $f'(x)=\cos x-\frac{1}{1+x}=g(x)$ とおく．$g(x)$ の $-1<x<\frac{\pi}{2}$ における極値を調べる．

$$g'(x)=\frac{1}{(1+x)^2}-\sin x$$

図1

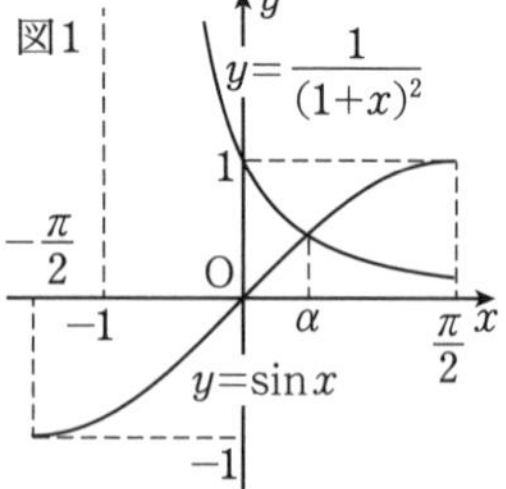

図 1 を見よ．$\sin x$ は増加し，$\frac{1}{(1+x)^2}$ は減少し，図のように 1 回だけ $\sin x=\frac{1}{(1+x)^2}$ となる点があるから，その前後で，$\frac{1}{(1+x)^2}>\sin x$ から $\frac{1}{(1+x)^2}<\sin x$ に

なる．$g'(x)$ は正から負に符号を変え，$g(x)$ はその点で1回だけ極大になる．

(2) $x > \pi$ のとき

$\log(1+x) > \log(1+\pi) > \log 4 > \log e = 1 \geqq \sin x$

であるから $f(x) < 0$ である．

以下は $-\dfrac{\pi}{2} < -1 < x < \pi$ で考える．$\dfrac{\pi}{2} \leqq x < \pi$ では $\cos x \leqq 0 < \dfrac{1}{1+x}$ であるから $f'(x) < 0$ である．$-1 < x < \dfrac{\pi}{2}$ のとき．図2を見よ．

$$f'(x) = \cos x - \frac{1}{1+x}$$

曲線 $y = \cos x$ は $\cos x > 0$ である区間で，上に凸である．$x > -1$ で曲線 $y = \dfrac{1}{1+x}$ は下に凸で，2曲線は $x = 0$ で交わる．一般に下に凸の曲線と上に凸の曲線は最大でも2交点しかもたない．今は $\cos x > 0$ の区間で，それぞれ2個ずつ交点をもつ．$0 < x < \dfrac{\pi}{2}$ における交点の x 座標を β とする．

$-1 < x < 0$ で $\dfrac{1}{1+x} > \cos x$ であるから $f'(x) < 0$ である．後は $0, \beta$ を飛び越えるたびに $f'(x)$ の符号は交代する．

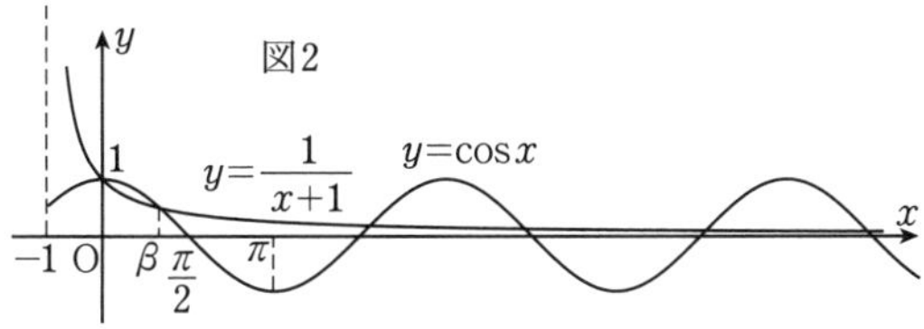

x	-1	$\cdots$	0	$\cdots$	β	$\cdots$	π
$f'(x)$		$-$	0	$+$	0	$-$	
$f(x)$		↘		↗		↘	

$f(x)$ は表のように増減し，$f(0) = 0$，

$f(\pi) = -\log(1+\pi) < 0$ であるから $f(x) = 0$ となる x は2つだけ存在する．曲線 $y = f(x)$ の概形は図3の $x < \pi$ の部分だけを見よ．$x > \pi$ の部分は極値が幾つもあると見せるためであり，解答本体には無関係である．

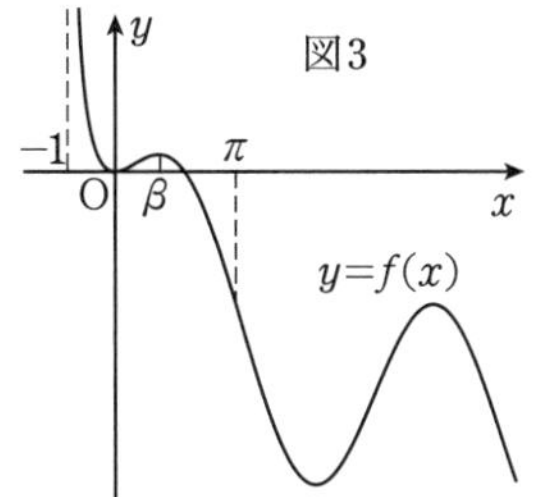

注意 $f(x) = 0\ (0 < x < \pi)$ で，2曲線 $y = \sin x$ と $y = \log(1+x)$ の交点で考えてはいけない．ともに上に凸だから単純ではない．

《微分しなくてもグラフがわかる (B30)》

537．関数

$$f(x) = e^{-x}(1 - \cos x)\ (0 \leqq x \leqq 4\pi)$$

について，次の問いに答えよ．ただし，必要ならば $e^{\pi} < (2+\sqrt{3})^3 < \dfrac{e^{7\pi}}{8}$ が成り立つことを用いてよい．

（1） $f\left(\dfrac{5\pi}{2}\right) < f\left(\dfrac{\pi}{6}\right)$ を示せ．

（2） 関数 $y = f(x)$ の増減，極値，グラフの凹凸および変曲点を調べ，そのグラフをかけ．

（3） c を正の定数とするとき，曲線 $y = f(x)$ と直線 $y = c$ との共有点の個数を求めよ．

（21　宮城教育大・前期）

考え方 微分しないでグラフを描く癖をつけよう．最初にグラフがわかれば，安心できるし，時間も節約できる．$-1 \leqq \cos x \leqq 1$ だから $0 \leqq 1 - \cos x \leqq 2$ であり，e^{-x} を掛けて $0 \leqq f(x) \leqq 2e^{-x}$

$y = 0$ と $y = 2e^{-x}$ の間をクネクネするグラフを描く．図のように，$\cos x = -1$ の点の少し左に極大値，その左右に変曲点がありそうと思える．

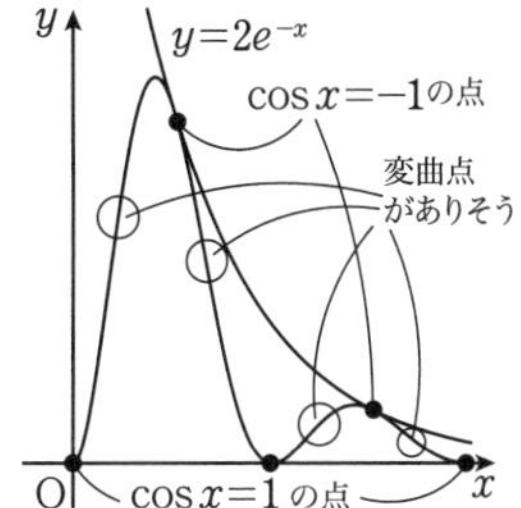

▶解答◀ $x = 0, 2\pi, 4\pi$ のとき $f(x) = 0$ であり，それ以外では $f(x) > 0$ である．

(1) $f\left(\dfrac{5}{2}\pi\right) = e^{-\frac{5}{2}\pi}$，$f\left(\dfrac{\pi}{6}\right) = \dfrac{2-\sqrt{3}}{2}e^{-\frac{\pi}{6}}$

$$\frac{f\left(\frac{\pi}{6}\right)}{f\left(\frac{5}{2}\pi\right)} = \frac{2-\sqrt{3}}{2} \cdot \frac{e^{-\frac{\pi}{6}}}{e^{-\frac{5}{2}\pi}} = \frac{e^{\frac{7}{3}\pi}}{2(2+\sqrt{3})}$$

$\dfrac{e^{7\pi}}{8(2+\sqrt{3})^3} > 1$ だから $\dfrac{e^{\frac{7}{3}\pi}}{2(2+\sqrt{3})} > 1$

よって $f\left(\dfrac{\pi}{6}\right) > f\left(\dfrac{5\pi}{2}\right)$

(2) $f'(x) = -e^{-x}(1 - \cos x) + e^{-x}\sin x$

$$= e^{-x}(\sin x + \cos x - 1)$$

$\cos x = X$，$\sin x = Y$ として，$Y + X - 1$ の正負を考える．$\mathrm{P}(X, Y)$ とおくと P は円 $X^2 + Y^2 = 1$ 上で偏角が x の点である．x の増加とともに左回りに回る．原点を含む領域で負であることから，図のように正負が分かる．

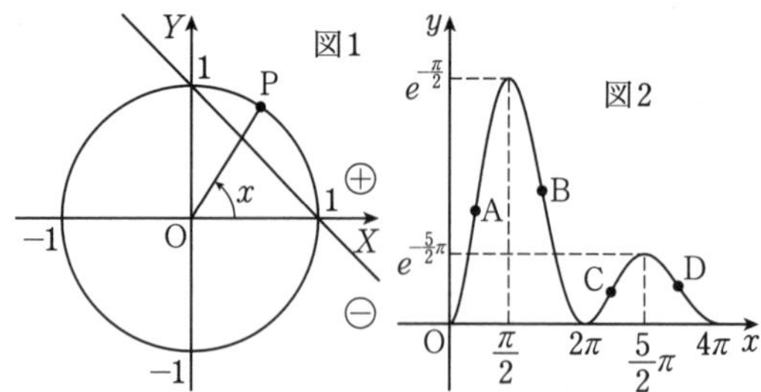

$f'(x)$ の正負が変わるのは，点 $(1, 0)$ を下方から上方へ通過するときで，$x = 2\pi$ のときである．$f(x)$ は $x = 2\pi$ で極小となる．同様に $x = \frac{\pi}{2}$, $\frac{5}{2}\pi$ で極大となる．$f(x)$ の増減は次の通りである．

x	0	…	$\frac{\pi}{2}$	…	2π	…	$\frac{5}{2}\pi$	…	4π
$f'(x)$		+	0	−	0	+	0	−	
$f(x)$		↗		↘		↗		↘	

極大値は $f\left(\frac{\pi}{2}\right) = e^{-\frac{\pi}{2}}$, $f\left(\frac{5}{2}\pi\right) = e^{-\frac{5}{2}\pi}$

極小値は $f(2\pi) = 0$

$$f''(x) = -e^{-x}(\sin x + \cos x - 1) + e^{-x}(\cos x - \sin x) = e^{-x}(1 - 2\sin x)$$

$0 \leqq x \leqq 4\pi$ であるから，$f''(x) = 0$ とすると

$$\sin x = \frac{1}{2}$$

$$x = \frac{\pi}{6},\ \frac{5}{6}\pi,\ \frac{13}{6}\pi,\ \frac{17}{6}\pi$$

$y = f(x)$ の凹凸は次の通りである．

x	0	…	$\frac{\pi}{6}$	…	$\frac{5}{6}\pi$	…	$\frac{13}{6}\pi$	…	$\frac{17}{6}\pi$	…	4π
$f''(x)$		+	0	−	0	+	0	−	0	+	
$f(x)$		∪		∩		∪		∩		∪	

変曲点は $\mathrm{A}\left(\frac{\pi}{6},\ \frac{2-\sqrt{3}}{2}e^{-\frac{\pi}{6}}\right)$,

$\mathrm{B}\left(\frac{5}{6}\pi,\ \frac{2+\sqrt{3}}{2}e^{-\frac{5}{6}\pi}\right)$, $\mathrm{C}\left(\frac{13}{6}\pi,\ \frac{2-\sqrt{3}}{2}e^{-\frac{13}{6}\pi}\right)$,

$\mathrm{D}\left(\frac{17}{6}\pi,\ \frac{2+\sqrt{3}}{2}e^{-\frac{17}{6}\pi}\right)$ である．

A, B, C, D の y 座標をそれぞれ a, b, c_1, d とすると，$a > c_1$, $b > d$ である．

$$\frac{a}{b} = \frac{2-\sqrt{3}}{2+\sqrt{3}}e^{\frac{2}{3}\pi} = \frac{e^{\frac{2}{3}\pi}}{(2+\sqrt{3})^2}$$

$e^{\pi} < (2+\sqrt{3})^3$ から

$$\frac{e^{\pi}}{(2+\sqrt{3})^3} < 1 \qquad \therefore\ \frac{e^{\frac{2}{3}\pi}}{(2+\sqrt{3})^2} < 1$$

よって

$$\frac{a}{b} < 1 \qquad \therefore\ b > a$$

$c_1 = ae^{-2\pi}$, $d = be^{-2\pi}$ から $d > c_1$

これらと（1）から $b > a > e^{-\frac{5}{2}\pi} > d > c_1$ である．

曲線 $y = f(x)$ は図2を見よ．

（3）（2）のグラフから，求める共有点の個数は

$0 < c < e^{-\frac{5}{2}\pi}$ のとき 4

$c = e^{-\frac{5}{2}\pi}$ のとき 3

$e^{-\frac{5}{2}\pi} < c < e^{-\frac{\pi}{2}}$ のとき 2

$c = e^{-\frac{\pi}{2}}$ のとき 1

$c > e^{-\frac{\pi}{2}}$ のとき 0

♦別解♦（2）合成を用いて増減を調べる．

$$f'(x) = e^{-x}\left\{\sqrt{2}\sin\left(x + \frac{\pi}{4}\right) - 1\right\}$$

$\frac{\pi}{4} \leqq x + \frac{\pi}{4} \leqq \frac{17}{4}\pi$ であるから，$f'(x) = 0$ のとき

$$\sin\left(x + \frac{\pi}{4}\right) = \frac{1}{\sqrt{2}}$$

$$x + \frac{\pi}{4} = \frac{\pi}{4},\ \frac{3\pi}{4},\ \frac{9}{4}\pi,\ \frac{11}{4}\pi,\ \frac{17}{4}\pi$$

$$x = 0,\ \frac{\pi}{2},\ 2\pi,\ \frac{5}{2}\pi,\ 4\pi$$

以下省略．

【図形への応用】

《立体への応用 (B10) ☆》

538. 体積が $\frac{\sqrt{2}}{3}\pi$ の直円錐において，直円錐の側面積の最小値を求めよ．ただし直円錐とは，底面の円の中心と頂点とを結ぶ直線が，底面に垂直である円錐のことである．（21　札幌医大）

考え方 図を見よ．扇形の面積 S は，円錐の側面を展開した扇の弧（図2の弧 AB の長さ）を底辺，母線 $\sqrt{r^2+h^2}$ を高さとした三角形的なものを考え $S = \frac{1}{2}\widehat{\mathrm{AB}}\sqrt{r^2+h^2}$ とする．そして $\widehat{\mathrm{AB}}$ の長さは底面の円周の長さと同じだから $S = \frac{1}{2}\cdot 2\pi r\sqrt{r^2+h^2}$ となる．

▶解答◀ 直円錐の底面の半径を r，高さを h とすると，直円錐の体積の条件より $\frac{1}{3}\pi r^2 h = \frac{\sqrt{2}}{3}\pi$ であるから $r^2 h = \sqrt{2}$ 側面を展開した扇形の母線の長さは $\sqrt{r^2+h^2}$ で，側面積 S は

$$S = \frac{1}{2}\cdot 2\pi r\sqrt{r^2+h^2} = \pi\sqrt{r^4 + r^2h^2}$$

$h^2 = \frac{2}{r^4}$ だから

$$r^4 + r^2h^2 = r^4 + \frac{2}{r^2} = r^4 + \frac{1}{r^2} + \frac{1}{r^2}$$

$$\geqq 3\sqrt[3]{r^4\cdot\frac{1}{r^2}\cdot\frac{1}{r^2}} = 3$$

相加相乗平均の不等式を用いた．等号は $r^4=\dfrac{1}{r^2}=\dfrac{1}{r^2}$，すなわち $r=1$ のときに成り立つ，S の最小値は $\boldsymbol{\sqrt{3}\pi}$

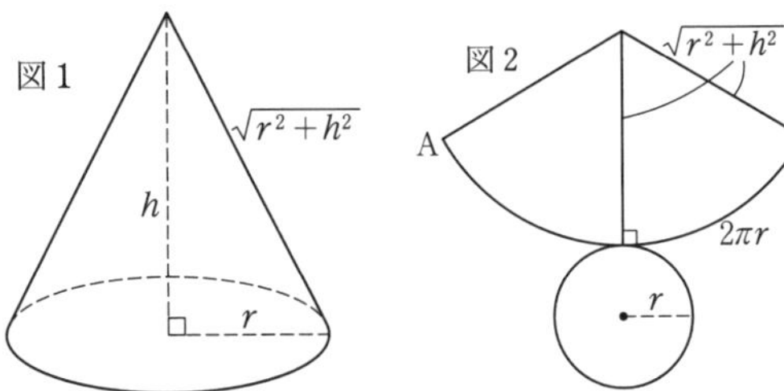

注意 $f(r)=r^4+\dfrac{2}{r^2}$ とおくと

$$f'(r)=4r^3-4r^{-3}=\frac{4(r^6-1)}{r^3}$$

r	0	…	1	…
$f'(r)$		$-$	0	$+$
$f(r)$		↘		↗

$f(r)$ の最小値は $f(1)=3$

《反比例のグラフ (B20)》

539. a,b を $ab<1$ をみたす正の実数とする．xy 平面上の点 $\mathrm{P}(a,b)$ から，曲線 $y=\dfrac{1}{x}$ $(x>0)$ に2本の接線を引き，その接点を $\mathrm{Q}\left(s,\dfrac{1}{s}\right)$，$\mathrm{R}\left(t,\dfrac{1}{t}\right)$ とする．ただし，$s<t$ とする．

（1） s および t を a,b を用いて表せ．

（2） 点 $\mathrm{P}(a,b)$ が曲線 $y=\dfrac{9}{4}-3x^2$ 上の $x>0$, $y>0$ をみたす部分を動くとき，$\dfrac{t}{s}$ の最小値とそのときの a,b の値を求めよ．

（21 阪大・理系）

▶解答◀ （1） $y=\dfrac{1}{x}$ のとき $y'=-\dfrac{1}{x^2}$

点Qにおける接線の方程式は

$$y=-\frac{1}{s^2}(x-s)+\frac{1}{s}$$

$$y=-\frac{1}{s^2}x+\frac{2}{s}$$

これが (a,b) を通るから

$$b=-\frac{1}{s^2}a+\frac{2}{s}$$

$$bs^2-2s+a=0$$

同様にして，点Rにおける接線を考えると

$$bt^2-2t+a=0$$

が成り立つ．よって，s,t は2次方程式 $bx^2-2x+a=0$ の2解であり，$s<t$ より

$$\boldsymbol{s=\frac{1-\sqrt{1-ab}}{b},\ t=\frac{1+\sqrt{1-ab}}{b}}$$

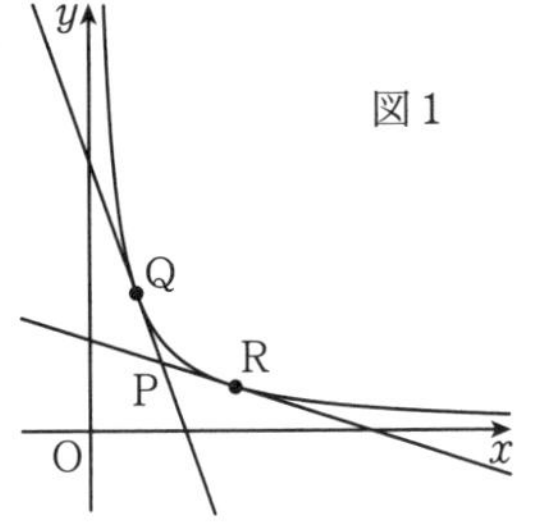

（2） $$\frac{t}{s}=\frac{\dfrac{1+\sqrt{1-ab}}{b}}{\dfrac{1-\sqrt{1-ab}}{b}}=\frac{1+\sqrt{1-ab}}{1-\sqrt{1-ab}}$$

$$=\frac{2}{1-\sqrt{1-ab}}-1$$

s,t はともに正であるから，$\dfrac{t}{s}$ が最小となるのは $1-\sqrt{1-ab}$ が最大，すなわち ab が最大のときである．

$\mathrm{P}(a,b)$ は曲線 $y=\dfrac{9}{4}-3x^2$ 上を動くから，

$$ab=a\left(\frac{9}{4}-3a^2\right)=\frac{9}{4}a-3a^3$$

$g(a)=\dfrac{9}{4}a-3a^3$ とおく．

$$g'(a)=-9a^2+\frac{9}{4}=-9\left(a+\frac{1}{2}\right)\left(a-\frac{1}{2}\right)$$

$a>0$ および $b=\dfrac{9}{4}-3a^2>0$ より，

$0<a<\dfrac{\sqrt{3}}{2}$ である．$g(a)$ の増減表は次のようになる．

a	0	…	$\frac{1}{2}$	…	$\frac{\sqrt{3}}{2}$
$g'(a)$		$+$	0	$-$	
$g(a)$		↗		↘	

$a=\dfrac{1}{2}$ のとき $g(a)$ は最大となる．

$$g\left(\frac{1}{2}\right)=\frac{9}{4}\cdot\frac{1}{2}-3\cdot\frac{1}{8}=\frac{3}{4}$$

このとき $b=\dfrac{9}{4}-3\cdot\dfrac{1}{4}=\dfrac{3}{2}$，$ab=\dfrac{1}{2}\cdot\dfrac{3}{2}=\dfrac{3}{4}$

$$\frac{t}{s}=\frac{1+\sqrt{1-\frac{3}{4}}}{1-\sqrt{1-\frac{3}{4}}}=\frac{1+\frac{1}{2}}{1-\frac{1}{2}}=3$$

以上より，$a=\boldsymbol{\dfrac{1}{2}}$，$b=\boldsymbol{\dfrac{3}{2}}$ のとき $\dfrac{t}{s}$ は最小値 **3** をとる．

【微分の難問】

《三角関数の扱い》

540. α を正の実数とする．$0\leqq\theta\leqq\pi$ における θ の関数 $f(\theta)$ を，座標平面上の2点 $\mathrm{A}(-\alpha,-3)$，$\mathrm{P}(\theta+\sin\theta,\cos\theta)$ 間の距離 AP の2乗として定める．

（1） $0<\theta<\pi$ の範囲に $f'(\theta)=0$ となる θ が

ただ1つ存在することを示せ.

（2） 以下が成り立つようなαの範囲を求めよ.

$0 \leqq \theta \leqq \pi$ における θ の関数 $f(\theta)$ は，区間 $0 < \theta < \dfrac{\pi}{2}$ のある点において最大になる.

（21 東大・理科）

考え方 $1 + \cos x = 2\cos^2 \dfrac{x}{2}$,

$\sin x = 2\sin\dfrac{x}{2}\cos\dfrac{x}{2}$ は重要である．三角関数のプロを目指すなら，常に半角公式をつかんでいるべきである.

▶解答◀ （1） 与えられた条件より,

$$f(\theta) = (\theta + \sin\theta + \alpha)^2 + (\cos\theta + 3)^2$$

であるから,

$$f'(\theta) = 2(\theta + \sin\theta + \alpha)(1 + \cos\theta) + 2(\cos\theta + 3)(-\sin\theta)$$
$$= 2\{\theta(1 + \cos\theta) - 2\sin\theta + \alpha(1 + \cos\theta)\}$$

$f'(\theta) = 0$ のとき,

$$\alpha(1 + \cos\theta) = 2\sin\theta - \theta(1 + \cos\theta)$$

$0 < \theta < \pi$ より，$1 + \cos\theta > 0$ である.

$$\alpha = \frac{2\sin\theta}{1 + \cos\theta} - \theta = \frac{4\sin\dfrac{\theta}{2}\cos\dfrac{\theta}{2}}{2\cos^2\dfrac{\theta}{2}} - \theta$$
$$= 2\tan\frac{\theta}{2} - \theta$$

ここで $g(\theta) = 2\tan\dfrac{\theta}{2} - \theta$ とおくと

$$g'(\theta) = 2\cdot\frac{1}{2}\frac{1}{\cos^2\dfrac{\theta}{2}} - 1 = \tan^2\frac{\theta}{2} > 0$$

$g(\theta)$ は $0 < \theta < \pi$ で増加関数であり，$g(0) = 0$, $\displaystyle\lim_{\theta \to \pi - 0} g(\theta) = +\infty$ であるから，$\alpha\,(>0)$ に対して $g(\theta) = \alpha$ となる θ がただ1つ存在する．すなわち，$f'(\theta) = 0$ となる θ もただ1つ存在する．この，$g(\theta) = \alpha$ となる θ を β とする.

（2） $f(\theta)$ は $0 \leqq \theta \leqq \pi$ で連続であるから増減は $0 < \theta < \pi$ で調べる．$g(\theta)$ は0から∞まで増加するから

$$f'(\theta) = 2(1 + \cos\theta)\{\alpha - g(\theta)\}$$

はβの前後で正から負に符号を変える.

θ	0	$\cdots$	β	$\cdots$	π
$f'(\theta)$		$+$	0	$-$	
$f(\theta)$		↗		↘	

これより，$f(\theta)$ は $\theta = \beta$ で極大かつ最大となる．$g(0) = 0$, $g\left(\dfrac{\pi}{2}\right) = 2 - \dfrac{\pi}{2}$ であるから $0 < \beta < \dfrac{\pi}{2}$ となる条件は

$$\boldsymbol{0 < \alpha < 2 - \frac{\pi}{2}}$$

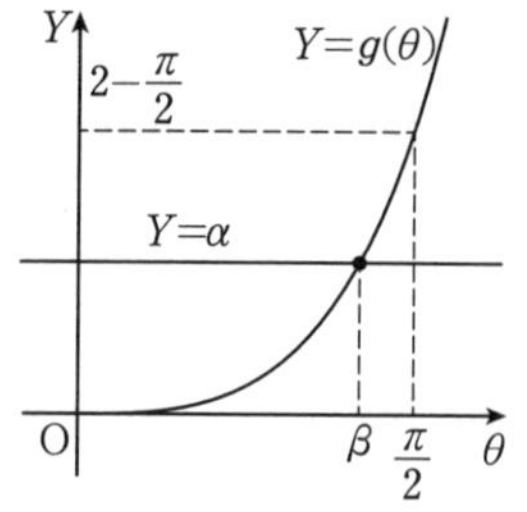

《抽象的な関数（C20）》

541. aを1より大きい定数とする．微分可能な関数 $f(x)$ が $f(a) = af(1)$ を満たすとき，曲線 $y = f(x)$ の接線で原点 $(0, 0)$ を通るものが存在することを示せ.

（21 京大・前期）

▶解答◀ $x = t$ における $y = f(x)$ の接線は

$$y = f'(t)(x - t) + f(t)$$
$$y = f'(t)x - (tf'(t) - f(t))$$

であるから，$tf'(t) - f(t) = 0$ となるtが存在することを示す.

$$g(x) = \frac{f(x)}{x}$$

とおくと,

$$g'(x) = \frac{xf'(x) - f(x)}{x^2}$$

である．$g(x)$ は $1 \leqq x \leqq a$ で連続であり，$1 < x < a$ で微分可能であるから平均値の定理より

$$\frac{g(a) - g(1)}{a - 1} = g'(c)$$

となるcが $1 < c < a$ の範囲に存在する．ここで,

$$g(a) - g(1) = \frac{f(a)}{a} - f(1) = 0$$

であるから，$g'(c) = 0$，すなわち $cf'(c) - f(c) = 0$ となるcが $1 < c < a$ の範囲に確かに存在する．よって $y = f(x)$ の接線で原点を通るものが存在することが示された.

◆別解◆ $f(a) = af(1)$, $a > 1$

$$\frac{f(a)}{a} = \frac{f(1)}{1} \quad \cdots\cdots ①$$

A$(a, f(a))$, B$(1, f(1))$ とおくと

（OAの傾き）＝（OBの傾き）

よって，AとBの間のP$(t, f(t))$で,

$$(\text{OP の傾き}) = \frac{f(t)}{t}$$

が極値をとる点があり，そこで接線は原点を通る.

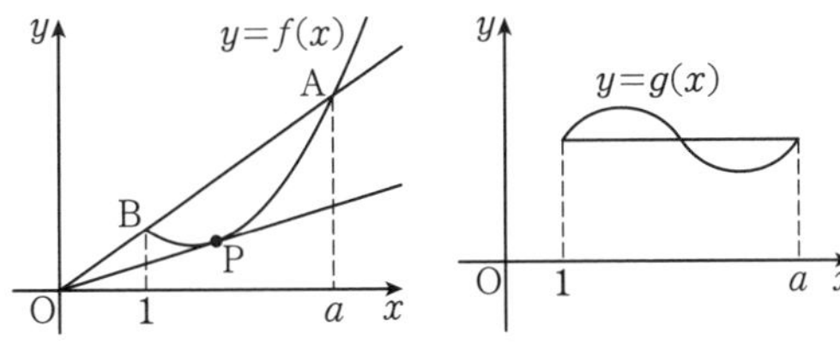

直観的すぎるというなら式で行う．

$g(x)=\dfrac{f(x)}{x}$ $(x \geqq 1)$ とおく．

$$g'(x)=\frac{f'(x)x-f(x)}{x^2}$$

① より $g(a)=g(1)$ である．ロルの定理より

$$g'(t)=0,\ 1<t<a$$

となる t が存在する．

$$f'(t)t-f(t)=0$$

よって $y=f(x)$ の $(t,\ f(t))$ における接線

$$y=f'(t)(x-t)+f(t)$$

は原点を通る．

《コスとサインの関数の合成（C30）》

542． x を実数とし，

$f(x)=\cos(\sin x),\ g(x)=\sin(\cos x)$

と定める．以下の設問に答えよ．

（1） $\cos A-\sin B$

$=2\sin\left(\dfrac{\pi}{4}-\dfrac{A+B}{2}\right)\sin\left(\dfrac{\pi}{4}+\dfrac{A-B}{2}\right)$

が成り立つことを示せ．

（2） $\cos(\sin x)>\sin(\cos x)$ が成り立つことを証明せよ．

（3） $y=f(x)$ と $y=g(x)$ の増減と周期を調べ，大小関係がわかるようにグラフを描け．ただし，変曲点を調べる必要はない．

（21　関西医大・後期）

▶解答◀ （1） 和積公式

$\cos x-\cos y=-2\sin\dfrac{x+y}{2}\sin\dfrac{x-y}{2}$ を利用する．

$$(\text{左辺})=\cos A-\cos\left(\frac{\pi}{2}-B\right)$$
$$=-2\sin\left(\frac{\pi}{4}+\frac{A-B}{2}\right)\sin\left(-\frac{\pi}{4}+\frac{A+B}{2}\right)$$
$$=2\sin\left(\frac{\pi}{4}-\frac{A+B}{2}\right)\sin\left(\frac{\pi}{4}+\frac{A-B}{2}\right)$$
$$=(\text{右辺})$$

（**2**） （1）より，$\cos(\sin x)-\sin(\cos x)$

$$=2\sin\left(\frac{\pi}{4}-\frac{\sin x+\cos x}{2}\right)$$
$$\times\sin\left(\frac{\pi}{4}+\frac{\sin x-\cos x}{2}\right)$$
$$=2\sin\left\{\frac{\pi}{4}-\frac{\sqrt{2}}{2}\sin\left(x+\frac{\pi}{4}\right)\right\}$$
$$\times\sin\left\{\frac{\pi}{4}+\frac{\sqrt{2}}{2}\sin\left(x-\frac{\pi}{4}\right)\right\}$$

$$\frac{\pi}{4}-\frac{\sqrt{2}}{2}\sin\left(x+\frac{\pi}{4}\right)\geqq\frac{\pi}{4}-\frac{\sqrt{2}}{2}$$
$$=\frac{1}{4}(\pi-2\sqrt{2})>\frac{1}{4}(3-2\sqrt{2})>0$$
$$\frac{\pi}{4}-\frac{\sqrt{2}}{2}\sin\left(x+\frac{\pi}{4}\right)\leqq\frac{\pi}{4}+\frac{\sqrt{2}}{2}$$
$$=\frac{1}{4}(\pi+2\sqrt{2})<\frac{1}{4}(\pi+3)<\frac{1}{4}(\pi+\pi)=\frac{\pi}{2}$$

であるから $0<\dfrac{\pi}{4}-\dfrac{\sqrt{2}}{2}\sin\left(x+\dfrac{\pi}{4}\right)<\dfrac{\pi}{2}$

同様にして $0<\dfrac{\pi}{4}+\dfrac{\sqrt{2}}{2}\sin\left(x-\dfrac{\pi}{4}\right)<\dfrac{\pi}{2}$ であるから $\sin\left\{\dfrac{\pi}{4}-\dfrac{\sqrt{2}}{2}\sin\left(x+\dfrac{\pi}{4}\right)\right\}>0$,

$\sin\left\{\dfrac{\pi}{4}+\dfrac{\sqrt{2}}{2}\sin\left(x-\dfrac{\pi}{4}\right)\right\}>0$

したがって $\cos(\sin x)>\sin(\cos x)$

（**3**） $f(x+\pi)=\cos\{\sin(x+\pi)\}=\cos(-\sin x)$

$$=\cos(\sin x)=f(x)$$

より $f(x)$ は $\boldsymbol{\pi}$ を周期とする関数であるから $0\leqq x\leqq\pi$ で考える．

$$f'(x)=-\sin(\sin x)\cos x$$

$0\leqq x\leqq\pi$ より $0\leqq\sin x\leqq 1<\pi$ であるから $\sin(\sin x)\geqq 0$．よって $f'(x)=0$ のとき $\cos x=0$ つまり $x=\dfrac{\pi}{2}$

x	0	$\cdots$	$\frac{\pi}{2}$	$\cdots$	π
$f'(x)$		$-$	0	$+$	
$f(x)$		↘		↗	

$$f(0)=1,\ f\left(\frac{\pi}{2}\right)=\cos 1,\ f(\pi)=1$$

また $g(x+2\pi)=\sin(\cos x)=g(x)$ より $g(x)$ は $\boldsymbol{2\pi}$ を周期とする関数であるから $0\leqq x\leqq 2\pi$ で考える．

$$g'(x)=\cos(\cos x)(-\sin x)$$
$$=-\cos(\cos x)\sin x$$

$0\leqq x\leqq 2\pi$ より $-\dfrac{\pi}{2}<-1\leqq\cos x\leqq 1<\dfrac{\pi}{2}$ であるから $\cos(\cos x)>0$

よって $g'(x)=0$ のとき $\sin x=0$，$0<x<2\pi$ では $x=\pi$

x	0	$\cdots$	π	$\cdots$	2π
$g'(x)$		$-$	0	$+$	
$g(x)$		↘		↗	

$$g(0)=\sin 1,\ g(\pi)=-\sin 1,\ g(2\pi)=\sin 1$$

また（2）より $f(x)>g(x)$ であり，$\dfrac{\pi}{4}<1<\dfrac{\pi}{2}$ から $\cos 1<\sin 1$ であることに注意すると，2 つのグラフは次の通り．

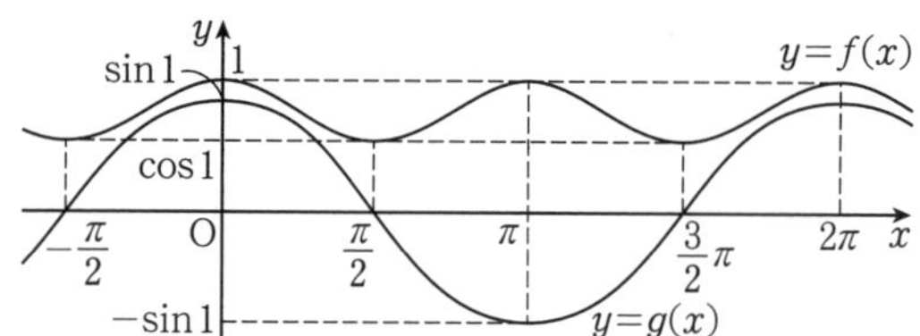

《通過領域 (C30)》

543. t を実数とし，座標平面上の直線

$l:(2t^2-4t+2)x-(t^2+2)y+4t+2=0$

を考える．

（1） 直線 l は t の値によらず，定点を通る．その定点の座標は □ である．

（2） 直線 l の傾きを $f(t)$ とする．$f(t)$ の値が最小となるのは $t=$ □ のときであり，最大となるのは $t=$ □ のときである．また，a を実数とするとき，t に関する方程式 $f(t)=a$ がちょうど 1 個の実数解をもつような a の値をすべて求めると，$a=$ □ である．

（3） t が実数全体を動くとき，直線 l が通過する領域を S とする．また，k を実数とする．放物線 $y=\frac{1}{2}(x-k)^2+\frac{1}{2}(k-1)^2$ が領域 S と共有点を持つような k の値の範囲は □ $\leqq k \leqq$ □ である．

（21 慶應大・理工）

▶解答◀ （1） l を t について整理すると

$$(2x-y)t^2+(-4x+4)t+(2x-2y+2)=0$$

これが t の恒等式となるとき

$$2x-y=0,\ -4x+4=0,\ 2x-2y+2=0$$

ゆえに，$(x,y)=(1,2)$ のとき t の恒等式となるから，l は定点 $\mathbf{(1,2)}$ を通る．

（2） $t^2+2>0$ であるから，

$$f(t)=\frac{2t^2-4t+2}{t^2+2}$$

である．このとき，

$$f'(t)=\frac{(4t-4)(t^2+2)-(2t^2-4t+2)\cdot 2t}{(t^2+2)^2}$$

$$=\frac{4(t^2+t-2)}{(t^2+2)^2}=\frac{4(t+2)(t-1)}{(t^2+2)^2}$$

であるから，増減表は次のようになる．

t	$\cdots$	-2	$\cdots$	1	$\cdots$
$f'(t)$	$+$	0	$-$	0	$+$
$f(t)$	↗		↘		↗

$$f(-2)=\frac{8+8+2}{4+2}=3$$

$$f(1)=\frac{2-4+2}{1+2}=0$$

$$\lim_{t\to\infty}f(t)=2,\ \lim_{t\to-\infty}f(t)=2$$

であるから，$Y=f(t)$ のグラフは次のようになる．

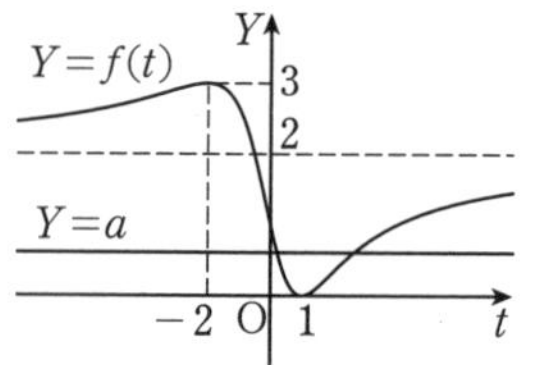

これより，$f(t)$ の値が最小となるのは $t=\mathbf{1}$ のときであり，最大となるのは $t=\mathbf{-2}$ のときである．また，$f(t)=a$ がちょうど 1 個の実数解をもつ条件は，$Y=a$ と $Y=f(t)$ の共有点が 1 つになることで，そのときの a の値は $a=\mathbf{0,2,3}$ である．

（3） l は定点 $(1,2)$ を通り，傾きは 0 から 3 までをくまなく取るから，l の通過領域 S は次のようになる．

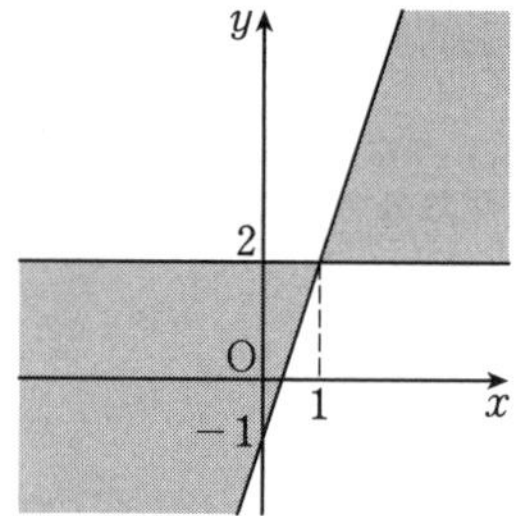

放物線と領域 S が共有点を持つ条件は，$y=2$ または $y=3x-1$ と放物線が共有点を持つことである．$y=2$ と放物線が共有点を持つ条件は，頂点の y 座標が 2 以下となることである．頂点の y 座標は $\frac{1}{2}(k-1)^2$ より

$$\frac{1}{2}(k-1)^2\leqq 2$$

$$-2\leqq k-1\leqq 2 \qquad \therefore\ -1\leqq k\leqq 3 \ \cdots\cdots①$$

次に，$y=3x-1$ と放物線が共有点を持つ k の値の範囲を考える．連立して

$$(x-k)^2+(k-1)^2=2(3x-1)$$

$$x^2-2(k+3)x+(2k^2-2k+3)=0$$

$y=3x-1$ と放物線が共有点を持つ条件は，左辺の判別式を D としたとき $D\geqq 0$ である．

$$\frac{D}{4}=(k+3)^2-(2k^2-2k+3)$$

$$=-k^2+8k+6\geqq 0$$

$$4-\sqrt{22}\leqq k\leqq 4+\sqrt{22} \ \cdots\cdots②$$

$4<\sqrt{22}<5$ より，$-1<4-\sqrt{22},\ 4+\sqrt{22}>8$ であるから，① または ② を考えると，放物線が領域 S と共有点を持つような k の値の範囲は

$$\mathbf{-1\leqq k\leqq 4+\sqrt{22}}$$

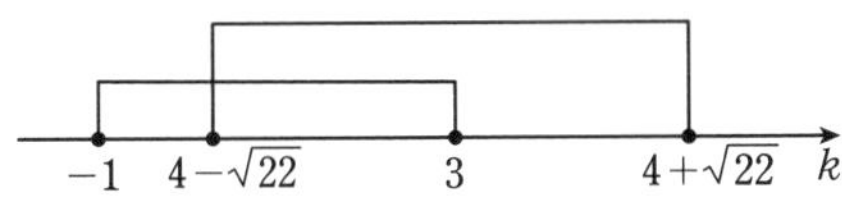

《座標設定する (C30)》

544. 立方体 OADB-CFGE を考える．$0 \leqq x \leqq 1$ となる実数 x に対し，$\overrightarrow{\mathrm{OP}} = x\overrightarrow{\mathrm{OG}}$ となる点 P を考え，$\angle\mathrm{APB} = \theta$ とおく．

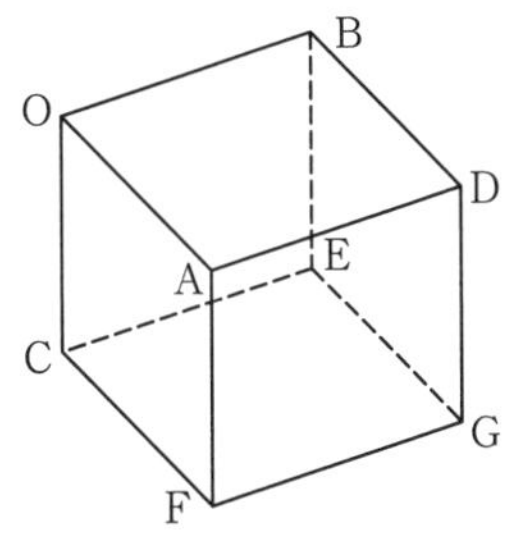

（1） $x = 0$ のとき，$\theta = \square$ である．また，$x = 1$ のとき，$\theta = \square$ である．

（2） $0 < x < 1$ の範囲で $\theta = \dfrac{\pi}{2}$ となる x の値は，$x = \dfrac{\square}{\square}$ である．

（3） $y = \cos\theta$ とおき，y を x の関数と考える．このとき，y を x で表せ．また，$0 \leqq x \leqq 1$ の範囲で，xy 平面上にそのグラフを描け．ただし，増減・凹凸・座標軸との共有点・極値・変曲点などを明らかにせよ．　（21　上智大・理工）

▶解答◀ （1） $x = 0$ のとき

$$\theta = \angle\mathrm{APB} = \angle\mathrm{AOB} = \boldsymbol{\frac{\pi}{2}}$$

また，$x = 1$ のとき $\mathrm{AG} = \mathrm{BG} = \mathrm{AB}$ であるから

$$\theta = \angle\mathrm{AGB} = \boldsymbol{\frac{\pi}{3}}$$

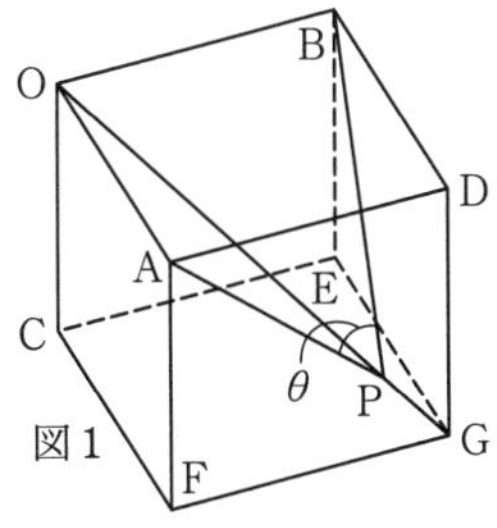

図1

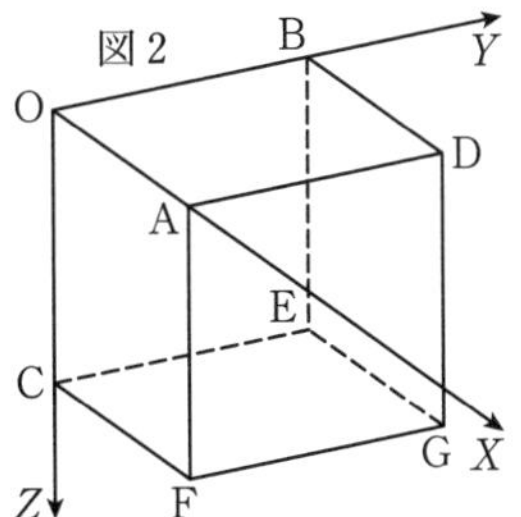

図2

（2） 図2のように座標軸を設定する．立方体の一辺の長さを1としても一般性を失わない．

G の座標は $(1, 1, 1)$ となるから

$$\overrightarrow{\mathrm{OP}} = x\overrightarrow{\mathrm{OG}} = (x, x, x)$$

よって

$$\overrightarrow{\mathrm{PA}} = \overrightarrow{\mathrm{OA}} - \overrightarrow{\mathrm{OP}} = (1-x, -x, -x)$$

$$\overrightarrow{\mathrm{PB}} = \overrightarrow{\mathrm{OB}} - \overrightarrow{\mathrm{OP}} = (-x, 1-x, -x)$$

$$\overrightarrow{\mathrm{PA}}\cdot\overrightarrow{\mathrm{PB}} = -x(1-x) - x(1-x) + x^2$$

$$= x(3x-2)$$

$\theta = \dfrac{\pi}{2}$ のとき $\overrightarrow{\mathrm{PA}}\cdot\overrightarrow{\mathrm{PB}} = 0$ であるから

$$x(3x-2) = 0$$

$x \neq 0$ より $x = \boldsymbol{\dfrac{2}{3}}$

（3） $$\cos\theta = \frac{\overrightarrow{\mathrm{PA}}\cdot\overrightarrow{\mathrm{PB}}}{|\overrightarrow{\mathrm{PA}}||\overrightarrow{\mathrm{PB}}|}$$

$$= \frac{3x^2-2x}{\left(\sqrt{(1-x)^2+x^2+x^2}\right)^2} = \frac{3x^2-2x}{3x^2-2x+1}$$

よって

$$y = 1 - \frac{1}{3x^2-2x+1}$$

$$y' = \frac{(3x^2-2x+1)'}{(3x^2-2x+1)^2} = \frac{2(3x-1)}{(3x^2-2x+1)^2}$$

ここで y'' の分母は $(3x^2-2x+1)^4$ であり y'' の分子は $6(3x^2-2x+1)^2 - 2^2(3x-1)^2\cdot 2(3x^2-2x+1)$ だから

$$y'' = \frac{6(3x^2-2x+1) - 8(9x^2-6x+1)}{(3x^2-2x+1)^3}$$

$$= \frac{-2(27x^2-18x+1)}{(3x^2-2x+1)^3}$$

y の増減は次のようになる．

x	0	…	$\frac{3-\sqrt{6}}{9}$	…	$\frac{1}{3}$	…	$\frac{3+\sqrt{6}}{9}$	…	1
$f'(x)$		−	−	−	0	+	+	+	
$f''(x)$		−	0	+	+	+	0	−	
$f(x)$		↘		↘		↗		↗	

$x = \dfrac{1}{3}$ のとき，極小値は

$$\frac{3\cdot\left(\frac{1}{3}\right)^2 - 2\cdot\frac{1}{3}}{3\cdot\left(\frac{1}{3}\right)^2 - 2\cdot\frac{1}{3} + 1} = \frac{-\frac{1}{3}}{\frac{2}{3}} = \boldsymbol{-\frac{1}{2}}$$

また，$x = \dfrac{3\pm\sqrt{6}}{9}$ のとき $27x^2 - 18x + 1 = 0$ を満たすから，$3x^2 - 2x = -\dfrac{1}{9}$ となる．変曲点の y 座標は

$$\frac{-\frac{1}{9}}{-\frac{1}{9}+1} = -\frac{1}{8}$$

したがって，変曲点は $\boldsymbol{\left(\dfrac{3\pm\sqrt{6}}{9}, -\dfrac{1}{8}\right)}$ である．x 軸との共有点は $3x^2 - 2x = 0$ を解いて

$$x(3x-2) = 0 \qquad \therefore\ x = 0, \frac{2}{3}$$

したがって，共有点は $\boldsymbol{(0, 0)}$，$\boldsymbol{\left(\dfrac{2}{3}, 0\right)}$ である．

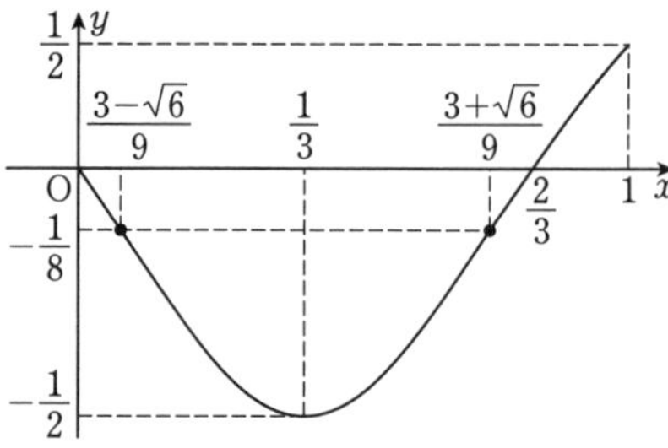

【微分不可能性】

《微分不可能性の証明（A5）》

545. 関数 $f(x)=|\cos x|$ は，$x=\dfrac{\pi}{2}$ において微分可能でないことを示せ．　（21　愛媛大・後期）

▶解答◀　$f\left(\dfrac{\pi}{2}\right)=0,\ \cos\left(\dfrac{\pi}{2}+h\right)=-\sin h$ であるから

$$\frac{f\left(\frac{\pi}{2}+h\right)-f\left(\frac{\pi}{2}\right)}{h}$$

$$=\frac{\left|\cos\left(\frac{\pi}{2}+h\right)\right|}{h}=\frac{|\sin h|}{h}$$

$$\lim_{h\to+0}\frac{f\left(\frac{\pi}{2}+h\right)-f\left(\frac{\pi}{2}\right)}{h}$$

$$=\lim_{h\to+0}\frac{\sin h}{h}=1$$

$$\lim_{h\to-0}\frac{f\left(\frac{\pi}{2}+h\right)-f\left(\frac{\pi}{2}\right)}{h}$$

$$=\lim_{h\to-0}\left(-\frac{\sin h}{h}\right)=-1$$

$$\lim_{h\to+0}\frac{f\left(\frac{\pi}{2}+h\right)-f\left(\frac{\pi}{2}\right)}{h}$$

$$\neq\lim_{h\to-0}\frac{f\left(\frac{\pi}{2}+h\right)-f\left(\frac{\pi}{2}\right)}{h}$$

であるから，$f(x)$ は $x=\dfrac{\pi}{2}$ において微分可能でない．

注意　**【生徒の解答】**

生徒の多くは次のように書く．

$0\leqq x\leqq\dfrac{\pi}{2}$ のとき，$f(x)=\cos x$

$f'(x)=-\sin x$

$\dfrac{\pi}{2}\leqq x\leqq\pi$ のとき，$f(x)=-\cos x$

$f'(x)=\sin x$

$x=\dfrac{\pi}{2}$ を代入すると一致しないから微分不可能である．

《連続性と微分不可能性（B20）》

546. a, b, c, d を実数の定数とするとき，すべての実数 x で定義された関数 $f(x)$ について，次の問いに答えよ．

$$f(x)=\begin{cases}x & (x\leqq 0),\\ x^3+ax^2+bx+c & (0<x\leqq 1),\\ 0 & (1<x\leqq 2),\\ de^{-\frac{1}{x-2}} & (x>2).\end{cases}$$

ここで，任意の正の実数 X と任意の正の整数 n について，$e^X\geqq\dfrac{X^n}{n!}$ が成り立つことを使ってよい．

（1）関数 $f(x)$ がすべての x で微分可能であるための，a, b, c, d についての必要十分条件を求めよ．

（2）a, b, c, d が上の（1）で与えられた必要十分条件を満たすとき，関数 $f(x)$ の $x=0,\ x=1,\ x=2$ における微分係数をそれぞれ求めよ．

（21　群馬大・医）

▶解答◀　（1）$x<0,\ 0<x<1,\ 1<x<2,\ x>2$ で $f(x)$ は微分可能であるから，$x=0, 1, 2$ で連続かつ微分可能なとき，$f(x)$ はすべての実数 x で微分可能となる．

$f(0)=0,\ \displaystyle\lim_{h\to-0}\frac{f(0+h)-f(0)}{h}=1$ であるから，$x=0$ で連続かつ微分可能となるのは

$$\lim_{x\to+0}f(x)=0,\ \lim_{h\to+0}\frac{f(0+h)-f(0)}{h}=1$$

のときである．$\displaystyle\lim_{x\to+0}f(x)=c$ であるから，

$$c=0 \quad\cdots\cdots①$$

$$\lim_{h\to+0}\frac{f(0+h)-f(0)}{h}=\lim_{h\to+0}(h^2+ah+b)=b$$

であるから，

$$b=1 \quad\cdots\cdots②$$

$\displaystyle\lim_{x\to1+0}f(x)=0,\ \lim_{h\to+0}\frac{f(1+h)-f(1)}{h}=0$ であるから，$x=1$ で連続かつ微分可能となるのは

$$f(1)=0,\ \lim_{h\to-0}\frac{f(1+h)-f(1)}{h}=0$$

のときである．$f(1)=1+a+b+c$ であるから，

$$1+a+b+c=0 \quad\cdots\cdots③$$

$$\lim_{h\to-0}\frac{f(1+h)-f(1)}{h}$$

$$=\lim_{h\to+0}\{3+3h+h^2+a(2+h)+b\}$$

$$=3+2a+b$$

であるから，

$$3+2a+b=0 \quad\cdots\cdots④$$

$f(2)=0,\ \displaystyle\lim_{h\to-0}\frac{f(2+h)-f(2)}{h}=0$ であるから，

$x=2$ で連続かつ微分可能となるのは

$$\lim_{x\to 2+0} f(x)=0,\ \lim_{h\to +0}\frac{f(2+h)-f(2)}{h}=0$$

のときである．$x\to 2+0$ のとき，$-\dfrac{1}{x-2}\to -\infty$ であるから，

$$\lim_{x\to 2+0} f(x)=\lim_{x\to 2+0} de^{-\frac{1}{x-2}}=0$$

$$\lim_{h\to +0}\frac{f(2+h)-f(2)}{h}$$

$$=\lim_{h\to +0}\frac{de^{-\frac{1}{h}}}{h}=\lim_{h\to +0}\frac{d}{h\cdot e^{\frac{1}{h}}}$$

ここで，$e^X \geqq \dfrac{X^n}{n!}$ で $X=\dfrac{1}{h}$ とすると，$e^{\frac{1}{h}}\geqq \dfrac{1}{h^n\cdot n!}$ である．$n=2$ として，$e^{\frac{1}{h}}\geqq \dfrac{1}{2h^2}$

$$h\cdot e^{\frac{1}{h}}\geqq \frac{1}{2h}$$

$$0<\frac{1}{h\cdot e^{\frac{1}{h}}}\leqq 2h$$

$\displaystyle\lim_{h\to +0} 2h=0$ であるから，ハサミウチの原理より

$$\lim_{h\to +0}\frac{f(2+h)-f(2)}{h}=\lim_{h\to +0}\frac{1}{h\cdot e^{\frac{1}{h}}}=0$$

であるから，d は任意の実数で成り立つ． ……………⑤

①より $\boldsymbol{c=0}$，②より $\boldsymbol{b=1}$ である．

③より $2+a=0$ であるから，$\boldsymbol{a=-2}$ である．

このとき，④は $3-4+1=0$ となり，成り立つ．

また，⑤より $\boldsymbol{d}$ **は任意の実数**である．

（２） $f'(0)=\displaystyle\lim_{h\to -0}\frac{f(0+h)-f(0)}{h}=\mathbf{1}$

$$f'(1)=\lim_{h\to +0}\frac{f(1+h)-f(1)}{h}=\mathbf{0}$$

$$f'(2)=\lim_{h\to -0}\frac{f(2+h)-f(2)}{h}=\mathbf{0}$$

注意

$$f(x)=\begin{cases} x & (x<0),\\ x^3+ax^2+bx+c & (0<x<1),\\ 0 & (1<x<2),\\ de^{-\frac{1}{x-2}} & (x>2).\end{cases}$$

$x=0,1$ のつなぎ目で一致する条件は

$$0=c,\ 1+a+b+c=0$$

次に $f(x)$ を微分して，

$$f'(x)=\begin{cases} 1 & (x<0),\\ 3x^2+2ax+b & (0<x<1),\\ 0 & (1<x<2),\\ \dfrac{d}{(x-2)^2}e^{-\frac{1}{x-2}} & (x>2).\end{cases}$$

$x=0,1$ のつなぎ目で一致する条件は，

$$1=b,\ 3+2a+b=0$$

これにより $a=-2,\ b=1,\ c=0$ である．

某年某大学で出題された際には，学校発表の解答がこうなっていた．

《微分不可能な点での極値（A10）》

547．次の問いに答えなさい．

（１） 関数 $f(x)=(x-3)\sqrt{x}-\sqrt{2}$ の極値を求めなさい．

（２） 関数 $g(x)=|x-3|\sqrt{x}-\sqrt{2}$ の極値を求めなさい．

（３） 関数 $h(x)=(|x-3|\sqrt{x}-\sqrt{2})^2$ の極値を求めなさい．（21 山口大・理）

▶解答◀ （１） $f'(x)$

$$=\sqrt{x}+(x-3)\frac{1}{2\sqrt{x}}=\frac{3(x-1)}{2\sqrt{x}}$$

x	0	…	1	…
$f'(x)$		$-$	0	$+$
$f(x)$		↘		↗

極小値 $f(1)=\boldsymbol{-2-\sqrt{2}}$

（２） $0<x<3$ のとき

$$g(x)=-(x-3)\sqrt{x}-\sqrt{2}$$

$$g'(x)=-\sqrt{x}-(x-3)\frac{1}{2\sqrt{x}}=-\frac{3(x-1)}{2\sqrt{x}}$$

$x\geqq 3$ のとき

$$g(x)=(x-3)\sqrt{x}-\sqrt{2}=f(x)$$

$$g'(x)=f'(x)>0$$

x	0	…	1	…	3	…
$g'(x)$		$+$	0	$-$		$+$
$g(x)$		↗		↘		↗

極大値 $g(1)=\boldsymbol{2-\sqrt{2}}$，極小値 $g(3)=\boldsymbol{-\sqrt{2}}$

（３） $h(x)=\{g(x)\}^2$ である．$h(x)$ の極値を与える x の値は，$\sqrt{h(x)}$ の極値を与える x の値と一致し，$|g(x)|$ の極値を与える x の値と一致する．

また，$g(x)=0\ (x>0)$ のとき

$$|x-3|\sqrt{x}=\sqrt{2}$$

$$(x-3)^2x=2$$

$$x^3-6x^2+9x-2=0$$

$$(x-2)(x^2-4x+1)=0$$

$$x=2,\ 2\pm\sqrt{3}$$

（2）の結果から，$y=g(x)$ のグラフは図1のようになり，$y=|g(x)|$ のグラフの概形は図2のようになる．$\alpha=2-\sqrt{3}$，$\beta=2+\sqrt{3}$，$\gamma=2-\sqrt{2}$ である．

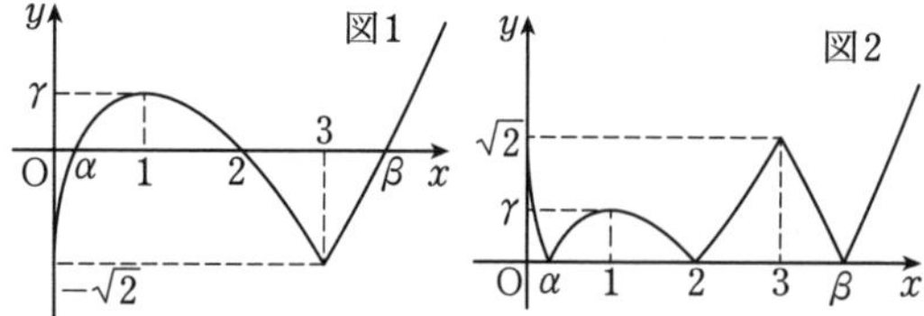

$x=2\pm\sqrt{3}, 2$ のとき，極小値 $\mathbf{0}$

$x=1$ のとき極大値 $(2-\sqrt{2})^2=\mathbf{6-4\sqrt{2}}$

$x=3$ のとき極大値 $(\sqrt{2})^2=\mathbf{2}$ をとる．

注意 $y=h(x)$ のグラフの概形は図3のようになる．$\delta=6-4\sqrt{2}$ である．

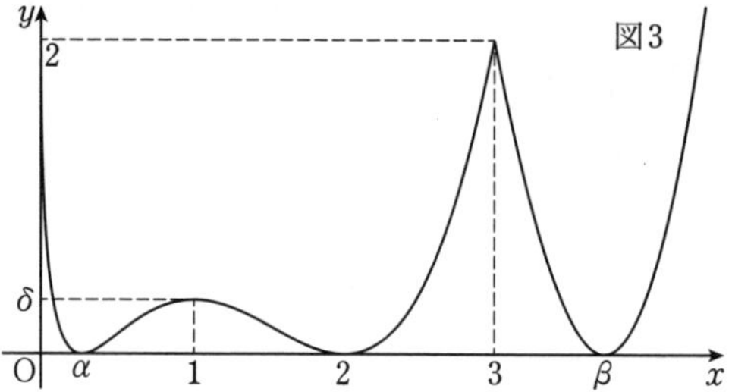

【積分法】

【基本関数の積分】

《$(ax+b)^\alpha$ (A3)》

548. $\displaystyle\int_{\frac{1}{3}}^{3}(3x-1)^{\frac{2}{3}}\,dx=\frac{\square}{\square}$

(21　青学大・理工)

▶解答◀ $\displaystyle\int_{\frac{1}{3}}^{3}(3x-1)^{\frac{2}{3}}\,dx=\left[\frac{1}{5}(3x-1)^{\frac{5}{3}}\right]_{\frac{1}{3}}^{3}$

$\displaystyle=\frac{1}{5}\cdot 8^{\frac{5}{3}}=\boldsymbol{\frac{32}{5}}$

《$(ax+b)^\alpha$ (A5)》

549. 定積分 $\displaystyle\int_0^{13}\frac{dx}{\sqrt[3]{(2x+1)^5}}$ を求めなさい．

(21　前橋工大)

▶解答◀ $\displaystyle\int_0^{13}\frac{dx}{\sqrt[3]{(2x+1)^5}}=\int_0^{13}(2x+1)^{-\frac{5}{3}}\,dx$

$\displaystyle=\left[\frac{1}{2}\cdot\left(-\frac{3}{2}\right)(2x+1)^{-\frac{2}{3}}\right]_0^{13}$

$\displaystyle=-\frac{3}{4}\left(27^{-\frac{2}{3}}-1\right)=\frac{3}{4}\cdot\frac{8}{9}=\boldsymbol{\frac{2}{3}}$

《$\sin^2 x\cos^2 x$ (A5)》

550. 定積分 $\displaystyle\int_0^{\pi}\sin^2 x\cos^2 x\,dx$ を求めよ．

(21　東京都市大・理系)

▶解答◀ $\sin^2 x\cos^2 x=(\sin x\cos x)^2$

$\displaystyle=\left(\frac{1}{2}\sin 2x\right)^2=\frac{1}{4}\sin^2 2x$

$\displaystyle=\frac{1}{4}\cdot\frac{1-\cos 4x}{2}=\frac{1}{8}(1-\cos 4x)$

$\displaystyle\int_0^{\pi}\sin^2 x\cos^2 x\,dx=\frac{1}{8}\int_0^{\pi}(1-\cos 4x)\,dx$

$\displaystyle=\frac{1}{8}\left[x-\frac{1}{4}\sin 4x\right]_0^{\pi}=\boldsymbol{\frac{\pi}{8}}$

《積→和の公式 (A5)》

551. m,n を自然数とするとき，次の定積分を求めよ．

$\displaystyle\int_{-\pi}^{\pi}\cos mx\cos nx\,dx$　(21　弘前大・理工，教)

▶解答◀ $\displaystyle\int_{-\pi}^{\pi}\cos mx\cos nx\,dx=f(m,n)$ とおく．

$\cos mx\cos nx$ は偶関数であるから

$\displaystyle f(m,n)=2\int_0^{\pi}\cos mx\cos nx\,dx$

$\displaystyle=\int_0^{\pi}\{\cos(m+n)x+\cos(m-n)x\}\,dx$

$m\neq n$ のとき

$\displaystyle f(m,n)=\left[\frac{\sin(m+n)x}{m+n}\right.$

$\displaystyle\left.+\frac{\sin(m-n)x}{m-n}\right]_0^{\pi}=\boldsymbol{0}$

$m=n$ のとき

$\displaystyle f(m,n)=\int_0^{\pi}(\cos 2mx+1)\,dx$

$\displaystyle=\left[\frac{\sin 2mx}{2m}+x\right]_0^{\pi}=\boldsymbol{\pi}$

《絶対値の処理 (A10)》

552. 定積分 $\displaystyle\int_0^{\pi}|3\sin x+\cos x|\,dx$ を求めよ．

(21　琉球大・理-後)

▶解答◀ 求める定積分を I とおく．

$\displaystyle I=\int_0^{\pi}|3\sin x+\cos x|\,dx$

$\displaystyle=\int_0^{\pi}\left|\sqrt{10}\sin(x+\alpha)\right|\,dx$

ただし，$\sin\alpha=\dfrac{1}{\sqrt{10}}$, $\cos\alpha=\dfrac{3}{\sqrt{10}}$ $\left(0<\alpha<\dfrac{\pi}{2}\right)$ である．$x+\alpha=t$ とおくと，$dx=dt$ であるから

x	$0\ \to\ \pi$
t	$\alpha\ \to\ \alpha+\pi$

$\displaystyle I=\sqrt{10}\int_{\alpha}^{\alpha+\pi}|\sin t|\,dt$ ……………………①

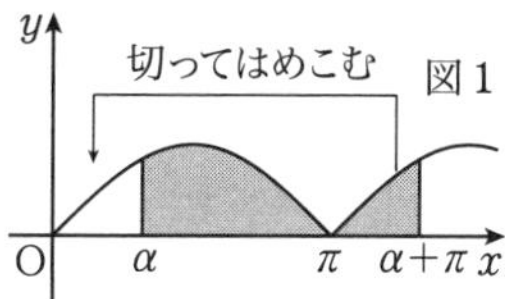

図 1

図 1 の $\pi\leqq x\leqq\alpha+\pi$ の部分を切って $0\leqq x\leqq\alpha$ の部分にはめこむと全体として $0\leqq x\leqq\pi$ の積分になる．$y=\sin x$ のグラフのひと山の部分の面積は 2 である．

$I=\sqrt{10}\cdot 2=\boldsymbol{2\sqrt{10}}$

注意 $\displaystyle\int_0^{\pi}\sin x\,dx=\Big[-\cos x\Big]_0^{\pi}=1+1=2$

◆別解◆ ① の積分を実行する．

$\displaystyle I=\sqrt{10}\int_{\alpha}^{\alpha+\pi}|\sin t|\,dt$

$\displaystyle=\sqrt{10}\int_{\alpha}^{\pi}\sin t\,dt-\sqrt{10}\int_{\pi}^{\alpha+\pi}\sin t\,dt$

$\displaystyle=-\sqrt{10}\Big[\cos t\Big]_{\alpha}^{\pi}+\sqrt{10}\Big[\cos t\Big]_{\pi}^{\alpha+\pi}$

$=-\sqrt{10}(-1-\cos\alpha)+\sqrt{10}\{\cos(\alpha+\pi)+1\}$

$=\boldsymbol{2\sqrt{10}}$

◆別解◆ $\displaystyle I=\int_0^{\pi}|3\sin x-(-\cos x)|\,dx$ と見る．

$3\sin\alpha=-\cos\alpha$ $\left(\dfrac{\pi}{2}<\alpha<\pi\right)$ とする．（上の解答の α とは別物であるから注意せよ．）

このとき $\tan\alpha = -\frac{1}{3}$ である．図 2 を見よ．直角を挟む 2 辺が 1，3 の直角三角形を作る．斜辺の長さが $\sqrt{10}$ である．$\sin\alpha > 0$, $\cos\alpha < 0$ であるから

$$\sin\alpha = \frac{1}{\sqrt{10}},\ \cos\alpha = -\frac{3}{\sqrt{10}}$$

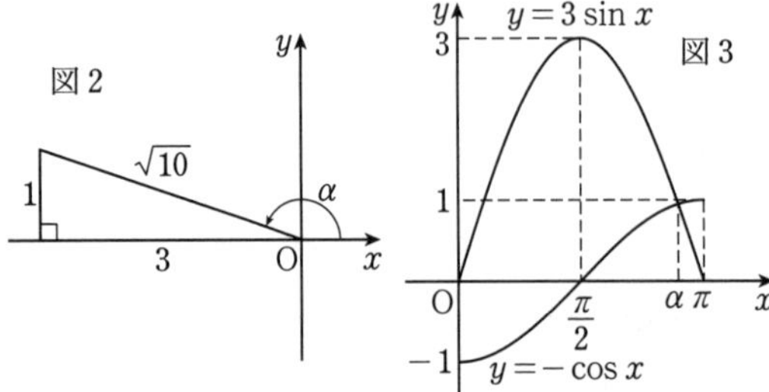

図 3 を見よ．

$$I = \int_0^{\alpha}(3\sin x + \cos x)\,dx - \int_{\alpha}^{\pi}(3\sin x + \cos x)\,dx$$

$$= \Big[-3\cos x + \sin x\Big]_0^{\alpha} - \Big[-3\cos x + \sin x\Big]_{\alpha}^{\pi}$$

$$= 2(-3\cos\alpha + \sin\alpha) + 3 - 3$$

$$= 2\left(\frac{9}{\sqrt{10}} + \frac{1}{\sqrt{10}}\right) = \mathbf{2\sqrt{10}}$$

【特殊基本関数】

《部分分数分解 (A10)》

553. $\dfrac{x^2 - 2x - 1}{(x^2+1)(x-1)} = \dfrac{\square x}{x^2+1} - \dfrac{\square}{x-1}$ より，$\displaystyle\int_{-1}^{0} \frac{x^2-2x-1}{(x^2+1)(x-1)}\,dx = \square$ である．

（21　東京薬大・生命科学）

▶解答◀ $\dfrac{x^2-2x-1}{(x^2+1)(x-1)} = \dfrac{Ax}{x^2+1} - \dfrac{B}{x-1}$ が x の恒等式になるように，定数 A, B を定める．

$$x^2 - 2x - 1 = Ax(x-1) - B(x^2+1)$$

$$x^2 - 2x - 1 = (A-B)x^2 - Ax - B$$

$$1 = A - B,\ -2 = -A,\ -1 = -B$$

$$A = \mathbf{2},\ B = \mathbf{1}$$

$$\int_{-1}^{0} \frac{x^2-2x-1}{(x^2+1)(x-1)}\,dx$$

$$= \int_{-1}^{0}\left(\frac{2x}{x^2+1} - \frac{1}{x-1}\right)dx$$

$$= \int_{-1}^{0}\left(\frac{(x^2+1)'}{x^2+1} - \frac{1}{x-1}\right)dx$$

$$= \Big[\log(x^2+1) - \log|x-1|\Big]_{-1}^{0}$$

$$= \log 2 - \log 2 = \mathbf{0}$$

《$\tan x$ (A5)》

554. 定積分 $\displaystyle\int_0^1 \tan\frac{\pi x}{4}\,dx$ の値を答えよ．

（21　防衛大・理工）

▶解答◀ $\displaystyle\int_0^1 \tan\frac{\pi}{4}x\,dx = \int_0^1 \frac{\sin\frac{\pi}{4}x}{\cos\frac{\pi}{4}x}\,dx$

$$= \left[-\frac{4}{\pi}\log\left|\cos\frac{\pi}{4}x\right|\right]_0^1$$

$$= -\frac{4}{\pi}\left(\log\frac{1}{\sqrt{2}} - \log 1\right) = \mathbf{\frac{2}{\pi}\log 2}$$

《$\dfrac{1}{\tan x}$ (A3)》

555. $\displaystyle\int_{\frac{\pi}{4}}^{\frac{\pi}{3}} \frac{dx}{\tan x} = \square$ である．　（21　愛媛大）

▶解答◀ $\displaystyle\int_{\frac{\pi}{4}}^{\frac{\pi}{3}} \frac{dx}{\tan x} = \int_{\frac{\pi}{4}}^{\frac{\pi}{3}} \frac{\cos x}{\sin x}\,dx$

$$= \int_{\frac{\pi}{4}}^{\frac{\pi}{3}} \frac{(\sin x)'}{\sin x}\,dx = \Big[\log(\sin x)\Big]_{\frac{\pi}{4}}^{\frac{\pi}{3}}$$

$$= \log\frac{\sqrt{3}}{2} - \log\frac{1}{\sqrt{2}} = \mathbf{\log\frac{\sqrt{6}}{2}}$$

《$\dfrac{f'(x)}{f(x)}$ を作れ (A5) ☆》

556. 次の定積分を求めよ．

（１）$\displaystyle\int_0^{\log 3} \frac{1}{e^{-x}+1}\,dx$

（２）$\displaystyle\int_0^{\frac{\pi}{2}} x\cos 2x\,dx$　（21　広島市立大・後期）

▶解答◀（１）$\log 3 = l$ とおく．$e^l = 3$ である．

$$\int_0^l \frac{1}{e^{-x}+1}\,dx = \int_0^l \frac{e^x}{1+e^x}\,dx = \int_0^l \frac{(1+e^x)'}{1+e^x}\,dx$$

$$= \Big[\log(e^x+1)\Big]_0^l = \log(e^l+1) - \log 2$$

$$= \log 4 - \log 2 = \mathbf{\log 2}$$

（２）$\displaystyle\int_0^{\frac{\pi}{2}} x\cos 2x\,dx = \int_0^{\frac{\pi}{2}} x\left(\frac{1}{2}\sin 2x\right)'dx$

$$= \left[x\cdot\frac{1}{2}\sin 2x\right]_0^{\frac{\pi}{2}} - \int_0^{\frac{\pi}{2}}(x)'\cdot\frac{1}{2}\sin 2x\,dx$$

$$= -\int_0^{\frac{\pi}{2}}\frac{1}{2}\sin 2x\,dx = \left[\frac{1}{4}\cos 2x\right]_0^{\frac{\pi}{2}} = \mathbf{-\frac{1}{2}}$$

注意 **【肩にログを乗せない】**（１）について．

$\log(e^{\log 3}+1) - \log 2$ を答えとする人は多い．それを防ぐには上のように置き換えるか，$e^{\log x} = x$ を教える．$e^{\log x}$ は肩に丸太を乗せて重い．美しくない．

《$\dfrac{f'(x)}{f(x)}$ を作れ (A5) ☆》

557. $\displaystyle\int_0^1 \frac{1}{1+e^x}\,dx = \square$.

（21　明治大・総合数理）

▶解答◀ $\displaystyle\int_0^1 \frac{1}{1+e^x}\,dx = \int_0^1 \frac{e^{-x}}{e^{-x}+1}\,dx$

$$= -\int_0^1 \frac{(e^{-x}+1)'}{e^{-x}+1}\,dx = -\Big[\log(e^{-x}+1)\Big]_0^1$$

$$= -\log(1+e^{-1}) + \log 2 = \boldsymbol{\log\frac{2e}{e+1}} \quad (⑦)$$

《$\boldsymbol{\dfrac{1}{x(\log x)^2}}$(A5)》

558. $\displaystyle\int_e^{e^4} \frac{1}{x(\log x)^2}\,dx = \square$ である．ただし e は自然対数の底である．（21　藤田医科大・後期）

▶解答◀ $\displaystyle\int_e^{e^4} \frac{1}{x(\log x)^2}\,dx$

$$= \int_e^{e^4} (\log x)' \cdot \frac{1}{(\log x)^2}\,dx$$

$$= \int_e^{e^4} \left(-\frac{1}{\log x}\right)'\,dx$$

$$= \left[-\frac{1}{\log x}\right]_e^{e^4} = -\frac{1}{4}+1 = \boldsymbol{\frac{3}{4}}$$

《$\boldsymbol{\dfrac{x}{\sqrt{1+x^2}}}$(A5)》

559. 不定積分 $\displaystyle\int \frac{x}{\sqrt{1+x^2}}\,dx$ を求めよ．

（21　愛媛大・前期）

▶解答◀ $\displaystyle\int \frac{x}{\sqrt{1+x^2}}\,dx$

$$= \frac{1}{2}\int (1+x^2)'(1+x^2)^{-\frac{1}{2}}\,dx = \boldsymbol{\sqrt{1+x^2}+C}$$

ただし，C は積分定数である．

【部分積分】

《$\boldsymbol{x\cos x}$(A10)》

560. 次の定積分を求めよ．

（1）$\displaystyle\int_0^{\frac{\pi}{6}} x\cos x\,dx$

（2）$\displaystyle\int_0^{\frac{1}{2}} \frac{x^2}{(2x+1)^2}\,dx$　　（21　岡山県立大）

▶解答◀（1）$\displaystyle\int_0^{\frac{\pi}{6}} x\cos x\,dx$

$$= \int_0^{\frac{\pi}{6}} x(\sin x)'\,dx$$

$$= \Big[x\sin x\Big]_0^{\frac{\pi}{6}} - \int_0^{\frac{\pi}{6}} (x)'\sin x\,dx$$

$$= \frac{\pi}{12} - \int_0^{\frac{\pi}{6}} \sin x\,dx = \frac{\pi}{12} + \Big[\cos x\Big]_0^{\frac{\pi}{6}}$$

$$= \boldsymbol{\frac{\pi}{12} + \frac{\sqrt{3}}{2} - 1}$$

（2）置換は必須ではない．

$$\left(\frac{x}{2x+1}\right)^2 = \frac{1}{4}\left(\frac{2x}{2x+1}\right)^2$$

$$= \frac{1}{4}\left(\frac{2x+1-1}{2x+1}\right)^2 = \frac{1}{4}\left(1-\frac{1}{2x+1}\right)^2$$

$$= \frac{1}{4}\left\{1-\frac{2}{2x+1}+(2x+1)^{-2}\right\}$$

これを積分し

$$\frac{1}{4}\left[x-\log(2x+1)-\frac{1}{2}\cdot\frac{1}{2x+1}\right]_0^{\frac{1}{2}}$$

$$= \frac{1}{4}\left(\frac{1}{2}-\log 2-\frac{1}{4}+\frac{1}{2}\right) = \boldsymbol{\frac{3}{16}-\frac{1}{4}\log 2}$$

◆別解◆（2）$2x+1=t$ とおく．

$x=\dfrac{t-1}{2}$，$dx=\dfrac{1}{2}dt$

x	$0 \to \frac{1}{2}$
t	$1 \to 2$

$$\int_0^{\frac{1}{2}} \frac{x^2}{(2x+1)^2}\,dx = \int_1^2 \frac{\left(\frac{t-1}{2}\right)^2}{t^2}\cdot\frac{1}{2}dt$$

$$= \frac{1}{8}\int_1^2 \left(1-\frac{2}{t}+\frac{1}{t^2}\right)dt$$

$$= \frac{1}{8}\left[t-2\log t-\frac{1}{t}\right]_1^2$$

$$= \frac{1}{8}\left(2-2\log 2-\frac{1}{2}\right) = \boldsymbol{\frac{3}{16}-\frac{1}{4}\log 2}$$

《$\boldsymbol{\dfrac{x}{\cos^2 x}}$(A5)☆》

561. 定積分 $\displaystyle\int_0^{\frac{\pi}{4}} \frac{x}{\cos^2 x}\,dx$ を求めよ．

（21　東京電機大・前期）

▶解答◀ $\displaystyle\int_0^{\frac{\pi}{4}} \frac{x}{\cos^2 x}\,dx = \int_0^{\frac{\pi}{4}} x(\tan x)'\,dx$

$$= \Big[x\tan x\Big]_0^{\frac{\pi}{4}} - \int_0^{\frac{\pi}{4}} (x)'\tan x\,dx$$

$$= \frac{\pi}{4} - \int_0^{\frac{\pi}{4}} \tan x\,dx$$

$$= \frac{\pi}{4} + \int_0^{\frac{\pi}{4}} \frac{(\cos x)'}{\cos x}\,dx$$

$$= \frac{\pi}{4} + \Big[\log(\cos x)\Big]_0^{\frac{\pi}{4}}$$

$$= \frac{\pi}{4} + \log\frac{1}{\sqrt{2}} = \boldsymbol{\frac{\pi}{4} - \frac{1}{2}\log 2}$$

《$\boldsymbol{x^2\cos x}$(A10)☆》

562. 積分 $\displaystyle\int_0^{\frac{\pi}{4}} (x^2+1)\cos 2x\,dx$ を求めよ．

（21　学習院大・理）

▶解答◀ C を積分定数とすると

$$\int (x^2+1)\cos 2x\,dx$$

$$= \int (x^2+1)\left(\frac{1}{2}\sin 2x\right)'\,dx$$

$$= \frac{1}{2}(x^2+1)\sin 2x - \int (x^2+1)'\left(\frac{1}{2}\sin 2x\right)dx$$

$$= \frac{1}{2}(x^2+1)\sin 2x - \int x\sin 2x\,dx$$

$$= \frac{1}{2}(x^2+1)\sin 2x - \int x\left(-\frac{1}{2}\cos 2x\right)'dx$$

$$= \frac{1}{2}(x^2+1)\sin 2x + \frac{1}{2}x\cos 2x - \int (x)'\cdot\frac{1}{2}\cos 2x\,dx$$

$$= \frac{1}{2}(x^2+1)\sin 2x + \frac{1}{2}x\cos 2x - \frac{1}{2}\int \cos 2x\,dx$$

$$= \frac{1}{2}(x^2+1)\sin 2x + \frac{1}{2}x\cos 2x - \frac{1}{4}\sin 2x + C$$

$$= \left(\frac{1}{2}x^2+\frac{1}{4}\right)\sin 2x + \frac{1}{2}x\cos 2x + C$$

$$\int_0^{\frac{\pi}{4}}(x^2+1)\cos 2x\,dx$$

$$= \left[\left(\frac{1}{2}x^2+\frac{1}{4}\right)\sin 2x + \frac{1}{2}x\cos 2x\right]_0^{\frac{\pi}{4}}$$

$$= \frac{1}{2}\cdot\frac{\pi^2}{16}+\frac{1}{4} = \boldsymbol{\frac{\pi^2}{32}+\frac{1}{4}}$$

《$x\sin x$(A10) ☆》

563. $\int_0^{2\pi} x|\sin x|\,dx = \square$ （21　北見工大）

▶解答◀ $0 \leqq x \leqq \pi$ のとき $|\sin x| = \sin x$, $\pi \leqq x \leqq 2\pi$ のとき $|\sin x| = -\sin x$ であるから

$$\int_0^{2\pi} x|\sin x|\,dx = \int_0^{\pi} x\sin x\,dx - \int_{\pi}^{2\pi} x\sin x\,dx$$

$$= \Big[-x\cos x+\sin x\Big]_0^{\pi} - \Big[-x\cos x+\sin x\Big]_{\pi}^{2\pi}$$

$$= \pi - (-2\pi-\pi) = \boldsymbol{4\pi}$$

注意 $\int x\sin x\,dx = \int x(-\cos x)'\,dx$

$$= -x\cos x - \int (x)'(-\cos x)\,dx$$

$$= -x\cos x + \sin + C$$

《$\log(x+2)$(A5)》

564. $\int_0^1 \log(x+2)\,dx$ を求めよ.

（21　昭和大・医-2 期）

▶解答◀ $\int_0^1 \log(x+2)\,dx$

$$= \int_0^1 (x+2)'\log(x+2)\,dx$$

$$= \Big[(x+2)\log(x+2)\Big]_0^1 - \int_0^1 (x+2)\{\log(x+2)\}'\,dx$$

$$= 3\log 3 - 2\log 2 - \int_0^1 (x+2)\cdot\frac{1}{x+2}\,dx$$

$$= 3\log 3 - 2\log 2 - \int_0^1 dx$$

$$= \boldsymbol{3\log 3 - 2\log 2 - 1}$$

《$\log(x^3+x^2)$(A5)》

565. 定積分 $\int_1^2 \log(x^3+x^2)\,dx$ を求めよ.

（21　東京都市大・理系）

▶解答◀ $\int_1^2 \log(x^3+x^2)\,dx$

$$= \int_1^2 (x)'\log(x^3+x^2)\,dx$$

$$= \Big[x\log(x^3+x^2)\Big]_1^2 - \int_1^2 x\{\log(x^3+x^2)\}'\,dx$$

$$= 2\log 12 - \log 2 - \int_1^2 x\cdot\frac{3x^2+2x}{x^3+x^2}\,dx$$

$$= 2(2\log 2+\log 3) - \log 2 - \int_1^2 \frac{3x+2}{x+1}\,dx$$

$$= 3\log 2 + 2\log 3 - \int_1^2 \left(3-\frac{1}{x+1}\right)dx$$

$$= 3\log 2 + 2\log 3 - \Big[3x - \log(x+1)\Big]_1^2$$

$$= 3\log 2 + 2\log 3 - 3 + \log 3 - \log 2$$

$$= \boldsymbol{2\log 2 + 3\log 3 - 3}$$

《$(3x^2+2x)\log x$(A5) ☆》

566. 定積分 $\int_1^e (3x^2+2x)\log x\,dx$ を求めよ.

（21　愛媛大・前期）

▶解答◀ $\int_1^e (3x^2+2x)\log x\,dx$

$$= \int_1^e (x^3+x^2)'\log x\,dx$$

$$= \Big[(x^3+x^2)\log x\Big]_1^e - \int_1^e (x^3+x^2)(\log x)'\,dx$$

$$= e^3+e^2 - \int_1^e (x^2+x)\,dx$$

$$= e^3+e^2 - \left[\frac{1}{3}x^3+\frac{1}{2}x^2\right]_1^e$$

$$= e^3+e^2 - \left(\frac{e^3}{3}+\frac{e^2}{2}\right)+\frac{1}{3}+\frac{1}{2}$$

$$= \boldsymbol{\frac{2}{3}e^3+\frac{1}{2}e^2+\frac{5}{6}}$$

《$x^2\log x$(B30)》

567. 定数 a が $0 < a < 1$ を満たすとき，以下の問いに答えよ.

（1） 不定積分 $\int \log_a x\,dx$ を求めよ.

（2） 不定積分 $\int x^2\log_a x\,dx$ を求めよ.

（3） 定積分 $\int_{\frac{1}{2}}^{2} |x\log_a x| a^{|\log_a x|}\,dx$ を求めよ．　　(21　岩手大・前期)

考え方　$a^{\log_a x} = x$

▶解答◀　（1） C などを積分定数とする．

$$\int \log_a x\,dx = \frac{1}{\log a}\int \log x\,dx$$

$$= \boldsymbol{\frac{1}{\log a}(x\log x - x) + C}$$

（2） $\int x^2\log_a x\,dx = \frac{1}{\log a}\int x^2\log x\,dx$

$$\int x^2\log x\,dx = \int\left(\frac{x^3}{3}\right)'\log x\,dx$$

$$= \frac{x^3}{3}\log x - \int\frac{x^3}{3}(\log x)'\,dx$$

$$= \frac{x^3}{3}\log x - \int\frac{x^2}{3}\,dx$$

$$= \frac{x^3}{3}\log x - \frac{x^3}{9} + C_1$$

よって

$$\int x^2\log_a x\,dx = \frac{1}{\log a}\left(\frac{x^3}{3}\log x - \frac{x^3}{9} + C_1\right)$$

$$= \boldsymbol{\frac{x^3}{\log a}\left(\frac{1}{3}\log x - \frac{1}{9}\right) + C_2}$$

（3） $I = \int_{\frac{1}{2}}^{2} |x\log_a x| a^{|\log_a x|}\,dx$ とおく．

$$I = \int_{\frac{1}{2}}^{2} x|\log_a x| a^{|\log_a x|}\,dx$$

$0 < a < 1$ より，$0 < x \leqq 1$ のとき

$$|\log_a x| a^{|\log_a x|} = (\log_a x)\cdot a^{\log_a x} = x\log_a x$$

$x \geqq 1$ のとき

$$|\log_a x| a^{|\log_a x|} = -(\log_a x)\cdot a^{-\log_a x}$$

$$= -(\log_a x)\cdot\frac{1}{a^{\log_a x}} = -\frac{1}{x}\log_a x$$

であるから

$$I = \int_{\frac{1}{2}}^{1} x^2\log_a x\,dx - \int_1^2 \log_a x\,dx$$

となる．ここで

$$\int_{\frac{1}{2}}^{1} x^2\log_a x\,dx = \frac{1}{\log a}\left[x^3\left(\frac{1}{3}\log x - \frac{1}{9}\right)\right]_{\frac{1}{2}}^{1}$$

$$= \frac{1}{\log a}\left\{-\frac{1}{9} - \frac{1}{8}\left(-\frac{1}{3}\log 2 - \frac{1}{9}\right)\right\}$$

$$= \frac{1}{\log a}\left(\frac{1}{24}\log 2 - \frac{7}{72}\right)$$

$$\int_1^2 \log_a x\,dx = \frac{1}{\log a}\Big[x\log x - x\Big]_1^2$$

$$= \frac{1}{\log a}\{2\log 2 - 2 - (-1)\}$$

$$= \frac{1}{\log a}(2\log 2 - 1)$$

よって

$$I = \frac{1}{\log a}\left(\frac{1}{24}\log 2 - \frac{7}{72} - 2\log 2 + 1\right)$$

$$= \boldsymbol{\frac{1}{\log a}\left(-\frac{47}{24}\log 2 + \frac{65}{72}\right)}$$

《漸化式でまとめてやろう (B20) ☆》

568. A, B を有理数とし，

$$f(x) = \log x + A(\log x)^2 + B(\log x)^3$$

とする．等式

$$\int_1^e f(x)\,dx = 0$$

が成り立つとき，A, B の値を求めよ．ただし，自然対数の底 e が無理数であることは証明せずに用いてよい．

(21　津田塾大・学芸-数学科，情報科学科-推薦)

▶解答◀　$I_n = \int_1^e (\log x)^n\,dx$ とおく．n は 0 以上の整数で $(\log x)^0 = 1$ とする．

$$I_0 = \int_1^e (\log x)^0\,dx = \int_1^e dx = e - 1$$

n が 1 以上の整数のとき

$$I_n = \int_1^e (x)'(\log x)^n\,dx$$

$$= \Big[x(\log x)^n\Big]_1^e - \int_1^e x\{(\log x)^n\}'\,dx$$

$$= e - n\int_1^e x(\log x)^{n-1}\cdot\frac{1}{x}\,dx$$

$$I_n = e - nI_{n-1}$$

であるから

$$I_1 = e - 1\cdot I_0 = 1$$

$$I_2 = e - 2I_1 = e - 2$$

$$I_3 = e - 3I_2 = e - 3(e-2) = -2e + 6$$

$f(x) = \log x + A(\log x)^2 + B(\log x)^3$ を積分し，$\int_1^e f(x)\,dx = 0$ より

$$0 = I_1 + AI_2 + BI_3$$

$$1 + A(e-2) + B(-2e+6) = 0$$

$$(A - 2B)e - 2A + 6B + 1 = 0$$

e は無理数であるから

$$A - 2B = 0,\ -2A + 6B + 1 = 0$$

$$\boldsymbol{A = -1,\ B = -\frac{1}{2}}$$

《x^2e^{-2x} (A10) ☆》

569. 定積分 $\int_0^1 x^2e^{-2x}\,dx$ を求めよ．

(21　日本女子大・理)

▶解答◀ $\displaystyle\int_0^1 x^2e^{-2x}\,dx=\int_0^1 x^2\left(-\frac{1}{2}e^{-2x}\right)'\,dx$

$$=\left[-\frac{x^2}{2}e^{-2x}\right]_0^1-\int_0^1(x^2)'\left(-\frac{1}{2}e^{-2x}\right)dx$$

$$=-\frac{1}{2e^2}+\int_0^1 xe^{-2x}\,dx$$

$$=-\frac{1}{2e^2}+\int_0^1 x\left(-\frac{1}{2}e^{-2x}\right)'\,dx$$

$$=-\frac{1}{2e^2}+\left[-\frac{x}{2}e^{-2x}\right]_0^1$$

$$-\int_0^1(x)'\left(-\frac{1}{2}e^{-2x}\right)dx$$

$$=-\frac{1}{2e^2}-\frac{1}{2e^2}+\frac{1}{2}\int_0^1 e^{-2x}\,dx$$

$$=-\frac{1}{e^2}+\frac{1}{2}\left[-\frac{1}{2}e^{-2x}\right]_0^1$$

$$=-\frac{1}{e^2}-\frac{1}{4e^2}+\frac{1}{4}=\mathbf{\frac{1}{4}-\frac{5}{4e^2}}$$

♦別解♦ $\displaystyle\int_0^1 x^2e^{-2x}\,dx$

$$=\left[\left(-\frac{x^2}{2}-\frac{x}{2}-\frac{1}{4}\right)e^{-2x}\right]_0^1$$

$$=\left(-\frac{1}{2}-\frac{1}{2}-\frac{1}{4}\right)e^{-2}-\left(-\frac{1}{4}\right)e^0$$

$$=\mathbf{\frac{1}{4}-\frac{5}{4e^2}}$$

注意 f を x の多項式とするとき

$$\int fe^{ax}\,dx$$

$$=\left(\frac{f}{a}-\frac{f'}{a^2}+\frac{f''}{a^3}-\frac{f'''}{a^4}+\cdots\right)e^{ax}+C$$

《$e^x\sin x$(A5)》

570. 定積分 $\displaystyle\int_0^{\frac{\pi}{6}} e^x\sin x\,dx$ を求めよ.

(21 富山大)

▶解答◀ $(e^x\sin x)'=e^x\sin x+e^x\cos x$ ………①

$(e^x\cos x)'=-e^x\sin x+e^x\cos x$ ……………②

①－② より

$$\{e^x(\sin x-\cos x)\}'=2e^x\sin x$$

$$\int_0^{\frac{\pi}{6}} e^x\sin x\,dx=\left[\frac{1}{2}e^x(\sin x-\cos x)\right]_0^{\frac{\pi}{6}}$$

$$=\frac{1}{2}\left\{e^{\frac{\pi}{6}}\left(\frac{1}{2}-\frac{\sqrt{3}}{2}\right)-(-1)\right\}$$

$$=\mathbf{\frac{1}{2}-\frac{\sqrt{3}-1}{4}e^{\frac{\pi}{6}}}$$

注意 $\displaystyle I=\int e^x\sin x\,dx$ とおく.

$$I=\int(e^x)'\sin x\,dx$$

$$=e^x\sin x-\int e^x(\sin x)'\,dx$$

$$=e^x\sin x-\int e^x\cos x\,dx$$

$$=e^x\sin x-\int(e^x)'\cos x\,dx$$

$$=e^x\sin x-e^x\cos x+\int e^x(\cos x)'\,dx$$

$$=e^x(\sin x-\cos x)-\int e^x\sin x\,dx$$

$$I=e^x(\sin x-\cos x)-I$$

$$I=\frac{1}{2}e^x(\sin x-\cos x)+C$$

《$\cos^n x$(B20)》

571. 自然数 n に対し, $\displaystyle I_n=\int_0^{\frac{\pi}{2}}\cos^n x\,dx$ とするとき, 次の問いに答えよ.

(1) I_1 と I_2 をそれぞれ求めよ.

(2) 自然数 n に対し, I_{n+2} を I_n で表せ.

(3) π を I_8 で表せ. (21 岩手大・前期)

▶解答◀ (1) $\displaystyle I_n=\int_0^{\frac{\pi}{2}}\cos^n x\,dx$ より

$$I_1=\int_0^{\frac{\pi}{2}}\cos x\,dx=\left[\sin x\right]_0^{\frac{\pi}{2}}=\mathbf{1}$$

$$I_2=\int_0^{\frac{\pi}{2}}\cos^2 x\,dx=\int_0^{\frac{\pi}{2}}\frac{1+\cos 2x}{2}\,dx$$

$$=\left[\frac{x}{2}+\frac{1}{4}\sin 2x\right]_0^{\frac{\pi}{2}}=\mathbf{\frac{\pi}{4}}$$

(2) $\displaystyle I_{n+2}=\int_0^{\frac{\pi}{2}}\cos^{n+2}x\,dx$

$$=\int_0^{\frac{\pi}{2}}(\cos^{n+1}x)(\sin x)'\,dx$$

$$=\left[(\cos^{n+1}x)(\sin x)\right]_0^{\frac{\pi}{2}}$$

$$-\int_0^{\frac{\pi}{2}}(\cos^{n+1}x)'(\sin x)\,dx$$

$$=-\int_0^{\frac{\pi}{2}}(n+1)(\cos^n x)(-\sin x)(\sin x)\,dx$$

$$=(n+1)\int_0^{\frac{\pi}{2}}(\cos^n x)(1-\cos^2 x)\,dx$$

$$=(n+1)\int_0^{\frac{\pi}{2}}(\cos^n x-\cos^{n+2}x)\,dx$$

$$I_{n+2}=(n+1)(I_n-I_{n+2})$$

$$I_{n+2}=\mathbf{\frac{n+1}{n+2}I_n}$$

(3) $\displaystyle I_8=\frac{7}{8}I_6=\frac{7}{8}\cdot\frac{5}{6}I_4=\frac{7}{8}\cdot\frac{5}{6}\cdot\frac{3}{4}I_2$

$$=\frac{7}{8}\cdot\frac{5}{6}\cdot\frac{3}{4}\cdot\frac{\pi}{4}=\frac{35}{256}\pi$$

よって, $\pi=\mathbf{\frac{256}{35}I_8}$

【置換積分】

《$\cos x\log(\sin x)$(A5)》

572. 定積分 $\int_{\frac{\pi}{4}}^{\frac{\pi}{2}} \cos x \log(\sin x)\,dx$ を計算しなさい. (21 福島大・前期)

▶解答◀ $t=\sin x$ とおくと

$dt=\cos x\,dx$

x	$\frac{\pi}{4} \to \frac{\pi}{2}$
t	$\frac{1}{\sqrt{2}} \to 1$

$$\int_{\frac{\pi}{4}}^{\frac{\pi}{2}} \cos x\log(\sin x)\,dx=\int_{\frac{1}{\sqrt{2}}}^{1}\log t\,dt$$

$$=\left[\,t\log t-t\,\right]_{\frac{1}{\sqrt{2}}}^{1}=-1-\left(\frac{1}{\sqrt{2}}\log\frac{1}{\sqrt{2}}-\frac{1}{\sqrt{2}}\right)$$

$$=\boldsymbol{\frac{1}{\sqrt{2}}\left(1-\sqrt{2}+\frac{1}{2}\log 2\right)}$$

《何が塊か (A5)》

573. $S=\int_0^{\frac{\pi}{2}}\frac{\cos x(1+\sin x)}{2+\sin x}\,dx$ とする. $\frac{6e^S}{e}$ の値を求めよ. e は自然対数の底を表すものとする. (21 自治医大・医)

▶解答◀ $t=2+\sin x$ とおく.

$1+\sin x=t-1,\ \cos x\,dx=dt$

x	$0 \to \frac{\pi}{2}$
t	$2 \to 3$

$$S=\int_2^3\frac{t-1}{t}\,dt=\int_2^3\left(1-\frac{1}{t}\right)dt$$

$$=\left[\,t-\log t\,\right]_2^3=1-\log\frac{3}{2}$$

$$\frac{6e^S}{e}=6e^{-\log\frac{3}{2}}=6e^{\log\frac{2}{3}}=6\cdot\frac{2}{3}=\boldsymbol{4}$$

《ルートを固まりでおく (A10) ☆》

574. $\int_1^5\frac{1}{(x+3)\sqrt{x+1}}\,dx=\square$ (21 青学大・理工)

考え方 $f(x)$ が多項式のとき $\sqrt{f(x)}=t$ とおくのは定石の一つである.

▶解答◀ $I=\int_1^5\frac{1}{(x+3)\sqrt{x+1}}\,dx$ とする.

$\sqrt{x+1}=t$ とおくと $x=t^2-1$ であるから $dx=2tdt$

x	$1 \to 5$
t	$\sqrt{2} \to \sqrt{6}$

$$I=\int_{\sqrt{2}}^{\sqrt{6}}\frac{1}{(t^2+2)t}\cdot 2t\,dt=\int_{\sqrt{2}}^{\sqrt{6}}\frac{2}{t^2+2}\,dt$$

$t=\sqrt{2}\tan\theta$ とおくと $dt=\frac{\sqrt{2}}{\cos^2\theta}\,d\theta$

t	$\sqrt{2} \to \sqrt{6}$
θ	$\frac{\pi}{4} \to \frac{\pi}{3}$

$$I=\int_{\frac{\pi}{4}}^{\frac{\pi}{3}}\frac{2}{2(1+\tan^2\theta)}\cdot\frac{\sqrt{2}}{\cos^2\theta}\,d\theta$$

$$=\int_{\frac{\pi}{4}}^{\frac{\pi}{3}}\sqrt{2}\,d\theta=\sqrt{2}\left(\frac{\pi}{3}-\frac{\pi}{4}\right)=\boldsymbol{\frac{\sqrt{2}}{12}}\pi$$

《tan の置換 (A10)》

575. 定積分 $\int_{-\sqrt{3}}^{3}\frac{2x}{x^2+3}\,dx$ および $\int_{-\sqrt{3}}^{3}\frac{2}{x^2+3}\,dx$ を求めよ. (21 岩手大・理工)

▶解答◀ $\int_{-\sqrt{3}}^{3}\frac{2x}{x^2+3}\,dx=\int_{-\sqrt{3}}^{3}\frac{(x^2+3)'}{x^2+3}\,dx$

$$=\left[\,\log(x^2+3)\,\right]_{-\sqrt{3}}^{3}=\log 12-\log 6=\boldsymbol{\log 2}$$

$\int_{-\sqrt{3}}^{3}\frac{2}{x^2+3}\,dx$ について, $x=\sqrt{3}\tan\theta$ とおくと

$dx=\frac{\sqrt{3}}{\cos^2\theta}\,d\theta$

x	$-\sqrt{3} \to 3$
θ	$-\frac{\pi}{4} \to \frac{\pi}{3}$

$$\int_{-\sqrt{3}}^{3}\frac{2}{x^2+3}\,dx=\int_{-\frac{\pi}{4}}^{\frac{\pi}{3}}\frac{2}{3(\tan^2\theta+1)}\cdot\frac{\sqrt{3}}{\cos^2\theta}\,d\theta$$

$$=\frac{2\sqrt{3}}{3}\int_{-\frac{\pi}{4}}^{\frac{\pi}{3}}d\theta=\frac{2\sqrt{3}}{3}\left[\,\theta\,\right]_{-\frac{\pi}{4}}^{\frac{\pi}{3}}$$

$$=\frac{2\sqrt{3}}{3}\left(\frac{\pi}{3}+\frac{\pi}{4}\right)=\boldsymbol{\frac{7\sqrt{3}}{18}\pi}$$

《塊に名前をつける (B10)》

576. 次の定積分を求めよ. $\int_{-1}^{0}\frac{x^5}{(x^3-1)^2}\,dx$ (21 兵庫医大)

▶解答◀ $x^3-1=t$ とおくと $\frac{dt}{dx}=3x^2$ である.

$x:-1\to 0$ のとき $t:-2\to -1$

$$\int_{-1}^{0}\frac{x^5}{(x^3-1)^2}\,dx=\int_{-1}^{0}\frac{x^3}{3(x^3-1)^2}\cdot(3x^2)\,dx$$

$$=\int_{-2}^{-1}\frac{t+1}{3t^2}\,dt=\frac{1}{3}\int_{-2}^{-1}\left(\frac{1}{t}+\frac{1}{t^2}\right)dt$$

$$=\frac{1}{3}\left[\,\log|t|-\frac{1}{t}\,\right]_{-2}^{-1}$$

$$=\frac{1}{3}\left\{1-\left(\log 2+\frac{1}{2}\right)\right\}=\boldsymbol{\frac{1}{3}\left(\frac{1}{2}-\log 2\right)}$$

《$x^3\sqrt{1-x^2}$ (B10) ☆》

577. 次の不定積分, 定積分を求めよ.

（1）$\displaystyle\int (x+1)e^{-3x}\,dx$

（2）$\displaystyle\int_0^1 x^3\sqrt{1-x^2}\,dx$ （21　広島市立大）

▶解答◀ （1）$\displaystyle\int (x+1)e^{-3x}\,dx$

$$=\int (x+1)\left(-\frac{1}{3}e^{-3x}\right)'\,dx$$
$$=(x+1)\left(-\frac{1}{3}e^{-3x}\right)-\int (x+1)'\left(-\frac{1}{3}e^{-3x}\right)dx$$
$$=-\frac{x+1}{3}e^{-3x}+\frac{1}{3}\int e^{-3x}\,dx$$
$$=-\boldsymbol{\frac{3x+4}{9}e^{-3x}+C}\ (C：積分定数)$$

（2）$x=\sin\theta$ とおく．$\dfrac{dx}{d\theta}=\cos\theta$

x	$0\to 1$
θ	$0\to\frac{\pi}{2}$

このとき $\cos\theta\geqq 0$ であるから

$$\sqrt{1-x^2}=\sqrt{1-\sin^2\theta}=\sqrt{\cos^2\theta}=\cos\theta$$
$$\int_0^1 x^3\sqrt{1-x^2}\,dx=\int_0^{\frac{\pi}{2}}\sin^3\theta\cos\theta\cos\theta\,d\theta$$
$$=\int_0^{\frac{\pi}{2}}\sin\theta\sin^2\theta\cos^2\theta\,d\theta$$
$$=-\int_0^{\frac{\pi}{2}}(1-\cos^2\theta)\cos^2\theta(\cos\theta)'\,d\theta$$
$$=-\left[\frac{1}{3}\cos^3\theta-\frac{1}{5}\cos^5\theta\right]_0^{\frac{\pi}{2}}=\frac{1}{3}-\frac{1}{5}=\boldsymbol{\frac{2}{15}}$$

♦別解♦ （2）$\sqrt{1-x^2}=t$ とおくと $x^2=1-t^2$ から $x\,dx=-t\,dt$

x	$0\to 1$
t	$1\to 0$

$$\int_0^1 x^3\sqrt{1-x^2}\,dx=\int_1^0(1-t^2)t\cdot(-t)\,dt$$
$$=\int_0^1(t^2-t^4)\,dt=\left[\frac{t^3}{3}-\frac{t^5}{5}\right]_0^1=\boldsymbol{\frac{2}{15}}$$

《$\sqrt{a^2-x^2}$ は $x=a\sin\theta$(B10) ☆》

578. 次の定積分を求めよ．

（1）$I=\displaystyle\int_0^1 x^2\sqrt{1-x^2}\,dx$

（2）$J=\displaystyle\int_0^1 x^3\log(x^2+1)\,dx$

（21　神戸大・前期）

▶解答◀ （1）$x=\sin\theta$ とおく．$dx=\cos\theta\,d\theta$ である．

x	$0\to 1$
θ	$0\to\frac{\pi}{2}$

$$I=\int_0^{\frac{\pi}{2}}\sin^2\theta\sqrt{1-\sin^2\theta}\cos\theta\,d\theta$$
$$=\int_0^{\frac{\pi}{2}}\sin^2\theta\cos^2\theta\,d\theta$$
$$=\int_0^{\frac{\pi}{2}}\frac{1}{4}\sin^2 2\theta\,d\theta=\int_0^{\frac{\pi}{2}}\frac{1}{8}(1-\cos 4\theta)\,d\theta$$
$$=\left[\frac{\theta}{8}-\frac{\sin 4\theta}{32}\right]_0^{\frac{\pi}{2}}=\boldsymbol{\frac{\pi}{16}}$$

（2）$t=x^2+1$ とおくと，$dt=2x\,dx$ である．

x	$0\to 1$
t	$1\to 2$

$$J=\int_0^1 x^2\log(x^2+1)\cdot x\,dx$$
$$=\int_1^2\frac{1}{2}(t-1)\log t\,dt$$
$$=\int_1^2\left(\frac{1}{4}(t^2-2t)\right)'\log t\,dt$$
$$=\left[\frac{1}{4}(t^2-2t)\log t\right]_1^2-\int_1^2\frac{1}{4}(t^2-2t)(\log t)'\,dt$$
$$=-\frac{1}{4}\int_1^2(t-2)\,dt=\left[-\frac{(t-2)^2}{8}\right]_1^2=\boldsymbol{\frac{1}{8}}$$

《$\cos x(\cos(\sin x))$(B20)》

579. $\displaystyle\int_0^{\frac{\pi}{2}}\{\cos(x+\sin x)+\cos(x-\sin x)\}\,dx$ $=\square$ であり，$\displaystyle\int_0^{\frac{\pi}{2}}\cos(\sin x)\sin 2x\,dx=\square$ である．

（21　山梨大・医）

▶解答◀ 加法定理で展開し

$$\int_0^{\frac{\pi}{2}}\{\cos(x+\sin x)+\cos(x-\sin x)\}\,dx$$
$$=\int_0^{\frac{\pi}{2}}2\cos x\cos(\sin x)\,dx\ (=I\ とおく)$$

$\sin x=t$ とおくと，$\dfrac{dt}{dx}=\cos x$

x	$0\to\frac{\pi}{2}$
t	$0\to 1$

$$I=\int_0^1 2\cos t\,dt=\Big[2\sin t\Big]_0^1=\boldsymbol{2\sin 1}$$

また，同様に $\sin x=t$ と置換することにより

$$\int_0^{\frac{\pi}{2}}\cos(\sin x)\sin 2x\,dx$$
$$=\int_0^{\frac{\pi}{2}}2\cos(\sin x)\sin x\cos x\,dx$$
$$=\int_0^1 2\cos t\cdot t\,dt=2\int_0^1 t(\sin t)'\,dt$$

$$= 2\Big[\, t\sin t \,\Big]_0^1 - 2\int_0^1 (t)'\sin t\, dt$$

$$= 2\sin 1 - 2\Big[-\cos t \Big]_0^1 = \mathbf{2\sin 1 + 2\cos 1 - 2}$$

《置換で分母が消える (B10) ☆》

580. 関数 $f(x) = \dfrac{\sin^2 x}{1+e^{-x}}$ について，次の値を求めなさい．

（1） $\displaystyle\int_{-\pi}^{\pi} f(x)\,dx - \int_{-\pi}^{\pi} f(-x)\,dx$

（2） $\displaystyle\int_{-\pi}^{\pi} f(x)\,dx$ （21 信州大・教育）

▶解答◀ （1） $F(x) = f(x) - f(-x)$ とおくと

$$F(-x) = f(-x) - f(x) = -F(x)$$

であるから $F(x)$ は奇関数である．

$$\int_{-\pi}^{\pi} f(x)\,dx - \int_{-\pi}^{\pi} f(-x)\,dx = \int_{-\pi}^{\pi} F(x)\,dx = \mathbf{0}$$

（2） （1）より

$$A = \int_{-\pi}^{\pi} f(x)\,dx = \int_{-\pi}^{\pi} f(-x)\,dx$$

とおく．

$$2A = \int_{-\pi}^{\pi} (f(x) + f(-x))\,dx$$

$$= \int_{-\pi}^{\pi} \left(\frac{\sin^2 x}{1+e^{-x}} + \frac{\sin^2(-x)}{1+e^{x}} \right) dx$$

$$= \int_{-\pi}^{\pi} \left(\frac{e^x\sin^2 x}{1+e^{x}} + \frac{\sin^2 x}{1+e^{x}} \right) dx$$

$$= \int_{-\pi}^{\pi} \left(\frac{(1+e^x)\sin^2 x}{1+e^{x}} \right) dx$$

$$= \int_{-\pi}^{\pi} \sin^2 x\,dx = 2\int_0^{\pi} \frac{1-\cos 2x}{2}\,dx$$

$$= \left[\, x - \frac{1}{2}\sin 2x \,\right]_0^{\pi} = \pi$$

よって，$A = \boldsymbol{\dfrac{\pi}{2}}$

《双曲線関数による置換 (B20) ☆》

581. 実数 t を変数とする 2 つの関数

$$c(t) = \frac{e^t + e^{-t}}{2},\ s(t) = \frac{e^t - e^{-t}}{2}$$

を考える．このとき，次の問いに答えよ．

（1） 媒介変数表示 $\begin{cases} x = c(t) \\ y = s(t) \end{cases}$ で表される曲線を C とする．このとき，x と y の関係式を求め，曲線 C の概形をかけ．

（2） $c(t)$ と $s(t)$ をそれぞれ微分せよ．

（3） $u = s(t)$ と置換することにより，定積分

$$\int_0^1 \sqrt{1+u^2}\,du$$

の値を求めよ． （21 静岡大・前期）

考え方 $c(t) = \dfrac{e^t + e^{-t}}{2}$, $s(t) = \dfrac{e^t - e^{-t}}{2}$ は有名な関数であり，

$$\{c(t)\}^2 - \{s(t)\}^2 = 1,\ c'(t) = s(t),\ s'(t) = c(t)$$

が成り立つから双曲線 $x^2 - y^2 = 1$ をパラメタ表示するための関数（双曲線関数）．

▶解答◀ （1） $\{c(t)\}^2 - \{s(t)\}^2 = 1$ ……………①

であるから $x^2 - y^2 = 1$

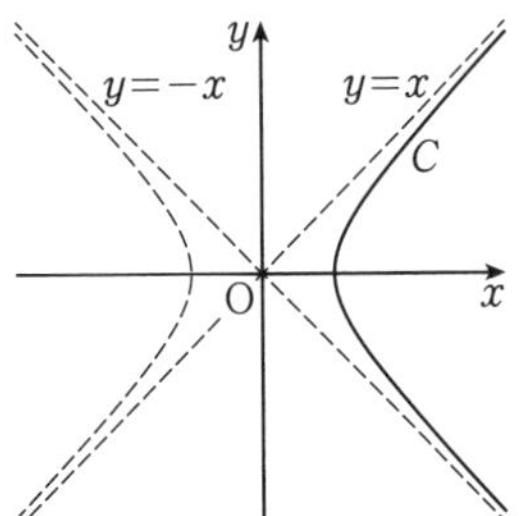

また，$x = c(t) > 0,\ y' = s'(t) = c(t) > 0$

$$\lim_{t\to-\infty} y = -\infty,\ \lim_{t\to\infty} y = \infty$$

よって，C は $\boldsymbol{x^2 - y^2 = 1,\ x > 0}$ を描く．

（2） $c'(t) = \boldsymbol{\dfrac{e^t - e^{-t}}{2}}$, $s'(t) = \boldsymbol{\dfrac{e^t + e^{-t}}{2}}$

（3） $u = s(t)$ とおく．また，$s(\alpha) = 1,\ \alpha > 0$ とする．

$$\sqrt{1+u^2}\,du = \sqrt{1+\{s(t)\}^2}\,\frac{du}{dt}\,dt$$

$$= \sqrt{\{c(t)\}^2}\,c(t)\,dt = \{c(t)\}^2\,dt$$

$$= \frac{1}{4}(e^{2t} + e^{-2t} + 2)\,dt$$

$$\int_0^1 \sqrt{1+u^2}\,du$$

$$= \int_0^{\alpha} \frac{1}{4}(e^{2t} + e^{-2t} + 2)\,dt$$

$$= \left[\, \frac{1}{8}(e^{2t} - e^{-2t}) + \frac{1}{2}t \,\right]_0^{\alpha}$$

$$= \frac{1}{8}(e^{2\alpha} - e^{-2\alpha}) + \frac{1}{2}\alpha$$

$$= \frac{1}{2}c(\alpha)s(\alpha) + \frac{1}{2}\alpha \quad \text{………………………………②}$$

$s(\alpha) = 1$ のとき，① より $c(\alpha) = \sqrt{2}$

$$\frac{e^{\alpha} - e^{-\alpha}}{2} = 1,\ \frac{e^{\alpha} + e^{-\alpha}}{2} = \sqrt{2}$$

を辺ごとに加え，

$$e^{\alpha} = 1 + \sqrt{2}$$

$$\alpha = \log(1+\sqrt{2})$$

これらより，② の値は $\boldsymbol{\dfrac{\sqrt{2}}{2} + \dfrac{1}{2}\log(1+\sqrt{2})}$

【面積】

《分数関数 (A10) ☆》

582. a を定数とし，$a > 1$ とする．関数

$$f(x) = \frac{1}{-x^2 + ax + a^2 - 1}$$

について，次の問に答えよ．

（1） $f(x)>0$ となる x の範囲を求めよ．

（2）（1）で求めた範囲を x が動くとき，$f(x)$ の最小値が $\frac{1}{4}$ となるような a の値を求めよ．

（3）（2）で求めた a について，$y=f(x)$ のグラフと x 軸および2直線 $x=0$，$x=2$ で囲まれた部分の面積を求めよ．（21 名城大・理工）

▶解答◀（1） 分子が正であるから，$f(x)>0$ となる条件は

$$-x^2+ax+a^2-1>0$$

$$x^2-ax-(a^2-1)<0 \quad \cdots\cdots①$$

である．$x^2-ax-(a^2-1)=0$ の解は

$$x=\frac{a\pm\sqrt{5a^2-4}}{2}$$

であるから，① の解は

$$\boldsymbol{\frac{a-\sqrt{5a^2-4}}{2}<x<\frac{a+\sqrt{5a^2-4}}{2}}$$

（2） $f(x)=\dfrac{1}{\frac{5}{4}a^2-1-\left(x-\frac{1}{2}a\right)^2}$

$x=\frac{1}{2}a$ は（1）の範囲内にあるから，$f(x)$ の最小値が $\frac{1}{4}$ となるとき $\frac{5}{4}a^2-1=4$

$a^2=4$, $a>1$ であるから $\boldsymbol{a=2}$

（3） $a=2$ のとき

$$f(x)=\frac{1}{-x^2+2x+3}=-\frac{1}{(x+1)(x-3)}$$

は $0\leqq x\leqq 2$ で $f(x)>0$ を満たす．

$$\int_0^2 f(x)\,dx=\frac{1}{4}\int_0^2\left(\frac{1}{x+1}-\frac{1}{x-3}\right)dx$$

$$=\frac{1}{4}\Big[\log|x+1|-\log|x-3|\Big]_0^2$$

$$=\frac{1}{4}(\log 3+\log 3)=\boldsymbol{\frac{1}{2}\log 3}$$

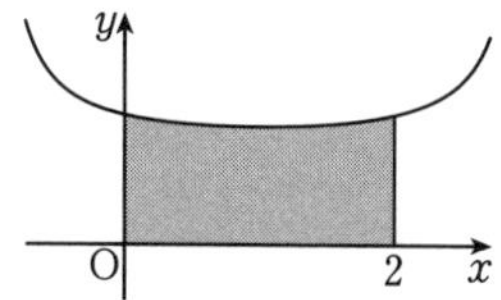

《反比例のグラフ（B20）☆》

583．$\log x$，$\log y$ が自然対数のとき，次の問いに答えよ．

（1） 方程式 $|\log x|+|\log y|=1$ の表す図形をかけ．

（2） 不等式 $|\log x|+|\log y|\leqq 1$ の表す領域の面積を求めよ．（21 名古屋市立大・前期）

▶解答◀（1） 真数条件より $x>0$，$y>0$ である．

（ア） $0<x\leqq 1$，$0<y\leqq 1$ のとき

$$-\log x-\log y=1$$

$$\log xy=-1$$

$$xy=\frac{1}{e} \qquad \therefore\quad y=\frac{1}{ex}$$

（イ） $0<x\leqq 1$，$y\geqq 1$ のとき

$$-\log x+\log y=1$$

$$\log\frac{y}{x}=1$$

$$\frac{y}{x}=e \qquad \therefore\quad y=ex$$

（ウ） $x\geqq 1$，$0<y\leqq 1$ のとき

$$\log x-\log y=1$$

$$\log\frac{x}{y}=1$$

$$\frac{x}{y}=e \qquad \therefore\quad y=\frac{1}{e}x$$

（ウ） $x\geqq 1$，$y\geqq 1$ のとき

$$\log x+\log y=1$$

$$\log xy=1$$

$$xy=e \qquad \therefore\quad y=\frac{e}{x}$$

よって，$|\log x|+|\log y|=1$ の表す図形は図1の太線部分になる．$C_1: y=\frac{1}{ex}$，$C_2: y=\frac{e}{x}$ である．

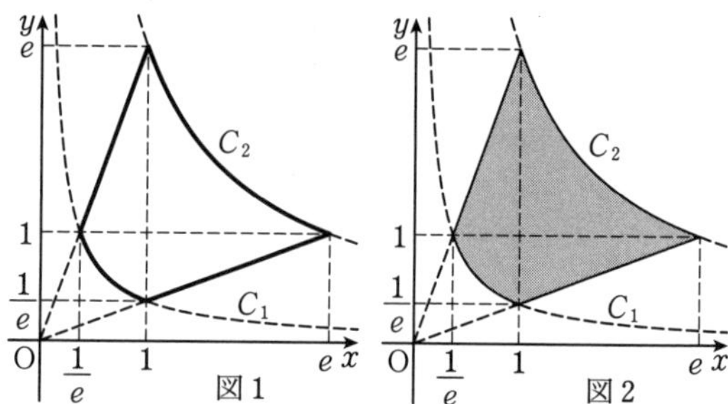

図1　図2

（2） $|\log x|+|\log y|\leqq 1$ は（1）の図形で囲まれた領域（図2の網目部分）を表す．求める面積は

$$\int_{\frac{1}{e}}^{1}\left(ex-\frac{1}{ex}\right)dx+\int_1^e\left(\frac{e}{x}-\frac{1}{e}x\right)dx$$

$$=\left[\frac{e}{2}x^2-\frac{1}{e}\log x\right]_{\frac{1}{e}}^{1}+\left[e\log x-\frac{1}{2e}x^2\right]_1^e$$

$$=\frac{e}{2}-\left(\frac{1}{2e}+\frac{1}{e}\right)+e-\frac{e}{2}-\left(-\frac{1}{2e}\right)$$

$$=\boldsymbol{e-\frac{1}{e}}$$

◆別解◆ 点の名前は図を見よ．図形 OCD の面積を［OCD］で表す．他も同様に読め．

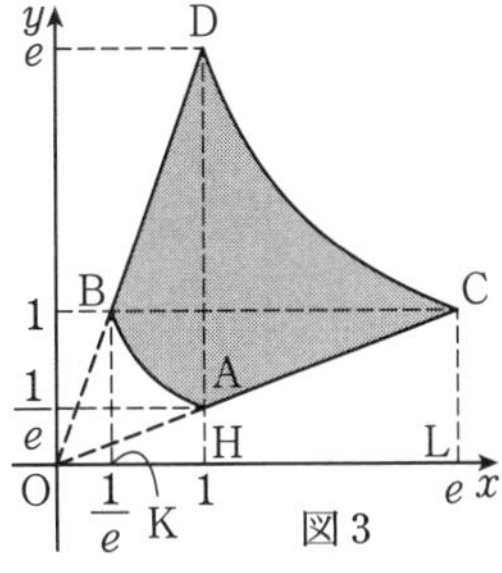

図 3

$$[\mathrm{OCD}]=[\mathrm{OHD}]+[\mathrm{DHLC}]-[\mathrm{OLC}]$$
$$=\frac{1}{2}\cdot 1\cdot e+\int_1^e \frac{e}{x}\,dx-\frac{1}{2}\cdot e\cdot 1$$
$$=\Big[\,e\log x\,\Big]_1^e=e$$

図形 OAB は図形 OCD を $\dfrac{1}{e}$ 倍に縮小したもので，求める面積は

$$[\mathrm{OCD}]-[\mathrm{OAB}]=e-e\cdot\left(\frac{1}{e}\right)^2=\boldsymbol{e-\frac{1}{e}}$$

注意 【相似拡大・相似縮小】

$k,\,l$ を正の定数とする．曲線 $xy=l$ は反比例のグラフである．反比例のグラフはすべて相似であることが示せる．$xy=l$ 上の動点 $\mathrm{P}\left(t,\,\dfrac{l}{t}\right)$ を，O を中心として k 倍に相似変換した点 $\mathrm{Q}\left(kt,\,\dfrac{kl}{t}\right)$ で，$x=kt,\,y=\dfrac{kl}{t}$ とおくと $xy=k^2l$ を満たす．図形 OAB は図形 OCD を $\dfrac{1}{e}$ 倍に縮小したもので面積比は相似比の 2 乗である．

《分数関数 (B30) ☆》

584. xy 平面上に関数 $y=x+\dfrac{2}{x}\ (x>0)$ のグラフ C がある．C 上の点 $(1,\,3)$ を通る傾き a の直線を l とする．以下の問いに答えよ．

（1） 直線 l の方程式を a を用いて表せ．

（2） グラフ C と直線 l が 2 つの共有点をもつための a の条件を求めよ．

（3） a が（2）の条件をみたすとき，グラフ C と直線 l で囲まれる部分の面積を a を用いて表せ．

（21　奈良女子大）

▶解答◀ （1） $y=a(x-1)+3$

$$\boldsymbol{y=ax+3-a}$$

（2） $C:y=x+\dfrac{2}{x}$ と $l:y=a(x-1)+3$ を連立させて $x+\dfrac{2}{x}=a(x-1)+3$

解の 1 つが $x=1$ に注意して因数分解する．

$$x^2-3x+2-ax(x-1)=0$$
$$(x-1)(x-2)-ax(x-1)=0$$

$x=1$ または $(1-a)x-2=0$ となる．$x>0$ に異なる 2 つの実数解をもつ条件は $a\neq 1$ かつ $\dfrac{2}{1-a}$ が正で 1 と異なることである．$1-a>0,\,1-a\neq 2$ であるから $a<1,\,a\neq -1$

したがって $\boldsymbol{a<-1,\ -1<a<1}$

（3） C と l は $x=1,\,\dfrac{2}{1-a}$ で交わる．C は下に凸であるから，2 交点の間では C は l の下方にある．求める面積を S とする．

$$S=\left|\int_{\frac{2}{1-a}}^{1}\left\{ax+3-a-\left(x+\frac{2}{x}\right)\right\}dx\right|$$

である．まず $\dfrac{2}{1-a}<1$ のときを調べる．$2<1-a$ で $a<-1$ となる．

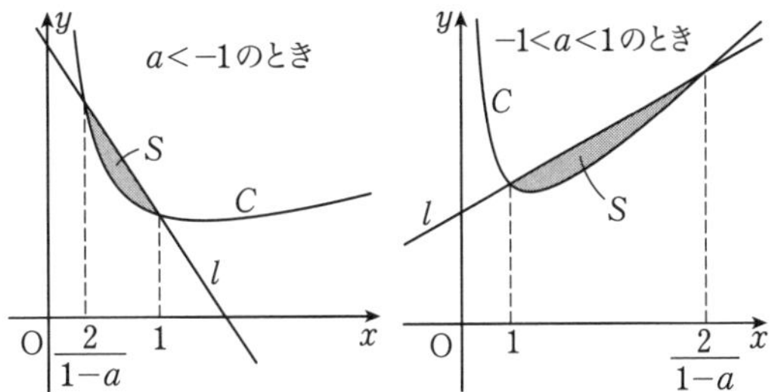

（ア） $\boldsymbol{a<-1}$ のとき．

$$S=\int_{\frac{2}{1-a}}^{1}\left\{ax+3-a-\left(x+\frac{2}{x}\right)\right\}dx$$
$$=\int_{\frac{2}{1-a}}^{1}\left\{(a-1)x-\frac{2}{x}+(3-a)\right\}dx$$
$$=\left[\,\frac{1}{2}(a-1)x^2-2\log x+(3-a)x\,\right]_{\frac{2}{1-a}}^{1}$$
$$=\frac{1}{2}(a-1)+3-a+\frac{2}{1-a}$$
$$\qquad+2\log\frac{2}{1-a}-(3-a)\cdot\frac{2}{1-a}$$
$$=\frac{1}{2}(5-a)+\frac{2a-4}{1-a}+2\log\frac{2}{1-a}$$
$$=\frac{1}{2}(5-a)+\frac{-2(1-a)-2}{1-a}+2\log\frac{2}{1-a}$$
$$=\boldsymbol{\frac{1}{2}(1-a)-\frac{2}{1-a}+2\log\frac{2}{1-a}}$$

（イ） $\boldsymbol{-1<a<1}$ のとき．

$$S=\int_{1}^{\frac{2}{1-a}}\left\{ax+3-a-\left(x+\frac{2}{x}\right)\right\}dx$$
$$=\boldsymbol{-\frac{1}{2}(1-a)+\frac{2}{1-a}-2\log\frac{2}{1-a}}$$

《無理関数を y で積分する (A10) ☆》

585. 座標平面上の曲線 $C:y=x\sqrt{x}\ (x\geqq 0)$ について，次の（1）と（2）に答えよ．

（1） 曲線 C 上の点 $(4,\,8)$ における接線 l の方程式を求めよ．

（2） 曲線 C と y 軸および 2 直線 $y=1,\,y=8$ で

囲まれた部分の面積 T を求めよ.

(21 茨城大・工)

▶解答◀ (1) $y=x^{\frac{3}{2}}$, $y'=\frac{3}{2}x^{\frac{1}{2}}=\frac{3\sqrt{x}}{2}$

$l: y=\frac{3\sqrt{4}}{2}(x-4)+8$

$\boldsymbol{y=3x-4}$

(2) $x=y^{\frac{2}{3}}$

$T=\int_1^8 x\,dy=\int_1^8 y^{\frac{2}{3}}\,dy=\left[\frac{3}{5}y^{\frac{5}{3}}\right]_1^8$

$=\frac{3}{5}(2^5-1)=\boldsymbol{\frac{93}{5}}$

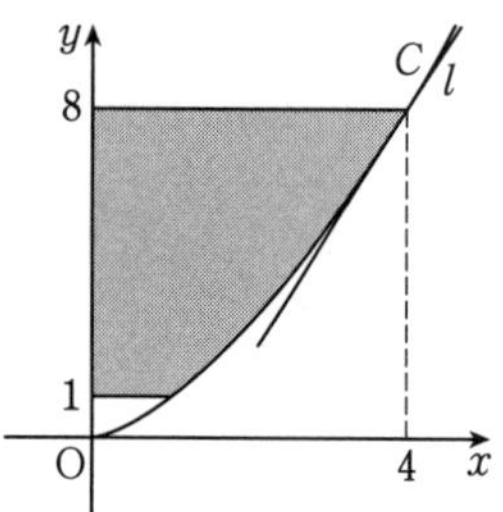

《円に変換せよ (B10) ☆》

586. 関数

$$f(x)=\frac{1}{2}\left(x+\sqrt{2-3x^2}\right)$$

の定義域は□であり, $f(x)$ は $x=$ □ のとき, 最大値□をとる. 曲線 $y=f(x)$ と直線 $y=2x$, および y 軸で囲まれた図形の面積は□となる. (21 明治大・数III)

▶解答◀ $2-3x^2\geqq 0$ より, 定義域は

$\boldsymbol{-\frac{\sqrt{6}}{3}\leqq x\leqq\frac{\sqrt{6}}{3}}$ である.

$$f'(x)=\frac{1}{2}\left(1+\frac{-6x}{2\sqrt{2-3x^2}}\right)$$

$$=\frac{1}{2}\cdot\frac{\sqrt{2-3x^2}-3x}{\sqrt{2-3x^2}}$$

$-\frac{\sqrt{6}}{3}<x<0$ のとき $f'(x)>0$ である.

$0\leqq x<\frac{\sqrt{6}}{3}$ のとき, 分子の有理化をして

$$f'(x)=\frac{1}{2}\cdot\frac{2-3x^2-9x^2}{\sqrt{2-3x^2}\left(\sqrt{2-3x^2}+3x\right)}$$

$$=\frac{1}{2}\cdot\frac{2(1-6x^2)}{\sqrt{2-3x^2}\left(\sqrt{2-3x^2}+3x\right)}$$

x	$-\frac{\sqrt{6}}{3}$	$\cdots$	$\frac{\sqrt{6}}{6}$	$\cdots$	$\frac{\sqrt{6}}{3}$
$f'(x)$		$+$	0	$-$	
$f(x)$		↗		↘	

$f(x)$ は $x=\boldsymbol{\frac{\sqrt{6}}{6}}$ のとき最大値

$$f\left(\frac{\sqrt{6}}{6}\right)=\frac{1}{2}\left(\frac{\sqrt{6}}{6}+\frac{\sqrt{6}}{2}\right)=\boldsymbol{\frac{\sqrt{6}}{3}}$$

をとる. $y=f(x)$ と $y=2x$ を連立させて

$$\frac{1}{2}\left(x+\sqrt{2-3x^2}\right)=2x$$

$$\sqrt{2-3x^2}=3x$$

左辺は 0 以上だから右辺も 0 以上で, 2 乗して

$2-3x^2=9x^2$ となり, $x^2=\frac{1}{6}$, $0\leqq x\leqq\frac{\sqrt{6}}{3}$ を解いて $x=\frac{\sqrt{6}}{6}$ である.

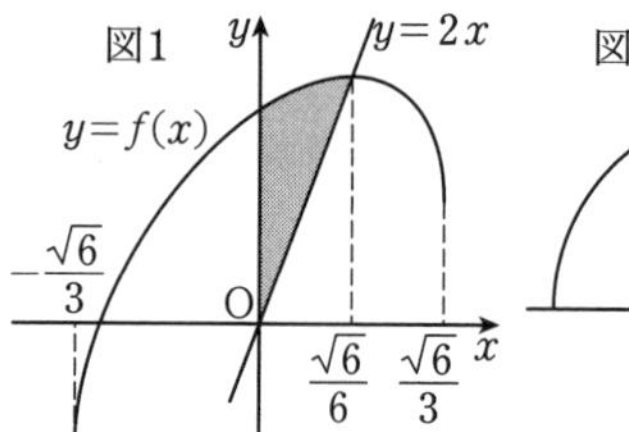

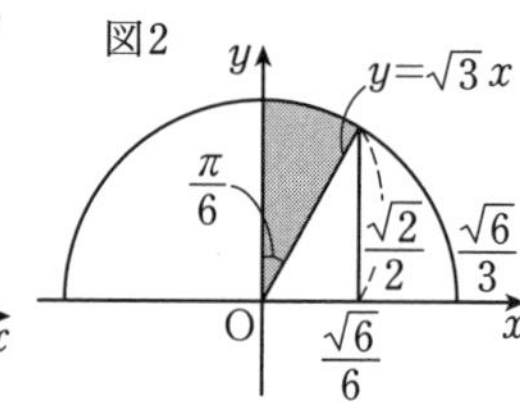

$$\int_0^{\frac{\sqrt{6}}{6}}\{f(x)-2x\}\,dx$$

$$=\int_0^{\frac{\sqrt{6}}{6}}\left\{\frac{1}{2}\left(x+\sqrt{2-3x^2}\right)-2x\right\}dx$$

$$=\frac{1}{2}\int_0^{\frac{\sqrt{6}}{6}}\left(\sqrt{2-3x^2}-3x\right)dx$$

$$=\frac{\sqrt{3}}{2}\int_0^{\frac{\sqrt{6}}{6}}\left(\sqrt{\frac{2}{3}-x^2}-\sqrt{3}x\right)dx$$

$$=\frac{\sqrt{3}}{2}\cdot\frac{1}{12}\pi\left(\sqrt{\frac{2}{3}}\right)^2=\boldsymbol{\frac{\sqrt{3}}{36}\pi}$$

最後の積分は図 2 の網目部分の面積として計算した. 図 2 の半円の方程式は $y=\sqrt{\frac{2}{3}-x^2}$ である.

注意 $\int_0^{\frac{\sqrt{6}}{6}}\sqrt{2-3x^2}\,dx$ について, $x=\frac{\sqrt{2}}{\sqrt{3}}\sin\theta$ とおくと, $dx=\frac{\sqrt{2}}{\sqrt{3}}\cos\theta\,d\theta$ である.

$x:0\to\frac{\sqrt{6}}{6}$ のとき $\theta:0\to\frac{\pi}{6}$

$$\int_0^{\frac{\sqrt{6}}{6}}\sqrt{2-3x^2}\,dx$$

$$=\int_0^{\frac{\pi}{6}}\sqrt{2-2\sin^2\theta}\cdot\frac{\sqrt{2}}{\sqrt{3}}\cos\theta\,d\theta$$

$$= \frac{2}{\sqrt{3}} \int_0^{\frac{\pi}{6}} \cos^2\theta \, d\theta$$

$$= \frac{1}{\sqrt{3}} \int_0^{\frac{\pi}{6}} (1+\cos 2\theta)\, d\theta$$

$$= \frac{1}{\sqrt{3}} \left[\theta + \frac{1}{2}\sin 2\theta \right]_0^{\frac{\pi}{6}}$$

$$= \frac{1}{\sqrt{3}} \left(\frac{\pi}{6} + \frac{\sqrt{3}}{4} \right) = \frac{\sqrt{3}}{18}\pi + \frac{1}{4}$$

《ハートのエースが出てきたよ (B15)》

587. 座標平面上の曲線 $x^2 - |x|y + y^2 = 1$ を C とする（下図）. 曲線 C 上を動く点の y 座標の最大値は □ である. また, 曲線 C によって囲まれた部分の面積は □ である.

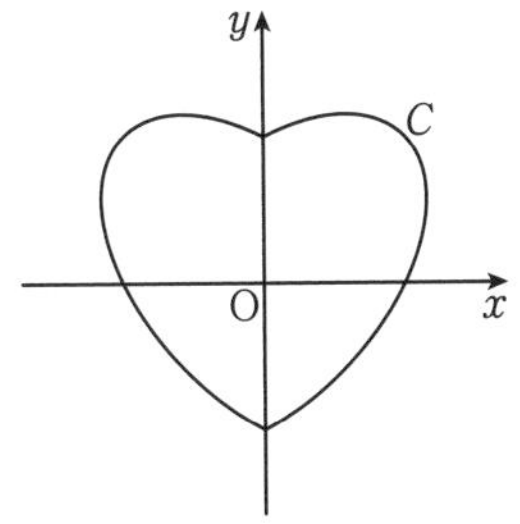

（21　芝浦工大）

▶解答◀　$y^2 - |x|y + x^2 - 1 = 0$ のとき,

$$y = \frac{|x| \pm \sqrt{x^2 - 4(x^2-1)}}{2}$$

$$= \frac{|x| \pm \sqrt{4-3x^2}}{2}$$

この関数は偶関数であるから, 曲線 C は y 軸に関して対称である. $x \geqq 0$ のとき. $4-3x^2 \geqq 0$ より $0 \leqq x \leqq \frac{2}{\sqrt{3}}$

$$f(x) = \frac{x+\sqrt{4-3x^2}}{2}, \quad g(x) = \frac{x-\sqrt{4-3x^2}}{2}$$ と

おく. $f(x) \geqq g(x)$ である.

$$f'(x) = \frac{1}{2}\left(1 + \frac{-6x}{2\sqrt{4-3x^2}}\right) = \frac{\sqrt{4-3x^2}-3x}{2\sqrt{4-3x^2}}$$

$$= \frac{4(1-3x^2)}{2\sqrt{4-3x^2}(\sqrt{4-3x^2}+3x)}$$

x	0	$\cdots$	$\frac{1}{\sqrt{3}}$	$\cdots$	$\frac{2}{\sqrt{3}}$
$f'(x)$		$+$	0	$-$	
$f(x)$		↗		↘	

求める y 座標の最大値は,

$$f\left(\frac{1}{\sqrt{3}}\right) = \frac{\frac{\sqrt{3}}{3} + \sqrt{3}}{2} = \boldsymbol{\frac{2\sqrt{3}}{3}}$$

曲線 C によって囲まれた部分の面積 S は

$$S = 2\int_0^{\frac{2}{\sqrt{3}}} \{f(x) - g(x)\}\, dx = 2\int_0^{\frac{2}{\sqrt{3}}} \sqrt{4-3x^2}\, dx$$

$$= 2\sqrt{3} \int_0^{\frac{2}{\sqrt{3}}} \sqrt{\frac{4}{3} - x^2}\, dx$$

$$= 2\sqrt{3} \cdot \frac{1}{4}\pi \left(\frac{2}{\sqrt{3}}\right)^2 = \boldsymbol{\frac{2\sqrt{3}}{3}\pi}$$

最後の積分は半径 $\frac{2}{\sqrt{3}}$ の四分円の面積を用いた.

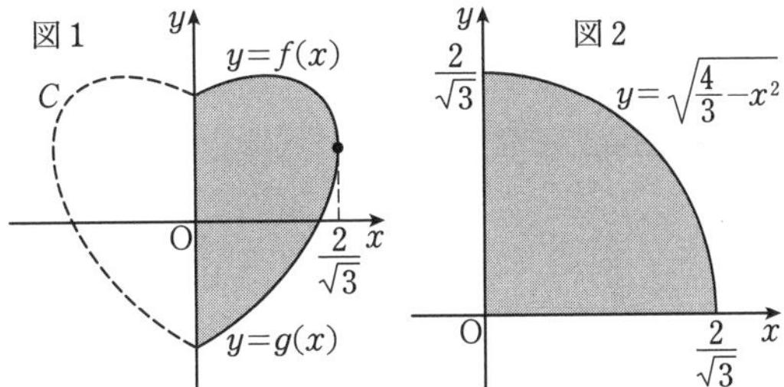

◆別解◆　$y^2 - |x|y + x^2 - 1 = 0$ のとき,

$$|x|^2 - y|x| + y^2 - 1 = 0$$

$$|x| = \frac{y \pm \sqrt{4-3y^2}}{2}$$

$4 - 3y^2 \geqq 0$ であるから y の最大値は $y = \boldsymbol{\frac{2\sqrt{3}}{3}}$ で, そのとき $|x| = \frac{y}{2} = \frac{\sqrt{3}}{3} > 0$ となり適す.

《無理関数と面積 (B15) ☆》

588. $f(x) = x^2\sqrt{1-x^2}$ $(0 \leqq x \leqq 1)$ とする.

（1） $0 \leqq x \leqq 1$ における $f(x)$ の最大値を求めよ.

（2） xy 平面において, 曲線

$$y = f(x)\ (0 \leqq x \leqq 1)$$

と x 軸で囲まれた部分の面積を求めよ.

（21　愛知工大・工）

▶解答◀　（1） $f(x) = x^2\sqrt{1-x^2}$

$$f'(x) = 2x\sqrt{1-x^2} + x^2 \cdot \frac{-2x}{2\sqrt{1-x^2}}$$

$$= \frac{2x(1-x^2) - x^3}{\sqrt{1-x^2}}$$

$$= \frac{2x - 3x^3}{\sqrt{1-x^2}} = \frac{x(2-3x^2)}{\sqrt{1-x^2}}$$

であるから, $f(x)$ は以下のように増減する.

x	0	$\cdots$	$\sqrt{\frac{2}{3}}$	$\cdots$	1
$f'(x)$		$+$	0	$-$	
$f(x)$		↗		↘	

$f(x)$ の最大値は

$$f\left(\sqrt{\frac{2}{3}}\right) = \frac{2}{3}\sqrt{\frac{1}{3}} = \boldsymbol{\frac{2\sqrt{3}}{9}}$$

（2） $x=\sin\theta\left(0\leqq\theta\leqq\dfrac{\pi}{2}\right)$ とおく．

$x:0\to1$ のとき $\theta:0\to\dfrac{\pi}{2}$ で，$\dfrac{dx}{d\theta}=\cos\theta$ であるから，$dx=\cos\theta\,d\theta$ である．$0\leqq\theta\leqq\dfrac{\pi}{2}$ において $\cos\theta\geqq0$ である．求める面積は

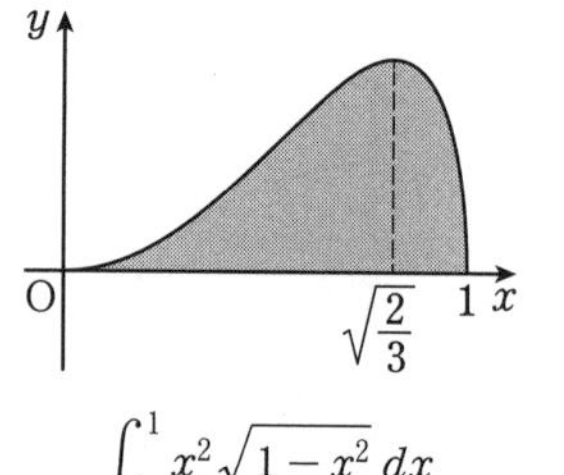

$$\int_0^1 x^2\sqrt{1-x^2}\,dx$$
$$=\int_0^{\frac{\pi}{2}}\sin^2\theta\cos\theta\cdot\cos\theta\,d\theta$$
$$=\int_0^{\frac{\pi}{2}}\frac{1}{4}\sin^2 2\theta\,d\theta=\int_0^{\frac{\pi}{2}}\frac{1}{8}(1-\cos4\theta)\,d\theta$$
$$=\left[\frac{\theta}{8}-\frac{1}{32}\sin4\theta\right]_0^{\frac{\pi}{2}}=\boldsymbol{\frac{\pi}{16}}$$

《無理関数と面積（B20）☆》

589．関数 $f(x)=(x-1)\sqrt{|x-2|}$ により曲線 $C:y=f(x)$ を定める．

（1） 関数 $f(x)$ の増減を調べて極値を求めよ．

（2） 曲線 C と x 軸で囲まれる図形の面積 S を求めよ．

（3） 原点を通る直線 l が C 上の点 $(t,\ f(t))$ において C に接している．このような t のうち，$1<t<2$ をみたすものをすべて求めよ．

（21　名古屋工大・前期）

▶解答◀ （1）（ア） $x\geqq2$ のとき

$$f(x)=(x-1)\sqrt{x-2}$$
$$f'(x)=1\cdot\sqrt{x-2}+(x-1)\cdot\frac{1}{2\sqrt{x-2}}$$
$$=\frac{3x-5}{2\sqrt{x-2}}>0$$

（イ） $x\leqq2$ のとき $f(x)=(x-1)\sqrt{2-x}$

$$f'(x)=1\cdot\sqrt{2-x}+(x-1)\cdot\frac{-1}{2\sqrt{2-x}}$$
$$=\frac{-3x+5}{2\sqrt{2-x}}$$

x	$\cdots$	$\frac{5}{3}$	$\cdots$	2	$\cdots$
$f'(x)$	$+$	0	$-$		$+$
$f(x)$	↗		↘		↗

極大値は $f\left(\dfrac{5}{3}\right)=\boldsymbol{\dfrac{2}{3\sqrt{3}}}$，極小値は $f(2)=\mathbf{0}$

（2） $f(x)=0$ の解は $x=1,2$ である．$x\leqq2$ のとき

$$f(x)=\{1-(2-x)\}\sqrt{2-x}$$
$$=(2-x)^{\frac{1}{2}}-(2-x)^{\frac{3}{2}}$$
$$\int_1^2 f(x)\,dx=\left[-\frac{2}{3}(2-x)^{\frac{3}{2}}+\frac{2}{5}(2-x)^{\frac{5}{2}}\right]_1^2$$
$$=-\left(-\frac{2}{3}+\frac{2}{5}\right)=\boldsymbol{\frac{4}{15}}$$

（3）（1）の（イ）より 接線は

$$y=\frac{-3t+5}{2\sqrt{2-t}}(x-t)+(t-1)\sqrt{2-t}$$
$$y=\frac{(-3t+5)x+(3t^2-5t)+2(t-1)(2-t)}{2\sqrt{2-t}}$$
$$y=\frac{(-3t+5)x+t^2+t-4}{2\sqrt{2-t}}$$

これが原点を通るとき $t^2+t-4=0$

$1<t<2$ であるから，$t=\boldsymbol{\dfrac{-1+\sqrt{17}}{2}}$

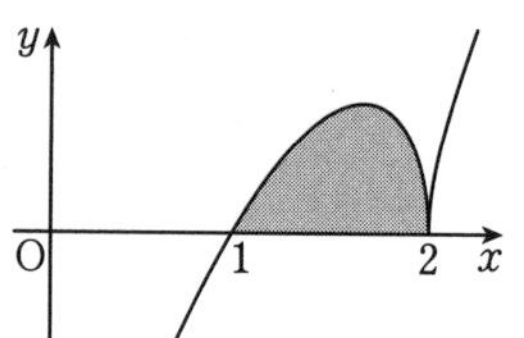

《$\tan x$（A10）》

590．曲線 $y=\tan x\left(0\leqq x<\dfrac{\pi}{2}\right)$ を C とする．また，C 上の点 $\mathrm{P}\left(\dfrac{\pi}{3},\ \sqrt{3}\right)$ における法線を n とする．

（1） 法線 n の方程式を求めよ．

（2） 曲線 C，法線 n および y 軸で囲まれた部分の面積を求めよ．

（21　鹿児島大・教）

▶解答◀ （1） $f(x)=\tan x$ とおくと

$$f'(x)=\frac{1}{\cos^2 x}$$
$$f'\left(\frac{\pi}{3}\right)=\frac{1}{\left(\frac{1}{2}\right)^2}=4$$

であるから，点 P における法線の傾きは $-\dfrac{1}{4}$ である．したがって，n の方程式は

$$y=-\frac{1}{4}\left(x-\frac{\pi}{3}\right)+\sqrt{3}$$
$$\boldsymbol{y=-\frac{1}{4}x+\frac{\pi}{12}+\sqrt{3}}$$

（2） $\displaystyle\int_0^{\frac{\pi}{3}}\left(-\frac{1}{4}x+\frac{\pi}{12}+\sqrt{3}-\tan x\right)dx$

$$=\int_0^{\frac{\pi}{3}}\left(-\frac{1}{4}x+\frac{\pi}{12}+\sqrt{3}+\frac{(\cos x)'}{\cos x}\right)dx$$
$$=\left[-\frac{1}{8}x^2+\frac{\pi}{12}x+\sqrt{3}x+\log(\cos x)\right]_0^{\frac{\pi}{3}}$$
$$=-\frac{\pi^2}{72}+\frac{\pi^2}{36}+\frac{\sqrt{3}}{3}\pi+\log\frac{1}{2}$$
$$=\boldsymbol{\frac{\pi^2}{72}+\frac{\sqrt{3}}{3}\pi-\log2}$$

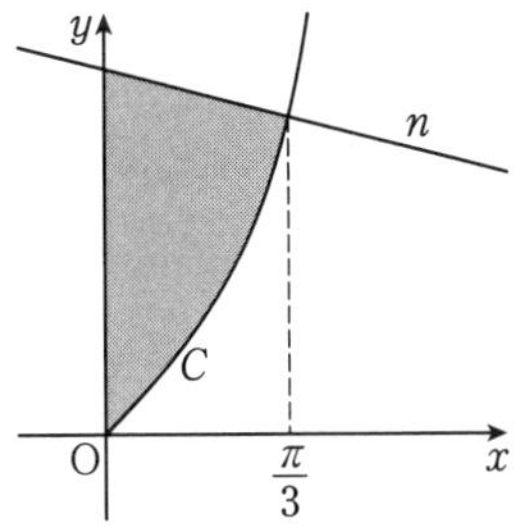

《三角関数と面積 (B20)》

591. 2つの関数

$f(x)=\sin^2 x$ と $g(x)=\sin^2 2x$

について, 次の問いに答えよ. ただし, $0 \leqq x \leqq \frac{\pi}{2}$ とする.

(1) 方程式 $f(x)=g(x)$ を満たす x の値をすべて求めよ.

(2) 不定積分 $\int f(x)\,dx$ を求めよ.

(3) 不定積分 $\int g(x)\,dx$ を求めよ.

(4) 2つの曲線 $y=f(x)$ と $y=g(x)$ で囲まれた部分の面積 S を求めよ. (21 岡山理大・B日程)

▶解答◀ (1) $f(x)-g(x)=0$

$$\sin^2 x-\sin^2 2x=0$$

$$\sin^2 x-4\sin^2 x\cos^2 x=0$$

$$\sin^2 x(1-4\cos^2 x)=0$$

$\sin^2 x=0$ または $\cos^2 x=\frac{1}{4}$ で, $0 \leqq x \leqq \frac{\pi}{2}$ より, $\sin x=0$ または $\cos x=\frac{1}{2}$ であるから, $x=\mathbf{0},\ \boldsymbol{\frac{\pi}{3}}$ である.

(2) $\int \sin^2 x\,dx=\int \frac{1-\cos 2x}{2}\,dx$

$$=\boldsymbol{\frac{x}{2}-\frac{\sin 2x}{4}+C}$$

C は積分定数である.

(3) $\int \sin^2 2x\,dx=\int \frac{1-\cos 4x}{2}\,dx$

$$=\boldsymbol{\frac{x}{2}-\frac{\sin 4x}{8}+C}$$

C は積分定数である.

(4) $S=\int_0^{\frac{\pi}{3}}(\sin^2 2x-\sin^2 x)\,dx$

$$=\left[\left(\frac{x}{2}-\frac{\sin 4x}{8}\right)-\left(\frac{x}{2}-\frac{\sin 2x}{4}\right)\right]_0^{\frac{\pi}{3}}$$

$$=\left[\frac{\sin 2x}{4}-\frac{\sin 4x}{8}\right]_0^{\frac{\pi}{3}}$$

$$=\frac{1}{4}\cdot\frac{\sqrt{3}}{2}-\frac{1}{8}\cdot\left(-\frac{\sqrt{3}}{2}\right)=\boldsymbol{\frac{3\sqrt{3}}{16}}$$

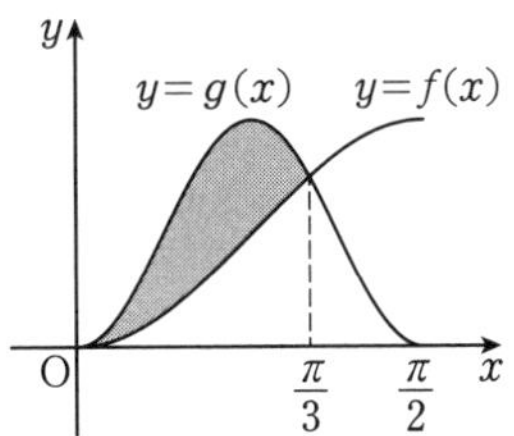

《三角関数と面積 (B20)》

592. (1) 関数 $f(x)=x-\sin x$ の増減を調べて, $x \geqq 0$ のとき $\sin x \leqq x$ が成立することを示せ.

(2) 関数 $g(x)=\cos x-1+\frac{1}{2}x^2$ の増減を調べて, $\cos x \geqq 1-\frac{1}{2}x^2$ が成立することを示せ.

(3) $x \geqq 0$ において, 2曲線

$$y=\cos x,\ y=1-\frac{1}{2}x^2$$

と x 軸で囲まれた部分の面積を求めよ.

(21 東京女子大・数理)

▶解答◀ (1) $f(x)=x-\sin x$

$f'(x)=1-\cos x \geqq 0$ より $f(x)$ は単調増加で, $f(0)=0$ より, $f(x) \geqq 0$ つまり $\sin x \leqq x$

(2) $g(x)=\cos x-1+\frac{1}{2}x^2$

$g(-x)=g(x)$ より $g(x)$ は偶関数であるから, $x \geqq 0$ で $g(x) \geqq 0$ を示す. $g'(x)=-\sin x+x$, (1)より $-\sin x+x \geqq 0$ であるから, $g'(x) \geqq 0$

よって $g(x)$ は単調増加で, $g(0)=0$ であるから, $g(x) \geqq 0$ つまり $\cos x \geqq 1-\frac{1}{2}x^2$

(3) (2)より $x \geqq 0$ で $\cos x \geqq 1-\frac{1}{2}x^2$ に注意すると, 求める面積は図の網目部分であるから

$$\int_0^{\frac{\pi}{2}}\cos x\,dx-\int_0^{\sqrt{2}}\left(1-\frac{1}{2}x^2\right)dx$$

$$=\Big[\sin x\Big]_0^{\frac{\pi}{2}}-\left[x-\frac{1}{6}x^3\right]_0^{\sqrt{2}}$$

$$=(1-0)-\left(\sqrt{2}-\frac{\sqrt{2}}{3}\right)=\boldsymbol{1-\frac{2}{3}\sqrt{2}}$$

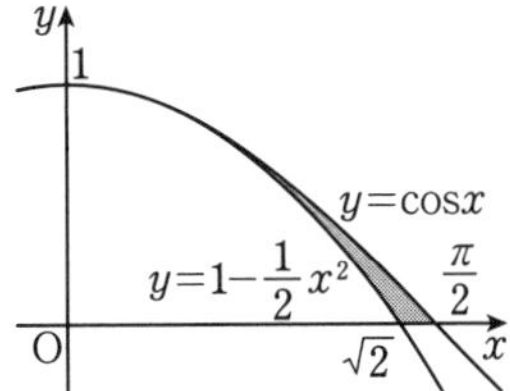

《三角関数と面積 (B20)》

593. $-\frac{\pi}{2} \leqq x \leqq \frac{\pi}{2}$ において, 関数 $f(x)$, $g(x)$

を

$$f(x)=(\sqrt{2}+4)\cos x-\sqrt{3}\cos^2 x$$

$$g(x)=4\cos x+\sin x\cos x$$

で定める．

（1） $f(x)$ の最大値と最小値を求めよ．

（2） $g(x)$ の最大値を M とする．M^2 の値を求めよ．

（3） $0<f(x)\leqq g(x)$ となる x の範囲を求めよ．

（4） 2つの曲線 $y=f(x)$，$y=g(x)$ で囲まれる図形のうち，x が（3）で求めた範囲にある部分の面積 S を求めよ．　（21　名古屋工大・後期）

▶解答◀　$\cos x=c$，$\sin x=s$ とする．

$-\dfrac{\pi}{2}\leqq x\leqq\dfrac{\pi}{2}$ において $0\leqq c\leqq 1$，$-1\leqq s\leqq 1$

（1） $f(x)=c(\sqrt{2}+4-\sqrt{3}c)$

図を見よ．$\dfrac{\sqrt{2}+4}{2\sqrt{3}}>1$ であるから，$f(x)$ は $c=1$ のとき最大値 $\boldsymbol{\sqrt{2}+4-\sqrt{3}}$ をとり，$c=0$ のとき最小値 **0** をとる．

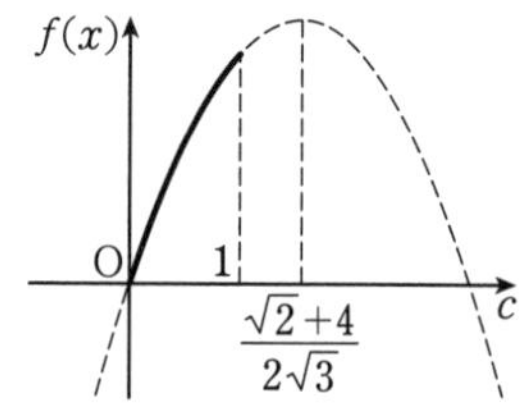

（2） $g(x)=4\cos x+\dfrac{1}{2}\sin 2x$

$$g'(x)=-4\sin x+\cos 2x$$

$$=-4s+1-2s^2=-(2s^2+4s-1)$$

$g'(x)=0$ とすると $s=\dfrac{-2+\sqrt{6}}{2}$

このときの x を α とする．$g(x)$ の増減は次の通り．

x	$-\frac{\pi}{2}$	$\cdots$	α	$\cdots$	$\frac{\pi}{2}$
$g'(x)$		$+$	0	$-$	
$g(x)$		↗		↘	

よって，$M=g(\alpha)$ である．$\sin\alpha=s_\alpha$，$\cos\alpha=c_\alpha$ とする．$s_\alpha=\dfrac{-2+\sqrt{6}}{2}$，$2s_\alpha{}^2+4s_\alpha-1=0$ すなわち，$s_\alpha{}^2=\dfrac{1}{2}-2s_\alpha$ である．

$$M^2=(4c_\alpha+s_\alpha c_\alpha)^2=c_\alpha{}^2(4+s_\alpha)^2$$

$$=(1-s_\alpha{}^2)(16+8s_\alpha+s_\alpha{}^2)$$

$$=\left\{1-\left(\frac{1}{2}-2s_\alpha\right)\right\}\left\{16+8s_\alpha+\left(\frac{1}{2}-2s_\alpha\right)\right\}$$

$$=\left(2s_\alpha+\frac{1}{2}\right)\left(6s_\alpha+\frac{33}{2}\right)$$

$$=12s_\alpha{}^2+36s_\alpha+\frac{33}{4}$$

$$=12\left(\frac{1}{2}-2s_\alpha\right)+36s_\alpha+\frac{33}{4}$$

$$=12s_\alpha+\frac{57}{4}=12\cdot\frac{-2+\sqrt{6}}{2}+\frac{57}{4}$$

$$=\boldsymbol{6\sqrt{6}+\frac{9}{4}}$$

（3） （1）より，$f(x)>0$ となるのは $\cos x>0$ すなわち $-\dfrac{\pi}{2}<x<\dfrac{\pi}{2}$ のときである．このとき $f(x)\leqq g(x)$ より

$$(\sqrt{2}+4)c-\sqrt{3}c^2\leqq 4c+sc$$

$$c(s+\sqrt{3}c-\sqrt{2})\geqq 0$$

$c>0$ であるから

$$s+\sqrt{3}c-\sqrt{2}\geqq 0$$

$$2\sin\left(x+\frac{\pi}{3}\right)-\sqrt{2}\geqq 0$$

$$\sin\left(x+\frac{\pi}{3}\right)\geqq\frac{1}{\sqrt{2}}$$

$-\dfrac{\pi}{6}<x+\dfrac{\pi}{3}<\dfrac{5}{6}\pi$ であるから

$$\frac{\pi}{4}\leqq x+\frac{\pi}{3}\leqq\frac{3}{4}\pi$$

$$\boldsymbol{-\frac{\pi}{12}\leqq x\leqq\frac{5}{12}\pi}$$

（4） $g(x)-f(x)=sc+\sqrt{3}c^2-\sqrt{2}c$

$$=\frac{1}{2}\sin 2x+\sqrt{3}\cdot\frac{1+\cos 2x}{2}-\sqrt{2}\cos x$$

$$=\frac{1}{2}\sin 2x+\frac{\sqrt{3}}{2}\cos 2x-\sqrt{2}\cos x+\frac{\sqrt{3}}{2}$$

$$=\sin\left(2x+\frac{\pi}{3}\right)-\sqrt{2}\cos x+\frac{\sqrt{3}}{2}$$

$$S=\int_{-\frac{\pi}{12}}^{\frac{5}{12}\pi}\{g(x)-f(x)\}\,dx$$

$$=\left[-\frac{1}{2}\cos\left(2x+\frac{\pi}{3}\right)-\sqrt{2}\sin x+\frac{\sqrt{3}}{2}x\right]_{-\frac{\pi}{12}}^{\frac{5}{12}\pi}$$

$$=-\frac{1}{2}\left(\cos\frac{7}{6}\pi-\cos\frac{\pi}{6}\right)$$

$$-\sqrt{2}\left(\sin\frac{5}{12}\pi+\sin\frac{\pi}{12}\right)+\frac{\sqrt{3}}{2}\left(\frac{5}{12}\pi+\frac{\pi}{12}\right)$$

$$=-\frac{1}{2}\left(-\frac{\sqrt{3}}{2}-\frac{\sqrt{3}}{2}\right)$$

$$-\sqrt{2}\cdot 2\sin\frac{\pi}{4}\cos\frac{\pi}{6}+\frac{\sqrt{3}}{2}\cdot\frac{\pi}{2}$$

$$=\frac{\sqrt{3}}{2}-2\sqrt{2}\cdot\frac{1}{\sqrt{2}}\cdot\frac{\sqrt{3}}{2}+\frac{\sqrt{3}}{4}\pi$$

$$=\boldsymbol{\frac{\sqrt{3}}{4}\pi-\frac{\sqrt{3}}{2}}$$

注意　$C_1:y=f(x)$，$C_2:y=g(x)$ のグラフは次のようになる．

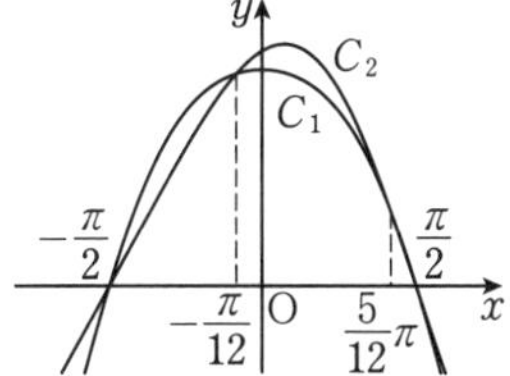

《交点を文字で置く (B20) ☆》

594. 次の問いに答えよ.

（1） $0<x<\pi$ の範囲で，方程式 $\sin^3 x=\sin 2x$ は，ただ1つの解をもつことを示せ．また，その解を α とするとき，$\cos\alpha$ の値を求めよ.

（2） $0\leqq x\leqq\pi$ の範囲で，2つの曲線 $y=\sin^3 x$ と $y=\sin 2x$ で囲まれた部分の面積を求めよ.

（21　名古屋市立大・後期）

▶解答◀ （1） $\sin^3 x=\sin 2x$ より

$$\sin^3 x=2\sin x\cos x$$

$0<x<\pi$ のとき $\sin x>0$ であるから

$$\sin^2 x=2\cos x$$

$\cos x=c$ とおくと $1-c^2=2c$

$$c^2+2c-1=0$$

$-1<c<1$ であるから

$$\cos x=-1+\sqrt{2}$$

これを満たす x は $0<x<\pi$ にただ1つ存在するから，$\sin^3 x=\sin 2x$ はただ1つの解 α をもつ．また

$$\cos\alpha=\mathbf{-1+\sqrt{2}}$$

（**2**） $C_1: y=\sin^3 x$，$C_2: y=\sin 2x$ とする．求める面積を S とする.

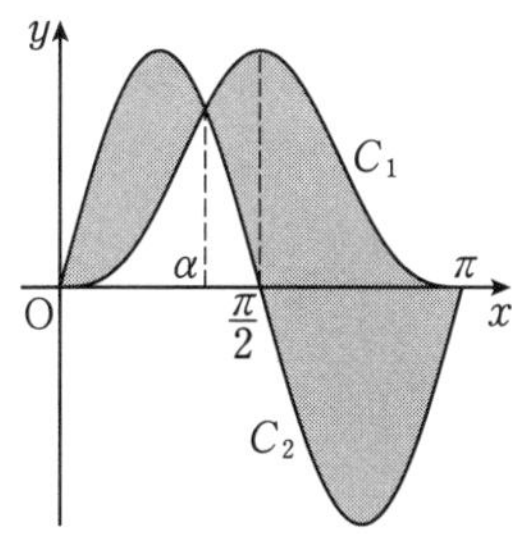

$$\int\sin^3 x\,dx=-\int(1-\cos^2 x)(\cos x)'\,dx$$

$$=-\cos x+\frac{1}{3}\cos^3 x+C\quad(C\text{ は積分定数})$$

であるから

$$S=\int_0^{\alpha}(\sin 2x-\sin^3 x)\,dx$$

$$-\int_{\alpha}^{\pi}(\sin 2x-\sin^3 x)\,dx$$

$$=\left[-\frac{1}{2}\cos 2x+\cos x-\frac{1}{3}\cos^3 x\right]_0^{\alpha}$$

$$+\left[-\frac{1}{2}\cos 2x+\cos x-\frac{1}{3}\cos^3 x\right]_{\pi}^{\alpha}$$

$$=2\left(-\frac{1}{2}\cos 2\alpha+\cos\alpha-\frac{1}{3}\cos^3\alpha\right)$$

$$-\left(-\frac{1}{2}+1-\frac{1}{3}\right)-\left(-\frac{1}{2}-1+\frac{1}{3}\right)$$

$\cos\alpha=c$ であり，

$$S=2\left\{-\frac{1}{2}(2c^2-1)+c-\frac{1}{3}c^3\right\}+1$$

$$=\frac{2}{3}(-c^3-3c^2+3c+3)\ \cdots\cdots\text{①}$$

$$=\frac{2}{3}\{(c^2+2c-1)(-c-1)+4c+2\}\ \cdots\cdots\text{②}$$

$$=\frac{2}{3}\{4(-1+\sqrt{2})+2\}=\mathbf{\frac{4}{3}(2\sqrt{2}-1)}$$

なお ① から ② では多項式の割り算と同様に行っている．$c^2+2c-1=0$ である.

《log と面積 (B20) ☆》

595. a を正の実数とする．関数

$$f(x)=(\log x)^2+2a\log x\ (x>0)$$

に対し，以下の問いに答えなさい．ただし，$\log x$ は自然対数とする.

（1） $f(x)$ の最小値と，そのときの x の値を求めなさい.

（2） $y=f(x)$ のグラフの凹凸を調べ，変曲点を求めなさい.

（3） 不定積分 $\int f(x)\,dx$ を求めなさい.

（4） $y=f(x)$ のグラフの変曲点が x 軸上にあるとする．このとき，a の値を求め，曲線 $y=f(x)$ と x 軸で囲まれた部分の面積を求めなさい.

（21　都立大・理系）

▶解答◀

$$f'(x)=2\log x\cdot\frac{1}{x}+2a\cdot\frac{1}{x}=\frac{2(\log x+a)}{x}$$

$$f''(x)=2\cdot\frac{\frac{1}{x}\cdot x-(\log x+a)\cdot 1}{x^2}$$

$$=-2\cdot\frac{\log x+a-1}{x^2}$$

x	0	$\cdots$	e^{-a}	$\cdots$	e^{-a+1}	$\cdots$
$f'(x)$		$-$	0	$+$	$+$	$+$
$f''(x)$		$+$	$+$	$+$	0	$-$
$f(x)$		↘		↗		↗

（**1**） 増減表より，$f(x)$ は $x=\boldsymbol{e^{-a}}$ のとき，最小値 $f(e^{-a})=(-a)^2+2a(-a)=\boldsymbol{-a^2}$ をとる.

（**2**） $f(e^{-a+1})=(-a+1)^2+2a(-a+1)$

$$=(-a+1)(-a+1+2a)=1-a^2$$

増減表より，変曲点は $\boldsymbol{(e^{-a+1},1-a^2)}$ である.

(3) $\int (\log x)^2\, dx = \int (x)'(\log x)^2\, dx$

$= x(\log x)^2 - \int x\{(\log x)^2\}'\, dx$

$= x(\log x)^2 - \int x\cdot 2\log x(\log x)'\, dx$

$= x(\log x)^2 - 2\int \log x\, dx$

$= x(\log x)^2 - 2(x\log x - x) + C_1$

よって,

$\int f(x)\, dx = \int \{(\log x)^2 + 2a\log x\}\, dx$

$= x(\log x)^2 - 2(x\log x - x)$

$\quad +2a(x\log x - x) + C$

$= \boldsymbol{x\{(\log x)^2 + 2(a-1)(\log x - 1)\} + C}$

ただし, C_1, C は積分定数である.

(4) $y = f(x)$ のグラフの変曲点が x 軸上にあるとき, (2) より $1 - a^2 = 0$

$a > 0$ であるから, $a = \mathbf{1}$

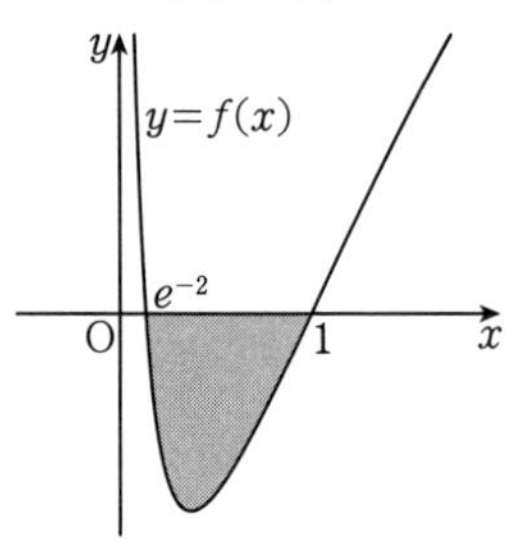

このとき

$$f(x) = (\log x)^2 + 2\log x = \log x(\log x + 2)$$

$f(x) = 0$ のとき $x = e^{-2}, 1$ であるから, 求める面積は

$$-\int_{e^{-2}}^{1} f(x)\, dx = -\Big[x(\log x)^2\Big]_{e^{-2}}^{1} = \boldsymbol{\frac{4}{e^2}}$$

♦別解♦ (1) $f(x) = (\log x)^2 + 2a\log x$

$= (\log x + a)^2 - a^2$

$f(x)$ は $\log x = -a$ すなわち $x = \boldsymbol{e^{-a}}$ のとき, 最小値 $\boldsymbol{-a^2}$ をとる.

《log と面積 (B20)》

596. 以下の問いに答えよ. ただし, $2.7 < e < 2.8$ であり, $\lim_{x\to\infty}\frac{\log x}{x^2} = 0$ であることは証明なしに用いてよい.

(1) 関数 $y = \frac{\log x}{x^2}$ $(x > 0)$ の極値を調べ, $y = \frac{\log x}{x^2}$ のグラフの概形をかけ.

(2) 方程式 $x^n = e^{x^2}$ が正の実数解をもつための最小の自然数 n を求めよ.

(3) 曲線 $y = \frac{\log x}{x^2}$ と x 軸および直線 $x = a$ $(a > 0)$ とで囲まれた図形の面積が 1 となるように a の値を定めよ. (21 大府大・前期)

▶解答◀ (1) $f(x) = \frac{\log x}{x^2}$ とおく.

$$f'(x) = \frac{\frac{1}{x}\cdot x^2 - (\log x)\cdot 2x}{x^4} = \frac{1 - 2\log x}{x^3}$$

$f'(x) = 0$ のとき $2\log x = 1$

x	0	$\cdots$	$e^{\frac{1}{2}}$	$\cdots$
$f'(x)$		$+$	0	$-$
$f(x)$		↗		↘

$$f\left(e^{\frac{1}{2}}\right) = \frac{1}{2e}$$

$$\lim_{x\to\infty} f(x) = 0,\ \lim_{x\to+0} f(x) = -\infty$$

グラフの概形は図 1 を見よ.

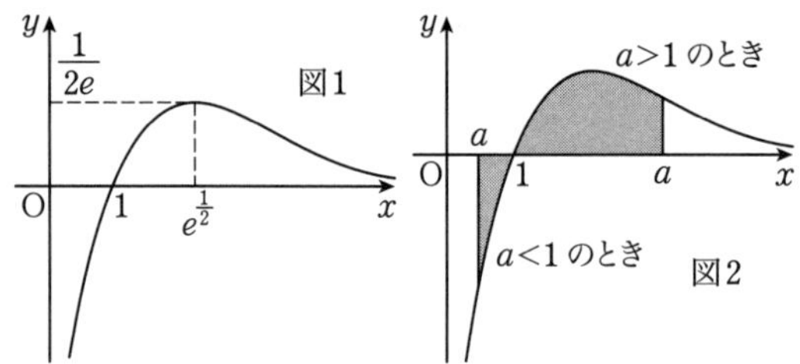

(2) 与式の両辺の対数をとって

$$n\log x = x^2$$

$$\frac{\log x}{x^2} = \frac{1}{n}$$

$\frac{\log x}{x^2}$ の最大値は $\frac{1}{2e}$ であるから

$$\frac{1}{n} \leqq \frac{1}{2e} \qquad \therefore\ n \geqq 2e$$

$5.4 < 2e < 5.6$ であるから, n の最小値は **6** である.

(3) $y = \frac{\log x}{x^2}$ と x 軸, $x = a$ に囲まれた図形の面積を S とおく. 図 2 を見よ.

(ア) $a > 1$ のとき

$$S = \int_1^a \frac{\log x}{x^2}\, dx = \int_1^a \left(-\frac{1}{x}\right)'\log x\, dx$$

$$= -\left[\frac{1}{x}\log x\right]_1^a + \int_1^a \frac{1}{x}(\log x)'\, dx$$

$$= -\left[\frac{\log x}{x}\right]_1^a + \int_1^a \frac{1}{x}\cdot\frac{1}{x}\, dx$$

$$= -\left[\frac{\log x + 1}{x}\right]_1^a = -\frac{\log a + 1}{a} + 1$$

(イ) $0 < a < 1$ のとき

$$S = -\int_a^1 \frac{\log x}{x^2}\, dx$$

$$= \int_1^a \frac{\log x}{x^2}\, dx = -\frac{\log a + 1}{a} + 1$$

$S=1$ となるとき $-\dfrac{\log a+1}{a}+1=1$

$\log a+1=0 \qquad \therefore \quad a=\boldsymbol{e^{-1}}$

《指数関数と直線が接する (B15) ☆》

597. a を正の定数とするとき，以下の問いに答えよ．

（1） $y=a^x$ と $y=x$ のグラフが接するときの a の値を求めよ．

（2）（1）の条件の下で，曲線 $y = a^x$, 直線 $y = x$, 及び y 軸によって囲まれる部分を図示し，その面積を求めよ．（21　愛知教育大）

▶解答◀（1） $f(x) = a^x$, $g(x) = x$ とおくと，$f'(x)=a^x\log a$, $g'(x)=1$ である．

$y=f(x)$ と $y=g(x)$ の接点の x 座標を t とおくと

$$f(t)=g(t),\ f'(t)=g'(t)$$

$$a^t=t,\ a^t\log a=1$$

$t\log a=1$ に注意して，後の式より

$$\log(a^t\log a)=0$$

$$t\log a+\log(\log a)=0$$

$$\log(\log a)=-1$$

$$\log a=\frac{1}{e} \qquad \therefore \quad a=\boldsymbol{e^{\frac{1}{e}}}$$

（2）（1）より，$t=\dfrac{1}{\log a}=e$ である．求める面積は

$$\int_0^e\left(e^{\frac{x}{e}}-x\right)dx=\left[e\cdot e^{\frac{x}{e}}-\frac{1}{2}x^2\right]_0^e$$

$$=e^2-\frac{1}{2}e^2-e=\boldsymbol{\frac{1}{2}e^2-e}$$

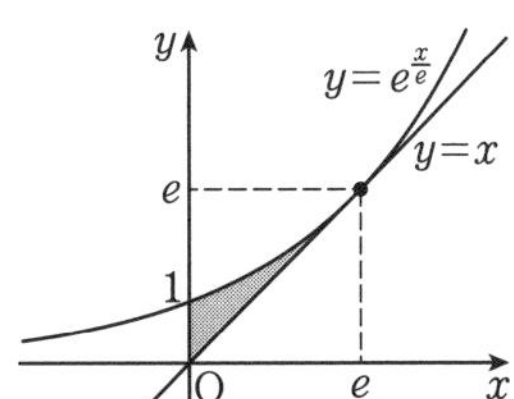

《指数関数と sin が接する (B20) ☆》

598. a を正の実数定数とし，曲線

$$C_1: y=a\sin(x)\ (0\leqq x\leqq \pi)$$

と曲線

$$C_2: y=e^{-x}\ (0\leqq x\leqq \pi)$$

とを定める．ただし，e は自然対数の底を表す．

（1） 曲線 C_1 と曲線 C_2 とが共有点Pをもち，かつPにおいて共通の接線をもつとき，Pの座標，および a の値を求めよ．

（2）（1）において，曲線 C_1 と曲線 C_2，および y 軸とで囲まれた部分の面積を求めよ．

（21　奈良県立医大・医-後期）

▶解答◀（1） $f(x)=a\sin x$, $g(x)=e^{-x}$ とおく．

$$f'(x)=a\cos x,\ g'(x)=-e^{-x}$$

Pの x 座標を t とする．C_1 と C_2 が $x=t$ で共通の接線をもつ条件は

$$f(t)=g(t),\ f'(t)=g'(t)$$

$$a\sin t=e^{-t} \quad\cdots\cdots①$$

$$a\cos t=-e^{-t} \quad\cdots\cdots②$$

①$=-$②より

$$a\sin t=-a\cos t \qquad \therefore \quad \tan t=-1$$

$0\leqq t\leqq \pi$ のとき $t=\dfrac{3}{4}\pi$ である．

よってPの座標は $\left(\boldsymbol{\frac{3}{4}\pi,\ e^{-\frac{3}{4}\pi}}\right)$ である．

また，①より

$$a\sin\frac{3}{4}\pi=e^{-\frac{3}{4}\pi} \qquad \therefore \quad a=\boldsymbol{\sqrt{2}e^{-\frac{3}{4}\pi}}$$

（2） $\displaystyle\int_0^{\frac{3}{4}\pi}\left(e^{-x}-\sqrt{2}e^{-\frac{3}{4}\pi}\sin x\right)dx$

$$=\left[-e^{-x}+\sqrt{2}e^{-\frac{3}{4}\pi}\cos x\right]_0^{\frac{3}{4}\pi}$$

$$=-e^{-\frac{3}{4}\pi}+1-\sqrt{2}e^{-\frac{3}{4}\pi}\left(\frac{1}{\sqrt{2}}+1\right)$$

$$=\boldsymbol{1-(2+\sqrt{2})e^{-\frac{3}{4}\pi}}$$

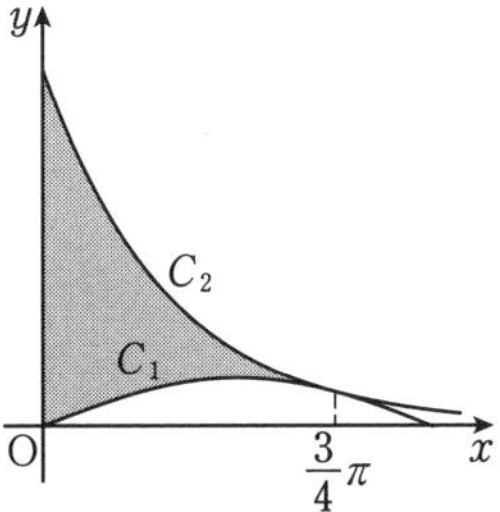

《減衰振動 (B20) ☆》

599. 関数 $f(x)=e^{-x}\sin x$ について，次の問に答えよ．ただし，e は自然対数の底とする．

（1） x が $x\geqq 0$ の範囲にあるとき，$f(x)$ の最大値と最小値を求めよ．

（2） 部分積分法を繰り返し用いて定積分

$$V_n=\int_0^{2n\pi}|f(x)|\,dx,\ n=1, 2, 3, \cdots$$

の値を求めよ．さらに極限値 $\displaystyle\lim_{n\to\infty}V_n$ を求めよ．

（21　福岡大・医）

▶解答◀ （1） $-1 \leqq \sin x \leqq 1$ に e^{-x} をかけて
$-e^{-x} \leqq e^{-x}\sin x \leqq e^{-x}$
曲線 $y=f(x)\ (x \geqq 0)$ は図のようになる．

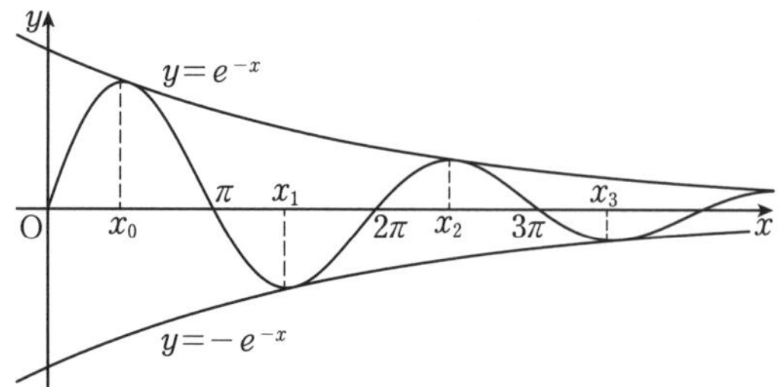

$$f'(x) = -e^{-x}\sin x + e^{-x}\cos x$$
$$= e^{-x}(\cos x - \sin x)$$

$f'(x)=0$ のとき $\tan x = 1$ であり，$x = \dfrac{\pi}{4}+k\pi$（k は 0 以上の整数）の形となる．極値は

$$f\left(\frac{\pi}{4}+k\pi\right) = e^{-\frac{\pi}{4}-k\pi}\sin\left(\frac{\pi}{4}+k\pi\right)$$
$$= \frac{1}{\sqrt{2}}e^{-\frac{\pi}{4}-k\pi}(-1)^k$$
$$\left|f\left(\frac{\pi}{4}+k\pi\right)\right| = \frac{1}{\sqrt{2}}e^{-\frac{\pi}{4}-k\pi}$$

は k の減少列である．$x_k = \dfrac{\pi}{4}+\pi k$ とおく．
極値は正，負を繰り返し 0 に近づいていくから，最大値は $f(x_0) = \boldsymbol{\dfrac{1}{\sqrt{2}}e^{-\frac{\pi}{4}}}$，最小値は $f(x_1) = \boldsymbol{-\dfrac{1}{\sqrt{2}}e^{-\frac{5}{4}\pi}}$

（2） $V_n = \displaystyle\sum_{m=0}^{2n-1}\int_{m\pi}^{(m+1)\pi}|f(x)|\,dx$ である．
部分積分は積の微分法から導かれるから部分積分をするのは積の微分法を利用するのと同じである．

$$(e^{-x}\sin x)' = -e^{-x}\sin x + e^{-x}\cos x$$
$$(e^{-x}\cos x)' = -e^{-x}\cos x - e^{-x}\sin x$$

を辺ごとに加え

$$(e^{-x}\sin x + e^{-x}\cos x)' = -2e^{-x}\sin x$$
$$\int_{m\pi}^{(m+1)\pi}|f(x)|\,dx = \left|\int_{m\pi}^{(m+1)\pi}f(x)\,dx\right|$$
$$= \left|\left[-\frac{e^{-x}}{2}(\sin x + \cos x)\right]_{m\pi}^{(m+1)\pi}\right|$$
$$= \left|-(-1)^{m+1}\frac{e^{-(m+1)\pi}}{2} + (-1)^m\frac{e^{-m\pi}}{2}\right|$$
$$= \frac{1}{2}(e^{-\pi}+1)(e^{-\pi})^m$$
$$V_n = \frac{1}{2}(e^{-\pi}+1)\cdot\frac{1-e^{-2n\pi}}{1-e^{-\pi}}$$
$$= \boldsymbol{\frac{(1+e^{-\pi})(1-e^{-2n\pi})}{2(1-e^{-\pi})}}$$
$$\lim_{n\to\infty}V_n = \boldsymbol{\frac{1+e^{-\pi}}{2(1-e^{-\pi})}}$$

なお，$\cos m\pi = (-1)^m$, $\sin m\pi = 0$ を用いた．

注意 1°【部分積分】
$I = \displaystyle\int e^{-x}\sin x\,dx$ とおく．

$$I = \int(-e^{-x})'\sin x\,dx$$
$$= (-e^{-x})\sin x - \int(-e^{-x})(\sin x)'\,dx$$
$$= -e^{-x}\sin x + \int e^{-x}\cos x\,dx$$
$$= -e^{-x}\sin x + \int(-e^{-x})'\cos x\,dx$$
$$= -e^{-x}\sin x + (-e^{-x})\cos x - \int(-e^{-x})(\cos x)'\,dx$$
$$= -e^{-x}\sin x - e^{-x}\cos x - \int e^{-x}\sin x\,dx$$
$$I = -e^{-x}\sin x - e^{-x}\cos x - I$$
$$I = -\frac{1}{2}e^{-x}(\sin x + \cos x)$$

積分定数は省略した．部分積分でダッシュの省略をする生徒のケアレスミスは多い．

2°【置換積分】
$J_m = \displaystyle\int_{m\pi}^{(m+1)\pi}|f(x)|\,dx$ で $x = m\pi + t$ とおくと

$$J_m = \int_0^{\pi}|e^{-m\pi-t}\sin(m\pi+t)|\,dt$$
$$= e^{-m\pi}\int_0^{\pi}e^{-t}\sin t\,dt$$

《双曲線関数でパラメタ積分 (B30)》

600. 曲線 $C: x^2-y^2=1\ (x \geqq 0,\ y \geqq 0)$ 上に点 $\mathrm{P}(a, b)(a>0, b>0)$ をとる．曲線 C 上の点 P における接線を l とし，点 P と原点を通る直線を m とする．l と m および x 軸で囲まれた部分の面積を S_1 とし，C と l および x 軸で囲まれた部分の面積を S_2 とする．また，C と直線 $x=a$ および x 軸で囲まれた部分の面積を S_3 とする．

（1） S_1 を a, b を用いて表せ．

（2） $t \geqq 0$ に対し，
$$f(t) = \frac{e^t+e^{-t}}{2},\ g(t) = \frac{e^t-e^{-t}}{2}$$
とする．点 $(f(t), g(t))$ は C 上にあることを示せ．

（3）（2）の $f(t), g(t)$ に対し，正の実数 s は $f(s)=a$, $g(s)=b$ を満たすとする．S_3 を s を用いて表せ．

（4） 点 P が，C から点 $(1, 0)$ を除いた曲線上を動くとする．S_1-S_2 の最大値と，そのときの点 P の座標を求めよ．　（21　徳島大・医，歯，薬）

▶解答◀ （1） $\mathrm{P}(a, b)$ における接線 l の方程式は $ax-by=1$ であり，$y=0$ のとき $x=\dfrac{1}{a}$
したがって $S_1 = \dfrac{1}{2}\cdot\dfrac{1}{a}\cdot b = \boldsymbol{\dfrac{b}{2a}}$

（2） $\{f(t)\}^2-\{g(t)\}^2$

$$=\{f(t)+g(t)\}\{f(t)-g(t)\}=e^te^{-t}=1$$

となるから，$(f(t),\ g(t))$ は C 上にある．

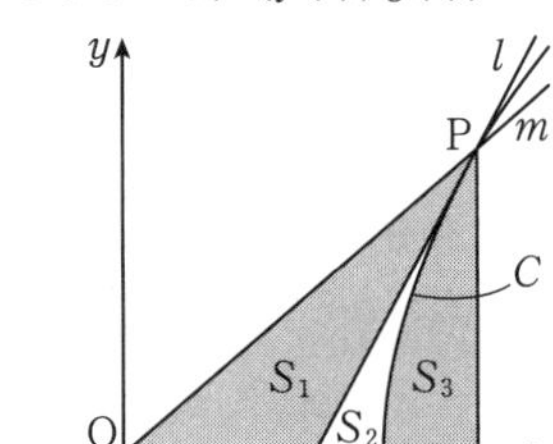

（3） $x=f(t)$，$y=g(t)$ とおくと
$dx=f'(t)\,dt=g(t)\,dt$

x	$1\to a$
t	$0\to s$

$$S_3=\int_1^a y\,dx=\int_0^s\{g(t)\}^2\,dt$$

$$=\int_0^s\frac{e^{2t}-2+e^{-2t}}{4}\,dt$$

$$=\left[\frac{e^{2t}-e^{-2t}}{8}-\frac{t}{2}\right]_0^s=\boldsymbol{\frac{e^{2s}-e^{-2s}}{8}-\frac{s}{2}}$$

（4） $S_2=\dfrac{1}{2}\left(a-\dfrac{1}{a}\right)\cdot b-S_3$ となるから，（1），（2）から

$$S_1-S_2=\frac{b}{2a}-\frac{ab}{2}+\frac{b}{2a}+S_3$$

$$=\frac{b}{a}-\frac{ab}{2}+S_3$$

$$=\frac{e^s-e^{-s}}{e^s+e^{-s}}-\frac{(e^s+e^{-s})(e^s-e^{-s})}{8}$$

$$+\frac{e^{2s}-e^{-2s}}{8}-\frac{s}{2}$$

$$=\frac{e^s-e^{-s}}{e^s+e^{-s}}-\frac{s}{2}=\frac{g(s)}{f(s)}-\frac{s}{2}$$

$h(s)=\dfrac{g(s)}{f(s)}-\dfrac{s}{2}$ とおく．$g(s)=g$, $f(s)=f$ と略記する．

$$h'(s)=\frac{g'\cdot f-f'\cdot g}{f^2}-\frac{1}{2}=\frac{f^2-g^2}{f^2}-\frac{1}{2}$$

$f^2-g^2=1$ が成り立つから，$h'(s)=\dfrac{1}{f^2}-\dfrac{1}{2}$ となる．
$h'(s)=0$ のとき $f^2=2$ であり，$g^2=f^2-1=1$ となるから

$$f=\sqrt{2},\ g=1 \quad \cdots\cdots①$$

となる．$f+g=e^s$ が成り立つから $e^s=\sqrt{2}+1$
この s の値を α とおくと，$e^\alpha=\sqrt{2}+1$

$$\alpha=\log(\sqrt{2}+1)$$

増減表は下のようになる．

s	0	$\cdots$	α	$\cdots$
$h'(s)$		$+$	0	$-$
$h(s)$		↗		↘

① から $f(\alpha)=\sqrt{2}$，$g(\alpha)=1$ だから最大値 $h(\alpha)$ は

$$h(\alpha)=\frac{g(\alpha)}{f(\alpha)}-\frac{\alpha}{2}=\boldsymbol{\frac{1}{\sqrt{2}}-\frac{1}{2}\log(\sqrt{2}+1)}$$

となり，このときの点 P の座標は $\boldsymbol{(\sqrt{2},1)}$ である．

《パラメタを消せ (B20) ☆》

601． xy 平面上で媒介変数表示

$$x=\sin\theta,\ y=\sin 2\theta\ \left(0\leqq\theta\leqq\frac{\pi}{2}\right)$$

で表される曲線を C とする．

（1） 曲線 C の凹凸を調べ，その概形をかけ．

（2） $0<p<\sqrt{2}$ とし，$y=px$ で表される直線を l とする．

（i） 直線 l と曲線 C の交点の座標を (α,β) とする．ただし，$(\alpha,\beta)\neq(0,0)$ とする．α，β をそれぞれ p を用いて表せ．

（ii） 曲線 C と x 軸によって囲まれた図形の面積を S_1 とし，曲線 C と直線 l によって囲まれた図形の面積を S_2 とする．$S_1:S_2=2:2-p^2$ のとき，p の値を求めよ．

（21 富山大・理，医，薬，工）

▶解答◀ （1） $0\leqq\theta\leqq\dfrac{\pi}{2}$ より

$$\cos\theta=\sqrt{1-\sin^2\theta}=\sqrt{1-x^2}$$

よって

$$y=\sin 2\theta=2\sin\theta\cos\theta=2x\sqrt{1-x^2}$$

ただし $0\leqq x\leqq 1$ である．

$$f(x)=2x\sqrt{1-x^2}$$

とおくと

$$f'(x)=2\left(\sqrt{1-x^2}+x\cdot\frac{-x}{\sqrt{1-x^2}}\right)$$

$$=2\cdot\frac{(1-x^2)-x^2}{\sqrt{1-x^2}}=\frac{2(1-2x^2)}{\sqrt{1-x^2}}$$

$$f''(x)=2\cdot\frac{-4x\sqrt{1-x^2}-(1-2x^2)\cdot\dfrac{-x}{\sqrt{1-x^2}}}{1-x^2}$$

$$=2\cdot\frac{-4x(1-x^2)+(1-2x^2)x}{(1-x^2)\sqrt{1-x^2}}$$

$$=2\cdot\frac{x(2x^2-3)}{(1-x^2)\sqrt{1-x^2}}<0$$

C は上に凸である．また，$f(x)$ は表のように増減し

$$f(0)=f(1)=0$$

$$f\left(\frac{1}{\sqrt{2}}\right)=2\cdot\frac{1}{\sqrt{2}}\cdot\sqrt{1-\frac{1}{2}}=1$$

であるから，C の概形は図 1 のようになる．

x	0	$\cdots$	$\frac{1}{\sqrt{2}}$	$\cdots$	1
$f'(x)$		$+$	0	$-$	
$f(x)$		↗		↘	

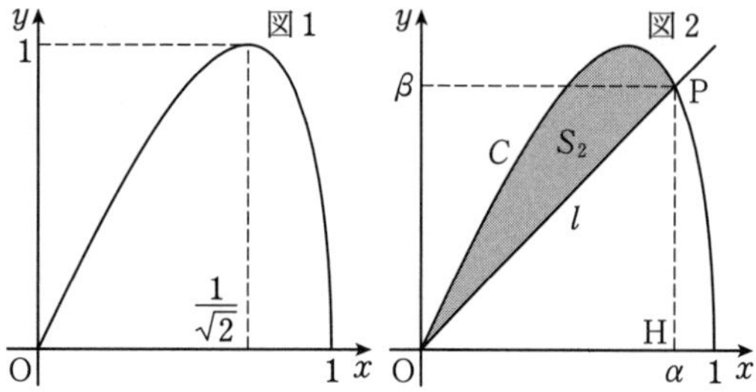

（**2**）（**i**）$f(\alpha)=p\alpha$ であるから

$$2\alpha\sqrt{1-\alpha^2}=p\alpha$$

$\alpha\neq 0$ より

$$\sqrt{1-\alpha^2}=\frac{p}{2}$$

$$1-\alpha^2=\frac{p^2}{4}\qquad\therefore\quad \alpha^2=1-\frac{p^2}{4}$$

$\alpha>0$ より $\alpha=\boldsymbol{\sqrt{1-\frac{p^2}{4}}}$ である．また

$$\beta=p\alpha=\boldsymbol{p\sqrt{1-\frac{p^2}{4}}}$$

（**ii**）$S_1=\int_0^1 f(x)\,dx=\int_0^1 2x\sqrt{1-x^2}\,dx$

$$=-\int_0^1(1-x^2)^{\frac{1}{2}}(1-x^2)'\,dx$$

$$=-\left[\frac{2}{3}(1-x^2)^{\frac{3}{2}}\right]_0^1=\frac{2}{3}$$

$\mathrm{P}(\alpha,\beta)$，$\mathrm{H}(\alpha,0)$ とすると

$$S_2=\int_0^\alpha f(x)\,dx-\triangle\mathrm{OPH}$$

$$=-\left[\frac{2}{3}(1-x^2)^{\frac{3}{2}}\right]_0^\alpha-\frac{1}{2}\alpha\beta$$

$$=\frac{2}{3}\left\{1-(1-\alpha^2)^{\frac{3}{2}}\right\}-\frac{1}{2}p\left(1-\frac{p^2}{4}\right)$$

$$=\frac{2}{3}\left\{1-\left(\frac{p}{2}\right)^3\right\}-\frac{1}{2}p\left(1-\frac{p^2}{4}\right)$$

$$=\frac{p^3}{24}-\frac{p}{2}+\frac{2}{3}$$

$S_1:S_2=2:2-p^2$ とすると

$$(2-p^2)S_1=2S_2$$

$$(2-p^2)\cdot\frac{2}{3}=2\left(\frac{p^3}{24}-\frac{p}{2}+\frac{2}{3}\right)$$

$$8(2-p^2)=p^3-12p+16$$

$$p^3+8p^2-12p=0$$

$$p(p^2+8p-12)=0$$

$0<p<\sqrt{2}$ より $p=\boldsymbol{-4+2\sqrt{7}}$ である．

《パラメタのまま積分（B20）☆》

602．座標平面上で，媒介変数 θ を用いて

$$x=(1+\cos\theta)\cos\theta,\quad y=\sin\theta\quad(0\leqq\theta\leqq\pi)$$

と表される曲線 C がある．C 上の点で x 座標の値が最小になる点を A とし，A の x 座標の値を a とおく．B を点 $(a,0)$，O を原点 $(0,0)$ とする．

（1） a を求めよ．

（2） 線分 AB と線分 OB と C で囲まれた部分の面積を求めよ．　（21　北海道大・前期）

▶解答◀ （1） $x=\left(\cos\theta+\frac{1}{2}\right)^2-\frac{1}{4}$

は $\cos\theta=-\frac{1}{2}\left(\theta=\frac{2\pi}{3}\right)$ で最小になる．$\boldsymbol{a=-\frac{1}{4}}$

（2） $\mathrm{A}\left(-\frac{1}{4},\frac{\sqrt{3}}{2}\right)$，$\mathrm{B}\left(-\frac{1}{4},0\right)$

$\mathrm{P}(\theta)=((1+\cos\theta)\cos\theta,\sin\theta)$ とおく．

$\mathrm{P}(0)=(2,0)$，$\mathrm{P}(\pi)=(0,0)$ で，C と AB，OB とつながるのは $\theta=\pi$ の近くである．

$\frac{2\pi}{3}<\theta<\pi$ のとき，$-1<\cos\theta<-\frac{1}{2}$

$$\frac{dx}{d\theta}=-\sin\theta\cdot\cos\theta+(1+\cos\theta)\cdot(-\sin\theta)$$

$$=-\sin\theta(1+2\cos\theta)>0$$

$$\frac{dy}{d\theta}=\cos\theta<0$$

θ の増加とともに (x,y) は右下に動く．この範囲で，C の一部と OB，BA は図 1 のように囲んでいる．求める面積は

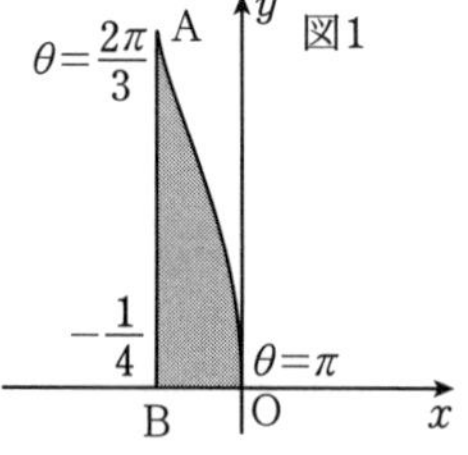

$$\int_{-\frac{1}{4}}^0 y\,dx=\int_{\frac{2}{3}\pi}^\pi y\,\frac{dx}{d\theta}\,d\theta$$

$$=-\int_{\frac{2}{3}\pi}^\pi\sin^2\theta(1+2\cos\theta)\,d\theta$$

$$=-\int_{\frac{2}{3}\pi}^\pi(\sin^2\theta+2\sin^2\theta\cos\theta)\,d\theta$$

$$= -\int_{\frac{2}{3}\pi}^{\pi} \left\{ \frac{1-\cos 2\theta}{2} + 2\sin^2\theta(\sin\theta)' \right\} d\theta$$

$$= -\left[\frac{1}{2}\theta - \frac{1}{4}\sin 2\theta + \frac{2}{3}\sin^3\theta \right]_{\frac{2}{3}\pi}^{\pi}$$

$$= -\frac{1}{2}\cdot\frac{\pi}{3} - \frac{1}{4}\left(-\frac{\sqrt{3}}{2}\right) + \frac{2}{3}\left(\frac{\sqrt{3}}{2}\right)^3$$

$$= \boldsymbol{\frac{3\sqrt{3}}{8} - \frac{\pi}{6}}$$

注意 囲むことを言えばよいのであろう．だから解答は $\frac{2\pi}{3} < \theta < \pi$ の部分だけ述べた．$0 < \theta < \frac{2\pi}{3}$ の部分がどうなっているかを論じる必要ない．曲線全体は図 2 になる．

θ	0	…	$\frac{\pi}{2}$	…	$\frac{2\pi}{3}$	…	π
$\frac{dx}{d\theta}$		$-$	$-$	$-$	0	$+$	
$\frac{dy}{d\theta}$		$+$	0	$-$	$-$	$-$	
$\binom{x}{y}$		↖		↙		↘	

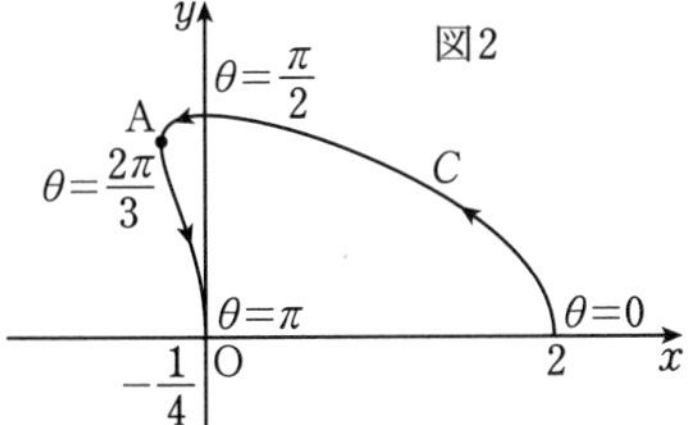

《パラメタの 2 階微分 (B20)》

603. 媒介変数 $t\left(0 \leqq t < \frac{\pi}{4}\right)$ を用いて

$$\begin{cases} x = e^t\cos t \\ y = e^t \sin t \end{cases}$$

で表される曲線を C とする．このとき，次の問いに答えよ．

（1） $\frac{dx}{dt}$, $\frac{dy}{dt}$ を t を用いて表せ．

（2） $\frac{dy}{dx}$ を t を用いて表せ．

（3） $t = \frac{\pi}{6}$ のときの曲線 C 上の点を P とする．このとき，点 P における曲線 C の接線 l の方程式を求めよ．

（4） （3）の点 P と直線 l において，曲線 C は点 P を除いて直線 l の上側にあることを示せ．

（5） 曲線 C と（3）で求めた直線 l，および x 軸で囲まれた図形の面積を求めよ．

（21　静岡大・後期）

▶解答◀ （1） $x = e^t\cos t$ のとき

$$\frac{dx}{dt} = e^t(\cos t - \sin t) = \boldsymbol{\sqrt{2}e^t\cos\left(t + \frac{\pi}{4}\right)}$$

$y = e^t \sin t$ のとき

$$\frac{dy}{dt} = e^t(\sin t + \cos t) = \boldsymbol{\sqrt{2}e^t\sin\left(t + \frac{\pi}{4}\right)}$$

（2）
$$\frac{dy}{dx} = \frac{\frac{dy}{dt}}{\frac{dx}{dt}} = \frac{\sqrt{2}e^t\sin\left(t+\frac{\pi}{4}\right)}{\sqrt{2}e^t\cos\left(t+\frac{\pi}{4}\right)}$$

$$= \boldsymbol{\tan\left(t + \frac{\pi}{4}\right)}$$

（3） $t = \frac{\pi}{6}$ のとき

$$x = e^{\frac{\pi}{6}}\cos\frac{\pi}{6} = \frac{\sqrt{3}}{2}e^{\frac{\pi}{6}}$$

$$y = e^{\frac{\pi}{6}}\sin\frac{\pi}{6} = \frac{1}{2}e^{\frac{\pi}{6}}$$

$$\frac{dy}{dx} = \tan\left(\frac{\pi}{6} + \frac{\pi}{4}\right) = \frac{\frac{1}{\sqrt{3}} + 1}{1 - \frac{1}{\sqrt{3}}\cdot 1}$$

$$= \frac{\sqrt{3}+1}{\sqrt{3}-1} = \frac{(\sqrt{3}+1)^2}{2} = 2 + \sqrt{3} \quad \cdots\cdots\cdots\cdots①$$

よって，P における接線 l の方程式は

$$y = (2+\sqrt{3})\left(x - \frac{\sqrt{3}}{2}e^{\frac{\pi}{6}}\right) + \frac{1}{2}e^{\frac{\pi}{6}}$$

$$\boldsymbol{y = (2+\sqrt{3})x - (\sqrt{3}+1)e^{\frac{\pi}{6}}}$$

（4） $y' = \frac{dy}{dx}$ と書くことにすると，$0 \leqq t < \frac{\pi}{4}$ において $y' > 0$ であるから y は x の増加関数である．

$$\frac{d^2y}{dx^2} = \frac{dy'}{dx} = \frac{\frac{dy'}{dt}}{\frac{dx}{dt}}$$

$$= \frac{1}{\cos^2\left(t+\frac{\pi}{4}\right)}\cdot\frac{1}{\sqrt{2}e^t\cos\left(t+\frac{\pi}{4}\right)}$$

$\cos\left(t + \frac{\pi}{4}\right) > 0$ であるから，$\frac{d^2y}{dx^2} > 0$ である．よって，C は点 P において下に凸である．C と l は P において接するから，C は P を除いて l の上側にある．

（5） 図を見よ．$t = 0$ のとき，$x = 1$, $y = 0$（点 Q）

$t = \frac{\pi}{6}$ のとき，$x = \frac{\sqrt{3}}{2}e^{\frac{\pi}{6}}$, $y = \frac{1}{2}e^{\frac{\pi}{6}}$（点 P）

接線 l と x 軸の交点を求める．① より，

$2 + \sqrt{3} = \frac{\sqrt{3}+1}{\sqrt{3}-1}$ であることを使って，

$$0 = \frac{\sqrt{3}+1}{\sqrt{3}-1}x - (\sqrt{3}+1)e^{\frac{\pi}{6}}$$

$$x = (\sqrt{3}-1)e^{\frac{\pi}{6}}$$

求める面積を S とおくと，S は図の網目部分の面積である．点 R の x 座標を $\alpha = (\sqrt{3}-1)e^{\frac{\pi}{6}}$，点 P の x 座標を $\beta = \frac{\sqrt{3}}{2}e^{\frac{\pi}{6}}$ とおく．

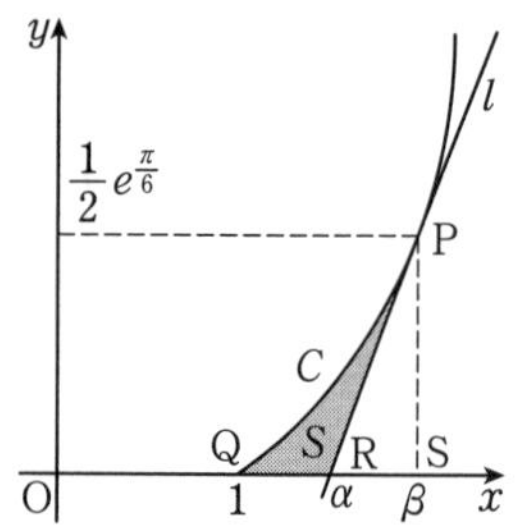

C の下方の面積から $\triangle\mathrm{PRS}$ の面積を引くと考える．

$$\triangle\mathrm{PRS}=\frac{1}{2}(\beta-\alpha)\cdot\frac{1}{2}e^{\frac{\pi}{6}}$$
$$=\frac{1}{2}\left(1-\frac{\sqrt{3}}{2}\right)e^{\frac{\pi}{6}}\cdot\frac{1}{2}e^{\frac{\pi}{6}}=\frac{1}{4}\left(1-\frac{\sqrt{3}}{2}\right)e^{\frac{\pi}{3}}$$

C の下方の面積を T とおく．$x=e^t\cos t$ のとき，
$dx=e^t(\cos t-\sin t)\,dt$，積分範囲は $0\leqq t\leqq\frac{\pi}{6}$

$$T=\int_1^{\beta}y\,dx=\int_0^{\frac{\pi}{6}}e^t(\sin t)e^t(\cos t-\sin t)\,dt$$
$$=\int_0^{\frac{\pi}{6}}e^{2t}(\sin t\cos t-\sin^2 t)\,dt$$
$$=\int_0^{\frac{\pi}{6}}e^{2t}\left(\frac{1}{2}\sin 2t-\frac{1-\cos 2t}{2}\right)dt$$
$$=\frac{1}{2}\int_0^{\frac{\pi}{6}}(e^{2t}(\sin 2t+\cos 2t)-e^{2t})\,dt$$

ここで，$(e^{2t}\sin 2t)'=2e^{2t}(\sin 2t+\cos 2t)$ であるから

$$T=\frac{1}{2}\left[\frac{1}{2}e^{2t}\sin 2t-\frac{1}{2}e^{2t}\right]_0^{\frac{\pi}{6}}$$
$$=\frac{1}{4}\left[e^{2t}(\sin 2t-1)\right]_0^{\frac{\pi}{6}}$$
$$=\frac{1}{4}\left(e^{\frac{\pi}{3}}\left(\frac{\sqrt{3}}{2}-1\right)+1\right)$$
$$S=T-\triangle\mathrm{PRS}$$
$$=\frac{1}{4}+\frac{1}{4}e^{\frac{\pi}{3}}\left(\frac{\sqrt{3}}{2}-1\right)-\frac{1}{4}\left(1-\frac{\sqrt{3}}{2}\right)e^{\frac{\pi}{3}}$$
$$=\boldsymbol{\frac{1}{4}-\frac{2-\sqrt{3}}{4}e^{\frac{\pi}{3}}}$$

《双曲線の積分と回転移動（B20）》

604．以下の問いに答えなさい．

（1） 座標平面上の点 (x, y) を原点の周りに $\frac{\pi}{4}$ だけ回転して得られる点の座標を (x', y') とする．x', y' を x, y を用いて表しなさい．

（2） 双曲線 $x^2-y^2=1$ を原点の周りに $\frac{\pi}{4}$ だけ回転して得られる図形の方程式を求めなさい．

（3） 双曲線 $x^2-y^2=1$ 上に点 $\mathrm{A}(a, \sqrt{a^2-1})$ $(a>1)$ をとる．原点 $\mathrm{O}(0, 0)$ と結んだ線分 OA と双曲線 $x^2-y^2=1$ 及び x 軸で囲まれた図形の面積 S が

$$S=\frac{1}{2}\log(a+\sqrt{a^2-1})$$

と表されることを示しなさい．（21 大分大・医）

▶解答◀ （1） 複素数平面で考える．
$x'+y'i$ は $x+yi$ を原点の周りに $\frac{\pi}{4}$ だけ回転して得られる点であるから

$$x'+y'i=(x+yi)\left(\cos\frac{\pi}{4}+i\sin\frac{\pi}{4}\right)$$
$$=(x+yi)\left(\frac{1}{\sqrt{2}}+\frac{1}{\sqrt{2}}i\right)$$
$$=\frac{1}{\sqrt{2}}\{(x-y)+(x+y)i\}$$

よって $\boldsymbol{x'=\frac{1}{\sqrt{2}}(x-y)}$, $\boldsymbol{y'=\frac{1}{\sqrt{2}}(x+y)}$

（2） （1）の結果から

$$x-y=\sqrt{2}x' \quad \cdots\cdots①$$
$$x+y=\sqrt{2}y' \quad \cdots\cdots②$$

①＋② から $2x=\sqrt{2}(x'+y')$

$$x=\frac{1}{\sqrt{2}}(x'+y')$$

②－① から $2y=\sqrt{2}(y'-x')$

$$y=\frac{1}{\sqrt{2}}(y'-x')$$

$C: x^2-y^2=1$ に代入して

$$\frac{1}{2}(x'+y')^2-\frac{1}{2}(y'-x')^2=1$$
$$2x'y'=1$$

よって求める方程式は $\boldsymbol{2xy=1}$
この曲線を C' とする．

（3） 原点周りの $\frac{\pi}{4}$ の回転移動によって，A が A′ に移動するとする．また x 軸は直線 $y=x$（l とする）となる．（1）の結果から A′ の座標は
$\left(\frac{1}{\sqrt{2}}(a-\sqrt{a^2-1}), \frac{1}{\sqrt{2}}(a+\sqrt{a^2-1})\right)$ である．
$\frac{1}{\sqrt{2}}(a-\sqrt{a^2-1})=b$, $\frac{1}{\sqrt{2}}(a+\sqrt{a^2-1})=c$ とし，C' と l の第 1 象限における交点 $\left(\frac{1}{\sqrt{2}}, \frac{1}{\sqrt{2}}\right)$ を B とする．
S は図 1，すなわち図 2 の網目部分の面積であるから

$$S=\frac{1}{2}bc+\int_b^{\frac{1}{\sqrt{2}}}\frac{1}{2x}\,dx-\frac{1}{2}\cdot\frac{1}{\sqrt{2}}\cdot\frac{1}{\sqrt{2}}$$
$$=\frac{1}{2}\cdot\frac{1}{2}\{a^2-(a^2-1)\}+\frac{1}{2}\Big[\log x\Big]_b^{\frac{1}{\sqrt{2}}}-\frac{1}{4}$$
$$=\frac{1}{2}\left(\log\frac{1}{\sqrt{2}}-\log b\right)$$
$$=\frac{1}{2}\left\{\log\frac{1}{\sqrt{2}}-\log\frac{1}{\sqrt{2}}(a-\sqrt{a^2-1})\right\}$$
$$=\frac{1}{2}\left(\log\frac{1}{a-\sqrt{a^2-1}}\right)$$

$= \dfrac{1}{2}\log(a + \sqrt{a^2 - 1})$

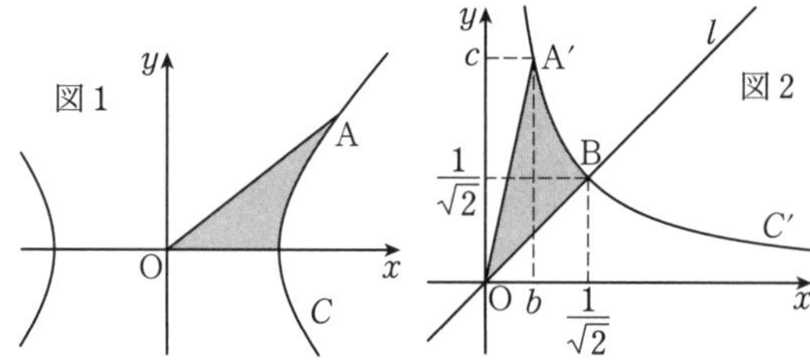

《双曲線の積分を与える (B20)》

605. 次の問いに答えよ．

（1） $f(x) = x\sqrt{x^2+1} + \log(x + \sqrt{x^2+1})$ とする．$f'(x) = 2\sqrt{x^2+1}$ を示せ．

（2） xy 平面において連立不等式

$$\begin{cases} 0 \leqq y^2 - x^2 \leqq 1 \\ 0 \leqq xy \leqq \sqrt{2} \end{cases}$$

の表す領域を D とする．

（ i ） 曲線 $y^2 - x^2 = 1$ と曲線 $xy = \sqrt{2}$ の共有点の座標をすべて求めよ．

（ii） 領域 D を xy 平面に図示せよ．

（iii） D の面積を求めよ． （21　埼玉大・後期）

▶解答◀ （1） 第1項を微分すると

$$1 \cdot \sqrt{x^2+1} + x \cdot \frac{2x}{2\sqrt{x^2+1}}$$

$$= \sqrt{x^2+1} + \frac{x^2}{\sqrt{x^2+1}}$$

第2項を微分すると

$$\frac{1 + \dfrac{2x}{2\sqrt{x^2+1}}}{x + \sqrt{x^2+1}} = \frac{\dfrac{1}{\sqrt{x^2+1}}(\sqrt{x^2+1} + x)}{x + \sqrt{x^2+1}}$$

$$= \frac{1}{\sqrt{x^2+1}}$$

であるから，

$$f'(x) = \sqrt{x^2+1} + \frac{x^2}{\sqrt{x^2+1}} + \frac{1}{\sqrt{x^2+1}}$$

$$= \sqrt{x^2+1} + \frac{x^2+1}{\sqrt{x^2+1}} = 2\sqrt{x^2+1}$$

となり，示された．

（2） （ i ） $y = \dfrac{\sqrt{2}}{x}$ を $y^2 - x^2 = 1$ に代入して

$$\frac{2}{x^2} - x^2 = 1$$

$$x^4 + x^2 - 2 = 0$$

$$(x^2 - 1)(x^2 + 2) = 0 \qquad \therefore \quad x = \pm 1$$

よって，共有点の座標は $\mathbf{(1, \sqrt{2}), (-1, -\sqrt{2})}$ である．

（ii） $0 \leqq y^2 - x^2 \leqq 1$ の表す領域は図1の境界を含む網目部分，$0 \leqq xy \leqq \sqrt{2}$ の表す領域は図2の境界を含む網目部分であるから，領域 D はその共通部分を考えると図3の境界を含む網目部分になる．

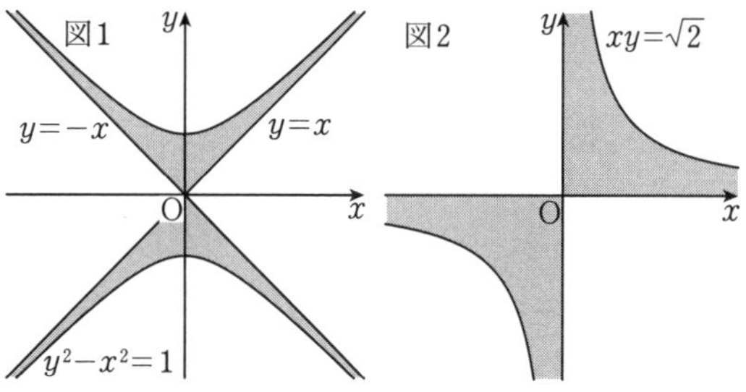

（iii） 図3の第1象限を拡大したのが図4である．D のうち第1象限にあるものの面積を S とする．$y^2 - x^2 = 1$ のうち $y \geqq 0$ にあるものは $y = \sqrt{x^2+1}$ であるから，

$$S = \int_0^1 \sqrt{x^2+1}\,dx + \int_1^{\sqrt[4]{2}} \frac{\sqrt{2}}{x}\,dx - \frac{1}{2}\cdot(\sqrt[4]{2})^2$$

（1）を用いると

$$\int_0^1 \sqrt{x^2+1}\,dx$$

$$= \left[\frac{1}{2}(x\sqrt{x^2+1} + \log(x + \sqrt{x^2+1}))\right]_0^1$$

$$= \frac{1}{2}(\sqrt{2} + \log(1 + \sqrt{2}))$$

$$\int_1^{\sqrt[4]{2}} \frac{\sqrt{2}}{x}\,dx = \Big[\sqrt{2}\log x\Big]_1^{\sqrt[4]{2}} = \frac{\sqrt{2}}{4}\log 2$$

であるから，

$$S = \frac{1}{2}(\sqrt{2} + \log(1 + \sqrt{2})) + \frac{\sqrt{2}}{4}\log 2 - \frac{\sqrt{2}}{2}$$

$$= \frac{1}{2}\log(1 + \sqrt{2}) + \frac{\sqrt{2}}{4}\log 2$$

となる．よって，D の面積はこれの2倍であるから

$$\mathbf{\log(1 + \sqrt{2}) + \frac{\sqrt{2}}{2}\log 2}$$

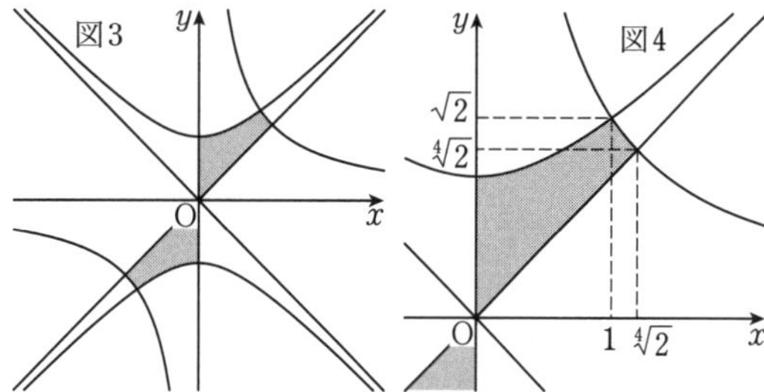

《極座標の面積 (C30)》

606. xy 平面上の原点Oを通る直線 l を考える．l 上の2点PとQは以下の3条件を満たすとする．

（ア） 2点P，Qの x 座標，y 座標はすべて0以上である．

（イ） 線分 OP と線分 OQ の長さの積は 1 である．

（ウ） 点 P と直線 $x=1$ との距離は，線分 OP の長さに等しい．

x 軸の正の部分と線分 OQ のなす角を θ とする．次の問いに答えよ．

（1） 線分 OQ の長さを θ を用いて表せ．

（2） θ が 0 から $\dfrac{\pi}{2}$ まで変化するときに，線分 OP が通過する部分の面積を S，線分 OQ が通過する部分の面積を T とする．S と T の値をそれぞれ求めよ．（21 大阪市大・後期）

考え方 **【極座標の面積の公式】**

一般に，動点 P に対して，OP の偏角を θ，$\mathrm{OP}=r$ とする．$\alpha \leqq \theta \leqq \beta$ で OP の掃過する面積 S は $S=\displaystyle\int_\alpha^\beta \frac{1}{2}r^2\,d\theta$ である．$\theta\sim\theta+d\theta$ で微小に掃過する部分を扇形で近似すれば $dS=\dfrac{r^2}{2}\,d\theta$ となるからである．これを T で用いる．

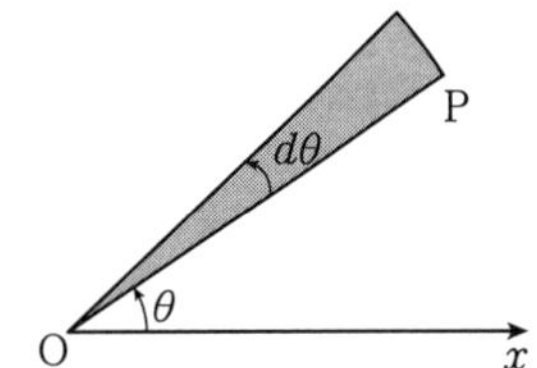

▶解答◀ （1） 図 1 を参照せよ．

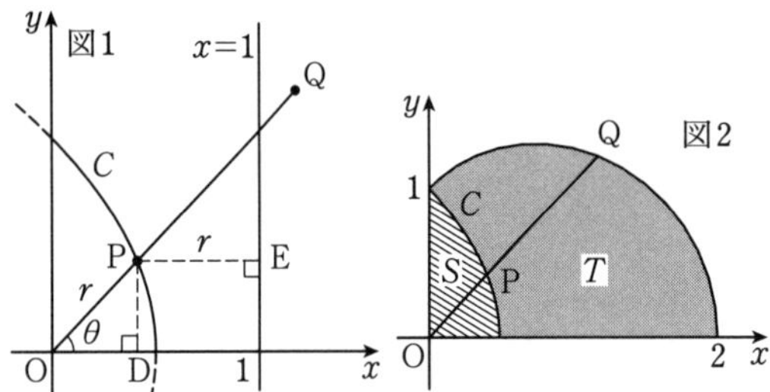

点 P から x 軸，直線 $x=1$ に下ろした垂線の足をそれぞれ D，E とする．$\mathrm{OP}=r$ とおくと，$\mathrm{PE}=r$ であり，$\mathrm{OD}+\mathrm{PE}=1$ より

$$r\cos\theta+r=1 \qquad \therefore\ r=\frac{1}{1+\cos\theta}$$

となる．よって，

$$\mathrm{OQ}=\frac{1}{\mathrm{OP}}=\mathbf{1+\cos\theta}$$

（**2**） 点 P は，O を焦点とし $x=1$ を準線とする放物線

$$C: y^2=-4\cdot\frac{1}{2}\left(x-\frac{1}{2}\right)$$

上を動くから，OP の通過領域は C と x 軸，y 軸に囲まれた部分である（図 2）．$\theta=\dfrac{\pi}{2}$ のとき P(0, 1) である．

$$S=\int_0^1 x\,dy=\int_0^1\left(-\frac{1}{2}y^2+\frac{1}{2}\right)dy$$
$$=\left[-\frac{1}{6}y^3+\frac{1}{2}y\right]_0^1=\mathbf{\frac{1}{3}}$$

また，$\mathrm{OQ}=1+\cos\theta$ であるから

$$T=\frac{1}{2}\int_0^{\frac{\pi}{2}}\mathrm{OQ}^2\,d\theta=\frac{1}{2}\int_0^{\frac{\pi}{2}}(1+\cos\theta)^2\,d\theta$$
$$=\frac{1}{2}\int_0^{\frac{\pi}{2}}(1+2\cos\theta+\cos^2\theta)\,d\theta$$
$$=\frac{1}{2}\int_0^{\frac{\pi}{2}}\left(1+2\cos\theta+\frac{1+\cos2\theta}{2}\right)d\theta$$
$$=\frac{1}{2}\left[\frac{3}{2}\theta+2\sin\theta+\frac{1}{4}\sin2\theta\right]_0^{\frac{\pi}{2}}$$
$$=\frac{1}{2}\left(\frac{3}{4}\pi+2\right)=\mathbf{\frac{3}{8}\pi+1}$$

♦別解♦ （**2**） OP が掃過する面積について

$$S=\frac{1}{2}\int_0^{\frac{\pi}{2}}\left(\frac{1}{1+\cos\theta}\right)^2 d\theta$$
$$=\frac{1}{2}\int_0^{\frac{\pi}{2}}\frac{1}{\left(2\cos^2\frac{\theta}{2}\right)^2}\,d\theta$$
$$=\frac{1}{8}\int_0^{\frac{\pi}{2}}\left(1+\tan^2\frac{\theta}{2}\right)\cdot\frac{1}{\cos^2\frac{\theta}{2}}\,d\theta$$
$$=\frac{1}{8}\cdot2\left[\tan\frac{\theta}{2}+\frac{1}{3}\tan^3\frac{\theta}{2}\right]_0^{\frac{\pi}{2}}$$
$$=\frac{1}{4}\left(1+\frac{1}{3}\cdot1^3\right)=\mathbf{\frac{1}{3}}$$

OQ が通過する部分の面積について

$$x=\mathrm{OQ}\cos\theta=(1+\cos\theta)\cos\theta$$
$$y=\mathrm{OQ}\sin\theta=(1+\cos\theta)\sin\theta$$
$$\frac{dx}{d\theta}=(\cos\theta+\cos^2\theta)'$$
$$=(1+2\cos\theta)(-\sin\theta)$$

$\theta=\dfrac{\pi}{2}$ のとき $x=0$，$\theta=0$ のとき $x=2$

$$T=\int_0^2 y\,dx=\int_{\frac{\pi}{2}}^0 y\cdot\frac{dx}{d\theta}\,d\theta$$
$$=-\int_{\frac{\pi}{2}}^0(1+\cos\theta)(1+2\cos\theta)\sin^2\theta\,d\theta$$
$$=\int_0^{\frac{\pi}{2}}(1+3\cos\theta+2\cos^2\theta)(1-\cos^2\theta)\,d\theta$$
$$=\int_0^{\frac{\pi}{2}}(1+3\cos\theta$$
$$+\cos^2\theta-3\cos^3\theta-2\cos^4\theta)\,d\theta$$

ここで，$I_n=\displaystyle\int_0^{\frac{\pi}{2}}\cos^n\theta\,d\theta$ とおくと，$n\geqq2$ で

$$I_n=\int_0^{\frac{\pi}{2}}\cos^{n-1}\theta\cos\theta\,d\theta$$
$$=\int_0^{\frac{\pi}{2}}\cos^{n-1}\theta(\sin\theta)'\,d\theta$$
$$=\left[\cos^{n-1}\theta\sin\theta\right]_0^{\frac{\pi}{2}}-\int_0^{\frac{\pi}{2}}(\cos^{n-1}\theta)'\sin\theta\,d\theta$$

$$= -(n-1)\int_0^{\frac{\pi}{2}} \cos^{n-2}\theta(-\sin\theta)\sin\theta\, d\theta$$

$$= (n-1)\int_0^{\frac{\pi}{2}} \cos^{n-2}\theta(1-\cos^2\theta)\, d\theta$$

$$= (n-1)\int_0^{\frac{\pi}{2}} (\cos^{n-2}\theta - \cos^n\theta)\, d\theta$$

$$I_n = (n-1)(I_{n-2} - I_n)$$

$$I_n = \frac{n-1}{n} I_{n-2}$$

$$I_0 = \int_0^{\frac{\pi}{2}} d\theta = \frac{\pi}{2},\ I_1 = \int_0^{\frac{\pi}{2}} \cos\theta\, d\theta = 1$$

$$I_2 = \frac{1}{2} I_0 = \frac{\pi}{4},\ I_4 = \frac{3}{4} I_2 = \frac{3}{16}\pi$$

$$I_3 = \frac{2}{3} I_1 = \frac{2}{3}$$

$$T = I_0 + 3I_1 + I_2 - 3I_3 - 2I_4$$

$$= \frac{\pi}{2} + 3\cdot 1 + \frac{\pi}{4} - 3\cdot\frac{2}{3} - 2\cdot\frac{3}{16}\pi$$

$$= \mathbf{1} + \frac{\mathbf{3}}{\mathbf{8}}\boldsymbol{\pi}$$

【面積の難問】

《松の廊下で槍を持って追いかける（D40）》

607．図1は，直角につながる幅 a の廊下Aと幅 b の廊下Bを上から見た様子を表している．今，廊下Aから廊下Bへ，床に水平に保ったまま，まっすぐな棒を運ぶことを考える．図2は，図1の廊下を xy 平面に表したものであり，点 $\mathrm{P}(a, b)$ を第1象限の定点とする．

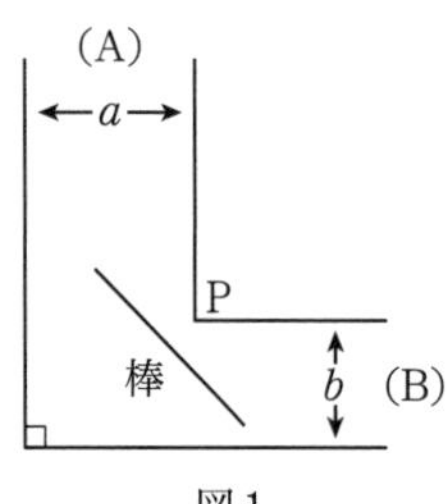

図1

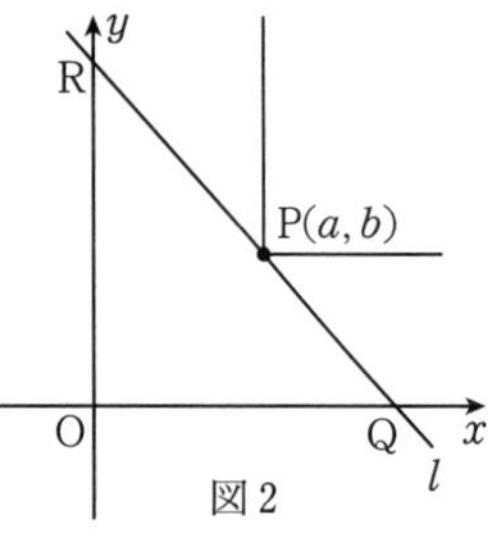

図2

[I] 以下の問いに答えよ．

（1） 図2において，定点 $\mathrm{P}(a, b)$ を通る傾き $-m$（ただし，$m>0$）の直線を l，直線 l と x 軸，y 軸との交点をそれぞれQ，Rとし，2点間の距離QRの平方 $f(m)$ が最小値となる直線を L_1 とする．このとき，$f(m)$ の最小値とそのときの m の値および直線 L_1 の式を求めよ．

（2） 廊下Aから廊下Bへ運ぶことのできる棒の長さの最大値を求めたい．棒の長さの最大値を求めるためには，どのように考えればよいか．あなたの考えを述べ，最大となる棒の長さを求めよ．ただし，棒と廊下との間の摩擦は考えないこととする．

[II] 定点 $\mathrm{P}(a, b)$ が曲線 $C: x=\cos^3\theta,\ y=\sin^3\theta\ \left(0 \leqq \theta \leqq \dfrac{\pi}{2}\right)$ 上にあるとする．また，曲線 C が表す関数を $y=g(x)$ とする．このとき，以下の問いに答えよ．

（1） $0<\theta<\dfrac{\pi}{2}$ のとき，$\dfrac{dy}{dx}$ を θ を用いて表せ．また，点Pにおける曲線 C の接線 L_2 は，[I]（1）で求めた直線 L_1 と一致することを示せ．

（2） $0<\theta<\dfrac{\pi}{2}$ のとき，$\dfrac{d^2y}{dx^2}$ を θ を用いて表せ．また，曲線 C を表す関数 $g(x)$ は単調減少であり，そのグラフは下に凸であることを示せ．

（3） [I]（1）で求めた直線 L_1 と曲線 C，x 軸，y 軸で囲まれた図形の面積 S を θ を用いて表せ．

（21 長崎大・サンプル問題）

▶解答◀ [I]（**1**）

$$l: y=-m(x-a)+b \quad \cdots\cdots ①$$

で $y=0$ として $x=a+\dfrac{b}{m}$，

①で $x=0$ として $y=am+b$

$\mathrm{Q}\left(a+\dfrac{b}{m}, 0\right)$，$\mathrm{R}(0, am+b)$ である．よって

$$f(m)=\mathrm{QR}^2=\left(a+\frac{b}{m}\right)^2+(am+b)^2$$

$$=(am+b)^2\left(\frac{1}{m^2}+1\right)$$

$$f'(m)=2a(am+b)\left(\frac{1}{m^2}+1\right)+(am+b)^2\left(-\frac{2}{m^3}\right)$$

$$=\frac{2}{m^3}(am+b)\{a(m+m^3)-(am+b)\}$$

$$=\frac{2}{m^3}(am+b)(am^3-b)$$

3乗根の計算が見づらいから，置き換えをする．$a=A^3, b=B^3\ (A=\sqrt[3]{a}, B=\sqrt[3]{b})$ とする．

m	0	$\cdots$	$\dfrac{B}{A}$	$\cdots$
$f'(m)$		$-$	0	$+$
$f(m)$		↘		↗

$m=\sqrt[3]{\dfrac{b}{a}}$ で $f(m)$ は最小になる．

$$f\left(\frac{B}{A}\right)=\left(A^3\cdot\frac{B}{A}+B^3\right)^2\left(\frac{A^2}{B^2}+1\right)$$

$$=\{(A^2+B^2)B\}^2\left(\frac{A^2}{B^2}+1\right)=(A^2+B^2)^3$$

$$=\left(\boldsymbol{a^{\frac{2}{3}}+b^{\frac{2}{3}}}\right)^3$$

をとる．L_1 の方程式は $\boldsymbol{y=-\sqrt[3]{\dfrac{b}{a}}(x-a)+b}$

（**2**） 棒を廊下Aから廊下Bへ運ぶことができる条件は，棒の長さが図2におけるQRの最小値以下であることである．（1）より，QRの最小値は

$$\sqrt{\left(a^{\frac{2}{3}}+b^{\frac{2}{3}}\right)^3}=\left(a^{\frac{2}{3}}+b^{\frac{2}{3}}\right)^{\frac{3}{2}}$$

である．棒がPを通り，$m=\sqrt[3]{\dfrac{b}{a}}$ のとき，棒の長さが上で求めた最小値よりも大きいと，棒が壁を突き破る．だから，棒はこの最小値以下でないと通らない．

棒の長さの最大値は $\left(\boldsymbol{a^{\frac{2}{3}}+b^{\frac{2}{3}}}\right)^{\frac{3}{2}}$ である．

[II]（1） $\dfrac{dx}{d\theta}=-3\cos^2\theta\sin\theta$,

$\dfrac{dy}{d\theta}=3\sin^2\theta\cos\theta$ であるから

$$\frac{dy}{dx}=\frac{\frac{dy}{d\theta}}{\frac{dx}{d\theta}}=\frac{3\sin^2\theta\cos\theta}{-3\cos^2\theta\sin\theta}=\boldsymbol{-\tan\theta}$$

P に対応する θ の値を α とすると

$$a=\cos^3\alpha,\ b=\sin^3\alpha$$

$$\cos\alpha=a^{\frac{1}{3}},\ \sin\alpha=b^{\frac{1}{3}}$$

$\theta=\alpha$ のとき

$$\frac{dy}{dx}=-\tan\alpha=-\frac{\sin\alpha}{\cos\alpha}=-\left(\frac{b}{a}\right)^{\frac{1}{3}}$$

よって，P における C の接線 L_2 の方程式は

$$y=-\sqrt[3]{\frac{b}{a}}(x-a)+b$$

であり，L_2 は L_1 と一致する．

（2） パラメータ微分の公式を用いて

$$\frac{d^2y}{dx^2}=\frac{\frac{d}{d\theta}\left(\frac{dy}{dx}\right)}{\frac{dx}{d\theta}}=\frac{-\frac{1}{\cos^2\theta}}{-3\cos^2\theta\sin\theta}$$

$$=\boldsymbol{\frac{1}{3\cos^4\theta\sin\theta}}$$

$0<\theta<\dfrac{\pi}{2}$ のとき，$\dfrac{dy}{dx}<0$，$\dfrac{d^2y}{dx^2}>0$ であるから，$g(x)$ は単調減少であり，そのグラフは下に凸である．

（3） 「S を θ を用いて表せ」とあるが，θ は単なるパラメータであるから，無理な話である．ここでは（1）と同様に，P に対応する θ の値を α として，S を α で表す．C と x 軸，y 軸が囲む図形の面積を T とおくと

$$S=T-\triangle\text{OQR}$$

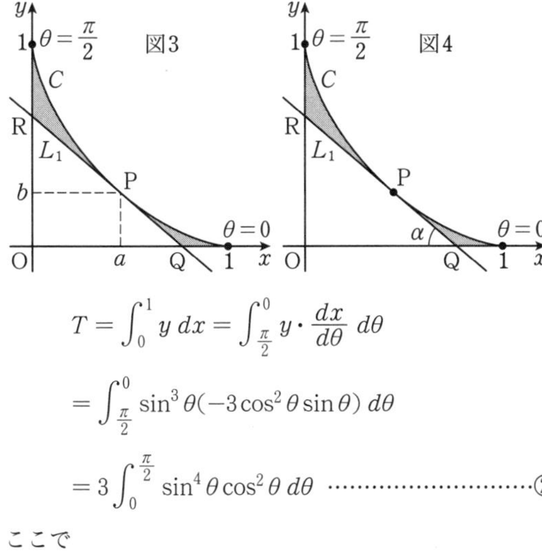

$$T=\int_0^1 y\,dx=\int_{\frac{\pi}{2}}^0 y\cdot\frac{dx}{d\theta}\,d\theta$$

$$=\int_{\frac{\pi}{2}}^0 \sin^3\theta(-3\cos^2\theta\sin\theta)\,d\theta$$

$$=3\int_0^{\frac{\pi}{2}}\sin^4\theta\cos^2\theta\,d\theta \cdots\cdots②$$

ここで

$$\sin^4\theta\cos^2\theta=\sin^2\theta\cos^2\theta\cdot\sin^2\theta$$

$$=\frac{1}{4}\sin^2 2\theta\cdot\frac{1-\cos 2\theta}{2}$$

$$=\frac{1}{8}(\sin^2 2\theta-\sin^2 2\theta\cos 2\theta)$$

$$=\frac{1}{16}\{1-\cos 4\theta-\sin^2 2\theta(\sin 2\theta)'\}$$

$$T=\frac{3}{16}\int_0^{\frac{\pi}{2}}\{1-\cos 4\theta-\sin^2 2\theta(\sin 2\theta)'\}\,d\theta$$

$$=\frac{3}{16}\left[\theta-\frac{1}{4}\sin 4\theta-\frac{1}{3}\sin^3 2\theta\right]_0^{\frac{\pi}{2}}=\frac{3}{32}\pi$$

一方，[I]（1）と $a=\cos^3\alpha$，$b=\sin^3\alpha$ を用いると

$$\text{QR}=\left(a^{\frac{2}{3}}+b^{\frac{2}{3}}\right)^{\frac{3}{2}}=(\cos^2\alpha+\sin^2\alpha)^{\frac{3}{2}}=1$$

また，[II]（1）より $L_1=L_2$ の傾きは $-\tan\alpha$ であるから，$\angle\text{OQP}=\alpha$ である（図4）．よって

$$\triangle\text{OQR}=\frac{1}{2}\cdot\text{OQ}\cdot\text{OR}$$

$$=\frac{1}{2}\cdot\text{QR}\cos\alpha\cdot\text{QR}\sin\alpha=\frac{1}{4}\sin 2\alpha$$

$$\boldsymbol{S=\frac{3}{32}\pi-\frac{1}{4}\sin 2\alpha}$$

♦別解♦ （3） $a_n=\displaystyle\int_0^{\frac{\pi}{2}}\sin^n\theta\,d\theta$ とおく．部分積分を用いて漸化式を立てる．$n\geqq 2$ のとき

$$a_n=\int_0^{\frac{\pi}{2}}\sin^{n-1}\theta\sin\theta\,d\theta$$

$$=-\int_0^{\frac{\pi}{2}}\sin^{n-1}\theta(\cos\theta)'\,d\theta$$

$$=-\left[\sin^{n-1}\theta\cos\theta\right]_0^{\frac{\pi}{2}}+\int_0^{\frac{\pi}{2}}(\sin^{n-1}\theta)'\cos\theta\,d\theta$$

$$=\int_0^{\frac{\pi}{2}}(n-1)\sin^{n-2}\theta\cos\theta\cdot\cos\theta\,d\theta$$

$$=(n-1)\int_0^{\frac{\pi}{2}}\sin^{n-2}\theta(1-\sin^2\theta)\,d\theta$$

$$=(n-1)\int_0^{\frac{\pi}{2}}(\sin^{n-2}\theta-\sin^n\theta)\,d\theta$$

$$a_n=(n-1)(a_{n-2}-a_n)$$

a_n について解くと

$$na_n=(n-1)a_{n-2}\qquad \therefore\ a_n=\frac{n-1}{n}a_{n-2}$$

これを用いて T を求める．② より

$$T=3\int_0^{\frac{\pi}{2}}\sin^4\theta(1-\sin^2\theta)\,d\theta$$

$$=3\int_0^{\frac{\pi}{2}}(\sin^4\theta-\sin^6\theta)\,d\theta$$

$$=3(a_4-a_6)=3\left(a_4-\frac{5}{6}a_4\right)=\frac{1}{2}a_4$$

$$=\frac{1}{2}\cdot\frac{3}{4}a_2=\frac{3}{8}a_2=\frac{3}{8}\cdot\frac{1}{2}a_0=\frac{3}{16}a_0$$

$$=\frac{3}{16}\cdot\frac{\pi}{2}=\frac{3}{32}\pi$$

以下同様である．

《ルーローの三角形を転がす (D40)》

608. 平面上で1辺の長さが1の正三角形ABCの頂点A, B, Cを中心とする半径1の円で囲まれた部分をそれぞれ D_1, D_2, D_3 とする. D_1, D_2, D_3 の共通部分を K とする. すなわち K は, 共通部分に含まれる弧AB, 弧BC, 弧CAで囲まれた図形である.

xy 平面上に K を考え, 点Aは原点に, 点Cは y 軸上に, 点Bは第1象限に属するように K をおく. この K が x 軸の上で正の方向にすべることなく転がり, 1回転するときにできる点Aの描く曲線を L とする.

(1) K の弧ABと x 軸が共有点をもつとき, その共有点をPとし, $\angle \mathrm{ACP}=\theta$ とおく. ただし $0<\theta<\frac{\pi}{3}$ とする. このとき点Aの座標を θ を用いて表せ.

(2) K が1回転したあとの点Aの座標を求めよ.

(3) 曲線 L と x 軸で囲まれた部分の面積を求めよ.

(21 京都府立医大)

▶解答◀ (1) **解説を交え**て書く. K は図1の網目部分の図形である. ルーローの三角形という有名な等幅図形で, どこで測っても図形の幅が一定である. 本問は試験場では解きにくい. 理由は簡単である. 図を何度も描いているうちに目がまわって集中力が切れるからである. 出題者が転がりの様子の図を幾つも描いてくれていたら, 苦労せず解ける. 作業が多くなって集中が切れるなら, 図を多く描かなければよい. K の図は1個だけにして, x 軸を K のまわりで動かす. 相対的に逆の動きにするのである.

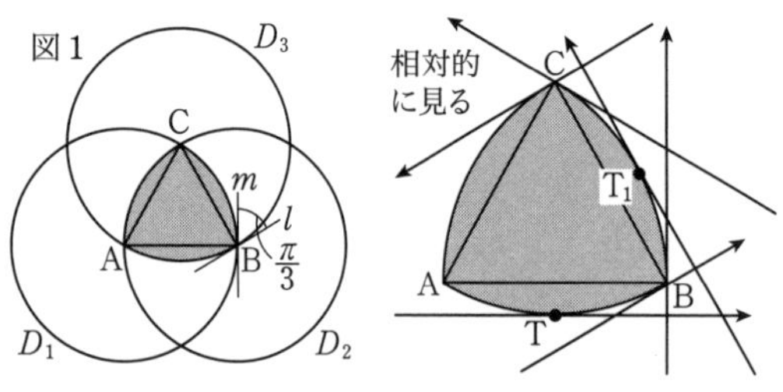

直線 l, m はBを通り, l はBCに垂直, m はBAに垂直な直線である. l, m のなす鋭角は $\frac{\pi}{3}$ である. これがBを固定した $\frac{\pi}{3}$ 回転につながる.

図1を見ながら, K を固定し, 相対的に x 軸が K に接して回転するところを想像しよう. Tは x 軸と K の接点である. 最初はTはAにある. TはAからBまで移動していく. この場合は図2で考えるが, 実質サイクロイドだから教科書で学んでいる. TがBにきたとき, x 軸が l の状態から x 軸が m の状態になるまでは, Bを中心とした $\frac{\pi}{3}$ の回転となり, Aは円弧の一部を描く. 次にTがBからCまで移動 (接点の移動距離は弧BCの長さ $\frac{\pi}{3}$) する間は, AT = 1で一定であるから, Aの実際の動きは, x 軸との距離が一定の, 線分になる. 図1の T_1 は弧BCの中点である. ここまでの動きと, これからの動きは, ビデオを巻き戻す世界である. 実際の曲線は, 直線 $x=\frac{\pi}{2}$ に関して左右対称になる. TがCにくると, 初めは $\frac{\pi}{3}$ 回転でAは円弧の一部を描き. 次にTがCからAまで移動し (最初の逆の動き), TがAに戻る. これで図6を描くのは容易である.

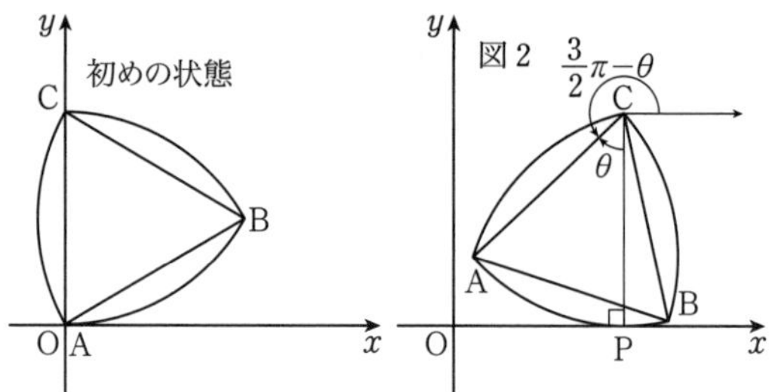

さて, 普通に解いていく. 図2を見よ. Cから x 軸に平行な線分を右方向に出す. そこから $\overrightarrow{\mathrm{CA}}$ にまわる角 (偏角) は $\frac{3\pi}{2}-\theta$ である. $\overrightarrow{\mathrm{CP}}$ の偏角が $\frac{3\pi}{2}$ で, そこから θ 戻った角と考えている. 日本の多くの書籍は, 角に矢印をつけず, 鋭角の図を描いて, 式を立て, しかし, 面積や体積は一般角で使うが, 誤魔化しである. K の回転は右回りであるから, θ は右回りを正にとっている.

$$\overrightarrow{\mathrm{CA}}=\left(\cos\left(\frac{3}{2}\pi-\theta\right), \sin\left(\frac{3}{2}\pi-\theta\right)\right)$$
$$=(-\sin\theta, -\cos\theta)$$

線分OPの長さと弧ABの長さが等しいから, $\mathrm{OP}=1\cdot\theta=\theta$ である. CPは x 軸に垂直あるから, Cの座標は $(\theta, 1)$ である.

$$\overrightarrow{\mathrm{OA}}=\overrightarrow{\mathrm{OC}}+\overrightarrow{\mathrm{CA}}=(\theta-\sin\theta, 1-\cos\theta)$$

Aの座標は $(\boldsymbol{\theta}-\mathbf{sin}\,\boldsymbol{\theta}, \mathbf{1}-\mathbf{cos}\,\boldsymbol{\theta})$ である.

(**2**) 図1で. $\overset{\frown}{\mathrm{AB}}=\overset{\frown}{\mathrm{BC}}=\overset{\frown}{\mathrm{CA}}=\frac{\pi}{3}$ である. K と x 軸の接点は K の周上を一周するから, 接点がAからAまで動くとき, Aの座標は $(\boldsymbol{\pi}, \mathbf{0})$ である.

(**3**) $0\leqq\theta\leqq\frac{\pi}{3}$ のとき

$$x=\theta-\sin\theta,\ y=1-\cos\theta$$

とおくと

$$\frac{dx}{d\theta}=1-\cos\theta\geqq 0,\quad \frac{dy}{d\theta}=\sin\theta\geqq 0$$

であり, $\theta=\frac{\pi}{3}$ のときAの座標は $\left(\frac{\pi}{3}-\frac{\sqrt{3}}{2}, \frac{1}{2}\right)$

であるから，A は図 3 の太線を描く．

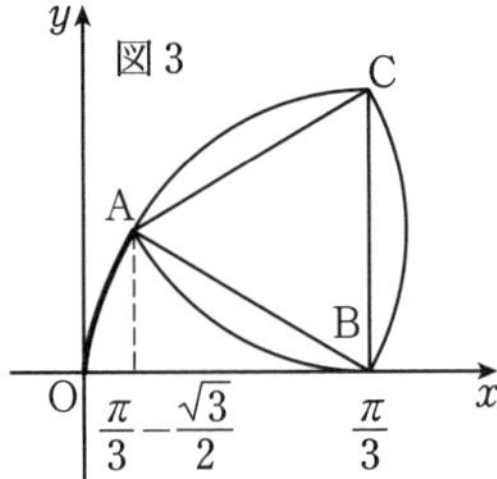

次に B が x 軸上の点であるとき，A は，B を中心とする半径 1，中心角 $\frac{\pi}{3}$ の扇形の弧を描く．

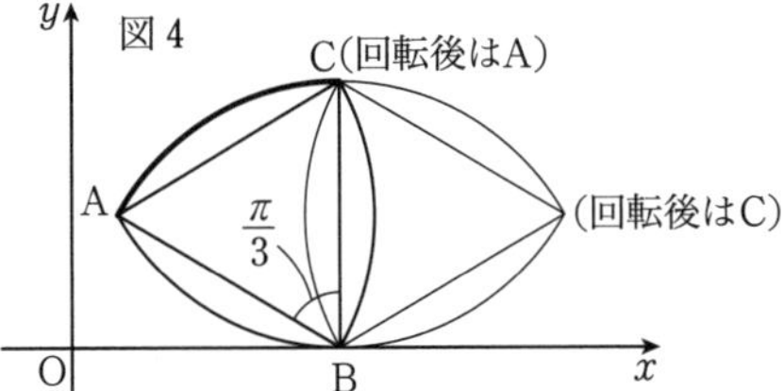

そして，$\overset{\frown}{\mathrm{BC}}$ と x 軸が接するとき，接点を Q とすると，$\overset{\frown}{\mathrm{BC}}$ は A を中心とする円の弧の一部であるから AQ と x 軸は垂直である．$\frac{\pi}{3} \leqq x \leqq \frac{2}{3}\pi$ において，A は線分 $y = 1$ を描く．図 5 の実線の K は Q が $\left(\frac{\pi}{2},\ 0\right)$ のときである．これから左回りに転がる場合は，いままで来た道を戻る．右回りに転がる場合には，今までの動きと，直線 $x = \frac{\pi}{2}$ に関して対称になる．

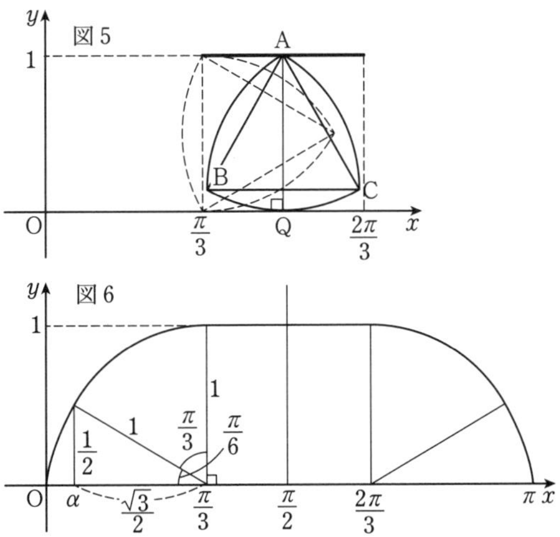

求める面積を S とする．図 6 で $\alpha = \frac{\pi}{3} - \frac{\sqrt{3}}{2}$ である．まず，$0 \leqq x \leqq \alpha$ の部分の曲線と x 軸の間の面積 S_1 を求める．

$$S_1 = \int_0^{\alpha} y\,dx = \int_0^{\frac{\pi}{3}} y\frac{dx}{d\theta}\,d\theta$$

$$= \int_0^{\frac{\pi}{3}} (1 - \cos\theta)^2\,d\theta$$

$$= \int_0^{\frac{\pi}{3}} (\cos^2\theta - 2\cos\theta + 1)\,d\theta$$

$$= \int_0^{\frac{\pi}{3}} \left(\frac{\cos 2\theta}{2} - 2\cos\theta + \frac{3}{2}\right) d\theta$$

$$= \left[\frac{\sin 2\theta}{4} - 2\sin\theta + \frac{3}{2}\theta\right]_0^{\frac{\pi}{3}}$$

$$= \frac{1}{4}\cdot\frac{\sqrt{3}}{2} - 2\cdot\frac{\sqrt{3}}{2} + \frac{3}{2}\cdot\frac{\pi}{3} = \frac{\pi}{2} - \frac{7\sqrt{3}}{8}$$

S_1 に直角三角形と扇形と長方形（ただし $x = \frac{\pi}{2}$ の左側の部分）を加え

$$\frac{S}{2} = \left(\frac{\pi}{2} - \frac{7\sqrt{3}}{8}\right) + \frac{1}{2}\cdot\frac{\sqrt{3}}{2}\cdot\frac{1}{2}$$

$$+ \frac{1}{2}\cdot 1^2\cdot\frac{\pi}{3} + \left(\frac{\pi}{2} - \frac{\pi}{3}\right)\cdot 1$$

$$= \frac{5}{6}\pi - \frac{3\sqrt{3}}{4}$$

$$S = \boldsymbol{\frac{5}{3}\pi - \frac{3\sqrt{3}}{2}}$$

注意 **【転がりの様子】**転がりの様子の連続の図を示す．左段から右段へと見よ．

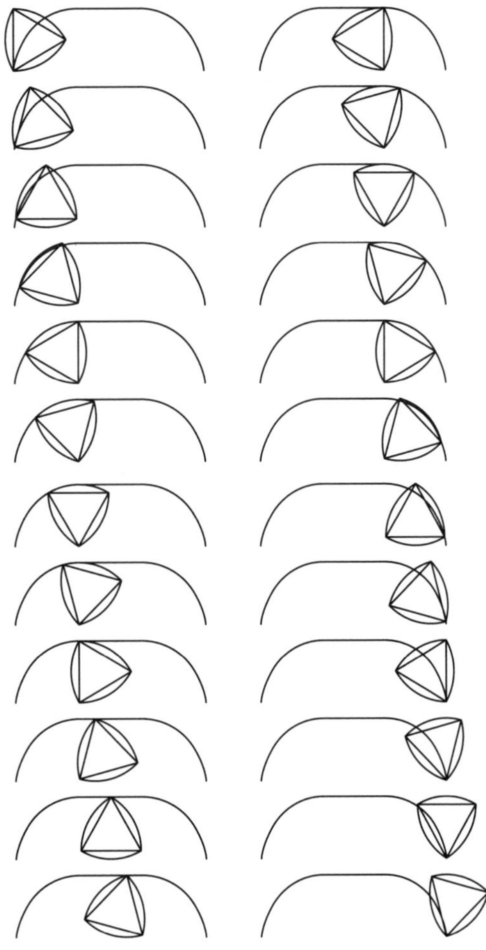

【体積】

《x 回転で円錐の利用 (A5)》

609. 放物線 $y=x^2$ と直線 $y=x$ で囲まれた部分が，x 軸の周りに 1 回転してできる立体の体積を求めよ．（21 広島市立大）

▶解答◀ 円錐から曲線と x 軸の間の回転体の体積を引くと考え，求める体積は

$$\frac{\pi}{3}\cdot 1^2\cdot 1-\pi\int_0^1 (x^2)^2\,dx=\frac{\pi}{3}-\pi\left[\frac{x^5}{5}\right]_0^1=\boldsymbol{\frac{2}{15}\pi}$$

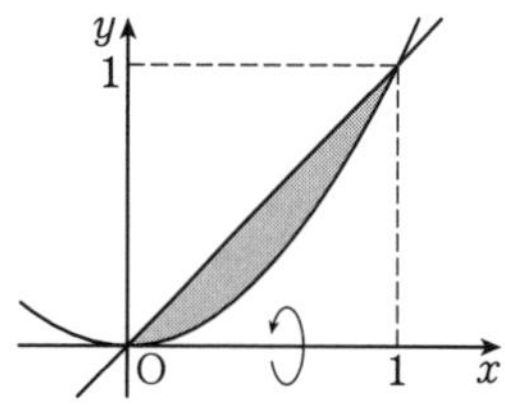

《x 回転で円錐の利用 (B10)》

610. 関数 $f(x)=\cos x$ を考える．曲線 $y=f(x)$ の $0\leqq x\leqq\frac{\pi}{2}$ の部分を C，点 $\left(\frac{\pi}{4},\ f\left(\frac{\pi}{4}\right)\right)$ における C の接線を l，C と l と x 軸で囲まれた部分の図形を D とする．下の問いに答えなさい．

（1） l の方程式を求めなさい．

（2） D の面積 S を求めなさい．

（3） D を x 軸のまわりに 1 回転してできる立体の体積 V を求めなさい．（21 長岡技科大・工）

▶解答◀ （1） $f'(x)=-\sin x$

$$l:y=f'\left(\frac{\pi}{4}\right)\left(x-\frac{\pi}{4}\right)+f\left(\frac{\pi}{4}\right)$$

$$\boldsymbol{y=\frac{1}{\sqrt{2}}\left(-x+\frac{\pi}{4}+1\right)}$$

（2） l で $y=0$ とすると $x=1+\frac{\pi}{4}$

$$S=\frac{1}{2}\cdot\frac{1}{\sqrt{2}}\left(1+\frac{\pi}{4}-\frac{\pi}{4}\right)-\int_{\frac{\pi}{4}}^{\frac{\pi}{2}}\cos x\,dx$$

$$=\frac{\sqrt{2}}{4}-\Big[\sin x\Big]_{\frac{\pi}{4}}^{\frac{\pi}{2}}=\frac{\sqrt{2}}{4}-\left(1-\frac{\sqrt{2}}{2}\right)$$

$$=\boldsymbol{\frac{3\sqrt{2}}{4}-1}$$

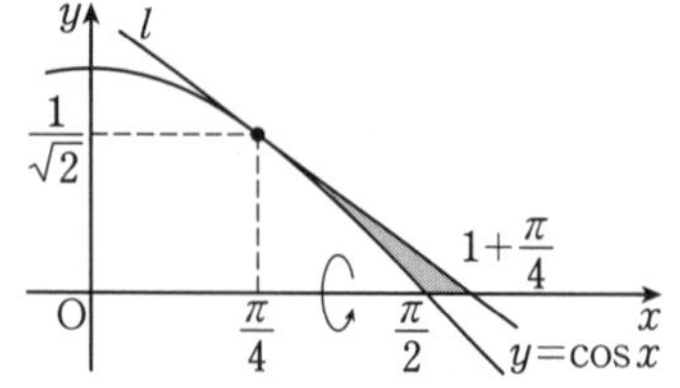

（3） $V=\frac{1}{3}\pi\left(\frac{1}{\sqrt{2}}\right)^2\left(1+\frac{\pi}{4}-\frac{\pi}{4}\right)$

$$-\pi\int_{\frac{\pi}{4}}^{\frac{\pi}{2}}\cos^2 x\,dx$$

$$=\frac{\pi}{6}-\pi\int_{\frac{\pi}{4}}^{\frac{\pi}{2}}\frac{1+\cos 2x}{2}\,dx$$

$$=\frac{\pi}{6}-\pi\left[\frac{1}{2}x+\frac{1}{4}\sin 2x\right]_{\frac{\pi}{4}}^{\frac{\pi}{2}}$$

$$=\frac{\pi}{6}-\pi\left(\frac{\pi}{4}-\frac{\pi}{8}-\frac{1}{4}\right)=\boldsymbol{\frac{5}{12}\pi-\frac{1}{8}\pi^2}$$

《$x\sin^2 x$ と x 軸回転 (A50) ☆》

611. a,b を $1\leqq a<b\leqq 5$ をみたす整数とする．区間 $a\pi\leqq x\leqq b\pi$ において，曲線 $y=\sqrt{x}\sin x$ と x 軸で囲まれた部分が，x 軸の周りに 1 回転してできる回転体の体積を V とする．このとき，$V\geqq 6\pi^2$ となるような組 (a,b) をすべて求めよ．（21 信州大・後期）

考え方 V は図の網目部分のうち，連続する部分を回転させた立体の体積である．

▶解答◀ $y=\sqrt{x}\sin x$

$$\frac{V}{\pi}=\int_{a\pi}^{b\pi}y^2\,dx=\int_{a\pi}^{b\pi}x\sin^2 x\,dx$$

$$=\int_{a\pi}^{b\pi}x\cdot\frac{1-\cos 2x}{2}\,dx$$

$$\frac{2V}{\pi}=\left[\frac{x^2}{2}\right]_{a\pi}^{b\pi}-\int_{a\pi}^{b\pi}x\left(\frac{1}{2}\sin 2x\right)'dx$$

$$=\frac{b^2-a^2}{2}\pi^2-\frac{1}{2}\Big[x\sin 2x\Big]_{a\pi}^{b\pi}+\frac{1}{2}\int_{a\pi}^{b\pi}\sin 2x\,dx$$

$$=\frac{b^2-a^2}{2}\pi^2-\frac{1}{4}\Big[\cos 2x\Big]_{a\pi}^{b\pi}$$

$$=\frac{b^2-a^2}{2}\pi^2-\frac{1}{4}(1-1)=\frac{b^2-a^2}{2}\pi^2$$

よって，$V=\frac{b^2-a^2}{4}\pi^3$ である．

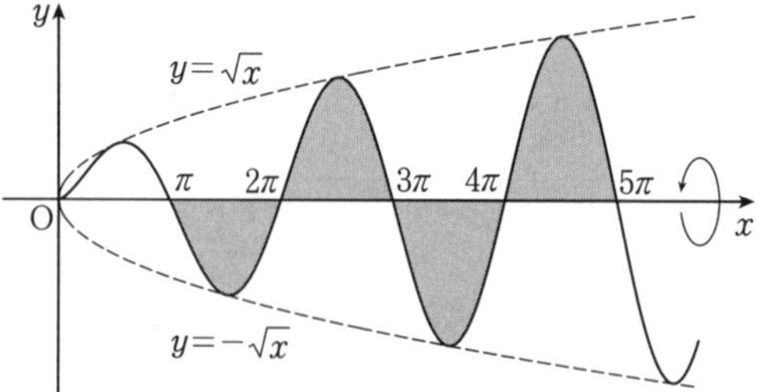

$V\geqq 6\pi^2$ のとき，$\frac{b^2-a^2}{4}\pi^3\geqq 6\pi^2$

$$b^2-a^2\geqq\frac{24}{\pi}\fallingdotseq\frac{24}{3.14}=7.6\cdots$$

$a=1$ のとき，$b^2\geqq 8.6$ であるから，$b=3,\ 4,\ 5$

$a=2$ のとき，$b^2\geqq 11.6$ であるから，$b=4,\ 5$

$a=3$ のとき，$b^2 \geqq 16.6$ であるから，$b=5$

$a=4$ のとき，$b^2 \geqq 23.6$ であるから，$b=5$

よって，求める組 (a, b) は次の 7 組である.

$$\mathbf{(1,3),(1,4),(1,5),(2,4),(2,5),(3,5),(4,5)}$$

《回転楕円体の体積 (A10)》

612. xy 平面上で原点 O までの距離と点 A(8, 0) までの距離の和が 10 以下となる領域の面積は $\square\pi$ であり，
この領域を x 軸の周りに 1 回転させてできる立体の体積は $\square\pi$ である. (21 藤田医科大・後期)

▶解答◀ 領域は O と A を焦点とする長軸の長さが 10 の楕円の周および内部である. これを x 軸方向に -4 平行移動して面積，体積を求める. 長軸の半径は 5 であるから，$\dfrac{x^2}{25}+\dfrac{y^2}{b^2}=1$ とおくことができ，焦点の座標は $(\pm 4, 0)$ であるから

$$\sqrt{25-b^2}=4 \qquad \therefore \quad b^2=9$$

したがって，$\dfrac{x^2}{25}+\dfrac{y^2}{9}=1$ の楕円の面積は，短軸の半径が 3 であるから，$5 \cdot 3\pi = \mathbf{15\pi}$ である.

x 軸について回転した立体の体積は

$$2\pi\int_0^5 y^2\,dx = 2\pi\int_0^5 9\left(1-\frac{x^2}{25}\right)dx$$

$$=18\pi\left[x-\frac{x^3}{75}\right]_0^5 = 18\pi\left(5-\frac{5}{3}\right) = \mathbf{60\pi}$$

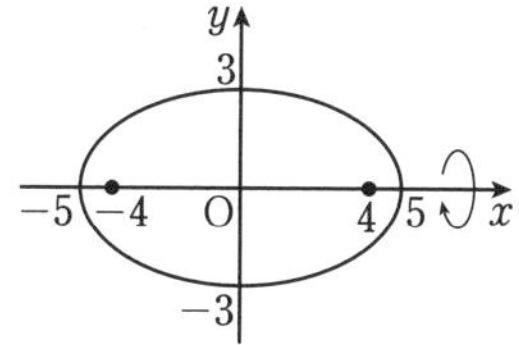

◆別解◆ 楕円 $\dfrac{x^2}{a^2}+\dfrac{y^2}{b^2}=1$ を x 軸について回転した立体の体積は $\dfrac{4}{3}\pi ab^2$ であるから，$a=5, b=3$ のとき，$\dfrac{4}{3}\pi \cdot 5 \cdot 9 = \mathbf{60\pi}$ である.

《計算を効率よく (B20)》

613. $0<\alpha<1$, $m>0$ とする. 曲線

$$y=x^\alpha - mx \ (x \geqq 0)$$

と x 軸で囲まれた図形を x 軸の回りに 1 回転させてできる回転体の体積を V とする. m を固定して $\alpha \to +0$ とするときの V の極限値を m の式で表すと，$\displaystyle\lim_{\alpha\to+0} V = \square$ となる. また，α を固定して $m \to \infty$ とするとき m^3V が 0 でない数に収束するならば，$\alpha = \square$ である. (21 慶應大・医)

考え方 $\displaystyle\int_0^{m^{\frac{1}{\alpha-1}}}$ と書かないように $t=m^{\frac{1}{\alpha-1}}$ とおこう.

▶解答◀ $x^\alpha = mx$ のとき $x=0$ または $x^{\alpha-1}=m$

$t=m^{\frac{1}{\alpha-1}}$ とおく.

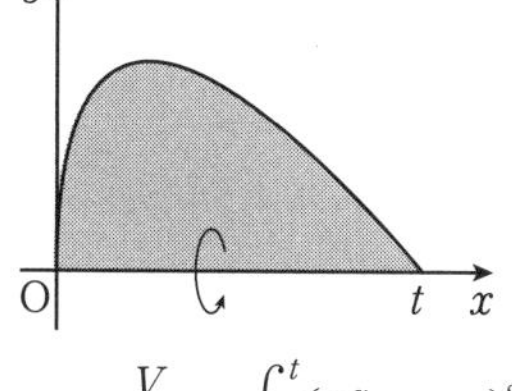

$$\frac{V}{\pi}=\int_0^t (x^\alpha - mx)^2\,dx$$

$$=\int_0^t (x^{2\alpha}-2mx^{\alpha+1}+m^2x^2)\,dx$$

$$=\left[\frac{x^{2\alpha+1}}{2\alpha+1}-\frac{2mx^{\alpha+2}}{\alpha+2}+\frac{m^2x^3}{3}\right]_0^t$$

$$=\frac{t^{2\alpha+1}}{2\alpha+1}-\frac{2mt^{\alpha+2}}{\alpha+2}+\frac{m^2t^3}{3}$$

$$=\frac{(t^\alpha)^2t}{2\alpha+1}-\frac{2m\cdot t^\alpha\cdot t^2}{\alpha+2}+\frac{m^2t^3}{3}$$

$t^\alpha = mt$ であるから

$$V=\pi\left(\frac{m^2t^3}{2\alpha+1}-\frac{2m^2t^3}{\alpha+2}+\frac{m^2t^3}{3}\right)$$

$$=\pi\left(\frac{1}{2\alpha+1}-\frac{2}{\alpha+2}+\frac{1}{3}\right)m^{2+\frac{3}{\alpha-1}}$$

$$\lim_{\alpha\to+0} V = \pi\left(1-1+\frac{1}{3}\right)m^{2-3} = \boldsymbol{\frac{\pi}{3m}}$$

$$m^3V=\pi\left(\frac{1}{2\alpha+1}-\frac{2}{\alpha+2}+\frac{1}{3}\right)m^{5+\frac{3}{\alpha-1}}$$

$A=\pi\left(\dfrac{1}{2\alpha+1}-\dfrac{2}{\alpha+2}+\dfrac{1}{3}\right)$ とおくと，体積という意味から $A>0$ であり，$m^3V=Am^{\frac{5\alpha-2}{\alpha-1}}$

$0<\alpha<1$ より，$m\to\infty$ のとき，$5\alpha-2>0$ ならば $m^3V \to 0$ であり，$5\alpha-2<0$ ならば $m^3V\to\infty$ である. m^3V が 0 でない数に収束するのは $\alpha = \boldsymbol{\dfrac{2}{5}}$ のときで，$m^3V \to A$ である.

《凹凸と x 軸回転 (B30) ☆》

614. 以下の問いに答えよ.

（1） 関数 $y=x-2\cos x \ (0 \leqq x \leqq 2\pi)$ の増減，極値，グラフの凹凸および変曲点を調べよ.

（2） $\displaystyle\int x\cos x\ dx$ および $\displaystyle\int \cos^2 x\ dx$ を求めよ.

（3） 曲線 $y=x-2\cos x \ (0 \leqq x \leqq 2\pi)$ と x 軸，および 2 直線 $x=0$, $x=2\pi$ で囲まれた図形を，x 軸のまわりに 1 回転してできる回転体の体積を求めよ. (21 三重大・後期)

考え方 2 つの部分で，右の部分は直線 $x=0$ を使っていないし，左の部分は直線 $x=2\pi$ を使っていない.

だから「囲む」ではなく，本当は「$0 \leqq x \leqq 2\pi$ で曲線と x 軸の間の部分」を回転するというべきである．$f(x)<0$ でも $f(x)>0$ でも回転体の体積は $\pi\int\{f(x)\}^2\,dx$ で計算する．

▶解答◀ （1） $f(x)=x-2\cos x$ とおく．

$$f'(x)=1+2\sin x,\ f''(x)=2\cos x$$

$f'(x)=0$ のとき $\sin x=-\dfrac{1}{2}$

$0<x<2\pi$ のとき $x=\dfrac{7}{6}\pi,\ \dfrac{11}{6}\pi$

$f''(x)=0$ のとき $\cos x=0$

$0<x<2\pi$ のとき $x=\dfrac{\pi}{2},\ \dfrac{3}{2}\pi$

x	0	$\cdots$	$\frac{\pi}{2}$	$\cdots$	$\frac{7}{6}\pi$	$\cdots$	$\frac{3}{2}\pi$	$\cdots$	$\frac{11}{6}\pi$	$\cdots$	2π
$f'(x)$		+	+	+	0	−	−	−	0	+	
$f''(x)$		+	0	−	−	−	0	+	+	+	
$f(x)$		⤴		↗		↘		↘		⤴	

$$f\left(\frac{\pi}{2}\right)=\frac{\pi}{2},\ f\left(\frac{7}{6}\pi\right)=\frac{7}{6}\pi+\sqrt{3},$$

$$f\left(\frac{3}{2}\pi\right)=\frac{3}{2}\pi,\ f\left(\frac{11}{6}\pi\right)=\frac{11}{6}\pi-\sqrt{3}$$

よって，極値は $\boldsymbol{\dfrac{7}{6}\pi+\sqrt{3},\ \dfrac{11}{6}\pi-\sqrt{3}}$，

変曲点は $\boldsymbol{\left(\dfrac{\pi}{2},\ \dfrac{\pi}{2}\right),\ \left(\dfrac{3}{2}\pi,\ \dfrac{3}{2}\pi\right)}$ である．

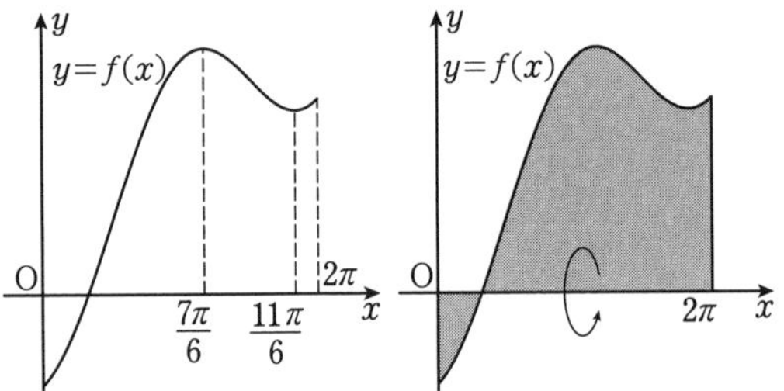

（2） $\displaystyle\int x\cos x\,dx=\int x(\sin x)'\,dx$

$\displaystyle =x\sin x-\int (x)'\sin x\,dx$

$\displaystyle =x\sin x-\int \sin x\,dx$

$=\boldsymbol{x\sin x+\cos x+C_1}$（$C_1$ は積分定数）

$\displaystyle\int\cos^2 x\,dx=\int\frac{1+\cos 2x}{2}\,dx$

$=\boldsymbol{\dfrac{1}{2}x+\dfrac{1}{4}\sin 2x+C_2}$（$C_2$ は積分定数）

（3） 求める体積を V とすると

$$V=\pi\int_0^{2\pi}y^2\,dx=\pi\int_0^{2\pi}(x-2\cos x)^2\,dx$$

$$=\pi\int_0^{2\pi}(x^2-4x\cos x+4\cos^2 x)\,dx$$

$$=\pi\left[\frac{1}{3}x^3-4(x\sin x+\cos x)+4\left(\frac{1}{2}x+\frac{1}{4}\sin 2x\right)\right]_0^{2\pi}$$

$$=\pi\left\{\left(\frac{8}{3}\pi^3-4+4\pi\right)-(-4)\right\}$$

$$=\boldsymbol{\frac{\pi^2}{3}(8\pi^2+12)}$$

《回転されるものと軸が交わる (B20)》

615. 関数 $f(x)=2\sin x-\sin 2x$ について，次の問いに答えよ．

（1） 導関数 $f'(x)$ を求めよ．

（2） $0\leqq x\leqq 2\pi$ の範囲で，関数 $f(x)$ の増減表をかき，最大値と最小値を求めよ．

（3） $0\leqq x\leqq \pi$ の範囲で，2 曲線

$y=2\sin x,\ y=\sin 2x$

で囲まれた図形を，x 軸の周りに 1 回転してできる立体の体積を求めよ．(21 神奈川大・給費生)

▶解答◀ （1） $f(x)=2\sin x-\sin 2x$

$$f'(x)=\boldsymbol{2\cos x-2\cos 2x}$$

（2） $f'(x)=2\cos x-2(2\cos^2 x-1)$

$=-4\cos^2 x+2\cos x+2$

$=-2(2\cos^2 x-\cos x-1)$

$=-2(2\cos x+1)(\cos x-1)$

$2\cos x+1=0$ のとき $x=\dfrac{2}{3}\pi,\ \dfrac{4}{3}\pi$ であり，$\cos x-1=0$ のとき $x=0,\ 2\pi$ である．

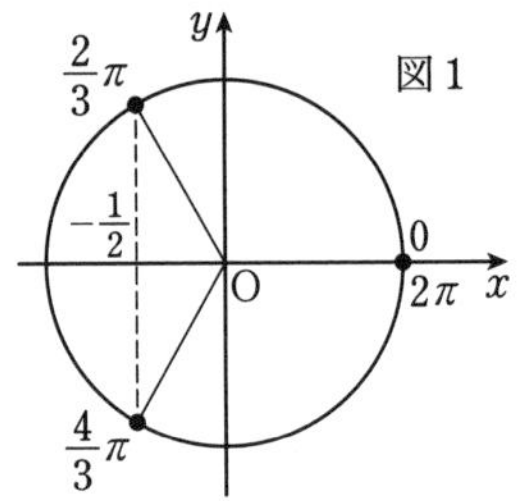

x	0	$\cdots$	$\frac{2}{3}\pi$	$\cdots$	$\frac{4}{3}\pi$	$\cdots$	2π
$f'(x)$	0	+	0	−	0	+	0
$f(x)$		↗		↘		↗	

$$f(0)=0,\ f\left(\frac{2}{3}\pi\right)=\frac{3\sqrt{3}}{2},\ f\left(\frac{4}{3}\pi\right)=-\frac{3\sqrt{3}}{2},$$

$f(2\pi)=0$ であるから，$f(x)$ の最大値は $\boldsymbol{\dfrac{3\sqrt{3}}{2}}$，最小値は $\boldsymbol{-\dfrac{3\sqrt{3}}{2}}$ である．

（3） 2 曲線 $y=\sin 2x,\ y=2\sin x$ で囲まれた図形は図 2 の網目部分になる．なお，$0\leqq x\leqq\pi$ で

$$|\sin 2x|=|2\sin x\cos x|=2\sin x|\cos x|\leqq 2\sin x$$

等号は $x=0,\ \pi$ で成り立つ．図 2 の網目部分の $y<0$ の部分を x 軸に関して折り返し図 3 で考える．折り返しによって求める体積を V とする．

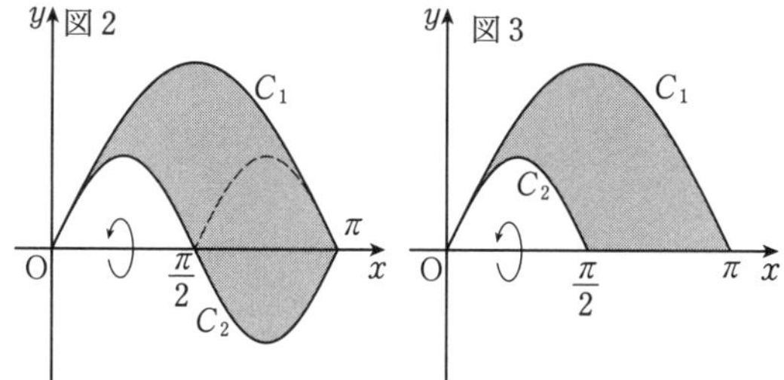

なお $C_1: y=2\sin x$, $C_2: y=\sin 2x$ とし，折り返しによって C_1 の上方にはみ出すことはない．また，立体の中に閉じ込められた空気の部分は引く．

$$V=\pi\int_0^{\pi}(2\sin x)^2\,dx-\pi\int_0^{\frac{\pi}{2}}(\sin 2x)^2\,dx$$

$$\frac{V}{\pi}=4\int_0^{\pi}\sin^2 x\,dx-\int_0^{\frac{\pi}{2}}\sin^2 2x\,dx$$

$$=4\int_0^{\pi}\frac{1-\cos 2x}{2}\,dx-\int_0^{\frac{\pi}{2}}\frac{1-\cos 4x}{2}\,dx$$

$$=2\Big[\,x-\frac{1}{2}\sin 2x\,\Big]_0^{\pi}-\Big[\,\frac{1}{2}x-\frac{1}{2}\cdot\frac{1}{4}\sin 4x\,\Big]_0^{\frac{\pi}{2}}$$

$$=2\pi-\frac{\pi}{4}=\frac{7}{4}\pi$$

$$V=\boldsymbol{\frac{7}{4}\pi^2}$$

注意【**出題者は大げさ**】$0<x<\pi$ で $f(x)>0$ を示し，C_1, C_2 の上下を調べるつもりなのだろうが，上のように式で簡単にできる．

《回転されるものと軸が交わる (B20)》

616. 座標平面上において，
曲線 $y=-\cos\frac{x}{2}$ $(0\leqq x\leqq 2\pi)$
と曲線 $y=\sin\frac{x}{4}$ $(0\leqq x\leqq 2\pi)$
と y 軸で囲まれた領域を D とする．
（1） 領域 D の面積は □ である．
（2） 領域 D を x 軸のまわりに 1 回転してできる立体の体積は □ である．
（3） 領域 D を y 軸のまわりに 1 回転してできる立体の体積は □ である． (21 久留米大・医)

▶解答◀ （1） $-\cos\frac{x}{2}=\sin\frac{x}{4}$

$$\sin\frac{x}{4}+\cos\frac{x}{2}=0$$

$$\sin\frac{x}{4}+\left(1-2\sin^2\frac{x}{4}\right)=0$$

$$\left(2\sin\frac{x}{4}+1\right)\left(\sin\frac{x}{4}-1\right)=0$$

$0\leqq x\leqq 2\pi$ より，$0\leqq\frac{x}{4}\leqq\frac{\pi}{2}$ であるから，$\sin\frac{x}{4}=1$ となり，$x=2\pi$ である．
D は図 1 の網目部分の領域で，その面積を S とする．

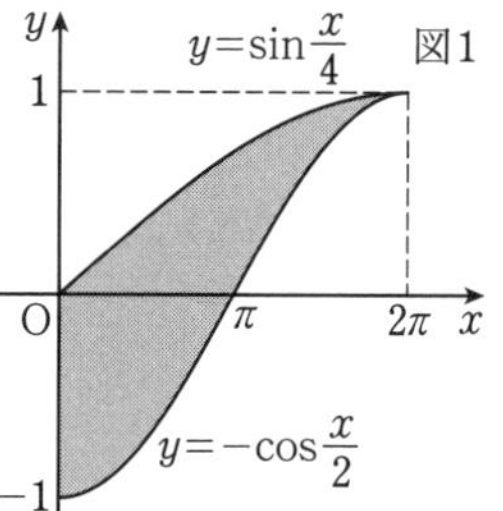

$$S=\int_0^{2\pi}\left\{\sin\frac{x}{4}-\left(-\cos\frac{x}{2}\right)\right\}dx$$

$$=\int_0^{2\pi}\left(\sin\frac{x}{4}+\cos\frac{x}{2}\right)dx$$

$$=\Big[-4\cos\frac{x}{4}+2\sin\frac{x}{2}\Big]_0^{2\pi}=\boldsymbol{4}$$

（2） D の $y\leqq 0$ の部分を x 軸について折り返す．

$$\cos\frac{x}{2}=\sin\frac{x}{4}$$

$$2\sin^2\frac{x}{4}+\sin\frac{x}{4}-1=0$$

$$\left(2\sin\frac{x}{4}-1\right)\left(\sin\frac{x}{4}+1\right)=0$$

$0\leqq x\leqq 2\pi$ より，$\sin\frac{x}{4}=\frac{1}{2}$ となり，$x=\frac{2}{3}\pi$ である．

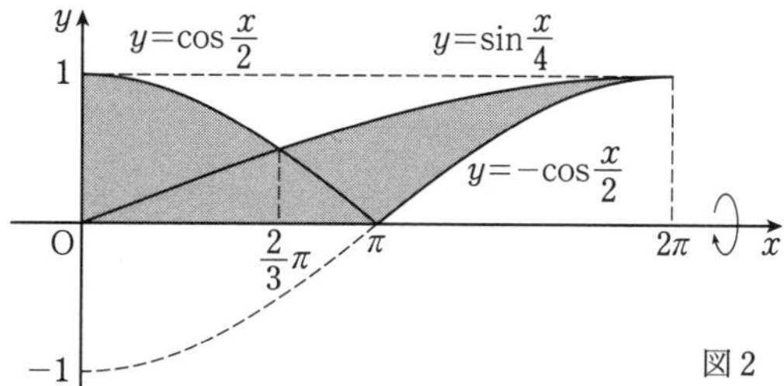

求める体積を V_x とすると

$$\frac{V_x}{\pi}=\int_0^{\frac{2}{3}\pi}\cos^2\frac{x}{2}\,dx+\int_{\frac{2}{3}\pi}^{2\pi}\sin^2\frac{x}{4}\,dx$$

$$-\int_{\pi}^{2\pi}\left(-\cos\frac{x}{2}\right)^2dx$$

$$\frac{2V_x}{\pi}=\int_0^{\frac{2}{3}\pi}(1+\cos x)\,dx$$

$$+\int_{\frac{2}{3}\pi}^{2\pi}\left(1-\cos\frac{x}{2}\right)dx$$

$$-\int_{\pi}^{2\pi}(1+\cos x)\,dx$$

$$=\Big[\,x+\sin x\,\Big]_0^{\frac{2}{3}\pi}+\Big[\,x-2\sin\frac{x}{2}\,\Big]_{\frac{2}{3}\pi}^{2\pi}$$

$$-\Big[\,x+\sin x\,\Big]_{\pi}^{2\pi}$$

$$=\left(\frac{2}{3}\pi+\frac{\sqrt{3}}{2}\right)+\left(2\pi-\frac{2}{3}\pi+2\cdot\frac{\sqrt{3}}{2}\right)$$

$$-(2\pi-\pi)$$

$$=\pi+\frac{3\sqrt{3}}{2}$$

$$V_x = \frac{(2\pi + 3\sqrt{3})\pi}{4}$$

（3） バウムクーヘン分割をする.

$$V_y = 2\pi \int_0^{2\pi} x\left(\sin\frac{x}{4} + \cos\frac{x}{2}\right) dx$$

$$\frac{V_y}{2\pi} = \int_0^{2\pi} x\left(-4\cos\frac{x}{4} + 2\sin\frac{x}{2}\right)' dx$$

$$= \left[x\left(-4\cos\frac{x}{4} + 2\sin\frac{x}{2}\right) \right]_0^{2\pi}$$

$$- \int_0^{2\pi} (x)'\left(-4\cos\frac{x}{4} + 2\sin\frac{x}{2}\right) dx$$

$$= \int_0^{2\pi} \left(4\cos\frac{x}{4} - 2\sin\frac{x}{2}\right) dx$$

$$= 2\left[8\sin\frac{x}{4} + 2\cos\frac{x}{2} \right]_0^{2\pi}$$

$$= 2\{(8-2)-2\} = 8\pi$$

$$V_y = \mathbf{16\pi}$$

注意 **【バウムクーヘン分割について】** $0 \leqq a < b$ のとき，$a \leqq x \leqq b$ において，曲線 $y = f(x)$ と曲線 $y = g(x)$ の間にある部分を y 軸のまわりに回転させてできる立体の体積 V は

$$V = \int_a^b 2\pi x \left| f(x) - g(x) \right| dx$$

で与えられる.

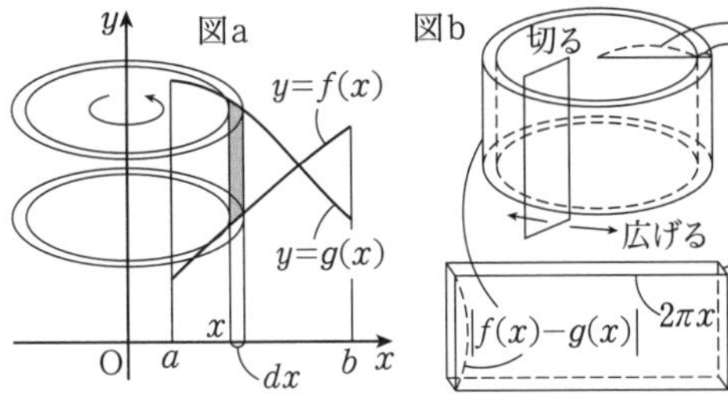

$x \sim x + dx$ の部分を回転してできる微小部分を縦に切って広げる（図b）. 和食の料理人が行う大根の桂剥き（かつらむき）を想像せよ. これを直方体で近似する. 直方体の3辺の長さは

$$dx,\ 2\pi x,\ \left| f(x) - g(x) \right|$$

であり，微小体積 dV は

$$dV = 2\pi x \left| f(x) - g(x) \right| dx$$

となる.

《y 軸回転で x を y で表す (B10)》

617. 座標平面上に 3 点 O(0, 0)，A(1, 1)，B(−1, 1) がある．また，実数 t に対して，直線 OA 上に点 P(t, t) を，直線 OB 上に点 Q$(t-1, 1-t)$ をとるとき，次の問いに答えなさい.

（1） 直線 PQ の方程式を t を用いて表しなさい.

（2） t が $0 \leqq t \leqq 1$ の範囲を動くとき，線分 PQ が通過してできる図形 D を図示しなさい.

（3） （2）で求めた D を，y 軸のまわりに 1 回転してできる立体の体積を求めなさい.

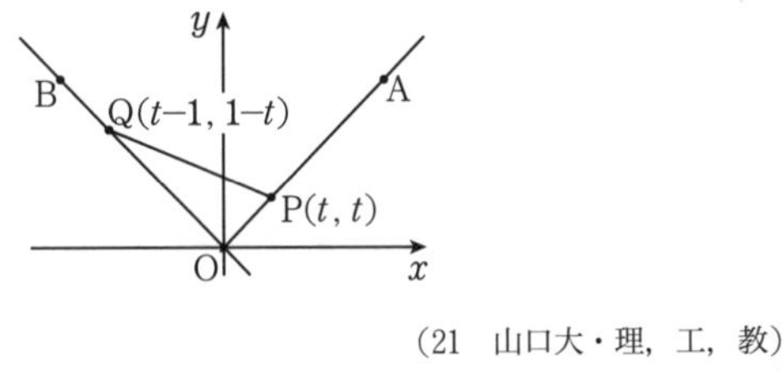

（21 山口大・理，工，教）

▶解答◀ （1） $y = \dfrac{(1-t)-t}{(t-1)-t}(x-t)+t$

$$\boldsymbol{y = (2t-1)x - 2t^2 + 2t}$$

（2） $2t^2 - 2(x+1)t + x + y = 0$ となる.

$$f(t) = 2t^2 - 2(x+1)t + x + y$$

とおく．$f(t) = 0$ を満たす実数 t $(0 \leqq t \leqq 1)$ が少なくとも 1 つ存在する条件を求める.

P は OA 間にあり，Q は OB 間にあるから線分 PQ は $y \geqq -x$, $y \geqq x$, $-1 \leqq x \leqq 1$ にある.

$$f(1) = -x + y \geqq 0,\ f(0) = x + y \geqq 0$$

軸：$0 \leqq \dfrac{x+1}{2} \leqq 1$ であるから，判別式を D として

$$\frac{D}{4} = (x+1)^2 - 2x - 2y = x^2 + 1 - 2y \geqq 0$$

D は以下の不等式を満たす領域で，境界線を含む図 2 の網目部分となる.

$$-1 \leqq x \leqq 1,\ y \geqq -x,\ y \geqq x,\ y \leqq \frac{1}{2}x^2 + \frac{1}{2}$$

ただし，$C : y = \dfrac{1}{2}x^2 + \dfrac{1}{2}$ とおく.

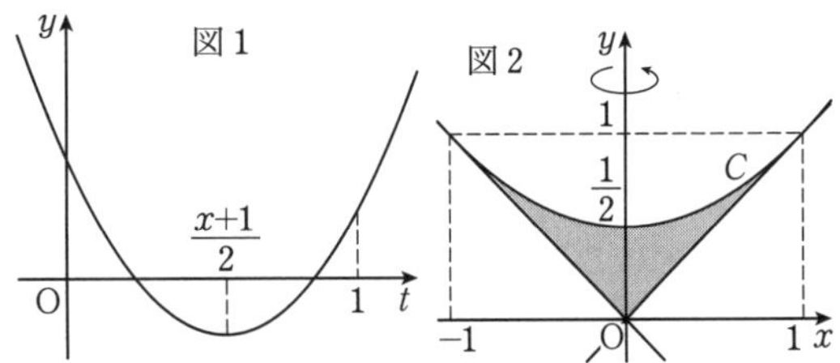

（3） 求める体積 V は

$$V = \frac{1}{3} \cdot 1 \cdot \pi \cdot 1^2 - \pi \int_{\frac{1}{2}}^1 x^2\, dy$$

$$= \frac{\pi}{3} - \pi \int_{\frac{1}{2}}^1 (2y-1)\, dy$$

$$= \frac{\pi}{3} - \pi \left[y^2 - y \right]_{\frac{1}{2}}^1$$

$$= \frac{\pi}{3} - \pi\left(0 - \frac{1}{4} + \frac{1}{2}\right) = \boldsymbol{\frac{\pi}{12}}$$

《x を y で表す (A10)》

618. xy 平面上の曲線

$$C : y=\sqrt{\frac{1-x}{x}} \quad (0<x \leqq 1)$$

と，直線 $y=\sqrt{3}$, x 軸，y 軸で囲まれた領域を，y 軸の周りに 1 回転させてできる回転体の体積を求めよ．　(21　鳥取大・工-後期)

▶解答◀

$$y=\sqrt{\frac{1-x}{x}}=\sqrt{\frac{1}{x}-1} \geqq 0$$

であり，$0<x \leqq 1$ で単調減少．

また，$\lim_{x \to 0} y=\infty$ であるから，C の概形は図の通り．

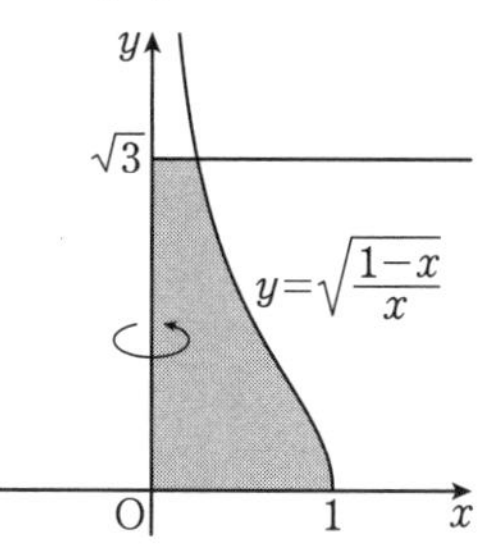

求める回転体の体積を V とすると $V=\pi \int_0^{\sqrt{3}} x^2\, dy$

ここで $y^2=\frac{1}{x}-1$ より $x=\frac{1}{1+y^2}$ であるから

$$\frac{V}{\pi}=\int_0^{\sqrt{3}} \frac{1}{(1+y^2)^2}\, dy$$

$y=\tan\theta$ とおくと $dy=\frac{1}{\cos^2\theta}\, d\theta$

y	$0 \to \sqrt{3}$
θ	$0 \to \frac{\pi}{3}$

$$\frac{V}{\pi}=\int_0^{\frac{\pi}{3}} \frac{1}{(1+\tan^2\theta)^2} \cdot \frac{1}{\cos^2\theta}\, d\theta$$

$$=\int_0^{\frac{\pi}{3}} \cos^2\theta\, d\theta=\frac{1}{2}\int_0^{\frac{\pi}{3}}(1+\cos 2\theta)\, d\theta$$

$$=\frac{1}{2}\left[\theta+\frac{1}{2}\sin 2\theta\right]_0^{\frac{\pi}{3}}=\frac{1}{2}\left(\frac{\pi}{3}+\frac{\sqrt{3}}{4}\right)$$

$$V=\boldsymbol{\frac{\pi^2}{6}+\frac{\sqrt{3}}{8}\pi}$$

《y 軸回転を置換で処理 (B10) ☆》

619. 関数 $y=f(x)$ は逆関数 $y=g(x)$ をもつとする．定数 a, b に対して

$$f(a)=c,\ f(b)=d$$

とする．導関数 $f'(x)$ が連続であるとき，次の問いに答えよ．

(1) 置換積分法を用いて次の等式が成り立つことを示せ．

$$\int_c^d \{g(y)\}^2\, dy=\int_a^b x^2 f'(x)\, dx$$

(2) 部分積分法を用いて次の等式が成り立つことを示せ．

$$\int_a^b x^2 f'(x)\, dx$$

$$=b^2 d-a^2 c-2\int_a^b x f(x)\, dx$$

(3) $f(x)=\frac{1}{xe^x}$ とおくと，関数 $y=f(x)$ $(x>0)$ は逆関数をもつ．曲線 $y=\frac{1}{xe^x}$ $(x>0)$ と 2 直線 $y=\frac{1}{e}$, $y=\frac{1}{2e^2}$ および y 軸で囲まれた図形を y 軸のまわりに 1 回転してできる回転体の体積を V とする．(1) と (2) の等式を用いて V の値を求めよ．　(21　宮城教育大・前期)

▶解答◀ (1) $x=g(y)$ とおくと $y=f(x)$ であり，$dy=f'(x)dx$ である．

y	$c \to d$
x	$a \to b$

よって $\int_c^d \{g(y)\}^2\, dy=\int_a^b x^2 f'(x)\, dx$

(2) $\int_a^b x^2 f'(x)\, dx$

$$=\left[x^2 f(x)\right]_a^b-\int_a^b (x^2)' f(x)\, dx$$

$$=b^2 f(b)-a^2 f(a)-2\int_a^b x f(x)\, dx$$

$$=b^2 d-a^2 c-2\int_a^b x f(x)\, dx$$

(3) $y=f(x)$ は $x>0$ において単調に減少し，$y>0$ である．$f(1)=\frac{1}{e}$, $f(2)=\frac{1}{2e^2}$ である．V は図の網目部分を y 軸の周りに 1 回転してできる回転体の体積であるから，$V=\pi \int_{\frac{1}{2e^2}}^{\frac{1}{e}} \{g(y)\}^2\, dy$ である．

(1)(2) から

$$\frac{V}{\pi}=\int_2^1 x^2 f'(x)\, dx$$

$$=1 \cdot \frac{1}{e}-4 \cdot \frac{1}{2e^2}-2\int_2^1 x f(x)\, dx$$

$$=\frac{1}{e}-\frac{2}{e^2}+2\int_1^2 e^{-x}\, dx=\frac{1}{e}-\frac{2}{e^2}-2\left[e^{-x}\right]_1^2$$

$$=\frac{1}{e}-\frac{2}{e^2}-2\left(\frac{1}{e^2}-\frac{1}{e}\right)=\frac{3e-4}{e^2}$$

$$V=\boldsymbol{\frac{3e-4}{e^2}\pi}$$

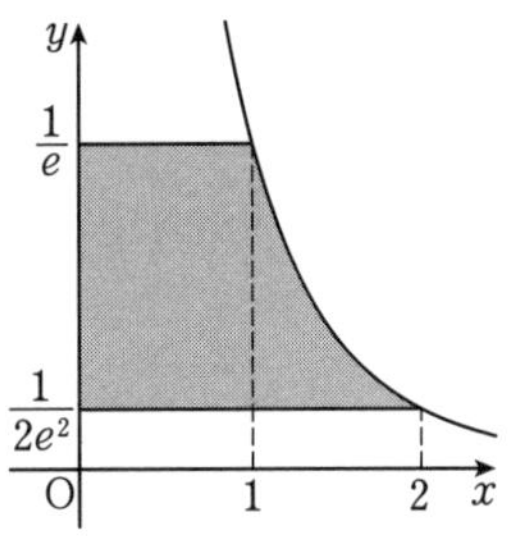

《バウムクーヘン分割（B30）》

620. $a>0$ とし，2つの関数 $f(x)$，$g(x)$ を，それぞれ以下のように定義する．

$$f(x)=e^x\ (x \geqq 0)$$

$$g(x)=ax^2\ (x \geqq 0)$$

2つの曲線 $C_1: y=f(x)$ と $C_2: y=g(x)$ は，ともに点Pを通り，かつ点Pにおいて共通な直線 l に接しているものとする．点Pの x 座標が $p\ (p>0)$ であるとき，以下の問いに答えよ．ただし，e は自然対数の底である．

（1） a と p の値，および直線 l の式を求めよ．

（2） $x>0$ において定義される関数 $h(x)=\log f(x)-\log g(x)$ について，$h(x)$ の増減表を作成せよ．また，$x \geqq 0$ ならば $f(x) \geqq g(x)$ が成り立つことを示せ．

（3） 2つの曲線 C_1 と C_2 および y 軸とで囲まれる図形 F の面積 S を求めよ．

（4）（3）の図形 F を y 軸の周りに1回転してできる回転体の体積 V を求めよ．　（21　長崎大）

▶解答◀　$f'(x)=e^x$，$g'(x)=2ax$

（1） C_1，C_2 はともにPを通り，かつPにおいて l に接しているから，$f(p)=g(p)$，$f'(p)=g'(p)$ が成り立つ．$f(p)=g(p)$ より

$$e^p=ap^2 \quad \cdots\cdots①$$

$f'(p)=g'(p)$ より

$$e^p=2ap \quad \cdots\cdots②$$

①，②より，$ap^2=2ap$

$a>0$，$p>0$ より $p=\mathbf{2}$

①に代入して $e^2=4a$　　∴　$a=\boldsymbol{\frac{e^2}{4}}$

l の方程式は

$$y=e^2(x-2)+e^2$$

$$\boldsymbol{y=e^2x-e^2}$$

（2） $h(x)=\log f(x)-\log g(x)$

$$h'(x)=\frac{f'(x)}{f(x)}-\frac{g'(x)}{g(x)}=\frac{e^x}{e^x}-\frac{2ax}{ax^2}$$

$$=1-\frac{2}{x}=\frac{x-2}{x}$$

$h(x)$ の増減表は次の通りである．

x	0	$\cdots$	2	$\cdots$
$h'(x)$		$-$	0	$+$
$h(x)$		↘		↗

$$h(2)=\log f(2)-\log g(2)=0$$

$x>0$ において $h(x) \geqq 0$ すなわち $f(x) \geqq g(x)$ である．また，$f(0)=e^0=1$，$g(0)=0$ で $f(0) \geqq g(0)$ である．よって，$x \geqq 0$ において $f(x) \geqq g(x)$ である．

（3） 図形 F は図の網目部分である．

$$S=\int_0^2\left(e^x-\frac{e^2}{4}x^2\right)dx=\left[e^x-\frac{e^2}{12}x^3\right]_0^2$$

$$=\left(e^2-\frac{2}{3}e^2\right)-1=\boldsymbol{\frac{e^2}{3}-1}$$

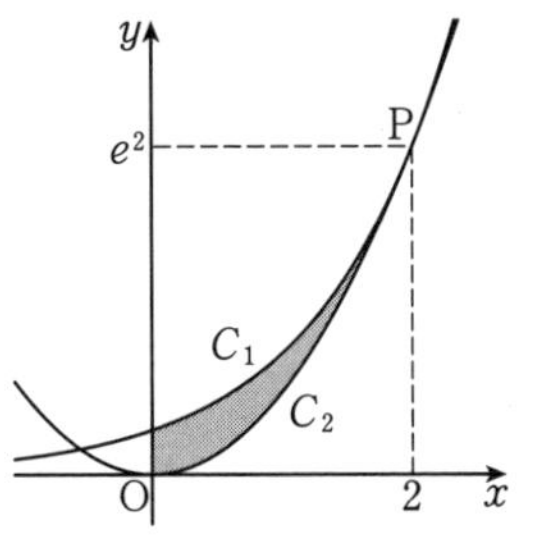

（4） $\displaystyle\int xe^x\,dx=\int x(e^x)'\,dx$

$$=xe^x-\int(x)'e^x\,dx=xe^x-e^x$$

積分定数は0とした．バウムクーヘン分割を用いて

$$V=2\pi\int_0^2 x\left(e^x-\frac{e^2}{4}x^2\right)dx$$

$$=2\pi\int_0^2\left(xe^x-\frac{e^2}{4}x^3\right)dx$$

$$=2\pi\left[(x-1)e^x-\frac{e^2}{16}x^4\right]_0^2$$

$$=2\pi\{(e^2-e^2)-(-1)\}=\boldsymbol{2\pi}$$

《円の面積の活用 (B30)》

621. 関数 $f(x) = x + \sqrt{4-x^2}$,

$g(x) = \left|x - \sqrt{4-x^2}\right|$ について，次に答えよ．

（1） 方程式 $x = \sqrt{4-x^2}$ を解け．

（2） 関数 $f(x)$ の極値を求めよ．

（3） 関数 $g(x)$ の極値を求めよ．

（4） 曲線 $y = f(x)$ と曲線 $y = g(x)$ で囲まれた図形を D とおく．図形 D の面積 S を求めよ．

（5）（4）の図形 D を x 軸のまわりに1回転してできる立体の体積 V を求めよ．

（21 九州工業大・前期）

▶解答◀ （1） 方程式の右辺は0以上であるから左辺は0以上で，$x \geqq 0$ である．このとき

$$x^2 = 4 - x^2$$

$$x^2 = 2$$

$x \geqq 0$ であるから，$x = \boldsymbol{\sqrt{2}}$

（2） $-2 < x < 2$ のとき

$$f'(x) = 1 + \frac{-2x}{2\sqrt{4-x^2}} = \frac{\sqrt{4-x^2}-x}{\sqrt{4-x^2}}$$

$-2 < x < 0$ のとき，$f'(x) > 0$

$0 \leqq x < 2$ のとき

$$f'(x) = \frac{(4-x^2)-x^2}{\sqrt{4-x^2}(\sqrt{4-x^2}+x)}$$

$$= \frac{2(2-x^2)}{\sqrt{4-x^2}(\sqrt{4-x^2}+x)}$$

であるから，$f(x)$ の増減は表のようになる．

x	-2	$\cdots$	0	$\cdots$	$\sqrt{2}$	$\cdots$	2
$f'(x)$		$+$		$+$	0	$-$	
$f(x)$		↗		↗		↘	

$f(x)$ は $x = \sqrt{2}$ で極大値 $f(\sqrt{2}) = \boldsymbol{2\sqrt{2}}$ をとる．

（3） $h(x) = x - \sqrt{4-x^2}$ とおく．

$-2 < x < 2$ のとき

$$h'(x) = 1 - \frac{-2x}{2\sqrt{4-x^2}} = \frac{\sqrt{4-x^2}+x}{\sqrt{4-x^2}}$$

$0 < x < 2$ のとき，$h'(x) > 0$

$-2 < x \leqq 0$ のとき

$$h'(x) = \frac{2(2-x^2)}{\sqrt{4-x^2}(\sqrt{4-x^2}-x)}$$

であるから，$h(x)$ の増減は表のようになる．

x	-2	$\cdots$	$-\sqrt{2}$	$\cdots$	0	$\cdots$	2
$h'(x)$		$-$	0	$+$		$+$	
$h(x)$		↘		↗		↗	

$h(-\sqrt{2}) = -2\sqrt{2}$，$h(\sqrt{2}) = 0$ であるから $y = h(x)$ のグラフは図1，この $y \leqq 0$ の部分を x 軸に関して折り返し，曲線 $y = g(x)$ は図2となる．

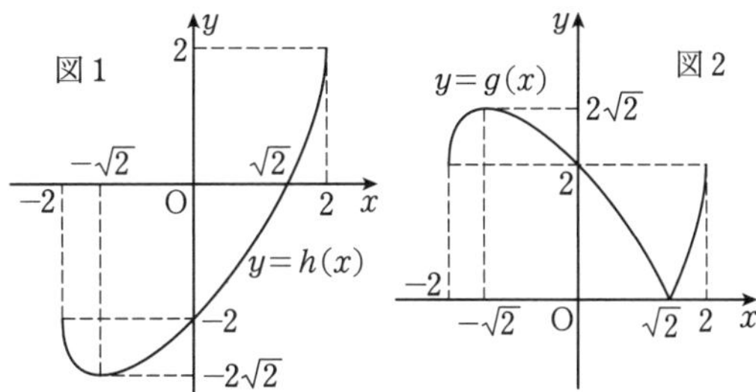

したがって，$g(x)$ は $x = -\sqrt{2}$ で極大値 $\boldsymbol{2\sqrt{2}}$，$x = \sqrt{2}$ で極小値 $\boldsymbol{0}$ をとる．

（4） D は図3の網目部分である．$0 \leqq x \leqq \sqrt{2}$ で

$$f(x) - g(x) = f(x) - \{-h(x)\}$$

$$= x + \sqrt{4-x^2} + x - \sqrt{4-x^2} = 2x$$

$\sqrt{2} \leqq x \leqq 2$ で

$$f(x) - g(x) = f(x) - h(x)$$

$$= x + \sqrt{4-x^2} - (x - \sqrt{4-x^2})$$

$$= 2\sqrt{4-x^2}$$

であるから

$$S = \int_0^2 \{f(x) - g(x)\}\, dx$$

$$= \int_0^{\sqrt{2}} \{f(x) - g(x)\}\, dx$$

$$+ \int_{\sqrt{2}}^2 \{f(x) - g(x)\}\, dx$$

$$= \int_0^{\sqrt{2}} 2x\, dx + 2\int_{\sqrt{2}}^2 \sqrt{4-x^2}\, dx$$

$$= \Big[\, x^2 \,\Big]_0^{\sqrt{2}} + 2\left(\pi \cdot 2^2 \cdot \frac{1}{8} - \frac{1}{2} \cdot \sqrt{2} \cdot \sqrt{2}\right)$$

$$= 2 + 2\left(\frac{\pi}{2} - 1\right) = \boldsymbol{\pi}$$

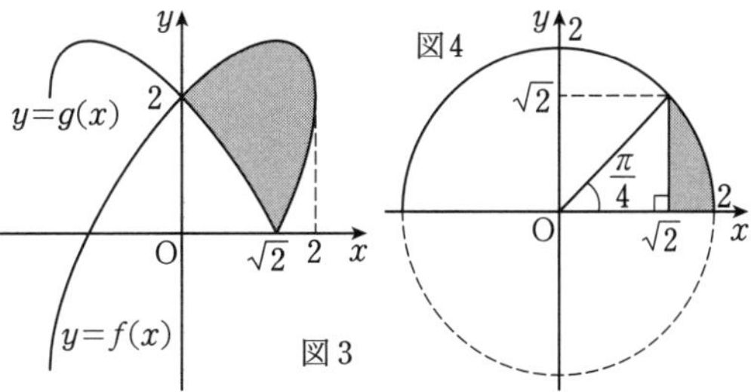

（5） $\{f(x)\}^2 - \{g(x)\}^2$

$$= (x + \sqrt{4-x^2})^2 - (x - \sqrt{4-x^2})^2$$

$$= 4x\sqrt{4-x^2}$$

であるから

$$V = \pi \int_0^2 (\{f(x)\}^2 - \{g(x)\}^2)\, dx$$

$$= \pi \int_0^2 4x\sqrt{4-x^2}\,dx$$
$$= 2\pi \int_2^0 (4-x^2)'(4-x^2)^{\frac{1}{2}}\,dx$$
$$= 2\pi \left[\frac{2}{3}(4-x^2)^{\frac{3}{2}} \right]_2^0$$
$$= 2\pi \cdot \frac{2}{3} \cdot 4^{\frac{3}{2}} = \boldsymbol{\frac{32}{3}\pi}$$

《カテナリーと体積 (B20)》

622. $a>0$ に対して $f(x)=\dfrac{a}{2}\left(e^{\frac{x}{a}}+e^{-\frac{x}{a}}\right)$ とする．曲線 $y=f(x)$ 上の点 $\mathrm{P}(a,\ f(a))$ における接線を l とし，直線 l，直線 $x=0$，曲線 $y=f(x)$ で囲まれる領域を D とする．

（1） 直線 l の y 切片を a を用いて表せ．

（2） 曲線 $y=f(x)$ と直線 l は，点 P 以外に共有点を持たないことを示せ．

（3） 領域 D の面積を a を用いて表せ．

（4） 領域 D を x 軸のまわりに 1 回転させてできる立体の体積を a を用いて表せ．（21　札幌医大）

▶解答◀ （1） $f(x)=\dfrac{a}{2}\left(e^{\frac{x}{a}}+e^{-\frac{x}{a}}\right)$

$$f'(x)=\frac{1}{2}\left(e^{\frac{x}{a}}-e^{-\frac{x}{a}}\right)$$

l の方程式は

$$y=f'(a)(x-a)+f(a)$$
$$y=\frac{1}{2}(e-e^{-1})(x-a)+\frac{a}{2}(e+e^{-1})$$
$$y=\frac{1}{2}(e-e^{-1})x+\frac{a}{e} \quad \cdots\cdots ①$$

であるから，l の y 切片は $\boldsymbol{\dfrac{a}{e}}$

（**2**） 曲線 $y=f(x)$ を C とする．$a>0$ より

$$f''(x)=\frac{1}{2a}\left(e^{\frac{x}{a}}+e^{-\frac{x}{a}}\right)>0$$

であるから，C は下に凸である．l は C 上の点 P における C の接線であるから，C と l は P 以外に共有点をもたない．（図 1 参照）

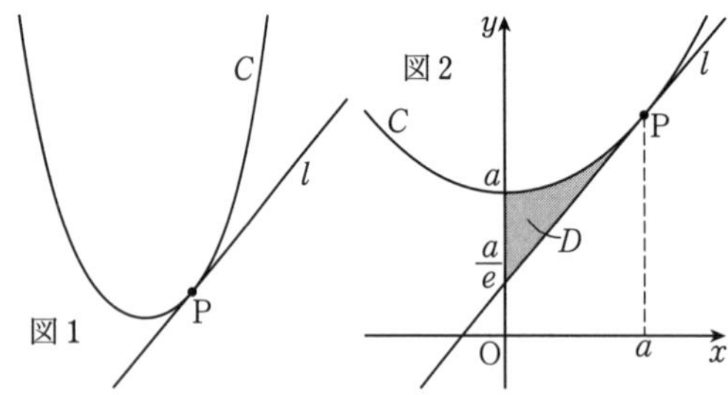

（**3**） $f(0)=a>0$ である．$f(x)$ は $f(-x)=f(x)$ を満たすから，C は y 軸対称である．かつ，C は下に凸であるから，C の概形および領域 D は図 2 のようになる．① の右辺を $l(x)$ とおくと，D の面積は

$$\int_0^a \{f(x)-l(x)\}\,dx$$
$$=\left[\frac{a^2}{2}\left(e^{\frac{x}{a}}-e^{-\frac{x}{a}}\right)-\frac{1}{4}(e-e^{-1})x^2-\frac{a}{e}x\right]_0^a$$
$$=\frac{a^2}{2}(e-e^{-1})-\frac{a^2}{4}(e-e^{-1})-a^2e^{-1}$$
$$=\boldsymbol{\frac{a^2}{4}(e-5e^{-1})}$$

（**4**） l の y 切片 $\dfrac{a}{e}$ は正であるから，D は x 軸より上方にある．（図 2 参照）

よって求める体積 V は

$$V=\pi\int_0^a \{f(x)\}^2\,dx-\pi\int_0^a \{l(x)\}^2\,dx \quad \cdots\cdots ②$$

である．

$$\int_0^a \{f(x)\}^2\,dx=\int_0^a \frac{a^2}{4}\left(e^{\frac{2x}{a}}+e^{-\frac{2x}{a}}+2\right)dx$$
$$=\frac{a^2}{4}\left[\frac{a}{2}e^{\frac{2x}{a}}-\frac{a}{2}e^{-\frac{2x}{a}}+2x\right]_0^a$$
$$=\frac{a^2}{4}\left\{\frac{a}{2}(e^2-e^{-2})+2a\right\}$$
$$=\frac{a^3}{8}(e^2-e^{-2}+4) \quad \cdots\cdots ③$$
$$\int_0^a \{l(x)\}^2\,dx=\int_0^a \left\{\frac{1}{4}(e-e^{-1})^2x^2+\frac{a}{e}(e-e^{-1})x+\frac{a^2}{e^2}\right\}dx$$
$$=\left[\frac{1}{12}(e-e^{-1})^2x^3+\frac{a}{2}(1-e^{-2})x^2+\frac{a^2}{e^2}x\right]_0^a$$
$$=\frac{a^3}{12}(e-e^{-1})^2+\frac{a^3}{2}(1-e^{-2})+a^3e^{-2}$$
$$=\frac{a^3}{12}\{(e^2+e^{-2}-2)+6(1-e^{-2})+12e^{-2}\}$$
$$=\frac{a^3}{12}(e^2+7e^{-2}+4) \quad \cdots\cdots ④$$

②，③，④ より

$$V=\frac{\pi a^3}{8}(e^2-e^{-2}+4)-\frac{\pi a^3}{12}(e^2+7e^{-2}+4)$$
$$=\frac{\pi a^3}{24}\{3(e^2-e^{-2}+4)-2(e^2+7e^{-2}+4)\}$$
$$=\boldsymbol{\frac{\pi a^3}{24}(e^2-17e^{-2}+4)}$$

《y 軸回転 (B20)》

623. 曲線 $y=\log x$ を C_1，曲線

$$y=-\log(x-1)+\log 2$$

を C_2 とし，C_1 と C_2 および x 軸で囲まれた図形を D とする．

（1） 曲線 C_1 と曲線 C_2 の交点の座標を求めよ．

（2） D の面積を求めよ．

（3） D を y 軸のまわりに 1 回転してできる立体の体積を求めよ．

（21　津田塾大・文芸-数学，情報科学）

▶解答◀ (1) $y=\log x$ と
$y=-\log(x-1)+\log 2$ を連立して

$$\log x+\log(x-1)=\log 2$$
$$x(x-1)=2$$
$$x^2-x-2=0$$
$$(x-2)(x+1)=0$$

真数条件より $x>1$ であるから，$x=2$

よって，2 曲線の交点の座標は **(2, log 2)**

(2) C_2 は C_1 を x 軸に関して対称移動させ，x 軸方向に 1，y 軸方向に $\log 2$ 平行移動させた曲線であるから，D は図の網目部分となる．

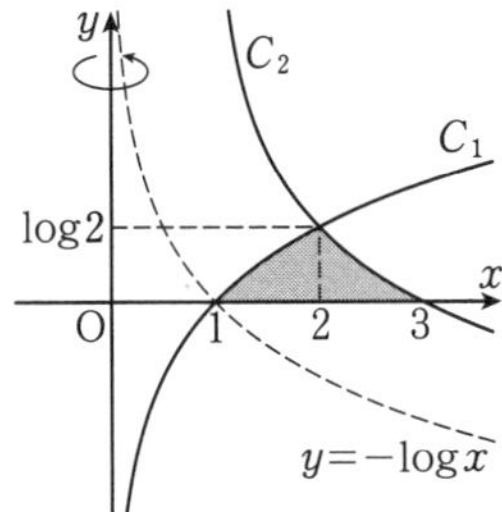

D の面積を S とおくと

$$S=\int_1^2 \log x\,dx+\int_2^3\{-\log(x-1)+\log 2\}\,dx$$
$$=\int_1^2 \log x\,dx-\int_2^3 \log(x-1)\,dx+\log 2$$

である．ここで

$$\int_1^2 \log x\,dx=\Big[\,x\log x-x\,\Big]_1^2$$
$$=2\log 2-2-(-1)=2\log 2-1$$
$$\int_2^3 \log(x-1)\,dx=\Big[\,(x-1)\log(x-1)-x\,\Big]_2^3$$
$$=2\log 2-3-(-2)=2\log 2-1$$

であるから

$$S=2\log 2-1-(2\log 2-1)+\log 2=\mathbf{\log 2}$$

(3) $y=\log x$ のとき，$x=e^y$

$y=-\log(x-1)+\log 2$ のとき，$y=\log\dfrac{2}{x-1}$ より

$$\frac{2}{x-1}=e^y \qquad \therefore\quad x=1+2e^{-y}$$

求める体積を V とおくと

$$\frac{V}{\pi}=\int_0^{\log 2}\{(1+2e^{-y})^2-(e^y)^2\}\,dy$$
$$=\int_0^{\log 2}(1+4e^{-y}+4e^{-2y}-e^{2y})\,dy$$
$$=\Big[\,y-4e^{-y}-2e^{-2y}-\frac{1}{2}e^{2y}\Big]_0^{\log 2}$$
$$=\left(\log 2-4\cdot\frac{1}{2}-2\cdot\frac{1}{4}-\frac{1}{2}\cdot 4\right)$$
$$-\left(0-4-2-\frac{1}{2}\right)$$
$$=2+\log 2$$

よって，$V=\mathbf{(2+\log 2)\pi}$

注意 【D の面積】

D のうち，直線 $x=2$ より左側を D_1，右側を D_2 とおき，面積をそれぞれ S_1，S_2 とおく．

$S=S_1+S_2$ である．

このとき，下図のように D_2 を x 軸方向に -1，y 軸方向に $-\log 2$ 平行移動し，x 軸に関して対称移動させる（C_1 から C_2 のグラフを得るときと逆の操作をする）と，図の網目部分の面積はすべて等しく S_2 になるから，$S=S_1+S_2$ は x 軸と直線 $x=1$，$x=2$，$y=\log 2$ で囲まれる長方形の面積に等しくなる．よって，$S=(2-1)\cdot\log 2=\log 2$

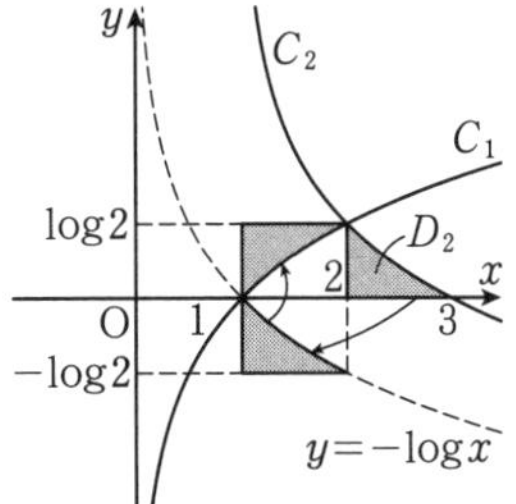

《座標を導入せよ (B20) ☆》

624. 底面の半径が 1 で高さが 1 である直円柱を考える．直円柱の底面の直径を含みこの底面と 30° の傾きをなす平面により，直円柱を 2 つの立体に分けるとき，小さい方の立体の体積を求めよ．

（21　金沢大・理系）

考え方 立体は次のようになる．

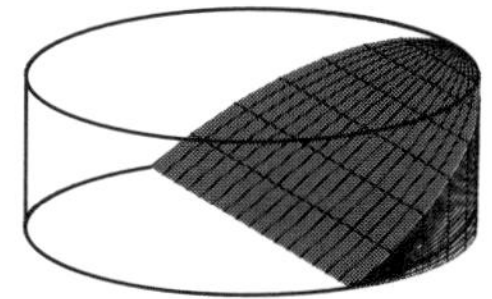

まず，座標設定をし，適当な断面を考える．普通は座標に垂直な断面，$x=t, y=t, z=t$ のうちのどれかである．本問では $x=t$ がよい．上面は平面，側面は円柱，底面は平面だから，断面は三角形である．2 次式の積分になり，易しい．

$y=t$ で切ると断面は長方形になる．その場合，$t\sqrt{1-t^2}$ の積分になって，$x=t$ よりは少し難しい．

$z=t$ は，あまりよくない．図 z を見よ．断面は弓形（円弧と線分で囲まれた図形）になり，t のまま積分することができない．三角関数を使った置換積分が必要で計算ミスの危険性が伴う．このように断面の検討をする．

図z

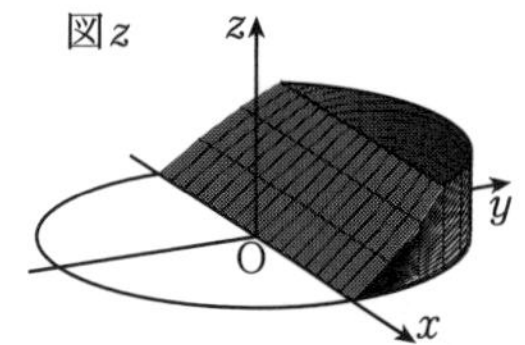

▶解答◀ 図1のように座標を定める．円柱を2つに切断する平面を B とする．

図1

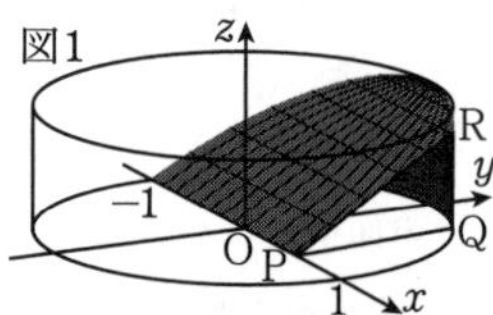

図2

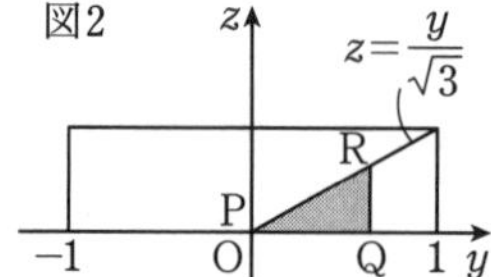

図1は立体を平面 $x=t\ (-1<t<1)$ で切って，$x>t$ の部分を消し去ったものである．図1を x 軸の方向から見ると図2のようになり，平面 B は1本の直線のように見える．これを直線だと思って式にすると $z=\frac{y}{\sqrt{3}}$ となる．これが平面 B の方程式で，$z=\frac{y}{\sqrt{3}}$ である．底面の円は $x^2+y^2=1$ だから，ここで $x=t$ とおくと $y>0$ のときは $y=\sqrt{1-t^2}$ となる．断面は三角形 PQR で $\mathrm{P}(t,\ 0,\ 0)$，$\mathrm{Q}(t,\ \sqrt{1-t^2},\ 0)$ であり，R は断面 B 上にある．R の y 座標は Q と同じく $y=\sqrt{1-t^2}$ だから $z=\frac{\sqrt{1-t^2}}{\sqrt{3}}$ となり，$\mathrm{R}\left(t,\ \sqrt{1-t^2},\ \frac{\sqrt{1-t^2}}{\sqrt{3}}\right)$ とわかる．断面積を $S(t)$ とすると

$$S(t)=\frac{1}{2}yz=\frac{1}{2\sqrt{3}}(1-t^2)$$

$$V=2\int_0^1 S(t)\,dt=\frac{1}{\sqrt{3}}\left[t-\frac{t^3}{3}\right]_0^1=\boldsymbol{\frac{2}{3\sqrt{3}}}$$

◆別解◆【$y=t$ で切る】

図3は題意の立体を平面 $y=t$ で切って，$y<t$ の部分を消し去ったものである．

図3

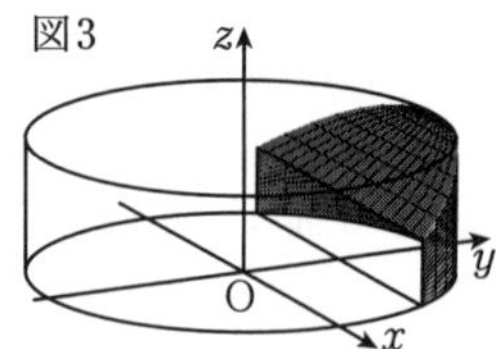

立体を平面 $y=t\ (0<t<1)$ で切ると断面は長方形となる．図5のように P，Q，R，S を設定する．これらは本解とは異なるものであるから注意せよ．

$x^2+y^2=1$ で $y=t$ とおくと $x=\pm\sqrt{1-t^2}$ となる．$z=\frac{y}{\sqrt{3}}$ で $y=t$ とおくと図4より $z=\frac{t}{\sqrt{3}}$ である．

図4

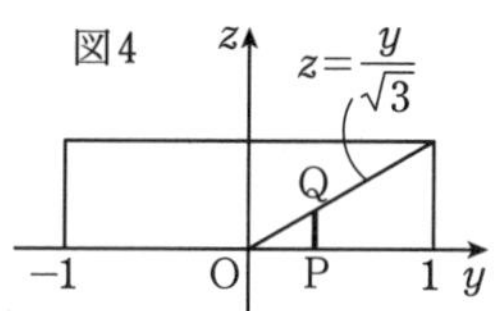

図5

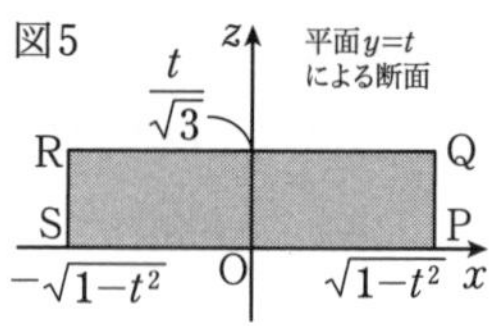

断面積を $S(t)$ とすると

$$S(t)=\frac{t}{\sqrt{3}}\cdot 2\sqrt{1-t^2}=\frac{2}{\sqrt{3}}t\sqrt{1-t^2}$$

$$V=\int_0^1 S(t)\,dt$$

$$=\frac{1}{\sqrt{3}}\left[-\frac{2}{3}(1-t^2)^{\frac{3}{2}}\right]_0^1=\boldsymbol{\frac{2}{3\sqrt{3}}}$$

《2曲線が接する（B20）☆》

625． xy 平面上に2つの曲線 $C_1:y=ae^x$，$C_2:y=xe^{-x}$ がある．ただし，a は定数とする．このとき，下の問いに答えよ．

（1） C_2 の概形をかいて，C_1 と C_2 の共有点の個数を調べよ．

（2） C_1 が C_2 に接するとき，C_1 と C_2 および y 軸で囲まれた図形を x 軸のまわりに1回転してできる立体の体積を求めよ．ただし，2つの曲線が接するとは，共有点においてそれぞれの接線が一致することである．（21 東京学芸大・前期）

▶解答◀ （1） $y=xe^{-x}$ のとき，

$$y'=(1-x)e^{-x}$$

x	$\cdots$	1	$\cdots$
y'	$+$	0	$-$
y	↗		↘

$x=1$ のとき $y=\frac{1}{e}$

$x\to\infty$ のとき，$y\to 0$，$x\to-\infty$ のとき，$y\to-\infty$

C_2 の概形は図1のようになる．

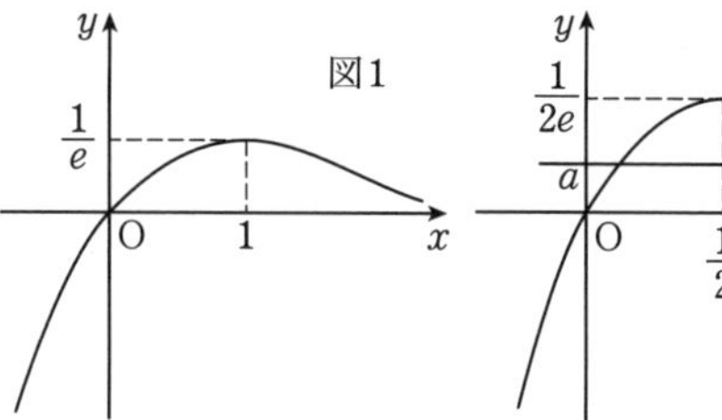

C_1 と C_2 を連立して

$$ae^x=xe^{-x} \qquad \therefore\ a=xe^{-2x}$$

$f(x)=xe^{-2x}$ とおくと，$f'(x)=(1-2x)e^{-2x}$

x	$\cdots$	$\frac{1}{2}$	$\cdots$
$f'(x)$	$+$	0	$-$
$f(x)$	↗		↘

$f\left(\frac{1}{2}\right)=\frac{1}{2e}$, $\lim_{x\to\infty}f(x)=0$, $\lim_{x\to-\infty}f(x)=-\infty$

図 2 を見よ．共有点の個数は **$a>\frac{1}{2e}$ のとき 0，$a=\frac{1}{2e}$ のとき 1，$0<a<\frac{1}{2e}$ のとき 2，$a\leqq 0$ のとき 1**

（2） C_1 と C_2 が接するとき，（1）より $a=\frac{1}{2e}$ で，接点の x 座標は $x=\frac{1}{2}$ である．

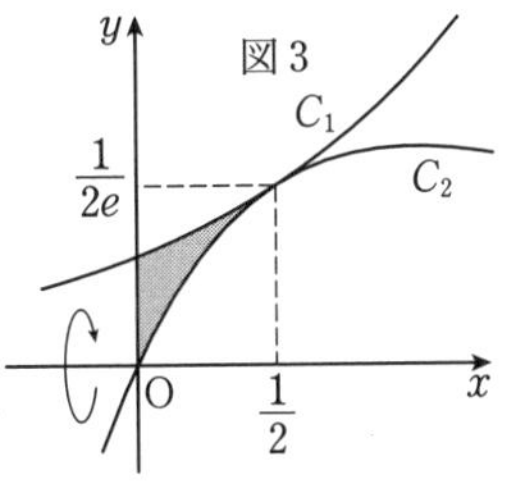

$y_1=ae^x$，$y_2=xe^{-x}$，回転体の体積を V とおくと

$$V=\pi\int_0^{\frac{1}{2}}{y_1}^2\,dx-\pi\int_0^{\frac{1}{2}}{y_2}^2\,dx$$

$$\frac{V}{\pi}=\int_0^{\frac{1}{2}}(a^2e^{2x}-x^2e^{-2x})\,dx$$

$$=\left[\frac{1}{8e^2}e^{2x}+\left(\frac{1}{2}x^2+\frac{1}{2}x+\frac{1}{4}\right)e^{-2x}\right]_0^{\frac{1}{2}}$$

$$=\frac{1}{8e^2}(e-1)+\left(\frac{1}{8}+\frac{1}{4}+\frac{1}{4}\right)e^{-1}-\frac{1}{4}$$

$$=\frac{3}{4}e^{-1}-\frac{1}{8}e^{-2}-\frac{1}{4}$$

$$\boldsymbol{V=\left(\frac{3}{4}e^{-1}-\frac{1}{8}e^{-2}-\frac{1}{4}\right)\pi}$$

注意 **【瞬間部分積分】** f が x の多項式のとき，次のようになる．

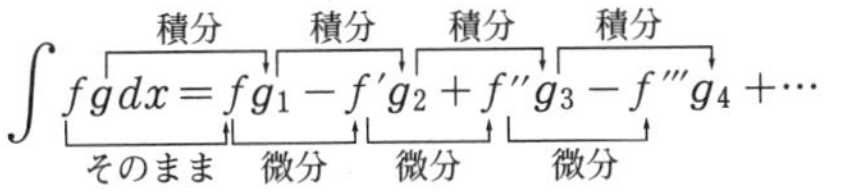

$$\int x^2e^{-2x}\,dx$$

$$=x^2\left(-\frac{1}{2}e^{-2x}\right)-2x\left(\frac{1}{4}e^{-2x}\right)+2\left(-\frac{1}{8}e^{-2x}\right)$$

$$=-\frac{1}{2}x^2e^{-2x}-\frac{1}{2}xe^{-2x}-\frac{1}{4}e^{-2x}$$

《瞬間部分積分の練習をしよう（B20）》

626. 座標平面において，曲線 $y=e^x$ 上の点 $\mathrm{P}(t,e^t)$ における法線を l とし，l と y 軸との交点を Q とする．$t\neq 0$ のとき，線分 PQ の中点を R とし，$t=0$ のときは $\mathrm{R}(0,1)$ とする．次の問いに答えよ．

（1） 直線 l の方程式を求めよ．

（2） t が実数全体を動くとき，点 R のえがく曲線 C の方程式を求めよ．

（3） （2）の曲線 C，y 軸，直線 $y=e^{-2}+e^2$ で囲まれた図形 F の面積を求めよ．

（4） （3）の図形 F を x 軸のまわりに回転して得られる回転体の体積を求めよ．

（21 広島大・前期）

▶解答◀ （1） $y=e^x$ から $y'=e^x$

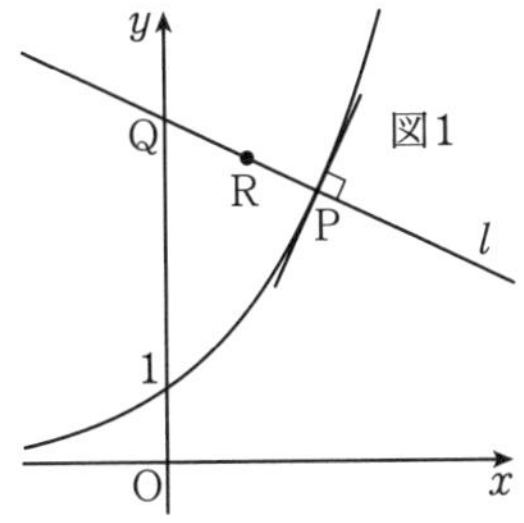

$\mathrm{P}(t,e^t)$ における法線 l の方程式は

$$y=-e^{-t}(x-t)+e^t$$

$$\boldsymbol{y=-e^{-t}x+te^{-t}+e^t}$$

（2） Q の座標は $(0,te^{-t}+e^t)$ となるから，線分 PQ の中点 R の座標 (x,y) について

$$x=\frac{t}{2},\ y=\frac{t}{2}e^{-t}+e^t$$

となる．したがって，曲線 C の方程式は

$$\boldsymbol{y=xe^{-2x}+e^{2x}}$$

となる．

（3） $y=xe^{-2x}+e^{2x}$ から

$$y'=e^{-2x}-2xe^{-2x}+2e^{2x}=(1-2x+2e^{4x})e^{-2x}$$

$f(x)=1-2x+2e^{4x}$ とおくと $f'(x)=-2+8e^{4x}$

$x>0$ のとき $f'(x)=-2+8e^{4x}>-2+8=6$ であるから，$f(x)$ は $x\geqq 0$ で増加関数である．したがって，$f(x)>f(0)=1+2>0$ となり，$x>0$ では $y'>0$ である．

$y=xe^{-2x}+e^{2x}$ は $x\geqq 0$ で増加関数であり，$x=1$ のとき $y=e^{-2}+e^2$ となるから，図形 F は図 2 の境界線も含む網目部分．

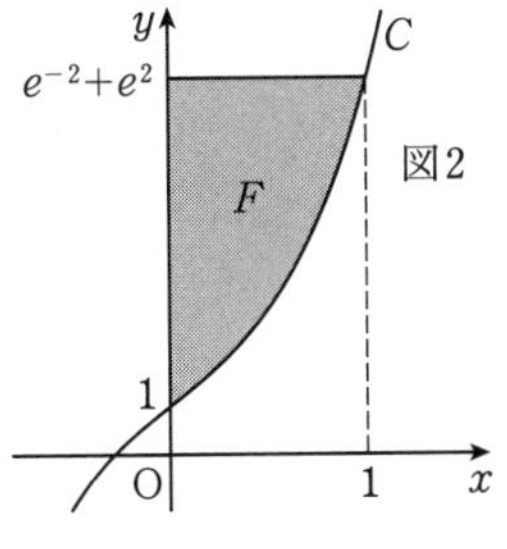

求める面積 S は

$$S=\int_0^1(e^{-2}+e^2-xe^{-2x}-e^{2x})\,dx$$

$$=-\int_0^1 x\left(-\frac{1}{2}e^{-2x}\right)'dx$$

$$+\left[(e^{-2}+e^{2})x - \frac{1}{2}e^{2x} \right]_0^1$$

$$= -\left[x\left(-\frac{1}{2}e^{-2x}\right) \right]_0^1 + \int_0^1 (x)'\left(-\frac{1}{2}e^{-2x}\right) dx$$

$$+e^{-2}+e^{2}-\frac{1}{2}e^{2}+\frac{1}{2}$$

$$= \frac{1}{2}e^{-2} + \left[\frac{1}{4}e^{-2x} \right]_0^1 + e^{-2} + \frac{1}{2}e^{2} + \frac{1}{2}$$

$$= \boldsymbol{\frac{2e^{2}+7e^{-2}+1}{4}}$$

（4） 求める体積 V は

$$V = \pi(e^{-2}+e^{2})^2 - \pi\int_0^1 (xe^{-2x}+e^{2x})^2\,dx$$

$$= \pi(e^{-4}+2+e^{4}) - \pi\int_0^1 (x^2e^{-4x}+2x+e^{4x})\,dx$$

(瞬間部分積分を使う．x^2 を微分していくと x^2, $2x$, 2
e^{-4} を積分していくと $-\frac{1}{4}e^{-4x}$, $\frac{1}{16}e^{-4x}$, $-\frac{1}{64}e^{-4x}$
これらを掛けて符号を1回ごとに交代する)

$$\int x^2e^{-4x}\,dx$$

$$= x^2\left(-\frac{1}{4}e^{-4x}\right) - 2x\left(\frac{1}{16}e^{-4x}\right) + 2\left(-\frac{1}{64}e^{-4x}\right)$$

$$= \left(-\frac{x^2}{4} - \frac{x}{8} - \frac{1}{32}\right)e^{-4x}$$

(積分定数を省略) となるから

$$V = \pi(e^{-4}+2+e^{4}) - \pi\left[\left(-\frac{x^2}{4}-\frac{x}{8}-\frac{1}{32}\right)e^{-4x} \right]_0^1$$

$$-\pi\left[x^2 + \frac{1}{4}e^{4x} \right]_0^1$$

$$= \pi(e^{-4}+2+e^{4}) + \pi\left(\frac{1}{4}+\frac{1}{8}+\frac{1}{32}\right)e^{-4}$$

$$-\frac{\pi}{32} - \pi\left(1+\frac{1}{4}e^{4}-\frac{1}{4}\right)$$

$$= \boldsymbol{\frac{3}{32}(8e^{4}+15e^{-4}+13)\pi}$$

《通過領域と体積 (B30) ☆》

627. 座標平面上の点 (x, y) について，次の条件を考える．

条件：すべての実数 t に対して $y \leqq e^t - xt$ が成立する．……(＊)

以下の問いに答えよ．必要ならば $\lim_{x\to+0} x\log x = 0$ を使ってよい．

（1） 条件(＊)をみたす点 (x, y) 全体の集合を座標平面上に図示せよ．

（2） 条件(＊)をみたす点 (x, y) のうち，$x \geqq 1$ かつ $y \geqq 0$ をみたすもの全体の集合を S とする．S を x 軸の周りに1回転させてできる立体の体積を求めよ．　　（21　九大・前期）

▶解答◀ （1） $f(t) = e^t - xt$ とおく．

$$f'(t) = e^t - x$$

(＊)が成り立つ条件は，「すべての実数 t に対して，$y \leqq f(t)$ が成立する」ことである．

（ア） $x < 0$ のとき，$f'(t) = e^t - x > 0$ であるから $f(t)$ は単調に増加する．$\lim_{t\to-\infty} f(t) = -\infty$ であるから，条件(＊)をみたす (x, y) は存在しない．

（イ） $x = 0$ のとき，$f'(t) = e^t > 0$ であるから $f(t)$ は単調に増加する．$\lim_{t\to-\infty} f(t) = 0$ であるから，条件(＊)をみたす y の範囲は $y \leqq 0$ である．

（ウ） $x > 0$ のとき，$f(t)$ の増減は次のようになる．

t	$\cdots$	$\log x$	$\cdots$
$f'(t)$	$-$	0	$+$
$f(t)$	↘		↗

$t = \log x$ すなわち $e^t = x$ のとき最小で，最小値は

$$f(\log x) = x - x\log x$$

であるから，条件(＊)をみたす y の範囲は
$y \leqq x - x\log x$

以上より，条件(＊)をみたす点 (x, y) 全体の集合は

「$x = 0,\ y \leqq 0$」または「$x > 0,\ y \leqq x - x\log x$」

である．$g(x) = x - x\log x$ とおく．

$$g'(x) = 1 - \left(1\cdot\log x + x\cdot\frac{1}{x}\right) = -\log x$$

$g(x)$ の増減は次のようになる．

x	0	$\cdots$	1	$\cdots$
$g'(x)$		$+$	0	$-$
$g(x)$		↗		↘

ここで，$\lim_{x\to+0} x\log x = 0$ であるから，$\lim_{x\to+0} g(x) = 0$
また，$\lim_{x\to+\infty} g(x) = \lim_{x\to+\infty} x(1-\log x) = -\infty$

よって，条件(＊)をみたす点 (x, y) 全体の集合は図1の境界を含む網目部分である．

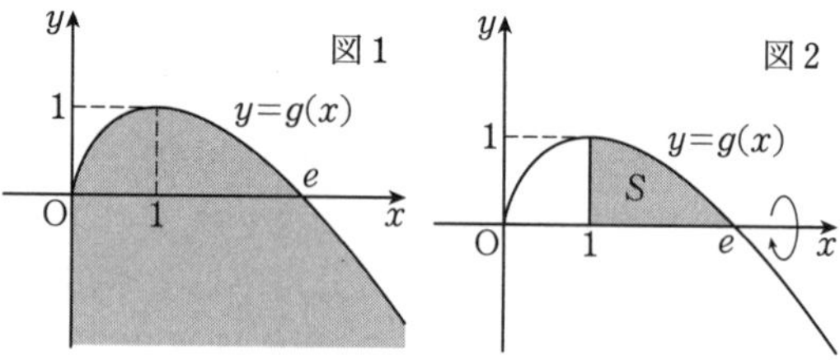

（2） S は図2の境界を含む網目部分であるから，求める体積を V とすると

$$\frac{V}{\pi} = \int_1^e y^2\,dx = \int_1^e x^2(1-\log x)^2\,dx$$

$$= \int_1^e \left(\frac{x^3}{3}\right)'(1-\log x)^2\,dx$$

$$= \left[\frac{x^3}{3}(1-\log x)^2 \right]_1^e$$

$$-\int_1^e \frac{x^3}{3}((1-\log x)^2)'\,dx$$

$$=-\frac{1}{3}-\int_1^e \frac{x^3}{3}\cdot 2(1-\log x)\cdot\left(-\frac{1}{x}\right)dx$$

$$=-\frac{1}{3}+\frac{2}{3}\int_1^e\left(\frac{x^3}{3}\right)'(1-\log x)\,dx$$

$$=-\frac{1}{3}+\frac{2}{3}\left[\frac{x^3}{3}(1-\log x)\right]_1^e$$

$$-\frac{2}{3}\int_1^e\frac{x^3}{3}(1-\log x)'\,dx$$

$$=-\frac{1}{3}-\frac{2}{9}-\frac{2}{9}\int_1^e x^3\cdot\left(-\frac{1}{x}\right)dx$$

$$=-\frac{5}{9}+\frac{2}{9}\int_1^e x^2\,dx=-\frac{5}{9}+\frac{2}{9}\left[\frac{x^3}{3}\right]_1^e$$

$$=-\frac{5}{9}+\frac{2e^3}{27}-\frac{2}{27}=\frac{2e^3-17}{27}$$

よって，$V=\boldsymbol{\dfrac{2e^3-17}{27}\pi}$

《パラメータ表示の曲線 (B30)》

628. 座標平面上の曲線 C を次で定める．

$$C:\begin{cases}x=2\sqrt{2}t^2\\ y=(t-1)^2\end{cases}\quad(-1\leqq t\leqq 1)$$

（1） 曲線 C 上の点 P と原点 O との距離の最小値 d を求めよ．

（2） 曲線 C と x 軸および y 軸で囲まれる図形の面積 S を求めよ．

（3） 曲線 C と直線 $x=2\sqrt{2}$ で囲まれる図形を直線 $y=1$ のまわりに 1 回転してできる立体の体積 V を求めよ． （21　名古屋工大・前期）

▶解答◀ （1） $\mathrm{OP}^2=f(t)$ とおくと

$$f(t)=(2\sqrt{2}t^2)^2+\{(t-1)^2\}^2=8t^4+(t-1)^4$$

$$f'(t)=32t^3+4(t-1)^3=4\{(2t)^3+(t-1)^3\}$$

これは $\{(2t)+(t-1)\}=3t-1$ と同符号である．

t	-1	$\cdots$	$\frac{1}{3}$	$\cdots$	1
$f'(t)$		$-$	0	$+$	
$f(t)$		↘		↗	

$$d=\sqrt{f\left(\frac{1}{3}\right)}=\sqrt{\frac{8}{27}}=\boldsymbol{\frac{2\sqrt{6}}{9}}$$

（2） $\dfrac{dx}{dt}=4\sqrt{2}t$，$\dfrac{dy}{dt}=2(t-1)$

t	-1	$\cdots$	0	$\cdots$	1
$\frac{dx}{dt}$		$-$	0	$+$	
$\frac{dy}{dt}$		$-$	$-$	$-$	
(x,y)		↙		↘	

$\mathrm{P}(t)=(2\sqrt{2}t^2,(t-1)^2)$ とおく．$\mathrm{P}(0)=(0,1)$，

$\mathrm{P}(-1)=(2\sqrt{2},4)$，$\mathrm{P}(1)=(2\sqrt{2},0)$

$$S=\int_0^{2\sqrt{2}}y\,dx=\int_0^1 y\frac{dx}{dt}\,dt$$

$$=\int_0^1(t-1)^2\cdot 4\sqrt{2}t\,dt$$

$$=4\sqrt{2}\int_0^1(t^3-2t^2+t)\,dt$$

$$=4\sqrt{2}\left[\frac{1}{4}t^4-\frac{2}{3}t^3+\frac{1}{2}t^2\right]_0^1$$

$$=4\sqrt{2}\left(\frac{1}{4}-\frac{2}{3}+\frac{1}{2}\right)=\boldsymbol{\frac{\sqrt{2}}{3}}$$

（3） $y\geqq 0,\ 1-t\geqq 0$ であるから $\sqrt{y}=1-t$

$\sqrt{\dfrac{x}{2\sqrt{2}}}=\pm t$ であるから $\sqrt{y}=1\mp\sqrt{\dfrac{x}{2\sqrt{2}}}$

$$y=1+\frac{x}{2\sqrt{2}}\mp 2\sqrt{\frac{x}{2\sqrt{2}}}$$

複号が $-$ の方を y_1，$+$ の方を y_2 とする．

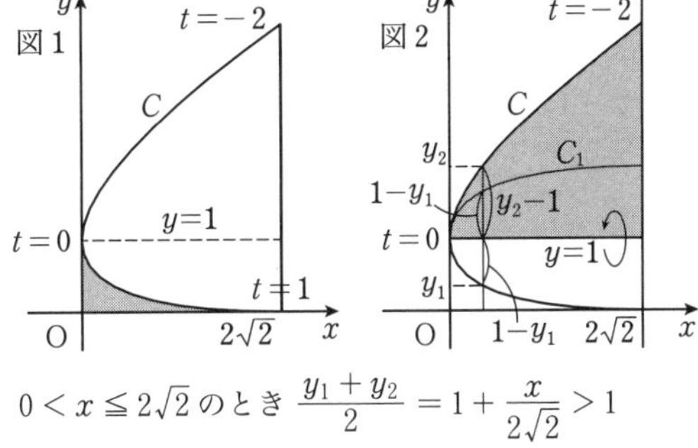

$0<x\leqq 2\sqrt{2}$ のとき $\dfrac{y_1+y_2}{2}=1+\dfrac{x}{2\sqrt{2}}>1$

$$y_2-1>1-y_1$$

C の $y<1$ の部分を直線 $y=1$ に関して折り返した曲線を C_1 とする．C_1 は C の $y>1$ の部分よりも下方にある．ゆえに，題意の領域の $y<1$ の部分を直線 $y=1$ に関して折り返した部分は，題意の領域の $y>1$ の部分に吸収される．図 2 の網目部分を直線 $y=1$ の回りに回転する．回転半径は $y-1$ で

$$V=\pi\int_0^{2\sqrt{2}}(y-1)^2\,dx=\pi\int_0^{-1}(y-1)^2\frac{dx}{dt}\,dt$$

$$=\pi\int_0^{-1}(t^2-2t)^2\cdot 4\sqrt{2}t\,dt$$

$$=4\sqrt{2}\pi\int_0^{-1}(t^5-4t^4+4t^3)\,dt$$

$$=4\sqrt{2}\pi\left[\frac{1}{6}t^6-\frac{4}{5}t^5+t^4\right]_0^{-1}$$

$$=4\sqrt{2}\pi\left(\frac{1}{6}+\frac{4}{5}+1\right)=\boldsymbol{\frac{118\sqrt{2}}{15}\pi}$$

《4 次関数のくぼみ (B20)》

629. xy 平面上の円 $C:x^2+(y-a)^2=a^2\ (a>0)$ を考える．以下の問いに答えよ．

（1） 円 C が $y\geqq x^2$ で表される領域に含まれる

ための a の範囲を求めよ．

（2） 円 C が $y \geqq x^2 - x^4$ で表される領域に含まれるための a の範囲を求めよ．

（3） a が（2）の範囲にあるとする．xy 平面において連立不等式

$$|x| \leqq \frac{1}{\sqrt{2}},\ 0 \leqq y \leqq \frac{1}{4},$$

$$y \geqq x^2 - x^4,\ x^2 + (y-a)^2 \geqq a^2$$

で表される領域 D を，y 軸の周りに1回転させてできる立体の体積を求めよ．

（21 東工大・前期）

▶解答◀ （1） 円 C の中心をAとする．

$y = x^2$ 上の点 $\mathrm{P}(t, t^2)$ をとる．円 C が $y \geqq x^2$ の領域に含まれることは，すべての t に対して $\mathrm{AP} \geqq a$ となることと同値である．

$$\mathrm{AP}^2 \geqq a^2$$

$$t^2 + (t^2 - a)^2 \geqq a^2$$

$$t^2\{t^2 - (2a-1)\} \geqq 0$$

$$t^2 \geqq 2a - 1$$

これがすべての t について成り立つ条件は $2a-1 \leqq 0$ であるから，$a > 0$ も合わせると $\boldsymbol{0 < a \leqq \frac{1}{2}}$ である．

（2） （1）と同様に考える．$y = x^2 - x^4$ 上の点 $\mathrm{Q}(t, t^2 - t^4)$ をとる．円 C が $y \geqq x^2 - x^4$ の領域に含まれることは，すべての t に対して $\mathrm{AQ} \geqq a$ となることと同値である．

$$\mathrm{AQ}^2 \geqq a^2$$

$$t^2 + (t^2 - t^4 - a)^2 \geqq a^2$$

$$t^2\{t^6 - 2t^4 + (2a+1)t^2 - (2a-1)\} \geqq 0$$

$$t^6 - 2t^4 + (2a+1)t^2 - (2a-1) \geqq 0 \quad \cdots\cdots\cdots\cdots①$$

これがすべての t について成り立つ条件を考える．$t > 0$ で t が0に近いとき（0の正近傍ということにする）では（①の左辺）$\fallingdotseq -(2a-1)$ となる．$a > \frac{1}{2}$ のとき，0の正近傍で（①の左辺）< 0 となるから，不適である．

逆に，すべての実数 x に対して $x^2 \geqq x^2 - x^4$ が成り立つから，$y \geqq x^2$ で表される領域は $y \geqq x^2 - x^4$ に含まれている．よって（1）より $0 < a \leqq \frac{1}{2}$ のときは円 C は必ず $y \geqq x^2 - x^4$ で表される領域にも含まれている．

これらより，①がすべての t について成り立つような a の範囲は $\boldsymbol{0 < a \leqq \frac{1}{2}}$ である．

（3） $y = x^2 - x^4$ の概形を考える．

$$y' = 2x - 4x^3 = 2x(1 - 2x^2)$$

であり，$y = x^2 - x^4$ は偶関数であるから，増減表の $x \geqq 0$ の部分について考えると次のようになる．

x	0	$\cdots$	$\frac{1}{\sqrt{2}}$	$\cdots$
y'	0	＋	0	－
y		↗		↘

また，$x = 0$ のとき $y = 0$，$x = \frac{1}{\sqrt{2}}$ のとき $y = \frac{1}{4}$ であるから，領域 D は半径の大きさに応じて図1，図2の2通りの場合が考えられる．

$$|x| \leqq \frac{1}{\sqrt{2}},\ 0 \leqq y \leqq \frac{1}{4},\ y \geqq x^2 - x^4$$

で表される領域を，y 軸周りに1回転させてできる立体の体積 V_1 を考える．$y = x^2 - x^4$ を x^2 について解くと

$$(x^2)^2 - x^2 + y = 0 \qquad \therefore\ x^2 = \frac{1 \pm \sqrt{1-4y}}{2}$$

このうち，$|x| \leqq \frac{1}{\sqrt{2}}$，すなわち $x^2 \leqq \frac{1}{2}$ を満たしているのは複号のマイナスの方のみであるから，

$$\frac{V_1}{\pi} = \int_0^{\frac{1}{4}} x^2\,dy = \int_0^{\frac{1}{4}} \frac{1 - \sqrt{1-4y}}{2}\,dy$$

$$= \frac{1}{2}\left[\, y + \frac{1}{6}(1-4y)^{\frac{3}{2}} \,\right]_0^{\frac{1}{4}}$$

$$= \frac{1}{2}\left(\frac{1}{4} - \frac{1}{6}\right) = \frac{1}{24}$$

よって $V_1 = \frac{\pi}{24}$ である．次に

$$|x| \leqq \frac{1}{\sqrt{2}},\ 0 \leqq y \leqq \frac{1}{4},\ x^2 + (y-a)^2 \leqq a^2$$

で表される領域を，y 軸周りに1回転させてできる立体の体積 V_2 を考える．

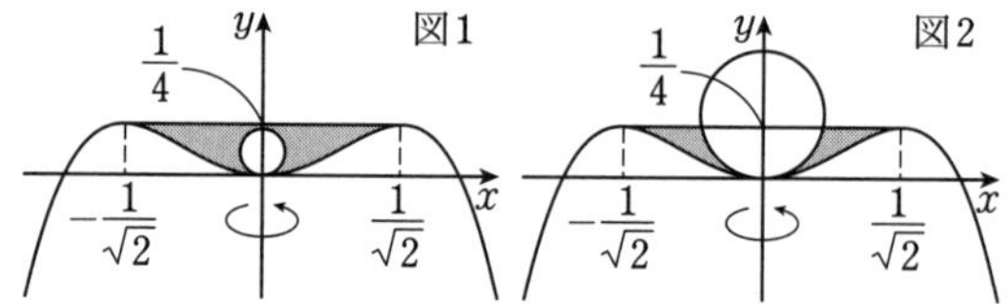

（ア） $0 < a \leqq \frac{1}{8}$ のとき：図1のようになる．くり抜かれる部分は半径 a の球となるから，

$$V_2 = \frac{4}{3}a^3\pi$$

（イ） $\frac{1}{8} \leqq a \leqq \frac{1}{2}$ のとき：図2のようになる．

$$\frac{V_2}{\pi} = \int_0^{\frac{1}{4}} x^2\,dy = \int_0^{\frac{1}{4}} \{a^2 - (y-a)^2\}\,dy$$

$$= \int_0^{\frac{1}{4}} (2ay - y^2)\,dy = \left[\, ay^2 - \frac{y^3}{3} \,\right]_0^{\frac{1}{4}}$$

$$= \frac{a}{16} - \frac{1}{192}$$

よって $V_2 = \left(\frac{a}{16} - \frac{1}{192}\right)\pi$ である．

（ア），（イ）より求める立体の体積 V は

$\boldsymbol{0 < a \leqq \frac{1}{8}}$ のとき

$$V = V_1 - V_2 = \left(\frac{1}{24} - \frac{4}{3}a^3\right)\pi$$

$\boldsymbol{\frac{1}{8} \leqq a \leqq \frac{1}{2}}$ のとき

$$V = V_1 - V_2 = \left(\frac{3}{64} - \frac{a}{16}\right)\pi$$

♦別解♦ **【置換積分で求める】**

V_1 は x^2 について解かなくても，置換積分によって求めることも可能である．

$$\frac{V_1}{\pi} = \int_0^{\frac{1}{4}} x^2\,dy = \int_0^{\frac{1}{\sqrt{2}}} x^2 \frac{dy}{dx}\,dx$$

$$= \int_0^{\frac{1}{\sqrt{2}}} x^2(2x - 4x^3)\,dx$$

$$= \int_0^{\frac{1}{\sqrt{2}}} (2x^3 - 4x^5)\,dx$$

$$= \left[\frac{x^4}{2} - \frac{2}{3}x^6\right]_0^{\frac{1}{\sqrt{2}}} = \frac{1}{8} - \frac{1}{12} = \frac{1}{24}$$

よって $V_1 = \dfrac{\pi}{24}$ である．

《パラメタ表示の曲線（B20）☆》

630．次のように媒介変数表示された xy 平面上の曲線を D とするとき，以下の設問に答えよ．

$$x = 2\cos\theta,$$

$$y = \frac{3}{2}\sin\theta + \frac{\sqrt{3}}{2}|\cos\theta|\ (0 \leqq \theta < 2\pi)$$

（1） D の概形を図示せよ．その際，x 軸との交点，y 軸との交点の座標がそれぞれわかるようにせよ．ただし，変曲点を調べる必要はない．

（2） D で囲まれた図形の面積を求めよ．

（3） D で囲まれた図形を，y 軸のまわりに1回転してできる立体の体積を求めよ．

（21　関西医大・前期）

▶解答◀ （1） $\cos\theta = \dfrac{x}{2}$

$$\sin\theta = \pm\sqrt{1 - \cos^2\theta} = \pm\sqrt{1 - \frac{x^2}{4}}$$

1つの x に対して，$0 \leqq \theta < \pi$ がプラスに，$\pi \leqq \theta < 2\pi$ がマイナスに対応する．曲線は

$$y = \pm\frac{3}{2}\sqrt{1 - \frac{x^2}{4}} + \frac{\sqrt{3}}{4}|x|$$

となる．ここで

$$y_1 = \frac{\sqrt{3}}{4}|x| + \frac{3}{4}\sqrt{4 - x^2}$$

$$y_2 = \frac{\sqrt{3}}{4}|x| - \frac{3}{4}\sqrt{4 - x^2}$$

とおく．y_1, y_2 は偶関数でありグラフは y 軸に関して対称である．これは，伝統的には，折れ線 $l : y = \dfrac{\sqrt{3}}{4}|x|$ と楕円 $C : y = \dfrac{3}{4}\sqrt{4 - x^2}$ の関数値を加えたり引いたりして描く（微分する解法は注の 1° を見よ）．

$x = 0$ のとき $y_1 = \dfrac{3}{2}$, $y_2 = -\dfrac{3}{2}$

$y_1 > 0$ であり，$y_2 = 0$ のとき $|x| = \sqrt{3}\sqrt{4 - x^2}$

$x^2 = 12 - 3x^2$ で $x = \pm\sqrt{3}$ となる．y_1 の最大値については $0 \leqq \theta \leqq \dfrac{\pi}{2}$ で

$$y = \frac{3}{2}\sin\theta + \frac{\sqrt{3}}{2}\cos\theta = \sqrt{3}\cos\left(\theta - \frac{\pi}{3}\right)$$

$\theta = \dfrac{\pi}{3}$ のとき最大値 $\sqrt{3}$ をとり，そのとき $x = 1$

図2で A$(1, \sqrt{3})$, B$(-1, \sqrt{3})$, $a = \sqrt{3}$, $b = \dfrac{3}{2}$, $c = \dfrac{\sqrt{3}}{2}$ とする（図が混雑するから）．

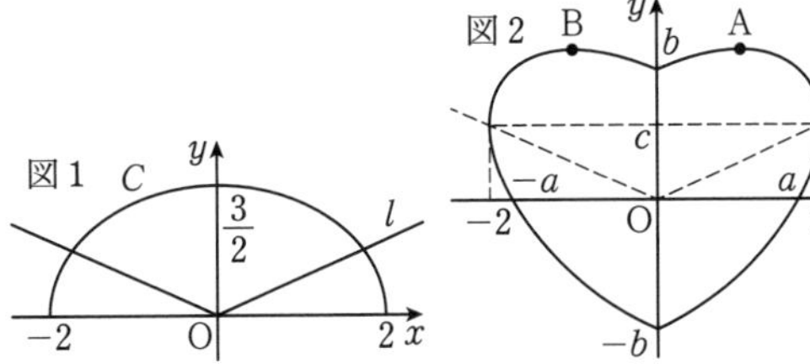

（2） $2\displaystyle\int_0^2 (y_1 - y_2)\,dx = \int_0^2 3\sqrt{4 - x^2}\,dx$

$$= 3 \cdot \frac{1}{4} \cdot \pi \cdot 2^2 = \boldsymbol{3\pi}$$

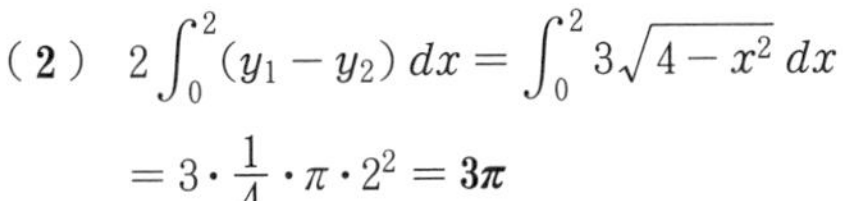

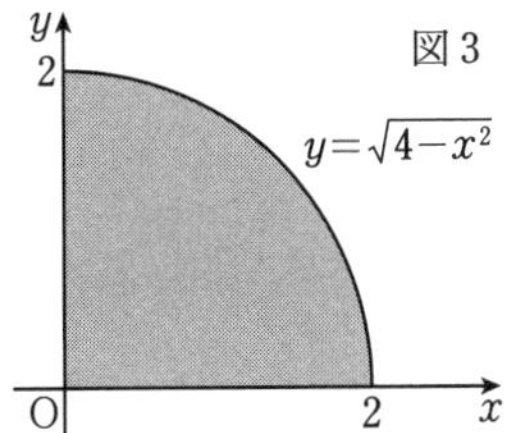

（3） バウムクーヘン分割の公式を用いる．

$$\int_0^2 2\pi x(y_1 - y_2)\,dx = \int_0^2 2\pi x \cdot \frac{3}{2}\sqrt{4 - x^2}\,dx$$

$$= -\pi\int_0^2 \frac{3}{2}(4 - x^2)'(4 - x^2)^{\frac{1}{2}}\,dx$$

$$= -\pi\left[(4 - x^2)^{\frac{3}{2}}\right]_0^2 = \pi \cdot 4^{\frac{3}{2}} = \boldsymbol{8\pi}$$

注意 1° **【微分する】**

$0 < x < 2$, y_1 について

$$y_1 = \frac{\sqrt{3}}{4}x + \frac{3}{4}\sqrt{4 - x^2}$$

$$y_1{}' = \frac{\sqrt{3}}{4} + \frac{3}{4} \cdot \frac{-2x}{2\sqrt{4 - x^2}}$$

$$= \frac{\sqrt{3}}{4} \cdot \frac{\sqrt{4 - x^2} - \sqrt{3}x}{\sqrt{4 - x^2}}$$

$$= \frac{\sqrt{3}}{4}\cdot\frac{(4-x^2)-3x^2}{z} = \frac{\sqrt{3}}{4}\cdot\frac{4(1-x^2)}{z}$$

ただし $z=\sqrt{4-x^2}(\sqrt{4-x^2}+\sqrt{3}x)$ で，$z>0$ である．

x	0	$\cdots$	1	$\cdots$	2
$y_1{}'$		$+$	0	$-$	
y_1		↗		↘	

$0<x<2$, y_2 について

$$y_2 = \frac{\sqrt{3}}{4}x - \frac{3}{4}\sqrt{4-x^2}$$

$$y_2{}' = \frac{\sqrt{3}}{4} + \frac{3}{4}\cdot\frac{2x}{2\sqrt{4-x^2}} > 0$$

y_2 は増加する．

♦別解♦　**【パラメータ表示のまま行う】**

（1）　x, y は θ の周期 2π の関数であるから，幅 2π ならどこで行っても同じである．そこで，$\theta=\frac{\pi}{2}-t$ ずらすと

$$x=2\sin t,\ y=\frac{3}{2}\cos t+\frac{\sqrt{3}}{2}|\sin t|$$

になり，$-\pi \leqq t \leqq \pi$ の幅 2π で考える．

$$x(t)=2\sin t,\ y(t)=\frac{3}{2}\cos t+\frac{\sqrt{3}}{2}|\sin t|$$

$\mathrm{P}(t)=(x(t), y(t))$ とおく．

$$\mathrm{P}(-t)=(x(-t), y(-t))=(-x(t), y(t))$$

$\mathrm{P}(t)$ と $\mathrm{P}(-t)$ は y 軸に関して対称である．$0 \leqq t \leqq \pi$ のとき

$$x=2\sin t,\ y=\frac{3}{2}\cos t+\frac{\sqrt{3}}{2}\sin t \quad \cdots\cdots\cdots\cdots①$$

$$\frac{dx}{dt}=2\cos t,\ \frac{dy}{dt}=-\frac{3}{2}\sin t+\frac{\sqrt{3}}{2}\cos t$$

$\frac{dy}{dt}=0$ のとき $\tan t=\frac{1}{\sqrt{3}}$ で $t=\frac{\pi}{6}$

$$x=1,\ y=\frac{3}{2}\cdot\frac{\sqrt{3}}{2}+\frac{\sqrt{3}}{2}\cdot\frac{1}{2}=\sqrt{3}$$

① で $y=0$ のとき $\tan t=-\sqrt{3}$　　$\therefore\ t=\frac{2}{3}\pi$

t	0	$\cdots$	$\frac{\pi}{6}$	$\cdots$	$\frac{\pi}{2}$	$\cdots$	π
$\frac{dx}{dt}$		$+$	$+$	$+$	0	$-$	
$\frac{dy}{dt}$		$+$	0	$-$	$-$	$-$	
$\binom{x}{y}$		↗		↘		↙	

$$\mathrm{P}(0)=\left(0,\ \frac{3}{2}\right),\ \mathrm{P}\left(\frac{\pi}{6}\right)=(1,\ \sqrt{3}),$$

$$\mathrm{P}\left(\frac{\pi}{2}\right)=\left(2,\ \frac{\sqrt{3}}{2}\right),\ \mathrm{P}\left(\frac{2}{3}\pi\right)=(\sqrt{3},\ 0),$$

$$\mathrm{P}(\pi)=\left(0,\ -\frac{3}{2}\right)$$

図は解答と同じ．

（2）　$0 \leqq t \leqq \pi$ で，符号つきの微小面積

$$y\,dx = y\frac{dx}{dt}\,dt$$

$$=\left(\frac{3}{2}\cos t+\frac{\sqrt{3}}{2}\sin t\right)(2\cos t)\,dt$$

$$=\left\{\frac{3}{2}(1+\cos 2t)+\sqrt{3}\sin t\cos t\right\}dt$$

を足し集め，2 倍し

$$2\int_0^{\pi} y\frac{dx}{dt}\,dt$$

$$=2\left[\frac{3}{2}t+\frac{3}{4}\sin 2t+\frac{\sqrt{3}}{2}\sin^2 t\right]_0^{\pi}=\boldsymbol{3\pi}$$

（3）　$t=\pi$ から $t=0$ まで符号つきの微小体積

$$\pi x^2\,dy=\pi x^2\frac{dy}{dt}\,dt$$

$$=\pi\cdot 4\sin^2 t\left(-\frac{3}{2}\sin t+\frac{\sqrt{3}}{2}\cos t\right)dt$$

$$=2\pi(-3\sin^3 t+\sqrt{3}\sin^2 t\cos t)\,dt$$

$$=2\pi\{-3(1-\cos^2 t)\sin t+\sqrt{3}\sin^2 t\cos t\}\,dt$$

を足し集め

$$\int_{\pi}^{0}\pi x^2\frac{dy}{dt}\,dt$$

$$=2\pi\left[3\cos t-\cos^3 t+\frac{\sqrt{3}}{3}\sin^3 t\right]_{\pi}^{0}=\boldsymbol{8\pi}$$

《回転放物面の体積 (B30)》

631．xyz 空間の中で，方程式 $y=\frac{1}{2}(x^2+z^2)$ で表される図形は，放物線を y 軸のまわりに回転して得られる曲面である．これを S とする．また，方程式 $y=x+\frac{1}{2}$ で表される図形は，xz 平面と 45 度の角度で交わる平面である．これを H とする．さらに，S と H が囲む部分を K とおくと，K は不等式

$$\frac{1}{2}(x^2+z^2) \leqq y \leqq x+\frac{1}{2}$$

をみたす点 (x, y, z) の全体となる．このとき，次の問いに答えよ．

（1）　K を平面 $z=t$ で切ったときの切り口が空集合ではないような実数 t の範囲を求めよ．

（2）（1）の切り口の面積 $S(t)$ を t を用いて表せ．

（3）　K の体積を求めよ．

（21　大阪市大・医（医），理，工）

▶解答◀　（1）　$z=t$ での K の切り口は

$$\frac{1}{2}(x^2+t^2) \leqq y \leqq x+\frac{1}{2} \quad \cdots\cdots\cdots\cdots\cdots\cdots\cdots①$$

となるから，空集合にならない条件は

$$\frac{1}{2}(x^2+t^2) \leqq x+\frac{1}{2}$$

が成り立つような x が存在することである．

$$t^2 \leqq -x^2+2x+1=-(x-1)^2+2 \leqq 2$$

より，t の範囲は $\boldsymbol{-\sqrt{2} \leqq t \leqq \sqrt{2}}$ である．

（2） ①より，$S(t)$ は，平面 $z=t$ における曲線 $C: y=\dfrac{1}{2}(x^2+t^2)$ と直線 $m: y=x+\dfrac{1}{2}$ で囲まれた部分の面積である．

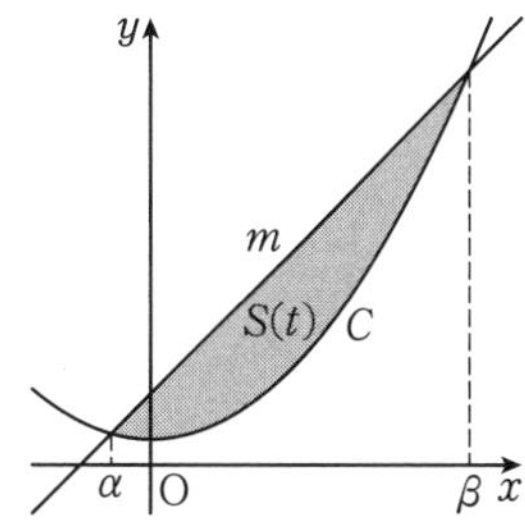

C と m の交点は，2 式を連立させて

$$\frac{1}{2}(x^2+t^2)-\left(x+\frac{1}{2}\right)=0$$

$$x^2-2x+t^2-1=0$$

$$x=1\pm\sqrt{2-t^2}\quad (=\alpha,\ \beta\ (\alpha<\beta)\ とおく)$$

となる．$\alpha \leqq x \leqq \beta$ のとき

$$\frac{1}{2}(x^2+t^2)-\left(x+\frac{1}{2}\right)=\frac{1}{2}(x-\alpha)(x-\beta)<0$$

であるから

$$S(t)=-\frac{1}{2}\int_\alpha^\beta (x-\alpha)(x-\beta)\,dx$$

$$=\frac{1}{2}\cdot\frac{(\beta-\alpha)^3}{6}=\boldsymbol{\frac{2}{3}(\sqrt{2-t^2})^3}$$

（3） K の体積を V とおく．

$$V=\int_{-\sqrt{2}}^{\sqrt{2}} S(t)\,dt=\frac{2}{3}\int_{-\sqrt{2}}^{\sqrt{2}}(\sqrt{2-t^2})^3\,dt$$

$$=\frac{4}{3}\int_0^{\sqrt{2}}(\sqrt{2-t^2})^3\,dt$$

$t=\sqrt{2}\sin\theta$ とおくと

t	$0 \to \sqrt{2}$
θ	$0 \to \dfrac{\pi}{2}$

$dt=\sqrt{2}\cos\theta\,d\theta$ であるから

$$V=\frac{4}{3}\int_0^{\frac{\pi}{2}}(\sqrt{2}\cos\theta)^3\cdot\sqrt{2}\cos\theta\,d\theta$$

$$=\frac{4}{3}\int_0^{\frac{\pi}{2}}(2\cos^2\theta)^2\,d\theta=\frac{4}{3}\int_0^{\frac{\pi}{2}}(1+\cos 2\theta)^2\,d\theta$$

$$=\frac{4}{3}\int_0^{\frac{\pi}{2}}(1+2\cos 2\theta+\cos^2 2\theta)\,d\theta$$

$$=\frac{4}{3}\int_0^{\frac{\pi}{2}}\left(1+2\cos 2\theta+\frac{1+\cos 4\theta}{2}\right)d\theta$$

$$=\frac{4}{3}\left[\frac{3}{2}\theta+\sin 2\theta+\frac{\sin 4\theta}{8}\right]_0^{\frac{\pi}{2}}=\boldsymbol{\pi}$$

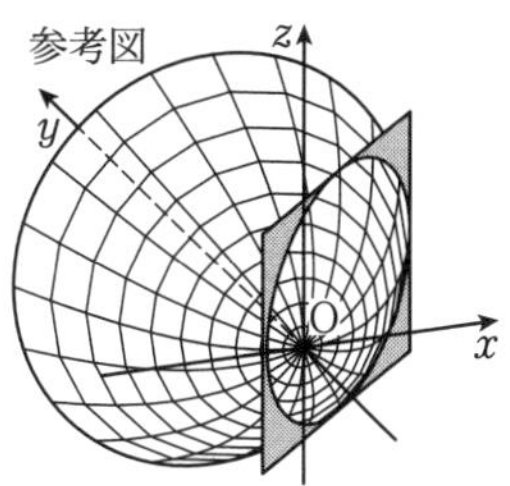

《非回転体の体積》

632. xy 平面上に 2 点 $\mathrm{F}(1, 0)$, $\mathrm{F}'(-1, 0)$ がある．楕円 E は 2 点 F, F′ からの距離の和が $2a$ $(1<a<3)$ である点の軌跡である．線分 FF′ 上の点 P を通り，直線 FF′ に垂直な直線と E が交わる 2 点を A, B とする．以下の問に答えよ．

（1） 楕円 E の短軸の長さを求めよ．

（2） 楕円 E の方程式を求めよ．

（3） $a=\sqrt{2}$ とする．線分 AB を底辺とし，高さが h $(h>0)$ である二等辺三角形を xy 平面に対し垂直に作る．点 P が点 F から点 F′ まで動くとき，この三角形が通過してできる立体の体積 V を h を用いて表せ．

（4） 楕円 E 上の点を Q とする．$\angle\mathrm{FQF}'=30^\circ$ を満たす Q の y 座標を a を用いて表せ．

（21 岐阜大・医，工）

▶解答◀ （1） 長軸の両端の頂点の座標は $(\pm a, 0)$ である．短軸の両端の頂点の座標を $(0, \pm b)$ とすると（図 1）

$$b=\sqrt{a^2-1}$$

であるから，短軸の長さは $\boldsymbol{2\sqrt{a^2-1}}$ である．

（2） （1）より，楕円 E の方程式は

$$\boldsymbol{\frac{x^2}{a^2}+\frac{y^2}{a^2-1}=1} \quad \cdots\cdots①$$

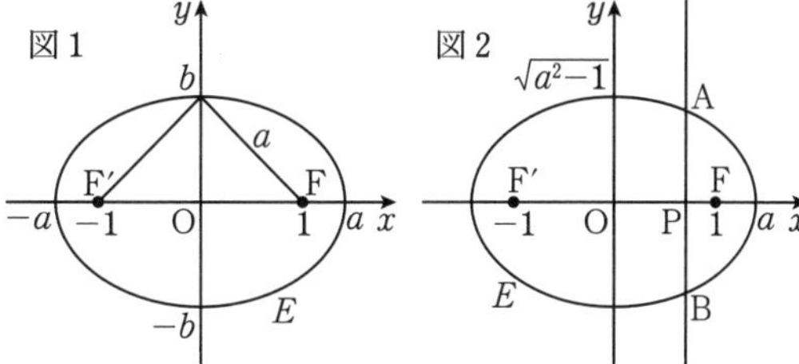

（3） $a=\sqrt{2}$ のとき，$E: \dfrac{x^2}{2}+y^2=1$ であるから，$\mathrm{P}(p, 0)$ $(-1 \leqq p \leqq 1)$ とすると

$$\frac{p^2}{2}+y^2=1 \qquad \therefore\quad y=\pm\sqrt{1-\frac{p^2}{2}}$$

よって，$\mathrm{AB}=2\sqrt{1-\dfrac{p^2}{2}}$ であるから，AB を底辺とす

る高さ h の二等辺三角形の面積 $S(p)$ は

$$S(p)=\frac{1}{2}\cdot \mathrm{AB}\cdot h=h\sqrt{1-\frac{p^2}{2}}$$

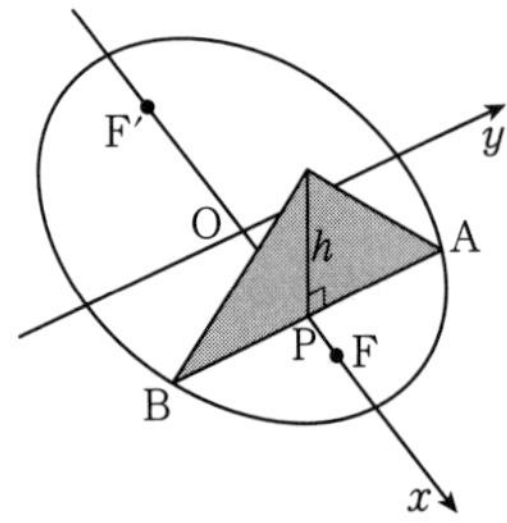

この三角形が通過してできる立体の体積 V は

$$V=\int_{-1}^{1}S(x)\,dx=\int_{-1}^{1}h\sqrt{1-\frac{x^2}{2}}\,dx$$

$$=2h\int_{0}^{1}\sqrt{1-\frac{x^2}{2}}\,dx$$

$x=\sqrt{2}\sin\theta$ と置換すると

$$dx=\sqrt{2}\cos\theta d\theta$$

x	$0\to 1$
θ	$0\to \frac{\pi}{4}$

であるから

$$V=2h\int_{0}^{\frac{\pi}{4}}\sqrt{1-\sin^2\theta}\cdot\sqrt{2}\cos\theta\,d\theta$$

$$=2\sqrt{2}h\int_{0}^{\frac{\pi}{4}}\cos^2\theta\,d\theta$$

$$=2\sqrt{2}h\int_{0}^{\frac{\pi}{4}}\frac{1+\cos 2\theta}{2}\,d\theta$$

$$=\sqrt{2}h\left[\theta+\frac{\sin 2\theta}{2}\right]_{0}^{\frac{\pi}{4}}=\boldsymbol{\frac{\sqrt{2}}{4}(\pi+2)h}$$

(4) E は x 軸に関して対称であるから，$y\geqq 0$ の範囲で考える．

y 軸の $y>0$ の部分に $\angle\mathrm{FRF'}=60°$ をみたす点 R をとる．$\angle\mathrm{FQF'}=30°$ をみたす点 Q は，R を中心として F を通る円 C の $y>0$ の部分にある．

いま，直角三角形 ORF で $\angle\mathrm{ORF}=30°$, $\mathrm{OF}=1$ より $\mathrm{OR}=\sqrt{3}$, $\mathrm{RF}=2$ である．これより，$\mathrm{R}(0,\sqrt{3})$ であるから C の方程式は

$$x^2+(y-\sqrt{3})^2=4 \quad\cdots\cdots②$$

これと E の交点が Q であるから，①，② を連立して y 座標を求める．x^2 を消去して

$$\frac{4-(y-\sqrt{3})^2}{a^2}+\frac{y^2}{a^2-1}=1$$

$$(a^2-1)(-y^2+2\sqrt{3}y+1)+a^2y^2=a^2(a^2-1)$$

$$y^2+2\sqrt{3}(a^2-1)y-(a^2-1)^2=0$$

$$y^2+2\sqrt{3}(a^2-1)y+3(a^2-1)^2=4(a^2-1)^2$$

$$\{y+\sqrt{3}(a^2-1)\}^2=2^2(a^2-1)^2$$

$$y+\sqrt{3}(a^2-1)=\pm 2(a^2-1)$$

$$y=(-\sqrt{3}\pm 2)(a^2-1)$$

$y>0$ であるから，Q の y 座標は $y=(2-\sqrt{3})(a^2-1)$ である．

$y\leqq 0$ の場合は，x 軸に関して対称移動する．Q の y 座標は $y=-(2-\sqrt{3})(a^2-1)$ である．

以上から，求める Q の y 座標は $\boldsymbol{\pm(2-\sqrt{3})(a^2-1)}$

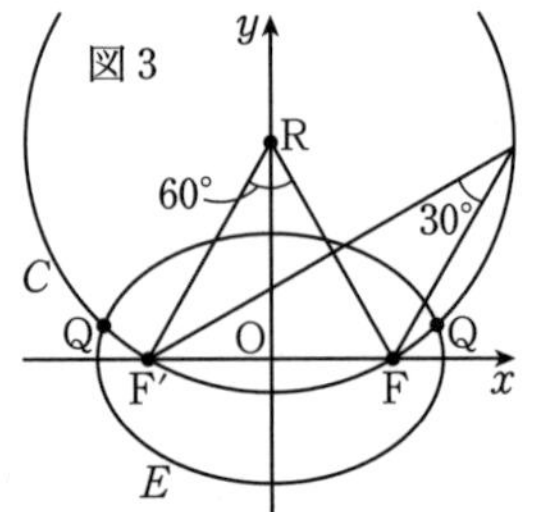

♦別解♦ **(4)** E 上の点 Q は媒介変数 θ を用いて

$$\mathrm{Q}(a\cos\theta,\ \sqrt{a^2-1}\sin\theta)$$

と表される．このとき

$$\overrightarrow{\mathrm{FQ}}=(a\cos\theta-1,\ \sqrt{a^2-1}\sin\theta)$$

$$\overrightarrow{\mathrm{F'Q}}=(a\cos\theta+1,\ \sqrt{a^2-1}\sin\theta)$$

であるから

$$|\overrightarrow{\mathrm{FQ}}|^2=(a\cos\theta-1)^2+(a^2-1)\sin^2\theta$$

$$=a^2-2a\cos\theta+1-\sin^2\theta=(a-\cos\theta)^2$$

$a>1$, $|\cos\theta|\leqq 1$ であるから

$$|\overrightarrow{\mathrm{FQ}}|=a-\cos\theta$$

同様にして $|\overrightarrow{\mathrm{F'Q}}|=a+\cos\theta$ である．また

$$\overrightarrow{\mathrm{FQ}}\cdot\overrightarrow{\mathrm{F'Q}}=(a^2\cos^2\theta-1)+(a^2-1)\sin^2\theta$$

$$=a^2-1-\sin^2\theta$$

$\overrightarrow{\mathrm{FQ}}\cdot\overrightarrow{\mathrm{F'Q}}=|\overrightarrow{\mathrm{FQ}}||\overrightarrow{\mathrm{F'Q}}|\cos\angle\mathrm{FQF'}$ に，$\angle\mathrm{FQF'}=30°$ とこれらを代入して

$$a^2-1-\sin^2\theta=(a-\cos\theta)(a+\cos\theta)\cos 30°$$

$$2(a^2-1-\sin^2\theta)=\sqrt{3}(a^2-\cos^2\theta)$$

Q の y 座標を計算したいので，$\sin\theta$ について解く．

$$2(a^2-1-\sin^2\theta)=\sqrt{3}(a^2-1+\sin^2\theta)$$

$$(2+\sqrt{3})\sin^2\theta=(2-\sqrt{3})(a^2-1)$$

$(2-\sqrt{3})(2+\sqrt{3})=1$ であるから

$$\sin^2\theta=(2-\sqrt{3})^2(a^2-1)$$

これより $\sin\theta=\pm(2-\sqrt{3})\sqrt{a^2-1}$ である．よって，Q の y 座標は

$$\sqrt{a^2-1}\sin\theta=\boldsymbol{\pm(2-\sqrt{3})(a^2-1)}$$

【座標と体積】

《曲面を切る (A5)》

633. 不等式

$$1 \leqq z \leqq 4,\ \frac{x^2}{z^2}+4z^4y^2 \leqq 1$$

が表す座標空間内の領域の体積は □ である.

(21 上智大・理工-TEAP)

▶解答◀ 平面 $z=t\ (1 \leqq t \leqq 4)$ における領域の断面は楕円 $\dfrac{x^2}{t^2}+\dfrac{y^2}{\left(\dfrac{1}{2t^2}\right)^2}=1$ の周と内部であり，その面積を $S(t)$ とする．楕円の面積の公式より

$S(t)=\pi\cdot t\cdot\dfrac{1}{2t^2}=\dfrac{\pi}{2t}$ であるから，求める体積は

$$\int_1^4 \frac{\pi}{2t}\,dt=\frac{\pi}{2}\Big[\log t\Big]_1^4=\boldsymbol{\pi\log 2}$$

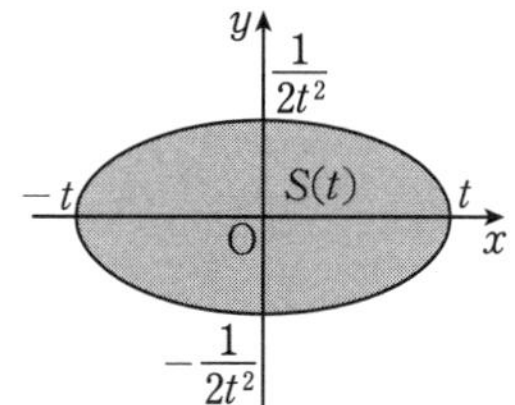

《回転一様双曲面 (B10) ☆》

634. 座標空間に 2 点 $A(0,\ -1,\ 1)$ と $B(-1,\ 0,\ 0)$ をとる．線分 AB を z 軸のまわりに 1 回転してできる面と 2 つの平面 $z=0$, $z=1$ とで囲まれた部分の体積を求めよ．

(21 早稲田大・教育)

▶解答◀ 線分 AB を $(1-t):t$ に内分する点を P とする．

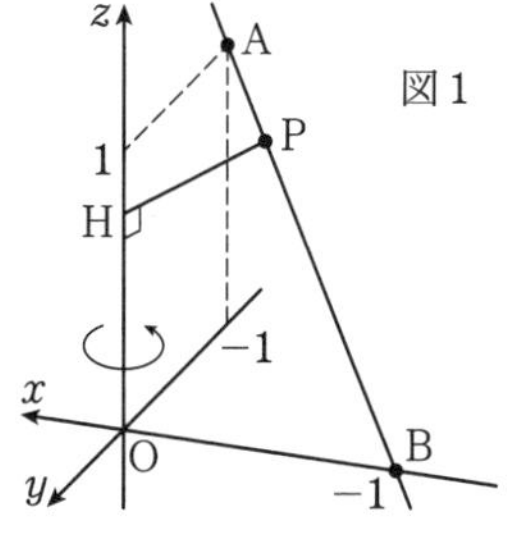

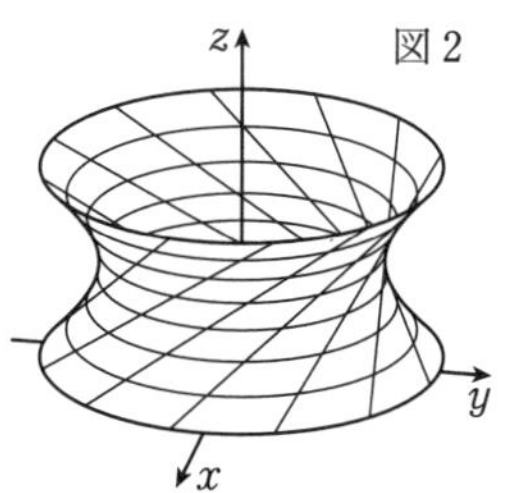

$0 \leqq t \leqq 1$ である．

$$\overrightarrow{\mathrm{OP}}=t\overrightarrow{\mathrm{OA}}+(1-t)\overrightarrow{\mathrm{OB}}$$

$$=t(0,\ -1,\ 1)+(1-t)(-1,\ 0,\ 0)$$

$$=(t-1,\ -t,\ t)$$

P から z 軸におろした垂線の足を $H(0,\ 0,\ t)$ とする．求める体積は

$$\int_0^1 \pi\mathrm{PH}^2\,dt=\int_0^1 \pi\{(t-1)^2+t^2\}\,dt$$

$$=\pi\left[\frac{1}{3}(t-1)^3+\frac{1}{3}t^3\right]_0^1$$

$$=\pi\left(\frac{1}{3}+\frac{1}{3}\right)=\boldsymbol{\frac{2}{3}\pi}$$

《最大半径を求める (B20)》

635. $0 \leqq \theta < 2\pi$ に対して，原点を O とする座標空間内に 2 点 $P(\cos\theta,\ 2\sin\theta,\ 0)$, $Q(2\cos\theta,\ \sin\theta,\ 1)$ をとる．θ を $0 \leqq \theta < 2\pi$ で動かしたとき，線分 PQ が通過してできる図形を H とする．さらに，平面 $z=0$, 平面 $z=1$, 図形 H で囲まれてできる立体を V_1 とする．また，図形 H を z 軸のまわりに 1 回転させてできる立体を V_2 とする．以下の問いに答えよ．

（1） 図形 H と平面 $z=t\ (0 \leqq t \leqq 1)$ が交わってできる図形の方程式を求めよ．

（2） 立体 V_1 の体積を求めよ．

（3） 立体 V_2 の体積を求めよ．

(21 早稲田大・人間科学-数学選抜)

▶解答◀ （**1**） PQ を $t:(1-t)$ に内分する点を R とする．

$$\overrightarrow{\mathrm{OR}}=(1-t)\overrightarrow{\mathrm{OP}}+t\overrightarrow{\mathrm{OQ}}$$

$$=(1-t)(\cos\theta,\ 2\sin\theta,\ 0)+t(2\cos\theta,\ \sin\theta,\ 1)$$

$$=((1+t)\cos\theta,\ (2-t)\sin\theta,\ t)$$

$x=(1+t)\cos\theta$, $y=(2-t)\sin\theta$ とおくと，H と $z=t$ の断面は楕円

$$\boldsymbol{\left(\frac{x}{1+t}\right)^2+\left(\frac{y}{2-t}\right)^2=1}$$

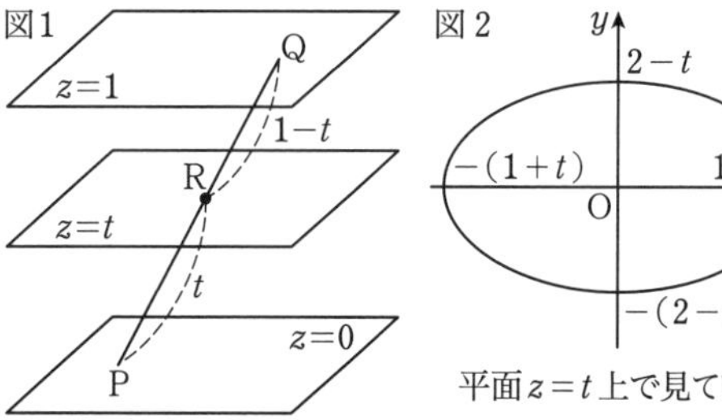

平面 $z=t$ 上で見ている．

（**2**） V_1 の $z=t$ による断面積を S_1 とすると，楕円の面積公式より

$$S_1=\pi(1+t)(2-t)=\pi(2+t-t^2)$$

であるから，V_1 の体積は（概形は図 5 参照）

$$\int_0^1 S_1\,dt=\pi\left[2t+\frac{t^2}{2}-\frac{t^3}{3}\right]_0^1$$

$$=\pi\left(2+\frac{1}{2}-\frac{1}{3}\right)=\boldsymbol{\frac{13}{6}\pi}$$

（**3**） V_2 を平面 $z=t$ で切った断面積を S_2 とする．H を z 軸のまわりに回転するとき，平面 $z=t$ で切った断

面は，図 2 の楕円を原点を中心に回転してできる円になる．円の直径になる長軸の長さが問題になる．

$$(1+t)-(2-t)=2t-1$$

であるから，$0 \leqq t \leqq \frac{1}{2}$ のとき $1+t \leqq 2-t$ で，$S_2=\pi(2-t)^2$ である．

$\frac{1}{2} \leqq t \leqq 1$ のとき $1+t \geqq 2-t$ で，$S_2=\pi(1+t)^2$

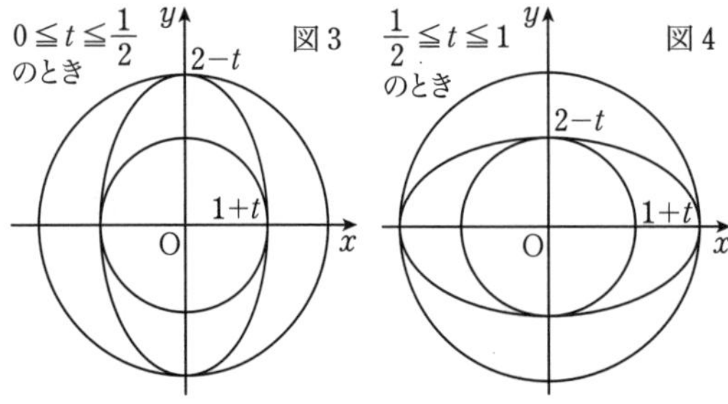

V_2 の体積は

$$\int_0^1 S_2\,dt=\int_0^{\frac{1}{2}}\pi(2-t)^2\,dt+\int_{\frac{1}{2}}^1\pi(1+t)^2\,dt$$

$$=\left[-\frac{\pi}{3}(2-t)^3\right]_0^{\frac{1}{2}}+\left[\frac{\pi}{3}(1+t)^3\right]_{\frac{1}{2}}^1$$

$$=\frac{\pi}{3}\left\{-\left(\frac{3}{2}\right)^3+2^3\right\}\cdot 2$$

$$=\frac{\pi}{3}\cdot\frac{64-27}{8}\cdot 2=\boldsymbol{\frac{37}{12}\pi}$$

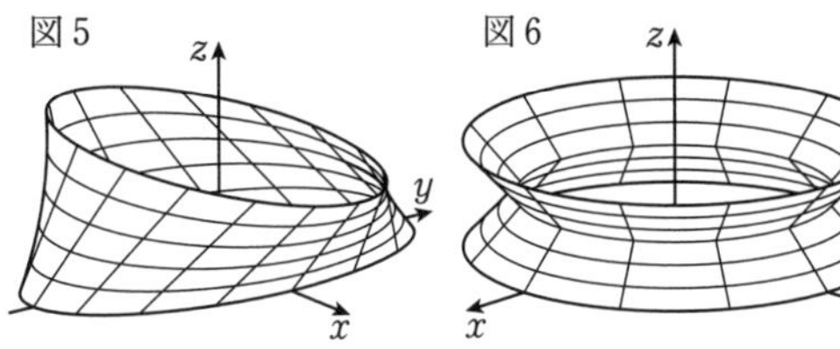

【体積の難問】

《四面体の切断（D40）》

636．座標空間内に，4 点

A(2, 0, 2)，B(−1, 1, 0)，

C(−1, −1, 0)，D(0, 0, 2)

を頂点とする四面体 ABCD がある．実数 t（ただし，$0<t<1$）を用いて，線分 AB と線分 AC を $t:1-t$ に内分する点を，それぞれ P，Q とおく．P，Q を通り，xy 平面に垂直な平面を α とし，四面体 ABCD を α で切ったときの断面（切り口）の面積を $f(t)$ とする．以下の設問に答えよ．

（1） $f(t)$ の最大値 S と，そのときの t を求めよ．

（2）（1）のとき，α が四面体 ABCD を切った 2 つの立体のうち，頂点 A を含む方の立体の体積 V を求めよ．

（21　関西医大・後期）

▶解答◀（1） $\overrightarrow{\mathrm{OP}}=(1-t)\overrightarrow{\mathrm{OA}}+t\overrightarrow{\mathrm{OB}}$

$$=(1-t)(2,0,2)+t(-1,1,0)$$

$$=(2-3t,\ t,\ 2-2t)$$

$$\overrightarrow{\mathrm{OQ}}=(1-t)\overrightarrow{\mathrm{OA}}+t\overrightarrow{\mathrm{OC}}$$

$$=(1-t)(2,0,2)+t(-1,-1,0)$$

$$=(2-3t,\ -t,\ 2-2t)$$

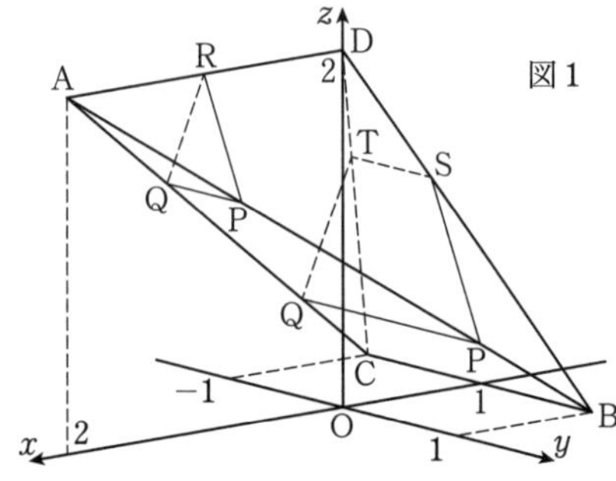

よって平面 α の方程式は

$$x=2-3t$$

$2-3t \geqq 0$ つまり $0<t \leqq \frac{2}{3}$ のとき，平面 α と線分 AD の交点を R とすると R の座標は $(2-3t,0,2)$ であり底辺 $\mathrm{PQ}=2t$，高さ $2-(2-2t)=2t$ の三角形 RPQ より

$$f(t)=\frac{1}{2}\cdot 2t\cdot 2t=2t^2$$

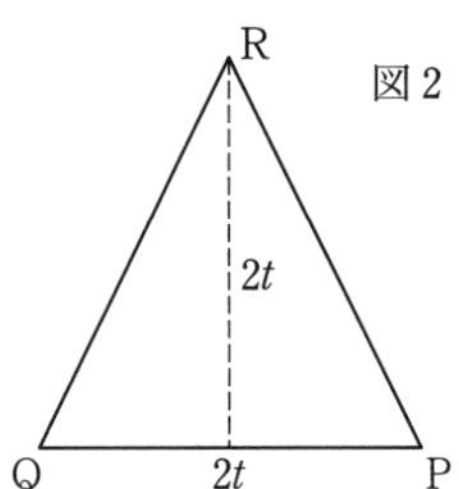

$2-3t \leqq 0$ つまり $\frac{2}{3} \leqq t<1$ のとき，平面 α と線分 BD，CD の交点をそれぞれ S，T とする．

BS : SD $=u:1-u$ とすると

$$\overrightarrow{\mathrm{OS}}=(1-u)\overrightarrow{\mathrm{OB}}+u\overrightarrow{\mathrm{OD}}$$

$$=(1-u)(-1,1,0)+u(0,0,2)$$

$$=(-1+u,\ 1-u,\ 2u)$$

$-1+u=2-3t$ より $u=3-3t$ であるから

$$\overrightarrow{\mathrm{OS}}=(2-3t,\ -2+3t,\ 6-6t)$$

同様にして（$\overrightarrow{\mathrm{OS}}$ の y 成分を −1 倍して）

$$\overrightarrow{\mathrm{OT}}=(2-3t,\ 2-3t,\ 6-6t)$$

よって四角形 QPST は台形で $\mathrm{ST}=6t-4$，$\mathrm{QP}=2t$，高さ $6-6t-(2-2t)=4-4t$ であるから

$$f(t)=\frac{1}{2}(6t-4+2t)(4-4t)$$

$$=-8(2t-1)(t-1)$$

$= -16t^2 + 24t - 8 = -16\left(t - \dfrac{3}{4}\right)^2 + 1$

よって $t = \dfrac{3}{4}$ のときに最大値をとり，$S = \mathbf{1}$

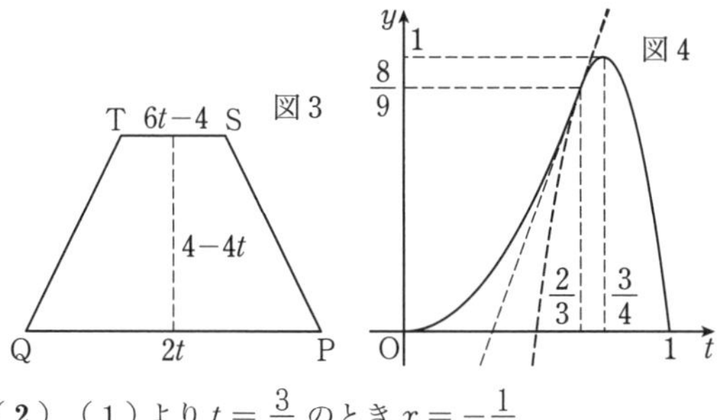

(**2**)（1）より $t = \dfrac{3}{4}$ のとき $x = -\dfrac{1}{4}$

$x = 2 - 3t$ であるから $t = \dfrac{1}{3}(2 - x)$ となり（1）の断面積を x で表すと次のようになる（これを $S(x)$ とおく）.

$0 \leqq x \leqq 2$ のとき

$$S(x) = 2\left\{\frac{1}{3}(2 - x)\right\}^2 = \frac{2}{9}(x-2)^2$$

$-\dfrac{1}{4} \leqq x \leqq 0$ のとき

$$S(x) = -8\left(\frac{4}{3} - \frac{2}{3}x - 1\right)\left(\frac{2}{3} - \frac{1}{3}x - 1\right)$$

$$= -8\left(\frac{1}{3} - \frac{2}{3}x\right)\left(-\frac{1}{3} - \frac{1}{3}x\right)$$

$$= -\frac{8}{9}(2x-1)(x+1) = -\frac{8}{9}(2x^2 + x - 1)$$

したがって

$$V = \int_{-\frac{1}{4}}^{2} S(x)\,dx$$

$$= \int_0^2 \frac{2}{9}(x-2)^2\,dx - \int_{-\frac{1}{4}}^{0} \frac{8}{9}(2x^2 + x - 1)\,dx$$

$$= \left[\frac{2}{27}(x-2)^3\right]_0^2 - \frac{8}{9}\left[\frac{2}{3}x^3 + \frac{1}{2}x^2 - x\right]_{-\frac{1}{4}}^{0}$$

$$= \frac{16}{27} + \frac{8}{9}\left(-\frac{1}{96} + \frac{1}{32} + \frac{1}{4}\right) = \mathbf{\frac{5}{6}}$$

【区分求積】

《基本的な区分求積 (A5)》

637. 次の極限を求めよ.

$$\lim_{n\to\infty} \frac{1}{n}\left(\sqrt{1 + \frac{1}{n}} + \sqrt{1 + \frac{2}{n}} + \sqrt{1 + \frac{3}{n}} + \cdots + \sqrt{1 + \frac{n}{n}}\right)$$

（21　広島市立大）

▶解答◀ $\displaystyle\lim_{n\to\infty} \frac{1}{n}\sum_{k=1}^{n} \sqrt{1 + \frac{k}{n}} = \int_0^1 \sqrt{1+x}\,dx$

$$= \int_0^1 (1+x)^{\frac{1}{2}}\,dx$$

$$= \left[\frac{2}{3}(1+x)^{\frac{3}{2}}\right]_0^1 = \mathbf{\frac{2}{3}(2\sqrt{2} - 1)}$$

《基本的な区分求積 (A5)》

638. 極限

$$\lim_{n\to\infty}\left(\frac{n}{n^2 + 1^2} + \frac{n}{n^2 + 2^2} + \frac{n}{n^2 + 3^2} + \cdots + \frac{n}{n^2 + n^2}\right)$$

の値は □ である.　（21　関大・理系）

▶解答◀ 求める極限値を I とおく.

$$\frac{n}{n^2 + 1^2} + \frac{n}{n^2 + 2^2} + \frac{n}{n^2 + 3^2} + \cdots + \frac{n}{n^2 + n^2}$$

$$= \sum_{k=1}^{n} \frac{n}{n^2 + k^2} = \frac{1}{n}\sum_{k=1}^{n} \frac{1}{1 + \left(\frac{k}{n}\right)^2}$$

であるから

$$I = \lim_{n\to\infty} \frac{1}{n}\sum_{k=1}^{n} \frac{1}{1 + \left(\frac{k}{n}\right)^2} = \int_0^1 \frac{1}{1+x^2}\,dx$$

$x = \tan\theta$ とおくと，$dx = \dfrac{1}{\cos^2\theta}\,d\theta$ であり

x	$0 \to 1$
θ	$0 \to \frac{\pi}{4}$

$$I = \int_0^{\frac{\pi}{4}} \frac{1}{1 + \tan^2\theta} \cdot \frac{1}{\cos^2\theta}\,d\theta = \int_0^{\frac{\pi}{4}} d\theta$$

$$= \Big[\theta\Big]_0^{\frac{\pi}{4}} = \mathbf{\frac{\pi}{4}}$$

《やや応用的な区分求積 (B10) ☆》

639. $a_n = \dfrac{1}{n^2}\sqrt[n]{(n^2+1^2)(n^2+2^2)(n^2+3^2)\cdots(n^2+n^2)}$
$(n = 1, 2, 3, \cdots)$ のとき，$\displaystyle\lim_{n\to\infty} a_n$ を求めよ.

（21　東北大・医 AO）

▶解答◀

$$a_n = \sqrt[n]{\frac{\left\{1^2 + \left(\frac{1}{n}\right)^2\right\}\cdots\left\{1^2 + \left(\frac{n}{n}\right)^2\right\}}{n^{2n}}}$$

ここで，両辺の自然対数をとり

$$\lim_{n\to\infty} \log a_n = \lim_{n\to\infty} \frac{1}{n}\sum_{k=1}^{n} \log\left\{1^2 + \left(\frac{k}{n}\right)^2\right\}$$

$$= \int_0^1 \log(1+x^2)\,dx = \int_0^1 (x)' \log(1+x^2)\,dx$$

$$= \Big[x\log(1+x^2)\Big]_0^1 - \int_0^1 x(\log(1+x^2))'\,dx$$

$$= \log 2 - \int_0^1 \frac{2x^2}{1+x^2}\,dx$$

$$= \log 2 - \int_0^1 \left(2 - \frac{2}{1+x^2}\right)dx$$

$$= \log 2 - 2 + 2\int_0^1 \frac{dx}{1+x^2}$$

$I=\int_0^1 \frac{dx}{1+x^2}$ とする．$x=\tan\theta$ とおくと，

$dx=\frac{d\theta}{\cos^2\theta}$ である．

x	$0 \to 1$
θ	$0 \to \frac{\pi}{4}$

$$I=\int_0^{\frac{\pi}{4}} \frac{1}{1+\tan^2\theta}\cdot\frac{d\theta}{\cos^2\theta}$$

$$=\int_0^{\frac{\pi}{4}} \cos^2\theta\cdot\frac{d\theta}{\cos^2\theta}=\int_0^{\frac{\pi}{4}} 1\,d\theta=\frac{\pi}{4}$$

$$\lim_{n\to\infty}\log a_n=\log 2-2+\frac{\pi}{2}$$

$$\lim_{n\to\infty}\log a_n=\log(2e^{-2+\frac{\pi}{2}})$$

$$\lim_{n\to\infty}a_n=\mathbf{2e^{-2+\frac{\pi}{2}}}$$

《確率と区分求積（B20）》

640． n を自然数とする．赤い袋には1から n までの数字が書かれたカードが1枚ずつ合計 n 枚，青い袋には1から $3n$ までの数字が書かれたカードが1枚ずつ合計 $3n$ 枚入っている．まず，赤い袋からカードを1枚ずつ n 回引き，カードに書かれた数字を引いた順に $a_1, a_2, \cdots, a_n$ とする．次に，青い袋からカードを1枚ずつ n 回引き，カードに書かれた数字を引いた順に $b_1, b_2, \cdots, b_n$ とする．ただし，引いたカードを袋の中には戻さない．このとき，「すべての $k=1, 2, \cdots, n$ に対して $a_k<b_k$」となる確率を P_n とする．以下の問いに答えよ．

（1） P_2 を求めよ．

（2） P_n を n を用いて表せ．

（3） 極限値 $\lim_{n\to\infty}\log(P_n)^{\frac{1}{n}}$ を求めよ．

（4） 極限値 $\lim_{n\to\infty}(P_n)^{\frac{1}{n}}$ を求めよ．

（21　広島大・後期）

▶解答◀ （1） a_1, a_2 の数字の大きい方から「$a_1<b_1$ かつ $a_2<b_2$」となる場合の数を考えることとする．

赤い袋からの数字が2のとき，青い袋の中の3〜6の数字の4通りある．赤い袋から次に取り出す数字が1のときは，青い袋の中の残り1以外の数字の4通りがある．したがって $4^2=16$ 通りとなる．求める確率は

$$P_2=\frac{16}{6\cdot 5}=\mathbf{\frac{8}{15}}$$

（2） $a_1, a_2, \cdots, a_n$ の数字の大きい方から「すべての $k=1, 2, \cdots, n$ に対して $a_k<b_k$」となる場合の数を考えることとする．

赤い袋からの数字が n のとき，青い袋の中の $n+1$〜$3n$ の数字の $2n$ 通りある．次に取り出す数字が $n-1$ のときは，青い袋の中の n〜$3n$ の残り数字 $2n$ 通りある．同様に順に考えると，総数は $(2n)^n$ 通りとなる．したがって，

$$P_n=\frac{(2n)^n}{{}_{3n}\mathrm{P}_n}=\mathbf{\frac{(2n)!\cdot(2n)^n}{(3n)!}}$$

（3） $\log(P_n)^{\frac{1}{n}}=\frac{1}{n}\log\frac{(2n)^n}{(3n)(3n-1)\cdots(3n-n+1)}$

$$=\frac{1}{n}\log\frac{(2n)^n}{(2n+1)(2n+2)\cdots(2n+n)}$$

$$=\frac{1}{n}\log\frac{1}{\left(1+\frac{1}{2n}\right)\left(1+\frac{2}{2n}\right)\cdots\left(1+\frac{n}{2n}\right)}$$

$$=-\frac{1}{n}\sum_{k=1}^{n}\log\left(1+\frac{k}{2n}\right)$$

となるから

$$\lim_{n\to\infty}\log(P_n)^{\frac{1}{n}}=\lim_{n\to\infty}\left\{-\frac{1}{n}\sum_{k=1}^{n}\log\left(1+\frac{k}{2n}\right)\right\}$$

$$=-\int_0^1\log\left(1+\frac{1}{2}x\right)dx$$

$$=-\left[2\left(1+\frac{1}{2}x\right)\log\left(1+\frac{1}{2}x\right)-x\right]_0^1$$

$$=\mathbf{1-3\log\frac{3}{2}}$$

（4） （3）から

$$\lim_{n\to\infty}\log(P_n)^{\frac{1}{n}}=\log e-\log\frac{27}{8}=\log\frac{8e}{27}$$

よって

$$\lim_{n\to\infty}(P_n)^{\frac{1}{n}}=\mathbf{\frac{8e}{27}}$$

《図形と区分求積（B20）》

641． 円 $x^2+y^2=a^2$ $(a>0)$ 上の点 $(a, 0)$，$(0, a)$ をそれぞれ A，B とし，原点を O とする．短い方の円弧 AB

上に $n-1$ 個の点を等間隔にとり円弧 AB を n 等分する．これらの点を A に近い方から順に $\mathrm{P}_1, \mathrm{P}_2, \mathrm{P}_3, \cdots, \mathrm{P}_k, \cdots, \mathrm{P}_{n-1}$ とし，$\mathrm{B}=\mathrm{P}_n$ とするとき，$\angle\mathrm{AOP}_k=\frac{k\pi}{\square n}$ である．

（1） 扇形 OAP_k の面積を S_k とすると，

$\sum_{k=2}^{n}S_{k-1}S_k=\square$ であるから，

$$\lim_{n\to\infty}\frac{1}{n}\sum_{k=2}^{n}S_{k-1}S_k=\square$$

である．

（2） 弦 AP_k の長さを x_k とすると，$x_k=\square$ であるから，

$$\lim_{n\to\infty}\frac{\pi}{n}\sum_{k=1}^{n}x_k=\square$$

である．　（21　久留米大・医）

▶解答◀ n 等分しているから

$$\angle\mathrm{P}_m\mathrm{OP}_{m+1}=\frac{\pi}{2n}\ (m=0, 1, \cdots, n-1)$$

ただし $\mathrm{A}=\mathrm{P}_0$ とする．

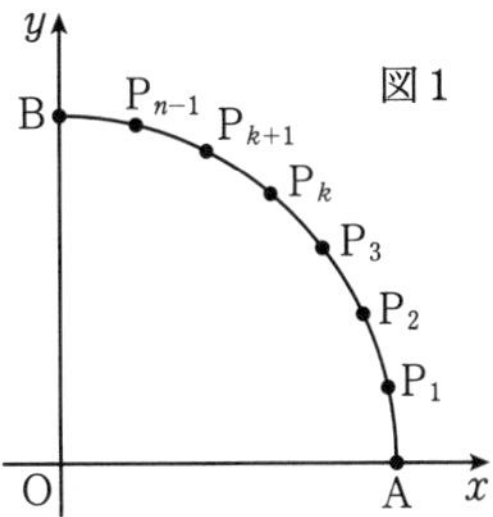

したがって $\angle\mathrm{AOP}_k=\dfrac{k\pi}{2n}$

（1） $S_k=\dfrac{1}{2}a^2\cdot\dfrac{k\pi}{2n}=\dfrac{a^2\pi k}{4n}$ であるから

$$\sum_{k=2}^{n}S_{k-1}S_k=\sum_{k=2}^{n}\frac{a^2\pi(k-1)}{4n}\cdot\frac{a^2\pi k}{4n}$$

$$=\frac{a^4\pi^2}{16n^2}\sum_{k=2}^{n}k(k-1)=\frac{a^4\pi^2}{16n^2}\sum_{k=1}^{n}k(k-1)$$

$$=\frac{a^4\pi^2}{16n^2}\cdot\frac{1}{3}(n-1)n(n+1)$$

$$=\boldsymbol{\frac{(n-1)(n+1)a^4\pi^2}{48n}}$$

したがって

$$\lim_{n\to\infty}\frac{1}{n}\sum_{k=2}^{n}S_{k-1}S_k$$

$$=\lim_{n\to\infty}\frac{1}{48}\left(1-\frac{1}{n}\right)\left(1+\frac{1}{n}\right)a^4\pi^2=\boldsymbol{\frac{a^4\pi^2}{48}}$$

（2） $\triangle\mathrm{AOP}_k$ は $\angle\mathrm{AOP}_k=\dfrac{k\pi}{2n}$ の二等辺三角形である．O から AP_k へ垂線 OH を引く．

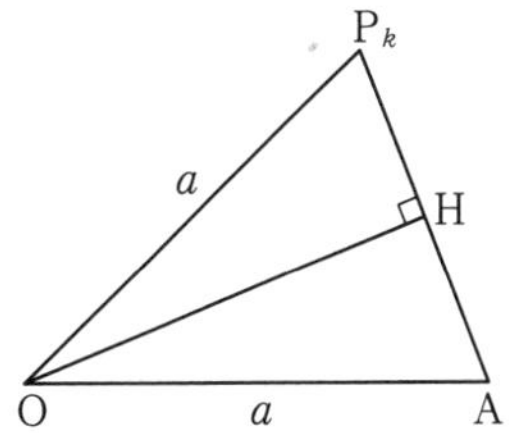

$\mathrm{AP}_k=2\mathrm{AH}=\boldsymbol{2a\sin\dfrac{k\pi}{4n}}$ であるから

$$\lim_{n\to\infty}\frac{\pi}{n}\sum_{k=1}^{n}x_k=\lim_{n\to\infty}\frac{\pi}{n}\sum_{k=1}^{n}2a\sin\frac{k\pi}{4n}$$

$$=\int_0^{\pi}2a\sin\frac{x}{4}\,dx=\left[-8a\cos\frac{x}{4}\right]_0^{\pi}$$

$$=8a\left(1-\frac{1}{\sqrt{2}}\right)=\boldsymbol{4(2-\sqrt{2})a}$$

《図形と区分求積（B20）》

642. n は2以上の整数とする．$\triangle\mathrm{OAB}$ において，$\mathrm{OA}=8$，$\mathrm{OB}=5$，$\mathrm{AB}=7$ とする．線分 OA を n 等分する点を O に近い方から $\mathrm{P}_1,\ \mathrm{P}_2,\ \cdots,\ \mathrm{P}_{n-1}$ とし，$\mathrm{P}_n=\mathrm{A}$ とする．線分 OB を n 等分する点を O に近い方から $\mathrm{Q}_1,\ \mathrm{Q}_2,\ \cdots,\ \mathrm{Q}_{n-1}$ とし，$\mathrm{Q}_n=\mathrm{B}$ とする．また，各 $k\ (k=1,\ 2,\ \cdots,\ n-1)$ について線分 AQ_k と線分 BP_k の交点を R_k とおく．さらに，R_n を線分 AB の中点とする．

（1） $\overrightarrow{\mathrm{OR}_k}$ を $\overrightarrow{\mathrm{OA}}$，$\overrightarrow{\mathrm{OB}}$ および n，k を用いて表せ．

（2） $|\overrightarrow{\mathrm{OR}_k}|$ を n と k を用いて表せ．

（3） 極限 $\displaystyle\lim_{n\to\infty}\frac{1}{n}\sum_{k=1}^{n}|\overrightarrow{\mathrm{OR}_k}|$ を求めよ．

（4） $\triangle\mathrm{P}_k\mathrm{Q}_k\mathrm{R}_k$ の面積を s_k とする．極限 $\displaystyle\lim_{n\to\infty}\frac{1}{n}\sum_{k=1}^{n}s_k$ を求めよ．ただし，$s_n=0$ とする．

（21　富山大・理，医，薬）

▶解答◀ （1） $\overrightarrow{\mathrm{OP}_k}=\dfrac{k}{n}\overrightarrow{\mathrm{OA}}$，$\overrightarrow{\mathrm{OQ}_k}=\dfrac{k}{n}\overrightarrow{\mathrm{OB}}$ である．

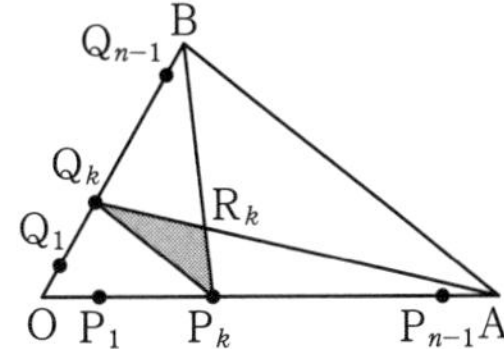

$k\neq n$ のとき，R_k は線分 $\mathrm{P}_k\mathrm{B}$ 上にあるから

$$\overrightarrow{\mathrm{OR}_k}=(1-t)\overrightarrow{\mathrm{OP}_k}+t\overrightarrow{\mathrm{OB}}\ (0\leqq t\leqq 1)$$

と書けて

$$\overrightarrow{\mathrm{OR}_k}=(1-t)\cdot\frac{k}{n}\overrightarrow{\mathrm{OA}}+t\overrightarrow{\mathrm{OB}}$$

$$=\frac{k}{n}(1-t)\overrightarrow{\mathrm{OA}}+t\overrightarrow{\mathrm{OB}}\ \cdots\cdots①$$

R_k は線分 AQ_k 上にあるから

$$\overrightarrow{\mathrm{OR}_k}=(1-u)\overrightarrow{\mathrm{OA}}+u\overrightarrow{\mathrm{OQ}_k}\ (0\leqq u\leqq 1)$$

と書けて

$$\overrightarrow{\mathrm{OR}_k}=(1-u)\overrightarrow{\mathrm{OA}}+u\cdot\frac{k}{n}\overrightarrow{\mathrm{OB}}$$

$$=(1-u)\overrightarrow{\mathrm{OA}}+\frac{k}{n}u\overrightarrow{\mathrm{OB}}\ \cdots\cdots②$$

①と②で係数を比べ

$$\frac{k}{n}(1-t)=1-u\ \cdots\cdots③$$

$$t=\frac{k}{n}u\ \cdots\cdots④$$

③より $-kt+nu=n-k$ であり，④を代入し

$$-\frac{k^2}{n}u+nu=n-k$$

$$(n^2-k^2)u=n(n-k)$$

$k\neq n$ より $u=\dfrac{n}{n+k}$ であり，④より $t=\dfrac{k}{n+k}$ である．①に代入し

$$\overrightarrow{\mathrm{OR}_k}=\frac{k}{n+k}\overrightarrow{\mathrm{OA}}+\frac{k}{n+k}\overrightarrow{\mathrm{OB}}$$

$$= \frac{\boldsymbol{k}}{\boldsymbol{n}+\boldsymbol{k}}(\overrightarrow{\mathbf{OA}}+\overrightarrow{\mathbf{OB}})$$

$k=n$ のとき $\overrightarrow{\mathrm{OR}_k}=\dfrac{\overrightarrow{\mathrm{OA}}+\overrightarrow{\mathrm{OB}}}{2}$ であるから，この結果は $k=n$ のときも正しい．

（2） $|\overrightarrow{\mathrm{AB}}|^2=|\overrightarrow{\mathrm{OB}}-\overrightarrow{\mathrm{OA}}|^2$ より

$$|\overrightarrow{\mathrm{AB}}|^2=|\overrightarrow{\mathrm{OB}}|^2-2\overrightarrow{\mathrm{OA}}\cdot\overrightarrow{\mathrm{OB}}+|\overrightarrow{\mathrm{OA}}|^2$$

$$49=25-2\overrightarrow{\mathrm{OA}}\cdot\overrightarrow{\mathrm{OB}}+64$$

$$2\overrightarrow{\mathrm{OA}}\cdot\overrightarrow{\mathrm{OB}}=40 \qquad \therefore\quad \overrightarrow{\mathrm{OA}}\cdot\overrightarrow{\mathrm{OB}}=20$$

よって

$$|\overrightarrow{\mathrm{OA}}+\overrightarrow{\mathrm{OB}}|^2=|\overrightarrow{\mathrm{OA}}|^2+2\overrightarrow{\mathrm{OA}}\cdot\overrightarrow{\mathrm{OB}}+|\overrightarrow{\mathrm{OB}}|^2$$

$$=64+40+25=129$$

$$|\overrightarrow{\mathrm{OA}}+\overrightarrow{\mathrm{OB}}|=\sqrt{129}$$

であるから

$$|\overrightarrow{\mathrm{OR}_k}|=\frac{k}{n+k}|\overrightarrow{\mathrm{OA}}+\overrightarrow{\mathrm{OB}}|=\frac{\sqrt{\mathbf{129}}\boldsymbol{k}}{\boldsymbol{n}+\boldsymbol{k}}$$

（3） 区分求積法を用いる．

$$\lim_{n\to\infty}\frac{1}{n}\sum_{k=1}^{n}|\overrightarrow{\mathrm{OR}_k}|=\lim_{n\to\infty}\frac{1}{n}\sum_{k=1}^{n}\frac{\sqrt{129}k}{n+k}$$

$$=\lim_{n\to\infty}\left(\sqrt{129}\cdot\frac{1}{n}\sum_{k=1}^{n}\frac{\frac{k}{n}}{1+\frac{k}{n}}\right)$$

$$=\sqrt{129}\int_0^1\frac{x}{1+x}\,dx$$

$$=\sqrt{129}\int_0^1\left(1-\frac{1}{x+1}\right)dx$$

$$=\sqrt{129}\Big[x-\log|x+1|\Big]_0^1$$

$$=\sqrt{\mathbf{129}}(\mathbf{1}-\log\mathbf{2})$$

（4） $\triangle$OAB の面積を S とする．（1）より，$k\neq n$ のとき $t=\dfrac{k}{n+k}$ であるから，$\mathrm{P}_k\mathrm{R}_k:\mathrm{P}_k\mathrm{B}=k:(n+k)$ である．

$$s_k=\triangle\mathrm{P}_k\mathrm{Q}_k\mathrm{R}_k$$

$$=\frac{\mathrm{OP}_k}{\mathrm{OA}}\cdot\frac{\mathrm{Q}_k\mathrm{B}}{\mathrm{OB}}\cdot\frac{\mathrm{P}_k\mathrm{R}_k}{\mathrm{P}_k\mathrm{B}}\cdot\triangle\mathrm{OAB}$$

$$=\frac{k}{n}\cdot\frac{n-k}{n}\cdot\frac{k}{n+k}S=\frac{k^2(n-k)}{n^2(n+k)}S$$

$s_n=0$ よりこの結果は $k=n$ のときも正しい．

$$\lim_{n\to\infty}\frac{1}{n}\sum_{k=1}^{n}s_k=\lim_{n\to\infty}\frac{1}{n}\sum_{k=1}^{n}\frac{k^2(n-k)}{n^2(n+k)}S$$

$$=\lim_{n\to\infty}\left\{S\cdot\frac{1}{n}\sum_{k=1}^{n}\frac{\left(\frac{k}{n}\right)^2\left(1-\frac{k}{n}\right)}{1+\frac{k}{n}}\right\}$$

$$=S\int_0^1\frac{x^2(1-x)}{1+x}\,dx$$

$$=S\int_0^1\left(-x^2+2x-2+\frac{2}{x+1}\right)dx$$

$$=S\left[-\frac{x^3}{3}+x^2-2x+2\log|x+1|\right]_0^1$$

$$=S\left(-\frac{1}{3}+1-2+2\log 2\right)=S\left(2\log 2-\frac{4}{3}\right)$$

ここで

$$S=\frac{1}{2}\sqrt{|\overrightarrow{\mathrm{OA}}|^2|\overrightarrow{\mathrm{OB}}|^2-(\overrightarrow{\mathrm{OA}}\cdot\overrightarrow{\mathrm{OB}})^2}$$

$$=\frac{1}{2}\sqrt{64\cdot25-20^2}=\frac{1}{2}\sqrt{1200}=10\sqrt{3}$$

であるから

$$\lim_{n\to\infty}\frac{1}{n}\sum_{k=1}^{n}s_k=10\sqrt{3}\left(2\log 2-\frac{4}{3}\right)$$

$$=\mathbf{20}\sqrt{\mathbf{3}}\left(\log\mathbf{2}-\frac{\mathbf{2}}{\mathbf{3}}\right)$$

♦別解♦ （1） $\mathrm{OP}_k:\mathrm{OA}=\mathrm{OQ}_k:\mathrm{OB}=k:n$ より

$$\mathrm{P}_k\mathrm{Q}_k\,/\!/\,\mathrm{AB},\ \mathrm{P}_k\mathrm{Q}_k:\mathrm{AB}=k:n$$

$\triangle\mathrm{R}_k\mathrm{P}_k\mathrm{Q}_k\backsim\triangle\mathrm{R}_k\mathrm{BA}$ であり相似比は $k:n$ であるから

$$\mathrm{P}_k\mathrm{R}_k:\mathrm{BR}_k=k:n$$

よって

$$\overrightarrow{\mathrm{OR}_k}=\frac{n\overrightarrow{\mathrm{OP}_k}+k\overrightarrow{\mathrm{OB}}}{n+k}=\frac{\boldsymbol{k}}{\boldsymbol{n}+\boldsymbol{k}}(\overrightarrow{\mathbf{OA}}+\overrightarrow{\mathbf{OB}})$$

注意 ヘロンの公式より，$s=\dfrac{8+5+7}{2}=10$ を用いて

$$S=\sqrt{s(s-\mathrm{OA})(s-\mathrm{OB})(s-\mathrm{AB})}$$

$$=\sqrt{10\cdot2\cdot5\cdot3}=10\sqrt{3}$$

《誤差の話（(B30)》

643. 区間 $0\leqq x\leqq 1$ 上の連続関数 $f(x)$ と自然数 n に対し

$$I_n=\sum_{k=1}^{n}\frac{1}{n}f\left(\frac{k}{n}\right)$$

とおく．また

$$D=\lim_{n\to\infty}n\left(I_n-\int_0^1 f(x)\,dx\right)$$

とおく．次の問いに答えよ．

（1） $f(x)=x^2$ のとき D の値を求めよ．

（2） $f(x)=x^3$ のとき D の値を求めよ．

（3） $f(x)=e^x$ のとき D の値を求めよ．

ただし，$e^{\frac{1}{n}}=1+\dfrac{1}{n}+a_n$ とおくとき，$\displaystyle\lim_{n\to\infty}n^2a_n=\frac{1}{2}$ となることを用いてよい．

（21　大阪市大・医（医），理，工）

▶解答◀ （1）

$D_n=n\left(I_n-\displaystyle\int_0^1 f(x)\,dx\right)$ とおく．

$$I_n=\sum_{k=1}^{n}\frac{1}{n}\left(\frac{k}{n}\right)^2=\frac{1}{n^3}\sum_{k=1}^{n}k^2$$

$$=\frac{1}{n^3}\cdot\frac{1}{6}n(n+1)(2n+1)$$

$$=\frac{1}{6n^2}(2n^2+3n+1)=\frac{1}{3}+\frac{1}{2n}+\frac{1}{6n^2}$$

$$\int_0^1 x^2\,dx=\left[\frac{x^3}{3}\right]_0^1=\frac{1}{3}$$

であるから

$$D=\lim_{n\to\infty}D_n=\lim_{n\to\infty}n\left(\frac{1}{3}+\frac{1}{2n}+\frac{1}{6n^2}-\frac{1}{3}\right)$$

$$=\lim_{n\to\infty}\left(\frac{1}{2}+\frac{1}{6n}\right)=\boldsymbol{\frac{1}{2}}$$

（2） $I_n=\sum_{k=1}^{n}\frac{1}{n}\left(\frac{k}{n}\right)^3=\frac{1}{n^4}\sum_{k=1}^{n}k^3=\frac{1}{n^4}\cdot\frac{1}{4}n^2(n+1)^2$

$$=\frac{1}{4n^2}(n^2+2n+1)=\frac{1}{4}+\frac{1}{2n}+\frac{1}{4n^2}$$

$$\int_0^1 x^3\,dx=\left[\frac{x^4}{4}\right]_0^1=\frac{1}{4}$$

であるから

$$D=\lim_{n\to\infty}D_n=\lim_{n\to\infty}n\left(\frac{1}{4}+\frac{1}{2n}+\frac{1}{4n^2}-\frac{1}{4}\right)$$

$$=\lim_{n\to\infty}\left(\frac{1}{2}+\frac{1}{4n}\right)=\boldsymbol{\frac{1}{2}}$$

（3） $I_n=\frac{1}{n}\sum_{k=1}^{n}e^{\frac{k}{n}}=\frac{1}{n}\left(e^{\frac{1}{n}}+e^{\frac{2}{n}}+\cdots+e^{\frac{n}{n}}\right)$

$$=\frac{e^{\frac{1}{n}}}{n}\cdot\frac{e-1}{e^{\frac{1}{n}}-1}$$

$e^{\frac{1}{n}}=1+\frac{1}{n}+a_n$ とおくと

$$I_n=\frac{1+\frac{1}{n}+a_n}{n}\cdot\frac{e-1}{\frac{1}{n}+a_n}=\frac{e-1}{n}\cdot\frac{n+1+na_n}{1+na_n}$$

$$\int_0^1 e^x\,dx=\left[e^x\right]_0^1=e-1$$

$$D_n=n\left\{\frac{e-1}{n}\cdot\frac{n+1+na_n}{1+na_n}-(e-1)\right\}$$

$$=(e-1)\cdot\left(\frac{n+1+na_n}{1+na_n}-n\right)$$

$$=(e-1)\cdot\frac{1+na_n-n^2a_n}{1+na_n}$$

$\lim_{n\to\infty}n^2a_n=\frac{1}{2}$，$\lim_{n\to\infty}na_n=\lim_{n\to\infty}\frac{1}{n}n^2a_n=0\cdot\frac{1}{2}=0$

であるから

$$D=\lim_{n\to\infty}D_n=(e-1)\cdot\frac{1+0-\frac{1}{2}}{1+0}=\boldsymbol{\frac{e-1}{2}}$$

注意 $D_n=n\left\{\sum_{k=1}^{n}\frac{1}{n}f\left(\frac{k}{n}\right)-\int_0^1 f(x)\,dx\right\}$

について

$$\lim_{n\to\infty}D_n=\frac{1}{2}\{f(1)-f(0)\}$$

となるという，区分求積の誤差の有名な問題である．

《誤差の話（C30）》

644. n を自然数とし，t を $t\geqq 1$ をみたす実数とする．

（1） $x\geqq t$ のとき，不等式

$$-\frac{(x-t)^2}{2}\leqq\log x-\log t-\frac{1}{t}(x-t)\leqq 0$$

が成り立つことを示せ．

（2） 不等式

$$-\frac{1}{6n^3}\leqq\int_t^{t+\frac{1}{n}}\log x\,dx-\frac{1}{n}\log t-\frac{1}{2tn^2}\leqq 0$$

が成り立つことを示せ．

（3） $a_n=\sum_{k=0}^{n-1}\log\left(1+\frac{k}{n}\right)$ とおく．

$\lim_{n\to\infty}(a_n-pn)=q$ をみたすような実数 p,q の値を求めよ．（21　阪大・理系）

▶解答◀（1）

$$f(x)=\log x-\log t-\frac{1}{t}(x-t)$$

とおく．

$$f'(x)=\frac{1}{x}-\frac{1}{t}=\frac{t-x}{xt}$$

$x\geqq t\geqq 1$ のとき $f'(x)\leqq 0$ で，$f(x)$ はこの範囲で単調に減少する．$f(t)=0$ より $f(x)\leqq 0$ が成り立つ．

$g(x)=f(x)+\frac{(x-t)^2}{2}$ とおく．

$$g'(x)=-\frac{x-t}{xt}+x-t=\left(1-\frac{1}{xt}\right)(x-t)$$

$x\geqq t\geqq 1$ のとき $0<\frac{1}{xt}\leqq 1$ であるから，この範囲で $g'(x)\geqq 0$ で，$g(x)$ は単調に増加する．$g(t)=0$ より $g(x)\geqq 0$ が成り立つ．

以上より，

$$-\frac{(x-t)^2}{2}\leqq\log x-\log t-\frac{1}{t}(x-t)\leqq 0\ \cdots\text{①}$$

が成り立つ．

（2） ①の各辺を $t\leqq x\leqq t+\frac{1}{n}$ の範囲で定積分する．

$$\int_t^{t+\frac{1}{n}}\left\{-\frac{(x-t)^2}{2}\right\}dx$$

$$=\left[-\frac{(x-t)^3}{6}\right]_t^{t+\frac{1}{n}}=-\frac{1}{6n^3}$$

$$\int_t^{t+\frac{1}{n}}\left\{\log x-\log t-\frac{1}{t}(x-t)\right\}dx$$

$$=\int_t^{t+\frac{1}{n}}\log x\,dx-\left[(\log t)x+\frac{1}{2t}x^2-x\right]_t^{t+\frac{1}{n}}$$

$$=\int_t^{t+\frac{1}{n}}\log x\,dx-\frac{1}{n}\log t$$

$$-\frac{1}{2t}\left\{\left(t+\frac{1}{n}\right)^2-t^2\right\}+\frac{1}{n}$$

$$=\int_t^{t+\frac{1}{n}}\log x\,dx-\frac{1}{n}\log t-\frac{1}{2tn^2}$$

以上より，

$$-\frac{1}{6n^3} \leqq \int_t^{t+\frac{1}{n}} \log x\,dx - \frac{1}{n}\log t - \frac{1}{2tn^2} \leqq 0 \quad \cdots\cdots②$$

が成り立つ．

（3）$\displaystyle \frac{1}{n}a_n = \frac{1}{n}\sum_{k=0}^{n-1}\log\left(1+\frac{k}{n}\right)$

$$\lim_{n\to\infty}\frac{1}{n}a_n = \int_0^1 \log(1+x)\,dx$$

$$= \Big[(1+x)\log(1+x) - x\Big]_0^1 = 2\log 2 - 1$$

$\displaystyle \lim_{n\to\infty}(a_n - pn) = \lim_{n\to\infty} n\left(\frac{1}{n}a_n - p\right)$ が有限確定値 q に収束するための必要条件は，$\displaystyle \lim_{n\to\infty}\left(\frac{1}{n}a_n - p\right) = 0$ すなわち $p = 2\log 2 - 1$ となることである．

次に，$t = 1 + \dfrac{k}{n}\,(\geqq 1)$ とおき，② に代入すると

$$-\frac{1}{6n^3} \leqq \int_{1+\frac{k}{n}}^{1+\frac{k+1}{n}} \log x\,dx - \frac{1}{n}\log\left(1+\frac{k}{n}\right) - \frac{1}{2n^2}\cdot\frac{1}{1+\frac{k}{n}} \leqq 0$$

$k = 0 \sim n-1$ を代入して各辺を足し合わせると

$$-\frac{1}{6n^2} \leqq \int_1^2 \log x\,dx - \frac{1}{n}\sum_{k=0}^{n-1}\log\left(1+\frac{k}{n}\right) - \frac{1}{2n}\cdot\frac{1}{n}\sum_{k=0}^{n-1}\frac{1}{1+\frac{k}{n}} \leqq 0$$

ここで，$\displaystyle \int_1^2 \log x\,dx = \int_0^1 \log(1+x)\,dx = p$ より

$$-\frac{1}{6n^2} \leqq p - \frac{1}{n}a_n - \frac{1}{2n}\cdot\frac{1}{n}\sum_{k=0}^{n-1}\frac{1}{1+\frac{k}{n}} \leqq 0$$

$$-\frac{1}{6n} \leqq -(a_n - pn) - \frac{1}{2}\cdot\frac{1}{n}\sum_{k=0}^{n-1}\frac{1}{1+\frac{k}{n}} \leqq 0$$

$n \to \infty$ として，ハサミウチの原理より

$$-q - \frac{1}{2}\int_0^1 \frac{1}{1+x}\,dx = 0$$

$$q = -\frac{1}{2}\Big[\log|1+x|\Big]_0^1 = -\frac{1}{2}\log 2$$

以上より，$\boldsymbol{p = 2\log 2 - 1}$，$\boldsymbol{q = -\frac{1}{2}\log 2}$

《不等式で挟む（D40）》

645．$f(x)$ を $x \geqq 0$ で連続な増加関数とする．正の整数 n に対して，

$$g_n(x) = \sum_{k=0}^{n-1}\left(2^{\frac{k+1}{n}} - 2^{\frac{k}{n}}\right)x f\left(2^{\frac{k}{n}}x\right)$$

と定める．

（1）$x \geqq 0$ のとき，以下の不等式を示せ．

$$2^{-\frac{1}{n}}g_n\left(2^{\frac{1}{n}}x\right) - g_n(x) \leqq 2\left(1 - 2^{-\frac{1}{n}}\right)x\{f(2x) - f(x)\}$$

（2）a を 0 以上の実数とする．$\displaystyle \lim_{n\to\infty} g_n(a) = \int_a^{2a} f(t)\,dt$ を示せ．　（21　千葉大・後期）

▶解答◀（1）$x \geqq 0$ のとき

$$2^{-\frac{1}{n}}g_n\left(2^{\frac{1}{n}}x\right)$$

$$= 2^{-\frac{1}{n}}\sum_{k=0}^{n-1}\left(2^{\frac{k+1}{n}} - 2^{\frac{k}{n}}\right)\cdot 2^{\frac{1}{n}}x f\left(2^{\frac{k}{n}}\cdot 2^{\frac{1}{n}}x\right)$$

$$= \sum_{k=0}^{n-1}\left(2^{\frac{k+1}{n}} - 2^{\frac{k}{n}}\right)x f\left(2^{\frac{k+1}{n}}x\right) \quad \cdots\cdots①$$

$$2^{-\frac{1}{n}}g_n\left(2^{\frac{1}{n}}x\right) - g_n(x)$$

$$= \sum_{k=0}^{n-1}\left(2^{\frac{k+1}{n}} - 2^{\frac{k}{n}}\right)x f\left(2^{\frac{k+1}{n}}x\right) - \sum_{k=0}^{n-1}\left(2^{\frac{k+1}{n}} - 2^{\frac{k}{n}}\right)x f\left(2^{\frac{k}{n}}x\right)$$

$$= \sum_{k=0}^{n-1}\left(2^{\frac{k+1}{n}} - 2^{\frac{k}{n}}\right)x\left\{f\left(2^{\frac{k+1}{n}}x\right) - f\left(2^{\frac{k}{n}}x\right)\right\}$$

ここで，$k = 0, 1, \cdots, n-1$ のとき

$$2^{\frac{k+1}{n}} - 2^{\frac{k}{n}} = 2^{\frac{k+1}{n}}\left(1 - 2^{-\frac{1}{n}}\right)$$

$$\leqq 2^{\frac{(n-1)+1}{n}}\left(1 - 2^{-\frac{1}{n}}\right) = 2\left(1 - 2^{-\frac{1}{n}}\right)$$

であるから

$$\sum_{k=0}^{n-1}\left(2^{\frac{k+1}{n}} - 2^{\frac{k}{n}}\right)x\left\{f\left(2^{\frac{k+1}{n}}x\right) - f\left(2^{\frac{k}{n}}x\right)\right\}$$

$$\leqq \sum_{k=0}^{n-1}2\left(1 - 2^{-\frac{1}{n}}\right)x\left\{f\left(2^{\frac{k+1}{n}}x\right) - f\left(2^{\frac{k}{n}}x\right)\right\}$$

$$= 2\left(1 - 2^{-\frac{1}{n}}\right)x\sum_{k=0}^{n-1}\left\{f\left(2^{\frac{k+1}{n}}x\right) - f\left(2^{\frac{k}{n}}x\right)\right\}$$

$$= 2\left(1 - 2^{-\frac{1}{n}}\right)x\{f(2x) - f(x)\}$$

よって，与えられた不等式が成り立つ．

$$f\left(2^{\frac{1}{n}}x\right) - f\left(2^{\frac{0}{n}}x\right)$$
$$f\left(2^{\frac{2}{n}}x\right) - f\left(2^{\frac{1}{n}}x\right)$$
$$f\left(2^{\frac{3}{n}}x\right) - f\left(2^{\frac{2}{n}}x\right)$$
$$\vdots$$
$$f\left(2^{\frac{n}{n}}x\right) - f\left(2^{\frac{n-1}{n}}x\right)$$

（2）$\displaystyle g_n(a) = \sum_{k=0}^{n-1}\left(2^{\frac{k+1}{n}} - 2^{\frac{k}{n}}\right)a f\left(2^{\frac{k}{n}}a\right) \quad \cdots\cdots②$

$$\int_a^{2a} f(t)\,dt = \sum_{k=0}^{n-1}\int_{2^{\frac{k}{n}}a}^{2^{\frac{k+1}{n}}a} f(t)\,dt \quad \cdots\cdots③$$

$f(t)$ は増加関数であるから，$2^{\frac{k}{n}}a \leqq t \leqq 2^{\frac{k+1}{n}}a$ のとき

$$f\left(2^{\frac{k}{n}}a\right) \leqq f(t) \leqq f\left(2^{\frac{k+1}{n}}a\right)$$

$2^{\frac{k}{n}}a \leqq t \leqq 2^{\frac{k+1}{n}}a$ で積分し

$$\int_{2^{\frac{k}{n}}a}^{2^{\frac{k+1}{n}}a} f\left(2^{\frac{k}{n}}a\right)dt \leqq \int_{2^{\frac{k}{n}}a}^{2^{\frac{k+1}{n}}a} f(t)\,dt$$

$$\leqq \int_{2^{\frac{k}{n}}a}^{2^{\frac{k+1}{n}}a} f(2^{\frac{k+1}{n}}a)\,dt$$

$$(2^{\frac{k+1}{n}}-2^{\frac{k}{n}})af(2^{\frac{k}{n}}a) \leqq \int_{2^{\frac{k}{n}}a}^{2^{\frac{k+1}{n}}a} f(t)\,dt$$

$$\leqq (2^{\frac{k+1}{n}}-2^{\frac{k}{n}})af(2^{\frac{k+1}{n}}a)$$

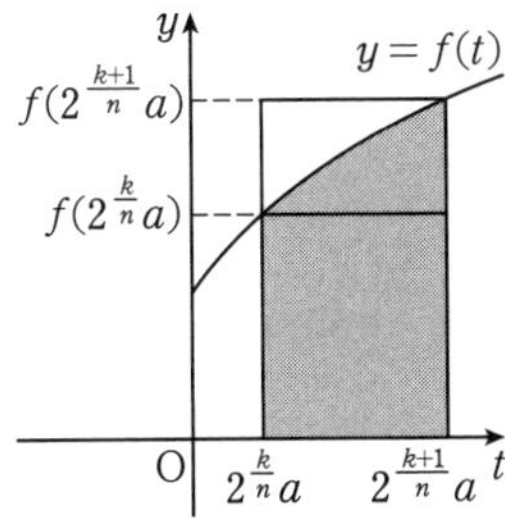

なお，図は面積を示唆しているが，$f(x)>0$ を使っているわけではない．

$k=0,\ 1,\ \cdots,\ n-1$ として辺ごとに加えると

$$\sum_{k=0}^{n-1}(2^{\frac{k+1}{n}}-2^{\frac{k}{n}})af(2^{\frac{k}{n}}a) \leqq \sum_{k=0}^{n-1}\int_{2^{\frac{k}{n}}a}^{2^{\frac{k+1}{n}}a} f(t)\,dt$$

$$\leqq \sum_{k=0}^{n-1}(2^{\frac{k+1}{n}}-2^{\frac{k}{n}})af(2^{\frac{k+1}{n}}a)$$

①で $x=a$ とした式と②，③を代入し

$$g_n(a) \leqq \int_a^{2a} f(t)\,dt \leqq 2^{-\frac{1}{n}}g_n(2^{\frac{1}{n}}a)$$

ここで，（1）で $x=a$ とすると

$$2^{-\frac{1}{n}}g_n(2^{\frac{1}{n}}a)$$

$$\leqq g_n(a)+2(1-2^{-\frac{1}{n}})a\{f(2a)-f(a)\}$$

であるから

$$g_n(a) \leqq \int_a^{2a} f(t)\,dt$$

$$\leqq g_n(a)+2(1-2^{-\frac{1}{n}})a\{f(2a)-f(a)\}$$

$g_n(a)$ について解いて

$$\int_a^{2a} f(t)\,dt-2(1-2^{-\frac{1}{n}})a\{f(2a)-f(a)\}$$

$$\leqq g_n(a) \leqq \int_a^{2a} f(t)\,dt$$

$\lim\limits_{n\to\infty}2(1-2^{-\frac{1}{n}})a\{f(2a)-f(a)\}=0$ であるから，これと②，③よりハサミウチの原理を用いると

$$\lim_{n\to\infty}g_n(a)=\int_a^{2a} f(t)\,dt$$

♦別解♦ $h(u)=2^u x$ とおき

$$a_k=(2^{\frac{k+1}{n}}-2^{\frac{k}{n}})x\{f(2^{\frac{k}{n}}x)-f(0)\}$$

とおく．$f(0)$ を引いたのは，符号が問題になるからである．実は結果には影響しない．

$$a_k=\left\{h\left(\frac{k+1}{n}\right)-h\left(\frac{k}{n}\right)\right\}\{f(2^{\frac{k}{n}}x)-f(0)\}$$

平均値の定理により

$$h\left(\frac{k+1}{n}\right)-h\left(\frac{k}{n}\right)=\left(\frac{k+1}{n}-\frac{k}{n}\right)h'(c_k)$$

となる c_k が $\dfrac{k}{n}<c_k<\dfrac{k+1}{n}$ に存在し

$$a_k=\frac{1}{n}h'(c_k)\{f(2^{\frac{k}{n}}x)-f(0)\}$$

$h'(u)=2^u(x\log 2)$ は増加関数であるから

$$0<h'\left(\frac{k}{n}\right) \leqq h'(c_k) \leqq h'\left(\frac{k+1}{n}\right)$$

各辺に $\dfrac{1}{n}\{f(2^{\frac{k}{n}}x)-f(0)\} \geqq 0$ をかけて，さらに $f(x)$ が増加関数であることを用いる．

$$\frac{1}{n}h'\left(\frac{k}{n}\right)\{f(2^{\frac{k}{n}}x)-f(0)\} \leqq a_k$$

$$\leqq \frac{1}{n}h'\left(\frac{k+1}{n}\right)\{f(2^{\frac{k}{n}}x)-f(0)\}$$

$$\leqq \frac{1}{n}h'\left(\frac{k+1}{n}\right)\{f(2^{\frac{k+1}{n}}x)-f(0)\}$$

$b_k=(2^{\frac{k+1}{n}}-2^{\frac{k}{n}})xf(2^{\frac{k}{n}}x)$ とおくと

$$\frac{1}{n}h'\left(\frac{k}{n}\right)f(2^{\frac{k}{n}}x)-f(0)\cdot\frac{1}{n}h'\left(\frac{k}{n}\right)$$

$$\leqq b_k-f(0)(2^{\frac{k+1}{n}}-2^{\frac{k}{n}})x$$

$$\leqq \frac{1}{n}h'\left(\frac{k+1}{n}\right)f(2^{\frac{k+1}{n}}x)$$

$$-f(0)\cdot\frac{1}{n}h'\left(\frac{k+1}{n}\right)$$

$0 \leqq k \leqq n-1$ でシグマして $g_n(x)=\sum\limits_{k=0}^{n-1}b_k$ を用いると

$$\sum_{k=0}^{n-1}\frac{1}{n}h'\left(\frac{k}{n}\right)f(2^{\frac{k}{n}}x)-f(0)\sum_{k=0}^{n-1}\frac{1}{n}h'\left(\frac{k}{n}\right)$$

$$\leqq g_n(x)-f(0)(2^1-2^0)x$$

$$\leqq \sum_{k=0}^{n-1}\frac{1}{n}h'\left(\frac{k+1}{n}\right)f(2^{\frac{k+1}{n}}x)$$

$$-f(0)\sum_{k=0}^{n-1}\frac{1}{n}h'\left(\frac{k+1}{n}\right) \quad \cdots\cdots④$$

ここで

$$\lim_{n\to\infty}\sum_{k=0}^{n-1}\frac{1}{n}h'\left(\frac{k}{n}\right)=\lim_{n\to\infty}\sum_{k=0}^{n-1}\frac{1}{n}h'\left(\frac{k+1}{n}\right)$$

$$=\int_0^1 h'(t)\,dt=\Big[\,h(t)\,\Big]_0^1$$

$$=h(1)-h(0)=2x-x=x$$

$$\lim_{n\to\infty}\sum_{k=0}^{n-1}\frac{1}{n}h'\left(\frac{k}{n}\right)f(2^{\frac{k}{n}}x)$$

$$=\lim_{n\to\infty}\sum_{k=0}^{n-1}\frac{1}{n}h'\left(\frac{k+1}{n}\right)f(2^{\frac{k+1}{n}}x)$$

$$=\int_0^1 h'(u)f(h(u))\,du \quad \cdots\cdots⑤$$

$$=\int_x^{2x} f(t)\,dt \quad \cdots\cdots⑥$$

なお，⑤で $t=h(u)$ とおくと，$t=2^u x$ で，$u:0\to 1$ のとき $t:x\to 2x$，$dt=h'(u)\,du$ となるから，⑤が⑥になる．④でハサミウチの原理を用いて

$$\lim_{n\to\infty}\{g_n(x)-f(0)x\}=\int_x^{2x} f(t)\,dt-f(0)x$$

よって

$$\lim_{n\to\infty} g_n(x)=\int_x^{2x} f(t)\,dt$$

【応用的積分】

《絶対値の積分のシグマ (B10)》

646. 次の問いに答えよ．

（1） 不定積分 $\int (x^2+2)\sin x\,dx$ を求めよ．

（2） 正の整数 n に対して，定積分

$$\int_0^{n\pi} \left|(x^2+2)\sin x\right|\,dx$$

を求めよ．（21 兵庫県立大・工）

▶解答◀ （1） $\int (x^2+2)\sin x\,dx$

$$=\int (x^2+2)(-\cos x)'\,dx$$

$$=(x^2+2)(-\cos x)-\int (x^2+2)'(-\cos x)\,dx$$

$$=-(x^2+2)\cos x+2\int x\cos x\,dx$$

$$=-(x^2+2)\cos x+2\int x(\sin x)'\,dx$$

$$=-(x^2+2)\cos x+2\left(x\sin x-\int (x)'\sin x\,dx\right)$$

$$=-(x^2+2)\cos x+2x\sin x-2\int \sin x\,dx$$

$$=-(x^2+2)\cos x+2x\sin x+2\cos x+C$$

$$=\boldsymbol{-x^2\cos x+2x\sin x+C}\ (C\text{ は積分定数})$$

（2） $\int_0^{n\pi} \left|(x^2+2)\sin x\right|\,dx$

$$=\sum_{k=1}^{n}\int_{(k-1)\pi}^{k\pi}\left|(x^2+2)\sin x\right|\,dx$$

$$=\sum_{k=1}^{n}\left|\int_{(k-1)\pi}^{k\pi}(x^2+2)\sin x\,dx\right|$$

$(k-1)\pi\leqq x\leqq k\pi$ において，$\sin x$ は一定符号だから，積分してから絶対値をつければよい．

$$\int_{(k-1)\pi}^{k\pi}(x^2+2)\sin x\,dx$$

$$=\Big[-x^2\cos x+2x\sin x\Big]_{(k-1)\pi}^{k\pi}$$

$$=-k^2\pi^2\cos k\pi+(k-1)^2\pi^2\cos(k-1)\pi$$

$\cos k\pi$, $\cos(k-1)\pi$ は符号が異なり ±1 であるから

$$\left|\int_0^{n\pi}(x^2+2)\sin x\,dx\right|$$

$$=\sum_{k=1}^{n}\{k^2\pi^2+(k-1)^2\pi^2\}$$

$$=\pi^2\left\{\frac{n(n+1)(2n+1)}{6}+\frac{n(n-1)(2n-1)}{6}\right\}$$

$$=\frac{\pi^2}{6}n\{(n+1)(2n+1)+(n-1)(2n-1)\}$$

$$=\frac{\pi^2}{6}n(4n^2+2)=\boldsymbol{\frac{\pi^2}{3}n(2n^2+1)}$$

《定積分の最小 (C30)》

647. 実数 a と b に対して，関数 $f(x)$ を

$$f(x)=ax^2+bx+\cos x+2\cos\frac{x}{2}$$

と定める．次の問いに答えよ．

（1） $\int_0^{2\pi} x\cos x\,dx$, $\int_0^{2\pi} x\sin x\,dx$ の値を求めよ．

（2） $\int_0^{2\pi} x^2\cos x\,dx$, $\int_0^{2\pi} x^2\sin x\,dx$ の値を求めよ．

（3） $f(x)$ が

$$\int_0^{2\pi} f(x)\cos x\,dx=4+\pi,$$

$$\int_0^{2\pi} f(x)\sin x\,dx=\frac{4}{3}(4+\pi)$$

を満たすとき，a と b の値を求めよ．

（4） （3）で求めた a と b で定まる $f(x)$ に対して，$f(x)$ の最小値とそのときの x の値を求めよ．（21 新潟大・理系）

▶解答◀ （1） $\int_0^{2\pi} x\cos x\,dx$

$$=\Big[x\sin x+\cos x\Big]_0^{2\pi}=\boldsymbol{0}$$

$$\int_0^{2\pi} x\sin x\,dx$$

$$=\Big[-x\cos x+\sin x\Big]_0^{2\pi}=\boldsymbol{-2\pi}$$

（2） $\int_0^{2\pi} x^2\cos x\,dx=\int_0^{2\pi} x^2(\sin x)'\,dx$

$$=\Big[x^2\sin x\Big]_0^{2\pi}-\int_0^{2\pi}2x\sin x\,dx$$

$$=0-2\cdot(-2\pi)=\boldsymbol{4\pi}$$

$$\int_0^{2\pi} x^2\sin x\,dx=\int_0^{2\pi} x^2(-\cos x)'\,dx$$

$$=\Big[-x^2\cos x\Big]_0^{2\pi}-\int_0^{2\pi}2x(-\cos x)\,dx$$

$$=-4\pi^2+2\cdot 0=\boldsymbol{-4\pi^2}$$

（3） $\int_0^{2\pi}\cos^2 x\,dx=\int_0^{2\pi}\frac{1+\cos 2x}{2}\,dx$

$$=\Big[\frac{x}{2}+\frac{\sin 2x}{4}\Big]_0^{2\pi}=\pi$$

$$\int_0^{2\pi}\cos x\cos\frac{x}{2}\,dx$$

$$=\int_0^{2\pi}\frac{1}{2}\left(\cos\frac{3}{2}x+\cos\frac{x}{2}\right)dx$$

$$= \frac{1}{2}\left[\ \frac{2}{3}\sin\frac{3}{2}x + 2\sin\frac{x}{2}\ \right]_0^{2\pi} = 0$$

これより，

$$\int_0^{2\pi} f(x)\cos x\,dx = 4a\pi + \pi$$

これが $4+\pi$ と等しいから，$a = \boldsymbol{\frac{1}{\pi}}$ である．また，

$$\int_0^{2\pi}\cos x\sin x\,dx = \int_0^{2\pi}\frac{\sin 2x}{2}\,dx$$

$$= \left[\ -\frac{\cos 2x}{4}\ \right]_0^{2\pi} = 0$$

$$\int_0^{2\pi}\sin x\cos\frac{x}{2}\,dx$$

$$= \int_0^{2\pi}\frac{1}{2}\left(\sin\frac{3}{2}x + \sin\frac{x}{2}\right)dx$$

$$= \frac{1}{2}\left[\ -\frac{2}{3}\cos\frac{3}{2}x - 2\cos\frac{x}{2}\ \right]_0^{2\pi} = \frac{8}{3}$$

これより，

$$\int_0^{2\pi} f(x)\sin x\,dx = -4a\pi^2 - 2b\pi + \frac{16}{3}$$

$$= -4\pi - 2b\pi + \frac{16}{3}$$

これが $\frac{4}{3}(4+\pi)$ に等しいから

$$-4\pi - 2b\pi = \frac{4}{3}\pi \qquad \therefore\ \ b = \boldsymbol{-\frac{8}{3}}$$

（４） $f(x) = \frac{1}{\pi}x^2 - \frac{8}{3}x + \left(2\cos^2\frac{x}{2} - 1\right) + 2\cos\frac{x}{2}$

$$= \frac{1}{\pi}\left(x - \frac{4}{3}\pi\right)^2 + 2\left(\cos\frac{x}{2} + \frac{1}{2}\right)^2 - \frac{16}{9}\pi - \frac{3}{2}$$

$$\geqq -\frac{16}{9}\pi - \frac{3}{2}$$

等号が成立するのは

$$x = \frac{4}{3}\pi \text{ かつ } \cos\frac{x}{2} = -\frac{1}{2}$$

すなわち，$x = \frac{4}{3}\pi$ で確かに等号は成立する．よって，$f(x)$ は $x = \boldsymbol{\frac{4}{3}\pi}$ で最小値 $\boldsymbol{-\frac{16}{9}\pi - \frac{3}{2}}$ をとる．

《2 乗多項展開（C30）》

648. 2 つの自然数 j, k に対し，

$$S(j,k) = \int_{-\pi}^{\pi}(\sin jx)(\sin kx)\,dx,$$

$$T(k) = \int_{-\pi}^{\pi} x\sin kx\,dx$$

とおく．以下の問いに答えよ．

（１） $j \neq k$ のとき $S(j,k) = 0$ を示せ．また，$S(k,k) = \pi$ を示せ．

（２） $T(k) = \frac{2\pi(-1)^{k+1}}{k}$ を示せ．

（３） 実数 a に対し，

$$L = \int_{-\pi}^{\pi}(x - a\sin x)^2\,dx$$

とおく．L が最小となる a の値およびそのときの L の値を求めよ．

（４） n を自然数とする．実数 $a_1, a_2, \cdots, a_n$ に対し，

$$M = \int_{-\pi}^{\pi}\left(x - \sum_{k=1}^{n} a_k\sin kx\right)^2 dx$$

とおく．M が最小となる $a_1, a_2, \cdots, a_n$ の値を求めよ． （21　中央大・理工）

▶解答◀ （１） 偶関数の性質を用いる．

$$S(j,k) = 2\int_0^{\pi}(\sin jx)(\sin kx)\,dx$$

$$= \int_0^{\pi}(\cos(j-k)x - \cos(j+k)x)\,dx$$

$j \neq k$ のとき $j - k \neq 0$ であるから

$$S(j,k) = \left[\ \frac{\sin(j-k)x}{j-k} - \frac{\sin(j+k)x}{j+k}\ \right]_0^{\pi}$$

$$= (0-0) - (0-0) = 0$$

$j = k$ のとき

$$S(k,k) = 2\int_0^{\pi}\frac{1-\cos 2kx}{2}\,dx$$

$$= \left[\ x - \frac{\sin 2kx}{2k}\ \right]_0^{\pi}$$

$$= \pi - 0 = \pi$$

（２） $T(k) = 2\int_0^{\pi} x\sin kx\,dx$

$$= 2\int_0^{\pi} x\left(-\frac{\cos kx}{k}\right)'dx$$

$$= 2\left[\ x\left(-\frac{\cos kx}{k}\right)\right]_0^{\pi}$$

$$-2\int_0^{\pi}(x)'\left(-\frac{\cos kx}{k}\right)dx$$

$$= 2\pi\left(-\frac{\cos k\pi}{k}\right) + 2\int_0^{\pi}\frac{\cos kx}{k}\,dx$$

$$= \frac{-2\pi\cos k\pi}{k} + \left[\ \frac{\sin kx}{k^2}\ \right]_0^{\pi}$$

$$= \frac{-2\pi\cos k\pi}{k}$$

ここで，$\cos k\pi = (-1)^k$ であるから

$$T(k) = \frac{-2\pi(-1)^k}{k} = \frac{2\pi(-1)^{k+1}}{k}$$

（３） $L = \int_{-\pi}^{\pi}(x - a\sin x)^2\,dx$

$$= \int_{-\pi}^{\pi}(x^2 - 2ax\sin x + a^2\sin^2 x)\,dx$$

$$= 2\int_0^{\pi} x^2\,dx - 2aT(1) + a^2S(1,1)$$

$$= 2\left[\ \frac{x^3}{3}\ \right]_0^{\pi} - 2a\cdot 2\pi + a^2\cdot\pi$$

$$= \pi a^2 - 4\pi a + \frac{2}{3}\pi^3$$

$$= \pi(a-2)^2 + \frac{2}{3}\pi^3 - 4\pi$$

よって L は $a = \boldsymbol{2}$ のとき最小で最小値は $\boldsymbol{\frac{2}{3}\pi^3 - 4\pi}$

（4） $\left(x-\sum_{k=1}^{n} a_k \sin kx\right)^2$

$$=x^2-2\sum_{k=1}^{n} a_k x\sin kx+\left(\sum_{k=1}^{n} a_k \sin kx\right)^2$$

$$=x^2-2\sum_{k=1}^{n} a_k x\sin kx+\left(\sum_{k=1}^{n} a_k{}^2 \sin^2 kx\right.$$

$$\left.+2\sum_{j<k} a_j a_k \sin jx \sin kx\right)$$

ただし $\sum_{j<k} a_j a_k \sin jx \sin kx$ は $1 \leqq j < k \leqq n$ であるすべての (j, k) に対する和を表す．ここで（1）より

$j \neq k$ のとき $S(j, k)=0$，$j=k$ のとき $S(k, k)=\pi$

だから

$$M=\int_{-\pi}^{\pi}\left(x-\sum_{k=1}^{n} a_k \sin kx\right)^2 dx$$

$$=\int_{-\pi}^{\pi}\left(x^2-2\sum_{k=1}^{n} a_k x\sin kx\right.$$

$$\left.+\sum_{k=1}^{n} a_k{}^2 \sin^2 kx\right)dx$$

$$=2\left[\frac{x^3}{3}\right]_0^{\pi}-2\sum_{k=1}^{n}\left(a_k\int_{-\pi}^{\pi} x\sin kx\,dx\right)$$

$$+\sum_{k=1}^{n}\left(a_k{}^2\int_{-\pi}^{\pi}\sin^2 kx\,dx\right)$$

$$=\frac{2}{3}\pi^3-2\sum_{k=1}^{n} a_k T(k)+\sum_{k=1}^{n} a_k{}^2 S(k, k)$$

$$=\frac{2}{3}\pi^3-2\sum_{k=1}^{n}\left\{a_k\cdot\frac{2\pi(-1)^{k+1}}{k}\right\}+\pi\sum_{k=1}^{n} a_k{}^2$$

$$=\sum_{k=1}^{n}\left(\pi a_k{}^2-\frac{4\pi(-1)^{k+1}}{k}a_k\right)+\frac{2}{3}\pi^3$$

$$=\sum_{k=1}^{n}\left\{\pi\left(a_k-\frac{2(-1)^{k+1}}{k}\right)^2-\frac{4\pi}{k^2}\right\}+\frac{2}{3}\pi^3$$

よって，M が最小となる a_k $(k=1, 2, \cdots, n)$ の値は

$$a_k=\boldsymbol{\frac{2(-1)^{k+1}}{k}}$$

《不等式で挟む（B30）》

649. 以下の問いに答えよ．

（1） 定積分 $\int_0^1 x^4(1-x)^4\,dx$ を求めよ．

（2） 定積分 $\int_0^1 \frac{x^4(1-x)^4}{1+x^2}\,dx$ を求めよ．

（3） 不等式 $\frac{1}{1260}<\frac{22}{7}-\pi<\frac{1}{630}$ を示せ．

（21 信州大・前期）

▶解答◀ （1） $f(x)=x^4(1-x)^4$ とおく．

$$f(x)=x^8-4x^7+6x^6-4x^5+x^4$$

$$\int_0^1 f(x)\,dx=\frac{1}{9}-\frac{4}{8}+\frac{6}{7}-\frac{4}{6}+\frac{1}{5}=\boldsymbol{\frac{1}{630}}$$

（2） $f(x)=(x^2+1)(x^6-4x^5+5x^4-4x^2+4)-4$

であるから

$$\int_0^1 \frac{f(x)}{1+x^2}\,dx$$

$$=\int_0^1\left(x^6-4x^5+5x^4-4x^2+4-\frac{4}{1+x^2}\right)dx$$

ここで $x=\tan\theta$ とおくと $dx=\frac{1}{\cos^2\theta}d\theta$

x	$0 \to 1$
θ	$0 \to \frac{\pi}{4}$

$$\int_0^1 \frac{1}{1+x^2}\,dx=\int_0^{\frac{\pi}{4}} \frac{1}{1+\tan^2\theta}\cdot\frac{1}{\cos^2\theta}\,d\theta$$

$$=\int_0^{\frac{\pi}{4}} 1\,d\theta=\frac{\pi}{4}$$

であるから

$$\int_0^1 \frac{f(x)}{1+x^2}\,dx=\frac{1}{7}-\frac{4}{6}+1-\frac{4}{3}+4-\pi$$

$$=\boldsymbol{\frac{22}{7}-\pi}$$

（3） $0 \leqq x \leqq 1$ において

$$1 \leqq 1+x^2 \leqq 2 \qquad \therefore\ \frac{1}{2} \leqq \frac{1}{1+x^2} \leqq 1$$

$$\frac{1}{2}f(x) \leqq \frac{f(x)}{1+x^2} \leqq f(x) \quad \cdots\cdots\cdots\textcircled{1}$$

であるから，① の各辺を 0 から 1 まで積分すると（1），（2）より

$$\frac{1}{1260}=\frac{1}{2}\cdot\frac{1}{630}<\frac{22}{7}-\pi<\frac{1}{630}$$

が成り立つ．

《定積分と数列の和（B20）》

650. 数列 $\{a_n\}$ を

$$a_n=\int_0^{\frac{\pi}{2}} \sin((2n+1)x)\sin^2 x\,dx$$

$(n=1, 2, 3, \cdots)$ で定義する．次の問いに答えよ．

（1） 数列 $\{a_n\}$ の一般項を求めよ．

（2） $\sum_{n=1}^{\infty} a_n$ の値を求めよ． （21 和歌山大・前期）

考え方 出てくるたびに注意しておく．

▶解答◀ （1） $\sin^2 x=\frac{1-\cos 2x}{2}$ より

$$\sin(2n+1)x\sin^2 x=\frac{1-\cos 2x}{2}\sin(2n+1)x$$

$$=\frac{1}{2}\{\sin(2n+1)x-\sin(2n+1)x\cos 2x\}$$

$\sin(2n+1)x\cos 2x$

$$=\frac{1}{2}\{\sin(2n+3)x+\sin(2n-1)x\}$$

式が横に長くなるから

$$s_1=\sin(2n-1)x,\ s_2=\sin(2n+1)x,$$

$$s_3=\sin(2n+3)x$$

とおく．

$$a_n=\int_0^{\frac{\pi}{2}}\left\{\frac{1}{2}s_2-\frac{1}{4}(s_3+s_1)\right\}dx$$

$$= \frac{1}{4}\left[-\frac{2\cos(2n+1)x}{2n+1} + \frac{\cos(2n+3)x}{2n+3} + \frac{\cos(2n-1)x}{2n-1}\right]_0^{\frac{\pi}{2}}$$

$$= \boldsymbol{\frac{1}{4}\left(\frac{2}{2n+1} - \frac{1}{2n+3} - \frac{1}{2n-1}\right)}$$

(2) $\frac{2}{2n+1} - \frac{1}{2n+3} - \frac{1}{2n-1}$

$$= \left(\frac{1}{2n+1} - \frac{1}{2n+3}\right) - \left(\frac{1}{2n-1} - \frac{1}{2n+1}\right)$$

であるから

$$\sum_{n=1}^{N} a_n = \frac{1}{4}\left\{\left(\frac{1}{3} - \frac{1}{2N+3}\right) - \left(\frac{1}{1} - \frac{1}{2N+1}\right)\right\}$$

$$\lim_{N\to\infty}\sum_{n=1}^{N} a_n = \frac{1}{4}\left(\frac{1}{3} - 1\right) = \boldsymbol{-\frac{1}{6}}$$

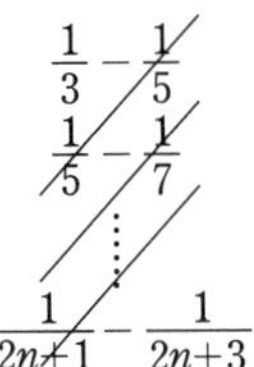

《級数への応用(C30)》

651. p は $0 < p \leqq 1$ を満たす実数とする．0 以上の整数 n に対して

$$J_n = \int_0^p \frac{1-(-1)^n x^{2n}}{1+x^2}\,dx$$

とする．以下の問いに答えよ．

(1) 正の実数 m に対して，定積分 $\int_0^p \frac{x^m}{1+x^2}\,dx$ と $\frac{1}{m+1}$ の大小関係を調べよ．

(2) 数列 $\{a_n\}$ を

$$a_n = (-1)^{n-1}\frac{p^{2n-1}}{2n-1}\ (n = 1, 2, 3, \cdots)$$

で定める．数列 $\{a_n\}$ の初項から第 n 項までの和

$$S_n = \sum_{k=1}^{n} a_k\ (n = 1, 2, 3, \cdots)$$

を J_n を用いて表せ．

(3) 無限級数 $\sum_{n=1}^{\infty}\frac{(-1)^{n-1}}{(2n-1)3^{n-1}}$ の和を求めよ．

(21 鳥取大・医)

▶解答◀ (1) $0 \leqq x \leqq p \leqq 1$ で $\frac{x^m}{1+x^2} \geqq 0$ より

$$\int_0^p \frac{x^m}{1+x^2}\,dx \leqq \int_0^1 \frac{x^m}{1+x^2}\,dx$$

また，$\frac{x^m}{1+x^2} \leqq x^m$（等号は $x=0$ のときのみ）であるから

$$\int_0^1 \frac{x^m}{1+x^2}\,dx < \int_0^1 x^m\,dx$$

$$= \left[\frac{1}{m+1}x^{m+1}\right]_0^1 = \frac{1}{m+1}$$

よって $\boldsymbol{\int_0^p \frac{x^m}{1+x^2}\,dx < \frac{1}{m+1}}$

(2) $a_n = (-1)^{n-1}\frac{p^{2n-1}}{2n-1} = \left[(-1)^{n-1}\frac{x^{2n-1}}{2n-1}\right]_0^p$

$$= \int_0^p (-1)^{n-1}x^{2n-2}\,dx = \int_0^p (-x^2)^{n-1}\,dx$$

$\sum_{k=1}^{n}(-x^2)^{k-1} = \frac{1-(-x^2)^n}{1-(-x^2)} = \frac{1-(-1)^n x^{2n}}{1+x^2}$ より

$$S_n = \sum_{k=1}^{n} a_k = \sum_{k=1}^{n}\int_0^p (-x^2)^{k-1}\,dx$$

$$= \int_0^p \sum_{k=1}^{n}(-x^2)^{k-1}\,dx$$

$$= \int_0^p \frac{1-(-1)^n x^{2n}}{1+x^2}\,dx = \boldsymbol{J_n}$$

(3) (2) で $p = \frac{1}{\sqrt{3}}$ とすると

$$S_n = \sum_{k=1}^{n}(-1)^{k-1}\frac{1}{2k-1}\left(\frac{1}{\sqrt{3}}\right)^{2k-1}$$

$$= \frac{1}{\sqrt{3}}\sum_{k=1}^{n}(-1)^{k-1}\frac{1}{2k-1}\left(\frac{1}{\sqrt{3}}\right)^{2k-2}$$

$$= \frac{1}{\sqrt{3}}\sum_{k=1}^{n}\frac{(-1)^{k-1}}{(2k-1)3^{k-1}}$$

より，求めるものは $\lim_{n\to\infty}\sqrt{3}S_n$ である．また，(2) より $S_n = J_n$ であるから

$$J_n = \int_0^{\frac{1}{\sqrt{3}}} \frac{1-(-1)^n x^{2n}}{1+x^2}\,dx$$

$$= \int_0^{\frac{1}{\sqrt{3}}} \frac{1}{1+x^2}\,dx - \int_0^{\frac{1}{\sqrt{3}}} \frac{(-1)^n x^{2n}}{1+x^2}\,dx$$

$\int_0^{\frac{1}{\sqrt{3}}} \frac{1}{1+x^2}\,dx$ について $x = \tan\theta$ とおくと

$$dx = \frac{1}{\cos^2\theta}\,d\theta$$

x	$0 \to \frac{1}{\sqrt{3}}$
θ	$0 \to \frac{\pi}{6}$

$$\int_0^{\frac{1}{\sqrt{3}}} \frac{1}{1+x^2}\,dx = \int_0^{\frac{\pi}{6}} \frac{1}{1+\tan^2\theta}\cdot\frac{1}{\cos^2\theta}\,d\theta$$

$$= \int_0^{\frac{\pi}{6}} \cos^2\theta\cdot\frac{1}{\cos^2\theta}\,d\theta = \int_0^{\frac{\pi}{6}} d\theta = \frac{\pi}{6}$$

$\int_0^{\frac{1}{\sqrt{3}}} \frac{(-1)^n x^{2n}}{1+x^2}\,dx$ について (1) より

$\int_0^{\frac{1}{\sqrt{3}}} \frac{x^{2n}}{1+x^2}\,dx < \frac{1}{2n+1}$ であるから

$$-\frac{1}{2n+1} < \int_0^{\frac{1}{\sqrt{3}}} \frac{(-1)^n x^{2n}}{1+x^2}\,dx < \frac{1}{2n+1}$$

よって $\frac{\pi}{6} - \frac{1}{2n+1} < J_n < \frac{\pi}{6} + \frac{1}{2n+1}$

$\lim_{n\to\infty}\frac{1}{2n+1} = 0$ よりハサミウチの原理から

$$\lim_{n\to\infty} J_n = \frac{\pi}{6}$$

したがって（与式）$=\lim_{n\to\infty}\sqrt{3}J_n=\dfrac{\sqrt{3}}{6}\pi$.

《周期性の利用》

652. 次の問いに答えよ.

（1） n を正の整数とするとき，定積分

$\int_0^{2\pi}|\sin nx-\sin 2nx|\,dx$ を求めよ.

（2） c を正の数とするとき，

$\lim_{n\to\infty}\int_0^{c}|\sin nx-\sin 2nx|\,dx$ を求めよ.

（21　熊本大・前期）

▶解答◀ （1）

$$I_n=\int_0^{2\pi}|\sin nx-\sin 2nx|\,dx$$

とする．$nx=t$ とおくと

$$I_n=\frac{1}{n}\int_0^{2n\pi}|\sin t-\sin 2t|\,dt$$

$\sin t$, $\sin 2t$ はそれぞれ周期が 2π, π の関数であるから，$|\sin t-\sin 2t|$ は幅 2π で同じ形が繰り返し現れる.

よって

$$\int_0^{2n\pi}|\sin t-\sin 2t|\,dt$$

$$=n\int_0^{2\pi}|\sin t-\sin 2t|\,dt$$

$$I_n=\int_0^{2\pi}|\sin t-\sin 2t|\,dt$$

$$=\int_0^{2\pi}|\sin t(1-2\cos t)|\,dt$$

$$=\int_0^{\pi}|\sin t(1-2\cos t)|\,dt$$

$$+\int_\pi^{2\pi}|\sin t(1-2\cos t)|\,dt$$

$$=\int_0^{\pi}\sin t|1-2\cos t|\,dt$$

$$-\int_\pi^{2\pi}\sin t|1-2\cos t|\,dt$$

$\cos t=u$ とおくと，$-\sin t\,dt=du$ であるから

$$I_n=-\int_1^{-1}|1-2u|\,du+\int_{-1}^{1}|1-2u|\,du$$

$$=2\int_{-1}^{1}|1-2u|\,du$$

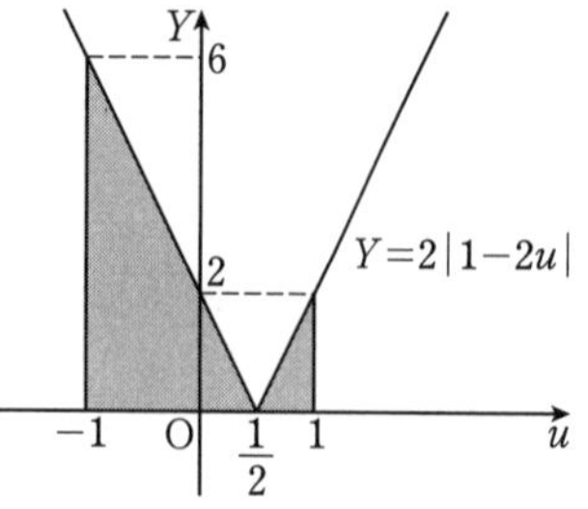

$$I_n=\frac{1}{2}\cdot\frac{3}{2}\cdot 6+\frac{1}{2}\cdot\frac{1}{2}\cdot 2=\mathbf{5}$$

（2） $J_n=\int_0^{c}|\sin nx-\sin 2nx|\,dx$ とする．$nx=t$ とおくと

$$J_n=\frac{1}{n}\int_0^{nc}|\sin t-\sin 2t|\,dt$$

ここで，次の ① を満たす正の整数 k がとれる.

$$2(k-1)\pi\leqq nc<2k\pi \quad\cdots\cdots①$$

このとき，次の不等式が成り立つ.

$$\int_0^{2(k-1)\pi}|\sin t-\sin 2t|\,dt$$

$$\leqq\int_0^{nc}|\sin t-\sin 2t|\,dt$$

$$<\int_0^{2k\pi}|\sin t-\sin 2t|\,dt$$

（1）と同様に周期性を考え,

$$(k-1)\int_0^{2\pi}|\sin t-\sin 2t|\,dt\leqq nJ_n$$

$$<k\int_0^{2\pi}|\sin t-\sin 2t|\,dt$$

$$\frac{5(k-1)}{n}=\frac{5k}{n}-\frac{5}{n}\leqq J_n<\frac{5k}{n}\quad\cdots\cdots②$$

① より，$\dfrac{c}{2\pi}<\dfrac{k}{n}\leqq\dfrac{c}{2\pi}+\dfrac{1}{n}$ が成り立ち,

$$\lim_{n\to\infty}\left(\frac{c}{2\pi}+\frac{1}{n}\right)=\frac{c}{2\pi}$$

ハサミウチの原理より，$\lim_{n\to\infty}\dfrac{k}{n}=\dfrac{c}{2\pi}$

よって，② について

$$\lim_{n\to\infty}\left(\frac{5k}{n}-\frac{5}{n}\right)=\frac{5c}{2\pi},\ \lim_{n\to\infty}\frac{5k}{n}=\frac{5c}{2\pi}$$

が成り立つから，$\lim_{n\to\infty}J_n=\boldsymbol{\dfrac{5c}{2\pi}}$

【微積分の融合】

《積分の前に微分する (B20) ☆》

653. $-\dfrac{\pi}{2}<x<\dfrac{\pi}{2}$ のとき，

$\displaystyle\int_{\frac{\pi}{3}}^{x} 2\sin t\,dt \leqq \int_{\frac{\pi}{3}}^{x} \tan t\,dt$ を示せ．

(21　愛媛大・後期)

考え方 $\displaystyle\frac{d}{dx}\int_a^x f(t)\,dt=f(x)$ を用いる．

▶解答◀ $\displaystyle f(x)=\int_{\frac{\pi}{3}}^{x}\tan t\ dt-\int_{\frac{\pi}{3}}^{x} 2\sin t\ dt$ とおく．

$$f'(x)=\tan x-2\sin x=\tan x(1-2\cos x)$$

$f'(x)=0$, $-\dfrac{\pi}{2}<x<\dfrac{\pi}{2}$ を解くと，$x=0, \pm\dfrac{\pi}{3}$ である．

$f(x)$ は下の表のように増減する．

x	$-\frac{\pi}{2}$	$\cdots$	$-\frac{\pi}{3}$	$\cdots$	0	$\cdots$	$\frac{\pi}{3}$	$\cdots$	$\frac{\pi}{2}$
$f'(x)$		$-$	0	$+$	0	$-$	0	$+$	
$f(x)$		↘		↗		↘		↗	

$f\left(\dfrac{\pi}{3}\right)=0$ であり，$\tan t$, $2\sin t$ は奇関数であるから

$$\int_{\frac{\pi}{3}}^{-\frac{\pi}{3}}\tan t\,dt=\int_{\frac{\pi}{3}}^{-\frac{\pi}{3}}2\sin t\,dt=0$$

よって，$f\left(-\dfrac{\pi}{3}\right)=0$ である．したがって，$f(x)\geqq 0$ であるから示された．

《積分の前に微分する (B20) ☆》

654. 関数

$$f(x)=\int_{-1}^{x}\frac{dt}{t^2-t+1}+\int_{x}^{1}\frac{dt}{t^2+t+1}$$

の最小値を求めよ．　(21　神戸大・後期)

▶解答◀

$$f'(x)=\frac{1}{x^2-x+1}-\frac{1}{x^2+x+1}$$
$$=\frac{2x}{(x^2-x+1)(x^2+x+1)}$$

すべての x について

$$x^2-x+1=\left(x-\frac{1}{2}\right)^2+\frac{3}{4}>0$$
$$x^2+x+1=\left(x+\frac{1}{2}\right)^2+\frac{3}{4}>0$$

であるから，

$x\geqq 0$ のとき $f'(x)\geqq 0$

$x\leqq 0$ のとき $f'(x)\leqq 0$

となり，$x=0$ で最小値 $f(0)$ をとる．

$$f(0)=\int_{-1}^{0}\frac{dt}{t^2-t+1}+\int_{0}^{1}\frac{dt}{t^2+t+1}$$

第1項において $u=-t$ とおくと $du=-dt$ である．

t	$-1\to 0$
u	$1\to 0$

$$f(0)=\int_{1}^{0}\frac{-du}{u^2+u+1}+\int_{0}^{1}\frac{dt}{t^2+t+1}$$
$$=2\int_0^1\frac{dt}{t^2+t+1}=2\int_0^1\frac{dt}{\left(t+\frac{1}{2}\right)^2+\frac{3}{4}}$$

$t+\dfrac{1}{2}=\dfrac{\sqrt{3}}{2}\tan\theta$ とおくと，$dt=\dfrac{\sqrt{3}}{2\cos^2\theta}\,d\theta$ である．

t	$0\to 1$
θ	$\frac{\pi}{6}\to\frac{\pi}{3}$

$$f(0)=2\int_{\frac{\pi}{6}}^{\frac{\pi}{3}}\frac{1}{\frac{3}{4}(\tan^2\theta+1)}\cdot\frac{\sqrt{3}}{2\cos^2\theta}\,d\theta$$
$$=\frac{4}{\sqrt{3}}\int_{\frac{\pi}{6}}^{\frac{\pi}{3}}d\theta=\frac{4}{\sqrt{3}}\Big[\,\theta\,\Big]_{\frac{\pi}{6}}^{\frac{\pi}{3}}=\boldsymbol{\frac{2\sqrt{3}}{9}\pi}$$

《積分と極限 (A10) ☆》

655. $k>0$ として，次の定積分を考える．

$$F(k)=\int_0^1\frac{e^{kx}-1}{e^{kx}+1}\,dx$$

このとき，$F(2)=\log\left(\boxed{}\right)$ となる．また，$\displaystyle\lim_{k\to\infty}F(k)=\boxed{}$ である．　(21　明治大・数III)

▶解答◀ $\displaystyle F(k)=\int_0^1\left(1-\frac{2}{e^{kx}+1}\right)dx$

$$=\int_0^1\left(1-\frac{2e^{-kx}}{1+e^{-kx}}\right)dx$$
$$=\int_0^1\left(1+\frac{2}{k}\cdot\frac{(1+e^{-kx})'}{1+e^{-kx}}\right)dx$$
$$=\left[\,x+\frac{2}{k}\log\left(1+e^{-kx}\right)\right]_0^1$$
$$=1+\frac{2}{k}\log\left(1+e^{-k}\right)-\frac{2}{k}\log 2$$
$$=1+\frac{2}{k}\log\frac{1+e^{-k}}{2}\ \cdots\cdots\text{①}$$

であるから

$$F(2)=1+\log\frac{1+e^{-2}}{2}=\boldsymbol{\log\frac{e^2+1}{2e}}$$
$$\lim_{k\to\infty}F(k)=1+0\cdot\log\frac{1}{2}=\boldsymbol{1}$$

注意 1° 【積分と極限の順序の交換について】

$$\lim_{k\to\infty}F(k)=\lim_{k\to\infty}\left(\int_0^1\frac{1-e^{-kx}}{1+e^{-kx}}\,dx\right)$$
$$=\int_0^1\left(\lim_{k\to\infty}\frac{1-e^{-kx}}{1+e^{-kx}}\right)dx$$
$$=\int_0^1\frac{1-0}{1+0}\,dx=\int_0^1 1\,dx=1$$

とするのは，間違いである．「常に積分と極限の順序を交換してよい」というのは成立しないからである．

大学ではそれに関する概念を習うが，大学入試の論述レベルで役立つことはない．しかし，よほど意図的に仕組まない限り，交換可能であるから，空欄補充では役に立つかもしれない．「論述で使うと0点だが，空欄補充問題なら使える」ということを覚えたい人は，それはそれで自由である．

【交換不可能な例】

$0 \leqq x \leqq 1$ で関数 $f_n(x) = 2nx(1-x^2)^n$ を定義する．このとき

$$\lim_{n\to\infty}\left\{\int_0^1 f_n(x)\,dx\right\} \neq \int_0^1 \left\{\lim_{n\to\infty} f_n(x)\right\} dx$$

であることを示せ．ただし，r が $0<r<1$ を満たす n に無関係な実数のとき $\lim\limits_{n\to\infty} nr^n = 0$ であることを既知とせよ．

▶解答◀ $f_n(0)=0$, $f_n(1)=0$ である．$0<x<1$ のときには $0<1-x^2<1$ であるから $\lim\limits_{n\to\infty} f_n(x) = 0$ である．

$$\int_0^1 \left\{\lim_{n\to\infty} f_n(x)\,dx\right\} = \int_0^1 0\,dx = 0$$

である．一方 $f_n(x) = -n(1-x^2)'(1-x^2)^n$ であるから

$$\int_0^1 f_n(x)\,dx = \left[-\frac{n}{n+1}(1-x^2)^{n+1}\right]_0^1 = \frac{n}{n+1}$$

$$\lim_{n\to\infty}\left\{\int_0^1 f_n(x)\,dx\right\} = 1$$

である．よって証明された．

順序の交換をすると結果が異なる例は，大学入試で出題されたのは2009年の奈良県立医大だけである．

2°【ロピタルの定理】

$\lim\limits_{x\to\infty}\dfrac{f(x)}{g(x)}$ が $\dfrac{\infty}{\infty}$ の形になり，$\lim\limits_{x\to\infty}\dfrac{f'(x)}{g'(x)}$ が収束するならば $\lim\limits_{x\to\infty}\dfrac{f(x)}{g(x)} = \lim\limits_{x\to\infty}\dfrac{f'(x)}{g'(x)}$ である．これを用いて

$$\lim_{k\to\infty}\frac{\log(e^k+1)}{k} = \lim_{k\to\infty}\frac{\frac{e^k}{e^k+1}}{1} = 1$$

過去の例では，適切な変形ができない生徒は多い．手を止めるな，ロピタルで進め．

《不等式の証明 (A10)》

656． $a>0$ を定数とし，$I = \displaystyle\int_0^a e^{-x}\sqrt{a-x}\,dx$ とおく．

（1） $0 \leqq x \leqq a$ において，

$\dfrac{a-x}{\sqrt{a}} \leqq \sqrt{a-x} \leqq \sqrt{a}$ を示せ．

（2） $\sqrt{a} - \dfrac{1-e^{-a}}{\sqrt{a}} \leqq I \leqq \sqrt{a} - \sqrt{a}e^{-a}$ を示せ．

（21 大阪医薬大）

▶解答◀ （1） $0 \leqq x \leqq a$ のとき，

$0 \leqq a-x \leqq a$ だから $\sqrt{a-x} \leqq \sqrt{a}$ は成り立つ．

$x=a$ のとき $\dfrac{a-x}{\sqrt{a}} \leqq \sqrt{a-x}$ の各辺は0で成り立つ．

$0 \leqq x < a$ のときは各辺を $\sqrt{a-x}$ で割ると

$\dfrac{\sqrt{a-x}}{\sqrt{a}} \leqq 1$ となり，分母をはらうと $\sqrt{a-x} \leqq \sqrt{a}$ となるから成り立つ．

（2） （1）の式に e^{-x} を掛けて

$$\frac{a-x}{\sqrt{a}}e^{-x} \leqq e^{-x}\sqrt{a-x} \leqq \sqrt{a}e^{-x}$$

各辺を積分し

$$\frac{1}{\sqrt{a}}\int_0^a (a-x)e^{-x}\,dx \leqq I \leqq \sqrt{a}\int_0^a e^{-x}\,dx$$

ここで

$$\int_0^a (a-x)e^{-x}\,dx = \int_0^a (a-x)(-e^{-x})'\,dx$$

$$= \Big[(a-x)(-e^{-x})\Big]_0^a - \int_0^a (a-x)'(-e^{-x})\,dx$$

$$= a - \int_0^a e^{-x}\,dx = a + \Big[e^{-x}\Big]_0^a = a + e^{-a} - 1$$

$$\int_0^a e^{-x}\,dx = \Big[-e^{-x}\Big]_0^a = 1 - e^{-a}$$

となるから

$$\frac{a+e^{-a}-1}{\sqrt{a}} \leqq I \leqq \sqrt{a}\,(1-e^{-a})$$

$$\sqrt{a} - \frac{1-e^{-a}}{\sqrt{a}} \leqq I \leqq \sqrt{a} - \sqrt{a}\,e^{-a}$$

《不等式の証明 (B10)》

657． 次の問いに答えよ．

（1） $0 \leqq x \leqq 1$ のとき，不等式

$$1 - x \leqq e^{-x} \leqq \frac{1}{1+x}$$

が成り立つことを示せ．

（2） 不等式

$$\pi - 2 \leqq \int_{-\frac{\pi}{4}}^{\frac{\pi}{4}} e^{-\tan^2 x}\,dx \leqq \frac{\pi}{4} + \frac{1}{2}$$

が成り立つことを示せ．（21 静岡大・後期）

▶解答◀ （1） この問題では2辺の差の符号を調べるよりも，分母を払うのがよい．

$f(x) = (1-x)e^x\ (0 \leqq x \leqq 1)$ とおく．

$$f'(x) = -e^x + (1-x)e^x = -xe^x \leqq 0$$

であるから $f(x)$ は減少関数である．$f(0)=1$ であるから $f(x) \leqq 1$ である．

$$(1-x)e^x \leqq 1 \qquad \therefore\ 1 - x \leqq e^{-x}$$

$g(x)=(1+x)e^{-x}\ (0\leqq x\leqq 1)$ とおく.

$$g'(x)=e^{-x}-(1+x)e^{-x}=-xe^{-x}\leqq 0$$

であるから，$g(x)$ は減少関数である．$g(0)=1$ であるから $g(x)\leqq 1$ である.

$$(1+x)e^{-x}\leqq 1 \qquad \therefore\quad e^{-x}\leqq\frac{1}{1+x}$$

よって，$1-x\leqq e^{-x}\leqq\dfrac{1}{1+x}$ が成り立つ.

（２） $-\dfrac{\pi}{4}\leqq x\leqq\dfrac{\pi}{4}$ のとき，$0\leqq\tan^2 x\leqq 1$ であるから，（１）の不等式において x を $\tan^2 x$ に取り替えて，

$$1-\tan^2 x\leqq e^{-\tan^2 x}\leqq\frac{1}{1+\tan^2 x}$$

が成り立つ．各辺を $-\dfrac{\pi}{4}$ から $\dfrac{\pi}{4}$ まで積分すると

$$\int_{-\frac{\pi}{4}}^{\frac{\pi}{4}}(1-\tan^2 x)\,dx\leqq\int_{-\frac{\pi}{4}}^{\frac{\pi}{4}}e^{-\tan^2 x}\,dx$$

$$\leqq\int_{-\frac{\pi}{4}}^{\frac{\pi}{4}}\frac{1}{1+\tan^2 x}\,dx$$

$$\int_{-\frac{\pi}{4}}^{\frac{\pi}{4}}(1-\tan^2 x)\,dx$$

$$=2\int_0^{\frac{\pi}{4}}\left(1-\frac{1-\cos^2 x}{\cos^2 x}\right)dx$$

$$=2\int_0^{\frac{\pi}{4}}\left(2-\frac{1}{\cos^2 x}\right)dx=2\Big[\,2x-\tan x\,\Big]_0^{\frac{\pi}{4}}$$

$$=2\left(\frac{\pi}{2}-1\right)=\pi-2$$

$$\int_{-\frac{\pi}{4}}^{\frac{\pi}{4}}\frac{1}{1+\tan^2 x}\,dx=2\int_0^{\frac{\pi}{4}}\cos^2 x\,dx$$

$$=\int_0^{\frac{\pi}{4}}(1+\cos 2x)\,dx=\Big[\,x+\frac{1}{2}\sin 2x\,\Big]_0^{\frac{\pi}{4}}$$

$$=\frac{\pi}{4}+\frac{1}{2}$$

以上で不等式は証明された.

《積分して微分する (B20)》

658. 関数 $f(x)=2-\dfrac{2x-3}{x^2-3x+3}$ について，次の問いに答えよ.

（１） すべての実数 x に対して，$f(x)>0$ であることを示せ.

（２） xy 平面において，曲線 $y=f(x)$ と x 軸および 2 直線 $x=k,\ x=k+1$ とで囲まれた部分の面積を $S(k)$ とする．ただし，k は実数である．このとき，$S(k)$ を k を用いて表せ.

（３） k が実数全体を動くとき，（２）で定めた $S(k)$ の最大値を求めよ． （21 山梨大・工）

▶解答◀ （１） $f(x)=2-\dfrac{2x-3}{x^2-3x+3}$

$$=\frac{2(x^2-3x+3)-(2x-3)}{x^2-3x+3}=\frac{2x^2-8x+9}{x^2-3x+3}$$

ここで

$$x^2-3x+3=\left(x-\frac{3}{2}\right)^2+\frac{3}{4}>0$$

$$2x^2-8x+9=2(x-2)^2+1>0$$

よって，すべての実数 x に対して $f(x)>0$ である.

（２） （１）より

$$S(k)=\int_k^{k+1}f(x)\,dx$$

$$=\Big[\,2x-\log(x^2-3x+3)\,\Big]_k^{k+1}$$

$$=2(k+1)-\log\{(k+1)^2-3(k+1)+3\}$$

$$-\{2k-\log(k^2-3k+3)\}$$

$$=\mathbf{2+\log(k^2-3k+3)-\log(k^2-k+1)}$$

（３） $S'(k)=\dfrac{2k-3}{k^2-3k+3}-\dfrac{2k-1}{k^2-k+1}$

$$=\frac{(2k-3)(k^2-k+1)-(2k-1)(k^2-3k+3)}{(k^2-3k+3)(k^2-k+1)}$$

$$=\frac{2k(k-2)}{(k^2-3k+3)(k^2-k+1)}$$

$S(k)$ の増減は次の通りである.

k	$\cdots$	0	$\cdots$	2	$\cdots$
$S'(k)$	$+$	0	$-$	0	$+$
$S(k)$	↗		↘		↗

$$S(0)=2+\log 3$$

$S(k)=2+\log\dfrac{k^2-3k+3}{k^2-k+1}$ より

$$\lim_{k\to\pm\infty}S(k)=2$$

よって，$S(k)$ は $k=0$ のとき最大値 $\mathbf{2+\log 3}$ をとる.

《積分して微分する (B20) ☆》

659. $x>0$ とするとき，関数

$$f(x)=\int_0^1|x-t|e^t\,dt$$

の値を最小にする x の値を求めよ．ただし，e は自然対数の底とする． （21 弘前大・医，理工，教）

▶解答◀ $x\geqq 1$ のとき

$$f(x)=\int_0^1(x-t)e^t\,dt$$

$$=\int_0^1(x-t)(e^t)'\,dt$$

$$=\Big[\,(x-t)e^t\,\Big]_0^1-\int_0^1(x-t)'e^t\,dt$$

$$=\Big[\,(x-t)e^t\,\Big]_0^1+\int_0^1 e^t\,dt$$

$$=\Big[\,(x-t+1)e^t\,\Big]_0^1$$

$$=ex-(x+1)=(e-1)x-1$$

$0<x\leqq 1$ のとき

$$f(x)=\int_0^x (x-t)e^t\,dt-\int_x^1 (x-t)e^t\,dt$$

$$=\Big[\,(x-t+1)e^t\,\Big]_0^x-\Big[\,(x-t+1)e^t\,\Big]_x^1$$

$$=2e^x-(x+1)-ex=2e^x-(e+1)x-1$$

よって，$x>1$ のとき

$$f'(x)=e-1>0$$

$0<x<1$ のとき

$$f'(x)=2e^x-(e+1)$$

$f'(x)=0$ とおくと，$x=\log\dfrac{e+1}{2}$ となる．この値を k とおくと，$1<\dfrac{e+1}{2}<e$ より，$0<k<1$ であるから $f(x)$ の増減は次のようになる．

x	0	$\cdots$	k	$\cdots$	1	$\cdots$
$f'(x)$		$-$	0	$+$		$+$
$f(x)$		↘		↗		↗

よって，$f(x)$ は $x=k=\mathbf{\log\dfrac{e+1}{2}}$ で最小値をとる．

《積分して微分する (B20) ☆》

660. t を $0<t<\dfrac{\pi}{2}$ をみたす実数とする．座標平面において，曲線 C と直線 l を

$C:y=x\sin x\ (0\leqq x\leqq \pi)$

$l:y=(\sin t)x$

で定める．以下の問いに答えなさい．

（１） $0\leqq x\leqq \pi$ および $x\sin x\geqq(\sin t)x$ をみたす x の範囲を t を用いて表しなさい．

（２） 曲線 C と直線 l で囲まれた部分の面積を S とする．S を t を用いて表しなさい．

（３） t が $0<t<\dfrac{\pi}{2}$ の範囲を動くとき，（２）の面積 S の値が最小となる t を求めなさい．

（21　都立大・後期）

▶解答◀ （１） $0\leqq x\leqq\pi$ であるから，

$x\sin x\geqq(\sin t)x$ より $x=0$ または $\sin x\geqq\sin t$

$0<t<\dfrac{\pi}{2}$ であるから，$\boldsymbol{x=0}$ **または** $\boldsymbol{t\leqq x\leqq \pi-t}$

（２） $S=\displaystyle\int_0^t\{(\sin t)x-x\sin x\}\,dx$

$$+\int_t^{\pi-t}\{x\sin x-(\sin t)x\}\,dx$$

$$\int x\sin x\,dx=\int x(-\cos x)'\,dx$$

$$=x(-\cos x)-\int(x)'(-\cos x)\,dx$$

$$=-x\cos x+\sin x$$

積分定数を省略した．

$$S=\Big[\,\frac{\sin t}{2}x^2+x\cos x-\sin x\,\Big]_0^t$$

$$-\Big[\,\frac{\sin t}{2}x^2+x\cos x-\sin x\,\Big]_t^{\pi-t}$$

$$=2\Big(\frac{\sin t}{2}t^2+t\cos t-\sin t\Big)-\frac{\sin t}{2}(\pi-t)^2$$

$$-(\pi-t)\cos(\pi-t)+\sin(\pi-t)$$

$$=t^2\sin t+2t\cos t-2\sin t$$

$$-\frac{\sin t}{2}(\pi^2-2\pi t+t^2)+(\pi-t)\cos t+\sin t$$

$$=\boldsymbol{\left(\frac{t^2}{2}+\pi t-\frac{\pi^2}{2}-1\right)\sin t+(\pi+t)\cos t}$$

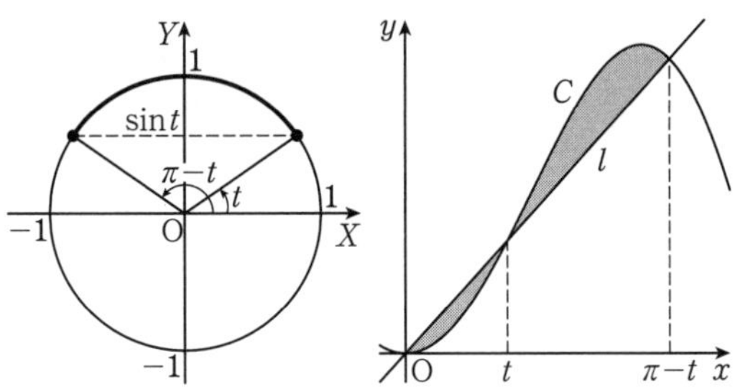

（３） $\dfrac{dS}{dt}=(t+\pi)\sin t+\left(\dfrac{t^2}{2}+\pi t-\dfrac{\pi^2}{2}-1\right)\cos t$

$$+1\cdot\cos t-(\pi+t)\sin t$$

$$=\frac{t^2+2\pi t-\pi^2}{2}\cos t$$

$\dfrac{dS}{dt}=0$ のとき $t=-(1\pm\sqrt{2})\pi$

t	0	$\cdots$	$(\sqrt{2}-1)\pi$	$\cdots$	$\dfrac{\pi}{2}$
$\dfrac{dS}{dt}$		$-$	0	$+$	
S		↘		↗	

S は $t=\boldsymbol{(\sqrt{2}-1)\pi}$ で最小となる．

《絶対値で積分して微分する (B10) ☆》

661. e を自然対数の底とする．a を $1<a<e$ をみたす実数とし，

$$F(a)=\int_0^1|e^x-a|\,dx$$

とおく．以下の問いに答えよ．

（１） $F(a)$ を a を用いて表せ．

（２） $F(a)$ が最小となる a の値を求めよ．

（21　奈良女子大）

▶解答◀ （１） $F(a)=\displaystyle\int_0^1|e^x-a|\,dx$

$1<a<e$ より $0<\log a<1$ である．$\log a=\alpha$ とおくと $e^\alpha=a$ であり，

$$F(a)=-\int_0^\alpha(e^x-a)\,dx+\int_\alpha^1(e^x-a)\,dx$$

$$= -\Big[e^x - ax\Big]_0^{\alpha} + \Big[e^x - ax\Big]_{\alpha}^1$$

$$= -(e^{\alpha} - a\alpha) + 1 + (e - a) - (e^{\alpha} - a\alpha)$$

$$= -2a + 2a\log a + e - a + 1$$

$$= \boldsymbol{2a\log a - 3a + e + 1}$$

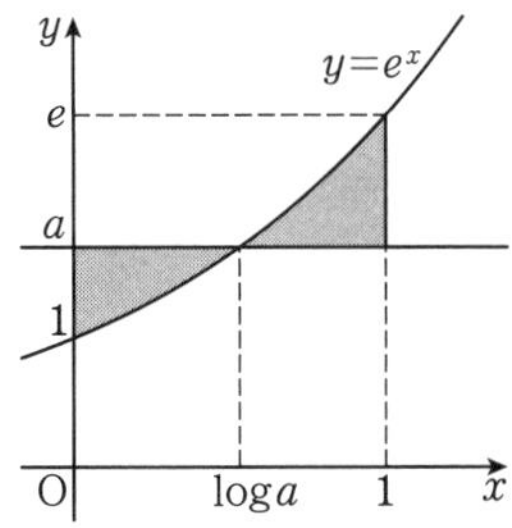

（２） $F'(a) = 2\left(\log a + a\cdot\dfrac{1}{a}\right) - 3$

$$= 2\log a - 1$$

$F'(a) = 0$ のとき $\log a = \dfrac{1}{2}$ より $a = \sqrt{e}$

a	1	$\cdots$	$\sqrt{e}$	$\cdots$	e
$F'(a)$		$-$	0	$+$	
$F(a)$		↘		↗	

増減表より $a = \boldsymbol{\sqrt{e}}$ のとき $F(a)$ は最小となる．

《領域と面積 (B20)》

662．関数 $f(x) = x\sin x$ $(0 \leqq x \leqq \pi)$ について，次の問いに答えよ．

（１） $0 \leqq x \leqq \pi$ の範囲で関数 $f(x)$ は極大値をただ一つ持つことを示せ．

（２）（１）で示されたただ一つの極大値を与える x の値を c とする．t を $0 < t < c$ である数として，不等式

$$(y - f(x))(y - f(t)) \leqq 0 \ (0 \leqq x \leqq c)$$

の表す第一象限内の領域の面積を $S(t)$ とする．このとき，$S(t)$ の最小値を与える t の値を c で表せ．

（21　愛知医大・医）

▶解答◀ （１） $f(x) = x\sin x$

$$f'(x) = \sin x + x\cos x$$

$$f''(x) = 2\cos x - x\sin x$$

$0 \leqq x \leqq \dfrac{\pi}{2}$ のとき $f'(x) \geqq 0$ である．

$\dfrac{\pi}{2} \leqq x \leqq \pi$ のとき $\cos x \leqq 0$, $x\sin x \geqq 0$ であるから，$f''(x) \leqq 0$ となり，$f'(x)$ は減少関数である．

$$f'\left(\frac{\pi}{2}\right) = 1,\ f'(\pi) = -\pi$$

であるから，$f'(x) = 0$ は $\dfrac{\pi}{2} < x < \pi$ で $f'(c) = 0$ となる c がただ１つ存在する．

したがって，$f(x)$ の増減表は次のようになる．

x	0	$\cdots$	c	$\cdots$	π
$f'(x)$		$+$	0	$-$	
$f(x)$		↗		↘	

$f(x)$ は $0 \leqq x \leqq \pi$ に極大値をただ１つもつ．

（２） $y = f(x)$ のグラフの概形は図のようになる．

$y = f(t)$ のグラフと合わせて，$0 \leqq x \leqq c$ において４つの領域に分割される．

$$(y - f(x))(y - f(t)) \leqq 0 \ \cdots\cdots\cdots ①$$

とする．① の左辺に $x = t, y = 0$ を代入すると $\{f(t)\}^2 \leqq 0$ となるから，$(t, 0)$ は ① を満たさない．

境界を越えるごとに適，不適をくり返すから ① が表す領域は境界を含む図の網目部分である．

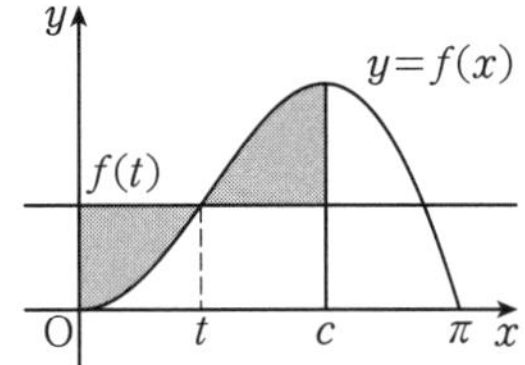

$$S(t) = \int_0^t \{f(t) - f(x)\}\,dx + \int_t^c \{f(x) - f(t)\}\,dx$$

$$= (2t - c)f(t) - \int_0^t f(x)\,dx + \int_t^c f(x)\,dx$$

$$S'(t) = 2f(t) + (2t - c)f'(t) - 2f(t)$$

$$= (2t - c)f'(t)$$

$0 < t < c$ で $f'(t) > 0$ であるから，$S(t)$ の増減表は次のようになる．

t	0	$\cdots$	$\dfrac{c}{2}$	$\cdots$	c
$S'(t)$		$-$	0	$+$	
$S(t)$		↘		↗	

$S(t)$ が最小になるのは $t = \boldsymbol{\dfrac{c}{2}}$ のときである．

注意【微積分の基本定理の拡張公式】

【公式】u, v は x の関数とする．

$$\frac{d}{dx}\int_u^v f(t)\,dt = v'f(v) - u'f(u)$$

【証明】$F'(t) = f(t)$ とする．

$$\frac{d}{dx}\int_u^v f(t)\,dt = \frac{d}{dx}\Big[F(t)\Big]_u^v$$

$$= \frac{d}{dx}\{F(v) - F(u)\} = v'F'(v) - u'F'(u)$$

$$= v'f(v) - u'f(u)$$

《減衰振動の増減 (B20)》

663．次の問に答えよ．

（１） 不定積分 $\displaystyle\int e^{-x}\cos x\,dx$ を求めよ．

（２） 関数 $G(x)=\int_0^x e^{-t}\cos t\,dt\ (0 \leqq x \leqq 2\pi)$ の最大値と最小値を求めよ．また，そのときの x の値を求めよ． （21 山形大・医）

▶解答◀ （１）

$$(e^{-x}\sin x)' = -e^{-x}\sin x + e^{-x}\cos x \quad \cdots\cdots\cdots ①$$

$$(e^{-x}\cos x)' = -e^{-x}\cos x - e^{-x}\sin x \quad \cdots\cdots\cdots ②$$

① − ② より $\{e^{-x}(\sin x-\cos x)\}' = 2e^{-x}\cos x$

$$\int e^{-x}\cos x\,dx = \boldsymbol{\frac{1}{2}e^{-x}(\sin x-\cos x)+C}$$

C は積分定数とする．

（２） $G'(x)=e^{-x}\cos x$

x	0	…	$\frac{\pi}{2}$	…	$\frac{3\pi}{2}$	…	2π
$G'(x)$		+	0	−	0	+	
$G(x)$		↗		↘		↗	

$$G(x)=\int_0^x e^{-t}\cos t\,dt$$

$$=\left[\frac{1}{2}e^{-t}(\sin t-\cos t)\right]_0^x$$

$$=\frac{1}{2}e^{-x}(\sin x-\cos x)+\frac{1}{2}$$

となるから

$$G(0)=0,\ G\left(\frac{\pi}{2}\right)=\frac{1}{2}\left(1+e^{-\frac{\pi}{2}}\right)$$

$$G\left(\frac{3\pi}{2}\right)=\frac{1}{2}\left(1-e^{-\frac{3\pi}{2}}\right)>G(0)$$

$$G(2\pi)=\frac{1}{2}(1-e^{-2\pi})<G\left(\frac{\pi}{2}\right)$$

ここで，$e^{\frac{3\pi}{2}}>e^0=1$ であり，$1>e^{-\frac{3\pi}{2}}$ である．

$x=\boldsymbol{\frac{\pi}{2}}$ で最大値 $\boldsymbol{\frac{1}{2}\left(1+e^{-\frac{\pi}{2}}\right)}$

$x=\boldsymbol{0}$ で最小値 $\boldsymbol{0}$ をとる．

《関数方程式 (B20)》

664. 実数全体を定義域とする関数 $f(x)$ は，すべての実数 a, b に対し，

$$f(a+b)=f(a)+f(b)+4ab$$

をみたすとする．さらに，関数 $f(x)$ は $x=0$ で微分可能で，$f'(0)=2$ であるとする．このとき，以下の問いに答えよ．

（１） $f(0)$ の値を求めよ．

（２） 関数 $f(x)$ は区間 $(-\infty,\infty)$ で微分可能であることを示せ．また，関数 $f(x)$ を求めよ．

（３） 関数 $g(x)=\int_1^x \frac{1}{f(t)}\,dt\ (x>1)$ の極限 $\lim_{x\to\infty} g(x)$ を求めよ． （21 信州大・前期）

考え方 a, b は何かを代入しても，次には別の値を代入できる．

▶解答◀ （１）

$$f(a+b)=f(a)+f(b)+4ab \quad \cdots\cdots\cdots ①$$

① に $a=0, b=0$ を代入して

$$f(0)=f(0)+f(0) \qquad \therefore\quad f(0)=\boldsymbol{0}$$

（２） ① で $a=x, b=h \neq 0$ とすると

$$f(x+h)=f(x)+f(h)+4hx$$

$$\frac{f(x+h)-f(x)}{h}=\frac{f(h)}{h}+4x$$

$$\frac{f(x+h)-f(x)}{h}=\frac{f(h)-f(0)}{h}+4x$$

$h\to 0$ として右辺は $f'(0)+4x=2+4x$ に収束するから $\lim_{h\to 0}\frac{f(x+h)-f(x)}{h}$ も収束する．$f(x)$ は微分可能で

$$f'(x)=2+4x$$

これを不定積分する．C を積分定数として $f(x)=2x^2+2x+C$ と書ける．（１）より $f(0)=0$ であるから $C=0$

$$f(x)=\boldsymbol{2x^2+2x}$$

（３） $\frac{1}{f(t)}=\frac{1}{2t(t+1)}=\frac{1}{2}\left(\frac{1}{t}-\frac{1}{t+1}\right)$

$$g(x)=\frac{1}{2}\int_1^x\left(\frac{1}{t}-\frac{1}{t+1}\right)dt$$

$$=\frac{1}{2}\Big[\log|t|-\log|t+1|\Big]_1^x$$

$$=\frac{1}{2}\left[\log\left|\frac{t}{t+1}\right|\right]_1^x$$

$$=\frac{1}{2}\left(\log\frac{x}{x+1}-\log\frac{1}{2}\right)$$

$\lim_{x\to\infty}\log\frac{x}{x+1}=\log 1=0$ であるから

$$\lim_{x\to\infty} g(x)=-\frac{1}{2}\log\frac{1}{2}=\boldsymbol{\frac{1}{2}\log 2}$$

《定積分は定数 (A10) ☆》

665. 関数 $f(x)$ がすべての実数 x について，$f(x)=x+\int_0^1 2^{2t+x}f(t)\,dt$ を満たしているとき，$f(0)$ の値を求めよ． （21 福島県立医大）

▶解答◀ $f(x)=x+\int_0^1 2^{2t+x}f(t)\,dt$

$$f(x)=x+2^x\int_0^1 4^t f(t)\,dt$$

$\int_0^1 4^t f(t)\,dt=k$ とおく．$f(x)=x+k\cdot 2^x$ で，求める値は $f(0)=k$ である．

$$k=\int_0^1 4^t(t+k\cdot 2^t)\,dt=\int_0^1(t4^t+k\cdot 8^t)\,dt$$

$$=\int_0^1 t\left(\frac{4^t}{\log 4}\right)'dt+k\int_0^1 8^t\,dt$$

$$=\left[t\cdot\frac{4^t}{\log 4}\right]_0^1-\int_0^1(t)'\frac{4^t}{\log 4}\,dt+k\left[\frac{8^t}{\log 8}\right]_0^1$$

$$= \frac{4}{\log 4} - \left[\frac{4^t}{(\log 4)^2} \right]_0^1 + k \cdot \frac{7}{\log 8}$$

$$k = \frac{2}{\log 2} - \frac{3}{(\log 4)^2} + \frac{7k}{3\log 2}$$

$$\left(1 - \frac{7}{3\log 2}\right)k = \frac{2}{\log 2} - \frac{3}{4(\log 2)^2}$$

$$k = \boldsymbol{\frac{3(8\log 2 - 3)}{4(3\log 2 - 7)\log 2}}$$

《積分方程式 (B20)》

666. 関数 $f(x)$ は微分可能であり，すべての実数 x について $f(x) = e^{2x+1} + 4\int_0^x f(t)\,dt$ を満たすとする．関数 $g(x)$ を $g(x) = e^{-4x}f(x)$ により定めるとき，$g'(x) =$ □ であり，$f(x) =$ □ である．また，曲線 $y = f(x)$ と x 軸および y 軸で囲まれた図形を x 軸のまわりに 1 回転してできる回転体の体積は □ である． (21 北里大・医)

▶解答◀ 解説を交えて書く．次のような式を積分方程式という．

$$f(x) = e^{2x+1} + 4\int_0^x f(t)\,dt \quad \cdots\cdots①$$

積分方程式は微分して出てくる等式と初期条件（今は $x = 0$ を代入して出てくる条件）を合わせて同値である．これを微分して

$$f'(x) = 2e^{2x+1} + 4f(x) \quad \cdots\cdots②$$

となる．このような形の式を微分方程式という．

$$f'(x) - 4f(x) = 2e^{2x+1}$$

$f'(x)$, $f(x)$ というランクの違うものがあるが，これは 1 つにまとめることができて

$$e^{4x}\{f(x)e^{-4x}\}' = 2e^{2x+1}$$

となる．$\{\ \}'$ を実行すると前の式にもどる．e^{-4x} をかけて

$$\{f(x)e^{-4x}\}' = 2e^{-2x+1}$$

となり，不定積分すると $f(x)e^{-4x} = \int 2e^{-2x+1}\,dx$ となる．50 年前はノーヒントで解かせることもあったが，本問ではヒントつきで「$g(x) = e^{-4x}f(x)$ とおけ」と教えてくれている．$f(x) = e^{4x}g(x)$ を ② に代入し

$$4e^{4x}g(x) + e^{4x}g'(x) = 2e^{2x+1} + 4e^{4x}g(x)$$

$e^{4x}g'(x) = 2e^{2x+1}$ となり，$g'(x) = \boldsymbol{2e^{1-2x}}$ を不定積分し $g(x) = -e^{1-2x} + C$ となる．C は積分定数である．

$$f(x) = e^{4x}(C - e^{1-2x})$$

となる．① で $x = 0$ として $f(0) = e$ となるから $C - e = e$ である．$C = 2e$ で

$$f(x) = \boldsymbol{e^{4x}(2e - e^{1-2x})} = 2e^{1+4x} - e^{1+2x}$$

$f(x) = 0$ とすると $e^{2x} = \frac{1}{2}$ となり $x = -\frac{1}{2}\log 2$

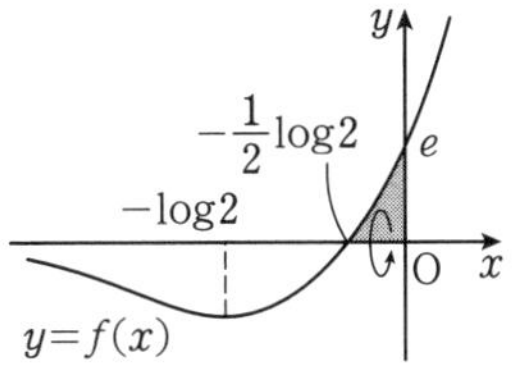

$\alpha = -\frac{1}{2}\log 2$ とする．$e^{2\alpha} = \frac{1}{2}$ である．求める体積を V とする．

$$V = \pi\int_\alpha^0 \{f(x)\}^2\,dx$$

$$= \pi\int_\alpha^0 (4e^{8x+2} - 4e^{6x+2} + e^{4x+2})\,dx$$

$$= e^2\pi\left[\frac{1}{2}e^{8x} - \frac{2}{3}e^{6x} + \frac{1}{4}e^{4x}\right]_\alpha^0$$

$$\frac{V}{e^2\pi} = \frac{1}{2} - \frac{2}{3} + \frac{1}{4} - \frac{1}{2}e^{8\alpha} + \frac{2}{3}e^{6\alpha} - \frac{1}{4}e^{4\alpha}$$

$$= \frac{1}{2} - \frac{2}{3} + \frac{1}{4} - \frac{1}{2}\cdot\frac{1}{16} + \frac{2}{3}\cdot\frac{1}{8} - \frac{1}{4}\cdot\frac{1}{4}$$

$$= \frac{-7}{12} + \frac{16 + 8 - 1 - 2}{32} = \frac{-56 + 63}{96}$$

$$V = \boldsymbol{\frac{7}{96}e^2\pi}$$

《sin と積分方程式 (B20) ☆》

667. 2 回微分可能な関数 $f(x)$ が，すべての実数 x について次の等式を満たしている．

$$f(x) = 2 + \int_0^x \sin(x - t)f(t)\,dt$$

このとき，$f''(x)$ が定数であることを示せ．

また，$f(0)$ および $f'(0)$ の値から，$f'(x)$ と $f(x)$ をそれぞれ求めよ． (21 長崎大)

▶解答◀ $f(x) = 2 + \int_0^x \sin(x - t)f(t)\,dt$

$$= 2 + \int_0^x (\sin x\cos t - \cos x\sin t)f(t)\,dt$$

$$= 2 + \sin x\int_0^x f(t)\cos t\,dt$$

$$-\cos x\int_0^x f(t)\sin t\,dt$$

$$f'(x) = \cos x\int_0^x f(t)\cos t\,dt + f(x)\sin x\cos x$$

$$+\sin x\int_0^x f(t)\sin t\,dt - f(x)\cos x\sin x$$

$$= \cos x\int_0^x f(t)\cos t\,dt + \sin x\int_0^x f(t)\sin t\,dt$$

$$f''(x) = -\sin x\int_0^x f(t)\cos t\,dt + f(x)\cos^2 x$$

$$+\cos x\int_0^x f(t)\sin t\,dt + f(x)\sin^2 x$$

$$= -\sin x\int_0^x f(t)\cos t\,dt$$

$$+\cos x\int_0^x f(t)\sin t\,dt + f(x)$$

となり，$-\sin x\int_0^x f(t)\cos t\,dt+\cos x\int_0^x f(t)\sin t\,dt$ $=2-f(x)$ であるから

$$f''(x)=2-f(x)+f(x)=2$$

よって $f''(x)$ は定数である．また $f(0)=2$，$f'(0)=0$ である．

$$f'(x)=\int f''(x)\,dx=\int 2\,dx=2x+C_1$$

$f'(0)=0$ から $C_1=0$ である．よって，$f'(x)=\boldsymbol{2x}$

$$f(x)=\int f'(x)\,dx=\int 2x\,dx=x^2+C_2$$

$f(0)=2$ から $C_2=2$ である．よって，$f(x)=\boldsymbol{x^2+2}$

C_1，C_2 は積分定数である．

《最大値の候補 (B20) ☆》

668．$f(x)=\dfrac{2x}{x^2+2}$ とする．次の問いに答えよ．

（1） 関数 $f(x)$ の極値を求めよ．

（2） 曲線 $y=f(x)$ と直線 $x=-1$，$x=2$ および x 軸によって囲まれる部分の面積を求めよ．

（3） a を実数とするとき，関数 $f(x)$ の区間 $a\leqq x\leqq a+1$ における最大値を求めよ．

（21　福岡教育大・前期）

▶解答◀ （1） $f(x)=\dfrac{2x}{x^2+2}$ について

$$f'(x)=2\cdot\frac{1\cdot(x^2+2)-x\cdot 2x}{(x^2+2)^2}=\frac{2(-x^2+2)}{(x^2+2)^2}$$

であるから，増減表は次のようになる．

x	$\cdots$	$-\sqrt{2}$	$\cdots$	$\sqrt{2}$	$\cdots$
$f'(x)$	$-$	0	$+$	0	$-$
$f(x)$	↘		↗		↘

極大値は $f(\sqrt{2})=\dfrac{2\sqrt{2}}{4}=\boldsymbol{\dfrac{\sqrt{2}}{2}}$

極小値は $f(-\sqrt{2})=-\dfrac{2\sqrt{2}}{4}=\boldsymbol{-\dfrac{\sqrt{2}}{2}}$

（2） $\displaystyle\lim_{x\to\pm\infty}f(x)=0$ であり，$y=f(x)$ のグラフは図1のようになる．求める面積を S とすると

$$S=-\int_{-1}^0\frac{2x}{x^2+2}\,dx+\int_0^2\frac{2x}{x^2+2}\,dx$$
$$=-\Big[\log(x^2+2)\Big]_{-1}^0+\Big[\log(x^2+2)\Big]_0^2$$
$$=-(\log 2-\log 3)+\log 6-\log 2$$
$$=\log\frac{6\cdot 3}{2\cdot 2}=\boldsymbol{\log\frac{9}{2}}$$

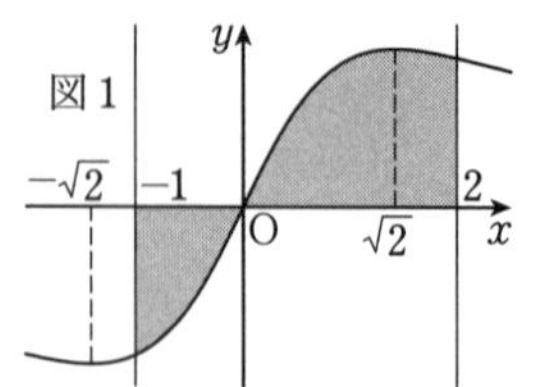

（3） $a\leqq x\leqq a+1$ における $f(x)$ の最大値を $M(a)$ とおく．最大値は区間の端または極大値でとる．それは $f(a)$，$f(a+1)$，$f(\sqrt{2})$ の中にある．ただし，$f(\sqrt{2})$ が有効なのは，$a\leqq\sqrt{2}\leqq a+1$ すなわち $\sqrt{2}-1\leqq a\leqq\sqrt{2}$ のときである．曲線 $y=f(a+1)$ は曲線 $y=f(a)$ を左に1だけ平行移動したものである．

$y=f(a)$ と $y=f(a+1)$ を連立して

$$\frac{2a}{a^2+2}=\frac{2(a+1)}{(a+1)^2+2}$$
$$a\{(a+1)^2+2\}=(a+1)(a^2+2)$$
$$a^3+2a^2+3a=a^3+a^2+2a+2$$
$$a^2+a-2=0$$
$$(a+2)(a-1)=0 \qquad \therefore\quad a=-2,\ 1$$

図2において，太線が $Y=M(a)$ のグラフである．

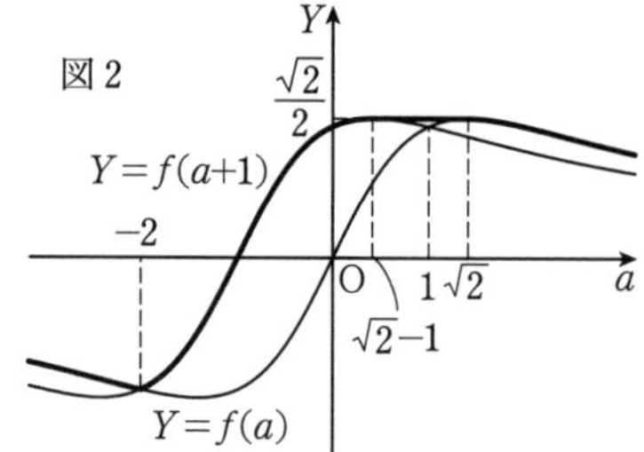

よって，求める最大値は

$\boldsymbol{a\leqq -2,\ \sqrt{2}\leqq a}$ **のとき** $f(a)=\boldsymbol{\dfrac{2a}{a^2+2}}$

$\boldsymbol{\sqrt{2}-1\leqq a\leqq\sqrt{2}}$ **のとき** $f(\sqrt{2})=\boldsymbol{\dfrac{\sqrt{2}}{2}}$

$\boldsymbol{-2\leqq a\leqq\sqrt{2}-1}$ **のとき** $f(a+1)=\boldsymbol{\dfrac{2(a+1)}{(a+1)^2+2}}$

【微積分の融合の難問】

《積分の中に変数がある（D30）》

669. $f(x)$ は微分可能かつ導関数が連続な関数とする．$f(0)=0$ であるとき

$$\frac{d}{dx}\left(\int_0^x e^{-t}f(x-t)\,dt\right)=\int_0^x e^{-t}f'(x-t)\,dt$$

を示せ． （21　一橋大・後期）

▶解答◀ $u=x-t$ とおくと，$t=x-u$, $dt=-du$ であり

t	$0\to x$
u	$x\to 0$

$$\int_0^x e^{-t}f(x-t)\,dt=\int_x^0 e^{-(x-u)}f(u)(-1)\,du$$

$$=e^{-x}\int_0^x e^u f(u)\,du$$

よって，積の微分法を用いて

$$\frac{d}{dx}\left(\int_0^x e^{-t}f(x-t)\,dt\right)$$

$$=-e^{-x}\int_0^x e^u f(u)\,du+e^{-x}e^x f(x)$$

$$=f(x)-e^{-x}\int_0^x e^u f(u)\,du \quad\cdots\cdots①$$

右辺については，上と同じ置換積分を用いて，さらに部分積分を用いる．

$$\int_0^x e^{-t}f'(x-t)\,dt=\int_x^0 e^{-(x-u)}f'(u)(-1)\,du$$

$$=e^{-x}\int_0^x e^u f'(u)\,du$$

$$=e^{-x}\left(\Big[e^u f(u)\Big]_0^x-\int_0^x (e^u)'f(u)\,du\right)$$

$$=e^{-x}\left(e^x f(x)-f(0)-\int_0^x e^u f(u)\,du\right)$$

$$=f(x)-e^{-x}\int_0^x e^u f(u)\,du \quad\cdots\cdots②$$

最後は $f(0)=0$ を用いた．

①，②より，与えられた等式が成り立つ．

注意【偏微分の公式】

$g(t,x)$ が定義域内で連続，x について微分可能で導関数が連続，u, v が x の微分可能な関数のとき

$$\frac{d}{dx}\int_u^v g(t,x)\,dt$$

$$=v'g(v,x)-u'g(u,x)+\int_u^v \frac{\partial}{\partial x}g(t,x)\,dt$$

が成り立つことが知られている．$\frac{\partial}{\partial x}g(t,x)$ は x が変数，t が定数としての微分である．これを用いると

$$\frac{d}{dx}\left(\int_0^x e^{-t}f(x-t)\,dt\right)$$

$$=e^{-x}f(x-x)+\int_0^x \frac{\partial}{\partial x}e^{-t}f(x-t)\,dt$$

$$=e^{-x}f(0)+\int_0^x e^{-t}f'(x-t)\,dt$$

$f(0)=0$ であるからこれは $\int_0^x e^{-t}f'(x-t)\,dt$ に等しい．

《体積の最大（C30）》

670. 座標平面内において，$y=x+\frac{1}{x}$ $(x>0)$ のグラフを曲線 C とする．このとき，以下の問いに答えなさい．

（1） 曲線 C の概形をかきなさい．ただし，曲線 C の変曲点と凹凸は調べなくてよい．

（2） $a>1$ とする．曲線 C と直線 $y=ax$ の交点の座標を求めなさい．

（3） $1<a<b$ とする．曲線 C と直線 $y=ax$ および直線 $y=bx$ で囲まれた図形を x 軸のまわりに1回転してできる立体の体積 V を求めなさい．

（4） a, b が $b=8a$ を満たすとする．a が $a>1$ の範囲を動くとき，（3）で求めた V の最小値を求めなさい． （21　山口大・理）

▶解答◀（1） $f(x)=x+\frac{1}{x}$ とおく．

$$f'(x)=1-\frac{1}{x^2}=\frac{(x+1)(x-1)}{x^2}$$

x	0	$\cdots$	1	$\cdots$
$f'(x)$		$-$	0	$+$
$f(x)$		↘		↗

極小値は $f(1)=2$ で，2直線 $y=x$, $x=0$ が漸近線である．C は図1のようになる．

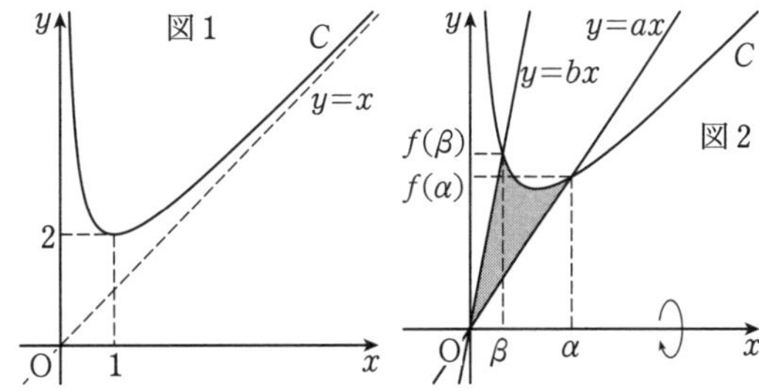

（2） $ax=x+\frac{1}{x}$, $x>0$ を解く．$(a-1)x^2=1$ で $x=\frac{1}{\sqrt{a-1}}$ となる．交点は $\left(\boldsymbol{\frac{1}{\sqrt{a-1}}},\ \boldsymbol{\frac{a}{\sqrt{a-1}}}\right)$

（3） $\alpha=\frac{1}{\sqrt{a-1}}$, $\beta=\frac{1}{\sqrt{b-1}}$ とおく．こうしたときは a, b を使わないのがよい計算である．

$$V=\frac{\pi}{3}\{f(\beta)\}^2\beta+\int_\beta^\alpha \pi\{f(x)\}^2\,dx-\frac{\pi}{3}\{f(\alpha)\}^2\alpha$$

$$\frac{V}{\pi}=\frac{1}{3}\left(\beta^2+2+\frac{1}{\beta^2}\right)\beta+\int_\beta^\alpha\left(x^2+2+\frac{1}{x^2}\right)dx$$

$$-\frac{1}{3}\left(\alpha^2+2+\frac{1}{\alpha^2}\right)\alpha$$

$$=\frac{\beta^3}{3}+\frac{2\beta}{3}+\frac{1}{3\beta}+\left[\frac{x^3}{3}+2x-\frac{1}{x}\right]_\beta^\alpha$$

$$-\frac{\alpha^3}{3}-\frac{2\alpha}{3}-\frac{1}{3\alpha}$$

$$=\frac{\beta^3}{3}+\frac{2\beta}{3}+\frac{1}{3\beta}+\left(\frac{\alpha^3}{3}+2\alpha-\frac{1}{\alpha}\right)$$

$$-\left(\frac{\beta^3}{3}+2\beta-\frac{1}{\beta}\right)-\frac{\alpha^3}{3}-\frac{2\alpha}{3}-\frac{1}{3\alpha}$$

$$=\frac{4}{3}\left(\alpha-\frac{1}{\alpha}\right)-\frac{4}{3}\left(\beta-\frac{1}{\beta}\right)$$

$$=\frac{4}{3}\left(\frac{2-a}{\sqrt{a-1}}-\frac{2-b}{\sqrt{b-1}}\right)$$

$$V=\boldsymbol{\frac{4\pi}{3}\left(\frac{b-2}{\sqrt{b-1}}-\frac{a-2}{\sqrt{a-1}}\right)}$$

(**4**) $b=8a$ のとき

$$V=\frac{4\pi}{3}\left(\frac{8a-2}{\sqrt{8a-1}}-\frac{a-2}{\sqrt{a-1}}\right)$$

$g(t)=\dfrac{t-2}{\sqrt{t-1}}$ とおく．

$$g'(t)=\frac{1\cdot\sqrt{t-1}-(t-2)\cdot\frac{1}{2\sqrt{t-1}}}{(\sqrt{t-1})^2}$$

$$=\frac{t}{2(\sqrt{t-1})^3}$$

$V=\dfrac{4\pi}{3}\{g(8a)-g(a)\}$ だから

$$V'=\frac{4\pi}{3}\{8g'(8a)-g'(a)\}$$

$$=\frac{2a\pi}{3}\left\{8\cdot\frac{8}{(\sqrt{8a-1})^3}-\frac{1}{(\sqrt{a-1})^3}\right\}$$

$$=\frac{128a\pi}{3}\left\{\frac{1}{(\sqrt{8a-1})^3}-\frac{1}{(4\sqrt{a-1})^3}\right\}$$

$$=\frac{128a\pi}{3}\left\{\frac{1}{(\sqrt{8a-1})^3}-\frac{1}{(\sqrt{16a-16})^3}\right\}$$

これは $(16a-16)-(8a-1)=8a-15$ と符号が一致する．V は $a=\dfrac{15}{8}$ で極小かつ最小になる．このとき

$$V=\frac{2\pi}{3}\left(\frac{16a-4}{\sqrt{8a-1}}-\frac{8a-16}{\sqrt{16a-16}}\right)$$

$$=\frac{2\pi}{3}\left(\frac{26}{\sqrt{14}}-\frac{-1}{\sqrt{14}}\right)=\frac{2\pi}{3}\cdot\frac{27}{\sqrt{14}}=\boldsymbol{\frac{18\pi}{\sqrt{14}}}$$

注意　**【回転錐の体積の公式】**

パラメタ t が α から β まで増加するとき，動点 $\mathrm{P}(t)=(x(t),\,y(t))$ が掃過する部分 D を x 軸の回りに回転してできる立体の体積 V は

$$V=\int_\alpha^\beta\frac{2\pi}{3}\{x(t)y'(t)-x'(t)y(t)\}y(t)\,dt\cdots Ⓐ$$

で与えられる．ただし，x 軸は D の内部を通らないとする．また，$x(t),\,y(t)$ は微分可能で，$x'(t),\,y'(t)$ は連続，$y(t)>0$ とする．

定理に名前がある方が便利だから，勝手に「回転錐の体積の公式」と命名する．よく「この本にはこういう名前で載っています」と教えてくれる人がいるが，他の人の命名はどうでもよいから遠慮してほしい．

【補題 1　符号付き面積】 3 点 O，A，B がこの順で左回りにあるとき正，右回りにあるとき負になるような，三角形 OAB の符号付き面積を △OAB で表す．この意味では △OAB $=-$△OBA である．$\mathrm{A}(a,\,b)$，$\mathrm{B}(c,\,d)$ とおくと，△OAB $=\boldsymbol{\frac{1}{2}(ad-bc)}$ である．

【証明】　$\mathrm{A}(a,\,b)$，$\mathrm{B}(c,\,d)$，$\mathrm{OA}=r_1$，$\mathrm{OB}=r_2$，OA，OB の偏角を $\theta_1,\,\theta_2$ とする．ただし，$-180°<\theta_2-\theta_1<180°$ になるように角を測る．

$$a=r_1\cos\theta_1,\,b=r_1\sin\theta_1$$

$$c=r_2\cos\theta_2,\,d=r_2\sin\theta_2$$

である．符号付き面積は

$$\triangle\mathrm{OAB}=\frac{1}{2}r_1\cdot r_2\sin(\theta_2-\theta_1)$$

$$=\frac{1}{2}r_1\cdot r_2(\sin\theta_2\cos\theta_1-\cos\theta_2\sin\theta_1)$$

$$=\frac{1}{2}(r_1\cos\theta_1\cdot r_2\sin\theta_2-r_1\sin\theta_1\cdot r_2\cos\theta_2)$$

$$=\frac{1}{2}(ad-bc)$$

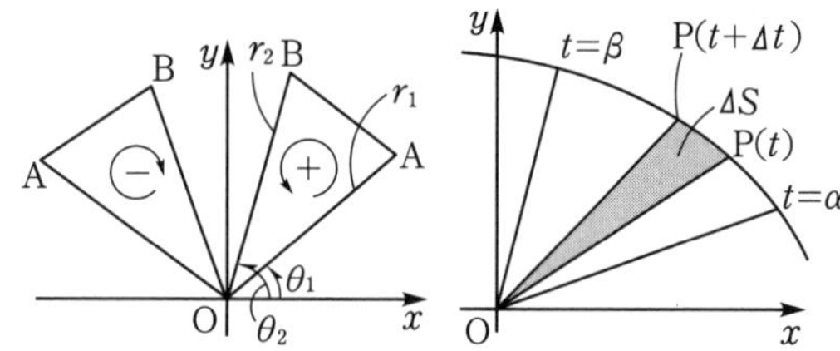

【補題 2　ガウス・グリーンの定理】

$\mathrm{OP}(t)$ の掃過する面積 S は

$$S=\int_\alpha^\beta\frac{1}{2}\{x(t)y'(t)-x'(t)y(t)\}dt$$

である．

【証明】 絶対値が 0 に近い $\varDelta t$ に対し，$t\sim t+\varDelta t$ の間に掃過する面積を三角形 $\mathrm{OP}(t)\mathrm{P}(t+\varDelta t)$ の面積で近似する．この符号付き面積 $\varDelta S$ は

$$\varDelta S=\frac{1}{2}\{x(t)y(t+\varDelta t)-y(t)x(t+\varDelta t)\}$$

である．

$$\varDelta S=\frac{1}{2}\{x(t)(y(t+\varDelta t)-y(t))$$

$$-y(t)(x(t+\varDelta t)-x(t))\}$$

$$\frac{\varDelta S}{\varDelta t}=\frac{1}{2}\left\{x(t)\cdot\frac{y(t+\varDelta t)-y(t)}{\varDelta t}\right.$$

$$-y(t)\cdot\frac{x(t+\varDelta t)-x(t)}{\varDelta t}\Bigg\}$$

$\varDelta t \to 0$ として

$$\frac{dS}{dt}=\frac{1}{2}\{x(t)y'(t)-y(t)x'(t)\}$$

よって証明された．

$dS=\dfrac{1}{2}\{x(t)y'(t)-y(t)x'(t)\}\,dt$ である．

【補題 3　パップス・ギュルダンの定理】

面積 S の図形が回転軸と交わらない（接するのはよい）とき，重心 G と回転軸の距離を L とすると，回転体の体積 V は $V=S\cdot 2\pi L$ になるという定理がある．これをパップス・ギュルダンの定理という．残念ながら，一般の証明は難しい．というか，高校では一般の重心の定義をやらない．小学校で，紐を垂らして教わるだけで，そういう「お話」では，なんともならない．実は，重心の定義式の分母をはらうと，パップス・ギュルダンの定理になっている．なお，三角形の場合には，よく知っている重心と一致する．証明を書こうと思えば書けるが，モーメントが出てくるから，割愛しよう．

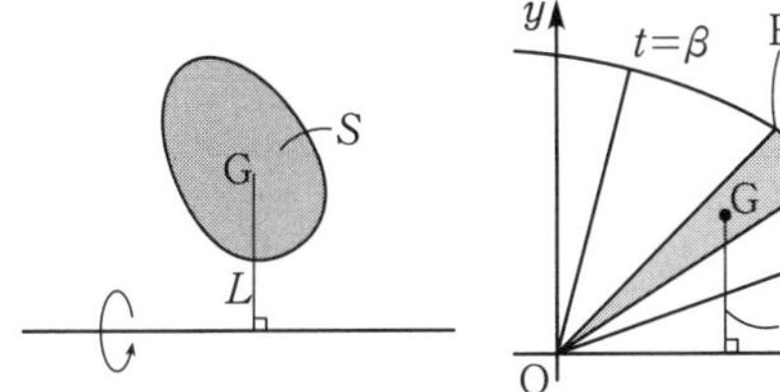

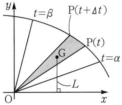

定理 Ⓐ の証明をしよう．三角形 $\mathrm{OP}(t)\mathrm{P}(t+\varDelta t)$ の重心 G は $\left(\dfrac{x(t)+x(t+\varDelta t)}{3},\ \dfrac{y(t)+y(t+\varDelta t)}{3}\right)$ である．これと x 軸との距離 L は

$L=\dfrac{y(t)+y(t+\varDelta t)}{3}$ である．$\varDelta t$ が 0 に近いときは

$L=\dfrac{2y(t)}{3}$ で近似ができる．三角形 $\mathrm{OP}(t)\mathrm{P}(t+\varDelta t)$ を x 軸の回りに回転してできる立体の体積は

$$\begin{aligned}dV&=2\pi\cdot dS\cdot L\\&=2\pi\cdot\frac{1}{2}\{x(t)y'(t)-y(t)x'(t)\}\,dt\cdot\frac{2y(t)}{3}\\&=\frac{2\pi}{3}\{x(t)y'(t)-x'(t)y(t)\}y(t)\,dt\end{aligned}$$

で近似ができる．よって証明された．

山口大の問題では，$\mathrm{P}(x)=(x,\ f(x))$ として，$x=\alpha$ から $x=\beta$ まで $\mathrm{OP}(x)$ が掃過する部分を回転した体積を考え

$$V=\int_\alpha^\beta\frac{2\pi}{3}\{xf'(x)-f(x)\}f(x)\,dx$$

となる．積分の上端と下端が解答とは逆になっているから注意せよ．左回りでやらないといけないからだ．

本問ではあまり神通力がなかった．

$0<\alpha<\beta<\pi$ とする．

$\mathrm{P}(t)=(\cos t,\ \sin t)\ (\alpha\leqq t\leqq\beta)$ として，$\mathrm{OP}(t)$ が掃過する部分（扇形）を x 軸の回りに回転してできる立体の体積を求めると，人によっては苦労するだろう．たすき掛け部分が 1 になり，

$$V=\int_\alpha^\beta\frac{2\pi}{3}\sin t\,dt=\frac{2\pi}{3}(\cos\alpha-\cos\beta)$$

《不等式と積分と区分求積（B30）》

671．（1）a は $0<a\leqq\dfrac{1}{2}$ を満たす定数とする．$x\geqq 0$ の範囲で不等式

$$a\left(x-\frac{x^2}{4}\right)\leqq\log(1+ax)$$

が成り立つことを示しなさい．

（2）b を実数の定数とする．$x\geqq 0$ の範囲で不等式

$$\log\left(1+\frac{1}{2}x\right)\leqq bx$$

が成り立つような b の最小値は $\square$ である．

（3）n と k を自然数とし，

$$I(n,\ k)=\lim_{t\to+0}\int_0^{\frac{k}{n}}\frac{\log\left(1+\frac{1}{2}tx\right)}{t(1+x)}\,dx$$

とおく．$I(n,\ k)$ を求めると，$I(n,\ k)=\square$ である．また

$$\lim_{n\to\infty}\frac{1}{n}\sum_{k=1}^{n}I(n,\ k)=\square$$

である．（21　慶應大・理工）

▶解答◀（1）

$$f(x)=\log(1+ax)-a\left(x-\frac{x^2}{4}\right)$$

とおく．

$$\begin{aligned}f'(x)&=\frac{a}{1+ax}-a\left(1-\frac{x}{2}\right)\\&=\frac{a}{2(1+ax)}\{2-(2-x)(1+ax)\}\\&=\frac{a^2}{2(1+ax)}x\left\{x-\left(2-\frac{1}{a}\right)\right\}\end{aligned}$$

$0<a\leqq\dfrac{1}{2}$ のとき，$2-\dfrac{1}{a}\leqq 0$ より，$x\geqq 0$ において $f'(x)\geqq 0$ である．ゆえに $f(x)$ は $x\geqq 0$ において単調増加する．さらに，$f(0)=0$ であるから，$x\geqq 0$ において $f(x)\geqq 0$ である．よって，

$$a\left(x-\frac{x^2}{4}\right)\leqq\log(1+ax)$$

が示された．

（2）曲線 $y=\log\left(1+\dfrac{x}{2}\right)$ のグラフは上に凸であるから，図のように，原点において $y=bx$ に接するときが b が最小になるときである．$y=\log\left(1+\dfrac{x}{2}\right)$ につ

いて $y' = \dfrac{\frac{1}{2}}{1+\frac{x}{2}}$ であり，$x=0$ においては $\dfrac{1}{2}$ であるから，原点において $y=\dfrac{x}{2}$ に接する．よって，b の最小値は $\mathbf{\dfrac{1}{2}}$ である．

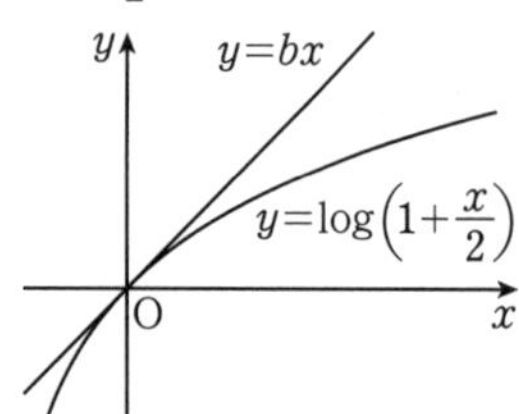

（3）（1），（2）において $a=b=\dfrac{1}{2}$ とすると

$$\frac{1}{2}\left(x-\frac{x^2}{4}\right) \leqq \log\left(1+\frac{x}{2}\right) \leqq \frac{x}{2}$$

x を tx に置き換えて，

$$\frac{1}{2}\left(tx-\frac{(tx)^2}{4}\right) \leqq \log\left(1+\frac{1}{2}tx\right) \leqq \frac{tx}{2}$$

$$\frac{x-\frac{tx^2}{4}}{2(1+x)} \leqq \frac{\log\left(1+\frac{1}{2}tx\right)}{t(1+x)} \leqq \frac{x}{2(1+x)} \quad \cdots\cdots①$$

それぞれ 0 から $\dfrac{k}{n}$ まで積分して

$$\int_0^{\frac{k}{n}} \frac{x-\frac{tx^2}{4}}{2(1+x)}\,dx < \int_0^{\frac{k}{n}} \frac{\log\left(1+\frac{1}{2}tx\right)}{t(1+x)}\,dx < \int_0^{\frac{k}{n}} \frac{x}{2(1+x)}\,dx$$

となる．ここで，

$$\int_0^{\frac{k}{n}} \frac{x-\frac{tx^2}{4}}{2(1+x)}\,dx = \int_0^{\frac{k}{n}} \frac{x}{2(1+x)}\,dx - t\int_0^{\frac{k}{n}} \frac{x^2}{8(1+x)}\,dx$$

$\displaystyle\int_0^{\frac{k}{n}} \frac{x^2}{8(1+x)}\,dx = A$ とおくと，

$$\int_0^{\frac{k}{n}} \frac{x-\frac{tx^2}{4}}{2(1+x)}\,dx = \int_0^{\frac{k}{n}} \frac{x}{2(1+x)}\,dx - tA \to \int_0^{\frac{k}{n}} \frac{x}{2(1+x)}\,dx \quad (t \to +0)$$

であるから，ハサミウチの原理より

$$I(n,k) = \int_0^{\frac{k}{n}} \frac{x}{2(1+x)}\,dx = \frac{1}{2}\int_0^{\frac{k}{n}} \left(1-\frac{1}{1+x}\right)dx = \frac{1}{2}\Big[x-\log(1+x)\Big]_0^{\frac{k}{n}} = \mathbf{\frac{1}{2}\left\{\frac{k}{n}-\log\left(1+\frac{k}{n}\right)\right\}}$$

である．また，

$$\lim_{n\to\infty}\frac{1}{n}\sum_{k=1}^{n} I(n,k) = \frac{1}{2}\int_0^1 \{x-\log(1+x)\}\,dx = \frac{1}{2}\left[\frac{x^2}{2}-\{(1+x)\log(1+x)-x\}\right]_0^1 = \frac{1}{2}\left(\frac{1}{2}-2\log 2+1\right) = \mathbf{\frac{3}{4}-\log 2}$$

《e の肩が大きい式（D30）》

672. $x>1$ で定義された x の 3 つの関数

$$I(x) = e^{-2x}\int_{1-x}^{x-1} e^{-t^2}\,dt,$$

$$J(x) = e^{-2x}\int_1^x \left(1+\frac{x}{t^2}\right)e^{-\left(t-\frac{x}{t}\right)^2}\,dt,$$

$$K(x) = 2\int_1^x e^{-t^2-\frac{x^2}{t^2}}\,dt$$

を考える．$x>1$ に対して，以下が成り立つことを示せ．ただし，$e=2.7182818\cdots$ であることは用いてよい．

（1）$I(x)=J(x)$

（2）$J(x)=K(x)$

（3）$K(x)<3e^{-2x}$　（21　お茶の水女子大・前期）

▶解答◀（1）$J(x)$ において，$u=t-\dfrac{x}{t}$ とおくと，$du=\left(1+\dfrac{x}{t^2}\right)dt$ であり

t	$1 \to x$
u	$1-x \to x-1$

$$J(x) = e^{-2x}\int_1^x \left(1+\frac{x}{t^2}\right)e^{-\left(t-\frac{x}{t}\right)^2}\,dt = e^{-2x}\int_{1-x}^{x-1} e^{-u^2}\,du = e^{-2x}\int_{1-x}^{x-1} e^{-t^2}\,dt = I(x)$$

（2）
$$J(x) = e^{-2x}\int_1^x \left(1+\frac{x}{t^2}\right)e^{-\left(t-\frac{x}{t}\right)^2}\,dt = e^{-2x}\int_1^x \left(1+\frac{x}{t^2}\right)e^{-t^2-\frac{x^2}{t^2}+2x}\,dt = \int_1^x \left(1+\frac{x}{t^2}\right)e^{-t^2-\frac{x^2}{t^2}}\,dt = \int_1^x e^{-t^2-\frac{x^2}{t^2}}\,dt + \int_1^x \frac{x}{t^2}e^{-t^2-\frac{x^2}{t^2}}\,dt \quad \cdots\cdots①$$

第 2 項において $u=\dfrac{x}{t}$ とおくと，$du=-\dfrac{x}{t^2}\,dt$ であり，$t=\dfrac{x}{u}$ であるから

t	$1 \to x$
u	$x \to 1$

$$\int_1^x \frac{x}{t^2}e^{-t^2-\frac{x^2}{t^2}}\,dt=\int_x^1 e^{-\frac{x^2}{u^2}-u^2}(-1)\,du$$

$$=\int_1^x e^{-\frac{x^2}{u^2}-u^2}\,du=\int_1^x e^{-t^2-\frac{x^2}{t^2}}\,dt$$

① に代入し

$$J(x)=2\int_1^x e^{-t^2-\frac{x^2}{t^2}}\,dt=K(x)$$

（3） （1），（2）の結果から $K(x)=I(x)$ であるから，$I(x)<3e^{-2x}$ を示せばよく，また $e^{-2x}>0$ であるから

$$\int_{1-x}^{x-1} e^{-t^2}\,dt<3 \quad \cdots\cdots ②$$

を示せばよい．$L=\int_{1-x}^{x-1} e^{-t^2}\,dt$ とおく．e^{-t^2} は偶関数であるから

$$L=2\int_0^{x-1} e^{-t^2}\,dt$$

e^{-t^2} を積分できる形で評価する．

（ア） $0<x-1\leqq 1$，すなわち $1<x\leqq 2$ のとき

$0\leqq t\leqq x-1$ において $e^{-t^2}\leqq 1$ であるから

$$L\leqq 2\int_0^{x-1} 1\,dt=2(x-1)\leqq 2<3$$

（イ） $1<x-1$，すなわち $2<x$ のとき

$t\geqq 1$ のとき $t\leqq t^2$ であるから

$$e^{-t^2}\leqq e^{-t}$$

この不等式を使うために積分区間を分割する．

$$\frac{L}{2}=\int_0^1 e^{-t^2}\,dt+\int_1^{x-1} e^{-t^2}\,dt$$

$0\leqq t\leqq 1$ において $e^{-t^2}\leqq 1$，$1\leqq t\leqq x-1$ において $e^{-t^2}\leqq e^{-t}$ であるから

$$\frac{L}{2}\leqq\int_0^1 1\,dt+\int_1^{x-1} e^{-t}\,dt$$

$$=1+\Big[-e^{-t}\Big]_1^{x-1}=1+\frac{1}{e}-e^{-(x-1)}$$

$$<1+\frac{1}{e}<1+\frac{1}{2}=\frac{3}{2}$$

$$L<3$$

以上より ② が成り立ち，$K(x)<3e^{-2x}$ が成り立つ．

注意 **【別の評価】**

（3）の（イ）において，$t\geqq 1$ のとき

$$e^{-t^2}\leqq te^{-t^2}$$

であることを用いてもよい．

$$\frac{L}{2}\leqq\int_0^1 1\,dt+\int_1^{x-1} te^{-t^2}\,dt$$

$$=1-\frac{1}{2}\int_1^{x-1} e^{-t^2}(-t^2)'\,dt$$

$$=1-\frac{1}{2}\Big[e^{-t^2}\Big]_1^{x-1}=1-\frac{1}{2}\left\{e^{-(x-1)^2}-\frac{1}{e}\right\}$$

$$<1+\frac{1}{2e}<1+\frac{1}{2}=\frac{3}{2}$$

《数学オリンピック的問題（D40）》

673． 数列 $\{a_n\}$ を

$$a_1=1,\ a_{n+1}=a_n+\frac{1}{{a_n}^2}\ (n=1,\ 2,\ 3,\ \cdots)$$

で定める．以下の問いに答えよ．

（1） n が 2 以上の自然数のとき，$\displaystyle\sum_{k=2}^{n}\frac{1}{k}<\log n$ が成り立つことを示せ．

（2） n が 2 以上の自然数のとき，$\displaystyle\sum_{k=2}^{n}\frac{1}{k^2}<1$ が成り立つことを示せ．

（3） n が 2 以上の自然数のとき，${a_n}^3>3n$ が成り立つことを示せ．

（4） a_{243} の値の整数部分が 9 であることを示せ．

（21　京都府立大・生命環境）

▶解答◀ （1） $x<k+1$ のとき $\dfrac{1}{k+1}<\dfrac{1}{x}$ で，$k<x<k+1$ で積分して

$$\frac{1}{k+1}<\int_k^{k+1}\frac{1}{x}\,dx$$

$k=1,\ 2,\ \cdots,\ n-1$ とした式を辺ごとに加え

$$\sum_{k=2}^{n}\frac{1}{k}<\int_1^n\frac{1}{x}\,dx=\Big[\log x\Big]_1^n=\log n$$

であるから

$$\sum_{k=2}^{n}\frac{1}{k}<\log n$$

（2） $x<k+1$ のとき $\dfrac{1}{(k+1)^2}<\dfrac{1}{x^2}$ で，$k<x<k+1$ で積分して

$$\frac{1}{(k+1)^2}<\int_k^{k+1}\frac{1}{x^2}\,dx$$

$k=1,\ 2,\ \cdots,\ n-1$ とした式を辺ごとに加え

$$\sum_{k=2}^{n}\frac{1}{k^2}<\int_1^n\frac{1}{x^2}\,dx=\Big[-\frac{1}{x}\Big]_1^n=1-\frac{1}{n}$$

であるから

$$\sum_{k=2}^{n}\frac{1}{k^2}<1$$

（3） 2 以上の自然数 n で ${a_n}^3>3n$ が成り立つことを数学的帰納法で示す．

$$a_2=a_1+\frac{1}{{a_1}^2}=2$$

$${a_2}^3=8>3\cdot 2=6$$

であるから $n=2$ のとき成り立つ．

$n=k$ のとき成り立つとする．${a_k}^3>3k$ である．

$a_{n+1}=a_n+\dfrac{1}{{a_n}^2}$，$a_1=1$ より $a_n>0$ であるから

$${a_{k+1}}^3=\left(a_k+\frac{1}{{a_k}^2}\right)^3$$

$$={a_k}^3+3+\frac{3}{{a_k}^3}+\frac{1}{{a_k}^6}$$

$> {a_k}^3+3>3(k+1)$

より $n=k+1$ のとき成り立つから示された.

（4） ${a_n}^3>3n$ に $n=243$ を代入して

$${a_{243}}^3>729=9^3 \qquad \therefore \quad a_{243}>9$$

また $a_{n+1}-a_n=\dfrac{1}{{a_n}^2}$, ${a_n}^3>3n$ より

$$a_{n+1}-a_n<\left(\frac{1}{3n}\right)^{\frac{2}{3}}$$

$n=2, 3, \cdots, 242$ とした式を辺ごとに加え

$$a_{243}-a_2<\sum_{k=2}^{242}\left(\frac{1}{3k}\right)^{\frac{2}{3}} \quad \cdots\cdots\cdots①$$

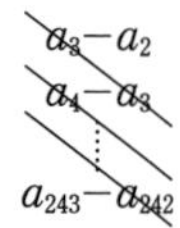

$x<k+1$ のとき

$$\left\{\frac{1}{3(k+1)}\right\}^{\frac{2}{3}}<\left(\frac{1}{3x}\right)^{\frac{2}{3}}$$

で, $k<x<k+1$ で積分して

$$\left\{\frac{1}{3(k+1)}\right\}^{\frac{2}{3}}<\int_k^{k+1}\left(\frac{1}{3x}\right)^{\frac{2}{3}}dx$$

$k=1, 2, \cdots, 242$ とした式を辺ごとに加え

$$\sum_{k=2}^{243}\left(\frac{1}{3k}\right)^{\frac{2}{3}}<\int_1^{243}\left(\frac{1}{3x}\right)^{\frac{2}{3}}dx$$

$$\sum_{k=2}^{242}\left(\frac{1}{3k}\right)^{\frac{2}{3}}+\left(\frac{1}{3\cdot 3^5}\right)^{\frac{2}{3}}<\int_1^{243}\left(\frac{1}{3x}\right)^{\frac{2}{3}}dx$$

$$\sum_{k=2}^{242}\left(\frac{1}{3k}\right)^{\frac{2}{3}}<-\frac{1}{81}+\int_1^{243}\left(\frac{1}{3x}\right)^{\frac{2}{3}}dx$$

$$=\left[\frac{3}{3^{\frac{2}{3}}}x^{\frac{1}{3}}\right]_1^{243}-\frac{1}{81}$$

$$=\left[(3x)^{\frac{1}{3}}\right]_1^{243}-\frac{1}{81}$$

$$=(3^2-3^{\frac{1}{3}})-\frac{1}{81}=9-\frac{1}{81}-3^{\frac{1}{3}}$$

であるから ① と合わせて

$$a_{243}<9-\frac{1}{81}-3^{\frac{1}{3}}+2$$

$$<9-\frac{1}{81}-1+2=10-\frac{1}{81}$$

となる. $9<a_{243}<10-\dfrac{1}{81}$ であるから a_{243} の整数部分は 9 である.

♦別解♦ （3） $a_{n+1}=a_n+\dfrac{1}{{a_n}^2}$, $a_1>0$ より $a_n>0$ であるから

$${a_{k+1}}^3=\left(a_k+\frac{1}{{a_k}^2}\right)^3$$

$$={a_k}^3+3+\frac{3}{{a_k}^3}+\frac{1}{{a_k}^6}>{a_k}^3+3$$

したがって

$${a_{k+1}}^3-{a_k}^3>3$$

$k=2, 3, \cdots, n-1$ とした式を辺ごとに加え

$${a_n}^3-{a_2}^3>3(n-2)$$

が $n \geqq 3$ のとき成り立つ.

$a_1=1$ より $a_2=2$ であるから

$${a_n}^3>8+3(n-2)=3n+2>3n$$

が $n \geqq 3$ のとき成り立つ.

$n=2$ のとき

$${a_2}^3=8>3\cdot 2$$

であるから, $n \geqq 2$ のとき ${a_n}^3>3n$ である.

【弧長・速度・加速度】

《$y = f(x)$ 型の弧長 (B20) ☆》

674. 関数

$$f(x) = \frac{\sqrt{3}}{4}x^2 - \frac{\sqrt{3}}{6}\log x - \frac{\sqrt{3}}{4}\log 3$$

$(x > 0)$ を考える．ただし，log は自然対数とする．

（1） $f(x)$ は $0 < x \leqq$ ア で単調減少，ア $\leqq x$ で単調増加となり，$x =$ ア で最小値 □ をとる．

（2） 定積分 $\int_1^3 f(x)\,dx$ の値は，$\int_1^3 f(x)\,dx =$ □ となる．

（3） 座標平面上の曲線

$$y = f(x)\ (1 \leqq x \leqq 7)$$

の長さ L は， □ となる．

（21　東京理科大・先進工）

▶解答◀ （1） $f'(x) = \frac{\sqrt{3}}{2}x - \frac{\sqrt{3}}{6}\cdot\frac{1}{x}$

$$= \frac{\sqrt{3}}{6x}(3x^2 - 1)$$

x	0	$\cdots$	$\frac{\sqrt{3}}{3}$	$\cdots$
$f'(x)$		$-$	0	$+$
$f(x)$		↘		↗

$f(x)$ は $0 < x \leqq \boldsymbol{\frac{\sqrt{3}}{3}}$ で単調減少，$\frac{\sqrt{3}}{3} \leqq x$ で単調増加，$x = \frac{\sqrt{3}}{3}$ で最小になる．最小値は

$$\frac{\sqrt{3}}{4}\cdot\frac{1}{3} - \frac{\sqrt{3}}{6}(\log\sqrt{3} - \log 3) - \frac{\sqrt{3}}{4}\log 3$$

$$= \frac{\sqrt{3}}{12} + \frac{\sqrt{3}}{12}\log 3 - \frac{\sqrt{3}}{4}\log 3$$

$$= \boldsymbol{\frac{\sqrt{3}}{12} - \frac{\sqrt{3}}{6}\log 3}$$

（2） $\int_1^3 f(x)\,dx$

$$= \left[\frac{\sqrt{3}}{12}x^3 - \frac{\sqrt{3}}{6}(x\log x - x) - \frac{\sqrt{3}}{4}\log 3\cdot x\right]_1^3$$

$$= \frac{\sqrt{3}}{12}(27-1) - \frac{\sqrt{3}}{6}(3\log 3 - 3 + 1) - \frac{3}{4}\log 3\cdot 2$$

$$= \frac{13\sqrt{3}}{6} - \frac{\sqrt{3}}{2}\log 3 + \frac{\sqrt{3}}{3} - \frac{\sqrt{3}}{2}\log 3$$

$$= \boldsymbol{\frac{5}{2}\sqrt{3} - \sqrt{3}\log 3}$$

（3） $1 + \{f'(x)\}^2 = 1 + \frac{1}{12x^2}(9x^4 - 6x^2 + 1)$

$$= \frac{3}{4}\left(x^2 + \frac{2}{3} + \frac{1}{9x^2}\right) = \left\{\frac{\sqrt{3}}{2}\left(x + \frac{1}{3x}\right)\right\}^2$$

$$L = \int_1^7 \sqrt{1 + \{f'(x)\}^2}\,dx$$

$$= \int_1^7 \frac{\sqrt{3}}{2}\left(x + \frac{1}{3x}\right)dx$$

$$= \frac{\sqrt{3}}{2}\left[\frac{1}{2}x^2 + \frac{1}{3}\log x\right]_1^7$$

$$= \frac{\sqrt{3}}{2}\left\{\frac{1}{2}(49-1) + \frac{1}{3}\log 7\right\}$$

$$= \boldsymbol{12\sqrt{3} + \frac{\sqrt{3}}{6}\log 7}$$

《$y = f(x)$ 型の弧長 (B20) ☆》

675. 曲線 $y = \log(1 + \cos x)$ の $0 \leqq x \leqq \frac{\pi}{2}$ の部分の長さを求めよ．（21　京大・前期）

▶解答◀ $1 + (y')^2 = 1 + \left(\frac{-\sin x}{1 + \cos x}\right)^2$

$$= 1 + \frac{1 - \cos^2 x}{(1 + \cos x)^2}1 + \frac{1 - \cos x}{1 + \cos x}$$

$$= \frac{2}{1 + \cos x} = \frac{1}{\cos^2\frac{x}{2}}$$

$0 \leqq x \leqq \frac{\pi}{2}$ において $\cos\frac{x}{2} > 0$ であるから，曲線の長さを L とすると

$$L = \int_0^{\frac{\pi}{2}} \sqrt{1 + (y')^2}\,dx = \int_0^{\frac{\pi}{2}} \frac{dx}{\cos\frac{x}{2}}$$

$$= \int_0^{\frac{\pi}{2}} \frac{\cos\frac{x}{2}}{\cos^2\frac{x}{2}}\,dx$$

$t = \sin\frac{x}{2}$ とおく．$\frac{dt}{dx} = \frac{1}{2}\cos\frac{x}{2}$

であり $\cos\frac{x}{2}\,dx = 2dt$

x	$0 \to \frac{\pi}{2}$
t	$0 \to \frac{1}{\sqrt{2}}$

$$L = 2\int_0^{\frac{1}{\sqrt{2}}} \frac{1}{1 - t^2}\,dt = 2\int_0^{\frac{1}{\sqrt{2}}} \frac{1}{(1-t)(1+t)}\,dt$$

$$= \int_0^{\frac{1}{\sqrt{2}}} \left(\frac{1}{1+t} + \frac{1}{1-t}\right)dt$$

$$= \Big[\log(1+t) - \log(1-t)\Big]_0^{\frac{1}{\sqrt{2}}}$$

$$= \left[\log\frac{1+t}{1-t}\right]_0^{\frac{1}{\sqrt{2}}}$$

$$= \log\frac{\sqrt{2}+1}{\sqrt{2}-1} = \boldsymbol{2\log(\sqrt{2}+1)}$$

《tan の半角表示 (B20) ☆》

676. $f(x) = \log\cos x\ \left(-\frac{\pi}{2} < x < \frac{\pi}{2}\right)$ とし，$t = \tan\frac{x}{2}$ とおく．次の問に答えよ．

（1） $\frac{1 - t^2}{1 + t^2} = \cos x$ を示せ．

（2） $\sqrt{1+\{f'(x)\}^2}$ を t を用いて表せ．

（3） 次の定積分を求めよ．

$$\int_{-\frac{\pi}{3}}^{\frac{\pi}{3}} \sqrt{1+\{f'(x)\}^2}\,dx$$

（21 大教大・後期）

▶解答◀ （1） $\dfrac{x}{2}=\theta$ とおく．

$$\frac{1-t^2}{1+t^2}=\frac{1-\tan^2\theta}{1+\tan^2\theta}=\frac{1-\dfrac{\sin^2\theta}{\cos^2\theta}}{1+\dfrac{\sin^2\theta}{\cos^2\theta}}$$

$$=\frac{\cos^2\theta-\sin^2\theta}{\cos^2\theta+\sin^2\theta}=\frac{\cos 2\theta}{1}=\cos x$$

（2） $f'(x)=(\log\cos x)'$

$$=\frac{(\cos x)'}{\cos x}=\frac{-\sin x}{\cos x}=-\tan x$$

$$1+\{f'(x)\}^2=1+\tan^2 x=\frac{1}{\cos^2 x}$$

$\cos x>0$ であるから

$$\sqrt{1+\{f'(x)\}^2}=\frac{1}{\cos x}=\boldsymbol{\frac{1+t^2}{1-t^2}}$$

（3） $I=\displaystyle\int_{-\frac{\pi}{3}}^{\frac{\pi}{3}} \sqrt{1+\{f'(x)\}^2}\,dx$ とおく．

$$I=\int_{-\frac{\pi}{3}}^{\frac{\pi}{3}} \frac{1}{\cos x}\,dx=2\int_0^{\frac{\pi}{3}} \frac{1}{\cos x}\,dx$$

$\alpha=\dfrac{1}{\sqrt{3}}$ とおく．$t=\tan\dfrac{x}{2}$ とおくと

x	$0 \to \frac{\pi}{3}$
t	$0 \to \alpha$

$$\frac{dt}{dx}=\frac{1}{2}\cdot\frac{1}{\cos^2\frac{x}{2}}$$

$$=\frac{1}{2}\left(1+\tan^2\frac{x}{2}\right)=\frac{1}{2}(1+t^2)$$

$dx=\dfrac{2}{1+t^2}dt$ となるから

$$I=2\int_0^{\frac{\pi}{3}} \sqrt{1+\{f'(x)\}^2}\,dx$$

$$=2\int_0^{\alpha}\frac{1+t^2}{1-t^2}\cdot\frac{2}{1+t^2}\,dt=2\int_0^{\alpha}\frac{2}{1-t^2}\,dt$$

$$=2\int_0^{\alpha}\left(\frac{1}{1+t}+\frac{1}{1-t}\right)dt$$

$$=2\Big[\log(1+t)-\log(1-t)\Big]_0^{\alpha}$$

$$=2\Big[\log\frac{1+t}{1-t}\Big]_0^{\alpha}=2\log\frac{1+\alpha}{1-\alpha}$$

$$=2\log\frac{\sqrt{3}+1}{\sqrt{3}-1}=\boldsymbol{2\log(2+\sqrt{3})}$$

《外サイクロイド (B30) ☆》

677．座標平面において，中心が原点 O で半径が $\dfrac{1}{2}$ の円を C_1，中心が原点 O で半径が 1 の円を C_2 とする．円 C は半径が $\dfrac{1}{4}$ で，円 C_1 に外接しながらすべることなく回転する．

はじめ，円 C の中心 Q は $\left(\dfrac{3}{4},0\right)$ にあり，この円周上の定点 P は $(1,0)$ に位置している．円 C が円 C_1 に外接しながら回転するとき，x 軸の正の向きと動径 OQ のなす角を θ とする．θ が $0\leqq\theta\leqq\dfrac{\pi}{2}$ の範囲を動くとき，円周上の定点 P が描く曲線を K とする．また $0<\theta<\dfrac{\pi}{2}$ を満たす θ に対して，円 C と円 C_2 の共有点を R とし，直線 PR と円 C_2 の交点のうち，R 以外の点を S とする．以下の問いに答えよ．

（1） x 軸の正の向きと動径 OQ のなす角が θ であるとき，点 P の座標を θ で表せ．

（2） $\angle\mathrm{ROS}=2\theta$ であることを示せ．

（3） 直線 RS は曲線 K に接することを示せ．

（4） 曲線 K の長さを求めよ．

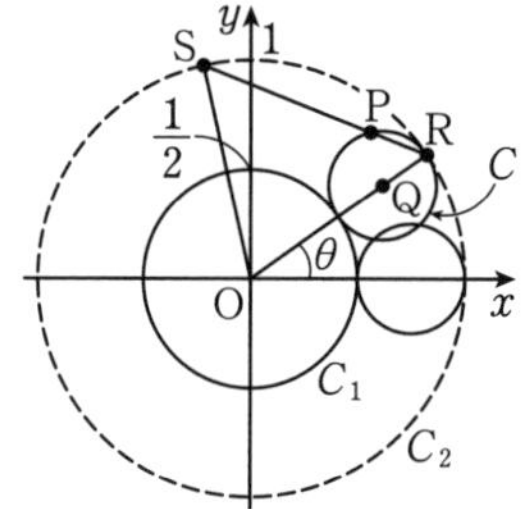

（21 明治大・総合数理）

▶解答◀ （1） A$\left(\dfrac{1}{2},0\right)$，$C_1$ と C の接点を T，はじめ A にあった C 上の定点を U とする（図 1）．

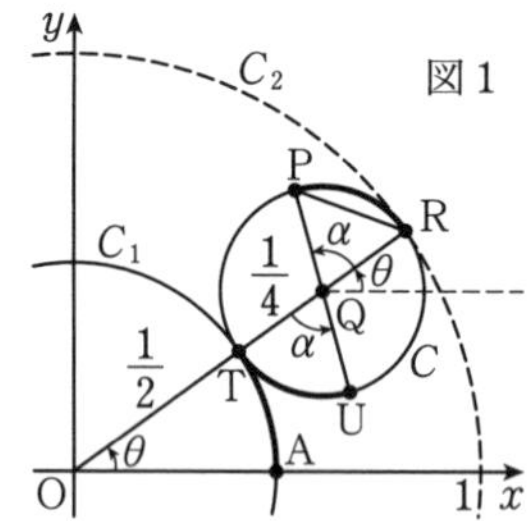

$\overset{\frown}{\mathrm{TU}}=\overset{\frown}{\mathrm{AT}}$ であるから，$\angle\mathrm{TQU}=\alpha$ とすると

$$\frac{1}{4}\alpha=\frac{1}{2}\theta \qquad \therefore\quad \alpha=2\theta$$

P と U は Q に関して対称であるから $\angle\mathrm{RQP}=\alpha=2\theta$ である．よって

$$\overrightarrow{\mathrm{OP}}=\overrightarrow{\mathrm{OQ}}+\overrightarrow{\mathrm{QP}}$$

$$=\frac{3}{4}(\cos\theta,\ \sin\theta)$$

$$+\frac{1}{4}(\cos(\theta+\alpha), \sin(\theta+\alpha))$$

$$=\left(\frac{3}{4}\cos\theta+\frac{1}{4}\cos 3\theta,\ \frac{3}{4}\sin\theta+\frac{1}{4}\sin 3\theta\right)$$

$\mathbf{P}\left(\frac{3}{4}\cos\theta+\frac{1}{4}\cos 3\theta,\ \frac{3}{4}\sin\theta+\frac{1}{4}\sin 3\theta\right)$ である．

（**2**） 図2を見よ．△ORS と △QRP は，それぞれ OR = OS，QR = QP の二等辺三角形であり，1つの底角 ∠R を共有するから相似である．よって

$$\angle \mathrm{ROS}=\angle \mathrm{RQP}=2\theta$$

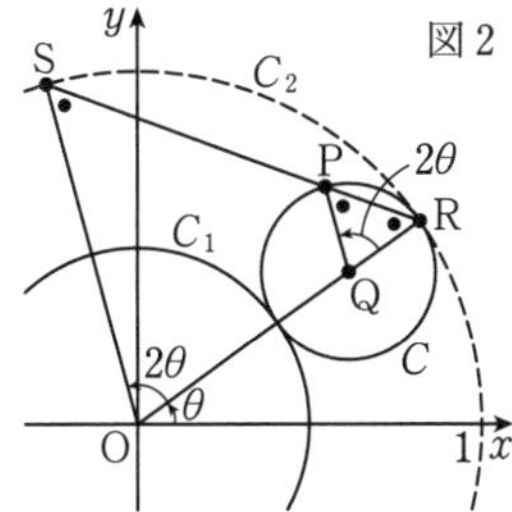

（**3**） $0<\theta<\frac{\pi}{2}$ において，直線 RS が点 P で K に接することを示す．

まず，P における K の接線の方向ベクトルの1つを

$$\vec{u}=\left(\frac{dx}{d\theta}, \frac{dy}{d\theta}\right)$$

とすると

$$\frac{dx}{d\theta}=-\frac{3}{4}\sin\theta-\frac{3}{4}\sin 3\theta=-\frac{3}{2}\sin 2\theta\cos\theta$$

$$\frac{dy}{d\theta}=\frac{3}{4}\cos\theta+\frac{3}{4}\cos 3\theta=\frac{3}{2}\cos 2\theta\cos\theta$$

であるから

$$\vec{u}=\frac{3}{2}\cos\theta\,(-\sin 2\theta, \cos 2\theta) \cdots\cdots ①$$

一方，$\overrightarrow{\mathrm{RS}}=(\cos 3\theta-\cos\theta, \sin 3\theta-\sin\theta)$

$$=(-2\sin 2\theta\sin\theta, 2\cos 2\theta\sin\theta)$$

$$=2\sin\theta\,(-\sin 2\theta, \cos 2\theta) \cdots\cdots ②$$

①，②より，$0<\theta<\frac{\pi}{2}$ において $\vec{u}\,/\!/\,\overrightarrow{\mathrm{RS}}$ であり，かつ，P は RS 上にあるから，点 P における K の接線は直線 RS に一致する．すなわち，直線 RS は点 P で K に接する．

（**4**） $\left(\frac{dx}{d\theta}\right)^2+\left(\frac{dy}{d\theta}\right)^2$

$$=\left(-\frac{3}{2}\sin 2\theta\cos\theta\right)^2+\left(\frac{3}{2}\cos 2\theta\cos\theta\right)^2$$

$$=\frac{9}{4}(\sin^2 2\theta+\cos^2 2\theta)\cos^2\theta$$

$$=\frac{9}{4}\cos^2\theta$$

であるから，K の長さは

$$\int_0^{\frac{\pi}{2}}\sqrt{\frac{9}{4}\cos^2\theta}\,d\theta=\int_0^{\frac{\pi}{2}}\frac{3}{2}\cos\theta\,d\theta$$

$$=\frac{3}{2}\Big[\sin\theta\Big]_0^{\frac{\pi}{2}}=\boldsymbol{\frac{3}{2}}$$

♦別解♦ （**3**） 図3のように ∠ROS の二等分線と C_2 の交点を V とすると

$$\overrightarrow{\mathrm{OV}}=(\cos 2\theta, \sin 2\theta) \cdots\cdots ③$$

であるから，①，③より $\vec{u}\cdot\overrightarrow{\mathrm{OV}}=0$ である．よって，$0<\theta<\frac{\pi}{2}$ において $\overrightarrow{\mathrm{OV}}\perp\vec{u}$ である．

また，OR = OS より OV ⊥ RS である．

したがって，P における K の接線の法線ベクトルは RS に垂直であるから，直線 RS は点 P で K に接する．

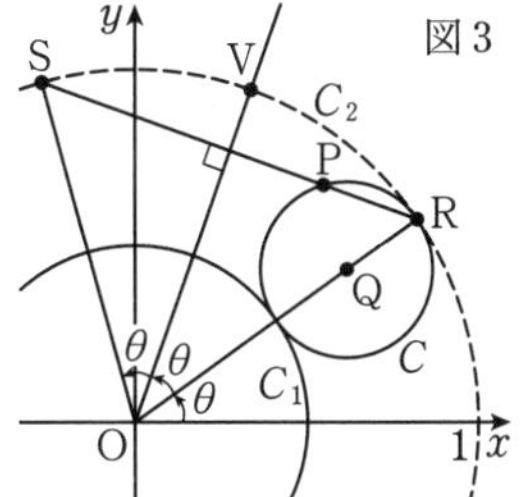

《速度・加速度・弧長（B20）》

678．座標平面上を運動する点 P の時刻 t における座標 (x, y) が

$$x=2t+\sin(2t)-\cos^2 t,$$

$$y=t-\frac{1}{2}\sin(2t)+2\sin^2 t$$

で表されるとき，以下の問いに答えよ．

（1） 時刻 $t=\frac{\pi}{4}$ における点 P の速度と加速度を求めよ．

（2） $t=0$ から $t=\pi$ までに点 P が動いた道のりを求めよ．（21 信州大）

▶解答◀ （1） 速度ベクトルを $\vec{v}$，加速度ベクトルを $\vec{\alpha}$ とおくと，

$$\vec{v}=\left(\frac{dx}{dt}, \frac{dy}{dt}\right),\ \vec{\alpha}=\frac{d\vec{v}}{dt}=\left(\frac{d^2x}{dt^2}, \frac{d^2y}{dt^2}\right)$$

である．なお，計算中は見やすくするために縦ベクトルを用い，$\sin t=s$，$\cos t=c$ と置き換える．

$$\vec{v}=\begin{pmatrix}2+2\cos 2t+2\cos t\sin t\\ 1-\cos 2t+4\sin t\cos t\end{pmatrix} \cdots\cdots ①$$

$$=\begin{pmatrix}2+2(2c^2-1)+2cs\\ 1-(1-2s^2)+4sc\end{pmatrix}=\begin{pmatrix}4c^2+2cs\\ 2s^2+4cs\end{pmatrix}$$

$$=2(2c+s)\begin{pmatrix}c\\ s\end{pmatrix} \cdots\cdots ②$$

$t=\frac{\pi}{4}$ のとき，

$$\vec{v}=2\left(\frac{2}{\sqrt{2}}+\frac{1}{\sqrt{2}}\right)\left(\frac{1}{\sqrt{2}}, \frac{1}{\sqrt{2}}\right)=\mathbf{(3, 3)}$$

①より，$\vec{v}=\begin{pmatrix}2+2\cos 2t+\sin 2t\\1-\cos 2t+2\sin 2t\end{pmatrix}$ であるから，

$$\vec{\alpha}=\begin{pmatrix}-4\sin 2t+2\cos 2t\\2\sin 2t+4\cos 2t\end{pmatrix}$$

$t=\dfrac{\pi}{4}$ のとき，$\vec{\alpha}=\boldsymbol{(-4,\ 2)}$

（**2**） 求める道のりを L とおくと，②より

$$L=\int_0^{\pi}|\vec{v}|\,dt=2\int_0^{\pi}|2\cos t+\sin t|\,dt$$

$\tan\alpha=-2$ とおくと，$2\cos\alpha+\sin\alpha=0$ である．

$2\cos 0+\sin 0=2>0$，$2\cos\pi+\sin\pi=-2<0$ で，

$2\cos t+\sin t$ は $t=\alpha$ の前後で1回だけ符号が変わる．

$$\frac{L}{2}=\int_0^{\alpha}(2\cos t+\sin t)\,dt-\int_{\alpha}^{\pi}(2\cos t+\sin t)\,dt$$

$$=\Big[\,2\sin t-\cos t\,\Big]_0^{\alpha}-\Big[\,2\sin t-\cos t\,\Big]_{\alpha}^{\pi}$$

$$=2\sin\alpha-\cos\alpha+1-(1-2\sin\alpha+\cos\alpha)$$

$$=4\sin\alpha-2\cos\alpha=\frac{8}{\sqrt{5}}+\frac{2}{\sqrt{5}}=\frac{10}{\sqrt{5}}=2\sqrt{5}$$

よって，$L=\boldsymbol{4\sqrt{5}}$

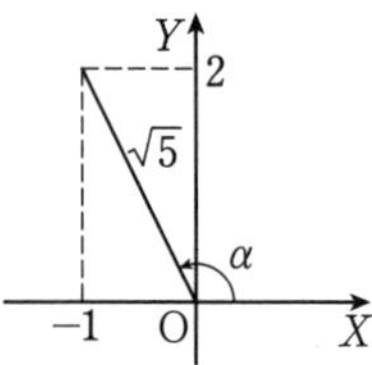

《不思議な弧長（B20）》

679. 座標平面上を運動する点 $\mathrm{P}(x,\ y)$ の時刻 t における座標が

$$x=\frac{4+5\cos t}{5+4\cos t},\quad y=\frac{3\sin t}{5+4\cos t}$$

であるとき，以下の問に答えよ．

（1） 点Pと原点Oとの距離を求めよ．

（2） 点Pの時刻 t における速度 $\vec{v}=\left(\dfrac{dx}{dt},\ \dfrac{dy}{dt}\right)$ と速さ $|\vec{v}|$ を求めよ．

（3） 定積分 $\displaystyle\int_0^{\pi}\frac{dt}{5+4\cos t}$ を求めよ．

（21　神戸大・前期）

▶解答◀ （**1**） $\mathrm{OP}^2=x^2+y^2$

$$=\frac{(4+5\cos t)^2+(3\sin t)^2}{(5+4\cos t)^2}$$

$$=\frac{16+40\cos t+25\cos^2 t+9\sin^2 t}{(5+4\cos t)^2}$$

$$=\frac{25+40\cos t+16\cos^2 t}{(5+4\cos t)^2}=1$$

であるから，$\mathrm{OP}=\boldsymbol{1}$ である．

（**2**）

$$\frac{dx}{dt}=\frac{-5\sin t(5+4\cos t)+4(4+5\cos t)\sin t}{(5+4\cos t)^2}$$

$$=-\frac{9\sin t}{(5+4\cos t)^2}$$

$$\frac{dy}{dt}=3\cdot\frac{\cos t(5+4\cos t)-\sin t\cdot 4(-\sin t)}{(5+4\cos t)^2}$$

$$=\frac{3(4+5\cos t)}{(5+4\cos t)^2}$$

これより，$\vec{v}=\boldsymbol{\left(-\dfrac{9\sin t}{(5+4\cos t)^2},\ \dfrac{3(4+5\cos t)}{(5+4\cos t)^2}\right)}$

$$|\vec{v}|=\frac{3}{5+4\cos t}\{(-y)^2+x^2\}=\boldsymbol{\frac{3}{5+4\cos t}}$$

（**3**） t が0から π まで動くときのPの曲線の長さ L を考えると

$$L=\int_0^{\pi}|\vec{v}|\,dt=\int_0^{\pi}\frac{3}{5+4\cos t}\,dt \quad \cdots\cdots\cdots\cdots①$$

また，実際にPの動きを考える．$0\leqq t\leqq\pi$ において

$$\frac{dx}{dt}\leqq 0,\ y\geqq 0$$

$t=0$ のとき $(x,\ y)=(1,\ 0)$，$t=\pi$ のとき $(x,\ y)=(-1,\ 0)$ である．さらに，（1）よりPは単位円上を動くから，これらをすべて合わせると，t が0から π まで動くと，Pは単位円上の上半分をくまなく動くことがわかる．

よって，$L=2\pi\cdot\dfrac{1}{2}=\pi$ である．①より

$$\int_0^{\pi}\frac{3}{5+4\cos t}\,dt=\pi$$

$$\int_0^{\pi}\frac{1}{5+4\cos t}\,dt=\boldsymbol{\frac{\pi}{3}}$$

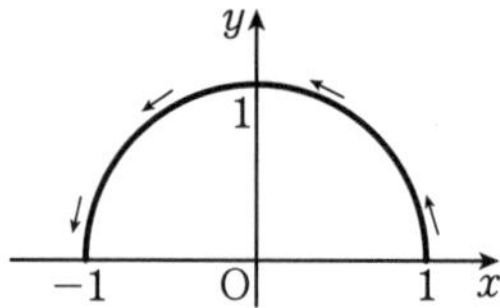

注意 大学に行って，複素積分を習うと，留数の定理という大変美しい定理によってもっと簡単に（3）の積分を求めることができるが，それはそのときまでのお楽しみである．

【弧長の難問】

《カテナリー（C30）》

680. 曲線 $y=\dfrac{e^x+e^{-x}}{2}\ (x>0)$ を C で表す．点 $\mathrm{Q}(X,\ Y)$ を中心とする半径 r の円が曲線 C と，点 $\mathrm{P}\left(t,\ \dfrac{e^t+e^{-t}}{2}\right)$（ただし $t>0$）において共通の接線をもち，さらに $X<t$ であるとする．このとき X および Y を t の式で表すと

$X=$ （あ） ，$Y=$ （い）

となる．t の関数 $X(t),\ Y(t)$ を

$X(t)=$ （あ） ，$Y(t)=$ （い）

により定義する．すべての $t>0$ に対して

$X(t) > 0$ となるための条件は，r が不等式 （う） を満たすことである．（う） が成り立たないとき，関数 $Y(t)$ は $t =$ （え） において最小値 （お） をとる．また （う） が成り立つとき，Y を X の関数と考えて，$\left(\dfrac{dY}{dX}\right)^2+1$ を Y の式で表すと $\left(\dfrac{dY}{dX}\right)^2+1=$ （か） となる．

（21　慶應大・医）

考え方　この曲線はカテナリーという．次の有名な公式を使って効率的に計算する．また，ベクトル的にアプローチすると見通しがよい．

$f(x)=\dfrac{e^x+e^{-x}}{2}$ とおくと，

$$f'(x)=\frac{e^x-e^{-x}}{2},\ f''(x)=\frac{e^x+e^{-x}}{2}$$

であるから，$1+f'^2=f^2$，$f''=f$ が成立する．

▶解答◀　$f(x)=\dfrac{e^x+e^{-x}}{2}$ とおく．適宜 (t) を省略する．$\mathrm{P}\begin{pmatrix} t \\ f \end{pmatrix}$ を t で微分した $\vec{u}=\begin{pmatrix} 1 \\ f' \end{pmatrix}$ は P における接線の方向ベクトルであり，$\overrightarrow{\mathrm{PQ}}$ は $\vec{u}$ を 90 度回転した $\vec{v}=\begin{pmatrix} -f' \\ 1 \end{pmatrix}$ と同じ向きに平行で，長さが r である．

$$\overrightarrow{\mathrm{PQ}}=\frac{r}{|\vec{v}|}\begin{pmatrix} -f' \\ 1 \end{pmatrix}$$

$$=\frac{r}{\sqrt{1+f'^2}}\begin{pmatrix} -f' \\ 1 \end{pmatrix}=\frac{r}{f}\begin{pmatrix} -f' \\ 1 \end{pmatrix}$$

$$\overrightarrow{\mathrm{OQ}}=\overrightarrow{\mathrm{OP}}+\overrightarrow{\mathrm{PQ}}=\begin{pmatrix} t \\ f \end{pmatrix}+\frac{r}{f}\begin{pmatrix} -f' \\ 1 \end{pmatrix}$$

$$X=t-\frac{f'}{f}r,\ Y=f+\frac{r}{f}$$

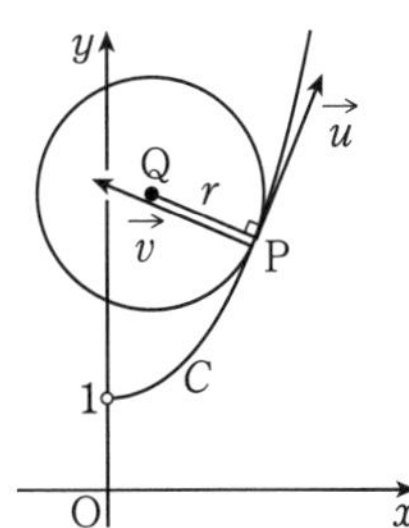

$$\boldsymbol{X=t-\frac{e^t-e^{-t}}{e^t+e^{-t}}r,\ Y=\frac{e^t+e^{-t}}{2}+\frac{2r}{e^t+e^{-t}}}$$

である．ダッシュは t による微分を表す．

$$X'=1-\frac{f''f-f'^2}{f^2}r=1-\frac{f^2-f'^2}{f^2}r$$

$$=1-\frac{r}{f^2}=\frac{f^2-r}{f^2}$$

$t>0$ では f は増加関数であり，$f(0)=1$ であるから $t>0$ における f の値域は $f>1$ である．

（ア）$0<r\leqq 1$ のとき．$f^2-r>0$ であるから $X'>0$ である．X は増加関数であり $X(0)=0$ であるから $t>0$ で $X(t)>0$ である．

（イ）$r>1$ のとき．$t>0$ で t が 0 に近いとき（0 の正近傍ということにする）には $f^2<r$ であり，0 の正近傍で $X'<0$ となる．$X(0)=0$ であるから，0 の正近傍で $X<0$ となり不適である．

ゆえに，すべての t に対して $X(t)>0$ が成り立つための条件は $\boldsymbol{0<r\leqq 1}$ である．

$r>1$ のとき，相加相乗平均の不等式より

$$Y=f+\frac{r}{f}\geqq 2\sqrt{f\cdot\frac{r}{f}}=2\sqrt{r}$$

等号は $f=\dfrac{r}{f}$，すなわち $f=\sqrt{r}$ のとき成り立つ．このとき $f'=\sqrt{f^2-1}=\sqrt{r-1}$

$$\frac{e^t+e^{-t}}{2}=\sqrt{r},\ \frac{e^t-e^{-t}}{2}=\sqrt{r-1}$$

を辺ごとに加えて

$$e^t=\sqrt{r}+\sqrt{r-1}$$

$$t=\boldsymbol{\log(\sqrt{r}+\sqrt{r-1})}$$

のとき，$Y(t)$ は最小値 $\boldsymbol{2\sqrt{r}}$ をとる．

最後の空欄である．$0<r\leqq 1$ のとき．

$$\frac{dY}{dt}=f'-\frac{f'}{f^2}r=f'\left(1-\frac{r}{f^2}\right)=f'\cdot\frac{dX}{dt}$$

であるから，$\dfrac{dY}{dX}=f'$

$$\left(\frac{dY}{dX}\right)^2+1=f'^2+1=f^2$$

$Y=f+\dfrac{r}{f}$ より $f^2-Yf+r=0$

これを f の 2 次方程式と見る．解と係数の関係より 2 解の積は r であるから，2 解の小さい方（重解ならばその値）は $\sqrt{r}$ 以下である．$0<r\leqq 1$ より $\sqrt{r}\leqq 1$ であるから，解の一方は 1 以下であり，$f>1$ になるのは大きな方の解である．$f=\dfrac{Y+\sqrt{Y^2-4r}}{2}$ となり，

$$\left(\frac{dY}{dX}\right)^2+1=\boldsymbol{\left(\frac{Y+\sqrt{Y^2-4r}}{2}\right)^2}$$

【2 次曲線】

《放物線 (A10)》

681. 焦点が $(0,\ 0)$，準線が $y=-2$ の放物線と直線 $y=2$ の交点を P とする．

（1） P の座標を求めよ．

（2） （1）とは別の解法で P の座標を求めよ．

（21 浜松医大）

▶解答◀ （1） $P(t,\ 2)$ とおく．P と焦点との距離 OP は P と準線 $y=-2$ との距離に等しいから

$$OP=2-(-2)=4$$

$$\sqrt{t^2+4}=4$$

$$t^2=12$$

$$t=\pm 2\sqrt{3}$$

よって，P の座標は $\boldsymbol{(\pm 2\sqrt{3},\ 2)}$

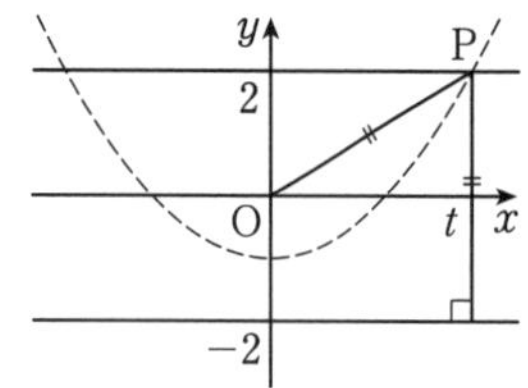

（2） 焦点 $(0,\ 0)$，準線 $y=-2$ より，放物線の頂点は $(0,\ -1)$ である．また，焦点と準線との距離の 2 倍が x^2 の係数の分母に入るから，この放物線の方程式は

$$y=\frac{x^2}{4}-1$$

である．これと $y=2$ を連立して

$$x^2=4\cdot 3 \qquad \therefore\ x=\pm 2\sqrt{3}$$

P の座標は $\boldsymbol{(\pm 2\sqrt{3},\ 2)}$ である．

《放物線 (B15)》

682. p を正の実数とする．放物線 $y^2=4px$ 上の点 Q における接線 l が準線 $x=-p$ と交わる点を A とし，Q から準線 $x=-p$ に下ろした垂線と準線 $x=-p$ との交点を H とする．ただし，Q の y 座標は正とする．次の問いに答えよ．

（1） Q の x 座標を α とするとき，三角形 AQH の面積を，α と p を用いて表せ．

（2） Q における法線が準線 $x=-p$ と交わる点を B とするとき，三角形 AQH の面積は線分 AB の長さの $\dfrac{p}{2}$ 倍に等しいことを示せ．

（21 弘前大・医，理工，教）

▶解答◀ （1） C : $y^2=4px$ の両辺を x で微分して

$$2yy'=4p \qquad \therefore\ y'=\frac{2p}{y}$$

点 Q の y 座標は $2\sqrt{p\alpha}$ であるから，接線 l の傾きは

$$\frac{2p}{2\sqrt{p\alpha}}=\sqrt{\frac{p}{\alpha}}$$

である．$HQ=\alpha+p$ であるから

$$AH=\sqrt{\frac{p}{\alpha}}HQ=\sqrt{\frac{p}{\alpha}}(\alpha+p)$$

よって

$$\triangle AQH=\frac{1}{2}HQ\cdot AH=\boldsymbol{\frac{1}{2}\sqrt{\frac{p}{\alpha}}(\alpha+p)^2}$$

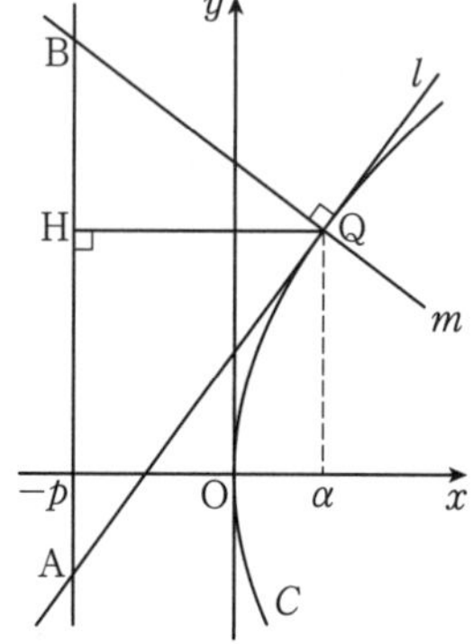

（2） Q における法線 m の傾きは $-\sqrt{\dfrac{\alpha}{p}}$ であるから

$$HB=\left|-\sqrt{\frac{\alpha}{p}}HQ\right|=\sqrt{\frac{\alpha}{p}}(\alpha+p)$$

$$AB=HA+HB$$

$$=\sqrt{\frac{p}{\alpha}}(\alpha+p)+\sqrt{\frac{\alpha}{p}}(\alpha+p)=\frac{(\alpha+p)^2}{\sqrt{\alpha p}}$$

よって，

$$\triangle AQH=\frac{1}{2}\sqrt{\frac{p}{\alpha}}(\alpha+p)^2=\frac{p}{2}AB$$

である．

《楕円と直角三角形 (B15) ☆》

683. 楕円 $\dfrac{x^2}{a^2}+\dfrac{y^2}{b^2}=1\ (a>0,\ b>0)$ 上に 2 点 P，Q がある．原点 O と直線 PQ の距離を h として，線分 OP，OQ の長さをそれぞれ $p,\ q$ とする．$\angle POQ=\dfrac{\pi}{2}$ のとき，次の各問に答えよ．

（1） h を $p,\ q$ を用いて表せ．

（2） h を $a,\ b$ を用いて表せ．

（3） $a,\ b$ が正の実数全体を動くとき，$\dfrac{h}{\sqrt{ab}}$ の最大値を求めよ．

（21 高知工科大）

▶解答◀ （1） 三角形 OPQ の面積は $\dfrac{1}{2}pq$，$\dfrac{1}{2}PQ\cdot h$ と 2 通りに表すことができる．

$$\frac{1}{2}pq=\frac{1}{2}PQ\cdot h$$

三平方の定理より $PQ=\sqrt{p^2+q^2}$

$$pq=h\sqrt{p^2+q^2}$$

$$h=\frac{pq}{\sqrt{p^2+q^2}} \quad \cdots\cdots①$$

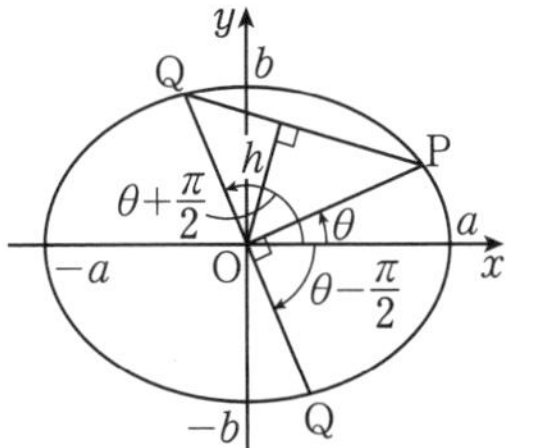

(2) OP の偏角を θ とする．$\mathrm{P}(p\cos\theta,\ p\sin\theta)$ とおけて，$\dfrac{x^2}{a^2}+\dfrac{y^2}{b^2}=1$ に代入すると

$$\frac{p^2\cos^2\theta}{a^2}+\frac{p^2\sin^2\theta}{b^2}=1$$

p^2 で割って

$$\frac{\cos^2\theta}{a^2}+\frac{\sin^2\theta}{b^2}=\frac{1}{p^2} \quad \cdots\cdots②$$

OP と OQ は垂直であるから OQ の偏角は $\theta\pm\dfrac{\pi}{2}$ とおけて，

$$\frac{\cos^2\left(\theta\pm\frac{\pi}{2}\right)}{a^2}+\frac{\sin^2\left(\theta\pm\frac{\pi}{2}\right)}{b^2}=\frac{1}{q^2}$$

$$\frac{\sin^2\theta}{a^2}+\frac{\cos^2\theta}{b^2}=\frac{1}{q^2} \quad \cdots\cdots③$$

① を 2 乗して逆数をとると $\dfrac{1}{h^2}=\dfrac{1}{p^2}+\dfrac{1}{q^2}$

②，③ を加えて $\dfrac{1}{h^2}=\dfrac{1}{a^2}+\dfrac{1}{b^2}$

$$h=\frac{ab}{\sqrt{a^2+b^2}}$$

(3) $$\frac{h}{\sqrt{ab}}=\sqrt{\frac{ab}{a^2+b^2}}=\frac{1}{\sqrt{\frac{a}{b}+\frac{b}{a}}}$$

$$\leqq\frac{1}{\sqrt{2\sqrt{\frac{a}{b}\cdot\frac{b}{a}}}}=\frac{1}{\sqrt{2}}$$

相加相乗平均の不等式を用いた．等号は $\dfrac{a}{b}=\dfrac{b}{a}$，すなわち $a=b$ のとき成り立つ．求める最大値は $\boldsymbol{\dfrac{1}{\sqrt{2}}}$

《楕円のパラメタ表示と円の変換（B25）☆》

684. 座標平面上の 2 点 $(\sqrt{2},0)$，$(-\sqrt{2},0)$ を焦点とし，この 2 点からの距離の和が $2\sqrt{3}$ である楕円を C とする．

(1) 楕円 C の方程式を $\dfrac{x^2}{a^2}+\dfrac{y^2}{b^2}=1$ とするとき，$a^2=\square$，$b^2=\square$ である．

(2) 点 P が楕円 C 上を動くとき，点 P と直線 $2x-y-9=0$ の距離の最大値は $\square$ であり，このときの点 P の座標は $\square$ である．

(3) 楕円 C を原点のまわりに 90° 回転した楕円の方程式を $\dfrac{x^2}{c^2}+\dfrac{y^2}{d^2}=1$ とするとき，$\dfrac{x^2}{a^2}+\dfrac{y^2}{b^2}\leqq1$ かつ $\dfrac{x^2}{c^2}+\dfrac{y^2}{d^2}\leqq1$ を満たす領域の面積は $\square\pi$ である．

（21 久留米大・後期）

▶解答◀ (1) C は長軸の長さが $2\sqrt{3}$ であるから

$$2|a|=2\sqrt{3} \qquad \therefore\ a^2=\boldsymbol{3}$$

焦点が $(\pm\sqrt{2},0)$ であるから

$$a^2-b^2=2 \qquad \therefore\ b^2=\boldsymbol{1}$$

(2) P の座標を $(\sqrt{3}\cos\theta,\ \sin\theta)$ $(0\leqq\theta<2\pi)$ とおく．直線 $2x-y-9=0$ を l とする．

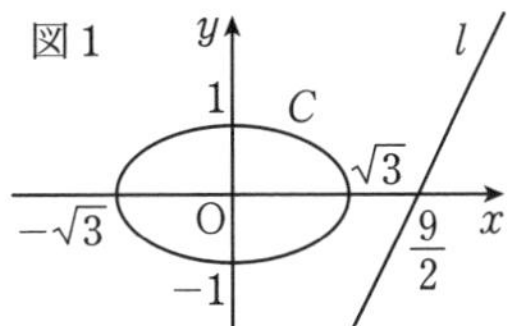

P と直線 l の距離を d とすると

$$d=\frac{|2\sqrt{3}\cos\theta-\sin\theta-9|}{\sqrt{2^2+(-1)^2}}$$

$$=\frac{|\sqrt{13}\cos(\theta+\alpha)-9|}{\sqrt{5}}$$

ただし，α は $\cos\alpha=\dfrac{2\sqrt{3}}{\sqrt{13}}$，$\sin\alpha=\dfrac{1}{\sqrt{13}}$ を満たす角である．

したがって，d は $\cos(\theta+\alpha)=-1$ のとき，最大値 $\dfrac{\sqrt{13}+9}{\sqrt{5}}=\boldsymbol{\dfrac{\sqrt{65}+9\sqrt{5}}{5}}$ をとる．

このとき $\theta+\alpha=\pi$ であるから

$$\sqrt{3}\cos\theta=\sqrt{3}\cos(\pi-\alpha)$$

$$=-\sqrt{3}\cos\alpha=-\sqrt{3}\cdot\frac{2\sqrt{3}}{\sqrt{13}}=-\frac{6\sqrt{13}}{13}$$

$$\sin\theta=\sin(\pi-\alpha)=\sin\alpha=\frac{1}{\sqrt{13}}=\frac{\sqrt{13}}{13}$$

よって，P の座標は $\boldsymbol{\left(\dfrac{-6\sqrt{13}}{13},\ \dfrac{\sqrt{13}}{13}\right)}$ である．

(3) C を 90° 回転した楕円を C' とすると C' は

$$x^2+\frac{y^2}{3}=1$$

求める面積は，境界を含む図 2 の網目部分の図形の面積を 8 倍したものである．

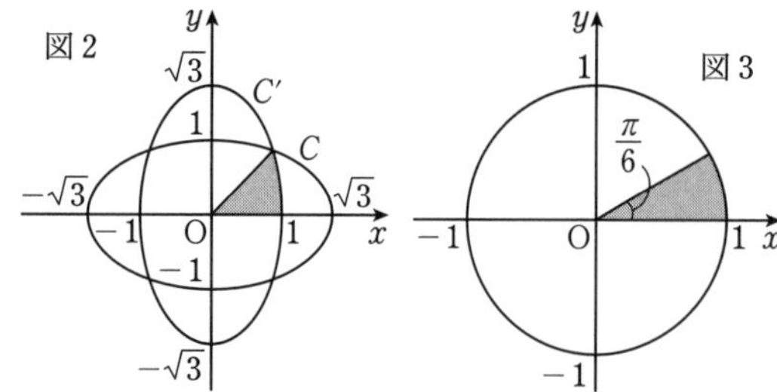

図2の網目部分の図形を y 軸方向に $\dfrac{1}{\sqrt{3}}$ 倍すると，図3のように中心角 $\dfrac{\pi}{6}$ の扇形になるから，求める面積は

$$\frac{1}{2}\cdot\frac{\pi}{6}\cdot 1^2\cdot 8\cdot\sqrt{3}=\boldsymbol{\frac{2\sqrt{3}}{3}}\pi$$

《楕円の極方程式 (B30) ☆》

685. 座標平面上に2点 $\mathrm{A}\left(\dfrac{\sqrt{3}}{2},0\right)$，$\mathrm{B}\left(-\dfrac{\sqrt{3}}{2},0\right)$ をとり，点Bを中心とする半径2の円を C とする．点Aと円 C 上の動点Qを結ぶ線分AQの垂直二等分線が線分BQと交わる点をPとし，点Qが円 C 上を1周するときの点Pのえがく曲線を E とする．このとき，次の問いに答えよ．

（1） 曲線 E が2点A，Bを焦点とする楕円になることを示し，その方程式を求めよ．

（2） 曲線 E 上の点Pに対して，$\mathrm{BP}=r$，$\angle\mathrm{PBA}=\alpha$ とするとき，r を α を用いて表せ．

（3） 点Bを通る直線と曲線 E との交点を $\mathrm{D_1}$，$\mathrm{D_2}$ とする．ただし，3点A，$\mathrm{D_1}$，$\mathrm{D_2}$ は同一直線上にはないとする．このとき，$\angle\mathrm{D_1BA}=\theta$ とおいて $\triangle\mathrm{AD_1D_2}$ の面積を θ を用いて表せ．

（4）（3）における $\triangle\mathrm{AD_1D_2}$ の面積の最大値を求めよ．

（21　静岡大・後期）

考え方 問題文では角度を $\angle\mathrm{PBA}=\alpha$，$\angle\mathrm{D_1BA}=\theta$ という角記号で書いているが，こういう角では0と π の間であり，まずい．偏角（一般角）でなければ，$\mathrm{BD_2}$ のときに使えない．なお，余弦定理は，座標で証明すれば一般角で成り立つ．

▶解答◀（1） 図1を見よ．AQの中点をMとする．PA = PQであるから

$$\mathrm{BP}+\mathrm{PA}=\mathrm{BP}+\mathrm{PQ}=2$$

2点（2焦点）からの距離の和が一定である点の軌跡は楕円であるから，Pの軌跡は楕円である．

図2を見よ．短軸の長さを $2b$ とすると，△OAPに三平方の定理を使って

$$b=\sqrt{1-\frac{3}{4}}=\frac{1}{2}$$

よって，楕円 E の方程式は

$$\boldsymbol{x^2+4y^2=1}$$

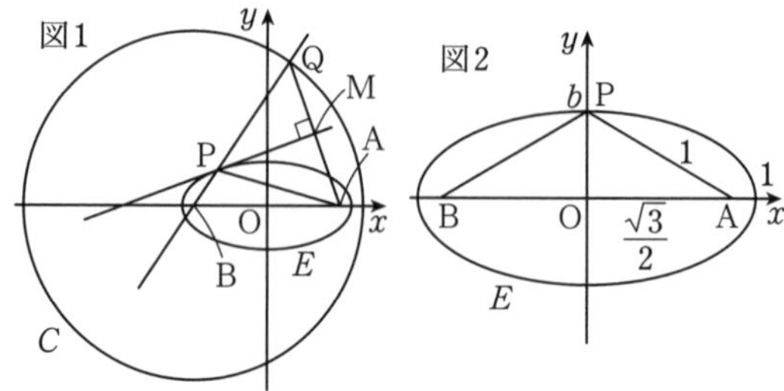

（2） 図3を見よ．△PABに余弦定理を用いて

$$\mathrm{AP}^2=\mathrm{AB}^2+\mathrm{BP}^2-2\mathrm{AB}\cdot\mathrm{BP}\cos\alpha$$

$$(2-r)^2=3+r^2-2\sqrt{3}r\cos\alpha$$

$$r=\boldsymbol{\frac{1}{2(2-\sqrt{3}\cos\alpha)}}$$

$\mathrm{BC}=\dfrac{2-\sqrt{3}}{2}$，$\mathrm{BD}=\dfrac{2+\sqrt{3}}{2}$ であるから，これはPが図3のCやDに一致して三角形を作らないときも成り立つ．

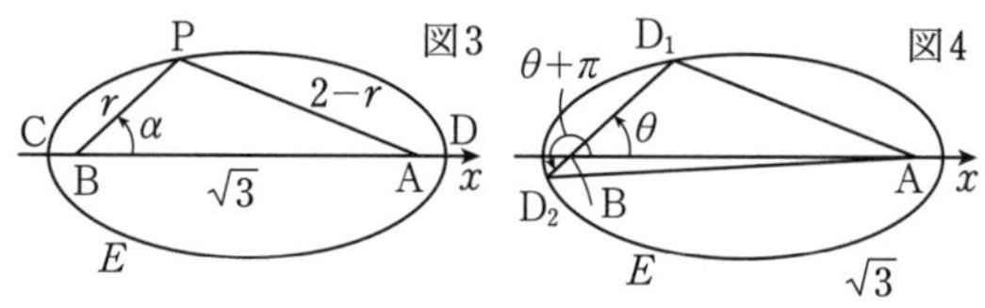

（3） $\mathrm{D_1}$ を x 軸より上にある点，$\mathrm{D_2}$ を x 軸より下にある点とする．（2）より

$$\mathrm{BD_1}=\frac{1}{2(2-\sqrt{3}\cos\theta)}$$

$$\mathrm{BD_2}=\frac{1}{2(2-\sqrt{3}\cos(\pi+\theta))}=\frac{1}{2(2+\sqrt{3}\cos\theta)}$$

であるから

$$\mathrm{D_1D_2}=\mathrm{BD_1}+\mathrm{BD_2}$$

$$=\frac{1}{2(2-\sqrt{3}\cos\theta)}+\frac{1}{2(2+\sqrt{3}\cos\theta)}$$

$$=\frac{1}{2}\cdot\frac{4}{4-3\cos^2\theta}=\frac{2}{1+3\sin^2\theta}$$

$$\triangle\mathrm{AD_1D_2}=\frac{1}{2}\mathrm{AB}\cdot\mathrm{D_1D_2}\sin\theta=\boldsymbol{\frac{\sqrt{3}\sin\theta}{1+3\sin^2\theta}}$$

（4） $s=\sqrt{3}\sin\theta\ (0<\theta<\pi)$ とし，$f(s)=\dfrac{s}{1+s^2}\ (0<s\leqq\sqrt{3})$ とおく．

$$f'(s)=\frac{1+s^2-2s^2}{(1+s^2)^2}=\frac{1-s^2}{(1+s^2)^2}$$

$$=\frac{(1-s)(1+s)}{(1+s^2)^2}$$

$f(s)$ の増減表は次の様になる.

s	0	$\cdots$	1	$\cdots$	$\sqrt{3}$
$f'(s)$		$+$		$-$	
$f(s)$		↗		↘	

よって, $\triangle AD_1D_2$ の最大値は $f(1)=\dfrac{1}{2}$

《楕円の接線と角の二等分 (B30)》

686. $a>b>0$ として, 座標平面上の楕円

$$\frac{x^2}{a^2}+\frac{y^2}{b^2}=1$$

を C とおく. C 上の点 $P(p_1,\ p_2)\ (p_2 \neq 0)$ における C の接線を l, 法線を n とする.

(1) 接線 l および法線 n の方程式を求めよ.

(2) 2点 $A(\sqrt{a^2-b^2},\ 0)$, $B(-\sqrt{a^2-b^2},\ 0)$ に対して, 法線 n は $\angle APB$ の二等分線であることを示せ. (21 お茶の水女子大・前期)

▶解答◀ (1) 接線 l の方程式は

$$\boldsymbol{\frac{p_1x}{a^2}+\frac{p_2y}{b^2}=1}$$

法線 n は P を通り l と垂直であるから, n の方程式は

$$\frac{p_2}{b^2}(x-p_1)-\frac{p_1}{a^2}(y-p_2)=0$$

$$\boldsymbol{\frac{p_2}{b^2}x-\frac{p_1}{a^2}y=p_1p_2\left(\frac{1}{b^2}-\frac{1}{a^2}\right)} \quad \cdots\cdots\cdots\cdots①$$

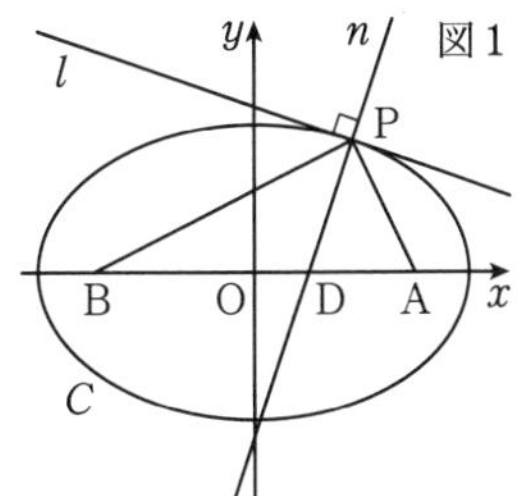

(2) $c=\sqrt{a^2-b^2}$ とおくと, $c^2=a^2-b^2$, $A(c,\ 0)$, $B(-c,\ 0)$ であり

$$AP^2=(p_1-c)^2+p_2^2$$

ここで, P は C 上にあるから

$$\frac{p_1^2}{a^2}+\frac{p_2^2}{b^2}=1$$

$$p_2^2=b^2\left(1-\frac{p_1^2}{a^2}\right)$$

であり

$$AP^2=(p_1-c)^2+b^2\left(1-\frac{p_1^2}{a^2}\right)$$

$$=p_1^2-2cp_1+c^2+b^2-\frac{b^2}{a^2}p_1^2$$

$$=\frac{a^2-b^2}{a^2}p_1^2-2cp_1+a^2$$

$$=\frac{c^2}{a^2}p_1^2-2cp_1+a^2=\left(a-\frac{c}{a}p_1\right)^2$$

$a>c>0$, $a>p_1$ であるから

$$a-\frac{c}{a}p_1=\frac{a^2-cp_1}{a}>\frac{a^2-ca}{a}>0$$

であり

$$AP=\left|a-\frac{c}{a}p_1\right|=a-\frac{c}{a}p_1$$

同様に

$$BP^2=(p_1+c)^2+p_2^2=\left(a+\frac{c}{a}p_1\right)^2$$

$a>c>0$, $p_1>-a$ であるから

$$a+\frac{c}{a}p_1=\frac{a^2+cp_1}{a}>\frac{a^2-ca}{a}>0$$

であり

$$BP=\left|a+\frac{c}{a}p_1\right|=a+\frac{c}{a}p_1$$

一方, n と x 軸の交点を D とする. ①で $y=0$ として

$$\frac{p_2}{b^2}x=p_1p_2\left(\frac{1}{b^2}-\frac{1}{a^2}\right)$$

$$x=b^2p_1\left(\frac{1}{b^2}-\frac{1}{a^2}\right)=b^2p_1\cdot\frac{a^2-b^2}{a^2b^2}=\frac{c^2}{a^2}p_1$$

$D\left(\dfrac{c^2}{a^2}p_1,\ 0\right)$ である.

$$c-\frac{c^2}{a^2}p_1=\frac{c}{a}\left(a-\frac{c}{a}p_1\right)>0$$

$$\frac{c^2}{a^2}p_1-(-c)=\frac{c}{a}\left(a+\frac{c}{a}p_1\right)>0$$

であるから, D は線分 AB の内分点であり

$$AD=\frac{c}{a}\left(a-\frac{c}{a}p_1\right),\ BD=\frac{c}{a}\left(a+\frac{c}{a}p_1\right)$$

であるから

$$AD:BD=\left(a-\frac{c}{a}p_1\right):\left(a+\frac{c}{a}p_1\right)$$

$$=AP:BP$$

角の二等分線の定理の逆により, 直線 PD, すなわち法線 n は $\angle APB$ の二等分線である.

◆別解◆ 図2のように, 2点 T, U をとる. 微分を利用するために文字を変えて $P(x,\ y)$ とおく. 楕円の定義より $PA+PB=2a$ であるから

$$\sqrt{(x-c)^2+y^2}+\sqrt{(x+c)^2+y^2}=2a$$

y が x の関数であることに注意して, 両辺を x で微分すると

$$\frac{(x-c)+yy'}{\sqrt{(x-c)^2+y^2}}+\frac{(x+c)+yy'}{\sqrt{(x+c)^2+y^2}}=0 \quad \cdots\cdots②$$

ここで, $\overrightarrow{AP}=(x-c,\ y)$, $\overrightarrow{BP}=(x+c,\ y)$ であり, $\vec{v}=(1,\ y')$, とおくと, ②より

$$\frac{\overrightarrow{AP}\cdot\vec{v}}{|\overrightarrow{AP}|}+\frac{\overrightarrow{BP}\cdot\vec{v}}{|\overrightarrow{BP}|}=0$$

$$\frac{\overrightarrow{PA}\cdot\vec{v}}{|\overrightarrow{PA}||\vec{v}|}+\frac{\overrightarrow{PB}\cdot\vec{v}}{|\overrightarrow{PB}||\vec{v}|}=0$$

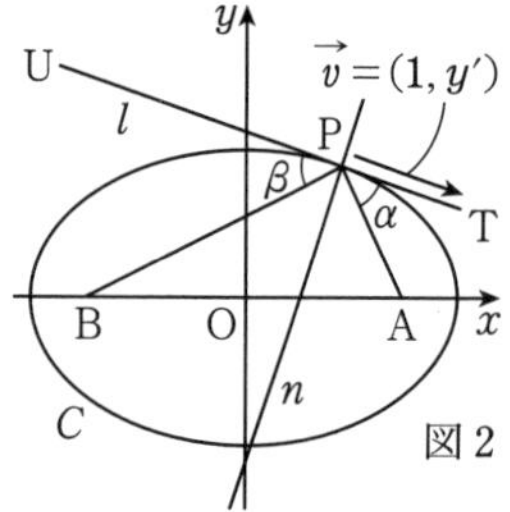

$\vec{v}$ は接線 l の方向ベクトルであり，$\overrightarrow{\mathrm{PT}}$ と同じ向きである．$\angle\mathrm{APT}=\alpha$，$\angle\mathrm{BPU}=\beta$ とおくと，$\overrightarrow{\mathrm{PB}}$ と $\vec{v}$ のなす角が β ではなく β の補角であることに注意して

$$\cos\alpha+\cos(\pi-\beta)=0$$

$$\cos\alpha=\cos\beta \qquad \therefore\quad \alpha=\beta$$

よって，法線 n は $\angle\mathrm{APB}$ の二等分線である．

♦別解♦ l 上に点Qをとる．

（ア） $\mathrm{Q}\neq\mathrm{P}$ のとき

QはCの外部にある．線分QBとCの交点をRとすると，RはC上の点であるから $\mathrm{RA}+\mathrm{RB}=2a$ であり

$$\mathrm{QA}+\mathrm{QB}=\mathrm{QA}+(\mathrm{QR}+\mathrm{RB})$$

$$=(\mathrm{QA}+\mathrm{QR})+\mathrm{RB}>\mathrm{RA}+\mathrm{RB}=2a$$

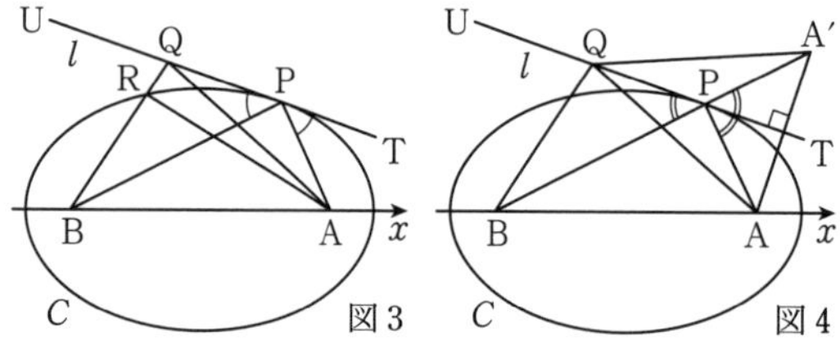

（イ） $\mathrm{Q}=\mathrm{P}$ のとき

$$\mathrm{QA}+\mathrm{QB}=\mathrm{PA}+\mathrm{PB}=2a$$

（ア）と（イ）をまとめると

$$\mathrm{QA}+\mathrm{QB}\geqq 2a$$

であり，等号成立は $\mathrm{Q}=\mathrm{P}$ のときである．これは折れ線の長さ $\mathrm{QA}+\mathrm{QB}$ を最小にするQがPであることを表している．

一方，Aの l に関する対称点をA′とすると

$$\mathrm{QA}+\mathrm{QB}=\mathrm{QA'}+\mathrm{QB}\geqq \mathrm{A'B}=(\text{定数})$$

であり，等号成立はA′，Q，Bがこの順に一直線上に並ぶときであるから，このとき $\mathrm{QA}+\mathrm{QB}$ は最小になる．

以上より，A′，P，Bはこの順に一直線上にあり

$$\angle\mathrm{APT}=\angle\mathrm{A'PT}=\angle\mathrm{BPU}$$

《楕円の直交２接線（B20）☆》

687．座標平面上の図形について，中心が原点，x 軸方向の長軸の長さが $4\sqrt{2}$，y 軸方向の短軸の長さが4の楕円を C とする．以下の問いに答えよ．

（1）では証明や説明は必要としない．（2），（3），（4）では答えを導く過程も示すこと．

（1） 楕円 C の方程式を求めよ．

（2） 楕円 C を y 軸方向に $\sqrt{2}$ 倍に拡大するとどのような曲線になるか．この曲線を表す方程式を求めよ．

（3） 点 $(0,\,2\sqrt{2})$ を通り，楕円 C に第一象限で接する直線の方程式を求めよ．

（4） 楕円 C の外部に点 $\mathrm{P}(p,\,q)$ をとる．点Pから C に引いた2本の接線について相異なる接点をA，Bとする．2本の接線が点Pで直交するように点A，Bが C 上を動くとき，点Pの軌跡を求めよ．

（21 北九州市立大・前期）

▶解答◀ （1） C の方程式は

$$\frac{x^2}{(2\sqrt{2})^2}+\frac{y^2}{2^2}=1 \qquad \therefore\quad \boldsymbol{\frac{x^2}{8}+\frac{y^2}{4}=1}$$

（2） C を y 軸方向に $\sqrt{2}$ 倍に拡大すると，y 切片が ±2 から $\pm2\sqrt{2}$ になる．図1，図2を見よ．求める曲線は円 $\boldsymbol{x^2+y^2=8}$ である．

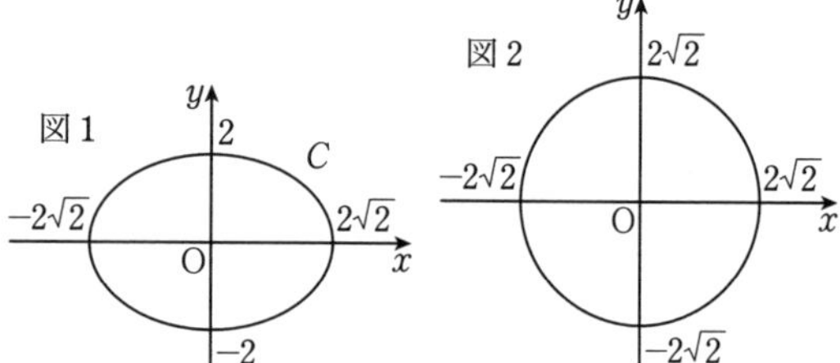

（3） $\mathrm{D}(0,\,2\sqrt{2})$ とする．C 上の接点を $\mathrm{E}(a,\,b)$ $(a>0,\,b>0)$ とすると

$$\frac{a^2}{8}+\frac{b^2}{4}=1 \quad \cdots\cdots\text{①}$$

をみたす．図3を見よ．C のEにおける接線 l の方程式は

$$\frac{ax}{8}+\frac{by}{4}=1 \quad \cdots\cdots\text{②}$$

これがDを通るから

$$\frac{2\sqrt{2}b}{4}=1 \qquad \therefore\quad b=\sqrt{2}$$

①に代入して

$$\frac{a^2}{8}+\frac{2}{4}=1$$

$$a^2=4 \qquad \therefore\quad a=2$$

②に代入して，l の方程式は

$$\frac{2x}{8}+\frac{\sqrt{2}y}{4}=1 \qquad \therefore\quad \boldsymbol{x+\sqrt{2}y=4}$$

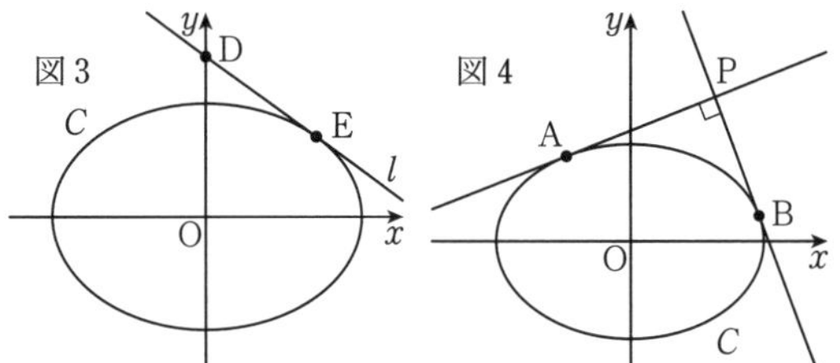

(**4**)　$p \neq \pm 2\sqrt{2}$ のとき，P から C に引いた接線 L は x 軸とは垂直でない．図 4 を見よ．L の傾きを m として

$$L : y = m(x-p)+q$$

C と L を連立して

$$\frac{x^2}{8} + \frac{\{m(x-p)+q\}^2}{4} = 1$$

$$x^2 + 2\{mx-(mp-q)\}^2 = 8$$

$$(2m^2+1)x^2 - 4m(mp-q)x + 2(mp-q)^2 - 8 = 0$$

この 2 次方程式の判別式を D とすると，C と L が接するから

$$\frac{D}{4} = 4m^2(mp-q)^2 - (2m^2+1)\{2(mp-q)^2-8\} = 0$$

$$4m^2(mp-q)^2 - 4m^2(mp-q)^2 + 16m^2 - 2(mp-q)^2 + 8 = 0$$

$$16m^2 - 2(mp-q)^2 + 8 = 0$$

$$8m^2 - (mp-q)^2 + 4 = 0$$

$$(p^2-8)m^2 - 2pqm + q^2 - 4 = 0$$

この m の 2 次方程式の解を m_1, m_2 とすると，2 本の接線が直交するのは $m_1m_2 = -1$ のときであるから，解と係数の関係より

$$\frac{q^2-4}{p^2-8} = -1 \qquad \therefore \quad p^2+q^2 = 12$$

$p = \pm 2\sqrt{2}$ のとき，P から C に引いた接線が直交するのは $q = \pm 2$（複号は任意）のときである．図 5 を見よ．これは $p^2+q^2 = 12$ を満たしている．よって，求める P の軌跡は**円 $x^2+y^2=12$** である．

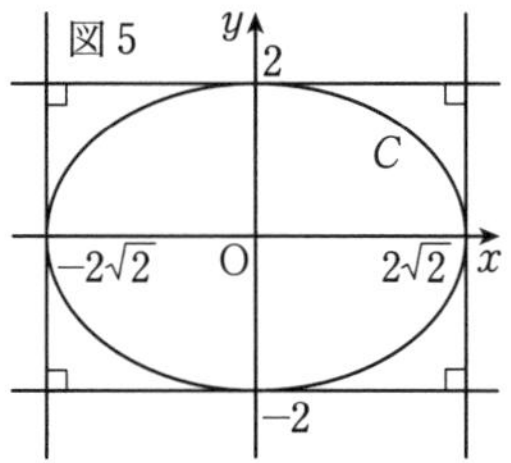

《接線の一般形を作る（B20）》

688．式 $x^2 + \frac{1}{2}y^2 = 1$ で表される楕円と，x 軸上の点 D$(d, 0)$ を考える．ここで，$|d| > 1$ とする．点 D を通り楕円に接する 2 直線のうち，傾きが正のほうを l とする．原点を通り，直線 l と同じ傾きを持つ直線を t とする．楕円と直線 l の接点を P，楕円と直線 t の交点を Q，R とする．

（1）　直線 l の式を求めなさい．

（2）　線分 QR の長さを求めなさい．

（3）　三角形 PQR の面積を求めなさい．

（21　産業医大）

▶解答◀　(**1**)　P(x_0, y_0) とする．P は楕円上にあるから

$$x_0{}^2 + \frac{1}{2}y_0{}^2 = 1 \quad \cdots\cdots ①$$

接線 l の方程式は

$$x_0x + \frac{1}{2}y_0y = 1$$

と表され，これは D を通るから

$$x_0d = 1 \qquad \therefore \quad x_0 = \frac{1}{d}$$

これと ① より

$$y_0{}^2 = 2\left(1 - \frac{1}{d^2}\right) = \frac{2(d^2-1)}{d^2}$$

l の傾きが正より，$d > 0$ のとき $y_0 < 0$，$d < 0$ のとき $y_0 > 0$ である．これに注意して

$$y_0 = -\frac{\sqrt{2(d^2-1)}}{d}$$

よって，$\mathrm{P}\left(\frac{1}{d}, -\frac{\sqrt{2(d^2-1)}}{d}\right)$ である．

したがって，l の傾きは

$$\frac{-y_0}{d-x_0} = \frac{\sqrt{2(d^2-1)}}{d^2-1} = \sqrt{\frac{2}{d^2-1}}$$

であるから，求める l の方程式は

$$\boldsymbol{y = \sqrt{\frac{2}{d^2-1}}(x-d)}$$

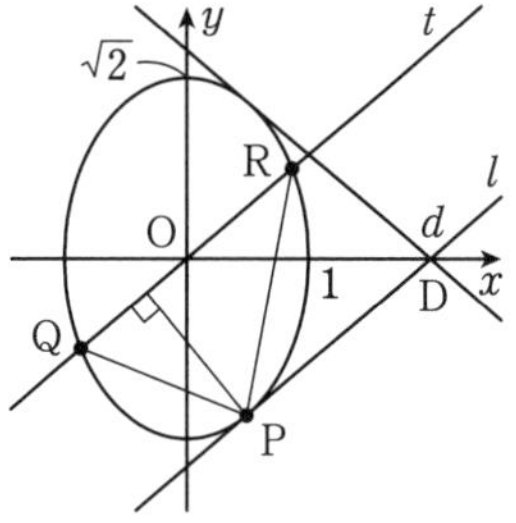

(**2**)　t の方程式は

$$y = \sqrt{\frac{2}{d^2-1}}x \qquad \therefore \quad \sqrt{2}x - \sqrt{d^2-1}y = 0$$

これと楕円の方程式 $2x^2+y^2=2$ を連立して

$$(d^2-1)y^2 + y^2 = 2 \qquad \therefore \quad y = \pm\frac{\sqrt{2}}{d}$$

$$x = \frac{\sqrt{d^2-1}}{\sqrt{2}} y = \pm\frac{\sqrt{d^2-1}}{d}$$

よって，Q，R の座標は，複号同順で

$$\left(\pm\frac{\sqrt{d^2-1}}{d},\ \pm\frac{\sqrt{2}}{d}\right)$$

$$\mathrm{QR} = 2\sqrt{\frac{d^2-1}{d^2}+\frac{2}{d^2}} = \boldsymbol{\frac{2\sqrt{d^2+1}}{|d|}}$$

（**3**） P と t の距離を h とすると

$$h = \frac{\left|\sqrt{2}\cdot\frac{1}{d}+\sqrt{d^2-1}\cdot\frac{\sqrt{2(d^2-1)}}{d}\right|}{\sqrt{2+(d^2-1)}}$$

$$= \frac{\sqrt{2}|d|}{\sqrt{d^2+1}}$$

したがって，△PQR の面積を S とすると

$$S = \frac{1}{2}\cdot\mathrm{QR}\cdot h = \boldsymbol{\sqrt{2}}$$

◆別解◆ 楕円を y 軸方向に $\frac{1}{\sqrt{2}}$ 倍縮小すると，原点 O を中心とする半径 1 の円になる．この縮小に伴って，P，Q，R がそれぞれ P′, Q′, R′ に移るとする．

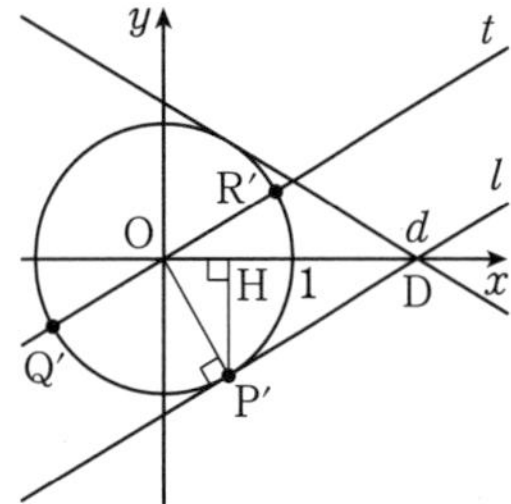

このとき，Q′R′ = 2, OP′ = 1, OP′ ⊥ Q′R′ より，△P′Q′R′ の面積は

$$\frac{1}{2}\cdot 2\cdot 1 = 1$$

この三角形を y 軸方向に $\sqrt{2}$ 倍拡大すると △PQR となる．よって，面積も $\sqrt{2}$ 倍となり，△PQR の面積は $\boldsymbol{\sqrt{2}}$．これが（3）の答えである．

次に，$d>1$ とし，P′ から x 軸に下ろした垂線の足を H とする．

△OP′D と △OHP′ は，∠O を共有する直角三角形であるから △OP′D ∽ △OHP′ であり

$$\mathrm{OH : P'H : OP' = OP' : DP' : OD}$$

よって，$\mathrm{OH : P'H} : 1 = 1 : \sqrt{d^2-1} : d$ より

$$\mathrm{OH} = \frac{1}{d},\ \mathrm{P'H} = \frac{\sqrt{d^2-1}}{d}$$

P′ は第 4 象限の点で $\mathrm{P'}\left(\frac{1}{d},\ -\frac{\sqrt{d^2-1}}{d}\right)$ である．

$d<-1$ の場合，P′ は第 2 象限の点であるが，この場合もこの座標でよい．

Q′, R′ は，P′ を O を中心に $\pm\frac{\pi}{2}$ だけ回転した点であるから，その座標は複号同順で

$$\left(\pm\frac{\sqrt{d^2-1}}{d},\ \pm\frac{1}{d}\right)$$

P′, Q′, R′ を y 軸方向への $\sqrt{2}$ 倍の拡大で移した点が P, Q，R であるから，P の座標，Q，R の座標は

$$\left(\frac{1}{d},\ -\frac{\sqrt{2}\sqrt{d^2-1}}{d}\right),\ \left(\pm\frac{\sqrt{d^2-1}}{d},\ \pm\frac{\sqrt{2}}{d}\right)$$

これらの座標を用いると，本解と同様に l の方程式や QR の長さが求められる．

《双曲線と焦点（B20）》

689. 原点を O とする座標平面上で，2 点 $(\sqrt{5}, 0)$，$(-\sqrt{5}, 0)$ を焦点とし，2 点 A(1, 0), A′(−1, 0) を頂点とする双曲線を H とする．H の方程式を $\frac{x^2}{a^2}-\frac{y^2}{b^2}=1$ と表すとき，$a^2=$□，$b^2=$□である．双曲線 H の漸近線のうち，傾きが正であるものの方程式は，$y=$□x である．点 $\mathrm{P}(p, q)$ は双曲線 H の第 1 象限の部分を動く点とする．点 P から x 軸に下ろした垂線の足を Q，直線 PQ と双曲線 H の漸近線との交点のうち，第 1 象限にあるものを R とする．点 P における H の接線と直線 $x=1$ との交点を M とし，直線 OM と直線 AP との交点を N とする．三角形 OQR の面積を S，三角形 OAN の面積を T とするとき，$\frac{T}{S}$ は，$p=$□ のとき，最大値□をとる．

（21 早稲田大・人間科学）

▶解答◀ H の焦点の 1 つが $(\sqrt{5}, 0)$ であるから

$$a^2+b^2=5$$

であり，H は点 (1, 0) を頂点とするから

$$\frac{1}{a^2}=1 \qquad \therefore\ a^2=\boldsymbol{1}$$

したがって $b^2=\boldsymbol{4}$ である．

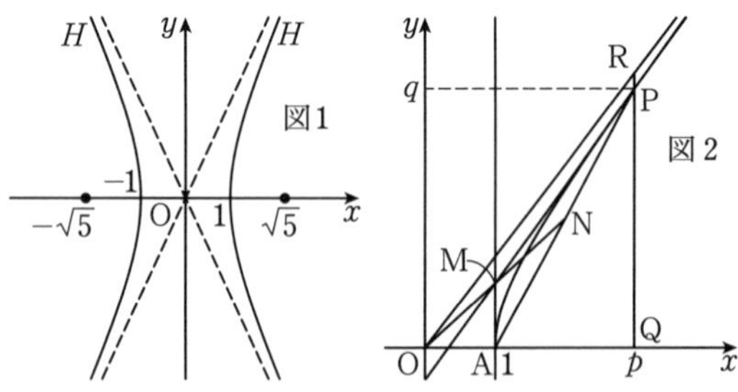

漸近線のうち，傾きが正であるものは $y=\boldsymbol{2x}$ である．$\mathrm{P}(p, q)$ より，Q の座標は $(p, 0)$，R の座標は $(p, 2p)$ であるから，$S=p^2$ である．

P における接線の方程式は

$$px-\frac{qy}{4}=1$$

であるから $x=1$ を代入して

$$y=\frac{4(p-1)}{q}$$

となり，M の座標は $\left(1,\ \frac{4(p-1)}{q}\right)$ である．

OM の方程式は $y=\frac{4(p-1)}{q}x$ である．

AP の方程式は

$$y=\frac{q}{p-1}(x-1)$$

であるから，OM と連立して

$$\frac{q}{p-1}(x-1)=\frac{4(p-1)}{q}x$$

$$\frac{q^2-4(p-1)^2}{q(p-1)}x=\frac{q}{p-1}$$

$$x=\frac{q^2}{q^2-4(p-1)^2}$$

となり，N の y 座標は

$$y=\frac{q^2}{q^2-4(p-1)^2}\cdot\frac{4(p-1)}{q}$$

$$=\frac{4q(p-1)}{q^2-4(p-1)^2}\ \cdots\cdots①$$

ここで P は H 上の点であるから

$$p^2-\frac{q^2}{4}=1$$

$$q^2=4p^2-4\ \cdots\cdots②$$

を ① に代入して

$$y=\frac{4q(p-1)}{8(p-1)}=\frac{q}{2}$$

となるから，$T=\frac{q}{4}$ である．したがって

$$\frac{T}{S}=\frac{q}{4p^2}$$

であり，② と $q>0$ より $q=2\sqrt{p^2-1}$ を代入して

$$\frac{T}{S}=\frac{\sqrt{p^2-1}}{2p^2}=\frac{1}{2}\sqrt{\frac{1}{p^2}-\frac{1}{p^4}}$$

$$=\frac{1}{2}\sqrt{-\left(\frac{1}{p^2}-\frac{1}{2}\right)^2+\frac{1}{4}}$$

となる．$\frac{1}{p^2}=\frac{1}{2}$，$p>1$ より $p=\sqrt{2}$ のとき $\frac{T}{S}$ は最大値 $\boldsymbol{\frac{1}{4}}$ をとる．

《極方程式》

690．xy 平面上で，極方程式

$$r=\frac{1}{1+\cos\theta}$$

により与えられる曲線 C を考える．次の問いに答えよ．

（1） 曲線 C の概形を図示せよ．

（2） $0<\theta<\frac{\pi}{2}$ とし，曲線 C 上の，極座標が (r,θ) である点 P を考える．

点 P における曲線 C の接線の傾きは $-\frac{1+\cos\theta}{\sin\theta}$ であることを示せ．

（3） （2）の点 P から y 軸におろした垂線と y 軸との交点を H，原点を O とする．

∠OPH の二等分線と，点 P における曲線 C の接線は直交することを示せ． （21 琉球大・前期）

▶解答◀ （1） $r=\frac{1}{1+\cos\theta}$ より，$r>0$ である．

$$r=1-r\cos\theta$$

$x=r\cos\theta,\ r=\sqrt{x^2+y^2}$ であるから

$$\sqrt{x^2+y^2}=1-x$$

$1-x>0$ で，両辺 2 乗して

$$x^2+y^2=(1-x)^2$$

$$x^2+y^2=1-2x+x^2$$

$$x=-\frac{1}{2}y^2+\frac{1}{2}$$

このとき $x\leqq\frac{1}{2}$ で $x<1$ を満たす．曲線 C は放物線である．概形は図 1 のようになる．

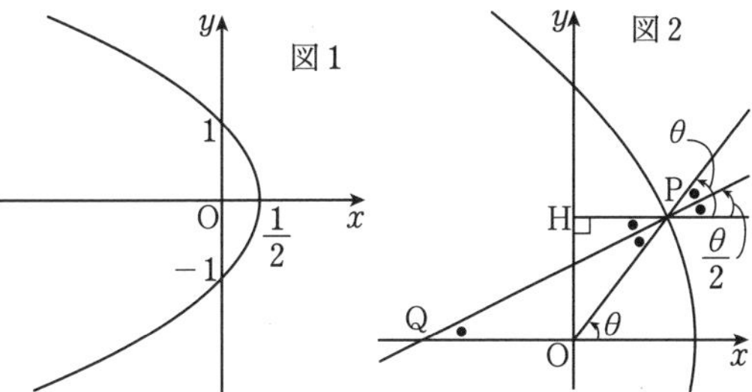

（2） $0<\theta<\frac{\pi}{2}$ のとき，$x>0,\ y>0$ である．

$x=-\frac{1}{2}y^2+\frac{1}{2}$ より

$$\frac{dx}{dy}=-y$$

$$\frac{dy}{dx}=-\frac{1}{y}=-\frac{1}{r\sin\theta}$$

$$=-\frac{1}{\frac{1}{1+\cos\theta}\cdot\sin\theta}=-\frac{1+\cos\theta}{\sin\theta}$$

（3） ∠OPH の二等分線と x 軸の交点を Q とする．

∠OPH $=\theta$ である．よって，∠OPH の二等分線の傾きは，$\tan\frac{\theta}{2}$ である．

P における接線の傾きは（2）より

$$-\frac{1+\cos\theta}{\sin\theta}=-\frac{2\cos^2\frac{\theta}{2}}{2\sin\frac{\theta}{2}\cos\frac{\theta}{2}}$$

$$= -\frac{\cos\frac{\theta}{2}}{\sin\frac{\theta}{2}} = -\frac{1}{\tan\frac{\theta}{2}}$$

∠OPH の二等分線の傾きと，点 P における曲線 C の接線の傾きの積は

$$\tan\frac{\theta}{2}\cdot\left(-\frac{1}{\tan\frac{\theta}{2}}\right) = -1$$

であるから，直交する．

《双曲線と垂足曲線》

691．$a>0$，$b>0$ とする．xy 座標平面上に点 A$(a, 0)$，点 B$(0, b)$ をとり，直線 AB に関して原点 O と対称の位置にある点を P(u, v) とする．

（1） a，b を u，v で表せ．

（2） $ab=1$ を満たしながら A，B が動くとき，点 P が描く曲線の極方程式を

$$r^2 = f(\theta)\ \left(r>0,\ 0<\theta<\frac{\pi}{2}\right)$$

と表す．$f(\theta)$ を求めよ．

（21　大阪医科薬科大・後期）

▶解答◀ （1） 直線 AB の x 切片 $a>0$，y 切片 $b>0$ であるから，直線 AB に関する原点 O の対称点 P は第 1 象限にあり，$u>0$，$v>0$ である．(図 1)
直線 AB は線分 OP の垂直二等分線であるから，直線 AB 上の点を Q(x, y) とすると，OQ = PQ より

$$x^2+y^2 = (x-u)^2+(y-v)^2$$

$$2ux+2vy = u^2+v^2$$

$$\frac{2ux}{u^2+v^2}+\frac{2vy}{u^2+v^2} = 1$$

となる．直線 AB は

$$\frac{x}{a}+\frac{y}{b} = 1$$

と表せるから，係数を比較して

$$\boldsymbol{a = \frac{u^2+v^2}{2u}},\ \boldsymbol{b = \frac{u^2+v^2}{2v}} \quad \cdots\cdots①$$

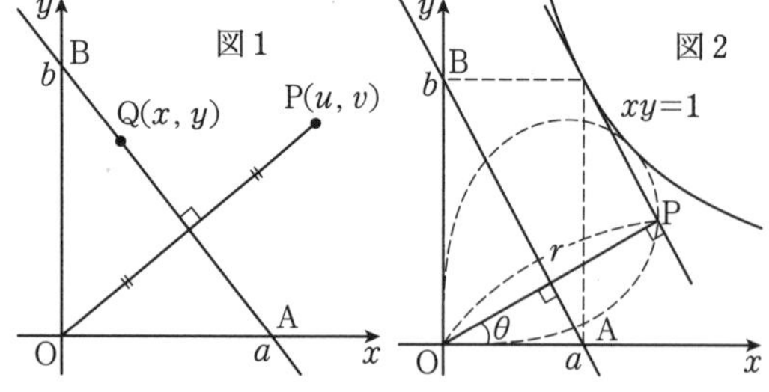

（2） $ab=1$ に ① を代入して

$$\frac{u^2+v^2}{2u}\cdot\frac{u^2+v^2}{2v} = 1$$

$$(u^2+v^2)^2 = 4uv$$

$u = r\cos\theta$，$v = r\sin\theta$ とおくと，$u^2+v^2 = r^2$ であるから

$$(r^2)^2 = 4r^2\sin\theta\cos\theta$$

$$r^4 = 2r^2\sin 2\theta$$

$u>0$，$v>0$ より $r \neq 0$ であるから

$$r^2 = 2\sin 2\theta$$

したがって，$f(\theta) = \boldsymbol{2\sin 2\theta}$ である．

注意 【垂足曲線】

図を見よ．P は曲線 $xy=1$ の接線に下ろした垂線の足になっていて，その描く曲線を垂足曲線という．

【曲線の難問】

《楕円と正方形 (C40)》

692．xy 平面上の楕円

$$E : \frac{x^2}{4}+y^2 = 1$$

について，以下の問いに答えよ．

（1） a, b を実数とする．直線 $l : y = ax+b$ と楕円 E が異なる 2 点を共有するための a, b の条件を求めよ．

（2） 実数 a, b, c に対して，直線 $l : y = ax+b$ と直線 $m : y = ax+c$ が，それぞれ楕円 E と異なる 2 点を共有しているとする．ただし，$b>c$ とする．直線 l と楕円 E の 2 つの共有点のうち x 座標の小さい方を P，大きい方を Q とする．また，直線 m と楕円 E の 2 つの共有点のうち x 座標の小さい方を S，大きい方を R とする．このとき，等式

$$\overrightarrow{\mathrm{PQ}} = \overrightarrow{\mathrm{SR}}$$

が成り立つための a, b, c の条件を求めよ．

（3） 楕円 E 上の 4 点の組で，それらを 4 頂点とする四角形が正方形であるものをすべて求めよ．

（21　東工大・前期）

▶解答◀ （1） l と E を連立して

$$\frac{x^2}{4}+(ax+b)^2 = 1$$

$$x^2+4(ax+b)^2 = 4$$

$$(4a^2+1)x^2+8abx+(4b^2-4) = 0 \quad \cdots\cdots①$$

① が異なる 2 つの実数解をもつ条件は，① の判別式を D_1 としたとき $D_1>0$ であるから

$$\frac{D_1}{4} = (-4ab)^2-(4a^2+1)(4b^2-4)$$

$$= 16a^2-4b^2+4>0$$

よって，$\boldsymbol{b^2 < 4a^2+1}$ である．

（2） 図1を見よ．図1では傾きaが正の場合の図をかいてある．PQとRSの傾きは共にaで共通だから，$\overrightarrow{\mathrm{PQ}} /\!/ \overrightarrow{\mathrm{SR}}$は常に成り立つ．ゆえに，$\overrightarrow{\mathrm{PQ}}=\overrightarrow{\mathrm{SR}}$が成り立つ条件は$|\overrightarrow{\mathrm{PQ}}|=|\overrightarrow{\mathrm{SR}}|$である．ここでP, Q, R, Sの$x$座標をそれぞれ$p, q, r, s$とすると

$$|\overrightarrow{\mathrm{PQ}}|=\sqrt{a^2+1}(q-p)$$
$$|\overrightarrow{\mathrm{SR}}|=\sqrt{a^2+1}(r-s)$$

であるから，求める条件は$q-p=r-s$である．また，mとEが異なる2点を共有する条件は（1）のbをcに置き換えると，$c^2<4a^2+1$である．

$$q-p=\frac{\sqrt{D_1}}{4a^2+1}=\frac{\sqrt{4(16a^2-4b^2+4)}}{4a^2+1}$$

$r-s$は，$q-p$のbをcに置き換えたものだから，

$$r-s=\frac{\sqrt{4(16a^2-4c^2+4)}}{4a^2+1}$$

であるから，$\overrightarrow{\mathrm{PQ}}=\overrightarrow{\mathrm{SR}}$となる条件は

$$16a^2-4b^2+4=16a^2-4c^2+4$$

これより$b>c$も合わせると$b=-c$である．よって，$\overrightarrow{\mathrm{PQ}}=\overrightarrow{\mathrm{SR}}$が成り立つための条件は

$$\boldsymbol{b^2<4a^2+1,\ b=-c,\ b>0}$$

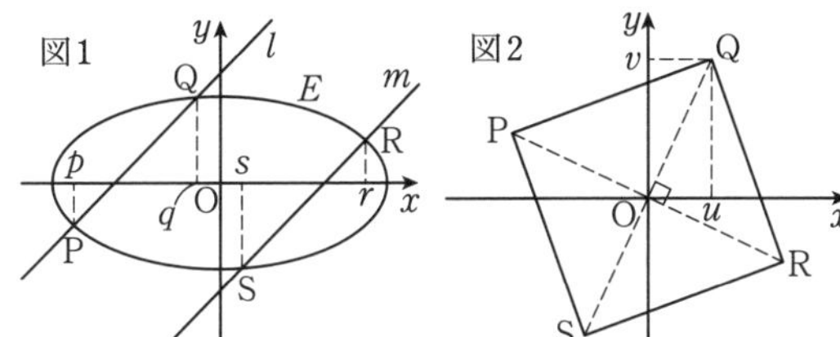

（3） 図2を見よ．図2も傾きaが正の場合の図をかいてある．負の場合だと点の名前が異なってくるから注意せよ．楕円E上の四角形PQRSが正方形をなすためには，$\overrightarrow{\mathrm{PQ}}=\overrightarrow{\mathrm{SR}}$となることが必要であり，このとき（2）より$b=-c$であるから，PとR，QとSは原点対称の位置にある．さらに，四角形PQRSが正方形をなすとき

$$\mathrm{OP}=\mathrm{OQ},\ \mathrm{OP}\perp\mathrm{OQ}$$

であるから，4点の座標はそれぞれ$u, v\geqq 0$を用いて

$$(u, v), (v, -u), (-v, u), (-u, -v)$$

とおける．これらがE上にある条件は

$$\frac{u^2}{4}+v^2=1 \text{ かつ } \frac{v^2}{4}+u^2=1$$

これを$u\geqq 0, v\geqq 0$に注意して解くと

$$(u, v)=\left(\frac{2}{\sqrt{5}}, \frac{2}{\sqrt{5}}\right)$$

よって，楕円E上の4点の組で，それらを4頂点とする四角形が正方形であるものは

$$\left(\frac{2}{\sqrt{5}}, \frac{2}{\sqrt{5}}\right), \left(\frac{2}{\sqrt{5}}, -\frac{2}{\sqrt{5}}\right), \left(-\frac{2}{\sqrt{5}}, \frac{2}{\sqrt{5}}\right), \left(-\frac{2}{\sqrt{5}}, -\frac{2}{\sqrt{5}}\right)$$

《空間座標と楕円（D30）》

693. 水平な平面上の異なる2点A(0, 1)，Q(x, y)にそれぞれ高さ$h>0, g>0$の塔が平面に垂直に立っている．この平面上にあってA, Qとは異なる点Pから2つの塔の先端を見上げる角度が等しくなる状況を考える．ただし，以下の設問を通して$h\neq g$とする．

（1） 点Qの座標が$(T, 1)$（ただし$T>0$）のとき，2つの塔を見上げる角度が等しくなるような点Pは，中心の座標が□，半径が□の円周上にある．

（2） 2つの塔を見上げる角度が等しくなるような点Pのうち，y軸上にあるものがただ1つであるとする．このときhとgの間には不等式□が成り立ち，点Q(x, y)は2直線$y=$□，$y=$□のいずれかの上にある．

（3） 2つの塔を見上げる角度が等しくなるような点Pのうち，x軸上にあるものがただ1つであるとする．このとき点Q(x, y)は方程式

□x^2+□$x+$□y^2+□$y=1$

で表される2次曲線Cの上にある．Cが楕円であるのはhとgの間に不等式［（さ）］が成り立つときであり，そのときCの2つの焦点の座標は□，□である．［（さ）］が成り立たないときCは双曲線となり，その2つの焦点の座標は□，□である．さらに$\frac{h}{g}=$□のときCは直角双曲線となる．　（21　慶應大・医）

▶解答◀ 2つの塔を見上げる角度をθとする．$\tan\theta$を考える．

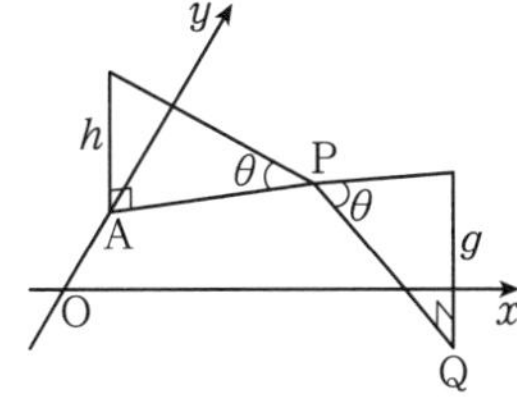

$$\tan\theta=\frac{h}{\mathrm{PA}}=\frac{g}{\mathrm{PQ}}$$

P(X, Y)とおく．Q(x, y)で，

$$\frac{h}{\sqrt{X^2+(Y-1)^2}}=\frac{g}{\sqrt{(X-x)^2+(Y-y)^2}} \quad \cdots\cdots①$$

（1） $(x, y)=(T, 1)$で，

$$\frac{h}{\sqrt{X^2+(Y-1)^2}}=\frac{g}{\sqrt{(X-T)^2+(Y-1)^2}}$$

$$h^2\{(X-T)^2+(Y-1)^2\}=g^2\{X^2+(Y-1)^2\}$$

$$(h^2-g^2)(X^2+Y^2)-2Th^2X$$
$$-2(h^2-g^2)Y+h^2(T^2+1)-g^2=0$$

$$X^2+Y^2-2\cdot\frac{Th^2}{h^2-g^2}X$$
$$-2Y+\frac{h^2(T^2+1)-g^2}{h^2-g^2}=0$$

$$\left(X-\frac{Th^2}{h^2-g^2}\right)^2+(Y-1)^2$$
$$=-\frac{h^2(T^2+1)-g^2}{h^2-g^2}+\frac{T^2h^4}{(h^2-g^2)^2}+1$$

$$\left(X-\frac{Th^2}{h^2-g^2}\right)^2+(Y-1)^2=\left(\frac{hgT}{h^2-g^2}\right)^2$$

これより，P は中心の座標が $\left(\boldsymbol{\frac{h^2}{h^2-g^2}T,\ 1}\right)$，半径が $\boldsymbol{\frac{hg}{|h^2-g^2|}T}$ の円周上にある．

（**2**） ①で $(X,Y)=(0,t)$ とおく．

$$\frac{h}{|t-1|}=\frac{g}{\sqrt{x^2+(y-t)^2}}$$

$$h^2\{x^2+(y-t)^2\}=g^2(t-1)^2$$

$$(h^2-g^2)t^2-2(yh^2-g^2)t+h^2(x^2+y^2)-g^2=0$$

これを満たす t がただ 1 つになる条件は，この判別式を D_1 としたとき，$D_1=0$ となることである．

$$\frac{D_1}{4}=(yh^2-g^2)^2-(h^2-g^2)\{h^2(x^2+y^2)-g^2\}$$
$$=-2h^2g^2y-h^4x^2+h^2g^2+g^2h^2(x^2+y^2)=0$$

$$-2y-\frac{h^2}{g^2}x^2+1+x^2+y^2=0$$

$$\left(\frac{h^2}{g^2}-1\right)x^2=(y-1)^2$$

これを満たす $Q(x,y)$ が存在する条件は

$$\frac{h^2}{g^2}-1>0 \qquad \therefore\ \boldsymbol{h>g}$$

であり，このとき Q は 2 直線

$$y=\pm\boldsymbol{\frac{\sqrt{h^2-g^2}}{g}x+1}$$

上にある．

（**3**） ①で $(X,Y)=(t,0)$ とおく．

$$\frac{h}{\sqrt{t^2+1}}=\frac{g}{\sqrt{(x-t)^2+y^2}}$$

$$h^2\{(x-t)^2+y^2\}=g^2(t^2+1)$$

$$(h^2-g^2)t^2-2xh^2t+h^2(x^2+y^2)-g^2=0$$

これを満たす t がただ 1 つになる条件は，この判別式を D_2 としたとき，$D_2=0$ となることである．

$$\frac{D_2}{4}=(xh^2)^2-(h^2-g^2)\{h^2(x^2+y^2)-g^2\}$$
$$=-h^4y^2+g^2h^2(x^2+y^2)+h^2g^2-g^4=0$$

$$g^2h^2x^2+h^2(g^2-h^2)y^2=g^2(g^2-h^2)$$

$$\boldsymbol{\frac{h^2}{g^2-h^2}}x^2+\boldsymbol{0}\cdot x+\boldsymbol{\frac{h^2}{g^2}}y^2+\boldsymbol{0}\cdot y=1$$

C が楕円である条件は

$$\frac{h^2}{g^2-h^2}>0 \qquad \therefore\ \boldsymbol{h<g}$$

C の方程式は

$$\frac{x^2}{\left(\frac{g}{h}\right)^2-1}+\frac{y^2}{\left(\frac{g}{h}\right)^2}=1$$

であるから，焦点の y 座標は

$$\pm\sqrt{\left(\frac{g}{h}\right)^2-\left\{\left(\frac{g}{h}\right)^2-1\right\}}=\pm1$$

となる．よって，焦点の座標は **(0, ±1)** である．C の式は変わらないから，$h>g$ で C が双曲線となっても焦点の座標は変わらず，**(0, ±1)** である．

C が直角双曲線となる条件は，

$$\left(\frac{g}{h}\right)^2-1=-\left(\frac{g}{h}\right)^2$$

$$\left(\frac{g}{h}\right)^2=\frac{1}{2} \qquad \therefore\ \frac{h}{g}=\boldsymbol{\sqrt{2}}$$

◆別解◆ Q を決めたとき，AQ を $h:g$ に内分する点を P_1，AQ を $h:g$ に外分する点を P_2 とすると，P はアポロニウスの円 D を描くから，線分 P_1P_2 を直径とする円上を動く．さらに，その円の中心（すなわち，P_1P_2 の中点となる）を P_3 とする．

（**1**） $\overrightarrow{OP_3}=\frac{1}{2}(\overrightarrow{OP_1}+\overrightarrow{OP_2})$

$$=\frac{1}{2}\left(\frac{h\overrightarrow{OQ}+g\overrightarrow{OA}}{h+g}+\frac{h\overrightarrow{OQ}-g\overrightarrow{OA}}{h-g}\right)$$

$$=\frac{h^2\overrightarrow{OQ}-g^2\overrightarrow{OA}}{h^2-g^2}=\frac{h^2(T,1)-g^2(0,1)}{h^2-g^2}$$

$$\frac{1}{2}\overrightarrow{P_2P_1}=\frac{1}{2}(\overrightarrow{AP_1}-\overrightarrow{AP_2})=\frac{1}{2}\left(\frac{h\overrightarrow{AQ}}{h+g}-\frac{h\overrightarrow{AQ}}{h-g}\right)$$

$$=\frac{-hg\overrightarrow{AQ}}{h^2-g^2}=\frac{-hg(T,0)}{h^2-g^2}$$

$$P_3\left(\boldsymbol{\frac{h^2}{h^2-g^2}T,\ 1}\right),\ r=\boldsymbol{\frac{hg}{|h^2-g^2|}T}$$

【複素数平面】

【数としての複素数】

《数列への応用（A10）☆》

694. 無限級数 $\sum_{n=0}^{\infty}\left(\frac{1}{2}\right)^n\cos\frac{n\pi}{6}$ の和を求めよ．

（21　京大・前期）

▶解答◀ $z=\frac{1}{2}\left(\cos\frac{\pi}{6}+i\sin\frac{\pi}{6}\right)$

$$=\frac{1}{2}\left(\frac{\sqrt{3}}{2}+\frac{1}{2}i\right)=\frac{\sqrt{3}+i}{4}$$

とおくと，$\sum_{n=0}^{\infty}\left(\frac{1}{2}\right)^n\cos\frac{n\pi}{6}$ は $\sum_{n=0}^{\infty}z^n$ の実部である．

$|z|=\frac{1}{2}<1$ より，

$$\sum_{n=0}^{\infty}z^n=\frac{1}{1-z}=\frac{1}{1-\frac{\sqrt{3}+i}{4}}$$

$$=\frac{4\{(4-\sqrt{3})+i\}}{(4-\sqrt{3})^2+1}=\frac{(4-\sqrt{3})+i}{5-2\sqrt{3}}$$

$$=\frac{\{(4-\sqrt{3})+i\}(5+2\sqrt{3})}{13}$$

$$=\frac{(14+3\sqrt{3})+(5+2\sqrt{3})i}{13}$$

となるから，$\sum_{n=0}^{\infty}\left(\frac{1}{2}\right)^n\cos\frac{n\pi}{6}=\boldsymbol{\frac{14+3\sqrt{3}}{13}}$ である．

注意 等比数列の和の公式は公比が複素数のときも成立する．

$$1-z^{n+1}=(1-z)(1+z+z^2+\cdots+z^n)$$

であるから，$z\neq 1$ のとき，

$$\sum_{k=0}^{n}z^k=\frac{1-z^{n+1}}{1-z}$$

となる．ここで，$|z|<1$ のとき，

$$z=r(\cos\theta+i\sin\theta)$$

とおくと，$0\leqq r<1$ となるから，

$$z^{n+1}=r^{n+1}\{\cos(n+1)\theta+i\sin(n+1)\theta\}$$

$$\to 0\quad (n\to\infty)$$

である．よって，$|z|<1$ のとき，$\sum_{k=0}^{\infty}z^k=\frac{1}{1-z}$ である．これを解答では用いている．

◆別解◆ $a_n=\left(\frac{1}{2}\right)^n\cos\frac{n\pi}{6}$ とおくと，

$\cos\frac{(n+6)\pi}{6}=-\cos\frac{n\pi}{6}$ であるから，

$$a_{n+6}=\left(\frac{1}{2}\right)^{n+6}\left(-\cos\frac{n\pi}{6}\right)=-\frac{1}{64}a_n$$

となる．また，

$$T_m=a_{6m}+a_{6m+1}+a_{6m+2}+a_{6m+3}+a_{6m+4}+a_{6m+5}$$

とおくと，$T_{m+1}=-\frac{1}{64}T_m$ より数列 $\{T_m\}$ は等比数列となる．さらに，$S_m=\sum_{n=0}^{m}a_n$ とおくと，

$$S_{6N-1}=\sum_{m=0}^{N-1}T_m=\frac{64}{65}T_0\left\{1-\left(-\frac{1}{64}\right)^N\right\}$$

$$\to\frac{64}{65}T_0\quad (N\to\infty)$$

また，$N\to\infty$ としたとき，$a_{6N}\to 0$ より

$$S_{6N}=S_{6N-1}+a_{6N}\to\frac{64}{65}T_0$$

同様に考えると，

$$S_{6N+1},\ S_{6N+2},\ S_{6N+3},\ S_{6N+4},\ S_{6N+5}\to\frac{64}{65}T_0$$

であるから，$\sum_{n=0}^{\infty}a_n=\frac{64}{65}T_0$ となる．

《複素数の範囲の絶対値（A15）☆》

695. k は実数とする．x の2次方程式

$$3x^2+2kx+3k=0$$

の2つの解を a,b とするとき，$|a-b|=3$ が成り立つような k の値をすべて求めよ．また，それぞれの k の値に対し2次方程式の解を求めよ．ただし，2次方程式の解は複素数の範囲で考えるものとする．

（21　東京農工大）

考え方 多くの人が，問題文に「複素数」と書いてあっても，注意をはらわない．「実数の問題」と思い，「判別式が0以上」のケースしかやらない．「x,y が実数のとき $|x+yi|=\sqrt{x^2+y^2}$ である」と書くか，「複素平面上の2点 a,b の距離が3」と言うと，初めて「お，虚数の絶対値の話か」となる．

▶解答◀ $3x^2+2kx+3k=0$

これを解くと

$$x=\frac{-k\pm\sqrt{k^2-9k}}{3}\quad\cdots\cdots①$$

$a=\frac{-k+\sqrt{k^2-9k}}{3},\ b=\frac{-k-\sqrt{k^2-9k}}{3}$ としてもよい．

$$a-b=\frac{2\sqrt{k^2-9k}}{3}$$

（ア）$k^2-9k\geqq 0$ すなわち $k\leqq 0,\ k\geqq 9$ のとき

$$|a-b|=\frac{2\sqrt{k^2-9k}}{3}$$

$|a-b|=3$ より

$$\frac{2\sqrt{k^2-9k}}{3}=3$$

$$k^2-9k-\frac{81}{4}=0\qquad\therefore\ k=\frac{9\pm 9\sqrt{2}}{2}$$

このとき①は

$$x=-\frac{k}{3}\pm\frac{3}{2}$$

（イ） $k^2-9k \leqq 0$ すなわち $0 \leqq k \leqq 9$ のとき

$$a-b=\frac{2\sqrt{9k-k^2}\,i}{3}$$

$|a-b|=3$ より

$$\frac{2\sqrt{9k-k^2}}{3}=3$$

$$k^2-9k+\frac{81}{4}=0 \qquad \therefore \quad k=\frac{9}{2}$$

このとき①の解は

$$x=-\frac{1}{3}\cdot\frac{9}{2}\pm\frac{1}{3}\sqrt{\frac{81}{4}}\,i=-\frac{3}{2}\pm\frac{3}{2}i$$

求める k の値と 2 次方程式の解は

$\boldsymbol{k=\frac{9+9\sqrt{2}}{2}}$，$\boldsymbol{x=-\frac{3\sqrt{2}}{2},\ -3-\frac{3\sqrt{2}}{2}}$.

$\boldsymbol{k=\frac{9-9\sqrt{2}}{2}}$，$\boldsymbol{x=\frac{3\sqrt{2}}{2},\ -3+\frac{3\sqrt{2}}{2}}$.

$\boldsymbol{k=\frac{9}{2}}$，$\boldsymbol{x=-\frac{3}{2}\pm\frac{3}{2}i}$

《ド・モアブルの定理（B10）》

696. θ を実数とし，n を整数とする．

$$z=\sin\theta+i\cos\theta$$

とおくとき，複素数 z^n の実部と虚部を $\cos(n\theta)$ と $\sin(n\theta)$ を用いて表せ．ただし，i は虚数単位である．（21　京都工繊大・前期）

▶解答◀ サインとコサインを入れ換えれば，普通の極形式である．$\alpha=\frac{\pi}{2}-\theta$ とおくと $z=\cos\alpha+i\sin\alpha$ となり，ド・モアブルの定理より

$$z^n=\cos n\alpha+i\sin n\alpha$$
$$=\cos\left(\frac{n\pi}{2}-n\theta\right)+i\sin\left(\frac{n\pi}{2}-n\theta\right)$$

$c=\cos n\theta,\ s=\sin n\theta$ とする．n が 4 の倍数のときは偏角 $-n\theta$ の点で $z^n=c-si$ となる．後は，n が増えるにしたがって $\frac{\pi}{2}$ ずつ回転していく．n が 4 で割って余り 1，2，3 のときは，これを 90 度，180 度，270 度回転し z^n は $s+ic,\ -c+si,\ -s-ic$ となる．

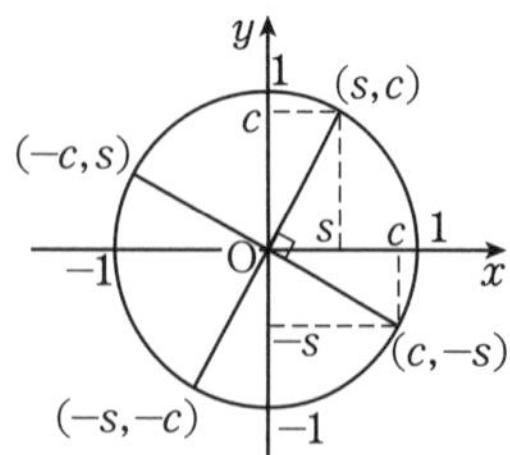

（z^n の実部，z^n の虚部）の形で述べる．

n が 4 の倍数のとき $(\boldsymbol{\cos(n\theta),\ -\sin(n\theta)})$

n を 4 で割って余りが 1 のとき $(\boldsymbol{\sin(n\theta),\ \cos(n\theta)})$

n を 4 で割って余りが 2 のとき $(\boldsymbol{-\cos(n\theta),\ \sin(n\theta)})$

n を 4 で割って余りが 3 のとき $(\boldsymbol{-\sin(n\theta),\ -\cos(n\theta)})$

注意 $z=\sin\theta+i\cos\theta=i(\cos\theta-i\sin\theta)$

$$=i(\cos(-\theta)+i\sin(-\theta))$$

ド・モアブルの定理より

$$z^n=i^n(\cos(-n\theta)+i\sin(-n\theta))$$
$$=i^n(\cos(n\theta)-i\sin(n\theta))$$

とする解法もあるが，私には，行き当たりばったりで変形しているとしか見えない．

《ド・モアブルと割り算（B30）》

697．（1） 複素数 α は $\alpha^2+3\alpha+3=0$ を満たすとする．このとき，$(\alpha+1)^2(\alpha+2)^5=$ □ である．また，$(\alpha+2)^s(\alpha+3)^t=3$ となる整数 s,t の組をすべて求め，求める過程とともに解答欄（1）に記述しなさい．

（2） 多項式 $(x+1)^3(x+2)^2$ を x^2+3x+3 で割ったときの商は □，余りは □ である．また，$(x+1)^{2021}$ を x^2+3x+3 で割ったときの余りは □ である．（21　慶應大・理工）

▶解答◀ 解答において，複号はすべて同順である．

（1） $\alpha=\frac{-3\pm\sqrt{3}i}{2}$ だから，

$$\alpha+1=\frac{-1\pm\sqrt{3}i}{2}$$
$$=\cos\left(\pm\frac{2}{3}\pi\right)+i\sin\left(\pm\frac{2}{3}\pi\right)$$
$$\alpha+2=\frac{1\pm\sqrt{3}i}{2}$$
$$=\cos\left(\pm\frac{\pi}{3}\right)+i\sin\left(\pm\frac{\pi}{3}\right)$$

である．$a=\pm\frac{2}{3}\pi,\ b=\pm\frac{\pi}{3}$ とおく．

$$(\alpha+1)^2(\alpha+2)^5$$
$$=(\cos 2a+i\sin 2a)(\cos 5b+i\sin 5b)$$
$$=\cos(2a+5b)+i\sin(2a+5b)$$
$$=\cos(\pm 3\pi)+i\sin(\pm 3\pi)=\boldsymbol{-1}$$

である．また，

$$\alpha+3=\frac{3\pm\sqrt{3}i}{2}$$
$$=\sqrt{3}\cos\left(\pm\frac{\pi}{6}\right)+i\sin\left(\pm\frac{\pi}{6}\right)$$

であるから，$c=\pm\frac{\pi}{6}$ とおくと，

$$(\alpha+2)^s(\alpha+3)^t$$
$$=(\cos sb+i\sin sb)\cdot 3^{\frac{t}{2}}(\cos tc+i\sin tc)$$
$$=3^{\frac{t}{2}}\{\cos(sb+tc)+i\sin(sb+tc)\}$$
$$=3^{\frac{t}{2}}\left\{\cos\left(\pm\frac{2s+t}{6}\pi\right)+i\sin\left(\pm\frac{2s+t}{6}\pi\right)\right\}$$

これが 3 になる条件は，整数 k を用いて

$$3^{\frac{t}{2}}=3,\quad \frac{2s+t}{6}\pi=2k\pi$$

とかける．前者の式より $t=2$ である．これを代入して

$$\frac{2s+2}{6}\pi=2k\pi \qquad \therefore \quad s=6k-1$$

このとき s も確かに整数となる．よって，求める s, t の組は，整数 k を用いて $(s, t)=\boldsymbol{(6k-1, 2)}$ となる．

（2） $(x+1)^3(x+2)^2=(x+1)(x^2+3x+2)^2$

$$=(x+1)\{(x^2+3x+3)-1\}^2$$

$$=(x^2+3x+3)\{(x+1)(x^2+3x+3)$$

$$-2(x+1)\}+x+1$$

$$=(x^2+3x+3)(x^3+4x^2+4x+1)+x+1$$

であるから，$(x+1)^3(x+2)^2$ を x^2+3x+3 で割った商は $\boldsymbol{x^3+4x^2+4x+1}$，余りは $\boldsymbol{x+1}$ である．

$$(x+1)^3=(x^2+3x+3)x+1$$

であり，

$$(x+1)^{2021}=\{(x+1)^3\}^{673}(x+1)^2$$

となるから，$(x+1)^{2021}$ を x^2+3x+3 で割った余りは $(x+1)^2$ を x^2+3x+3 で割った余りに等しく，

$$(x+1)^2=(x^2+3x+3)-x-2$$

であるから，余りは $\boldsymbol{-x-2}$ である．

注意 **【多項式における合同式】**

合同式の法を多項式に拡張して，多項式で割った余りを考察してみる．以下，法を x^2+3x+3 とすると，

$$(x+1)^3(x+2)^2=(x^2+3x+2)^2(x+1)$$

$$\equiv(-1)^2(x+1)=\boldsymbol{x+1}$$

また，$(x+1)^3\equiv 1$ であるから

$$(x+1)^{2021}=\{(x+1)^3\}^{673}(x+1)^2$$

$$\equiv(x+1)^2\equiv\boldsymbol{-x-2}$$

とスッキリ書ける．

《バーの計算が主体 (A5)》

698．$z-\dfrac{2}{z}$ が純虚数となる0でない複素数 z 全体を複素数平面上に図示せよ．

（21　東京女子大・数理）

▶解答◀ $z-\dfrac{2}{z}$ は純虚数であるから，

$$z-\frac{2}{z}=-\overline{\left(z-\frac{2}{z}\right)}$$

$$z-\frac{2}{z}=-\overline{z}+\frac{2}{\overline{z}}$$

$$zz\overline{z}-2\overline{z}=-z\overline{z}\,\overline{z}+2z$$

$$|z|^2(z+\overline{z})-2(z+\overline{z})=0$$

$$(|z|^2-2)(z+\overline{z})=0$$

$|z|^2=2$ または $z+\overline{z}=0$

$|z|^2=2$ のとき $|z|=\sqrt{2}$ であるから，z は点0を中心とする半径 $\sqrt{2}$ の円周上にある．$z+\overline{z}=0$ のとき，$z=-\overline{z}$ であるから，z は純虚数つまり虚軸上にある（ただしOは除く）．よって図示すると次の通り．

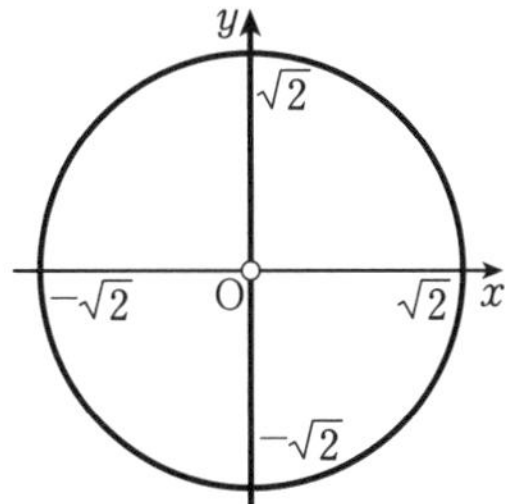

《バーの計算が主体 (A10)》

699．複素数 w に対して $|w-1|=1$ であり，かつ $w^2+\dfrac{1}{w^2}$ が実数となる値をすべて求めなさい．ただし，$w\neq 0$ とする．　（21　筑波大・医-推薦）

▶解答◀ $w^2+\dfrac{1}{w^2}$ が実数となる条件は

$$w^2+\frac{1}{w^2}=\overline{w^2+\frac{1}{w^2}}$$

$$w^2+\frac{1}{w^2}=\overline{w}^2+\frac{1}{\overline{w}^2}$$

$$w^2-\overline{w}^2=\frac{1}{\overline{w}^2}-\frac{1}{w^2}$$

$$w^2-\overline{w}^2=\frac{w^2-\overline{w}^2}{|w|^4}$$

$|w|^4=1$ または $w=\pm\overline{w}$

$|w|=1$，または w が純虚数，または w が実数

となるから，w を複素数平面上に図示すると，図の太線部（単位円上および，実軸，虚軸上）を動く．ただし $w\neq 0$ である．これと $|w-1|=1$ の交点は図の黒丸であるから，$w=\boldsymbol{2,\ \dfrac{1\pm\sqrt{3}i}{2}}$ である．

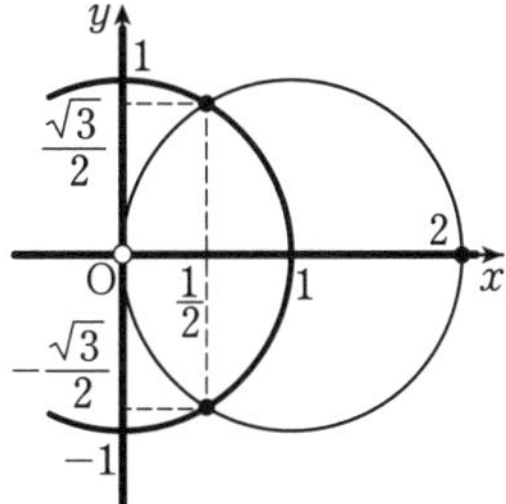

【複素平面の点】

《複素平面上の円と点 (B20) ☆》

700．c を実数の定数として，方程式

$$(*)\ x^4+cx^3+cx^2+cx+1=0$$

を考える．$x=0$ は解でないので，$t=x+\dfrac{1}{x}$ とおくと，方程式(*)から t の2次方程式

$$t^2+ct+\square=0$$

が得られる．これを用いると，方程式(*)の解がすべて虚数となるための必要十分条件は $\square<c<\square$ である．c がこの条件を満たすとき，複素数平面上で，方程式(*)の4つの虚数解を表す4つの点は原点を中心とする半径 $\square$ の円上にある．これら4つの点を頂点とする四角形が正方形になるとき，c の値は $\square$ である．

(21　同志社大・理工)

▶解答◀ $x^4+cx^3+cx^2+cx+1=0$ …………(*)

(*)は $x=0$ は解ではないから $x\neq 0$

よって(*)の両辺を x^2 で割ると

$$x^2+cx+c+\frac{c}{x}+\frac{1}{x^2}=0$$

$$\left(x+\frac{1}{x}\right)^2+c\left(x+\frac{1}{x}\right)+c-2=0$$

$t=x+\dfrac{1}{x}$ とおくと

$$t^2+ct+\boldsymbol{c-2}=0 \quad \cdots\cdots①$$

①の判別式を D_1 とすると

$$D_1=c^2-4(c-2)=(c-2)^2+4>0$$

であるから①は異なる2つの実数解をもつ．①の解 t は実数である．このとき，$t=x+\dfrac{1}{x}$

つまり $x^2-tx+1=0$ が虚数解をもつのは，判別式を D_2 とすると $D_2=t^2-4<0$ つまり $-2<t<2$ のときである．

したがって(*)の解がすべて虚数となるための必要十分条件は①が $-2<t<2$ に異なる2つの実数解をもつことである．

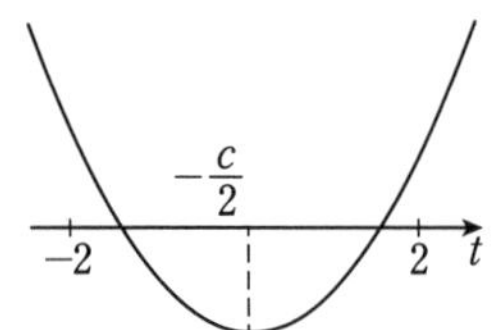

$f(t)=t^2+ct+c-2$ とおくと $D_1>0$ は示されているから，軸について $-2<-\dfrac{c}{2}<2$ より $-4<c<4$ …②

$f(-2)=4-2c+c-2>0$ より $c<2$ ……………③

$f(2)=4+2c+c-2>0$ より $c>-\dfrac{2}{3}$ ……………④

②，③，④より，$\boldsymbol{-\dfrac{2}{3}<c<2}$

$x^2-tx+1=0$ は実数係数の2次方程式であるから，2解は共役で，2解を $\alpha,\ \overline{\alpha}$ とおくと解と係数の関係より2解の積 $\alpha\overline{\alpha}=1$ である．ゆえに $|\alpha|=1$ で，4解の絶対値はすべて1であり，4解は原点を中心とする半径 **1** の円周上にある．この円周上に4点をとり，実軸に関して対称な正方形を作るとき，その4点は $\dfrac{\sqrt{2}}{2}\pm\dfrac{\sqrt{2}}{2}i,\ -\dfrac{\sqrt{2}}{2}\pm\dfrac{\sqrt{2}}{2}i$ である．これらの実部は $\dfrac{\sqrt{2}}{2},\ -\dfrac{\sqrt{2}}{2}$ である．$x^2-tx+1=0$ の実部は $\dfrac{t}{2}$ であるから，$t=\pm\sqrt{2}$ となる．①の2解が $\pm\sqrt{2}$ になる条件は，解と係数の関係より $c=0,\ c-2=(-\sqrt{2})(\sqrt{2})$，すなわち $c=\mathbf{0}$ である．もちろん，これは $-\dfrac{2}{3}<c<2$ をみたす．解が虚数になるようにしてあるからである．

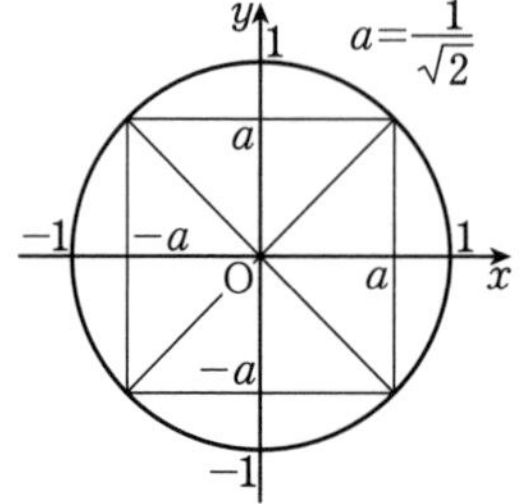

《形を調べる (A5)》

701． 複素数平面上の原点にない異なる3点 $\mathrm{A}(\alpha),\ \mathrm{B}(\beta),\ \mathrm{C}(\gamma)$ に対して，

$$(5\sqrt{3}+5i)\alpha+(1-5\sqrt{3}-5i)\beta-\gamma=0,$$
$$|\alpha-\beta|=4$$

が成り立つとき，$\triangle\mathrm{ABC}$ の面積は $\square$ である．ただし i は虚数単位である．　(21　藤田医科大・AO)

▶解答◀ $(5\sqrt{3}+5i)\alpha+(1-5\sqrt{3}-5i)\beta-\gamma=0$

$$10\left(\frac{\sqrt{3}}{2}+\frac{i}{2}\right)(\alpha-\beta)+\beta-\gamma=0$$

$$\gamma-\beta=10\left(\cos\frac{\pi}{6}+i\sin\frac{\pi}{6}\right)(\alpha-\beta)$$

であるから，$\overrightarrow{\mathrm{BC}}=10\overrightarrow{\mathrm{BA}}\times\left(\dfrac{\pi}{6}\text{回転}\right)$ である．

$$\triangle\mathrm{ABC}=\frac{1}{2}\cdot4\cdot40\cdot\sin\frac{\pi}{6}$$
$$=\frac{1}{2}\cdot4\cdot40\cdot\frac{1}{2}=\mathbf{40}$$

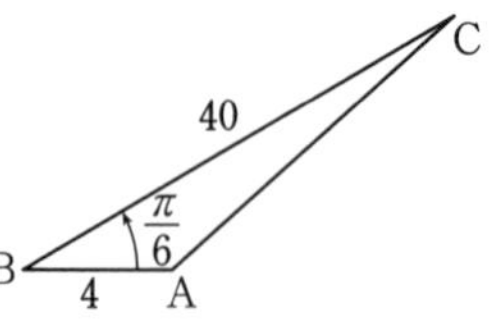

《形を調べる (A10)》

702． 複素数 $\alpha,\ \beta$ が $\alpha\overline{\beta}+\overline{\alpha}\beta=0,\ |\alpha-\beta|=2$ を満たすとき，$2|\alpha|+|\beta|$ の値が最大となるのは，$|\alpha|=\square$，$|\beta|=\square$ のときである．

(21　山梨大・後期)

▶解答◀ $\alpha\beta \neq 0$ のとき $\alpha\overline{\beta}+\overline{\alpha}\beta=0$ の両辺を $\beta\overline{\beta}$ で割ると $\dfrac{\alpha}{\beta}+\overline{\dfrac{\alpha}{\beta}}=0$ となり，$\dfrac{\alpha}{\beta}$ が純虚数となる．よって α は β を $\pm 90°$ 回転し拡大・縮小したものである．また $|\alpha-\beta|=2$ より線分 $\alpha\beta$（点 α, β を両端とする線分）の長さは 2 である．よって図のように，三角形 $\mathrm{O}\alpha\beta$（O, α, β を頂点とする三角形）は斜辺が 2 の直角三角形をなす．なお $\alpha=0$ または $\beta=0$ のときは線分 $\alpha\beta$ の長さが 2 ということは同じであるから線分に潰れた直角三角形と思え．$|\alpha|^2+|\beta|^2=4$ であるから，$0 \leqq \theta \leqq \dfrac{\pi}{2}$ として

$$|\alpha|=2\cos\theta,\ |\beta|=2\sin\theta$$

とおける．

$$2|\alpha|+|\beta|=4\cos\theta+2\sin\theta$$
$$=2\sqrt{5}\cos(\theta-\gamma)$$

と合成できて（γ は $\cos\gamma=\dfrac{2}{\sqrt{5}}$，$\sin\gamma=\dfrac{1}{\sqrt{5}}$ を満たす鋭角である）$\theta=\gamma$ のときに最大になる．そのとき

$$|\alpha|=2\cos\gamma=\boldsymbol{\frac{4}{\sqrt{5}}},\ |\beta|=2\sin\gamma=\boldsymbol{\frac{2}{\sqrt{5}}}$$

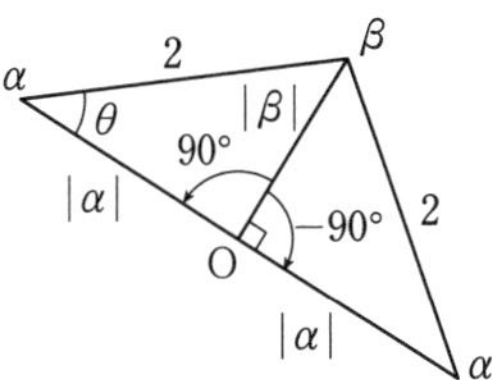

《偏角の計算 (B20)》

703. i を虚数単位とし，

$$z_1=\frac{(\sqrt{3}+i)^{17}}{(1+i)^{19}(1-\sqrt{3}i)^7},\ z_2=-1+i$$

とする．z_1 の偏角 θ のうち $0 \leqq \theta < 2\pi$ を満たすものは $\theta=$ □ であり，$|z_1|=$ □ である．複素数平面上で z_1, z_2 を表す点をそれぞれ A，B とする．このとき線分 AB を 1 辺とする正三角形 ABC の，頂点 C を表す複素数の実部は 0 または □ である．

a, b を正の整数とし，複素数 $\dfrac{(\sqrt{3}+i)^7}{(1+i)^a(1-\sqrt{3}i)^b}$ の偏角の 1 つが $\dfrac{\pi}{12}$ であるとき，$a+b$ の最小値は □ である．（21　北里大・医）

▶解答◀ $\alpha=\sqrt{3}+i$，$\beta=1+i$, $\gamma=1-\sqrt{3}i$ とおく．$\alpha=2\left(\cos\dfrac{\pi}{6}+i\sin\dfrac{\pi}{6}\right)$,

$\beta=\sqrt{2}\left(\cos\dfrac{\pi}{4}+i\sin\dfrac{\pi}{4}\right)$,

$\gamma=2\left\{\cos\left(-\dfrac{\pi}{3}\right)+i\sin\left(-\dfrac{\pi}{3}\right)\right\}$

$$\arg z_1=\frac{\pi}{6}\cdot 17-\left\{\frac{\pi}{4}\cdot 19+\left(-\frac{\pi}{3}\right)\cdot 7\right\}$$
$$=\frac{34-57+28}{12}\pi=\frac{5}{12}\pi$$

よって $\theta=\boldsymbol{\dfrac{5}{12}\pi}$

$$|z_1|=\frac{2^{17}}{(\sqrt{2})^{19}\cdot 2^7}=\boldsymbol{\sqrt{2}}$$

$$z_2=-1+i=\sqrt{2}\left(\cos\frac{3}{4}\pi+i\sin\frac{3}{4}\pi\right)$$

$\mathrm{OA}=\mathrm{OB}=\sqrt{2}$, $\angle\mathrm{BOA}=\dfrac{3}{4}\pi-\dfrac{5}{12}\pi=\dfrac{\pi}{3}$ であるから，C は原点 O または直線 AB に関して O と対称な点である．図を見よ．

$$\cos\frac{5}{12}\pi=\cos\left(\frac{\pi}{6}+\frac{\pi}{4}\right)$$
$$=\cos\frac{\pi}{6}\cos\frac{\pi}{4}-\sin\frac{\pi}{6}\sin\frac{\pi}{4}$$
$$=\frac{\sqrt{3}}{2}\cdot\frac{1}{\sqrt{2}}-\frac{1}{2}\cdot\frac{1}{\sqrt{2}}=\frac{\sqrt{3}-1}{2\sqrt{2}}$$

求める値は z_1+z_2 の実部であるから

$$\sqrt{2}\cdot\frac{\sqrt{3}-1}{2\sqrt{2}}+(-1)=\boldsymbol{\frac{\sqrt{3}-3}{2}}$$

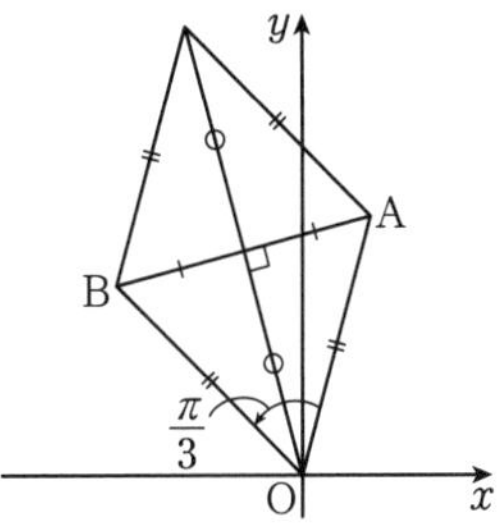

$w=\dfrac{\alpha^7}{\beta^a\gamma^b}$ とおく．

$$\arg w=\frac{\pi}{6}\cdot 7-\left\{\frac{\pi}{4}\cdot a+\left(-\frac{\pi}{3}\right)\cdot b\right\}$$
$$=\frac{14-3a+4b}{12}\pi$$

$\arg w$ の 1 つが $\dfrac{\pi}{12}$ であるから，k を整数として

$$\frac{14-3a+4b}{12}\pi=\frac{\pi}{12}+2k\pi$$
$$3a-4b=13-24k$$
$$3a-4(b-6k)=13 \quad\cdots\cdots①$$
$$3\cdot 3-4\cdot(-1)=13 \quad\cdots\cdots②$$

① − ② より

$$3(a-3)-4(b-6k+1)=0$$
$$3(a-3)=4(b-6k+1)$$

3, 4 は互いに素であるから，$a-3=4l$（l は整数）とおく．$b-6k+1=3l$ となる．

$$a=3+4l,\ b=6k+3l-1$$

$a>0$ から $l \geqq 0$ である．

$l=0$ の場合

$$a=3,\ b=6k-1$$

$b>0$ から $k \geqq 1$ である．よって，$a+b$ が最小となるのは，$k=1$ のときで $a+b=8$ となる．

$l=1$ の場合

$$a=7,\ b=6k+2$$

$b>0$ から $k \geqq 0$ である．よって，$a+b$ が最小となるのは，$k=0$ のときで $a+b=9$ となる．

$l \geqq 2$ の場合

$$a=3+4l \geqq 11$$

よって，$a+b>11$ となる．

以上から，$a+b$ の最小値は **8** である．

《正三角形と正方形 (B20) ☆》

704. 次の問に答えよ．

（1） 複素数平面上に 3 点 $\mathrm{A}(\alpha)$, $\mathrm{B}(\beta)$, $\mathrm{C}(\gamma)$ を頂点とする △ABC がある．△ABC が正三角形であるための必要十分条件は

$$\alpha^2+\beta^2+\gamma^2-\alpha\beta-\beta\gamma-\gamma\alpha=0$$

であることを示せ．

（2） 複素数平面上に 4 点 $\mathrm{A}(\alpha)$, $\mathrm{B}(\beta)$, $\mathrm{C}(\gamma)$, $\mathrm{D}(\delta)$ を頂点とする四角形 ABCD がある．四角形 ABCD が正方形であるための必要十分条件は

$$\alpha+\gamma=\beta+\delta,\ (\delta-\alpha)^2+(\beta-\alpha)^2=0$$

であることを示せ．　（21 大教大）

▶解答◀ （1） $\theta=\pm 60^\circ$ とおく．△ABC が正三角形になるための必要十分条件は，$\overrightarrow{\mathrm{AC}}$ が $\overrightarrow{\mathrm{AB}}$ を θ 回転したものになること，すなわち

$$\frac{\gamma-\alpha}{\beta-\alpha}=\cos\theta+i\sin\theta$$

$$\frac{\gamma-\alpha}{\beta-\alpha}=\frac{1}{2}\pm\frac{\sqrt{3}}{2}i$$

と書けることである．以下，これを同値変形していく．

$$\frac{\gamma-\alpha}{\beta-\alpha}-\frac{1}{2}=\pm\frac{\sqrt{3}}{2}i \quad \cdots\cdots①$$

$$\left(\frac{\gamma-\alpha}{\beta-\alpha}-\frac{1}{2}\right)^2=-\frac{3}{4} \quad \cdots\cdots②$$

$$\left(\frac{\gamma-\alpha}{\beta-\alpha}\right)^2-\frac{\gamma-\alpha}{\beta-\alpha}+1=0$$

$$(\gamma-\alpha)^2-(\gamma-\alpha)(\beta-\alpha)+(\beta-\alpha)^2=0$$

$$\alpha^2+\beta^2+\gamma^2-\alpha\beta-\beta\gamma-\gamma\alpha=0$$

よって証明された．

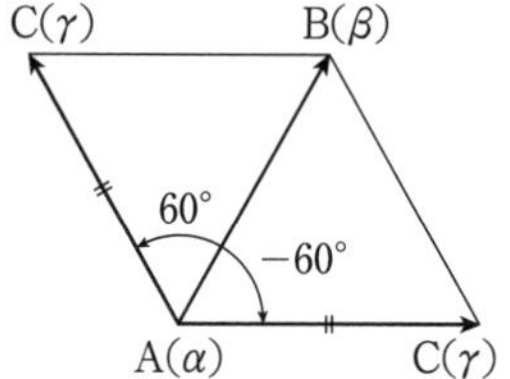

（2） 四角形 ABCD が正方形になるための必要十分条件は「$\overrightarrow{\mathrm{AB}}=\overrightarrow{\mathrm{DC}}$」かつ「$\overrightarrow{\mathrm{AD}}$ は $\overrightarrow{\mathrm{AB}}$ を $\pm 90^\circ$ 回転したものである」となることである．$\overrightarrow{\mathrm{AB}}=\overrightarrow{\mathrm{DC}}$ は $\beta-\alpha=\gamma-\delta$，すなわち

$$\alpha+\gamma=\beta+\delta$$

と同値である．

$$(\delta-\alpha)^2+(\beta-\alpha)^2=0$$

は

$$(\delta-\alpha)^2=-(\beta-\alpha)^2$$

$$\delta-\alpha=\pm i(\beta-\alpha)$$

すなわち，$\overrightarrow{\mathrm{AD}}$ が $\overrightarrow{\mathrm{AB}}$ を $\pm 90^\circ$ 回転したものになることと同値である．よって証明された．

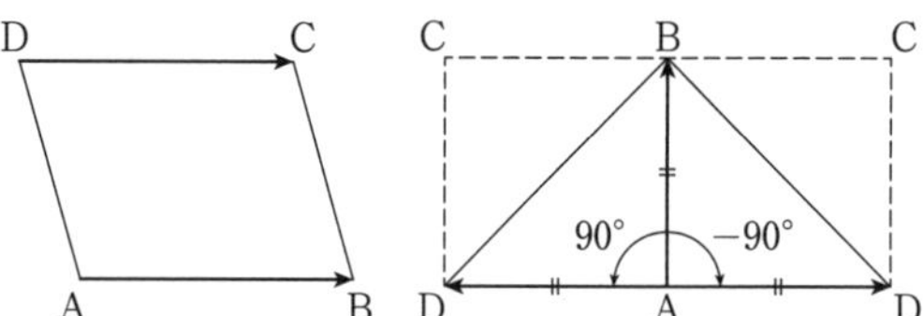

注意 【誤解しないように】

① を 2 乗すると ② になる．逆に ② の 2 乗を外して解くと ① になる．このように，もし ① であるならば ② になり，もし ② であるならば ① になるという変形を同値変形という．また $p \Longrightarrow q$ は「p が成り立ち，かつ，そのとき q が成り立つ」と思っている人が多いが，間違いである．「p になるかならないか，そんなことは知らないが，もし，p になるとするならば，そのとき q になる」である．英語では if p then q と読むのに対して，日本では if を無視した誤訳をしてきたことが，誤解の原因である．

《位置関係を読む (A7)》

705. 方程式 $x^2-2\sqrt{3}x+4=0$ の解のうち虚部が正のものを α，負のものを β とする．複素数 γ, δ を

$\gamma=(1+\sqrt{3}i)\alpha^2$, $\delta=(1+\sqrt{3}i)\beta^2$ とし，複素数平面上で 3 点 $\mathrm{O}(0)$, $\mathrm{C}(\gamma)$, $\mathrm{D}(\delta)$ を考える．

（1） 複素数 α を求めよ．さらに α を極形式で表せ．

（2） 複素数 γ を求めよ．さらに線分 OC の長さ

を求めよ．

（３） ∠DOC の大きさを求めよ．

（４） △OCD の面積 S を求めよ．

（21 南山大・理系）

▶解答◀ （１） $\alpha=\boldsymbol{\sqrt{3}+i}$，$\beta=\sqrt{3}-i$

$$\alpha=\boldsymbol{2\left(\cos\frac{\pi}{6}+i\sin\frac{\pi}{6}\right)}$$

$$\beta=2\left(\cos\left(-\frac{\pi}{6}\right)+i\sin\left(-\frac{\pi}{6}\right)\right)$$

（２） $1+\sqrt{3}i=2\left(\cos\frac{\pi}{3}+i\sin\frac{\pi}{3}\right)$

ド・モアブルの定理を用いて

$$\gamma=2\left(\cos\frac{\pi}{3}+i\sin\frac{\pi}{3}\right)\cdot 2^2\left(\cos\frac{2\pi}{6}+i\sin\frac{2\pi}{6}\right)$$

$$=8\left(\cos\frac{2\pi}{3}+i\sin\frac{2\pi}{3}\right)$$

$$=8\left(-\frac{1}{2}+\frac{\sqrt{3}}{2}i\right)=\boldsymbol{-4+4\sqrt{3}i}$$

線分 OC の長さは **8** である．

（３） $\delta=2\left(\cos\frac{\pi}{3}+i\sin\frac{\pi}{3}\right)$

$$\times 2^2\left(\cos\left(-\frac{2\pi}{6}\right)+i\sin\left(-\frac{2\pi}{6}\right)\right)$$

$$=8(\cos 0+i\sin 0)=8$$

$$\frac{\gamma}{\delta}=\cos\frac{2\pi}{3}+i\sin\frac{2\pi}{3}$$

であるから，$\angle\mathrm{DOC}=\boldsymbol{\frac{2\pi}{3}}$ である．

（４） $S=\frac{1}{2}\cdot\mathrm{OD}\cdot\mathrm{OC}\cdot\sin\frac{2\pi}{3}=\frac{1}{2}\cdot 8\cdot 8\cdot\frac{\sqrt{3}}{2}=\boldsymbol{16\sqrt{3}}$

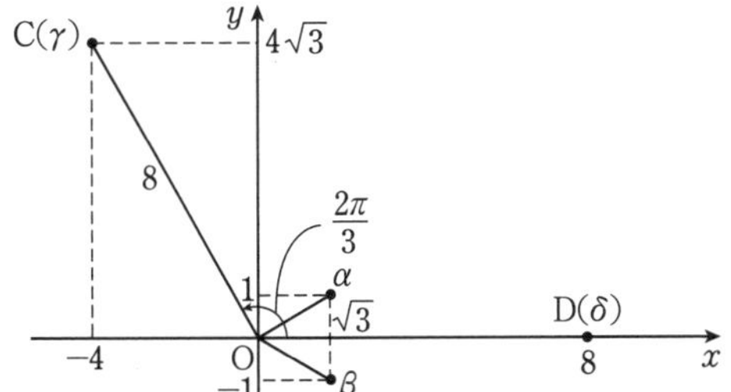

《形状を扱う (B20) ☆》

706． z は複素数で，$z\neq 0$，$z\neq\pm 1$ とする．このとき，以下の問いに答えよ．

（１） 複素数平面上の 3 点 A(1), B(z), C(z^2) が一直線上にあるための z についての必要十分条件を求めよ．

（２） 複素数平面上の 3 点 A(1), B(z), C(z^2) が ∠C を直角とする直角三角形の 3 頂点になるような z 全体の表す図形を複素数平面上に図示せよ．

（３） 複素数平面上の 3 点 A(1), B(z), C(z^2) が直角三角形の 3 頂点になるような z 全体の表す図形を複素数平面上に図示せよ．

（21 岡山大・理系）

考え方 50 年前は普通に見かけた表記である．ベクトル $\overrightarrow{\alpha\beta}=\beta-\alpha$ は点 α を始点，点 β を終点とするベクトルである．さらに，ベクトル $\overrightarrow{z^2z}$ からベクトル $\overrightarrow{z^21}$ に回る角は $\arg\frac{\overrightarrow{z^21}}{\overrightarrow{z^2z}}=\arg\frac{1-z^2}{z-z^2}$ と読む．

▶解答◀ （１） $z\neq 0,\ \pm 1$ については，いちいち書かない．

$1,\ z,\ z^2$ が一直線上にある条件は，$\frac{z^2-1}{z-1}=z+1$ が実数であることで $\overline{z+1}=z+1$ となり，$\overline{z}+1=z+1$ となる．したがって $\overline{z}=z$ となる．求める条件は **z が 0, ±1 以外の実数であること**である．

（２） ∠BCA が直角である条件は，$\frac{1-z^2}{z-z^2}=\frac{1}{z}+1$ が純虚数であることである（図 1 参照）．

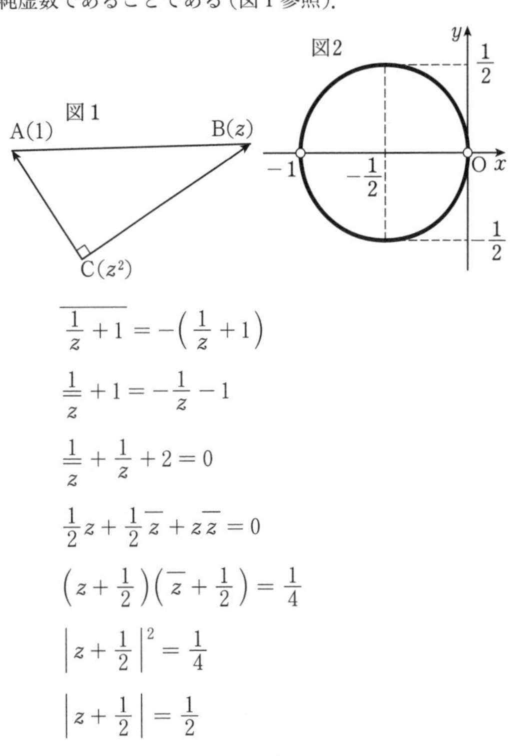

$$\overline{\frac{1}{z}+1}=-\left(\frac{1}{z}+1\right)$$

$$\frac{1}{\overline{z}}+1=-\frac{1}{z}-1$$

$$\frac{1}{\overline{z}}+\frac{1}{z}+2=0$$

$$\frac{1}{2}z+\frac{1}{2}\overline{z}+z\overline{z}=0$$

$$\left(z+\frac{1}{2}\right)\left(\overline{z}+\frac{1}{2}\right)=\frac{1}{4}$$

$$\left|z+\frac{1}{2}\right|^2=\frac{1}{4}$$

$$\left|z+\frac{1}{2}\right|=\frac{1}{2}$$

z 全体の表す図形は中心 $-\frac{1}{2}$，半径 $\frac{1}{2}$ の円となる．$z\neq 0,\ \pm 1$ と合わせて図示すると白丸を除く図 2 の太線部分である．

（３）（ア） ∠CAB が直角のとき．$\frac{z^2-1}{z-1}=z+1$ は純虚数である．$\overline{z+1}=-(z+1)$ となる．

$\overline{z}+1=-z-1$ となり，$z+\overline{z}=-2$ となる．$z=x+yi$（$x,\ y$ は実数）とすると，$x=-1$ となる．

（イ） $\angle$ABC が直角のとき．$\dfrac{z^2-z}{1-z}=-z$ が純虚数である．z は純虚数となる．

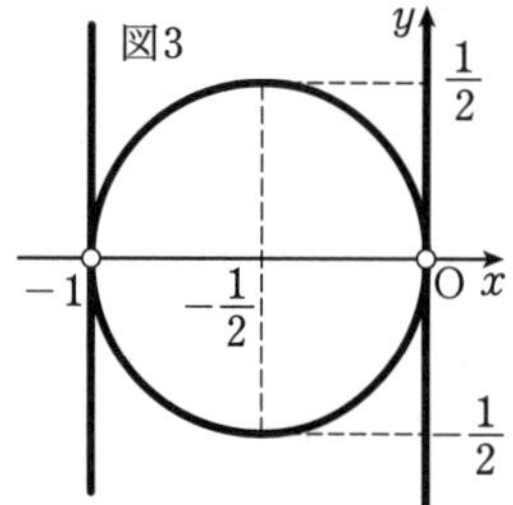

（2），（ア），（イ），$z \neq 0, \pm 1$ から，図示すると白丸を除く図3の太線部分である．

♦別解♦　（2）「$\dfrac{1}{z}+1$ が純虚数」までは同じである．この後，$z=x+yi$（x，y は実数）とおくと

$$\frac{1}{z}+1=\frac{1}{x+yi}+1=\frac{x-yi}{x^2+y^2}+1$$

が純虚数（0を除く）になる条件は $\dfrac{x}{x^2+y^2}+1=0$ かつ $y \neq 0$ である．以下省略する．

（3） 複素数で割ることは複素平面上での回転拡縮（回転と，拡大または縮小の合成）を起こす．複素数を加えたり引いたりすることは平行移動を起こす．これらによって図形の形は変化しない．

$1, z, z^2$ 全体から -1 をする．$0, z-1, z^2-1$ となる．全体を $z-1 \neq 0$ で割る．$0, 1, z+1$ になる．全体から -1 する．$-1, 0, z$ になる．この3点で直角三角形をなす条件を考える．z が線分 $0(-1)$（点0と点 -1 を両端とする線分の意味．昔からある表現であるから，普及すべきものとして，敢えて書く．点 z のところの角が直角のとき）を直径とする円を描くか，直線 $x=-1$（点 -1 のところの角が直角のとき）を描くか，直線 $x=0$（点0のところの角が直角のとき）を描く．$z \neq 0, \pm 1$ と合わせて図示すると図3の，白丸を除く太線部分となる．

《形状を扱う (B30)》

707．z を複素数とする．複素数平面上の3点 O(0), A(z), B(z^2) について，以下の問いに答えよ．

（1） 3点O，A，Bが同一直線上にあるための z の必要十分条件を求めよ．

（2） 3点O，A，Bが二等辺三角形の頂点になるような z 全体を複素数平面上に図示せよ．

（3） 3点O，A，Bが二等辺三角形の頂点であり，かつ z の偏角 θ が $0 \leqq \theta \leqq \dfrac{\pi}{3}$ を満たすとき，三角形OABの面積の最大値とそのときの z の値を求めよ．　（21　東北大・前期）

▶解答◀　（1） 3点O，A，Bが同一直線上にあるための必要十分条件は $\dfrac{z^2-0}{z-0}$ が実数，すなわち **z が実数であること**である．

（2） $\mathrm{OA}=|z|$, $\mathrm{OB}=|z^2|$, $\mathrm{AB}=|z^2-z|$ であるから，二等辺三角形になる条件は

$|z|=|z^2|$　　∴　$|z|=1$ …………………①

$|z^2|=|z^2-z|$　　∴　$|z-1|=|z|$ …②

これは，0と1の垂直二等分線を表している．

$|z^2-z|=|z|$　　∴　$|z-1|=1$ ………③

①，②，③を図示すると次図のようになる．ただし，3点O，A，Bが同一直線上にあるとき，三角形とはならないから，実軸上は除く．

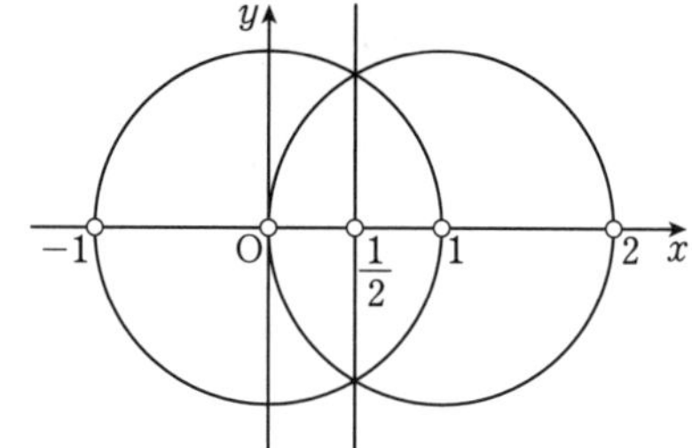

（3）（2）で求めた z のうち，偏角 θ が $0 \leqq \theta \leqq \dfrac{\pi}{3}$ を満たしているのは次の図の太線部である．

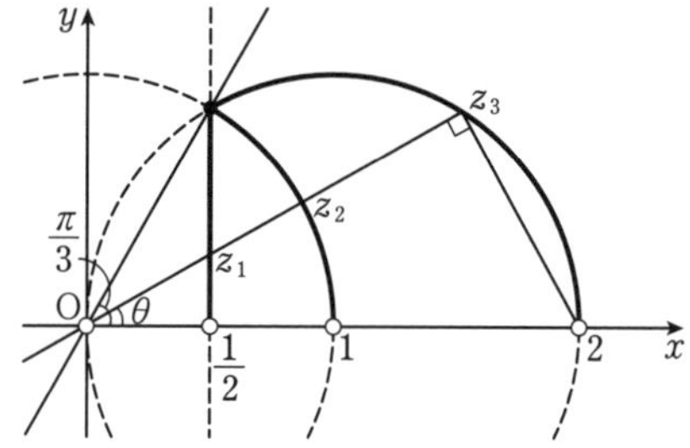

$\arg z^2=2\theta$ より $\angle\mathrm{AOB}=\theta$ であるから，

$$\triangle\mathrm{OAB}=\frac{1}{2}|z||z^2|\sin\theta=\frac{1}{2}|z|^3\sin\theta$$

ここで，θ を固定すると，図における z_1, z_2, z_3 の3点について $\triangle$OABの面積を考えることになるが，図より

$$|z_1|<|z_2|<|z_3|$$

であるから，この3点のうちで $\triangle$OABの面積が最大になるのは，z_3 のときである．このとき，$|z_3|=2\cos\theta$ となっている．よって，θ を固定したときの $\triangle$OABの面積の最大値を $f(\theta)$ とおくと，

$$f(\theta)=\frac{1}{2}(2\cos\theta)^3\sin\theta=4\cos^3\theta\sin\theta$$

となるから，θ を動かして $f(\theta)$ の最大値を考える．

$$f'(\theta)=12\cos^2\theta(-\sin\theta)\cdot\sin\theta+4\cos^3\theta\cdot\cos\theta$$
$$=4\cos^4\theta(1-3\tan^2\theta)$$

これより，$f(\theta)$ の増減表は次のようになる．

θ	0	$\cdots$	$\frac{\pi}{6}$	$\cdots$	$\frac{\pi}{3}$
$f'(\theta)$		$+$	0	$-$	
$f(\theta)$		↗		↘	

これより，$\theta=\frac{\pi}{6}$，すなわち

$$z=2\cos\frac{\pi}{6}\left(\cos\frac{\pi}{6}+i\sin\frac{\pi}{6}\right)$$
$$=\boldsymbol{\frac{3}{2}+\frac{\sqrt{3}}{2}i}$$

のとき最大値は

$$f\left(\frac{\pi}{6}\right)=4\cdot\cos^3\frac{\pi}{6}\cdot\sin\frac{\pi}{6}=\boldsymbol{\frac{3\sqrt{3}}{4}}$$

♦別解♦（2） $z=0$ のとき二等辺三角形にならない．これより，$0, z, z^2$ が二等辺三角形になることは，すべて z で割った $0, 1, z$ が二等辺三角形となることと同値であるから，これを考えてもよい．

（3） 3点 $0, 1, z$ がなす三角形の面積を考えて，それを $|z|^2$ 倍すると △OAB の面積となるが，今回はそれほど手間が変わらない．

《直線の方程式（B20）☆》

708. 複素数 α は等式 $\alpha^6=\frac{1}{\sqrt{2}}(1+i)$ を満たすとする．また，α の偏角 θ は $\frac{\pi}{6}\leqq\theta\leqq\frac{2\pi}{3}$ を満たすとする．ただし，i は虚数単位である．さらに，r を正の実数とする．このとき，次の問に答えよ．

（1） 絶対値 $|\alpha|$ と偏角 θ を求めよ．

（2） $\alpha^2+\alpha^4+\alpha^6$ と $(\alpha^3+\alpha^5+\alpha^7)^2$ の値を求めよ．

（3） 複素数平面上において，点 α と点 $r\alpha^2$ を通る直線を L_1，点 $r^2\alpha^3$ と点 $r^3\alpha^4$ を通る直線を L_2 とする．L_1 と L_2 のなす角 θ_1 $\left(0\leqq\theta_1\leqq\frac{\pi}{2}\right)$ を求めよ．

（4） 複素数平面上において，点 $r^3\alpha^4$ と点 $r^5\alpha^6$ を通る直線と実軸との交点を表す複素数を r を用いて表せ．　（21　山形大・医，理，農，人文社会）

▶解答◀（1） $\alpha=a(\cos\theta+i\sin\theta)$

（a：正の実数）とおく．

ド・モアブルの定理により

$$\alpha^6=a^6(\cos6\theta+i\sin6\theta)$$
$$\frac{1+i}{\sqrt{2}}=\cos\frac{\pi}{4}+i\sin\frac{\pi}{4}$$

である．したがって，$a^6=1$ から $a=|\alpha|=\boldsymbol{1}$

また，$6\theta=\frac{\pi}{4}+2n\pi$（$n$：整数）であるから

$$\theta=\frac{\pi}{24}+\frac{n\pi}{3}$$

$\frac{\pi}{6}\leqq\theta\leqq\frac{2\pi}{3}$ から

$$\frac{\pi}{6}\leqq\frac{\pi}{24}+\frac{n\pi}{3}\leqq\frac{2\pi}{3}$$
$$\frac{1}{2}-\frac{1}{8}\leqq n\leqq2-\frac{1}{8}\qquad\therefore\quad n=1$$

したがって $\theta=\frac{\pi}{24}+\frac{\pi}{3}=\boldsymbol{\frac{3\pi}{8}}$

（2）（1）から $\alpha=\cos\frac{3\pi}{8}+i\sin\frac{3\pi}{8}$ となるから

$$\alpha^2=\cos\frac{3\pi}{4}+i\sin\frac{3\pi}{4}=-\frac{1}{\sqrt{2}}+\frac{1}{\sqrt{2}}i$$
$$\alpha^4=\cos\frac{3\pi}{2}+i\sin\frac{3\pi}{2}=-i$$
$$\alpha^6=\cos\frac{9\pi}{4}+i\sin\frac{9\pi}{4}=\frac{1}{\sqrt{2}}+\frac{1}{\sqrt{2}}i$$

よって

$$\alpha^2+\alpha^4+\alpha^6=\boldsymbol{(\sqrt{2}-1)i}$$
$$(\alpha^3+\alpha^5+\alpha^7)^2=(\alpha^2+\alpha^4+\alpha^6)^2\alpha^2$$
$$=\{(\sqrt{2}-1)i\}^2\cdot\frac{-1+i}{\sqrt{2}}$$
$$=\boldsymbol{\frac{3-2\sqrt{2}}{\sqrt{2}}(1-i)}$$

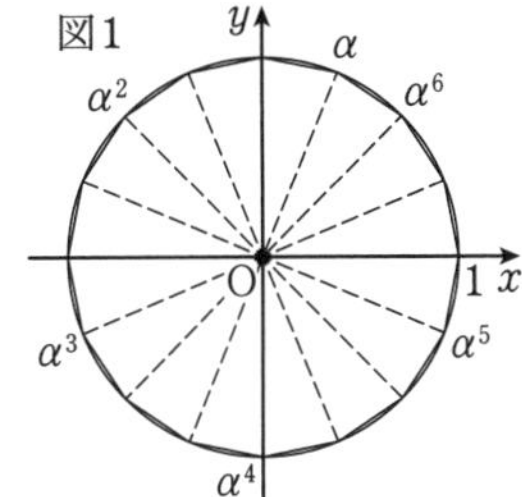

（3） 複素数 $\alpha, r\alpha^2, r^2\alpha^3, r^3\alpha^4$ を表す点をそれぞれ A，B，C，D とおく．$\overrightarrow{\mathrm{AB}}$ と $\overrightarrow{\mathrm{CD}}$ のなす角は

$$\arg(r^3\alpha^4-r^2\alpha^3)-\arg(r\alpha^2-\alpha)$$
$$=\arg\frac{r^2\alpha^3(r\alpha-1)}{\alpha(r\alpha-1)}$$
$$=\arg r^2\alpha^2=\frac{3}{4}\pi$$

したがって，$0\leqq\theta_1\leqq\frac{\pi}{2}$ から $\theta_1=\pi-\frac{3}{4}\pi=\boldsymbol{\frac{\pi}{4}}$

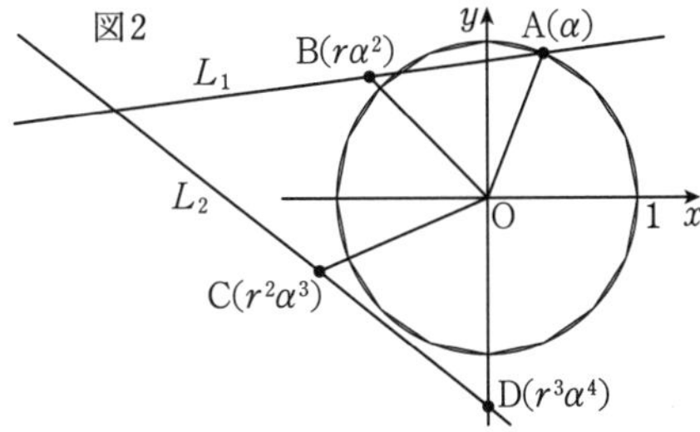

（4） 点 $r^3\alpha^4$ と点 $r^5\alpha^6$ を通る直線と実軸の交点を表す複素数 β は，実数 t を用いて

$$\beta=t\cdot r^3\alpha^4+(1-t)\cdot r^5\alpha^6$$

と表せる．β は実数であり，（2）から

$$\beta = t\cdot(-r^3 i) + (1-t)\cdot r^5\cdot\frac{1+i}{\sqrt{2}}$$

$$= \frac{1-t}{\sqrt{2}}r^5 + \frac{(1-t)r^2-\sqrt{2}t}{\sqrt{2}}r^3 i$$

$r>0$ であり，β は実数であるから

$$(1-t)r^2-\sqrt{2}t=0$$

$$t=\frac{r^2}{r^2+\sqrt{2}}$$

したがって

$$\beta=\frac{r^5}{\sqrt{2}}\left(1-\frac{r^2}{r^2+\sqrt{2}}\right)=\boldsymbol{\frac{r^5}{r^2+\sqrt{2}}}$$

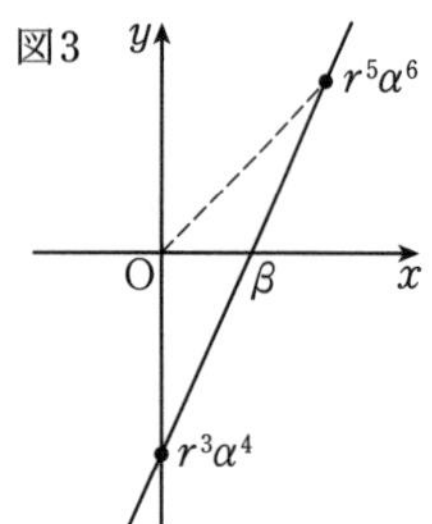

◆別解◆　（4）　複素数 $r^3\alpha^4$, $r^5\alpha^6$ を表す点をそれぞれ D，E とし，図 4 のように，直線 DE と実軸との交点を P，E から虚軸へ垂線 EH を下ろす．

$\alpha^4=-i$ であるから $r^3\alpha^4=-r^3 i$ であり，

$r^5\alpha^6=\dfrac{1}{\sqrt{2}}r^5+\dfrac{1}{\sqrt{2}}r^5 i$ であるから，O(0) とおくと

$$\mathrm{OP}:\mathrm{EH}=\mathrm{DO}:\mathrm{DH}$$

$$\mathrm{OP}:\frac{1}{\sqrt{2}}r^5=r^3:\left(r^3+\frac{1}{\sqrt{2}}r^5\right)$$

$$\left(r^3+\frac{1}{\sqrt{2}}r^5\right)\mathrm{OP}=\frac{1}{\sqrt{2}}r^8$$

$$\mathrm{OP}=\frac{r^5}{r^2+\sqrt{2}}$$

したがって，交点 P を表す複素数は $\boldsymbol{\dfrac{r^5}{r^2+\sqrt{2}}}$

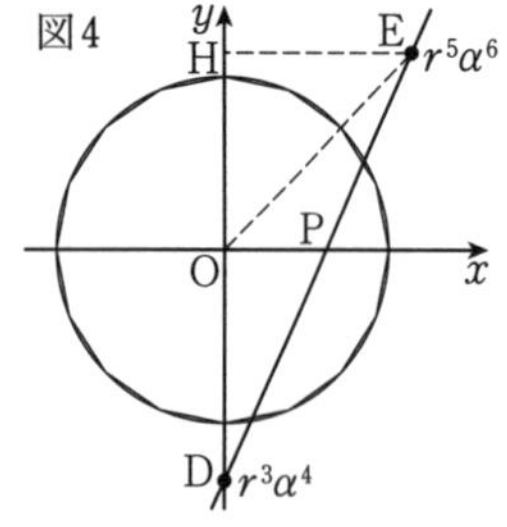

《原点以外を中心とする回転 (B20)》

709．実数 θ は $0<\theta<\pi$ をみたすとする．また，複素数平面上の 3 点 A(α)，B(β)，C(γ) は同一直線上にないとする．

点 A(α) を，点 B(β) を中心として θ だけ回転した点を P

点 B(β) を，点 C(γ) を中心として θ だけ回転した点を Q

点 C(γ) を，点 A(α) を中心として θ だけ回転した点を R

とおく．このとき，以下の問いに答えよ．

（1）　3 点 P，Q，R が同一直線上にないとき，△ABC の重心と △PQR の重心は一致することを示せ．

（2）　i を虚数単位とし，$\alpha=3\sqrt{3}+2i$, $\beta=2-i$, $|\beta-\gamma|=2$, $\arg(\beta-\gamma)=\theta$ であるとする．直線 PC と直線 QC が直交するとき，θ の値を求めよ．　（21　信州大・後期）

▶解答◀　（1）　P(p)，Q(q)，R(r) とおく．θ 回転を表す複素数を $\omega=\cos\theta+i\sin\theta$ とおく．また，α を始点，β を終点とするベクトルを $\overrightarrow{\alpha\beta}$ のように書く．

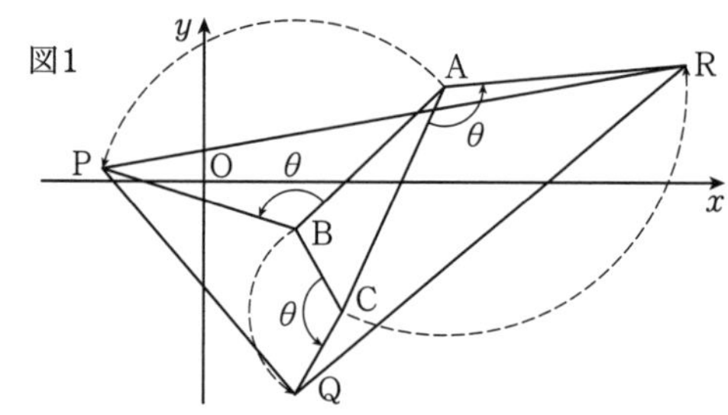

$\overrightarrow{\beta p}=\overrightarrow{\beta\alpha}\times(\theta\text{ 回転})$ であるから

$$p-\beta=(\alpha-\beta)\omega \qquad \therefore\quad p=\beta+(\alpha-\beta)\omega$$

順に点を取り替えて

$$q-\gamma=(\beta-\gamma)\omega \qquad \therefore\quad q=\gamma+(\beta-\gamma)\omega$$

$$r-\alpha=(\gamma-\alpha)\omega \qquad \therefore\quad r=\alpha+(\gamma-\alpha)\omega$$

$$\frac{p+q+r}{3}=\frac{\alpha+\beta+\gamma}{3}$$

であるから △ABC の重心と △PQR の重心は一致する．

（2）　$\overrightarrow{\mathrm{PC}}=\overrightarrow{p\gamma}=\gamma-p=(\gamma-\beta)-(\alpha-\beta)\omega$ ……①

$\overrightarrow{\mathrm{QC}}=\overrightarrow{q\gamma}=\gamma-q=-(\beta-\gamma)\omega$ ……………②

$|\beta-\gamma|=2$, $\arg(\beta-\gamma)=\theta$ のとき，$\beta-\gamma=2\omega$ であるから，①，② より

$$\gamma-p=-2\omega-(\alpha-\beta)\omega=-(2+\alpha-\beta)\omega$$

$$=-(2+3\sqrt{3}+2i-2+i)\omega=-3(\sqrt{3}+i)\omega$$

$$\gamma-q=-2\omega^2$$

PC と QC が直交するとき，$\dfrac{\gamma-q}{\gamma-p}=\dfrac{2\omega}{3(\sqrt{3}+i)}$ は純虚数であるから，$k\ (k\neq 0)$ を実数として

$$\frac{2\omega}{3(\sqrt{3}+i)}=ki$$

とおける．

$$2\omega = 3(\sqrt{3}+i)ki = 3k(-1+\sqrt{3}i)$$

$$\omega = 3k\left(\frac{-1}{2}+\frac{\sqrt{3}}{2}i\right)$$

$|\omega| = 1$，$0 < \theta < \pi$ であるから

$$\omega = -\frac{1}{2}+\frac{\sqrt{3}}{2}i = \cos\frac{2}{3}\pi + i\sin\frac{2}{3}\pi$$

よって，$\theta = \boldsymbol{\frac{2}{3}\pi}$

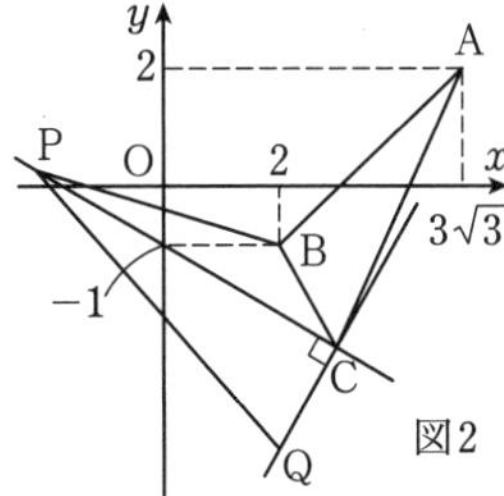

図2

【円周等分多項式】

《7乗（B30）☆》

710．複素数 $\alpha = \cos\frac{2\pi}{7} + i\sin\frac{2\pi}{7}$ に対して，複素数 β, γ を $\beta = \alpha+\alpha^2+\alpha^4$, $\gamma = \alpha^3+\alpha^5+\alpha^6$ とする．以下の設問に答えよ．

（1） $\beta+\gamma$, $\beta\gamma$ の値を求めよ．

（2） β, γ の値を求めよ．

（3） $\sin\frac{2\pi}{7} + \sin\frac{4\pi}{7} + \sin\frac{8\pi}{7}$ および $\sin\frac{\pi}{7}\sin\frac{2\pi}{7}\sin\frac{3\pi}{7}$ の値を求めよ．

（21　関西医大・前期）

▶解答◀ （1） $\alpha^7 = 1$ であるから

$$1+\alpha+\alpha^2+\alpha^3+\alpha^4+\alpha^5+\alpha^6+\alpha^7$$

$$= \frac{1-\alpha^7}{1-\alpha} = 0$$

$$\beta+\gamma = \alpha+\alpha^2+\alpha^3+\alpha^4+\alpha^5+\alpha^6 = \boldsymbol{-1}$$

$$\beta\gamma = (\alpha+\alpha^2+\alpha^4)(\alpha^3+\alpha^5+\alpha^6)$$

$$= \alpha^4+\alpha^5+\alpha^6+3\alpha^7+\alpha^8+\alpha^9+\alpha^{10}$$

$$= 2\alpha^7+\alpha^4(1+\alpha+\alpha^2+\alpha^3+\alpha^4+\alpha^5+\alpha^6)$$

$$= 2+0 = \boldsymbol{2}$$

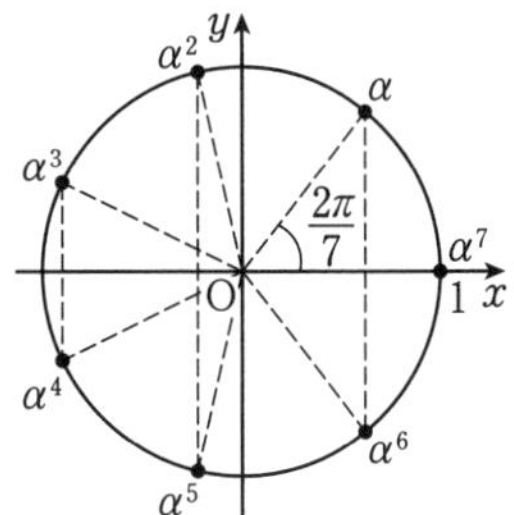

（2） 解と係数の関係より，β と γ は2次方程式 $X^2+X+2=0$ の2解で，$X = \frac{-1\pm\sqrt{7}i}{2}$ である．

α^3 と α^4 は x 軸に関して対称な点であり，かつ

$$(\alpha \text{の虚部}) - (\alpha^3\text{の虚部}) > 0$$

であるから

$$(\alpha \text{の虚部}) + (\alpha^4\text{の虚部}) > 0$$

がいえる．$\beta = \alpha+\alpha^2+\alpha^4$ の虚部は正である．

$$\beta = \boldsymbol{\frac{-1+\sqrt{7}i}{2}},\ \gamma = \boldsymbol{\frac{-1-\sqrt{7}i}{2}}$$

（3） （2）より，$\sin\frac{2\pi}{7}+\sin\frac{4\pi}{7}+\sin\frac{8\pi}{7} = \boldsymbol{\frac{\sqrt{7}}{2}}$

$z = \cos\theta + i\sin\theta\ \left(\theta = \frac{\pi}{7}\right)$ とする．$z^2 = \alpha$ である．

$$\sin\frac{\pi}{7}\sin\frac{2\pi}{7}\sin\frac{3\pi}{7}$$

$$= \frac{z-\overline{z}}{2i}\cdot\frac{z^2-\overline{z^2}}{2i}\cdot\frac{z^3-\overline{z^3}}{2i}$$

$z\overline{z} = |z|^2 = 1$ であるから

$$(z-\overline{z})(z^3-\overline{z^3}) = z^4-\overline{z^2}-z^2+\overline{z^4}$$

$$= \alpha^2-\overline{\alpha}-\alpha+\overline{\alpha^2}$$

$$(z-\overline{z})(z^2-\overline{z^2})(z^3-\overline{z^3})$$

$$= (\alpha^2-\overline{\alpha}-\alpha+\overline{\alpha^2})(\alpha-\overline{\alpha})$$

$$= \alpha^3-1-\alpha^2+\overline{\alpha}-\alpha+\overline{\alpha^2}+1-\overline{\alpha^3}$$

$$= \alpha^3-1-\alpha^2+\alpha^6-\alpha+\alpha^5+1-\alpha^4$$

$$= \gamma-\beta = -\sqrt{7}i$$

求める値は，$\frac{-\sqrt{7}i}{-8i} = \boldsymbol{\frac{\sqrt{7}}{8}}$

◆別解◆ （3） $\sin\frac{\pi}{7}\sin\frac{2\pi}{7}\sin\frac{3\pi}{7}$ については積和公式を繰り返し用いてもよい．

$$\sin\frac{\pi}{7}\sin\frac{2\pi}{7}\sin\frac{3\pi}{7}$$

$$= \frac{1}{2}\left(\cos\frac{2\pi}{7}-\cos\frac{4\pi}{7}\right)\sin\frac{2\pi}{7}$$

$$= \frac{1}{4}\left(\sin\frac{4\pi}{7}-\sin 0-\sin\frac{6\pi}{7}+\sin\frac{2\pi}{7}\right)$$

$$= \frac{1}{4}\left\{\sin\frac{4\pi}{7}-0-\left(-\sin\frac{8\pi}{7}\right)+\sin\frac{2\pi}{7}\right\}$$

$$= \frac{1}{4}\left(\sin\frac{2\pi}{7}+\sin\frac{4\pi}{7}+\sin\frac{8\pi}{7}\right) = \frac{\sqrt{7}}{8}$$

《7乗（B20）》

711．i は虚数単位とする．$w = \cos\frac{2\pi}{7} + i\sin\frac{2\pi}{7}$ とし，

$$\alpha = w+w^2+w^4,\ \beta = w^3+w^5+w^6$$

とする．このとき，$w^7 = \square$ より，

$$\alpha+\beta = \square,\ \alpha\beta = \square$$

となるので，

$$\alpha=\frac{\square+\sqrt{\square}\,i}{2},\ \beta=\frac{\square-\sqrt{\square}\,i}{2}$$

が得られる．（21 宮崎大・前期）

▶解答◀ $w=\cos\frac{2\pi}{7}+i\sin\frac{2\pi}{7}$ のとき

$$w^7=\left(\cos\frac{2\pi}{7}+i\sin\frac{2\pi}{7}\right)^7$$
$$=\cos 2\pi+i\sin 2\pi=\mathbf{1}$$

$\alpha=w+w^2+w^4,\ \beta=w^3+w^5+w^6$ であるから

$$\alpha+\beta=w+w^2+w^3+w^4+w^5+w^6$$

である．ここで，$w^7-1=0$ より

$$(w-1)(w^6+w^5+w^4+w^3+w^2+w+1)=0$$

であり，$w\neq 1$ であるから

$$w^6+w^5+w^4+w^3+w^2+w+1=0$$
$$\alpha+\beta+1=0 \qquad \therefore\quad \alpha+\beta=\mathbf{-1}$$
$$\alpha\beta=(w+w^2+w^4)(w^3+w^5+w^6)$$
$$=w^4+w^6+w^7+w^5+w^7+w^8+w^7+w^9+w^{10}$$
$$=w^4+w^6+1+w^5+1+w+1+w^2+w^3$$
$$=w+w^2+w^3+w^4+w^5+w^6+3$$
$$=\alpha+\beta+3=-1+3=\mathbf{2}$$

解と係数の関係より，α,β を解とする t の2次方程式の1つは

$$t^2+t+2=0$$

である．これを解いて，$t=\frac{-1\pm\sqrt{7}i}{2}$ であるから

$$\alpha=\frac{\mathbf{-1+\sqrt{7}i}}{\mathbf{2}},\ \beta=\frac{\mathbf{-1-\sqrt{7}i}}{\mathbf{2}}$$

《9乗 (B30)》☆

712. 複素数 $z=\cos\frac{2\pi}{9}+i\sin\frac{2\pi}{9}$ に対して，次の問いに答えよ．ただし，i は虚数単位である．

（1） $z^3+\frac{1}{z^3}$ の値を求めよ．

（2） $\alpha=z+z^2+z^3+z^4+z^5+z^6+z^7+z^8$ とする．α の値を求めよ．

（3） $\beta=(1-z)(1-z^2)(1-z^3)(1-z^4)$
$\times(1-z^5)(1-z^6)(1-z^7)(1-z^8)$
とする．β の値を求めよ．

（4） $t=z+\frac{1}{z}$ のとき，$t^4+t^3-3t^2-2t$ の値を求めよ．（21 徳島大・理工）

▶解答◀（1）

$$z^3=\left(\cos\frac{2\pi}{9}+i\sin\frac{2\pi}{9}\right)^3$$
$$=\cos\frac{2\pi}{3}+i\sin\frac{2\pi}{3}$$

また

$$\frac{1}{z^3}=\left(\cos\frac{2\pi}{9}+i\sin\frac{2\pi}{9}\right)^{-3}$$
$$=\cos\left(-\frac{2\pi}{3}\right)+i\sin\left(-\frac{2\pi}{3}\right)$$
$$=\cos\frac{2\pi}{3}-i\sin\frac{2\pi}{3}$$

よって

$$z^3+\frac{1}{z^3}=2\cos\frac{2\pi}{3}=\mathbf{-1}$$

（2） $$z^9=\left(\cos\frac{2\pi}{9}+i\sin\frac{2\pi}{9}\right)^9$$
$$=\cos 2\pi+i\sin 2\pi=1$$

となる．$z\neq 1$ であるから

$$\alpha=z+z^2+z^3+z^4+z^5+z^6+z^7+z^8$$
$$=\frac{z(1-z^8)}{1-z}=\frac{z-z^9}{1-z}=\frac{z-1}{1-z}=\mathbf{-1}$$

（3） x についての9次方程式 $x^9-1=0$ の解は

$$(z^k)^9=\left(\cos\frac{2k\pi}{9}+i\sin\frac{2k\pi}{9}\right)^9$$
$$=\cos 2k\pi+i\sin 2k\pi=1\quad (k=0,1,2,\cdots,8)$$

となるから，$x=z^k\quad (k=0,1,2,\cdots,8)$ である．
よって

$$x^9-1=(x-1)(x-z)(x-z^2)\cdots(x-z^8)$$

であり，左辺を因数分解すると

$$(x-1)(x^8+x^7+x^6+x^5+x^4+x^3+x^2+x+1)$$
$$=(x-1)(x-z)(x-z^2)\cdots(x-z^8)$$

左辺の多項式と右辺の多項式が一致するから，$x-1$ を除いた部分も一致する．
したがって

$$x^8+x^7+x^6+x^5+x^4+x^3+x^2+x+1$$
$$=(x-z)(x-z^2)(x-z^3)\cdots(x-z^8)$$

この式に $x=1$ を代入すると右辺が β となるから

$$\beta=1^8+1^7+\cdots+1^2+1=\mathbf{9}$$

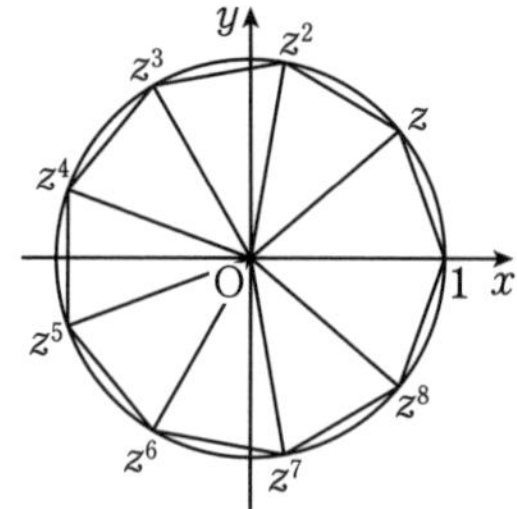

（4） $t=z+\frac{1}{z}$ から

$$t^2=z^2+2+\frac{1}{z^2}\ \cdots\cdots①$$
$$t^2-2=z^2+\frac{1}{z^2}$$

両辺を2乗して整理すると

$$t^4 = 4t^2 + z^4 + \frac{1}{z^4} - 2 \quad \cdots\cdots ②$$

また，

$$t^3 = z^3 + 3z + \frac{3}{z} + \frac{1}{z^3} = 3t + z^3 + \frac{1}{z^3} \quad \cdots\cdots ③$$

①，②，③から

$$\begin{aligned}&t^4 + t^3 - 3t^2 - 2t\\&= 4t^2 + z^4 + \frac{1}{z^4} - 2 + 3t + z^3 + \frac{1}{z^3} - 3t^2 - 2t\\&= z^4 + \frac{1}{z^4} + z^3 + \frac{1}{z^3} + t^2 + t - 2\\&= z^4 + \frac{1}{z^4} + z^3 + \frac{1}{z^3} + z^2 + \frac{1}{z^2} + z + \frac{1}{z}\\&= \frac{1}{z^4}(z^8 + z^7 + z^6 + z^5 + z^4 + z^3 + z^2 + z + 1) - 1\end{aligned}$$

したがって，(2)から $t^4 + t^3 - 3t^2 - 2t = \mathbf{-1}$

《ベクトルとしての複素数（B30）》

713. 複素数 a, b, c に対して整式 $f(z) = az^2 + bz + c$ を考える．i を虚数単位とする．

（1） α, β, γ を複素数とする．

$$f(0) = \alpha,\ f(1) = \beta,\ f(i) = \gamma$$

が成り立つとき，a, b, c をそれぞれ α, β, γ で表せ．

（2） $f(0), f(1), f(i)$ がいずれも1以上2以下の実数であるとき，$f(2)$ のとりうる範囲を複素数平面上に図示せよ．（21 東大・理科）

▶解答◀ （1） $f(0) = c = \boldsymbol{\alpha}$

$$f(1) = a + b + c = \beta$$

$$a + b = \beta - \alpha \quad \cdots\cdots ①$$

$$f(i) = -a + bi + c = \gamma$$

$$-a + bi = \gamma - \alpha \quad \cdots\cdots ②$$

①$\times i -$②より

$$\begin{aligned}&(1+i)a = (\beta - \alpha)i - (\gamma - \alpha)\\&2a = \{(\beta - \alpha)i - (\gamma - \alpha)\}(1 - i)\\&= \{(\beta - \alpha) - (\gamma - \alpha)\} + \{(\gamma - \alpha) + (\beta - \alpha)\}i\\&= (\beta - \gamma) + (\beta + \gamma - 2\alpha)i\\&a = \boldsymbol{\frac{1}{2}\{(\beta - \gamma) + (\beta + \gamma - 2\alpha)i\}}\end{aligned}$$

①＋②より

$$\begin{aligned}&(1+i)b = \beta + \gamma - 2\alpha\\&2b = (\beta + \gamma - 2\alpha)(1 - i)\\&b = \boldsymbol{\frac{1}{2}(\beta + \gamma - 2\alpha)(1 - i)}\end{aligned}$$

（2） $f(2) = 4a + 2b + c$

$$\begin{aligned}&= 2(\beta - \gamma) + 2(\beta + \gamma - 2\alpha)i\\&\quad + (\beta + \gamma - 2\alpha) - (\beta + \gamma - 2\alpha)i + \alpha\\&= (-\alpha + 3\beta - \gamma) + (-2\alpha + \beta + \gamma)i\end{aligned}$$

$f(2) = x + yi$ とおくと

$$\begin{pmatrix} x \\ y \end{pmatrix} = \begin{pmatrix} -\alpha + 3\beta - \gamma \\ -2\alpha + \beta + \gamma \end{pmatrix} = \alpha\begin{pmatrix} -1 \\ -2 \end{pmatrix} + \beta\begin{pmatrix} 3 \\ 1 \end{pmatrix} + \gamma\begin{pmatrix} -1 \\ 1 \end{pmatrix}$$

$\gamma = 0$ として，$\alpha\begin{pmatrix} -1 \\ -2 \end{pmatrix} + \beta\begin{pmatrix} 3 \\ 1 \end{pmatrix}$ を $1 \leqq \alpha \leqq 2$，$1 \leqq \beta \leqq 2$ の範囲で動かすと，図1の網目部分となる．この図形を $\begin{pmatrix} -1 \\ 1 \end{pmatrix}$ 方向に平行移動すると図2を得る．

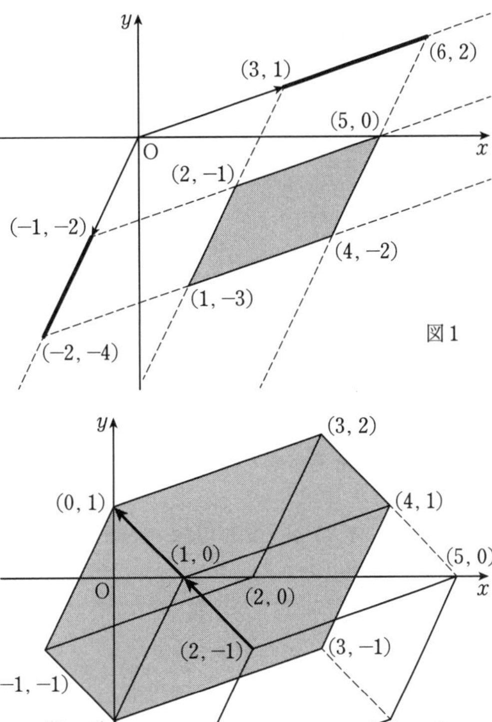

図1

図2

注意【対応づけるということ】

xy 座標平面は点と順序対（座標）(x, y) を対応づけるものである．対応づけるというのは，異なるものを同一視するということである．点と $x + yi$ を対応づけるものが複素平面である．平面のベクトルは座標の代数として定義される．たとえば，位置ベクトルという不可解なものは座標そのものであるし，$\overrightarrow{\mathrm{AB}}$ はBの座標からAの座標を引くことによって定まる．なお「ベクトルは方向と大きさで定まる」という，初めて出会った人が「はあ？何を言っているの？」と思う，日本に古くからある悲しい定義に対する批判は，これ以上書かない．とにかく，ともに座標平面で行われるから，複素数ではベクトルという見方ができる．最後を複素数のままで行う場合，次のようにする．

$$f(2)=\alpha(-1-2i)+\beta(3+i)+\gamma(-1+i)$$

$-1-2i$ と $\begin{pmatrix}-1\\-2\end{pmatrix}$ を同一視し，$3+i$ と $\begin{pmatrix}3\\1\end{pmatrix}$ を同一視し，$-1+i$ と $\begin{pmatrix}-1\\1\end{pmatrix}$ を同一視するのである．図示については同じである．

《直線の方程式（D40）》

714．複素数平面上において，単位円上に異なる3点 A，B，C がある．3直線 BC，CA，AB のいずれの上にもない点 $\mathrm{P}(w)$ を考える．P から直線 BC，CA，AB に下ろした垂線の足を，それぞれ A′，B′，C′ とする．

ここで，単位円とは原点を中心とする半径1の円のことである．また，点 P から直線 l に下ろした垂線の足とは，P を通り l に垂直な直線と l の交点のことである．

（1） $\mathrm{A}(\alpha)$, $\mathrm{B}(\beta)$ とするとき，直線 AB 上の点 z は

$$z+\alpha\beta\overline{z}=\alpha+\beta$$

を満たすことを示せ．

（2） $\mathrm{A}(\alpha)$, $\mathrm{B}(\beta)$, $\mathrm{C}'(\gamma')$ とするとき，

$$2\gamma'=\alpha+\beta+w-\alpha\beta\overline{w}$$

を示せ．

（3） A′, B′, C′ が一直線上にあるとき，P は単位円上にあることを示せ．（21　滋賀医大）

▶解答◀ （1） $|\alpha|=1$ であるから $\alpha\overline{\alpha}=1$ であり，$\overline{\alpha}=\dfrac{1}{\alpha}$ となる．同様に $\overline{\beta}=\dfrac{1}{\beta}$ となる．これを繰り返し用いる．z は直線 AB 上にあるから $\dfrac{z-\alpha}{\beta-\alpha}$ は実数である．

$$\frac{z-\alpha}{\beta-\alpha}=\frac{\overline{z}-\overline{\alpha}}{\overline{\beta}-\overline{\alpha}}$$

$$\frac{z-\alpha}{\beta-\alpha}=\frac{\overline{z}-\frac{1}{\alpha}}{\frac{1}{\beta}-\frac{1}{\alpha}}$$

$$\frac{z-\alpha}{\beta-\alpha}=\frac{\alpha\beta\overline{z}-\beta}{\alpha-\beta}$$

$$z-\alpha=-\alpha\beta\overline{z}+\beta$$

$$z+\alpha\beta\overline{z}=\alpha+\beta$$

図1

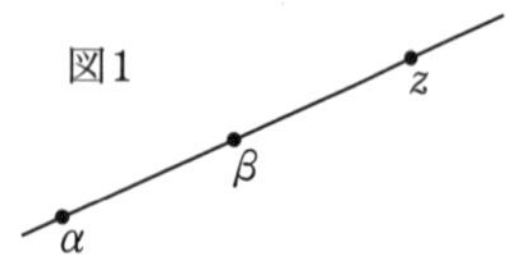

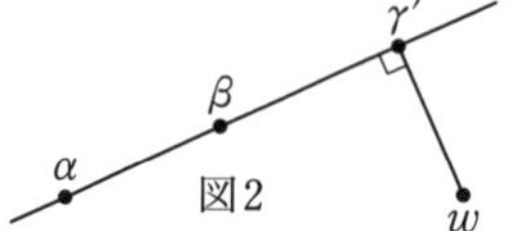

図2

（2） γ' は直線 AB 上にあるから（1）の式に代入し

$$\gamma'+\alpha\beta\overline{\gamma'}=\alpha+\beta \quad \cdots\cdots①$$

また，$\dfrac{\gamma'-w}{\alpha-\beta}$ は純虚数である（図2を見よ）から

$$\frac{\gamma'-w}{\alpha-\beta}=-\frac{\overline{\gamma'}-\overline{w}}{\overline{\alpha}-\overline{\beta}}$$

$\overline{\alpha}=\dfrac{1}{\alpha}$，$\overline{\beta}=\dfrac{1}{\beta}$ を代入し

$$\frac{\gamma'-w}{\alpha-\beta}=\frac{\alpha\beta}{\alpha-\beta}\cdot(\overline{\gamma'}-\overline{w})$$

$\alpha-\beta$ をかけて

$$\gamma'-w=\alpha\beta\overline{\gamma'}-\alpha\beta\overline{w}$$

① を用いて $\alpha\beta\overline{\gamma'}$ を消去し

$$\gamma'-w=\alpha+\beta-\gamma'-\alpha\beta\overline{w}$$

$$2\gamma'=\alpha+\beta+w-\alpha\beta\overline{w}$$

（3） 当然，$\mathrm{A}'(\alpha')$, $\mathrm{B}'(\beta')$, $\mathrm{C}(\gamma)$ とする．

$$2\alpha'=\beta+\gamma+w-\beta\gamma\overline{w} \quad \cdots\cdots②$$

$$2\beta'=\gamma+\alpha+w-\gamma\alpha\overline{w} \quad \cdots\cdots③$$

$$2\gamma'=\alpha+\beta+w-\alpha\beta\overline{w} \quad \cdots\cdots④$$

②－③ より

$$2(\alpha'-\beta')=\beta-\alpha-(\beta-\alpha)\gamma\overline{w}$$

$$2(\alpha'-\beta')=(\beta-\alpha)(1-\gamma\overline{w}) \quad \cdots\cdots⑤$$

②－④ より

$$2(\alpha'-\gamma')=(\gamma-\alpha)(1-\beta\overline{w}) \quad \cdots\cdots⑥$$

α', β', γ' は一直線上にあるから $\dfrac{\alpha'-\beta'}{\alpha'-\gamma'}$ は実数である．⑤，⑥ より $\dfrac{\beta-\alpha}{\gamma-\alpha}\cdot\dfrac{1-\gamma\overline{w}}{1-\beta\overline{w}}$ は実数である．

$$\frac{\beta-\alpha}{\gamma-\alpha}\cdot\frac{1-\gamma\overline{w}}{1-\beta\overline{w}}=\frac{\overline{\beta}-\overline{\alpha}}{\overline{\gamma}-\overline{\alpha}}\cdot\frac{1-\overline{\gamma}w}{1-\overline{\beta}w}$$

右辺に $\overline{\beta}=\dfrac{1}{\beta}$，$\overline{\alpha}=\dfrac{1}{\alpha}$，$\overline{\gamma}=\dfrac{1}{\gamma}$ を代入し

$$\frac{\beta-\alpha}{\gamma-\alpha}\cdot\frac{1-\gamma\overline{w}}{1-\beta\overline{w}}=\frac{\frac{1}{\beta}-\frac{1}{\alpha}}{\frac{1}{\gamma}-\frac{1}{\alpha}}\cdot\frac{1-\frac{1}{\gamma}w}{1-\frac{1}{\beta}w}$$

$$\frac{\beta-\alpha}{\gamma-\alpha}\cdot\frac{1-\gamma\overline{w}}{1-\beta\overline{w}}=\frac{\frac{\alpha-\beta}{\alpha\beta}}{\frac{\alpha-\gamma}{\alpha\gamma}}\cdot\frac{\frac{1}{\gamma}(\gamma-w)}{\frac{1}{\beta}(\beta-w)}$$

$$\frac{1-\gamma\overline{w}}{1-\beta\overline{w}}=\frac{\gamma-w}{\beta-w}$$

$$\beta-w-\beta\gamma\overline{w}+\gamma w\overline{w}=\gamma-w-\beta\gamma\overline{w}+\beta w\overline{w}$$

$$\beta-\gamma=(\beta-\gamma)|w|^2$$

$\beta-\gamma\neq 0$ で割って $|w|^2=1$

$|w|=1$ で P は単位円周上にある．

注意 1°【実部と虚部】

x, y を実数, $z=x+yi$ とすると

$$\overline{z}=x-yi$$

$$x=\frac{1}{2}(z+\overline{z}),\ yi=\frac{1}{2}(z-\overline{z})$$

となる. とくに

z が実数 $\iff z=\overline{z}$

z が純虚数(実部が 0 のことで, 0 も純虚数とすることも多い) $\iff \overline{z}=-z$

$\overrightarrow{\alpha\beta}$ は点 α と点 β を結ぶベクトルに対応する複素数を表す (検定教科書には書かれていないが古くからある表現である). 図 2 を見よ. $\overrightarrow{\alpha\beta}$ と $\overrightarrow{w\gamma'}$ は垂直である. $\overrightarrow{\alpha\beta}=\beta-\alpha$, $\overrightarrow{w\gamma'}=\gamma'-w$

$\dfrac{\gamma'-w}{\beta-\alpha}$ は純虚数である.

2°【(2)の別解】

出題者の意図に従うと $\overline{\gamma'}$ が出てきて少し混乱する. これを避ける. 垂線は水平, 垂直に変換するのが定石である. $\overrightarrow{\mathrm{AB}}$ に対応する複素数は $\beta-\alpha$ で, これを水平にするために, 全体を $\beta-\alpha$ で割る.

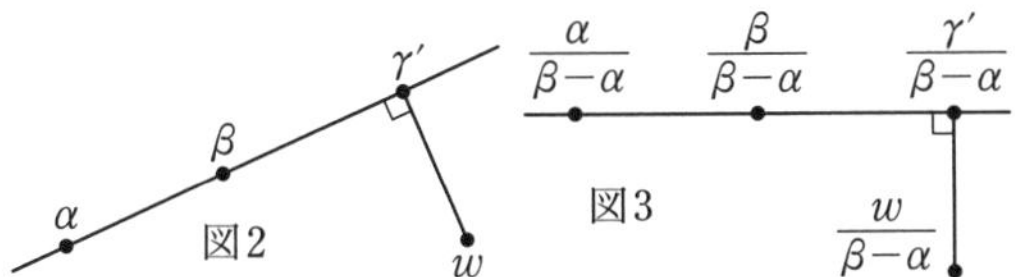

$\dfrac{\gamma'}{\beta-\alpha}$ の実部は $\dfrac{w}{\beta-\alpha}$ の実部に等しく, 虚部は $\dfrac{\alpha}{\beta-\alpha}$ に等しい (注 1° を見よ).

$$\frac{\gamma'}{\beta-\alpha}=\frac{1}{2}\left(\frac{w}{\beta-\alpha}+\frac{\overline{w}}{\overline{\beta}-\overline{\alpha}}\right)$$
$$+\frac{1}{2}\left(\frac{\alpha}{\beta-\alpha}-\frac{\overline{\alpha}}{\overline{\beta}-\overline{\alpha}}\right)$$

$\overline{\beta}=\dfrac{1}{\beta}$, $\overline{\alpha}=\dfrac{1}{\alpha}$ を代入し

$$\frac{\gamma'}{\beta-\alpha}=\frac{1}{2}\left(\frac{w}{\beta-\alpha}+\frac{\alpha\beta\overline{w}}{\alpha-\beta}\right)$$
$$+\frac{1}{2}\left(\frac{\alpha}{\beta-\alpha}-\frac{\alpha\beta\overline{\alpha}}{\alpha-\beta}\right)$$

$\beta-\alpha$ をかけて, $\alpha\overline{\alpha}=|\alpha|^2=1$ を用いると

$$\gamma'=\frac{1}{2}(w-\alpha\beta\overline{w})+\frac{1}{2}(\alpha+\beta)$$

$$2\gamma'=\alpha+\beta+w-\alpha\beta\overline{w}$$

3°【平面幾何による証明】

(3)の直線 A′B′C′ をシムソン線という.

$\angle\mathrm{CA'P}=\angle\mathrm{CB'P}=90°$ であるから 4 点 A′, C, B′, P は同一円周上にある. $\angle\mathrm{PA'B}=\angle\mathrm{BC'P}=90°$ であるから, 4 点 A′, P, C′, B も同一円周上にある.

図 4

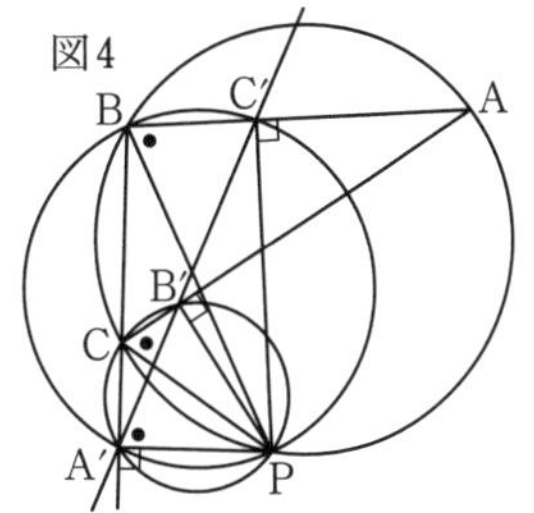

A′, B′, C′ が一直線上にあることに注意せよ. $\overset{\frown}{\mathrm{C'P}}$ に関する円周角の定理から

$$\angle\mathrm{C'BP}=\angle\mathrm{C'A'P}\qquad\therefore\quad \angle\mathrm{C'BP}=\angle\mathrm{B'A'P}$$

また, $\overset{\frown}{\mathrm{B'P}}$ に関する円周角の定理から

$$\angle\mathrm{B'CP}=\angle\mathrm{B'A'P}$$

であるから, $\angle\mathrm{C'BP}=\angle\mathrm{B'CP}$ となり P は △ABC の外接円周上にある.

【複素変換】

《$\boldsymbol{w=z^2}$ ☆》

715. 複素数 $\alpha=2+i$, $\beta=-\dfrac{1}{2}+i$ に対応する複素数平面上の点を A(α), B(β) とする. このとき, 以下の問に答えよ.

(1) 複素数平面上の点 C(α^2), D(β^2) と原点 O の 3 点は一直線上にあることを示せ.

(2) 点 P(z) が直線 AB 上を動くとき, z^2 の実部を x, 虚部を y として, 点 Q(z^2) の軌跡を x, y の方程式で表せ.

(3) 点 P(z) が三角形 OAB の周および内部にあるとき, 点 Q(z^2) の全体のなす図形を K とする. K を複素数平面上に図示せよ.

(4) (3)の図形 K の面積を求めよ.

(21 早稲田大・理工)

▶解答◀ (1) $\alpha^2=(2+i)^2=3+4i$

$$\beta^3=\left(-\frac{1}{2}+i\right)^2=-\frac{3}{4}-i$$

$\alpha^2=-4\beta^2$ だから, 3 点 C, D, O は同一直線上にある.

(2) 文字の混乱を避けるため図 1 では st 平面とした. 直線 AB 上の点 z は, 実数 s を用いて $z=s+i$ とおける. $z^2=(s^2-1)+2si$ だから, $x=s^2-1$, $y=2s$

これより $s=\dfrac{y}{2}$ を代入して $x=\left(\dfrac{y}{2}\right)^2-1$ であり,

$$\boldsymbol{x=\frac{y^2}{4}-1}$$

(3) 線分 AB 上の点は(2)で $-\dfrac{1}{2}\leqq s\leqq 2$ の場合である (図 1) から, $y=2s$ の値域は $-1\leqq y\leqq 4$ になる. よって, z_0 が線分 AB 上を動くときには ${z_0}^2$ は曲線の弧 $L: x=\dfrac{y^2}{4}-1$, $-1\leqq y\leqq 4$ (図 2) を描く. 三角形

OAB の周または内部の点 z は，O と z_0 を結ぶ線分上の点として $z=rz_0\ (0\leqq r\leqq 1)$ とおける．$z^2=r^2\cdot z_0{}^2$ となり，r だけ動かすと z^2 は O と L 上の点 $z_0{}^2$ を結ぶ線分を描く．よって，K は L と線分 CD で囲まれた図形（図 3）の網目部分になる．

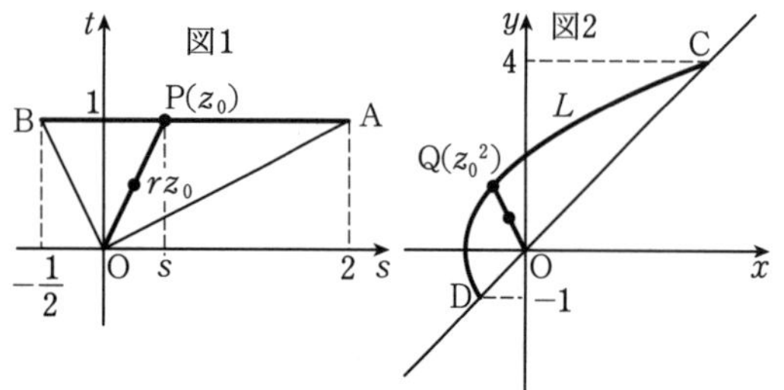

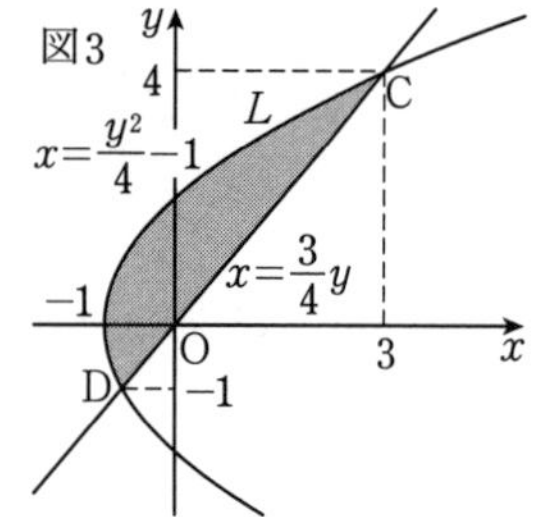

（4） K の面積は

$$\int_{-1}^{4}\left\{\frac{3}{4}y-\left(\frac{y^2}{4}-1\right)\right\}dy$$

$$=\int_{-1}^{4}\left\{-\frac{1}{4}(y+1)(y-4)\right\}dy$$

$$=\frac{1}{4}\cdot\frac{1}{6}\{4-(-1)\}^3=\mathbf{\frac{125}{24}}$$

◆別解◆ （3） 三角形 OAB 内の点 z は

$$z=s+ti\quad\left(-\frac{t}{2}\leqq s\leqq 2t,\ 0\leqq t\leqq 1\right)$$

とおける（図 4 を見よ）．

$$z^2=(s^2-t^2)+2sti$$

$x=s^2-t^2,\ y=2st$ とおく．

（ア） $t=0$ のとき $s=0$ で $(x,y)=(0,0)$ である．

（イ） $t\neq 0$ のとき．s を消去する．(x,y) は放物線の弧 $x=\dfrac{y^2}{4t^2}-t^2,\ -t^2\leqq y\leqq 4t^2$ を描く．両端点 $(3t^2,4t^2)$，$\left(-\dfrac{3}{4}t^2,-t^2\right)$ は線分 $y=\dfrac{4}{3}x,\ -1\leqq y\leqq 4$ の原点以外を描く．y を固定して，t を $0<t\leqq 1$ で増加させるとき

$$\frac{dx}{dt}=-\frac{2y^2}{t^3}-2t<0$$

で，x は減少するから，放物線の弧全体は t の増加とともに左方へ動く．つまり，放物線は外へ外へと広がる（図 5 を見よ）．K は図 3 の網目部分になる．

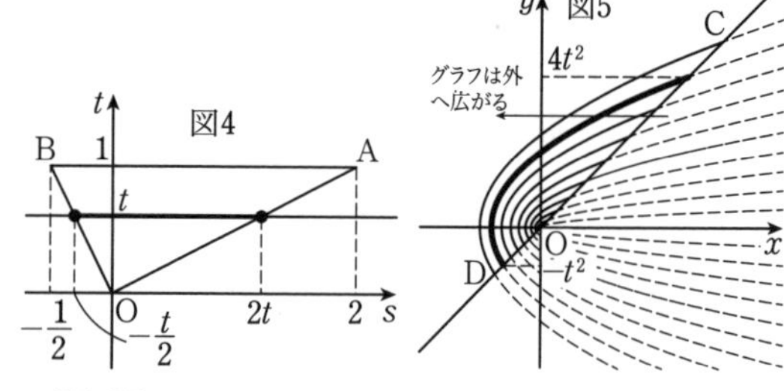

注意 【複素写像の基本】

複素関数論は大学の複素数の理論である．複素写像の基本の解説を書いておく．文字を変える．$w=z^2$ のとき $z=x+yi,\ w=X+Yi$
（x,y,X,Y は実数）とする．複素変換 $w=z^2$ がどのように領域を写すかを調べる．

$$w=(x+yi)^2=x^2-y^2+2xyi$$

であるから $X=x^2-y^2,\ Y=2xy$ である．

複素関数論で写像を考える場合，次のようなイメージで考える．平面全体を直線群

$$x=\cdots,-2,-1.8,-1.6,\cdots,1.6,1.8,2,\cdots$$

$$y=\cdots,-2,-1.8,-1.6,\cdots,1.6,1.8,2,\cdots$$

で区切る．各直線がどのように写されるかを調べ，その合成として，写像の意味を考える．ここでは 0.2 刻みで区切っているが，0.2 刻みで区切ると決まっているわけではない．たとえば直線 $x=k$ について，

$$X=k^2-y^2,\ Y=2ky$$

となる．この点が描く曲線を C_k とする．$k\neq 0$ のとき，y を消去すると $X=k^2-\dfrac{Y^2}{4k^2}$ となる．

$$C_k:X=k^2-\frac{Y^2}{4k^2}$$

$k=0$ のとき $X=-y^2,\ Y=0$ であるから

$$C_0:Y=0,\ X\leqq 0$$

は X 軸の左半分である．

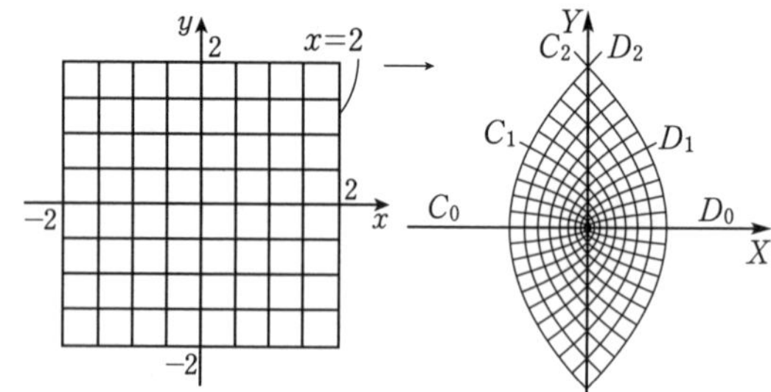

直線 $y=k$ について，

$$X=x^2-k^2,\ Y=2kx$$

この点が描く曲線を D_k とする．$k\neq 0$ のとき

$$D_k:X=\frac{Y^2}{4k^2}-k^2$$

$k=0$ のとき $X=x^2, Y=0$ であるから

$$D_0 : Y=0,\ X \geqq 0$$

は X 軸の右半分である．これらの動きから合成する．

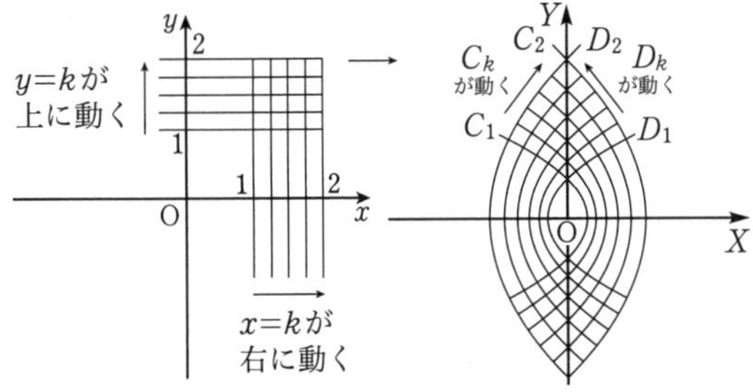

解答で述べたことから

線分 OA: $y=\dfrac{x}{2}$, $0 \leqq x \leqq 2$ は線分 OC に写され，線分 OB: $y=-2x$, $-\dfrac{1}{2} \leqq x \leqq 0$ は線分 OD に写されることが分かるから，これで K が分かる．

《1 次分数変換 (A10) ☆》

716. 点 z が複素数平面上で原点を中心とする半径 $\sqrt{2}$ の円周上を動くとき，$w=\dfrac{z-1}{z+i}$ が表す点 w はどのような図形を描くか．ただし，i は虚数単位とする．（21　富山大・工）

▶解答◀ $w=\dfrac{z-1}{z+i}$ より

$$w(z+i)=z-1$$

$$(w-1)z=-iw-1$$

$w=1$ とすると $0=-i-1$ となり不適．$w \neq 1$ であり

$$z=-\frac{iw+1}{w-1}$$

$|z|=\sqrt{2}$ であるから

$$\left|-\frac{iw+1}{w-1}\right|=\sqrt{2}$$

両辺に $|w-1|$ をかけて

$$|iw+1|=\sqrt{2}|w-1|$$

両辺を 2 乗して

$$|iw+1|^2=2|w-1|^2$$

$$(iw+1)(\overline{iw+1})=2(w-1)(\overline{w-1})$$

$$(iw+1)(-i\overline{w}+1)=2(w-1)(\overline{w}-1)$$

$$w\overline{w}+iw-i\overline{w}+1=2(w\overline{w}-w-\overline{w}+1)$$

$$w\overline{w}-(2+i)w-(2-i)\overline{w}=-1$$

$$\{w-(2-i)\}\{\overline{w}-(2+i)\}=4$$

$$\{w-(2-i)\}\{\overline{w-(2-i)}\}=4$$

$$|w-(2-i)|^2=4$$

$$|w-(2-i)|=2$$

これは $w \neq 1$ を満たす．

よって，w が描く図形は，**点 $2-i$ を中心とし半径 2 の円**である．

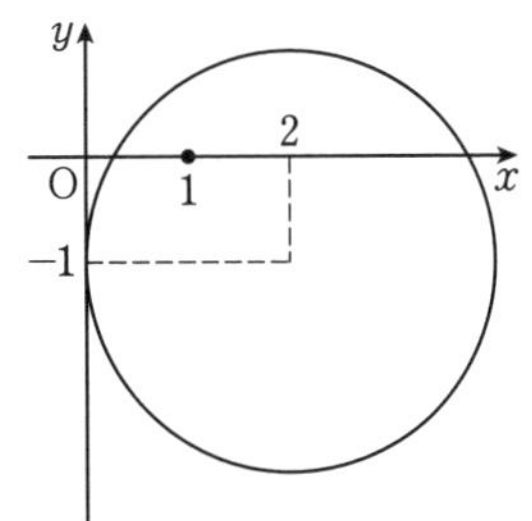

《1 次分数変換 (B10)》

717. 複素数平面上の点 $z \left(z \neq -\dfrac{1}{2}\right)$ に対し，$\omega=-\dfrac{z+1}{2z+1}$ とする．以下の問いに答えよ．

（1） $z=-\dfrac{1}{2}+\dfrac{i}{2}$ のとき，ω^{10} を求めよ．

（2） 点 z が原点を中心に半径 1 の円周上にあるとき，ω は中心 $-\dfrac{1}{3}$，半径 $\dfrac{1}{3}$ の円周上にあることを示せ．

（3） 点 z が点 $-\dfrac{1}{2}$ を中心に半径 $\dfrac{1}{2}$ の円周上を動くとき，$z-\omega$ は実数となることを示せ．

（21　愛知県立大・情報）

▶解答◀ （1） $z=-\dfrac{1}{2}+\dfrac{1}{2}i$ のとき

$$\omega=-\frac{z+1}{2z+1}=-\frac{-\frac{1}{2}+\frac{1}{2}i+1}{(-1+i)+1}$$

$$=-\frac{\frac{1}{2}+\frac{1}{2}i}{i}=-\frac{1}{2}+\frac{1}{2}i$$

$$=\frac{1}{\sqrt{2}}\left(\cos\frac{3}{4}\pi+i\sin\frac{3}{4}\pi\right)$$

$$\omega^{10}=\left(\frac{1}{\sqrt{2}}\right)^{10}\left(\cos\frac{3}{4}\pi+i\sin\frac{3}{4}\pi\right)^{10}$$

$$=\frac{1}{32}\left(\cos\frac{15}{2}\pi+i\sin\frac{15}{2}\pi\right)=\boldsymbol{-\frac{1}{32}i}$$

（2） $\omega=-\dfrac{z+1}{2z+1}$

$$\omega(2z+1)=-z-1$$

$$(2\omega+1)z=-\omega-1$$

これは $\omega=-\dfrac{1}{2}$ で成立しないから $\omega \neq -\dfrac{1}{2}$ であり

$$z=-\frac{\omega+1}{2\omega+1}$$

点 z が原点を中心に半径 1 の円周上にあるとき $|z|=1$ であるから

$$\left|\frac{\omega+1}{2\omega+1}\right|=1$$

$$|2\omega+1|^2=|\omega+1|^2$$

$$(2\omega+1)(2\overline{\omega}+1)=(\omega+1)(\overline{\omega}+1)$$

$$3\omega\overline{\omega}+\omega+\overline{\omega}=0$$

$$\omega\overline{\omega}+\frac{1}{3}\omega+\frac{1}{3}\overline{\omega}=0$$

$$\left(\omega+\frac{1}{3}\right)\left(\overline{\omega}+\frac{1}{3}\right)=\frac{1}{9}$$

$$\left|\omega+\frac{1}{3}\right|^2=\frac{1}{9}$$

$$\left|\omega+\frac{1}{3}\right|=\frac{1}{3}$$

これは $\omega \neq -\frac{1}{2}$ をみたす．よって，ω は中心 $-\frac{1}{3}$，半径 $\frac{1}{3}$ の円周上にある．

（**3**） 点 z が点 $-\frac{1}{2}$ を中心に半径 $\frac{1}{2}$ の円周上を動くとき

$$\left|z+\frac{1}{2}\right|=\frac{1}{2}$$

$$|2z+1|=1$$

$$(2z+1)(2\overline{z}+1)=1$$

である．$z-\omega$ が実数となることを示すために

$$z-\omega=\overline{z-\omega}$$

$$z-\omega=\overline{z}-\overline{\omega}$$

$$z-\overline{z}-\omega+\overline{\omega}=0$$

を示す．左辺は

$$z-\overline{z}+\frac{z+1}{2z+1}-\frac{\overline{z}+1}{2\overline{z}+1}$$

$$=z-\overline{z}+\frac{(z+1)(2\overline{z}+1)-(\overline{z}+1)(2z+1)}{(2z+1)(2\overline{z}+1)}$$

$$=z-\overline{z}+(z+1)(2\overline{z}+1)-(\overline{z}+1)(2z+1)$$

$$=z-\overline{z}+(-z+\overline{z})=0$$

となるから，$z-\omega$ は実数である．

♦別解♦ （**3**） $\left|z+\frac{1}{2}\right|=\frac{1}{2}$ のとき $|2z+1|=1$ であるから

$$z-\omega=z+\frac{z+1}{2z+1}=z+\frac{(z+1)(2\overline{z}+1)}{|2z+1|^2}$$

$$=z+(z+1)(2\overline{z}+1)$$

$$=z+2|z|^2+z+2\overline{z}+1$$

$$=2|z|^2+2(z+\overline{z})+1$$

となるから，$z-\omega$ は実数である．

偏角を見る (B20)☆

718. z を $z\neq1$, $z\neq-1$, $z\neq i$, $z\neq-i$, $|z|=1$ を満たす複素数とし，

$$w=\frac{1+z}{1-z}$$

とおく．次の問いに答えよ．ただし，i は虚数単位を表す．

（1） w は純虚数であることを示せ．

（2） 複素数平面において，1, z, w を表す 3 点が一直線上にあることを示せ．

（3） 複素数 $\frac{w-z}{i-z}$ の偏角 θ のとりうる値のうち，$0\leqq\theta<2\pi$ を満たすものを全て求めよ．

（21　福岡教育大・前期）

▶解答◀ （**1**） $w=\frac{1+z}{1-z}$

$$w(1-z)=1+z$$

$$z(w+1)=w-1$$

$$|z(w+1)|=|w-1|$$

$|z|=1$ であるから

$$|w+1|=|w-1|$$

よって，w は -1 と 1 を結ぶ線分の垂直二等分線，すなわち $y=0$ 上にあるから，w は純虚数である．

（**2**） $w-1=\frac{1+z}{1-z}-1=\frac{2z}{1-z}$

$$\frac{w-1}{z-1}=\frac{-2z}{(z-1)^2}$$

であるから $\frac{z}{(z-1)^2}$ が実数であることを示す．

$$\frac{z}{(z-1)^2}-\overline{\left(\frac{z}{(z-1)^2}\right)}=\frac{z}{(z-1)^2}-\frac{\overline{z}}{(\overline{z}-1)^2}$$

$$=\frac{z(\overline{z}-1)^2-\overline{z}(z-1)^2}{(z-1)^2(\overline{z}-1)^2}$$

分子を計算すると

$$z(\overline{z}-1)^2-\overline{z}(z-1)^2$$

$$=z(\overline{z}^2-2\overline{z}+1)-\overline{z}(z^2-2z+1)$$

$$=z\overline{z}^2+z-\overline{z}z^2-\overline{z}$$

$$=|z|^2\overline{z}+z-|z|^2z-\overline{z}$$

$$=\overline{z}+z-z-\overline{z}=0$$

よって，$\frac{z}{(z-1)^2}$ は実数であり，1, z, w を表す 3 点が一直線上にあることが示された．

（**3**） $w-z=\frac{1+z}{1-z}-z$

$$=\frac{1+z^2}{1-z}$$

$$=\frac{(z+i)(z-i)}{1-z}$$

であるから

$$\frac{w-z}{i-z}=\frac{z+i}{z-1}=\frac{-i-z}{1-z}\quad\cdots\cdots\cdots\cdots\text{①}$$

これを $\dfrac{\overrightarrow{z(-i)}}{\overrightarrow{z1}}$ とみて ① の偏角 θ は $\overrightarrow{z1}$ から $\overrightarrow{z(-i)}$ にまわる角である．円周角の定理を用いると，図 1，図 2 より

$$\theta=315^\circ \text{ または } 135^\circ$$

$$\theta=\frac{3}{4}\pi,\ \frac{7}{4}\pi$$

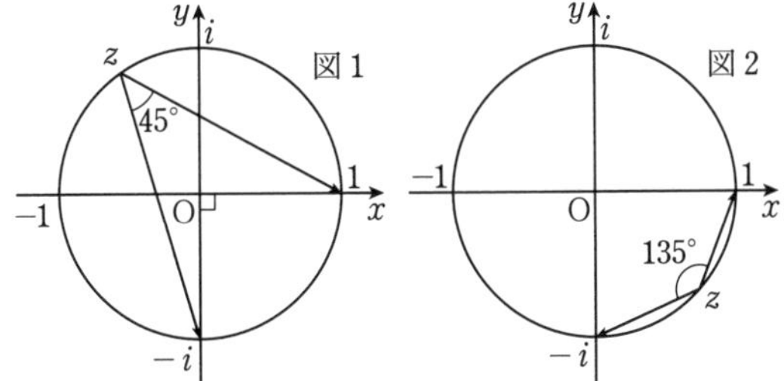

◆別解◆　(1)　$\overline{w}=-w$ となることを示す．

$$w+\overline{w}=\frac{1+z}{1-z}+\frac{1+\overline{z}}{1-\overline{z}}$$

$$=\frac{(1+z)(1-\overline{z})+(1+\overline{z})(1-z)}{(1-z)(1-\overline{z})}$$

分子を計算すると

$$(1+z)(1-\overline{z})+(1+\overline{z})(1-z)$$

$$=1-\overline{z}+z-|z|^2+1-z+\overline{z}-|z|^2$$

$$=2(1-|z|^2)=0$$

よって，$w+\overline{w}=0$ すなわち $w=-\overline{w}$ となり示された．

(2)　$w-1=k(z-1)$ を満たす実数 k が存在することを示す．

$|z|=1$ であるから

$$z\overline{z}=1 \qquad \therefore\quad \overline{z}=\frac{1}{z}$$

$$w-1=\frac{1+z}{1-z}-1=\frac{2z}{1-z}$$

$$=\frac{2}{\dfrac{1}{z}-1}=\frac{2}{\overline{z}-1}=\frac{2}{\overline{z}-1}\cdot\frac{z-1}{z-1}$$

$$=\frac{2}{|z-1|^2}\cdot(z-1)$$

$\dfrac{2}{|z-1|^2}$ は実数であるから，示された．

(3)　① をさらに変形すると

$$\frac{(z+i)(\overline{z}-1)}{(z-1)(\overline{z}-1)}=\frac{1-z+i\overline{z}-i}{|z-1|^2}\quad\cdots\cdots\cdots\text{②}$$

$|z|=1$ より $z=\cos\alpha+i\sin\alpha$ とおけて，② の分子は

$$1-z+i\overline{z}-i$$

$$=1-(\cos\alpha+i\sin\alpha)+i(\cos\alpha-i\sin\alpha)-i$$

$$=1-\cos\alpha+\sin\alpha-(1-\cos\alpha+\sin\alpha)i$$

$$=(1-\cos\alpha+\sin\alpha)(1-i)$$

であるから，① は

$$\frac{w-z}{i-z}=\frac{1-\cos\alpha+\sin\alpha}{|z-1|^2}(1-i)$$

となる．$0\leqq\theta<2\pi$ であるから

$$\theta=\arg\frac{w-z}{i-z}=\arg\pm(1-i)=\frac{3}{4}\pi,\ \frac{7}{4}\pi$$

注意　(1) について

$$w=\frac{1+z}{1-z}=\frac{\overrightarrow{(-1)z}}{\overrightarrow{z1}}$$

と見ると，$\arg w=\dfrac{\pi}{2}$ または $\dfrac{3}{2}\pi$ であり，w は純虚数である．

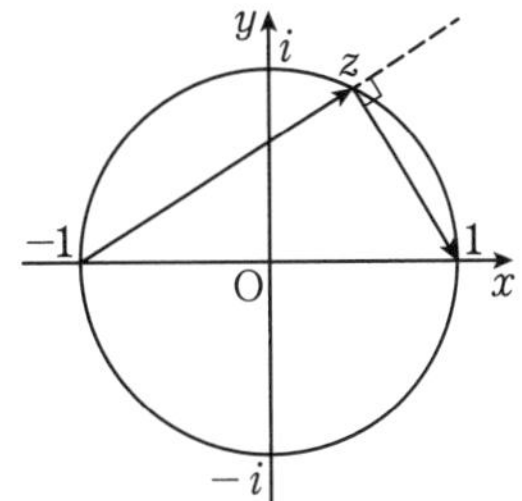

《1 次分数変換 (B10)》

719. 複素数平面上で，点 z に対して，点 w を $w=\dfrac{z+i}{z-i}$ と定める．ただし，i は虚数単位であり，$z\neq i$ とする．

(1)　点 w が，点 1 を中心とする半径 1 の円の内部で中心以外を動くとき，点 z が描く図形を図示せよ．

(2)　点 w が，原点を始点とする偏角 $\dfrac{\pi}{3}$ の半直線上（原点を含む）を動くとき，点 z が描く図形を図示せよ．　(21　岐阜薬大)

▶解答◀　(1)　w は，$0\neq|w-1|<1$ を満たす．

$$0\neq\left|\frac{z+i}{z-i}-1\right|<1$$

$$0\neq\left|\frac{2i}{z-i}\right|<1 \qquad \therefore\quad |z-i|>2$$

図示すると，図 1 の境界を除く網目部分を描く．

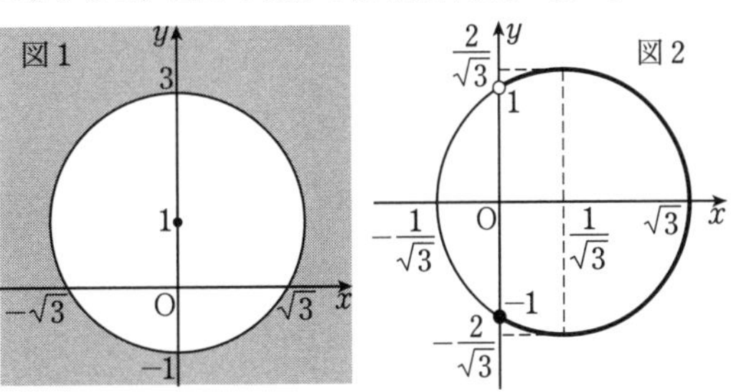

(2)　x,y を実数として，$z=x+yi$ とする．ただし，

$(x, y) \neq (0, 1)$ である．

$$w = \frac{z+i}{z-i} = \frac{(x+yi)+i}{(x+yi)-i}$$

$$= \frac{\{x+(y+1)i\}\{x-(y-1)i\}}{x^2+(y-1)^2}$$

$$= \frac{x^2+y^2-1+i(xy+x-xy+x)}{x^2+(y-1)^2}$$

$$= \frac{x^2+y^2-1+2xi}{x^2+(y-1)^2}$$

この分母は当然正である．これを $X+Yi$(X, Y は実数) とすると $Y=\sqrt{3}X \geqq 0$ が成り立つから

$$2x = \sqrt{3}(x^2+y^2-1) \geqq 0$$

$x \geqq 0$ であり，

$$x^2+y^2-1-\frac{2x}{\sqrt{3}} = 0$$

$(x, y)=(0, 1)$ はこれを満たすから答えの図示から除かないといけない．

$$\left(x-\frac{1}{\sqrt{3}}\right)^2+y^2=\frac{4}{3},\ x \geqq 0,\ (x, y) \neq (0, 1)$$

図示すると，図2の白丸を除き黒丸を含む太線部分を描く．

《ジューコフスキー変換 (B20)》

720. z を0でない複素数とし，$w=z+\dfrac{1}{z}$ とする．以下の問に答えよ．

(1) w が実数となるとき，点 z は複素数平面上でどのような図形を描くか．

(2) w が純虚数となるとき，点 z は複素数平面上でどのような図形を描くか．

(3) r を1でない正の実数とする．$|z|=r$ となるとき，点 w は複素数平面上でどのような図形を描くか．

(4) z の偏角を θ $(0 \leqq \theta < 2\pi)$ とする．$|w|=1$ のとき，θ のとりうる値の範囲を求めよ．

(21 岐阜大・医，工)

▶解答◀ z の絶対値を R，偏角を θ とする．

$$w = R(\cos\theta+i\sin\theta) + \frac{1}{R}\{\cos(-\theta)+i\sin(-\theta)\}$$

$$= \left(R+\frac{1}{R}\right)\cos\theta + i\left(R-\frac{1}{R}\right)\sin\theta$$

(1) w が実数となるとき $\left(R-\dfrac{1}{R}\right)\sin\theta=0$ より

$$R=\frac{1}{R} \text{ または } \sin\theta=0$$

$$R=1 \text{ または } \theta=n\pi\ (n \text{ は整数})$$

これと $z \neq 0$ より，z が描く図形は**原点を中心とする半径1の円**および**原点を除く実軸**である．(図1)

(2) w が純虚数となるとき

$$\left(R+\frac{1}{R}\right)\cos\theta=0 \text{ かつ } \left(R-\frac{1}{R}\right)\sin\theta \neq 0$$

$R>0$ より $R+\dfrac{1}{R} \neq 0$ であるから $\cos\theta=0$ であり，このとき $\sin\theta \neq 0$ であるから

$$\cos\theta=0 \text{ かつ } R-\frac{1}{R} \neq 0$$

$$\theta=\frac{\pi}{2}+n\pi\ (n \text{ は整数}) \text{ かつ } R \neq 1$$

これと $z \neq 0$ より，z が描く図形は**原点と2点 $\pm i$ を除く虚軸**である．(図2)

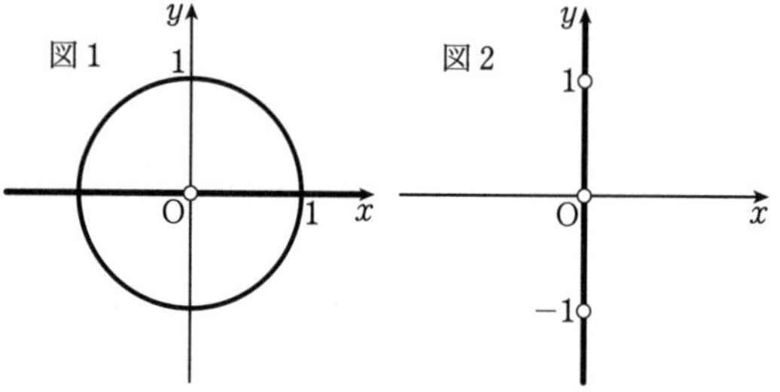

(3) $w=x+yi$ とする．$R=r$ であるから

$$x=\left(r+\frac{1}{r}\right)\cos\theta,\ y=\left(r-\frac{1}{r}\right)\sin\theta$$

$r>0$, $r \neq 1$ より $r+\dfrac{1}{r} \neq 0$, $r-\dfrac{1}{r} \neq 0$ であるから，w が描く図形は，**4点 $\pm\left(r+\dfrac{1}{r}\right)$, $\pm\left(r-\dfrac{1}{r}\right)i$ を頂点とする楕円**である．

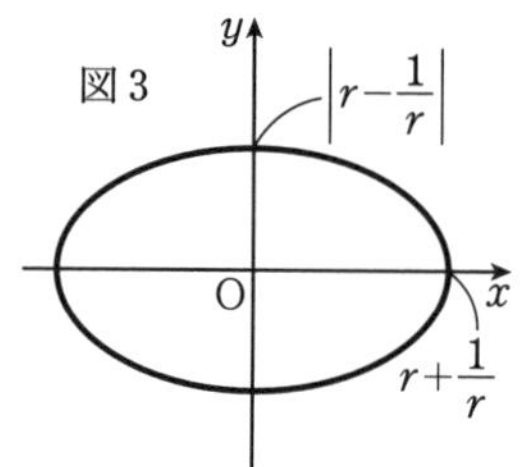

(4) $|w|=1$ であるから

$$\left(R+\frac{1}{R}\right)^2\cos^2\theta+\left(R-\frac{1}{R}\right)^2\sin^2\theta=1$$

$$\left(R^2+2+\frac{1}{R^2}\right)\cos^2\theta + \left(R^2-2+\frac{1}{R^2}\right)\sin^2\theta=1$$

$$R^2+\frac{1}{R^2}+2\cos^2\theta-2\sin^2\theta=1$$

$$R^2+\frac{1}{R^2}+2\cos2\theta=1$$

$$\cos2\theta=\frac{1}{2}\left(1-R^2-\frac{1}{R^2}\right)$$

ここで右辺を $f(R)$ とおくと

$$f'(R)=\frac{1}{2}\left(-2R+\frac{2}{R^3}\right)$$

$$=-\frac{1}{R^3}(R^2-1)(R^2+1)$$

$R>0$ における増減表は次のようになる.

R	0	$\cdots$	1	$\cdots$
$f'(R)$		$+$	0	$-$
$f(R)$		↗		↘

$$f(1)=-\frac{1}{2}$$

$$\lim_{R\to+0}f(R)=\lim_{R\to\infty}f(R)=-\infty$$

これより, $\cos 2\theta=f(R)$ をみたす正の実数 R が存在するための θ の条件は $-1\leqq\cos 2\theta\leqq-\frac{1}{2}$ である.
$0\leqq 2\theta<4\pi$ であるから, このような θ の範囲は

$$\frac{2}{3}\pi\leqq 2\theta\leqq\frac{4}{3}\pi,\ \frac{8}{3}\pi\leqq 2\theta\leqq\frac{10}{3}\pi$$

$$\boldsymbol{\frac{\pi}{3}\leqq\theta\leqq\frac{2}{3}\pi,\ \frac{4}{3}\pi\leqq\theta\leqq\frac{5}{3}\pi}$$

◆別解◆ (1) w が実数となる条件は $\overline{w}=w$ であるから

$$\overline{\left(z+\frac{1}{z}\right)}=z+\frac{1}{z}$$

$$\overline{z}+\frac{1}{\overline{z}}=z+\frac{1}{z}$$

$$|z|^2\overline{z}+z-|z|^2z-\overline{z}=0$$

$$(|z|^2-1)(z-\overline{z})=0$$

$|z|>0$ であるから

$$|z|=1 \text{ または } z=\overline{z}$$

これと $z\neq 0$ より, z が描く図形は**原点を中心とする半径 1 の円**および**原点を除く実軸**である.

(2) w が純虚数となる条件は $\overline{w}=-w$ かつ $w\neq 0$ である. まず, $\overline{w}=-w$ より

$$\overline{\left(z+\frac{1}{z}\right)}=-z-\frac{1}{z}\qquad\therefore\quad \overline{z}+\frac{1}{\overline{z}}=-z-\frac{1}{z}$$

$$|z|^2\overline{z}+z+|z|^2z+\overline{z}=0$$

$$(|z|^2+1)(z+\overline{z})=0$$

$|z|^2+1>0$ であるから

$$\overline{z}=-z \quad\cdots\cdots①$$

次に, $w=0$ をみたす z を求めると

$$z+\frac{1}{z}=0\qquad\therefore\quad z^2=-1$$

$$z=\pm i$$

これは ① をみたすから, ① から除いて

$$\overline{z}=-z \text{ かつ } z\neq\pm i$$

これと $z\neq 0$ より, z が描く図形は**原点と 2 点 $\pm i$ を除く実軸**である.

(4) 解答では $|w|=1$ を

$$\cos 2\theta=\frac{1}{2}\left(1-R^2-\frac{1}{R^2}\right)$$

と変形し, 右辺を $f(R)$ としてとり得る値の範囲を調べたが, これを

$$R^4+(2\cos 2\theta-1)R^2+1=0$$

と変形し, $R^2=x$ とおいた 2 次方程式

$$x^2+(2\cos 2\theta-1)x+1=0 \quad\cdots\cdots②$$

が $x>0$ の範囲に実数解をもつ条件を考えて $\cos 2\theta$ の範囲を定めることもできる.

② の左辺を $g(x)$ とおくと

$$g(x)=\left(x+\frac{1}{2}(2\cos 2\theta-1)\right)^2-\frac{1}{4}(2\cos 2\theta-1)^2+1$$

$g(0)=1>0$ より ② が $x>0$ の範囲に解をもつ条件は, 軸 >0, 判別式 $\geqq 0$ であるから

$$-\frac{2\cos 2\theta-1}{2}>0 \quad\cdots\cdots③$$

$$(2\cos 2\theta-1)^2-4\geqq 0 \quad\cdots\cdots④$$

③ より

$$\cos 2\theta<\frac{1}{2} \quad\cdots\cdots⑤$$

④ より

$$2\cos 2\theta-1\leqq-2,\ 2\leqq 2\cos 2\theta-1$$

$$\cos 2\theta\leqq-\frac{1}{2},\ \frac{3}{2}\leqq\cos 2\theta \quad\cdots\cdots⑥$$

⑤, ⑥ と $-1\leqq\cos 2\theta\leqq 1$ より

$$-1\leqq\cos 2\theta\leqq-\frac{1}{2}$$

これより θ の範囲を求めると

$$\boldsymbol{\frac{\pi}{3}\leqq\theta\leqq\frac{2}{3}\pi,\ \frac{4}{3}\pi\leqq\theta\leqq\frac{5}{3}\pi}$$

《反転 (B20)》

721. r を正の実数とし, 複素数平面における原点 O を中心とする半径 r の円を C とする. 0 でない複素数 z に対して, O から点 P(z) に向かう半直線上の点 Q(w) が $|w|\cdot|z|=r^2$ を満たしている. このとき, 次の問いに答えよ.

(1) w を r と z を用いて表せ.

(2) 点 P が円 C の内部にあるならば, 点 Q は円 C の外部にあることを示せ.

(3) 実軸上の点 R$\left(\frac{r}{2}\right)$ を通り, 複素数平面の実軸に垂直な直線を l とする. 点 P が直線 l 上を動くとき, 点 Q がえがく図形を求め, 複素数平面上に図示せよ. (21 静岡大・後期)

▶解答◀ (1) $w=kz\ (k>0)$ とおく. $|w|\cdot|z|=r^2$ のとき

$$k|z|^2=r^2\qquad\therefore\quad k=\frac{r^2}{|z|^2}$$

$w=\dfrac{\boldsymbol{r^2}}{|\boldsymbol{z}|^2}\boldsymbol{z}$ である.

（２） 点 P が C の内部にあるとき，$|z|<r$ である.

$$|w|=\frac{r^2}{|z|}>r$$

であるから点 Q は C の外部にある.

（３） P(z) が直線 $l: x=\dfrac{r}{2}$ 上にあるとき

$$\frac{z+\overline{z}}{2}=\frac{r}{2} \qquad \therefore \quad z+\overline{z}=r \ \cdots\cdots\cdots\cdots ①$$

を満たす.（１）より

$$w=\frac{r^2}{|z|^2}z=\frac{r^2}{z\overline{z}}z=\frac{r^2}{\overline{z}}$$

であるから，$\overline{z}=\dfrac{r^2}{w}$, $z=\dfrac{r^2}{\overline{w}}$ $(w\neq 0)$ である. これらを ① に代入して

$$\frac{r^2}{\overline{w}}+\frac{r^2}{w}=r \qquad \therefore \quad rw+r\overline{w}=w\overline{w}$$

$$(w-r)(\overline{w}-r)=r^2$$

$$|w-r|=r$$

よって，w の軌跡は，**中心 r，半径 r の円（ただし，原点は除く）** であり，図 2 の太線部分である.

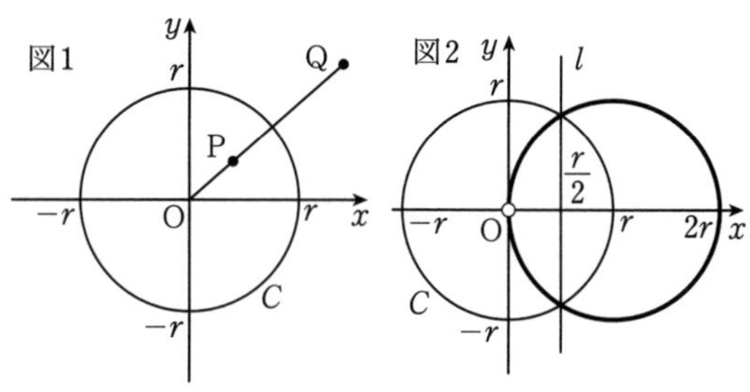